Naturkatastrophen und Risikomanagement

Ulrich Ranke

Naturkatastrophen und Risikomanagement

Geowissenschaften und soziale Verantwortung

 Springer Spektrum

Ulrich Ranke
Burgdorf, Deutschland

ISBN 978-3-662-63298-7   ISBN 978-3-662-63299-4   (eBook)
https://doi.org/10.1007/978-3-662-63299-4

Die Deutsche Nationalbibliothek verzeichnet diese Publikation in der Deutschen Nationalbibliografie; detaillierte bibliografische Daten sind im Internet über http://dnb.d-nb.de abrufbar.

Überarbeitete und erweiterte Übersetzung der englischen Ausgabe „Natural Disaster Risk Management", erschienen bei Springer International Publishing, Cham, 2016

Planung/Lektorat: Simon Shah-Rohlfs
Springer Spektrum ist ein Imprint der eingetragenen Gesellschaft Springer-Verlag GmbH, DE und ist ein Teil von Springer Nature.
Die Anschrift der Gesellschaft ist: Heidelberger Platz 3, 14197 Berlin, Germany

Vorwort

Als vor gut einem Jahr Springer Spektrum an mich herangetreten ist, um das im Jahr 2016 in englischer Sprache herausgegebene Buch *Natural Disaster Risk Management – Geosciences and Social Responsibility* in deutscher Sprache aufzulegen, war dies auch ein Zeichen dafür, dass das Thema „Katastrophen" heute viel mehr als früher in das Bewusstsein der Menschen eingedrungen ist. Mit der Covid19-Pandemie hat zudem die Menschheit ein Problem bekommen, das es so seit dem 2. Weltkrieg noch nicht gegeben hat. Der Klimawandel, Hochwasser an Elbe und Oder, der Tsunami in Indonesien, Erdbeben in Italien und erste deutliche Anzeichen für einen Anstieg des Meeresspiegels werden stärker als Bedrohung empfunden. Sie sind keine Ereignisse mehr, die sich irgendwo auf der Welt abspielen. Der Einzelne sieht sich immer drängender mit der Frage konfrontiert, inwieweit er davon persönlich betroffen ist und sein wird. (Natur-)Katastrophen sind zu einem Bestandteil der Daseinsvorsorge geworden.

Die Problematik der Abwehr von externen Bedrohungen basiert auf der Erkenntnis, dass „Sicherheit" auf zwei Pfeilern beruht: der „menschlichen Sicherheit", wie z.B. der Abwehr von Kriegen und Konflikten, und der „sozio-ökonomischen Sicherheit" – denn nur eine starke Gesellschaft in einer intakten Natur wird das Überleben der Menschheit gewährleisten. Dazu kommt noch die Erkenntnis, dass diese Probleme ubiquitär sind, es also ein lokales „Entrinnen" nicht gibt. Mit dem international verabschiedeten Konzept der „menschlichen Sicherheit" *(human security)* hat das UNDP einen Sicherheitsbegriff vorgegeben, der den Schwerpunkt von der „nationalen/territorialen Sicherheit" auf das Wohlergehen der Gesellschaft verlagert. Diese Umdeutung legt den Fokus auf den Einzelnen – er wird zur „normativen Letztbegründung politischen Handelns", so der damalige Staatssekretär im Bundesministerium für Wirtschaftliche Zusammenarbeit und Entwicklung Erich Stather schon im Jahr 2003. Dieser Anspruch fordert jede Ebene staatlichen Handelns auf, (international, national, lokal) als Scharnier zwischen der Gesellschaft und den politischen Entwicklungsentscheidungen zu fungieren. Armut, Hunger und soziale Instabilität sind die größten Bedrohungen für das tägliche Überleben in vielen Ländern auf der Welt: *Human security* wird damit zu einer der Grundvoraussetzungen für nachhaltige Entwicklung. Die seit den 1990er Jahren dramatisch in das Blickfeld rückenden „Umweltveränderungen" haben dazu geführt, den traditionellen Sicherheitsbegriff um den der „Umweltsicherheit" zu erweitern. Umweltzerstörungen, sowohl ausgelöst durch den Menschen (Stichwort: „Ressourcenübernutzung") als auch durch Naturkatastrophen, haben in einem Umfang zugenommen, dass die internationale Staatengemeinschaft (UN, 2004) dieses Problemfeld verstärkt in den Fokus der Entwicklungsentscheidungen gestellt hat:

> environmental degradation has enhanced the destructive potential of natural disasters and in same cases hastened their occurrence. The dramatic increase in major disasters. ......(and) ... if climate change produces more flooding, heat waves, droughts and storms, this pace may accelerate.

Für das Naturkatastrophenrisikomanagement ergibt sich daraus die Aufgabe, die Bedrohung „menschenwürdigen" Lebens durch Katastrophen zu verringern, ja nach Möglichkeit zu verhindern. Damit wird es zu einem der Bausteine für die Schaffung einer friedlichen, gerechten und damit sicheren Welt, wie es auch in dem „Nationalen Aktionsplan zur zivilen Krisenprävention, Konfliktlösung und Friedenskonsolidierung" der Bundesregierung aus dem Jahr 2004 niedergelegt wurde (Bundestags-Drucksache:16/1809).

Das Buch ist von dem Ziel geleitet, den naturwissenschaftlichen Fakten die Reaktionen aufseiten der Gesellschaft gegenüberzustellen, nach dem Motto:

die Naturwissenschaften nehmen Probleme und Anregungen aus der Gesellschaft, erarbeiten Lösungsmodelle, deren Umsetzung dann aber von der Gesellschaft vorgenommen werden müssen.

Die auf der Erde täglich eintretenden Naturereignisse sind ihrem Ursprung und der Art, wie sie ablaufen, sowie in ihren Auswirkungen sehr unterschiedlich ausgeprägt – auch wenn viele Faktoren durchaus gleichartig erscheinen. Naturkatastrophen rufen durchweg negative Emotionen wach. Dabei ist schon anhand der Bilder, die im Fernsehen gezeigt werden, ablesbar, dass solche Katastrophen sowohl ihrem Ursprung als auch in der Art und Weise, wo und wie sie eintreten, sehr verschieden sind. Es wird schnell deutlich: Nicht jedes Naturereignis ist gleich eine Katastrophe und nicht jede Katastrophe ist von der Natur (ursächlich) ausgelöst. Aber nur, wenn wir diese Gemeinsamkeiten und Unterschiede in allen Facetten erkannt und verstanden haben, wird es möglich, Vorsorgemaßnahmen zu entwickeln, die die Menschen in die Lage versetzen, durch angepasste Maßnahmen die Auswirkungen verträglicher zu gestalten – am besten das Eintreten solcher Ereignisse überhaupt zu verhindern.

Das vorliegende Buch soll kein geologisches, geographisches oder geophysikalisches Lehrbuch sein, sondern stellt den Menschen in den Mittelpunkt der Betrachtung. So werden die Naturkatastrophen unter dem Aspekt betrachtet, wie, wer und in welchem Ausmaß davon betroffen sein kann. Es wird ein Nexus hergestellt von Wissenschaft und den politischen Entscheidungsträgern, die für ihre Entscheidungen Sachverstand von den Experten einfordern. Dafür ist die Politik bereit, die Wissenschaft durch Forschungsmittel, den Bau von Instituten oder Personal zu fördern. Im Gegenzug erwartet sie die Beantwortung „ihrer" Fragen im Sinne einer *mandated science*. Des Weiteren ist es Aufgabe von Wissenschaft und Technik, Problemlagen in der Gesellschaft aufzunehmen, diese zu analysieren und für einen politischen Dialog aufzubereiten. Wissenschaft darf sich dabei aber nicht als „Ausführungsorgan" von Staat oder Unternehmen verstehen, sondern auch als Stichwortgeber, um gesellschaftliche Prozesse anzuregen. Sie soll Veränderungen frühzeitig wahrnehmen, daraus Folgerungen ableiten und die Erkenntnisse für eine gesellschaftliche Diskussion aufbereiten.

Die (Natur-)Wissenschaften beruhen im Prinzip auf Beobachtungen von Ursache- und Wirkungs-Zusammenhängen. Diese Zusammenhänge werden zunächst erst einmal postuliert und dann durch Versuche, Analysen und theoretische Überlegungen verifiziert. Damit unterliegen die Wissenschaften stetigen Erkenntniszuwächsen – dies trifft sogar auf die Mathematik zu, die alles in einer Gleichung zu beweisen versucht. Wie die Covid19-Pandemie gezeigt hat, muss die Wissenschaft oft auch schon zu einem frühen Zeitpunkt, wenn eine wissenschaftliche Beweisbarkeit noch nicht gegeben ist, dennoch Wertungen abgeben. Sie kann dabei immer nur unter dem Postulat der Wahrscheinlichkeit argumentieren, die sie jeweils im Licht neuer Erkenntnisse adjustieren muss. So kommt es dazu, dass ein Naturkatastrophen-Risikomanager eine Risikobewertung z.B. über ein Erdbebenrisiko allein auf der Basis von Heuristiken abgeben muss. Er überträgt Erkenntnisse aus der Geschichte im Analogieschluss auf ein potenziell eintretendes Ereignis.

Wenn Forscher zu wissenschaftlichen Erkenntnissen kommen wollen, dann nutzen sie meist die Methode der Induktion: Sie beobachten bestimmte Phänomene in der Natur oder auch Experimente in ihrem Labor und schließen daraus auf allgemein gültige Gesetzmäßigkeiten. Um sich auf die zum Teil katastrophalen Auswirkungen von Naturereignissen einstellen zu können, muss das „System Erde" in seiner Grundstruktur besser bekannt sein. Das Buch wird dieses aber nur insoweit behandeln, wie es für den Kontext des Risikomanagements erforderlich ist. Hier soll das Hauptaugenmerk darauf gerichtet sein, wer, was und wie machen kann, um gegen solche Katastrophen stärker gewappnet zu sein.

Die ursächlich vom Verlag geplante deutsche Version des englischsprachigen Buches aus dem Jahr 2016 hat sich allerdings nicht wie angedacht realisieren lassen. Der Autor nutzte daher die Gelegenheit, den deutschen Text im Lichte der sich seit 2016 deutlich erweiterten Erkenntnisbasis grundlegend zu überarbeiten und deutlich zu erweitern. Es wurden zudem auch einige Schwerpunkte anders gesetzt, vor allem aber viele Aussagen neu gefasst und präzisiert.

Das Dilemma bei einer mehr als Kompendium denn als wissenschaftliche Abhandlung über ein Thema ausgelegten Veröffentlichung ist das Problem der Auswahl: Welche Inhalte sind nötig, welche können weggelassen werden. Das Buch ist inhaltlich in verschiedene Kapitel aufgeteilt, die jeweils ein Themenfeld abdecken, ergänzt mit idealtypischen Beispielen. Da es inzwischen gern geübte Praxis ist, einzelne Kapitel elektronisch herunterzuladen, führt das dazu, dass in der Regel ein Thema von den anderen Kapiteln abgekoppelt wird. Um dennoch ein Verständnis für ein Themenfeld zu gewährleisten wurde, wo nötig, im Text noch einmal kurz auf entsprechende Textpassagen eingegangen, die in anderen Kapiteln ausführlich dargestellt werden. Das führt dazu, dass es in Teilen zu Überschneidungen in der Darstellung kommt: Dies wurde bewusst in Kauf genommen.

Ehlershausen
den 12.12.2020

Ulrich Ranke

Inhaltsverzeichnis

Über den Autor

Prof. Dr. Ulrich Ranke, geboren 1947, studierte Geologie an der Universität Göttingen, wo er 1974 über die marinen Sedimente der nördlichen Adria promovierte. Noch im selben Jahr trat er in die Bundesanstalt für Geologie und Rohstoffe (BGR) ein und arbeitete längere Zeit als Erdölberater in Bangladesch und Pakistan. Drei Jahre lang war er als abgeordneter Experte für die Integration von Geowissenschaften in soziale und wirtschaftliche Entwicklungsprojekte für das Bundesministerium für Technische Zusammenarbeit und Entwicklung tätig. Später wurde er Leiter des Referats für Grundsätze der Technischen Zusammenarbeit und damit verantwortlich für die Projektplanung und -evaluierung der BGR im Rahmen der internationalen Zusammenarbeit. In dieser Zeit bereiste er mehr als 30 Länder, vor allem in Asien, aber auch im südlichen Afrika und auf der Arabischen Halbinsel. Im Jahr 2002 wurde er als Projektleiter für die deutsch-indonesische technische Zusammenarbeit im Bereich des Naturkatastrophenrisikomanagements eingesetzt. Nach der Tsunami-Katastrophe 2004 beriet er viele Jahre die indonesische Regierung in Fragen des Katastrophenrisikomanagements und der Institutionalisierung des deutsch-indonesischen Tsunami-Frühwarnsystems. Nach seiner Rückkehr aus Indonesien nach Deutschland im Jahr 2007 wurde er eingeladen, an den Universitäten Bonn und Clausthal Vorlesungen über Naturkatastrophenrisikomanagement zu halten. Im Jahr darauf wurde er von der Geologischen Fakultät der Universität Göttingen zum Honorarprofessor gewählt, wo er seit seiner Emeritierung 2012 weiterhin Vorlesungen zu Projektmanagement, Planung und Projektevaluation hält.

Inhaltsverzeichnis

Naturkatastrophen ereignen sich täglich und können an fast jedem Ort der Welt auftreten. Dennoch machen die geologischen Situationen und die physikalischen Voraussetzungen das Auftreten an bestimmten Stellen wahrscheinlicher als an anderen. Selbst ein so extrem seltenes Ereignis, wie der Meteoriteneinschlag in der Stadt Tscheljabinsk im russischen Ural im Jahr 2012, tritt laut Statistik nur weniger als einmal pro im Jahr auf. Hätte der Meteorit jedoch einen Durchmesser von mehreren Zentimetern Durchmesser gehabt, hätte er einen Einschlagkrater geschaffen, der eine mittelgroße Stadt aus der Landschaft hätte tilgen können.

Am 22. August 2003 versammelte sich eine renommierte Gruppe internationaler Tsunami-Experten in der kleinen Stadt Angera an der Westküste der Java-Insel, um an den 125. Jahrestag des Ausbruchs von Krakatau zu erinnern, der den größten Tsunami dieser Zeit verursachte. Krakatau war der zweitgrößte Vulkanausbruch der Geschichte. Sein Ausbruch verursachte eine pyroklastische Wolke und löste einen Tsunami aus, der auf beiden Seiten der Sundastraße 36.000 Menschen tötete. Heute sind nur noch drei kleine Inseln zu sehen, da die gesamte Caldera eingebrochen ist. Seitdem hat sich jedoch im Zentrum wieder eine größere Insel, die Anak Krakatau gebildet, die ständig um etwa 7 m pro Jahr wächst. Dies zeigt, dass die Geschichte des Krakatau heute noch weitergeht. In diesem Treffen diskutierten die 150 Tsunami-Experten den aktuellen Kenntnisstand über die Entstehung von Tsunamis, darüber, welche Opfer bisher weltweit zu beklagen waren, wie ein mögliches Frühwarnsystem aussehen könnte und welche Art von Katastrophenschutz aufgebaut werden sollte. Unter den Experten war auch die Direktorin des weltberühmten Pacific Tsunami Warning Center (PTWC), Laura Kong, die ihren Vortrag mit den Worten begann: „Tsunami – keine Frage ob, nur eine Frage wann"? Ein Jahr später traf der größte jemals in der modernen Geschichte aufgezeichnete Tsunami die Nordspitze der Insel Sumatra, wobei allein in der Provinz Aceh 170.000 Menschen starben und insgesamt mehr als 230.000 Menschen rund um den Indischen Ozean ums Leben kamen. Daraus ergibt sich die Frage, warum es dann noch einmal weitere 7 Jahre dauerte, bis Indonesien ein funktionierendes Frühwarnsystem zur Verfügung stand. Dieses stellte seine Zuverlässigkeit bereits 2009 unter Beweis und konnte damals einen Tsunami vor der Küste von Yogyakarta erfolgreich prognostizieren. Die Antwort ist, obwohl so viele Experten in Angera versammelt waren, hatte das Naturkatastrophen-Risikomanagement – insbesondere im Hinblick auf Tsunamis – auf der politischen Agenda des Landes keine Priorität.

Da die Konferenz von den Wissenschaftlern als Expertentreffen verstanden wurde, aus dem sie keinen Beratungsauftrag ableiteten, wurde sie von der Politik auch dementsprechend nicht wahrgenommen. Es dauerte bis zu einem weiteren Erdbeben mit Tsunami im Jahr 2006 – offshore der Stadt Yogyakarta – bis der damalige indonesische Präsident Susilo Bambang Yudiyono das Thema ganz oben auf die politische Agenda setzte (vgl. Abschn. 3.4.2.3 und 5.1.1).

Der politische Wille und die breite internationale Unterstützung, insbesondere durch die Bundesregierung und in der Folge auch anderer Staaten, unter ihnen die Regierung von Australien, haben es schließlich ermöglicht, dieses ehrgeizige Ziel zu erreichen. Heute sind die indonesischen Inseln viel besser vor den Folgen eines Tsunami geschützt, obwohl sie auch in Zukunft immer wieder von solchen Katastrophen heimgesucht werden, wie das Beispiel des Tsunamis von 2018 zeigt. Wiederum war es der Vulkan Krakatau und wiederum war es Weihnachten, als dieser nach Angaben der indonesischen Agentur für Meteorologie, Klimatologie und Geophysik (BMKG) einen Tsunami auslöste. Der Ausbruch war begleitet von vulkanischen Erschütterungen, die einem Erdbeben der Stärke M3.4 gleichkamen. Auf diesen folgte dann eine submarine Rutschung. Die Eruption ereignete sich der Agentur zufolge am Samstagabend, den 24.12. um 21:03 Uhr Ortszeit und erreichte 24 min später die Küste. Die Flutwelle kam ohne Vorwarnung und traf das Urlaubsresort Angera, das wegen seiner Nähe zur indonesischen Hauptstadt Jakarta bei Einheimischen beliebt ist und wo unter anderem ein gut besuchtes Rockkonzert am Strand stattfand. 400 Tote waren zu beklagen und knapp 1500 Menschen wurden verletzt, obwohl die Welle nur maximal 2 m erreichte. Das nationale Frühwarnsystem habe nicht gegriffen, so BMKG, weil es (nur) auf Erdbeben und nicht auf submarine Rutschungen oder Vulkanausbrüche ausgelegt sei.

Ein anderes sehr eindrucksvolles Beispiel für das Wechselspiel von Wissenschaft und Politik gibt das Erdbeben von L'Aquila in Italien im Jahr 2009 mit 308 Toten (vgl. Abschn. 3.4.1.6). Hier war es dazu gekommen, dass eine wissenschaftliche Expertise von der Politik nicht umgesetzt wurde. Die Katastrophenmanager hatten etwa eine Woche vor dem Erdbeben zwar auf erhöhte Seismizität hingewiesen. Auf die Frage, ob es zu einem Erdbeben kommen wird, hatten sie gesagt „dazu haben wir keine Erkenntnis". Der Gemeinderat stufte daher ein Erdbeben als „nicht wahrscheinlich" ein. Es kam zu der Katastrophe, die dann zu Lasten der Wissenschaft ausgelegt wurde. Die örtlichen 6 Katastrophenmanager (Geologen, Geophysiker u. a.) wurden zu 5 Jahren Gefängnis wegen fahrlässiger Tötung verurteilt, mit der Begründung, „aus der in den Monaten zuvor erhöhten seismischen Aktivität hätten sie die Katastrophe voraussehen müssen". Die Fachleute beriefen sich darauf, dass ihre Expertise auf wissenschaftlich begründeten Wahrscheinlichkeiten beruhe und als solche auch verstanden werden müsse. Doch das ließen die Richter zunächst nicht gelten; erst später wurden die Experten freigesprochen. Im Fall L'Aquila kollidierte „empirische" Wissenschaft mit einer beweisbare Fakten fordernden Rechtsprechung. Beide Auffassungen haben ohne Zweifel ihre Berechtigung; nur sind diese nicht kompatibel.

In einem anderen Fall (Stand April 2020) wollen Überlebende und Opferangehörige den Anbieter einer Schiffskreuzfahrt zur Mitschuld am Tod von 21 Menschen bei einem Vulkanausbruch in Neuseeland verklagen. Bei dem Vulkanausbruch im Dezember 2019 waren 21 Menschen ums Leben gekommen, viele weitere erlitten schwere Verbrennungen. Viele Touristen hatten die Vulkaninsel White Island besucht, gerade zu dem Zeitpunkt, als der Vulkan ausbrach. Zuvor hatten die neuseeländischen Behörden das Ausbruchsrisiko auf die Stufe zwei von fünf hochgesetzt. Das Kreuzfahrtunternehmen betrachtete das Ausbruchs-

risiko dennoch als gering. Die Kläger argumentieren: „Das Mindeste wäre gewesen, die Reiseteilnehmer über das Risiko zu informieren und sie entscheiden zu lassen, ob sie dieses Risiko eingehen wollen".

Als Reaktion auf das Ausbleiben der Touristen nach dem Tsunami von 2014 (90 % des Bruttoinlandsprodukts stammt aus dem Tourismus) kündigte die damalige Regierung der Republik Malediven an, aus den Einnahmen durch den Tourismus einen „Sovereign Wealth Fund" einzurichten. Diese Einnahmen machen das Land mit einem Pro-Kopf-Einkommen von knapp 4600 US$ zu einem der reichsten in Asien. Einen Teil der Gelder wollte die Regierung des gerade ins Amt gewählten Präsidenten Mohamed Nasheed als eine Art „Klimaversicherung für die Nation" bereitstellen, um sich gegebenenfalls zukünftig Land in anderen Staaten zu kaufen und die Bevölkerung dorthin umzusiedeln. Seine Regierungserklärung zur „Zukunft der vom Hochwasser bedrohten Malediven" war die erste politische Ansprache an die Welt, in der ein Regierungschef darauf hinwies, dass es Orte auf der Erde gibt, an denen der klimabedingte Meeresspiegelanstieg schon beunruhigende Ausmaße erreicht hat. Die mehr als 1000 Inseln der Malediven liegen weniger als 1 m über dem Meeresspiegel und machen die 380.000 Einwohner – die Hauptstadt Male ist mit ihren 36.000 Einwohnern die am dichtesten besiedelte Stadt der Welt – höchst anfällig für den Meeresspiegelanstieg. Aber nicht nur die Landgröße nimmt täglich ab, auch zerstört das eindringende Meerwasser die Süßwasserspeicher der Insel. Daher wandte sich der Premierminister an sein Volk mit der Nachricht, dass die Malediven langfristig als Inselstaat nicht überleben werden. Er drängte sein Land, sich darauf einzustellen, eines Tages die Inseln verlassen und sich eine neue Heimat suchen zu müssen. Er begann daher mit Verhandlungen über den Kauf von Land in Indien, Sri Lanka und Australien. Für die Malediven sind Indien und Sri Lanka die erste Wahl für eine Umsiedlung, da sie insbesondere mit den indischen Bundesstaaten Tamil Nadu und Kerala sprachlich und kulturell verwandt sind. Aber die maledivische Bevölkerung akzeptierte diese „Vision" nicht und hatte Angst gezwungen zu werden, das Land zu verlassen. Nach schweren politischen Unruhen wurde die Regierung Nasheed im Februar 2012 gezwungen, zurückzutreten. Das Malediven-Beispiel zeigt eindrucksvoll, was passieren kann, wenn eine vernünftig begründete und ernsthaft durchdachte Strategie an der Bevölkerung vorbei verkündet wird. Denjenigen, die von der politischen Entscheidung existenziell betroffen wären, war nicht die Möglichkeit gegeben worden, ihre Meinung zu äußern. Eine breite und umfassende Diskussion hätte institutionalisiert werden müssen, die jedem Einzelnen das Gefühl gegeben hätte, dass seine Ängste, Erfahrungen und „Visionen vom Lebensunterhalt" ernst genommen werden. Vertreter aller gesellschaftlichen Gruppen (religiöse Führer, Opposition, Wirtschaft, Wissenschaft, usw.) hätten in einem nationalen Roundtable zusammengeführt werden müssen. So hätten alle Gruppen zu einem integralen Teil der Entscheidungsfindung werden können. Es ist klar, dass eine solche Diskussion viel Mühe und Zeit in Anspruch genommen hätte, aber das Zeitproblem war damals und ist es auch heute noch nachrangig, da die Existenz der Insel nicht über Nacht bedroht ist. Die Regierung hätte einer umfassenden gesellschaftlichen Diskussion genügend Raum geben müssen. So konzentrierten sich die Ängste der Bevölkerung weder auf die Frage des Meeresspiegelanstiegs noch auf die sozio-kulturellen Aspekte, sondern wurden stattdessen im Namen islamischer Traditionen formuliert.

Der steigende Meeresspiegel beginnt die Existenz auch anderer Inseln im Pazifik zu bedrohen, allen voran der „Kleinen Inselstaaten" wie Tuvalu, Tonga, Fidschi, Samoa, Vanuatu, Funafuti und andere (vgl. Abschn. 6.7). Erste dem Meeresspiegelanstieg geschuldete Umsiedlungen sind die Folge. Bekanntestes Beispiel sind die Carteret Islands (Papua-Neuguinea). Dort wird seit 2005 diskutiert, die 980 Einwohner auf die benachbarte Insel Bougainville umzusiedeln (Jacobeit und Methmann 2007). Bis heute konnte sich kein Bewohner dazu entschließen, trotz hoher Prämienzahlungen seine Heimat zu verlassen. Stattdessen wurde ein Bürgerkomitee gründet, um indigenes Wissen zu mobilisieren, um gegebenenfalls in 5–10 Jahren freiwillig nach Bougainville umzusiedeln. Ebenso wie die Malediven verhandeln auch die Regierung von Tuvalu mit Australien und Neuseeland, um in diesen Ländern eine neue Heimat zu finden. Aber die australische Regierung ist nur bereit, bis zu 90 Tuvaluer pro Jahr zu aufzunehmen. Sie behauptet, für die Auswanderung stünden rein wirtschaftliche Interessen im Vordergrund.

Die „Maledive-Vision", also die politische Vorgabe, an einen „sicheren" Orte umzusiedeln, hat gleichzeitig eine internationale Dimension. Es stellte sich die Frage, welchen völkerrechtlichen Status solche ausgewanderten Personen haben. Sind es immer noch Malediver, die jetzt in Indien leben, oder erhalten sie die indische Staatsbürgerschaft oder werden sie wie Auswanderer oder ethnische Minderheiten behandelt? Das internationale Flüchtlingsrecht, wie es in der Charta der Vereinten Nationen verankert ist, unterscheidet nur zwischen „Flüchtlingen" und „Binnenvertriebenen" (*internally displaced persons*, IDP), die aufgrund militärischer oder ethnischer Konflikte gezwungen sind, ihr Land oder Teile davon zu verlassen. Manchmal waren solche Flüchtlinge jahrzehntelang gezwungen, ihr Land zu verlassen, wie z. B. viele Afghanen, die sich in den 1980er Jahren in Pakistan niederließen. Da in dieser Zeit ein Volk aber keine international akzeptierte politische Vertretung hat, übernimmt der Hochkommissar der Vereinten Nationen für Flüchtlinge (UNHCR) die Vertretung. Die grundlegende rechtliche Definition dessen, was

eine Nation bildet, erfordert nach dem Völkerrecht: ein Territorium, ein Staatsvolk und einen rechtlichen Rahmen (Gesetze, Macht), um dem Gesetz Gültigkeit zu verschaffen. Wenn aber das Staatsgebiet aufgrund des Anstiegs des Meeresspiegels überflutet wird und kein Gebiet mehr existiert, ist es nach der Definition keine Nation mehr. Obwohl das Umweltprogramm der Vereinten Nationen (El-Hinnawi 1985) den Begriff „Klimaflüchtling" in die öffentliche Debatte eingebracht hat, gibt es keine international gültige rechtliche Grundlage für die Betreuung der Klimaflüchtlinge durch das UNHCR. Die zentrale Frage für UNHCR ist daher, ob Flüchtlinge ihr Zuhause freiwillig verlassen haben oder dazu gezwungen wurden. Im Falle der Malediven war aber die Idee, in einem anderen Land Schutz zu suchen, eine freiwillige Entscheidung. Die Vereinten Nationen haben den Begriff „Klimaflüchtling" seither mehrmals auf die Tagesordnung des Sicherheitsrates der Vereinten Nationen gesetzt, aber weder die fünf ständigen Mitglieder noch die anderen Industrieländer sowie viele Schwellenländer waren geneigt, sich mit dem Thema zu befassen. Bereits 1990 war die Zahl der „Klimaflüchtlinge" auf mehr als die der Kriegs- und Konfliktflüchtlinge geschätzt worden (25 Mio.; Myers 2001). Der IPCC erklärte damals, dass neben der klimabedingten Erhöhung des Meeresspiegels auch „Klimaflüchtlinge" durch Wüstenbildung, Bodenerosion und Hitzewellen zu einem erheblichen Zukunftsproblem werden. In Kap. 12 der in Rio auf der UN-CED-Konferenz verabschiedeten Agenda 21 wurde der Begriff der „Klimaflüchtlinge" bereits angesprochen (Stern 2007). Um sich gegen die Ablehnung des Themas durch die Industriestaaten zur Wehr zu setzen, haben die Regierungen der betroffenen „Kleinen Inselstaaten" die „Alliance of the Small Island States" (AOSIS) gegründet (vgl. Abschn. 6.7), um ihre Stimme zu erheben und für eine weltweite Reduktion der Treibhausgase zu kämpfen. Sie argumentieren, dass sie fast kein CO_2 in die Atmosphäre abgeben, jedoch diejenigen sind, die zuerst und am stärksten darunter zu leiden haben.

Aber auch in Deutschland stellen Naturkatastrophen für Staat und Gesellschaft oft extreme Herausforderungen dar, wie das Beispiel der Hochwässer entlang der Elbe in den Jahren 2002, 2006 und 2013 eindrucksvoll belegen (vgl. Abschn. 3.4.4.8). Besonders das Hochwasser im Jahr 2002 war bis zu dem damaligen Zeitpunkt ein Katastrophenereignis mit zuvor nicht vorstellbarem Ausmaß. Es wurde daher auch sofort als Jahrhundertflut bezeichnet. Nur, dass sich vergleichbare Hochwässer in den Jahren 2006 und 2013 wiederholten. In allen drei Fällen war es im Einzugsgebiet von Elbe und Oder zu extremen Hochwasserereignissen gekommen. Damals herrschte jeweils eine sogenannte „Vb Wetterlage" vor, die zu extremen Regenfällen in Nordostitalien, Österreich, Tschechien und Ostdeutschland führte. Nach einer Mitteilung des Deutschen Wetterdienstes

(DWD) war es im Jahr 2002 zu den höchsten Regenmengen gekommen, die jemals an einem Tag in Deutschland registriert wurden.

Als im Verlauf des Vormittags des 12. August 2002 überall in Sachsen die Pegelstände („explosionsartig") anstiegen, wurde für die Stadt Dresden nach Paragraph § 104 des Sächsisches Wassergesetzes der Katastrophenalarm ausgelöst und ein Katastrophenschutzstab gebildet (v. Kirchbach 2002). Dabei hatte zunächst einmal die Frage der Kostenübernahme eine Rolle gespielt. Die Regelungen des Landes Sachsen für den „Katastrophenschutz" wurden danach in Handlungsanleitungen für den Katastrophenfall präzisiert. Vor allem sind darin drei Zuständigkeiten konkret geregelt: a) für die Kontaktaufnahme mit dem Deutschen Wetterdienst, b) für die Herstellung der Verbindung zu den betroffenen Katastrophenschutzbehörden und dem Lagezentrum im Landespolizeipräsidium und c) für die Alarmierung des Katastrophenschutzstabes im Staatsministerium des Innern. Mit Ausrufung des Katastrophenschutzalarms ist die oberste Wasserbehörde seitdem ermächtigt, die Organisation des Hochwassernachrichtendienstes zu regeln, und überträgt die Zuständigkeit an das Landesamt für Umwelt und Geologie, diese wiederum beauftragt die Landeshochwasserzentrale, den Hochwassernachrichtendienst zu informieren.

Nach Artikel 35 (Abs. 2; Abs. 3) des Grundgesetzes kann „ein Land zur Hilfe bei einer Naturkatastrophe Polizeikräfte anderer Länder, Kräfte und Einrichtungen anderer Verwaltungen sowie des Bundesgrenzschutzes und der Streitkräfte anfordern". Die Bundesregierung reagierte damals umgehend und initiierte den größten Einsatz der Bundeswehr im Inland seit dem Zweiten Weltkrieg. Bereits am 20. August 2002 waren in den betroffenen Regionen in Sachsen etwa 45.000 Soldaten der Bundeswehr im Einsatz. Die Bundesregierung stellte kurzfristig 385 Mio. EUR bereit. Die Zahlungen betrugen bis zu 2000 € pro betroffenem Haushalt. Unternehmen erhielten einen Pauschalbetrag in der Höhe von 15.000 € und 500 € pro Angestelltem. Noch im August beschloss die Bundesregierung den Gesetzentwurf für einen 7,1 Mrd. EUR umfassenden Hilfsfonds zum Wiederaufbau. Hinzu kamen noch Mittel der EU in Höhe von 300 Mio. EUR. Allein im Freistaat Sachsen wurden von 2002 bis 2009 für Schutzprojekte gegen Hochwasser 700 Mio. EUR ausgegeben.

Die raschen und effektiven Hochwasserhilfen durch die damals SPD-geführte Bundesregierung hatte dazu geführt, dass sich – so eine politikwissenschaftliche Studie – der Stimmenanteil der SPD in den betroffenen Gebieten bei den Bundestagswahlen 2002 um bis zu 7 % und bei den Bundestagswahlen 2005 um 2 % erhöht haben soll. Trotz aller Anstrengungen in den anderen betroffenen Bundesländern sowie durch die Bundesregierung wurde vielerorts Kritik am Vorgehen der Behörden laut. So beklagte sich der damalige Oberbürgermeister der Stadt Colditz (Manfred Heinz): „Erst konnten wir nirgends Säcke auftreiben, dann gab es keinen Sand, und als wir beides organisiert hatten, fehlten Schaufeln". Weltweit nutzen Politiker Katastrophenereignisse, um politische Handlungskompetenz zu beweisen. So hatte sich beispielsweise seit 1972 jeweils in Wahlkampfzeiten in den USA die Anzahl der Ausrufung des nationalen Notstands (*presidential declaration of the state of emergency*) signifikant erhöht.

Die Kritiken wurden zum Anlass genommen, eine umfassende und tiefgehende Bewertung der Ereignisse und der Abläufe im sächsischen Katastrophenmanagement vorzunehmen, um zu prüfen, „inwieweit die gesetzlichen und die tatsächlichen Vorkehrungen des Hochwassermeldewesens geeignet waren und sind, den Katastrophenschutzbehörden eine bestmögliche Informationsgrundlage und eine größtmögliche Vorbereitungszeit zu verschaffen" (v. Kirchbach 2002). Obwohl festgestellt wurde, dass Politik und Verwaltungen die in den Gesetzen und Verordnungen vorgegebenen Bestimmungen konsequent umgesetzt hatten, kam man zu dem Schluss, dass es dennoch nötig wäre, den Katastrophenschutz in Sachsen grundlegend zu reformieren. Den Test dafür bestand der Freistaat, als es 2006 erneut zu einem extrem starken Hochwasser an der Elbe kam. Diesmal ausgelöst durch einen raschen Temperaturanstieg in den Gebirgen am Oberlauf des Flusses, der die Schneebedeckung im Erzgebirge in kurzer Zeit zum Schmelzen brachte, hinzu kamen starke Niederschläge. Die Auswirkungen dieses Hochwassers unterschieden sich von dem knapp 4 Jahre zuvor. In Dresden wurden dennoch vorsorglich mehrere Stadtteile evakuiert, die Pegelstände lagen jedoch mit maximal 7,5 m rund 2 m unter dem Höchststand von 2002. Viele Deiche entlang der Elbe waren nach der Jahrhundertflut verstärkt worden und hielten nun der neuen Belastung stand.

Eine große Schwierigkeit für einen wirksamen Hochwasserschutz an der Elbe liegt darin begründet, dass sich das Einzugsgebiet des Stroms über mehrere EU-Länder erstreckt. Betroffen sind nicht nur die Tschechische Republik und Deutschland, sondern auch Polen und Österreich. Mit Inkrafttreten der „Europäischen Wasserrahmenrichtlinie" (WRRL) im Jahr 2000 wurde der Gewässerschutz in den Mitgliedstaaten der EU auf eine neue Basis gestellt. Daraus ergab sich dann auch das Ziel, die seit 1990 bestehende „Vereinbarung über die Internationale Kommission zum Schutz der Elbe" (IKSE 1991) zwischen der Bundesrepublik Deutschland und der Tschechische Republik zu verstärken. Die IKSE berät die Vertragsparteien; ihre Arbeitsgruppen setzen sich aus Vertretern von Bundes- und Landesbehörden sowie wissenschaftlichen Institutionen Deutschlands, der Tschechischen Republik, Polens, Österreichs und der EU zusammen. Innerhalb Deutschlands müssen sich Ministerien von zehn Bundesländern auf gemeinsame Maßnahmen einigen. Die zehn Länder im Elbe-Einzugsgebiet und der Bund haben daher die „Flussgebietsgemeinschaft Elbe" (FGG Elbe) gegründet, um beim Wasserschutz wirksam zusammenzuarbeiten. Ein Ergebnis ist unter anderem, weitere Retentionsräume einzurichten, aber auch Bebauungsverbote und Überschwemmungsgebiete festzusetzen.

Selbst Waldbrände werden immer wieder neben der Brandbekämpfung Gegenstand politischer Auseinandersetzung; so wie in den USA in der Trump-Ära. Die jährlichen Waldbrände in Kalifornien nutzte er jedes Mal, um ein falsches Forstmanagement im Bundesstaat Kalifornien zu beklagen. Beinahe jährlich ist Kalifornien Zentrum extremer Waldbrände. In den Sommermonaten gehen immer wieder Bilder und Nachrichten von Feuerwehrleuten um die Welt, die oftmals machtlos gegen die Feuerwalzen ankämpfen. Jedes Jahr entstehen dabei Millionenschäden, brennen Hunderte von Häusern nieder, wie im Jahr 2018, als das „Camp Fire" die Stadt Paradise auslöschte und 48 Menschen das Leben kostete. 50.000 Menschen mussten die Gefahrenzone verlassen, mehr als 1300 waren damals in Notunterkünften untergekommen, fast 9000 Gebäude wurden dabei vernichtet.

Es gibt mehrere Gründe für die vielen Brände in Kalifornien, geographische, klimatische und anthropogene. Insbesondere das trockene mediterrane Klima entlang der Westküste sowie die starken vom Pazifik herkommenden Santa-Ana-Winde, die häufig sogar Sturmstärke erreichen können. Mit der Folge, dass die ohnehin schon hohen Temperaturen Werte von mehr als 30 °C erreichen können und der Wind zusätzlichen Sauerstoff zum Verbrennen des Pflanzenmaterials herbeiführt. Die langen Sommer lassen die Vegetation stark wachsen, was zu einer Anreicherung von Biomasse am Boden führt, die aber in den kurzen regenreichen Wintermonaten nicht vollständig abgebaut wird. Ein Ökosystem entsteht, das auf diese Weise viel organisches Material anreichert, das dann als „Nahrung" für Waldbrände zur Verfügung steht. Aber die Ursachen für die Waldbrände haben in Kalifornien nicht nur geographische und klimatische Ursachen. Viele werden durch Blitzeinschläge in die Überlandleitungen des regionalen Energieversorgers PG&E ausgelöst. Der anstatt weniger blitzgefährdete Anlagen zu installieren, werden weiter die schon steuerlich abgeschriebenen tiefhängenden Überlandleitungen eingesetzt, so der Abschlussbericht der kalifornischen Feuerwehr (CalFire). Die Schäden aus dem Jahr 2018 summierten sich zusammen mit denen aus dem Jahr 2017 auf ca. 30 Mrd. US$ und führten PG&E in die Insolvenz. Dennoch, gebunden an langfristige Versorgungsverträge, ist PG&E gehalten, auch weiterhin die Bevölkerung mit Strom zu versorgen. Kalifornien ist ein krasses Beispiel für die komplexe und stark verwobene Ursache-Wirkungskette „Natur-Mensch". Sie zeigt, wie sehr Klimaänderungen zu

Waldbränden führen können, die dann wiederum die Strompreise beeinflussen und Verluste letztlich vom Steuerzahler beglichen werden müssen (Die ZEIT, Nr. 17, 2019).

Die Brandkatastrophen in Kalifornien wurden jedes Jahr in der Öffentlichkeit heftig diskutiert: Immer wieder wurde der Ruf nach dem Staat laut, endlich seine Verantwortung zum Schutz der Bürger nachzukommen. Damit wurden die Katastrophen in den letzten Jahren auch immer zu einem Problem des amerikanischen Präsidenten. Da sich das Land seit dem Amtsantritt von Donald Trump in einem permanenten Streit um die Meinungsführung bei innenpolitischen Problemen befand, hatte der Präsident auch die Waldbrände in Kalifornien thematisiert. Er machte den Bundesstaat für die Waldbrände verantwortlich. Er beklagte ein falsches und nicht professionelles Forstmanagement und drohte der demokratischen Regierung Kaliforniens Bundesgelder zurückzuhalten. Er forderte, die Wälder endlich von der Biomasse zu „reinigen"; dieses wäre die Ursache dafür, dass es zu der schnelle Ausbreitung der Brände käme. Diese Forderung war im Prinzip berechtigt, denn in den letzten Dekaden hatte sich das früher praktizierte Waldmanagement, das darauf abzielte, durch lokale und kontrollierte Brände die Anreicherung von Biomasse zu reduzieren, verändert: Man vertrat die Ansicht, Biomasse als Kohlenstofflieferant für die Vegetation zu nutzen. Präsident Trump verwies damals auf Finnland und dessen Staatspräsidenten, der ihm gesagt habe, dass sein Land die europäische „Waldnation" sei und viel Zeit damit verbringe, die Wälder systematisch von Biomasse zu befreien. Der finnische Präsident Niinistö habe – so der Nachrichtensender CNN – zwar gesagt, dass Finnland sich um seine Wälder kümmere, aber nichts vom „Ausharken" von Biomasse.

Die Zuständigkeiten und Verantwortungen im Forstmanagement in Kalifornien sind komplex und sehr miteinander verwoben: Fast 15 verschiedene Organisationen sind daran beteiligt; die Bundesregierung, der Staat Kalifornien, Städte und Gemeinden sowie die Gebiete der indianischen Selbstverwaltung u. v. a. Ganz generell gilt, dass der Bundesstaat Kalifornien für das Waldmanagement großer Teile seines Territoriums nicht zuständig ist; 50 % der Wildnisgebiete werden von der nationalen Forstbehörde verwaltet. Die beiden wichtigsten Organisationen zur Waldbrandbekämpfung sind der US Forest Service und die Kalifornische Waldbrandbehörde „CALfire". Alle Behörden arbeiten nach der Maßgabe zusammen, dass immer derjenige, der am dichtesten „dran" ist, die Aufgaben übernimmt. Wenn dessen Kapazitäten überschritten sind, springt die nächsthöhere Instanz ein. US Forest stellt zwei Drittel der Feuerbekämpfungskapazitäten von ganz Amerika. In Kalifornien ist es für das Management von fast 800.000 km² Land zuständig, ebenso wie für das Forstmanagement von 15.000 km² Privatland. Zudem ist festzuhalten, dass 2 von 3 Waldbränden in den

USA, und das trifft auch für Kalifornien zu, gar nicht direkt in den Wäldern auftreten, sondern in den Grassteppen und Lichtungen innerhalb der Waldgebiete (*„wildland-urban-interface"*). Dort entstehen seit langem unkontrollierte Siedlungen ohne kommunale Versorgung. Diese weitverstreuten Siedlungen sind bei einem Brand sehr schwer zu schützen. Hier kommt es auch regelmäßig zu den größten Opferzahlen und Schäden (80 % der Gebäude). Dies aber nicht nur, weil dort die Biomasse brennt, sondern weil das Feuer durch unsachgemäße Lagerung brennbarer Stoffe (Gastanks, Brennholzstapel, Benzinkanister, Autos) hochexplosive Nahrung erhält.

Noch eine weitere Komponente kommt hinzu. Viele politische (soziale, ökonomische, ökologische) Entscheidungen bringen es mit sich, dass deren Auswirkungen erst mit Zeitverzögerung erkennbar werden. Die betrifft in erster Linie Managemententscheidungen in den Industrieländern, aber auch solche in Entwicklungsländern (oftmals von den Industrieländern initiiert). So zum Beispiel beim Stausee Cahora Bassa am Sambesi in Mosambik, einer der größten Stauseen der Erde. Der Stausee ist zur Erzeugung von Hydroenergie ausgelegt, die nach Südafrika verkauft wird (von dort aber zum Teil wieder an Mosambik weiterverkauft wird). Heute, fast 50 Jahre nach Errichtung des Stausees, werden die Auswirkungen auf das Ökosystem entlang des Sambesi immer deutlicher. Das rigide Eingreifen in den Wasserhaushalt unterbindet den natürlichen Rhythmus von Dürre- und Überschwemmungsperioden. So im Jahr 2000, als das bis dahin größte Hochwasser des Sambesi in Mosambik eine Naturkatastrophe von großem Ausmaß nach sich zog. Wochenlange Regenfälle, ausgelöst durch den Zyklon Elin, ließen die Flüsse Sambesi, Limpopo und Save über die Ufer treten. Laut Schätzungen von wurden gut 44.000 Menschen obdachlos, 700–800 Menschen starben. Die Schadenssumme wird auf 500 Mio. US$ geschätzt. Das Hochwasser im Jahr 2000 galt als das größte seiner Art in Mosambik seit vielen Jahrzehnten, wurde allerdings 2019 von Zyklon Idai noch übertroffen. Wegen der jährlichen Hochwasser (vor allem aber als Folge des Jahres 1999) waren die Menschen und die Behörden diesmal „relativ" gut vorbereitet – die Evakuierungen verliefen reibungsloser, die Präsenz der Regierungsstellen war spürbarer. Außerdem habe sich der Bau von Dämmen um große Orte und Dörfer als hilfreich erwiesen. Mit Sorge wurde 2000 beobachtet, wie sich das Öffnen der Schleusen des zum Bersten gefüllten Cahora Bassa-Staudamms auf die Überflutungsgebiete auswirkt.

Wie sehr Natur und andere Katastrophen, wie der Klimawandel, bei den Menschen zu einem veränderten Empfinden gegenüber den Auswirkungen auf ihr Leben geführt haben, zeigen die folgenden Beispiele von Klagen gegen den Klimawandel.

Im November 2015 reichte der peruanische Bauer Saúl Luciano Lliuya eine Klage beim Amtsgericht Essen gegen die Rheinisch Westfälischen Elektrizitätswerke (RWE AG) ein, da dessen Produktion von Strom aus Erdgas und Braunkohle Einfluss auf den Klimawandel haben soll (Kellner 2020). Der Kläger behauptete, da mit der Energiegewinnung die Emissionen von Treibhausgasen verbunden ist, trägt die RWE dazu bei, dass es weltweit zu einer Erhöhung der Temperaturen kommt. Zwangsläufig führe das dazu, dass auch Gletscher zunehmend abschmelzen. Dies gelte auch für den Gletscher, der den peruanischen Palcacocha-See speist. An dessen Hangfuß liegt die Stadt Huaraz und das Haus der Familie Lliuya, die durch eine potenzielle Flutwelle aus dem Palcacocha-See bedroht sind. Er argumentierte, das Abschmelzen des in den See mündenden Gletschers führe zu einem Ansteigen des Wasserpegels und dadurch zu dem Risiko einer Gletscherflut („Glacial Outburst Flood", GLOF). Damit wären er sowie die anderen 30.000 Einwohner der Stadt Huaraz am Fuße der Anden in ihrem Hab und Gut und ihrem Leben existenziell bedroht. Schon einmal im Jahr 1941 fanden aufgrund eines solchen Ereignisses tausende Menschen den Tod. Weil RWE weltweit einer der größten Treibhausgas-Emittenten mit einem globalen Anteil von 0,47 % ist, fordert der Kläger von dem Energiekonzern eine entsprechende Ausgleichszahlung in Höhe von 0,47 % der zu erwartenden Schäden von 17.000 €. Der Betrag solle für den Aufbau eines Frühwarnsystems am Palcacocha-See investiert werden, für den Bau neuer Staudämme sowie für die technische Verbesserung zur Gefahrenabwehr von Überschwemmungen. Nachdem zunächst das Amtsgericht Essen die Klage als nicht begründet abgewiesen hatte, hat das Oberlandesgericht Hamm als Berufungsinstanz die Klage zugelassen. Der Kläger sieht die Zulassung der Klage durch das OLG Hamm als einen Durchbruch. Damit wurde erstmalig in der Rechtsgeschichte Deutschlands eine „Klimaklage" von einem Gericht anerkannt. Seit vier Jahren wird nun darüber verhandelt. Immer noch stehen sich der Kläger mit seiner Forderung nach einem Ausgleich für mögliche Verluste und die RWE, die die Anerkennung eines schuldhaften Verhaltens kategorisch ablehnt, gegenüber. Das Oberlandesgericht (OLG) Hamm hat derzeit ein Rechtshilfeersuchen an die peruanische Regierung gestellt hat, um sich vor Ort ein Bild zu machen. Im Erfolgsfall ist damit zu rechnen, dass das Urteil ein Präzedenzfall wird und weltweit eine Welle von Klagen von Klimaschutzgruppen folgt.

Dies ist nur ein Beispiel für viele vergleichbare Verfahren. So ist bei der EU die Klage einer Reihe von Klägern – unter Ihnen die Familie Recktenwald von der Insel Langeoog – anhängig. Die Kläger haben vor zwei Jahren das Europäische Parlament und den Rat der EU-Länder verklagt, mehr gegen den Klimawandel zu tun. Das EU-

Ziel, bis 2030 die Treibhausgase um 40 % unter den Wert von 1990 zu drücken, reiche nicht aus. Die Familie Recktenwald wohnt seit vier Generationen auf der ostfriesischen Insel Langeoog. Sie sieht ihre Heimat und ihr als Familienbetrieb geführtes Hotel durch den steigenden Meeresspiegel bedroht. Die Luxemburger Richter wiesen den Antrag als unzulässig ab (RND 2019). Die Begründung: Der Klimawandel werde wahrscheinlich jeden treffen. Die Kläger könnten nicht nachweisen, dass ihre individuellen Grundrechte auf besondere (!) Weise beschnitten würden. Der Antrag sei deshalb als unzulässig abzuweisen. Die Gerichtskosten wurden den Klägern auferlegt. Gegen den Beschluss sind noch Rechtsmittel beim Europäischen Gerichtshof möglich. Das bedeutet, der Europäische Gerichtshof (EuGH) wird nun prüfen, ob das EU-Gericht die Klage zu Recht abgewiesen hat.

Vor einem Gericht in New York hat ein spektakulärer Streit um die Auswirkungen des Klimawandels begonnen. Angeklagt ist der Ölkonzern Exxon Mobil Corporation wegen falscher Angaben über die Folgen des Klimawandels (Spiegel Online, 23.10.2019). Exxon Mobil soll seine Investoren über die tatsächlichen Kosten des Klimawandels getäuscht haben. Die New Yorker Generalstaatsanwaltschaft konnte nachweisen, dass Exxon Mobil zwei Bilanzen verwendet habe, um die wahren Kosten von Klimaschutzbestimmungen vor Investoren zu verbergen. Der Anwalt des Öl-Konzerns dagegen wies die Behauptungen als falsch und politisch motiviert zurück. Die Zivilklage wirft Exxon Mobil vor, Investoren in Höhe bis zu 1,6 Mrd. US$ betrogen zu haben. Der Generalstaatsanwalt erhob Klage im Oktober 2018 nach dem „Martin Act", einem Gesetz des US-Bundesstaates New York, das in erster Linie zur Verfolgung von Finanzbetrug angewendet worden war. In der Klage wird behauptet, Exxon Mobil habe den Anlegern fälschlicherweise mitgeteilt, dass sie die Auswirkungen zur Regulierung der Klimaauflagen mit 40 US$ pro Tonne CO_2-Emissionen oder weniger kalkuliere – diese in Wahrheit aber bei bis zu 80 US$ pro Tonne lagen. Exxon dagegen führte an, dass die 80 US$ pro Tonne einen „globale" Mittelwert der Kosten darstellten, während von ihnen niedrigere Zahlen, bekannt als Treibhausgas- oder Treibhausgaskosten, für bestimmte Kapitalprojekte verwendet wurden. Es gäbe kein Dokument, aus dem hervorgeht, dass solche sogenannten „Proxy-Kosten" und die wahren Treibhausgaskosten ein und dasselbe sein. Der Exxon-Anwalt warf dem New Yorker Generalstaatsanwalt Eric Schneiderman vor, den Fall aus politischen Gründen vorzulegen. Zudem untersucht der Bundesstaat Massachusetts unabhängig von dem New Yorker Gericht, ob Exxon sein Wissen über die Rolle fossiler Brennstoffe beim Klimawandel verschwiegen hat, nachdem im Jahr 2015 Berichte veröffentlicht worden waren, wonach Wissenschaftler des Unternehmens festgestellt hatten, dass die Verbrennung fossiler Brennstoffe reduziert werden

muss, um die Auswirkungen des Klimawandels zu mildern. Es ist dies die erste von mehreren Klagen, die derzeit gegen große Ölkonzerne im Zusammenhang mit dem Klimawandel anhängig sind. Exxon und andere Ölkonzerne, darunter BP Plc, Chevron Corporation und Royal Dutch Shell, müssen sich mit einer Serie von Klagen von Städten und Landkreisen in den Vereinigten Staaten auseinandersetzen. Die Städte machen ihre steigenden Kosten zur Abwehr des durch den Klimawandel verursachten Meeresspiegelanstiegs geltend.

Die Naturkatastrophenereignisse weltweit zeigen eindrucksvoll, dass einige Staaten und Gesellschaften besser und andere weniger gut mit Naturkatastrophen umgehen können. Dafür hat sich der Begriff „Geography of Disaster" eingebürgert (vgl. Abschn. 2.2.2). Worin also unterscheiden sich diese Länder, welche Fähigkeit haben sie entwickelt, um sowohl präventiv als auch kurativ, das Leben ihrer Bevölkerung zu sichern. Die Beispiele zeigen ferner, dass Naturkatastrophen ein Teil unseres Lebens sind und jeder Einzelnen sich auf diese Herausforderungen einzustellen hat. Auch kann im Prinzip davon ausgegangen werden, dass die natürlichen Prozesse auf der Erde soweit bekannt sind, dass daraus belastbare Handlungsoptionen durch Regierungen abgeleitet werden können. In den meisten der genannten Beispiele wird ersichtlich, dass manche Gesellschaften gut gerüstet waren und in der Lage ihre Krisenreaktionen gezielt, konsequent und effektive einzusetzen. Anderen dagegen mangelte es an den administrativen Strukturen, an einem Staatsgefüge, das in der Lage ist, Ordnung und Sicherheit zu garantieren. Wiederum anderen fehlt es an dem notwendigen fachlichen Wissen und technischen Umsetzungsmöglichkeiten. Fast immer aber kommt der Aspekt „Prävention" viel zu kurz. Und fast noch schlimmer wird – und das betrifft auch Staaten, wie Deutschland und die USA – auch das einfachste Katastrophen-Risikomanagement nicht mit den Betroffenen abgestimmt. Francis Bacon, englischer Philosoph und Staatsmann (1561–1626) sagte 1620 in seinem Werk über die Natur (*„Novum Organum Scientiarum"*): *„nature to be commanded – must be obeyed"* und wurde damit der Begründer der naturwissenschaftlichen Empirik. Aus diesem Postulat lässt sich ableiten, dass man, um sie beherrschen zu können, die Natur verstehen muss. Was wir aber sehen, ist, dass viele Menschen die Natur entweder als „vorhanden" ansehen, andere dagegen sie als Bedrohung empfinden. Der sich in den letzten 20 Jahren immer stärker abzeichnende Klimawandel hat vielen Menschen gezeigt, wie fragil die Natur als System ist. Obwohl die Anzeichen der Bedrohung schon lange nicht mehr zu übersehen waren, werden immer wieder die Augen verschlossen und die „Angelegenheit" wird wenigen Wissenschaftlern überlassen. Schon die Begriffe „Klimaänderung", „Klimawandel", „Klimakrise", „Klimakatastrophe" zeigen die sehr unterschiedlichen Sichtweisen.

Daraus ergibt sich die Frage, wie geht der Einzelne, die Gesellschaft, ein Staat oder auch die gesamte Staatengemeinschaft mit „Risiko" um?

Literatur

El-Hinnawi, E. (1985): Environmental refugees. – United Nations Environmental Program (UNEP), Nairobi

IKSE (1991): Vereinbarung über die Internationale Kommission zum Schutz der Elbe.- Internationale Kommission zum Schutz der Elbe, Protokoll zur „Vereinbarung über die IKSE, Magdeburg

Jacobeit, C. & Methmann, C. (2007): Klimaflüchtlinge – Die verleugnete Katastrophe. – Greenpeace, Universität Hamburg

Kellner, M. (2020): Über die Verantwortung Großindustrieller Energieerzeuger am Klimawandel – Deutsches Gericht lässt Klage wegen Verstoßes gegen die Klimarahmenkonvention zu.- Bachelorarbeit, Fakultät für Geowissenschaften und Geographie; Geographisches Institut Abteilung Humangeographie, Universität Göttingen

Myers, N. (2001): Environmental refugees – A global phenomenon of the 21st Century. – Philosophical Transactions of the Royal Society: Biological Sciences, Vol. 357, S.167–182, London

RND (2019): Klimawandel: Langeooger Familie scheitert mit EU-Klage.- Redaktionsnetzwerk Deutschland (RND)

Stern, N. (2007): The economy of climate change – The Stern Review.- Cambridge University Press, Cambridge MD

v. Kirchbach (2002): Bericht der Unabhängigen Kommission der Sächsischen Staatsregierung – Flutkatastrophe 2002, S. 252, Dresden

Inhaltsverzeichnis

Die eingangs aufgeworfene Frage, wie es dazu kommt, dass einige Staaten und Gesellschaften mit Naturkatastrophen besser umgehen können als andere, führt zu weiteren Fragen:

- Welche Funktionen hat ein Staat?
- Was zeichnet eine Gesellschaft aus?
- Wie kann die Wissenschaft dazu beitragen, die Widerstandsfähigkeit von Gesellschaften zu verbessern?

Wenn, wie Klapwijk es schon 1981 formulierte, Wissenschaft die Aufgabe hat *„organizing humanity in a scientific way",* dann folgt daraus, dass auch die (Natur-)Wissenschaften letztendlich eine soziale Verantwortung zu übernehmen haben (Klapwijk 1981). Das bedeutet, dass sich die Naturwissenschaft nicht länger über eine rein theoretische Beschäftigung mit natürlichen Phänomenen definieren sollte, sondern sie stattdessen aufgerufen ist, Bedürfnisse der Gesellschaften zu befriedigen – eine Forderung, die schon Alexander von Humboldt vor 150 Jahren erhoben hat.

Einen anderen Gedanken brachte Beck (1986) nach der Nuklearkatastrophe von Tschernobyl ins Spiel. Er konsta-tierte, dass in den modernen Industriegesellschaften die Produktionszuwächse – also die Akkumulation von Reichtum – immer an eine Zunahme von Risiken gekoppelt sind. Dieses gilt für die Industrieländer ebenso wie für Entwicklungsländer – wird aber am Beispiel der sogenannten Schwellenländer am deutlichsten. Wiederum einen anderen Aspekt stellte der Soziologe Niklas Luhmann (Luhmann 1991) heraus, wenn er nach dem Risikobewusstsein des Einzelnen fragte. Er meinte, dass sich gesellschaftliche Gruppen heutzutage sehr für (solche) Risiken interessieren (z. B. Anti-Atomkraft-Bewegung), deren Eintritt als hoch unwahrscheinlich, dafür aber mit katastrophalen Konsequenzen eingeschätzt wird. Seiner Ansicht nach ist das besondere Interesse daran dadurch begründet, „dass es im heutigen Falle Menschen bzw. Organisationen, also Entscheidungen sind, die man als auslösende Ursache identifizieren kann", dass „die Entscheidungsabhängigkeit der Zukunft der Gesellschaft zugenommen hat" und dass darüber hinaus „heute die Technik das Terrain der Natur okkupiert (hat)" (vgl. Abschn. 8.2). Hinsichtlich der modernen Gesellschaft ist festzuhalten, dass sie viele der Schäden, auf die sie zu reagieren hat, in der Regel selbst produziert und dass sie lernen muss, dies als Zukunftsrisiko gegenwärtigen Handelns zu begreifen (Kneer und Nassehi 1997).

Dombrowski hat schon (1995) darauf hingewiesen, dass zwischen den Naturwissenschaften/Technik und den Sozialwissenschaften ein großer Unterschied besteht in dem, was als Katastrophe zu bezeichnen ist. Für Naturwissenschaften und Technik weist zum Beispiel der Mangel an Widerstandfähigkeit *(„lack of capacity")* auf ein Problem hin, das mit Instrumenten wie Training, Ausrüstung und Ähnlichem (schnell) zu beheben ist. Die Sozialwissenschaften dagegen sehen den „Mangel" eher als einen Systemfehler, der erst dazu führt, dass ein Mangel an Lösungsfähigkeiten aufkommt. Automatisch wird danach gefragt, wie es dazu kommen konnte *(„who is responsible for such a lacking?")*. Dombrowksi zitierte L.T. Carr (1932), der dafür plädierte, Katastrophen generell eine soziologische Dimension zuzuschreiben: Dürren, Hochwasser, Erdbeben u. a. seien so lange keine Katastrophe, bis sie nicht zu einem Zusammenbruch der sozialen Ordnung führen *(„disasters are the result of human activity not of natural and supranatural forces)"*. Auch wenn man meinen könnte, dass diese Definition zum Beispiel bei tektonischen Ereignisse nicht zutreffe, so zeigt das Beispiel des Erdbebens/Tsunamis im Jahr 2018 in der Stadt Palu (Indonesien) mit 4000 Toten, dass die Opfer weitgehend einer mangelnden Bausubstanz, der Lage der Häuser nahe der Küste sowie einem nicht funktionierenden Tsunami-Frühwarnsystem geschuldet waren.

Im Sommer 2019 wurde durch die Waldbrände in Kalifornien das Wohnhaus des Fernsehmoderators Thomas Gottschalk total zerstört. Auch wenn dabei nicht zu ersetzende Wertgegenstände verbrannt waren, so wird Thomas Gottschalk in Spiegel Online (13.11.2018) mit den Worten zitiert: „Es gibt schlimmeres Unheil auf der Welt". Für ihn stellt also der Verlust des Hauses zwar ein „bedauerliches" Ereignis dar, aber keinen nicht ersetzbaren Verlust. Für andere Hausbesitzer in Kalifornien dagegen war der Verlust ihrer Häuser in der Tat existenzbedrohend.

Damit kommen wir zu der Ausgangsfrage zurück: „Ab wann ist eine Katastrophe eine Katastrophe?"

Wenn per Definition eine Katastrophe zum Zusammenbruch der sozialen Ordnung führen kann, so kann man heute verallgemeinert feststellen, dass Naturkatastrophen sich erfreulicherweise schon in vielen Ländern zum Teil schon als beherrschbar erwiesen haben – dabei ist jedes Opfer eines zu viel (vgl. Abschn. 3.4.1.6). Das Erdbeben in Haiti traf hingegen eine Gesellschaft, die auch schon vor dem Ereignis durch eine extrem schwache institutionelle und soziale Ordnung gekennzeichnet war. Es kommt also darauf an, wie „stark" ein Staat ist; wie seine sozialen, kulturellen, ethnischen, technischen und finanziellen Abwehrmaßnahmen entwickelt sind.

2.1 Staat und Gesellschaft

2.1.1 Rechtlicher Rahmen

Völkerrechtlich wird ein Staat definiert durch ein Staatsvolk, ein Staatsgebiet und eine Staatsgewalt. Erst alle drei Faktoren zusammen machen einen Staat aus. Wenn ein Volk sich aus ethnischen, kulturellen und historischen Gründen entscheidet, in einem bestimmten Gebiet zu leben und das Gewaltmonopol an dieses völkerrechtliche Subjekt überträgt, sprechen wir von einem Staat. Der Einzelne erwartet von diesem Subjekt, dass Freiheit und Frieden nach innen und außen gewährleistet werden und die soziale Ordnung hergestellt und erhalten wird *(„concept of legitimization";* Weber 1946). Darunter wird auch verstanden, dass der Staat den Einzelnen vor den Risiken der wissenschaftlichen und technischen Entwicklung schützt sowie den Erhalt der natürlichen Lebensgrundlagen gewährleistet.

Die Staaten auf der Welt sind nur sehr unterschiedlich in der Lage, diesem Anforderungsprofil zu genügen. Generell werden Staaten in (mindestens) vier Gruppen eingeteilt (Schreckener 2004; BMZ 2007):

- Stabile, konsolidierte Staaten. In ihnen sind alle drei oben genannten Funktionen verwirklicht. Dazu zählen die westlichen Demokratien (OECD) sowie eine Reihe von Staaten, die nach 1990 ihre Selbstbestimmung erlangt haben (z. B. Tschechische Republik). Diese Staaten sind gekennzeichnet von einem breiten gesellschaftlichen Konsens, einer demokratischen Verfasstheit sowie marktwirtschaftlichen Strukturen, von Rechtsstaatlichkeit und Gewaltenteilung.
- Schwache Staaten. In ihnen ist das staatliche Gewaltmonopol zwar vorhanden, kann aber nur eingeschränkt durchgesetzt werden. Auch die staatliche Legitimität sowie die Fähigkeit oder der Wille, Wohlfahrtsfunktionen auf breiter Front umzusetzen, sind wenig ausgeprägt. Trotz allem wird in ihnen ein bestimmtes Maß an elementaren Dienstleistungen (medizinische Versorgung, Wasser, Strom, Kommunikation) gewährleistet. Das gilt für viele Länder Lateinamerikas, Zentralasiens sowie dem arabischen Raum (z. B. Ägypten).
- Versagende Staaten. In diesen Staaten besteht das staatliche Gewaltmonopol, kann aber nicht überall umgesetzt werden. Sie verfügen über die Fähigkeit, in Teilbereichen das Allgemeinwesen zu organisieren, und nehmen bestimmte staatliche Funktionen (Militär/Polizei) wahr. Sie sind aber nicht in der Lage, dem Gewaltmonopol in allen Landesteilen auch Geltung zu ver-

schaffen oder ihre Grenzen überall und gegen jeden zu schützen. Als Folge treten hier oft ethnische Konflikte auf und Kriminalität ist an der Tagesordnung.

- Fragile bzw. gescheiterte Staaten. In ihnen sind die drei Charakteristika eines Staates nicht gegeben, sodass oftmals von einem Kollaps der staatlichen Funktionen gesprochen wird (z. B. Haiti). Das heißt aber nicht, dass sich nicht quasi-staatliche Strukturen etabliert haben – zumeist von nicht staatlichen Akteuren in ihren „Hoheitsgebieten" gesteuert (z. B. der Islamische Staat in Syrien). Geographisch konzentrieren sich die fragilen Staaten vor allem auf Zentral- und Südafrika sowie auf den Nahen und Mittleren Osten (OECD 2013).

Auch wenn seit 1990 weltweit ein signifikanter Wandel in der Regierungsform von einer Autokratie hin zur Demokratie (von um 30 % auf heute >80 %), nachweisbar ist, so beherrschen immer noch Autokratien und sogenannte Anokratien (Mischform zwischen Demokratien und Autokratien) fast 50 % der Staaten (Marshall und Cole 2009).

Die Gründe dafür, dass Staaten einer Katastrophe erfolgreich widerstehen können oder nicht, hängen von einer Reihe von Faktoren zusammen, die Schreckener (2004) drei Gruppen zuordnet:

- Strukturfaktoren, wie Bodenschätze, Ackerland, Klima; aber eben auch eine mono-/multiethnische Bevölkerung, koloniales Erbe, Integration in den Weltmarkt,
- Prozessfaktoren, wie Stärkung oder Erosion der Staatlichkeit,
- Auslösefaktoren, wie Revolution, Epidemien, Bürgerkrieg, Naturkatastrophen.

Im Prinzip aber geht es darum, wie Acemoglu und Robinson (2017) schreiben, ob es einem Staat gelingt, „inklusive" Institutionen aufzubauen. Dazu zählen sie politische Institutionen, die pluralistisch und offen sind, die die Macht innerhalb der Gesellschaft breit und gerecht verteilen und die Marktchancen eröffnen. Dennoch sind hierfür „zentralistisch" ausgebildete Verwaltungen eine Voraussetzung, um die in der Verfassung niedergelegten Freiheiten auch umsetzen zu können (Stichwort „Gewaltmonopol"). Viele (ehemalige) Kolonialländer haben dagegen die „extraktiven" (ausbeuterischen) Wirtschaftsformen ihrer Kolonialherren übernommen. Bei ihnen konzentriert sich die Macht in den Händen weniger (Oligarchen) und sie entziehen so der übrigen Gesellschaft entwicklungsnotwendige Ressourcen. Als Folge werden wenige „sehr reich", weite Teil der Bevölkerung dagegen versinken in Armut, Chaos und Bürgerkrieg.

2.1.2 Menschliche Sicherheit

Die staatliche Verfasstheit eines Staates, seine Stärken und Schwächen definieren seine Fähigkeit, sich den Herausforderungen der (Natur-)Katastrophen zu stellen. Diese sind derzeit in der politischen Diskussion um die Auswirkungen des Klimawandels am deutlichsten abzulesen. Dabei kommen beim Katastrophen-Risikomanagement die gleichen Lösungsansätze wie beim Klimawandel zum Tragen, auch wenn der Klimawandel die traditionelle Wirkungsbeziehung von Naturkatastrophe und deren Folgen auf die Gesellschaft grundlegend verändert hat. Während man früher die Folgen einer Hochwasserkatastrophe durch technische Instrumente, finanzielle Mittel und durch persönlichen Einsatz in der Regel „gut" in den Griff bekommen konnte, sind die Gesellschaften beim Klimawandel heute mit Auswirkungen konfrontiert, die sie selber nur zu einem geringen Anteil wirklich überblicken und zu denen sie derzeit keine überzeugende „Generallösung" haben (vgl. Kap. 7). Der Klimawandel hat eine neue Dimension im Verhältnis Naturkatastrophe und Gesellschaft eingeläutet. Insbesondere da immer deutlicher wird, dass der Klimawandel zu mehr Naturkatastrophen führt und die Naturkatastrophen wiederum den Klimawandel begünstigen.

Überall auf der Welt und verstärkt durch den Klimawandel empfinden immer mehr Menschen die Welt als „nicht sicher". Dies trifft nicht nur auf Industrieländer zu, wo die Menschen befürchten, ihren derzeitigen Lebensstandard nicht aufrechterhalten zu können, sondern auch auf viele Entwicklungsländer. Im Nahen Osten, in Ostafrika oder Lateinamerika nimmt die Angst vor Hunger, Armut und Gewalt zu. Der Klimawandel verstärkt zudem noch die traditionellen lokalen Konflikte und nimmt den Menschen die Hoffnung auf eine bessere Zukunft. Daher suchen viele Menschen Zuflucht in Ländern, von denen sie annehmen, dass es ihnen dort „besser" geht. In diesen Ländern wiederum sehen die Menschen ihre Lebensstandards durch Zuwanderung in Gefahr. Der Verteilungskampf wird größer. Flüchtlinge, Zuwanderung und Asylanten sind die Begriffe, die derzeit die politische Diskussion weltweit am stärksten beherrschen

Die veränderte geopolitische Lage ist auch an dem geänderten Begriff der „menschlichen Sicherheit" („human security") abzulesen. War nach dem Zweiten Weltkrieg der Begriff der „Sicherheit" vor allem territorial geprägt und mit „kein Krieg" gleichgesetzt, so hat er sich in den letzten 30 Jahren hin zu einer eher „nicht militärischen" Bedeutung verschoben (Abb. 2.1). Menschliche Sicherheit wird heute definiert als ein soziales, kulturelles und ökonomisches

Abb. 2.1 Der Begriff der Sicherheit

Leben, das frei jeglicher Bedrohung eine Befriedigung der Grundbedürfnisse erlaubt. Sicherheit basiert demnach auf der Verwirklichung der Menschenrechte und auf umweltverträglichem und sozial gerechtem Fortschritt. Sie umfasst damit nicht nur den Schutz vor physischer Gewalt, sondern auch vor weiteren Bedrohungen der Lebensgrundlagen, wie z. B. Umweltzerstörung, Epidemien, wirtschaftliche Instabilität oder soziale Ausgrenzung (DB 2006; WBGU 2008)

Bei den Vereinten Nationen (UNDP 1994) war der Begriff der „menschlichen Sicherheit" erstmals 1994 im „Entwicklungsbericht" des Entwicklungsprogramms der Vereinten Nationen (UNDP) als Leitbegriff präsentiert worden. Er bezog sich (zunächst) auf sogenannte globale Risiken und betonte, dass diese sich jederzeit, an jedem Ort auf der Erde auswirken können: *„Can strike with devasting speed in any corner of the world".* Im Jahr 2010 wurde diese Frage von der Generalversammlung der Vereinten Nationen (VN) aufgegriffen und mit der Resolution (64/291) ein internationales Forum eingerichtet, um die Frage der „menschlichen Sicherheit" auf breiter Basis zu diskutieren und mögliche Lösungsmodelle zu erarbeiten. Anlässlich der VN-Debatte „General Assembly Thematic Debate on Human Security" im April 2011 wurde beschlossen, „menschliche Sicherheit" als umfassendes Konzept zu definieren, das auf der Freiheit vor Repression und einem selbstbestimmten Leben in Würde beruht. Die VN-Mitgliedstaaten wurden darin aufgefordert, diese Forderungen in ihren nationalen Politiken zu verankern

Ob nun die sozialen, ethnischen und kulturellen oder ökonomischen Rahmenbedingungen die Ursachen der Konflikte oder ihre Folgen sind, lässt sich im Einzelfall wohl nie mit Sicherheit belegen. Sicher dagegen ist, dass dieser „Teufelskreis" (vgl. Abb. 4.6) in Zukunft noch viel drastischer ausfallen wird, sich immer schneller drehen wird und die daraus resultierenden Wirkungen immer weniger vor-

hersehbar werden, sowohl in den Herkunftsländern im „Süden" als auch in den Migrationszielländern im „Norden"

Zur inklusiven Definition von „menschlicher Sicherheit" gehört aber auch, dass viele Ursachen von „Unsicherheit" nicht nur in den politisch regulativen Ebenen angesiedelt sind. Vielmehr wird heute immer deutlicher, dass viele Fluchtursachen auch auf geographischen, klimatischen und geologischen Ursachen beruhen. Oftmals stellen diese nicht die alleinige Ursache, sondern verstärken bestehende Konflikte erheblich. Mehr noch, viele der natürlichen Veränderungen sind von denen verursacht worden, die heute den Hilfesuchenden eine Aufnahme verweigern (CO_2-Emissionen). Die Menschen verlassen ihre Heimat nicht, weil es in den Zielländern „schöner", „einfacher" oder „besser" ist, sondern weil ihnen in ihren Heimatländern ein selbstbestimmtes Leben oftmals nicht mehr möglich ist. Zudem ist anzumerken, dass die (immer noch sehr) hohen Bevölkerungszuwachsraten viele Menschen dazu zwingen, in Regionen zu siedeln, die eigentlich für solche Zwecke nicht geeignet sind: Sturmflut gefährdete Flussniederungen, wie das Irrawaddy-Delta (Taifun Nargis), oder die Steilhänge von Millionenstädten (Favellas in Rio de Janeiro), auch Bodendegradation durch Übernutzung oder ein Salzwasserzustrom an den Küsten durch den Meeresspiegelanstieg machen viele solcher Regionen nicht mehr bewohnbar

Die heute sehr umfassend angelegte Definition von „menschlicher Sicherheit", in die die natürlichen Gegebenheiten einfließen, macht ein Naturkatastrophen-Management automatisch zu einem Naturkatastrophen-Risikomanagement (VN 2005). Damit wird deutlich, dass die sich aus den natürlichen Gegebenheiten ergebenden Veränderungen (positive wie negative) immer auf ihre Wirkungen auf die Gesellschaft hin zu untersuchen sind. Die Begriffe „Risiko", „Vulnerabilität", „Resilienz" usw. werden in Kap. 4 eingehend dargestellt. Wenn das Naturkatastrophen-Risikomanagement also als integraler Bestandteil der „menschlichen Sicherheit" aufgefasst wird, dann folgt daraus, dass auch seine Instrumente, Konzepte und Strategien denen des Managements der „sozialen Frage" entsprechen müssen. Dennoch bleibt das Ziel eines „absoluten" Schutzes eine Illusion

2.1.3 Nutzen und Risiko

Das moderne Risikomanagement begann in den 1980er Jahren, als im Zusammenhang mit der zunehmenden Nutzung von Kernenergie zur Stromerzeugung in den USA amerikanische Soziologen fragten, wie riskant dadurch das Leben ist. Ausgangspunkt war der Nuklearunfall von „Three Miles Island" im Jahr 1979, bei dem es zu einer partiellen Kernschmelze kam und der eine große Debatte in den USA auslöste. Kaplan und Garrick (1981) fassten die Diskussion zusammen, als sie feststellten:

> „Risks are ubiquitous and there is no life without a risk. The only choice we have is that we can choose between different kinds of risk, risk is never zero; risk can (in the best case) only be small."

Damit wurde für jedermann offensichtlich, dass Risiken allgegenwärtig sind und es ein Leben ohne Risiko nicht gibt (vgl. Beck 1986; Luhmann 1991). Risiken können in allen Bereichen des menschlichen Lebens auftreten, nicht nur in der Natur: Geschäftsrisiken, Gesundheit, Verkehr, Politik, menschliche Sicherheit, Investitionsrisiken, militärische Risiken usw. Darüber hinaus wiesen sie darauf hin, dass „das Risiko (ganz) vom Standpunkt des Betroffenen oder eines Beobachters abhängt" und somit eine „subjektive Sache" ist, und stellten die Frage: „Warum setzen sich Menschen einem Risiko aus oder werden unfreiwillig einem Risiko ausgesetzt?" Ferner betonen sie, dass „risk has a component of uncertainty and of a kind of loss and damage that might be received".

Kurz nachdem sich die Debatte in den Vereinigten Staaten entwickelt hatte, begann eine vergleichbare Diskussion in Westeuropa als Reaktion auf die Atomkatastrophe von Tschernobyl. Beck stellte damals fest, dass sich der Einzelne in Gesellschaften bewegt, die sehr technisch orientiert und daher risikobehaftet sind (vgl. Abschn. 8.2). Er schuf dafür den Begriff der „Risikogesellschaft" und wies darauf hin, dass in aufstrebenden, modernen Volkswirtschaften Gesellschaften stetig Vermögen und Einkommen produzieren, diese Zuwächse aber systematisch mit einer Erhöhung der Risikoexposition verbunden sind. Ein Phänomen, das er als „Paradigma einer Risikogesellschaft" bezeichnet. Er wies ferner darauf hin, dass diese Zunahme zu einer ungleichen Risikoverteilung zwischen den verschiedenen gesellschaftlichen Gruppen führt. Aus seiner Sicht wird der Begriff „Risiko" meist im Kontext mit „ein Risiko eingehen" verwendet. Ein Risiko geht jemand ein, weil er den damit verbundenen Vorteil anstrebt – der Mensch wird damit zu einem „Nutzenoptimierer". Bergsteiger suchen die Anerkennung der Öffentlichkeit oder persönliche Zufriedenheit, indem sie gefährliche Berge besteigen. Seiltänzer verdienen sogar ihren Lebensunterhalt mit dem Tanzen auf einem Hochseil. Aber auch ganz normale Aktivitäten basieren in der Regel auf einer Nutzenorientierung. Den Begriff der „Risikogesellschaft" leitet Beck also von einem sozio-ökonomischen Paradigma ab. Im Gegensatz dazu hat der Mensch auf das „Risiko in der Natur" keinen unmittelbaren Einfluss (mittelbar durch die Treibhausgasemissionen und die Übernutzung von Ressourcen schon).

Eine Ende der 1990er Jahre in den Vereinigten Staaten durchgeführte Risiko-Nutzen-Analyse über die Akzeptanz bei der Errichtung einer Deponie für gefährliche Abfälle ergab, dass die Öffentlichkeit eher geneigt war, das Risiko einzugehen, wenn es durch eine kostenlose Müllabfuhr kompensiert würde. Auch gab es eine größere Zustimmung zur Errichtung einer Müllverbrennungsanlage, wenn der Betreiber finanzielle Verluste erstattet, z. B. einen Wertverlust der Grundstücke, oder wenn er eventuell anfallende Kosten für eine medizinische Versorgung übernimmt oder Sachwertgarantien anbietet (vgl. die heutige Debatte über eine Gewinnbeteiligung von Gemeinden, wenn sie dem Bau von Windkraftanlagen innerhalb eines Radius von 1 km zustimmen). Als Beispiel einer Nutzenorientierung menschlichen Handelns kann die Erzeugung von Kernenergie genommen werden (Weinberg 1981). Ein Kernkraftwerk wird errichtet, weil der Verbraucher eine kostengünstige und ständig verfügbare Energieversorgung erwartet. Darauf reagiert der Energieversorger zum Beispiel mit dem Bau eines Kernkraftwerks. Der Verbraucher muss für den Bezug kostengünstiger Energie aber einen möglichen Nuklearunfall in Kauf nehmen

Auch Indien steht z. B. vor so einem Dilemma. So plant das Land bis zu 370 neue Kohlekraftwerke zu errichten, um die Bedürfnisse seiner wachsenden Wirtschaft zu befriedigen. Indien gehört mit China und den USA zu den großen Emittenten von Treibhausgasen. Bisher stellt Kohle die wichtigste Energiequelle des Landes; 70 % stammen aus der Verbrennung dieses fossilen Brennstoffs und Reserven gibt es noch reichlich. Zurzeit sind Kohlekraftwerke mit einer Leistung von 65 GW schon im Bau, weitere 178 GW sind in der Planung. Sollten sie in Betrieb gehen, würde dies den Anteil der fossilen Brennstoffe im indischen Energiebudget um 123 % steigern. Damit würde Indien sein selbst gestecktes und vertraglich vereinbartes Klimaziel aus dem Pariser Abkommen 2015 weit verfehlen. Denn um dieses zu erreichen, müsste Indien bis 2030 mindestens 40 %

seines Stroms aus erneuerbaren Energien gewinnen. Dabei hat Indien ein großes Potenzial z. B. an Solarenergie. Es könnte, so Experten der „American Geophysical Union", sogar mehr Strom aus Sonne und Wind produzieren, als es selbst in den nächsten Jahrzehnten verbrauchen kann. Dass Staaten trotzdem anders entscheiden, zeigt der Blick nach China. Um seinen Energiebedarf zu decken, plant das Land bis 2050 weitere 150 Kernkraftwerke zu errichten. Ein anderes Beispiel zur Beurteilung von Nutzen und Risiken gibt Sigrist (1986). Er konnte nachweisen, dass Menschen die Gefahr durch radioaktive Strahlung je nach dem daraus abzuleitenden Nutzen bewerten. So werden radioaktive Abfälle aus der Medizin (Röntgendiagnostik) als weitgehend akzeptabel angesehen, während Abfälle aus Kernkraftanlagen bei gleicher Dosisbelastung strikt abgelehnt werden.

Auch wenn das Nutzen-Risiko-Verhältnis durchaus mit einem mathematischen Algorithmus berechnet werden kann, so führt das Ergebnis nicht immer automatisch zu einer höheren Akzeptanz in der Gesellschaft. Eine Entscheidung darüber, welches Risiko man für welchen Nutzen eingeht, ist im Grunde genommen eine Frage des gesellschaftlichen Verständnisses. Die Entscheidung ist keine Frage von „richtig oder falsch", sondern das Ergebnis aller am Entscheidungsprozess beteiligten Akteure. In der Risikoforschung wird davon ausgegangen, dass solche Personen, die einer Gefahr stärker ausgesetzt sind als andere, eher die Ursachen-Wirkungs-Zusammenhänge von Gefahr und Risiko verstehen und sich besser auf die Risiken einstellen (der Nordseefischer bei Sturm oder der Alpenbauer bei Lawinengefahr). In vielen Fällen ist das Nutzen-Risiko-Verhältnis nicht immer sofort ersichtlich. Es gibt Risiken mit einer recht leicht erkennbaren Ursache-Wirkungs-Beziehung. Naturkatastrophen folgen im Allgemeinen solchen überschaubaren linearen Beziehungen

Viele Risiken haben jedoch eine sehr komplexe Ursache-Wirkungs-Beziehung, die auf eine Vielzahl potenzieller Kausalzusammenhänge zurückzuführen ist (vgl. Abschn. 4.2.6.5; Abb. 4.8). Sie beruhen oftmals auf mehreren Ursachen und führen zu Auswirkungen, die auf den ersten Blick oft keine oder nur vage erkennbare Abhängigkeiten aufweisen. Das Erdbeben von Tohoku-Fukushima im Jahr 2011 130 km vor der Küste Japans hatte eine Stärke von M9,0. Die vier Reaktoren des Kernkraftwerkes Fukushima wurden automatisch abgeschaltet. Das Erdbeben führte aber zu einem Tsunami, der mit stellenweise bis zu 40 m hohen Wellen und einer Geschwindigkeit von bis zu 800 km/h auf das Land traf. Der Tsunami flutete die Notstromversorgung, die auf Meeresniveau gebaut war, sodass die Notkühlung ausfiel. Es kam zu einer Kernschmelze, die 3 der 4 Reaktorblöcke explodieren ließ und dabei erhebliche Mengen radioaktiver Stoffe freisetzte. Geschätzte 18.500 Menschen kamen durch den Tsunami ums

Leben. Der Nuklearunfall führte zu einem Ausfall eines wesentlichen Teils der japanischen Energiegewinnung, mit der Folge, dass viele Fabriken ihren Betrieb signifikant herunterfahren mussten. So auch die Firma Toyota – sie konnte die Produktion nicht mehr aufrechterhalten und verlor den „Titel" des größten Automobilproduzenten der Welt vorübergehend an Volkswagen. Die starke Nachfrage nach VWs führte daraufhin in Deutschland zu einer Erhöhung der Beschäftigungsquote und ermunterte die Gewerkschaften zu höheren Lohnforderungen. Solche komplexen Beziehungen werden von der stochastischen Mathematik als „black swan logic" (Taleb 2010, vgl. Abschn. 4.2.7) bezeichnet. Mit dieser Metapher wird ein Ereignis beschrieben, das sich plötzlich und unvermutet einstellt, und das aber eine sehr große Wirkung entfaltet. Der Begriff basiert auf der Feststellung, dass es „schwarze Schwäne" in der Natur gibt, sie aber fast nie gesehen werden. Heute wird der Begriff bei der Analyse und Vorhersage extremer Ereignisse in komplexen Systemen verwendet, sei es in Bezug auf die Finanzmärkte oder auch im Bereich der Erdbeben-Forschung.

Die Einschätzung, ob eine Gefahrensituation das Potenzial hat, dem Einzelnen oder einer gesellschaftlichen Gruppe einen Schaden zuzufügen, wird je nach Standort, sozialem Status und Erfahrung sehr unterschiedlich ausfallen. In der heutigen Risikogesellschaft, so argumentiert Beck (1986) ist es im Zuge des technologischen Fortschritts zu einem umfassenderen Verständnis über den Ursache-Wirkungs-Zusammenhang zwischen natürlichen oder vom Menschen verursachten Katastrophen und ihren sozialen, wirtschaftlichen oder ökologischen Auswirkungen gekommen. Nur durch ein besseres Verständnis dieser Zusammenhänge werden moderne Gesellschaften in die Lage versetzt, effektive Gegenmaßnahmen auszuarbeiten und umzusetzen. Beck betont, dass „Wissenschaft damit eine politische Dimension erhält, die sowohl in den Natur- und Politikwissenschaften als auch in der Soziologie weiterentwickelt werden muss". Grundlage für jede Beurteilung ist die Beantwortung der Frage, welche „Werte" der Einzelne geschützt sehen will (vgl. Abschn. 5.4 und 7.1), und ob sich seine Sichtweise mit den Vorstellungen der „Anderen" in Einklang bringen lässt (Leggewie 2010). Die Schritte zur Verringerung des Risikos müssen für große Mehrheiten annehmbar werden. Sicher ist, Akzeptanz wird sich erst durch Legitimation und Partizipation einstellen. In den letzten 50 Jahren ist es weltweit zu einem Wandel der „Werte" gekommen. In der Bevölkerung vieler Länder haben Werte wie „Sicherheit" und „Zufriedenheit" einen deutlich höheren Stellenwert bekommen. Werte sind stets kulturell und sozial kontextgebunden und daher ergibt sich die Frage: „Wie stark unterscheiden sich Werthaltungen in reichen und armen Regionen der Welt?" (WBGU 2011).

An keinem aktuellen Thema ist diese Frage so ables-bar wie bei der Frage zum Umgang mit dem Klimawandel. Waren die Menschen bis Ende des 20. Jahrhunderts dar-auf ausgerichtet, ihren individuellen Nutzen zu maximie-ren, indem industrielle Massenproduktion mit materiellem Wohlstand gleichgesetzt wurde, so hat der Klimawandel zu einem Umdenken geführt. In weiten Teilen der Industrie-gesellschaften werden heute wachstums- und kapitalismus-skeptische Ansichten vertreten. Stattdessen werden „Werte" wie soziale Gerechtigkeit oder Umweltschutz als wich-tig(er) erachtet. Die Mehrheit zum Beispiel in Deutsch-land wünscht sich eine „neue Wirtschaftsordnung" und hat wenig Vertrauen in die Widerstandsfähigkeit und Krisen-festigkeit rein marktwirtschaftlicher Systeme. Erklären lässt sich das allmähliche Vordringen von Werthaltungen, die sich u. a. an Umwelt- und Nachhaltigkeitsaspekten orientieren, mit der „Theorie des Wertewandels" (Ingle-hart 1977, 2008). Danach ist vor allem nach dem Zweiten Weltkrieg ein generationenübergreifendes Vordringen post-materieller Einstellungen feststellbar. Viele Entwicklungs-länder und Länder, die für sich noch keinen „akzeptablen" Wohlstand erreicht haben, pochen dagegen auf ihr Recht auf eine nachholende Entwicklung. Sie sehen, wie sich in vielen Ländern ressourcenintensive Lebensstile verbreiten und verlangen einen fairen Anteil an dieser Entwicklung. Dabei ist allen Beteiligten bewusst, dass die „Idee, allen Menschen einen Lebensstil zu ermöglichen, der dem heute in Industrieländern vorherrschenden, durch fossile Energie-träger geprägten Lebensstil entspricht, … nicht realisierbar" ist (WGBU 2011). Es gilt einen Lebensstil zu finden, der es einerseits den bislang „Abgekoppelten" ermöglicht, an den Errungenschaften der technischen Fortschritte teilzuhaben, der andererseits aber dem Leitbild einer nachhaltigen globa-len Entwicklung entspricht (Raskin et al. 2010).

Das aufkommende Bewusstsein für soziale Faktoren im Zusammenleben der Gesellschaften, hier vor allem für den Schutz der Natur, hat zu einem neuen Wissenschaftszweig geführt: die „Umweltsoziologie". Sie beschäftigt sich im weitesten Sinne mit der „Beziehung Mensch-Natur" (Diek-mann und Preisendörfer 2001). In der Folge wurden schon Anfang der 1990er Jahre soziale Faktoren in die Risiko-definition aufgenommen. Bis dahin wurde „Risiko" haupt-sächlich als technisches, naturwissenschaftliches und opera-tives Paradigma betrachtet, um „physische Folgen" für die Bevölkerung von Risiken und ihren Wohlfahrtssystemen „durch Extrapolation vergangener Erfahrungen in die Zu-kunft" vorherzusagen (Zwick und Renn 2002).

Die Summe an Fortschritten in Wissenschaft und Tech-nik hat dazu geführt, dass man heute davon ausgeht, dass sich der Stand der Kenntnis alle 2 Jahre verdoppelt; noch vor zehn Jahren hat dies 5–7 Jahre gedauert (de Solla Price, 1963). Damit haben sich u. a. die Möglichkeiten extrem verbessert, in soziale ökonomische und ökologische Sys-

teme einzugreifen. Dadurch hat sich auch die Prognose-fähigkeit verbessert, sodass wir heute in der Lage sind, Ent-wicklungen für einen Zeitraum z. B. bis zum Jahr 2050 vor-herzusagen. Die bekannten Prognosemethoden – wenn auch schon recht verlässlich – beruhen immer noch auf Extra-polation bekannter Daten, Fakten und Verfahrensabläufen. Diese sind aber in vielen Fachgebieten immer noch nicht in dem Ausmaß bekannt, dass sie zu absolut verlässlichen Er-gebnissen führen. Aus den Kenntniszuwächsen aber leiten die Gesellschaften auch die Verpflichtung an die Wissen-schaften ab, Lösungsmodelle zu entwickeln, die allen Men-schen eine „bessere" Zukunft ermöglichen. Des Weiteren, wie schon oben dargestellt (WBGU 2011), sehen sich viele Gesellschaften Entwicklungsrisiken ausgesetzt, die sie nicht auf physikalische, geologische oder technische Faktoren re-duzieren, sondern vielmehr als Bedrohung ihrer sozialen und menschlichen Sicherheit empfinden. Daher fordern sie Lösungsmodelle, die darauf ausgerichtet sind, ihre jewei-lige Lebensumwelt so zu erhalten, dass sie auch in Zukunft sicher vor externen Risiken (*„external shocks"*) geschützt sind. Sie beziehen sich dabei auf das Postulat der „Nach-haltigkeit", das besagt, dass eine Entwicklung anzustreben ist, die „die Bedürfnisse der Gegenwart befriedigt, ohne zu riskieren, dass künftige Generationen ihre eigenen Bedürf-nisse nicht befriedigen können" (Brundtland Kommission).

2.1.4 Risk Governance

In der Katastrophen-Risikoforschung taucht neben den Begriffen „Risikobewertung" (*„risk assessment"*) und „Risikomanagement" auch immer der Begriff des *„risk go-vernance"* (hierfür gibt es keine überzeugende deutsche Übersetzung) auf. Wenn dieser Begriff neben den anderen gesondert genutzt wird, muss er eine andere Begrifflichkeit haben. In der Risikoforschung werden damit vor allem die systemischen Aufgaben und gesellschaftlichen Rahmen-bedingung auf der politischen Ebene beschrieben – in ers-ter Linie das Handeln von Staaten sowohl national als auch bis auf die unteren lokalen Umsetzungsebenen. Aber auch international verbindet sich mit dem Begriff *„risk gover-nance"* das Ziel, theoretische und praktische Anleitungen zu erarbeiten, damit eine Analyse von Risiken in unter-schiedlichen Staaten zu einer vergleichbaren Bewertung kommt, wie z. B. beim Klimawandel. Ferner wird damit angestrebt, durch eine internationale Harmonisierung der Ziele Lösungsmodelle auch wieder für die nationalen Ebe-nen zu erarbeiten.

Im internationalen Rahmen wurden wichtige Schritte auf den Weg hin zu einer weltweiten Harmonisierung des Katastrophenschutzes sowie zur Ausarbeitung länderüber-greifender Maßnahmen seit Anfang der 1990er-Jahre von den Vereinten Nationen unternommen. Damals erklärten die

VN die 1990er-Jahre zur „Internationalen Dekade zur Reduzierung von Naturkatastrophen" (UNIDNDR 1990–1999; vgl. Abschn. 6.2.1). Ein wesentlicher Meilenstein dieser Dekade war die erste Weltkonferenz der Vereinten Nationen zur Reduzierung von Naturkatastrophen in Yokohama 1994 (UNIDNDR 1994). Sie verabschiedete die „Yokohama Strategie", bei der die Staaten erstmalig anerkannten, dass es nicht ausreiche, seine Bevölkerungen im Katastrophenfall zu „versorgen", ohne lokal angepasste Initiativen zur Katastrophenvorsorge zu unternehmen. Auf der zweiten Weltkonferenz 2005 in Kobe, 2 Wochen nach dem Tsunami im Indischen Ozean, wurde in Angesicht dessen Ausmaßes die „Hyogo Framework for Action" (HFA) vereinbart und die Dekade in eine „Strategie" umgewandelt („United Nations Strategy for Disaster Risk Reduction"; UNISDR 2005). Ziel der Strategie war es, den Katastrophenschutz stärker in den politischen Fokus zu rücken und die institutionellen Grundlagen dafür zu schaffen. Doch HFA hatte weiterhin nur empfehlenden Charakter und setzte auf das Instrument der Selbstverpflichtung. 10 Jahre später (wieder kurz nach der großen Natur-/Umweltkatastrophe von Tokohu-Fukushima) wurde diesmal in Sendai (UNISDR 2015) die dritte Weltkonferenz abgehalten. Es wurde ein Nachfolgeabkommen für HFA verabschiedet, das den Katastrophenschutz stärker mit den anderen politischen Agenden („Entwicklungszusammenarbeit"/„globaler Umweltschutz") verbinden sollte: Die „Sendai Framework of Action". Erstmals wurden darin konkrete Ziele vereinbart, die allen Ländern bis 2030 als Leitfaden dienen sollten. Bei dem Rahmenabkommen handelte es sich trotz allem um eine unverbindliche Vereinbarung, in der anerkannt wird, dass die Staaten die zentrale Verantwortung bei der Reduzierung des Katastrophenrisikos spielen. Seitdem hat das „Sendai Framework " dazu beigetragen, den internationalen Katastrophenschutz stärker zu politisieren, insbesondere ihn stärker mit den Zielen der Entwicklungszusammenarbeit und dem Umwelt-/Klimaschutz zu verzahnen. Ein gutes Beispiel, wie auf transnationaler Ebene der Katastrophenschutz harmonisiert werden kann, bietet die Europäische Gemeinschaft mit ihrem länderübergreifenden Hilfs- und Unterstützungsprogramm (vgl. Abschn. 6.5).

In Kap. 1 wurde schon auf die sich aus dem Grundgesetz ableitende Pflicht, die Bürger umfassend vor (Natur-)Katastrophen zu schützen, hingewiesen. Nach Artikel § 20a des Grundgesetzes ist der Staat verpflichtet, seine Bürger sowohl kurativ als auch präventiv vor Katastrophen aller Art zu schützen. Der Artikel schreibt vor, diesen Schutz „auch in Verantwortung für die künftigen Generationen, die natürlichen Lebensgrundlagen und die Tiere im Rahmen der verfassungsmäßigen Ordnung" zu gewährleisten. Zudem wird der Staat bei der „Abwägung mit anderen gesellschaftlichen Interessen (zu) einer verstärkten Berücksichtigung des Umwelt- und Nachweltschutzes" aufgerufen. Es handelt sich

bei Art. § 20a um eine sogenannte Staatszielbestimmung, was staatsrechtlich auch als „normative Zielbestimmung" bezeichnet wird. Das heißt, alle nachfolgenden Gesetze haben immer diese Forderung zu erfüllen. Der Artikel sieht darüber hinaus aber keine weiteren Regelungen vor. Diese sind gesonderten Gesetzen vorgehalten – zum Beispiel das Bundesgesetz über den „Zivilschutz und die Katastrophenhilfe des Bundes". Dort wird in Paragraph § 1 die Aufgabe des Zivilschutzes definiert als „durch nicht militärische Maßnahmen den Schutz der Bevölkerung, ihrer Wohnungen und Arbeitsstätten, … Einrichtungen … sowie des Kulturguts …" zu gewährleisten. Eine Ebene tiefer wurde daraus zum Bespiel für das Bundesland Rheinland-Pfalz das „Katastrophenschutzgesetz" formuliert, das durch vorbeugende und abwehrende Maßnahmen den Schutz vor Brandgefahren, anderen Gefahren sowie „Gefahren größeren Umfanges" (Katastrophenschutz) gewährleisten soll.

Das in Artikel § 20a festgelegte Gebot, auch in Verantwortung für die zukünftigen Generationen zu handeln, wird als das Postulat der „intergenerativen Gerechtigkeit" verstanden, was verallgemeinert besagt, dass die „Wohlfahrt der gegenwärtigen Generation nur gesteigert werden darf, wenn die Wohlfahrt zukünftiger Generationen sich hierdurch nicht verringert".

Eine Reihe weiterer ordnungspolitischer Instrumente steht dem Bund zum Schutz der Bevölkerung vor Risiken zur Verfügung (Tab. 2.1). Regelungen, wie sie nachfolgend vorgestellt werden, beziehen sich vor allem auf den Umweltschutz, können aber sinngemäß auch im Naturkatastrophen-Risikomanagement Anwendung finden. Sie umfassen sowohl das Ordnungsrecht als auch ökonomische Anreize zur Schadensvorsorge. Zudem kann im Schadensfall auch ein Ausgleich für den entstandenen Schaden eingefordert werden.

Die Aufgaben, Verantwortungen und Funktionen, die ein Staat im Katastrophenschutz wahrzunehmen hat, lassen sich nur im Rahmen eines holistischen Katastrophen-Risikomanagements verwirklichen. Dazu muss der Staat Institutionen und Organisationen (Ministerien, lokale Verwaltungen, den Privatsektor usw.) ermächtigen und befähigen, in seinem Auftrag risikoabwehrende Funktionen wahrzunehmen, wie zum Beispiel das „Bundesamt für Seeschifffahrt und Hydrographie" (BSH) in Hamburg. Das BSH gibt zweimal täglich eine Wasserstandsvorhersage für die Nordseeküste und Emden heraus. Um das verlässlich vornehmen zu können, ist im BSH eine Vielzahl an Wissenschaftlern unterschiedlicher Fachdisziplinen tätig, um den Gang der Tide vorauszusagen. Die Informationen werden dann an den Norddeutschen Rundfunk (NDR) weitergegeben, der im Rahmen seines gesetzlichen „Grundversorgungsauftrages" die Nachrichten verbreitet. Mit der Einrichtung „öffentlich-rechtlicher Rundfunkanstalten" (z. B. ARD) gewährleistet der Staat die Wahrnehmung sei-

Tab. 2.1 Ordnungspolitische Instrumente zum Klimaschutz

	Genehmigungsverfahren	Ökonomische Anreizsysteme		Schadensausgleich
	Ordnungsrecht	Umweltabgabe	Zertifikate	Haftungsrecht
Aktion	Risikosteuerung vor Beginn einer Aktion („Eröffnungs-kontrolle")	Risikosteuerung im Verlauf der Aktion	Risikosteuerung im Verlauf der Aktion	Risikosteuerung nach Eintritt des Schadens („Nachsorgende Aus-gleichsfunktion")
Ziel	Verminderung des Ri-sikos durch festgelegte Emissionsstandards, Grenz-werte, Auflagen, Vorgaben	Umweltabgabe (z. B. auf CO_2-Emissionen) ver-teuern ein Produkt Aber mit jeder umweltschützen-den Investition ist auch ein Ge-winn für das Unternehmen ver-bunden (wenn die Mehrkosten auf den Verbraucher abgewälzt werden können)	Zertifikate berechtigen zur Emis-sion einer festgesetzten Schad-stoffmenge Bei höherem Schadstoffausstoß können Berechtigungen „ein-gekauft" werden (Börse) = Er-höhung der Produktionskosten Bei geringerem Schadstoffaus-stoß können Zertifikate ver-kauft werden = Verringerung der Produktionskosten	Umwelt wird zu einem Rechts-gut. Daraus ergibt sich eine zivilrechtliche Haftung des Einzelnen. Ausgleich für den entstandenen Schaden. Klage-fähigkeit des Geschädigten Haftungslücke: Wer zahlt für einen Schaden, wenn der Ver-ursacher nicht mehr dingfest ge-macht werden kann (z. B. bei Deponieschäden nach 150 Jah-ren)?

ner hoheitlichen Aufgaben – hier die Information der Be-völkerung: Eine Aufgabe, die man als „risk governance" be-zeichnen kann. Ein solcher Anspruch darf sich allerdings nicht auf das Setzen von Normen und Regeln beschränken, sondern muss, um effektiv zu sein, einen „Risikodialog" in der Gesellschaft umfassen (IGRC 2006). Dies erfordert, Diskussionsforen zu eröffnen, zu fördern, aber auch zu-zulassen, dass sich Zivilgesellschaften, zum Beispiel in Form von Bürgerinitiativen, zu Fragen ihrer Sicherheit äu-ßern können. Voraussetzung für das Gelingen solcher „Aus-handlungsprozesse" ist, dass beide Seiten sich den Prinzi-pien der Transparenz, der gleichen Augenhöhe, der Zu-verlässigkeit und des Respekts voreinander unterwerfen – Prinzipien, wie sie auch in dem „European Commis-sion's White Paper on European Governance" festgelegt sind (Radermacher 2002). Ein Staat hat dabei nicht nur die Möglichkeiten, seine Politikentscheidungen vertikal nach „unten" zu delegieren, sondern muss diese auch horizontal mit anderen Staaten und internationalen Gremien vernetzen. Zum Beispiel bei grenzüberschreitenden Hochwasser-ereignissen, Luftverschmutzungen oder Fragen des Klima-wandels. Ebenfalls einbezogen werden müssen Politikfelder wie die Ökonomie, die soziale Sicherung und die Wissen-schaften zur Generierung von Entscheidungsgrundlagen

Das Setzen von Normen und Regeln wird sich dabei von Land zu Land, von Gesellschaft zu Gesellschaft unter-scheiden, je nach den Traditionen und gesellschaftlichen Strukturen, den kulturellen Normen und Erfahrungen. Das „International Risk Governance Council" (IGRC 2006) weist dem Staat dabei eine der folgenden Rollen zu:

- Beratend – das heißt, der Staat bietet den Beteiligten ein Forum und beschränkt sich darauf, die Einhaltung der Regeln zu gewährleisten.

- Treuhänderisch – hierbei überträgt der Staat die Ent-scheidungsfindung einer Gruppe von „Treuhändern" (z. B. Tarifautonomie). Dazu ist nötig, dass die „Treu-händer" über gute Informationen verfügen, z. B. durch eine Beratung von Experten. Die Öffentlichkeit selbst ist von der Entscheidungsfindung ausgeschlossen. Die Aus-wahl der Mitglieder beruht auf deren Fachkompetenz und gesellschaftlicher Akzeptanz; sie erwartet dafür transparentes Entscheiden, Fairness und Neutralität.

- Im Konsens – hierzu lädt der Staat ausgewählte Vertreter ein, die unbeeinflusst von außen ein Lösungsmodell er-arbeiten, mit dem das vorgegebene Ziel erreicht werden kann. Erforderlich dazu ist, dass die Gruppe die Interes-sen aller Beteiligten widerspiegelt. Die Gruppe bezieht ihre Information durch Anhörung Dritter (z. B. parla-mentarischer Untersuchungsausschuss).

In Deutschland beruht das staatliche Handeln auf dem Grundgesetz. In seinen Artikeln sind die grundlegenden Ziele festgeschrieben. So in Art. 20a GG zum „Schutz der Umwelt". In ihm wird der Schutz der Umwelt mit dem Schutz der „natürlichen Lebensgrundlagen" gleich-gesetzt, was nichts Anderes bedeutet, als dass damit „die ökologische Ethik … verfassungsrechtlich implementiert wird" (UBA 2001). Dieses Gebot zur Abwehr von Ge-fahren wird zusätzlich um die Dimension der Vorsorge er-weitert. Danach ist zu verhindern, dass Gefahren für die Umwelt überhaupt erst entstehen. Das Vorsorgeprinzip lei-tet also dazu an, „frühzeitig und vorausschauend zu han-deln, um Belastungen der Umwelt zu vermeiden". Doch es gibt auch noch eine andere Perspektive für diese Prob-lematik, nämlich die „Schuld der Unterlassung". Es stellt sich beim vorsorgenden Umweltschutz die grundlegende Frage, ob man sich nicht auch „durch Unterlassen schuldig macht", wenn man als notwendig erkannte Entscheidungen wegen einer nicht 100 %igen Sicherheit in die Zukunft „vertagt". Eine der Regeln, die uns jeden Tag im Straßenverkehr zu höherer Verkehrssicherheit anhalten, sind Verkehrsschilder. So fordert das Ortsschild uns auf, eine Geschwindigkeit von 50 km/h in Ortschaften nicht zu überschreiten. Dabei ist der Wert „50" ein Konsens aus vielen Anhörungen von Medizinern, Verkehrsexperten, Vertretern der Automobilindustrie, Stadtplanern usw. 50 km/h heißt aber nicht, dass eine Geschwindigkeit von 49 km/h „sicher" ist und bei 51 km/h der „Tod" droht. Der Wert ist einerseits ein sachbezogener Konsens, andererseits auch einfach zu merken; vergleichbar dem 2-Grad-Klimaziel, was nicht heißt, dass bei 1,9 °C das Klima stabil bleibt, bei 2,1 °C dagegen kippt.

Die Gesetze beschreiben aber nicht nur was „verboten" ist, sondern sie verpflichten auch den Einzelnen, zum Beispiel im Katastrophenfall für die Allgemeinheit einzustehen. So ist nach § 25 des „Landeskatastrophenschutzgesetzes" (LKatSG) von Baden-Württemberg jede Person über 16 Jahren verpflichtet, bei der Bekämpfung von Katastrophen Hilfe zu leisten, wenn er dazu aufgefordert wird. Die Hilfsverpflichtung richtet sich an Männer und Frauen. Nach dem Bremer „Wasserschutzgesetz § 56" kann derjenige, der sich nicht an die amtlichen Vorsorgevorgaben hält, enteignet werden (Beispiel: Deichschutz).

2.2 Gesellschaft und Katastrophe

2.2.1 Bevölkerungsdynamik

Im Jahr 2019 hatte die Weltbevölkerung nach Angaben der Vereinten Nationen (vgl. United Nations 2019) eine Zahl von 7,6 Mrd. Menschen. Für das Jahr 2030 wird die Zahl von 8,5 Mrd. und für 2050 von 9,7 Mrd. erwartet. Schon im Jahr 2011 hatte die Weltbevölkerung über 7 Mrd. Menschen erreicht, was nach Angaben des „US Population Reference Bureau" (Haupt et al. 2011) schätzungsweise 6 % der Gesamtbevölkerung von 110 Mrd. ausmacht, die seit der Steinzeit auf unserem Planeten gelebt hat. China ist heute das Land mit der größten Bevölkerung (1,43 Mrd.), gefolgt von Indien (1,32 Mrd.). Es wird davon ausgegangen, dass Indien China bis zum Jahr 2027 überholt und dass sich diese Entwicklung bis zum Jahr 2050 fortsetzen wird. Im Vergleich dazu wurde die Bevölkerung der Europäischen Gemeinschaft 2017 auf 512,6 Mio. geschätzt – die der USA auf 327 Mio. Im Laufe des Jahres 2017 wurden in der EU mehr Sterbefälle als Geburten registriert, was bedeutet, dass die EU-Bevölkerungsentwicklung negativ war. Die posi-

tive Veränderung (1,1 Mio. Einwohnern mehr) war auf das Wanderungssaldo (Immigration) zurückzuführen

Nach Abgaben von UN-DESA („United Nations Population Division"; UN (2019); https://unric.org/de/weltbevoelkerung11072022/) aus dem Jahr 2015 wird von bei der Weltbevölkerungsentwicklung von einem „mittleren" Szenario ausgegangen. D. h., der sich bis 2005 eingestellte (steile) Anstieg hat sich in der zweiten Hälfte der Dekade (schon deutlich) abgeflacht. Die VN gehen daher davon aus, dass sich dieser Trend verstetigen wird und damit, dass sich die Weltbevölkerung bis zum Jahr 2060 bei 10 Mrd. Menschen einpendeln wird. Ferner wird davon ausgegangen, dass es danach zu einer weiteren Verstetigung der Abnahme der Geburtenrate kommen wird. Lagen die Geburtenraten Ende des 19. Jahrhunderts weltweit bei 5–7 Kindern pro Frau, nahmen diese in Westeuropa in den folgenden 50 Jahren auf 2–3 ab, während sie in den Entwicklungsländern immer noch auf dem hohen Niveau verblieb. Erst ab den 1980er Jahren fielen auch in den meisten Entwicklungsländern die Raten auf 1–2 Kinder pro Frau: eine Entwicklung, die so schon die Präsidentin der Weltbevölkerungskonferenz (Frau Nafis Sadique) in Kairo 1994 vorhergesagt hatte.

Das zu erwartende Abflachen des Bevölkerungsanstiegs ist, so die Experten, auch auf den rasanten Anstieg der Menschen weltweit zurückzuführen, die ein Alter erreicht haben, das (normalerweise) keine „effektive" Reproduktion mehr erlaubt. Heute gibt es weltweit bereits etwa 900 Mio. Menschen über 60 Jahre. Es wird erwartet, dass diese Zahl bis zur Mitte dieses Jahrhunderts auf 2,4 Mrd. steigen wird. Die meisten davon in den Ländern mit hohem Einkommen, während gleichzeitig in einigen Entwicklungsländern die Zahl der Menschen unter 25 Jahren von 40 % auf 60 % steigen wird. Aber das bloße Bevölkerungswachstum wird nicht mehr als das gravierendste Problem angesehen. Was die Experten für Populationsdynamik befürchten ist, dass diese Menschen immer mehr von den natürlichen Ressourcen nutzen als heute. Dieser Effekt ist bereits in einigen asiatischen Ländern zu beobachten, in denen die Menschen von einer getreide- zu einer fleischbasierten Ernährung übergehen. Für jede „Einheit" Fleisch müssen etwa 8 „Einheiten" Getreide eingesetzt werden. Diese Entwicklung wird dazu führen, dass der „ökologische Fußabdruck" – also die biologisch produktive Fläche auf der Erde, die notwendig ist, um den Lebensstil und den Lebensstandard eines Menschen dauerhaft zu ermöglichen – zunimmt und die Kapazität der jährlich nachwachsenden Rohstoffe schon zur Mitte eines Jahres erschöpft ist *(„overshot day")*. Dies ist in westlichen Ländern bereits der Fall – d. h. wir bringen schon heute in den ersten sieben Monaten eines jeden Jahres mehr Kohlendioxid in Umlauf als Wälder und Ozeane in einem Jahr absorbieren können.

2.2.2 Geographie der Katastrophe

> „Ninety percent of the disaster victims worldwide live in deve-
> loping countries where poverty and population pressures force
> growing numbers of poor people to live in harm's way on flood
> plains, in earthquake prone zones and on unstable hillsides. Un-
> safe buildings compound the risks. The vulnerability of those
> living in risk prone areas is perhaps the single most important
> cause of disaster casualties and damage" (Secretary General of
> the United Nations, Kofi Annan 1999).

Sieht man sich die geographische Verteilung von Naturkatastrophen weltweit an, so wird ersichtlich, dass diese sich
mehr oder weniger auf die Regionen zwischen dem nördlichen und südlichen Wendekreis konzentrieren, wie die
Münchener Rückversicherung in ihrer berühmten Zusammenschau „World Map of Natural Hazards" eindrucksvoll darstellt (vgl. Joint Research Center (JRC): World Map
of Natural Hazards).

Werden aber die verschiedenen Gefahrentypen gesondert
betrachtet, so wird deutlich, dass diese trotz allem sehr
unterschiedlich auf der Welt verteilt sind. Am Beispiel der
USA soll dies einmal dargestellt werden: Winterstürme mit
Schnee und Hagel sind im Nordosten konzentriert, während
Tornados vorrangig den Südosten heimsuchen. Waldbrände
treten zumeist in Südwesten auf, während Erdbeben, Vulkane und Tsunamis in erster Linie den Westen des Landes
treffen.

Um zu beurteilen, wie die Bevölkerung in den verschiedenen Ländern lokal Naturgefahren ausgesetzt ist,
ist eine genaue Betrachtung der globalen und der lokalen Risikoverteilungsmuster erforderlich. Nur wenn lokale
Naturkatastrophen und deren geographische Verteilung,
Häufigkeit und Schwere unter internationaler Perspektive
bewertet werden, kann die Fähigkeit der Menschen, solchen Risiken in Zukunft zu widerstehen, verbessert werden. Durch internationale Vergleiche lassen sich allgemeine
Risikomuster erkennen und können die Ursachen deutlich
werden. Erst daraus lassen sich dann die notwendigen technischen, sozialen und finanziellen Präventionsmaßnahmen
identifizieren und umsetzen. Ein derart generalisierter Ansatz bietet die Möglichkeit, Wissen und Erfahrungen aus
anderen Teilen der Welt zu übertragen und – den lokalen
Anforderungen angepasst – die lokale Widerstandsfähigkeit erhöhen. Dies trifft insbesondere für Naturgefahren
zu, da deren Risikomuster durch geologische, tektonische
und hydrologische Gegebenheiten vorprogrammiert sind –
im weiteren Sinne auch für die sich ändernden Klimabedingungen.

Doch nicht nur die natürlichen Gegebenheiten sind für
eine effektive Risikominderung ausschlaggebend, sondern auch die sozio-geographischen Rahmenbedingungen.
Es lässt sich heute schon an der exponentiell zunehmenden
Urbanisierung, die sich aus der wachsenden Weltbevölkerung ergibt, ableiten, dass in Zukunft mehr als die

heute 60 % der Menschen in den großen Ballungszentren
leben werden. Damit verbunden ist eine Erhöhung der
Katastrophenexposition. Um die möglichen Auswirkungen
von Katastrophen signifikant reduzieren zu können, müssen die Zusammenhänge zwischen den geo-tektonischen,
hydrometeorologischen und klimatischen Ursachen und den
sozialen und wirtschaftlichen Entwicklungsprozessen, wie
Urbanisierung und Umweltveränderungen, möglichst auf
allen gesellschaftspolitischen Entscheidungsebenen (lokal,
national, international) erkannt werden. Zusätzlich gilt es,
die „oftmals verborgenen" Risikofaktoren wie geschlechtsspezifische und soziale Ungleichheiten, ethnische Konflikte
und „schlechte" Regierungsführung zu berücksichtigen
(UNISDR 2007).

Da die meisten der großräumig auftretenden Naturkatastrophen klimatischen Ursprungs sind, verzerrt die Darstellung der Welt in der Mercator-Projektion jedoch die
Realität. Tornados und Dürren sind über Hunderte von
Quadratkilometern wirksam, Erdbeben und Vulkane dagegen regional eher beschränkte Ereignisse; sie stellen aber
dennoch erhebliche Risiken für die Bevölkerungen dar.
(vgl. Kap. 8). Es sind in der Vergangenheit Versuche unternommen worden, die Naturkatastrophen-/Naturgefahrenver-
teilung auf der Erde mit der geographischen Lage zwischen
den beiden Wendekreisen zu korrelieren und daraus abzuleiten, dass die dort gelegenen Staaten deshalb keine nachhaltige Entwicklung realisieren konnten (Sachs et al. 2001).
Die Autoren plädierten dafür, die geographische Lage sei
die Ursache dafür, dass diese Länder besonders empfäng-
lich für Naturkatastrophen und Katastrophen aller Art seien
(Epidemien, Hunger, Armut) – eine Situation, die sie als
geographical divide bezeichnen. In der Tat sind zwischen
den beiden Wendekreisen die meisten Entwicklungsländer
zu finden und dort treten auch die meisten Naturkatastrophen auf (Dilley et al. 2005).

Auch wenn die sozioökonomische Entwicklung dieser Länder signifikant geringer ist als sonst auf der Welt,
wie die Weltkarte des „Human Development Index 2015"
(UNDP 2015) und die Karte des „Grades der Alpha-
betisierung der Erwachsenen" zeigen (Center for Sustainable Systems, University of Michigan, MI; DOI, https://
css.umich.edu/publications/factsheets/sustainability-indi-
cators/social-development-indicators-factsheet), werden
die Schlussfolgerungen von Sachs und seinen Koautoren
von Entwicklungsökonomen als „zu eng" kritisiert. Die
geographische Lage könne in keinem Fall als die (eine)
Ursache angesehen werden, sagen Acemoglu und Robinson (2017). Sie weisen darauf hin, dass, wenn die Geographie und das Klima die ausschlaggebenden Faktoren seien, es Ländern wie Botswana ebenso „schlecht"
gehen müsste wie dem benachbarten Simbabwe. Die
meisten (Entwicklungs-)Länder sind Binnenländer ohne
eigene Häfen, was einen erschwerten Zugang zum inter-

nationalen Handel nach sich gezogen habe. Sie konnten darüber hinaus nachweisen, dass daher in diesen Ländern Naturkatastrophen auf sozioökonomische Bedingungen treffen, die schon vor Eintritt als „schlecht" zu bezeichnen sind. Ein Hurrikan, der die Ostküste der USA trifft, richtet dort (ebenfalls zwischen den beiden Wendekreisen gelegen) durchaus starke Schäden an, ohne aber zu einer das System bedrohenden Katastrophe zu werden, während in einem Land wie Samoa dieser zu wirtschaftlichen Einbußen führt, die noch 30 Jahre lang wirksam sind. In den USA zum Beispiel wurde sogar durch den Hurrikan Katrina (125 Mrd. US$ Schäden) die Nettokapitalbildung um weniger als 1 % zurückgeworfen (UNISDR 2009).

Noch ein weiterer Faktor beschreibt die geographischen Unterschiede auf der Welt und die sich daraus ableitenden Risikopotenziale: Die extreme Migration in Megacitys wie Kalkutta, Tokio oder Lagos. Im Jahr 1975 gab es nur fünf Städte mit mehr als 10 Mio. Einwohnern, heute sind es bereits 33 – die meisten davon in Asien und Lateinamerika (Abb. 2.2). Das Bevölkerungswachstum aller Megacitys zusammen wird in Zukunft etwa 60 Mio. pro Jahr betragen. Heute schon lebt weltweit mehr als jeder Zweite in einer Stadt (4 Mrd.). In Asien, Afrika und Lateinamerika werden wir in 30 Jahren eine Verdoppelung der Stadtbevölkerung auf rund 2,6 Mrd. erleben.

Eine Analyse der weltweiten Exposition von Naturgefahren und der Vulnerabilität wurde von Peduzzi et al. (2002, 2009) vorgenommen. Sie erstellten für die UNDP den „disaster risk index" (DRI). Er wurde für ausgewählte Länder der Erde erstellt und umfasst insgesamt 96 % der Weltbevölkerung. Dazu wurden die vier Gefahrentypen Erdbeben, tropische Stürme, Hochwasser und Dürren herangezogen und deren regionale Verteilung mit der

Bevölkerungsdichte und sozioökonomischen Parametern (GDP/PPP, landwirtschaftliche Nutzfläche, Zunahme der Stadtbevölkerung u. a.) der betreffenden Gesellschaften verschnitten. Die Erhebung ergab, dass in den Entwicklungsländern im weltweiten Vergleich nur 11 % der Bevölkerungen Naturgefahren ausgesetzt sind, diese aber mit 53 % die meisten Opfer zu beklagen haben. In den OECD-Staaten ist etwa der gleiche Bevölkerungsanteil (15 %) solchen Gefahren ausgesetzt, sie stellen aber nur knapp 2 % der Opfer. Peduzzi et al. (2002) konnten damit erstmals statistisch nachweisen, dass es per se nicht der Anteil der gefährdeten Bevölkerung eines Landes ist, der das Risiko ausmacht, sondern dass die Opferzahlen von anderen Faktoren bestimmt werden. Aus den Erhebungen ergibt sich, dass – wenig erstaunlich – die bevölkerungsreichsten Länder wie China, Indien, Indonesien und Bangladesch das höchste Mortalitätsrisiko („people killed per year") aufweisen. Im Gegensatz dazu aber haben die „kleinen Inselstaaten" (vgl. Abschn. 6.7) das höchste Mortalitätsrisiko bezogen auf die Gesamtbevölkerung („people killed per million inhabitants per year"; vgl. Weltrisikoberichte: Bündnis Entwicklung Hilft 2018). Wenn man die beiden Faktoren zusammenführt, ergibt sich, dass sechs der zehn Länder mit dem höchsten Risiko in Afrika liegen. Diejenigen mit dem geringsten Risiko liegen alle in den OECD-Staaten.

Nach Auffassung der Weltbank (Dilley et al. 2005; Arnold et al. 2006) müssen bei einer Bewertung der Risikowahrscheinlichkeit eines Landes immer seine geographische Exposition und seine sozioökonomischen Rahmenbedingungen sowie deren kulturelle Prägung betrachtet werden. Auch wenn – so die Weltbank – zur damaligen Zeit (2005/2006) die Datenlage nur eine grobe Einschätzung erlaubte („understand the absolute levels of risk posed by any specific hazard … they (were) adequate

Abb. 2.2 Verteilung der Megacities auf der Welt (Stand 2018)

for identifying ... those areas that are at higher risk"), so weisen beide Autorengruppen mit Nachdruck daraufhin, dass das Naturkatastrophen-Management sich nicht auf das Sachgebiet der Naturwissenschaften beschränken darf. Vielmehr müsse es in jedem Einzelfall immer im Kontext mit der ökonomischen und gesellschaftlichen Entwicklung gesehen werden. Naturwissenschaftler (Geologen, Klimatologen, Agronomen usw.) und Techniker tendieren – so die Weltbank – dazu, im Falle eines Erdbebens Lösungsmodelle zu entwickeln, die sich auf technische Aspekte konzentrieren (Bauvorschriften, Verstärkung der Bausubstanz) oder im Falle eines Hochwassers den Bau von Retentionsflächen und Dämmen propagieren. Eine Katastrophe müsse aber immer im Kontext der sozioökonomischen Auswirkungen gesehen werden, ein systemischer Ansatz, für den sie damals (als erste) den Begriff *"disaster risk management"* (DRM) empfahlen.

2.2.3 Sozioökonomische Vulnerabilität

Insgesamt 8900 Naturkatastrophenereignisse wurden für den Zeitraum 1975–2008 von der mit der weltweiten Datenerhebung beauftragten Organisation "Centre for Research on the Epidemiology of Disasters" (CRED) an der Katholischen Universität Leuven in Belgien ermittelt. Deren Datenbank "EMDAT-Natural Disaster Database" hat für den genannten Zeitraum (statistisch) jährlich 600 Katastrophenereignisse aufgelistet, die insgesamt 2,3 Mio. Menschen getötet und mehr als eine Milliarde verletzt und obdachlos gemacht haben (Guha-Sapir et al. 2016, 2013). Die Katastrophen haben in 32 Jahren 2,3 Mio. Menschen das Leben gekostet (das entspricht 70.000 pro Jahr) und ökonomische Schäden in Höhe von 3500 Mrd. US$ verursacht (etwa 100 Mrd. US$ pro Jahr). Im Vergleich dazu haben wir 1,2 Mio. Verkehrstote jedes Jahr weltweit und die chinesischen Devisenreserven belaufen sich nach Presseberichten auf eine Summe von etwa 3000 Mrd. US$, etwa der Höhe der weltweiten ökonomischen Verluste durch die Bankenkrise im Jahr 2008.

Unter den zehn am stärksten mit Todesopfern betroffenen Ländern sind allein sechs, die nach Maßstab der Weltbank als *"low income"* oder *"lower-middle income"* Länder gezählt werden; fast 40 % der Mortalität 2016 war dort aufgetreten. In den Dekaden seit 2005 waren China, die USA, Indien, die Philippinen und Indonesien am häufigsten betroffen; davon China im Jahr 2016 mit 34 Katastrophen (u. a. 16 Hochwasser mit Hangrutschungen, 13 Sturmereignissen, 3 Erdbeben). Indien hatte 17 gemeldet. Die Zahl von fast 600 Mio. Menschen, die 2016 von Katastrophen betroffen waren, war die höchste Zahl seit 2005. Der Mittelwert der Dekade 2005–2015 lag bei 220 Mio. Die re-

lativ hohe Zahl für 2016 resultierte im Wesentlichen aus einer langanhaltenden Dürre in Indien, die allein 330 Mio. Menschen betraf. Zwei weitere Dürren in China und Äthiopien wirkten sich zusätzlich auf noch einmal 10 Mio. Menschen aus.

Die ökonomischen Schäden im Jahr 2016 beliefen sich auf 154 Mrd. US$, der vierthöchste Wert seit 2000 – bei einem Mittelwert für den Zeitraum 2005–2015 von 137 Mrd. US$. Darin enthalten sind vor allem Schäden durch ein Hochwasser in China in Höhe von 22 Mrd. US$ und eines in den USA in Höhe von 10 Mrd. US$. Betrachtet man Staaten, die am meisten unter ökonomischen Verlusten durch Naturkatastrophen zu leiden hatten, entfielen davon allein 56 % auf Länder der Kategorien *"high income"* bis *"upper-middle income"*.

Die zuvor genannten Zahlen bilden aber die Realität nur unzureichend ab. CRED unterwirft – wie alle anderen Organisationen auch – die gemeldeten Katastropheninformationen einem Filter. So werden nur solche Katastrophen in ihre Statistiken aufgenommen, bei denen:

- mehr als 10 Tote registriert wurden,
- 100 oder mehr Menschen betroffen waren,
- bei denen das Land den Katastrophenfall ausgerufen oder
- um internationale Hilfe nachgesucht hat.

Damit werden diejenigen Katastrophen "aussortiert", die nicht eine bestimmte Stärke *("severity")* gehabt haben. Automatisch ist davon auszugehen, dass die wahre Zahl an Ereignissen viel höher liegt. Es muss darüber hinaus berücksichtigt werden, dass CRED keine eigenen Erhebungen vornimmt und sich daher nur auf die Informationen beruft, die ihr von den Ländern übermittelt werden – dazu gibt es standardisierte Informationsformen und Wege. Doch nicht immer ist gewährleistet, dass ein Land seinen Verpflichtungen auch nachkommt. So kommt es naturgemäß zu einem Informationsgefälle zwischen Ländern, in denen die Administrationen "gut funktionieren" und solchen in denen das "weniger gut" erfolgt. Automatisch verzerren sich die Statistiken.

Ebenso verfährt die Münchener Rückversicherung *(MunichRe)* in ihren Statistiken. Sie nimmt in ihre Statistiken Schadenereignisse in Abhängigkeit vom Entwicklungsstand eines Landes auf, wobei unterschiedliche Schwellenwerte für Sachschäden zugrunde liegen. So wird einem *"low income"* Land bei einer mittelschweren Katastrophe der Faktor "1" zugeordnet; bei einem starken Ereignis der Faktor "10" und bei einem sehr schweren der Faktor "100". Bei *"high income"* Ländern variiert der Faktor von "30" bis "3000" (MunichRe 2019). Durch diesen Vorgang lässt sich der Entwicklungsstand aller Länder "normalisieren" und das Ergebnis zeigt eine erstaunliche gleichgerichtete Entwicklung – eben nur auf unterschiedlichen Niveaus. Bezogen auf die Einkommensentwicklung ist danach abzulesen, dass sich in Bangladesch die Einkommen in den letzten 30 Jahren ebenso um etwa das Zweifache erhöht haben wie in den USA.

Die Zahl der Todesopfer lag 2016 mit rund 9200 weit unter dem Vorjahreswert von 25.400 und auch unter dem Zehnjahres-Durchschnitt von 60.600. Damit ist 2016 nach 2014 das Jahr mit der geringsten Zahl an Todesopfern seit 30 Jahren. Über 60 % der Todesopfer kamen bei Naturkatastrophen in Asien ums Leben. Besonders betroffen waren China, Indien und Pakistan. Dort hatten lange anhaltende Niederschläge zu großräumigen Überschwemmungen geführt (fast 2400 Tote). Bezogen auf Einzelereignisse waren das Erdbeben in Ecuador mit 673 Toten und Hurrikan Matthew mit rund 600 Todesopfern am folgenreichsten; aber auch das Erdbeben in Italien, das 299 Menschen das Leben kostete. Von den 175 Mrd. US$ Gesamtschäden entfielen 27 % auf geophysikalische Ereignisse, darunter auch die teuerste Naturkatastrophe – das Erdbeben in Japan mit einem Gesamtschaden von 31 Mrd. US$. 63 % der Schäden wurden durch meteorologische und hydrologische Ereignisse verursacht; insbesondere die Überschwemmungen in den USA, in Europa sowie in China. Sie bilden zusammen mit den Schäden durch den Hurrikan Matthew und dem Erdbeben in Japan die fünf teuersten Ereignisse 2016.

Die Gegenüberstellung der beiden Statistiken von CRED-EM-DAT (CRED 2017) und der Münchener Rückversicherung ergeben mitunter verschiedene Zahlenwerte, und das obwohl beide Organisationen ihre Daten umfassend, intensiv und ständig austauschen; wie auch mit allen anderen namhaften Organisationen weltweit (z. B. Weltbank, GFDRR usw.; vgl. Guha-Sapir und Below o. J.). Begründet liegt dies in den unterschiedlichen Zielsetzungen für die Datenerhebungen. So benötigt die Münchener Rückversicherung als weltgrößter Rückversicherer die Ausgangsdaten für ihre Prämienkalkulation (MunichRe 2018).

Ein weiterer Punkt, der die Vergleichbarkeit von Naturkatastrophenstatistiken erschwert, ist, dass diese sich zum Teil auf sehr unterschiedliche Zeiträume beziehen. So wird mal der Zeitraum 1990–2005 betrachtet, in einer anderen die Dekade 1990–2010, oder der Zeitraum 2000–2008 usw. Daher ist erhebliche Vorsicht geboten, wenn Opferzahlen miteinander verglichen werden. Mehr noch, die Begriffe „Todesopfer", „Verletzte" und „Betroffene" werden oftmals sehr unterschiedlich verwendet. Am einfachsten erscheint der Begriff „Todesopfer". Danach werden solche Opfer gezählt, die als Tote identifiziert werden konnten. Ein Beispiel: Nach dem Hurrikan Dorian auf den Bahamas 2019 wurden 50 Leichen geborgen. 11.300 Menschen wurden als vermisst gemeldet. Von denen werden sicher nicht alle „gefunden" – werden die dann automatisch zu den

Toten gezählt? Die Lebensversicherungen aber zahlen nur für eindeutig „identifizierte" Leichen. Auch wird in den Statistiken die sogenannten „72-Stundenregel" zu Grunde gelegt. Danach werden nur solche Opfer zu den Toten gezählt, die innerhalb der nächsten 72 h verstorben sind. Wenn aber ein Schwerverletzter (erst) 3 Wochen nach dem Ereignis seinen Verletzungen erliegt, taucht er nicht mehr in den Statistiken auf. Alle diese Faktoren erschweren einen Vergleich, z. B. eine Bewertung von Resilienz steigernden Präventionsmaßnahmen im Zeitraum von 2010 bis 2018 im Vergleich zur Dekade 1990–2000.

Beinahe täglich werden wir in den Medien oder durch eigene Erfahrungen mit Naturkatastrophen konfrontiert. Es entsteht dadurch der Eindruck, dass Katastrophen an Anzahl und Schwere zunehmen und niemand vor Naturkatastrophen sicher sei. Statistisch lässt sich (Guha-Sapir et al. 2016) belegen, dass:

- die Zahl der Katastrophen zunimmt,
- die Zahl der Todesopfer durch die Katastrophen abnimmt,
- wirtschaftliche Auswirkungen zwischen Ländern mit niedrigem, mittlerem und hohem Einkommen sehr unterschiedlich sind.

Doch die Realität sieht bei nüchterner Betrachtung weniger bedrohlich aus und trotzdem nicht weniger dramatisch. Nicht die großen Naturkatastrophen bestimmen das Risikobild, sondern die Vielzahl der „kleinen" Katastrophen, über die meist nur lokal berichtet wird. Aus Abb. 2.3 geht hervor, dass „eigentlich" nur 10 Katastrophen unsere Vorstellung von Naturkatastrophen beherrschen – sie waren verantwortlich für die meisten Todesopfer in der Zeitspanne von 1975 bis 2000. Danach waren die meisten Opfer auf die vielen schweren Dürren Anfang der 1980er Jahre zurückzuführen, die beispielsweise in der Sahelzone allein im Jahr 1983 etwa 400.000 Menschen getötet haben. Nur ist zu bedenken, dass die Datenerfassung damals eher auf Schätzwerten basierte und daher mit einiger Vorsicht behandelt werden sollte. Eine ähnliche Zahl von Todesopfern ist auf das schwere Erdbeben in China im Jahr 1975 (etwa 200.000) oder auf den Tsunami im Indischen Ozean 2004 zurückzuführen, der allein mehr als 230.000 Menschenleben forderte. Eines der verheerendsten Ereignisse der letzten Jahre war das Erdbeben in Haiti, das ebenfalls mehr als 220.000 Menschenleben kostete. Bei all diesen Megakatastrophen, wie sie von der UNISDR bezeichnet wurden, wurden etwa 1,8 Mio. Menschen getötet. Wenn man aber diese 10 Megaereignisse aus der Statistik herausnimmt, scheint das jährliche Todesrisiko durch Naturkatastrophen weltweit wohl wahrscheinlich bei circa 40.000 Menschen zu liegen.

Die „verzerrte" Risikowahrnehmung wird noch deutlicher, wenn man die Katastrophen berücksichtigt, die sich

Abb. 2.3 Zehn Katastrophen
bestimmen die weltweite
Wahrnehmung von
Naturkatastrophen

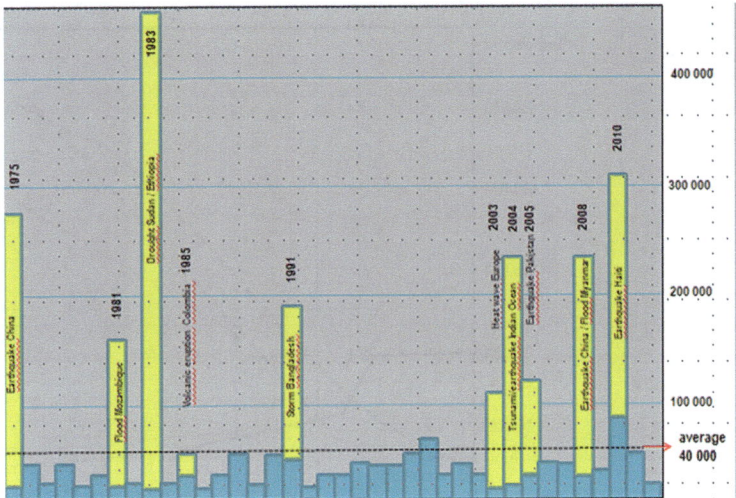

am stärksten in das Gedächtnis der Menschen eingegraben haben. Das sind die Nuklearkatastrophe von Fukushima, der Tsunami vom Indischen Ozean und die Terrorattacke auf das World Trade Center. Allen dreien folgten weltweite politische und ökonomische Veränderungen, z. B. in der Sicherheitsarchitektur der USA oder mit dem Aufbau von regionalen Frühwarnsystemen (Abb. 2.4).

Um die Auswirkungen von Naturkatastrophen auf die Gesellschaften besser zu verstehen, stellt CRED (vgl. Guha-Sapir et al. 2016) eine Reihe von Statistiken zusammen, die auch Grundlage für die folgenden Abb. (2.5 und 2.6) sind. Aus den Daten lässt sich verallgemeinert ein Trend in der Entwicklung von Katastrophenereignissen, Todesopfern und „Betroffenen" ableiten. Die Daten geben nicht die absoluten Zahlen wieder, sondern stellen 10-jährig gewichtete Mittelwerte dar. So wurden im Jahr 1970 etwa 200.000 Menschen durch damals registrierte

50 Ereignisse getötet. Die Zahl der „Betroffenen" lag damals bei 50 Mio. Im Laufe der Jahre stieg die Zahl der Ereignisse auf 400–500 an und die der „Betroffenen" von 50 Mio. auf etwa 250 Mio., wobei sich die Zahl der Todesopfer auf etwa 50.000 halbierte. Wenn man das Verhältnis von Todesopfern zu Ereignissen für das Jahr 1985 (100.000 Tote bei 200 Ereignissen) auf das Jahr 2010 extrapoliert, dann müsste das zu 225.000 Toten bei den damals registrierten 450 Ereignissen führen, stattdessen aber waren es „nur" (!) 50.000.

Schon im Jahr 2004 hatte UNISDR (UNISDR 2004)eine vergleichbare Gegenüberstellung vorgenommen. Danach wurden im Zeitraum von 1970–1979 etwa 2 Mio. Menschen durch Naturkatastrophen getötet und etwa 700 Mio. waren davon „betroffen". Im Gegensatz dazu wurden in der Dekade 1990–1999 0,6 Mio. Menschen getötet, dafür waren aber mehr als 2000 Mio. „betroffen". Daraus kann

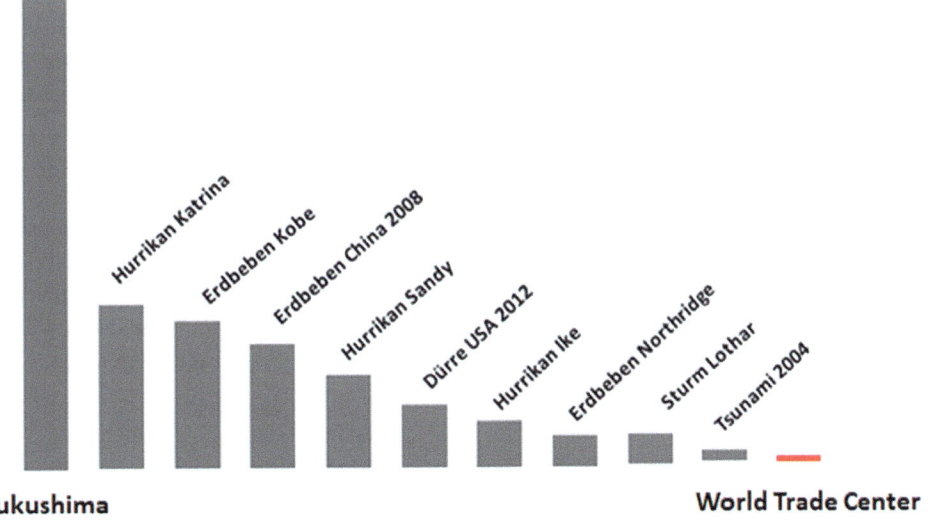

Abb. 2.4 Die schadensreichsten Naturkatastrophen im Vergleich zu dem Schaden durch eine Terrorattacke

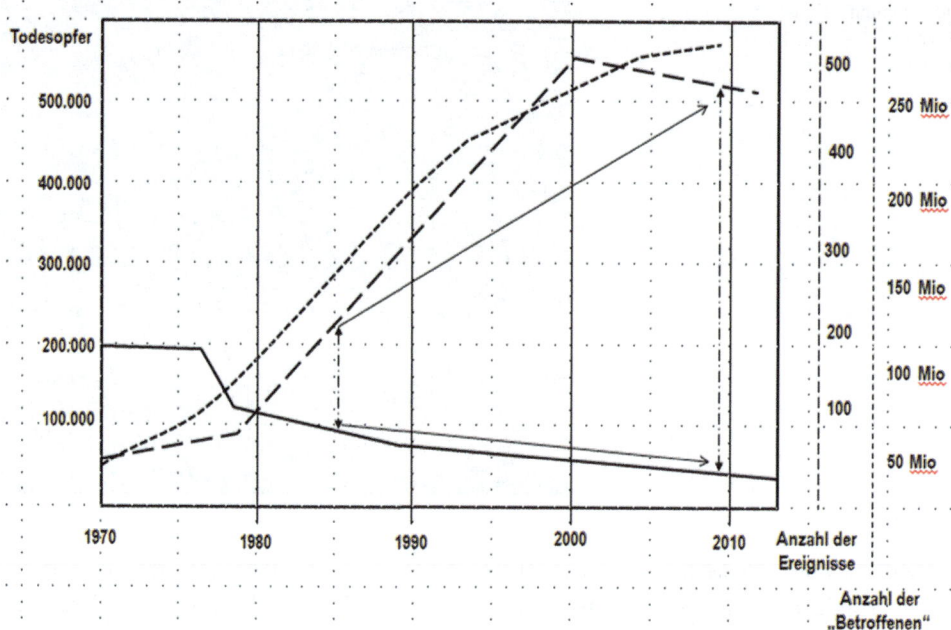

Abb. 2.5 Entwicklung von Katastrophenereignissen, Todesopfern und „Betroffenen". (Nach UNISDR 2004, Guha-Sapir et al. 2016)

(generalisiert) abgeleitet werden, dass (wodurch auch immer) sich die Zahl der Toten im Vergleichszeitraum auf etwa ein Drittel reduziert hat, während sich im gleichen Zeitraum die Zahl der „Betroffenen" verdreifacht.

Die Grafik ist zudem ein Aufruf, die Wahrnehmung einer Katastrophe in der Gesellschaft, den Medien und in den politischen Entscheidungsebenen nicht mehr alleine an der Zahl der getöteten Menschen festzumachen, sondern immer mit der Zahl der „Betroffenen" zu verknüpfen. Das Leiden dieser gesellschaftlichen Gruppen wurde in der Vergangenheit nicht angemessen gewürdigt und die „glückliche" Verringerung der Zahl der Todesopfer sollte nicht als Rechtfertigung für die Verringerung der Anstrengungen zur Katastrophenminderung dienen.

Eine Zuordnung, welcher Katastrophentyp zu welchen Auswirkungen führt, ist anhand einer Reihe von Statistiken abzulesen, die die Münchener Rückversicherung für das Jahr 2017 erstellt hat (Topic Geo Online 2017). Danach waren bei 730 Ereignissen (vgl. Schadenfilter MunichRe) 10.000 Tote zu beklagen gewesen. 47 % der Ereignisse entfielen auf hydrologische und 35 % auf meteorologische Ereignisse. Bei den Todesopfern überwiegen die hydrologischen mit 65 %; bei den meteorologischen 16 %. Von den 340 Mrd. US$ an Schäden entfielen 80 % auf meteorologische Ereignisse (tropische Wirbelstürme usw.), während die hydrologischen (nur) etwa 8 % ausmachten. Von den 730 Ereignissen hatten sich 42 % in Asien und 23 % Nord-/Mittelamerika und der Karibik ereignet. Asien hält auch den Rekord mit 65 % der Todesopfer, wohingegen die Sachschäden sich auf Nord-/Mittelamerika und die Karibik konzentrierten (83 %), von denen immerhin 92 % versichert waren.

Wie schon in Abschn. 2.2.2 (vgl. Abschn. 4.3) angesprochen, sind die Auswirkungen von Naturkatastrophen auf verschiedene Länder sehr unterschiedlich. Um eine einigermaßen nachprüfbare Klassifizierung der Länder zu erhalten, unterteilt die Weltbank seit Juli 2018 die Länder nach dem Pro-Kopf-Einkommen wie folgt:

Low income >996 US$
Lower-middle income 996–3895 US$
Upper-middle income 3986–12.055 US$
High income >12.055 US$

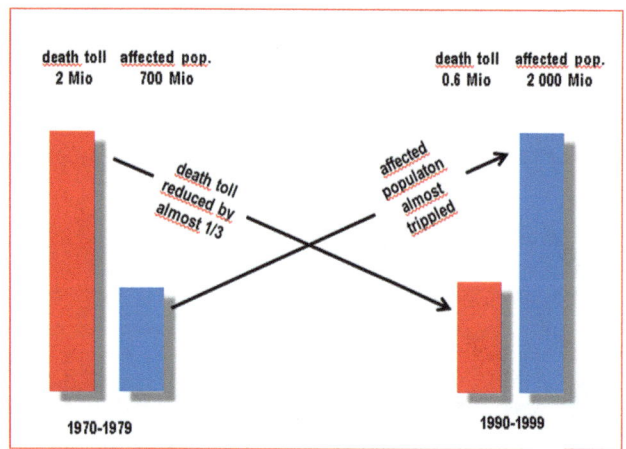

Abb. 2.6 Gegenüberstellung von Todesopfern und den durch Katastrophen „Betroffenen"

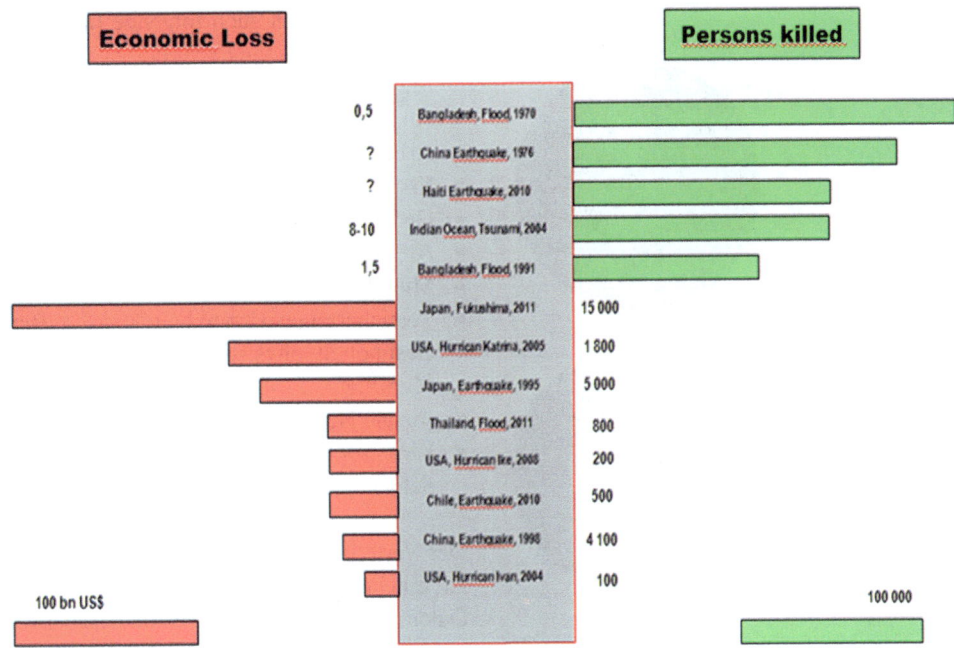

Abb. 2.7 Vergleich „Todesopfer" zu „ökonomischen Schäden" für ausgewählte Naturkatastrophen seit 1970. Demnach überwiegen in den Entwicklungsländern („*low income*" bis „*lower-middle income*" Länder) die Todesopfer (rechte Seite), während in den OECD-Ländern (linke Seite) die ökonomischen Schäden vorherrschen

Das Pro-Kopf-Einkommen zu verwenden, bietet sich an, da es durch Faktoren wie u. a. Einkommensentwicklung, Währungsstabilität und Bevölkerungsentwicklung beeinflusst wird. Und der US-Dollar als internationale Leitwährung erlaubt eine gute Vergleichbarkeit. Die Abb. 2.7 und 2.8 stellen „Todesopfer" „ökonomischen Schäden" gegenüber und zeigen, wie sehr sich die wirtschaftliche

Entwicklung der Länder auf die Katastrophenexposition auswirkt.

Aber auch innerhalb der Entwicklungsländer kann, wie Abb. 2.9 zeigt, derselbe Katastrophentyp (hier ein Taifun) sehr unterschiedliche Auswirkungen haben. So hatte der Taifun Sidr in Bangladesch (2007) eine signifikant höhere Zahl an Todesopfern und Verletzten als der Taifun Hai-

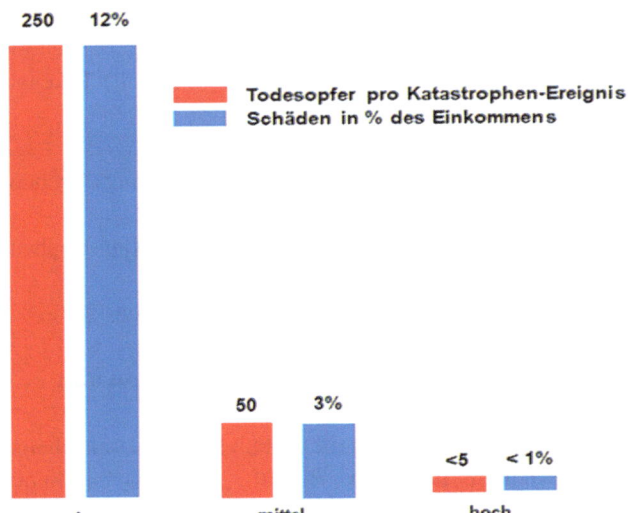

Abb. 2.8 Vergleich von „Todesopfern" und „ökonomischen Schäden" durch Naturkatastrophen in Abhängigkeit vom Einkommen: „gering"/„mittel"/„hoch"

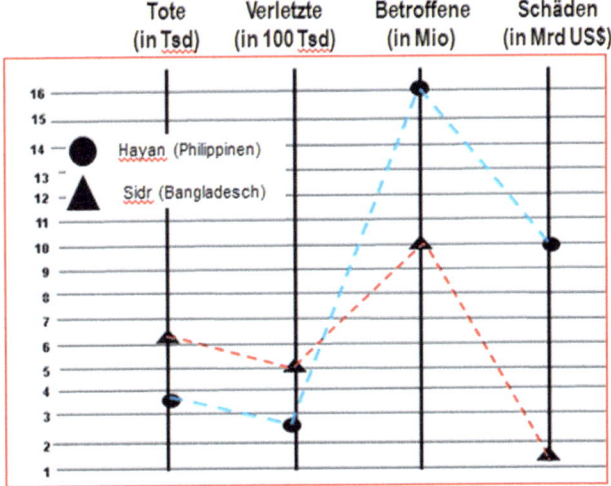

Abb. 2.9 Vergleich „Todesopfer" und „Schäden" durch Taifunereignisse in Asien (Sidr, Bangladesch 2007/Haiyan, Philippinen 2013)

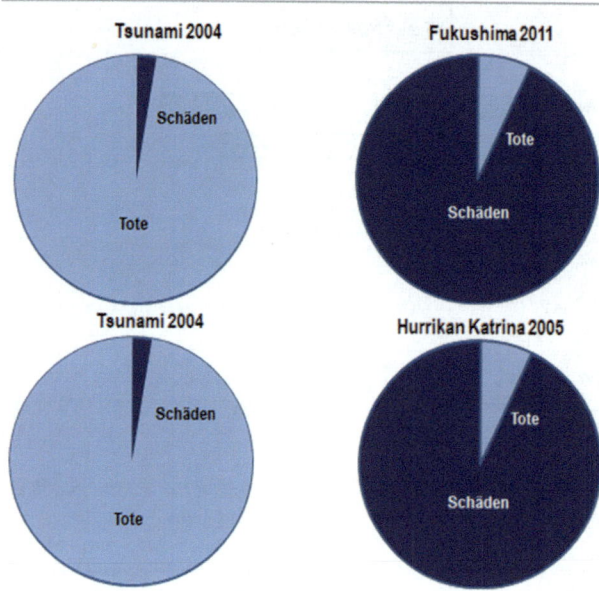

Abb. 2.10 Vergleich von Todesopfern und Schäden durch Groß-schadenereignisse

yan in den Philippinen (2013), bei dem die Anzahl der „Be-troffenen" und die ökonomischen Schäden überwogen.

Auch Abb. 2.10 zeigt, wie sehr die sozialen und wirtschaftlichen Rahmenbedingungen eines Landes aus-schlaggebend sind, wenn es durch eine Katastrophe be-troffen wird. Dazu wird der Tsunami von 2004 im Indi-schen Ozean zum einen verglichen mit dem Erdbeben/ Tsunami 2011 in Fukushima und zum anderen mit dem Hurrikan Katrina (2005). Es zeigt sich, dass selbst solche Großschadenereignisse in den OECD-Ländern vor allem zu ökonomischen Schäden führen, während die Todesopfer (erfreulicherweise) gering sind. In Indonesien dagegen waren durch den Tsunami vor allem Menschleben zu be-klagen, während sich der Schaden in Grenzen hielt.

Seit mehr als 30 Jahren wird in einer Vielzahl an Stu-dien darauf hingewiesen, dass das Eintreffen einer Natur-katastrophe sehr unterschiedliche Auswirkungen auf die Menschen in der betroffenen Region haben kann (King und McGregor 2000; Bolin und Stanford 1991). Diese Studien haben die komplexen Vernetzungen von verschiedenen Fak-toren herausgearbeitet und konnten nachweisen, wie sehr sie eine schlüssige Bewertung der sozialen Vulnerabili-tät erschweren (Dwyer et al. 2004). Neben Indikatoren wie die Altersstruktur einer risikoexponierten Gesellschaft, d. h. der Anteil unter 5 und der Anteil über 65 Jahren, spielt vor allem der Anteil von Frauen, die generell einer höhe-ren Vulnerabilität ausgesetzt sind, eine zentrale Rolle. Die Weltgesundheitsorganisation (WHO) hat des Weiteren dar-auf hingewiesen, dass die Bevölkerung auf der ganzen Welt immer älter wird: Prognosen deuten an, dass sich der Anteil der Weltbevölkerung über 65 Jahre innerhalb des nächsten halben Jahrhunderts fast verdreifachen wird (Tuohy 2011).

Daneben haben auch folgende Indikatoren einen großen Einfluss:

- Ausbildungsstand
- Arbeit und Einkommen
- Ersparnisse und Rücklagen
- Größe des Haushalts
- Art des Hauses
- Mietobjekt oder Eigentum
- Versicherungen (Krankheit, Hausrat, Rente)
- Gesundheit, physische/mentale Behinderungen
- Mobilität
- soziale Netzwerke
- Katastrophenereignisse (Tote, Verletzte, „Betroffene", Schäden).

Der Vorteil, Vulnerabilität auf der Basis dieser Indikatoren zu erheben, liegt in der Tatsache begründet, dass diese Daten in vielen Ländern in den statistischen Ämtern ab-gefragt werden können. Dabei ist anzumerken, dass eine oder mehrere Indikatoren alleine noch keine Vulnerabilität ausmachen, sondern erst die Summe – wenn auch mit sehr unterschiedlicher Gewichtung (oftmals auch durch einen Wichtungsfaktor herausgehoben). Ein Beispiel: Eine ältere Person (>65 Jahre) ist per se nicht wegen ihres Alters vul-nerabel. Aber wenn sie in ihrem Haus weit entfernt von an-deren Menschen wohnt, ohne eigenes Auto, vielleicht noch körperlich eingeschränkt, dann ergibt sich daraus für diese Person ein erhöhtes Risiko (Dwyer et al. 2004).

Darüber hinaus können noch weitere Indikatoren – die vor allem dazu dienen, sich von einer Katastrophe besser zu erholen – für eine Bewertung hilfreich sein, z. B.:

- gute Kenntnis über Naturgefahren und Risiken
- eine fundierte Risikowahrnehmung
- die Fähigkeit (technisch, kognitiv, finanziell) Erkennt-nisse in Prävention umzusetzen
- indigenes Wissen über Naturgefahren
- Kenntnisse über effektive Risikominderungs-Techno-logien
- Verständnis darüber, wie der Staat sein Katastrophen-Risikomanagement strukturiert
- Kenntnis über die lokalen Entscheidungswege.

2.2.3.1 Die Katastrophen-Risikoexposition von Frauen

In der Regel wird der Begriff „Frau" in den Gesellschafts-wissenschaften mit dem Begriff „Gender" verknüpft. Dabei beschreibt „Gender" das Verhältnis der Geschlech-ter in Bezug auf politische, soziale und ökonomische Ent-scheidungsfindungen. Hier sollen in erster Linie die Aus-wirkungen von Naturkatastrophen auf die Frauen (als Per-sonen) ausgeführt werden – exemplarisch an dem Tsunami des Jahres 2004 in Banda Aceh und in Tamil Nadu, ohne dabei die Rolle der Männer unberücksichtigt zu lassen. Frauen sind viel stärker von den sozialen und existenziellen Auswirkungen von (Natur-)Katastrophen betroffen. Im Falle einer Katastrophe verstärken sich die schon immer bestehenden sozialen und kulturellen Unterschiede (Kasperson et al. 1988). Die fehlende wirtschaftliche Basis (Einkommen), ihr generell geringer(er) gesellschaftlicher Status (oft keine verbrieften Rechte) und eine kaum vorhandene Repräsentation in der Gesellschaft führen dazu, dass sie fast nie an den politischen Entscheidungsfindungen beteiligt sind. Sie sind abhängig vom „Wohlwollen" der Männer. Dies alles macht sie höchst vulnerabel. Selbst in der Nachkatastrophenphase sind sie oft männlicher Repression ausgesetzt, was es ihnen oftmals unmöglich macht, sich eigenständig um das Wohl ihrer Familien zu kümmern, z. B. selbständig die Notunterkunft zu verlassen, um Feuerholz zu holen.

In Banda Aceh sind nach offiziellen Angaben (BAPPE-NAS und UNDP 2006) bei dem Tsunami 127.000 Menschen umgekommen, 533.770 Menschen wurden obdachlos und weitere 94.000 blieben vermisst. Die Schäden waren zu 70 % im privaten Sektor aufgetreten und betrafen vor allem die ländlichen Haushalte, die von der Landwirtschaft und der Fischerei lebten. Der staatliche Öl-/Gassektor mit seinen offshore Produktionsfeldern vor der Küste von Aceh hatte nur wenige Verluste zu beklagen. Aber die Katastrophe hatte die Menschen nicht gleichmäßig getroffen. Bei dem Tsunami waren signifikant mehr Frauen als Männer ums Leben gekommenen. So hatten in dem Dorf Lampu'uk, etwa 15 km von Banda Aceh entfernt, von den 6000 Bewohnern nur 900 überlebt, darunter waren aber nur 200 Frauen. In einem anderen Dorf hatten überhaupt nur vier Frauen überlebt- drei von ihnen hatten sich zum Zeitpunkt der Katastrophe an einem anderen Ort aufgehalten. Oxfam (2005) hat eine Reihe von Gründen für die überproportionalen weiblichen Opfer und Kinder aufgeführt. In den Dörfern an der Küste leben viele Familien vom Fischfang. Daher hielten sich viele Männer mit ihren Booten jenseits der hohen Tsunamiwellen auf. In den Gebieten, in denen Landwirtschaft vorherrscht, waren viele Männer schon auf den Feldern oder brachten ihre Produkte auf die Märkte. Auch waren viele Männer aus dieser Region als Fremdarbeiter in Malaysia tätig. Die Wellen überspülten die Hütten aber, die nahe am Strand gebaut waren, als sie auf Land trafen. Da es zudem Sonntagmorgen gegen 8 Uhr war, hielten sich viele Frauen und Kindern (noch) in ihren Hütten auf. Wegen der schieren Wucht, insbesondere des rückströmenden Wassers, konnten sich die Frauen kaum mehr auf den Beinen halten – zumal sie sich noch um ihre Kinder kümmern mussten. Insgesamt, so gibt UNDP an, lag die Todesrate von Frauen und Männern bei 60 % zu 40 %. Viele Frauen verfielen im Angesicht der Katastrophe in

einen Schock. Eine Befragung ergab, dass 65 % sich nicht mehr sicher fühlten, 17 % hatten Sorge vertrieben zu werden und 13 % fühlten sich emotional belastet.

Bei dem Tsunami im indischen Bundesstaat Tamil Nadu starben 12.000 Menschen -mehr als eine halbe Million Menschen waren obdachlos geworden. Wie auch in Banda Aceh wurden hier viel mehr Frauen als Männer zum Opfer der Katastrohe (Gokhale 2008). So sind zum Beispiel in dem Dorf Nagapattinam in Tamil Nadu 2406 Frauen und Kinder aber (nur) 1883 Männer getötet worden. Auch hier waren viele Männer draußen beim Fischen gewesen und die Frauen hatten am Strand auf den Fang gewartet. Viele Frauen hatten vergebens versucht sich, ihre Kinder, die Älteren und die Kranken zu retten. Viele, die sich hätten retten können, wagten es aber zum Beispiel nicht, sich in Boote zu flüchten, ein Ort, der ihnen traditionell verwehrt war. Die meisten Frauen können zudem nicht schwimmen; und wenn, wäre es kaum möglich gewesen, sich gegen die Strömung zu behaupten. Aber sie waren nicht nur direkt betroffen, auch nach dem Tsunami waren sie vielfältigen Bedrohungen ausgesetzt. Dadurch, dass viele von ihnen zu Witwen und ihre Kinder zu Waisen geworden waren, wurde den Familien damit in der Regel die wirtschaftliche Existenz entzogen und ihnen die Zugehörigkeit zu „ihrer" gesellschaftlichen Schicht genommen.

Vor dem Tsunami waren 20 % der Aceh-Haushalte von alleinstehenden Frauen geführt worden: Ein für asiatische Verhältnisse hoher Prozentsatz. Ein Grund dafür ist, dass viele Männer sich in dem 20 Jahre langen Kampf um die Unabhängigkeit der Provinz im Krieg befanden – viele davon nicht zurückgekehrt waren und andere zu langjährigen Haftstrafen verurteilt worden waren (Yonder et al. 2005). Eine vergleichbare Situation hatte sich auch in Sri Lanka ergeben; auch dort waren viele Männer im Kampf um die Unabhängigkeit des überwiegend von Tamilen bewohnten Norden und Osten des Landes und nicht vor Ort, als der Tsunami eintraf. Aber auch in der Zeit danach wurden die Frauen ein weiteres Mal benachteiligt, diesmal von den vorrangig auf die Bedürfnisse der Männer ausgerichteten Hilfsangeboten. Viele Entscheidungen wurden verabschiedet, ohne auf die gesonderten Anliegen der Frauen Rücksicht zu nehmen. Dies galt insbesondere für die Haushalte, in denen die Frauen den Haushaltsvorstand stellten. Das insbesondere in der Provinz Banda Aceh geltende Sharia-Gesetz räumt den Frauen nicht die gleichen Rechte ein wie den Männern. So konnten Frauen, deren Männer getötet waren, kaum ihre Besitzrechte einklagen, insbesondere wenn die Urkunden in den Fluten versunken waren – zudem war das zentrale Grundbuchregister für Banda Aceh ebenfalls zerstört worden. Frauen wurde oftmals nur ein eingeschränkter Zugang zu den Unterstützungen und Hilfen gewährt. Sehr häufig waren sie gar nicht erst über die angebotenen Hilfsprogramme informiert worden.

Wenn Frauen das Glück hatten, in einer Notunterkunft aufgenommen zu werden, führten fehlende Privatsphäre und mangelnder Schutz dazu, dass sie oftmals physischer und psychischer Repression ausgesetzt waren. Ihr geringer gesellschaftlicher Status und der hohe Anteil an Analphabeten unter ihnen beraubte sie zudem oftmals noch ihrer verbrieften Rechte. Sie fühlten sich schutzlos, unsicher, was es vielen von ihnen unmöglich machte, sich um ihre Familien zu kümmern. Zudem kam es oft vor, dass sich Frauen um die Kinder und Angehörigen von Familien kümmern mussten, die bei dem Tsunami ums Leben gekommen waren. Die restriktiven Sharia-Gesetze in Banda Aceh führten auch dazu, dass es den Frauen in den Monaten danach verboten wurde, sich in der Öffentlichkeit zu zeigen. Als Grund wurde angegeben, dass man sie vor der großen Zahl an Katastrophenhelfern, die ins Land gekommen seien, schützen müsse. Die Regierung setzte daraufhin eine Kommission ein, um insbesondere die Frauen zur Durchsetzung ihrer Rechte um Landbesitz zu stärken; aber eben auch um die Gesetze der Sharia stringent anzuwenden (Stichwort: „Strikte Trennung von Männern und Frauen"). Damit wurden die Frauen von den meisten lukrativen Arbeitsmöglichkeiten ausgeschlossen – so konnten sie ihre Familien nicht ernähren. Dies sei, so Yonder et al. (2005), aber nicht allein ein indonesisches Problem gewesen, sondern lag eher daran, dass sich die internationalen Hilfsorganisationen bei ihrem Bemühen um den Wiederaufbau als „very inflexible" erwiesen hatten. So konnte sich zum Beispiel eine „Tsunami-Witwe" nicht um einen Baukredit für ein Dorf bewerben, in dem ihre einzigen Verwandten leben, weil der Kredit nur für den Alteigentümer bewilligt wurde.

Abschließend kann festgestellt werden, dass Frauen bei Katastrophen mehrfach zu Opfern werden können. Zum einen werden sie häufiger direkt von dem Ereignis betroffen und zum anderen leiden sie stärker unter den Folgewirkungen („post crisis recovery"). Wiederaufbau-Programme müssten daher Perspektiven eröffnen, um die:

- soziopsychologischen Auswirkungen von Vertreibung und sozialer Ausgrenzung abzumildern,
- Einkommen und finanzielle Unabhängigkeit zu gewährleisten,
- soziopolitische und kulturelle Ausgrenzung abzumildern,
- die „Rolle der Frau" und ihre Identität gesetzlich und in der Praxis zu stärken und
- den Frauen eine bessere Teilhabe an den politischen Entscheidungen zu ermöglichen.

2.2.3.2 Traumatisierung

Naturkatastrophen und andere katastrophale Ereignisse wie Verkehrsunfälle, Flugzeugabstürze oder ein Terroranschlag sind für die Überlebenden psychisch außerordentlich belastend. Obwohl eine solche Traumatisierung bei vielen Katastrophenereignissen auftritt, werden solche Auswirkungen in der Praxis des Notfallrisikomanagements oft nicht genügend berücksichtigt. Stresssituationen können eine Gesellschaft so sehr belasten, dass ihre Bewältigungskapazität überstiegen wird – insbesondere die von Kindern, Behinderten oder anderen sozial benachteiligten Gruppen. Das Sicherheitsgefühl der betroffenen Bevölkerungsgruppen kann über viele Jahre nachhaltig erschüttert werden.

Erfreulich ist, dass viele Studien zum Umgang mit Katastrophenopfern belegen konnten, dass die Belastungen zwar eine breite Palette an psychischen Störungen nach sich ziehen können, diese aber in der Regel „nicht stark" ausgeprägt sind und die Menschen wieder zu einem „normalen" Leben zurückfinden. Gerrity und Flynn (1997) fanden zudem heraus, dass „normal people, responding normally, to a very abnormal situation". Manche haben sich sogar zu erhöhten physischen und mentalen Aktivitäten herausgefordert gesehen und ihre familiären Bindungen verstärkt, sich von materiellen Gütern getrennt und zu einer höheren Zufriedenheit finden können. Erfahrungen, wie sie auch in der Folge der Corona-Pandemie in Deutschland gemacht wurden. Auch konnten am Beispiel des Verhaltens von Opfern des Hurrikans Andrew (Morrow 1997) keine Veränderungen im „familiären" Verhalten festgestellt werden, weder stieg die Scheidungsrate, noch verringerte sich die Zahl der Geburten oder Eheschließungen. Auch ist festzustellen, dass viele – sogar selbst Betroffene – sofort etwas unternehmen, um ihr Leben und das Anderer zu retten. Mitunter kann dies sogar dazu führen, das eigene Leben aufs Spiel zu setzen. Bei den Überlebenden konnte im Nachgang festgestellt werden, dass sich ihre persönliche Einstellung zu Katastrophen stark verändert hat. Es wurde klar, dass solche Ereignisse jederzeit jeden treffen können. Es wurden verstärkt Anstrengungen unternommen, durch konstruktive und mentale Präventionsmaßnahmen die persönliche Resilienz zu verbessern.

Im Umgang mit Traumatisierungen gibt es einen deutlichen Unterschied zwischen Entwicklungs- und Industrieländern. In den Industrieländern wird die „Heilung" allgemein als Aufgabe des Gesundheitssystems – staatlich oder privat – gesehen, während es bei in Tradition verhafteten Gesellschaften, z. B. islamischen Gesellschaften, durch den Familienverbund oder die Vielzahl nichtstaatlicher Netzwerke wahrgenommen wird. In den Entwicklungsländern zählen vor allem alleinstehende Frauen zu denen, die nur wenig bis gar keine Hilfen bekommen, um mit dem Erlebten „fertigzuwerden". Viele leiden darunter, wie sie ihre Familien in der Zukunft „durchbringen" können. Auch unterernährte und chronisch kranke Menschen sind weniger in der Lage, dem körperlichen und emotionalen Stress einer Katastrophe standzuhalten. Kinder sind durch Katastrophenereignisse überproportional gefährdet, traumatisiert zu werden. Wenn Kinder früh dem Tod von Eltern, Brüdern, Schwestern oder engen Freunden ausgesetzt sind, stellen sie fest, dass auch Eltern und nahe Verwandte anfällig für Schäden sind, d. h. diejenigen, die man als „stabile" Bezugspersonen angesehen hatte, erwiesen sich als ebenso anfällig und schutzlos wie sie selbst. Bei ihnen muss die „Auswirkung von wahrgenommener Bedrohung oder körperlichem Schaden immer in Relation zum Entwicklungsstand des Kindes und auch zum sozialen Kontext, in dem das Kind lebt, gesehen werden" (Shaw et al. 2007).

Die Auswirkungen solcher Katastrophen oder traumatischen Ereignisse gehen oft weit über die physischen Schäden hinaus. Das Erlebte und Ängste über die Zukunft sind eine der Hauptursachen für sogenannte „posttraumatische Belastungsstörungen" (PTBS). Das „US Department of Veteran Affairs" (USVA) identifizierte vier Haupttypen von Stresssymptomen:

- Wiedererleben von Symptomen oder Rückblenden genannt. Dies manifestiert sich in schlechten Erinnerungen oder Albträumen, Konzentrations- oder Schlafstörungen, Herzklopfen.
- Vermeidung von Situationen, die an das Ereignis erinnern (Eskapismus). Dies manifestiert sich in der Flucht vor Situationen, die bestimmte Erinnerungen wecken.
- Negative Veränderungen in Überzeugungen und Gefühlen. Menschen können Angst haben, traurig und depressiv sein. Außerdem schämen sich viele, weil sie ihre Gefühle nicht kontrollieren können.
- „Aufgeblasenes Gefühl" (auch *hyper arousal* genannt). Dies manifestiert sich in der ständigen Wachsamkeit und der Suche nach Gefahren. Selbst harmlose Situationen können Wut und Irritation hervorrufen, wie z. B. ein plötzlicher lauter Lärm nebenan.

Nach allen Katastrophen werden die Erfahrungen mit dem Verlust von Sicherheit, Vertrauen und die mangelnde Vorhersehbarkeit, wie das Leben weitergehen wird, zu einem Teil des Lebens. Die FEMA (2013) hat ermutigende Erfahrungen mit den folgenden Schritten gemacht, um Stresssymptome zu reduzieren und die Neuausrichtung der „Betroffenen" zu fördern, das emotionale Wohlbefinden wiederherzustellen und wieder ein Gefühl der

Kontrolle zu erlangen. Sie empfiehlt den Katastrophenhelfern u. a.:

- einen „sicheren Hafen" bieten, der Schutz, Nahrung und Wasser, Sanitäranlagen und eine Privatsphäre garantiert
- sofort direkte persönliche und familiäre Kontakte herstellen, um ein Gefühl der Hoffnung und des Selbstwertgefühls zurückzugewinnen
- Selbsthilfegruppen aufbauen, um unter Anleitung von Ärzten über Erfahrungen zu sprechen
- das Sozialverhalten zu verbessern und damit die Fähigkeit, mit Stress umzugehen, zu erlernen
- lokale kulturelle oder gemeinschaftliche Unterstützungspotenziale identifizieren, um dazu beizutragen, normale Aktivitäten wie den Besuch von Gottesdiensten aufrechtzuerhalten oder wiederherzustellen
- tägliche Tagesabläufe festlegen.

2.3 Gute Regierungsführung

2.3.1 Allgemeines

Faktoren, die dazu führen, dass ein Land besser als ein anderes mit seiner Risikoexposition umgeht, werden in der Regel in den Kontext seiner „Fähigkeiten/Stärken" gestellt und mit dem Begriff der „guten oder verantwortungsvollen Regierungsführung" (*„good governance"*) beschrieben (World Bank 1992; Klemp und Kloke-Lesch 2006; Stather, 2003). Der Begriff umfasst die Art und Weise, wie in einem Staat politische Inhalte formuliert, Entscheidungen getroffen und in die Praxis umgesetzt werden. Das Konzept fußt auf einer demokratisch legitimierten Regierung, auf Gesetzen und Regelungen, die für alle gleich gelten, auf leistungsfähige politische Institutionen, die einen verantwortungsvollen Umgang des Staates mit der politischen Macht garantieren, und darauf, dass die Regierung eine Umsetzung des „Gewaltmonopols" (*„law enforcement"*) generalisiert. Kofi Annan hat diesen Anspruch in einem Satz zusammengefasst:

> *„Good governance* ist vielleicht der wichtigste Faktor, wenn es darum geht, Armut auszulöschen und Entwicklung voranzubringen."

Im Kern geht es um das Zusammenspiel von Demokratie, Sozial- und Rechtsstaatlichkeit. Es geht aber weit über den staatlichen Bereich hinaus und schließt auch alle anderen zivilgesellschaftlichen Akteure und die Wirtschaft zwingend mit ein. Grundlagen jeder „guten Regierungsführung" sind die Achtung der Menschenrechte sowie rechtsstaatliche und demokratische Prinzipien, wie zum Beispiel die gleichberechtigte politische Teilhabe aller gesellschaftlichen Gruppen an den politischen Entwicklungsentscheidungen.

Verantwortungsvolle Regierungsführung auf allen politischen Entscheidungsebenen ist eine Grundvoraussetzung für wirtschaftliches Wachstum, politische Stabilität und Sicherheit. Alle Entwicklungsorganisationen weltweit (OECD/DAC, Weltbank, OSZE, Europäische Union, ADB, IAEB usw.) haben daher das Thema zentral auf ihre Agenda gesetzt. Sie streben u. a. an:

- Achtung der Menschenrechte und Rechtsstaatlichkeit
- Förderung von Demokratie und Partizipation
- Bekämpfung der Armut
- nachhaltige Entwicklung
- Förderung der Transparenz und der Zivilgesellschaft
- Management sozialer und ökonomischer Ressourcen
- wirtschaftliche und soziale Entwicklung
- gerechte Verteilung der Ressourcen
- Stärkung der lokalen Entscheidung nach dem Subsidiaritätsprinzip.

„Gute Regierungsführung" hat seit ihrer ersten Formulierung durch die Weltbank im Jahr 1992 einen vorrangigen Stellenwert in allen Entwicklungspartnerschaften erlangt. Das Ziel ist, wie eine internationale Zusammenarbeit formuliert werden kann, um in den Partnerländern stabile Gesellschaften aufzubauen (vgl. Kap. 8). Damit hat der Anspruch auch im Hinblick auf eine bessere Resilienz der Gesellschaften gegenüber den Auswirkungen von Naturkatastrophen eine zentrale Bedeutung bekommen. Doch es gibt auch Kritik. Der Begriff sei nicht eindeutig und sogar zugunsten der Interessen der internationalen Geber auslegbar. Kritik macht sich vor allem an der „normativen Kraft" von „guter Regierungsführung" fest. Von einigen Ländern wird vor allem angeführt, dass mit den Programmen oftmals eine Konditionalität verbunden ist: Unterstützung nur bei „Stärkung der Menschenrechte", „Verwirklichung der Rechte der Frauen", „Stärkung der Rolle der Opposition" u. v. m. Der Ansatz wird daher vielfach als „Kulturimperialismus des Westens" abgelehnt. Dem entgegnen die Vertreter des Konzeptes, dass Menschenrechte universell seien und nach dem Völkerrecht nicht in die nationale Souveränität eingreifen. So kam die Menschenrechtskonferenz der Vereinten Nationen 1993 zu dem Schluss, dass eine Entwicklungspolitik, „die sich an den zentralen Inhalten des politischen Assoziationsbereiches von *good governance* orientiert", völkerrechtlich legitim ist. Seit Verkündung der „Millennium Development Goals" (MDGs) der Vereinten Nationen und im Zuge damit der Verabschiedung der „Poverty Reduction Strategy" und der „Social Development Goals" – unter Zustimmung aller Mitgliedsländer der Ver-

einten Nationen – sind Inhalte und Zielsetzung von „guter Regierungsführung" weithin akzeptiert.

2.3.2   Beispiele für „gute Regierungsführung"

Hitzesommer 2003

Ein Beispiel für „gute Regierungsführung" als Folge der sonst so tragischen Ereignisse des Hitzesommers 2003 stellen die daraus in Europa abgeleiteten nicht-strukturellen (Regelwerke) und strukturellen (technische Installationen) Veränderungen dar. Der Sommer 2003 war in weiten Teilen Europas ein Extremereignis jenseits aller Erfahrungswerte. Er war damals gesamteuropäisch der wärmste Sommer seit mindestens 500 Jahren – wenn nicht sogar der wärmste des letzten Jahrtausends (Büntgen et al. 2004). Die Hitzewelle ereignete sich während der ersten Augusthälfte, ausgelöst durch ein Hochdruckgebiet über Westeuropa als Folge einer ausgeprägten Omega-Wetterlage.

Mit geschätzten 45.000–70.000 Todesopfern und einem volkswirtschaftlichen Schaden in Höhe von ungefähr 13 Mrd. US$ gehört die Hitzewelle zu den schwersten Naturkatastrophen Europas der letzten 100 Jahre. Am stärksten betroffen war Frankreich, aber auch die südlicheren Länder Europas; vor allem Spanien und Portugal litten darunter mit Temperaturen von bis zu 47,4 °C. In Frankreich verzeichnete man die höchsten Temperaturen und die längste Dauer einer Hitzewelle seit mindestens 1950. Hitzewellen hat es in Frankreich regelmäßig gegeben. Die Hitzeperiode zum Beispiel im Sommer 1788, gefolgt von viel Regen im Herbst, führte zu den Höchstpreisen für das Brot im Jahre 1789 – und mit zur Französischen Revolution.

Als die Temperaturen am 14. August 2003 erstmals 39 °C überstiegen, brachen allein auf den Straßen von Paris 40 Menschen leblos zusammen. Klimaanlagen versagten und die Kliniken waren heillos überlaufen – es fehlte überall an Krankenbetten und viele Hitzeopfer konnten nur notdürftig in den Gängen versorgt werden. Der Monat August ist seit der „Revolution von 1789" der Ferienmonat in Frankreich. Alle reisen ans Meer (Atlantik, Mittelmeer). In den Städten bleiben diejenigen zurück, die entweder zu arm sind, sich Ferien zu leisten, oder die Alten und Kranken. Da in den Städten mehr als die Hälfte der Bewohner verreisen, werden automatisch auch die Versorgungseinrichtungen personell heruntergefahren, dies gilt auch für das Krankenhauspersonal. Auch die damals noch „junge" 35-h-Woche hatte das Gesundheitswesen vor unlösbare Probleme gestellt. Fast 11.500 Menschen mehr als statistisch zu erwarten gewesen wäre sind in den beiden ersten Augustwochen gestorben. Viele Alte und Kranke starben in ihren Wohnungen, ohne dass Angehörige oder Nachbarn dies bemerkten. In Paris verschieden derart viele Menschen, dass die Bestattungsinstitute mit den Beerdigungen nicht mehr nachkamen und für die Leichname kein freier Platz mehr in den Kältekammern blieb. Provisorisch wurde auf dem Großmarkt Rungis südlich der Hauptstadt ein großes Kühllager für Lebensmittel zur größten Leichenhalle Frankreichs umfunktioniert, Raum für weitere 700 Tote. Im Süden Frankreichs, in Marseille, war man auf solche Ereignisse besser vorbereitet. Seit einer Hitzewelle im Jahr 1983 beugt man vor, um die Sommersterblichkeit zu reduzieren: „Wir haben zwanzig Jahre Vorsprung", sagte das dortige Gesundheitsamt. Die Regierung in Paris sah sich dem Vorwurf ausgesetzt, die alarmierenden Folgen der Hitzewelle wochenlang nicht in den Griff bekommen zu haben. Der französische Staatspräsident Jaques Chirac erklärte, das Gesundheitssystem müsse überprüft werden, „um alten und behinderten Menschen entsprechend der Vorstellung von Solidarität zu helfen, die wir für unser Land haben".

Die Ereignisse des Jahres 2003 haben auch in Deutschland dazu geführt, das Gesundheitssystem zu überprüfen, ob es in der Lage sei, mit so einer Hitzewelle fertig zu werden. Eine Bund-Länder-Arbeitsgruppe kam 2017 zu der Erkenntnis, dass „zur Vorbereitung auf Hitzeereignisse zu selten ein klarer Handlungsbedarf formuliert oder konkrete Anpassungsmaßnahmen unternommen werden". Da es in Deutschland bis dahin keine harmonisierten Empfehlungen für Aktionspläne zur Hitzeprävention gab, hatte die „Bund/Länder Ad-hoc AG „Gesundheitliche Anpassung an die Folgen des Klimawandels (GAK" allgemeine Handlungsempfehlungen ausgearbeitet (BMU 2017). Es fehlten, so die Kommission, „einheitliche Grundlagen für die konkrete Erarbeitung und Etablierung von auf die jeweilige Region abgestimmten Hitzeaktionspläne" und dies sei „in erster Linie Aufgabe der Bundesländer". Die Kommission kam zu dem Ergebnis, dass auf Landesebene zentrale Koordinierungsstellen aufzubauen seien – vor dem Hintergrund der in Deutschland föderal aufgeteilten Zuständigkeiten. Die Stelle sollte die Koordinierungsfunktion und behördenübergreifende Zuständigkeit haben, um in Zusammenarbeit mit weiteren Behörden Hitzeaktionspläne in den Kommunen einzuführen (analog einem Krisenmanagement im Katastrophenfall). Sie sollten ferner die Zuständigkeiten in den einzubeziehenden Einrichtungen festlegen sowie die Planung konkreter Maßnahmen und deren zeitliche Umsetzung auf Basis der Handlungsempfehlungen vornehmen. Die Aufgaben der zentralen Koordinierungsstelle sind:

- die Einrichtung eines zentralen Netzwerks aller Beteiligten (z. B. Landesgesundheitsbehörden, kommunale Landesverbände, kassenärztliche Verbände, Landesärztekammern, Träger öffentlicher Einrichtungen)
- die Identifizierung der relevanten Institutionen, die vor Ort Maßnahmen umsetzen können (Feuerwehren, Not- und Rettungsdienste, Krankenhäuser, Ärzteschaft/Praxen, Apothekerschaft, ambulante und stationäre Pflege-

einrichtungen, Einrichtungen zur Rehabilitation, Kindergärten, Schulen, Hilfsorganisationen, Behindertenhilfen und Heimaufsichten
- Hinzuziehung von Experten zur genaueren Situationsanalyse und Planung der konkreten Maßnahmen (z. B. Gesundheits-, Pflege-, Ernährungs- und Sozialwissenschaften, Medizin, Gesundheitsingenieurwesen sowie Medizinischer Dienst und Krankenversicherungen).

Ausgang für das Ausrufen des „Störfalls" sollen die Hitzewarnungen des Deutschen Wetterdienstes (DWD) sein. Es gibt zwei Warnstufen:

- Hitzewarnstufe I: „Starke Wärmebelastung" („gefühlte Temperatur" an zwei Tagen in Folge über 32 °C, zusätzlich nur geringe nächtliche Abkühlung)
- Hitzewarnstufe II: „Extreme Wärmebelastung" („gefühlte Temperatur" über 38 °C am frühen Nachmittag).

Sinnvoll ist auch der gleichzeitige Bezug weiterer hitzeassoziierter gesundheitsrelevanter Meldungen: so über die herrschenden UV-Strahlungsstärken (UV-Index) und Informationen über bodennahes Ozon.

Nach Auffassung der Kommission kommt dem Gesundheits- und Sozialwesen der Bundesländer eine zentrale Bedeutung bei der Vermeidung von gesundheitlichen Auswirkungen von Hitzeereignissen zu. Sie stellen die direkte Schnittstelle zu den Hauptrisikogruppen (ältere und kranke Menschen). Sie empfiehlt zudem die Fort- und Weiterbildung von Beschäftigten im Gesundheits- und Sozialwesen zu intensivieren, insbesondere um es zum „adäquaten" Handeln während Hitzeperioden anzuleiten. Es sollte geprüft werden, ob ärztliche Behandlungsmaßnahmen anzupassen sind. Bundesweit müssten in allen medizinischen Versorgungszentren Maßnahmenpläne für Einrichtungen zur Vorbereitung auf Hitzeereignisse vorhanden sein, insbesondere für:

- Krankenhäuser, Not- und Rettungsdienste
- Alten- und Pflegeheime
- Einrichtungen für Menschen mit körperlichen und geistigen Einschränkungen
- Einrichtungen zur Rehabilitation
- Schulen/Kindertageseinrichtungen.

Mögliche Hitzeereignisse sollten frühzeitig im Rahmen des Personalkräfteeinsatzes sowie der Urlaubsregelung im Gesundheitswesen berücksichtigt werden. Bei akuter Hitze können Anpassungen der Personalausstattung erforderlich sein. Auch sollten konkrete Pflege- und Betreuungsmaßnahmen in der ambulanten Pflege erlassen werden, so eine regelmäßige Überwachung des Trinkverhaltens und eine Anpassung der Ernährung und der Kleidung. Insbesondere bei mehreren aufeinanderfolgenden Hitzetagen ist mit erheblichen Belastungen für das Herz-Kreislauf-System und die Nieren zu rechnen. Daher sei auf eine verstärkte Flüssigkeitszufuhr zu achten, evtl. ist eine Anpassung der Medikation (insbesondere von Diuretika) vorzunehmen. In den Einrichtungen des Gesundheitswesens sollten kühle Räume zur Verfügung gestellt werden, ggf. sollten bauliche Maßnahmen (Verschattungen, Raumventilatoren, ggf. Klimaanlagen) zum Schutz vor Hitze in Angriff genommen werden. Die Studie kommt ferner zu der Empfehlung, dass die bundesweite Kommunikation zu hitzebezogenen Informationen an die Bevölkerung deutlich verbessert werden muss. Dabei sei zwischen der vorausschauenden Planung und dem „Störfall" zu unterscheiden. Die Inhalte sowie die Wege sollten vorab verbindlich festgelegt werden, mit klarer Festlegung der Funktionen und Verantwortlichkeiten:

- Schon zur Vorbereitung sowie beim „Störfall" sollten Anleitungen zum richtigen Verhalten in Arztpraxen und Sozialstationen ausgelegt werden. Auch müssten Flyer an alle Haushalte verteilt werden. In TV-Spots kann auf die gesundheitlichen Risiken und Maßnahmen zum Schutz hingewiesen werden.
- Im „Störfall" müssten alle Kindergärten, Schulen, Krankenhäuser und Alten- sowie Pflegeheime unmittelbar und proaktiv benachrichtigt und mit Informationsmaterial versorgt werden.

Fukushima

Ein weiteres lokales Ereignis, ebenfalls mit weitreichenden Folgen, war die Nuklearkatastrophe des Kernkraftwerks von Fukushima, Japan. Die Katastrophe war am 11. März 2011 durch das Tohoku- Erdbeben etwa 130 km vor der Küste Japans mit einer Stärke von M9.1 ausgelöst worden. Das Erdbeben führte zu einer Kippung der subduzierenden pazifischen Platte und zu einer Hebung des Meeresbodens von bis zu 27 m und löste dadurch einen Tsunami aus. Dieser traf mit einer Geschwindigkeit von bis zu 800 km/h auf das Land und baute direkt an der Küste Wellenhöhen bis zu 40 m auf, die leicht die 10 m hohen Küstenschutzwälle überwanden. Die Reaktorblöcke lagen direkt auf Meeresniveau – ebenso die Notstromaggregate zur Reaktorkühlung mit Meerwasser. Nach der automatischen Abschaltung der Reaktoren hätten eigentlich die Notstromaggregate anspringen sollen, doch die waren ebenfalls geflutet- auch die regionale Stromversorgung war unterbrochen. Es kam bei 3 der 4 Reaktorblöcken zur Kernschmelze. Bis zu 18.500 Menschen kamen durch den Tsunami ums Leben. Große Landstriche sind noch bis heute verwüstet. Die Erschütterungen durch das Erdbeben waren auch in der Hauptstadt Tokio deutlich zu spüren. Die Wolkenkratzer der Innenstadt schwankten, hielten aber dem Erdbeben stand. Nach Angaben des USGS „Earthquake Hazard Programm"

hatte die Energie des Erdbebens die japanische Hauptinsel um 2,4 m relativ in Richtung des Pazifik hin verschoben. Das Ausmaß der atomaren Verstrahlung im Umkreis des Kraftwerks ist bis heute nicht abschließend bekannt. Sofort nach dem Ereignis wurden zunächst die Bewohner im Umkreis von 20 km evakuiert. Auch hatte die Regierung den Menschen im Umkreis von 30 km empfohlen, das Gebiet zu verlassen. In der unmittelbaren Umgebung des Atomkraftwerks Fukushimas lebten vor dem Unglück mehr als 200.000 Menschen; rund 70.000 Menschen im Umkreis von 20 km, weitere 130.000 in der angrenzenden Gegend bis zu 30 km Entfernung. Insgesamt wurden mehr als 160.000 Menschen umgesiedelt – viele wohnen bis heute in provisorischen Wohncontainern. Die Krebsrate bei Jugendlichen aus der Region ist einer Untersuchung zufolge 30 Mal höher als im Rest Japans; dennoch bestreitet die Regierung Japans einen direkten Zusammenhang der Krebserkrankungen mit dem Reaktorunglück.

Ein Erdbeben der Magnitude von M9 und größer war aufgrund seismologischer Kenntnisse in der Region nicht erwartet worden (Geller 2011). Doch das Erdbeben hatte eine Magnitude von M9.1 und setzte so 30-mal mehr Energie frei als das stärkste erwartete. Der Grund, warum die Seismologen die Möglichkeit eines Erdbebens dieser Größenordnung nicht vorhersahen, waren die unzureichenden Erdbebenaufzeichnungen entlang der Plattengrenzen, wie Stein und Okal (2011) betonten. Stattdessen wurde die Meinung vertreten, dass „Erdbeben der Größenordnung M9 und mehr nur dort auftreten werden, wo die Lithosphäre jünger als 80 Mio. Jahre ist und sich mit einer Geschwindigkeit von mehr als 50 mm pro Jahr bewegt" (Stein und Okal 2011). Damals ging man davon aus, dass nur (relativ) junge Platten, die sich zudem noch durch eine hohe Geschwindigkeit auszeichnen, dazu neigen, sich entlang der Plattengrenze mechanisch zu „verhaken". Die Annahme, dass ein mögliches Erdbeben maximal eine Größenordnung von M8 haben wird, war dann auch Grundlage für die Sicherheitsplanungen des Kernkraftwerks und der Grund dafür, auf die sonst übliche „Betonhülle" um das Kernkraftwerk zu verzichten sowie für alle Tsunami-Schutzanlagen an der Ostküste Japans. Durch den Unfall wurden große Mengen an radioaktiver Strahlung freigesetzt (LPB 2019). In Böden, Nahrungsmitteln, Leitungswasser und dem Meerwasser im weiten Umkreis wurden um ein Vielfaches erhöhte Strahlenwerte gemessen. Die japanischen Behörden hatten die Katastrophe zunächst als „ernsten" „Störfall" eingestuft, ihn aber dann zu einem „katastrophalen Unfall" (Stufe 7) erklärt – gemäß der internationalen Bewertungsskala für nukleare Ereignisse („International Nuclear and Radiological Event Scale", INES). Diese höchstmögliche Einstufung setzte Fukushima der Reaktorkatastrophe von Tschernobyl gleich. Schon neun Monate nach der Katastrophe in Japan hatte die Regierung das havarierte Kernkraftwerk Fukushima wieder für „sicher" erklärt und erste Einschränkungen aufgehoben. Manche Zonen durften wieder betreten werden, wenn auch jeweils nur für kurze Zeit. In der ganzen Region Fukushima wurden zunächst um etwa 10 Mrd. US$ ausgegeben, um evakuierte Gebiete, die nicht zu sehr verstrahlt waren, wieder bewohnbar zu machen. Von stark kontaminierten Feldern wurden die obersten 5 cm Erde abgetragen. Hunderttausende Müllsäcke mit strahlendem Abfall lagern immer noch auf Feldern, da es bisher kein Endlager für den kontaminierten Müll gibt. Nach Angaben des Betreibers Tepco fließen täglich 300 t Grundwasser in die verseuchte Anlage und treten verstrahlt wieder aus; selbst heute, 8 Jahre nach der Katastrophe, fließt noch immer verseuchtes Wasser ins Meer. Grund dafür sind die großen Mengen an Wasser, die für die Kühlung der Reaktoren verwendet wurden. In den letzten Jahren haben sich fast 1,1 Mio. Kubikmeter verseuchtes Wassers angesammelt, das nun im Pazifik entsorgt werden soll. Dennoch gibt die japanische Regierung immer mehr Gebiete zur Besiedlung frei und fordert die Bevölkerung zur Rückkehr auf. Tepco-Arbeiter betreten das Katastrophengebiet mittlerweile sogar ohne jegliche Schutzkleidung. 2018 wurde erstmals wieder Fisch von Fukushima nach Thailand exportiert. Die Kosten für die Aufräum- und Dekontaminierungsarbeiten werden inzwischen auf über 100 Mrd. US$ geschätzt, so Humpich (2014).

Das Land musste in der Folge seine Energiewirtschaft neu aufstellen. Inzwischen ist Japan der weltgrößte Importeur für LNG (90 Mio. t jährlich) und der zweitgrößte Importeur für Kohle (190 Mio. t jährlich, stark steigend) und der drittgrößte Importeur für Rohöl (4,7 Mio. Barrel pro Tag). Die jährlichen Ausgaben hierfür beliefen sich 2012 auf fast 290 Mrd. US$. International waren die Auswirkungen bis nach Deutschland zu spüren. Unter dem Eindruck der Atomkatastrophe änderte die Bundesregierung ihre Atompolitik quasi über Nacht. Ein Grund dafür war, dass im März 2011 eine von drei Landtagswahlen bevorstand und man in der CDU wegen Fukushima eine Wahlniederlage in Baden-Württemberg befürchtete (das Land wird seitdem von einem „grünen" Ministerpräsidenten regiert). Die CDU unter Führung von Bundeskanzlerin Merkel setzte daher die erst ein Jahr zuvor mit der Energiewirtschaft ausgehandelte Verlängerung der Laufzeiten für die deutschen Atomkraftwerke um weitere 10–30 Jahre außer Kraft und beschloss ein dreimonatiges Moratorium, um die Sicherheit der 19 deutschen Kernkraftwerke noch einmal zu überprüfen. Inzwischen sind nur noch 3 Kernkraftwerke in Betrieb und eine verbindliche Abschaltreihenfolge wurde vereinbart.

Niedrigwasser im Rhein

Ein lokales Naturereignis, das ebenfalls erhebliche Auswirkungen auch auf Teile der Gesellschaft hatte, die nicht unmittelbar davon betroffen waren, war das Niedrigwasser im Rhein 2018. Ausbleibende Niederschläge hatten damals dazu geführt, dass die Rheinpegel immer weiter absanken und Europas wichtigste Wasserstraße quasi lahmlegten. Der Wasserstand lag zum Beispiel in Duisburg-Ruhrort bei gerade mal 200 cm und damit 30 cm unter dem für die Schifffahrt benötigten Mindestwasserstand (LfU o. J.). Damit konnten Frachtschiffe zwar fahren, aber viel weniger Ladung transportieren als gewöhnlich. Das betraf vor allem den Transport von Massengütern wie Baustoffe, Kohle, Erz und Stahl. Niedrigwasser gab es am Rhein auch in früheren Jahren immer wieder als Folge einer verzögerten Schneeschmelze. Das Niedrigwasser des Jahres 2018 „sticht heraus". Ob sich daraus allerdings „eine Zuordnung zum Klimawandel … ableiten" lässt, kann nach Aussagen des Bundesamts für Gewässerkunde zum jetzigen Zeitpunkt nicht belegt werden. Führt ein Fluss in Trockenperioden wenig Wasser, werden Abwässer und andere Verunreinigungen weniger verdünnt – die Wasserqualität nimmt ab. Außerdem fließt das Wasser langsamer. Dadurch steigt die Wassertemperatur. In den vergangenen Hitzesommern 2003, 2006 und 2018 bis über 28 °C. Algen können sich damit gut ausbreiten und der Sauerstoffgehalt im Wasser sinkt, mit fatalen Folgen für die Fischpopulationen. Das Niedrigwasser des Rheins führte bei der Industrie, die ihre Produktionsstandorte entlang des Flusses hat (z. B. BASF-Ludwigshafen) zu erheblichen Produktionseinschränkungen. Die Transportkapazität zum Beispiel zur Anlieferung von Kohle und Rohöl sank bis zu 30 %. Diese Güter stehen am Anfang der Produktionskette, Verspätungen bei der Lieferung führen zu Verzögerungen auch bei anderen Produkten. Weil 80 % der deutschen Binnenschifffahrt auf dem Rhein stattfindet, lassen sich die Verluste an den Pegelständen des Rheins an der kritischen Flachwasserstelle Kaub festmachen: An 30 Tagen im August und 15 Tagen im September konnte dort kein Schiff fahren. Auch als die Rheinpegel sich wieder normalisiert hatten, waren die Lieferketten immer noch gestört. So lag damals im dritten (!) Quartal die Produktion um 1,7 % niedriger, als es ohne Niedrigwasser der Fall gewesen wäre. Einzelne Branchen hatte es besonders hart getroffen, allen voran die Chemie-Industrie. Damals ging die Produktion chemischer Erzeugnisse um mehr als 2 % zurück. Durch das Niedrigwasser im Rhein machte die BASF damals einen Millionenverlust. Bei maximaler Nutzung alternativer Verkehrsträger (Schiene, Pipeline, Lastwagen) könnten damit jedoch nur etwa 30 % der Transportmengen abgedeckt werden. Die BASF forderte daher eine Diskussion über Gegenmaßnahmen, wie z. B. den Bau von Schleusen oder Stauwerken, und dachte darüber nach, eine „eigene Schiffsflotte aus Flachbodenschiffen anzukaufen oder zu leasen". Flachbodenschiffe können bis zu einem sehr niedrigen Pegel fahren. Auch Tragflächen- und Luftkissenboote seien eine Option, ebenso wie die Möglichkeit, eine Pipeline im Flussbett zu bauen. „Am Ende wird es ein Mix aus verschiedenen Optionen sein", so Aussagen der BASF, und „schon im nächsten Jahr wird das Unternehmen besser auf derartige Extremwetterlagen vorbereitet sein". Das Niedrigwasser hatte sich aber auch auf den Straßenverkehr ausgewirkt. Die niedrigen Rheinpegel hatten die Kraftstoffpreise lokal bis auf 1,56 € pro Liter (November 2018) ansteigen lassen. Zudem hatte auch das Tankverhalten der Autofahrer eine Rolle für Engpässe bei der Benzinversorgung gespielt: Aus „Furcht vor einem leeren Tank (hätten die Autofahrer) früher als üblich getankt" so ein Sprecher des Mineralölwirtschaftsverbands. In der Folge beschloss die Bundesregierung, einen Teil der „strategischen Erdölreserve" (150.000 t Dieselkraftstoff) freizugeben, was aber nicht zu einer durchgreifenden Verbesserung der Lage führte.

Hochwasser in den USA
Jedes Jahr erleben die Vereinigten Staaten außergewöhnliche Auswirkungen durch Naturkatastrophen und durch atypische Wettersituationen. Die wirtschaftlichen Verluste durch diese Ereignisse sind beträchtlich. Im Zeitraum von Ende 1989 bis Mitte der 1990er Jahre haben nationale und internationale Versicherungsgesellschaften mehr als 45 Mrd. US$ zur Begleichung von Schadensfällen ausgezahlt, die auf Schneestürme, Hurrikane, Erdbeben, Tornados, Überschwemmungen, Dürren, Erdrutsche, Waldbrände und andere Katastrophen zurückzuführen waren. Insgesamt haben diese Katastrophen die Wirtschaft schwer getroffen, was Sachschäden, Lohnausfälle, Versorgungsunterbrechungen, Produktionsausfälle in der Industrie und Landwirtschaft sowie Hunderte von Menschenleben betrifft. Die Auswirkungen auf die Wirtschaft sind sehr unterschiedlich. So sind Naturkatastrophen wie Tornados, Hurrikane und Erdbeben eher lokale oder kurzfristige Ereignisse, die oftmals nur wenige Stunden dauern, die aber in einem Gebiet erhebliche Schäden verursachen. Andere dagegen, wie Dürren oder Überschwemmungen, sind lange andauernd und in ihren Wirkungen erst mit großer Zeitverzögerung auszumachen und zudem noch über eine vergleichsweise große Fläche verteilt. Eine große Überschwemmung betrifft in der Regel eine Vielzahl an Wirtschaftszweigen von der Landwirtschaft über die Industrie bis hin zum Verkehrswesen. Neben den offensichtlichen Schäden an öffentlichen und privaten Gebäuden sind andere Schäden nicht auf den ersten Blick sichtbar, wie z. B. eine verminderte Fruchtbarkeit der Ackerflächen, geschwächte strukturelle Fundamente von Gebäuden oder verstopfte Straßen. Die Schäden der „Großen Sintflut von 1993" in den Vereinigten Staaten, die vor allem die Staaten entlang des oberen und mittleren Mississippi-Flussbeckens betrafen, waren so weit verbreitet, dass für mehr als 500 Bezirke in neun Staaten, darunter der gesamte Bundesstaat Iowa, der „Ausnahmezustand" ausgerufen wurde. Im Raum St. Louis übertraf das Hochwasser von 1993 die bisherige Rekordflut von 1973. Die Flut wurde damals als eine der teuersten Naturkatast-

rophen aller Zeiten eingestuft, direkt hinter dem Hurrikan Andrew aus dem Jahr 1992. Die Gesamtkosten wurden auf bis zu 20 Mrd. US$ geschätzt, von denen ein großer Anteil nicht versichert war (Kliesen 1994).

Laut dem „Insurance Information Institute" beliefen sich die versicherten nicht-landwirtschaftlichen Schäden auf rund 800 Mio. US$ und die versicherten Ernteverluste auf 250 Mio. US$. Am stärksten hatten sich die Überschwemmungen auf die Waren- und Verkehrsstörungen ausgewirkt, insbesondere auf Bahnverbindungen im Mittleren Westen. Zahlreiche Störungen zwangen viele Eisenbahngesellschaften, Notgleise zu bauen, um eine nachhaltige Versorgung der Produktion, insbesondere der Automobilhersteller, zu gewährleisten. Die damalige „Association of American Railroads" (AAR) berechnete direkte Verluste durch Schäden an den Eisenbahnstrecken, Brücken und Signalanlagen auf 130 Mio. US$ und weitere 50 Mio. US$ durch indirekte Verluste aus der Umleitung von Zügen. Andere indirekte Verluste, z. B. durch Betriebsunterbrechungen und Umsatzeinbußen, hätten zu weiteren 100 Mio. US$ geführt. Da der „Upper Mississippi River" eine der wichtigsten Transportadern der USA ist und auf ihm ein beträchtlicher Prozentsatz des Getreides, der Kohle, der Chemikalien, der Düngemittel und anderer Güter bewegt werden, schätzte die „Maritime Administration" damals, dass durch die Überschwemmungen Schäden von fast 280 Mio. US$ entstanden seien. Auch die Landwirtschaft erlitt erhebliche Verluste; immerhin wurden an fast 150.000 Landwirte etwa 530 Mio. US$ Katastrophenhilfe und weitere 500 Mio. US$ an Ernteversicherungen ausgezahlt. Von diesen fast 1 Mrd. US$ gingen 50 % allein an die Bauern in Iowa und Minnesota. Insgesamt bewilligte die US-Bundesregierung über 2,5 Mrd. US$ Finanzmittel, um den wirtschaftlichen Aufschwung in der Region zu unterstützen. Diese Ereignisse betrafen 1993 etwa die Hälfte der gesamten US-Bevölkerung, störten den Bau von Wohnungen und führten zu erheblichen Produktionsrückgängen, vor allem bei der Automobilindustrie und der Stahlproduktion. Dennoch hatten volkswirtschaftlich gesehen diese Störungen die amerikanische Wirtschaft nicht wirklich unter Druck gesetzt. Aus den vielen Erfahrungen in der Beziehung „Katastrophe-Ökonomie" gehen Ökonomen tendenziell davon aus, dass eine Katastrophe oft sogar weniger schwerwiegende Auswirkungen auf die Wirtschaft hat als die gesamte nationale oder internationale Wirtschaftslage selbst. In einem Artikel über die wirtschaftlichen Auswirkungen von Naturkatastrophen bestätigt Chang (1984) die Feststellung von Dacy und Kunreuther (1969), dass „obwohl eine Gesellschaft als Ganzes unter einem wirtschaftlichen Nettoschaden leidet, die Bemühungen zur Wiederherstellung in einem Katastrophengebiet mehr als ausreichend sein können, wenn sie alte Straßen, Brücken und andere Gemeinschaftsgüter durch qualitativ bessere ersetzen. Dann kann man sagen, dass

Katastrophengebiete von Katastrophen (letztlich) profitieren, auch wenn der Nutzen, wenn überhaupt, ein Transfergewinn aus anderen Gebieten ist".

Literatur

Acemoglu, D. & Robinson, J.A. (2017): Warum Nationen scheitern – Die Ursprünge von Macht, Wohlstand und Armut.- Fischer Taschenbuch

Arnold, M. , Chen, R.S., Deichmann, U., Dilley, M., Lerner-Lam, A.L. Pullen, R.E. & Trohanis, Z. (2006): Natural Disaster Hotspots-Case Studies.- Disaster Risk Management Series, The World Bank Hazard Management Unit, p. 204, Washington, D.C.

Bappenas/UNDP (2006): Impact of the tsunami response on local and national capacities.- Badan Perencanaan Pembangunan Nasional (Ministry of National Development Planning; BAPPENAS), Indonesia, Indonesia Country Office of the United Nations Development Programme (UNDP), p. 74, Jakarta

Beck, U. (1986): Risikogesellschaft. Auf dem Weg in eine andere Moderne, Edition Suhrkamp, Bd. 365, Frankfurt am Main

BMU (2017): Handlungsempfehlungen für die Erstellung von Hitzeaktionsplänen zum Schutz der menschlichen Gesundheit.- Bundesministerium für Umwelt, Naturschutz, Bau und Reaktorsicherheit (BMU), Version 1.0, 24.März 2017, Bonn

BMZ (Hrsg) (2007): Fragile Staaten – Beispiele aus der entwicklungspolitischen Praxis.- Bundesministerium für Wirtschaftliche Zusammenarbeit und Entwicklung, Nomos Verlagsgesellschaft, Baden-Baden

Bolin, R. & Stanford, L. (1991): Shelter, Housing and Recovery: A Comparison of U.S. Disasters.- Disasters, Vol. 15(1), p. 24–34

Bündnis Entwicklung Hilft (2018): WeltRisikoBericht 2018.- Bündnis Entwicklung Hilft/Ruhr-Universität Bochum/Institut für Friedenssicherungsrecht und Humanitäres Völkerrecht (IFHV), Bochum

Büntgen U., Frank D.C., Nievergelt D. and Esper J.: Alpine summer temperature variations, AD 755–2004. Zur Publikation eingereicht

Carr, L.T. (1932): Disaster and their sequence-pattern concept of social change.- American Journal of Sociology, Vol. 38, p. 207–218

Chang, S. (1984): Do disaster areas benefit from disasters?- Growth and Change, Vol. 15, Issue 4, Wiley Online Library; https://doi.org/10.1111/j.1468.2257.1984.tb00748.x

CRED (2017): Annual Disaster Statistical Review 2016.- Centre for Research on the Epidemiology of Disasters (CRED), Institute of Health and Society (IRSS), Université Catholique de Louvain – Brussels

Dacy, D.C. & Kunreuther, H. (1969): The economics of natural disasters: Implications for Federal Policy.- The Free Press., New York, NY

DB (2006): Das Konzept der menschlichen Sicherheit.- Deutscher Bundestag, Wissenschaftlicher Dienst, Fachbereich: Auswärtiges, Internationales Recht, Wirtschaftliche Zusammenarbeit und Entwicklung, Verteidigung, Menschenrechte und humanitäre Hilfe, WD 2 – 191/06, Berlin

Diekmann, A. & Preisendörfer, P. (2001): Umweltsoziologie.- Eine Einführung.- Rowohlt, Reinbeck

Dilley, M., Chen, R.S., Deichmann, U., Lerner-Lam, A.L., & Arnold, M. with Agwe, J., Buys, P., Kjekstad, O., Lyon, B. & Yetman, G. (2005): Natural Disaster Hotspots- A Global Risk Analysis.- Disaster Risk Management Series, The World Bank Hazard Management Unit, p. 148, Washington, D.C.

Dombrowski, W.R. (1995): Again and again: Is a disaster what we call a disaster"? – Some conceptual notes on conceptualizing the objective of disaster sociology.- International Journal of Mass Emergencies and Disasters, Vol. 123, No. 3, p. 245–254

Dwyer, A., Zoppou, C., Nielsen, O., Day, S. & Roberts, S. (2004): Quantifying Social Vulnerability –A methodology for identifying those at Risk to Natural Hazards.- Geoscience Australia Record No. 14, Geoscience Australia, Canberra City

FEMA (2013): Coping with disasters.- Federal Emergency Management (FEMA), Washington D.C.; www.ready.gov/coping-with-disaster

Geller, R. (2011): Shake-up time for Japanese seismology.- Nature, Vol. 472, p. 407–409; https://doi.org/10.1038/nature10105

Gerrity, E. T., & Flynn, B. W. (1997): Mental health consequences of disasters. In Noji, E. K. (ed.): The Public Health Consequences of Disasters.- Oxford University Press, p. 101–121, Oxford University Press, Oxford

Gokhale, V. (2008): Role of Women in Disaster Management: An analytical study with reference to Indian society.- The 14th World Conference on Earthquake Engineering, Beijing

Guha-Sapir, D., Vos, F., Below, R. & Ponserre, S. (2016): Annual Disaster Statistical Review 2016 – The Number and Trends.- The OFDA/CRED International Disaster Database, CRED, Brussels

Guha-Sapir, D., Below, R. & Hoyois, Ph. (2013): Emdat- The International Disaster Database 2013.- The OFDA/CRED, International Disaster Database, CRED, Brussels

Guha-Sapir. D. & Below. R. (o. J.): The quality and accuracy of disaster data – A comparative analysis of the three global data sets.- World Health Organization (WHO), Centre for Research on the Epidemiology of Disasters University of Louvain School of Medicine (CRED), The ProVention Consortium, The Disaster Management Facility, The World Bank, Brussels

Haupt, A., Kane, T.T., & Haub, C. (2011): Population Handbook (Sixth Edition) – A quick guide to population dynamics for journalists, policymakers, teachers, students, and other people interested in demographics .- Population Reference Bureau (PRB), Washington D.C.

Humpich, K. (2014): Fukushima – ein Zwischenbericht .- www. nukeklaus.net; Internetzugriff 19.09.2019

IGRC (2006): Risk Governance – Towards an integrative approach.- International Risk Governance Council (IGRC), White Paper No. 1, Geneva

Inglehart, R. (2008): Changing values among western publics from 1970 to 2006.- West European Politics, Vol. 31 (1–2), p.130–146.; Taylor & Francis Online

Inglehart, R. (1977): The Silent Revolution. Changing Values and Political Styles among Western Publics.- Princeton University Press, N.J.

Kaplan, S & Garrick, B.J. (1981): On the quantitative definition of risk.- Risk Analysis, Vol. 1, No. 1, Wiley Online Library

Kasperson, R.E., Renn, O., Slovic, P., Brown, H.S., Emel,J., Goble, R., Kasperson, J.X. & Ratick, S (1988): The Social Amplification of Risk – A Conceptual Framework.- Risk Analysis, Vol. 8, No. 2

King, D. & MacGregor, C. (2000): Using social indicators to measure community vulnerability to natural hazards.- Australian Journal of Emergency Management, Vol. 15(3), p. 52–57

Klapwijk, J. (1981): Wissenschaft und soziale Verantwortung in neomarxistischer und christliche Perspektive. Blokhuis, P. et al. (eds): Science and Social Responsibility.-Wetenschap, wijsheid, filosoferen: Opstellen aangeboden aan Hendrik van Riessen, Chapter 7, p. 75–98, van Gorcum, Assen

Klemp, L. & Kloke-Lesch, A. (2006): Verantwortung übernehmen in Situationen fragiler Staatlichkeit und schlechter Regierungsführung.- in: BMZ (Hrg): Fragile Staaten – Beispiele aus der entwicklungspolitischen Praxis.- Bundesministerium für Wirtschaftliche Zusammenarbeit und Entwicklung, Nomos Verlagsgesellschaft, Baden-Baden; http://www.d-nb.de

Kliesen, K.L. (1994): The economics of natural disasters .- A Quarterly Review of Business and Economic Conditions, The Regional Economist, The Federal Bank of St. Louis, MS

Kneer, G. & Nassehi, A. (1997): Niklas Luhmanns Theorie sozialer Systeme. Eine Einführung, 3., unveränd. Aufl., München

Kofi Annan (1999): An increasing vulnerability to natural disaster.un.org/sg/en/content/sg/article/1999-09-10

Leggewie, C. (2010): Klimaschutz erfordert Demokratiewandel. – Vorgänge, Nr. 190, Heft 2, p. 35–43.

LfU (o. J.): Kenn- und Schwellenwerte für Niedrigwasser Begriffserläuterungen – Methodik für Auswertungen am LfU.- Bayerisches Landesamt für Umwelt Bayerisches Landesamt für Umwelt(LfU), Augsburg ; Internetzugriff, 1.2.2021

LPB (2019): Die Katastrophe von Fukushima .- Landeszentrale für politische Bildung Baden-Württemberg, Politikthemen – Dossiers; https://www.lpb-bw.de, atomkatastrophe (Internetzugriff 19.09.2019)

Luhmann, N. (1991): Soziologie des Risikos, Berlin, New York NY

Marshall, M.G. & Cole, B.R. (2009): Global Report 2009 State Fragility.- Center for Systemic Peace und Center for Global Policy.- Project: State Fragility Analysis & Measurement, Center for Systemic Peace/Simmons College, George Mason University, Maryland

Morrow, B. H. (1997): Stretching the bonds: the families of Andrew. In Peacock, W. G., Morrow,

B. H., and Gladwin, H. (eds.), Hurricane Andrew: Ethnicity, Gender and the Sociology of Disaster.- London: Routledge, pp. 141–170

MunichRe (2019): The natural disasters of 2018 in figures.- www.munichre.com/topics-online/en

MunichRe (2018): NatCatSERVICE – Methodology.- Münchener Rückversicherungs Gesellschaft, München

OECD (2013): Fragile states – Resource flows and trends in a shifting world.- Organization of Economic Development (OECD), DAC International Network on Conflict and Fragility; www.oecd.org/dac/incaf

Oxfam (2005): The tsunami's impact on women.- Oxfam Briefing Note. March 2005; Oxfam International, Oxford

Peduzzi, P., Dao, H., Herold, C.& Mouton, F. (2009): Assessing global exposure and vulnerability towards natural hazards: the Disaster Risk Index.- Nat. Hazards Earth Syst. Sci., Vol. 9, p. 1149–1159; www.nat-hazards-earth-syst-sci.net/9/1149/2009

Peduzzi, P., Dao, H. &Herold, C. (2002): Global Risk and Vulnerability Index Trends per Year (GRAVITY), Phase II: Development, analysis and results, UNDP/BCPR

Radermacher, L. (2002): The European Commission's White Paper on European Governance: The Uneasy Relationship Between Public Participation and Democracy.- German Law Journal, Vol 3/1; https://doi.org/10.1017/S2071832200014735

Raskin, P.D., Electris, C. & Rosen, R.A. (2010): The century ahead: searching for sustainability.-Sustainability, Vol. 2, p. 2626–2651; https://doi.org/10.3390/su2082626

Sachs, J.D., Mellinger, A.D. & Gallup, J.L. (2001): The geography of poverty and wealth.- Scientific American, Vol. 284, No. 3.70–5;: https://doi.org/10.1038/scientificamerican0301-70

Shaw, J.A., Zelde Espinel & Shultz, J.M. (2007): Children: Stress, Trauma and Disasters.- Center for Disasters & Extrem Event Preparedness, Department of Epidemiology & Public Health Clinical Research Building (DEEP), Disaster Life Support Publishing, Tampa, Florida

Schreckener U. (Hrsg) (2004): States At Risk- Fragile Staaten als Sicherheits- und Entwicklungsproblem.- Deutsches Institut für Internationale Politik und Sicherheit, Stiftung Wissenschaft und Politik (SWP), Berlin

Sigrist, M. (1996): Die Bedeutung von Vertrauen bei der Wahrnehmung und Bewertung von Risiken.-Arbeitsbericht Nr. 197, Psychologisches Institut der Universität Zürich; Akademie für Technikfolgenabschätzung/TAB), Baden-Württemberg, Stuttgart

de Solla Price, D.J. (1963): Little Science, Big Science,- Columbia University Press, New York NY

Stather, E. (2003): Gute Regierungsführung, menschliche Sicherheit und Friedenskonsolidierung als neue Herausforderung für die Entwicklungszusammenarbeit: Eine Würdigung.- Rede vor dem internationalen Symposium anlässlich des 40-jährigen Jubiläums des Deutschen Entwicklungsdienstes (DED) am 23.06.2003 in Bonn; http://www.bmz.de/de/presse/reden/stather/rede20030623.html

Stein, S. & Okal, E. (2011): The size of Tohoku earthquake need not have been a surprise.- EOS, Transaction American Geophysical Union, Vol. 92, No. 27, Wiley Online Library

Taleb, N.N. (2010): The Black Swan: the impact of the highly improbable (2nd ed.).- London: Penguin

Topic Geo online (2017): A stormy year – Topic Geo Natural Catastrophes 2017. https://ww.munichre-com/topics-online/de/climate-change-and-natural-disasters

Tuohy R. (2011): Exploring older adults' personal and social vulnerability in a disaster.- International Journal of Emergency Management, Vol. 8, p. 60–73, Geneva

UNDP (2015): Human Development Report 2015: Work for Human Development.- United Nations Development Programme (UNDP), p. 288, New York, NY; http://hdr.undp.org/en/content/human-development-report-2015

UNDP (1994): Human Development Report 1994: New Dimensions of Human Security.- United Nations Development Program (UNDP), New York NY; http://www.hdr.undp.org/en/content/human-development-report-1994

UNIDNDR (1994): Yokohama strategy and plan of action for a safer world: guidelines for natural disaster prevention, preparedness and mitigation.- World Conference on Natural Disaster Reduction, held in Yokohama, Japan, from 23 May to 27 May 1994, International Decade for Natural Disaster Reduction (UNIDNDR), United Nations, New York, NY

UNISDR (2015): Sendai Framework for Disaster Risk Reduction 2015–2030.- United Nations International Strategy for Disaster Risk Reduction (UNISDR), United Nations, Geneva

UNISDR (2009): Global Assessment Report on Disaster Risk Reduction United Nations International Strategy for Disaster Risk Reduction (UNISDR), United Nations, Geneva

UNISDR (2007): Global risk reduction: 2007 Global Review.- United Nations International Strategy for Disaster Risk Reduction (UNISDR), ISDR/GP/2007/3, United Nations, Geneva

UNISDR (2005): Hyogo Framework for Action 2005–2015.-World Conference on Disaster Reduction18–22 January 2005, Kobe, Hyogo, International Strategy for Disaster Reduction (UINSDR, Geneva; www.unisdr.org/wcdr

UNIDSR (2004): Living with Risk – A global review of disaster reduction initiatives.- United Nations, United Nations International Strategy for Disaster Reduction (UNISDR) 2004 Version – Volume I, p. 431, Geneva

VN (2005): Eine sicherere Welt – unsere gemeinsame Verantwortung – Bericht der Hochrangigen Gruppe für Bedrohungen, Herausforderungen und Wandel.- Vereinte Nationen, New York, NY

UBA (2001): Späte Lehren aus frühen Warnungen- Das Vorsorgeprinzip 1896–2000; deutsche Fassung.- Umweltbundesamt (UBA), Dessau-Roßlau

United Nations (2019): World Population Prospect 2015 – Revision – UN Secretariat for Economic and Social Affairs (ECOSOC), UNDESA Population Division, New York, NY

WBGU (2011): Welt im Wandel – Gesellschaftsvertrag für eine Große Transformation.- Wissenschaftlicher Beirat der Bundesregierung Globale Umweltveränderungen(WBGU) Hauptgutachten, Springer-Verlag, Berlin-Heidelberg

WBGU (2008): Welt im Wandel: Sicherheitsrisiko Klimawandel.- Wissenschaftlicher Beirat der Bundesregierung Globale Umweltveränderungen (WBGU), Springer-Verlag, Berlin-Heidelberg

Weber, M. (1946): From Max Weber: Essays in Sociology: Gerth, H.H. & Mills, C.W. (eds.): eBook pub. 15 May 2014, p. 504, Routledge, London; https://doi.org/10.4324/9780203759240

Weinberg, A. (1981): Reflection on risk assessment.– Risk Analysis, Vol.1, No.1, Wiley Online Library

World Bank (1992): Governance and Development.- The World Bank, Washington, D.C

Yonder, A., Sengul Akcar & Prema Gopalan (2005): Women's Participation in Disaster Relief and Recovery .- Seeds, The Population Council, p. 42, New York NY

Zwick, M.M. & Renn, O. (2002): Perception and Evaluation of Risks – Findings of the Baden-Württemberg Risk Survey 2001 in: Zwick, M.M. & Renn, O. (Eds.): Joint Working Report No. 203 by the Center of Technology Assessment in Baden-Württemberg and the University of Stuttgart, Sociology of Technologies and Environment, Stuttgart

Die Erde und Naturkatastrophen

Inhaltsverzeichnis

Wenn von „Naturkatastrophen" gesprochen wird, denkt man automatisch an Nachrichten über Vulkanausbrüche, erdbebenzerstörte Häuser, tsunamiverwüstete Küstendörfer oder an Bilder von hungernden Kindern in Zeltlagern der Sahelzone. Schon aus dieser Aufstellung wird deutlich, dass Katastrophen sehr unterschiedlich ausfallen können. Dabei sind „Naturkatastrophen" mehr als nur die in den Medien verbreiteten „Horrorszenarien".

Eine „Naturkatastrophe", so wie wir sie wahrnehmen, führt uns vor allem die negativen Auswirkungen vor Augen. Eine Analyse der Ursachen, die zu solchen Naturkatastrophen führen, ist in der Regel damit nicht verbunden. Um eine „Naturkatastrophe" besser verstehen zu können, ist es also nötig, den ganzen Prozess von den auslösenden Elementen bis hin zu den Risiken – den negativen Auswirkungen auf den Menschen – zu betrachten. Wir unterscheiden dabei zwischen den zu einer Katastrophe führenden natürlichen Auslöseprozessen (Sturm, Hochwasser, Erdbeben), die als „Naturgefahren" bezeichnet werden, und den Auswirkungen, von denen der Mensch in seiner Lebensumwelt betroffen ist, die als „Naturereignis" eingestuft werden. Ferner analysieren wir, wer, in welcher Art und in welchem Ausmaß davon betroffen sein kann („Vulnerabilität") und mit welcher Wahrscheinlichkeit ein solches Ereignis eintreten kann („Risiko").

Um den Zusammenhang zwischen Ursache und Wirkung von Naturereignissen besser verstehen zu können, ist daher zunächst eine systematische Klassifizierung von Naturgefahren erforderlich. Zweitens ist zu definieren, ab wann eine Naturgefahr zu einer Katastrophe wird. Zudem kommt es heute vermehrt dazu, dass Eingriffe des Menschen („Anthropozän") in die Natur durch Interaktion mit den „Naturgefahren" Katastrophen auslösen. Dabei müssen wir erkennen, dass alle genannten „Gefahrenquellen" oftmals so sehr eng miteinander verzahnt sind, dass die ursprünglichen Auslösemechanismen kaum noch erkennbar sind.

Zunächst sollen die geologischen, tektonischen und meteorologischen Bedingungen, wie sie auf der Erde bestehen, kurz vorgestellt werden. Sie stellen die Ausgangspunkte für alle darauf folgenden Prozesse dar.

3.1 Die Erde

Bei unserer Vorstellung von dem Planeten, den wir Erde nennen, gehen wir eigentlich immer von einer Kugelform aus: der „Erdkugel". Diese Annahme reicht für den täglichen „Bedarf" völlig aus. In der Realität hat die Erde allerdings alles andere als eine „ideale" Kugelform. Aufgrund der Zentrifugalkraft der rotierenden Erde entsteht quasi eine an den Polen abgeplattete Kugel, das Rotationsellipsoid. Daher unterscheidet sich auch die Gravitationskraft am Nordpol (9,83 g) von der am Äquator (9,78 g). Weil der Äquator weiter vom Erdmittelpunkt entfernt ist als der Nordpol, ist die Anziehungskraft durch die Erde dort geringer. Da die Masse der Erde nicht an allen Punkten gleich ist und die Richtung der Erdanziehungskraft Änderungen unterworfen ist, bekommt sie ihre unregelmäßige Form. Um dennoch mathematisch-physikalische Berechnungen anstellen zu können, wird die Erde als ein „Geoid" angenommen. Damit wird die Oberfläche des Gravitationsfelds der Erde definiert und entspricht in etwa dem mittleren – unter den Kontinenten fortgesetzten – idealisierten Meeresspiegel. Das Geoid ist damit eine „Äquipotentialfläche", d. h. wenn sich ein Körper auf dieser Fläche bewegt, gewinnt oder verliert er keine Energie. Deshalb steht auch die Schwerkraft („Gravitation") senkrecht auf dieser Fläche und ist an jedem Ort der Geoidfläche gleich. Das Geoid dient zur Definition von Geländehöhen auf der Erdoberfläche. Das Geoid wurde erstmals durch Messung der Erdbeschleunigung 1828 von Carl Friedrich Gauß definiert.

Die unregelmäßige Massenverteilung, die Abflachung an den Polen, der Einfluss der Gezeiten, Sonne-/Mondanziehungen, ja sogar jahreszeitliche Schwankungen wie die wechselnden Wassermassen im Amazonas- und Kongobecken oder das Wachsen und Schmelzen der Gletscher hatten über Jahrzehnte hin eine exakte Vermessung der wirklichen Form der Erde verhindert. Dies wurde erst durch den Einsatz satellitengestützter Methoden der Geodäsie möglich. Danach sieht die Erde eher aus, wie eine „Kartoffel" („Potsdamer Kartoffel", GFZ; www.gfz-potsdam.de). Der Erdkörper zeigt deutlich eine tiefe „Delle" südlich von Indien sowie zwei hohe „Beulen" südlich von Island und vor Südostasien. Klar zu erkennen sind Abweichungen der tatsächlichen Erdoberfläche vom Referenzellipsoid in Metern – so die „Dellen" von -108 m an der Südspitze Indiens und die unter dem Himalaya (-58 m) sowie die Erhebungen bei Papua-Neuguinea mit $+82$ m.

Die Erde hat einen Durchmesser von etwa 12.700 km und einen Umfang von etwa 40.000 km. Geologisch aufgebaut ist die Erde – einem Hühnerei vergleichbar – aus einer Reihe an „Schalen". Die Hauptschalen der Erde sind der innere Kern (fest), der äußere Kern (flüssig), der Mantel (zähflüssig) und die Lithosphäre (fest). Die Kenntnisse über den Aufbau der Erde stammen aus direkten Beobachtungen an der Erdoberfläche, aus Bohrungen oder wurden abgeleitet aus Mineralparagenesen, z. B. der Druck- und Temperaturstabilität von Diamanten sowie aus indirekten Beobachtungen wie den seismischen Laufwegen von Erdbebenwellen (Frisch et al. 2011).

Erdkruste

Die Erdkruste ist seismologisch definiert als die äußerste Schale des Erdkörpers. Sie entstand durch partielle Aufschmelzung und gravitative Differentiation des Erdmantels. Die Kruste ist die dünnste Schale der Erde und ist im Durchschnitt 35 km mächtig. Sie hat eine geringere Dichte als der Erdmantel und liegt diesem daher auf. Geologisch definiert ist die Erdkruste der obere (!) Teil der Lithosphäre. Die Lithosphäre umfasst zudem auch noch den äußersten Bereich des oberen Erdmantels. Bisher ist nicht klar, wie genau die Kruste entstanden ist. Wenn durch Aufschmelzung und Differentiation, dann setzt dies die Existenz eines Erdmantels voraus. Ihrer chemischen Zusammensetzung nach wird die Lithosphäre in eine kontinentale und eine ozeanische Kruste eingeteilt: Die kontinentale Kruste besteht hauptsächlich aus Silizium und Aluminium und wird daher auch als „SiAL" bezeichnet. Das Gestein der Kruste hat eine Dichte um 2,67 g/cm^3 und ähnelt in seiner chemischen Zusammensetzung einem Granit ($SiO_2 > 66\,\%$). Die Gesteine sind das Endprodukt eines Prozesses, der die weniger dichten Mineralien im Laufe der Erdgeschichte zur Erdoberfläche aufsteigen ließ (Kertz 1992). Die kontinentale Kruste ist viel älter, da sie im Laufe der Erdgeschichte kaum „zerstört" und immer wieder „recycelt" wurde – sie hat daher nahezu dasselbe Alter wie die Erde selbst. Auch Metamorphose- und Verwitterungsprozesse haben dabei eine Rolle gespielt. Die Dicke der kontinentalen Kruste variiert stark: zwischen 25 km unter den Küsten bis zu 70 km unter den langen Gebirgsketten (Himalaya). Wegen ihrer geringen Dichte „schwimmen" die Kontinente im Erdmantel höher auf als die dichtere ozeanische Kruste – tauchen aber gleichzeitig (analog einem Eisberg) tiefer hinab, ein Vorgang, der als Isostasie bezeichnet wird. Da sich Gesteine bei geologisch langsamen Bewegungen plastisch verhalten, hat sich im Laufe der Jahrmillionen ein weitgehendes Gleichgewicht eingestellt. Die kontinentale Kruste zeichnet sich vor allem dadurch aus, dass sie mitunter seit Jahrmillionen lagestabil sein kann. Solche Regionen werden als Kratone bezeichnet und können als „Schilde" auftreten, wenn in ihnen „uralte" Gesteinsformationen zu Tage treten (Skandinavien), oder als „Plattformen", wenn sie durch „jüngere" Sedimente (Sibirien) bedeckt werden.

Die ozeanische Erdkruste wird „SiMA" genannt, da sie neben Sauerstoff und Silizium auch einen hohen Magnesiumanteil aufweist. Die ozeanische Kruste entsteht am Ozeanboden entlang der mittelozeanischen Rücken, wo durch das Auseinanderdriftenden der Lithosphärenplatten aus dem Erdmantel laufend basisches Magma austritt. Dieses vergleichsweise „junge" Krustengestein besteht hauptsächlich aus Basalt und hat eine relativ hohe Dichte (um 3 g/cm^3). In der Regel hat die ozeanische Kruste eine Dicke der von 5–7 km – nur vereinzelt ist sie über zehn Kilometer dick. Die Kruste ist aus verschiedenen Basalttypen aufgebaut, von denen die „Mid Ocean Ridge Basalts" (MORB) besonders interessant sind. Je nach Gehalt an Seltenen Erden kann auf einen Ursprung aus dem höheren oder tieferen Mantel geschlossen werden.

Erdmantel

Unter der Erdkruste liegt der Erdmantel. Die Grenze zwischen den beiden wird als „Moho" bezeichnet. Der Erdmantel ist eine dicke Schicht aus heißem, flüssigem bis zähplastischem Gestein zwischen der Erdkruste und dem Kern. Er macht etwa zwei Drittel der Masse des Planeten aus. Chemisch besteht der oberste Teil des Mantels aus Gesteinen wie Peridotit und Eklogit. Drei Hauptschichten können unterschieden werden. Der Mantel beginnt in 30–40 km Tiefe und ist insgesamt etwa 2700 km dick. Der obere Mantel erstreckt sich von der „Moho" bis in eine Tiefe von 660 km und ist durch flüssiges Gestein gekennzeichnet. Er wird nach seismischen und petrologischen Gesichtspunkten noch weiter in eine Zone unterteilt, die als „Lithosphäre" bezeichnet wird und die bis zu 70 km mächtig sein kann. Darunter schließt sich die „Asthenosphäre" an, eine Zone mit niedrigen seismischen Geschwindigkeiten. Aus den Laufzeitunterschieden wird geschlossen, dass es sich petrologisch um eine Mischung aus kristallinen Phasen und Schmelze handelt. Daraus wird ferner abgeleitet, dass die „Asthenosphäre" sich plastisch verhält, also nicht starr ist wie die „Lithosphäre". Die obere Grenze des unteren Mantels wird durch den starken Anstieg der seismischen Laufzeiten charakterisiert sowie und durch Drücke von 300–500 kbar und Dichten von 3,1–4,2 g/cm^3. Der Druck im unteren Mantel beträgt damit etwa das 1,3 Mio.-fache des Drucks der Erdoberfläche, wodurch Mineralien entstehen, die normalerweise in der Kruste nicht auftreten. Der untere Mantel erstreckt sich von dort bis auf etwa 2700 km. Darunter tritt eine etwa 200 km dicke Zone auf, in der Veränderungen in den Laufzeiten der seismischen Wellen zu beobachten sind. Durch die enorme Druckzunahme auf 1000–1400 kbar ist diese Zone wieder fest. Sie hat daher eine höhere Dichte von 5,6 g/cm^3. Die Temperatur steigt dort auf 1900–3700 °C an. Der untere Erdmantel hat ungefähr die gleiche chemische Zusammensetzung wie der obere Erdmantel. Allerdings wird er von anderen Mineralen aufgebaut, da die Minerale bei hohen Drücken und Temperaturen in andere Modifikationen übergehen. Diese deuten darauf hin, dass die Mantelgesteine dort nicht nur einen anderen Chemismus, sondern auch eine andere Kristallographie besitzen.

Der Mantel ist zudem noch von großer Bedeutung, da er sich seit der Entstehung der Erde von 4,5 Mrd. Jahren als flüssiges Magma aus dem Eisenkern abgeschieden hat. Dabei sammelten sich viele Elemente in dem Magma an. Durch die aus dem Erdkern zugeführte Hitze zirkuliert das Mantelmaterial nach oben – die obere Schicht kühlt ab, sinkt nach unten und wird in der Tiefe wiederaufgeheizt. Dieses als Mantelkonvektion bezeichnete Phänomen gilt als der Antrieb für die Plattentektonik.

Erdkern

Unter dem „unteren" Erdmantel folgt in einer Tiefe von mehr als 2700 km der Erdkern. Er umfasst etwa 30 % der Masse der Erde. Der Kern wird in einen „äußeren" (flüssigen) und einen „inneren" (festen) Kern unterteilt. Der „äußere" Kern ist ca. 2100 km dick und wird von Gesteinen gebildet, die vorrangig aus Eisen und Nickel bestehen: Er wird deshalb auch „NiFe" genannt – dazu kommen wenig Sauerstoff und Schwefel oder auch andere leichte Elemente. Die Temperaturen steigen bis auf 4000 °C an. Die Grenze Mantel-Kern ist durch einen signifikanten Anstieg der Dichte von 4–5 g/cm^3 auf über 10 g/cm^3 gekennzeichnet, ebenso wie durch eine Verringerung der seismischen Geschwindigkeiten von 12 km/s auf 8 km/s. Der „äußere" Kern hat die größte Dichte aller „Erdschalen" und liefert die Hitze für Phänomene wie die Plattentektonik und den Vulkanismus.

War noch vor einem Jahrhundert kaum etwas über den Erdkern bekannt, so trägt das Wissen über ihn heute viel zur Erkenntnis über die Entstehung des Kosmos bei. Erste Erkenntnisse in den 1890er Jahren über den Einfluss der Schwerkraft auf Sonne und Mond ließen darauf schließen, dass die Erde einen dichten Kern hat, wahrscheinlich aus Eisen. Aus Analogien aus dem Sonnensystem wurde dann geschlossen, dass der Kern aus Eisenmetall und etwas Nickel bestehen muss. Da der Kern etwas weniger dicht als reines Eisen ist, müssen also ungefähr 10 % des Kerns etwas leichter sein. Man vermutet, dass es sich hierbei um Silizium handelt, da Hochdruckexperimente darauf hindeuten, dass es sich besser in geschmolzenem Eisen löst. Zu einem der größten Rätsel des Erdkerns gehört dagegen, dass der „innere" Kern erstarrt sein muss. Dieser reicht bis zum Erdmittelpunkt, der bei 6371 km Tiefe liegt. Im „inneren" Erdkern herrscht mit 3600 kbar der höchste Druck, wodurch sich die Eisen-Nickel-Schmelze wieder verfestigt. Der „innere" Erdkern hat eine Dichte von 12,5 g/cm^3 und die gleiche chemische Zusammensetzung wie der „äußere" Erdkern. Die Temperaturen steigen hier bis auf 5000 °C. Seismologen haben zudem Hinweise darauf, dass der innere Kern in eine „östliche" und eine „westliche" Hemisphäre geteilt sein könnte, da sich die beiden Hemisphären in der Ausrichtung der Eisenkristalle unterscheiden. Dieses könnte die Ursache für den Erdmagnetismus sein. Erst durch seine Kombination aus festem und flüssigem Eisen bekommt die Erde ihr Magnetfeld.

3.2 Plattentektonik

Die Vorstellung, dass die Konstellation der Kontinente, wie sie heute ist, früher einmal anders gewesen sein muss, wurde schon im Jahr 1596 von dem holländischen Kartographen Abraham Ortelius geäußert. Er vermutete, dass Amerika von Europa und Afrika „weggezogen" sein müsste, durch „Erdbeben und Fluten". Es dauerte dann noch einmal 300 Jahre, bis im Jahr 1915 der deutsche Naturforscher Alfred Wegener seine – damals stark kritisierte – Vorstellung von der Entstehung der Kontinente veröffentlichte (Wegener 1929). Wegener wies auf die verblüffend parallel verlaufenden Küstenlinien von Afrika und dem amerikanischen Kontinent hin. Dabei stellte er fest, dass seit dem Perm der ehemalige Superkontinent „Pangaea" auseinander gedriftet sein muss und sich in der „Trias" zunächst ein großer nördlicher Kontinent „Laurasia" und ein südlicher namens „Gondwana" gebildet hatten. Wegener war nicht nur von der „Passform" Afrikas und Südamerikas fasziniert, sondern konnte auch nachweisen, dass auf beiden Kontinenten (und in der Antarktis) identische tropische Pflanzen auftraten und dass triassische Reptilien bis nach Südindien verbreitet sind. Auf beiden Seiten des Südatlantiks sind zudem große Kohlevorkommen zu finden und die Plateaubasalte von Parana (Brasilien) und Etendeka (Namibia) gehören beide der gleichen geologischen Formation an. Er wies darauf hin, dass solche Pflanzen und Tiere nicht einfach den Atlantik haben „überqueren" können, und vermutete eine Landbrücke, die dann im Atlantik versunken sein müsste. Er wies ferner darauf hin, dass in den Kohlen der Antarktis tropische Pflanzen (Glossopteris) gefunden wurden – dies weise darauf hin, dass der Kontinent früher einmal in den Tropen gelegen haben muss. Ebenso wie die glazialen Formationen im heutigen Südafrika, die ehemals an anderer Stelle entstanden seien müssen. Wegener wurde mit dieser Vorstellung zum Begründer der „Kontinentalverschiebung", ein Vorgang, der dann als „*seafloor spreading*" bekannt wurde (Dietz 1961, 1964; Ewing und Ewing 1959; Vine und Hess 1970 u. a.). Wegeners Theorie wurde damals vor allem deshalb abgelehnt, weil er keinen „Antriebsmotor" für seine Plattenbewegungen geben und auch nicht erklären konnte, was denn passiert, wenn die Platten aufeinanderstoßen.

Es dauerte noch einmal 50 Jahre, bis durch Bullard et al. (1965) eine nicht auf dem Verlauf der Küstenlinien basierende „Passform" Afrikas und Südamerikas vorgestellt wurde: Sie nutzten dazu computergestützte Methoden der „sphärischen Geometrie". Die Wissenschaftler fanden heraus, dass der Verlauf der Kontinentalhänge (Schelfkante) viel besser zueinanderpassen. Dabei wollten Bullard und seine Ko-Autoren diese Darstellung trotz allem nicht als Beweis für die Kontinentalverschiebungstheorie verstanden wissen, sondern nur auf die große Überstimmung der Passform entlang der Schelfkante hinweisen. Zuvor hatte schon Carey (1958) auf einem 75 cm großen Globus mithilfe von ausgeschnittenen „Plastikkontinenten" die Kontinente zusammengeführt und konnte nachweisen, dass der beste „fit" in etwa 2000 m Wassertiefe zu finden sei.

Heute wissen wir, Kruste und Mantel stehen in einem ständigen Austausch miteinander: „Lithosphäre" und „Moho" stellen also keine stabilen Schichten dar, sondern variieren in ihrer Tiefenlage. Wie Eisschollen im Wasser „schwimmt" die Kruste auf dem Mantel, je dicker und je dichter die Kruste an einer Stelle ausgebildet ist, desto tiefer sinkt sie in den Mantel ein. Darüber hinaus wirken auf die Lithosphäre noch Kräfte aus dem Mantel, die durch sogenannte „Mantelkonvektion" bestimmt werden. Durch die Temperaturzunahme aus dem Erdkern reagiert das Material im „oberen" Mantel, wie zuvor gesagt, zähflüssig/plastisch. Als Energiequelle für die Temperaturzunahme wird unter anderem der Zerfall von primordialen Radionukleiden angenommen (Zerfallsreihe: Uran 238 zu Blei). In einer aufwendigen Studie konnte die University of Cambridge nachweisen, dass sich daher sogar der Meeresboden wie ein „Jo-Jo" (Hoggard et al. 2016) um bis zu 1 km nach oben und unten bewegen kann.

Geophysikalische Erkundungen in den 1960er Jahren haben dann die Wegener'sche Hypothese belegen können, indem sie Konvektionen im Mantel als den „Motor" der Plattenverschiebung identifizieren konnten. Demnach führt die Mantelkonvektion an ihrem oberen Rand dazu, das darüber liegende Krustenmaterial horizontal zu verschieben. Geodätische Messungen habe weltweit Verschiebungsraten von 5–10 cm gemessen. Indien hatte auf seinem Weg nach Norden sogar Geschwindigkeiten bis zu 20 cm/Jahr gehabt. Nur, wenn eine Lithosphärenplatte sich in eine Richtung bewegt und wenn die ganze Erde von solchen Platten bedeckt ist, müssen diese irgendwo aneinanderstoßen bzw. sich im Gegenzug wieder voneinander lösen. Die Stellen, an denen sich die Platten „trennen", sind die mittelozeanischen Rücken. Dort tritt Mantelmaterial (Lava) aus und mit fortschreitender Verschiebung der Platten (in beide Richtungen) folgen immer neue Lavaaustritte.

Als Folge des Auseinanderdriftens der Lithophärenplatten stößt ozeanisches Krustenmaterial auf ihrer anderen Seite an eine kontinentale Platte. Dabei weicht die ozeanische Kruste, weil sie eine höhere Dichte aufweist und damit schwerer ist als die kontinentale Kruste, nach unten aus und taucht in den Erdmantel ab. Diesen Vorgang nennt man „Subduktion". Die ozeanische Kruste wird dadurch zum Teil oder vollständig aufgeschmolzen und steht als „recycelte" krustenbildende Lava entlang der ozeanischen Rücken wieder zur Verfügung. Aufgrund des Wassers, das aus der subduzierten Platte freigesetzt wird, kommt es bei dem Abtauchen zur Bildung von Magma durch „partielles Schmelzen" (Anatexis). Dabei spielen neben Temperatur, Druck und fluider Phase die mineralogische und chemische Zusammensetzung der Ausgangsgesteine eine wichtige Rolle (Winkler 1976).

Da sich im Falle sich voneinander entfernenden Platten in den letzten 4–5 Mio. Jahren (nachweislich) gleichzeitig das Magnetfeld der Erde ständig umgepolt hat und die neugebildete Lava jedes Mal die aktuelle magnetische Polarität annahm, sind heute die Ozeanböden durch ein paralleles „Streifenmuster" an Magnetfeldern gekennzeichnet, deren Zonen nach den Geophysikern Brunhes, Matuyama, Gauss benannt sind. Wenn die Plattenbewegungen von den mitteleozeanischen Rücken jeweils in die entgegengesetzten Richtungen gehen, dann muss dieses „Streifenmuster" folglich symmetrisch zur Mittelachse verlaufen. Daraus folgt ferner, dass die ältesten Lavagesteine ganz weit außen liegen. Da das Zerbrechen des „Pangaea-Superkontinents" vor ca. 250. Mio. Jahren begann, haben automatisch die ältesten Lavagesteine dieses Alter – sie sind direkt vor der Ostküste der USA, vor der Westküste Afrikas sowie vor Kreta nachweisbar (Müller et al. 2008).

Als Folge der Plattentektonik kommt es zu drei grundlegend verschiedenen tektonischen Situationen, bei denen die ozeanische und die kontinentale Kruste aneinandergrenzen. Wenn, wie dargestellt, an einer Stelle die Kontinentalplatten auseinanderdriften, so ist es zwingend, dass sie an einer anderen Stelle aneinanderstoßen müssen. Der Kontakt der Platten kann in verschiedener Form annehmen und werden bezeichnet als:

- Divergente Plattengrenzen
- Konvergente Plattengrenzen
- Transform-Plattengrenzen

3.2.1 Divergierende Plattengrenzen

Divergierende Plattengrenzen sind solche Zonen, an denen sich die Lithosphärenplatten voneinander wegbewegen. An diesen Stellen – den zentralen Achsen der mittelozeanischen Rücken – wird neues Mantelmaterial an die Erdoberfläche gefördert. Das Material wird sowohl durch Mantelkonvektion zu beiden Seiten hin „weggeschoben" als auch durch die abtauchende Platte hinter sich hergezogen, was zu einem Auseinanderdriften der Platten führt. Durch die technologische Entwicklung seit den 1970er Jahren ist es heute möglich, mithilfe von Fernerkundungsmethoden (*„remote sensing"*) und vor allem mittels des „Global Positioning Systems" (GPS) die Bewegungen bis in den Zentimeterbereich hin zu erfassen.

Diese Berechnungen waren die Grundlage für die Rekonstruktion der Verschiebung der Kontinente im Laufe der Erdgeschichte. Weltweit variieren die Bewegungsraten von weniger als 1 cm/Jahr auf bis zu 17 cm pro Jahr. Im Indischen Ozean liegen sie meist ebenfalls zwischen 10 und 20 mm/Jahr – bis auf den Bereich des „90-East Ridge", wo sie 80–90 mm/Jahr erreichen können. Eine Spreizungsrate (*„spreading rate"*) von 15 cm pro Jahr bedeutet, dass zum Beispiel der Pazifische Ozean in etwa 100 Mio. Jahren gebildet wurde (Müller et al. 2008). Aus den Daten konnte ferner der Öffnungsprozess des Nordatlantiks sehr eindrucksvoll nachgezeichnet werden. Danach nimmt das Alter der Ozeane von den Kontinentalhängen hin zu den mittelozeanischen Rücken stetig ab – die ältesten Ozeanböden finden sich vor der Ostküste der USA sowie symmetrisch dazu vor Westafrika.

Das Auseinanderdriften der Kontinente erfolgt in verschiedenen Phasen. Zunächst entwickeln sich in der Asthenosphäre entlang einer tektonischen Schwächezone sogenannte magmatische „hot zones", wie sie zum Beispiel auf dem afrikanischen Kraton von Kamerun nach Nordosten in Richtung auf das ostafrikanische Afar-Dreieck nachzuweisen sind (Fitton 1980). Dort im Afar-Dreieck um den Vulkan Erte Ale öffnet sich die Erde – lange Zeit mit einer Rate von einigen Millimeter pro Jahr – seit Januar 2010 aber werden dort schon mehrere Meter pro Jahr gemessen. Setzt sich der Prozess fort, wird eine Grabenstruktur entstehen wie der Rheintalgraben oder das ostafrikanische Grabensystem. Weitere Spreizung führt zur Ausbildung eines schmalen Meeresgebietes, wie im Fall des Roten Meeres. Am Ende kann ein ganzer Ozean wie der Atlantik (USGS 2008a, b) entstehen. Am Mittelatlantischen Rücken beträgt die mittlere *„spreading rate"* 2,5 cm pro Jahr, das heißt in 1 Mio. Jahren werden die Platten um 25 km auseinanderdriften – in 150 Mio. Jahren ist so der Atlantische Ozean entstanden.

Ein anderes Beispiel für eine divergierende Lithosphärenplatte ist Island. Dort auf dem mittelatlantischen Rücken driften die Platten durch die Tätigkeit der Vulkane (z. B. Kraftla) und den Bewegungen (z. B. in der Thingvellir-Schlucht) jedes Jahr um 1–2 cm auseinander. Island wird so jedes Jahr etwas „größer", nach Osten in Richtung Europa und nach Westen in Richtung Amerika.

3.2.2   Konvergierende Plattengrenzen

So wie die neue Kruste an den mittelozeanischen Rücken entsteht, so wird sie – da die Größe der Erde unveränderlich ist – in der gleichen Größenordnung wieder „vernichtet". An den Rändern der Platten sinkt die ozeanische Kruste:

- Wegen ihrer höheren Dichte (>3 g/cm^3) unter die leichtere ($2,7$ g/cm^3) kontinentale Kruste oder
- Beim „Zusammendrücken" der Krustenteile kommt es auf den kontinentalen Platten zur Orogenese oder beim Aufeinandertreffen zweier ozeanischer Platten zur Ausbildung von Inselbögen.

Je nachdem an welcher Stelle der Erde die konvergierende Platte auf eine andere stößt, kommt es im Prinzip zu drei unterschiedlichen Plattenkonstellationen:

- Ozean-Kontinent-Konvergenz,
- Ozean-Ozean-Konvergenz,
- Kontinent-Kontinent-Konvergenz.

3.2.3   Ozean-Kontinent-Konvergenz

Ozeanische und kontinentale Platten treffen an vielen Stellen der Erde aufeinander. Die bekanntesten sind das Abtauchen der Nazca-Platte entlang dem Küstenstreifen von Mittelamerika bis zur Südspitze Chiles, wie auch die der Pazifischen Platte vor der Westküste der USA und vor Alaska.

Trifft eine ozeanische Platte auf eine kontinentale, sinkt sie wegen ihrer höheren Dichte unter die kontinentale und schleppt so die Platte mit in die Tiefe. Entlang dieser Zonen treten auch die meisten der Vulkane der Erde auf, wie die der Cascade Mountain Range, die der Anden u. v. a. (vgl. Abschn. 3.4.3). Es ist unbestritten, dass die vulkanische Aktivität eng mit der Subduktion verbunden ist. Ob allerdings das aufsteigende Magma durch partielles Aufschmelzen der ozeanischen Kruste oder durch das Aufschmelzen der überlagernden kontinentalen Kruste oder durch beide Vorgänge gemeinsam ausgelöst wird, ist noch nicht abschließend geklärt (USGS 2008a, b).

Den Subduktionszonen sind in den meisten Fällen Tiefseerinnen (z. B. Atacama-Tiefseerinne, Japan-Tiefseerinne) vorgelagert. Als Folge entstehen landwärtig Vulkanketten, wie z. B. die Inseln Japans – auch wenn sich dahinter noch ein Meer ausgebildet hat (*„back arc basin"*). Der „Normalfall" aber ist vor der Küste Südamerikas entwickelt. Hier taucht die ozeanische Platte steil nach Osten ab, auf dem Kontinent entsteht eine Kette an Vulkanen. Mit der Subduktion geht auch immer eine erhöhte seismische Aktivität einher, wobei die flachen Erdbeben (<5 km) nahe der Tiefseerinne auftreten – sie begleiten die Subduktion bis in Tiefen von 700 km. Die Erdbeben rühren daher, dass die Gesteine (hier vor allem Serpentin) beim Abtauchen in den unteren Mantel entwässern. Unterhalb von 300 km entstehen sogenannte Tiefbeben. Im Zuge der Subduktion kommt es ferner dazu, dass verstärkt andesitisches Magma gebildet wird und sich seinen Weg an die Erdoberfläche sucht. Andesitisches Magma hat eine im Vergleich zu den umgebenden Gesteinen geringere Dichte und kann Temperaturen bis zu 1000 °C erreichen. Seine höhere Viskosität verleiht ihm die Fähigkeit Gase einzuschließen, die beim Aufstieg durch Druckentlastung dann explosionsartig freigesetzt werden. Andesitische Vulkane produzieren daher viel Aschen und pyroklastische Ströme, wie der Mount St. Helens und die anderen Vulkane der Cascadia Mountain Range oder die Anden Vulkane (z. B. der Cotopaxi).

Wenn die beiden Platten aneinander vorbeigleiten (die dichtere unten, die leichtere oben), dann werden an der Grenzfläche Gesteinsmaterial, Krustenfragmente usw. „abgeschrammt" („scraped-off") und auf der überliegenden Platte angesammelt. Es kommt zur Ausbildung von Akkretionskeilen („accretionary wedge"). Das Material ist völlig ungeordnet, aber die enormen Kräfte und der fortdauernde Prozess des Abtauchens führen dazu, dass sich an den Rändern der Kontinente staffelartig Serien von angeschleppten Gesteinsformationen, von Hunderten von Störungszonen durchzogen, ausbilden. Die durch die Subduktion freigesetzten Kräfte formen darüber hinaus die meisten der ehemals kristallinen und sedimentären Gesteinsformationen zu metamorphen Gesteinen um.

3.2.4 Ozean-Ozean-Konvergenz

Wenn eine ozeanische Platte auf eine andere ozeanische trifft, wird eine der Platten – ebenso wie zuvor geschildert – unter die andere abtauchen. Es wird diejenige Platte sein, die älter, kühler und damit schwerer ist als die andere. Dabei wird die abtauchende Platte, je weiter sie in den Mantel eindringt, in metamorphe Hochdruckgesteine umgewandelt. Dies führt dazu, dass auch Wasser in den Mantel eingebracht wird. Das Wasser senkt den „Schmelzpunkt" und es entsteht in etwa 100 km Tiefe ein Überschuss an Magma, das aufsteigt und als schwarze basaltische Lava langgestreckte vulkanische Inseln ausbildet. Mit diesem Prozess ist jeweils auch eine erhöhte seismische Aktivität verbunden. Wie zuvor beschrieben kommt es auch bei diesem Konvergenztyp zur Ausbildung von Akkretionskeilen.

Da die Subduktion zweier Platten sich über viele tausend Kilometer erstreckt, kommt es dort zur Ausbildung markanter Inselbögen, wie den Aleuten, Japan, Philippinen, Marianen, Solomonen und Tonga-Kermadec. Viele der hochaktiven Vulkane der Erde sind hier konzentriert, wie zum Beispiel der La Soufrière (Monserrat), der Mt. Pelée (Martinique). Diesen Subduktionsfronten vorgelagert sind jeweils schmale, sehr tiefe und langgestreckte Tiefseegräben, deren Front in den meisten Fällen gebogen verläuft (Frisch et al. 2011). Der tiefste Graben ist der Marianengraben 2000 km östlich der Philippinen mit einer Tiefe von bis zu 11.000 m.

3.2.5 Kontinent-Kontinent-Konvergenz

Anders als bisher beschrieben wird bei der Kollision zweier kontinentaler Platten keine der beiden subduziert. Beide haben die gleiche Dichte, sind also viel leichter als der unterliegende Mantel: Sie „schwimmen" auf.

Verallgemeinert aber kann gesagt werden, dass bei der Kollision zweier kontinentaler Platten (einem Verkehrsunfall vergleichbar) beide Platten stark deformiert werden, sich gegenseitig überlagern, gefaltet oder aufgeschichtet werden. Der Gesteinsverband nimmt insgesamt extrem an Mächtigkeit zu. Solche Akkumulationen von Gesteinsmassen bezeichnet man als Orogen. Die bekanntesten Vertreter dieses Konvergenztyps sind die Alpen und der Himalaya. Die Gebirgsbildung (Orogenese) ist dort bis heute nicht abgeschlossen – immer heben sich beide jährlich um 1,5–2,0 mm. Bei der Kollision kann auf diese Weise eine verwirrende Vielfalt an Gesteinsformationen zum Teil neu entstehen. So wurden in den Alpen zum Beispiel durch Metamorphose Gesteine aus dem Basement sowie spät-paläozoische und mesozoische Gesteine völlig überprägt und in Schiefer und Gneise umgeformt. Ein Beispiel für eine abgeschlossene Konvergenz stellen die amerikanischen Appalachen dar, mit 300 Mio. Jahren eines der ältesten Gebirge der Erde.

Der „Isostasie" folgend haben Gebirge, wie der zum Teil über 8000 m hohe Himalaya eine entsprechend tiefe Gebirgswurzel (70 km). Die geologische Ausdehnung eines Gebirgszugs lässt sich einfach anhand des Schwerefeldes (Gravimetrie) und der Magnetik gut erfassen. So ist beispielsweise das Schwerefeld der Alpen durch eine signifikante Reduzierung im Vergleich zu den umgebenden Sedimentgesteinen gekennzeichnet.

3.2.6 Transform-Plattengrenze

Einen ganz anderen Typ von Plattengrenzen stellen Transform-Plattengrenzen, auch Transformstörungen genannt („transform faults"), dar. Sie sind gekennzeichnet durch zwei horizontal aneinander vorbeigleitenden Platten. Dies können sowohl ozeanische als auch kontinentale Platten sein. Sie werden auch als konservative Plattengrenzen („conservative boundaries") – im Sinne von „erhaltend" – bezeichnet, weil bei ihnen weder Material hinzukommt noch weggeführt wird.

Vereinfacht stellen Transformstörungen eine „spezielle" Art von Transversal- oder Blattverschiebungen („strike slipe faults") dar, die an den Rändern von Lithosphärenplatten auftreten, wenn diese sich auf der Erdoberfläche horizontal gegeneinander verschieben. Die meisten „transform faults" treten an den mittelozeanischen Rücken auf. Der horizontale Versatz der ozeanischen Platten auf einer sphärisch gekrümmten (Erd-)Oberfläche führt dazu, dass die Plattenbewegung nicht einfach „gerade" verläuft, sondern diese „Krümmung" immer an anderer Stelle durch horizontalen Versatz ausgleichen muss. Die Störungen erhalten so ihre charakteristische „Zick-Zack-Form".

Transformstörungen sind auch von den Kontinenten bekannt. Die bekannteste ist die „San Andreas Fault" in Kalifornien, die über eine Länge von 1300 km in Nord-Süd-Richtung durch Kalifornien verläuft. Als Folge ist die Region akut erdbebengefährdet – mehrere der größten Metropolen der USA wie San Francisco, Los Angeles und San Diego liegen dort. San Francisco wurde im Jahr 1906 bei einem katastrophalen Erdbeben mit einer Magnitude von M7.8 fast komplett zerstört. Auch die Region um Los Angeles wurde bereits von einigen starken Erdbeben heimgesucht, zuletzt in den Jahren 1989 (Loma Prieta) und 1994 (Northridge). Die Bewegung der beiden Platten gegeneinander ist rechts gerichtet, d. h. die Nordamerikanische Platte verschiebt sich nach Süden, die Pazifische Platte dagegen nach Norden. Die jährliche Verschiebung beträgt ca. 6 cm, wobei die Bewegung nicht überall gleichmäßig abläuft. In einigen Bereichen (nördlich von San Francisco) verhaken sich die Platten und haben sich über Jahrzehnte nicht bewegt. Dort staut sich kinetische Energie an. Es entsteht ein Stress im Gestein und die aufgestaute Energie kann sich schlagartig freisetzen: Dabei kann dieser Abschnitt der „San Andreas Fault" um mehrere Meter verschoben werden. Geologen rechnen mit weiteren starken Erdbeben entlang der San-Andreas-Verwerfung innerhalb der nächsten Jahre. Nach Angaben von Shearer (2009) wäre ein solches extremes Ereignis schon im Jahr 1990 fällig gewesen.

3.3   Klassifizierung von Naturgefahren

Als Naturgefahren werden in der Natur vorkommende Phänomene bezeichnet, die das Potenzial haben, sich negativ auf den Menschen und seine Lebensumwelt auszuwirken.

Eine Analyse von Naturgefahren umfasst daher eine Beschreibung des „Ist"-Zustands, ihrer physikalischen, biologischen, klimatischen und anderen Gesetzmäßigkeiten, von denen katastrophale Ereignisse ausgehen können.

Die Tab. 3.1 stellt summarisch dar, wie Naturgefahren gemäß ihres Ursprungs einzuordnen sind und in welchem Zeitrahmen sie (potenziell) auftreten können. Ergänzend sind noch die durch den Menschen verursachten „man-made"-Gefahren aufgeführt. Dabei ist festzustellen, dass sich die einzelnen Gefahrentypen in ihren Wirkungen addieren oder sich gegenseitig auslösen können: Eine Dürrekatastrophe kann beispielsweise zu einer Umweltdegradation führen, ebenso wie ein Waldbrand zu Erosion (Hangrutschung).

Betrachtet man die „Naturkatastrophen wird schnell deutlich, dass nicht jedes Ereignis gleich zu einer Katastrophe führt. Ein Vulkanausbruch in der Sahara zum Beispiel ist ein Naturereignis, gefährdet aber in seinem näheren Umfeld „niemanden". Bricht aber der Vulkan Popocatépetl bei Mexico City aus, wären 8–10 Mio. Menschen direkt gefährdet. Ein Hochwasser in Bangladesch ist zunächst einmal ein in der Natur angelegtes Ereignis (Schneeschmelze im Himalaya/Monsunregen), das aber so noch keine Katastrophe darstellt. Es ist eher ein Segen für das Land, da die jährlichen Überflutungen des Ganges/Brahmaputra-Deltas die hohe Fruchtbarkeit garantieren, ohne die viele Einwohner Bangladeschs verhungern müssten.

Zu einer Katastrophe werden Naturereignisse erst, wenn das Leben der Menschen bedroht ist und ihr Hab und Gut zerstört wird, wenn ihre Selbsthilfefähigkeit überstiegen wird, sie sich also nicht mehr selbst helfen können. Dabei können neben einem Verlust der körperlichen Unversehrtheit und materiellen Gütern auch kulturelle und seelische Schädigungen eintreten. Der Mensch ist also derjenige, der aus einem Naturereignis eine Katastrophe macht oder sie zulässt. Ein weiterer Gesichtspunkt kommt hinzu. In der Regel ist das auslösende Naturereignis nicht das, was ursächlich zur Katastrophe geführt hat. Ein Beispiel: Vulkane

Tab. 3.1 Klassifizierung von Naturgefahren

	Naturgefahren				Man-Made
	Physikalisch	Hydro/meteorologisch	Klimatisch	Biologisch	Technologisch
„Rapid onset"	Erdbeben Tsunami Vulkanausbruch Hangrutschung	Hochwasser Starkregen Sturm Sturmflut Lawine Hurrikan	Hitzewelle Kältewelle Waldbrand	Epidemie Pandemie Heuschreckenplage	Chemieunfall Nuklearkatastrophe Verkehrsunfall Feuer
„Slow onset"			Meeresspiegelanstieg Globaler Temperaturanstieg Dürre	Verschiebung der Vegetationszonen Invasive Spezies	Umweltdegradation CO_2-Emissionen Entwässerung der Moore Bodenbelastung durch Gülle

liegen entlang von Plattengrenzen. An diesen Plattengrenzen kommt es zu tektonischen Spannungen, die sich sowohl in Erdbeben entlasten als auch gute Aufstiegsmöglichkeiten für das Magma darstellen. Häufig sind Erdbeben die eigentliche Ursache für einen Vulkanausbruch (Mt. St. Helens). Die ausgeworfenen Aschen lagern sich an den steilen Flanken des Vulkans ab. Mit dem Ausbruch verbunden sind meist heftige Regenfälle (Wasserdampf in der Aschensäule), die im Umkreis des Vulkans abregnen. Die Aschen werden mit Wasser „getränkt", bis sie dann als Schlammströme ins Tal rauschen. Dort zerstört die Flut die Häuser. Wenn man so will, war es eigentlich das Erdbeben, das die Häuser zerstört hat. Diese Abfolgen („Kaskadeneffekte") erschweren eine klare Zuordnung einer Katastrophe zu ihren Ursachen. Am Mt. St. Helens ist zu sehen, dass die Ursache des Ausbruchs ein vorangegangenes Erdbeben war. In der Folge kam es zu einem gewaltigen seitwärtigen Ausbruch und einem Schlammstrom (vgl. Abschn. 3.4.3.4; Abb. 4.16).

Der Begriff Naturkatastrophe besagt im Prinzip, dass es sich um „Prozesse in der Natur" handelt. Diese Definition lässt aber jeden menschlichen „Eingriff" außer Acht. In der Tat wurde die Erforschung von Naturkatastrophen über viele Jahre hin ausschließlich von naturwissenschaftlichen Paradigmen geprägt. Bei Erdbeben wurden Stärken (Magnitude), Herdtiefen und Grad der Zerstörung (Intensität) verglichen, Vulkane anhand der „Aschensäule" und anderer Indikatoren kategorisiert oder Überschwemmungen anhand meteorologischer Daten über ein Tiefdruckgebiet nachvollzogen.

Doch diese Sichtweise änderte sich. Wie schon in Kap. 2 dargestellt, begannen vor allem ausgelöst durch die Kernkraftwerksunfälle von „Three Miles Island" (Pennsylvania) und erst recht nach „Tschernobyl" immer mehr Menschen, auf die fundamentalen Zusammenhänge zwischen (Natur-)Katastrophen und den Betroffenen hinzuweisen. Es wurde die Frage gestellt, wie es dazu kommt, dass einige Gesellschaften besser mit Naturkatastrophen umgehen können als andere. Die Menschen fragten danach, was denn „Wissenschaftler" (Geographen, Geologen, Geophysiker, Biologen, Astronomen, Klimatologen und die Technik) tun können, um besser vor solchen Katastrophen geschützt zu sein. Mit dieser Frage wurde ein Schulterschluss hergestellt zwischen den Naturwissenschaften und den Gesellschaftswissenschaften. Es wurde nicht mehr gefragt (Dombrowski 1998): „Welcher Mangel an Widerstandfähigkeit („lack of capacity") hat diese Katastrophe verursacht?", sondern „Mittels welcher Instrumente kann eine Gesellschaft besser auf solche Ereignisse vorbereitet werden?" (vgl. Kap. 5). Zudem wurde immer deutlicher, dass darüber hinaus der Mensch solchen Naturereignissen nicht nur oftmals „wehrlos" ausgesetzt ist – vielmehr ist er es, der oft durch seine Eingriffe in die Natur solche Katastrophen überhaupt erst

auslöst. Die Begradigung der Flüsse verschärft die Hochwassergefahr. Die Treibhaushausgasemissionen treiben den Klimawandel voran, verstärken Stürme und Dürren. Die Besiedlung hurrikangefährdeter Küstenregionen als Folge eines extremen Bevölkerungswachstums ist ebenfalls eine von Menschen gemachte Gefahrensituation. Nur, dass nicht alle Schichten einer Gesellschaft gleich von einer solchen Katastrophe betroffen werden.

Wenn also Natur- und Gesellschaftswissenschaften aufgerufen sind, gemeinsam Lösungsmodelle zu entwickeln, müssen sie sich zunächst auf eine gemeinsame Definition einigen:

- Was ist ein Naturereignis?
- Wann wird aus einem Naturereignis eine Katastrophe?
- Was ist eine Gesellschaft: Wer ist Täter, wer Opfer?
- Welche Funktionen muss ein Staat einnehmen, um seiner Fürsorgepflicht nachzukommen?
- Wer profitiert davon?

Um die Begriffe im Naturkatastrophen-Risikomanagement international zu vereinheitlichen, hatten sich 2009 „CRED", die „MunichRe" und das „ProVention Consortium" (vgl. Kap. 6) zusammengetan, um eine allseits akzeptierte Definition des Begriffs „Naturkatastrophe" und eine „Typologie der Naturkatastrophen" vorzustellen (Below et al. 2009). Bis dahin hatte es an einer international standardisierten Definition gefehlt. Daneben existiert noch eine Reihe anderer Ansätze, Katastrophen vergleichbar zu machen:

- nach der Stärke des Ereignisses,
- nach seinen Konsequenzen (Opfer/Schäden),
- nach dem, welche Gruppen einer Gesellschaft stärker und welche weniger stark betroffen sind usw.

Allen gemein ist, dass sie eine (Natur-)Katastrophe als ein Ereignis definieren, welches das Potenzial hat, Menschen in ihrer Lebensumwelt zu stören, schädigen oder gar zu zerstören (vgl. Abschn. 4.4; Glade und Alexander 2013). Die Abb. 3.1 stellt die drei wesentlichsten Naturkatastrophentypen dar, auf denen „CRED/MunichRe" ihre Typologie aufgebaut haben.

Die Gliederung spiegelt die beiden wesentlichen Kräfte in den Prozessen, die die Erde gestalten, wider:

- **Endogene Kräfte:** Das sind geologische Prozesse, die auf die Kräfte aus dem Erdinneren zurückzuführen sind. Ursache ist die radionuklide Aufheizung des oberen Erdmantels und der Erdkruste. Diese lösen Konvektionsströme aus, deren Bewegungen sich auf die starre Kruste übertragen und dort Verformungen und Dislokationen bewirken, wie sie sich in der Plattentektonik und der

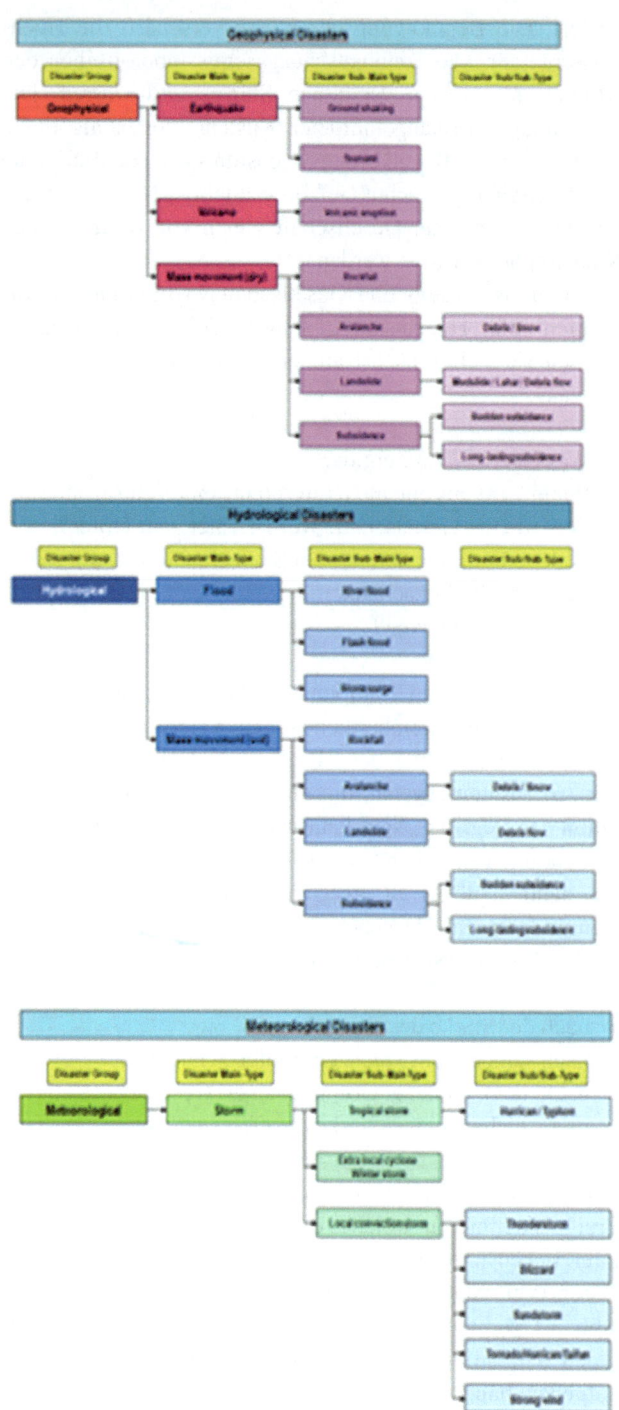

Abb. 3.1 Klassifizierung von Naturkatastrophen nach CRED (Below et al. 2009)

Orogenese manifestieren. Als Folge kommt es zu Erdbeben, Vulkanismus sowie zum Aufbau des Erdmagnetfeldes.

- **Exogene Kräfte:** Das sind alle geologischen Prozesse im Bereich der Erdoberfläche und der Erdkruste, die auf

von außen einwirkende Kräfte zurückzuführen sind. Es handelt sich sowohl um die Sonneneinstrahlung, Gravitation, um Ebbe und Flut sowie die klimagesteuerte Verwitterung, um Erosion, Sedimentation, Diagenese u. v. a.

3.4 Naturgefahren

3.4.1 Erdbeben

Erdbeben sind die eindrucksvollsten Zeichen von in der Natur ablaufenden Prozessen, die Menschen wahrnehmen und die ihnen zugleich Angst machen. Der bei weitem größte Eindruck kommt von den Bodenbewegungen, die sie direkt spüren, oder von den Schäden an den Gebäuden und Infrastruktureinrichtungen. Dazu zählen auch oft die Bilder von verzweifelten Rettungsaktionen, bei denen die Menschen versuchen, die Opfer mit bloßen Händen aus den Trümmern der Häuser zu graben. Aber auch horizontal verschobene Baumreihen oder Zäune sind oft sichtbare Zeichen – ebenso wie eine Verschiebung entlang von Störzonen, wie sie am besten auf Luftbildern oder Satellitenbildern zu sehen sind.

8 der 10 der bevölkerungsreichsten Städte der Erde liegen in Erdbebenzonen; d. h. rund 3 Mrd. Menschen gelten daher aktuell im weitesten Sinne als erdbebengefährdet. Erdbeben stellen den Katastrophentyp mit den statistisch meisten Opfern, obwohl sie vergleichsweise seltener eintreten. Von allen Katastrophentypen stellen sie knapp ein Drittel der Ereignisse, sind aber nach MunichRe für fast 50 % der Todesopfer verantwortlich. Nach unbestätigten Informationen sollen seit dem Jahr 1900 mehr als 1,2 Mio. Menschen Erdbeben zum Opfer gefallen sein; die meisten der Opfer waren in China (500.000), Japan (200.000) und Italien (100.000) zu beklagen. CRED-Emdat hat in ihren Statistiken für den Zeitraum 1990–2010 jährlich eine Opferzahl von knapp 30.000 angegeben – insgesamt etwa 600.000 Tote seit 1900 (Guha-Sapir und Vos 2011). Dennoch lässt sich das Erdbebenrisiko einer Region weder aus der Stärke von Erdbeben noch aus deren Häufigkeit zuverlässig ableiten. So gab es in Kalifornien, der Region mit dem höchsten Erdbebenrisiko der Vereinigten Staaten, in den letzten 100 Jahren entlang der San-Andreas-Grabenzone die gleiche Zahl von Opfern wie in der rumänischen Hauptstadt Bukarest (1500) bei nur einem einmaligen Ereignis im Jahr 1977 (vgl. Abschn. 3.4.1.4).

3.4.1.1 Entstehung und Wirkungen
Wie in Abschn. 3.2 dargestellt treten Erdbeben nicht an jedem Ort der Erde auf, sondern ihre zerstörerische Kraft ist auf geologisch gut abgrenzbaren tektonisch aktiven Plattengrenzen konzentriert.

Nach Informationen des USGS (2014) gehen die Seismologen davon aus, dass sich jährlich 3–4 Mio. Erdbeben ereignen. Von denen richten weniger als 10.000 größere Schäden an. Insgesamt haben etwa 90 % der Erdbeben einen tektonischen Ursprung, 6 % einen vulkanischen (z. B. Magmaaufstieg im Vulkanschlot). 4 % sind auf Bewegungen sehr nahe der Erdoberfläche wie lokale Einstürze durch Subrosion oder Salzlaugung zurückzuführen, wie z. B durch das seismische Grundbruchereignis nahe der Stadt Verden im Jahr 2004. Solche Beben haben meist Magnituden von weniger als M2 und sind nur durch Messinstrumente zu erkennen. Hinzu kommen anthropogen ausgelöste Einsturzbeben, z. B. beim Befüllen oder Ablassen eines Stausees, beim Fracking, beim Befüllen/Entleeren eines Erdgasspeichers, aber eben auch durch Straßenbahn, Eisenbahn und Autoverkehr. In diesem Zusammenhang spricht man von „passiver" oder „induzierter Seismizität". Viele Erdbeben ereignen sich unter den Ozeanböden und werden daher „Seebeben" genannt. Im Zeitraum von Juni 2013 bis Juni 2014 haben portugiesische Seismologen weltweit 23 „größere" Seebeben identifiziert, mit Magnituden von M6.7 bis M8.1. Die Beben sind alle entlang der bekannten aktiven Plattengrenzen aufgetreten (Omira et al. 2015).

Die registrierten Erdbeben haben sehr unterschiedliche Stärken und treten alle (an tektonisch definierten Regionen) in sehr unterschiedlicher Häufigkeit auf. Man unterscheidet dabei:

- „Häufige" Erdbeben:
- Eintrittswahrscheinlichkeit 50 % in 50 Jahren; Wiederkehrperiode 25 Jahre,
- „Gelegentliche" Erdbeben:
- Eintrittswahrscheinlichkeit 20 % in 50 Jahren; Wiederkehrperiode 70 Jahre,
- „Seltene" Erdbeben:
- Eintrittswahrscheinlichkeit von 10 % in 50 Jahren; Wiederkehrperiode 475 Jahre,
- „Sehr seltene" Erdbeben:
- Eintrittswahrscheinlichkeit von 2 % in 50 Jahren; Wiederkehrperiode 2475 Jahre.

Für internationale Vergleichszwecke wird vor allem der Wert der „seltenen" Erdbeben mit einer Wiederkehrperiode von 475 Jahren herangezogen.

In Deutschland sind sowohl die Anzahl als auch die Magnitude der Erdbeben vergleichsweise gering. Jedes Jahr treten im Durchschnitt ein bis zwei Erdbeben mit Magnituden größer als M4 und etwa 15 Beben mit Magnituden größer M3 auf, so am 04.11.2019 auf der Schwäbischen Alb mit M3.8. Die beiden stärksten Erdbeben der vergangenen 40 Jahre verursachten neben einigen Dut-

zend Verletzten lediglich Sachschäden. Daneben treten im Schnitt einige Hunderte Male im Jahr Mikrobeben mit Magnituden von weniger als 2 auf, diese sind in der Regel aber nicht spürbar. Das stärkste Beben, das je mit Instrumenten in Deutschland gemessen wurde, hatte eine Lokalmagnitude von M6,1 und ereignete sich in der Region um Albstadt auf der Schwäbischen Alb. Dort verläuft eine Nord-Süd gerichtete Scherzone, die immer wieder sogenannte Intraplattenbeben auslöst und die in den Jahren 1943 und 1978 zum Teil schwere Schäden verursachte. Die Eintrittswahrscheinlichkeit solcher Beben ist kaum vorherzusagen, so Dr. Oliver Heidbach vom Deutschen Geoforschungszentrum (GFZ) in Potsdam. Die Niederrheinische Bucht, eine nordwestlich von Köln gelegene Tiefebene, ist ein anderes Erdbebenzentrum in Deutschland. Dort ist auch das stärkste seismische Ereignis der letzten 50 Jahre in Deutschland und im umgebenden Ausland eingetreten. Im April 1992 bewegte sich die Erde in der Nähe der grenznahen niederländischen Stadt Roermond mit einer Magnitude von M5.9. Mehrere Hundert Häuser wurden beschädigt. Aus historischen Aufzeichnungen geht hervor, dass es in der Niederrheinischen Bucht zwischen dem Jahr 1000 n. Chr. und heute etwa 20 Schadensbeben gegeben hat, darunter auch im Jahr 1756 bei Düren, als einige Menschen ums Leben kamen. Die Konzentration von Erdbeben in der Niederrheinischen Bucht ist auf tektonische Senkung und Schollenkippungen zurückzuführen, die parallel zum Rheintal in NW-Richtung verlaufen.

Das dritte größere Erdbebengebiet in Deutschland ist die Region Vogtland. Dort und im nordwestlichen Teil Tschechiens kommt es immer wieder zu sogenannten Schwarmbeben. Dabei treten innerhalb weniger Wochen oder Monate 1000 bis 10.000 kleinere Beben an nahezu demselben Hypozentrum auf. Dabei konnten in den Jahren 2008, 2011 und 2014 Maximalmagnituden zwischen M3.5 und M4.5 gemessen werden

Vergleicht man Erdbeben, so wird deutlich, dass die Erdbebenstärke (Magnitude) allein das Schadenspotenzial nur unvollständig abbildet. Wie Abb. 3.2 zu entnehmen ist, führen stärkere Erdbeben in der Regel zu größeren Schäden und Opferzahlen. Aber wie an den beiden Ereignissen „Valdivia" in Chile (M9,5; 1960), dem stärksten jemals gemessenen Erdbeben, und „Valdez" in Alaska (M9,2; 1964) abzulesen ist, können große Ereignisse auch kaum nennenswerte Auswirkungen zeigen, wenn sie in Regionen eintreten, die entweder kaum besiedelt oder infrastrukturell gut vorbereitet sind, wie in Kalifornien (Loma Prieta, M7,1; 1989; Northridge, M6,7; 1994). In der Abbildung werden die beiden Erdbeben von Nordsumatra (2004) mit 230.000 Toten rund um den Indischen Ozean und das Tokohu-Erdbeben in Japan von 2011 mit 20.000 Toten nicht aufgeführt, da es nicht möglich ist, die Opferzahl aus dem Erdbeben

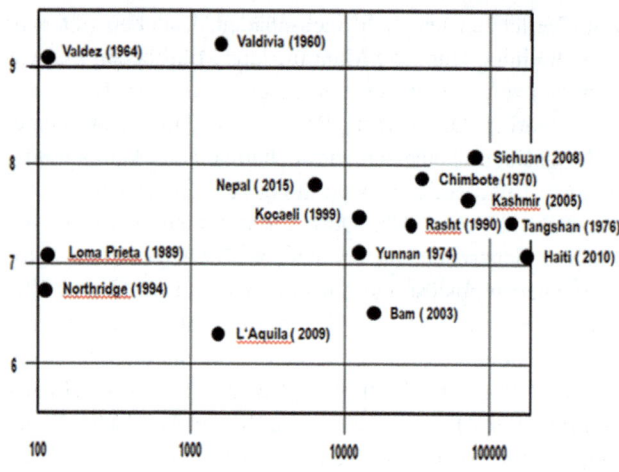

Abb. 3.2 Erdbebenstärke (Magnitude) und Todesopfer ausgewählter Erdbebenereignisse

selbst von der aus dem nachfolgenden Tsunami abzugrenzen. Fest steht aber, dass die hohen Opferzahlen in erster Linie auf die Tsunamis zurückzuführen sind.

Das Jahr 1983 stellt nach Angaben des USGS (2014) mit 1813 Ereignissen die bislang höchste Anzahl von registrierten Ereignissen dar. Mehr als 1400 Erdbeben mit Stärken von M7 und größer sind im Zeitraum seit 1900 erfasst. USGS (2014) schätzt, dass sich jährlich mehr als 5 Mio. Erdbeben auf der Welt ereignen, von denen haben:

- 50.000 eine Stärke von unter M4,
- 6000 eine von M4-M5,
- 800 eine von M5-M6,
- 120 eine von M6-M8,
- eines pro Jahr hat eine Stärke größer M8,
- alle 10–12 Jahre tritt statistisch ein sogenanntes Megabeben mit einer Magnitude vom mehr als M9 auf.

Seit dem Jahr 1500 sind 37 Erdbeben bekannt mit einer Stärke von mehr als M8.5. Dabei reichen die Überlieferungen zum Beispiel für China, dem Iran und Italien bis weit in die Vergangenheit (China anno 1290) zurück, während von den 50 Erdbeben, die für Indonesien aufgelistet sind, allein 45 auf die Jahre nach 2000 datieren. Dies macht deutlich, dass ein verlässlicher Vergleich von Erdbeben weltweit kaum machbar ist. Vor allem ist daraus nicht abzuleiten, dass die Erdbebenhäufigkeit generell zu- oder abnimmt oder bestimmte Regionen heute stärker betroffen sind als früher oder umgekehrt.

Erdbeben bestehen aber nicht nur aus dem einen Ereignis. Sie können sowohl Vorbeben haben (Iquique, Chile, 2014) als auch eine Vielzahl an Nachbeben, sodass es mitunter schwerfällt, Nachbeben von einem „neuen" Ereignis an der gleichen Lokalität zu unterscheiden. Das Haiti-Erdbeben von 2010 hatte mehr als 50 Nachbeben mit einer

Stärke größer M4 innerhalb von 14 Tagen nach dem Ereignis. Es gibt aber auch andere Folgen eines Erdbebens. So folgten auf das Starkbeben in Chile vom Februar 2010 auffallend viele stärkere Beben am anderen Ende der Welt. Solche Nachbeben-Gebiete liegen fast immer in einem Umkreis von 30 Winkelgraden um die Antipode, also der dem Epizentrum des Ursprungsbebens genau gegenüberliegenden Stelle der Erde (O'Malley et al. 2018). Eine weitere Form von Erdbeben sind die sogenannten „Schwarmbeben". Sie werden in der Regel über einen längeren Zeitraum als sehr lokal begrenzte Beben aufgezeichnet, bei denen eine klare Abfolge von Vor-, Haupt- und Nachbeben nicht erkennbar ist. Viele Erdbebenschwärme ereignen sich in Regionen mit komplex zusammenhängenden Bruchsystemen. Als Ursache dafür nehmen Seismologen Magmaaufstiege aus großen Tiefen in Verbindung mit vulkanischen Erscheinungen an. In Deutschland treten sie – wie zuvor dargestellt – vor allem im Vogtland auf. Eine Region, die durch die Kreuzung zweier größerer Störungszonen geprägt ist, die den Aufstieg von Fluiden begünstigen. Des Weiteren sind der Alpennordrand, das Bodenseegebiet sowie der Oberrheingraben wegen besonderer Seismizität gefährdet. Der Schweizerische Erdbebendienst (SED o. J.) registriert jedes Jahr mehrere Erdbebenschwärme, die meist nach einigen Tagen oder Monaten von selbst ohne weitere Aktivität abklingen. Vereinzelt hat man Schwärme registriert, die mit der Zeit in Stärke und Anzahl zunehmen und die zum Teil zu kleineren Schäden geführt haben. Dennoch, aus der Entwicklung eines Erdbebenschwarms lässt sich genauso wenig eine Vorhersage auf ein (größeres) Erdbeben ableiten

3.4.1.2 Bodenverflüssigung (Liquefaction)

An bestimmten Stellen der Erde haben sich Erdbeben nicht nur in Form zerstörter Gebäude manifestiert, sondern zu einem „einfachen" Umkippen der Gebäude geführt. Daher sind nach vielen Erdbeben sehr eindrucksvolle Schadensbilder von schief gestellten und eingesunkenen Bauwerken, wie sie vom USGS (1999) von der türkischen Stadt Adipazari dokumentiert sind.

Diese Auswirkungen von Erdbeben werden auf das Phänomen der Bodenverflüssigung *(„liquefaction")* zurückgeführt. Auch wenn die Prozesse im Einzelnen noch nicht umfassend geklärt sind, so lassen sich die Abläufe verallgemeinert wie folgt darstellen: Wassergesättigte, unkonsolidierte Sedimente werden unter Einwirkung von Energie (Erdbeben) in einen „flüssigen/fließfähigen" Zustand überführt. Als Konsequenz der seismischen Erschütterung kommt es lokal zu einem Anstieg des Porenwasserdrucks und Porenwasser – wenn dies nicht stetig drainiert wird – reichert sich im Sediment an. Dies führt zum Verlust der Scherfestigkeit und so zum Kollaps des Sedimentgefüges. Die Zufuhr von Energie ändert den Elastizitätsmodul des Sediments, was dazu führt, dass ein

Erdbeben der Stärke M5 in solchen unkonsolidierten Sedimenten größere Schäden verursacht als ein vergleichbar stärkeres Erdbeben im Festgestein (Youd 1973).

Darüber hinaus unterscheidet sich der Elastizitätsmodul von weichen Sedimenten deutlich von z. B. dem stahlbewehrter Mauerwerksbauten. So kommt es, dass beide Materialien gegeneinander wirken und massive, großflächige und weit verbreitete Schäden verursachen können. Das größte Verflüssigungspotenzial (*„liquifaction potential"*) haben locker gelagerte Sande gleicher Korngrößen, wenn sie unterhalb des Grundwasserspiegels liegen. Seit dem Kocaeli-Erdbeben 1999 in der Türkei wird auch siltigen Sanden ein großes Verflüssigungspotenzial zugestanden. Diese Bodenarten sind in der Regel in nicht allzu großer Tiefe anzutreffen und kommen aufgrund ihrer Entstehungsgeschichte oft in der Nähe von Gewässern vor (Buchheister 2009). Ferner spielt die Entfernung zum Epizentrum eine große Rolle, da sie die Stärke der Erschütterungen am Ort der Bodenverflüssigung mit definiert (Meskouris et al. 2003; Abb. 3.3).

Unverfestigte Sedimente reagieren im Vergleich zu einem Festgestein auf ein Erdbeben sehr unterschiedlich. Ein Festgestein gibt die Bodenbeschleunigung nach kurzer Erschütterung direkt an die Umgebung weiter. Die Hochhäuser von Manhatten (N.Y.) stehen auf einem kristallinen Untergrund. Das neue World Trade Center erreicht dabei eine Höhe von mehr als 500 m. Lockersedimente dagegen werden von dem Beben in Schwingungen versetzt und entwickeln daraus eine Eigendynamik, die sich lange aufrechterhalten kann. Daher sind in Washington D.C., das auf einem wenig verfestigten Schwemmland liegt, nur Gebäude

mit einer Höhe von weniger als 10 Stockwerken erlaubt. Zudem müssen Bauwerke auf solchem Untergrund deutlich ausgesteifter gebaut werden, um den signifikant höheren Belastungen standzuhalten (vgl. DIN 4149).

Weltweit gibt es eine Vielzahl an Beispielen, wie sehr Erdbeben in Sedimenten zu erheblichen Schäden und Opfern geführt haben. So bei dem großen Erdbeben in Nepal vom April 2015, bei dem 9000 Tote, 22.000 Verletzte und 800.000 zerstörte Häuser zu beklagen waren. Opfer und Schäden waren vor allem auf das Kathmandu-Tal konzentriert. Zum einen, da dort die meisten Menschen auf einem vergleichsweise begrenzten Raum leben, zum anderen, weil die Stadt Kathmandu auf einem verlandeten Seeboden gebaut ist.

Karten der Bodenverflüssigungspotenziale geben Auskunft, wie die Gefahren regional verteilt sind, und stellen für eine Stadtentwicklung in gefährdeten Regionen ein unverzichtbares Planungsinstrument dar. In der Region von San Francisco wird das *„liquefactions-potential"* von den entlang der Küste der San Francisco Bay auftretenden Lockersedimenten, der großen Nähe (<30 km) zum San-Andreas-Graben und der hohen Wiederkehrrate der Erdbeben (0,27 % für $M \geq 6{,}7$) bestimmt. Holzer (1998; vgl. Youd und Hoose 1978) hat das Zusammenwirken dieser drei Faktoren analysiert und in Form einer *„liquefaction-hazard map"* dargestellt. Er und seine Koautoren haben dazu auch noch das Alter der Sedimente, deren Ablagerungsmilieus (*„depositional environment"*), den Grad der Verfestigung der Sande und Silte, die Entfernung zum Aquifer sowie alle bekannten historischen Verflüssigungsereignisse in die Analyse mit aufgenommen. Demnach sind eigentlich alle an der San Francisco Bay gelegenen Stadtteile sehr stark gefährdet sind, während die Gefahr zum Landesinneren hin schnell abnimmt.

3.4.1.3 Seismische Erkundung (Makroseismik)

Die Bodenbewegungen werden in einem Seismogramm festgehalten. Die Aufzeichnungen sind in der Regel durch zwei sehr markante „Einsätze" gekennzeichnet (Abb. 3.4). Dem ersten Auftreten der „P-Welle" („Primär Welle"). Dann folgt nach einer bestimmten Zeit die „S-Welle" („Sekundär Welle"). Dabei ist insbesondere der zeitliche Abstand der beiden Einsätze für die weitere Analyse des Ereignisses ausschlaggebend.

Etwa 100 Jahre vorher sah ein Seismogramm noch ganz anders aus. Die Abb. (3.5) zeigt die weltweit erste Registrierung eines Erdbebens in Japan.

Den Seismologen interessiert vor allem, wo sich das Erdbeben ereignet hat, welche Stärke es hatte und in welcher Tiefe es eingetreten ist. Um das Epizentrum eines Erdbebens bestimmen zu können, sind seismische Registrierungen von mindestens drei Erdbebenwarten erforderlich. Dabei ist zu beachten, dass ein Seismogramm nie über den

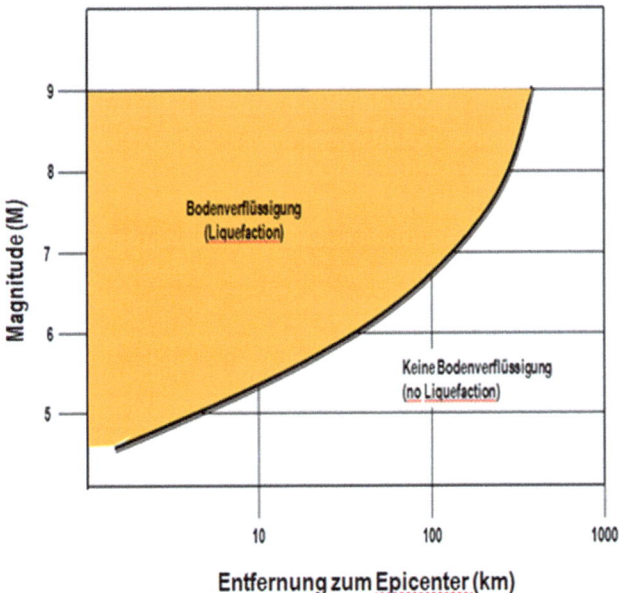

Abb. 3.3 Bodenverflüssigungspotenzial in Abhängigkeit von der Entfernung zum Epizentrum

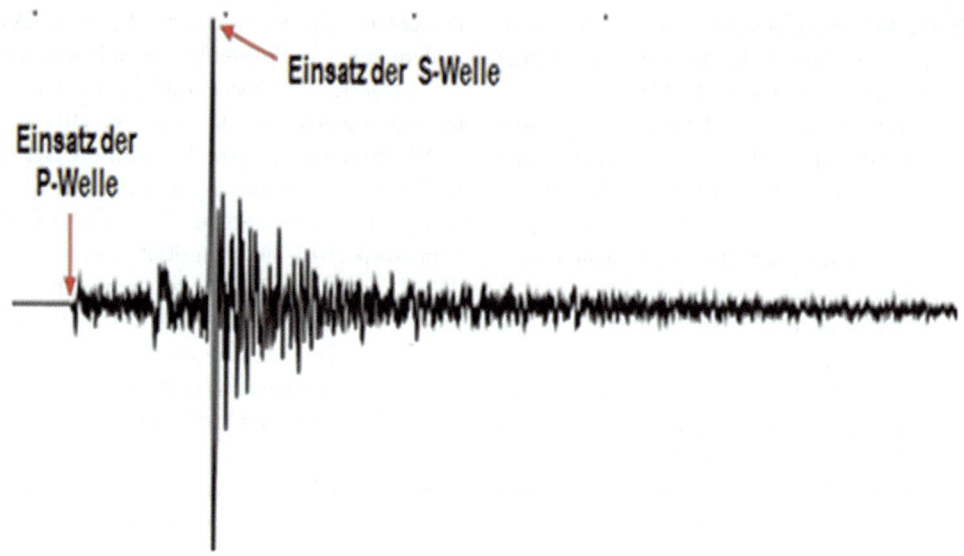

Abb. 3.4 Seismogramm eines Erdbebens

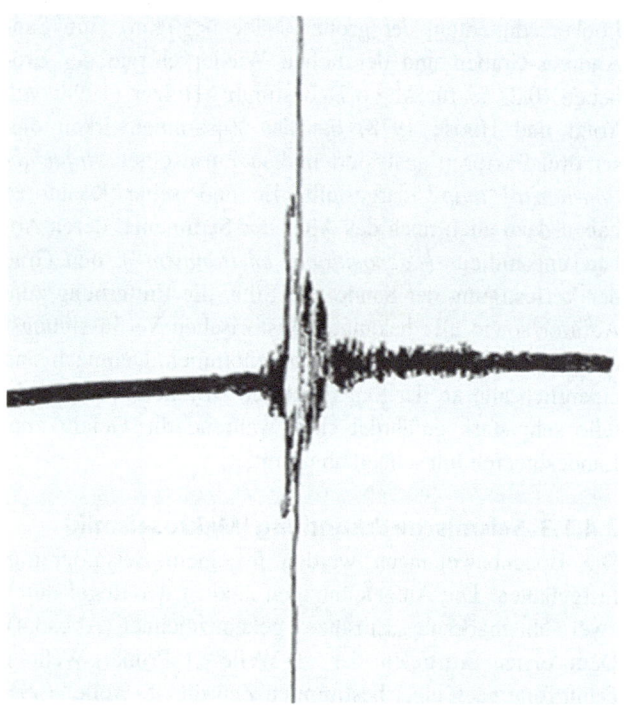

Abb 3.5 Die weltweit erste Fernaufzeichnung eines Erdbebens vom 17. April 1889 in Potsdam; Erdbeben in Japan (Archiv des GFZ, Potsdam)

aktuellen Zeitpunkt des Ereignisses Auskunft gibt, sondern nur, wann die Erdbebenwelle an einer Erdbebenwarte registriert wird. Es werden daher die Laufzeitdifferenzen der „P-Wellen" und der „S-Wellen" sowie die Entfernung der seismischen Stationen in einem Diagramm aufgezeichnet. Zudem ist eine gute Kenntnis der Ausbreitungsgeschwindigkeit der seismischen Wellentypen im Untergrund sehr hilf-

reich. „Auf einer Karte mit den Stationen, die das Beben aufgezeichnet haben, wählt man drei von ihnen, welche möglichst kreisförmig liegen sollten, und zeichnet mit einem Zirkel Kreise um diese. Der Radius eines Kreises um eine Station entspricht der Hypozentralentfernung. Verbindet man nun die Schnittpunkte von jeweils zwei Kreisen bekommt man drei einzelne Linien, welche auch Sehnen genannt werden. Nach dem Sehnenverfahren zur Bestimmung des Epizentrums stellt der Schnittpunkt der drei Sehnen das Epizentrum des Bebens dar (Schwarz und Beckmann 2014).

Aus den Seismogrammen kann auch die Stärke des Erdbebens – seine Magnitude – abgeleitet werden. Sie stellt ein Maß für die abgestrahlte Energie eines Bebens dar. Die Magnitude entspricht einer logarithmischen Energieskala, d. h. der Anstieg um eine Einheit (z. B. von Magnitude M5 zu M6) bedeutet einen zehnfachen Anstieg der Amplitude der aufgezeichneten seismischen Wellen sowie einen dreißigfachen Anstieg der freigesetzten Energie. Es gibt eine Reihe von Magnitudenskalen, mit denen die Stärke eines Erdbebens ermittelt wird. Von diesen sind die Lokalmagnitude (M_l) und die Momentenmagnitude (M_W) die bekanntesten.

Das Prinzip des Zusammenhangs von Laufzeitdifferenz und Amplitudenausschlag ist Abb. 3.6 zu entnehmen. Die daraus gewonnene Magnitudenskala ist damit das Resultat eines empirischen Prozesses. Der erklärt, dass mit einer Vergrößerung der Zeitdifferenz „S-P" (Distanz) oder einer stärkeren Amplitude die Magnitude größer wird. Wenn sich dagegen eine der beiden Komponenten verringert, wird die Magnitude kleiner.

Heute zählt die „Momenten-Magnituden-Skala" (M_W) zu der bevorzugten Magnitudenskala. Mit ihrer Hilfe ist es möglich, Beben >M6.5 zu erfassen und auch solche, die sich weiter entfernt ereignet haben. In dem Formelzeichen

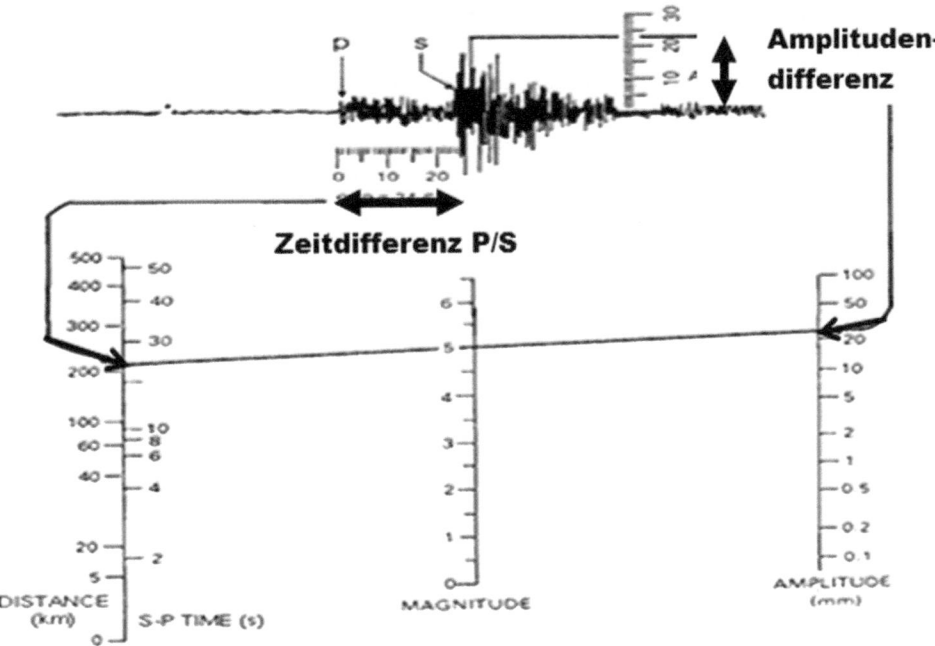

Abb. 3.6 Zusammenhang von Laufzeitdifferenz und Amplitudenausschlag der daraus gewonnenen Magnitudenskala (Richter 1935)

„M$_W$" steht „w" für *„mechanical work",* beschreibt also mechanisch umgesetzte Arbeit. Damit wurde es ferner möglich, die freigesetzte seismische Energie mit der Wirkung des herkömmlichen chemischen Sprengstoffs TNT zu vergleichen. So entspricht eine Magnitude (M$_W$9) etwa der Menge von 475 Mio. t TNT (38.000 Hiroshima-Atombomben), eine Magnitude M$_W$6 etwa 15.000 t TNT. Da das seismische Moment keine Sättigung erreichen kann, erfährt auch die Momenten-Magnitude im Gegensatz zu den übrigen Magnitudenskalen keinerlei obere Begrenzung und ist daher geeignet, auch Erdbeben mit großer Energiefreisetzung zu quantifizieren. Das Skalenende liegt bei dem Wert M$_W$10.6, entsprechend der Annahme, dass bei diesem Wert die Erdkruste vollständig auseinanderbrechen müsste.

Ein ganz anderer Ansatz, die Stärke von Erdbeben vergleichbar zu machen, wurde von dem italienischen Seismologen Giuseppe Mercalli (1850–1914) vorgenommen. Mercalli entwickelte seine Skala in der zweiten Hälfte des 19. Jahrhunderts, indem er die durch Erdbeben entstandenen Schäden dokumentierte und in einer Tabelle hierarchisch auflistete: die „Mercalli-Skala". Er beschrieb die Auswirkung eines Erdbebens auf die Erdoberfläche als „Intensitäten". Folglich wird die Skala auch als „Intensitätsskala" bezeichnet. Die niedrigen Stufen (I–IV) auf der Skala beschreiben im Allgemeinen die Art und Weise, wie das Erdbeben von Menschen empfunden wird. Die höheren Stufen (V–XII) basieren auf beobachteten strukturellen Schäden. Wie auch Charles Richter konnte er nachweisen, dass mit der Entfernung vom Epizentrum die entstandenen Schäden geringer ausfallen. Mit der bis 1935

gültigen 10-teiligen Mercalli-Skala ließ sich jedoch nur sehr ungenau auf die eigentliche Stärke eines Bebens rückschließen. Sie wurde daher in mehreren Schritten zu der heute üblichen „Mercalli-Wood-Neumann-Skala" (MWN-Skala) erweitert (Wood und Neumann 1931). Die Mercalli-Skala ist eine heute zwölfteilige Skala der Erdbebenstärke, mithilfe derer sich die sicht- und fühlbaren Auswirkungen von Erdbeben an der Erdoberfläche (!) – in Schadensklassen einteilen lassen. Die Art der Schäden ist in erster Linie eine Folge des Untergrunds, darüber hinaus abhängig von der Art der Bebauung und der Güte der Bausubstanz. Zudem hängen die Einstufungen sehr von der Bewertung des Beobachters ab. Die Skala wird heute meist „Modifizierte Mercalli-Skala" (MM$_I$-Skala) genannt.

In Europa hat man sich in Zusammenarbeit mit Bauingenieuren auf die „European Macroseismic Scale" (EMS 98) als verbindliche Grundlage verständigt, um eine einheitliche Bewertung seismischer Intensitäten zu gewährleisten (Grünthal 1998). Die Skala ist in 12 Abschnitte unterteilt: von EMS I (nicht fühlbar) bis EMS XII (totale Zerstörung). Diese Abstufung ermöglicht es, die physischen Auswirkungen eines Erdbebens auf die Erdoberfläche, Menschen, Naturobjekte und künstliche Strukturen auf der Basis von Bodenbeschleunigungen, unter anderem durch die *„peak ground acceleration"* (PGA), zu quantifizieren und so vergleichbar zu machen. Bewusst verzichtet die EMS 98 darauf, einen Korrekturfaktor für die Bodenbeschaffenheit oder die Geomorphologie zu verwenden, da dies gesonderten Untersuchungen vorbehalten sein sollte. Der Vorteil der Methode (wie auch die der anderen Intensitätsskalen) ist, dass sie sich auf direkte Beobachtung der Schäden an Gebäuden, Menschen und ihrer Lebensumgebung beziehen. Die Informationen werden unmittelbar bei den Betroffenen abgefragt und/oder durch Inspektion vor Ort erhoben. Neben Erhebungen durch Experten werden immer auch historische Daten, die oft in alten Kirchendokumenten zu finden sind, herangezogen. Das Haupthindernis bei Interviews ist, dass die Erinnerung sehr schnell verblasst und dass oft das gleiche Ereignis von verschiedenen Menschen sehr unterschiedlich wahrgenommen wird. Fragebögen sollten daher leicht verständlich sein und die Befragten nach dem Zufallsprinzip ausgewählt werden. Es gibt eine Vielzahl von Fragebögen, die alle gemeinsam haben, dass sie die Erschütterungen des Erdbebens, seinen *„sound"*, die Auswirkungen auf Menschen und Tiere, die Auswirkungen auf Haushalte und die Bausubstanz deskriptiv bewerten. Der Nachteil ist, dass die Skalen sehr offen formuliert sind und viel Interpretationsspielraum lassen. Dies tritt insbesondere dann auf, wenn die Erhebungen (einmal) nicht auf direkten Beobachtungen, sondern auf der Extrapolation vergleichbarer Ereignisse aus der Region gestützt werden. Da die Intensitätsskalen (wie auch die EMS 98) auf subjektiven Beobachtungen beruhen, ist es faktisch nicht möglich, die Bewertungen (einfach) auf eine Magnitudenskalen zu übertragen. Statt die Bewertungen in Form eines „Zahlenwertes" zu verwenden, sollten daher Bewertungen immer anhand ihrer Beschreibungen miteinander verglichen werden. Eine weitere Schwierigkeit direkter Schadensbewertung auf der Basis von Skalenwerten liegt darin, dass eine Skala nicht dazu geeignet ist, ein Kontinuum an Schäden abzubilden, stattdessen muss sich der Betrachter immer für einen Skalenwert entscheiden. Zudem müsste die Spreizung der Skalenwerte gleichmäßig über die gesamte Skala verteilt sein und sich darüber hinaus noch signifikant unterscheiden. Die EMS 98 hat sich daher auf 12 Stufen geeinigt. Wobei anzumerken ist, dass es sich tatsächlich eher um eine 8-teilige Skala handelt, da der erste und die letzten beiden Skalenwerte keine praktisch umsetzbaren Ergebnisse ergeben.

Um die Auswirkungen älterer Erdbebenereignisse festzuhalten, wird von den Seismologen weltweit auf historische Berichte aus allen Jahrhunderten zurückgegriffen und diese dann entsprechend der EMS 98 bewertet (Ort, Stärke, Tiefe). Mit diesem Ansatz ist es vielerorts gelungen, Erdbeben bis ins erste Jahrtausend zurückzuverfolgen, da etwa bereits frühmittelalterliche Jahrbücher Berichte über einzelne Ereignisse enthalten (vgl. Waldherr und Smolka 2004). Über weiter zurückliegende Ereignisse geben Geologie, Zoologie und Botanik wichtige Aufschlüsse, so etwa Seesedimente, die von Erschütterungen ausgelöste Rutschungen dokumentieren, abgebrochene Tropfsteine in Höhlen oder archäologische Befunde.

Die lokal erhobenen bzw. abgefragten Erdbebenwahrnehmungen werden dann in einer Karte zusammengestellt, um die räumliche Verteilung der Intensitäten abzubilden. In Abb. 3.7 ist ein Erdbeben in Norddeutschland wiedergegeben, das ein Grundbruchereignis darstellt – wahrscheinlich ausgelöst durch Subrosion in der Dachregion eines Salzstocks. Man kann gut die „kreisförmige" Anordnung der EMS-98 Intensitäten III, IV und V erkennen mit dem Zentrum nahe der Stadt Verden (Niedersachsen).

Des Weiteren wichtig zur Bestimmung eines Erdbebens ist die Ermittlung der Herdtiefe. Diese wird aus den Seismogrammen abgeleitet (Sponheuer 1960). Dazu werden die makroseismischen Intensitäten in einer Karte aufgetragen und so die Regionen gleicher Intensität abgegrenzt. Aus der Faustformel, je größer die Absorption ist, desto kleiner sind die Epizentralentfernungen für einen bestimmten Wert der Intensitätsdifferenz, ergibt sich die Herdtiefe (vgl. Meskouris et al. 2003).

Es gibt einige, teils umstrittene Berichte über ungewöhnliche Lichteffekte, die bei Erdbeben auftreten. Der Autor kann dies bestätigen, da er selbst bei einem Erdbeben auf Bali (2004; Stärke > M5) ein starkes blaues Lichtphänomen (zusammen mit einem dumpfen Dröhnen) erleben durfte. Wie auch in der Literatur berichtet, war dies kurz vor dem Eintreten des Erdbebens zu beobachten gewesen. Beobachtungen von Erdbebenlichtern sind jedoch selten und in ihrer Ausprägung sehr unterschiedlich (kleinere oder größere Lichter, kurze oder lange Zeit vor einem Beben, nahe oder weiter vom Epizentrum entfernt).

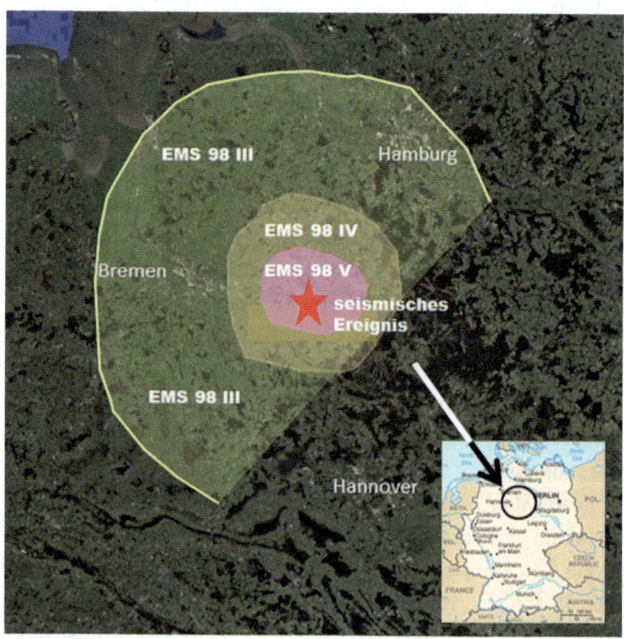

Abb. 3.7 Karte der Erdbeben-Intensität (N. Gestermann, BGR, Hannover; Worldofmaps.net)

Nicht nur Plattenbewegungen, sondern auch vulkanische Aktivitäten (vgl. Abschn. 3.4.3) können seismische Signale verursachen. Fast alle Vulkanausbrüche der Vergangenheit waren vor Ausbruch von seismischen Signalen begleitet worden, wie z. B. der Ausbruch des Mount Pinatubo 1991, Philippinen (Newhall und Punongbayan 1996). Fast alle Vulkane zeigten vor Ausbruch ein erhöhtes Maß an seismischer Aktivität, deren seismische Signale sich zudem sehr von denen tektonischer Erdbeben unterscheiden. Neben Erschütterungen als Folge „tektonischer" Scherbrüche im Vulkan lassen sich aus den Seismogrammen Hinweise auf das Aufsteigen des Magmas im Schlot und eine Entgasung des Magmas – im Zuge der beim Aufstieg eintretenden Druckentlastung – ablesen. In den meisten Vulkanen weltweit wird eine vulkanische induzierte Seismizität mit einer Stärke von M2–3 in Tiefen von weniger als 10 km festgestellt. Darüber hinaus treten vulkanische seismische Signale oft nicht als Einzelereignisse auf, sondern als Schwärme, die aus einer Vielzahl von seismischen Ereignissen über einen längeren Zeitraum bestehen. Oftmals steht das gesamte vulkanische System unter ständiger Erschütterung, auch „vulkanisches Tremor" genannt. Des Weiteren sind auch Hinweise auf Geröll- und Schlammlawinen sowie auf Einschläge vulkanischer Gesteinsbomben zu identifizieren. Die in den Seismogrammen gefundenen Signale sind sehr unterschiedlich und reichen mit langperiodischen bis zu monofrequenten Ausschlägen. Dabei werden die langperiodischen Signale als Anzeichen für Fluid- und Magmenbewegung interpretiert. Komplexe Multiphasensignale aus geringer Tiefe an steilen Schichtvulkanen zeigen beispielsweise an, dass ein Lavadom wächst und eventuell ein gefährlicher pyroklastischer Strom bevorsteht. Dabei deuten kurzzeitige Erdbeben auf ein Anwachsen eines oberflächennahen Magmakörpers hin und niederfrequente Wellen entstehen, wenn vorhandene kleinere Risse genutzt werden (Jousset et al. 2013). Die heterogene Struktur vieler Schichtvulkane erschwert allerdings wegen ihrer komplexen Struktur aus Aschenlagen, kompakten Laven und Block- und Geröllmaterialien die Interpretation der Seismogramme. Erst ein langjähriges Monitoring ermöglicht Rückschlüsse auf den Aktivitätszustand eines Vulkans (Dahm et al. 2016). Seismische Untersuchungen liefern auch Informationen über den Unterbau eines Vulkans. So lassen sich z. B. aus seismischen Geschwindigkeiten Rückschlüsse auf die Einlagerung von partiellen Schmelzen in der Kruste ziehen. Lühr et al. (2013) konnten anhand tomographischer Methoden am Vulkan Merapi in Indonesien zeigen, dass sich partielle Schmelzen von rund 100 km Tiefe bis nahe unter den Vulkan angesammelt haben.

Die installierten seismischen Arrays an vielen Vulkanen zeigen heute, dass die Identifizierung von Magma-Anreicherungen wirksam zur Vorhersage von Vulkanausbrüchen und zur Überwachung des Ausbruchsprozesses eingesetzt werden können. Auch wenn immer noch nicht völlig geklärt ist, wie und in welchem Ausmaß aus den Registrierungen Magmabewegungen, Flüssigkeitsströmungen, die Entgasung des Magmas oder die Rissbildung in der Vulkanstruktur eindeutig abgeleitet werden können. Zumal das Auftreten kontinuierlicher seismischer Signale als Folge von Steinschlägen, Laharen, Erdrutschen, pyroklastischen Strömungen und kleineren vulkanischen Explosionen diese Aufzeichnungen noch überlagern kann. Grundsätzlich aber wird eine Zunahme von vulkanischen Erschütterungen als Indikator für eine erhöhte vulkanische Aktivität gesehen, die sich lange vor dem eigentlichen Ausbruch manifestiert. Zusammen mit den anderen Anzeichen erhöhter vulkanischer Unruhen (Fumarolen, Bodenverformung; Aufwölben der Flanken, Thermometrie, Radon- und andere Gasemissionen, Heißwasseraustritte usw.) ist die seismische Aktivität einer der Hauptbestandteile einer Vulkanvorhersage (vgl. Abschn. 3.4.3.3).

3.4.1.4 Erdbebenvorhersage

Wetterphänomene lassen sich heute schon mit einer Genauigkeit von wenigen Tagen sehr präzise vorhersagen. Bei Erdbeben dagegen ist eine solche Vorhersage bislang noch nicht gelungen und ist nach Auffassungen vieler Seismologen (z. B. Prof. M. Bohnhoff, Geoforschungszentrum, Potsdam) in naher Zukunft auch nicht zu erwarten. Das liegt vor allem daran, dass es, anders als bei Wetter und Klima, keinen direkten „Zugriff" auf die Prozesse im Erdinnern gibt. Erforderlich wäre ein viel umfassenderes Bild von den Prozessen, die zu einem Erdbeben führen und zwar bis in Tiefen von mehr als 15–20 km. Bohnhoff weist zudem darauf hin, dass sich ein Erdbeben nicht an einem gut lokalisierbaren Ort abspielt, sondern normalerweise entlang von ausgedehnten Bruchflächen von mehreren Tausend Quadratkilometern. Aus der Seismologie ist bekannt, dass sich solche Flächen über lange Zeiträume hinweg durch die Bewegung der Erdplatten „aufladen" und dann zu irgendeinem Zeitpunkt und an irgendeinem Ort Erdbeben auslösen. Sogar an dem am besten untersuchten Erdbebengebiet der „San Andreas Verwerfung" in Kalifornien ist es bis heute nicht gelungen, ein auch nur annähernd verlässliches Vorhersagemodell zu entwickeln. Aus historischen Daten wurde für das Gebiet von Parkfield abgeleitet, dass etwa um 1990 dort ein Erdbebenereignis eintreten müsste, dass größer seien sollte als die bisher bekannten. Das ist bis heute (glücklicherweise) nicht eingetreten. Um aber mehr über die geologische Situation entlang der Verwerfung zu erhalten, wurde in den Jahren 2004–2007 mit dem „San Andreas Fault Observatory at Depth"(SAFOD)-Experiment eine 4 km tiefe Bohrung abgeteuft – schräg durch die Verwerfung. Dadurch konnte die Störung als eine nur 2–3 m breite Bruchzone erkannt werden, umgeben von einer 200 m breiten „damage zone". Messinstrumente wurden installiert, um für die nächsten 20 Jahre kontinuierlich Seismizität, Porenwasserdruck, Temperatur und Deformation aufzuzeichnen.

Eine verlässliche wissenschaftliche Vorhersagbarkeit von Erdbeben setzt voraus, dass vor dem Eintritt des Ereignisses signifikante Vorläufererscheinungen auftreten. Zwar ist unbestritten, dass der Aufbau tektonischer Spannungen im Herdgebiet vor Erreichen der kritischen Bruchspannung zu Veränderungen der elastischen, magnetischen und elektrischen Eigenschaften der Gesteinsformationen führt. Ob allerdings aus solchen Indikatoren (Bodendeformationen, Grundwasserspiegelschwankungen, Radon- und anderen Gasexhalationen) auf ein bevorstehendes Ereignis direkt zurückgeschlossen werden kann, ist immer noch umstritten. Eine systematische, verlässliche und reproduzierbare Kurzfristvorhersage von Erdbeben ist derzeit noch immer nicht möglich, auch wenn der Schweizerische Erdbebendienst zusammen mit der ETH Zürich berichtet, dass ihre Forschungen in naher Zukunft solche Vorhersagen möglich machen könnten. Dagegen lassen sich schon heute mit einer hohen Wahrscheinlichkeitsrate Prognosen für Zeiträume von Monaten und Jahren aufstellen und ein mögliches Ereignis auf bestimmte Regionen eingrenzen (vgl. Abschn. 5.5).

In den 1980er Jahren galt die sogenannte „seismic gap"-Theorie als vielversprechender Ansatz, um Erdbeben vorherzusagen (vgl. Abschn. 5.5.2). Die Theorie fußt auf der Überlegung, dass kurz nach einem Erdbeben die Wahrscheinlichkeit eines erneuten Bebens an derselben Stelle sehr gering ist. Sie steigt, je länger eine Bruchzone nicht aktiviert wird. Bei der Kollision von Lithosphärenplatten wird, wenn der Prozess stetig verläuft, Energie verbraucht. Verhaken sich die Platten aber, kommt es zum Aufbau von Spannungen, deren Energie sich dann plötzlich entlädt. Schon allein die Tatsache, dass Erdbeben in der Regel mit einer Vielzahl an Nachbeben verbunden sind, macht diesen Ansatz eher fragwürdig. Auch wenn man die Theorie als erst nach Ausklingen aller Nachbeben anwendbar nimmt, sind aufwendige Untersuchungen in den 1990er Jahren zu dem Ergebnis gekommen, dass die „seismic gap"-Theorie für belastbare Vorhersagen nicht geeignet ist. Kritiker halten die Theorie auch deshalb für nicht haltbar, weil das Gesteinsmaterial in einer solchen Tiefe bei einer Temperaturzunahme von 30 °C pro 1 km Tiefe eher flüssig oder sich plastisch deformieren würde, statt Spannung aufzubauen (Rong et al. 2003). An vielen erdbebengefährdeten Gebieten konnte im Vorfeld eines Bebens ein Anstieg der Radonkonzentration aufgezeichnet werden. Das Radongas tritt durch Spalten aus der Erde aus und kann eine viermal höhere Konzentration als in der Umgebung aufweisen. Manchen Forschern gilt diese Methode als relativ sicher;

andere dagegen weisen darauf hin, dass bis heute ein direkter nachweisbarer Zusammenhang von erhöhten Radonkonzentrationen beim Eintreten eines Erdbebens sich nicht bestätigen lasse. Nur in etwa 10 % der Fälle hat sich ein Anstieg der Radonkonzentration überhaupt mit seismischer Aktivität in Verbindung bringen lassen. Zudem unterscheiden sich die Distanzen der Radonmessung zum Epizentrum (bis 1000 km entfernt), die betroffenen Zeiträume (Stunden bis Monate) und die gemessenen Magnituden stark, wobei sich bisher kein verlässlicher Zusammenhang zwischen den einzelnen Kennwerten finden ließ (SED o. J.).

Zusammenfassend lässt sich sagen, dass es nach heutigem Stand von Wissenschaft und Technik keine verlässliche Methode zur Erdbebenvorhersage gibt. Zwar kennen Forscher einige Indizien, die auf eine erhöhte Erdbebenwahrscheinlichkeit hindeuten. Alle „Vorhersagen" sind aber immer mit dem Vorbehalt der Wahrscheinlichkeit verbunden. Dabei nimmt die Wahrscheinlichkeit zu, je mehr und genauer historische Aufzeichnungen über frühere Erdbeben vorliegen. Dazu Dr. Bohnhoff (o. J.), um ein Beispiel zu nennen:

> „Wir wissen, dass es in Istanbul früher oder später zu einem Erdbeben kommen wird. Dort liegt die Wahrscheinlichkeit für ein Erdbeben der Magnitude M7 in den nächsten 30 Jahren bei 30 bis 40 %. Das hört sich technisch an, ist aber die einzig mögliche zuverlässige Angabe."

Eine Vorhersage von Erdbeben nach Ort, Zeit und Magnitude ist derzeit nur in Form statistischer Kenngrößen möglich: a) welche Region ist gefährdet (seismisches Risiko) und b) welche Stärken werden als wahrscheinlich angenommen (Magnituden-Häufigkeits-Beziehung). Solche Langfristvorhersagen beruhen auf der Auswertung von historischen Erdbeben, deren Ergebnisse in Erdbebenkatalogen festgehalten werden.

Ein vielversprechender Ansatz zur Vorhersage, an welchen Orten mit seismischen Auswirkungen (eines bereits eingetretenen Erdbebens!) zu rechnen ist, bieten Lösungen, die auf der zeitlichen Differenz zwischen dem Eintreten der „P-" und der „S-Welle" beruhen und die alle unter den Begriff „Shake Alert" (copyright: USGS) zusammengefasst werden können (Given et al. 2018). Im Prinzip geht es darum, die Zeitdifferenz zwischen dem Eintreffen der „P-" und der „S-Welle" für Frühwarnungen zu nutzen (vgl. Abschn. 5.5). Die – immer nach der „P-Welle" – eintreffende „S-Welle" hat wegen ihrer transversalen Beschleunigungen eine signifikant höhere Zerstörungskraft. Je weiter das Erdbeben entfernt liegt, desto größer ist die Zeitdifferenz zwischen den beiden Wellen und desto größer die Vorwarnzeit. Ausgangspunkt für diese Überlegungen war die Beobachtung von Seismologen, als sie im Nachgang zu dem Loma-Prieta Erdbeben von 1989 eine Straßenbrücke auf Schäden untersuchten und dabei die Nachricht über ein heftiges Nachbeben erhielten – 90 km entfernt entlang der

Loma-Prieta-Fault-Zone – und konnten 30 s später die Erschütterungen an der Brücke registrieren.

Der United States Geological Survey (USGS) betreibt ferner ein interaktives Schadensvorhersage-Instrument, das automatisch bei Eintritt eines Erdbebens Auskunft über dessen Auswirkungen gibt: PAGER („Prompt Assessment of Global Earthquakes for Response"; USGS, Factsheet, 2010/3036). Die von dem System ermittelten Informationen werden online an die Katastrophenzentralen auf der ganzen Welt weitergeleitet. Wenn das System ein Erdbeben mit einer bestimmten Magnitude erfasst, werden die Auswirkungen durch die seismische Intensität (MMI) auf die Bevölkerung auf der Basis bestehender Schadensmodelle bestimmt. Dabei werden die seismischen Daten mit denen historischer Daten über Bodenbeschleunigungen abgeglichen und daraus eine Karte erstellt, die insbesondere die Verstärkungsprozesse durch die Bodenverflüssigung („liquefaction") berücksichtigt. Die Geographie der Störungszone (Entfernung zum Epizentrum, Herdtiefe usw.) hilft das regionale Ausmaß des Bebens nachzuzeichnen. Aus allen diesen Informationen erstellt PAGER eine Karte der seismischen Intensitäten. Diese Karte wird dann mit den Bevölkerungsdaten (Bevölkerungsdichte, Einkommensverteilung, örtliche Bausubstanz, Lage der kritischen Infrastruktur usw.) verschnitten. PAGER erstellt daraus eine „Earthquake Impact Scale" (EIS), die vor allem zwei Kriterien erfüllt: eine Abschätzung der Opferzahlen und eine Kostenabschätzung. Das Modell gibt zudem Auskunft über die potenzielle Anzahl der exponierten Bevölkerung, die Exposition der kritischen Infrastruktur sowie die ökonomischen Schäden, und zwar weltweit. Erfolgte früher eine Erdbebenwarnung nur auf Basis der Magnitude, der Lage des Epizentrums und der exponierten Bevölkerung, lassen sich mit „PAGER" viel präziser und umfassender auch die potenzielle Anzahl der Todesopfer und der ökonomischen Schäden vorhersagen. Die Möglichkeiten, schon aus dem Erdbebensignal verlässliche Informationen über die Auswirkungen abzuleiten, stellt einen erheblichen Fortschritt in der Erdbeben-Schadensvorhersage dar. Diese Informationen sind innerhalb von 30 min verfügbar. Bei Nachbeben und durch das „Hereinkommen" weiterer Informationen werden sie automatisch auf den aktuellen Stand gebracht.

Eine neue Methode zur Erfassung und Lokalisierung von Erdbeben hat das Deutsche GeoForschungsZentrum zusammen mit der „Earth System Knowledge Platform" (ESKP) der Helmholtz-Gemeinschaft vorgestellt (Jousset et al. 2018). Das Verfahren mit dem Namen „Distributed Acoustic Sensing" (DAS) sowie Untersuchungen der Universität Stanford (Than 2017), die mittels faseroptischer Observation 800 Ereignisse aufzeichnen konnten (kleine Beben bis hin zu großen Erdbeben in Mexiko, am 19. September 2017 in 2000 km Entfernung), ermöglichen es,

Daten zur Messung von Erdbeben beinahe in Echtzeit verfügbar zu machen. GFZ/ESKP stellt eine kostengünstige Alternative gegenüber bisherigen Methoden dar, bei denen komplexe Seismometernetze verwendet werden. An einem Versuchsfeld auf Island wurden mittels eines Lasers Lichtsignale durch einen 15 km langen Glasfaserstrang gesandt. Dabei stellten die Forscher fest, dass sich Glasfasern grundsätzlich dazu eignen, qualitativ hochwertige seismologische Messungen über große Entfernungen durchzuführen. Kommt es zu Erschütterungen, zu Verwerfungen oder zu Ausdehnungen im Boden, verändert sich das Streuungsbild der Lichtsignale. Durch die Streuung kann man bis auf 1 m genau berechnen, an welcher Stelle sich das Glasfaserkabel wie stark verformt hat. Mithilfe der weltweiten – insbesondere mit den in den OECD-Staaten immer dichteren – Glasfasernetze für die Telekommunikation könnten Erdbeben schnell, zuverlässig, metergenau und mit einer hohen Datenqualität lokalisiert werden. Das Forscherteam weist darauf hin, dass vor allem in den erdbebengefährdeten Ballungszentren wie Tokio, Mexico City, Istanbul usw. die Glasfasernetze extrem dicht sind und sich daher gut zur Erdbebendetektion eignen.

Immer wieder werden abnormale Verhaltensmuster von Tieren als Indikatoren für ein bevorstehendes Erdbeben angeführt. Bisher jedoch gelang es weltweit keiner Forschungsgruppe, durch systematische Tierbeobachtungen eine Korrelation von Wanderungsbewegungen zu einem Erdbebenereignis zuverlässig herzustellen (Leopoldina 2016).

3.4.1.5 Erbebensicheres Bauen

Als Folge des Erdbebens von 2004 in der Provinz Aceh (Sumatra, Indonesien) waren bis zu 70 % der Häuser in der Stadt Banda Aceh zerstört worden. Bei einem Erdbeben 3 Monate später auf der Insel Nias mit einer vergleichbaren Magnitude haben viele traditionelle Häuser dem Ereignis dagegen standgehalten. Dies ist, so die Forscher der Wiener Technischen Universität, auf die perfekt angepasste traditionelle Architektur der indonesischen Insel Sumatra zurückzuführen. Die Gebäude waren nicht nur dank der Lage der Siedlungen auf Hügelkuppen erdbebensicher, sondern auch wegen ihrer besonderen Bauweise, nämlich einer Aufständerung in drei Ebenen mit kohärenter Konstruktion der Wohngeschosse und einem extrem hohen und leichten Dach aus Palmzweigen.

Die Auswirkungen von Erdbeben führen weltweit zu vielen Todesopfern, aber auch zu erheblichen Schäden an Gebäuden. Dabei ist generell anzumerken, dass niemand von einem Erdbeben allein zu Tode kommt, sondern immer nur mittelbar durch herabstürzende Gebäudeteile, Stützpfeiler oder Mauern. Nach Angaben der MunichRe (NatCat Service, Januar 2010) waren 25 % der im Zeitraum 1950–2009 erfassten 285 Schadenereignisse auf Erdbeben zurückzuführen. Diese aber haben zu fast 50 % der insgesamt 2 Mio. Todesopfer geführt. Die Bestrebungen, die Menschen vor diesen Auswirkungen zu schützen, müssen daher hier ansetzen. Die zuvor gemachten Ausführungen stellen klar heraus, wie sehr es nötig ist, auf diesem Feld der Erdbebenvorsorge proaktiv zu werden. Dabei muss es darum gehen, sowohl alle neuen Gebäude „erdbebensicher" zu bauen als auch – wo immer möglich – bestehende Gebäude so zu verstärken, dass sie den in der Region vorherrschenden seismischen Intensitäten standhalten können.

In (fast) allen Ländern der Erde sind Bauvorschriften erlassen worden, die genau dieses Ziel verfolgen. Leider werden sie nur in wenigen Fällen so erfolgreich wie in Japan auch wirklich umgesetzt (exzellenter Erdbebenschutz vieler Hochhäuser). Diese Vorschriften beruhen alle auf dem Prinzip der Begrenzung des Erdbebenrisikos. Dazu werden zwei Ziele definiert: Zum Ersten eine möglichst realistische Einschätzung der Erdbebenstärken, und zum Zweiten Planung und Bau einer optimalen Gebäudestruktur, die in der Lage ist, diesen Kräften standzuhalten. Dies betrifft ebenso die Ertüchtigung und Verstärkung gefährdeter (bestehender) Bausubstanz (Landolfo 2011). Insbesondere der Eurocode 8 (EC8) regelt die Auslegung von Bauwerken gegen Erdbebeneinwirkungen. Er zielt darauf ab, die Bemessung erdbebensicherer Tragwerke durch eine „Leistungsfähigkeit" der Bausubstanz zu definieren und Bauwerke so auszulegen, auszustatten oder nachzurüsten, dass sie immer einem Erdbeben bis zur Stärke (M7.5) standhalten. Diese Leistungsfähigkeit berücksichtigt die Wahrscheinlichkeit, mit welcher Häufigkeit und Zerstörungskraft ein Erdbeben im entsprechenden Gebiet auftritt, sowie das Schadenspotenzial, das jedes Beben in sozialer und ökonomischer Hinsicht mit sich bringt. Die Norm ist verbindlich für alle Bauwerksplanungen in der EU mit einer Wiederkehrrate von 475 Jahren. Dabei unterscheidet man zwischen (BAFU o. J.); vgl. Novelli und D'Ayala 2019):

- Erdbebengerechtes Bauen soll Menschen vor einstürzenden Bauwerken schützen, Schäden an Bauwerken begrenzen, die Funktionstüchtigkeit wichtiger Bauwerke im Ereignisfall aufrechterhalten sowie Folgeschäden von Erdbeben (z. B. durch Feuer, Produktionsausfall etc.) begrenzen. Hierbei ist das Schutzziel, im Falle eines größeren Erdbebens Fluchtwege offen zu halten, in dem man zum Beispiel spezielle Sollbruchstellen festlegt, um Fluchtwege freizuhalten.

- Erdbebensicheres Bauen hat das Ziel, die Ausfallsicherheit elastischer Tragwerksteile gezielt zu verbessern, z. B. durch kompakte Baukörper mit symmetrischen Grundrissen und einen gleichmäßigen Widerstand gegen horizontal wirkende Massenkräfte (also keine „weichen" und „steifen" Geschosse in demselben Gebäude. Im normalen Hochbau ist ein bestimmtes Maß an plastischer Verformbarkeit („Duktilität") erlaubt. Bei Bauwerken von besonderer Wichtigkeit ist das Bauwerk dagegen so zu bemessen, dass es selbst unter den stärksten anzunehmenden Beben im elastischen Zustand verbleibt (Meskouris 2011).

Entscheidend für die konkrete Gefährdung am Standort ist darüber hinaus eine gute Kenntnis des Untergrunds. Eurocode hat daher die folgenden Baugrundklassen definiert (Tab. 3.2):

Im Hochhausbau werden 4 Kategorien unterschieden, in Abhängigkeit von den Folgen eines Gebäudeeinsturzes für das menschliche Leben, für die öffentliche Sicherheit und den Schutz der Bevölkerung unmittelbar nach dem Erdbeben (Tab. 3.3).

Bodenerschütterungen induzieren fast immer direkte, kurzfristige, starke Beschleunigungen in horizontaler wie auch in vertikaler Richtung. Da Bauwerke vor allem die Aufgabe haben, Geschosse zu tragen, sind ihre Strukturen darauf ausgelegt, vertikale Lasten aufzunehmen. In der

Tab. 3.2 Baugrundklassen nach Eurocode 8

Baugrundklasse	Beschreibung des stratigraphischen Profils
A	Fels oder andere felsähnliche geologische Formationen, mit höchstens 5 m an der Oberfläche weicherem Material
B	Ablagerungen von sehr dichtem Sand, Kies oder sehr steifem Ton, mit einer Dicke von mindestens einigen zehn Metern, gekennzeichnet durch einen allmählichen Anstieg der mechanischen Eigenschaften mit zunehmender Tiefe
C	Tiefe Ablagerungen von dichtem oder mitteldichtem Sand, Kies oder steifem Ton; mit Dicken von einigen zehn bis mehreren hundert Metern
D	Ablagerungen von lockerem bis mitteldichtem kohäsionslosem Boden (mit oder ohne einige weiche kohäsive Schichten), oder von vorwiegend weichem bis steifem kohäsivem Boden
E	Ein Bodenprofil bestehend aus einer Oberflächen-Alluvialschicht mit Werten nach C oder D und veränderlicher Dicke zwischen etwa 5 m bis 20 m über steiferem Bodenmaterial mit $v_S > 800$ m/s
S_1	Ablagerungen bestehend aus einer mindestens 10 m dicken Schicht weicher Tone oder Schluffe mit hohem Plastizitätsindex und hohem Wassergehalt
S_2	Ablagerungen von verflüssigbarem Böden, empfindlichen Tonen oder jedes andere Bodenprofil, das nicht in den Klassen A bis E oder S_1 enthalten ist

Tab. 3.3 Bedeutungskategorien von Bauwerken nach Eurocode 8

Bedeutungskategorie	Bauwerke
I	Bauwerke mit geringer Bedeutung für die öffentliche Sicherheit, z. B.: landwirtschaftliche Bauten
II	Gewöhnliche Bauwerke, die nicht unter die anderen Kategorien fallen
III	Bauwerke, deren Widerstand gegen Erdbeben wichtig ist im Hinblick auf die mit einem Einsturz verbundenen Folgen, z. B.: Schulen, Versammlungsräume, Einkaufszentren, Sportstadien usw
IV	Bauwerke, deren Unversehrtheit während Erdbeben von höchster Wichtigkeit für den Schutz der Bevölkerung ist, z. B.: Krankenhäuser, Feuerwachen, Kraftwerke, Einrichtungen für das Katastrophenmanagement usw

Horizontalen dagegen hat ein Mauerwerk den Zweck, einen geschlossenen Raum zu bilden. Die Lasten, die durch Erdbeben im Hochbau auftreten, haben in der Regel einen Frequenzbereich von 0,1–30 Hz. Niedere Frequenzwerte wirken sich vorwiegend bei sehr großen Bauwerken aus, während höhere Frequenzwerte hauptsächlich bei kleineren und steiferen Bauwerken auftreten. Die Lasten müssen von dem aussteifenden Mauerwerkssystem aufgefangen werden. Es entstehen Schubspannungen in Wänden sowohl als horizontale Belastung in der Mauerwerksebene als auch als sogenannte Biegebelastungen senkrecht dazu. Horizontale Bodenbeschleunigungen können schnell zum Versagen der Baustruktur führen – vertikal treten dagegen nur sehr viel geringere Beschleunigungen auf. Die Amplitude horizontaler Bewegung kann bei Erdbeben mit einer Magnitude M6.5 eine Strecke von 10 cm übersteigen.

Die Widerstandsfähigkeit eines Bauwerks gegen Erdbeben wird in erster Linie von seiner Fähigkeit bestimmt, Schubspannungen „elastisch" aufzunehmen. Dabei kommen die beiden Begriffe „Duktilität" und „Sprödigkeit" ins Spiel:

- **Duktilität**

  Duktilität („ductility") oder Zähigkeit ist die Eigenschaft eines Baustoffs, sich infolge einer Belastung plastisch zu verformen, bevor es zu dessen Versagen kommt. Je höher die Duktilität, desto besser ist die Verformbarkeit. Im Geschossbau – auch in Regionen, die nur eine geringe Erdbebengefährdung aufweisen – ist die Eigenschaft eines Tragwerks sich duktilen zu verformen, besonders wichtig. Das Paradebeispiel für Duktilität ist das Metall „Gold". Das Edelmetall lässt sich bis auf wenige Atomlagen verformen (Stichwort: Blattgold). Glas ist dagegen ein Werkstoff, der eine sehr geringe Duktilität aufweist, ebenso wie Beton. Erst die Kombination Beton mit Stahl ergibt einen Verbundbaustoff mit einer genügenden Duktilität. Da Stahl sich problemlos bis zu 27 % plastisch verformen lässt, wird in erdbebengefährdeten Gebieten das Tragwerk von Hochhäusern ausschließlich als Stahlkonstruktion gebaut. Bei Stahl ist im Allgemeinen eine sichtbare Verformung zu erkennen, bevor der Bruch eintritt. Im Stahlbetonbau werden je nach Gefährdungs-

klasse Baustahlmatten (Duktilitätsklasse A), Baustahlstäbe (Duktilitätsklasse B) und spezielle Erdbebenstahlstäbe (Duktilitätsklasse C) eingesetzt

- **Sprödigkeit**

  Sprödigkeit („brittleness") sagt aus, in welchem Maß sich ein Werkstoff verformen lässt, bis Risse entstehen und er schließlich bricht. Man spricht in diesem Zusammenhang auch von einem Sprödbruch. Ein ideal spröder Stoff lässt praktisch keine plastische Formänderung zu, d. h. es kommt zum Bruch, bevor es zur Verformung kommt. Die meisten Gläser, Keramiken und Beton, aber auch Mineralien besitzen eine hohe Sprödigkeit, wie beispielsweise Diamant und Karbid. Die Sprödigkeit hängt von der Temperatur ab, der ein Werkstoff ausgesetzt ist. Bei sinkenden Temperaturen nimmt die Sprödigkeit zu. Der Vorteil von spröden Baustoffen liegt besonders in der großen Härte.

Ein hohes Maß an seismischer Sicherheit garantiert eine sinnvolle Kombination der Parameter „Duktilität", „Steifigkeit" und „Festigkeit" eines Bauwerks. Ausreichende „Duktilität" sorgt dafür, dass örtliche Überbeanspruchungen nicht zum Bauwerksversagen führen. Eine ausreichende „Steifigkeit" ist in der Lage, Horizontalverschiebungen aufzufangen und die Standfestigkeit eines Gebäudes zu gewährleisten. Des Weiteren muss die Qualität der Baustoffe so ausgelegt sein, dass die „Festigkeit" der Tragwerksglieder selbst nach mehreren Lastwechseln nicht beeinträchtigt ist.

Wenn die „Duktilität" bzw. die „Sprödigkeit" der Baustoffe durch die erdbebeninduzierten Lastwechsel überschritten wird, kommt es zum Versagen der Tragwerke. Nach Erdbeben kommt es daher an den Mauerwerkscheiben sehr oft zu sogenannten Kreuzbrüchen (Abb. 3.8). Dies liegt vor allem daran, dass der Rahmen (Stützpfeiler) ein relativ weiches und eher duktiles Tragwerk bildet, Mauerwerkswände demgegenüber sehr steif und spröde sind. Zu Beginn eines Erdbebens übernehmen daher die gemauerten Ausfachungen die volle Erdbebeneinwirkung. „Sie können Horizontalkräfte jedoch praktisch nur durch die Bildung von Druckdiagonalen abtragen, was aufgrund der großen Neigung der Druckdiagonale häufig schnell zu einem

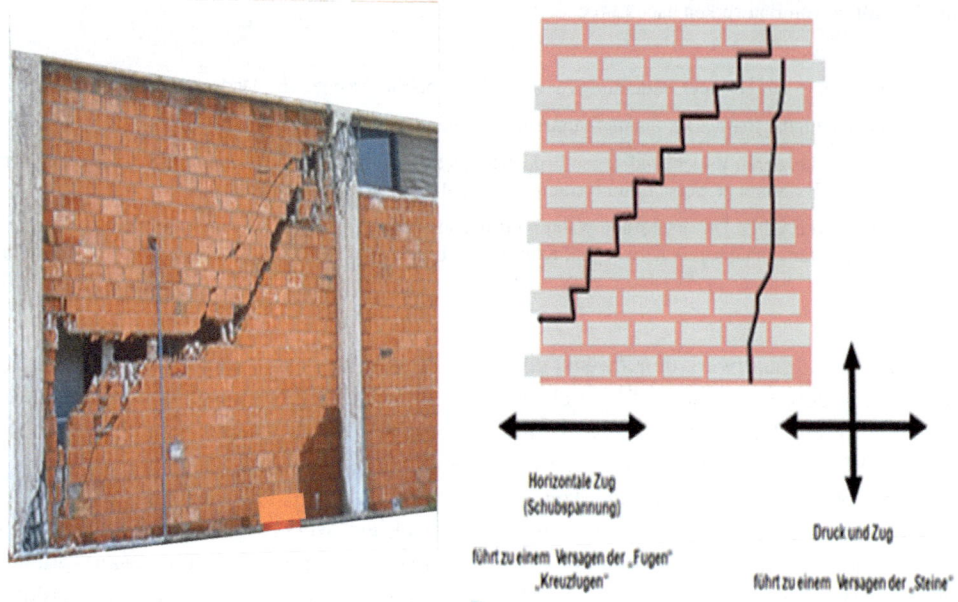

Abb. 3.8 Kreuzbrüche (Druckdiagonale) an einer Wandscheibe, die auf horizontale Lastenwechsel zurückzuführen sind; hierbei bilden die Tragwerksstützen und Decken einen Rahmen, der sich elastischer verhält als das Mauerwerk. Die Mauerwerksscheibe und der Stahlbeton arbeiten mit unterschiedlichen Eigenfrequenzen gegeneinander

Gleiten in einer Lagerfuge und damit zu einem Versagen des Mauerwerks führt". Wenn das Mauerwerk die Lasten nicht tragen kann, gibt es die horizontale Last an die Rahmenstützen weiter, was zu einem „Schubversagen der Rahmenstützen führen kann" (RWTH 2012).

Kreuzbrüche lassen sich schon mit einfachen Mitteln verhindern. So kann man das Ausfachungsmauerwerk nicht ganz bis zu dem Betonrahmen (Stützpfeiler) ausmauern, sondern die letzten 5 cm mit Mörtel ausfüllen, was zu einer Verringerung der horizontalen Bewegungen auf die Hälfte führt; alternativ sind Kunststoff- oder Gummiabdichtungen geeignet (Karadogan et al. 2009).

Doch auch schon durch eine entsprechende Gestaltung der Gebäudeform (Grundriss/Aufriss) kann die Erdbebensicherheit signifikant erhöht werden. In Abb. 3.9 ist eine Auswahl an Gebäudeformen, wie die EC 8 vorgibt, dargestellt.

Bei der Konstruktion von erdbebensicheren Gebäuden spielt ferner die Auswahl der Baustoffe eine große Rolle. Die Tab. 3.4 gibt Auskunft, wie sehr die Stabilität davon abhängt, ob ein Mauerwerk, ein Stahlbeton- oder ein Stahlskelettbau gewählt wird (in der Regel eine Frage der Baukosten). So ist ein „normales" Mauerwerk einem Mauerwerk mit Stahlbewehrung unterlegen, Stahlbeton und insbesondere der Stahlskelettbau bieten eine deutlich höhere Sicherheit. Der klassische Holzbau ist in seiner Stabilitätscharakteristik diesen Bautypen durchaus vergleichbar.

Um die in der Tabelle gemachten Schädigungen zu reduzieren oder am besten ganz zu verhindern, wird in der Architektur, der Bautechnik und im Gebäudeschutz eine Vielzahl an Methoden, Verfahren und Instrumenten eingesetzt, die alle das Ziel haben, die Schäden zu minimieren. Der unbestritten beste Schutz gegen Erdbeben ist, das Eindringen seismischer Erschütterungen in das Gebäude überhaupt zu verhindern. Ein solcher Schutz setzt am besten an der Basis eines Bauwerkes an, kann in der Tragwerkskonstruktion ansetzen oder in einem Verfahren, mit dem die im Gebäude auftretenden Schwingungen aus dem System absorbiert werden.

Basis-Isolation

Mithilfe technischer Vorkehrungen können die seismischen Erschütterungen von den Eigenfrequenzen der Tragwerkskonstruktion abgekoppelt werden. Ziel ist es durch den Einbau einer Isolierung die Schwingungen der zu schützenden Struktur abzusenken bzw. die Eigenperiode zu erhöhen (vgl. DIN EN 1998-1). Dazu werden „unter" dem oder „an der Basis" des Gebäudes Dämpfer installiert, die eine wesentlich höhere Eigenfrequenz als der sich bewegende Untergrund haben (vergleichbar der Knautschzone bei PKWs). Weit verbreitet sind dabei sogenannte „Schwingungsdämpfer", mit denen sowohl vertikale Lasten als auch horizontale Verschiebungen elastisch aufgefangen werden können – oftmals auch kombiniert mit Stahlfederdämpfern. Damit können kurzzeitige Stöße (seismische Beschleunigungen) zu zeitlich längeren Schwingungen „gedehnt" werden, mit der Folge, dass der Kraftanteil des Impulses auf eine längere Zeit verteilt wird und

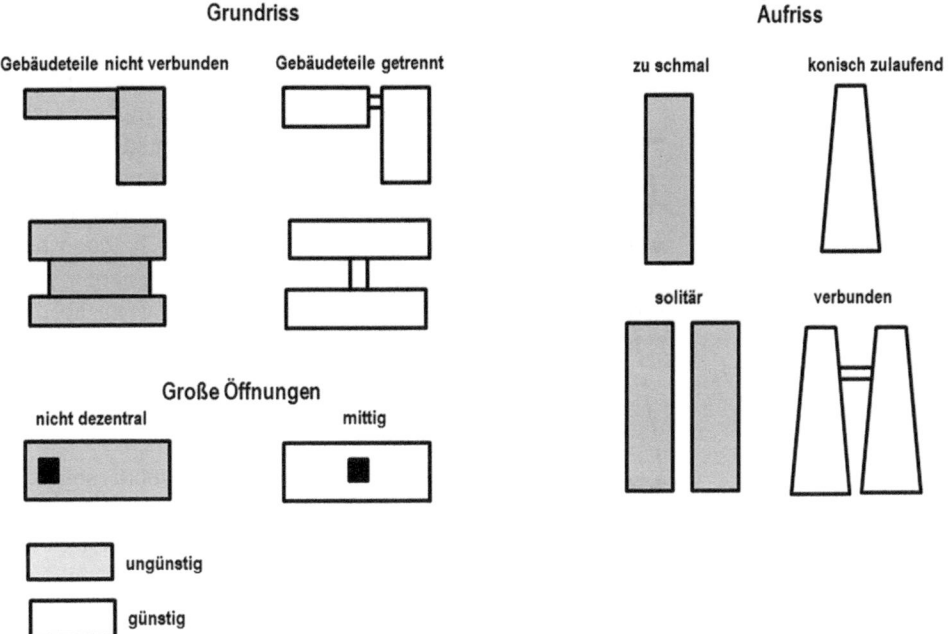

Abb. 3.9 Erdbebensichere und ungünstige Bauformen; in Anlehnung an die EC8

Tab. 3.4 Anfälligkeit verschiedener Baustoffe gegenüber Erdbeben. (Nach EC 8)

| | | Anfälligkeit | | | | | |
| | | Hoch | | | | | Gering |
		A	B	C	D	E	F
Mauerwerk	Unbehauener Stein	X					
	Lehmziegel (Adobe)	X					
	Steinfassade		X				
	Unverstärkter Stein		X				
	Massiver Stein			X			
	Stahlbetondecke (unverst.)			X			
	Mauerwerk mit Bewehrung				X		
Stahlbeton	Rahmen o. Erdb.-Auslegung			X			
	Rahmen m. Erdb.-Auslegung				X		
	Wände o. Erdb.-Auslegung			X			
	Wände mit Erdb.-Auslegung				X		
	Wände mit guter Basisauslegung					X	
Stahlskelettbau							X
Holzbau					X		

sich keine großen, gefährlichen Kraftspitzen bilden können (Abb. 3.10). Es ist auch möglich, die angestrebte Tragwerksdämpfung durch Flüssigkeitsdämpfer zu erreichen. Das sind große flüssigkeitsgefüllte Behälter (mit einer viskosen Flüssigkeit), die die Beschleunigungen elastisch absorbieren. Sehr oft werden Gummi-/Flüssigkeitsdämpfer mit Federdämpfung kombiniert. Dazu werden daneben Schraubenfedern eingebaut, die Traglasten von bis 300–400 t tragen können. In Japan wird derzeit mit „Luftkissendämpfung" experimentiert. Statt der Gummi-/Flüssigkeitslagerung werden an der Basis Luftkissen eingebaut, die sich im Falle einer Erdbeben-generierten Bodenbeschleunigung – ausgelöst durch Sensoren – innerhalb einer halben Sekunde aufblasen. Das Gebäude wird dann um 1–2 cm angehoben. Nach Ende der Erschütterung wird die Luft wieder abgelassen.

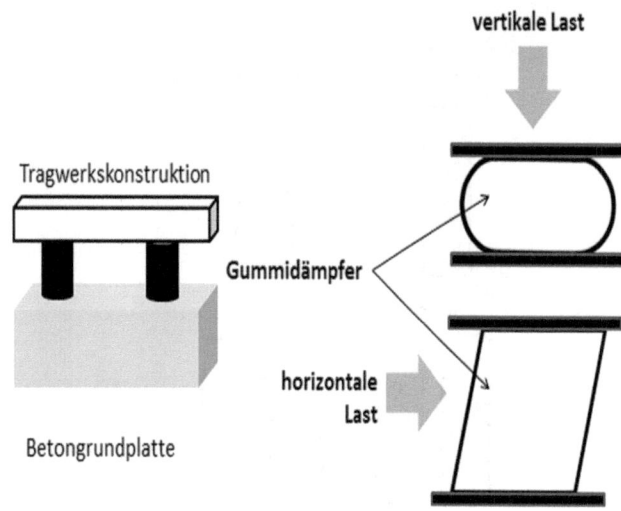

Abb. 3.10 Gummidämpfer

Eine andere Vorsorge zielt darauf ab, die Erdbeben-
beschleunigungen mittels Reibungsisolatoren gar nicht erst
in das Gebäude zu übertragen. Die können dabei als Reibpendellager oder als Kugel-/Rollenlager ausgebildet sein.
Voraussetzung ist allerdings, dass in der Gebäudestruktur
ausreichend Platz für solche kinetischen Bewegungen vorhanden ist, z. B. durch den Einbau von Dehnungsfugen.
Reibpendellager sind dadurch charakterisiert, dass bei
ihnen bei horizontaler Beschleunigung die Gebäudebasis
und die darüber liegenden Stockwerke aneinander vorbeigleiten. Da das Gleiten („Gleitschuh") auf einer (unteren)
konkaven Reibungsfläche erfolgt, kommt es zu einem An-
heben des Gebäudes und zum Verbrauch von Bewegungs-
energie (Abb. 3.11). Darüber hinaus führt die horizontal

wirkende Beschleunigung zu einer Energiezufuhr, die sich
beim Gleiten in Wärme umwandelt – dabei entstehen Temperaturen von etwa 140 °C. Nach Ende der Beschleunigung
gleiten die Lager durch das Eigengewicht des Gebäudes in
die Ursprungslage zurück und werden so wieder (physikalisch) „gespannt". Bei „Kugel-/Rollenlagern" liegt das
Gebäude auf einer Vielzahl von Kugeln zwischen konkaven Mulden auf. Wie auch schon bei den Reibpendel-
lagern nutzt das Lager den Energieverzehr durch das An-
heben des Gebäudes, auch wenn über die Effizienz eines
solchen Systems noch nicht alle Bedenken ausgeräumt werden konnten.

Tragsysteme

Selbst wenn sich die Erschütterungen im Gebäude fortsetzen, ist es dennoch möglich, durch eine angepasste Trag-
werksstruktur die Gebäude zu schützen und wenigstens größere Schäden abzuwenden. Dazu müssen Mauerwerke und
Stützen so ausgestaltet sein, dass auch in den Geschossen
die Erschütterungen aufgenommen und gezielt verteilt werden. Ein Mittel dazu ist, die Steifigkeit der Stützen gezielt zu erhöhen. Insbesondere in Entwicklungsländern
sind nach Erdbeben überall zerstörte Gebäude zu sehen.
Die Zerstörung ist zumeist auf ein Versagen der Stützpfeiler zurückzuführen. Oftmals werden die Tragwerke viel
zu schmal dimensioniert, für den Beton zu wenig Zement
verwendet und darüber hinaus noch so viele Stockwerke
wie möglich errichtet. Im Falle eines Erdbebens kommen die Stützen ins Wanken und zerbrechen meist direkt
oberhalb des Fundaments oder an den Nahtstellen zu den
Stockwerken. Das Strukturversagen ist in der Regel darauf zurückzuführen, dass die horizontalen Bewehrungseisen
nur einfach um 90° um die senkrechten Eisen der Längs-

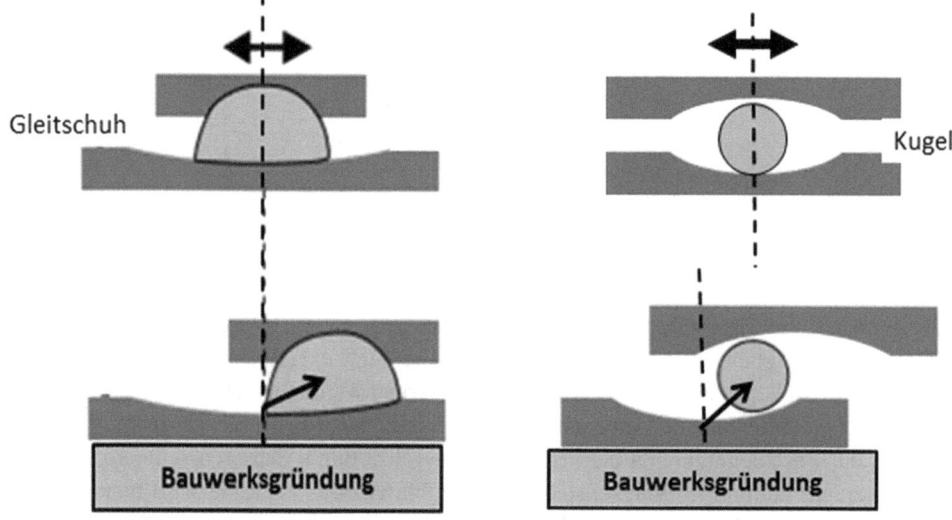

Abb. 3.11 Funktionsweise eines Reibpendellager (links) und eines Kugel-/Rollenlagers (rechts)

bewehrung gelegt werden. Eine deutliche Erhöhung der Schublastaufnahme ist unter anderem zu erreichen, wenn die Enden jedes horizontalen Bewehrungseisens an Beginn und Ende um 135° in das Stahlskelett hineingebogen werden (Stichwort: Endhaken, Querbewehrung), wie der Abb. 3.12 zu entnehmen ist.

Ferner sind steife Stahlbetontragwände strategisch so in das Gebäude einzubauen, dass jeweils zwei solche Betonwände die Beschleunigungen pro Hauptrichtung aufnehmen können. Die Duktilität eines Tragwerks kann auch durch den Einbau von sogenannten „Dissipatoren" erhöht werden. Dieses sind „passive" Systeme, die zwischen den schwingenden Bauteilen eingebaut werden. Diese nehmen einen Teil der seismischen Energie örtlich kontrolliert auf, indem sie sich plastisch verformen und die Energie gezielt an die Stützpfeiler weiterleiten. Solche mit den Wandscheiben gekoppelten Tragsysteme können des Weiteren auch mit speziellen Dämpfern (Hydraulikdämpfer) versehen werden, die analog einem Stoßdämpfer die Lasten absorbieren. Solche Tragsysteme werden zumeist diagonal oder auch kreuzweise entweder über die gesamten Stockwerke oder an strategischen Stockwerken verteilt – vergleichbar dem berühmten Stützkreuz beim IKEA-Ivar-Regal.

Auch schon an der Basis eines Gebäudes – in der Regel am Erdgeschoss – lassen sich eintretende Lasten aufnehmen. Ist die Gebäudebasis mit den darauf aufbauenden Stockwerken ohne Fugen („kraftschlüssig") verbunden, so bietet sich der Einbau sogenannter Fließgelenke („isolation bearings") an, die den horizontalen Schub abfedern. Dazu wird ein „Gelenk" eingefügt, das in der Lage ist, in vorgegebener Art und Weise eine bewegliche Verbindung zwischen dem Sockelgeschoss und den Stockwerken zu ermöglichen, sowohl in Form einer Rotation als auch durch Verschieben (Schubgelenk), ohne dabei die Stabilität des ganzen Gebäudes zu beeinträchtigen.

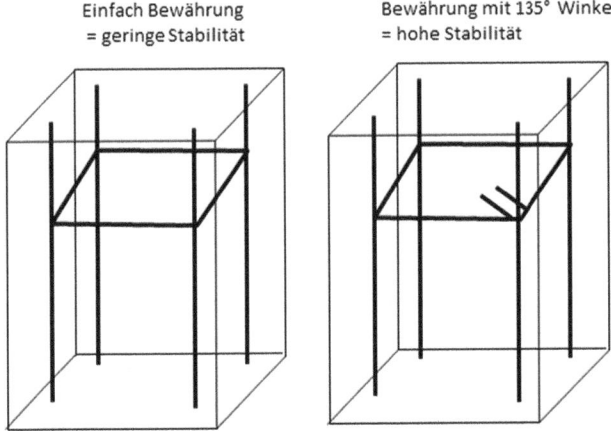

Abb. 3.12 Erhöhung der Duktilität durch verbessertes Stahlbewehrungsdesign

Gebäudeschwingungen können durch den Einbau sogenannter Schwingungstilger („tuned mass dampers") abgebaut werden. Sie helfen mit, die mit zunehmender Bauwerkshöhe immer stärker werdenden Schwingungen völlig aus dem System zu entfernen: zu „tilgen". Dazu wird der Tilger an einer berechneten Stelle in einem Hochhaus eingebaut. In dem 509 m hohen Wolkenkratzer „Taipei-101" hängt zwischen dem 88. und 92. Stockwerk das bislang weltgrößte Tilgerpendel mit 660 t Eigengewicht. Mit dem Pendel wird eine mögliche Beschleunigung auf die Hälfte reduziert. Bereits 1969 beim Bau des Berliner Fernsehturms wurde ein solches Tilgerpendel zur Reduktion der Eigenschwingung eingebaut

In der letzten Zeit wird vermehrt mit Werkstoffen experimentiert, die direkt die Duktilität des Mauerwerks verbessern sollen. Solche Verfahren eignen sich insbesondere bei Gebäuden aus älterem Mauerwerk, die keine ausreichenden Reserven gegen seismische Erschütterungen bieten. Auch für den Einsatz in Entwicklungsländern können solche Verfahren von großer Effizienz sein. Vorgeschlagen wird die Nutzung sogenannter Faserverbundwerkstoffe unter Verwendung von Epoxidharz als Matrixmaterial, das als Verstärkungsschicht auf das bestehende Mauerwerk aufgetragen wird. Jüngere Arbeiten beschäftigten sich aufgrund der günstigeren Eigenschaften mit der Verwendung von zementösen Matrizen. Einen Schritt weiter geht die Verwendung von Stahlmatten oder Kunststoff-Geotextilien, auf die ein Zementgemisch aufgetragen wird. So konnte in Peru bei dem Erdbeben von Arequipa 2001 nachgewiesen werden, dass so verstärkte Häuser signifikant höheren Belastungen standhalten (Blondet et al. 2003).

Das Karlsruhe Institut für Technologie (KIT) hat ein Verfahren (EG-Grid) entwickelt, das in der Lage ist, mittels „technischer Textilien" in Verbindung mit Spezialputz die Widerstandsfähigkeit von Gebäuden massiv zu erhöhen. Bei schweren Erschütterungen zögern insbesondere die elastischen Kunstfasern den Einsturz hinaus und retten Leben. Der Kerngedanke dabei ist, alle Wände eines Hauses zu nutzen, anstatt zusätzlich einzelne, stabilisierende Elemente einzubauen. Die miteinander verarbeiteten Gewebe aus Glas- und Kunstfasern weisen unterschiedliche Stoffeigenschaften auf, so z. B. unterschiedliche Schmelztemperaturen. Im Ernstfall profitiert die Stabilität des Gebäudes von den Materialeigenschaften der beiden recht unterschiedlichen Fasertypen: den sehr resistenten Glasfasern und den sehr elastischen Kunststofffasern. Daraus ergibt sich eine zweifache Sicherung gegen Beben, die je nach Stärke der Erschütterung greift. Die steiferen Glasfasern stabilisieren das Mauerwerk bei kleineren Beben und halten es zusammen, ohne dass sichtbare Schäden entstehen. Werden die Kräfte jedoch zu groß und zerreißen diese Fasern, übernehmen die hochelastischen Kunststofffasern. „Aufgrund ihrer deutlich höheren Dehnbarkeit – bis auf das Doppelte ihrer Länge – geben sie dem Gebäude Verformungsmöglichkeiten, halten jedoch die bröckelnden Mauerteile zusammen" (Münich 2011). Dem KIT ist gelungen, die Materialien zu „mehraxialen" Textilien zu verweben. Mit solch gerollter Meterware soll es in Verbindung mit einem speziell darauf abgestimmten Putz möglich sein, ein ganzes Einfamilienhaus an einem Tag erdbebensicherer zu machen. Die Textilien werden wie eine Art „Gürtel" um das gesamte Haus herum angebracht. Der Putz wird dabei überlappend aufgestrichen (die sogenannte „Erdbeben-Tapete").

3.4.1.6 Beispiele für Erdbebenereignisse

Das erste „bekannte" Erdbeben (Lissabon-Erdbeben, 1755)

Eines der größten Erdbeben in Europa und dasjenige, das zur Entstehung der modernen Seismologie führte, war das Erdbeben von Lissabon 1755. In Kombination mit nachfolgenden Bränden und einem Tsunami zerstörte das Erdbeben fast die gesamte Stadt Lissabon und die angrenzenden Regionen. Lissabon war damals eine der reichsten Städte der Welt. Da die historischen Überlieferungen nicht sehr zuverlässig sind, wird geschätzt, dass bei diesem Ereignis 30.000–40.000 Menschen ihr Leben verloren (Pereira 2009). Es wird (heute) davon ausgegangen, dass das Erdbeben eine Magnitude im Bereich von M8,7–M9,0 auf der Richterskala hatte, mit einem Epizentrum 300 km westsüdwestlich von Lissabon im Atlantik. Das Erdbeben wurde entlang der „Azores-Gibraltar Plate Boundary" (Bezzeghoud et al. 2014) ausgelöst, die die Grenze zwischen der Afrikanischen Platte und Europa markiert und südlich von Portugal und Spanien in das Mittelmeer verläuft. Die Plattengrenze wird auch für andere Erdbeben verantwortlich gemacht, wie z. B. die der Jahre 1724 und 1750 oder das Horseshoe-Erdbeben von 1969. Historische Aufzeichnungen belegen, dass das Erdbeben von 1755 etwa 9 min dauerte (eines der längsten nach Erdbebenaufzeichnungen) und eine 5 m breite Störungszone verursachte, die das gesamte Zentrum der Stadt durchquerte. Vierzig Minuten nach dem Erdbeben ereignete sich ein riesiger Tsunami, der im Hafen und in der Stadt zusätzlich noch diejenigen Gebiete zerstörte, die bisher vom Erdbeben nicht betroffen waren. Doch der Tsunami traf nicht nur die Stadt Lissabon, sondern erfasste fast die gesamte Algarve-Küste wie auch die Inseln Madeira und die Azoren. Selbst die karibischen Inseln Martinique und Barbados wurden von einer 10-m-Welle getroffen. Schocks des Erdbebens wurden in ganz Europa registriert. Insgesamt wurden durch das Ereignis nicht nur 85 % der Gebäude von Lissabon zerstört, sondern das Beben hatte auch enorme wirtschaftliche und soziale Auswirkungen auf das gesamte Königreich Por-

tugal. Ein großer Teil des Vermögens Portugals war in der Stadt akkumuliert – darunter Gold aus Brasilien und den afrikanischen Kolonien. Pereira schätzte die wirtschaftlichen Verluste durch das Erdbeben auf etwa 50 % des Bruttoinlandsprodukts, eine Zahl, die angesichts des überwältigenden Reichtums des portugiesischen Reiches in jenen Tagen enorm ist. In der Folge stiegen die Preise für Weizen und Gerste über viele Jahre hinweg um mehr als 80 % (Pereira 2009). Darüber hinaus stiegen auch die Preise für Holz und andere Baustoffe sowie die Lohnkosten deutlich. Dies lag auch daran, dass sich viele Handwerker weigerten, in Lissabon zu arbeiten, da sie befürchteten, von einem weiteren Erdbeben getroffen zu werden. Dennoch wurden in den folgenden Monaten 10.000 Häuser wieder aufgebaut. Historisch gesehen war das Erdbeben und die sich aus ihr ableitende „Kaskade von wirtschaftlichen und sozialen Katastrophen" auch eine Herausforderung für die nationale Souveränität. Das Lissabon-Erdbeben wurde zum Auslöser für einen radikalen Wandel in der allgemeinen Politik des portugiesischen Königreichs: weg von engen Handelsbeziehungen mit England hin zu einer (noch) stärkeren Orientierung am Kolonialismus.

Erdbeben an Transformstörung (Loma Prieta, Kalifornien, 1989)

Das Erdbeben von Loma Prieta war eines der größten Erdbeben der Welt in der neueren Geschichte. Es traf die San Francisco Bay Area (Kalifornien), eine der am dichtesten besiedelten Regionen der Vereinigten Staaten. Das Erdbeben ereignete sich am 17. Oktober 1989 um 17.04 Uhr und war das erste (einzige) Erdbeben, das live vom Fernsehen übertragen wurde (während eines Baseball-Spiels zwischen Oakland und San Francisco; Bakun und Prescott 1989). Das Erdbeben wurde durch eine *strike-slip*-Bewegung entlang der San-Andreas-Verwerfung über 35 km Länge in Tiefen von 7 bis 20 km (Holzer 1998) ausgelöst. Es dauerte 10–15 s und hatte eine Magnitude von 6,9 auf der Richterskala. Damit war es das stärkste Erdbeben in Kalifornien seit dem großen Beben von 1906, welches San Francisco vor allem durch die nachfolgenden Brände in Schutt und Asche legte. Das Epizentrum des Bebens lag rund 80 km südlich von San Francisco in den Bergen zwischen den Städten Santa Cruz und San Jose und erhielt seinen Namen nach einem Berg dieser Region. Von dem Beben waren mehr als 5 Mio. Einwohner im Ballungsraum von San Francisco und Oakland sowie in den weiter südlich gelegenen Städten San Jose und Santa Cruz betroffen. 63 Menschen fanden den Tod in ganz Nordkalifornien, verletzt wurden 3757 und bis zu 10.000 Menschen wurden obdachlos. Es wurde ein gesamtwirtschaftlicher Schaden von 6 Mrd. US$ geltend gemacht. Rund 16.000 Wohneinheiten waren nach dem Erdbeben nicht mehr bewohnbar und weitere 30.000 Einheiten wurden beschädigt. Es stellte sich heraus, dass gemietete Häuser und Häuser in einkommensschwachen Stadtteilen besonders stark betroffen waren. Der Einsturz vieler Autobahnbrücken war die Hauptursache für den Verlust von Menschenleben. Allein 42 der 63 Todesopfer starben beim Einsturz des „Cypress Street Viaduct" in Oakland. Die Kosten nur für den Wiederaufbau des Viadukts beliefen sich auf 1 Mrd. US$. Die vielen Brückeneinstürze waren auf veraltete Konstruktionen und unzureichende Vorkehrungen gegen seismische Einwirkungen zurückzuführen. Die Gas- und Wasserleitungen wiesen in der Folge eine Vielzahl von Leckagen und Rohrbrüchen auf. Mileti (1989) hat in einer Studie dargestellt, wie die Menschen und die Wirtschaft auf das Ereignis reagiert haben. Die meisten Menschen hatten ruhig und ohne Panik auf das Erdbeben reagiert und sich an einen sicheren Ort gebracht. Wirtschaftlich führte das Erdbeben nur zu einer minimalen Störung der regionalen Wirtschaft. Der Verlust für das regionale Bruttoinlandsprodukt wurde auf 3 Mrd. USD geschätzt, konnte aber schon im ersten Halbjahr 1990 zu 80 % wieder ausgeglichen werden. Ungefähr 7000 Arbeiter mussten für einen bestimmten Zeitraum freigestellt werden. Für die lokalen und nationalen Notfallmanager war das Erdbeben von Loma Prieta der erste Test des neu etablierten *„post-earthquake review process"*, bei dem rote, gelbe oder grüne Plaketten an erschütterten Gebäuden plaziert wurden. Das half auch bei der Evakuierung der Menschen beim Anschlag vom 11. September 2001 auf das New Yorker „World Trade Center".

Die Auswertung der Aufzeichnung der nur 5 km vom Epizentrum gelegenen seismischen Station ergab eine horizontale Bodenbeschleunigung (*„peak ground acceleration"*) von über 60 % der Erdbeschleunigung (0,6 g). Obwohl es sich bei den Erdbeben entlang des San-Andreas-Störungssystems im Allgemeinen um *„strike-slip"* Bewegungen handelt, hatte das Loma-Prieta-Erdbeben eine signifikante Hebung entlang seiner südwestlich eintauchenden Störungszone ergeben. Auch wenn das Loma-Prieta-Erdbeben ein Teil des Nord-Süd verlaufenden Störungssystems ist, so ist es doch entlang einer separaten Bruchzone entstanden. „Seismologische Indikatoren weisen darauf hin, dass das Erdbeben möglicherweise nicht alle in den Gesteinsformationen gespeicherte Energie freigesetzt hat und daher weitere Erdbeben in den Santa-Cruz-Bergen in der Zukunft möglich sein könnten" (Bakun und Prescott 1989). Das Beben hatte wegen des geologisch „weichen" Untergrunds vor allem in den Stadtgebieten von San Francisco und Oakland extrem große Auswirkungen. Bodenverflüssigung (*„liquefaction"*) führte vor allem an den Highways zu großen Schäden an den zahlreichen Brückenbauten, die die Bay überspannen. Die seismischen Erschütterungen wurden durch die Lockersedimente etwa um den Faktor zwei verstärkt. Die Schäden allein durch die Bodenverflüssigung wurden auf rund 100 Mio. US$ ge-

schätzt. Zudem kamen noch Erdrutsche hinzu, die Schäden von 30 Mio. US$ verursacht haben. Viele Erdrutsche zeigten jedoch, dass sie schon bereits bei früheren Erdbeben bewegt worden waren. Die Studien zum Loma-Prieta Erdbeben lieferten eine der umfassendsten Fallgeschichten über Erdbebeneffekte, die jemals in den Vereinigten Staaten gemacht wurden. Ein Vergleich der Auswirkungen durch Bodenverflüssigung und Erdrutsche mit denen von 1906 bildete die Grundlage für die Entwicklung neuer Methoden zur Kartierung von Bodenverflüssigung (*„liquefaction"*) und Erdrutschgefahren. Das Ereignis gab den Anlass zu einem neuen Verständnis zur Entstehung von Erdbeben in der Region. Dies hatte auch bei den lokalen Administrationen dazu geführt, die Erdbebengefahr und das sich daraus ergebende Risiko besser einschätzen zu können. In der Folge wurde in einer *Vielzahl von Gebäuden Seismometer installiert, um Erkenntnisse* dafür zu gewinnen, wie verschiedene Gebäudestrukturen bei Erschütterungen ihrer Fundamente reagieren und wie Verflüssigung die Bewegungen verstärken kann. Es veranlasste zudem den kalifornischen Gesetzgeber, 1990 den „Seismic Hazards Mapping Act" zu verabschieden, der vom „California Geological Survey" verlangt, Gebiete abzugrenzen, die potenziell anfällig für solche Gefahren sind. Die Gemeinden wurden aufgerufen, bei der Stadtentwicklung in diesen Zonen die Erkenntnisse aus der Seismologie zu berücksichtigen (Holzer 1998).

Erdbeben an Transformstörung (Haiti, 2010)
Am Dienstag, den 12. Januar 2010, erschütterte ein Erdbeben der Stärke M7,0 die gesamte Region der Hauptstadt Port-au-Prince, Haiti. Das Epizentrum befand sich in der Nähe der Stadt Léogâne, etwa 25 km westlich der Hauptstadt. Innerhalb der nächsten zwei Wochen wurden fast 60 Nachbeben mit einer Stärke von M4,5 oder mehr registriert. – zwei von ihnen mit einer Stärke von M6,0 und M5,9. Das Hauptbeben dauerte 1 min, dem noch über 10 Nachbeben folgten – alle mit Magnituden von über M5,0. Damit handelt es sich um das schwerste Beben in der Geschichte Nord- und Südamerikas sowie um das weltweit verheerendste Beben des 21. Jahrhunderts. Über 310.000 Personen wurden verletzt, schätzungsweise 1,85 Mio. Menschen obdachlos und fast 100.000 Häuser wurden vollständig zerstört. Insgesamt war ein Drittel der Bevölkerung Haitis von der Katastrophe betroffen. Mehr als 90 % der Landoberfläche und ebenso viele Haitianer sind mehr als einem Naturrisiko ausgesetzt (Hurrikan, Hangrutschungen, Erdbeben, Hochwasser, Dürren).

Das Erdbeben ereignete sich entlang der Plattengrenze, die die Karibische Platte von der Nordamerikanischen Platte trennt. Diese Plattengrenze wird von *„strike-slip"* Bewegungen und Kompressionstektonik dominiert, die die Karibische Platte mit einer Geschwindigkeit von etwa

20 mm/Jahr nach Osten gegenüber der Nordamerikanischen Platte bewegt.

Die Insel Hispaniola (Haiti und Dominikanische Republik) wird von zwei Störungszonen durchzogen, die aber beide die Plattengrenze definieren. Im Norden verläuft das „Septentrional-Fault-System", das Haiti selbst nicht durchzieht, das aber für viele Erdbeben im Norden der Dominikanische Republik verantwortlich ist, im Süden die „Enriquillo-Plantain-Garden-Störung". Entlang dieses Störungssystems ist das Erdbeben ausgelöst worden, obwohl es bis dahin in der Geschichte (belegbar) noch kein größeres Erdbeben ausgelöst hat. Einige Geophysiker sind der Auffassung, dass die Ursache für die großen Erdbeben der Jahre 1860, 1770 und 1751 dort verortet werden kann. Wegen des unregelmäßigen Verlaufs der Störungszone gleiten die beiden Platten nicht (einfach) aneinander vorbei, sondern es kommt immer wieder dazu, dass sich die Platten verhaken oder gestaucht werden. Seit einigen Jahren wird das Störungssystem von der University of Texas (Texas A&M) überwacht. Sie konnte 2008 Verschiebungsraten von etwa 8 mm/Jahr nachweisen. Daraus errechnete sie, dass sich seit dem schweren Erdbeben von 1751 ein Gesamtverschiebungsdefizit (*„strain deficit"*) von etwa 2 m akkumuliert haben könnte. Eine interferometrische Analyse der Krustenstruktur (Calais et al. 2010) ergab, dass das Beben zu einem vertikalen Aufstieg von mehr als 2 m des nördlichen Blocks der Störungszone geführt hat und diese um 50 cm in nordwestlicher Richtung verschoben wurde. Der südliche Block hatte sich stattdessen um 50 cm in nordöstlicher Richtung bewegt. Da sich das Erdbeben sehr küstennah und in vergleichsweise geringer Tiefe ereignete, hatte es einen Tsunami ausgelöst, mit einer Wellenhöhe von bis zu 3 m vor der Küste von Jacmel und Petit Paradise und von etwa 1 m vor Pedernales (Dom. Rep.). Nach Angaben des „Tsunami und Coastal Hazards Warning System" für die Karibik (CARIBE-EWS) traf der Tsunami dort zeitversetzt etwa 50 min später ein.

Das Erdbeben traf eine Gesellschaft, die sich seit jeher in einer extrem schlechten sozialen und wirtschaftlichen Situation befindet. Selbst in Zeiten vor der Katastrophe war Haiti eine der ärmsten Nationen der Welt mit einem kaum funktionierenden öffentlichen Sektor (Fragilitätsstatus 99 OECD: „States of Fragility 2020"). Es traf damit eine Gesellschaft, die nur darauf ausgerichtet war, ihren Alltag zu bestreiten. Selbst die Mindestanforderungen für ein nachhaltiges Leben sind nur in Ansätzen verwirklicht. Wie andere „fragile" Staaten ist auch Haiti durch Korruption, Gewalt und Konflikte gekennzeichnet, die zu weit verbreiteter Armut und Ungleichheit, zu wirtschaftlichem Niedergang und Arbeitslosigkeit geführt haben (Verner und Heinemann 2006). Die „Konflikt-Armutsfalle" des Landes resultiert aus zwei Hauptfaktoren: Erstens der Sozioökonomie, gekennzeichnet durch eine rasch wachsende Bevölkerung, zu-

dem sind mehr als 50 % der erwachsenen Bevölkerung Analphabeten. Es fehlt an sozialer Sicherheit, an Arbeit und damit an einem geregelten Einkommen. Dies zwingt die Menschen, die ländlichen Gebiete zu verlassen und in die größeren Städte abzuwandern. Zweitens durch das Versagen des Staates, eine grundlegende Versorgung mit Gütern wie Wasser, Strom, Transport usw. bereitzustellen sowie Recht, Ordnung und Sicherheit zu gewährleisten. Es fehlt an staatlichen Institutionen zur Umsetzung von Gesetzen, Regeln und Dekreten. Noch heute beschränkt sich die staatliche Bereitstellung von Infrastruktur und Grundversorgung auf die Hauptstadt Port-au-Prince und einige andere Ballungszentren. Die Einkommensverteilung Haitis gehört mit einem „Gini-Koeffizienten" von 0,66 zu den ungerechtesten der Welt. Soziale Indikatoren wie Lebenserwartung, Säuglingssterblichkeit und Kinderunterernährung zeigen an, wie groß die Armut ist. Etwa 20 % der Kinder sind unterernährt. Fast die Hälfte der Bevölkerung hat keinen Zugang zur Gesundheitsversorgung, mehr als vier Fünftel haben kein sauberes Trinkwasser (Verner und Heinemann 2006).

Das Erdbeben zerstörte weite Teile der Hauptstadt Port-au-Prince und andere Siedlungen rund um die Hauptstadt. Viele bemerkenswerte Denkmal- und Infrastrukturgebäude wurden erheblich beschädigt oder vollständig zerstört, darunter der Präsidentenpalast, die Nationalversammlung und die Kathedrale. Fast das gesamte Kommunikationssystem, Luft-, Land- und Seeverkehrseinrichtungen, Krankenhäuser und die Strom- und Wasserversorgungsnetze waren durch das Erdbeben beschädigt oder sogar völlig zerstört worden. Ein weiterer Grund für die verheerenden Auswirkungen des Bebens ist, dass die Gebäude in Haiti keinen stabilen Baustandard haben und es in vielen Stadtvierteln mehr Einwohner gab als (bewohnbare) Häuser. Nach Schätzungen waren etwa 60 % der Gebäude von Port-au-Prince nicht erdbebensicher. Das Fehlen einer funktionierenden Infrastruktur erschwerte fast alle Rettungs- und Hilfsmaßnahmen, was zu großer Verwirrung darüber führte, wer zum Beispiel für den Luft- und den Landverkehr verantwortlich war. Daraus ergab sich ein großes Problem für die Organisation der Hilfslieferungen. Die Behörden von Port-au-Prince waren mit dem Umgang mit Zehntausenden von Leichen völlig überfordert, vor allem mit der Anlage von Massengräbern. Das unprofessionelle Verteilungsmanagement bei der Nahrungsmittel- und Wasserversorgung, der medizinischen Versorgung und Abwasserentsorgung führte zu wütenden Protesten der Überlebenden und lokal zu Plünderungen und sporadisch zu Gewalt (IFRC 2011).

Zwei Jahre nach dem verheerenden Erdbeben lebten von den mehr als 1,5 Mio. Obdachlosen immer noch eine halbe Million in Zelten. Selbst diejenigen, die in den Flüchtlingslagern Zuflucht gefunden hatten, fanden dort oftmals keine sicheren Lebensbedingungen vor (UNEG 2010). Viele

Vertriebene wurden Opfer von Zwangsräumungen, einige von ihnen wurden inzwischen zwei- bis dreimal vertrieben. Das Problem ist, dass viele der Flüchtlinge nie offiziell registriert wurden und weder Pässe noch Personalausweise besaßen und somit keinen Anspruch auf nationale und internationale Unterstützung haben. Der UNHCR hatte sich daher nicht nur um die Bereitstellung von Nothilfemitteln, sondern auch um zivile Dokumente kümmern müssen. Viele der Vertriebenen erhielten (neue) Geburtsurkunden, um ihnen eine legale Existenz zu ermöglichen. Die haitianische Regierung steht international unter starkem Druck, ihr Zivilstandsystem endlich zu aktualisieren und es den Menschen in ganz Haiti zugänglich zu machen.

Selbst heute, da Haiti mit 35 Mio. US$ der Weltbank zur Katastrophenvorsorge und zur Klimaresilienz gefördert wird, ist die Gesellschaft immer noch hoch vulnerabel. Unmittelbar nach der Katastrophe verstärkten die Vereinten Nationen ihre Präsenz im Land und unterstützten die Bemühungen zum Wiederaufbau und zur Herstellung politischer Stabilität – den Aufbau rechtsstaatlicher Strukturen und die Förderung der Menschenrechte. Mehr als 3 Jahre nach dem verheerenden Erdbeben lebten noch immer Zehntausende von Familien in Notquartieren. Die meisten von ihnen sind Frauen und Kinder. Trotzdem ist festzustellen, dass die Zahl der Binnenvertriebenen und der provisorischen Lager seit Juli 2010 zurückgegangen ist, von einem Höchststand von rund 1,5 Mio. Menschen in 1500 Lagern auf 320.000 Menschen in 385 Lagern (2013), so die „Internationale Organisation für Migration" (IOM). Tausende von Familien haben die Lager verlassen, um andere Unterkünfte zu finden, die durch verschiedene Projekte und Programme bereitgestellt werden.

Erdbeben traf eine Megacity (Kobe, Japan 1995)

Am 17. Januar 2005 erschütterte ein Erdbeben das Zentrum der Megacity Kobe, Japan. Es war das erste Mal in der Menschheitsgeschichte, dass eine Megacity direkt getroffen wurde. Kobe ist Japans zweitgrößte Stadt mit 11 Mio. Einwohnern. Daher war das Erdbeben vom 17. Januar für Japan mehr als eine Naturkatastrophe. Es untergrub das nationale Gefühl der „Unangreifbarkeit" und geschah in der Präfektur Hyogo („Hyogo Framework for Action", vgl. Abschn. 6.2.1). Selbst die großen Erdbeben entlang der San-Andreas-Störung haben Städte wie San Francisco, Oakland oder Los Angeles weitgehend verschont. Die Gründe, warum das Erdbeben die japanische Gesellschaft so nachhaltig beeinflusste, waren:

- Es wurde in der Öffentlichkeit nicht erwartet, dass das Kobe-Gebiet, auch wenn es sich auf einer hochaktiven Plattengrenze befindet, jemals von einem schweren Erdbeben betroffen sein würde. Es waren daher nur geringe Präventivmaßnahmen ergriffen worden.

- Viele Japaner waren der Meinung, dass ihr Land als eines der technisch fortschrittlichsten der Welt in der Lage sei, jede Katastrophe zu bewältigen.

- Kobe galt als eine der schönsten Städte Japans, wo (ironischerweise) viele Menschen hinzogen, um Erdbeben an anderen Orten zu entkommen.

Das Erdbeben dauerte nur 20 s, war aber das schwerste in Japan seit dem Großen Tokioer Erdbeben von 1923 (Stärke M7,9 auf der Richterskala), das damals 140.000 Menschen tötete und seitdem die größte Katastrophe in Japan noch vor dem Tohoku-Beben darstellt. Das Erdbeben entstand durch eine „strike-slip"-Bewegung entlang der Nojima-Störung, die aber bis dahin als nicht gefährlich angesehen wurde. Die Lage des Epizentrums wurde 60 km von Kobe City zwischen Awaji Island und Honshu verortet. Dort wurden entlang der Störungzone die beiden Lithosphärenplatten um 20–30 m gegeneinander versetzt. Einer der Hauptgründe für die erheblichen Sachschäden war, dass das Hypozentrum in nur 16 km Tiefe lag. Das Erdbeben forderte 6400 Tote, verletzte 25.000 Menschen, vertrieb 300.000 Menschen, beschädigte oder zerstörte 100.000 Gebäude und verursachte mindestens 132 Mrd. US$ an Schäden. Dies entsprach etwa 2,5 % des japanischen BIP. Nur 3 Mrd. US$ dieser Summe waren durch Versicherungen gedeckt. Mehr als 35.000 Menschen wurden von Nachbarn oder Rettungskräften aus eingestürzten Gebäuden gerettet. Weil das Erdbeben am frühen Morgen stattfand, wurden die meisten Menschen im Schlaf überrascht. Daher wurden viele Opfer in oder in der Nähe ihrer Häuser gefunden und konnten so sehr schnell identifiziert werden. Das Schadensbild war hingegen sehr unterschiedlich ausgeprägt: Einige Bereiche waren fast unberührt geblieben, andere dagegen vollständig zerstört worden. Sogar einige der neuen Häuser wurden schwer beschädigt, während einige alte unzerstört blieben. Fast 80 % der Opfer starben durch einstürzende Gebäude. Viele Menschen wurden getötet, als die schweren, taifunsicheren Ziegeldächer auf sie einstürzten. 60 % der Opfer waren über 60 Jahre alt und hatten in traditionellen Holzrahmenkonstruktionen gelebt, die kurz nach dem Zweiten Weltkrieg gebaut wurden. Viele dieser Häuser hielten dem Erdbeben stand, fingen aber in der Folge von umgestürzten Öfen und Kerosinkochern Feuer, da sich das Erdbeben in der sehr kalten japanischen Wintersaison ereignete. Die neuen, auch hohen Gebäude, die nach den Bauvorschriften von 1981 seismisch resistent gebaut waren, blieben alle stehen. Die Strom- und Wasserversorgung wurde großflächig stark beeinträchtigt. Es dauerte bis in den April, bis überall die Wasserversorgung wieder hergestellt war. Auch an allen großen Autobahnen wurden schwere Schäden festgestellt, vor allem, weil sie nicht für ein so starkes Erdbeben ausgelegt waren. Deshalb waren viele von ihnen eingestürzt, Straßen waren angehoben und Straßenschienen abgeknickt. Trotz sofortiger Räumung der Verkehrswege dauerte es lange, bis die Straßen von den Trümmern befreit waren. Dies aber führte seitens der Überlebenden und Hilfsbedürftigen zu großen Beschwerden bei den Behörden. Notfallexperten wiesen später darauf hin, dass das Management dieser Katastrophe den größten Tiefpunkt in der Geschichte Japans seit dem Zweiten Weltkrieg darstellte. Die öffentliche Verwaltung, selbst auf lokaler Ebene, erwies sich als völlig unflexibel (eine Haltung, die zum Beispiel die Firma TEPCO auch später bei der Nuklearkatastrophe von Fukushima an den Tag gelegt hat). Da traditionell jede Entscheidung über die politische Entwicklung in Japan nach dem Konsensprinzip getroffen wird, führte dies dazu, dass die Behörden in Kobe zögerten, selbstständig Entscheidungen zu treffen. So wurden beispielsweise die unterbrochenen Telefonleitungen zwischen den Ämtern und Ministerien nicht sofort repariert, da eine solche Entscheidung nicht in der Verantwortung der örtlichen Verwaltung lag. Folglich erhielt das Büro des Premierministers die Informationen über die Katastrophe erst am nächsten Morgen aus dem Fernsehen. Erst neun Stunden nach dem Beben wurde den Streitkräften der Befehl zu Rettungseinsätzen erteilt.

Von den benötigten 132 Mrd. US$ für den Wiederaufbau der sozialen und technischen Infrastruktur wurden von der Regierung zunächst erst einmal nur 50 % zur Verfügung gestellt. Einige „Wiederaufbaumaßnahmen" wurden lange in die Zukunft (bis zu 10 Jahre) verschoben. Rund 70.000 Menschen lebten 2 Monate nach dem Erdbeben immer noch in provisorischen Unterkünften, teilweise sogar bis Januar 2000. Trotz der Bereitstellung neuer Wohnungen beklagten viele Opfer, die ihr Zuhause verloren hatten, den Umstand, dass sie von ihren traditionellen sozialen Netzwerken getrennt worden waren. Viele Hausbesitzer waren nicht versichert. Eine spätere Klassifizierung der Häuser als „teilweise beschädigt" oder „vollständig beschädigt" wurde zur Grundlage für etwaige Erstattungen. Aber diese Klassifizierung wurde eher restriktiv durchgeführt und überließ viele Hausbesitzer ihrem Schicksal. Dennoch wurden bis Januar 1999 rund 150.000 Wohneinheiten neu oder wieder errichtet. Gesetze wurden verabschiedet, um Gebäude und Verkehrsbauten noch erdbebensicherer zu machen, und es wurden erhebliche Summen in die Installation weiterer Instrumente zur Überwachung der Erdbebenbewegungen in der Region investiert.

Erdbeben in Istanbul (1999)

Der nördliche Teil der Türkei sowie seine Ostflanke sind durch zwei Hauptstörungszonen (Nordanatolische Störungszone (NAF) und Ostanatolische Störungszone (EAF)) gekennzeichnet. Auf beiden kommt es seit jeher zu heftigen Erdbeben, so in Kocaeli/Izmit, das 1999 etwa 18.000 Menschen das Leben kostete. Das Epizentrum lag nahe der Stadt Izmit, mehr als 110 km von Istanbul entfernt. Das Erdbeben hatte eine maximale Magnitude von M7,4 und dauerte vergleichsweise lang. Die Ursache des Bebens war ein plötzlicher Bruch der Erdkruste entlang des westlichen Arms der 1500 km langen Nordanatolischen Störungszone. Das enge Netz an seismologischen Stationen ergab, dass eine Station (Adipazari) unmittelbar neben der Störung lag. In den Seismogrammen trafen daher die „P-Welle" und die „S-Welle" fast gleichzeitig ein (USGS 1999).

Das Erdbeben kostete 17.127 Menschen das Leben und machte 250.000 Menschen obdachlos. Diese Menschen wurden provisorisch in 121 Zeltstädten untergebracht. Über 200.000 Wohnungen wurden zerstört und 30.000 Unternehmen konnten ihre Arbeiten nicht fortführen. Die meisten Schäden und Opfer resultierten von herabstürzenden Gebäudeteilen an (oftmals wenig stabil gebauten) Stahlbetonbauten. Deren Bausubtanz entsprach nicht den staatlichen Bauvorschriften. Selbst im entfernten Istanbul kamen etwa 1000 Menschen ums Leben und es entstanden Schäden von rund 5 Mrd. US$, rund 2,5 % des BIP.

Die türkischen Geowissenschaftler wandten sich sofort an die Kollegen des USGS. Beide Gruppen unterhielten seit mehr als 30 Jahren eine enge Kooperation. Da das Nordanatolische Störungssystem dem der San-Andreas-Verwerfung geotektonisch vergleichbar ist, erwarten sich die USA von den türkischen Erdbeben Informationen für ihr Erdbebenmanagement und umgekehrt (USGS 1999).

Historische Aufzeichnungen (seit mehr als 2000 Jahren) weisen auf eine Wiederkehrfrequenz für ein vergleichbar zerstörerisches Erdbeben für Istanbul von 100 Jahren hin. Die Stadt Istanbul und ihre Umgebung weist das höchste Erdbebenrisiko der Türkei auf. Dies ergibt sich zum einen aufgrund seiner Lage in direkter westlicher Fortsetzung der Nordanatolischen Störungszone und zum anderen wegen seiner Bevölkerung von rund 15 Mio. Menschen und seiner großen Industrie- und Handelsdichte. Entlang der Nordanatolischen Störungszone verschiebt sich seit etwa 50 Mio. Jahren die Eurasische Platte mit bis zu 25 mm pro Jahr nach Osten an der Anatolischen Platte (im Zentrum der Türkei) vorbei. An dieser Verwerfungszone baut sich im Untergrund Energie auf, die Lithosphärenplatten verhaken sich dabei immer wieder. Wenn also seit etwa 200 Jahren kein signifikantes Erdbeben in der Mamara-Region (selbst) stattgefunden hat, so gehen die Geophysiker davon aus, dass sich ein „Verschiebungs-Defizit" von bis zu 5 m aufgebaut haben könnte. Im Maximalfall würde dies zu einem Erdbeben der Magnitde M7,5 führen (Bohnhoff o. J.), zumal da durch die Transform-Bewegung die Erdbebenherde in nur wenigen Kilometern Tiefe liegen (Ilkesik 2002).

Im Jahr 2002 führte JICA eine Risikobewertung für Istanbul durch, die ergab, dass die Wahrscheinlichkeit eines schweren Erdbebens in den nächsten 30 Jahren in der Stadt mehr als 60 % beträgt und die Wahrscheinlichkeit eines so verheerenden Ereignisses innerhalb des nächsten Jahrzehnts auf mehr als 30 % geschätzt wird (Erdik und Durukal 2008). Im Vergleich zu den Städten Los Angeles oder San Francisco, die beide ein vergleichsweise hohes Risiko aufweisen, ist das Schadenspotenzial für Istanbul aufgrund der strukturellen Situation deutlich höher: Es würde zu mehr Todesopfern kommen und die sozialen, wirtschaftlichen und ökologischen Auswirkungen wären dramatisch höher. JICA schätzt, dass ein ähnliches Ereignis bis zu 90.000 Tote, 135.000 Verletzte und schwere Schäden an 350.000 öffentlichen und privaten Gebäuden verursachen könnte, was zu wirtschaftlichen Schäden von mehr als 50 Mrd. US$ führen würde. Die Zahl der Verletzten und Betroffenen wurde auf rund 150.000 geschätzt. Dabei ist festzustellen, dass sich ein Drittel der Krankenhäuser in potenziell gefährdeten Gebieten südlich der Stadt befindet.

Die türkische Regierung befürchtet, dass eine Unterbrechung des sozialen, wirtschaftlichen und finanziellen Lebens in Istanbul die Volkswirtschaft und den Sozialsektor des ganzen Landes für viele Jahre stark beeinträchtigen würde. Die Bewältigung von Naturkatastrophen erfordert daher einen Multirisiko-Ansatz und die Regierung fördert die Entwicklung einer umfassenden Strategie für das Risikomanagement: nicht nur für Istanbul, sondern für das gesamte Land. Sie hat festgestellt, dass verbesserte Kenntnisse, Methoden und ein integrierter Rahmen für die Bewertung von Gefahren, Anfälligkeiten und Risiken dringend erforderlich sind. Um die potenzielle Erdbebenkatastrophe in Istanbul zu bewältigen, ist es außerdem notwendig, Katastrophenschutz- und Notfallpläne und einen Wiederaufbauplan für das erwartete Erdbeben zu erstellen. Daher müssen detaillierte geologische, geotechnische und geophysikalische Untersuchungen bis in 250 m Tiefe durchgeführt werden, um wahrscheinliche Erdbebenbewegungen realistisch vorherzusagen. Türkische Geophysiker haben dafür zusammen mit Wissenschaftlern des Geoforschungszentrums Potsdam (GFZ) auf der Insel Büyükada südlich von Istanbul in mehreren 300 m tiefen Bohrungen hochsensible Seismometer zur Erfassung kleinster Bodenerschütterungen installiert (GONAF-Projekt: „Geophysical Observatory at the North Anatolian Fault Zone"). Die Wissenschaftler erhoffen sich dadurch weitere Einblicke in die physikalischen Prozesse zu gewinnen, die vor, während und nach einem starken Erdbeben (M > 7) wirken. Darüber hinaus sollen diese Messungen helfen, ein dreidimensionales Modell zu erstellen, um die Auslöseelemente des Erdbebens, die Art der wahrscheinlichen tektonischen Prozesse und die geologisch bedingten Verstärkungsmerkmale besser zu erklären. Vor kurzem hat die Stadt Istanbul ein Mikrozonierungsprojekt im Südwesten der Stadt durchgeführt, um Informationen über die örtlichen Bodenverhältnisse zu erhalten. Daraus werden später die geeigneten Entwurfsparameter für eine Städtebauordnung abgeleitet, die dann für die mehr als 1,3 Mio. Gebäude in

Istanbul (Erdik und Durukal 2008) übernommen werden sollen.

Erdbeben in Westeuropa

Am 13. April 1992 traf das stärkste Erdbeben seit 1756 die deutsch-niederländische Grenzregion, eine Region, die als seismisch aktiv bekannt ist. Das Beben dauerte 15 s und hatte eine Stärke von M5,9. Sein Epizentrum lag 4 km südlich der niederländischen Stadt Roermond und das Hypozentrum wurde in 18 km Tiefe identifiziert. Das Beben in ganz Westeuropa zu spüren und verursachte einen geschätzten Schaden von 80 Mio. €. Etwa 30 Menschen wurden verletzt, vor allem durch herabfallende Fliesen und Steine, 150 Häuser wurden in der nahegelegenen Stadt Heinsberg beschädigt und sogar der Kölner Dom wurde teilweise beschädigt. Das Erdbeben hatte keine Vorläufer, verursachte aber eine Reihe von etwa 150 Nachbeben, die stärksten mit einer Stärke von M3,6. Das gesamte Gebiet westlich des Rheins entlang der Niederrheinischen Bucht ist seit langem als seismisch aktiv bekannt. Das Gebiet ist Teil der Nord-Süd orientierten Störungszone, die Westeuropa vom Rhonedelta bis zum Oslo-Fjord durchquert. Entlang dieser Störungszone wird Europa durch den anhaltenden Druck der Afrikanischen Platte auf die Europäische Platte auseinandergeschoben und so der Oberrheingraben, seine Fortsetzung durch das hessische Bergland (Vogelsberg) und der Leinetalgraben bei Göttingen gebildet. Sie ist auch für eine Vielzahl von Abschiebungen und tiefreichenden Störungen westlich von Köln verantwortlich. Die Niederrheinische Bucht ist jedoch nicht die einzige seismisch aktive Region in Deutschland.

Die Erdbebengefahrenkarte von Deutschland identifiziert mindestens vier Regionen, die eine höhere Seismizität aufweisen:

- Oberrheingraben/Schwäbische Alb
- Alpen
- Thüringer Wald
- Niederrheintal

3.4.2 Tsunami

3.4.2.1 Entstehung eines Tsunamis

Es war eine der größten Naturkatastrophen des 21. Jahrhunderts. Am 26. Dezember 2004 löste ein gewaltiges Erdbeben im Indischen Ozean eine Serie von Flutwellen aus, die sich von Nordsumatra (Indonesien) aus nach Westen über den gesamten Indischen Ozean ausbreiteten. Sogar im Nordatlantik und in Japan konnte die Flutwelle noch identifiziert werden. Das Wort „Tsunami" kommt aus dem Japanischen und bedeutet „große Hafenwelle". Es beschreibt eine Wasserwelle, die im offenen Ozean nur wenige Dezimeter hoch ist, die aber, je mehr sie sich der Küste nähert, immer stärker aufläuft und dort (im Hafen) Wellenhöhen bis zu 30 m erreichen kann.

Ein Tsunami entsteht, wenn es zu einer plötzlichen Verdrängung riesiger Wassermassen kommt – entweder bedingt durch Erdbeben auf dem Meeresboden, durch einen untermeerischen Vulkanausbruch mit Abrutschen einer Flanke, durch untermeerische Erdrutsche oder Meteoriteneinschläge (Bryant 2001). Etwa 86 % aller Tsunamis entstehen durch Seebeben.

Seit Indonesien ist der Begriff „Tsunami" zu einem Synonym für eine Naturkatastrophe geworden. Mehr zu Unrecht, da sich Tsunamis weniger häufig auswirken als andere Naturkatastrophen (Erdbeben, Vulkan, Hochwasser), dafür jedoch mit sehr dramatischen Opferzahlen und Zerstörungen verknüpft sind. Mit dem Begriff „Tsunami" ist in dem Bewusstsein der Menschen auch der Begriff „Frühwarnsystem" verankert. Ein Begriff, der dann schnell auch auf andere gesellschaftliche Bereiche wie die Sozial- und Wirtschaftspolitik übertragen wurde. Der Tsunami von 2004 löste eine beispiellose Welle der Solidarität aus der ganzen Welt aus. 8 Mrd. US$ an Hilfsgeldern wurden in der Folge zur Verfügung gestellt, eine Summe, die nie zuvor und nie danach wieder aufgebracht wurde.

Drei Voraussetzungen sind nötig, damit ein Tsunami durch ein Erdbeben ausgelöst wird (Bryant 2001):

- Das Erdbeben muss mindestens eine Stärke von M5,0 haben.
- Es muss entlang einer subduzierenden ozeanischen Platte auftreten.
- Die Platte muss sich dabei tektonisch „zersplittern" und ein Krustenteil dabei vertikal versetzt werden. Wird der Meeresgrund nur seitlich versetzt, entsteht kein Tsunami.

Im Unterschied zu einer windinduzierten Welle, die eine Orbitalbewegung des Wassers bis in etwa 30 m Tiefe bewirkt, wird bei einem Tsunami der gesamte Wasserkörper vom Meeresboden bis zur Meeresoberfläche in Bewegung gebracht. Ein Tsunami berührt also den Meeresboden (wird daher auch als „grundberührender Seegang" bezeichnet). Er folgt daher der Morphologie des Meeresbodens. Wegen der „Grundberührung" richtet er sich immer senkrecht zur Morphologie des Meeresbodens aus. Das erklärt auch seine Fähigkeit, „um die Ecke" laufen zu können, und warum der Tsunami von 2004 auch um die Spitze Sumatras herum in die Straße von Malakka eindringen konnte.

Wenn ein Erdbeben einen Tsunami auslöst, zum Beispiel im offenen Ozean (Wassertiefe 4000 m), dann hebt sich dabei die Meeresoberfläche dort nur um wenige Dezimeter. Die Welle kann eine Amplitude von 200–300 km erreichen (auch in Abhängigkeit von Temperatur und Salzgehalt). Sie

breitet sich konzentrisch mit einer Geschwindigkeit von bis 800 km pro Stunde aus und wird – wie oben beschrieben – von der Morphologie geleitet. So wurde der Tsunami von 2004 auf seinem Weg nach Westen von dem „90 East Ridge" (Indischer Ozean) zum Teil „durchgelassen" sowie zum Teil um fast 90° nach Süden zur Antarktis hin abgelenkt (Titov et al. 2005). Die Meeresbodenmorphologie im Pazifik erklärt auch, warum im Seegebiet vor Australien, Papua-Neuguinea und den Philippinen nicht mit dem Auftreten von Tsunamis gerechnet werden muss (Okal 1988). Auf seinem Weg quer durch den Indischen Ozean erreichte die Welle nach 6 h die Malediven und im weiteren Verlauf nach etwa 29 h (um Australien herum) Alaska und (um Südafrika herum) Island (Kowalik et al. 2005).

Ein Tsunami, der vor der Küste Südamerikas ausgelöst wird, quert den Pazifik in etwa 24 h bis an die Ostküste Asiens und umgekehrt. Ebenso wandert ein entlang des Aleuten-Bogens ausgelöster Tsunami nach Süden. Dabei passieren die Wellen stets die Inselgruppe Hawaii. Sie gehört damit zu einer der am stärksten tsunamigefährdeten Regionen der Erde. Dort wurde im Mai 1960 auf der Insel Big Island die Stadt Hilo von einem Tsunami zum großen Teil zerstört. Damals wurde eine Abfolge von 9 Wellen registriert, die alle unterschiedliche Wellenhöhen hatten: Die erste Welle war mit 1,5 m die kleinste, die Dritte mit fast 5 m die größte. Dazwischen lagen Wellentäler von mehr als 2 m. Die Abfolge von Wellenberg zu Wellental und wieder zu einem Wellenberg, die sich wie ein Geleitzug durch das Meer fortsetzt, wird daher als Wellenzug („wave train") bezeichnet. Das Hilo-Ereignis war der Grund, das erste (und bedeutendste) Tsunami Warning Center der Welt aufzubauen: Das „Pacific Tsunami Warning Center" (PTWC), dem inzwischen andere folgten, so zum Beispiel das „Alaska Tsunami Center" in Anchorage. Für den Atlantik, das Mittelmeer und den Indischen Ozean haben viele Anrainerstaaten nationale/regionale Zentren aufgebaut. Das „Australian Tsunami Warning Center" hat den Verlauf der Wellen des Tsunamis von 2004 im Indischen Ozean vom Epizentrum nahe der Insel Nias (Sumatra) aus nach Südwesten und Nordosten rekonstruiert („Jason Track"). Auffällig ist, dass zunächst eine Serie von Wellentälern (mit kleineren Wellenbergen) erfolgte, die dazu führten, dass in Thailand der Schelf anfangs extrem weit ins Meer hinein trockenfiel, die Wellen sich dann aber zu einer regelmäßigen Abfolge von Wellenbergen und Tälern entwickelten. Im Indischen Ozean entstanden Wellentäler und Wellenberge von (nur) 40–50 cm Höhe, hier ist der Ozean um 4000 m tief.

Mittels einer einfachen mathematischen Formel kann man die Wellenlänge eines Tsunamis errechnen (Wellenlänge = Wurzel aus dem Produkt der Erdbeschleunigung (9,81 m/s^2) und der Wassertiefe). Daraus ergibt sich (Tab. 3.5) bzw. das folgende Ausbreitungsmodell (Abb. 3.13).

Tab. 3.5 Tsunamiwellenlänge und Ausbreitungsgeschwindigkeit in Abhängigkeit von der Wassertiefe

Wassertiefe (m)	Fortpflanzungsgeschwindigkeit (km/h)	Amplitude der Welle (km)	Wellenhöhe (m)
7000	950	280	0,1
4000	700	200	0,5
2000	500	150	1
200	150	50	10
50	80	20	20
10	30	10	30

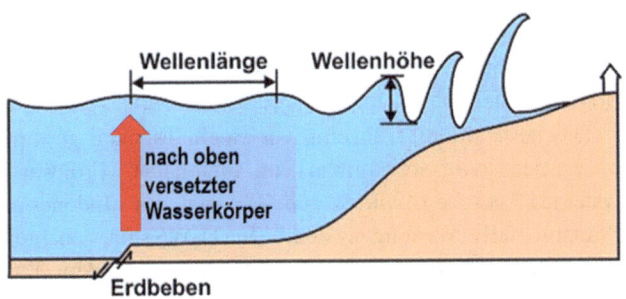

Abb. 3.13 Schema der Ausbreitung einer Tsunamiwelle

Solange der Tsunami sich im „offenen" Ozean fortsetzt, wird er kaum wahrgenommen. Erst wenn er sich dem Kontinentalrand nähert und dort „aufsteigt" entwickelt er die typische Wellenform. Die im Tsunami gespeicherte Energie konzentriert sich dann auf eine wesentlich geringere Wassertiefe (WT 200 m) und wird in den Aufbau einer Wellenfront umgesetzt. Dabei verliert die Welle extrem an Geschwindigkeit (30–50 km/h). Je geringer die Wassertiefe wird, desto höher und kraftvoller wird die Welle. Direkt am Strand können so Wellenhöhen von bis zu 30 m erreicht werden – die Geschwindigkeit reduziert sich dabei auf wenige Kilometer pro Stunde. Wie schon das Beispiel Hilo gezeigt hat, ist nicht immer die erste Welle die höchste. Bei dem Tsunami von 2004 war es die letzte.

Die ankommenden Wellenberge haben wegen ihrer Wucht ein hohes Zerstörungspotenzial. Das ablaufende Wasser (Wellental) wird zudem sehr unterschätzt. Seine Sogwirkung reißt einen Menschen schon bei einer Wassertiefe von 50 cm um und kann sogar ganze Häuser kilometerweit in das Meer hinausziehen. Ein erstes eindeutiges Zeichen für einen Tsunami (wenn er mit seinem Wellental voran aufläuft) ist, dass der Schelf auf breiter Front und sehr weit ins Meer hinaus trockenfällt. Dann türmen sich erste Brandungswellen auf, die schnell immer näherkommen, bis die Küste meterhoch überspült wird. Werden Anzeichen richtig gedeutet, haben die Menschen am Strand in der Regel mehrere Minuten Zeit, sich in Sicherheit zu bringen, so wie das auch auf Ko Phi Phi (Thailand) der Fall

war. Doch ein Tsunami kann auch mit einem Wellenberg „voran" auf die Küste treffen.

Aber nicht nur Seebeben können einen Tsunami auslösen, auch oberirdisch ist dies möglich. So geschehen in der Lituya Bay (Alaska) im Jahr 1958 (Miller 1960). In die Lituya Bay entwässern zwei Gletscherzungen des Mt. Lituya. Senkrecht zum Fjord verläuft (N-S) die „Fairweather Fault". Entlang dieser Störung hatte es ein Erdbeben der Stärke M7,7 gegeben, das einen Erdrutsch auslöste. 40 Mio. km³ Gestein waren dabei etwa 900 m tief abgestürzt. Es war einer der größten jemals erfassten Erdrutsche in den USA. Die in den Lituya Fjord gefallenen Felsmassen hatten dann einen Tsunami ausgelöst, der zunächst an der gegenüberliegenden Felswand bis in eine Höhe von 530 m hochgeschossen kam, die Bergflanke überspülte und Küste der gesamten Bay 20–30 m hoch überflutete.

Das größte bekannte Tsunamiereignis, das sich jemals ereignet hat, ist das von Storegga (Norwegen), das sich nach geologischen Erkenntnissen um das Jahr 8200 v. Chr. ereignet haben soll. Auslöser war (vermutlich) eine Destabilisierung von Gashydraten am Voering-Plateau (Bondevik et al. 2003). Dieses führte an der Westküste Norwegens zu einem Abbruch der Schelfkante, etwa bei der Stadt Alesund. Dieser Abbruch hatte eine Länge von 40–50 km und ist heute noch auf Google Earth als submarine morphologische Delle zu erkennen. Anhand geologischer und sedimentologischer Befunde konnte nachgewiesen werden, dass der Storegga-Tsunami sich weit über den Nordatlantik hin ausgebreitet hatte. Er reichte bis nach Westisland (5 m), zu den Shetland Inseln (32 m) sowie bis zu 10–20 m hoch entlang der norwegischen Küste.

Im Mittelmeer sind Hinweise von mindestens 300 Tsunamiereignissen aus den letzten 4000 Jahren festgestellt worden. Diese lagen vor allem im östlichen Mittelmeer vor der türkischen Küste, auf den griechischen Inseln und bei Sizilien. Das größte Ereignis ist von der Insel Kreta bekannt und wird auf das Jahr 365 n. Chr. datiert. Es war ein untermeerisches Erdbeben im östlichen Mittelmeer, das den Tsunami auslöste und zu Zerstörungen in den Küstenregionen im östlichen Mittelmeer führte. Das Epizentrum des

Erdbebens wird heute in der Nähe Kretas angenommen und wird auf eine Magnitude von M8,0 und höher geschätzt. Mehrere Tausend Menschen wurden getötet, riesige Gesteinsquader mehrere Meter hoch ins Landinnere versetzt und Schiffe bis zu 4 km weit ins Land getragen (Kelletat 1996).

Ein weiteres Phänomen, das mit der Morphologie-Abhängigkeit der Tsunamiausbreitung verbunden ist, war der Tsunami von 1996 auf der Insel Biak (Indonesien). Dort entwickelte sich nach einem Erdbeben ein Tsunami, der sich von Nordosten her auf die kleine und wenig besiedelte Insel zu bewegte. Der Tsunami „umlief" die Insel und an der zugewandten Ostseite liefen die Tsunamiwellen bis auf 3–4 m auf. Auf der abgewandten Westseite aber erreichten sie Höhen bis zu 7 m. Die Fähigkeit ein Hindernis zu „umlaufen" und sich dabei in seiner Wirkung zu addieren wird als *„run-up amplification"* bezeichnet.

Auch submarine Rutschungen in Seen können Tsunamis auslösen. So hatten im Jahr 1601 ein oder mehrere Erdbeben mit einer Stärke von M6,2 eine Rutschung im Vierwaldstättersee (Schweiz) einen Tsunami ausgelöst, in der lokal eine Flutwelle 8 m Höhe erreichte. „In der Stadt Luzern stürzten etliche Bauwerke ein, mindestens acht Todesopfer waren zu beklagen. Die Reuss trocknete phasenweise komplett aus", so der Luzerner Stadtschreiber damals (Luzerner Zeitung, 01.10.2017). Die Folgen dieses Ereignisses sind in den Seesedimenten eindeutig nachzuweisen (Schnellmann et al. 2002). Die ETH-Zürich und der ihr angeschlossene Schweizerische Erdbebendienst (SED) sind derzeit dabei, die geophysikalischen Daten über die Erdbebengefahr der Region sowie die Beschaffenheit der Sedimente des Vierwaldstättersees zu untersuchen, um die potenzielle Tsunamigefahr für den See und vor allem für die Stadt Luzern abzuschätzen.

3.4.2.2 Vorhersage und Mitigation
Einen Überblick über die in Vergangenheit eingetretenen Tsunamiereignisse zu bekommen ist schwierig, da Tsunamis in der Regel mit Erdbeben zusammen auftreten und daher in den Statistiken meist unter dem Stichwort Erdbeben gelistet werden. Daher gibt es sehr unterschiedliche Angaben, von etwa 50 Ereignissen seit dem Jahr 1990 bis hin zu den sechs Großereignissen, über die detaillierte Erkenntnisse vorliegen. Zu den folgenreichsten Ereignissen gehörten dabei der Tsunami von Lituya Bay 1958 (Alaska), der Tsunami 2004 (Indonesien) und Fukushima 2011 (Japan). Generell aber gilt für Tsunamis, dass sie eher eine Naturkatastrophe lokalen Ausmaßes darstellen. Auch der Tsunami aus dem Jahr 2004 kann nicht als typische „Naturkatastrophe" bezeichnet werden. Aus einem solchen Einzelereignis sind kaum Rückschlüsse auf die Art und Weise, wie man sich vor einem solchen (!) Mega-Ereignis präventiv schützen könnte, abzuleiten. Es gibt Naturkatastrophen,

die sich wegen ihrer extremen Seltenheit und ihren extremen Auswirkungen einer effektiven Vorsorge entziehen. Auch ein noch so ausgeklügeltes Frühwarnsystem (vgl. Abschn. 5.5) wird dies nicht verhindern können (vergleichbar zu der Erdbebenkatastrophe in Haiti im Jahr 2011 mit 220.000 Toten auf einer Fläche von nicht einmal 100 km^2). Dennoch werden in allen tsunamiexponierten Ländern umfangreiche bauliche und administrative Vorkehrungen getroffen, um die Küstenbewohner nachhaltig zu schützen, allen voran Japan. Dort wird neben einem umfassenden Erdbeben- und Meeresspiegel-Monitoring auch an der Verstärkung des Küstenschutzes gearbeitet. In Japan wurden bisher etwa 400 km Küste tsunamigerecht ausgebaut, lokal wurden richtige „Abwehrbollwerke" von mehr als 10 m Höhe errichtet.

Das beste Mittel, frühzeitig vor einem Tsunami gewarnt zu werden, wird im Aufbau von regionalen „Frühwarnsystemen" gesehen, wie es zum Beispiel das „Indonesian Tsunami Early Warning System" (InaTEWS) für den Indischen Ozean darstellt. Schon wenige Tage nach dem Tsunami bot Deutschland der indonesischen Regierung an, beim Aufbau eines Tsunami-Frühwarnsystems „German Indonesian Tsunami Early Warning System" (Gitews) zu helfen (vgl. Abschn. 5.5.3). Die Bundesregierung stellte dafür 50 Mio. € zur Verfügung. Das System basiert auf einer Integration in das weltweite Erdbebenmonitoring (Lokalität, Magnitude, eventueller Krustenversatz) sowie in einer Verschneidung mit Informationen zur Meeresoberfläche (Druckänderung bei höherem Meeresspiegel). Ursprünglich war vorgesehen, eine Serie von 22 „Tsunamometern" entlang der Südküste Indonesiens aufzubauen und die Signale in Echtzeit über sogenannte „DART"-Bojen (via Satellit) an die Frühwarnzentrale in Jakarta zu übermitteln. Doch sowohl der technische Aufwand (Signalübertragung im Salzwasser) als auch der wiederholte Verlust der Bojen durch Diebstahl ließ von diesem Konzept abrücken. Ironie des Schicksals: Gerade diejenigen, die durch das Frühwarnsystem geschützt werden sollten, entwendeten die Bojen. Die Erfassung der seismischen Signale beruht heute daher vor allem auf den internationalen Erdbebennetzen. Inzwischen ist das Frühwarnsystem in Betrieb und konnte schon mehrfach seine Funktionsfähigkeit beweisen. Technisch werden die einkommenden Signale über ein eigens dafür aufgestelltes Rechenprogramm verarbeitet. Ein solcher Rechenvorgang dauert in der Regel bis zu mehrere Stunden. Um aber dennoch (in der für Indonesien notwendigen Vorlaufzeit von weniger als 5 min warnfähig zu sein, wurde ein Katalog von 3500 Szenarien vorab berechnet, deren Parameter dann mit den einkommenden Signalen verglichen werden – eine Rechenoperation dauert nicht einmal 2–3 min.

Eine oft gestellte Frage ist, wie man eine tsunamiinduzierte Welle von einem „normalen" Seegang unterscheiden kann. Abb. (3.14) zeigt links den „harmonischen" Wellentyp eines

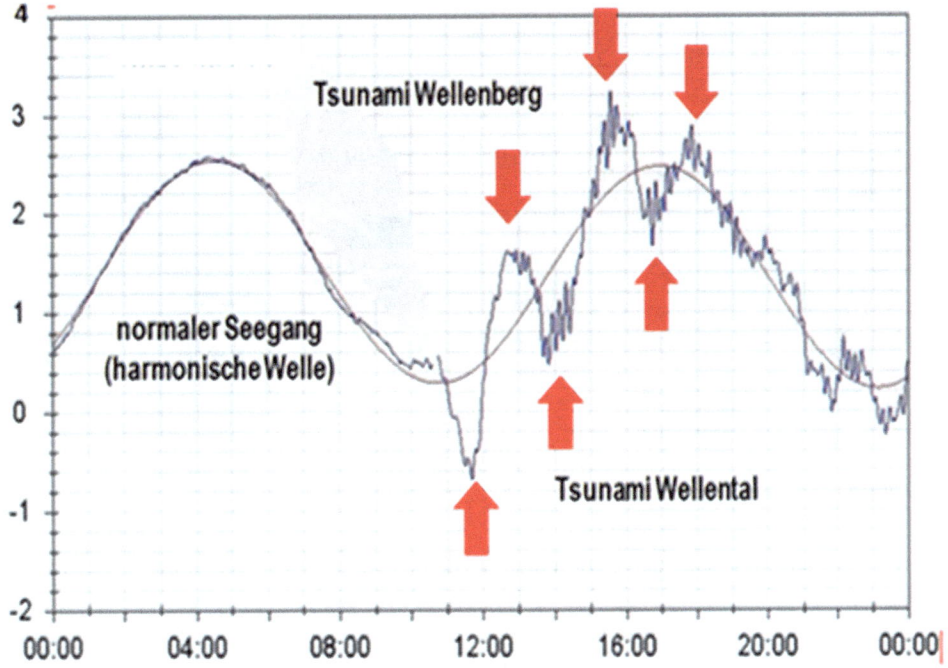

Abb. 3.14 Unterscheidung von einem „normalen" Seegang und einem Tsunami-Signal

normalen Seegangs (Gezeitenwelle), rechts, wie sich ein kurzfristiger Tsunami („unharmonisch") im Wellenbild darstellt.

Im Falle eines Erdbebens mit einem drohenden Tsunami erfolgt in vielen Ländern der Erde eine Katastrophenwarnung durch lokal installierte Warnungen; z. B. durch Sirenen. Die Warnungen können aber auch durch Radio, Printmedien oder das Fernsehen verbreitet werden. Radio und Fernsehen sind schnell, sind aber nicht in jedem Haushalt verfügbar. Zeitungen sind in der Regel bereits einen Tag alt. Sirenen haben den Nachteil, dass sie nicht über die Art der Gefahr informieren. Zudem versetzen sie die Menschen oftmals in Panik und führen dazu, dass die Menschen nicht mehr rational handeln. Sirenenwarnungen sollten daher immer mit einer intensiven Schulung der Menschen verbunden sein. Am 09.04.2007 testete man an der thailändischen Küste ein neu aufgebautes Tsunami-Sirenenwarnsystem. Die Menschen gerieten durch die zuvor nicht angekündigte (!) Testwarnung derart in Panik, dass die Übung umgehend abgesagt werden musste. In der letzten Zeit nimmt die Alarmierung durch Mobilfunk weltweit deutlich zu. Es ist heute für jedermann möglich, sich über sein Handy/Smartphone warnen zu lassen. Die so gewarnte Bevölkerung muss dann aber noch wissen, wohin sie sich vor den herannahenden Fluten in Sicherheit bringen kann. Dazu müssen zuvor sogenannte *„safe heaven"*-Sicherheitszonen eingerichtet sein. Schilder in den Straßen müssen so aufgestellt sein, dass jedermann den kürzesten Weg dorthin findet. Ein sinnvolles Gesamtsicherheitskonzept müsste des Weiteren gezielt die wichtigsten Versorgungseinrichtungen

(Krankenhäuser, Kraftwerke, Feuerwehr) möglichst außerhalb der hochwassergefährdeten Stadtgebiete ansiedeln (Abb. 3.15). Dies ist ein Prozess, der im Allgemeinen als *„last mile"* bezeichnet wird (Taubenböck et al. 2009; Basher 2006).

Tab. 3.6 gibt einen Überblick, anhand welcher Kriterien in verschiedenen Ozeanregionen aus einem Erdbebenereignis eine Tsunamifrühwarnung abgeleitet wird.

International hat sich das folgende Emblem für „Tsunami Escape Route" eingebürgert (Abb. 3.16).

3.4.2.3 Beispiele für Tsunamis

Indischer Ozean (Sumatra 2004)
Am 26. Dezember 2004 ereignete sich gegen 8:00 Uhr morgens etwa 90 km vor der Südküste Sumatras eines der schwersten Erdbeben der letzten 50 Jahre (M9,1). Das Erdbeben verlief ausgehend vom Epizentrum nördlich der Inseln Nias und Simeulue entlang der Subduktionszone vor Sumatra nach Norden über die Inselgruppe der Nikobaren bis zu den Andamanen. Von seinem Hypozentrum in etwa 30 km Tiefe bis zu seinem Ende brauchte das Beben ca. 7 min, was bei einer Entfernung von 1100 km eine Geschwindigkeit von 2,5–2,9 km/s (=10.000 km/h) ausmacht. Der Prozess des Erdbebenverlaufs entlang der Störungszone kann mit dem Öffnen eines Reißverschlusses verglichen werden. Auf diesem Pfad löste das Beben mehrere Tsunamis aus, die sich dann über den ganzen Indischen Ozean verbreiteten (Krüger und Ohrnberger 2005). Auslöser des Erdbebens wiede-

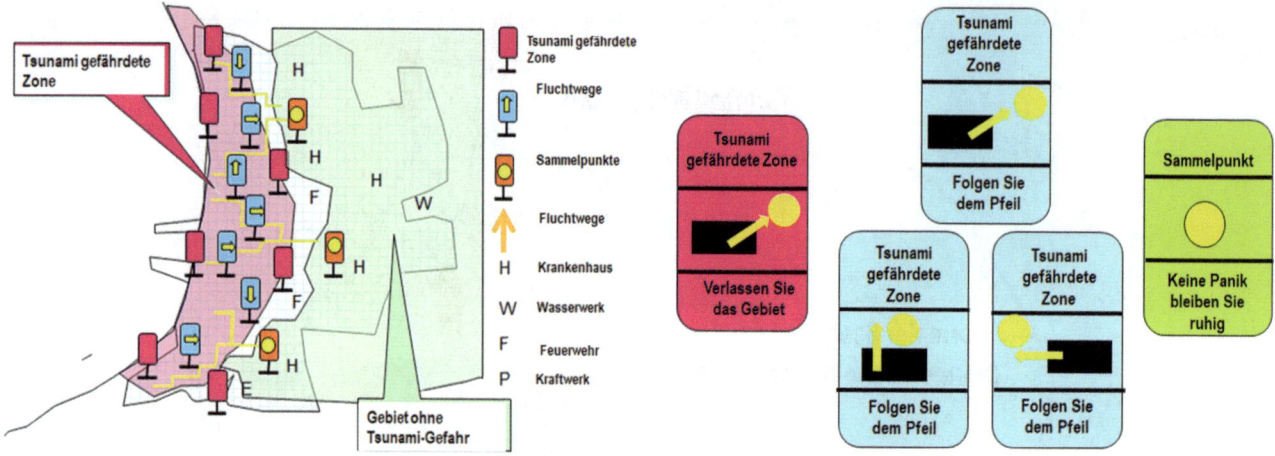

Abb. 3.15 Evakuierungsplan bei einem Tsunami

rum könnte ein anderes Beben zwei Tage zuvor am anderen Ende der Indisch-Australischen Platte gewesen sein – Stärke M 8,1 mit einem Epizentrum zwischen Australien und der Antarktis („antipodische" „Beben"; vgl. Abschn. 3.4.1). Die seismischen Wellen des Erdbebens erreichten zum Beispiel die 9000 km entfernte Erdbebenwarte des GFZ in Potsdam 12 min. Weltweit konnten die Erschütterungen auf den seismischen Stationen nachgewiesen werden. In den nächsten Tagen folgten täglich etwa 25 Nachbeben mit Stärken um M5,5. Bei den Nikobaren kam es drei Stunden nach dem Hauptbeben zu einem Nachbeben der Stärke M7,1. Ob das Erdbeben auf der Insel Nias am 28. März 2005 mit einer Magnitude von M8,7 als eigenständiges Erdbeben anzusehen ist oder als ein starkes Nachbeben, ist derzeit noch umstritten. Eine Folge der Verschiebung der tektonischen Platten (Subduktionsgeschwindigkeit 50–60 mm/Jahr) war das Versinken von 15 kleineren der 572 Inseln der Anda-

manen und Nikobaren unter den Meeresspiegel, während auf der Insel Simeulue es lokal zu einem Auftauchen von Korallenbänken bis zu 1 m über NN kam (Sieh, 2005). Darüber hinaus wurden die Nordwestküste Sumatras, die dem Epizentrum am nächsten gelegene Insel Simeulue sowie die Nikobaren und die Andamanen um 15–20 m in südwestliche Richtung verschoben (Chlieh et al. 2007).

Direkter Auslöser des Tsunamis war, dass sich im Verlauf der Subduktion der Indischen unter die Eurasische Platte aufgebaute Energie ruckartig entlastete und dabei ein Teil der Krusten vertikal nach oben „sprang" (Abb. 3.17). Der Versatzbetrag wird nach unterschiedlichen Quellen mit 7–10 m angegeben. Die Hebung brachte die gesamte an dieser Stelle mehr als 5000 m hohe Wassersäule in Bewegung. Die Folge waren sich konzentrisch ausbreitende Tsunamiwellen, deren Verlauf quer über den Indischen Ozean eindrucksvoll in verschiedenen Simulationen dargestellt wor-

Tab. 3.6 Tsunamifrühwarnung auf der Basis von Erdbebenparametern

Erdbeben				Information	
Region	Lokalität	Herdtiefe	M	Typ	Tsunamiwarnung
Karibik	Untermeerisch Sehr küstennah	Undefiniert	<6,0	–	Keine Erdbeben ist zu klein oder zu weit im Inland
			6,5–7,0	Info	
	Weit im Inland		>6,0	Info	
Atlantik	Untermeerisch Sehr küstennah	Undefiniert	<6,5	–	Keine Erdbeben ist zu klein oder zu weit im Inland
			6,5–7,0	Info	
	Weit im Inland		>6,5	Info	
Karibik Atlantik	Untermeerisch Sehr küstennah	>100 km	>7,1	Info	Keine Erdbeben ist zu klein
		<100 km	7,1–7,5	Tsunamiwarnung	Gefahr innerhalb 300 km Radius
			7,6–7,8		Gefahr innerhalb 1000 km Radius
			>7,8		Gefahr innerhalb 3 h Radius
Atlantik	Untermeerisch Sehr küstennah	>100 km	>7,9	Info	Gefahr innerhalb 3 h Radius

Abb. 3.16 Internationales Emblem für „Tsunami Escape Route"

Abb. 3.18 Tsunamihöhe von 22 m bei Lhok Nga. (Eigene Aufnahme)

den sind. Während in Thailand (Phuket, Khao Lak) der Tsunami zuerst mit einem Wellental voran auf die Küste traf, kam er in anderen Regionen um Banda Aceh zuerst mit einem Wellenberg an. Der Welle folgte eine Serie von 6–7 Wellenbergen mit unterschiedlichen Höhen, von denen der letzte der höchste war. Bei Lhok Nga (dem Epizentrum beinahe genau gegenüberliegender Küstenstreifen der Provinz Banda Aceh) konnte der Autor die Höhe der Flutwelle von 22 m selbst in Augenschein nehmen (Abb. 3.18). Lokal ist es sogar zu Fluthöhen von mehr als 30 m gekommen, wenn dem Tsunami eine morphologische „Rampe" im Wege stand (vgl. Lituya Bay). Der Tsunami traf von der Stadt Meulaboh an der Westküste Sumatras bis um die Landspitze von Sumatra herum bis zur Stadt Lhokseumawe in der Straße von Malakka aufs Land. Er drang in die tieferliegenden Küstenabschnitte im Mittel 1–2 km ein, zum Teil sogar bis zu 7 km. Anhand von Satellitenbildern war

schon wenige Tage nach der Katastrophe das wahre Ausmaß für jedermann sichtbar. Der Tsunami von 2004 ist die am besten dokumentierte Naturkatastrophe der letzten Jahrzehnte. Dies liegt zum einen daran, dass die engmaschige Satellitenobservierung sofort ein umfassendes Bild des Ausmaßes der Katastrophe erlaubte. Zum anderen wurden in Thailand vor allem Touristenzentren getroffen, wobei viele Touristen mit ihren Handys/Smartphones die Zerstörungen unmittelbar dokumentierten.

Nach weltweiten Erkenntnissen ist die Auflaufhöhe eines Tsunamis normalerweise doppelt so hoch wie die Höhe des

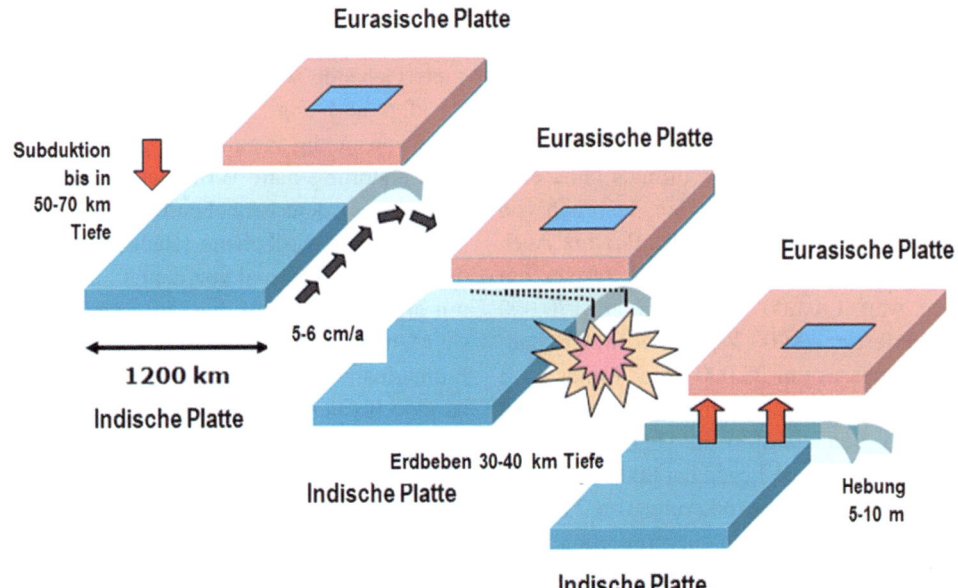

Abb. 3.17 Schematischer Ablauf der Tsunami-Entstehung, Beispiel: Tsunami 2004, Indonesien

Krustenversatzes, der zu dem Tsunami geführt hat *(„run-up height")*. Eine weitere Faustregel (nach Bryant 2001) ist, dass die Anlaufhöhe im Allgemeinen dem Zehnfachen der Tsunamiwellenhöhe entspricht (eine Wellenhöhe von 0,5 m im Meer würde zu einer Anlaufhöhe von 5 m führen). Aber auch die Küstenmorphologie bestimmt, wie weit das Wasser ins Land eindringen kann *(„inundation distance")*. Bei einer Steilküste wird dies nur wenige Meter betragen, aber bei einer leicht ansteigenden Morphologie kann die Flut bis viele Kilometer ins Landinnere eindringen. Bei Khao Lak wurde ein Schiff der Küstenwache mehr als 4 km weit ins Land versetzt. Die größten Zerstörungen werden durch die Wellenberge verursacht, daneben aber auch durch die große Sogkraft der Wellentäler. Ein dicht besiedeltes Küstengebiet mit Gebäuden in Küstennähe oder ein mit Bäumen und Sträuchern bedeckter Küstenstreifen verhindern mit ihrer höheren „Rauhigkeit" (Schlurman und Goseberg 2008), dass die Flut weit ins Landesinnere eindringt. Je dichter ein vom Tsunami exponiertes Gelände mit Gebäuden bebaut oder Bäumen und Vegetation bedeckt ist, desto weniger weit dringen die Wellen ins Landesinnere ein.

Nach Schätzungen starben bei dem Tsunami rund um dem Indischen Ozean etwa 230.000 Menschen – davon allein in Indonesien rund 170.000 (nach Angaben der Regierungen von Indien, Indonesien, den Malediven, Sri Lanka und Thailand sowie der Vereinten Nationen). Über 110.000 Menschen wurden verletzt und mehr als 1,7 Mio. Küstenbewohner wurden obdachlos. Darin eingerechnet waren aber nicht solche Opfer, die sich als Folgewirkung des Tsunamis eingestellt hatten. Die genaue Zahl der Toten hat sich daher nicht feststellen lassen. Einen Anhaltspunkt für das Gesamtausmaß der Opferzahl lässt sich anhand der als vermisst gemeldeten Personen ablesen, die zusammen noch einmal etwa 50.000 ausmachen – auch deshalb, weil als Opfer nur solche gezählt werden, die auch durch forensischen Personalabgleich eindeutig identifiziert werden können. Die große Hitze und die große Anzahl der Toten aber machte es nötig, die Opfer schnell und oftmals ohne eine solche Identifizierung zu beerdigen, um den Ausbruch von Seuchen zu verhindern. Fest steht, dass die Provinz Aceh von allen Regionen rund um den Indischen Ozean am stärksten betroffen war: 130.000 Tote bestätigt, 170.000 geschätzt, 70.000 Verletzte, 40.000 Vermisste. In der Stadt Banda Aceh selbst waren es um 25.000 Tote. Weiter nach Westen nahmen die Opferzahlen schnell ab (Sri Lanka 40.000, Indien 10.000, Somalia 300). In Thailand wurden 5000 Tote gemeldet, Schätzungen liegen bei 8000 Toten.

In der Provinz Aceh war die Bevölkerung von 2,8 Mio. Menschen aus verschiedenen Gründen überproportional betroffen. Zum einen war sie im Schnitt relativ jung (60 % unter 26 Jahre) und es hatte vor allem die urbanen Zentren getroffen: Bireuen (350.000 Menschen?) Nord Aceh (330.000), Ost Aceh (300.000) und Banda Aceh selbst

(230.000). Des Weiteren handelt es sich bei Aceh um eine der entfernten Provinzen des Landes, deren soziale und technische Infrastruktur dementsprechend wenig entwickelt war. Die Bevölkerung machte damals zwar nur 2 % der indonesischen Bevölkerung aus, die Arbeitslosenquote aber lag beispielsweise mit 10 % über dem nationalen Durchschnitt. Fast 30 % der Bewohner galten als arm, obwohl die Provinz aus den Erträgen der Erdöl-/Erdgas-Förderung 2 % zum nationalen Bruttoinlandsprodukt beitrug. Auch wenn die Erlöse 43 % des lokalen BIP ausmachten, hatte sich die Provinz sozial nicht wirklich entwickeln können. Ein weiterer Grund für die schlechte wirtschaftliche und soziale Lage vor dem Tsunami war, dass die Provinz wegen eines 25 Jahre andauernden bewaffneten Konflikts der lokalen Befreiungsbewegung „Gerkan Aceh Merdeka" (GAM) mit der Zentralregierung, dem mehr als 10.000 Menschen zum Opfer fielen, unter Militärverwaltung gestellt worden war. Der Konflikt hatte dazu geführt, dass die Provinz hermetisch von dem Rest des Landes abgeriegelt war und Investitionen in Infrastruktur und den sozialen Sektor (Gesundheit usw.) ausblieben. Eine positive Folge des Tsunamis war, dass sich beide Konfliktparteien im August 2005 in Helsinki unter Vermittlung des finnischen Staatspräsidenten auf ein Ende des Konfliktes verständigten.

Der Tsunami hatte vor allem Frauen, Kinder und Ältere getroffen. Dies lag zum einen daran, dass die Katastrophe sich am Sonntagvormittag ereignete, wo traditionell die Männer auf den Märkten einkaufen und Frauen, Kinder und Ältere zu Hause bleiben. Viele Menschen waren durch das Erdbeben alarmiert auf die Straße gelaufen, auch um andere aus ihren eingestürzten Häusern zu bergen und wurden dabei von den Tsunamiwellen überrascht. Ferner lag eine Vielzahl an kleineren Dörfern weit ab von den „Hauptverkehrswegen" und war daher nur schlecht zu erreichen. Viele Gebäude waren schon durch das Erdbeben stark geschädigt und wurden durch den nachfolgenden Tsunami dann vollständig zerstört. Es gibt Schätzungen, dass 30 % der Zerstörung hätte verhindert werden können, wenn die Bausubstanz dem Erdbeben besser standgehalten hätte. Die Trümmer des Erdbebens (Bäume, Holzbalken usw.) wurden dann noch einmal von dem Tsunami aufgenommen und mit großer Wucht auf die Küste geworfen. Dort erschlugen sie Menschen, zerstörten Brücken, Telefonmasten usw., wie Filmaufnahmen eindrucksvoll belegen. Eine weitere Folge ist eine bis heute andauernde Traumatisierung vieler Menschen durch den Verlust von Angehörigen, aber auch durch den Anblick der vielen Leichen in den Straßen.

Nach Angaben der Weltbank (WB, 2005) beliefen sich die ökonomischen Schäden auf 4,5 Mrd. US$. Die Schäden waren zu fast 80 % an privaten Gütern entstanden (Gebäude, Tiere, Landwirtschaft, Fischerei, Transportsektor) mit etwa 3 Mrd. US$ (63 % der Schadenssumme). Dies führte dazu, dass vor allem die sozialen Strukturen der Gesellschaft grundlegend verändert wurden („*livelihood resilience*"). Im öffentlichen Sektor war es vor allem die kritische Infrastruktur (soziale Dienstleistungen, Wasser-/Stromversorgung, Kommunikation), die am meisten in Mitleidenschaft gezogen war (1,1 Mrd. US$; 25 % der Schadenssumme). Ein wesentlicher Teil der Schäden war aber unter Wasser entstanden: Die zum Teil vollständige Zerstörung der die Küste schützenden Korallenriffe (Schäden von mehr als einer halben Mrd. US$).

Es dauerte 2–3 Tage, bis die internationale Öffentlichkeit des Ausmaßes der Katastrophe gewahr wurde. Bis dahin war die lokale Bevölkerung mehr oder weniger auf sich allein gestellt. Dann traf das Militär ein und begann mit ersten grundlegenden Hilfen. In der zweiten Woche trafen die ersten internationalen Hilfsorganisationen (NGOs) ein. Schon damals begann sich abzuzeichnen, dass die Hilfen wenig bis gar nicht koordiniert abliefen. Im Laufe der nächsten beiden Wochen erschienen etwa 250 verschiedene Hilfsorganisationen. Eine bis dahin ungeahnte Welle der Hilfsbereitschaft zeichnete sich ab. Die internationalen Geber fanden sich in dem sogenannten „Pariser Club" zusammen und Weltbank und der Internationale Währungsfonds verkündeten ein Rückzahlungsmoratorium für die indonesischen Kredite. Die indonesische Regierung stellte 5 Mio. US$ an Soforthilfe zur Verfügung und verkündete ein Dreipunkteprogramm zum Wiederaufbau: 1. unbürokratische Nothilfe, 2. kurzfristige Wiederherstellung der sozialen und rechtlichen Ordnung, 3. mittelfristiger Wiederaufbau von Ökonomie und Administration (Jayasuriya und McCawley 2010). In der Folge wurde eine Koordinierungsstelle eingerichtet, um eine bessere Abstimmung zwischen den Gebern und der indonesischen Regierung zu gewährleisten („Consultative Group on Indonesia", CGI). Des Weiteren der sogenannte „Multi Donor Fund" (MDF) für das operative Finanzmanagement. Damals konnten 1,7 Mrd. US$ eingesammelt werden: 1,2 Mrd. US$ als nicht rückzahlbarer Zuschuss und der Rest als Kredit mit langer Laufzeit. Die Asian Development Bank (ADB) ihrerseits richtete einen Hilfsfonds von 600 Mio. US$ ein. Laut indonesischer Regierung hatten sich bis Ende 2005 78 Länder und 30 private Organisationen (NGOs) bereit erklärt, finanzielle und technische Hilfe zu leisten. Alles zusammen belief sich die Hilfe auf 6,1 Mrd. US$ – bis Ende 2009 waren es sogar 9,1 Mrd. US$. Die Gelder (sowohl von der indonesischen Regierung als auch den internationalen Gebern) wurden in den „Multi Donor Fund" (MDF) eingezahlt, der dann die Gelder den lokalen Administrationen in Aceh und den NGOs zuwies.

Das Hauptanliegen der Bevölkerung war der Wiederaufbau der zerstörten Häuser. Dazu war es zunächst nötig, die ehemaligen Besitzrechte der Hauseigentümer zu rekonstruieren. Eines der zentralen Probleme stellten die zerstörten „Landmarken" dar. Es konnte daher in vielen Fällen nicht

mehr nachvollzogen werden, wem welches Grundstück vormals gehört hat. Zudem konnten viele Witwen ihre Rechte kaum geltend machen, da sie weder über persönliche Papiere (Personalausweis usw.) noch über Besitzurkunden verfügten. Es wurde daher eine „Diskussionsplattform" („Reconstruction of the Aceh Land Administration System", RALAS) eingerichtet und im Laufe von mehreren Monaten konnten die meisten Besitzverhältnisse rekonstruiert werden (Fenzel 2010). Bis Ende 2005 konnten 60.000 Familien mit 300.000 Menschen in ihre teilweise reparierten Häuser einziehen, bis Ende 2006 waren es schon 100.000 Familien. Um die Lebensbedingungen zu verbessern, konzentrierte man sich zunächst auf eine Rehabilitierung der Landwirtschaft und der Fischerei. Bis Ende 2006 konnten 50.000 Hektar Land (70 % der zerstörten Landfläche) zur Bewirtschaftung wiederhergestellt werden. Saatgut und Pflanzen wurden kostenlos von der Regierung zur Verfügung gestellt. Der Hafen von Banda Aceh wurde neu gebaut, 44.000 Fischerboote angeschafft sowie 6800 ha Ponds für Aquakulturen angelegt. Mikrokredite wurden bereitgestellt, um den Kleinhandel zu beleben. Auch konnte durch „*cash-for-work*" vielen Menschen kurzfristig Einkommen und Arbeit gegeben werden. Es gelang so etwa 50 % der Bevölkerung über 10 Jahre zu beschäftigen, die meisten von ihnen selbständig im informellen Sektor. 750 Schulen wurden gebaut und etwa 5400 Lehrkräfte eingestellt. 10 Jahre nach der Katastrophe wurde „Aceh" als Erfolgsgeschichte für einen gelungenen Wiederaufbau gefeiert.

Maumere (Flores, Indonesien) – Biak (Irian Jaya, Indonesien)

Die küstennahe Meeresbodenmorphologie definiert auch den Weg eines Tsunamis. Wie stark die Morphologie einen Tsunami beeinflussen kann, zeigte sich beim Tsunami von 1992 in der Stadt Maumere (auf der Insel Flores), wo der Tsunami lokal eine mehr als 12 m hohe, leicht seewärts geneigte Kalksteinformation überflutete, wohingegen in der Stadt selbst die Wasserauflaufhöhe nur 3–5 m betrug. In einem sehr ebenen, flach gelegenen Gelände mit geringer morphologischer Rauhigkeit kann die Eindringtiefe ins Landesinnere bis zu mehreren Kilometern betragen („*inundation distance*"). Dadurch wurde z. B. 2004 ein thailändisches Marineschiff bei Khao Lak fast 4 km landeinwärts versetzt. Im Gegensatz dazu kann ein Tsunami bei einer steilen Klippe eine Auflaufhöhe von mehr 20 m erreichen („*run-up height*").

Ein eindrucksvolles Beispiel, wie die Wellenausbreitung um ein „Hindernis" (Insel) herumlaufen kann, ist die Insel Biak (Irian Jaya, Ostindonesien). Dort traf 1996 ein Tsunami auf die fast perfekt runde Insel. Der Tsunami näherte sich der Insel von Osten mit Wellenhöhen von 1–2 m, wanderte auf beiden Seiten um die winzige Insel herum und die

Wellen addierten sich schließlich auf der Leeseite zu einer Höhe von 4–5 m. Dabei überschwemmten die Wellen zwei kleine Dörfer und töteten 107 Menschen (Matsutomi et al. 2001).

Palu (Sulawesi, Indonesien)

Die Gegend der Stadt Palu in Zentralsulawesi wurde am 20.September 2018 von einer Serie von Erdbeben erschüttert. Drei Beben (M9,0; M5,0; M5,3) waren im Zeitraum von 14:00 bis 15:00 Uhr dem Hauptbeben vorangegangen. Das stärkste Beben mit einer Magnitude von M7,7 ereignete sich gegen 18:00 Uhr und hatte sein Epizentrum etwa 70 km nordwestlich von Palu. Das Erdbeben war insofern eine Besonderheit, da es nicht in der Nähe einer aktiven Plattengrenze ausgelöst wurde, sondern sich innerhalb der Eurasischen Platte ereignete. Solche Verwerfungen werden auch als *„intraplate mega thrust fault"* bezeichnet. Dabei kam es östlich der Nord-Süd verlaufenden Karo-Störung zu einem vertikalen, tsunamogenen Versatz der Kruste. Schon im Jahr 2008 hatten Bellier et al. (1998) von Krustendeformationen in dieser Region berichtet, beruhend auf einer Analyse eines Erdbebens aus dem Jahr 1996 (Hebungen von 15 mm westlich und Senkungen von (relativ dazu) 20 mm östlich der Störung). Der Krustenversatz von 2018 generierte einen Tsunami und führte zudem weit verbreitet zu Bodenverflüssigungen (*„liquefaction"*) im ganzen Stadtgebiet, die dann Hangrutschungen an den Hängen des relativ schmalen Tals auslösten.

Nach Angaben der nationalen Katastrophenschutzbehörde (BNPB) wurden durch das Ereignis in Palu und den umliegenden Gemeinden Donggala, Sigi und Parigi Moutong 2256 Menschen getötet, 4612 verletzt und mehr als 220.000 Menschen obdachlos. Fast 70.000 Häuser, 300 Moscheen und 250 Schulen wurden zerstört. Es wird angenommen, dass die große Zahl an zerstörten Häusern auf zunächst gravierende Schäden an der Bausubstanz durch das Erdbeben verursacht wurden. Durch den Tsunami (bis etwa 3 km landeinwärts) und danach noch weiter im Stadtzentrum durch die massiven Rutschungen und Bodenverflüssigung wurden die Häuser dann vollends zerstört; die meisten in den *„residential areas"*, also nicht in direkter Küstennähe. BNPB schätzte den Schaden auf etwa 900 Mio. US$. Die hohe Opferzahl ist dadurch zu erklären, dass an diesem Abend der 40. Jahrestag der Stadtgründung von Palu gefeiert werden sollte und daher viele Bewohner sich schon am Nachmittag direkt am Strand eingefunden hatten, um für ihre Aufführungen zu proben. Augenzeugen berichteten von heftigen Erschütterungen und einem lauten Geräusch („Paukenschlag"). Sekunden später stürzte die große Brücke am Strand ein. Zwei, drei Minuten später traf die erste von drei Flutwellen auf den Strand. Landeinwärts brachte *„liquefaction"* einen breiten Hangabschnitt ins Rut-

schen. Tausende von Häusern stürzten ein. Der Strom fiel aus, da viele der sieben Kraftwerke zerstört wurden. Schon kurz nach dem Ereignis begannen viele Überlebende über Facebook und andere Kanäle Informationen zu verbreiten. Ein Suchdienst wurde eingerichtet. Da auch der (einzige) Regionalflughafen in Palu schwer beschädigt wurde, wurden für die nächsten 2 Tage nur Hilfs- und Versorgungsflüge erlaubt. Die Armee entsandte umgehend 700 Mann. Unmittelbar nach dem Erdbeben hatte das „National Geophysical Institute" in Djakarta eine Tsunamiwarnung herausgegeben, die aber eine Stunde später (17:39 Uhr) von der Nationalen Katastrophenschutzbehörde (BMKG) wieder kassiert wurde, da – so BMKG – kein Anstieg des Meeresspiegels oder seismische Erschütterungen zu beobachten gewesen wären (*„A tsunami does not occur. Conditions are safe and people can return to their place"*). Nach eigenen Informationen hatte sich BMKG vor allem auf Daten seiner seismischen Monitoringstation etwa 200 km entfernt von Palu bezogen. Für diese Fehlentscheidung hatte BMKG daraufhin (zu Recht) viel Kritik einstecken müssen.

Als Folge der Bodenverflüssigungen war es zu mindestens vier Hangrutschungen (*„soil creeping"*) gekommen (Mason et al. 2019), die bei Hangneigungen von nur 2–4° auftraten. Dies und das verbreitete Auftreten von Sanddiapiren (*„sand boils"*) wird als Indikator für intensive Bodenverflüssigung gewertet. Daraus leiten Mason et al. ab, dass etwa 4300 Todesopfer (80 %) darauf zurückzuführen sind. Drei der vier Hangrutschungen traten zudem noch in räumlicher Nähe von offenen Wasserabflusskanälen im Abrissgebiet auf. Die Zerstörung der Kanalwände ließ viel Wasser in den Boden eindringen und führte zu einem höheren Grundwasserspiegel. Darin wird die eigentliche Ursache der weitreichenden Zerstörungen an der Ostseite des Tales unterhalb des Flughafens („Petobo-Hangrutschung") gesehen. Videoaufnahmen von dem Ereignis zeigen, in welchem räumlichen Ausmaß und in welcher kurzen Zeit die „Petobo-Rutschung" schlammreich und in jedes Haus eindrang. Viele Häuser dieses Stadtteils *„were virtually wiped out by the powerful quake and wall of water that devastated Palu"*, so ein Augenzeuge.

3.4.3 Vulkane

Eine Zusammenstellung historischer Quellen über Vulkanausbrüche seit 1900 ergab, dass seitdem mehr als 500 Mio. Menschen weltweit einer potenziellen Gefahr vulkanischer Ausbrüche ausgesetzt sind (Doocy et al. 2013). Bei Eruptionen in diesem Zeitraum waren fast 100.000 Menschen ums Leben gekommen – fast 150.000 wurden verletzt und fast 5 Mio. Menschen waren danach auf medizinische, technische und soziale Unterstützungen angewiesen („Betroffene"). Die Haupttodesursache war das

Eindringen von vulkanischen Aschen in die Atemwege und Verbrennungen durch Glutwolken. 84 % der Todesopfer in dem untersuchten Zeitraum waren allein auf vier Vulkanereignisse zurückzuführen; u. a. Mount Pelée auf Martinique mit 30.000 Toten hatte die größte Opferzahl im 20. Jahrhundert, der Krakatau-Ausbruch 1863 auf Indonesien mit 35.000 Toten, der Nevado del Ruiz in Kolumbien mit 23.000 Toten. Dabei ist trotz der Fülle an Daten davon auszugehen, dass die Opferzahlen noch viel höher liegen. So wird angenommen, dass in historischer Zeit mehr als 250.000 Menschen Vulkanausbrüchen zum Opfer gefallen sein könnten. Es kann des Weiteren festgestellt werden, dass die weltweite Bevölkerungszunahme und die mit ihr verbundene Urbanisierung und Änderungen der Landnutzung immer häufiger und umfassender zur Besiedelung vor allem der Flanken aktiver Vulkane führt, auch wenn diese dafür eigentlich nicht geeignet sind. Daher wird auch die Vulkanexposition in den Gebieten, die nahe an Vulkanen liegen, wie in Mexiko City (Popocatépetl) oder Neapel (Vesuv) stark zunehmen.

Der Name „Vulkan" stammt aus dem Lateinischen und bedeutet „Gott des Feuers". Die Einwohner der Insel La Reunion (Indischer Ozean) nennen ihren Vulkan „Piton de la Fournaise", was so viel wie „Glutofen" heißt. Die Mexikaner nennen einen ihrer Vulkane „Popocatépetl" („rauchender Berg"). Eine der Äolischen Inseln Italiens trägt daher sogar den Namen „Vulcano".

Vulkane stellen einerseits seit jeher eine Bedrohung für die an ihren Flanken siedelnden Menschen dar, aber auch für Menschen, die ganz woanders auf der Erde leben – so zum Beispiel durch Aschewolken, die mehrfach in der Atmosphäre den Globus umkreisen (1816: „Das Jahr ohne Sommer"). Andererseits zeichnen sich vulkanische Gegenden – wenn verwittert – durch eine hohe Bodenfruchtbarkeit aus.

Weltweit werden etwa 1900 Vulkane als potenziell aktiv eingestuft. Von denen wiederum sind etwa 1500 aktiv. Darunter fallen alle Vulkane, die in den letzten 10.000 Jahren ausgebrochen sind. Dennoch gibt es Vulkane, die einen viel längeren Eruptionszyklus aufweisen und mehrere 100.000 Jahre pausieren können, wie z. B. der Yellowstone-Vulkan. Er ist seit 600.000 Jahren nicht mehr ausgebrochen, zeigt aber dennoch ständig vulkanische Aktivität (Hebung/Senkung der Magmakammer). Mehr als 90 % der auf der Erde aktiven und (heute) inaktiven Vulkane liegen auf den Plattengrenzen und werden daher auch als „Plattengrenzen-Vulkane" bezeichnet. Im Gegensatz dazu werden Vulkane, die innerhalb der Lithosphärenplatten auftreten, als „Intraplattenvulkane" bezeichnet (Pichler 2006). Dazu gehören auch Vulkane, die entlang von kontinentalen Gräben auftreten (Kaiserstuhl, Oberrheingraben), aber auch Vulkane, die über sogenannten „Hot Spots" entstehen.

Es wird unterschieden in Vulkane, die „aktiv" sind, und solche, die „nicht mehr aktiv" sind:

- **Ausbrechend:** Ein Vulkan hat zurzeit (regelmäßige) Eruptionen/Explosionen.
- **Aktiv:** Ein Vulkan hatte in den letzten 10.000–20.000 Jahren seine letzte Tätigkeit. Ein aktiver Vulkan kann gerade Ausbrüche haben oder sich in einer Ruhephase befinden.
- **Ruhend:** Ein aktiver Vulkan, der keine Tätigkeit zeigt, aber in Zukunft wieder erwachen kann. Zahlreiche Vulkane haben in ihrer Tätigkeit lange Ruhephasen, die 50, 100, 1000 oder sogar 10.000 Jahre anhalten können.
- **Erloschen:** Ein Vulkan, der seit 10.000 Jahren nicht mehr tätig ist. Trotzdem gibt es auch Vulkane, die erst nach mehreren Hunderttausend Jahren wieder ausbrechen können. Vulkane an „Hot Spots" gelten als erloschen, wenn sie über die im oberen Erdmantel aufsteigende Diapire hinweg gewandert sind. Somit sind bei Vulkanketten, die durch einen „Hot Spot" entstanden sind, immer nur die jüngsten Vulkane aktiv, die sich gerade über dem „Hot Spot" befinden.

3.4.3.1 Magma und Lawa

Drei Prozesse, durch die Magma entstehen kann, werden unterschieden. Zum einen kann das Material des Erdmantels durch eine Zufuhr von Wärme (Manteldiapir) zum Schmelzen gebracht werden. Dieser Vorgang trägt allerdings nach aktuellen Erkenntnissen nur zu einem kleinen Teil zur Magmaproduktion des Planeten bei. Nach Schmincke (2010) reicht in der Regel die dafür nötige Temperatur nicht aus. Die zweite Möglichkeit, Gestein aufzuschmelzen, sind fluide Komponenten, wie z. B. Kohlendioxid und Wasser, deren Anwesenheit den Schmelzpunkt eines Gesteins erniedrigt. Der dritte und wahrscheinlich wichtigste Prozess, der zur Bildung von Magma führt, ist die Dekompression. Gesteine, die hohem Druck ausgesetzt werden, verfügen über deutlich höhere Schmelztemperaturen. Bei konstanter Temperatur und gleichzeitiger Druckentlastung, wie es beim Aufstieg von Gesteinsmaterial der Fall ist, schmilzt das Gestein auf, sobald der auflastbedingte Druck unter einen kritischen Wert fällt (Seifert 1985). Sobald ein Gestein partiell oder vollständig aufschmilzt, ändert sich sein Volumen und damit auch seine Dichte, was zum Auftrieb des Magmas durch Spalten oder anderen Wegsamkeiten führt: Das Magma kann sich so in Magmareservoiren und weiter oben in Magmakammern in verschiedenen Stockwerken sammeln, differenzieren, weiter aufsteigen, erkalten und auskristallisieren. Dabei können sich mächtige Magmakammern bilden, die sogenannten Plutone (Schmincke 2010). Magmen, die nicht vorzeitig kristallisieren, sich nahe der Erdoberfläche in Magmakammern sammeln und letztendlich Vulkane speisen können, weisen häufig sehr unterschiedliche chemische Zusammensetzungen, Temperaturen und Viskositäten auf. Eine Ursache für besonders explosive Eruptionen ist neben der hohen Viskosität vor allem die Anwesenheit flüchtiger Bestandteile wie H_2O, CO_2 oder SO_2 im Magma (Neukirchen 2008).

Durchdringt das Magma die Kontinentalplatte, bildet sich ein Vulkan. Rund acht von zehn Vulkanen weltweit entstehen auf diese Weise. In der Schmelze gelöste Gase und Wasserdampf sind weitere Komponenten, die zu einem Vulkanausbruch führen. Wegen der hohen Drücke im Vulkanschlot liegen sie in der Schmelze in der Regel in gasförmigem Zustand vor. Wenn sich das Magma der Oberfläche nähert, sinkt der Umgebungsdruck und die flüssigen Komponenten gehen in einen gasförmigen Zustand über und werden dabei schlagartig freigesetzt. Es kommt zur Vulkanexplosion. Je größer der Gasanteil im Magma, desto explosiver wird es. Die sonst flüssige Lava „verspratzt" in feine Partikel *(„pyroclastics")*, die dann als vulkanische Aschen in die Atmosphäre aufsteigen.

Je nach Art der Eruption werden unterschieden:

- **Hawaiianische Eruptionen:** Hierbei tritt silikatarmes und niedrigviskoses Magma aus. Es ist die schwächste Eruptionsform, benannt nach der Inselkette im pazifischen Ozean. Sie zeichnet sich aus durch vergleichsweise langsam ausfließende Lava, was jahre- oder jahrzehntelang anhalten kann. Bedingt durch hohe Gasgehalte im Magma kann es auch zu explosiveren Eruptionen kommen. Durch das Fließverhalten der Lava bilden sich meist großflächig ausgedehnte, flache Schildvulkane aus (Taddeucci et al. 2015). Bekannter Vertreter ist der Mauna Loa auf Hawaii.
- **Strombolianische Eruptionen:** Sie fördern, wie hawaiianische Eruptionen auch, meist basaltisches und niedrigviskoses Magma zutage. Durch einen höheren Gasgehalt im Magma sind diese Eruptionen allerdings heftiger als hawaiianische Eruptionen. Meist bildet sich eine Eruptionssäule, Pyroklastika und Tephra werden in Intervallen von Sekunden oder Minuten herausgeschleudert. Bei wiederkehrender Aktivität wachsen die Auswurfprodukte zu einem Kegel heran.
- **Vulkanianische Eruptionen:** Höherviskose Magmen, meist andesitischer bis dazitischer Zusammensetzung, können zu vulkanianischen Eruptionen führen. Diese sind deutlich explosiver als strombolianische und erzeugen Eruptionssäulen von bis zu 20 km Höhe, die zu großen Teilen aus vulkanischer Asche bestehen. Häufig handelt es sich um Serien einzelner Explosionen, die sich über mehrere Stunden hinweg ereignen. Dieser Eruptionstyp ist für Menschen, die sich in ihrer Nähe befinden, bereits sehr gefährlich, da weit fliegende Lava-

bomben und pyroklastische Ströme nicht selten sind (Schmincke 2010).

- **Plinianische Eruptionen:** Dieser Eruptionstyp wird nach Plinius dem Jüngeren benannt, der 79 n. Chr. Augenzeuge des verheerenden Pompeji-Ausbruchs war. Bei plinianischen Eruptionen handelt es sich um außerordentlich explosive Vulkanausbrüche. Hochviskoses Magma andesitischer bis rhyolitischer und trachytischer bis phonolitischer Zusammensetzung mit hohen Gasanteilen bildet hier die Grundvoraussetzung (Pyle 2015). Durch den Aufstieg des Magmas und der damit einhergehenden Senkung des Umgebungsdrucks lösen sich die Gase und verstärken die Aufstiegsbewegungen. Wenn der Schlot zusätzlich durch einen massiven Lavadom vorheriger Aktivität verstopft ist, kann sich die Intensität der Eruption nochmals steigern; gewaltige Eruptionssäulen von bis zu 50 km Höhe entstehen (Walker 1981). Zu den Gefahren plinianischer Eruptionen gehören Aschewolken, die hunderte Kilometer weit getragen werden können, kilometerweit fliegende Bomben, Lahare, Schuttströme und ähnliche Massenbewegungen (Lahare), die an den Flanken ausgelöst werden können. Plinianische Eruptionen können Tage oder gar Wochen andauern. Dabei werden etliche Kubikkilometer Material ausgestoßen.
- **Phreatomagmatismus:** Wenn Wasser, z. B. die Eiskappe eines Vulkans, in direkten Kontakt mit Magma kommt, verdampft es schlagartig und vergrößert sein Volumen um ein Tausendfaches (Parfitt und Wilson 2010). Dabei sind gewaltige Explosionen möglich.

3.4.3.2 Vulkantypen

Im Allgemeinen unterscheidet man vier wesentliche Gruppen von Vulkanen: Schlackenkegel, Schichtvulkane, Schildvulkane und Lavadome.

Schlackenkegel

Schlackenkegel *(„cinder cones")* sind der einfachste Vulkantyp und der häufigste Vulkantyp auf den Kontinenten. In Mitteleuropa sind sie aus der Eifel bekannt, am Ätna gibt es etwa 300 solcher Kegel.

Schlackenkegel sind aus locker geschichteter vulkanischer Asche sowie aus Schlacke und Gesteinsbruchstücken aufgebaut. Sie werden lediglich durch die Schwerkraft zusammengehalten. Die Kegel entstehen bei strombolianischen Ausbrüchen. Das geförderte Lockermaterial häuft sich als grobstückige Fragmente in einem Wall um den Schlot an und baut so den Schlackenkegel auf. Die Kegel sind gekennzeichnet durch eine konische Form mit einem Krater und durch relativ steile Flanken mit einem Winkel von typischerweise um 33°. Die Größe dieser Vulkankegel reicht von mehreren Metern bis hin zu mehreren

100 m. Bei den Eruptionen werden Partikel und Tropfen erstarrter Lava aus einem einzelnen Schlot oft in Fontänen bis in eine Höhe von mehreren 100 m ausgeworfen. Dabei kühlen die ausgeworfenen Lavapartikel oft zu aerodynamisch geformten Bomben ab. Die Größe der ausgeworfenen Partikel beginnt bei mehreren Millimetern und kann mehrere Meter sowie ein Gewicht von mehreren Tonnen erreichen. Das Profil eines solchen Kegels ist durch den maximalen Böschungswinkel festgelegt, bei dem die Schuttmassen noch stabil sind, ohne hangabwärts zu rutschen (Lockwood und Hazlett 2011). Im Jahr 1943 entstand auf einem Müllplatz bei Paricutin/Mexiko über Nacht ein Vulkankegel, aus dem der fast 500 m hohe Vulkan Mt. Paricutin wurde (vgl. Abschn. 3.4.3.4).

Schichtvulkane
Mehr als die Hälfe aller aktiven (!) Vulkane auf der Erde sind Schichtvulkane. Sie stellen einige der höchsten und eindrucksvollsten Berge auf der Welt, wie der Mount Fuji in Japan.

Auch wenn nur etwa 10 % aller (erfassten) Vulkane Schichtvulkane sind, so treten sie doch auf der ganzen Erde markant in Erscheinung. Die meisten Schichtvulkane treten an den Plattengrenzen auf. Die gefährlichsten Vulkane stehen meist einige Kilometer weit vom eigentlichen Plattenrand entfernt auf der überlagernden Platte, dort, wo eine Lithosphärenplatte weit in die Asthenosphäre abtaucht.

Schichtvulkane sind gekennzeichnet durch ihre ausgeprägte Kegelform mit einem Krater als wichtigstem morphologischen Merkmal. Er ist der eigentliche Ort der Eruption, der durch einen zentralen Förderschlot oder eine Reihe von davon abzweigenden Nebenschloten in direkter Verbindung zu der Magmakammer steht. Der Vulkan besteht aus der Anhäufung eruptierten Materials und wächst kegelförmig auf, sobald Lava, Schlacken, Asche usw. an seinen Hängen zugefügt werden. Während feine Aschen bei einer starken Eruption mitunter mehrfach um den ganzen Erdball getragen werden können, lagern sich die erkaltende Lava, die größeren Aschen und schwereren Lockermaterialien (Bims, Lapilli, Bomben) Schicht für Schicht am Hang ab. Aus dieser abwechselnden Schichtung hat dieser Vulkantyp den Namen „Schichtvulkan" erhalten („Stratovulkan"). Wegen ihrer Temperaturen zwischen 800–1000 °C und dem hohen Anteil an Kieselsäure (52–58 %) ist diese „kalte" Lava vergleichsweise zähflüssig. Daher erreichen Schichtvulkane keine große laterale Ausdehnung, sondern können eine Höhe von 3500 m erreichen. Wegen der hohen Viskosität des Magmas können die Gase nicht kontinuierlich entweichen, sondern stauen sich im Schlot auf und entweichen, wenn das Magma aufschäumt, dann explosionsartig („plinianische Eruption"; vgl. Abschn. 3.4.3.4).

In einem vom USGS (2008b) herausgegebenen Fact Sheet 002-97 sind in einer eindrucksvollen Grafik alle bei einem Ausbruch eines Stratovulkans möglichen vulkanischen Produkte zusammengefasst.

Die Innenseite eines Kraters ist oft steiler als die Außenseite des Vulkankegels. Starke Explosionen können zudem Material der Kraterwände oder des Kraterbodens wegsprengen und die Vertiefung vergrößern. Ein eindrucksvolles Beispiel eines seitlichen Wegsprengens einer Kraterflanke („lateral blast") ist der Mount St. Helens (vgl. Abschn. 3.4.3.4). Um einen (großen) Vulkan herum kommt es immer wieder zur Ausbildung weiterer sogenannter Flankenvulkane, auch „Parasitärvulkane" genannt. Sie sind zumeist durch exzentrische Ausbrüche des Hauptvulkans auf Störungszonen entstanden, die bis zur Magmakammer reichen können. In der Regel kommt ein Vulkan nicht alleine vor, sondern es steigen weitere Vulkane an diesen Schwächezonen auf, da der Magmaaufstieg immer an ein Netz von Störungen gebunden ist: Es kommt zu einer Ansammlung von Vulkanen.

Am Mount St Helens ist zudem eine weitere charakteristische Entwicklung eines Schichtvulkans zu erkennen. Nach einer Eruption kommt es durch weiteren Zustrom von Magma erneut zur Ausbildung von Vulkankegeln. In diesem Fall zunächst zu einem kleinen, der aber im Laufe der Zeit immer größer wird. Auch der Vulkan Krakatau (Indonesien), der nach einem Ausbruch im Jahr 1883 in einer untermeerischen Caldera versunken war, hat sich seitdem zu einem neuen Vulkan erhoben, dem „Anak Krakatau" („Anak" indonesisch für Kind). 2018 war der damals mehr als 500 m hohe Vulkan erneut ausgebrochen und hatte mehr als 400 Menschen das Leben gekostet.

Das typische Kennzeichen eines Vulkanausbruchs sind seine Aschewolken, die bis zu 25 km in die Atmosphäre aufsteigen können. In diesen Aschepartikeln („pyroclastica") sind zerplatzte vulkanische Glaspartikel mit einem Durchmesser unter 2 mm enthalten. Die größeren Aschepartikel fallen nahe dem Krater herunter, kleinere werden vom Wind weit verdriftet. Daneben können größere vulkanische Gesteinsbrocken (Schlacken, Bomben aus Bimsstein bis zu 7 cm ∅, Lapilli von 2 mm bis 6,9 cm ∅) herausgeschleudert werden. Von diesen Produkten stellen insbesondere die Aschen eine große Gesundheitsgefahr für die Menschen dar. Die bis zu 10 μm kleinen Glaspartikel führen wegen ihrer scharfen Kanten zu Schäden der Atemwege, Asthma und Bronchitis. Bei Flugzeugen können sie zum Ausfall der Triebwerke führen. Die Glaspartikel schmelzen bei den in den Triebwerken herrschenden Temperaturen (1400 °C) und legen dann einen silikatischen Überzug über die Triebwerksschaufeln („coating"): Es kommt zum Ausfall der Triebwerke, die Fenster im Cockpit werden „blind".

Die größte Gefahr aber geht von den als „Glutwolken" („*pyroclastic surge*") bezeichneten Gasaustritten aus. Solche Glutwolken bestehen meist aus einer Mischung von zum Teil toxischen Gasen (CO_2, SO_2, SO_4, HCL, HF, H_2S) und Aschepartikeln. Die Wolken können bis 700 °C heiß werden und bewegen sich mit einer Geschwindigkeit bis zu 400–800 km/h. Die Glutwolken entstehen vor allem, wenn die Thermodynamik in der aufsteigenden Aschewolke wegen Druckverlust in sich zusammenfällt, wenn ein hochviskoser Lavadom weggesprengt wird oder der Vulkan seitlich kollabiert. Dann rauscht die Glutwolke mehrere Meter über dem Boden abwärts. Aschereiche Glutwolken folgen dabei mehr der Morphologie, während gasreiche sich über alles hinweg ausbreiten und daher eine weite, tödliche Verbreitung haben. Die Ablagerungen können von wenigen Zentimetern bis zu 20 m erreichen („Ignimbrite"). Dabei ist nicht allein die „Wucht" der Glutwolke ausschlaggebend für den Grad der Zerstörung, sondern auch die enorme Hitze, die alles in ihrem Weg Stehende verbrennt. Die Menschen haben keine Möglichkeit zu fliehen und werden, wie die Einwohner der Stadt Pompeji im Jahr 79 n. Ch., „im Schlaf überrascht" (vgl. Abschn. 3.4.3.4).

Das andere bedeutende vulkanische Produkt ist Lava. Sie besteht aus flüssigem Gestein (ehemals Magma), das an die Erdoberfläche austritt. Die Laven breiten sich, wenn sie zähplastisch (Zahnpasta vergleichbar) sind, vor allem durch ihr Gewicht langsam und nur über wenige Kilometer aus. Dadurch kühlt die Lava auch „schnell" ab, sodass selbst kleinere Hindernisse sie aufhalten können. Je fließfähiger die Lava ist, desto schneller und weiter kommt sie voran.

Schildvulkane

Als Schildvulkane werden geologische Strukturen bezeichnet, die aufgrund ihrer geringen Hangneigung an einen flachen Schild erinnern. Dieser Vulkantyp wird aus dünnflüssigen, gering viskosen, basaltischen Lavaströmen gebildet. Im Laufe vieler Ausbruchsphasen baut sich durch die Überlagerung ein Vulkangebäude („*volcano edifice*") auf, das durch ein Mehrfaches an Breite im Vergleich zu seiner Höhe gekennzeichnet ist. Der bekannteste Schildvulkan der Erde ist der „Mauna Loa" (Hawaii). Er bedeckt eine Fläche von 5200 km^2 und hat ein Volumen von etwa 80.000 km^3. Geographisch wird er mit einer Höhe von 4170 m angegeben, reicht aber weitere 5000 m bis auf den Meeresgrund.

Die basaltische Lava hat einen geringen Kieselsäuregehalt (46–52 %) und weist hohe Lavatemperaturen von 1100–1200 °C auf. Zudem enthält sie einen großen Anteil an Kalium. Ausbrüche von Schildvulkanen werden als effusiv bezeichnet. Ihre sehr dünnflüssige Lava kann eine Geschwindigkeit von 60 km/h erreichen (Nyaragongo). Da ihre Gase leicht entweichen können, sind die Ausbrüche in der Regel nicht explosionsartig. Explosiver Schildvulkanismus ist nur zu erwarten, wenn es zu sogenannten „phreatomagmatischen" Ausbrüchen in Anwesenheit von Wasser kommt. Schildvulkane machen volumenmäßig den größten Anteil an Vulkanen weltweit aus und treten bevorzugt innerhalb von Lithosphärenplatten und dort vor allem untermeerisch auf.

Schildvulkane, wie die Vulkane der Hawaii-Inselgruppe, aber auch solche im Atlantik, wie die Kap Verden oder auf Island, liegen auf sogenannten „Hot Spots": Das sind Stellen innerhalb einer Lithosphärenplatte (hier einer ozeanischen), an der lagestabil ein stetiger Zustrom von Magma aus dem Mantel in die Erdkruste stattfindet. Mehr als 2000 solcher „Hot Spots" wurden weltweit entdeckt. Es gibt solche auch unter der kontinentalen Kruste, wie zum Beispiel unter der „Yellowstone Caldera" oder den Eifel-Maaren. Unter dem afrikanischen Kontinent soll es 38 solcher Hot Spots geben (Burke und Kidd 1978). Da die darüber liegenden Lithosphärenplatten sich aber bewegen, reihen sich die durch den Hot Spot gebildeten Vulkane zu einer Vulkankette auf, wie das Beispiel Hawaii eindrucksvoll zeigt. Alle Vulkane Hawaiis werden von einem einzigen Hot Spot genährt. Daraus ergibt sich, dass der jüngste Vulkan am Ende der Reihe liegt, der älteste dagegen am Anfang. So ist die Insel Kauai mit 5 Mio. Jahren die älteste der Inseln, während Big Island mit 0,1 Mio. Jahren die Jüngste ist. Daraus lässt sich dann eine Bewegungsrichtung nach Nordwest und eine Rate von 8,5–10 cm pro Jahr ableiten. Die Bewegung über den Hot Spot hatte allerdings schon viel früher eingesetzt: Sie kann nach NW entlang der Emperor Seamounts bis 70 Mio. Jahre zurückverfolgt werden (Lockwood und Hazlett 2011). Vergleichbar zu Hawaii ist auch an der Yellowstone-Caldera eine solche Bewegung der hier kontinentalen Kruste am Rande der Rocky Mountains abzulesen. Die Plattenbewegung hat dort dazu geführt, dass die Aktivität von der McDermitt-Caldera (16 Mio. Jahre) 700 km weit über sechs verschiedene Calderen bis zum Yellowstone (2 Mio. Jahre) zurückverfolgt werden kann.

Ein weiteres für Schicht- und Schildvulkantypen charakteristisches Phänomen ist die Caldera-Bildung. Calderen entstehen, wenn sich durch die Förderung von (sehr) viel Magma die Magmakammer unter dem Vulkan leert. In dem Maße, wie das Magma ausströmt, senkt sich der Kraterboden. Die Wände können kollabieren und sich zu einer Caldera erweitern. Effusive Schildvulkane, wie der Kilauea Iki auf Hawaii oder der Piton de la Fournaise auf La Reunion haben in ihrem Gipfelbereich oft Calderen ausgebildet: sogenannte Gipfelcalderen. Diese erreichen Durchmesser zwischen 3–5 km und sind bis zu 200 m tief. Am Lavasee des Kilauea Iki konnte im Zeitraum von Dezember 2014 bis April 2015 beobachtet werden, wie sich die Höhe des Sees immer wieder um mehrere Meter hob und senkte.

Wesentlich größer sind Calderen der eigentlichen Caldera-Vulkane. Sie erreichen oftmals 20 km Durchmesser, zum Teil sogar bis zu 60 km. Bekannte Beispiele hierfür sind die Calderen des Krakatau oder die Insel Santorin (Griechenland). Die größte bekannte Caldera ist die des Yellowstone-Vulkans. Diese 80 × 60 km große Caldera ruht auf einer extrem großen Magmakammer, die sich immer wieder auffüllt, hebt und senkt. Seit 1995 nehmen diese gegenläufigen Bewegungen stetig zu, kamen im Jahr 2003 aber wieder annähernd zum Stillstand.

Lavadome

Lavadome sind kuppelförmige Gebilde aus Lava, die sich am Top eines Förderschlots bilden. Sie werden auch als Staukuppen bezeichnet. Vulkane, die Lavadome bilden, liegen überwiegend entlang der Subduktionszonen der Erde, insbesondere entlang der Pazifikküsten und in der Karibik. Das Magma dieser Regionen entsteht durch partielles Schmelzen ozeanischer Kruste, die viel Wasser enthält.

Lavadome entstehen durch effusive Eruption zähflüssiger, überwiegend dazitischer und andesitischer Lava. Die hochviskose Lava verstopft den Förderschlot, wodurch sich im Inneren ein hoher Gasdruck aufbauen kann. Hieraus resultieren auch ihre hohe Explosivität und das große Gefahrenpotenzial. Ein Dom wächst hauptsächlich, indem sich der Förderschlot ausdehnt. Kühlt die Oberfläche ab kristallisiert die Lava aus. Entgast das Magma, entsteht ein besonders hoher Druck im Vulkan und vergrößert so die Explosivität dieser Vulkane zusätzlich.

Vulkanische Dome treten in der Regel innerhalb der Krater oder an den Flanken von großen Schichtvulkanen auf. Diese Vulkane können auch auf andere Art und Weise Lava eruptieren. Bekannte Vertreter dieses Vulkantyps sind der Merapi (Indonesien), der Pinatubo (Philippinen) oder der Lassen Peak in Kalifornien.

Es gibt auch Vulkane, bei denen praktisch das gesamte Vulkangebäude aus einem Lavadom besteht. Dies sind die sogenannten Domvulkane. Oft bilden sich mehrere Generationen von Lavadomen. Ein bekannter Vulkan dieser Art ist z. B. der Soufrière Hills auf der Insel Montserrat und der Sinabung auf der indonesischen Insel Sumatra, der in letzten Jahren mit einer Serie kleinerer Eruptionen ausgebrochen ist. So begann dort 2013 ein Lavadom zu wachsen und in den folgenden Jahren kam es immer wieder zu Phasen, in denen pyroklastische Ströme abgingen, wie sie für Lavadom-Vulkane typisch sind. Dabei kann es, wie beim La Soufrière (Guadeloupe), zu einem Kollaps der Eruptionssäule in Folge eines plötzlichen Nachlassens des Drucks im Förderschlot kommen. Dies kann auch durch Sprengung des „Propfens" im Schlot (*„lateral bast"*), wie beim Mt. Pelée (Martinique) geschehen, oder wie beim Vulkan Soufrière Hills (Montserrat), bei dem die gesamte Domstruktur gravitativ wegbrach.

3.4.3.3 Vorhersage und Mitigation

Seit den frühen 1900er Jahren wurden weltweit umfangreiche seismische Netzwerke aufgebaut, mit denen heute beinahe alle großen Vulkane kontinuierlich überwacht werden (Scarpa und Tilling 1996). Dennoch gibt es immer noch zu viele Vulkane auf der Welt, deren Überwachung nicht dem Stand der Wissenschaft entsprechen. Selbst für die USA trifft dies gerade mal auf 3 der 18 höchsten gefährdeten Vulkane zu (USGS 2005a).

Anzeichen für einen bevorstehenden Ausbruch lassen sich aus einer Reihe an Indikatoren im und um den Vulkan ableiten:

- **Erdbeben:** Die Registrierung von Vulkanaktivität beruht heute vor allem auf Seismometern. Rund 200 aktive Vulkane weltweit werden mit ihrer Hilfe überwacht. Es hat sich gezeigt, dass allen in der Neuzeit dokumentierten Ausbrüchen Erdbeben vorangegangen waren. Die Beben werden von dem im Schlot aufsteigendem Magma verursacht, das gegen das Gestein drückt und es dabei lokal zerbricht. Die Messgeräte halten die Frequenz, die Stärke und den Bebentyp fest. Vor einem Ausbruch treten die Erschütterungen vor allem in Form von Schwärmen auf; bis zu einige hundert Mal pro Tag.
- **Änderung der Morphologie:** Aufsteigendes Magma führt in der Regel zu Änderungen in der Morphologie eines Vulkans. Der Vulkan kann sich dadurch ausbeulen oder heben (Beispiel: Der Uturuncu, Bolivien, der seit 300.000 Jahren erloschen ist, wächst jährlich um 2 cm. Es strömen geschätzte 1000 L Magma pro Sekunde in die Magmakammer in 15 km Tiefe). Mithilfe von Neigungsmessern („Tiltmeter") werden die Hänge der Vulkane bis auf weniger als einen Millimeter genau vermessen. Ob sich ein Vulkan hebt, kann auch mit einem Lasermessgerät oder mit Extensionsmetern sehr genau bestimmt werden. Bodenverformungen lassen sich mithilfe von Satelliten und GPS bis auf wenige Zentimeter genau erfassen.
- **Radar:** Mithilfe von Radarsignalen lassen sich viele genaue Einblicke in den Vulkan erreichen, da Radarwellen mehrere Meter tief ins Gestein eindringen können. Sie geben ein dreidimensionales Bild vom (flacheren) Untergrund. Lavaströme, potenzielle Lahare und Schlammströme lassen sich daraus ableiten, lange bevor ein Vulkan ausbricht. Oftmals werden die Radarsignale mit Messungen von Infrarot- und UV-Spektrometern ergänzt.
- **Gravimetrie:** Das aufsteigende Magma führt zudem dazu, dass sich lokal die Erdbeschleunigung ändert, da durch den Magmaaufstieg die Erdanziehung sinkt.
- **Thermometrie:** Wenn Magma aufsteigt, bringt es Hitze aus der Tiefe mit. Die erhöhte Temperatur kann am Boden oder mittels Infrarotaufnahmen von Satelliten aus

gemessen werden. Oft zeigt sich die Temperaturzunahme indirekt auch daran, dass sich Wasserquellen am Fuß eines Vulkans aufheizen oder der Schnee am Vulkangipfel schmilzt.

- **Gasmessungen:** Im Magma sind Gase gelöst. Steigt es auf, werden die Gase freigesetzt und treten am Gipfel des Vulkans, manchmal auch an seinen Flanken (Fumarolen, Solfataren) aus. Eine gute Kenntnis über die Gasgehalte ist fundmental für die Bewertung, ob und wie ein Vulkan ausbricht. Dazu ist es nötig zu wissen, dass in einem Vulkan die Gase in der Magmakammer in gelöster Form vorliegen, die dann beim Ausbruch in die Atmosphäre entlassen werden. Die Viskosität des Magmas, seine Temperatur und chemische Zusammensetzung bestimmen, ob der Vulkan effusiv oder explosiv ausbricht. Die emittierten Gase haben einst die Erdatmosphäre geschaffen, können heute aber zu erheblichen Störungen in der Gaszusammensetzung der Atmosphäre führen. Dabei werden die Gase nicht nur im Vulkanschlot, sondern auch an den Flanken und am Fuß eines Vulkans freigesetzt (Fumarolen, Solfataren). Das am meisten ausgestoßene Gas ist Wasserdampf, gefolgt von CO_2 und Schwefeldioxid (SO_2). Untergeordnet kommen Schwefelwasserstoff (H_2S), Wasserstoff (H_2), Kohlenmonoxid (CO) und Flusssäure (HF) vor. Für den Menschen und seine Lebensumwelt am gefährlichsten sind SO_2, CO_2 und HF.

Es gibt eine Reihe von Techniken, die Gase in an Vulkanen zu messen, sowohl in einem Vulkan als auch aus den Emissionen. Präeruptiv können Gasgehalte anhand von Fluideinschlüssen (*„fluid inclusions"*) in älteren Vulkangesteinen gemessen werden. Sie können unterschiedliche Bestandteile enthalten, darunter vulkanisches Glas, kleine Kristalle und eine separate dampfreiche Gasphase. Sie liefern wichtige Informationen über die physikochemischen Bedingungen im Magma (H_2O, CO_2, SO_2, Cl_2 usw.). Am einfachsten ist es – wenn möglich – die Gase direkt (von Hand) zu messen: Am Vulkanschlot wie auch an Fumarolen. Indirekt (*„remote"*) werden Gase vor allem anhand der Absorption des ultravioletten Lichts (UV) gemessen, wenn das Sonnenlicht durch die Gase fällt. Die CO_2-Gehalte können mit einem Infrarot-Messgerät („LI-CPOR") erfasst werden. Dazu wird das Gerät in die Gaswolke eingeführt. Eine weitere Möglichkeit ist die Messung mittels der „Fourier-Transform-Infrarot-Spektrometrie" („FTIR"). Bei dieser Methode wird die Menge an Licht gemessen, die durch die Gase absorbiert wird.

Trotz all dieser hoch empfindlichen und ausgefeilten technischen Messverfahren ist bis heute keine flächendeckende und verlässliche Vorhersage möglich. Weltweit alle aktiven Vulkane ständig zu überwachen, ist technisch zwar möglich, aber extrem teuer. Ein neuartiges Prognosemodell haben Vulkanologen des Geoforschungszentrums (GFZ) erarbeitet (Spiegel Online, vom 01.08.2019). Ihr Modell zeigt die „Wege des geringsten Widerstands für aufsteigendes Magma" auf. Daraus können sie eine Vorhersage treffen, „wo genau in Zukunft glühende Magma zur Oberfläche durchbricht" (Rivalta et al. 2019). Als Beispiel haben sie den Vulkan Vesuv, kaum 20 km entfernt von Neapel, gewählt (vgl. Abschn. 3.4.3.4). Die Forscher analysierten das Spannungsfeld, das sich unter dem Vulkan ausgebildet hat und das die Magmaausbreitung steuert. Das kombinierten sie mit statistischen Erkenntnissen über die Struktur und Geschichte des Vulkans. Dann stimmten sie die Parameter des Modells so lange ab, bis sie mit früheren eruptiven Mustern übereinstimmten. Am Beispiel der Phlegräischen Felder, einem weiteren Vulkan nahe dem Vesuv, konnte die Stelle des Ausbruchs von 1538 auch in der Analyse identifiziert werden.

Wie zuvor dargestellt, stellt ein Vulkan selbst keine Gefahr für den Menschen und seine Lebensumwelt dar. Erst die von ihm ausgeworfenen Produkte sind für den Menschen gefährlich, und zwar in sehr unterschiedlicher Art und Weise. So stellen Lavaflüsse eigentlich nur in Ausnahmefällen eine Gefahr dar, da ihr Weg in der Regel gut vorhersehbar ist und die Fließgeschwindigkeiten so gering, dass ein Entkommen möglich ist. Lavaflüsse können dagegen bei hoher Fließgeschwindigkeit zu einem völligen Verlust an Hab und Gut führen: Häuser werden von Lava durchflossen, Äcker meterhoch von Lava bedeckt und Wälder und Infrastruktureinrichtungen können zum Opfer der Flammen werden. Ganze Stadtteile werden von Lava bedeckt, wie beispielsweise in der Stadt Goma (Kongo) anlässlich des Ausbruchs des Nyaragongo im Jahr 2002. Damals floss die extrem dünnflüssige Lava mit fast 60 km/h bis in die Stadt. Der Nyaragongo ist der Vulkan mit dem größten Lavasee, das heißt, hier kann man direkt in den mit Magma gefüllten Schlot sehen.

Eine erhebliche Gefahr stellen dagegen Pyroklastika (Aschen, Gesteinsfragmente) und Gase dar. Aschen können die Atemwege der Menschen auch in entfernten Gebieten in Mitleidenschaft ziehen. Die Aschen können zum Einsturz von Dächern führen, insbesondere wenn die Vulkaneruptionen mit heftigen Regenfällen verbunden sind, denn Wasser verdoppelt das Gewicht der Aschen. Dachneigungen in stark aschegefährdeten Gebieten sollten daher 30° nicht unterschreiten. Um die Gefahr besser einschätzen zu können, muss man die vorherrschenden Windrichtungen der Region verlässlich kennen. Sie sind z. B. in den Tropen in den Monsunzeiten sehr unterschiedlich ausgeprägt. So kommt der Wintermonsun in Indonesien aus Nordost und bringt nur geringe Niederschläge, während der Sommermonsun aus Südwesten kommt und erhebliche Feuchtigkeitsmengen bringt. Ein Vulkanausbruch im Sommer weist dann für die Städte im Nordosten des Archipels ein signifikant höheres Risiko aus. Aschen, die bis in die Stratosphäre aufsteigen, stellen keine direkte Gefahr für das Gebiet des Vulkans selbst dar, aber für weiter entfernte Regionen. Die Aschen und Aerosole von Vulkaneruptionen haben zum Teil bis zu 7-mal die Erde umkreist (z. B. beim Ausbruch des Krakatau, 1883). So wird angenommen, dass die Aschewolken des Krakatau auch in Europa zu Sonnenuntergängen geführt hatte, die von vielen Malern (z. B. Edward Much) damals in stark rotgelben Farben wiedergegeben worden sind (Winchester 2003). Im Jahr 1816, ein Jahr nach dem Ausbruch des Tambora-Vulkans (Indonesien), war es zu Aschekonzentrationen in der Atmosphäre gekommen, die viel Sonnenlicht auf der westlichen Hemisphäre absorbierten. Es war der größte Vulkanausbruch der letzten 20.000 Jahre. Die in die Stratosphäre eingebrachten riesigen Mengen an Schwefel reflektierten das Sonnenlicht so stark, dass es im Jahr darauf in Zentraleuropa zu einer deutlichen Klimaveränderung kam. Die Schweiz z. B. war auch im Sommer 20 cm hoch mit Schnee bedeckt. Es gab Ernteausfälle und Hungersnöte in Südeuropa und in Amerika. Das Jahr ging als das „Jahr ohne Sommer" in die Geschichte ein. Die Menge Aerosolen, die so entstehen können, kann beträchtlich sein. So wurde beim Ausbruch des El Chichón (Mexiko, 1982) der Aerosolgehalt in 25 km Höhe auf 15 Mio. t H_2SO_4 geschätzt. Eine noch größere Aerosolmenge (30 Mio. t) hatte im Jahr 1991 der Mt. Pinatubo (Philippinen) emittiert – sie hatte die Erde in 22 Tagen umrundet. Die Aerosole vergrößerten die Reflexion der Sonneneinstrahlung, sodass global eine Temperaturabnahme um bis zu 0,5 °C die Folge war.

Heute ist von solchen Eruptionen eher der internationale Flugverkehr betroffen. Unter dem Dach der Internationalen Zivilluftfahrtorganisation (International Civil Aviation Organization; ICAO) wurden 11 sogenannte „Volcanic Ash Advisory Center" (VAAC) eingerichtet, die weltweit alle Vulkanaktivitäten überwachen. Auf der Basis eines verbindlichen Klassifizierungsschemas wird der Status aller Vulkane kontinuierlich erfasst und jedes Anzeichen eines erhöhten Ausbruchsrisikos an die Fluggesellschaften weitergegeben (Tab. 3.7).

Die VEI-Skala („Volcanic Explosivity Index") wurde von den Vulkanologen Chris Newhall und Stephen Self (1982) aufgestellt, um Vulkanausbrüche besser vergleichen zu können. Die logarithmisch aufgebaute Skala reicht von Stufe 0 bis 8. Zur Einstufung werden in erster Linie die Höhe der Eruptionssäule und die Menge des vulkanischen Auswurfmaterials (Tephra) herangezogen. Die Skala ist logarithmisch aufgebaut, wobei die Auswurfmenge in den Stufen 1 bis 8 zur vorhergehenden Stufe jeweils um das 10-fache zunimmt. Die Skala reicht von 0 (nicht explosiv) bis 8 (sehr große Explosivität). Je mehr Material ausgeworfen wird und je höher die Eruptionssäule in den Himmel aufsteigt, desto höher ist die VEI-Stufe. Auf Stufe 1 kann die Eruptionssäule bis zu 1 km Höhe erreichen, ab Stufe 5 bereits über 25 km. Die VEI-Stufe „0" entspricht einer effusiven Tätigkeit, bei der nur Lavaströme oder Lavaseen entstehen. Am anderen Ende sind die sogenannten „Supervulkane" einzuordnen. Das Volumen der explosiv geförderten Aschen wird in Kubikkilometern angegeben. Eine Eruption mit dem VEI 1 fördert nur geringe Mengen an Tephra (zwischen 0,0001 und 0,001 km^3) und wirft diese maximal bis 1000 m hoch. Bei einer Supervulkan-Eruption mit einem VEI von 8 werden mindestens 1000 km^3 Aschen gefördert, die höher als 25 km aufsteigen.

3.4.3.4 Beispiele für Vulkane

Paricutin/Mexiko: „Ein Vulkan entsteht"
Am 20. Februar 1943 konnte der Bauer Dionisius Pulido auf einem kleinen Acker, der von den Dorfbewohnern als Müllplatz verwendet wurde, einen kleinen Riss im Boden feststellen, aus dem Gas entwich und kleinere Steine an die Oberfläche kamen (Foshag und Gonzalez-Reyna 1956). Schon in den Wochen davor hatten die Dorfbewohner nicht definierbare „Donnergeräusche" gehört, die später als seismische Signale (M3,2) ausgelöst durch die Auswärtsbewegungen von Magma gedeutet werden konnten. Nach 2 Tagen hatte sich ein schon 50 m hoher Aschenkegel gebildet. Eine Woche später war der schon auf 130 m angewachsen. Im Verlauf des Jahres wurde dann das ganze Dorf Paricutín von den Lavamassen zugedeckt. Bis zum

Tab. 3.7 Internationaler Farbcode zur Bewertung des Risikos für Flugverkehr durch vulkanische Aschenemissionen (International Civil Aviation Organization (ICAO), Internetzugriff: 02.12.2019)

Grün	Der Vulkan befindet sich in einem normalen, nicht ausbrechenden Zustand. Oder wenn zuvor eine höhere Stufe geherrscht hatte: Die vulkanische Aktivität wird als beendet angesehen und der Vulkan kehrt in seinen normalen, nicht eruptiven Zustand zurück
Gelb	Der Vulkan zeigt Anzeichen erhöhter Unruhe über die bekannten Hintergrundwerte hinaus. Oder wenn zuvor eine höhere Stufe geherrscht hatte: Die vulkanische Aktivität ist erheblich zurückgegangen, wird jedoch weiterhin auf einen möglichen erneuten Anstieg hin überwacht
Orange	Vulkan zeigt erhöhte Unruhe mit erhöhter Wahrscheinlichkeit eines Ausbruchs. Oder es findet ein Vulkanausbruch statt, bei dem keine oder nur geringe Ascheemissionen auftreten
Rot	Eine Eruption steht unmittelbar bevor. Es besteht eine sehr hohe Gefahr, dass Asche in die Atmosphäre freigesetzt wird. Oder: Eine Eruption ist im Gange, mit erheblicher Emission von Asche in die Atmosphäre

Jahr 1952 hatte der Paricutín etwa seine heutige Höhe von ca. 500 m erreicht. Der Vulkan wurde nach dem Dorf Mt. Paricutín genannt und war lange Zeit der einzige Vulkan auf der westlichen Hemipshäre, dessen „Geburt" durch Augenzeugen belegbar war. Der Paricutín ist an der Nordflanke des Cerro de Tancitaro gelegen – auf dem Top eines alten Vulkanschildes, der 3170 m Höhe erreichte. Er liegt im sogenannten „Trans-Mexican Volcanic Belt" und ist der jüngste von 1400 Vulkanen dieser Region.

Der Paricutín ist ein Schlackenkegel. Seine Aschewolken konnten 320 km weit bis nach Mexico City nachgewiesen werden. Im Jahr 1952 stellte der Vulkan seine Aktivität ein und gilt seitdem als erloschen. Er hatte mehr als 250 km^2 Land zerstört. 3 Menschen wurden durch eine Glutwolke und Blitzschlag getötet, ansonsten waren keine Opfer zu beklagen. Das Dorf Paricutín, das ehemals 700 Bewohner hatte, gibt es seitdem nicht mehr. Nur noch der Glockenturm der Kirche ist heute noch zu sehen: Er ist zu einer Touristenattraktion geworden und wurde sogar als Hintergrundbild in einem historischen Abenteuerfilm aus dem Jahr 1947 verwendet.

Tambora (größter historischer Vulkanausbruch)

Die größte geschichtlich belegte Vulkaneruption aller Zeiten ist die des Tambora (Indonesien) im Jahr 1815, deren Folgen auf der ganzen Welt beobachtet werden konnten. Dennoch war sie nicht die größte Vulkankatastrophe in der Menschheitsgeschichte. Es wird angenommen, dass die Eruption des Supervulkans Toba auf Sumatra vor 76.000 Jahren – abgeleitet aus geologischen Indikatoren – um den Faktor 20 gewaltiger war (2800 km^3 an Aschen und Gesteinsmaterial; VEI 8), vergleichbar dem Ausbruch der Yellowstone-Caldera im US-Staat Wyoming

Der Tambora ist ein Schichtvulkan, der in historischer Zeit erstmals 1814/15 auf der indonesischen Insel Sumbawa ausgebrochen war, danach nochmal in den Jahren 1819, 1880 und letztmalig 1967. Vor dem großen Ausbruch hatte sich in einer Magmakammer in Tiefen zwischen 1,5 und 4,5 km ein Druck von etwa 4 bis 5 kbar bei Temperaturen zwischen 700 und 800 °C. angesammelt (Foden 1986). 1812 gab es erste Erdstöße und eine dunkle Wolke über dem Vulkan. Die eigentliche Eruption begann mit starken Erdstößen am 05.04.1815 und dem Ausstoß gewaltiger Aschewolken und Gesteinsmaterial; die Menge wird auf 100 km^3 geschätzt. Sie verdunkelte die Region für Tage im Umkreis von mehr als 100 km. Man schätzt, dass der Tambora dabei etwa ein Drittel seiner Höhe verlor, von zuvor geschätzten 4300 m auf heute knapp 2800 m. Die dabei gebildete Caldera hat einen Durchmesser von 7 km. Bei dem Ausbruch wurden 10.000 Menschen getötet und indirekt starben mehr als 60.000 allein in der Region an den Folgen. Überlebt hatten nur die, die sich rechtzeitig hatten in Sicherheit bringen können. Der Knall des Ausbruchs war noch in einer Ent-

fernung von 2500 km zu hören (Raffles 1830). Die Aschenpartikel und Schwefelaerosole wurden hoch in die Atmosphäre geschleudert und umrundeten in den nächsten Jahren mehrfach die Erde. Diese reflektierten das Sonnenlicht so stark, dass es im Jahr darauf in Zentraleuropa zu einer deutlichen Klimaveränderung kam. Das Ereignis von 1816 ging in die Geschichtsbücher als „Jahr ohne Sommer" ein. In Mitteleuropa und Nordostamerika zeigten sich die Folgen im Jahr darauf. 1816 hatte gerade der Frühling angesetzt, da kehrte der Schnee zurück. Die gesamte Nordhalbkugel erlebte einen ungewöhnlich strengen Winter. In der Schweiz und in Süddeutschland hörte es über Monate kaum mehr auf zu schneien und zu regnen – eine bis zu 20 cm dicke Schneedecke bedeckte die Schweiz. Die Folge waren extreme Ernteausfälle und Hungersnöte in ganz Südeuropa. Auf das Tauwetter folgten Hochwasser. Die Getreidepreise vervielfachten sich, Arme versuchten, ihren Hunger mit Gras zu stillen. Die schlimmste Hungersnot des 19. Jahrhunderts führte zu der ersten großen Auswanderungswelle von Europa in die Vereinigten Staaten von Amerika – rund 20.000 Menschen aus Osteuropa. Ein Exodus setzte auch von Irland aus ein. Dort war es zwischen 1816 und 1842 als Folge des Tambora-Ausbruchs zu 14 Kartoffel-Missernten nacheinander gekommen. Die Dauerregen vernässten die sandigen Böden, die die Kartoffel braucht, um optimal zu gedeihen, und schwemmten Krankheitserreger überallhin. Einige Klimaforscher vermuten sogar einen Zusammenhang zwischen einem Vulkanausbruch in Indonesien und der Schlacht von Waterloo 1815. Der Ausbruch des Tambora habe das Wetter in Europa massiv verschlechtert, sodass Napoleons Soldaten und Kanonen im Matsch stecken blieben (Süddeutsche Zeitung, 24. August. 2018)

„Yellowstone-Vulkan"

Über das Magmareservoir des Yellowstone-Vulkans haben die Forscher inzwischen eine gute Vorstellung (Hsin-Hua Huang et al. 2015). In etwa 80 km Tiefe bringt ein Manteldiapir heißes Material bis in die Region des obersten Mantels. Die zugeführte Hitze sorgt dafür, dass das Gestein dort in 50 km Tiefe aufgeschmolzen wird. Weil die Schmelze leichter ist als die Umgebung, steigt sie in die untere Kruste auf und füllt dort das Magmareservoir. Das Reservoir liegt in 20–50 km Tiefe und wird kontinuierlich aus dem Manteldiapir gespeist. Es enthält (nur) 2 % Schmelze, ist aber 4–5-mal größer als die eigentliche Magmakammer in 5–15 km Tiefe. Die Magmakammer hat eine Ausdehnung von 90 km und enthält bis zu 15 % geschmolzenes Gestein eingebettet in Porenräumen von kristallinem Material. Aus dieser Magmakammer speiste sich in der Vergangenheit das Material des Yellowstone-Vulkans. Die Forscher der University of Utah gehen davon aus, dass es erst dann zu einem erneuten Ausbruch kommen wird, wenn der Schmelzanteil in der Magmakammer auf mindestens 50 % ansteigt.

Die Magmakammer steigt zudem nach Nordosten bis in eine Tiefe von 5 km. Die große Magmakammer wiederum speist eine kleinere Kammer nahe der Oberfläche. Ihre Spitze liegt nur ein paar hundert Meter unter dem nordwestlichen Boden des Yellowstone-Parks. Es wird vermutet, dass dafür Wasser und andere Fluide sowie Gase aus dem Magmareservoir verantwortlich sind, denn der Vulkan entlässt jeden Tag etwa 45.000 t an CO_2 – die obere Magmakammer ist aber viel zu klein, um diese Menge an Gas zu generieren. Dass sich die flache Magmakammer nach NO ausdehnt, wird aus der Bewegung der Nordamerikanischen Platte abgeleitet, die sich mit 2,35 cm/a über dem stationären Hot Spot in 80–90 km Tiefe bewegt.

Vesuv (Pompeji)

Schon aus sehr viel früherer Zeit gibt es Augenzeugenberichte von verheerenden Vulkanausbrüchen. Die bekannteste Beschreibung stammt von Plinius dem Jüngeren in Briefen an Tacitus den Älteren über den Ausbruch des Vesuvs im Jahr 79 n. Chr. Die Schilderungen des Plinius gingen in die Weltgeschichte ein.

Aus ihnen lassen sich die Geschehnisse vor, während und nach der Eruption gut rekonstruieren und erlauben einen Vergleich mit den geologischen Forschungen (Scandone et al. 2019). Die Beschreibungen gelten als erste wissenschaftliche Darstellung eines Vulkanausbruchs und können als Beginn der modernen Vulkanologie gesehen werden. Noch heute lassen sich anhand der Aufzeichnungen die einzelnen Ausbruchsphasen nachvollziehen. Nach einer mindestens 700-jährigen Ruhephase, in der viele Siedlungen in der Gegend um den Vesuv entstanden, brach dieser 79 n. Chr. erneut aus. Plinius berichtete, dass zunächst die Erde regelmäßig bebte. Er berichtet ferner von zerberstenden Wasserleitungen an den Flanken des Vesuvs; wahrscheinlich als Folge eines Erdbebens. Der Vesuv selbst blieb jedoch völlig ruhig. Damals muss es aber schon zu einer Ansammlung von Magma gekommen sein und sich ein enormer Druck aufgebaut haben. Der Vulkanschlot war durch erstarrte Lava verstopft. Am 24. August war das Magma bis in den mit Wasser gefüllten Kratersee angestiegen. Durch den Kontakt des Wassers mit dem Magma kam es zu einer phreatomagmatischen Explosion, die den Schlot des Vesuvs freisprengte. Die im Magma gelösten Gase dehnten sich schlagartig aus und Gas- und Aschewolken wurden herausgeschleudert. Der Himmel verdunkelte sich. Gegen Mittag hat sich eine bis zu 30 km hohe, säulenartige Gas-Asche-Wolke gebildet, in der sich heftige Gewitter entluden. Der oberste Teil der Wolke breitete sich nach allen Seiten aus. Die Wolke wurde durch den Wind in südöstliche Richtung getrieben – dort fielen dann erste vulkanische Produkte (Aschen, Lavabomben, Lapilli und Bimssteinbrocken) nieder. Am Nachmittag wurde vermehrt Bimsstein von grauer Farbe herausgeschleudert – ein Zeichen dafür, dass nunmehr eine andere chemische Zusammensetzung des Magmas an die Oberfläche drängte. Diese Änderung führte auch zu einer veränderten Dynamik in der Aschensäule. Sie wurde instabil, was die Ausbildung einer „pyroklastischen Glutwolke" zur Folge hatte. Diese raste mit hoher Geschwindigkeit die Hänge des Vulkans herab auf die Stadt Herculaneum zu. Deren Einwohner hatten zum größten Teil fliehen können. Das vom Vesuv weiter entfernt liegende Pompeji wurde von diesen ersten Glutwolken dagegen nicht erreicht, weshalb der größte Teil seiner Einwohner überlebte. Bis zum späten Nachmittag ließ der Druck aus dem Schlot nach, was weitere Glutwolken nach sich zog. Aus dem Krater ausfließende mächtige Schlammströme gelangten in die Stadt, die bereits unter einer meterdicken Ascheschicht zugedeckt war. Kurz nach Mitternacht erschütterte dann ein neues Erdbeben Pompeji. Gebäude, die bis jetzt standgehalten hatten und ein letzter Zufluchtsort gewesen waren, stürzten ein. Am nächsten Morgen, als die Eruptionstätigkeit nachgelassen hatte, versuchten Überlebende aus Pompeji herauszukommen. Doch dann rasten wieder „pyroklastische Ströme" die Hänge des Vesuvs herab und verwüsteten im Umkreis von 15 km um den Vulkan endgültig alles Leben.

Die Eruptionen hatten die Stadt Pompeji unter einer 12 m mächtigen Aschenschicht begraben und so alle Bauwerke für die Ewigkeit konserviert. Darunter auch Relikte von etwa 2000 Menschen, die durch den Ausbruch im Schlaf überrascht und von der Glutwolke („quasi") gebacken wurden. Die Körper verwesten im Laufe der Zeit und hinterließen Hohlräume in den Aschesedimenten. Diese wurden später von Archäologen in Gips ausgegossen und geben heute ein eindrucksvolles Bild über das Leben im späten römischen Reich. Die durch den Ausbruch des Vesuvs verschütteten alten Teile der Stadt werden seitdem von Archäologen wieder ausgegraben und wurden im Jahr 1997 zum Weltkulturerbe der gesamten Menschheit erklärt. Neben den vielen ausgegrabenen Zeugnissen wurden ganze Stadtviertel mit prachtvollen Villen und Häusern der einfachen Bevölkerung vollständig rekonstruiert. Sie geben einen einmaligen Einblick in das gesellschaftliche Leben im damaligen Römischen Reich.

Die Gefahr durch einen erneuten Ausbruch des Vesuvs für die Region und hier insbesondere für den Großraum Neapel besteht bis heute fort. Hinzu kommt, dass es westlich von Neapel noch einen Calderavulkan gibt, die Phlegräischen Felder. Der letzte große Ausbruch des Vesuvs im Jahr 1538 dauerte acht Tage: Er bildete den Monte Nuovo. Seitdem hebt und senkt sich der Vulkan, zuletzt um einen halben Zentimeter pro Monat. Lach (2021) zeigt, dass es beim Vesuv eine eindeutige positive Korrelation zwischen der Zeit der Ruhephasen und Intensität der Eruptionen gibt.

Aus dieser Korrelation wurde von Santacroce (1983) eine konstante Zufuhr von Magma in die den Vesuv speisende Magakammer abgeleitet. Viele historische Beispiele zeigen allerdings, dass bei der nächsten Eruption eine ähnliche Ausbruchsstärke wie 79 n. Chr. gerechnet werden muss, da Magmakammern in der Regel deutlich größer sind als die bei Eruptionen zutage kommenden Volumina.

Die geologisch-tektonische Situation macht den Vesuv derzeit zu einem der gefährlichsten Vulkane der Erde – zumal 3 Mio. Menschen in der Gefahrenzone leben, mindestens 700.000 davon in der sogenannten „Roten Zone" auf den Hängen des Vulkans. Dennoch lassen die Hebungen – laut GFZ Potsdam –keine abschließende Bewertung der Gefährlichkeit zu. Noch ist unbekannt, warum es diese Hebungs- und Senkungsphasen gibt und wie sie zu bewerten sind. Eine These lautet: Der Boden hebt sich, weil sich die Magmakammer unter den „Phlegräischen Feldern" füllt, die vermutlich mit der Magmakammer unter dem östlich gelegenen Vesuv verbunden ist. Allerdings gab es immer wieder Phasen mit starken Hebungen, ohne dass es zu einer Eruption kam, so zum Beispiel Anfang der 1970er- und in den 1980er-Jahren, als sich der Boden innerhalb weniger Jahre jeweils um eineinhalb Meter hob oder senkte. Diese Phasen waren auch immer mit erhöhter Seismizität verbunden, ohne dass es dabei zu einem Vulkanausbruch gekommen ist. Nach Angaben des Italienischen „Nationalen Instituts für Geophysik und Vulkanologie" (INGV) hob sich im Jahr 2012 der Boden um etwa 3 cm pro Monat, worauf der Italienische Zivilschutz eine erhöhte Warnstufe herausgab, die bis heute besteht. Das INGV begann damals Bohrungen in den „Plegräischen Feldern" niederzubringen, um seitdem in Tiefen bis 500 m die vulkanischen Parameter (Temperatur, Seismizität, Gasgehalte usw.) aufzuzeichnen.

Die Zivilschutz-Behörde hat einen Notfallplan ausgearbeitet (National Emergency Plan for Vesuvius; INGV-Homepage), der eine Evakuierung der Vulkanhänge vorsieht, sobald spätestens innerhalb einer Woche mit einem Ausbruch zu rechnen ist. Die wichtigste Fragestellung ist dabei: Wie kann man knapp 1 Mio. Menschen binnen 72 h aus der Gefahrenzone bringen? Dazu wurden im Jahr 1995 zwei Kommissionen beauftragt, die Risiken für den Großraum Neapel einzuschätzen. Acht Jahre später wurde diese Aufgabe in die Hände der Nationalen Katastrophenschutzbehörde Italiens ICPD (Italian Civil Protection Department) gelegt, verbunden mit der Aufgabe, den Vesuv dauerhaft zu überwachen sowie ein regionales Alarm- und Schutzkonzept auszuarbeiten. Das daraufhin erarbeitete Schutzkonzept sah zunächst drei Gefahrenzonen um den Vesuv vor. Die „rote Zone" galt als die gefährdetste. Hier wäre bei einem sub-plinianischen Ausbruch mit folgenreichen Zerstörungen durch pyroklastische Ströme oder Lahare zu rechnen. In der „gelben Zone" würde es hauptsächlich zu Ascheregen und herabfallenden Gesteinsfragmenten

kommen. Zudem wurde eine „blaue Zone" als Teil der „gelben Zone" gesondert ausgewiesen – diese sei durch Lahar- und Flutgefahren gekennzeichnet. In der Folge fand im Oktober 2006 eine erste Katastrophenschutzübung mit einer Testevakuierung von 1800 Personen statt mit dem Ziel, das Bewusstsein der Bevölkerung bezüglich der Gefahren des Vesuvs zu untersuchen. Die Erkenntnisse aus dieser Übung führten dazu, im Jahr 2007 ein vierstufiges Alarmsystem einzuführen: grün (normal), gelb (alert), orange (pre-alarm), rot (warning). Die Grundlage für diese Überlegungen war die Annahme einer sub-plinianische Eruption, die als Referenzeruptionsstil dem Schutzkonzept zugrunde gelegt wurde. Das Konzept beruht auf den folgenden Indikatoren:

- Aschesäule von mehreren Kilometern Höhe,
- Produktion von Bomben und Gesteinsblöcken direkt am Krater und von Aschen im Umkreis von mehreren Kilometern,
- Auftreten von pyroklastischen Strömen an den Hängen mit mehr als einem Kilometer Länge,
- erhöhte seismische Aktivität.

Jede Gemeinde innerhalb der „roten Zone" wurde angewiesen, im Ernstfall die Bewohner zu evakuieren. Die Evakuierung von Krankenhäusern und medizinischen Einrichtungen wurde in die *pre-alarm*"-Phase integriert und eine Evakuierung auf 72 h vor dem erwarteten Ausbruch festgesetzt. Im Jahr 2012 wurde das Konzept nochmals überarbeitet und die „rote Zone" in zwei Zonen aufgeteilt. Die „rote Zone 1" wurde weiterhin durch die Gefahr von pyroklastischen Strömen charakterisiert und die „rote Zone 2" durch die Gefahr von Aschefällen. Davon wären etwa 700.000 Menschen in 25 Kommunen betroffen. 14 zentrale Sammelpunkte außerhalb der roten Zone wurden festgelegt. So würden zum Beispiel Bewohner der heutigen Stadt Pompeji per Schiff nach Sardinien evakuiert werden.

Das Schutzkonzept wurde jedoch von vielen Gruppen kritisch hinterfragt (Lach 2021). Die Kritik entzündet sich vor allem an folgenden Punkten:

- **Dem Referenzeruptionsstil:** Im Schutzplan wurde eine subplinianische Eruption zugrunde gelegt. Aber selbst die Vulkanologen, die dieses Konzept vorgestellt haben, weisen darauf hin, dass die Wahrscheinlichkeit einer plinianischen oder stärkeren Eruption je nach betrachteten Zeiträumen (z. B. Ruhephase von 10 bis 100 Jahren statt 60 bis 200 Jahren) 1 % bis zu 20 % betragen kann (Sandri et al. 2004). Die Kritik richtet sich daher dagegen, das Risikomanagement allein auf dieses Szenario auszurichten. Neri et al. (2008) berechnen die Wahrscheinlichkeit für eine VEI $\geq$ 5 Eruption mit 4 %. Es sollte zudem erwähnt werden, dass die probabilistischen Berechnungen den aktuellen Zustand des Vulkanschlots außer Acht lassen. Seit 1944 befindet sich der Vesuv in einem Zustand, in dem der Schlot durch abgekühltes Gestein verschlossen ist (vgl. Lavadom). Das Freisprengen eines verschlossenen Schlots geht typischerweise mit explosiven Eruptionen einher.

- **Der insgesamt schlechten Bausubstanz der meisten Gebäude im Großraum der Stadt Neapel:** Es wird befürchtet, dass bereits leichte Beben zum Kollaps einiger weniger, dafür aber strategisch gelegener Gebäude und diese dann zu massiven Blockaden der Evakuierungsrouten führen könnten. Bei schwereren Beben könnten die Straßen aufreißen, Gleise und Hochspannungsleitungen beschädigt werden. Dadurch könnte eine Evakuierung ganzer Stadtbereiche zum Teil unmöglich werden. Es liegen fundierte Erkenntnisse darüber vor, dass viele Gebäude insbesondere im Stadtbereich – mit seinen vielen historischen Bauten – selbst bei schwachen Beben stark einsturzgefährdet sind (Formisano et al. 2010). Zudem wurden anscheinend sehr oft ohne Baugenehmigung nachträgliche Veränderungen an Gebäuden vorgenommen (zusätzliche Stockwerke), die zu einer deutlich höheren Erdbebengefahr führen können.
- **An der Zahl der zu evakuierenden Personen:** Eine Evakuierung von über einer halben Million Menschen innerhalb von 3 Tagen hat bisher nirgendwo auf der Welt stattgefunden. Die Kritiker weisen darauf hin, dass die Testevakuierung mit 1800 Personen wegen der (zu) geringen Zahl nicht auf die Evakuierung von 600.000 Menschen übertragbar sei. Wenn nur die Hälfte der zu evakuierenden Personen per Zug aus Neapel gebracht werden sollten, wären das 300.000 Menschen und würden dazu 300 Eisenbahnzüge benötigen. In einem Zeitrahmen von 72 h, wäre das alle 15 min ein Zug. Eine logistische Unmöglichkeit, vor allem, wenn Probleme wie Störungen des Schienennetzes durch vorhergehende Erdbeben noch hinzukommen. Eine Verringerung der Bevölkerungsdichte der „roten Zone" lange vor einem Ausbruch des Vesuvs sollte in Bezug auf das Risikomanagement daher höchste Priorität haben.
- **Der Verteilung der Personen nach außerhalb:** In der Praxis könnte sich der Zeitraum von den ersten Eruptionsvorläufern bis hin zum tatsächlichen Ausbruch über mehrere Monate erstrecken. Die Frage wäre also, ab wann damit begonnen werden sollte. Auch für den Fall einer zeitnahen Eruption ergibt sich das Problem, dass die evakuierte Bevölkerung eventuell für Monate oder sogar Jahre nicht zurückkehren kann. Es werden daher massive sozioökonomische Probleme auf die Provinzen und Städte zukommen. Dies würde mit Sicherheit eine geringe Akzeptanz in den Gemeinden nach sich ziehen. Es sollten – so die Kritiker – schon vorab klare Konzepte entworfen und kommuniziert werden, um einen reibungslosen Ablauf der Evakuierung zu ermöglichen.
- **Verantwortung der Entscheidungsträger und politisches Klima:** Die Entscheidung für eine Evakuierung wird letztendlich immer auf Regierungsebene getroffen. Dennoch waren in der Vergangenheit die Reaktionen der italienischen Administration auf Empfehlungen von Wissenschaftlern nicht von Verständnis getragen, wie das Beispiel L'Aquila zeigt (vgl. Kap. 1). Geowissenschaftler Italiens sind sich spätestens seit diesem Vorfall bewusst, dass ihre Fachexpertise rechtliche Konsequenzen für sie haben könnte.

Mount St. Helens („lateral blast")

Ein weiterer weltberühmter Vulkan, der aber einen ganz anderen Eruptionsverlauf aufweist als der Tambora oder der Vesuv, ist der Mount St. Helens im amerikanischen Bundesstaat Washington. Hier war es im Jahr 1980 ebenfalls zu einem katastrophalen Ausbruch gekommen, nur war der Auslöser ein Ausbruch an einer Flanke und einem Teil des Kraters („lateral blast"). Der Vulkan ist ein Subduktionszonen-Vulkan, der vor allem Basalt, Andesit, Dacit produziert; seine Ausbruchsart war plinianisch bis peeleanisch. Der Mount St. Helens ist auch heute noch einer der aktivsten Vulkane der Cascade Range im nordwestlichen Teil der Rocky Mountains. Er ist auch ein Synonym für einen „lateral blast", eine Eruption, die schräg zum zentralen Schlot verläuft und an der Flanke explodiert.

Die Aktivitäten des Mt. St. Helens können über mehr als 250.000 Jahre bis ins Holozän zurückverfolgt werden. Der Vulkan, so wie er bis 1980 bestand, wurde um 3000 v. Chr. gebildet, als er in mehreren Ausbruchsphasen seine damalige Gestalt annahm. Bevor er 1980 ausbrach, hatte er die typische Kegelform eines Schichtvulkans und wurde daher oft als der Fujiyama Amerikas bezeichnet. In historischer Zeit hatte es Augenzeugenberichte über einzelne Ausbrüche gegeben. In dieser Zeit hat der Vulkan sowohl heftige Ausbrüche von Asche und Schutt als auch stille Lavaausbrüche verursacht.

Da der USGS den Vulkan schon vor dem Ausbruch vulkanologisch, vor allem aber seismisch überwachte, konnte der Ausbruch am 18 Mai 1980 so gut dokumentiert werden wie kaum ein anderer Ausbruch auf der Welt zuvor (Lipman und Mullineaux 1981; USGS 2005a, b). Die vulkanologische Überwachung ergab, dass Monate zuvor Magma aus einer Tiefe von 7–10 km in den Vulkan eindrang, was zu einer Zunahme des Kuppelvolumens führte.

Der Ausbruch selbst hatte sich bereits Wochen zuvor im März 1980 angekündigt. Die Erde bebte und am Vulkan kam es zu kleineren Ascheeruptionen. Auch wurden erhöhte Schwefeldioxid-Emissionen gemessen. Als dann am 27. März Schmelzwasser des Gipfelgletschers mit dem Magma reagierte, kam es zu einem (kleineren) phreatomagmatischen Ausbruch. Ein zweiter Krater entstand, der dann aber bei einem größeren Ausbruch zu einem großen Krater

verschmolz. Auch wenn für die Bewohner der nahen Großstädte Seattle und Portland keine direkte Bedrohung bestand, so doch für die kleineren Ortschaften in der Nähe.
Das Gebiet wurde daher weiträumig abgesperrt und lokal
der Ausnahmezustand ausgerufen. Auf Fotos vom 12. April
war deutlich an der nördlichen Flanke des Vulkans eine
„Beule" aus aufsteigendem Magma zu erkennen, die später
bis zu 90 m hoch wurde.

Am 18. Mai um 8:32 Uhr löste ein Erdbeben der Stärke
M5,2 einen Hangrutsch aus (Lipman und Mullineaux
1981). Von der „Beule" an der Nordseite donnerten große
Gesteinsmengen zu Tal, mit der Folge, dass der ganze
Nordhang in einer gigantischen Schuttlawine abscherte. Es
bildete sich einer der größten weltweit bekannten Lahare
aus, mit einer Länge von 80 km. Der Lahar überflutete den
8 km entfernten Spirit Lake, dessen Pegel um 75 m anstieg.
2 km^3 Gesteinsmaterial und Schmelzwasser verstopften seinen Abfluss, sodass der See über seine Ufer trat. Heute liegt
der See 60 m höher als zuvor. Die durch Schmelzwasser
ausgelösten Schlammströme wälzten sich durch den Lewis-
und Toutle River bis in den Columbia River.

Mit dem Bergrutsch wurde die Magmakammer entlastet,
die sich daraufhin in einer seitwärts gerichteten Explosion
(„lateral blast") mit einer 4 km hohen Rauchsäule ent-
lud. Die Stärke der Eruption wurde mit VEI 5 angegeben.
Der Vulkan verlor dabei 400 m an Höhe. Es kam zur Ausbildung von bis zu 600 °C heißer Glutwolken („pyroclastic
surge"), die mit 200 km/h nordwärts strömten. Die Eruption hatte umgerechnet eine Kraft von 500 Atombomben
des Hiroshima-Typs und war noch in 800 km Entfernung zu
hören. Der Vulkan produzierte 9 h lang eine bis zu 25 km
hohe Aschewolke. Sie bedeckte 15 km^2 mit einer bis zu
40 m dicken Aschenschicht. Die vormals um den Vulkan
gestandenen Nadelwälder wurden auf 350 km^2 komplett
ausradiert (Moore und Rice 1984). Von den kollabierenden
Rändern des Schlots löste sich eine Reihe pyroklastischer
Ströme.

Die Aschen wurden nordostwärts bis in den Bundesstaat Wyoming verfrachtet. In 10 h legten sie eine Entfernung von 1000 km zurück. Ein dichter Ascheregen ging
auf die Stadt Spoken 145 km vom St. Helens entfernt nieder. Die Sichtweite betrug hier gegen Mittag nur noch 3 m.
In den nächsten Tagen erreichten die Aschen sogar Gebiete
in Minnesota und Oklahoma. Zudem verteilte der Regen
die Aschenschichten über Hunderte Kilometer entlang des
Toutle River nordwärts.

Am 22. Juli 1980 ereignete sich eine weitere, größere Eruption, bei der Asche bis in die Stratosphäre aufstieg. Seitdem gab es mehrere Perioden mit neuem Magmaaufstieg, in dem nun nach Norden hin offenen Krater des
Mount St. Helens.

Die Katastrophe forderte 57 Tote, darunter einen Park-
wächter und den USGS Geologen D. Johnston. Ein Foto

zeigt ihn in 10 km Entfernung vom Vulkan: Er konnte gerade noch einen letzten Funkspruch abgeben („Vancouver! Vancouver! Jetzt geht es richtig los!"), bevor er von der
Glutwolke erfasst wurde. Es entstand ein Sachschaden von
je nach Quelle zwischen 1,1 bis 2,9 Mrd. US$.

Die Landschaft und Lebewelt um den Mount St. Helens hatte sich in kürzester Zeit in eine „Mondlandschaft"
verwandelt. Geschätzte 1,5 Mio. Säugetiere verloren ihr
Leben. Dennoch war nicht das ganze biologische Leben
ausgelöscht. Die Rückeroberung begann nicht „from
scratch", sondern folgte dem Gesetz des „biologischen
Erbes" („biological legacies"; Dale et al. 2005). Manche
Lebewesen hatten sich unter verkohlten Bäumen versteckt,
andere unter der Asche überlebt. 30 Jahre später hatte sich
die Pflanzen- und Tierwelt mit Ausnahme des Vulkankegels
fast das ganze laharverwüstete Gebiet zurückerobert. Die
erste Pflanze, die das geschafft hatte, war die „prairie lupine", eine Stickstoff reduzierende Pflanze, die den Stickstoff aus der Luft oder dem Boden aufnimmt. Die Lupine
lockte Insekten an, die Pflanzenreste akkumulierten sich
am Boden und neue fruchtbare Erde entstand. Die Pflanzen gaben kleineren Tieren Nahrung, die wiederum größeren Tieren: Das Ökosystem begann sich neu aufzustellen
(Thompson 2010).

Nevado del Ruiz („mudflow/lahar")

Der Vulkanausbruch des Nevado del Ruiz in Kolumbien
1985 ist das „klassische" Beispiel für einen vulkanisch ausgelösten Schlammstrom („Lahar"). Der Begriff „Lahar"
stammt aus dem Indonesischen und beschreibt eine Mischung aus Wasser mit vulkanischen Sanden und größeren
Felsbrocken, die eine Dichte wie flüssiger Beton aufweist.
Der Vulkan Nevado del Ruiz ist etwa 5400 m hoch und
einer der vielen Vulkane, die mit einer Eiskappe bedeckt
sind. Auf dem Gipfel des Vulkans hatte sich vor dem Ausbruch eine bis zu 200 m dicke Eiskappe gebildet, die sich
damals über eine Fläche von ca. 23 km^2 auf dem fast flach
liegenden Gipfel erstreckte. Außerdem befand sich unter
der Eiskappe ein großer Kratersee (Arenaskrater). Mehr als
150 Jahre lang befand sich der Vulkan im Ruhezustand.

Am 13. November 1985 begann der Vulkan plötzlich, mit erhöhter Fumarolenaktivität Asche zu produzieren sowie bis zu 2 km hohe Dampferuptionen (Pichler
2006). Einige kleinere seismische Erschütterungen konnten Wochen zuvor schon registriert werden, was auf ein aufsteigendes Magma im Vulkanschlot hindeutete. Infolgedessen untersuchte eine Gruppe von Vulkanologen des „National Committee on Volcano" Monitoring den Vulkan.
Aber aufgrund der begrenzten und veralteten Ausrüstung
wurden die Untersuchungen als nicht hinreichend genug erachtet, um die nationalen und lokalen Behörden von dem
potenziellen Risiko zu überzeugen. Dennoch war klar, dass
im Falle eines Ausbruchs die Eiskappe endgültig schmelzen

und sich daraus ein massiver Lahar ergeben würde. In den Jahren 1595 und 1845 hatte es bereits ähnliche Lahare gegeben.

Die erste Explosion fand am 13. November 1985 statt und produzierte eine große Menge an Asche und Bimsstein, die auf das Gebiet niederging und sogar die Stadt Armero, etwa 70 km vom Vulkan entfernt, erreichte. Einige Stunden später brachen zum ersten Mal geschmolzene Gesteinsbrocken und Lava vom Gipfel aus und führten auch zu einer lokalen pyroklastischen Glutwolke. Mit dem Ausbruch setzte ein schwerer Sturm mit sintflutartigen Regenfällen ein, der die Menschen zwang, die nächsten Stunden in ihren Häusern zu bleiben. Der starke Regen führte zum Ausfall des Stromnetzes in der Region und setzte die Funkkommunikation außer Betrieb. Das Magma führte zu einem Schmelzen von etwa 10 % der Eiskappe und füllte den Arenaskratersee mit Schmelzwasser. Nachdem die umliegende Eisbarriere geschmolzen war, entstand ein zerstörerischer Schlammstrom (Lahar) aus Wasser, Asche, Gesteinsfragmenten, Kies und Sand, der mit einer Geschwindigkeit von bis zu 50 km/h bergab eilte und der die 70 km entfernte Stadt Armero zwei Stunden später erreichte. Die Stadt war auf einer ehemaligen Schlammlawine von 1845 gebaut. Es gibt keine Hinweise dafür, dass die Bewohner von Armero überhaupt eine Information über den bevorstehenden Ausbruch erhielten, geschweige denn die „Anordnung" zur Evakuierung erhalten haben (Tilling 1989). Selbst Versuche des örtlichen Roten Kreuzes (Voight 1986) zur Evakuierung scheiterten, da die meisten Bürger kein Vertrauen in die Aussagen der Techniker hatten. Stattdessen folgten sie lieber dem Rat der örtlichen Priester und Bürgermeister, die etwa drei Stunden zuvor über Radio und Lautsprecher verbreiteten, dass „die Stadt nicht gefährdet sei". Ein früherer Versuch, USGS-Vulkanologen zu konsultieren, wurde von der US-Regierung gestoppt, da sie ein gewisses Risiko für ihre Bevölkerung durch Terroranschläge sahen. Insgesamt 23.000 Einwohner von Armero starben in dieser Nacht, als der Lahar die gesamte Stadt mit einer 3 m Schlammflutwelle verwüstete. Der wirtschaftlichen Schaden wurde mit etwa 1 Mrd. US$ (in 1985er US$) veranschlagt. Zusammenfassend lässt sich sagen, dass die Tragödie von Nevado del Ruiz „schlicht und einfach ein menschlicher Fehler war, der durch Fehlurteile und bürokratische Kurzsichtigkeit verursacht wurde" (Voight 1986).

Eyjafjallajökull (Auswirkung auf den Flugverkehr)
Ganz andere Auswirkungen hatte der Ausbruch des Eyjafjallajökull auf Island im Jahr 2010. Vulkaneruptionen auf Island werden in der Regel eher als lokale Ereignisse wahrgenommen. Doch dieses Mal legten die Aschewolken aufgrund einer besonderen Wetterlage den Flugverkehr in weiten Teilen Nord- und Mitteleuropas für fast eine Woche lahm – eine bis dahin beispiellose Beeinträchtigung des Luftverkehrs in Europa infolge eines Naturereignisses. Und das nicht nur in Westeuropa, sondern die Aschewolke hatte Auswirkungen rund um den Globus. Über mehrere Tage schwebten feine Aschepartikel über Europa – Millionen Menschen waren von den Flugausfällen betroffen.

Der Eyjafjallajökull liegt auf dem NE-SW streichenden Mittelatlantischen Rücken, der die östliche Vulkanzone von Island bildet. Die Zone erstreckt sich von den Westmänner-Inseln, über das Eyjafjallajökull-Krafla-System und weiter über die Laki-Spalte bis unter dem Gletscher Vatnajökull. Bei dem Eyjafjallajökull handelt es sich um einen Schildvulkan, der an seinem Gipfel eine Caldera hat, die von einem 150–200 m mächtigen Eispanzer bedeckt ist. Die Caldera hat einen Durchmesser von 3 × 4 km und beinhaltet mehrere Krater. Der Vulkan entstand vor ca. 800.000 Jahren und ist seitdem mindestens 12-mal ausgebrochen. Das Gestein des Eyjafjallajökulls besteht aus Tholeiiten und Alkali-Basalten; auch Andesite, Dazite und Trachyte wurden gefördert. Die Gesteine deuten darauf hin, dass basaltisches Magma sich über lange Zeiträume in der Magmakammer differenziert hatte. Das Eruptionsgeschehen war in der Vergangenheit sowohl rein effusiv als auch explosiv bzw. eine Kombination von beidem. Es gibt Hinweise auf eine große plinianische Eruption in prähistorischer Zeit. Historisch belegt, begann der Eyjafjallajökull 1612 mit einer phreatomagmatischen Eruption und endete mit strombolianischer Tätigkeit (Jóhannesdóttir und Gísladóttir 2020).

Erste klare Anzeichen für eine erhöhte Vulkangefahr konnte das Vulkanologische Institut der Universität Island schon Anfang Februar feststellen. So zeigten Messungen eine deutliche Verformung der Erdkruste unmittelbar am Eyjafjallajökull um bis zu 15 cm, wobei sich die Kruste vier Tage vor dem Ausbruch stellenweise um mehrere Zentimeter deformiert hatte. Darüber hinaus wies eine ungewöhnliche Zunahme an Erdbeben auf einströmendes Magma unterhalb der Erdoberfläche hin. Die meisten Erdstöße waren relativ schwach (<M2). Die Eruption selbst lief in 2 Phasen ab. Zuerst öffnete sich eine effusive Spalte auf der Westflanke des Vulkans. Während dieser ersten Eruptionsphase wurden rotglühende Lavafontänen und Lavaströme gefördert. Kurz danach folgte eine explosive Eruption vom vulkanischen Typ. Sie ging von der Gipfelcaldera aus, wobei Schmelzwasser diese deutlich verstärkte. Eine mächtige Aschewolke stieg bis zu 9 km hoch auf, ausgerechnet zu diesem Zeitpunkt drehte der Wind über Island und die Aschewolke mit ihren scharfkantigen Gesteinskörnern wurde in Richtung Süden gelenkt. Allerdings zog die Aschewolke nicht einfach weiter, sondern blieb aufgrund einer windschwachen Wetterlage über Mitteleuropa quasi stationär.

Bereits am zweiten Tag des Vulkanausbruches musste der Luftraum über weiten Teilen Europas gesperrt werden, u. a. auch in Deutschland. Der internationale Flughafen

Islands wurde vorübergehend geschlossen und der transatlantische Flugverkehr über der Insel weiträumig umgeleitet. In Deutschland war der Luftraum für 137 h gesperrt worden. Laut Eurocontrol fielen mehr als 100.000 Flüge aus, in Deutschland geschätzte 40.000. Mehr als 10 Mio. Flugreisende saßen zwischenzeitlich in westeuropäischen Flughäfen fest. Die Umsatzeinbußen der Luftlinien sollen sich auf 1,5 bis 2,5 Mrd. € belaufen haben. Der indirekte volkswirtschaftliche Schaden wird sicher wesentlich höher ausgefallen sein. Aber nicht nur in Europa waren die Auswirkungen zu spüren, auch der Luftverkehr in den USA, Indien und Südostasien war erheblich betroffen. Durch die Sperrung ging der globale Luftverkehr zeitweilig um ungefähr 18 % zurück (Randelhoff, TU Dortmund: „Zukunft Mobilität"; Internetzugriff 12.02.2021). Der Flugverkehr musste nach einer Entscheidung der ICAO für eine Woche lang eingestellt werden. Der damalige Chef der Lufthansa Wolfgang Mayrhuber fordert einen Ausgleich für die Sonderkosten, die den Airlines während des Flugverbots entstanden waren. Viele Airlines hatten sich zusammengetan, um gegen das Flugverbot zu klagen. Die Unternehmen machten allein Kosten für die Übernachtungen und die Verpflegung von 45 Mio. gestrandeten Passagieren geltend. Insbesondere aber übten sie Kritik daran, dass sich im Nachhinein herausgestellt habe, dass die Schließung des Luftraums in der Größenordnung nicht nötig war. Viele der Passagiere klagten auf Rückzahlung des Ticketpreises und auf eine angemessene Entschädigung für den Flugausfall. Das Amtsgericht Köln (Aktenzeichen 132 C 314/10) urteilte in einem Eilverfahren, dass lediglich die Erstattung des Tickets rechtens sei – weitergehende Entschädigungen lehnte das Gericht ab. Die Annullierung der Flüge sei auf außergewöhnliche Umstände („höhere Gewalt") zurückzuführen. Diese hätte sich auch dann nicht vermeiden lassen, wenn alle zumutbaren Vorsorgemaßnahmen ergriffen worden wären. Ob allerdings ein so weiträumiges Flugverbot nötig gewesen wäre, habe das Gericht nicht zu entscheiden. Eine vom Deutschen Zentrum für Luft- und Raumfahrt (DLR) durchgeführte Untersuchung der Aschewolkekonzentration hatte ergeben, dass der festgelegte Grenzwert von 2 mg Asche pro m^3 über Deutschland an keinem Tag überschritten worden sei.

3.4.4   Hochwasser

Wasser ist auf der Welt in ausreichender Menge vorhanden. Das Problem ist nur, dass es sehr ungleich verteilt ist. Manche Regionen leiden über Jahre an Dürren, andere werden jährlich von Überschwemmungen heimgesucht. Und es ist bereits zu erkennen, dass der Klimawandel die bestehende Verteilung von Niederschlägen auf der Erde drastisch zu Ungunsten der Dürreregionen verändern wird. Nach An-

gaben des IPCC (2014, vgl. v.Vuurem et al. 2011) muss von einem Anstieg der mittleren Jahrestemperatur um 2 °C gerechnet werden. Dies wird die derzeitigen Wetterextreme noch verstärken und lokal zu einem erhöhten Starkregenrisiko führen. Die heute schon regenreichen Zonen werden noch regenreicher werden, die Trockengebiete noch trockener. Das Wettergeschehen wird chaotischer. Wasserknappheit wird weltweit zu einem der gravierendsten Probleme werden. Schon heute leben geschätzt mehr als 700 Mio. Menschen in 43 Ländern von weniger als 10.000 L Wasser pro Jahr, eine Menge, die von UNDP (2006) als Minimumbedarf angegeben wird. Wasser ist für die Menschheit ebenso ein Grundbedürfnis wie die Versorgung mit Sauerstoff. Wasser durchdringt alle Lebensbereiche und ist damit eine der drei Grundvoraussetzungen für „menschliche Entwicklung".

Dabei ist festzuhalten, dass sowohl Wasserknappheit als auch „ein Zuviel an Wasser" kein Problem von Verfügbarkeit oder Überfluss ist, sondern in der Regel ein Problem der Verteilung darstellt. Im Zeitraum von 1973–2006 – so die World Bank (2008) – waren mehr als 3,5 Mrd. Menschen Hochwasser, Sturmfluten, Starkregen und Überschwemmungen ausgesetzt. Aus der „Weltkarte der Niederschläge" ist deutlich zu entnehmen, dass davon nicht – wie sonst immer – nur die Entwicklungsländer betroffen waren, sondern ebenso OECD-Länder wie die USA, Teile Nordwesteuropas und der Norden von Australien. Zudem hat die Zahl der extremen Niederschlagsereignisse in den letzten 30 Jahren signifikant zugenommen. Nur stellen solche Ereignisse für die jeweiligen Länder/Regionen sehr unterschiedliche Probleme dar. So haben die USA im Gebiet des Mississippi/Missouri zwar jährlich mit Überschwemmungen zu kämpfen, dennoch stellen diese Ereignisse für das Land keine „unüberwindbare" technische und ökonomische Herausforderung dar, während ein Land wie Myanmar durch den Taifun „Nargis" in seiner sozio-ökonomischen Entwicklung für Jahre erheblich beeinträchtigt wurde.

3.4.4.1 Der Kreislauf des Wassers

Das Wasser auf der Erde befindet sich in einem ständigen Kreislauf zwischen den Meeren, der Atmosphäre und den Kontinenten (Baumgartner und Liebscher 1996). Es wird nach geochemischen Gesteinsanalysen davon ausgegangen, dass es Wasser schon seit vier Mrd. Jahren auf der Erde gibt. Heute sind in der Atmosphäre etwa 15 Billionen Tonnen Wasser enthalten. Diese Menge wird alle 10–12 Tage einmal komplett ausgetauscht. Und etwa 50 % der Atmosphäre weltweit besteht aus Wolken. In einer Wolke von 100 km Länge, 10 km Breite und 1 km Höhe ist mehr Wasser enthalten als im Rhein (frdl. mdl. Mitteilung H. Graß, Direktor a. D. des Max-Planck-Instituts für Meteorologie, Hamburg). Unter dem Einfluss der Sonne verdunstet das

Wasser zu 80 % aus den Ozeanen, der Rest aus Seen, Flüssen und der Vegetation. Warme Luft ist in der Lage mehr Feuchtigkeit aufzunehmen als kalte. Steigt sie immer weiter auf in Zonen mit kälterer Luft, kühlt sie ab, kondensiert und es bilden sich Wolken (Abb. 3.19). Nach der Clausius-Clapeyron-Gleichung (Abb. 3.20) kann Luft bei einer Temperatur von 30 °C bis zu 30 g/m³ Wasser enthalten. Kühlt die Luft auf z. B. 20 °C ab, so muss sie ca. 12 g/m3 Wasser abgeben – bis 10 °C noch einmal weitere 10 g/m³.

In der abgekühlten Luft aggregieren die Wassertröpfchen zu Wasser und fallen als Kondensat, Regen, Hagel oder Schnee zu Boden. Die Abb. 3.21 zeigt schematisch, wie der auftreffende Niederschlag sich auf bzw. im Boden verteilt (BMU 2003).

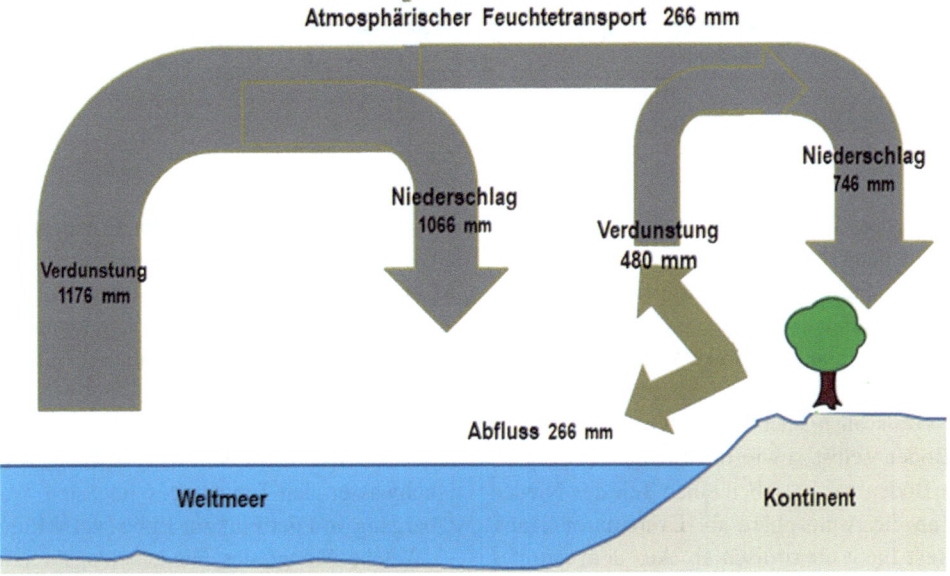

Abb. 3.19 Schematische Darstellung des globalen Wasserkreislaufes

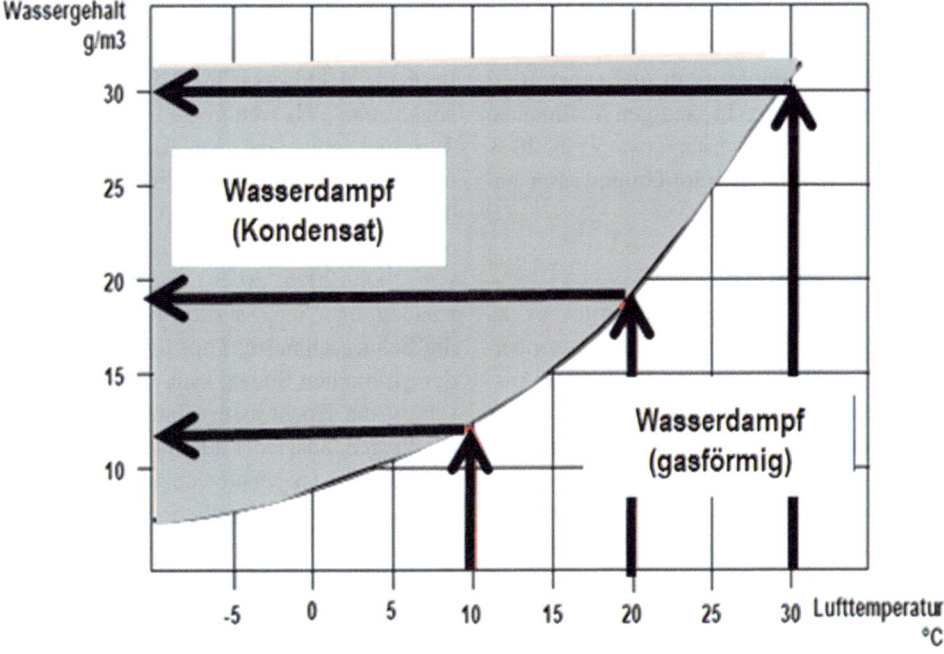

Abb. 3.20 Wasser-Aufnahmefähigkeit der Luft. (Nach Clausius Clapeyron)

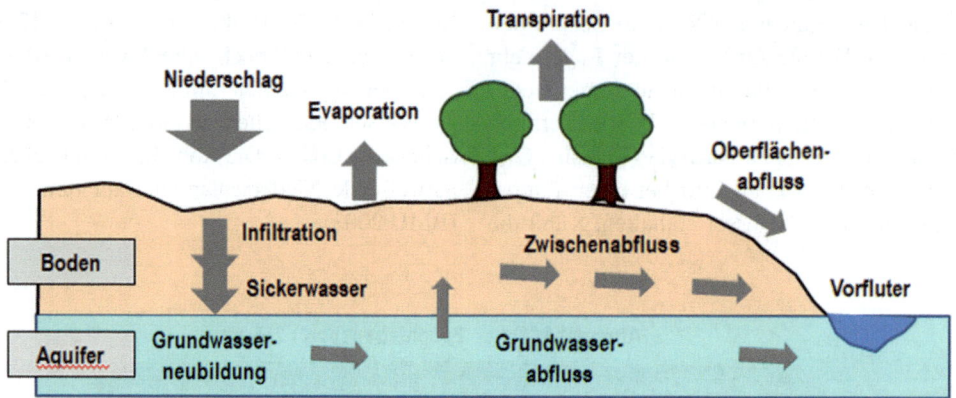

Abb. 3.21 Schema des Prozesses beim Abfluss von Niederschlag

Der meiste Niederschlag versickert im Boden (Infiltration) und wird dann an den darunter liegenden Aquifer weitergegeben (Sickerwasser). Aquifere sind Gesteinskörper mit zusammenhängenden Hohlräumen, die ausreichend durchlässig sind, um große Wassermengen aufnehmen und fortleiten zu können; dies sowohl horizontal (Zwischenabfluss) als auch nach unten (Grundwasserneubildung). Der Boden selbst sowie die Biosphäre (Vegetation, organische Bodenmasse) geben einen Teil des Niederschlags wieder an die Atmosphäre ab (Evaporation/Transpiration). Der Rest fließt oberirdisch ab. Aus dem Aquifer, dem Boden und dem oberirdischen Abfluss speist sich der Vorfluter. Als Daumenregel geht man davon aus, dass etwa 30 % des Niederschlags versickern, 30 % verdunsten und 30 % oberirdisch abfließen. Die Verteilung ist aber in der Realität abhängig von den geologischen Eigenschaften, dem Bodentyp und der Topographie. In tonigen Sedimenten mit einer steilen Topographie verdunstet etwa 60 % des Niederschlags, 30 % fließt oberirdisch ab und (nur) 10 % wird im Grundwasser angereichert. In sandigen Sedimenten und einer flachen Topographie verdunsten etwa 50 %, 20 % fließt oberirdisch und 30 % kann sich im Grundwasser anreichern.

3.4.4.2 Hochwasserentstehung

Wird die Speicherkapazität überschritten, kommt es zu einem Anstieg des Wasserspiegels mit der Folge von oberirdischem Hochwasser, d. h. zu einer flächenhaften Ausdehnung des Gewässernetzes. Die Hydrologie definiert Hochwasser als ein zeitlich begrenztes Anschwellen von Wasser, bei dem das zugeführte Wasservolumen (Niederschlag) der Summe der Verdunstung und den Abflüssen sowie dem gespeicherten Wasservolumen entspricht (Baumgartner und Liebscher 1996). Im Falle eines Hochwassers fließt das zugeführte Niederschlagsvolumen entweder direkt ober- und unterirdisch ab oder wird zwischengespeichert und dann zeitverzögert dem Vorfluter zugeführt.

Die Speichereigenschaften im Einzugsgebiet ergeben sich aus dem Zusammenwirken von Vegetation, Bodensubstrat, Morphologie und dem Gewässernetz (LAWA 1995). Es wird zwischen regelmäßig wiederkehrenden Hochwassern (Gezeiten, Frühjahrshochwasser) und unregelmäßigen oder einmaligen Ereignissen (Tsunami, Sturmfluten, „Jahrhundertflut") unterschieden. Hochwasser kommen aber auch in Küstenregionen vor. In Tidegewässern bezeichnet Hochwasser den Eintritt des höchsten Wasserstands beim Übergang von der Flut zur Ebbe (vgl. Müller, M. 2015).

Welche Menge des Niederschlags versickert, hängt von den hydrologischen Eigenschaften des Bodens im Einzugsgebiet des Flusses ab. Die Morphologie des Flussbettes bestimmt dabei, welche Wassermenge darin aufgenommen werden kann. Erst wenn dieses Volumen ausgeschöpft ist, tritt der Fluss über seine Ufer. Es kommt zu Überschwemmungen. Die Hochwasserwelle fließt langsamer und flacher ab, je mehr Platz der Fluss zum Ausufern hat. Auslöser für Hochwasser im Sommer ist in Westeuropa oft die sogenannte „Vb-Wetterlage". Hierbei handelt es sich um ein Tiefdruckgebiet, das von England herkommend sich über dem warmen Mittelmeer stark mit Feuchtigkeit auflädt und dann nach NO gegen die Alpen weiterzieht und sich dort abregnet. Die „extremen" Hochwasser an Elbe und Oder von 2002, 2006, 2013 (vgl. Abschn. 3.4.4.8) sind so entstanden. Im Winter ist die Ursache für Hochwasser meistens die Schneeschmelze. Fällt dann zusätzlich noch Regen auf den gefrorenen Boden, kann dieser nicht versickern und verschärft die Hochwassergefahr zusätzlich. Örtlich begrenzte Starkregen, ausgelöst durch lokale Gewitterzellen, führen in kleinen Einzugsgebieten dazu, dass kleine Bäche und Flüsse in kurzer Zeit anschwellen. Sie entwickeln sich unter Umständen zu Sturzfluten mit großer Zerstörungskraft, wie zum Beispiel in der Stadt Braunsbach, Baden-Württemberg (30.05.2016; ESKP 2016). Ausschlaggebend für die Ausgestaltung der Hochwasserwelle ist die geographisch-morphologische Beschaffenheit des Einzugsgebietes eines

Flusses. Hat das Einzugsgebiet eine runde Form, läuft das Wasser aus allen Teilen gleichzeitig zusammen. Es bildet sich eine kurze und sehr steile Hochwasserwelle. Im Gegensatz dazu fließt das Wasser aus lang gestreckten Einzugsgebieten in einer flachen, anhaltenden Welle ab (Abb. 3.22).

Hochwasser kommen immer erst dann ins Bewusstsein, wenn das Ereignis bereits eingetreten ist. Dabei ist „Regen" nicht gleich „Regen". Es gibt Niederschläge, die gleichmäßig über den gesamten Zeitraum verteilt sind. Oftmals aber treten zuerst heftige Niederschläge auf, die dann langsam abebben. Das Maximum kann aber auch in der Mitte des Zeitraums auftreten oder auch am Ende. In Mitteleuropa treten Regenfälle mit hoher Intensität nur lokal und kleinräumig als Starkregen nach einem Gewitter auf. Sie bringen hohe Ablaufspitzen mit sich, wie 2021 im Ahrtal, können aber auch infolge tagelanger Regenfälle großflächig eintreten, die dann zu langanhaltenden Abflussspitzen führen (Hochwasser). Solche Szenarien betreffen vor allem große Flussregime, die dann im weiteren Verlauf zu extremem Hochwasser führen können. Zumeist kommen noch weitere Zuflüsse hinzu. Verstärkt wird dieser Effekt dann von dem regional vorherrschenden Ablaufregime.

Am Beginn eines Gewässereinzugsgebiets stehen zumeist schmale Ablaufrinnen (Bäche) in den Bergen. Dort strömt das Wasser zwischen Gesteinen und um Felsbrocken herum in Richtung Tal. Der Boden ist in der Regel von einer dichten, Erosion verhindernden Vegetation überzogen, die dadurch den Wasserablauf verstärkt. Flussabwärts können sich viele kleine Zuflüsse zu einem größeren Strom zusammenfinden: Innerhalb weniger Stunden entsteht dann ein Hochwasser. Je nach Heftigkeit des Starkregens kann sich dabei eine steile Wasserwelle ausbilden, bei der das Wasservolumen nicht mehr laminar, sondern turbulent abfließt. Dabei nimmt der Strömungswiderstand zu, der

Wasserkörper wird räumlich und zeitlich verwirbelt. Mitgeführte Gesteine, Sedimente, aber vor allem Baumstämme, Büsche usw. werden vor Hindernissen aufgetürmt („Verklausung"). Ist das anströmende Wasser zu stark, brechen die „Dämme" und die Wassermassen strömen mit großer Kraft talabwärts. Dabei treten solche Schäden vorrangig in den Zuflüssen großer Flüsse auf, wie das Beispiel des Elbe-Hochwassers 2002 gezeigt hat (UBA 2008).

Weiter talabwärts öffnen sich die Bäche, die kleinen Flüsse werden breiter und je weiter der Fluss in die Ebene kommt, desto breiter wird der Flussquerschnitt, desto größer wird die Wassermenge und desto langsamer fließt er. Es kommt zur Ausbildung von Flusshochwasser. In sehr großen Einzugsgebieten (z. B. der Rhein) sind die meteorologischen Verhältnisse meist sehr heterogen – mit der Folge, dass die Hochwasserentstehung in der Regel nur Teile des Einzugsgebietes betrifft, z. B. ein Hochwasser, das im Alpenraum entsteht und sich erst mit zeitlicher Verzögerung am Unterkauf auswirkt. Ein heftiger kurzzeitiger Starkregen kann z. B. in 3–4 h ebenso viel Niederschlag bringen (z. B. 50 mm) wie ein „gemäßigter" Landregen in 20 h. Das in großen Fließgewässern vergleichsweise geringen Gefälle, die Breite des Vorfluters und eine für die Fließgeschwindigkeit ausschlaggebende Rauhigkeit der Flusssohle lässt die Wassermassen in der Regel behäbig strömen. Die Flusshochwasser steigen daher eher langsam an und können so bis zu mehreren Tagen oder Wochen andauern. Dieses „Strömungsmuster" erleichtert eine frühe Identifizierung von Auswirkungen heftiger Niederschlagsereignisse. Dagegen ist eine Vorhersage bei kleinen, kurzen und steil verlaufenden Bächen/Flüssen wegen ihres oftmals schnellen und heftigen Anschwellens des Wasserspiegels nur schwer zu berechnen.

Problematisch wird die Hochwassersituation, wenn zwei Flüsse an einer Stelle zusammenfließen. Dann kann es entweder zu einem gleichzeitigen Zusammentreffen kommen oder zu einem zeitlich gestreckten Aufeinandertreffen (Abb. 3.23). Im Falle eines gleichzeitigen Aufeinandertreffens addieren sich die Hochwasserwellen, was zu einer „Scheitelaufhöhung" der Welle führt. Erst dadurch werden viele zuvor „friedliche" Flüsse zu einem „reißenden" Strom. Treffen die beiden Wellen nacheinander ein, so bleiben die Auswirkungen in der Regel beherrschbar. Vor allem die Topographie hat entscheidende Auswirkungen auf die Form der Hochwasserwellen. Die Wanderung des Hochwasserscheitels ist dabei zum einen abhängig vom Zustrom der Nebengewässer, zum anderen von der Topographie. Enge Täler führen zu hohen Scheiteln, breite Täler zu flachen Scheiteln. Auch kommt es vielfach zu einem zweiten Scheitel, wenn die Hochwasserwelle eines Nebenflusses etwas später als die Haupthochwasserwelle eintrifft.

Zu einem Risiko (vgl. Kap. 4) wird ein Hochwasser erst dann, wenn mit dem Ereignis ein wirtschaftlicher, sozialer und/oder ökologischer Schaden verbunden ist. Ein

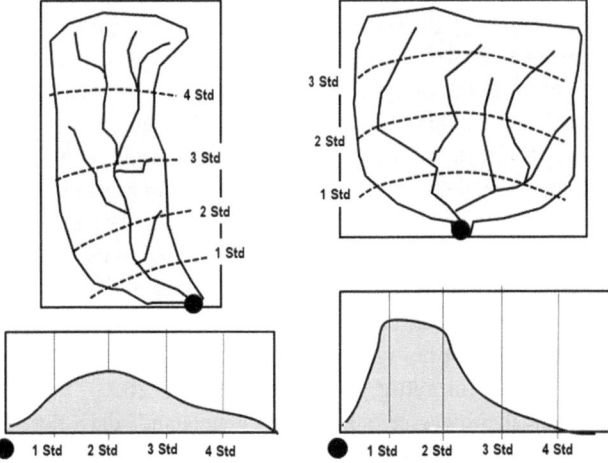

Abb. 3.22 Auswirkung der Gestalt des Flusseinzugsgebiets auf die Hochwasserwelle

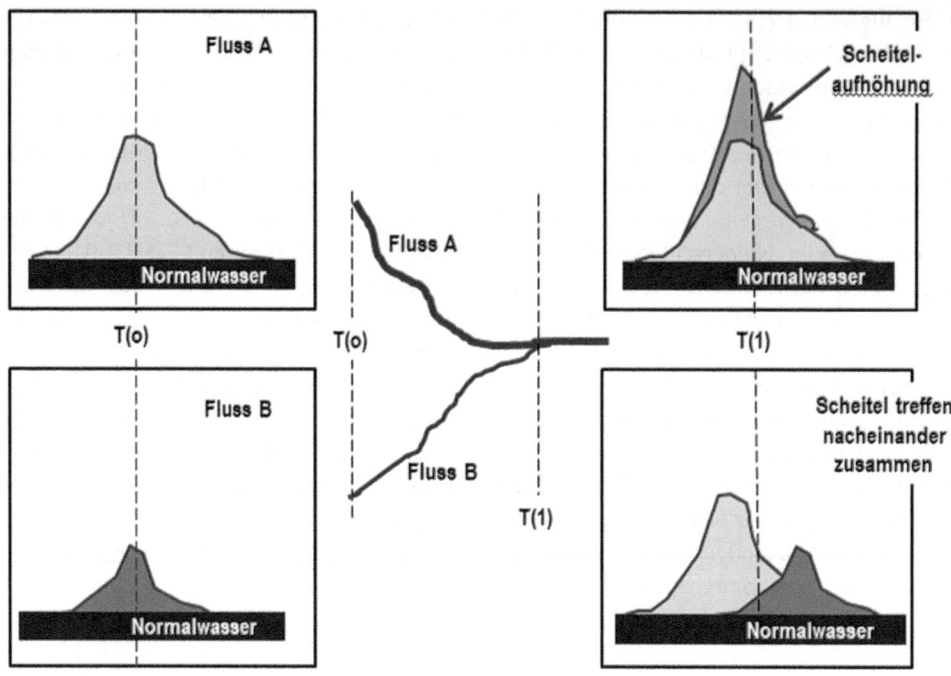

Abb. 3.23 Ausbildung einer Hochwasserwelle beim Zusammentreffen von zwei Flusssystemen (umgezeichnet nach: UBA 2011)

Hochwasser, das in Bangladesch jährlich fruchtbare Sedimente im Delta ablagert, stellt erst einmal kein Risiko dar – die oftmals damit eingehende Zerstörung von Häusern und Straßen dagegen schon. In der Hochwasserrahmenrichtlinie (EU HW-Richtlinie 2007/60/EG; vgl. Abschn. 3.4.4) stellt die Europäische Union fest:

- Hochwasser hat das Potenzial zu Todesfällen, zur Umsiedlung von Personen und zu Umweltschäden zu führen sowie die wirtschaftliche Entwicklung ernsthaft zu gefährden (…).
- Hochwasser ist ein natürliches Phänomen, das sich nicht verhindern lässt. Allerdings tragen bestimmte menschliche Tätigkeiten (…) dazu bei, die Wahrscheinlichkeit des Auftretens von Hochwasserereignissen zu erhöhen und deren nachteilige Auswirkungen zu verstärken.
- Eine Verringerung des Risikos hochwasserbedingter nachteiliger Folgen, insbesondere auf die menschliche Gesundheit und das menschliche Leben, die Umwelt, das Kulturerbe, wirtschaftliche Tätigkeiten und die Infrastrukturen, ist möglich (…).

Die Richtlinie definiert das Risiko (Artikel 2) folglich als „Kombination der Wahrscheinlichkeit des Eintritts eines Hochwasserereignisses und dessen potenziell nachteiligen Folgen". Generell wird unterschieden in:

- Hochwasser mit geringer Wahrscheinlichkeit (Wiederkehrintervall weit höher als 100 Jahre)

- Hochwasser mit mittlerem Wiederkehrintervall (≥ 100 Jahre)
- Hochwasser mit Wiederkehrintervallen von deutlich unter 100 Jahren

Um diese Intervalle festlegen zu können, muss die Jährlichkeit der Hochwasserabflüsse statistisch über einen längeren Zeitraum (>100 Jahre) ermittelt werden. In erster Linie geht es darum abzuschätzen, mit welcher Wahrscheinlichkeit und in welchem Zeitraum sich ein Hochwasserereignis von einer bestimmten Höhe einstellen kann. Dabei ist die Jährlichkeit definiert als der Kehrwert der Wahrscheinlichkeit, dass ein festgelegter Hochwasserpegel oder eine Wasserführung (m^3/s) innerhalb eines Jahres auftritt oder überschritten wird. Auf diesen Schwellenwert – das sogenannte Bemessungshochwasser – ist der Hochwasserschutz abzustellen. Im Jahr 1767 hatte man in der Stadt Cleve (Nordrhein-Westfalen) ein „Deichreglement" festgelegt, nach dem „alle Banndeiche (…) wenigstens einen rheinländischen Fuß höher als das höchste Wasser (…)" gebaut werden sollten. Die hinter dieser Aussage stehende Philosophie, Bemessungshochwasser aus den höchsten bekannten Wasserständen der jeweils letzten 100 Jahre zu ermitteln, ist bis weit in die zweite Hälfte des 20. Jahrhunderts hinein gültig geblieben (LANUV 2002). Das Bemessungshochwasser stellt den Pegelstand dar, der als Grundlage zur Dimensionierung von Hochwasserschutzanlagen (Dämme, Deiche, Stauwehre usw.) dient. Zudem werden im Hochwassermanagement – wo erforderlich – auch noch weitere Bemessungspegel eingesetzt, sehr lokal für die Jährlichkeit von 10, 30 bzw. 50 Jahren sowie großregional für 200 Jahre und mehr. Am gebräuchlichsten ist die Angabe des Bemessungshochwassers, das einmal in einem Zeitraum von 100 Jahren eintreten kann: Das sogenannte „100-jährliche Hochwasser" (HQ 100; Flood Risk 2009).

Aus historischen Aufzeichnungen wurden zum Beispiel für die Donau am Pegel Wien die aufgeführten Bemessungshochwasser festgelegt:

HQ 1	5150 m³/s
HQ 2	5800 m³/s
HQ 5	6650 m³/s
HQ 10	7400 m³/s
HQ 30	10.050 m³/s
HQ 100	11.200 m³/s

Festzuhalten ist, dass vielfach ein „HQ 100" als ein Hochwasser angesehen wird, dass nur alle hundert Jahre eintreten kann. Richtig dagegen ist, dass ein „HQ 100" das höchste Ereignis in den letzten einhundert Jahren ist, sodass ein „Jahrhunderthochwasser" durchaus schon am nächsten Tag überschritten werden kann. Ferner ist zu bedenken, dass historische Pegelstände heute in der Regel nicht mehr vergleichbar sind, da in den letzten 100 Jahren die Flusssysteme zum Beispiel in Westeuropa begradigt, kanalisiert und reguliert worden sind – die Flüsse also kaum noch in ihrem ursprünglichen Flussbett verlaufen.

Ein Beispiel für die Festlegung der Alarmstufe bei einem Hochwasser gibt der Pegel Schönau (Elbe) an der tschechischen Grenze (Abb. 3.24). Wird dort eine Wassermenge von 101 m³/s erreicht, was einem Wasserstand von 84 cm entspricht, ist dies ein mittleres Niedrigwasser. Ein Mittelwasser hat einen Durchfluss von 302 m³/s (=186 cm).

Ein mittleres Hochwasser tritt dann ein, wenn der Durchfluss von 1320 m³/s erreicht ist, mit einem Wasserstand von 5,37 m. Ein Hochwasseralarm (Alarmstufe 1) wird ausgerufen, wenn ein Wasserstand von 4 m überschritten wird. Die höchste Alarmstufe (4) wird bei einem Wasserstand von 7,5 m ausgerufen.

3.4.4.3 Hochwasser-Risikomanagement

Überall auf der Welt greift der Mensch in den natürlichen hydrologischen Kreislauf ein. Er begradigt Flüsse, entnimmt Grundwasser, siedelt an den Flussniederungen und deicht die Küsten ein. Er verändert damit die ursprünglichen (natürlichen) Ausgangsparameter und nutzt diese, um ökonomische Werte zu schaffen. Nach Angaben der Münchener Rückversicherung sind Hochwasser die häufigste Ursache für Elementarschaden weltweit und es ist als Folge der Klimaveränderungen von immer häufigeren, intensiveren und damit schadensreicheren Hochwasserereignissen auszugehen (Harbo et al. 2011). Rund ein Drittel der volkswirtschaftlichen Schäden sind auf Hochwasser zurückzuführen. Eine Karte der weltweiten Hochwasserereignisse zeigt, dass davon Industrieländer ebenso betroffen sind wie Entwicklungsländer. Dabei ist die Mortalitätsrate in den Entwicklungsländern um Größenordnungen höher, während die volkswirtschaftlichen Schäden in den Industrieländern bei Weitem überwiegen. Diese Auswirkungen umfassen nicht nur die „direkten" Schäden an Unternehmen, sondern auch „indirekte" Schäden, also solche, die erst mittelbar als Folge eines Hochwassers eintreffen (Zusammenbruch des örtlichen Gesundheitswesens, Unterbrechung der Lieferkette, Plünderungen usw.).

Neben den vielfältigen „natürlichen" Einflüssen wirken sich immer mehr und immer umfassender anthropogene Eingriffe in den hydrologischen Kreislauf auf das Hochwasserrisiko aus. Dabei sind es nicht nur die direkten Einflüsse menschlichen Handelns (Flussbegradigungen, Besiedlungen

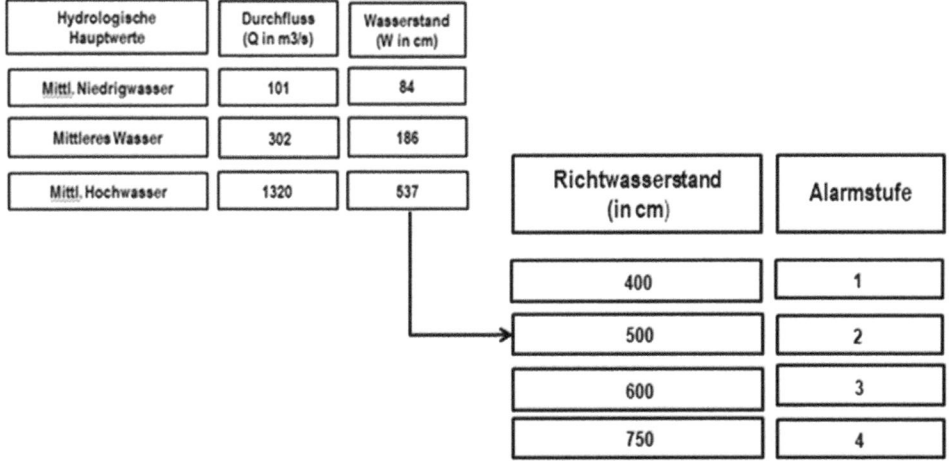

Abb. 3.24 Festsetzung der Alarmstufe bei einem Hochwasser (Beispiel Pegel Schönau, Elbe)

überflutungsgefährdeter Gebiete usw.), sondern auch indirekte, wie die durch den Klimawandel immer heterogenere Niederschlagsverteilung (Baumgarten und Liebscher 1996). Die weltweit – auch in den Entwicklungsländern – zunehmende Aggregation von Werten und Menschen in gewässernahen Regionen macht Ereignisse wie Flusshochwasser oder Sturmfluten zu einem gesellschaftlichen Problem, von dem alle Gruppen betroffen sind. Politik, Wissenschaft, aber auch der Einzelne sind aufgerufen ihren Beitrag zu leisten, dass einerseits das „Leben" sozial und ökonomisch ausgeglichen gestaltet werden kann und gleichzeitig der Natur so viel Raum zur Entfaltung gelassen wird, um eine Nachhaltigkeit der Ökosysteme zu bewahren. Ein Hochwasser-Risikomanagement sollte sich daher nicht auf eine (technische) Reduzierung des Hochwasserrisikos beschränken, sondern sollte immer eine holistische Risikobetrachtung vornehmen (vgl. Abschn. 8.4 und 8.5). Sie sollte also in jedem Fall die soziale und ökonomische Entwicklung in der betroffenen Region fördern und dabei nicht Risiken von einer auf eine andere gesellschaftliche Gruppe übertragen und auch nicht zulasten der Umwelt gehen (FLOODsite 2009). Hochwasserschutz ist damit eine Aufgabe, die den Staat zur Schaffung des ordnungspolitischen Rahmens, die regionalen Administrationen zur Umsetzung und technischen Ausführung als auch die Betroffenen einbeziehen muss (FLOODsite 2009, vgl. Abschn. 8.4 und 8.5).

Bis Mitte der 1960er Jahre war der Hochwasserschutz darauf ausgerichtet, die Menschen vor den Unbillen der Natur zu schützen. Oftmals unterlag die Ausführung zudem noch dem Primat der Ökonomie. Den ökologischen Folgen wurde in der Regel kaum Bedeutung beigemessen. Mit dem Aufkommen der Nachhaltigkeit als Leitbild der Politik (Brundtland Kommission, Europäische Nachhaltigkeitsstrategie; vgl. Kap. 2) bekam der „Hochwasserschutz" auch eine ökologische Ausrichtung. Heute muss in jedem Einzelfall dem ökonomischen Nutzen (Schaden) immer eine Bewertung des ökologischen Schadens (Nutzen) gegenübergestellt werden (Kahlenborn und Kraemer 1999). Für das Hochwasser-Risikomanagement stehen dabei drei Zielsetzungen im Vordergrund. Zum Ersten muss das Leitbild einer nachhaltigen Wasserwirtschaft in Deutschland an konkreten Beispielen (Projekten) in seiner Begrifflichkeit weiter ausformuliert werden, zum Zweiten ist dazu eine kritische Analyse der gegenwärtigen Situation und Defizite in der Wasserwirtschaft erforderlich, und zum Dritten müssen daraus Handlungsoptionen im Sinne einer nachhaltigen Wasserwirtschaft entwickelt werden.

3.4.4.4 Regelwerke zur Wasserbewirtschaftung

Vorgaben dazu sind in den Richtlinien der Europäischen Gemeinschaft, in internationalen Vereinbarungen sowie in den Regelwerken zur Wasserbewirtschaftung der Bundesrepublik Deutschland niedergelegt.

Europäische Union

In der Europäischen Union ist vor allem die Politik in den Mitgliedsländern aufgerufen, einen ordnungspolitischen Rahmen für ein nachhaltiges Hochwassermanagement zu schaffen und dieses auch gegen Widerstände umsetzen. Dazu sind klar definierte und transparente Verantwortlichkeiten festzulegen, Ausführungsbestimmungen zu erlassen und Regeln in Kraft zu setzen, mittels derer eine objektive und nachvollziehbare Erfolgskontrolle stattfinden kann. Diese Regelwerke müssen sowohl die lokalen, regionalen, nationalen und internationalen Ebenen umfassen.

Die Europäische Union (EU) hat im Laufe der Zeit eine Vielzahl an Rechtsvorschriften zu Themen wie Klimawandel, Umweltökonomie oder zum Beispiel zum Schutz der Ozonschicht erlassen. Es gibt de facto kaum ein Thema, bei dem die Belange des Umwelt- und Klimaschutzes nicht in irgendeiner Form einbezogen werden. Der transnationale Charakter vieler Umweltprobleme hat die Bestrebungen der EU zur Standardisierung und Harmonisierung der Regelwerke in ihren Mitgliedsländern zwingend erforderlich gemacht, so auch auf dem Sektor Hochwasserschutz. Als Konsequenz der Hochwasserereignisse des Jahres 2002 entwickelte die EU-Kommission ein europäisches „Hochwasseraktionsprogramm" („Flood Action Programme"), das in die Richtlinie über die Bewertung und das Management von Hochwasserrisiken (2007/60/EG – HWRM-Richtlinie) mündete. Darin verpflichten sich die Mitgliedsländer, nationale „Handlungsrahmen für die Bewertung und das Management von Hochwasserrisiken zur Verringerung nachteiliger Folgen auf die menschliche Gesundheit, die Umwelt, das Kulturerbe und wirtschaftliche Tätigkeiten in der Gemeinschaft" für ihren Hoheitsbereich zu verabschieden (Artikel 1 HWRM-RL). Die Richtlinie verpflichtet die Mitgliedsländer, ferner das Regelwerk in entsprechende nationale Gesetze zu übernehmen.

Die Hochwasser-Risikomanagement-Richtlinie (HWRM-RL; 2007/60/EG) des Europäischen Parlaments und des Rates vom 23. Oktober 2007 stellt die erste umfassende europäische Rechtsvorschrift im Bereich Hochwasserschutz dar. Sie regelt das Management von Hochwasserrisiken bezogen auf das gesamte Gewässereinzugsgebiet. Die Richtlinie fordert die Mitgliedländer auf, bei Fragen grenzüberschreitender Einzugsgebiete eng zusammenzuarbeiten, um gemeinsam sowohl kurativ als auch präventiv mögliche Hochwasserkatastrophen zu vermeiden oder abzumildern. Konkret hat die HWRM-RL den Mitgliedstaaten folgende Aufgaben gegeben:

- Vorläufige Bewertung der Hochwasserrisiken in den Flussgebietseinheiten bis 22.12.2011
- Erstellen von Hochwassergefahrenkarten und Hochwasserrisikokarten für die Hochwasserrisikogebiete bis 22.12.2013

- Aufstellung von Hochwasser-Risikomanagementplänen für die Hochwasserrisikogebiete bis 22.12.2015

Die Richtlinie stellt in den Artikeln (3) und (8) fest, dass jedes Mitgliedsland im Rahmen seiner hoheitlichen Souveränität für „seine" Flussgebietseinheiten allein verantwortlich ist. Umfasst eine Flussgebietseinheit aber zwei oder mehrere Länder (z. B. Rhein, Donau), so gewährleisten die „Mitgliedstaaten die Aufstellung eines einzigen Hochwasser-Risikomanagementplans oder ein koordiniertes Paket mit Hochwasser-Risikomanagementplänen". Wenigstens aber sollen Hochwasser-Risikomanagementpläne zumindest die in ein „Hoheitsgebiet fallende Teile der internationalen Flussgebietseinheit abdecken und möglichst weitgehend auf der Ebene der internationalen Flussgebietseinheit koordiniert" werden. Erstreckt sich eine „Flussgebietseinheit über die Grenzen der Gemeinschaft hinaus, so sind die Mitgliedstaaten bestrebt, einen einzigen internationalen Hochwasser-Risikomanagementplan oder ein auf der Ebene der internationalen Flussgebietseinheit koordiniertes Paket mit Hochwasser-Risikomanagementplänen zu erstellen". In Artikel (14) wird ferner festgelegt, dass die vorläufigen Bewertungen des Hochwasserrisikos bis zum 22.12.2018 abgeschlossen sein müssen – die Hochwassergefahrenkarten und Risikokarten bis zum 22.12.2019 bzw. die Hochwasser-Risikomanagementpläne bis zum 22.12.2021. Die Pläne sind danach alle sechs Jahre zu überprüfen und, falls erforderlich, zu aktualisieren.

Eine der wesentlichen Grundlagen für die transnationale wie auch eine nationale Klassifizierung von Hochwasser ist in Artikel 5 (HWRM-RL) geregelt. Danach werden Hochwasser in Gebieten, die durch eine hohe Siedlungsdichte, eine hohe Gewerbedichte, durch bedeutsame Kulturgüter oder wassergefährdende Anlagen gekennzeichnet sind, als „potenziell" und „signifikant" bezeichnet. In solchen Gebieten ist nach Maßgabe der HWRM-RL das Hochwasser-Risikomanagement in den nächsten Jahren als vordringlich anzusehen. In Gebieten, die dagegen nur dünn besiedelt oder unbewohnt sind oder die als wirtschaftlich oder ökologisch nachrangig eingestuft werden, kann das Management zunächst zurückgestellt werden. Die Richtlinie gibt ferner klare Indikatoren für die Bewertung/Klassifizierung der zu schützenden Güter. Diese sind:

- **Menschliche Gesundheit:** Erfahrungen der letzten Jahrzehnte in Westeuropa haben gezeigt, dass auch bei großen Überflutungen (erfreulicherweise) nur ein sehr geringer Teil der Menschen nachteilige gesundheitliche Folgen erleidet. Insbesondere stellen Todesfälle bei Hochwasserereignissen seltene Ausnahmen dar. Um auch dieses Risiko noch weiter zu verringern, empfiehlt die Richtlinie, in Gebieten, die sich durch hohe Siedlungs-

dichte ausweisen, dennoch eine Risikobewertung vorzunehmen.

- **Umwelt:** Signifikante Risiken für Umwelt gehen von der Landwirtschaft (versiegelt Flächen), der Industrie (Chemie, Abfall, Kraftwerke) und vom Verkehrssektor (Straßenbau) usw. aus, wenn diese in den potenziellen Überflutungsgebieten oder in einem Korridor von 100 m entlang der Gewässer liegen. Dies gilt insbesondere dann, wenn diese Betriebe im Abstrombereich angesiedelt sind. Ferner ist das Ausweisen von Schutzgebieten z. B. in „Natura 2000" festgelegt. Auch sind Trinkwasserentnahmestellen und Trinkwasser- und Heilquellenschutzgebiete jeweils auszuweisen.

- **Kulturerbe:** Als potenziell hochwassergefährdete Kulturerbe gelten vor allem historische Bauwerke. Diese sind in den Listen der UNESCO (Weltkulturerbe-Stätten) und in nationalen Denkmallisten (Denkmalschutzgesetz) aufgeführt.

- **Wirtschaft:** Signifikante Risiken für wirtschaftliche Tätigkeiten durch Hochwasser sind dann vorhanden, wenn erhebliche Sachwerte akkumuliert sind. Für solche Gebiete ist das Risiko für die wirtschaftliche Tätigkeit zu bewerten. Insbesondere trifft dies für urbane Ober- und Mittelzentren zu, für Fabrikanlagen an Wasserverkehrsstraßen und in der Nähe von größeren Städten.

Nach der HWRM-RL (Artikel 7, 8) sind für jede Flussgebietseinheit oder Bewirtschaftungseinheit gesondert eine umfassende Hochwassergefahren- bzw. -risikokarte zu erstellen. Darin sollen für alle Gebiete, die potenziell überflutungsgefährdet sind, die Flächennutzung, die Abflusswege sowie Gebiete zur Retention von Hochwasser ausgewiesen werden. Daraus sollen die Länder dann nationale und lokale Schutzziele ableiten. Ferner sollen in den Plänen Hochwasservorhersagen und mögliche Frühwarnsysteme aufgeführt werden.

Die in den Mitgliedsländern aufgestellten Hochwasserrisikokonzepte dürfen aber keine Maßnahmen enthalten, die zu zusätzlichen negativen Auswirkungen auf das Hochwasserrisiko anderer Länder flussaufwärts oder flussabwärts führen können. Angestrebt wird daher eine frühzeitige und umfassende Abstimmung zwischen den betroffenen Mitgliedstaaten, um gemeinsame Lösungen zu finden. Bei Flussgebietseinheiten, die sich über die Grenzen der Gemeinschaft hinaus erstrecken, werden die betreffenden Mitgliedsländer aufgerufen, einen (!) grenzüberschreitenden Plan zu erstellen; oder zumindest ein koordiniertes Paket mit Hochwasser-Risikomanagementplänen. Ist dies nicht möglich, so stellen die Mitgliedsländer sicher, dass solche Maßnahmen wenigstens in ihrem Souveränitätsbereich gewährleistet sind. Die bis Dezember 2021 abzuschließenden vorläufigen Bewertungen des Hochwasserrisikos sind nach

Artikel (13) alle sechs Jahre zu überprüfen und erforderlichenfalls zu aktualisieren.

Internationale Kommissionen

Seit 20 Jahren haben die Anrainer der großen europäischen Flüsse zur Koordinierung grenzüberschreitender Flussgebietseinheiten – auch mit Nicht-EU-Anrainern – internationale Koordinierungsgruppen gebildet. Hier sind vor allem Organisationen, wie die Internationale Kommission zum Schutz des Rheins (IKSR), der Elbe (IKSE) und der Donau (IKSD) zu nennen. Für den deutsch-dänischen Grenzbereich finden regelmäßige Koordinierungtreffen zwischen den jeweils zuständigen Behörden statt. Das Vorgehen soll anhand der Internationalen Kommissionen zum Schutz von Rhein, Elbe und Donau kurz erläutert werden.

In den 1950er Jahren wurde eine Reihe von Kommissionen ins Leben gerufen, um den Schutz grenzüberschreitender Gewässer zu verbessern. Dazu gehören: die Internationale Kommission zum Schutz des Rheins (IKSR), die Internationale Kommission zum Schutz der Elbe (IKSE) und die Internationale Kommission zum Schutz der Donau (IKSD). Ziel dieser und weiterer Kommissionen ist es, die Zusammenarbeit in den Anrainerstaaten zur Gewässerüberwachung zu fördern. Entlang der Flusssysteme sind gemeinsame Warn- und Alarmpläne und Hochwasseralarmsysteme für unfallbedingte Gewässerverschmutzungen zu installieren. Mit dem Inkrafttreten der EU-Wasserrahmenrichtlinie (WRRL) im Jahr 2000 beziehungsweise der EU-Hochwasser-Risikomanagement-Richtlinie (HWRM-RL) im Jahr 2007 haben sich alle Vertragsparteien darauf verständigt, die Kommissionen als Plattform für die Koordinierung von Umsetzungsempfehlungen zu nutzen. Entsprechend wurden zum Beispiel 2009 ein Bewirtschaftungsplan für das gesamte Donaueinzugsgebiet erstellt sowie spezifische Hochwasser-Risikomanagement-Richtlinien. Beide Pläne wurden dann im Februar 2016 von den zuständigen Ministern aller Donaustaaten bestätigt. In der Folge wurden für die betreffenden Flusssysteme detaillierte Wasserbewirtschaftungspläne verabschiedet (2015–2021) und konkrete Maßnahmen vereinbart. Erklärtes Ziel ist es, die Nährstoff- und Schadstoffbelastung der Donauzuflüsse zu reduzieren sowie strukturelle Defizite, wie zum Beispiel Hindernisse für wandernde Fischarten, zu verringern und so die Gewässer in einen ökologisch guten Zustand zu versetzen.

Den Anfang machte im Jahr 1950 die „Internationale Kommission zum Schutz des Rheins" (IKSR) mit Sitz in Koblenz. Sie ist ein Übereinkommen zwischen den Anliegerstaaten und der Europäischen Union auf der Basis eines Übereinkommens nach Artikel 3 des „Übereinkommens zum Schutz des Rheins" (12. April 1999). Ihre wesentlichen Ziele sind:

- nachhaltige Entwicklung des Ökosystems Rhein
- Sicherung der Nutzung von Rheinwasser zur Trinkwassergewinnung
- Verbesserung der Sedimentqualität für die schadlose Abfuhr von Baggergut
- ganzheitliche Hochwasservorsorge und Hochwasserschutz unter Berücksichtigung ökologischer Erfordernisse
- Entlastung der Nordsee

Die Aufgabe der IKSR ist, die Verschmutzung des Rheins zu untersuchen, Gewässerschutzmaßnahmen zu empfehlen, Mess- und Analysemethoden zu vereinheitlichen und Messdaten auszutauschen. Während heute eine solche Zielsetzung als selbstverständlich erscheint, so war doch die Geschichte der IKSR anfangs von innen- und außenpolitischen Herausforderungen geprägt. Die nach langem Ringen erzielten Erfolge internationaler Zusammenarbeit der Staaten im Einzugsgebiet des Rheins und ihre rechtskräftigen Übereinkommen führten dazu, dass die IKSR weltweit zu einem Vorbild für den Umwelt- und Gewässerschutz wurde. Seit Ihrer Gründung hat die Kommission eine Vielzahl an Vereinbarungen, Übereinkommen, Protokollen und andere Strategiepapiere erstellt, die vor allem der Politikberatung dienen, die aber den Mitgliedsländern auch konkrete Handlungsempfehlungen liefern.

Regelwerke zur Wasserbewirtschaftung (Deutschland)

In der Bundesrepublik Deutschland wurde im Zuge der Europäisierung der Gewässerbewirtschaftung das aus dem Jahr 1957 stammende „Gesetz zur Wasserbewirtschaftung" den EU-Vorgaben angepasst und am 07.08.2009 in Kraft gesetzt: „Wasserhaushaltsgesetz" (WHG; „Gesetz zur Ordnung des Wasserhaushalts"; BGBl. I S. 2585). In dem Gesetz werden die Bundesländer aufgefordert, ihrerseits eigene Umsetzungsstrategien und Bestimmungen zu erlassen. Die Vorgaben der EU-HWRM-RL und des Bundes-Wasserhaushaltsgesetzes wurden dann zum Beispiel im Bundesland Sachsen-Anhalt (ST, 2010) in Landesrecht umgesetzt. Aus dem wurden wiederum lokale Anweisungen – wie hier zur Starkregenvorsorge im Südharz – abgeleitet (Abb. 3.25).

Zur Umsetzung des Wasserhaushaltsgesetzes auf Länder- bzw. Kommunalebene wurde die „Bund/Länder-Arbeitsgemeinschaft Wasser" (LAWA) gegründet. Sie hat eine Vielzahl an Regulierungen, Bestimmungen und Aufgaben festgelegt, nach denen in den Ländern der Hochwasserschutz – im Sinne des vom Grundgesetz in Artikel 20a geforderten „Schutzes der Lebensumwelt" – umgesetzt werden soll (LAWA 2008, 2017, 2018). Die Bewertungen des Hochwasserrisikos werden in WHG § 73 näher erläutert und waren die Basis für die von der LAWA ausgearbeiteten

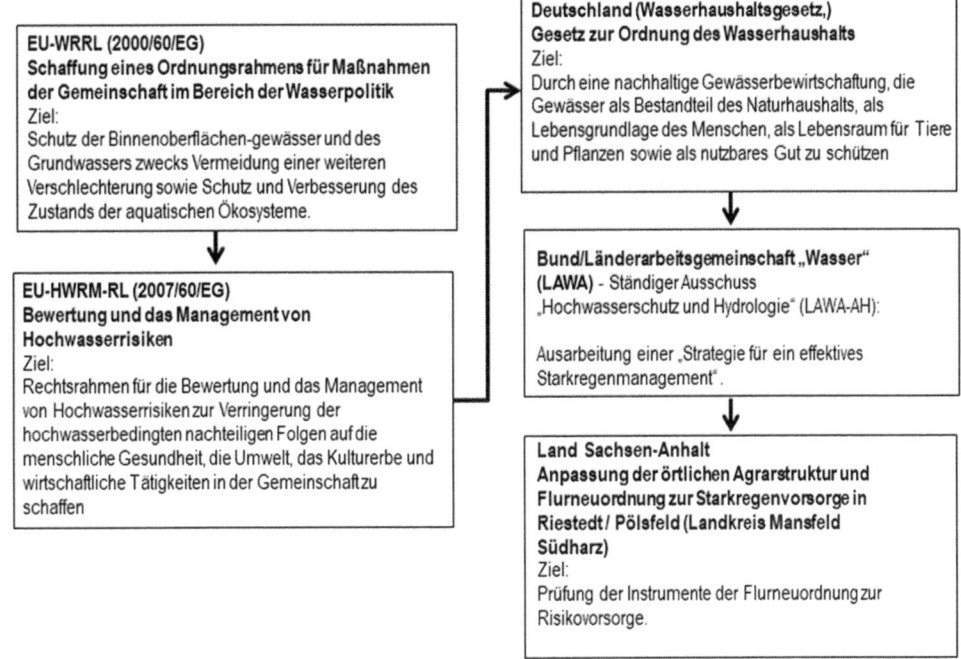

Abb. 3.25 Richtlinien der Europäischen Union als Vorgabe für das nationale und lokale Hochwassermanagement

„Empfehlungen für die Überprüfung der vorläufigen Bewertung des Hochwasserrisikos und der Risikogebiete nach EU-HWRM-RL". Ausgangspunkt für die Empfehlungen waren die Erkenntnisse aus den Hochwasserereignissen der vergangenen Jahre an Elbe, Oder, Donau und Rhein. Alle hydrologischen, geologischen und vegetationskundlichen Daten aller Flussgebietseinheiten wurden so umfassend wie möglich erfasst, nach einheitlichen Kriterien analysiert und in Form von Übersichtskarten wiedergegeben (gemäß Artikel. 4 Abs. 2a HWRM-RL). Im Wesentlichen geht es dabei um eine

- Bewertung der Hochwasserrisiken in den Flussgebietseinheiten
- Erstellung von Hochwassergefahrenkarten und Hochwasserrisikokarten
- Aufstellung von Hochwasser-Risikomanagementplänen

Die in Deutschland durchgeführten Bewertungen der Hochwasserrisiken sind zu dem Ergebnis gekommen, dass signifikante Hochwasserrisiken erst bei Hochwassern mit regionaler oder mit überregionaler Ausdehnung auftreten. Die Aussage beruht auf Untersuchungen des Langzeitverhaltens von Hochwasserabflüssen, auf der Basis aktueller Zeitreihen von jährlichen und monatlichen Höchstabflüssen sowie der Erhebung der Abflusskennwerte für die relevanten Hochwasserszenarien: HQ häufig, HQ 100 und HQ 200. Aus diesen Kennwerten wurde für die Bundesrepublik das

sogenannte „Bemessungshochwasser" (HQ 100) abgeleitet. Es legt anhand des Scheitelwerts einer Hochwassergang-linie (km³/s), der Wassermenge (m³) oder dem Hochwasserstand fest, welchen Wasserständen technische Einrichtungen zum Hochwasserschutz (Bauwerke, Staudämme, Brücken, Mauern, Rückhaltebecken, Deiche usw.) mindestens standhalten müssen. Daraus wird dann der lokal erforderliche Hochwasserschutzgrad abgeleitet, basierend auf der Art der Gefährdung, der Vulnerabilität und der Wahrscheinlichkeit des Eintreffens eines solchen Ereignisses. Eine Entscheidungshilfe bietet Abb. 3.26. Dort wird empfohlen, bei welcher Nutzung welche Bandbreite des Schutzgrades anzustreben ist.

Die Schäden durch Hochwasser in Deutschland betreffen vor allem den ökonomischen Sektor. Dabei werden in der Regel nur die sichtbaren Zerstörungen an Bauwerken und an der technisch-materiellen Infrastruktur als Schäden wahrgenommen. Doch eine Berechnung von Sieg et al. (2019) für die Flutkatastrophe 2013 an der Elbe hat ergeben, dass direkte Schäden zwischen 1,5 und 2 Mrd. Euro entstanden sind, die indirekten Schäden aber noch einmal zwischen 1,1 und 1,6 Mrd. € lagen (ESKP 2019). Hochwasserschäden bezogen auf den Einzelschaden verteilen sich in der Regel wie folgt: Bis zur Kellerdecke entstehen im Schnitt 50.000–60.000 € Schaden (Abb. 3.27). Wenn das Wasser das Erdgeschoss erreicht (3–5 m) können zusätzlich 50.000 € an Kosten hinzukommen. Die vergleichsweise hohen Schadensummen im Kellergeschoss sind vor

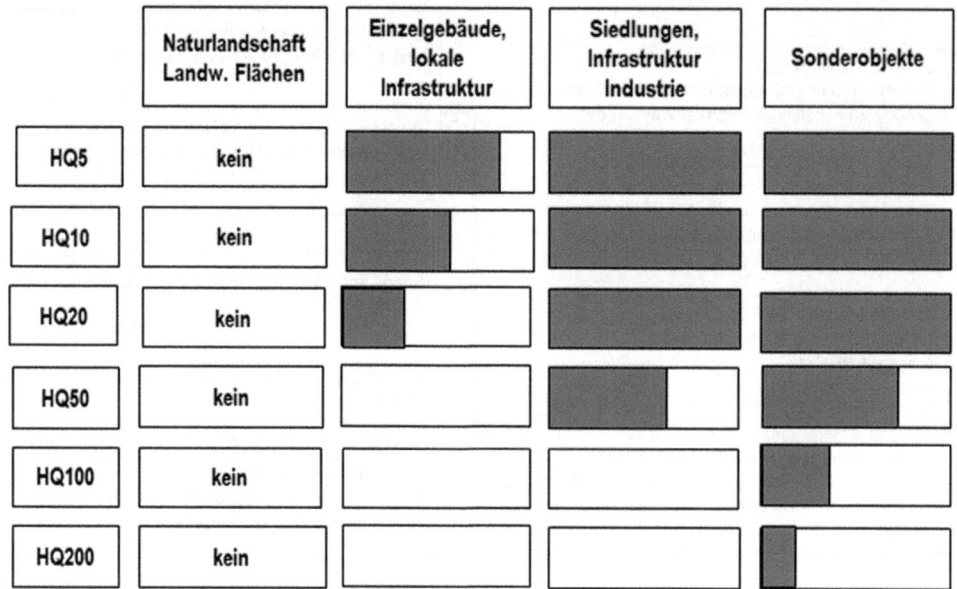

Abb. 3.26 Wahl des Hochwasserschutzgrades nach Nutzung (umgezeichnet nach: LfU 2005)

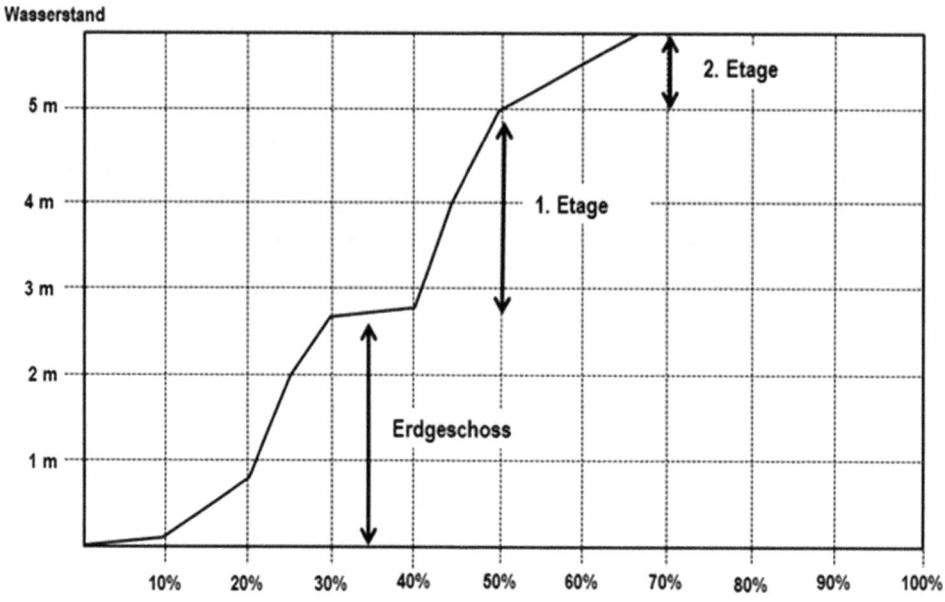

Abb. 3.27 Gebäudeschäden durch Hochwasser (Hochwasseraktionsplan Werre, StUA Minden, NRW)

allem auf die bis in die 1990er Jahre weit verbreiteten Öl-heizungen zurückzuführen: Austritte von Heizöl ins Grund-wasser sind mit extrem hohen Sanierungskosten verbunden. Bei mehrstöckigen Gebäuden führen Hochwasser vor allem zu Schäden an der baulichen Struktur sowie der Elektrizi-täts- und der Energieversorgung.

Das Management von Flusshochwasser kann mehrere Komponenten umfassen. Am „einfachsten" ist es die Hoch-wasserwelle soweit abzudämpfen, dass eine Überflutung gar nicht entsteht. Dabei hat nach dem Wasserhaushalts-gesetz die Reduzierung des Scheitels nach dem Motto „gibt dem Fluss mehr Raum" immer Priorität. Da Hochwasser je-doch nicht an Verwaltungsgrenzen haltmachen, haben Maß-nahmen am Oberlauf eines Flusses fast immer positive Auswirkungen auf die Hochwassergefahr am Unterlauf. Ge-fordert wird daher ein „Denken in Flussgebietseinheiten" (DWA 2016). Dies ist nur durch eine frühzeitige, enge und andauernde Zusammenarbeit über kommunale und nationale Grenzen hinweg möglich, in die alle Anlieger eingebunden sein müssen (Regionalplanung, Bauleitplanung, Katastrophenbewältigung usw.).

In Deutschland und anderen EU-Ländern gibt es zahlreiche Vorschriften und technische Regelwerke zum Hochwasserschutz, die sich, wie in Abb. (3.25) dargestellt, vor allem von der EU-WRRL und der EU-HWRM-RL ableiten. Mit dem „Gesetz zur Verbesserung des vorbeugenden Hochwasserschutzes" (WHG, vom 03.05.2005; UBA 2007) wurde in Deutschland ein umfangreiches Regelwerk (Richtlinien, Merkblätter, Normen) zum vorbeugenden Hochwasserschutz verabschiedet. Dieses verpflichtet sowohl die Behörden der Länder und Kommunen als auch Unternehmen und Privatpersonen, in ihren Zuständigkeiten und gemäß ihren Möglichkeiten für einen nachhaltigen Hochwasserschutz zu sorgen. Das neugefasste WHG hatte ferner – neben anderen Gesetzen – vor allem Änderungen im „Baugesetzbuch" und im „Raumordnungsgesetz" (ROG, 2004) zur Folge. Die Kriterien, an denen sich die Länder bei der Festlegung von Vorschriften in Überschwemmungsgebieten zu orientieren haben, sind in WHG § 31 u. a. wie folgt festgelegt:

- Erhalt oder Verbesserung der ökologischen Strukturen der Gewässer und ihrer Überflutungsflächen
- Verhinderung erosionsfördernder Maßnahmen
- Erhalt oder Rückgewinnung natürlicher Rückhalteflächen
- Regelung des Hochwasserabflusses
- Vermeidung und Verminderung von Schäden durch Hochwasser

Um diesen Vorgaben zu genügen, sind in den jeweiligen Bundesländern durch Landesrecht zu regeln:

- Umgang mit wassergefährdenden Stoffen, einschließlich des Verbots der Errichtung von neuen Ölheizungsanlagen. Andere, weniger wassergefährdende Energieträger sowie Nachrüstung vorhandener Ölheizungsanlagen sind anzustreben
- Vermeidung von Störungen der Abwasserbeseitigung
- Behördliche Zulassung von Maßnahmen, die den Wasserabfluss erheblich verändern können, wie die Erhöhung oder Vertiefung der Erdoberfläche

Zentrales Anliegen des „WHG" war eine Neudefinition des Begriffes „Überschwemmungsgebiet" als „Gebiete zwischen oberirdischen Gewässern und Deichen oder Hochufern" sowie „Flächen, … die bei Hochwasser überflutet oder durchflossen oder die für die Hochwasserentlastung oder für die Wasserrückhaltung beansprucht werden"; wobei ein Bemessungshochwasser von „HQ 100" die Grundlage bildet. Darauf aufbauend wurde ein 5-Punkte-

Programm zur Verbesserung des vorbeugenden Hochwasserschutzes entwickelt. Insbesondere wurde die Pflicht zum Hochwasserschutz hervorgehoben sowie die Pflicht von Personen, die von Hochwasser betroffen sein können, Eigenvorsorge zu betreiben. Ferner verpflichtet das „WHG" die Länder zur rechtzeitigen Information der Betroffenen. In Überschwemmungsgebieten dürfen keine neuen Baugebiete ausgewiesen werden, ausgenommen sind Bauleitpläne für Häfen und Werften. Hochwasserschutzpläne sind für die Gewährleistung eines möglichst schadlosen Wasserabflusses aufzustellen. Ferner sind Maßnahmen zum Erhalt oder zur Rückgewinnung von Rückhalteflächen, zur Rückverlegung von Deichen, zum Erhalt oder zur Wiederherstellung von Auen sowie zur Rückhaltung von Niederschlagswasser darin aufzunehmen.

3.4.4.5 Nicht-struktureller Hochwasserschutz

Hochwasserschutzplanung

Die zentrale Aufgabe von Städten und Gemeinden ist die Flächenvorsorge (LfU 2014). Kommunale Bauleitplanung, Stadtentwicklungs- und Raumordnungspläne geben hierbei die wichtigsten Vorgaben zum Hochwasserschutz. So sind in Flächennutzungsplänen die hochwassergefährdeten Flächen auszuweisen und diese von einer Bebauung freizuhalten. Weiterhin fällt den Städten und Gemeinden die Aufgabe zu, den Gewässerausbau im Sinne des Hochwasserschutzes zu gewährleisten, zum Beispiel indem Renaturierungsmaßnahmen und eine Gewässerunterhaltung vorgenommen werden. In den Kommunen sind die Hochwasserstände zu markieren – am besten an Brücken, Stegen, Ufermauern, Wehren und Gebäuden. Dabei kann es im Hochwasserfall z. B. bei Verengungen zu einem Aufstau kommen, der den Wasserstand „verfälscht". Die Markierungsstellen sind in einer Übersichtskarte (Maßstab 1:1000 bis 1:5000) einzutragen. Die Kommunen haben eine plangerechte Umsetzung des Hochwasserschutzes durch die Erstellung von Hochwasseralarm bzw. Katastrophenschutzplänen zu gewährleisten – diese sind regelmäßig auf dem aktuellen Stand zu bringen. Sind solche Pläne vorhanden, ist es wichtig, dass die unteren Arbeitsebenen ihre darin festgelegten Aufgaben kennen. Sind derartige Pläne noch nicht vorhanden, sind die Kommunen aufgefordert, diese aufzustellen.

Für das Ausweisen von Risikogebieten sind folgende Kriterien – ausgehend von den Erkenntnissen vergangener Hochwasserereignisse – zu berücksichtigen (vereinfacht nach LAWA 2018):

- Topographie (digitales Geländemodell, ATKIS)
- Gewässernetz (Überschwemmungsgebiete, Wasserspiegellagen)

- Hydrologie (LANDSAT, Corine)
- Bodenkunde (Auenböden)
- potenzielle natürliche Retentionsflächen
- technische Hochwasserabwehrinfrastruktur
- bewohnte Gebiete (Liegenschaftskataster)
- Gebiete mit wirtschaftlicher Tätigkeit
- Auswirkungen des Klimawandels
- demographische Entwicklung
- wirtschaftliche Entwicklung
- wasserwirtschaftliche Rahmenplanung
- historische Ereignisse
- die mögliche Menge des zu Tal strömenden Wassers
- der erwartete Wasserstand an einem bestimmten Pegel

Die Abb. 3.28 zeigt beispielhaft, wie hochwassergefährdete Gebiete nach § 31b/c des WHG untergliedert werden (UBA 2006). Der gesamte hochwassergefährdete Raum wird als „Überschwemmungsgebiet" (§ 31b, Abs. 1) definiert. Generell wird unterschieden in „festgesetzte" Überschwemmungsgebiete und in „überschwemmungsgefährdete" Gebiete. Im Zentrum steht der Fluss ohne Hochwasser. Ein Hochwasser mit der Bemessungsgrundlage HQ 100 kann dort durchaus zu „geringen" Schäden führen. Andere gefährdete Stadtteile können durch technische Hochwasserschutzmaßnahmen gesichert werden. Im Fall eines Hochwassers > HQ 100 werden aber weitere Flächen überflutet.

Auf der Grundlage dieser rechtsverbindlichen Gliederung wird auf der Basis historischer Hochwasserereignisse, verschnitten mit der Geländemorphologie, eine „Hochwassergefahrenkarte" für das Untersuchungsgebiet erstellt. In ihr sind alle hydrologischen Daten bekannter Hochwasserereignisse enthalten. Die Hochwassergefahrenkarte wird dann mit Daten zur Flächennutzung

verschnitten (Landwirtschaft, Wald, Industrie, Siedlungen, Naturschutz, usw.). Hinzu kommen in jedem Fall Angaben zur sogenannten „kritischen Infrastruktur" (Krankenhäuser, Feuerwehr, Polizei, Versorgung usw.). Diese „Strukturen" werden dann jeweils mit ihren Wiederherstellungskosten in Wert gesetzt. Da ein Risiko immer eine Aussage über die Wahrscheinlichkeit eines (z. B.) HQ-100-Ereignisses beinhaltet, lässt sich auf der Basis mathematischer Algorithmen (Simulation von Niederschlag/Szenarien für den Klimawandel) mit relativ großer Genauigkeit die Wahrscheinlichkeit eines HQ-100-Hochwassers vorhersagen. Die Kompilation dieser Daten ergibt dann eine „Hochwasserrisikokarte". Eine solche Risikobewertung ist dann die Grundlage für Maßnahmen zur Risikoreduzierung. Sie ist aber auch ein unverzichtbarer Bestandteil zur Hochwasservorsorge, bei der Katastrophenbewältigung und der Risikokommunikation. Die „Deutsche Vereinigung für Wasserwirtschaft" hat eine Anleitung für ein umfassendes Hochwasser-Audit von Kommunen entwickelt (DWA 2009). Es wendet sich an kommunale Gebietskörperschaften und andere regional abgegrenzte Wasserversorger mit dem Ziel, objektiv festzustellen, wie gut es im jeweiligen Bereich um die Vorsorge zur Bewältigung von Hochwassergefahren bestellt ist und welche konkreten Verbesserungsmaßnahmen gegebenenfalls empfohlen werden können.

Abb. 3.29 gibt einen Überblick, wie aus einer „Hochwassergefahrenkarte" eine „Hochwasserrisikokarte" erstellt werden kann (vgl. Schinke et al. 2013). Es gibt eine Vielzahl an Methoden (vgl. Kreibich et al. 2008), doch im Prinzip beruhen alle auf dem gleichen Ansatz. Ausgehend von abgelaufenen Hochwasserereignissen bzw. daraus entwickelten Szenarien, wird die gefährdete „Siedlungsstruktur" ermittelt. Da nicht jedes einzelne Gebäude in eine solche Analyse einbezogen werden kann, werden

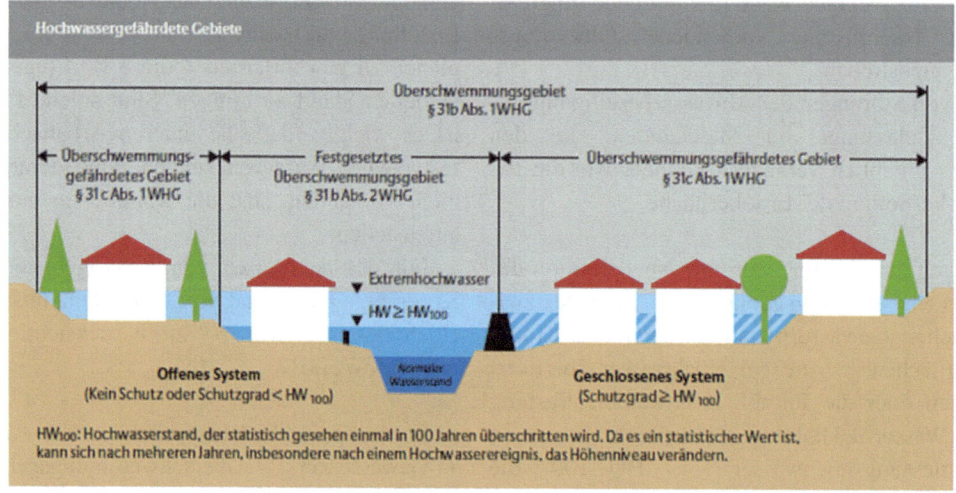

Abb. 3.28 Überschwemmungsgebiete nach § 31b/c Abs. 2 des Wasserhaushaltsgesetzes (WHG)

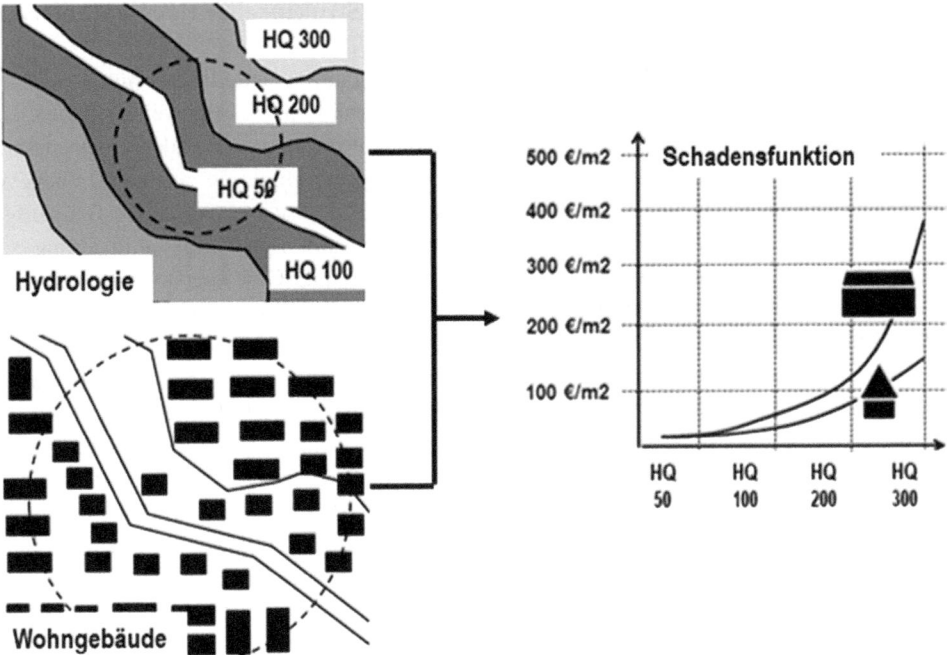

Abb. 3.29 Modell zur Ermittlung von Gebäudeschäden durch Hochwasser

repräsentative Gebäudeeinheiten definiert. Dabei wird davon ausgegangen, dass Hochwasser an Gebäuden des gleichen Typs ähnliche Schäden verursachen. Je nach räumlicher Auflösung des Schadensmodells wird die synthetische Schadensfunktion („Modul Vulnerabilität") genauer.

Die für einen vorsorgenden Hochwasserschutz infrage kommenden Flächen müssen im Rahmen von Raumordnungsverfahren (Flächenankauf, Flächentausch, Entschädigung) dauerhaft gesichert werden. Erforderlich ist zudem eine konsequente Einhaltung der Bauvorgaben und anderer Schutzvorschriften. Bei Errichtung baulicher Anlagen sind auf kommunaler Seite gezielt Anreize für eine hochwasserangepasste Bauweise zu setzen. Das WHG ermöglicht den Ländern zahlreiche Abweichungen vom grundsätzlichen Bebauungsverbot in festgesetzten Überschwemmungsgebieten, doch Ausnahmen lassen das Schadenspotenzial ansteigen. In begründeten Ausnahmefällen ist auch eine Umsiedlung zu prüfen.

Versicherung von Hochwasserschäden

Neben der gewerblichen Wirtschaft kann auch jeder Einzelne sein Wohngebäude freiwillig mit einer Elementarschadensversicherung gegen Hochwasserschäden versichern. Eine Elementarschadensversicherung deckt die Sachschäden in Folge von Naturereignissen wie z. B. Überschwemmungen, Schneedruck, Vulkanausbruch ab. Eine solche Versicherung besteht in Deutschland derzeit jedoch lediglich für 3,5 % der Wohngebäude und ca. 10 % der Hausratversicherungen. Die deutsche Versicherungs-

wirtschaft (GdV 2020) hat ein Tarifsystem entwickelt, dass die Hochwasser-/Schadengefährdung von insgesamt rund 55.000 Flusskilometer einstuft („ZÜRS"). Es ist auf vier Gefährdungsklassen aufgebaut:

- Klasse 1 für Gebiete ohne Hochwasserrisiko
- Klasse 2 für schwach hochwassergefährdete Flächen (Wahrscheinlichkeit von einmal in 50–200 Jahren)
- Klasse 3 für mittel hochwassergefährdete Flächen (Wahrscheinlichkeit von einmal in 10–50 Jahren)
- Klasse 4 für stark hochwassergefährdete Flächen (Wahrscheinlichkeit von einmal in 10 Jahren)

Damit ist eine Absicherung von rund 94 % der besiedelten Flächen gegen Elementarschäden möglich. Für die geringe Versicherungsquote von gerade mal 3,5 % ist nach UBA (2006) das niedrige Risikobewusstsein der Bevölkerung ausschlaggebend. Die persönliche Hochwassergefahr wird schlicht vielfach unterschätzt. Zum Teil spielen auch mangelnde Informationen über das individuelle Gefährdungsrisiko hierbei eine Rolle. Viele Hauseigentümer verlassen sich bewusst darauf, dass mögliche Schäden wenigstens teilweise von der Allgemeinheit getragen werden. Es wurde daher angeregt, eine Pflichtversicherung für Elementarschäden verbindlich für alle Hausbesitzer einzuführen.

Für die Hochwasserwarnung an Flüssen und Seen sind in Deutschland die Bundesländer zuständig. In der Hochwassermeldeordnung wird geregelt, wie die zuständigen Dienststellen über eine sich abzeichnende Hochwassergefahr zu unterrichten haben und wer im Hochwasserfall über eine festgelegte Meldekette die betroffenen Kommunen informiert; was leider, wie das Beispiel des Hochwassers im Ahrtal nicht immer auch umgesetzt wird. So werden zum Beispiel in Baden-Württemberg tagesaktuell Hochwasservorhersagen durch die „Hochwasservorhersagezentrale" bereitgestellt. Die Länderwarndienste arbeiten eng mit der Unwetterwarnzentrale des Deutschen Wetterdienstes (DWD) zusammen. Ab einem bestimmten Wasserstand werden Hochwasservorhersagen auf Basis der Pegelstände und der Niederschlagsprognosen erstellt und z. B. auf der Internetseite des Hochwassernachrichtendienstes des Freistaats Bayern veröffentlicht. Der Dienst bietet auch mobile Infos für Smartphones. Ein gutes Beispiel ist das Hochwassermanagement entlang der Emscher und Lippe (Johan und Pfister 2013). Es basiert auf einer Vorhersageplattform (HOWIS-EGLV), die sowohl für die Emscher als auch für die Lippe jeweils ein hydrologisches Vorhersagemodell vorhält. Alle 6 min werden die auf 58 eigenen Niederschlagsmessungen beruhenden Daten aktualisiert. Da die Genauigkeit der vorhergesagten Wasserstände und der Eintrittszeit der Hochwasserscheitel von verschiedenen Faktoren abhängen, wie der generalisierten Abbildung des Einzugsgebiets und der vereinfachten Simulation in einem hydrologischen Modell, wird die Hochwasservorhersage immer einer Plausibilitätskontrolle unterzogen. Ein weiterer Unsicherheitsfaktor ist die (immer noch nicht ausreichende) Qualität der Niederschlagsprognosen. Das System an Emscher und Lippe verwendet deshalb neben deterministischen Wetterprognoseprodukten auch das „Ensemble-Vorhersagesystem" (COSMO-LEPS) in Form von meteorologisch 16 gleich wahrscheinlichen Ensemble-Prognosen (Montani 2012), die vom DWD bereitgestellt werden.

Gerade in hochwassergefährdeten Flussgebietseinheiten ist es unverzichtbar, bei den Anwohnern ein „Hochwasserbewusstsein" zu schaffen. Zur Verbesserung der Eigenvorsorge ist daher eine zielgerichtete Risikokommunikation erforderlich. Dies muss zudem beispielsweise auch die geschlechtsspezifische Lebensumwelt von Männern und Frauen im Rahmen der Aufklärung und einer zielgruppengerechten Risikokommunikation berücksichtigen – auch wenn erste Untersuchungen ergaben, dass Männer und Frauen das Naturrisiko „Hochwasser" nicht wesentlich unterschiedlich einschätzen. Nur so kann gesichert werden, dass die Informationen zur Hochwasservorsorge auch bei den betroffenen Bürgerinnen und Bürgern ankommen. Dem Planungs- und Kommunikationsprozess sollte dabei eine moderierende Rolle zukommen, indem die Vorteile eines naturverträglichen Hochwasserschutzes transparent veranschaulicht und gleichberechtigt kommuniziert werden. Dabei kommt der Prozessgestaltung (Runder Tisch, Bürgertelefon usw.), in denen die Beteiligten vom Ergebnis überzeugt werden können, eine besondere Bedeutung zu.

3.4.4.6 Struktureller Hochwasserschutz

Ingenieurbiologische Bauweisen

Ingenieurbiologische Bauweisen haben sich als effektive Maßnahme zum vorsorgenden Hochwasserschutz erwiesen. Die „Ingenieurbiologie", auch „Lebendverbau" genannt, ist eine biologisch ausgerichtete Bauweise, die erfolgreich zur Ufer- und Böschungsstabilisierung sowie zur Schaffung naturnaher Gewässerstrukturen eingesetzt wird (WBW 2013). Im Gegensatz zu rein technischen Bauwerken erfüllen ingenieurbiologische Bauweisen gleichzeitig (technische) Stabilisierungsfunktionen als auch ökologische und landschaftsgestalterische Funktionen.

Diese können sowohl an der Gewässersohle als auch an den Uferböschungen (Gewässerrandstreifen) ansetzen (LfU 2014; LUBW 2013; BWG 2004). Beide Ansätze zielen darauf ab, die Rauhigkeit (Fließwiderstand) im Gewässerprofil zu erhöhen und dadurch die Erosion im Flussbett aufzufangen. Es gibt eine Vielzahl an Argumenten, die anstelle technischer Bauweisen für den Einsatz ingenieurbiologischer (natürlicher) Baumaterialien sprechen:

- dauerhafte Konstruktion (wächst im Laufe der Zeit natürlich zusammen)
- kein Fremdkörper in der Natur
- kaum Pflegeaufwand
- einfache Herstellung
- kostengünstiger, da geringer Maschineneinsatz
- natürliche Baustoffe können einfach kombiniert werden
- Landschaftsgestaltung ist einfacher
- verbesserte Ökologie

Eine naturnahe Ufersicherung dient primär der aktiven Sicherung der Ufer-und Böschungsbereiche gegen Erosion durch das abfließende Wasser. Zumeist werden dazu Uferfaschinen verbaut. Sie bieten durch die aufwachsende Vegetation („Krainerwand") einen nachhaltigen Biotopverbund. Zur Stabilisierung der Flussbettsohle gegen die Erosion und damit zur Verhinderung der Eintiefung der Gewässer und/ oder einer Anhebung der Sohle können Strukturelemente wie Schwellen aus Totholz verbaut werden. Der Geschiebrückhalt wird so erhöht, ohne dass die Durchgängigkeit des Gewässers verringert wird. Eine weitere Maßnahme zur Verminderung von Tiefenerosion ist die Aufweitung des Gewässers oberhalb der Mittelwasserlinie. Dadurch wird der Abflussquerschnitt vergrößert, die Fließgeschwindigkeit verlangsamt sich, wodurch sich das Sohlsubstrat ablagert. In der Folge kommt es zu einer Sohlenstabilisierung bzw. Sohlenanhebung. Positive Nebeneffekte sind neue Lebensbereiche für Flora und Fauna sowie die Verbesserung der Erlebbarkeit des Gewässers für den Menschen. Eine gezielte Ufererosion ist immer dann möglich, wenn keine angrenzende (land-/forstwirtschaftliche oder städtebauliche) Nutzung dem entgegensteht. Die so entstehenden Uferböschungen ermöglichen den Aufwuchs einer standortgerechten Ufervegetation mit dem Ziel, die Durchwurzelung und damit Stabilisierung der Böschung durch standortgerechte Gehölze zu erhöhen. Auch lässt sich die Fließgeschwindigkeit im Bachbett durch strategisch gesetzte Stein- oder Holzbarrieren reduzieren. Solche Barrieren „zwingen" den Stromstrich zu mäandrieren. Das Gewässer wird aus seinem bisherigen Abflussprofil befreit, die Fließgeschwindigkeit herabgesetzt und es erhält so ein neues hydrologisches Gleichgewicht.

Natürlicher Rückhalt

Der sicher effektivste Hochwasserschutz ergibt sich, wenn die natürlichen Bedingungen eines Flusslaufs zur Aufnahme der Wassermengen verwendet werden: Er also entsprechend ausgebaut, umgebaut oder wiederhergestellt wird. Ein solcher „Ausbau" führt dazu, das Wasser erst gar nicht so stark ansteigen zu lassen. Die in den letzten Jahrzehnten oftmals radikal begradigten Flussläufe (selbst kleine Bäche) müssen – wo immer möglich – rückgebaut werden. Vor allem sollte eine Renaturierung von Bächen und Flüssen schon im Oberlauf und an den Zuflüssen geprüft werden, da es vor allem die kleineren Fließgewässer sind, die maßgeblich zur Entstehung von Hochwasserwellen führen.

Im Verbund mit einer naturverträglichen Land- und Forstwirtschaft (z. B. Humus aufbauende Bewirtschaftungsformen, naturnaher Waldbau), durch die Vermeidung von Bodenverdichtungen und den Erhalt oder die Renaturierung von Moor- und Feuchtgebieten kann die Wasseraufnahmekapazität der Böden wirksam erhöht werden (BfN 2013). Des Weiteren bietet die Gewinnung von Überschwemmungsflächen entlang der großen Ströme ein effektives Potenzial, den Hochwasserscheitel effektiv zu kappen. So plant die Schweiz in den nächsten 10 Jahren mit dem Projekt „RHESI", den Rhein vor seinem Eintritt in den Bodensee wieder natürlich auszugestalten. Vorrang sollte dabei der Rückgewinnung von Auen und Überschwemmungsgebieten gegeben werden. Insbesondere durch die Rückverlegung von Deichen ins Landesinnere, die Entfernung von Altdeichen und Deichschlitzung können Überflutungsgebiete und durchfließbare Auen eingerichtet werden, um den Wasserrückhalt in der Fläche zu verbessern.

Überall wo es morphologisch möglich und hydrologisch angezeigt ist, sollten gezielt Überschwemmungsgebiete ausgewiesen werden. Bei den Überschwemmungsgebieten wird zwischen Retentionsflächen und Flutpoldern unterschieden (Abb. 3.30). Beiden gemeinsam ist das Ziel, den Wasserrückhalt in der Fläche zu erhöhen: zum einen durch eine gezielte Kappung des Hochwasserscheitels und zum anderen durch eine zeitliche Streckung der Welle. So können die Vorgaben des Bemessungshochwassers (HQ 100) eingehalten werden. In der praktischen Umsetzung gilt der Grundsatz: „Retention geht vor Ausbau" (UBA 2006).

Auch in urbanen Räumen sollte der Erhalt des natürlichen Wasserrückhaltes durch die Freihaltung von Überflutungsflächen durch vielfältige Anreize für eine hochwasserangepasste Bauweise angestrebt werden – so bei der Errichtung baulicher Anlagen in Überschwemmungsgebieten und bei der Wiedergewinnung von (städtischen) Retentionsflächen/Flutpoldern. Dazu ist in den Siedlungsgebieten eine konsequente Verringerung weiterer Flächenversiegelungen zu gewährleisten.

Die Wahl der „richtigen" Abwehrmaßnahme – Retentionsfläche, Flutpolder, oberflächiger Abfluss oder Versickerung – ist in jedem Einzelfall zu prüfen. Nicht

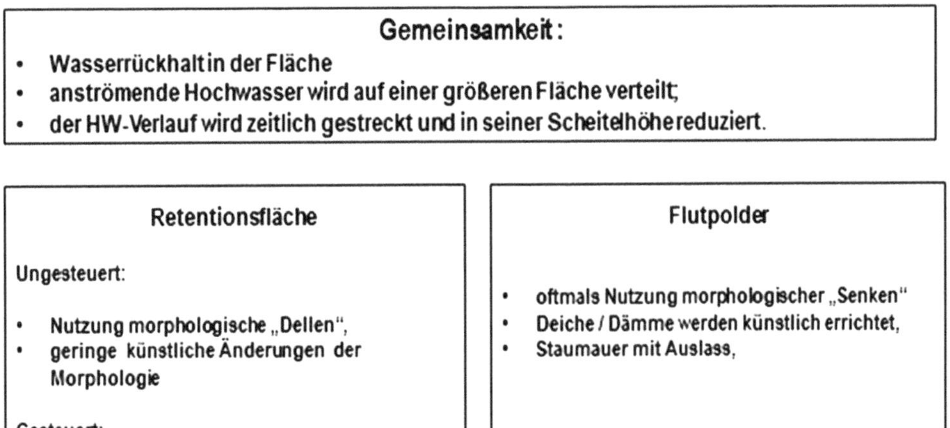

Gemeinsamkeit:
- Wasserrückhalt in der Fläche
- anströmende Hochwasser wird auf einer größeren Fläche verteilt;
- der HW-Verlauf wird zeitlich gestreckt und in seiner Scheitelhöhe reduziert.

Retentionsfläche

Ungesteuert:
- Nutzung morphologische „Dellen",
- geringe künstliche Änderungen der Morphologie

Gesteuert:
- hat einen extra gebauten Ein-/Auslass.

Flutpolder
- oftmals Nutzung morphologischer „Senken"
- Deiche / Dämme werden künstlich errichtet,
- Staumauer mit Auslass,

Abb. 3.30 Vergleich der Funktionen von Retentionsfläche und Flutpolder

überall können Retentionsflächen bzw. Flutpolder eingerichtet werden. Daher ist zu prüfen, ob das Wasser nicht besser gezielt in den Vorfluter abgegeben werden sollte. Wenn sich die Böden im Einzugsgebiet dazu eignen, ist immer der Versickerung der Niederschläge Vorrang einzuräumen (Flood Risk 2009).

Technische Rückhaltesysteme

Eine wesentliche Rolle beim Schutz vor Überflutungen spielt der technische Hochwasserschutz (LAWA 2014). Unter dem Begriff „technischer Hochwasserschutz" werden sowohl stationäre, dauerhaft installierte Schutzbauten als auch mobile, kurzfristig aufzubauende Anlagen verstanden. Sie haben das Ziel, die Höhe und Dauer von Hochwasserwellen zu kontrollieren, bestenfalls zu verhindern. (DWA 2011; Pohl 2013a). Generell werden stationäre und mobile Systeme unterschieden.

Dabei ist festzuhalten, dass auch solche Schutzanlagen nur bis zu dem festgelegten Bemessungshochwasser Schutz vor Überschwemmung bieten. Bei der wasserwirtschaftlichen Zielsetzung eines zuverlässigen Hochwasserschutzsystems ist immer auf ein ausgewogenes Kosten-Nutzen-Verhältnis zu achten. Das anzustrebende Schutzniveau ist in der DIN 19712 festgelegt. Darin sind zudem die Prinzipien für Neubau, Sanierung, Unterhaltung, Überwachung und Verteidigung von Hochwasserschutzanlagen an Fließgewässern bundesweit einheitlich festgeschrieben. Die Norm legt zudem die Anforderungen an die technische Schutzanlage selbst, sowie an das Vor- und Hinterland und den Baugrund fest. Zudem wird in DIN 19712 auch der maximale Abstand zwischen dem Bemessungshochwasser und der Höhe eines Schutzsystems vorgegeben, der sogenannte „Freibord". Dieser sollte mindestens 0,8 m nicht unterschreiten, um einen Puffer gegen eventuell höher eintretende Fluten zu haben.

Festzustellen ist, dass in Deutschland alle nach den Bemessungskriterien der DIN 19712 gebauten Anlagen dem Druck der Hochwasser der letzten Jahre Stand gehalten haben. Deichbrüche waren nur an Anlagen eingetreten, die noch nicht den Vorgaben der DIN-Norm entsprachen.

Stationäre Systeme

Dazu gehören Deiche, Dämme und Mauern. Während Deiche (Schutz gegen ansteigendes Küstenhochwasser) und Dämme (Abgrenzung gegen einen Fluss) vor allem in ländlichen Gebieten entlang größerer Flüsse aufgebaut werden, schützen Mauerwerke in der Regel in Städten einzelne Objekte oder auch ganze Siedlungsgebiete vor Hochwasser. So wurde zum Beispiel in Hamburg der gesamte Stadtteil Wilhelmsburg durch einen Deich von bis zu 8 m Höhe geschützt.

Mauern und Deiche/Dämme stellen in jedem Fall Eingriffe in Natur und Landschaft dar. Bei eingedeichten Fluss-strecken liegt der Wasserspiegel im Vergleich zu dem zu schützenden Land bis zu mehrere Meter höher, was im Umkehrschluss besagt, dass im Falle eines Deichversagens das überschwemmungsgefährdete Gebiet größer ausfallen wird als vor der Eindeichung. Alle diese Installationen sind immer auf das lokale Bemessungshochwasser auszulegen. Aus diesem Grund kommt der regelmäßigen Überprüfung und Unterhaltung dieser Anlagen große Bedeutung zu.

Küsten sind immer ein Raum, der besonderen Schutz benötigt. Sturmfluten haben an der Nordsee seit je die Bewohner bedroht. Der Bau von Schutzeinrichtungen war und ist daher für die Menschen dort praktizierte Daseinsvorsorge. Allein das Land Schleswig–Holstein wendet jährlich um die 70 Mio. € auf, um seine 500 km lange Küstenlinie durch Deiche, Hafenausbau und Sperrwerke zu erhalten, auszubauen und zu ertüchtigen. Die Definition eines Küstenhochwassers als potenziell signifikantes Risiko wird aus Art. 2 Ziffer 1 der HWRM-RL gegeben. Den besten Schutz von Hochwasser bieten traditionell Deiche. Dieses sind künstlich angelegte, lang gestreckte Erddämme, die die dahinter liegenden Gebiete vor Hochwasser schützen. Deiche müssen so dimensioniert sein, dass sie der höchsten Flut der letzten 100 Jahre widerstehen können. Kennzeichnend für die Küstengebiete ist ein über Jahrhunderte entstandenes, mehrfach gestaffeltes Deichsystem. Dazu wurden (und werden) vor den „alten" Deichen seewärts auf dem Schelf „neue" Deich aufgeschüttet (Abb. 3.31).

Bereits vor rund 1000 Jahren wurden Deiche errichtet – damals nur um die 1 m hoch. Heute sind Seedeiche teils über 10 m hohe Bauwerke, die an der Seeseite stark abgeflacht sind, um die Energie des Wellenlaufs zu verringern. Der Deichkörper wird zudem mit einer Schicht aus Grassoden und Natur- oder Betonsteinplatten abgedeckt: Diese schützen den Deichkörper gegen Seegang und Strömungen. Deiche haben eine typische Form und bieten mit ihrem trapezförmigen Sandkörper optimalen Schutz. Die Funktionsfähigkeit der Deiche ist oftmals durch tiefwurzelnde Pflanzen sowie Nagetiere (Kaninchen, Bisamratten usw.) gefährdet. Der Stabilität der Deiche kommt vor allem bei den Ein- und Ablässen und den Sperrwerken eine besondere Bedeutung zu. Bei einem starken Hochwasser drückt ein enormes Gewicht gegen den Deich. Damit werden selbst kleinste Löcher zu möglichen Rissstellen. Zur „Deichverteidigung" haben sich seit dem Mittelalter nichtstaatliche, aber mit hoheitlichen Funktionen versehene Deichverbände gebildet, die sowohl die Deichsicherheit als auch den Neu-/Ausbau regeln.

Zu Überflutungen kommt es immer dann, wenn der Seedeich bei extremeren Ereignissen zerstört wird („Deichversagen"). Dies führt zu einer Überschwemmung der landwärtigen Küstenbereiche – wenn auch meist nur in einem räumlich gut abzugrenzenden Gebiet. Die Ermittlung der Fläche, die bei einem solchen Versagensfall potenziell

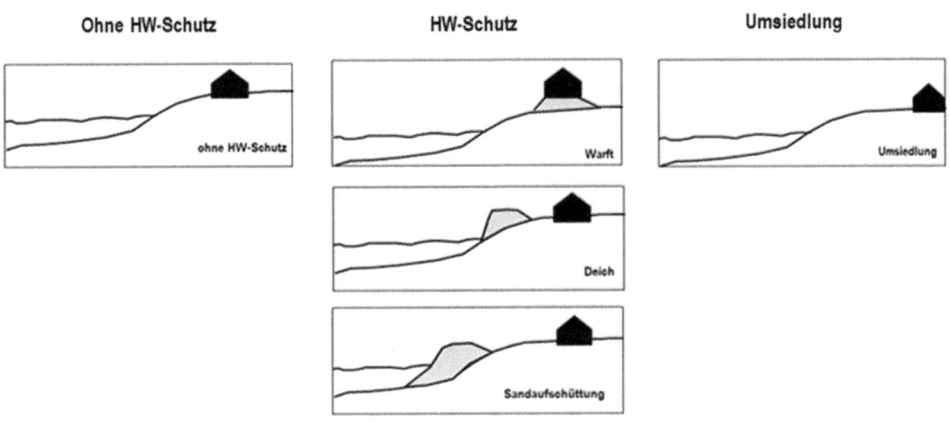

Abb. 3.31 Lösungsmodelle im Küstenschutz

betroffen sein kann, erfolgt auf Grundlage des durch das Bemessungshochwasser festgestellten Sturmflutniveaus. Nordwestliche Wetterlagen können zu Sturmseegang und so zu erhöhten Sturmflutwasserständen führen. Der im Zuge des Klimawandels (IPCC 2014) mit Sicherheit ansteigende Meeresspiegel macht einen nachhaltigen Küstenschutz an der deutschen Nordseeküste unverzichtbar. Deshalb enthalten die Küstenschutzkonzepte der Küstenländer unter anderem einen Klimazuschlag in Höhe von derzeit 0,2 m bis 2050 bzw. 0,5 m bis 2100 für die Bemessung der Seedeiche. Diese Werte müssten sich noch um mehrere Dezimeter erhöhen, wenn die antarktische Landeismasse instabil wird. Im deutschen Nordseeküstengebiet sind durch den Klimawandel verursachte mögliche Veränderungen der hydrologischen Parameter, wie ein Anstieg des Meeresspiegels, eine veränderte Tidendynamik, höhere Sturmfluten und ein höherer mittlerer Seegang zu erwarten.

An den deutschen Nordseeinseln kommt es in jedem Winter zum Teil zur massiven Erosion der Dünen. Zum Ausgleich wird dann im Sommer in großem Maßstab Sand auf den Strand gespült, womit der Strand um einige Dezimeter wieder angehoben wird. Der Sand wird dem Meeresboden entnommen, und zwar so weit draußen, dass die Entnahme das sedimentologische Gleichgewicht der Nordseeinseln nicht zerstört. Dennoch werden Küstenschutzmaßnahmen die Inseln auf Dauer nicht retten können. Seit der Entstehung der Nordseeküsten – wie wir sie heute kennen – ist diese Region geologisch (noch) nicht im Gleichgewicht. Seit Jahrhunderten ist eine Verlagerung (Wanderung) der Inseln dokumentiert. Der Küstenschutz wird diesen Prozess verzögern, ihn aber nicht verhindern können. Um den Sandverlust wenigstens etwas einzudämmen, werden im Flutbereich Buhnen und Lahnungen verbaut. Dies sind Reihen von Holz- oder Betonpfählen, verbunden mit Reisigmaterial, die ins Wasser ragen und die Strömung beruhigen. Dadurch setzt sich der bei den Gezeiten mitgeführte Schlick ab (vgl. Abschn. „Ingenieurbio-

logische Bauweisen"). Es hat sich herausgestellt, dass senkrecht zum Strand verbaute Buhnen oftmals die Erosion eher erhöhen. Es wird daher immer mehr dazu übergegangen, solche Pfahlreihen doppelreihig und parallel zum Strand zu verbauen (Lahnungen). Vielerorts wurden an der Küste vierarmige Wellenbrecher aus Beton, sogenannte „Tetrapoden" verbaut. Dies haben sich aber ebenfalls nicht bewährt: Sie brechen zwar die Wellen, können aber den Abtransport von Sand nicht stoppen. Einige Untersuchungen legen nahe, dass die Tetrapoden den Sandverlust sogar beschleunigen.

Absperrbauwerke

Als Reaktion auf die katastrophale Sturmflut in den südwestlichen Niederlanden im Jahr 1953 haben die Niederlande den Bau von 13 Sperrwerken („Deltawerke") veranlasst, die das mehrere Meter unter dem Meer liegende Land vor Sturmfluten schützen soll. Sogenannte Querbauwerke sperren die Binnengewässer im Mündungsbereich gegen Sturmfluten ab. Ähnliche Sperrwerke finden sich an der deutschen Nordseeküste („Eidersperrwerk") und an der Themse („Thames Barrier"). Mit seinen 13 Bauwerken ist das „Deltawerk" das größte der Welt. Zum Beispiel wurden an der breitesten Stelle (Oosterschelde, 9 km) 62 riesige Sperrtore von 42 m Breite auf einer Länge von 4 km gebaut. Die Tore sind normalerweise geöffnet, können jedoch bei Sturm geschlossen werden – das kommt in der Regel nur zweimal pro Jahr vor. Auf diese Weise bleibt die marine Fauna und Flora weitgehend ungestört und dennoch kann das Land hinter dem Sperrwerk bei Hochwasser vollständig abgeriegelt werden. Bei einem Gezeitenwechsel strömen jeweils 800 Mio. m^3 Wasser durch das Sperrwerk

Auch an überflutungsgefährdeten Bauwerken in innerstädtischen Bereichen können bauliche Vorsorgemaßnahmen getroffen werden. So sind in der Hamburger Hafencity alle Neubauten nach dem „Warftenkonzept" (HH o. J.) gebaut worden. Alle Versorgungseinrichtungen wurden hochwassersicher im Sockelgeschoss konzentriert, die

Wohneinheiten darüber. Zudem ist das gesamte Hafengebiet mit Mauern geschützt, ausgelegt auf das HQ 100. Treppen und Durchlässe in den Mauern sind mit automatischen Fluttoren versehen, ebenso wie alle innerstädtischen Tiefgaragen.

Riffe als Sturmflutschutz

Überall in den Tropen sind die Inseln von Korallen umgeben. Bei den Inseln handelt es sich meist um erloschene Vulkane, die von einem Atoll umgeben sind, wie zum Beispiel die Malediven. Die Malediven liegen nur etwas mehr als 1 m oberhalb des Meeresspiegels und sind daher durch Sturmfluten und Tsunamis extrem gefährdet (vgl. Abschn. 6.7.1). Wegen des erwarteten Anstiegs des Meeresspiegels werden auch die Malediven, wie die deutschen Nordseeinseln, auf Dauer nicht zu retten sein. Den besten Schutz bieten immer Korallenriffe. So haben die Malediven 2004 den Tsunami „überlebt", weil die Riffe den größten Wasserdruck zurückgehalten haben: Dabei sind allerdings weite Teile der Riffe zerstört worden. Doch bieten Korallen nicht nur Schutz vor Sturmfluten, sondern stellen auch ein unverzichtbares Element der marinen Ökosysteme dar. Sie bieten Lebensraum für ca. 25 % aller marinen Lebewesen. Die ökologischen und ökonomischen Leistungen von Korallenriffen werden weltweit mittlerweile mit 130 Mrd. € beziffert. Aufgrund globaler und lokaler Stressfaktoren sind diese empfindlichen Ökosysteme jedoch überall in akuter Gefahr. Durch die steigende Wassertemperatur (Erderwärmung, El Niño) ist Korallenbleiche zu einem globalen Phänomen geworden. 50 % der Korallenriffe weltweit sind bereits abgestorben, und wenn diese Entwicklung nicht gestoppt wird, könnten in den nächsten 30 Jahren 75–100 % aller Korallenriffe verschwinden (WWF o. J.) Daher wird rund um die Welt versucht – in den Tropen wie auch in den Kaltwasserregionen des Atlantischen Ozeans (z. B. Island) – durch Anlage künstlicher Riffe die Artenvielfalt der Korallenriffe wieder zu beleben. Dazu werden künstliche Riffstrukturen, bestehend aus Zement und Metall, versenkt. Ziel dieser Riffe ist die Bereitstellung von künstlichem Substrat für Fisch- und Korallenpopulationen.

Einen Schritt weiter gehen Forschungen auf Bali. Dort ist es gelungen, künstliche Riffe mithilfe von Gleichstrom aufzubauen. In der Natur erzeugen Muscheln und auch skelettbauende Korallen elektrische Potenziale. Damit verwandeln sie verschiedene Salze des Meerwassers elektrolytisch zu Baumaterial. An der Kathode fällt damit ein Gemisch (Kalziumkarbonat und Magnesiumhydroxid (Aragonit und Brucit)) aus. Je nach Stromstärke variiert die Zusammensetzung der Anlagerung und damit deren Festigkeit. Mithilfe von Strom gewonnenes Riffmaterial wird als „Biorock" bezeichnet (Goreau und Prong 2017). Auf Bali entstehen seit 2000 solche „Biorock"-Korallenriffe. Dazu wurden Eisengitter im Meer versenkt, an die mit dünnem Eisendraht Korallensetzlinge festgemacht werden. Die Setzlinge waren zuvor durch Stürme von Riffen abgebrochene Einzelstücke. Die Unterwasserinstallation wird durch Kabel verbunden; die angelegte Spannung beträgt 3 V bei 10 A. Bereits nach 40 Monaten Betrieb wiesen die 10 mm starken Armierungseisen stellenweise eine Ummantelung aus „Biorock" von bis zu 10 cm Durchmesser auf. Künstliche Riffe, die unter Strom stehen, wachsen bis zu fünfmal schneller als natürliche Riffe.

Mobile Schutzsysteme

Standen in der Vergangenheit hierfür vor allem die bekannten „Sandsäcke" im Vordergrund, setzen sich seit 20 Jahren immer mehr mobile Rückhaltesysteme aus Metall durch. Mobiler Hochwasserschutz bedeutet, dass Schutzmaßnahmen gegen Hochwasser schnell und einfach auf- und wieder abgebaut werden können.

Dennoch ist der Sandsack aus der Hochwasserbekämpfung nicht wegzudenken. Er besteht normalerweise aus Jute, ist 30 × 60 cm groß und wird bis zur Hälfte mit handelsüblichem Sand gefüllt. Neben den Jutesäcken gibt es auch Säcke aus Kunststoff, die der Feuchtigkeit besser trotzen, allerdings aufgrund der geringen Rauhigkeit schnell verrutschen können. Die Säcke sind sehr individuell einsetzbar und stabil, erfordern aber viel Personal. Sandsäcke können z. B. als Barriere aufgeschichtet werden, um Fenster- und Türöffnungen zu schließen oder Deiche zu erhöhen. Weiterhin kann damit ein hydrostatischer Gegendruck gegen Undichtheiten im Deich aufgebaut werden. Sandsäcke sind natürlich nicht wasserdicht, deshalb sollten sie immer zusammen mit Folienabdeckungen verbaut werden. Die Befüllung erfolgt an der Gefahrenstelle und der Einbau direkt danach. Das Befüllen und Transportieren der Säcke und der Verbau vor Ort ist sehr arbeitsintensiv. Für 100 m Barriere benötigt man 1800 Säcke mit einem Füllgewicht von zusammen 300 t – ca. 30 Personen sind dafür nötig, die Kosten liegen bei etwa 100 € pro Meter (Flood Risk 2009). Der Sand muss deshalb unmittelbar an die jeweilige Gefahrenstelle transportiert werden, d. h. es müssen aber auch alle anderen zum Befüllen benötigten Gerätschaften an der Gefahrenstelle bereitliegen.

Sandsackbarrieren sind in erster Linie ein logistisches Problem:

> „Erst konnten wir nirgends Säcke auftreiben, dann gab es keinen Sand.
> Und als wir beides organisiert hatten, fehlten Schaufeln."
> (Manfred Heinz, Oberbürgermeister der Stadt Colditz, Sachsen, 2002).

Nach dem Einsatz müssen die Säcke umgehend entsorgt werden, um einer Verbreitung von Krankheitserregern und einer Verunreinigung des Grundwassers vorzubeugen. Nasse Sandsäcke sind grundsätzlich auf die Hausmülldeponie zu entsorgen, wobei sich auch Säcke darunter befinden könnten, die auf eine Sonderabfalldeponie müssten, zum Beispiel weil sie durch ausgelaufenes Öl besonders belastet sind.

Immer mehr setzen sich daher in den letzten Jahren mobile Rückhaltesysteme aus Aluminium durch. Sie haben den Vorteil, dass sie aus standardisierten Modulen bestehen, die im Gefahrenfall an zuvor vorbereiteten Stellen im Straßenpflaster oder in Kaimauern usw. montiert werden. Die Schutzwände bestehen dabei nur aus zwei Systemkomponenten: Den Mittelstützen und den Dammbalken. Diese werden zwischen den Mittelstützen aufgestapelt, bis die erwünschte Stauhöhe erreicht ist. Die meisten mobilen Hochwasserschutzsysteme sind für den Einsatz im Gelände konzipiert und nicht unbedingt für den Schutz eines Hauses. Sie finden meist bei Feuerwehren, Kommunen und Städten Einsatz. Mobile Modulsysteme sind vergleichsweise teuer (bis 5000 € pro 100 m), benötigen aber nur ein Zehntel des Personals, müssen anschließend nicht dekontaminiert werden und sind immer wieder verwendbar.

Neben metallischen Modulsystemen sind auch Deichschläuche und andere mit Wasser befüllte Systeme zur Hochwasserabwehr im Einsatz. Schlauchsysteme eignen sich besonders für den Hochwasserschutz von Privathäusern und Firmengeländen. Im Prinzip wird ein bis 1 m Durchmesser großer Plastikschlauch mit Luft aufgeblasen. Der Schlauch verfügt über eine etwa 2 m breite Bodenmatte, die auf den zu überflutenden Boden ausgelegt wird. Steigt das Wasser drückt es durch sein Gewicht die Matte auf den Boden und der „Luftschlauch" ist lagestabil. Der Aufbau erfordert sehr wenig Personal und in weniger als einer Stunde können bis zu 100 m Hochwasserschutz errichtet werden.

Hochwasser in Städten ist in den letzten 20 Jahren mit der klimabedingten Zunahme von Starkregenereignissen zu einem großen Problem geworden. Hydrologisch gehören Überflutungen infolge von Starkregenereignissen auch zu Hochwasser und machen das Management von Starkregenereignissen gemäß EU-HWRM-RL zu einem Teil des Hochwasser-Risikomanagements. Starkregenereignisse können (fast) überall auftreten. Sie sind vor allem an zum Teil sehr lokale, dafür aber sehr heftige Gewitterzellen gebunden, deren Lage und Intensität sich immer noch schwer vorhersagen lassen. Die Heftigkeit und Kurzfristigkeit dieser Ereignisse erlauben nur bedingt, Erfahrungen aus dem Hochwasser-Risikomanagement direkt auf Starkregenereignisse zu übertragen. Daher hat die LAWA (2018) beschlossen, dass der Überflutungstyp „Starkregen" in der Umsetzung der Hochwasser-Risikomanagement-Richtlinie als „generelles" Risiko, jedoch nicht als ein „signifikantes" Risiko einzustufen ist. LAWA begründet dies damit, dass im Gegensatz zum Hochwasser aus Gewässern die Wahrscheinlichkeit von Starkregenereignissen nicht hinreichend statistisch belastbar ermittelt werden kann. Anders als Flussgebietshochwasser konzentriert sich also das Starkregen-Risikomanagement auf die lokale Ebene. Da hierfür die Städte und Gemeinden die Rechtshoheit haben („kommunale Gemeinschaftsaufgabe"; DWA 2013) führt dies automatisch dazu, dass weitere rechtliche Fragen und Aufgabenfelder mit einbezogen werden müssen, wie z. B. präventive als auch kurative Maßnahmen in der Stadtentwicklung, Abwasserentsorgung und Umwelt- und Grünflächenplanung.

3.4.4.7 Schutz vor Starkregen

In Deutschland existiert aktuell keine einheitliche Abgrenzung von Starkregenereignissen. Der Deutsche Wetterdienst (DWD) gibt a) wenn die Regenmengen >15 mm pro 1 Std oder >20 mm pro 6 Std. eine „markante Wetterwarnung" oder b) bei Regenmengen >25 mm pro 1 Std. oder >35 mm pro 6 Std. eine „Unwetterwarnung" heraus. In der Vergangenheit ist es in den Sommermonaten in den großen Städten wiederholt dazu gekommen, dass durch das schnelle Abfließen des Regenwassers über versiegelte Flächen die Kanalisationen völlig überfordert wurden. Die Kanalisation in deutschen Städten ist nicht auf solche „extremen" Hochwasserereignisse ausgelegt, sondern ihre Dimensionierung entspricht den Vorgaben des lokalen Bemessungshochwassers. In den Stadtentwicklungsplänen sollten daher die versiegelten Flächen deutlich verringert werden. Der Wasserrückhalt könnte zum Beispiel durch dezentrale Versickerung von Regenwasser (Mulden-Rigolen-System) zusätzlich verringert werden. Die Siedlungs- und Verkehrsfläche in Deutschland hat im Mittel der Jahre 2000–2004 um insgesamt 1682 km^2 (pro Tag 115 ha) zugenommen. Die „Deutsche Nachhaltigkeitsstrategie" (DAS) formulierte 2002 das Ziel, den täglichen Flächenzuwachs auf 30 ha bis 2020 zu senken.

Der sehr lokale und heftige Charakter von Starkregenereignissen macht das Ausweisen von „Starkregen-Risikogebieten" nach § 73 Abs. 1 WHG praktisch unmöglich. Dennoch sollte im angewandten Risikomanagement Erkenntnisse aus vergangenen Ereignissen Rechnung getragen und diese in die Hochwasser-Risikomanagementpläne der Kommunen aufgenommen werden. Voraussetzung dafür ist eine systematische Dokumentation von vergangenen Starkregenereignissen auf kommunaler Ebene. Hier fehlt es vor allem an einem einheitlichen und praxistauglichen Regelwerk zur Definition nachhaltiger Vorsorgemaßnahmen. So müsste zum Beispiel der Überflutungsschutz in die Siedlungswasserwirtschaft (Abwasser, Kanalisation, Kläranlagen) im Sinne der kommunalen Gemeinschaftsaufgabe integriert werden. Schon heute haben die Kommunen die Möglichkeit, zunächst eine vereinfachte Gefährdungsabschätzung vorzunehmen. Diese sieht vor, aus vorhandenen Daten mit einfachen Mitteln und ohne GIS-basierte Grundlage erste Abschätzungen zur Überflutungsgefährdung vorzunehmen (vgl. DWD 2015). Dieser Ansatz ist kostengünstig und kann in kommunaler Eigenregie durchgeführt werden, wenngleich er nur zu vergleichsweise ungenauen Einschätzungen führt. Eine solche vereinfachte Gefährdungsabschätzung besteht aus der Kartierung bisheriger Schäden und der Identifikation weiterer Gefährdungsbereiche für eine Kommune. Die so entstehenden lokalen Starkregengefahrenkarten stellen die Gefahren durch Überflutung infolge starker Abflussbildung auf der Geländeoberfläche nach Starkregen dar (LUBW 2016).

Aufwendiger dagegen ist die Erstellung einer „topografischen Gefährdungsanalyse". Durch den Einsatz „digitaler Geländemodelle" (DGM) führt dies zu einer weit höheren Genauigkeit. Die Geländemodelle bilden die topographisch bedingten Fließwege (Mulden, Senken) ab. Sie geben aber keine Hinweise über die möglichen Wasserstände und Fließgeschwindigkeiten. Diese Kenntnisse sind aber nötig, um das Überflutungsrisiko stadtteilbezogen genau zu erfassen. Eine umfassendere und tiefergehende Bewertung des Starkregenrisikos erfordert eine „hydraulische Gefährdungsanalyse". Sie liefert die genauesten Ergebnisse. Doch der Arbeitsaufwand und die Kosten sind deutlich größer, da er in der Regel mit detaillierten Abflusssimulationsberechnungen verbunden ist. Diese werden zumeist durch externe Dienstleister durchgeführt. In die Simulationen gehen die Überflutungstiefen, die möglichen Fließgeschwindigkeiten, die Flächennutzung, die Rauhigkeit durch Gebäude und weitere Faktoren ein. Es existieren verschiedene methodische Ansätze mit unterschiedlicher Detaillierung und Bearbeitungstiefe. Das Bremer Starkregenprojekt „KLAS II" gibt einen Praxisleitfaden zu Ermittlung von Überflutungsgefahren mittels hydrodynamischer Modelle (HSB 2017).

Auch der einzelne Hausbesitzer kann durch gezielte Maßnahmen sein persönliches Hochwasserrisiko spürbar verringern. Unter dem Stichwort „Bauvorsorge" werden Maßnahmen verstanden, die ein Gebäude besser an die Hochwassergefahr anpassen können (BMIBH 2018). Das sind zum einen Vorkehrungen, um ein „Aufschwimmen" des Gebäudes infolge des steigenden Grundwasserspiegels zu verhindern, zum anderen kann das Eindringen von Grundwasser durch die Kellerwände durch Verwendung wasserbeständiger Baustoffe für Wände oder Bodenbeläge verhindert werden. Des Weiteren das Eindringen von Oberflächenwasser durch Lichtschächte und Kellerfenster oder durch den Rückstau aus der Kanalisation. Es gibt eine Reihe technischer Maßnahmen, mit denen das Eindringen des Grundwassers durch Rohranschlüsse, Kabelwege und ähnliches effektiv verhindert werden kann. Im privaten Bereich sind einfach zu installierende Abdichtungen der Fenster- und Türen mit mobilen Wänden verfügbar. Zudem sollten elektrische Installationen und wertvolle Gegenstände in den oberen Stockwerken untergebracht werden. In den Niederlanden wurden Häuser entwickelt, die sich durch

flexible Wasser- und Abwasserleitungen und eine spezielle Bauweise dem Wasserstand anpassen können. Vor allem aber muss verhindert werden, dass ein gefluteter Keller zu Schäden an Ölheizungen führt. Diese Schadenquelle machte in der Vergangenheit den Großteil der Hochwasserschadensummen aus. Die Öltanks im Keller müssen gegen „Aufschwimmen" gesichert werden. Ab einem Wasserstand von etwa 1,3 m können diese durch den Wasserdruck aus ihrer Verankerung gerissen werden oder das Wasser wird in die Tankentlüftung gedrückt.

3.4.4.8 Beispiele für Hochwasser-Risikomanagement in Deutschland

Elbe – Oder (Juni 2013)

Das Hochwasserereignis vom Juni 2013 hat in vielfacher Hinsicht Erinnerungen an das sogenannte „Jahrhunderthochwasser" vom August 2002 wachgerufen – hat aber in Ausdehnung und Gesamtstärke das August-Hochwasser weit übertroffen (Schäden von mehr als 12 Mrd. €). Das Juni-Hochwasser 2013 führt hinsichtlich der räumlichen Ausdehnung und der Schwere des Ereignisses die Liste der überregionalen Hochwasserereignisse in Deutschland seit mindestens 60 Jahren an (Merz et al. 2014). Für die Entstehung dieses großräumigen Hochwasserereignisses haben sowohl meteorologische als auch hydrologische Faktoren eine Rolle gespielt. Vorausgegangen waren ergiebige Niederschläge über Mitteleuropa, die (wie 2002) vor allem aus der Vb-Wetterlage resultierten, bei der feuchtwarme Luftmassen aus dem Mittelmeer sich nach Nordosten (Ostalpen) bewegt hatten. Dabei herrschen in den unteren Atmosphärenschichten kräftige Strömungskomponenten, die an den Nordseiten der Mittelgebirge und vor allem an der Südseite der Alpen zu erheblichen Niederschlägen geführt haben (Ulbrich et al. 2003).

Das Hochwasserereignis von 2013 wurde durch eine rasche Abfolge mehrerer Bodentiefs in Mitteleuropa ausgelöst. Zunächst hatten sich zwei Tiefdruckgebiete mit ergiebigen Regenfällen entwickelt: In Deutschland im Mittel mit 178 % der langjährigen Niederschlagssumme – der zweitnasseste Mai seit 1881. Die mehrtägigen Dauerregen hatten vor allem in der südwestlichen Hälfte Deutschlands die Böden fast komplett mit Wasser gesättigt. Diese „Vorfeuchte" war letztendlich ausschlaggebend für die Entstehung der extremen Hochwasserabflüsse Ende Mai vor allem in Deutschland, Tschechien und Polen. Die Niederschläge hatten zunächst im Westen eingesetzt. Erst im Wesergebiet, dann im Rheingebiet und nachfolgend im Donau- und Elbegebiet. Am stärksten waren die Flussgebiete der Donau und Elbe betroffen. Dort wurden über weite Strecken neue Rekorde für Abflüsse und Wasserstände registriert (Deutscher Bundestag 2013). Im Juni entwickelten sich in den Flussgebieten in Mitteldeutschland und im Südosten langgestreckte Hochwasserwellen mit großen Abflussvolumina, in deren Folge es zu weitflächigen Überschwemmungen kam, wie zum Beispiel im Landkreis Celle (NLWKN 2013). Die lokal extremen Überschwemmungen waren insbesondere an den Stellen eingetreten, an denen die Vorfluter auch noch von Nebenflüssen gespeist wurden. So auch in Passau, wo sich der Hochwasserscheitel des Inns am 3. Juni 2013 mit der ansteigenden Welle aus der Donau vereinigte – mit dem Ergebnis eines seit 1501 nicht mehr verzeichneten Wasserstands von 12,89 m. In der Vergangenheit waren die Hochwasserwellen der Donau immer später als die des Inns in Passau eingetroffen. Da aber diesmal die Regenfälle im Westen früher eingesetzt hatten, kam es zu einem zeitgleichen Zusammentreffen der Wellen. Ein Deichbruch im Bereich der Isarmündung am 04. Juni 2013 verursachte zudem noch eine Flutung des Polders Steinkirchen-Fischerdorf bei Deggendorf. Der Scheitel der Donauwelle erreichte Passau am 06. Juni 2013. Der Abfluss des Inns war zu diesem Zeitpunkt bereits auf das Niveau eines mittleren jährlichen Hochwassers gesunken.

Das Hochwasser der Elbe begann mit der aus Tschechien ablaufenden Hochwasserwelle, deren Scheitel noch am gleichen Tag Dresden erreichte. In Tschechien trug insbesondere der Abfluss aus dem Moldaugebiet zum Hochwasser bei. Im deutschen Teil führten dann noch die Abflüsse von Mulde und Saale erheblich zu dem Elbe-Hochwasser bei. Der Scheitel der Hochwasserwelle der Mulde traf bereits am 4. Juni 2013 bei Dessau in die Elbe. Er lief dem Elbescheitel ca. drei Tage voraus und führte somit zu einer Vorbelastung der Abflusskapazitäten in der Elbe. Die aus der Saale – weiter nördlich – einmündende Hochwasserwelle überlagerte sich etwa ab dem 8. Juni 2013 mit dem Durchgang des Elbescheitels (Conradt et al. 2013). Im Saalegebiet lieferten die Einzugsgebiete von Ilm und Unstrut sowie Weiße Elster und Pleiße extreme Zuflüsse. Der Hochwasserscheitel der Elbe erreichte am 09. Juni 2013 Magdeburg. Am selben Tag führte ein Deichbruch im Bereich der Saalemündung zu einer Kappung des Hochwasserscheitels. Unterhalb von Magdeburg wurde die Hochwasserwelle durch die Flutung der Havelpolder ab dem 09. Juni 2013 und einen Deichbruch auf der rechten Elbseite bei Fischbeck am 10. Juni 2013 gedämpft. Dennoch wurden im Elbabschnitt zwischen Coswig und Lenzen über eine Strecke von rund 250 km neue Rekordwasserstände erreicht.

Das Hochwasserereignis war an Rhein und Weser sowie an Donau und Elbe aber durchaus unterschiedlich ausgefallen: Wasserstände mit einem Wiederkehrintervall von 2 Jahren im Wesergebiet und von weniger als 20 Jahren im Rheingebiet. An Donau und Elbe dagegen waren die Auswirkungen dramatisch (BfG 2013). So lagen im Elbegebiet die Abflüsse bei einem statistischen Wiederkehrintervall von über 100 Jahren. Vergleichbare Wiederkehrintervalle wurden an der Donau stromabwärts von Regensburg sowie an Inn und Salzach erreicht – die Scheitelabflüsse von Isar, Naab und Iller wiesen Wiederkehrintervalle von über 50 Jahren auf. Die Hochwasserwellen von Donau und Inn (Pegel Passau/Donau mit seiner Höchstmarke von 12,89 m) hatten damit alle seit Beginn des 20. Jahrhunderts gemessenen Wasserstände deutlich übertroffen. Bei Achleiten, 3 km flussabwärts an der Grenze zu Österreich, hat das zu einer Abflussrate von bis zu 10.000 m³/s geführt, was einem Wiederkehrintervall von 200–500 Jahren entsprach. Die Überschwemmungen waren sowohl die Folge von einem „Über-die-Ufer-Treten" der Flüsse und Bäche als auch des Versagens von Hochwasserschutzanlagen, wie beispielsweise das Überströmen oder Brechen von Deichen.

Großräumige Überflutungen entstanden vor allem durch Deichbrüche sowohl an der Donau als auch an Elbe und Saale. Am 04. Juni 2013 brachen die Deiche der Donau und der Isar bei Deggendorf. Der Flutpolder bei Steinkirchen-Fischerdorf wurde dabei rückseitig geflutet und stand auf einer Fläche von ca. 24 km² bis zu 3 m unter Wasser. Im Elbegebiet versagte am 9. Juni der Saaledeich bei Klein Rosenburg, sodass der Elbe-Saale-Winkel großflächig (ca. 85 km²) überschwemmt wurde. Ebenfalls am 9. Juni wurde mit der Flutung der Havelpolder bei Havelberg auf einer Fläche von fast 100 km² begonnen. Nur einen Tag später brach der rechtsseitige Deich der Elbe oberhalb der Havelpolder nahe der Ortschaft Fischbeck. Sechs Tage lang strömte Wasser aus der Elbe in das Hinterland des Elbe-Havel-Dreiecks. Insgesamt wurde eine Fläche von fast 150 km² überflutet. Das Brechen bzw. Überströmen von Deichen sowie das bewusste Fluten von Poldern hatte für die Unterlieger jeweils zu erheblichen Entlastungen ihrer Hochwassergefahr geführt. Als Folge der Hochwasser war es in den betroffenen Bundesländern zu einem unterschiedlich ausgeprägten Bedarf an Hilfeleistungen zur Gefahren- und Schadensabwehr gekommen. Während Baden-Württemberg und Bayern die Lage überwiegend mit eigenen Kräften und Mitteln bewältigen konnten, hatten die Länder Sachsen, Thüringen und insbesondere Sachsen-Anhalt weitreichende technische und personelle Hilfe erhalten. Dazu gehörten Unterstützungen und Hilfeleistungen durch Polizei, Feuerwehr, Bundeswehr und das Technische Hilfswerk (u. v. a). Rund 1,7 Mio. ehrenamtliche Helfer waren im Einsatz, insbesondere im Bereich Deichverstärkungen und -erhöhungen, Behelfsdeichbau, Polderflutungen, Behebung von Wasserschäden, Lufttransport, polizeiliche Raumschutzmaßnahmen, Sicherstellung der Trinkwasserversorgung und Evakuierungen. In insgesamt acht Bundesländern wurden ca. 85.000 Personen evakuiert – allein in Sachsen-Anhalt an einem Tag über 40.000 Personen. Auch waren immer große Teile der Bevölkerung schnell und tatkräftig im Einsatz. Die Hilfsmaßnahmen wurden von auf Verwaltungsebene eingerichteten Krisenstäben koordiniert.

Abschließend kann gesagt werden, dass das Konzept der bundesweiten länderübergreifenden Katastrophenhilfe, wie sie nach dem Elbe-Oder-Hochwasser 2002 gezielt aufgebaut worden war, sich voll bewährt hat. Dies gilt insbesondere für das in Folge der Flutkatastrophe neu eingerichtete Bundesamt für Bevölkerungsschutz und Katastrophenhilfe (BBK) mit seinem angeschlossenen „Gemeinsamen Melde- und Lagezentrum des Bundes und der Länder". Eine besondere Ressource stellte zum Beispiel die (nationale) Sandsack-Reserve dar – auch auf benachbarte EU-Länder konnte zurückgegriffen werden (1,7 Mio. Sandsäcke aus den Niederlanden, Luxemburg, Belgien und Dänemark). Auf der Grundlage eines Kooperationsvertrags mit dem „Zentrum für satellitengestützte Kriseninformation" am Deutschen Zentrum für Luft- und Raumfahrt (DLR) konnte schnell umfangreiches Kartenmaterial zur Verfügung gestellt werden. Das Melde-/Lagezentrum des BBK erstellte zudem ständig aktualisierte Lagebilder. Bei dieser Flutkatastrophe hat sich gezeigt, dass die Krisenstäbe schneller und strukturierter handlungsfähig waren als noch im Jahr 2002 (Deutscher Bundestag 2013). Zudem hatte der Deutsche Bundestag einen Beschluss gefasst, in dem die Elbregion mit einem „Gesamtkonzept" ökologisch und ökonomisch weiterentwickelt werden soll. In Folge des Jahrhunderthochwassers von 2002 hatte die Europäische Kommission in ihrer „Mitteilung vom 12.07.2004" noch einmal auf die EU-Richtlinie (2000/60/EC) verwiesen, welche die Mitgliedsländer zu einem vorsorgenden Wassereinzugsgebietsmanagement aufforderte (Vorsorge – Bekämpfung – Schutz), insbesondere überall dort, wo es sich um grenzüberschreitende Flusssysteme handelt. Am 10.11.2006 hatten dann die zehn Länder im Elbe-Einzugsgebiet und der Bund die „Flussgebietsgemeinschaft Elbe" (FGG-Elbe) gegründet, um beim Wasserschutz wirksam zusammenzuarbeiten. Geplant war damals vor allem der Bau weiterer Retentionsräume, aber auch Bebauungsverbote festzulegen.

Simbach (lokale Auswirkungen)

Wie sich ein Hochwasserereignis auf eine kleine Stadt auswirken kann, zeigt das Beispiel von Simbach am Inn. Die starken Regenfälle hatten am 01.06.2016 im unteren Inntal die Bäche rund um den Ort Simbach extrem anschwellen lassen (LfU 2017). Der sonst so „kleine" Simbach, der mitten durch die Stadt fließt, hatte damals über 1000 Menschen obdachlos gemacht, rund 500 Häuser schwer beschädigt und einen Schaden von etwa 1 Mrd. € im Landkreis Rottal-Inn verursacht. Sieben Menschen verloren ihr Leben. Trotz der Regenmengen kam der Deutsche Wetterdienst (DWD, Jahresbericht, 2016) zu dem Ergebnis, dass die Sturzflut ein Ereignis war, das „nur im engsten Umkreis der Stadt Simbach mit Wiederkehrzeit bei über 100 Jahren

vorkommt". Dennoch lagen die „Niederschläge noch weit unter den Summen, die die Atmosphäre grundsätzlich produzieren kann".

Am 31. Mai und in der Nacht zum 1. Juni fielen im Einzugsgebiet des Simbach (33 km^2) zunächst um die 60 mm Niederschlag. Dies führte dazu, die Böden vollständig mit Wasser zu sättigen. Am Vormittag des 1. Juni schwoll der Regen an. Es fielen weitere 111 mm in 6 h (Niederschlagsspitzen von 65 mm in 3 h) und ließen den Pegel in Simbach innerhalb von 3 h zunächst von 63 auf 180 cm ansteigen. Am 1. Juni begann ab 10:00 Uhr der Wasserstand im Simbach erneut zu steigen. Er stieg ab 13:00 Uhr innerhalb einer Stunde auf einen Maximalpegel von 506 cm (14:00 Uhr), um danach ebenso schnell wieder abzufallen, in der Nacht zum 2. Juni auf unter 100 cm. In der Spitzenzeit erreichte der Abfluss 190 m^3/s (nach dem Deichversagen sogar 280–300 m^3/s). Dies würde das gemittelte 1000-jährliche Hochwasser (70 m^3/s) mehr als verdoppeln. Innerhalb kürzester Zeit wurde aus dem „kleinen" Antersdorfer Bach – wie alle Bäche im Umkreis – ein reißender Strom, der schon kurz unterhalb die an einer Senke zur Antersdorfer Mühle liegende Straßenbrücke überflutete und zum Einstürzen brachte. Das zur Entwässerung des Baches eingebaute Durchlassrohr wurde fast 50 m weit weggespült. Gespeist durch weitere Zuflüsse von steilen Hängen links und rechts des Ufers nahm der Antersdorfer Bach noch weiter an Wasser und Fließgeschwindigkeit zu. Geröll und entwurzelte Bäume wurden mitgerissen und verwandelten sich in reißende Geschosse. An zahlreichen Straßenbrücken kam es zu Verklausungen. Sie versperrten die gebauten Abflüsse, sodass es zum Beispiel am Sägewerk, mitten in Simbach, auf 40 m zum Bruch des Straßendamms kam. Das Holzlager wurde zu Treibgut. Im Stadtzentrum hatte sich dann das Treibholz zu riesigen Bergen aufgetürmt und so zu einem Höchstwasserstand von über 3 m geführt. Die Wassermassen überfluteten bzw. unterströmten die die Stadt durchquerende Bundesstraße B12 und verteilten sich dann nicht nur talabwärts, sondern auch weiträumig nach Westen und Osten. Ebenso wurde die Eisenbahnstrecke mit ihrer Unterführung unterspült. Die Keller vieler Häuser entlang der Gartenstraße wurden geflutet und ausgelaufenes Heizöl verteilte sich großflächig. Das Ausmaß der Katastrophe war vor allem darauf zurückzuführen, dass am Zusammenfluss von Antersdorfer Bach und dem Kirchberger Bach.

Schnell wurde nach dem Juni Hochwasser von 2016 klar, dass ein Wiederaufbau der Stadt nur dann erfolgreich sein würde, wenn dem Simbach mehr Raum gegeben wird. Bisher zwängte er sich in einen gemauerten Kanal. Künftig sollte er „die neue grüne Mitte der Stadt" bilden. Der Bach sollte mehr Platz bekommen und gleichzeitig sollte in technischen Hochwasserschutz investiert werden. Finanziert wurde die Umsetzung dann aus Mitteln des Solidaritätsfonds der Europäischen Union. Die EU-Kommission stellte dazu 24 Mio. €

für Niederbayern bereit. Die Mittel wurden eingesetzt, um das Hilfsprogramm der Bayerischen Staatsregierung für den Wiederaufbau der Infrastruktur anteilig zu finanzieren. Vier Experten (Städteplanung, Verkehrsplanung, Landschaftsarchitektur, Wirtschaftsgeografie) wurden mit der Planung des Wiederaufbaus beauftragt. Durch die Stadt sollte sich ein Park aus Gehölzen und Grünflächen ziehen, nachempfunden einer Flussaue. Gemeinsam mit den Bürgern wurde dann eine „Bürgerwerkstätte" gegründet. Heute ist von den Schäden nichts mehr zu sehen: Die Stadt hat ein „neues/anderes", aber für alle Bürger zufriedenstellendes Gesicht bekommen.

Doch der 1. Juni war nicht das einzige Hochwasser in der Geschichte Simbachs, wie Rudolf Vieringer in seinem Buch „Unser Simbach" schreibt und wie er in einer eindrucksvollen Bildergalerie belegt. Schon häufiger war Simbach solchen Fluten ausgesetzt und wie Vierlinger schreibt: „Wie sich die Bilder doch gleichen." So war das erste große geschichtlich erfasste Hochwasser im Jahr 1598 eingetreten. Damals hatte es sogar in der Stadt Braunau am Inn auf der anderen Seite des Inns (Österreich) den Marktplatz überschwemmt. Ein weiteres Hochwasser ereignete sich im Jahr 1762. Das nächste 1899. Damals wurde ein zur Hochwasserabwehr errichteter Damm zerstört und der Stadtkern stand 2 m unter Wasser. Nur 20 Jahre später kam es erneut zu einem Hochwasser, das eine Fläche von 3 km² überschwemmte – der wiederhergestellte Damm verhinderte noch Schlimmeres. Noch einmal 18 Jahre später trat der Simbach wieder über die Ufer und überschwemmte große Teile des Ortes. Im Juli 1954 wurde die Stadt erneut von einer Flut heimgesucht. Nach wochenlangen Regenfällen trat der Simbach über die Ufer und überschwemmte den ganzen Ortskern. Nach den Erfahrungen von 1954 wurde auch der Verlauf des Simbachs aufwendig ausgebaut, um zu verhindern, dass er noch einmal über die Ufer tritt. Doch nur fünf Jahre später kam es zu dem nächsten Hochwasser. Nach heftigen Regenfällen schwoll der Simbach binnen kürzester Zeit so stark an, dass er am Abend des 31. Juli 1991 sein ausgebautes Bett verließ und sich als Wasserwalze durch die Straßen von Simbach schob. Wieder wurden weite Teile der Stadt überschwemmt. Davor hatte man am 9. Juli die Innbrücke gesperrt, da der Inn schon gegen die Brückenfundamente drückte. Feuerwehr und THW stellten eine Wache am Damm auf. Der zeigte bereits erste Risse und an einigen Stellen größere Löcher. Diese wurden mit Sandsäcken und Kies gefüllt. Die Bewohner der Gartenstraße wurden vorsorglich evakuiert.

Grubenwassermanagement im Ruhrgebiet

Im Jahr 2018 wurde mit der Grube Prosper-Haniel das letzte Bergwerk im Ruhrgebiet geschlossen. In den mehr als 150 Jahren Bergbau wurden mehr als 10 Mrd. t Kohle in Deutschland gefördert. Noch heute könnte man am Nordrand des Ruhrgebiets 50 Mio. t Kohle fördern. Doch der technische Aufwand wäre viel zu hoch, denn die Kohle müsste aus 1200–1400 m Tiefe gefördert werden und wäre damit nicht wirtschaftlich. Nach ersten Anfängen im 16. Jahrhundert begann mit dem Stollenbergbau der eigentliche Ruhrbergbau (1578). Als im Jahr 1834 dann noch die 100 m mächtige Mergelschicht, unter der die verkokbare (!) Fettkohle lagert, durchteuft werden konnte, begann die Industrialisierung im Revier. Diese Kohlequalität ist Voraussetzung für die Koksherstellung, die wiederum unverzichtbar für die Herstellung von Stahl ist. Doch erst als dazu noch Dampfmaschinen und Eisenbahn gebaut wurden, kam es zu der flächendeckenden Erschließung des Ruhrgebiets.

Anfang des 19. Jahrhunderts war das Ruhrgebiet noch ländlich geprägt. Gerade einmal 5000 Menschen wohnten damals in den größten Städten, wie Dortmund und Duisburg. Doch die wirtschaftliche Expansion gab immer mehr Menschen Arbeit und so stieg die Bevölkerungszahl zwischen 1850 und 1925 explosionsartig von 400.000 auf 3,8 Mio. Der Bedeutung der Kohle als Grundlastenergieträger nahm immer mehr zu. Insbesondere während der beiden Weltkriege war sie der Motor der „wirtschaftlichen" Entwicklung. Diese Funktion erfüllte sie auch beim Wiederaufbau in den 1950er Jahren. Damals förderte ca. eine halbe Million Bergleute über 100 Mio. t Kohle pro Jahr; 1958 125 Mio. t (Harnischmacher 2010). Danach brach überraschend die „Kohlekrise" aus und die Ruhrkohle war nur noch durch staatliche Subventionen wettbewerbsfähig. Immer mehr Kohle wurde importiert, da die Abbaukosten im Ausland niedriger und die Transportkosten immer günstiger wurden. Während man 1960 in Deutschland Kohle aus einer Tiefe um 600–700 m förderte (in den 2000er Jahren aus unter 1100 m), konnte die Kohle in den USA aus nur 100–200 m, in Australien oftmals sogar im Tagebau abgebaut werden. Zudem wurde Erdöl als Energieträger immer günstiger und war auch viel flexibler und vielseitiger einsetzbar. Hinzu kam in Deutschland noch die Abschaffung der Ölsteuer, sodass Kohle aus dem Ruhrgebiet nicht mehr konkurrenzfähig war. Infolgedessen wurden schon bis 1963 31 Zechen geschlossen. Die Anzahl der Bergleute reduzierte sich in den 1970er Jahren auf 200.000. Im Jahr 2002 förderten noch sieben Bergwerke, 2018 wurde dann der Bergbau im Ruhrgebiet ganz aufgegeben.

Bis vor wenigen Monaten (Stand Juli 2022) galten Kohle wie Gas als billige Energierohstoffe. Bei beiden lagen die direkten Gestehungskosten bei knapp 10 Cent pro KWh. Tatsächlich liegen die Kosten aber höher, da aufgrund sinkender Volllaststunden der Betrieb der Kraftwerke zunehmend teurer wird. Rechnet man auch noch die Umweltkosten von Steinkohle mit ein, liegen die Gestehungskosten bei fast 19 Cent pro KWh. Hinzu kommt, dass die Stromerzeugung mit „Erneuerbaren Energien" immer günstiger wird. Schon heute liegen die Stromgestehungskosten von Photovoltaik und Windkraft unter den Kosten von konventionellen Kraftwerken. Daher verschiebt sich der Strommix seit Jahren zugunsten der „Erneuerbaren Energien". Hinzu kommt, dass Kohlekraftwerke nur für den Grundlastbetrieb geeignet sind.

Ein Kostenfaktor, der in den Berechnungen immer ausgeblendet wird, sind die Kosten für Rückbau und die sogenannten „Ewigkeitslasten". Auch wenn der Bergbau im Ruhrgebiet beendet ist, so werden die Folgen noch lange andauern. Denn durch die Kohleförderung aus den tausenden von Flözen – man kann theoretisch unter Tage von Dortmund bis Bottrop zu Fuß gehen – sind Hohlräume entstanden, die im Laufe der Jahrzehnte stetig nachsinken (Pollmann und Wilke 1994). Auch wenn diese Hohlräume jeweils mit Abraum gefüllt wurden, so sackt das Gestein dennoch zusammen. Weite Gebiete sind zwischen 5 und 15 m abgesackt – lokal sogar bis zu 30 m. Über die Jahrzehnte hat dies zu erheblichen Bergsenkungen geführt. Überall in Ruhrgebiet treten an Häusern Setzungsrisse auf oder es tut sich der Boden auf. Der „berühmteste" Bergschaden ist das Loch von Bochum-Höntroop. Im Sommer 2004 entdeckte ein Anwohner vor seiner Garage ein tiefes Loch. Dass dieses kleine Loch mal zu dem teuersten Tagesbruch der Bundesrepublik werden würde, hatte damals niemand vermutet. In diesem Stadtteil hatte es bis dahin keine Bergschäden gegeben. Es lagen keinerlei bergbauliche Unterlagen über einen Stollen o. ä. vor. In dem zuständigen Bergamt Arnsberg vermutete man, dass Anwohner nach dem Krieg hier selbst ohne Genehmigung nach Kohle gegraben haben. Das Gebiet sei aufgrund der Hanglage mit seinen oberflächennahen Flözaustritten für einen „Kleinbergbau" prädestiniert. Kommentar des Bergamtes: „Die Mülheimer sind hier mal fleißig gewesen." Um das Ausmaß des Schadens zu erkunden, wurden mehr als 500 Löcher gebohrt. Am Ende wurden 3500 t Beton in das Loch gegossen. Die Kosten der Sicherungsmaßnahme beliefen sich am Ende auf 8,5 Mio. €. Diese mussten von der Ruhrkohle AG, als Rechtsnachfolger aller ehemaligen Bergwerksgesellschaften, übernommen werden.

Noch eine weitere Altlast kommt hinzu. Um tief unter der Erde die Schächte und Strecken trocken zu halten, wurde eindringendes Wasser permanent an die Oberfläche gepumpt. Um aber das für Trinkwasser geeignete Grundwasser nicht mit dem chemisch belasteten Grubenwasser zu vermischen, begann man schon vor gut 100 Jahren, das abgepumpte Grubenwasser in die angrenzenden Bäche und Flüsse zu leiten. Schon im Jahr 1914 eröffnete die „Emscher-Genossenschaft" das erste Pumpwerk. Wegen der hohen Schadstoffbelastungen wurden damals alle Abwässer zentral in einen Fluss, die Emscher, eingeleitet. Die Emscher galt bis zu ihrer Renaturierung als der dreckigste Fluss Deutschlands. Trotz des Abpumpens drang und dringt noch heute Grundwasser ein und steigt stetig nach oben. Das Abpumpen verstärkte – zusätzlich zu den eigentlichen

Bergsenkungen – das Absinken der Erdoberfläche. Es entstanden großflächige Senkungsmulden – in manchen Fluss- und Bachbetten kam es zu einer Umkehr des Gefälles. Die Gewässer flossen plötzlich rückwärts.

Da die RAG seit 2018 im Ruhrgebiet keine Steinkohle mehr fördert, ist es jetzt ihre Aufgaben, sich auf die Grubenwasserhaltung zu konzentrieren. Die RAG hat dazu ein Grubenwasserkonzept entwickelt, das eine stetige Anhebung des Grubenwasserniveaus vorsieht. So soll die durchschnittliche Pumphöhe von 900 m auf 600 m angehoben werden. Dabei darf das Wasser bis maximal 150 m unterhalb des wichtigen Aquifers, der Halterner Sande, ansteigen. An 13 Standorten werden so durch 1100 Pumpwerke jährlich rund 85 Mio. km^3 Grubenwasser nach oben gepumpt. Es handelt sich vor allem um Grubenwasser, das mit Nickelsulfat, Eisenoxiden und Mangan belastet ist und das sich nicht mit dem Grundwasser vermischen darf, weil sonst das Grundwasser für Trinkwasserzwecke unbrauchbar würde. Die Kosten liegen bei mehr als 100 Mio. € pro Jahr.

Die Pumpen müssen bis in alle „Ewigkeit" betrieben werden, damit das abgesackte Ruhrgebiet nicht überschwemmt wird. Wenn die Pumpen nicht laufen würden, würde das Ruhrgebiet zu einer Seenlandschaft, vergleichbar der Mecklenburgischen Seeplatte. Und das nicht etwa erst in Jahren, sondern innerhalb von Wochen und Monaten. Solche Aufgaben im „Dienste" der Allgemeinheit werden nach dem Grundgesetz Art 71 juristisch als „Ewigkeitslasten" bezeichnet. Damit werden Lasten bezeichnet, die einem Verursacher auf unbestimmte Zeit – also unendlich- auferlegt werden. Ein juristischer Gedanke, der so auch in dem Verursacherprinzip niedergelegt ist. Im Ruhrgebiet fallen diese „Ewigkeitslasten" also an, solange Menschen im Ruhrgebiet leben und der dauerhafte Betrieb von Pumpwerken eine flächenhafte Überflutung verhindern soll.

Doch der dauerhafte Betrieb der Pumpen kostet viel Energie. Um die Energiekosten aufbringen zu können, hat die Politik die Einrichtung einer „RAG-Stiftung" beauftragt, die von der Industrie finanziert wird. Auch wenn der Bergbau endet, wird die RAG die Kosten auf „Ewigkeit" übernehmen. Die Stiftung finanziert sich aus den Zinsen und Erträgen ihres Vermögens von 14 Mrd. €. Sie hat derzeit ein Kapital von 3–4 Mrd. €, zusätzlich hält sie noch rund 68 % der Anteile an der Evonik Industries AG. Sollte die Stiftung die Ewigkeitslasten nicht weiter finanzieren können, müssten die Bergbauländer Saarland und Nordrhein-Westfalen sowie die Bundesrepublik Deutschland die geschätzten Kosten von 220 Mio. € im Jahr übernehmen. Kritik an dem Stiftungsmodell kommt von den Umweltverbänden. Sie bemängeln, dass die Genehmigungsverfahren dem Bergrecht unterliegen, das sich in wesentlichen Elementen von dem Bürgerliche Gesetzbuch unterscheidet und der RAG-Stiftung juristische Schlupflöcher bietet.

3.4.5 Massenbewegungen

3.4.5.1 Definition und Klassifikation

Massenbewegungen stellen unter den Naturkatastrophen eine immer größer werdende Gruppe an Gefahren dar. Schon in dem Begriff „Massenbewegungen" wird deutlich, dass es sich hierbei um einen Prozess von sich bewegenden Gesteins-/Sedimentmassen handelt: ein Prozess, der also immer der Gravitation unterliegt (Highland und Bobrowsky 2008). Dennoch gilt dies nicht in jedem Einzelfall. Je steiler die Neigung eines Hanges, desto gravierender sind die Folgen. Massenbewegungen finden überall auf der Welt statt, vorrangig aber in gebirgigen Regionen. Es existiert eine Vielzahl an Begriffen für die gravitative Bewegung von Gesteinsmassen, für Bodenformationen oder wassergesättigte Schlammströme – die zudem nicht trennscharf voneinander abgegrenzt werden. Auch werden die Begriffe oftmals missverständlich verwendet, wie zum Beispiel: Rutschung, Bergsturz, Schlammstrom, Avalanche, Bodenfließen u. v. a. Dazu kommt noch eine Unterscheidung nach geotechnischen Aspekten in:

- Schutt: Mischung von nicht plastischen Gesteinsfragmenten und Bodenkomponenten
- Schlamm: Mischung aus plastischen Gesteins-/Bodenkomponenten mit einem Wassergehalt von >50 %

Der Begriff Massenbewegung *(„mass movement")* ist ein Überbegriff, der alle verschiedenen Typen umfasst: u. a. Rutschungen, Schuttstrom, Bergsturz, Bodenfließen, Muren, Lahare (vgl. Abschn. 3.4.5) oder Avalanche (vgl. Abschn. 3.4.7). Ein Klassifizierungsschema, das nach der Geschwindigkeit der Bewegung und dem Feuchtigkeitsgehalt der Massen aufgebaut ist, macht die geo-genetischen Unterschiede deutlich (Abb. 3.32).

Voraussetzung für Massenbewegungen ist eine Instabilität von Hängen oder Hangteilen. Im Falle von Steinschlag kann es ein kleines Gesteinsfragment sein, das sich durch Verwitterung aus seinem Verband löst und talwärts stürzt. Im Falle von Rutschungen sind es mehr oder weniger ausgedehnte und unterschiedlich mächtige Gesteinsvolumina, die talwärts gleiten, aber auch „schleichende" Bewegungen wie Bodenkriechen werden darunter verstanden (Sidle 2013). Massenbewegungen haben weltweit in den letzten Jahrzehnten Milliarden an US$ Schaden verursacht und haben viele Hunderttausend Menschen das Leben gekostet und noch mehr von ihnen verletzt oder obdachlos gemacht. Allein für Europa wird der wirtschaftliche Schaden auf 5 Mrd. € pro Jahr geschätzt, so die Earth System Knowledge Platform der Helmholtz-Gemeinschaft (ESKP). Allein der Alpenraum zeigt die größte Häufung an solchen Massenbewegungen (Haque et al. 2016) und macht Ita-

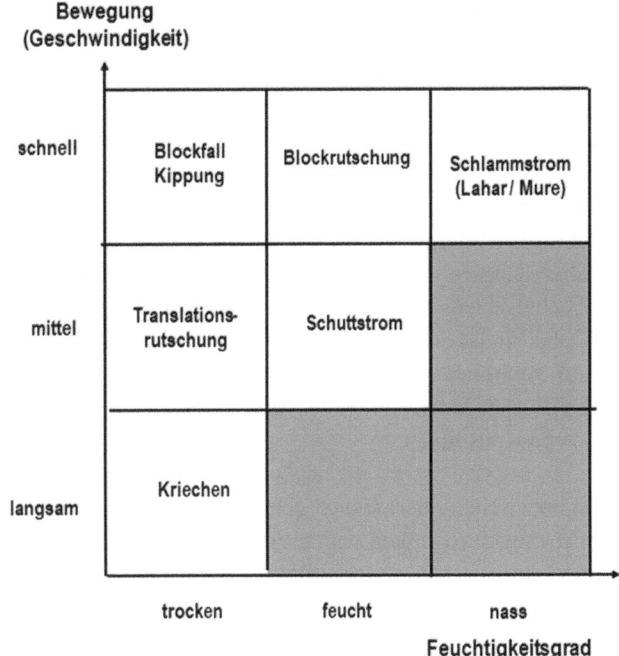

Abb. 3.32 Klassifizierung von Massenbewegungen nach Geschwindigkeit der Bewegung und dem Feuchtigkeitsgehalt

lien mit statistisch erfassten 250 Toten (1995–2015) und 6–8 Mrd. € Schäden zum ökonomisch am schwersten betroffenen Land der Welt. Insgesamt sind von „ESKP" für Europa 476 Erdrutsche mit Todesfolge in den letzten 20 Jahren erfasst worden, bei denen mindestens 1370 Tote und 784 Verletzte zu beklagen waren. In der Türkei war die größte Anzahl an Toten (336) zu beklagen, gefolgt von Italien mit 250, Portugal mit 100 und Russland mit 69 Toten. Die dabei entstandenen ökonomischen Schäden summierten auf fast 4 Mrd. €, was einem Anteil von 0,2 % am Bruttoinlandsprodukt ausmacht.

Hinsichtlich der kinetischen Energie wird generell unterschieden zwischen (PLANAT 2009):

- **Permanenten Rutschungen:** Das sind meist tiefgründige Rotations- oder Translationsrutschungen, die sich kontinuierlich und gleichmäßig über lange Zeiträume (Jahrhunderte, Jahrtausende) hangabwärts bewegen. Die Bewegungen erfolgen meist entlang mehr oder weniger deutlich ausgebildeter Gleitflächen. Dabei wird zwischen tiefgründigen Gleitflächen (bis 20–30 m unter Gelände) und sehr tiefgründigen (>30 m) Rutschungen unterschieden.
- **Spontane Rutschungen:** Darunter werden plötzlich und schnell abgleitende Lockergesteinsmassen verstanden, die infolge eines plötzlichen Verlustes der Scherfestigkeit unter Ausbildung einer Bruchfläche abgleiten. Meist sind es flach- bis mittelgründige Rotations- oder

Translationsrutschungen. An der Stirn einer permanenten Rutschung bilden sich oft spontane Rutschungen, sogenannte „Sekundärrutschungen" aus. Bei spontanen Rutschungen bilden sich stets neue Bruchflächen.

- **Hangmuren:** Darunter wird ein „relativ schnell" abfließendes Gemisch aus Lockergestein (meist nur Boden) mit einem hohen Wasseranteil zusammengefasst.
- **Hangkriechen:** Von Hangkriechen spricht man, wenn über längere Zeiträume langsame Verformungen im Lockergestein oder Fels oder im Bodensubstrat erfolgen. Dabei findet eine kontinuierliche, bruchlose Verformung auf zahlreichen Mikrotrennflächen statt. Hangkriechen kann sich auch innerhalb von permanenten Rutschkörpern ausbilden.

Eine inzwischen international gebräuchliche Klassifizierung der Massenbewegungen wurde erstmals von Varnes (1978) vorgenommen (vgl. Cruden und Varnes 1996; Turner und Schuster 1996; Wieczorek und Snyder 2009). Varnes stellte damit ein Klassifizierungsschema vor, das zum einen nicht zu viele Klassen umfasst und das zum anderen in erster Linie auf dem Bewegungsprinzip aufgebaut ist. 33 Kategorien von einem Bergsturz bis zu Bodenfließen werden darin sehr anschaulich beschrieben. Wie alle solche Klassifizierungen stellt auch diese einen Kompromiss dar.

Hier sollen die verschiedenen Bewegungstypen

- fallen
- stürzen
- fließen

zusammengefasst dargestellt werden.

Fallen

Dabei kommt es dazu, dass eine (Gesteins-)Masse an einem steilen Hang oder einer Steilkante im freien Fall, durch Rollen oder Springen abstürzt. Der Sturz erfolgt sehr schnell und es kommt zu keiner oder nur geringer horizontaler Bewegung. Das Material verliert während der Bewegung seinen inneren Zusammenhalt und wird dann ungeordnet auf dem unterlagernden Gebirgsverband abgelegt. Auslösende Faktoren für Steinschläge, Bergstürze usw. ist die Verwitterung. Sie führt zur Auflösung des Materialverbundes: Frosteinwirkungen, Temperaturschwankungen, Auftauen des Permafrost und auch Wurzelsprengungen sind hier vorrangig zu nennen. Auch Menschen und Tiere können solche Ereignisse auslösen. Werden Bäume entwurzelt, wird dabei in der Regel das Bodengefüge völlig zerstört. Dabei ist der Feuchtigkeitsgrad vernachlässigbar. Allerdings können Niederschläge im Vorfeld zu einer Lockerung des Gesteinsverbandes beigetragen haben, für den eigentlichen Sturzprozess ist dies nicht ausschlaggebend.

Wird bei diesem Prozess nur wenig Material bewegt, spricht man von einem Steinschlag (<1 m^3). Bei einem Absturz von größeren Felsmassen spricht man von einem Felssturz. Werden dabei Massen von mehr als 1 Mio. m^3 bewegt, spricht man von einem Bergsturz. Man unterscheidet zwischen dem Abrissgebiet, der Sturzbahn und dem Ablagerungsgebiet. Dort wird von Gesteinsblöcken meist ein Schuttwall aufgetürmt – dieser kann zum Aufstauen eines Berg(sturz)sees führen. Erste Anzeichen von Fels- oder Bergstürzen sind sich öffnende, hangparallele Risse und Klüfte, kleine Steinschläge oder auch mit einem Knall reißende Baumwurzeln. Große Bergstürze ereignen sich, wenn im Zuge des Auftauens des Permafrosts der Gesteinsverband seine Kohäsion verliert. So mussten zum Beispiel am Matterhorn, wie an vielen anderen Bergen in den Alpen, vorsorglich schon Wanderwege gesperrt werden. Weitere auslösende Faktoren sind Hangunterschneidung, Verwitterung, einsickerndes Kluftwasser und Erdbeben.

Rutschen

Anders als beim „Fallen" sind Rutschungen definiert als auf einer diskreten Gleitfläche hangabwärts gerichtete Bewegungen von Fest- oder Lockergestein sowie Bodenmaterial. In der Regel werden sie durch ein eher kontinuierliches Überschreiten der Scherfestigkeit (Kohäsion) ausgelöst. Rutschungen treten allgemein an mäßig geneigten bis steilen Böschungen und Hängen auf, ausgelöst durch Veränderung des Hanggleichgewichts. Hangbewegungen treten oft im Zusammenhang mit wasserwegsamen Schichten (Sande, klüftige Kalksteine) auf, die auf einer tonigen oder tonig-mergeligen Unterlage liegen. Auch tektonische Störungen können sich zu Gleitflächen entwickeln. Ferner können Veränderungen in der Neigung eines Hangs, z. B. der Abtrag von Material am Hangfuß durch den Straßenbau oder eine zusätzliche Auflast, Bewegungen auslösen – in den Tropen z. B. auch durch nicht gepflegte „Reis-Terrassen". Die beiden wichtigsten Merkmale von Rutschungen sind die Bewegung (Geschwindigkeit von Millimetern pro Jahr bis zu mehreren Metern pro Sekunde) und die Tiefe der Gleitfläche. In höhergelegenen Bereichen des Hangs kann es in Folge starker Niederschläge zu einer zusätzlichen Auflast kommen. Auch Erdbeben und Sprengungen kommen als Auslöser infrage.

Generell wird bei Hangrutschungen zwischen Rotationsrutschungen und Translationsrutschungen unterschieden (Cruden und Varnes 1996).

Von einer Rotationsrutschung wird gesprochen, wenn der Rutschkörper auf einer definierten Ebene („Rutschfläche") abläuft. In der Regel nimmt der Rutschkörper eine listrisch-konkave Form an (*„spoon shaped"*) und die Rutschmasse wird dabei an einer hangparallelen Achse gegen den Hang rotiert. Die Rutschebene greift dabei tief in den Gesteinskörper ein. Dadurch werden große bis sehr große Volumina antithetisch gegen den Hang hin versetzt. Die Rutschmasse bewegt sich von ihrem Abrissbereich heraus und gleitet über die originalen Gesteins-/Bodenformationen hinweg, („travel path") um sich dann am Hangfuß abzulegen. Je nach Tiefenlage der Gleitfläche kann man Oberflächenrutschungen (bis 1,5 m), flache Rutschungen (5–10 m), tiefe Rutschungen (>10 m) unterscheiden. Die meisten Rutschungen weisen ausgeprägte Merkmale auf, die sich im Gelände gut feststellen lassen: eine Abreicherungszone mit klar definierter Abrisskante, eine basale Scherfläche, die aber im Gelände meist nicht erkennbar ist, und eine Akkumulationszone, in der sich die Rutschmasse am Fuß ablagert („Rutschwülste").

Translationsrutschungen dagegen folgen der Hangneigung auf planar ausgebildeten Gleitflächen. Die Gleitfläche wird meist durch einen Material-/Schichtwechsel verursacht (Tonhorizont, wasserführender Sandstein oder ehemaliger Verwitterungshorizont) oder durch andere Schwächezonen im anstehenden Gestein. Es kann sich dabei um senkrecht zum Hang orientierte Kluftsysteme und Störungen handeln, ebenso wie um geneigte oder subhorizontale Schichtung. Das Rutschmaterial bleibt dabei in der Regel entlang der oben definierten Scherflächen zunächst als Block erhalten und wird während des Transports in einzelne Schollen zerbrochen oder auch vollständig zerlegt. Je nach Material und Form der Rutschung kann man Blockgleitungen, Schollenrutschungen und Schuttrutschungen unterscheiden. Häufig treten kombinierte Rutschungen auf, bei denen die Gleitfläche sowohl gekrümmte als auch ebene Bereiche aufweisen kann.

Zu Rutschungen gehören außerdem Muren, Schlammströme und Lahare. Das sind zum Teil extrem schnelle Rutschungen, die nach starken Regenfällen eintreten. Ein Schuttstrom ist ein breiiges Gemisch aus Wasser, Erde, Schutt, großen Gesteinsbrocken und sonstigem mitgerissenen Material. Im ihm übersteigt der Wasseranteil (40–70 %) zumeist den Feststoffgehalt („Suspension"). Ihre Geschiebefracht erhält ein Schuttstrom hauptsächlich aus einem tiefgründig verwitterten Einzugsgebiet. Die Ströme folgen in der Regel dem Verlauf der lokalen Morphologie, sind also im Gegensatz zu den Rutschungen (i. e. S.) mehr oder weniger kanalisiert. Schuttströme mit feinerer Korngröße werden als Schlammströme bezeichnet. Beide aber überdecken die Originalgesteins-/Bodenformation mit einer verhältnismäßig dünnen Schuttdecke. Zu den Schuttströmen gehören zudem noch die Lahare. Bei ihnen handelt es sich um Schuttströme als Folge von Vulkanausbrüchen an den Vulkanflanken. Es gibt in der Geschichte eine große Zahl sehr dramatisch verlaufener Lahareignisse, bei denen jedes Mal eine große Zahl von Toten zu beklagen war – so in der kolumbianischen Stadt Armero im Jahr 1985 (vgl. Abschn. 3.4.3.4). Damals wurden 23.000 Menschen innerhalb von nur wenigen Minuten von einem Schuttstrom aus vulkanischer Asche von dem 70 km entfernten Vulkan Nevado del Ruiz getötet.

Kriechen
Treten sehr langsame Bodenbewegungen auf, werden diese als Hangkriechen bezeichnet. Es handelt sich dabei um eine über längere Zeiträume (Jahre bis Jahrzehnte) hin andauernde, sehr langsame (mm/a bis dm/a) ablaufende Bewegung in Locker- oder Festgesteinen über liegendem Festgestein. Die Kriechbewegungen werden durch die mit der Talausräumung verbundene Entlastung des Bodens verursacht. Die Verlagerung der Masse erfolgt über „Internverformung" der betreffenden Formation – ein Prozess, der sehr energieintensiv ist, da er die innere Reibung der Massen überwinden muss. Kriechbewegungen treten auch in glazialer Umgebung auf – sie werden auch „Solifluktion" genannt und sind meist mit dem Auftauen des Permafrosts verbunden. Die typische Morphologie einer Solifluktion entspricht genau der, wie sie auch in den Rotationsrutschungen, abgleitenden Sanddünen oder Eismassen zu erkennen ist: mit scharfen Abrisskanten, denen am Fuß sogenannte Solifluktionsloben („wulstförmige Zungen") gegenüberstehen, wie sie aus dem Periglazial in Mitteleuropa typisch sind.

Eine spezielle Form des „Kriechens" ist das Bodenkriechen, auch „soil creeping" genannt. Die Bewegung ist eine Folge der Materialverlagerung auf einer geneigten Oberfläche mit Kriechgeschwindigkeiten von 1–2 cm im Jahr. Hierbei ist der Auslöser nicht eine Folge der Wassersättigung, sondern es stellt eine langsame, bruchlose, plastische Verformung dar, ohne Ausbildung von Abrissformen. Solche Bewegungen sind sowohl durch Temperaturänderungen verursacht (Ausdehnung/Schrumpfung des Bodens) als auch durch Anhebung bei Frost. Kontinuierliches Kriechen wird durch die Verformung von weichen Gesteinen unter Auflast verursacht und ergibt ein sehr charakteristisches Landschaftsbild („soil ripples").

Massenbewegungen führen aber nicht nur zu direkten Schäden – sie können auch bis zu sehr großen Schäden im Unterlauf einer Massenbewegung führen. So kommt es im Gebirge, wenn eine Rutschung in einem Fluss niedergeht, immer wieder zu einer Blockade des Flusslaufs. Der Fluss staut sich dadurch so lange auf, bis der Wasserdruck die Barriere aus Fels und Schutt zerstört. Das Wasser schießt dann mit in der Regel dramatischen Folgen für die Unterlieger zu Tal. So hat zum Beispiel der Bergsturz von Bormio (1987, Italien) dazu geführt, den Lago Val Pola (Fluss Adda) zu blockieren – 28 Menschen starben infolge der Überschwemmung in den unterliegenden Dörfern. Oder bei dem Bergsturz am Stausee Vajont (Mont Toac, Italien), der dort den Fluss Vajont aufstaut. Die Gesteinsmassen rutschten in den See und verursachten eine Flutwelle, die sich über die Mauerkrone des Stausees in das enge Tal ergoss und das Städtchen Longarone vollständig zerstörte: 2000 Menschen starben. Mehr als die Hälfte der Leichen wurde nie gefunden. Die Staumauer steht noch – der Stausee wird seitdem nicht mehr genutzt. Auch bei dem Erdbeben in Haiti 2010 konnte diese Gefahrenabfolge („Kaskade") gut nachvollzogen werden. Zunächst löste das Erdbeben eine Reihe von Hangrutschungen aus. Diese blockierten einen Fluss, was zum Ansteigen der Flusspegel und am Ende zu einer Flutwelle (Hochwasser) führte (Jibson und Harp 2011).

Die Abkürzung GLOFs *(„glacial lake outburst flood")* steht für Fluten, die durch den Ausbruch von Gletscherseen entstehen, welche hinter natürlichen Dämmen innerhalb, auf oder am Rande von Gletschern aufgestaut werden. GLOFs sind kein neues Phänomen, jedoch hat sich mit dem weltweiten Rückzug der Gletscher und den steigenden Temperaturen die Wahrscheinlichkeit ihres Auftretens in vielen Gebirgsregionen erhöht. „Fluten von Gletschern stellen generell das größte und weitreichendste glaziale Risiko mit dem höchsten Katastrophen- und Schadenspotenzial dar" (Richard und Gay 2003). Glaziale Seen sind wie natürliche Wasserreservoire, die durch Eis oder Moränen gestaut werden. Ein Ausbruch eines solchen Sees kann durch verschiedene Faktoren ausgelöst werden: Eis- oder Steinlawinen, das Brechen des Moränendamms aufgrund des Abschmelzens von eingelagertem Eis, durch das Auswaschen von Feinmaterial, Erdbeben oder starke Regenfälle oder auch durch das Abfließen von Wasser aus höher liegenden Gletscherseen.

3.4.5.2 Nicht-struktureller Schutz

Die große Exposition vieler Entwicklungs- wie auch Industrieländer macht das frühzeitige Erkennen rutschgefährdeter Lokalitäten unverzichtbar. Nur so wird es möglich, effektive Vorsorgemaßnahmen zu entwickeln und diese umzusetzen. Genaue lokale Kenntnisse sind deshalb nötig, weil Massenbewegungen sowohl als langsame, kontinuierliche Prozesse als auch schnell und plötzlich auftreten können. Daher müssen die auslösenden Faktoren frühzeitig erfasst werden.

Studien haben ergeben, dass es einen kausalen Zusammenhang von externen und internen Faktoren gibt, die eine Massenbewegung auslösen können (Abb. 3.33). Dies kommt vor allem vor, wenn externe Faktoren, wie Niederschlag und tektonische Beanspruchung, mit internen Faktoren, wie der Neigung und Form des Hanges, der Vegetation, Geologie und Bodenbeschaffenheit und auch der Entfernung zum nächsten Vorfluter oder dem nächsten Straßenanschnitt (oftmals ein Anlass für eine Massenbewegung), korreliert sind.

Anhand eines einfachen Entscheidungsbaums *(„decision support system")* ist es möglich, schon allein aus verfügbaren Daten das Hangrutschgefahrenpotenzial aus Hangneigung und Niederschlag generell abzuschätzen, wie Hamberger (2007) es für die Schweizer Alpen vorgestellt hat.

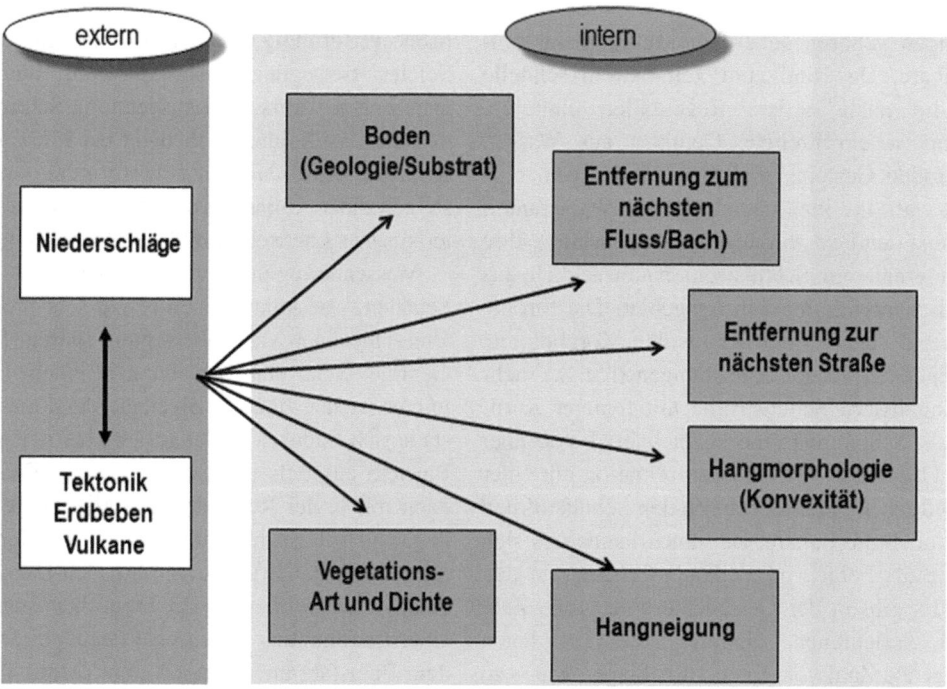

Abb. 3.33 Auslösefaktoren für Massenbewegungen

Daneben trägt noch eine Reihe weiterer Faktoren, wie zum Beispiel die Geologie, die Bodentypen, die Exposition des Hanges dazu bei, dass es lokal zur Ausbildung einer Rutschung kommt. Insgesamt gilt, dass vor allem Hänge mit einem Gefälle von 25–45° rutschgefährdet sind. Er konnte nachweisen, dass bei Niederschlägen unter 50 mm innerhalb von 24 h in der Regel keine Rutschungen zu erwarten sind. Dies gilt ebenso für Regenmengen von 50–120 mm bei einer Hangneigung von weniger als 30°. Dagegen sind Hänge mit einer Neigung vom mehr als 30° auch schon bei diesen Regenmengen rutschgefährdet. Bei Regenmengen von mehr als 120 mm in diesem Zeitraum ist generell von einer Rutschungsgefahr auszugehen.

Wie ein Hang reagiert, wenn er sowohl heftigen als auch andauernden Niederschlägen ausgesetzt ist, konnten Wilson und Wieczorek (1995) am Beispiel des Hangrutsches von La Honda in Kalifornien belegen. Demnach ist die Hangrutschgefahr eine Folge der Niederschlagsmenge relativ zu der Niederschlagsdauer: So kann ein kurzer heftiger Starkregen ebenso eine Rutschung auslösen wie ein langandauernder leichter „Landregen".

Eine genaue Vorhersage, wann es wo zu einer Hangrutschung oder einem Bergsturz kommt, ist nach derzeitigem Stand der Kenntnis objektiv nicht möglich. Möglich ist es, Gebiete zu identifizieren, die weniger oder stärker gefährdet sind. Es gibt eine Vielzahl an Instrumenten und Maßnahmen, die solche Ereignisse mit großer Wahrscheinlichkeit abschätzen können. Grundlage jeder Gefahrenbewertung ist eine Auflistung aller bekannten Ereignisse und deren räumlichem Bezug („landslide inventory map"). Diese Daten werden ergänzt um Informationen zu den Auslösefaktoren der Rutschungen: Geologie, Boden, Vegetation, Gewässernetz, Morphologie, Geometrie der Rutschung, Typ der Rutschung, Niederschlag, bauliche Infrastruktur usw. Daraus lässt sich dann die Anfälligkeit („Suszeptibilität") des Gebietes für Rutschungen ableiten. Verschnitten mit Daten zur Häufigkeitsverteilung lässt sich mithilfe eines Geoinformationssystems (GIS) eine Karte des Rutschungsrisikos erarbeiten. Ein solcher Ansatz erlaubt es zudem, den einzelnen Faktoren einen bestimmten Wichtungsfaktor zuzuordnen. In Abb. 3.34 wurde den Faktoren „Boden", „Vegetation", „Hangneigung" und „Entfernung zum Vorfluter" jeweils der Wichtungsfaktor 25 % zugeordnet.

Mittels einfacher geologischer Erkundungsbohrungen ist es möglich, die Mächtigkeit des Rutschkörpers genau zu bestimmen. Dies geht auch mit Bodenradar-Untersuchungen, ganz ohne Bohrungen. Des Weiteren werden Inklinometer eingesetzt. Mit einer in ein Bohrloch eingeführten Kette solcher Inklinometer, lässt sich schon nach wenigen Tagen die Tiefenlage des Rutschhorizonts und der Versatzbetrag ermitteln. Sogenannte Extensometer werden verbaut, wenn man an oberflächigen Bauwerken (Mauern) einen Versatz – auch über Jahre hin – aufzeichnen will.

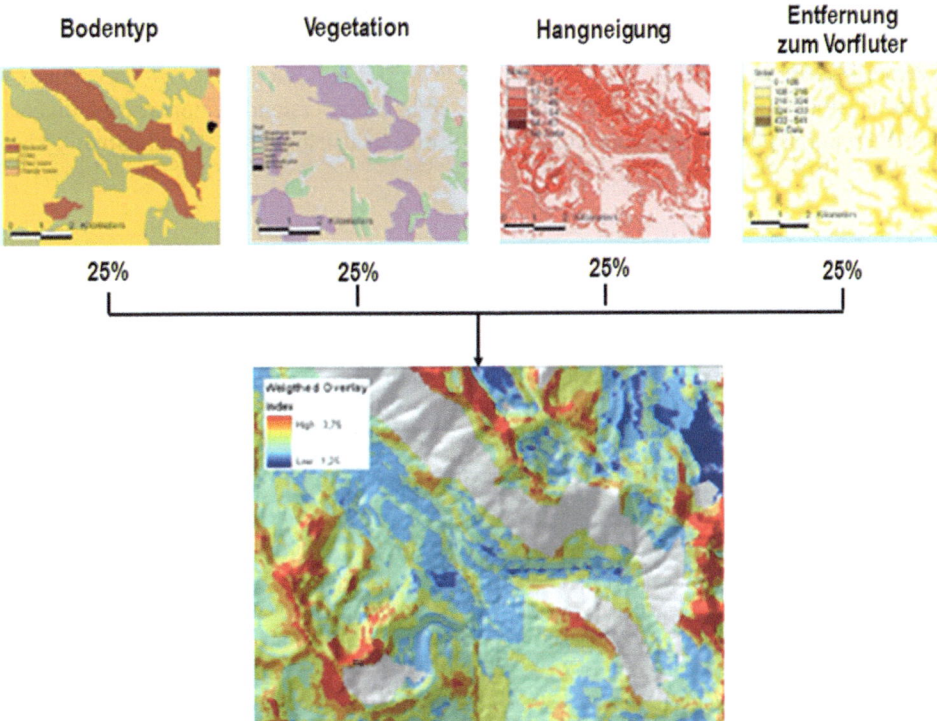

Abb. 3.34 Erstellung einer Rutschungs-Gefahrenkarte mithilfe eines GIS

In ein Bohrloch eingeführte Akustik-Extensometer können durch Rutschungen ausgelöste Verschiebungen nachweisen, wenn es mit Steinen und Kiesen aufgefüllt wird. Der Versatz sendet dann ein akustisches Signal aus, wenn sich durch den Versatz die Steine aneinander reiben. Geoelektrische Verfahren nutzen den unterschiedlichen elektrischen Widerstand als Folge der Porenwassersättigung. Damit können sowohl die Tiefenlage einer Rutschung als auch ihre räumliche Ausdehnung kartiert werden – die Methode gibt aber keine Auskunft über die Bewegungsrichtung oder den Versatzbetrag.

Durch technische Entwicklung hat in den letzten Jahrzehnten der Einsatz von Luft- und Satellitenbildern sowie von Infrarot- und Falschfarbenaufnahmen zur Erkennung von Rutschmassen stark zugenommen. Insbesondere mithilfe der sogenannten LiDAR-Technik (*„light detection and ranging"*) ist es heute möglich, ausgedehnte Rutschkörper dreidimensional zu erfassen. Die LiDAR-Technik ist eine dem Radar verwandte Methode zur optischen Abstandsmessung, wobei Laserstrahlen statt der Radarstrahlen verwendet werden. Mittels eines GPS-Systems lässt sich dann ein 3D-Modell des Untersuchungsgebiets erstellen.

Schutzmaßnahmen vor Massenbewegungen sind sowohl im technischen als auch im operativen Bereich angesiedelt. Die Tab. 3.8 gibt einen Überblick, mittels welcher technischen Systeme, biologischer Maßnahmen sowie organisatorischen und raumplanerischen Instrumente potenzielle Massenbewegungen kontrolliert werden können.

Das Wasser ist der wichtigste Auslösungsfaktor für Rutschungen. Man kann drei wichtige Mechanismen unterscheiden, durch welche Wasser die Stabilität eines Hanges beeinflusst. Mit dem Einsickern des Niederschlags nimmt das Gesamtgewicht des Bodens zu – das Wasser wird zunächst vor allem in Mesoporen gespeichert (eine Aufnahme in den Mikroporen der Tonfraktionen dauert Tage). Mit zunehmender Sättigung des Porenraums ist eine Abnahme der („scheinbaren") Kohäsion verbunden. Der zunehmende Wassergehalt führt zu einer Zunahme des Porenwasserdrucks, hier kann sich das Wasser vor allem an den Scherflächen einer Rutschung stauen.

Ein weiterer Rutschungen auslösender Faktor ist die Hangneigung (vgl. Hamberger 2007). Viele Studien haben erwiesen, dass wenn der effektive Scherwinkel oder „Winkel der inneren Reibung" genannt – also der Winkel, bis zu dem der Bodenkörper belastet werden kann, ohne abzurutschen – bei nichtbindigen (kohäsionslosem) Material überschritten ist, ein Schuttkegel entsteht. Dabei hängt der Scherwinkel von der Korngröße, der Kornform und der Lagerungsdichte des Bodens ab. Je größer die einzelnen Körner und je dichter sie gelagert sind, desto größer ist auch der Scherwinkel. Das heißt aber auch, dass Böden mit ungleicher Korngrößenverteilung und je dichter die Körner gelagert werden (größere Poren können mit feinerem Material gefüllt werden), einen größeren Scherwinkel haben als gleichförmige Verteilungen. Ein sandiger Boden hat einen Scherwinkel von mehr als 32°; ein reiner Tonboden hingegen einen von 20–25°.

An den Prallhängen von Bach- und Flussufern kommt es sehr häufig zu einer Erosion bzw. zu Rutschungen, wenn auch nur in kleinem Ausmaß. Bäche und Flüsse können nach heftigen Regenfällen große Mengen an Sand und Kies mit sich führen. Geomorphologen des GFZ haben an einem Bachlauf in der Schweiz eine enge Wechselwirkung zwischen Bächen und Prallhängen aufzeigen können (Golly et al. 2017). Das GFZ konnte herausfinden, durch welche Prozesse der Bach wie viel Sedimentmaterial bereitstellt. „Wir haben erstmals einen vollständigen Zyklus einer Gerinne-Hang-Kopplung dokumentiert", sagt Antonius Golly

Tab. 3.8 Schutzmaßnahmen vor Massenbewegungen

	Murgang	Bergsturz	Rutschung
Technische Maßnahmen	Geschiebesperren Flussbett-/Sohlensicherung Holzsperren Kanäle Dämme	Felsabtrag Hangstabilisierung (Anker) Steinschlagnetze Geschiebesperren Galerien (Straßen/Bahnlinien) Dämme Mauern	Materialabtrag Hangstabilisierung (Anker) Steinschlagnetze Entwässerung (Straßen/Bahnlinien) Hangfuß-Stabilisierung Dämme Stützmauern
Biologische Maßnahmen	Pflege des Waldes Pflege der Uferböschung	Pflege des Waldes Pflege der Uferböschung	Aufbau eines Schutzwaldes
Organisatorische Maßnahmen	Aufbau eines Warnsystems Sperrung der gefährdeten Region Evakuierung der Betroffenen Krisenintervention	Aufbau eines Warnsystems Sperrung der gefährdeten Region Evakuierung der Betroffenen Krisenintervention	Aufbau eines Warnsystems Sperrung der gefährdeten Region Evakuierung der Betroffenen Krisenintervention
Raumplanerische Maßnahmen	Nutzungseinschränkung (z. B. Verbot von Neubauten) Umsiedelung	Nutzungseinschränkung (z. B. Verbot von Neubauten) Umsiedelung	Nutzungseinschränkung (z. B. Verbot von Neubauten) Umsiedelung

vom GFZ. Die untersuchten Hänge eines Gebirgsbachs waren aus lockerem Sedimentmaterial aufgebaut. Vor einem Regenereignis war in dem Bachbett eine markante morphologische Stufe von rund 50 cm Höhe ausgebildet, über die das Wasser zu Tal fließt. Nach einem Regenguss führte der Bach so viel Wasser, um die Stufe rund 4 m bachaufwärts zu verlagern. Dem Hang oberhalb der Stufe fehlte nun das Widerlager an seinem Fuß – umgehend brach ein Stück des Ufers ab und wurde fortgespült. Das Bachbett wurde an dieser Stelle breiter. Zwei Tage später begann der gesamte Hang langsam abzugleiten und füllte in den folgenden Tagen das Bachbett wieder auf. Erneut entstand eine Stufe im Bachlauf – etwa an derselben Stelle wie vor dem Regenguss. Damit kam auch das Abgleiten des Hanges praktisch zum Erliegen. Golly betont, dass die Untersuchungen nachweisen, dass „der Sedimenteintrag nicht, wie angenommen, hauptsächlich durch die hanginterne Hydrologie bestimmt wird, sondern der Bach der wesentliche Faktor für die Hangstabilität war". Durch die Erosion der Bachstufe wurde der Hang so weit destabilisiert, dass er in das Gewässer stürzte, und damit wurde „ein Prozess angestoßen, der das ursprüngliche Bachbett wiederherstellt und somit die Flanke wieder stabilisiert".

3.4.5.3 Struktureller Schutz

Die Möglichkeiten instabile Hänge zu stabilisieren, kann man nach ihrer Wirkungsweise konzeptionell ordnen. Grundsätzlich werden vier Vorsorgemaßnahmen unterschieden:

Entwässerung des Hanges

Die langfristige Ableitung von Grund- und Oberflächenwasser ist der zentrale Teil jeder Stabilisationsbemühung. Doch nicht jedes Material ist gleich gut geeignet, einen Hang zu entwässern. Die Durchlässigkeit ist abhängig von Lagerungsdichte, Korngrößenverteilung und Wassersättigung. In Rutschgebieten liegen häufig schlecht durchlässige Böden vor. Effektiv ist in der Regel die Sammlung und Ableitung des Oberflächenwassers, um eine Gerinnenbildung durch Schmelz- und Regenwasserflüsse zu verhindern. Oberirdische Ableitung kann in einfachen offenen oder abgedichteten Gräben oder Kanälen oder Rohren erfolgen. Unterirdisch werden dagegen Sickerleitungen, Sickerpackungen/Rigolen, Sickermatten/Geotextilien, im Boden verankerte Nadelbäume („Krainerwand"), Faschinen usw. angelegt. Offene Systeme sind gut kontrollier- und reparierbar.

Entwässerungsgräben sind Eintiefungen im Gelände, in denen oberflächlich fließendes Bodenwasser gesammelt und abgeleitet wird. Die Gräben werden in der Regel hangparallel angelegt, sie dürfen nicht zu viel Gefälle haben. Die Praxis hat gezeigt, dass eine Neigung von rund 40° nicht überschritten werden sollte. Das Grabengefälle und die Sohlenbeschaffenheit (z. B. sogenannte „Wildbachschalen") müssen zueinander passen (Böll 1997).

Drainagen sind Entwässerungssysteme für Grund- und Niederschlagswasser unter der Geländeoberfläche. Durch das Einbringen von Materialien höherer Durchlässigkeit in den zu entwässernden Hang wird Boden- oder Oberflächenwasser gesammelt und abgeleitet. Doch ist die Drainagewirkungstiefe relativ beschränkt und die Drainageleistung in meist schlecht durchlässigen Rutschungsböden eher klein. Zur ganzjährigen Funktionstüchtigkeit muss die Wasserableitung unter der Frosttiefe liegen. Drainagepfähle und -wände oder gar Entwässerungstunnelsysteme sind komplexer zu erstellen und sehr kostenintensiv. Sie werden vor allem bei tiefgründigen Rutschungen mit hohem Schadenspotenzial eingesetzt. Die Wirksamkeit ist nur anhand der gesammelten Wassermenge abzulesen. Oftmals nimmt die Durchlässigkeit durch mitgeführtes Feinmaterial (Schluff, Pflanzenmaterial usw.) stark ab. Zur Verhinderung dieser „Kolmation" werden häufig Geotextilien mit der Funktion Trennen/Filtern zwischen Bodenmaterial und Sickermaterial um die Drainagen gelegt. Die mittel- und langfristige Funktionsfähigkeit solcher Geotextilien ist durch die Anlagerung und Abdichtung durch Feinmaterial umstritten. Das in Drainagen gesammelte Wasser darf nicht in die Kanalisation eingeleitet werden. Zudem ist darauf zu achten, dass Drainagerohre nicht direkt in Rutschgebieten angelegt werden, da die Rohrsysteme relativ empfindlich auf Bodenbewegungen reagieren.

Abflachen des Hanges

Die Gefahr einer Hangrutschung wird des Weiteren durch den auflastenden Rutschkörper bestimmt. Das „Gewicht" führt zu einer Erhöhung der „treibenden" Schubspannungen, denen die „rückhaltenden" Scherkräfte entgegenwirken. Eine hohe Wassersättigung oder wasserführende Schichten wirken zusätzlich destabilisierend. Verringert man die Hangneigung, indem Material vom Hang abgetragen wird, so wird auch der Rutschkörper entlastet und damit die Gefahr einer Rutschung kleiner. Je flacher das Gelände ist, desto flacher ist auch der Verlauf der potenziellen Bruchfläche („Rotationsrutschung"), und die Standsicherheit oder Stabilität des Hanges nimmt zu. Die Rutschgefahr kann zudem noch weiter verringert werden, wenn im Fußbereich ein Damm aufgeschüttet wird (Widerlager). In der Praxis wird eine Böschung/ein Hang aber nie flächenmäßig, sondern in Stufen abgetragen (*„grading"*). Dabei ist auf eine ausreichende Verzahnung mit dem gewachsenen Boden zu achten. Die Stufen sollten zudem mit schnellwachsenden Bodendeckern bepflanzt werden, um bei Starkregen einen flächenmäßigen Bodenabtrag zu verhindern (*„sheet erosion"*).

Stützen

Anker und Pfähle setzen einer Rutschmasse kein Eigengewicht entgegen, sondern leiten die auf die Tragwerksteile wirkenden Kräfte über Zugelemente in tiefer liegende, stabile Bodenschichten. Die Rutschhorizonte liegen dabei über dem verankernden Teil. Seilanker, Stabanker u. v. a. sind Beispiele, wie durch eine lineare oder flächige Lastaufnahme die Front einer Rutschmasse durch Segmentwände, Holz oder Spundwände stabilisiert werden kann. Anker/ Pfähle sind einfacher und kostengünstiger als die mit ihrem Schwergewicht wirkenden Stützbauwerke zu errichten. Ein sich aufbauender Staudruck durch Wasser hinter dem Tragwerk kann wie bei den Stützbauwerken durch Sickerpackungen oder offene Bauweise (wasserdurchlässig) abgebaut werden.

Zur Sicherung von Böschungen und Hangeinschnitten werden vielfach Bodennägel eingesetzt. Mit deren Hilfe ist es möglich, im Lockergestein einen „monolithischen" Körper zu schaffen, der die auftretenden Erddruckkräfte sicher aufnimmt und gegen Kippen, Abrutschen, Gleiten, Grundbruch und Lageverlust stabilisiert. Hierbei werden die Bodennägel erst beansprucht, wenn Bewegungen im Hang oder an der Front beginnen. Bei Vollbelastung wird dann der Erddruck komplett über die solide Vernagelung aufgefangen und die Last physikalisch abgetragen. Als Tragglieder kommen sogenannte GEWI-Stähle zum Einsatz, die zu dauerhaften Anwendungszwecken mit einer Zementsuspension im Bohrloch verpresst werden. Auch Netze werden seit langem zur Sicherung gegen Felssturz eingesetzt (vgl. Geobrugg AG, Schweiz – Produktinformation; Internetzugriff 19.07.2016).

Geotextilien/Geogitter

Zur Sicherung der Oberfläche von Hängen und Böschungen gegen Erosion steht eine Vielzahl an wasserdurchlässigen Geweben zur Verfügung. Sie bestehen entweder aus Naturfasern (Geotextilien wie Hanf-, Jute-, Kokosmatten) oder teilweise bzw. vollständig aus polymeren Werkstoffen.

Sollen Oberflächen gegen Erosion geschützt werden, kommen vor allem Naturgewebe zum Einsatz. Diese werden direkt auf der Erdoberfläche befestigt. Anschließend werden sie mit Boden bedeckt und begrünt. Geotextilien passen sich der Oberfläche an und werden von den Pflanzenwurzeln über- bzw. durchwachsen. Sie sind für Kleintiere durchgängig, sind wasserdurchlässig und verhindern Wasserrückstau. Außerdem verhindern sie Steinschlag und das Herausfallen loser Erde. Ein Gewebe besteht aus regelmäßig sich kreuzenden Garnen oder Fäden – dies garantiert eine hohe Zugfestigkeit. Bei Hängen, die bepflanzt werden sollen, kommen in der Regel Gewebe zum Einsatz, deren Fasern sich natürlich abbauen. Die Begrünung wird sich selbst überlassen. Der Vorteil der Naturgewebe ist, dass sie einen sofortigen Oberflächenschutz

bieten: Das Gewebe muss nur so lange halten, bis die Vegetation die Böschungsstabilisierung übernommen hat. Nachteilig ist ihre kurze Lebensdauer- ein halbes Jahr für Jute bis 8 Jahre für Kokos (BWG 2004).

In Deutschland wird die Anwendung von Geotextilien und Geogittern im Erdbau durch die DIN EN 15381 sowie durch die DIN EN 15382 geregelt.

Geokunststoffe zur Erosionsminderung und zur Hangstabilisierung bestehen aus synthetischen Fasern, hergestellt aus Polyester, Polyethylen und anderen Kunststoffen. Je nach Anwendungsgebiet werden sie zum Trennen, Filtern, Schützen, Bewehren, Dränen u. v. a. eingesetzt. Sie finden mittlerweile in fast allen Bereichen der Geotechnik erfolgreich Anwendung (Straßenbau, Tiefbau, Wasserbau, Deponiebau).

Geokunststoffe können generell in zwei Kategorien unterteilt werden: wasserdurchlässige und wasserundurchlässige Produkte.

Zu den wasserdurchlässigen Geokunststoffen gehören alle Geotextilien und geotextilverwandten Produkte. Vor allem Geotextile-Vliesstoffe aus Kunstfasern (Polypropylen, Polyester) gehören dazu. Auch als Drainagematten finden sie im Erosionsschutz Anwendung. Geotextilien sind in der Lage, feine und gröbere Sedimente zu trennen sowie Schwebstoffe („silt fence") aus oberirdisch ablaufenden Wässern herauszufiltern. Generell besitzen sie eine hohe Zugfestigkeit und eignen sich bei statischer Belastung für den Einsatz auf ungleichkörnigen Böden. Die wohl bekanntesten Vertreter dieser Gruppe sind Vliesstoffe aus Fasern oder Filamenten, die meist thermisch verschmolzen oder im klassischen Webverfahren produziert werden (vgl. Produktinformation: Fa. BECO Bermüller, Nürnberg).

Die undurchlässigen Geokunststoffe umfassen vor allem Dichtungsbahnen, wie z. B. geosynthetische Tondichtungsbahnen (Bentonitmatten), Kunststoffdichtungsbahnen und Quellmitteldichtungsbahnen bzw. Kombinationen aus diesen Produkten.

Geogitter stellen eine Sonderform der Geotextilien dar und werden vor allem zur Stabilisierung von weichem Untergrund eingesetzt. Ihr Vorteil ist die lange Haltbarkeit. Wegen ihrer meist dreidimensionalen Struktur eignen sie sich gut zur Stabilisierung von Sand- oder Bodenmaterial. Die Stabilität wird durch die Verzahnung des Schüttmaterials in den Geogitteröffnungen erreicht – oftmals noch erhöht durch das Wurzelwerk von Pflanzen oder mechanisch durch den zusätzlichen Einbau von Geotextilien. Geogitter erlauben ein gleichmäßiges Setzen des Bodens, sind sehr robust gegenüber Beschädigungen und führen schnell zu einer Erhöhung der Belastbarkeit. Zudem sind sie schnell und einfach zu verlegen und kostengünstig. Für Drainagezwecke werden spezielle Drainagegitter, -matten und -bahnen verwendet. Diese kombinieren eine dreidimensionale Drainagematte mit einem oder zwei Geotextilien als Trenn- und Filterlagen.

Mit Stützbauwerken wird der Rutschmasse eine Last entgegengestellt. Eine effektive Befestigung ganzer Hänge kann mittels Schwergewichtsmauern erreicht werden. Solche Mauern müssen aber ausreichend dimensioniert sein, um der Masse der Böschung bzw. eines Hanges zu widerstehen, indem sie einer Rutschung ein Widerlager entgegensetzen. Neben der Auflast zeichnen sie sich in der Regel durch ein breites Sockelfundament aus, das zudem noch ca. 6° gegen den Hang geneigt wird. Wichtig ist in beiden Fällen, dass das Fundament frostsicher gegründet wird. Da gestautes Wasser hinter Stützbauwerken eine weitere Erhöhung der Hangbelastung bedeutet, ist dies durch Sickereinrichtungen oder offene Bauweise des Stützbauwerkes abzuleiten. Zwischen Hang und Mauer braucht es eine Drainage, mit einem Drainagerohr am Fuß der Mauer.

Stützmauern können auch aus Schalungssteinen oder Pflanzringen errichtet werden. Es gibt sogar gute Beispiele für Böschungsstabilisierungen durch alte Autoreifen oder Zementsäcke. Der Untergrund muss dazu aber über ein sicheres Fundament in Form eines Betonbettes verfügen, bevor die erste Lage der Steine/Autoreifen/Zementsäcke gesetzt wird. Die Steine werden entweder mit Beton gefüllt oder mit Boden (Pflanzringe). Die nächste Lage der Steine wird dann in Längsrichtung um einen Block verschoben und um die Hälfte des Blocks gegen den Hang hin zurückversetzt (Terrassen).

In den letzten Jahren haben Gabionen als Hangbefestigung breite Anwendung gefunden. Gabionen werden auch Draht-/Steinkörbe genannt. Sie bestehen aus galvanisiertem Stahldraht mit unterschiedlichen Maßen und unterschiedlichen Maschenweiten. Sie sind in Deutschland nach DIN EN 1997-1 bzw. DIN 4017 als Bauwerk zugelassen. Gabionen werden in der Regel mit Bruchsteinen oder großen Flusskieseln gefüllt – es können aber auch Bauschutt, bepflanzbarer Boden und andere Materialien Verwendung finden. Sie eignen sich außer zur Stabilisierung rutschgefährdeter Hänge auch als Lärmschutzwände. Durch ihre geschichtete Befüllung reagiert eine Gabione flexibel auf Bodenbewegungen. Etwaige Verschiebungen werden in den beweglichen Steinen und dem elastischen Stahldrahtkorb aufgefangen. Sie können bis zu 10 m hoch gebaut und mehrere 100 m lang werden. Die elastische Struktur der Körbe ermöglicht es, sie dem Gelände anzupassen. Wie auch bei den Stützmauern setzen Gabione auf einem stabilen Fundament auf, müssen um 6° gegen den Hang geneigt sein, über eine Drainage an der Basis verfügen und mit nichtbindigem Füllmaterial zum Hang hin befüllt werden. Die Praxis hat gezeigt, dass Gabionen, wenn anforderungsgerecht gebaut, wirtschaftlich, ökologisch, dauerhaft und sicher sind.

Injektionen dienen der Baugrundverbesserung und erzeugen eine Verfestigung und Abdichtung des Baugrundes und können rutschgefährdete Hänge verfestigen. Dafür wird unter niedrigem Druck ein flüssiges Injektionsmittel in vorhandene Hohlräume (Porenräume im Lockergestein oder Klüfte im Fels) injiziert. Die Herstellung des Hohlraums erfolgt angepasst an die geologischen Verhältnisse, mittels Bohr- oder Rammverfahren. Die Injektionsmittel können auf chemischer oder hydraulisch wirkender Basis in den Untergrund eingebracht werden. Anwendungsgrenze des Verfahrens ist die Korngröße des Bodens (> Tonfraktion) und die damit verbundene Größe des Porenraums. Ist die Eindringung des Injektionsmittels in den Porenraum nicht mehr gegeben, kann auf das Düsenstrahlverfahren zurückgegriffen werden.

Bei der Bodenvereisung wird durch Entzug von Wärmeenergie der Baugrund temporär eingefroren, somit die Festigkeit erhöht und durch Eisbildung des Kluft- und Porenwassers abgedichtet. Als Kältemittel wird flüssiger Stickstoff oder Sole verwendet. Genutzt wird diese Technik zur temporären Stabilisierung und Abdichtung bei der Herstellung von Tunnelquerschlägen oder zum Schließen von Leitungsquerungen. Vorteil des Verfahrens ist, dass nach Abtauen des Bodenkörpers keinerlei Rückstände im Boden verbleiben und dieses Verfahren auch zum Schließen von Grundwasserfenstern genutzt werden kann. Mithilfe von kleinformatigen Bohrungen werden Vereisungslanzen lagegenau in den Boden eingebracht, durch die das Kältemittel strömt. Zur Kontrolle des Vereisungserfolgs wird die Bodentemperatur durch Temperaturlanzen beobachtet.

Bodenverbesserung

Auch durch eine Verbesserung der bodenmechanischen Eigenschaften kann der Boden stabilisiert werden. Aufgrund der Analyse der Bodenparameter („*soil property*"; Lunne et al. 1997) lassen sich geeignete Vorsorgemaßnahmen einleiten. Hierfür eignet sich eine Reihe von Maßnahmen, von denen hier einige vorgestellt werden sollen. Generell unterscheidet man in „aktive" und „passive" Maßnahmen.

Aktive Maßnahmen stellen die Kompaktion („*dynamic compaction*") dar. Dazu lässt man auf unkonsolidierte Sedimente mit einer Korngröße >63 µ (Sandfraktion) und hoher Wassersättigung Gewichte aus Beton oder Stahl (bis zu 20 t) aus bis zu 20 m Höhe herabfallen. Das Bodengefüge verdichtet sich dabei. Die Methode kann nicht bei tonreichen Sedimenten, Deponiefüllungen und bei pflanzenreichem Material angewendet werden.

Als passive Maßnahmen werden Bodenverbesserungen bezeichnet, bei denen tonreiche Sedimente durch einen Materialaustausch mit anschließender Verdichtung („*dynamic replacement*") stabilisiert werden. Dazu wird zunächst ein größeres Loch ausgegraben, das dann mit gröber sortiertem Material (Kies) verfüllt wird. Die Fallgewichte hierbei sind deutlich schwerer (bis 35 t) und benötigen eine größere

Fallhöhe. Loch für Loch wird dann in der Fläche verdichtet. Als Füllmaterial bietet sich vor allem Abraum/Bauschutt an. Statt ein Gewicht auf den Boden einwirken zu lassen, werden zunehmend „Vibratoren" eingesetzt. Mit ihnen ist es möglich, die Kompaktion bis in tiefere Bodenschichten einwirken zu lassen. Solche Vibratoren können eine Länge bis zu 4 m haben. An ihrer Spitze befindet sich eine Düse, mit der Wasser unter hohem Druck in das Sediment eingepresst wird, während der Vibrator langsam an die Oberfläche gezogen wird.

Ist eine Stabilisierung tieferer Bodenschichten erforderlich, werden Betonpfähle in den Boden gerammt *(„pile driving")*. Mittels eines Hydraulikhammers wird dazu eine Lanze in den Boden getrieben oder auch gebohrt. Es können dabei Tiefen von bis zu mehreren 10 m erreicht werden – die entstehenden Hohlräume können einen Durchmesser von bis zu 1 m haben. Die Hohlräume werden mit Stahlbeton ausgefüllt. Sie werden entweder auf einer großen Fläche in regelmäßigen Abständen angeordnet oder aufgereiht als „Mauer". Statt Beton kann man auch Stahlpfähle einbauen, das geht zwar schneller, ist aber kostenintensiver.

Sollten die zuvor dargestellten Methoden nicht einsetzbar sein, ist es möglich, durch „Verpressen/Injizieren" *(„grouting")* von Zement oder kolloiden Silikaten die Bodenstabilität in der Fläche wirksam zu verbessern (Karol 1990). Dazu werden durch große Bohrmaschinen Löcher bis zu mehreren Metern Tiefe gebohrt und in diese wird dann Zement/Kolloide in die Formation eingepresst. Zementinjektionen bieten sich an, wenn der Porenraum flächenmäßig verschlossen werden soll. Dazu wird Zement durch dünne Rohre in die Formation gepresst, der Zement härtet dort aus und verhindert so einen Grundwasserstrom. Durch den Einsatz von mikrofeinem Zement ist es möglich, Porenräume bis 0,1 mm zu sowie sehr feine Risse im Gestein zu verschließen. Nach drei Stunden ist der Zement ausgehärtet. Zementinjektion *(„cement grouting")* kann für (fast) allen Böden, Gesteinsformationen und Materialien eingesetzt werden. Die Methode ist im Vergleich zu den anderen Methoden zur Verbesserung der Bodenstabilität (Kompaktion, *„pile driving")* sehr viel kostengünstiger. Statt Zement werden oftmals kolloide Silikate verwendet. Dies sind mikroskopisch feine Silikatpartikel (H_4SiO_4), die eine dem Grundwasser vergleichbare Viskosität haben und – weil sie in suspendierter Form vorliegen – die Möglichkeit bieten, weit in die Formationen wie auch in Risse im Gestein einzudringen. Insbesondere bietet sich die Methode an flachgeneigten Hängen entlang von Flüssen und der Küste an. Die Kolloide härten in wenigen Stunden aus und führen zu einer dauerhaften Stabilität, die zudem im Laufe der Zeit immer stabiler wird. Zudem verändern sie den pH-Wert des Grundwassers nicht.

Eine andere Form stellen Kolloide auf der Natriumsilikat-Basis („Wasserglas") dar. „Wasserglas" erhält man, wenn man Quarzsand und Natriumkarbonat bei hohen Temperaturen brennt. Damit erhält man kein mineralisches Produkt mehr, sondern ein chemisches Produkt. Wenn das Kolloid in der Formation aushärtet, treibt es dort gebundenes Wasser aus. Wegen der extrem feinen Partikelgröße kann die Suspension tief in die Formation bzw. Risse eindringen. Es gibt Kolloide, die in wenigen Minuten oder Stunden aushärten. Bei anderen kann sich das über Jahrzehnte hinziehen. Zu bedenken ist, dass diese Kolloide den Chemismus des Grundwassers verändern. Desweiteren finden „Acrylamide" und „Acrylate" zur Bodenstabilisierung Verwendung. Acrylamide stellen ein Gel dar, das mittels eines Katalysators angemischt wird und dann in die Formation eingepresst wird. Dort härtet es innerhalb von nur wenigen Minuten aus. Das Produkt ist über mehrere 100 Jahre chemisch stabil. Festzustellen ist, dass die Anwendung von Acrylamid insofern bedenklich ist, da es sich dabei chemisch um ein Neurotoxin handelt, wenn es als Pulver oder in gelöster Form vorliegt. Daher sollten Acrylamide nicht in Gebieten eingesetzt werden, die für eine Entnahme von Trink- und Brauchwasser vorgesehen sind (Karol 1990). Daher werden etwa seit den 1990er Jahren – statt Acrylamide und Silikate – immer häufiger Polyurethane eingesetzt. Sie bieten alle Vorteile der Acrylamide und Silikate – sind aber chemisch weniger „gefährlich". Insbesondere im Bergbau und zur Stabilisierung von Baugrund werden sie bevorzugt eingesetzt. Bei den Polyurethanen wird unterschieden zwischen solchen, die sich mit Wasser zu einem flexiblen Schaum verbinden („hydrophil") und solchen, die nach dem Aushärten wasserabweisend sind („hydrophob"). Letztere können daher gut „trockenen" und „nassen" Phasen widerstehen. „Hydrophile" Schäume können ihr Volumen durch Wasseraufnahme um das 4–6-fache erhöhen, „hydrophobe" Schäume sogar um das 20-fache.

Schutzbauwerke

Wie in Abschn. 3.4.5.1 dargestellt, sind Rutschungen Verlagerungen von Locker- und Festgesteinen aus einer höheren in eine tiefere Lage infolge der Schwerkrafteinwirkung (Krauter 2001). Rutschmassen aktiv aufzuhalten ist die Aufgabe von Stütz-oder Rückhaltebauwerken, indem sie diese zurückhalten, ablenken oder entwässern (Wendeler 2008).

Stützbauwerke stellen der Rutschmasse ihr Eigengewicht entgegen. Sie müssen daher ausreichend dimensioniert und sicher gegründet sein. Durch ihr Eigengewicht verhindern sie ein Kippen oder Gleiten (vgl. Gabione). Sie leiten die Kräfte einer Rutschmasse in tiefer liegende, stabile Bodenschichten ab. Der Rutschhorizont liegt damit über dem zu verankernden Teil. Die Rutschmasse kann durch Holzwände oder Spundwände zurückgehalten werden. Dabei können sich Aufbau und Material dieser Wände sehr unterscheiden. Vor allem mittels sogenannter Stützbauwerke ist es möglich, die Vorteile des Stahlbetons mit dem Prinzip der Schwergewichtsmauer zu kombinieren. Wichtig ist, dass die Grundfläche des Bauwerks mindestens ein Drittel der Bauwerkshöhe beträgt. Daneben kommt eine weitere Anzahl modernerer Systeme zum Einsatz – hier vor allem Stützbauwerke nach dem Prinzip der „bewehrten Erde". Das sind mit Geotextilien kombinierte Stahlmatten, welche aus optischen und ökologischen Gründen auch begrünt werden können. Auch Bodenvernagelungen können als eine Schwergewichtsbauweise angesehen werden.

Das Prinzip der Rückhaltebauwerke funktioniert bei den unterschiedlichen Systemen (flexible und starre) gleich. Rückhaltesysteme sind wesentlich schlanker als Stützbauwerke. Daher benötigen sie eine geringere Standfläche – sind also an steileren Hängen einzusetzen. Das hinter den Bauwerken gestaute Wasser führt zu einer wesentlich höheren Hangbelastung. Dies ist durch Sickereinrichtungen oder offene Bauweise im Stützbauwerk zu verhindern. Die Rückhalteräume müssen für ein bestimmtes Volumen ausgelegt werden und sind nach einem Ereignis wieder zu entleeren. Als Rückhaltesysteme kommen vor allem starre Bauwerke zum Einsatz: Betonmauern und Geschiebesammler („Rechensperren") aus Holz oder Stahl (sogenannte Sabo-Dämme; Chanson 2004). Sehr häufig werden Betonmauern und Geschiebesammler kombiniert. Ihre Aufgabe ist es, die Rutschmasse zum einen durch das Sperrwerk zeitlich zu verzögern und zum anderen durch die im Mauerdurchlass eingebaute Stahlkonstruktion zu entwässern.

Zu den am häufigsten eingesetzten flexiblen Bauwerken zählen Netze aus hochfestem Stahl („Ringnetzbarrieren"). Sie sind gekennzeichnet durch mehrere „Lagen" unterschiedlich starker Stahlseile. Wobei das stärkste Seil zusätzlich noch in Schlingen „aufgerollt" ist und sich bei Aufprall „entrollt". Eine flexible Führung der Tragseile erlaubt auch in schwierigen Hanglagen eine effektive Konstruktion – die Maschenweiten liegen in der Regel zwischen 10–30 cm, wobei zum Rückhalt des Feinsediments oft noch ein Sekundärgeflecht mit kleineren Maschen oder ein synthetischer Vliesstoff auf die Netze gespannt wird. Durch ihre große Elastizität sind solche Netze in der Lage, das Festmaterial kontrolliert zurückzuhalten und gleichzeitig das Wasser nach vorne abfließen zu lassen. Die dadurch gestoppte Front einer Rutschung bildet dann eine feste Barriere und bringt so das folgende Material zum Stillstand. Ringnetzbarrieren können wegen ihrer extrem großen Verformungskapazitäten Steinschläge bis 20 t aufhalten (Fa. Geobrugg AG: „New World Record: 20 t at 103 km/h rockfall stopped).

Das Prinzip der Ablenkdämme sind massive Bauwerke aus Blockwurf oder natürlich aufgeschichtetem Material mit oder ohne zusätzliche Verbundmittel. Sie werden meist oberhalb zu schützender Infrastruktur angeordnet und sollen im Ereignisfall die Fließrichtung einer Rutschung „kontrolliert umleiten", sodass diese gefahrlos zum Stillstand

kommt (vgl. Abschn. 3.4.7.2). Ablenkdämme können überall dort angelegt werden, wo unterhalb des zu schützenden Objekts genügend Raum für die Rutschmasse vorliegt. Zudem wird in den Raumordnungsplanungen in der Regel ein „minimaler" Eingriff in den Naturraum gefordert.

Durchleitbauwerke dagegen beruhen auf einem gegensätzlichen Prinzip. Mit ihnen wird versucht, eine bestimmte Rutschmenge möglichst kontrolliert durch einen Gefahrenpunkt durchzuleiten. Hierzu wird meist eine Wanne aus Stahlbeton gebaut, die durch ihren Querschnitt dann einen definierten Abfluss garantiert. Meist wird diese Art der Schutzmaßnahme mit anderen Methoden kombiniert. Durchleitbauwerke machen planerisch bzw. bautechnisch nur Sinn, wenn nach dem Durchleitbereich hangabwärts ein ausreichender Rückhalteraum zur Verfügung steht: Im Fall der Stadt Brienz ist das der Brienzer See (Wendeler 2008).

3.4.6 Hurrikan

3.4.6.1 Ursachen und Wirkungen

Stürme, Orkane und Hurrikans sind Ereignisse, die weltweit jährlich Milliarden US$ Schäden an der Infrastruktur anrichten, aber auch direkt und indirekt viele Menschen bedrohen. Sie werden unter dem Begriff „tropische Wirbelstürme" zusammengefasst und gehören zu den zerstörerischsten Phänomenen der Natur. Sie stellen eine große Bedrohung für Leben und Eigentum dar und können auch schon als tropische Tiefdruckgebiete („tropical depression") verheerende Folgen haben, indem sie zu Sturmfluten und Überschwemmungen im Landesinneren durch starke Regenfälle führen. Oft gehen sie einher mit Stürmen, die bis weit ins Landesinnere eindringen können. Überschwemmungen und Stürme sind dabei die häufigste Ursache für Todesfälle.

Tropische Wirbelstürme entstehen nur über dem Meer und zwar vorwiegend in tropischen Breiten. Je nach Entstehungsort werden sie als Hurrikan („hurricane"), Taifun („typhoon") oder Zyklon („cyclone") bezeichnet. Der Begriff Hurrikan bezieht sich speziell auf tropische Wirbelstürme, welche über dem Nordatlantik, dem Nordpazifik, der Karibik und dem Golf von Mexiko auftreten. Tropische Stürme im Westpazifik werden als Taifun und Stürme südlich des Äquators im Indischen Ozean oder vor der Küste Australiens werden als Zyklon bezeichnet.

Tropische Wirbelstürme entstehen zu klar abgrenzbaren Zeiträumen. So haben die Hurrikans im Atlantik, der Karibik oder dem Golf von Mexiko vom 1. Juni bis 30. November „Saison". Dort bilden sich statistisch jedes Jahr im Durchschnitt 12 tropische Stürme, von denen 6 zu Hurrikans werden. Im Zentralpazifik bilden sich im Durchschnitt 3 tropische Stürme, von denen 2 zu Hurrikans werden. Im Südatlantik und im Südpazifik haben die Zyklone von Mai bis September „Saison" – im Indischen Ozean und dem Südpazifik ist die Hauptsaison der Taifune von Juli bis November mit einem Höhepunkt von Mitte August bis Mitte September. Die Saisonalität des Auftretens ist eine Folge der Sonneneinstrahlung am Äquator. Dies führt dazu, dass tropische Wirbelstürme in einem Gürtel von 5° nördlich und südlich des Äquators vermehrt auftreten.

Die intensive Sonneneinstrahlung führt dazu, dass Wassertemperaturen auf mehr als 26,5 °C ansteigen, ein Temperaturniveau, das eine wesentliche Voraussetzung für die Entstehung eines Wirbelsturms ist. Dadurch wird im Nordatlantik jährlich ein Energievolumen von mehr als 1500 Terawatt angereichert (Houghton 2009). Die Luft über dem Meer erwärmt sich dabei, der Wasserdampf steigt dann in großen Mengen auf und bildet Gewitterwolken – auch Gewittercluster genannt. In ihnen steigt dann die warme Luft weiter auf, mit der Folge, dass über der umgebenden Meeresoberfläche ein Unterdruck entsteht, der wiederum mehr Luft von den Seiten ansaugt. Wesentlich für die Ausbildung eines tropischen Sturms ist, dass am Ort keine scherenden Winde auftreten. Damit kann die Erdrotation die aufsteigende Luft wie eine Spirale in Drehbewegung versetzen. Es kommt zur Ausbildung großer Luftdruckunterschiede zwischen innen und außen – im Kern der Spirale dagegen herrscht Windstille. Diese Stelle wird als das „Auge des Hurrikans" bezeichnet. Dort wird auch die Stärke eines Hurrikans gemessen. Der niedrigste jemals gemessene Luftdruck wurde mit 882 hPa beim Hurrikan „Wilma" im Jahr 2005 an der Ostküste der USA gemessen. Das Ausmaß eines tropischen Wirbelsturms kann bis zu mehr als 1000 km betragen und die Windgeschwindigkeiten können von innen (<50 km/h) auf mehr als 350 km/h zunehmen. Aufgrund der Klimaerwärmung wird für das späte 21. Jahrhundert erwartet, dass die Hurrikanaktivität weiter zunimmt. Einhergehend mit der Zunahme der Luftfeuchtigkeit wird sich die Zahl der tropischen Niederschlagereignisse geschätzt um 10–15 % erhöhen, ebenso wird die Intensität tropischer Wirbelstürme um bis zu 10 % zunehmen – insbesondere der Anteil tropischer Wirbelstürme der Kategorie 4 und 5 (Wei Zhang et al. 2017).

Tropische Wirbelstürme beginnen meist harmlos als atmosphärische Störung, wenn kalte trockene Luft auf feuchte warme Luft trifft. In der nördlichen Hemisphäre strömt vorranging in den Wintermonaten kalte, trockene Luft von der Arktis nach Süden und trifft dort auf warme feuchte Luft aus Nordafrika. Dabei vermischen sich die unterschiedlich temperierten Luftmassen nicht einfach, sondern gleiten aneinander vorbei. Die warme Luft steigt entlang der Grenzschicht zur Kaltfront nach oben. Dazu kommt noch die Corioliskraft, die die Luftmassen quer zu ihrer Bewegungsrichtung ablenkt – auf der Nordhalbkugel im und auf der Südhalbkugel gegen den Uhrzeigersinn. Ein Wirbelsturm entsteht, je stärker die Temperaturunter-

schiede sind. Erreicht er dabei Geschwindigkeiten von mehr als 117 km pro Stunde, spricht man von einem Orkan. Ein wichtiger Grund dafür, dass Stürme immer über dem Meer entstehen, ist jedoch der Wasserdampf. Je weiter die Luft in kältere Schichten aufsteigt, desto mehrt kondensiert der Wasserdampf – dabei wird eine große Menge an Energie freigesetzt. Sie sorgt für die hohen Windgeschwindigkeiten.

Als Kriterium für die Stärke eines Hurrikans dient die „Saffir-Simpson-Skala" (Tab. 3.9). Sie ist nach Windgeschwindigkeiten unterteilt und enthält fünf Stufen. Die Windgeschwindigkeiten beziehen sich jeweils auf ein Minuten-Mittel.

Eine Besonderheit bei den Wirbelstürmen auf dem Festland stellen „Tornados" dar – auch als Windhosen bezeichnet. Sie richten zum Beispiel in den USA jährlich große Schäden an und treten bevorzugt in einem schmalen Streifen im Mittleren Westen, der sogenannten „Tornado-Alley" auf. Eine langfristig verlässliche Vorhersage von Tornados ist nicht möglich, da diese sich zu schnell bilden. Aus historischen Daten lässt sich aber der Zeitraum für das Entstehen im Mittleren Westen der USA auf das Frühjahr eingrenzen. Kräftige Tornados bilden sich vor allem entlang von Kaltfronten. So fließt bei ihnen polare Kaltluft von Kanada nach Süden und trifft auf feuchtheiße subtropische Luft, die vom Golf von Mexiko kommt. Wenn die unterschiedlichen Luftmassen aufeinandertreffen, bilden sich gewaltige Gewitterwolkensysteme aus. Dabei wird die warme Luft angesaugt, schießt mit einer Geschwindigkeit von über 100 km/h in der Wolke nach oben und steigt bis in eine Höhe von 15 bis 16 km. Kommt noch eine starke vertikale Windscherung hinzu, wird ein mehr oder weniger senkrecht rotierender Aufwindschlauch erzeugt. Dieser kann einen Durchmesser von mehr als einem Kilometer erreichen. Ein Tornado kann Windgeschwindigkeiten von mehreren Hundert Kilometern pro Stunde erreichen, und da er immer Bodenkontakt hat, entwickelt er dort auf einem Streifen von einigen Hundert Metern Breite eine erhebliche Stärke. Die Zerstörungskraft von Tornados wird anhand der Fujita-Skala festgelegt, die sowohl die meteorologischen als auch die Aspekte der Bausubstanz berücksichtigt. Mit ihrer Hilfe ist es möglich, die großen Zerstörungen durch Tornados in den USA anhand einer einheitlichen Skala

Tab. 3.9 Saffir-Simpson-Skala

Hurrikan Kategorie	Saffir-Simpson-Skala	Windgeschwindigkeit	Luftdruck
1	SSH 1	118–152 km/h	980 hPa
2	SSH 2	153–177 km/h	979–965 hPa
3	SSH 3	178–209 km/h	964–945 hPa
4	SSH 4	210–249 km/h	944–920 hPa
5	SSH 5	>250 km/h	>920 hPa

zu klassifizieren. Eine Übertragung der Fujita-Skala auf Europa ist nicht möglich, da sich die europäische Bauweise (besonders in der Baustabilität) erheblich von der amerikanischen unterscheidet. Tornados kommen aber nicht nur in den USA vor. Auch in Deutschland kommt es immer wieder zur Ausbildung von Tornados: So im Mai 2015 in der mecklenburgischen Stadt Bützow. Nach Angaben des Deutschen Wetterdienstes (DWD) treten jährlich 20–60 solcher Wirbelstürme mit unterschiedlicher Stärke auf. Statistisch stirbt in Deutschland jedes Jahr ein Mensch an den Folgen eines Wirbelsturms – hinzu kommen jährlich Schäden in Millionenhöhe.

3.4.6.2 Beispiel für Hurrikans

Hurrikan Katrina

Der Hurrikan Katrina gilt als eine der verheerendsten Naturkatastrophen in der Geschichte der Vereinigten Staaten. Er richtete Ende August 2005 an der Golfküste gewaltige Schäden an. Besonders betroffen war das Mississippidelta mit der Stadt New Orleans. Die Stadt liegt im Delta des Mississippi, der fast 40 % der zusammenhängenden Fläche der Vereinigten Staaten entwässert und dabei eine große Sedimentfracht mitführt. Seit der Mississippi eingedeicht und damit bei Hochwasser eine Verteilung der Sedimente innerhalb des Stadtgebietes unterbunden wurde, sinkt das Gebiet von New Orleans um bis zu 1 cm pro Jahr ab. Auch das seit etwa 100 Jahren durchgeführte Abpumpen von Drainagewasser trägt maßgeblich zur Absenkung bei. Zu den vom Hurrikan Katrina betroffenen Gebieten gehörten auch die Bundesstaaten Mississippi, Alabama, Georgia und Florida (Noack 2007). Durch den Hurrikan kamen 1836 Menschen ums Leben; der Sachschaden belief sich auf etwa 108 Mrd. US$. Insbesondere die Stadt New Orleans war stark betroffen. Durch ihre geographische Lage im seit Jahrhunderten absinkenden Mississippi-Delta liegen weite Teile der Stadt bis zu 3 m unter dem Meeresspiegel. Die Stadt ist durch ihre Lage am Mississippi von Natur aus an drei Seiten von Wasser umgeben (Mississippi, Golf von Mexiko, Lake Pontchartrain). Die höchsten natürlichen Erhebungen im Raum New Orleans bilden mit bis zu 4 m über dem Meeresspiegel die Uferdämme des Mississippi. Schwere Überschwemmungen durch Hurrikans, Deichbrüche oder starke Niederschläge hat es in der Region immer wieder gegeben. Die ersten Berichte liegen schon aus dem Jahr 1750 vor; seitdem waren Überflutungen ein wiederkehrendes Problem. Die erste „große" Überschwemmung ereignete sich im Jahr 1927. Das nächste große Ereignis fand im Jahr 1947 statt. Obwohl der Sturm nur die Kategorie 1 hatte, waren durch eine von Norden (Lake Pontchartrain) kommende 3 m hohe Flutwelle geschätzte 100 Mio. US$ Schaden entstanden, 51 Menschen starben. Die Katastrophe gab den Anstoß für

die Errichtung des Dammsystems entlang der Südküste des Sees. Die zweite schwere Überschwemmung (1965) war eine Folge des Hurrikan Betsy (Kategorie 3); sie tötete 81 Menschen und richtete einen Schaden von 12 Mrd. US$ an. In der Folge wurden abermals Verbesserungen des Hochwasserschutzes vorgenommen. Es wurde ein Hochwasserschutzplan aufgestellt; doch schon bald stellte sich heraus, dass die Parameter für die Modellentwicklung zu ungenau waren, sodass 2003 eine Neubewertung der Gefährdungssituation vorgenommen werden musste. Der Bericht stellte fest, dass New Orleans nun wegen Landabsenkung und Zerstörung der Feuchtgebiete gefährdeter sei als 40 Jahre zuvor und wies darauf hin, dass schon ein Hurrikan der Stufe 3 die Deiche und Flutmauern überschwemmen könnte (USACE 2003). Eine bevorstehende Flutkatastrophe war also schon – fast genau so, wie sie später eingetreten ist – von vielen Experten vorhergesagt worden. (vgl. Snowdon et al. 1980).

Der Hurrikan Katrina bildete sich am 23. August 2005 zunächst im Atlantik in Höhe der Bahamas als gemäßigtes tropisches Tiefdruckgebiet („tropical depression"). Einen Tag später verstärkte er sich zu einem tropischen Sturmtief („tropical storm") und schlug einen westlich gerichteten Pfad ein. Am Morgen des 25. August 2005 erreichte er unter weiterer Intensivierung bei Fort Lauderdale Florida. Seitdem wurde er als Hurrikan der Kategorie 1 geführt und „Katrina" benannt. Schon in Florida waren dabei 14 Menschen ums Leben gekommen. Der Hurrikan setzte dann seine Zugbahn über Florida hinweg fort und zog in den Golf vom Mexiko. Dort entwickelte er sich aufgrund der Wassertemperaturen von bis zu 30 °C zu einem heftigen Wirbelsturm. In der ganzen Zeit wurde Katrina von dem „National Hurricane Center" (NHC) in Miami kontinuierlich verfolgt – eine erste Hurrikanwarnung wurde an die Küstenländer ausgegeben. Am 26. August bog Katrina nach Norden ab und es wurde ersichtlich, dass er voraussichtlich im Raum New Orleans und an der Küste Louisianas auf Land treffen wird. Damit konnte der Katastrophenfall („declaration of state of emergency") für die Bundesstaaten Mississippi, Louisiana und Alabama ausgerufen werden. Dies ermöglicht es, die im „National Response Plan" festgelegten Prozeduren der Krisenintervention einzuleiten. Die Bundesstaaten alarmierten unverzüglich ihre eigenen Katastrophenhilfseinrichtungen. Die warme Luft stieg infolge einer meteorologischen Höhenströmung schnell sehr weit auf und die Rotation führte zu einem starken Druckabfall im Zentrum. Am Morgen des 27. August erreichte der Sturm die Kategorie 3. Der Kerndruck war mittlerweile auf 940 hPa gefallen – die Windgeschwindigkeiten auf 185 km/h angestiegen. Am 28. August warnte das NHC eindringlich vor den Gefahren für New Orleans und sagte voraus, dass die Sturmflut die Deiche am Lake Pontchartrain überschwemmen könnte und dass die Zerstörung, auch in weiter Entfernung vom Zentrum des Sturms, bedeutende Ausmaße annehmen würde (Noack 2007). Am selben Tag wurde Katrina auf die Kategorie 5 heraufgestuft und gegen Mittag erreichte er seine maximale Stärke. Katrina wies zu diesem Zeitpunkt Windgeschwindigkeiten von bis zu 280 km/h auf, in Böen bis zu 340 km/h. Sein Kerndruck war auf 902 hPa abgefallen. Katrina war damit einer der bis dahin schwersten gemessenen Stürme im Golf von Mexiko – wurde aber nur wenige Wochen später von Hurrikan Rita übertroffen. In den frühen Morgenstunden des 29. August (er war zuvor auf die Kategorie 4 herabgestuft worden) traf er an der Spitze des Mississippi-Deltas auf Land. Dabei verringerte sich die Windgeschwindigkeit auf 200 km/h. Auf dem Festland schwächte er sich in der Nacht zum 30. August zu einem tropischen Sturm und schließlich zu einem tropischen Tief ab. Schon in den 24 h, bevor Katrina das Festland Louisianas erreichte, hatte der Hurrikan (Kategorien 4, 5) bereits eine starke, nordwärts gerichtete Flutwelle erzeugt. Gerade die Zugbahn östlich vorbei an New Orleans erlaubte es den Wassermassen, aus dieser Richtung in Lake Borge einzudringen. Es wird geschätzt, dass die Flutwelle damals schon 5,5–7,6 m über Normal erreicht hat. Am südlichen Ufer von Lake Pontchartrain erreichte die Sturmflut immer noch eine Höhe von 2,7 m. Die Deiche am Seeufer hielten den Wassermassen stand. Jedoch gelangte das Hochwasser über die drei das Stadtgebiet durchquerenden Kanäle (17th Street Canal, London Avenue Canal, Industrial Canal) tief ins Stadtgebiet. Am Morgen des 29. August kam es zwischen 5:30 und 6:00 Uhr zum Bruch der Deiche und Flutmauern an diesen drei Kanälen und das Wasser konnte so schnell in fast alle Teile des Ostens von New Orleans strömen. Insgesamt 80 % der Stadt wurden überflutet, mit Wassertiefen bis zu fast 6 m. Insgesamt hatte es etwa 50 Deichbrüche gegeben – 71 Schöpfwerke in der Stadt wurden beschädigt und 270 km der 560 km langen Hochwasserschutzanlagen der Region waren in Mitleidenschaft gezogen worden (Pohl 2013b). Die höchsten Wasserstände erreichten die Fluten in den tiefsten Stadtteilen im Norden sowie im Lower 9th Ward, also der Wohngegend mit starkem Anteil afroamerikanischer Bewohner. Im Gegensatz dazu waren die historischen Stadtteile in Flussnähe, wie zum Beispiel das French Quarter oder der Garden District, nicht oder nur in sehr geringem Ausmaß betroffen. Auch im Central Business District erreichte die Flut einen Maximalstand von „nur" 1 m Meter (Noack 2007). Wie stark die Kraft der Wassermassen war, kann daran abgelesen werden, dass nach Informationen des UGSG der Mississippi fast 24 h lang aufwärts floss. Pegelmesser registrierten einen Tag lang eine negative Fließgeschwindigkeit des Stroms – seine Richtung hatte sich umgekehrt. Über weite Strecken habe sich der Strom zudem um mehr als 3 m hoch gestaut.

Die Bilanz der Katastrophe war: Mehr als 1800 Menschen verloren ihr Leben. Rund 1 Mio. Einwohner verloren ihr Zuhause – vor allem in den US-Staaten Louisiana und Mississippi. Es war ein Sachschaden von 125 Mrd. US$ entstanden, wovon nur etwa die Hälfte versichert war. Das Wasser hatte die Stadt zum Teil zu 7,6 m überflutet; das Zentrum war zu 80 % überschwemmt. Fast 1 Mio. Menschen hatten keinen Strom und die Schöpfwerke, die nicht über ein Notstromaggregat verfügten, fielen aus. Einer der beiden Flughäfen war überflutet und musste seinen Betrieb einstellen. New Orleans war von der Außenwelt fast völlig abgeschnitten, es gab kein Trinkwasser, keinen Strom, es kam zu Plünderungen, Gewalt und Schießereien. Die „National Guard" stellte insgesamt 40.000 Soldaten, um in der Stadt Sicherheit und Ordnung aufrechtzuerhalten. Nach Aufforderung durch die Stadtverwaltung hatte – vor dem Eintreffen des Hurrikans – mehr als 1 Mio. Menschen die Stadt und die Gegend um New Orleans in Richtung Norden verlassen – teilweise bis nach Texas. Dies war der größte „Exodus" seit dem amerikanischen Bürgerkrieg (1861–1865). Mehrere Zehntausend Menschen, die die Stadt nicht verlassen konnten, suchten Zuflucht im „New Orleans Super Dome" (städtisches Football-Stadion), der aber dann auch vom Wasser eingeschlossen war und evakuiert werden musste. Obwohl Experten immer wieder vor der Sturmflutgefahr gewarnt hatten, wurde der Hochwasserschutz bewusst vernachlässigt. Auch versagte das Katastrophenmanagement trotz vielfältiger Vorschriften, Gesetze und Regelwerke seitens FEMA (McGuire und Schneck 2010). Unklare Zuständigkeiten und Mandate führten zu sich oftmals widersprechenden Entscheidungen, die dann auch noch mangelhaft kommuniziert wurden. So verweigerte der Bürgermeister Nagin die Benutzung von 150 Schulbussen zur Evakuierung der Bevölkerung mit dem Hinweis, dass per Gesetz Schulbusse nur für den Transport von Schülern erlaubt seien, sonst erlösche der Versicherungsschutz. Als besonders schwerwiegend erwiesen sich die schlechten Evakuierungsplanungen für die sozial benachteiligten Bewohner ohne PKW. Es fehlte an Notunterkünften und Versorgungsressourcen. Der „Super Dome" aber war für eine Versorgung von mehr als 15.000 Menschen völlig ungeeignet (Prisching 2006). Ferner verschlechterte sich noch das Schicksal der Betroffenen durch das schleppende Anlaufen der Hilfs- und Evakuierungsmaßnahmen. Aus der Bevölkerung wurden Vorwürfe laut, dass vor allem die Stadtviertel der weißen Mittel- und Oberschicht auf sicherem Terrain standen, während die ärmere schwarze Bevölkerung zu den Hauptleidtragenden der Katastrophe wurde (Reid 2011). Dies führte zu einer politischen Diskussion, die hervorhob, dass vorrangig Afroamerikaner zu den Opfern gehört haben. Vor Katrina war New Orleans von einem Anteil von 68 % Afroamerikanern gekennzeichnet und von einem sehr hohen Bevölkerungsanteil, der in Armut lebte. Vor dem Hurrikan gab es einen eindeutigen Zusammenhang von Einkommen und ethnischer Herkunft insbesondere im eigentlichen Stadtgebiet („Orleans Parish"). Vor allem Männer waren dem Hurrikan zum Opfer gefallen (60 %, bei einem Männeranteil von 46 % an der Gesamtbevölkerung). Eine spätere Analyse von Opferzahlen, Ethnien und Geschlecht konnten jedoch keinen Zusammenhang der Überflutungstiefe und der Zugehörigkeit zu einer (bestimmten) Ethnie belegten, da „weniger die Hautfarbe als die Landhöhe und die Distanz zu einem Deichbruch ausschlaggebend auf die Überlebenschancen gewirkt haben" (Fassmann und Leitner 2006). Dabei sollte angemerkt werden, dass eben die niedrigen Gegenden von der sozial abgehängten Bevölkerung bewohnt wurden. Zudem hatten ältere Bewohner, die in New Orleans verblieben waren, ein deutlich erhöhtes Sterberisiko. Während die Altersgruppe von unter 50 Jahren nur 12 % aller Toten darstellte, waren drei Viertel der Opfer 60 Jahre oder älter. Die hohe Sterblichkeit wird auf die Tatsache zurückgeführt, dass viele ältere Menschen, die auf medizinische Versorgung angewiesen waren, nicht evakuiert wurden. Für die in der Stadt Verbliebenen wurde die Versorgungslage bedenklich – auch die hygienischen Zustände waren zum Teil katastrophal: Magen, Darm, Haut und anderen Erkrankungen traten verbreitet auf. Die Nationalgarde musste eingesetzt werden, um Plünderungen und andere kriminelle Aktivitäten einzudämmen. Durch den „Exodus" vor, während und nach Katrina hatte sich die Einwohnerzahl von New Orleans auf etwa 200.000 halbiert. Bis heute sind rund 100.000 der durch den Hurrikan Vertriebenen nicht zurückgekehrt. Mit dem Wegzug vieler sozial schwächer gestellter Bewohner und dem sich in jüngster Zeit wieder verstärkenden Zuzug als Folge einer wirtschaftlichen Wiederbelebung hat sich auch die Sozialstruktur in Teilen von New Orleans und seiner Nachbargemeinden verändert. Seit „Katrina" ist New Orleans, ehemals die inoffizielle Hauptstadt des „schwarzen" Amerika, ein Stück „weißer" geworden. Der Anteil der weißen, nicht-hispanischen Einwohner stieg von 26 % auf 31 %.

Sofort nach der Katastrophe wurde umgehend mit dem Wiederaufbau der Stadt begonnen. Überlegungen, wonach die Stadt aufgegeben werden sollte, wurden als historisch nicht sinnvoll und ökonomisch nicht vertretbar verworfen. In einem breiten Partizipationsprozess wurden alle Aspekte des Wiederaufbaus behandelt. Auf 390 Seiten wurde niedergelegt, wie die Stadt „safer, stronger, smarter" werden kann: mit substanziell gesteigerter Lebensqualität, größeren ökonomischen Möglichkeiten und einem besseren Schutz gegen Hurrikans. Ein wichtiger Punkt des Plans waren neue Richtlinien zum hochwassersicheren Bauen. Danach muss jedes neue Gebäude innerhalb der eingedeichten Drainage-becken mindestens 1 m über dem höchsten angrenzenden Gelände errichtet werden. Neubauten auf der „nackten" Erde wurden verboten. 14 Mrd. US$ wurden dazu zur Verfügung gestellt. Von denen entfiel das meiste auf den Hochwasserschutz für Gebäude (3,3 Mrd. US$), auf den Verkehrssektor (3 Mrd. US$) sowie die Rehabilitierung der materiellen Infrastruktur (2 Mrd. US$).

Das „US Army Corps of Engineers" (USACE) reparierte 55 Deichbrüche einschließlich derjenigen am Industrial Canal, dem 17th Street Canal und dem London Avenue Canal. Danach begann USACE, ein mechanisches Flutwehr zu bauen, das in der Lage ist, selbst 5 m hohe Fluten zurückzuhalten. Die Schutzbauten kosteten insgesamt 4,5 Mrd. US$. In Verbindung mit insgesamt 11 Wasserpumpen, die zu den stärksten Pumpen der Welt gehören, können nunmehr 250.000 Bewohner hinter dem Deich geschützt werden. Besonderes Augenmerk legte „USACE" auf die Sicherung des „Gulf Intracoastal Waterway", dem meistbefahrenen Kanal in New Orleans. Die Deiche wurden allesamt auf ein Schutzniveau von mindestens 5 m erhöht und/oder technisch verstärkt, um einem 100-jährlichen Hochwasser standzuhalten. Zusammen mit Durchlässen an strategischen Punkten ist die Stadt heute besser geschützt als zuvor. Doch Kritiker weisen darauf hin, dass New Orleans zwar sicherer sei als vor 2005, aber nicht so sicher, wie es sein könnte. Das Katastrophenmanagement in den USA wurde in der Folge ebenfalls auf den Prüfstand gestellt. In einem für das „Weiße Haus" erarbeiteten Bericht wurden die erkannten Defizite klar benannt und Vorschläge gemacht, wie in Zukunft das Leben der Menschen besser geschützt werden kann (FEMA 2009). So hatte sich als wichtigster Faktor herausgestellt, dass das bestehende Managementsystem die Verantwortung der Bundesbehörden sowie der Bundesstaaten nicht umfassend genug definiert hatte. Zudem stellte der Bericht heraus, dass im Lande insgesamt – auf allen Verantwortungsebenen, aber auch in der Zivilgesellschaft, eine *„culture of preparedness"* entwickelt werden müsste. Zu sehr und zu oft würden immer noch Krisenreaktion und Wiederaufbau im Vordergrund stehen. Ein „Mehr" an Vorsorge würde dagegen die potenziellen Schäden deutlich verringern.

Den Beweis, ob die technisch-materiellen als auch organisatorisch-administrativen Vorsorgemaßnahmen zu einer höheren Resilienz der Bevölkerung in der Golfregion geführt haben, konnte fast auf den Tag genau 7 Jahre später bei dem Hurrikan Isaac abgelesen werden. Isaac war im zentralen Atlantik als tropisches Tiefdruckgebiet *(„tropical depression")* entstanden. Seine Zugbahn lag deutlich südlicher als die vom Hurrikan Katrina. Auf seinem Weg über Santo Domingo und Kuba erreichte er den Golf von Mexiko. Dort baute er sich – genau wie Katrina – zu einem tropischen Sturm *(„tropical storm")* auf – der Luftdruck im

Auge des Hurrikans sank auf 977 hPa ab. Aufgrund seiner großen flächenmäßigen Ausdehnung und einer südwestlichen Windscherung entwickelte der Sturm keine höheren Windgeschwindigkeiten, um als Hurrikan eingestuft zu werden. Hierfür war nach Angaben des National Hurricane Center die teilweise sehr trockene Luft verantwortlich, die in die Zirkulation gesaugt wurde. Orkanstärke (Kategorie 3) erreicht Isaac in einem Radius von bis zu 95 km um sein Zentrum – Sturmstärke bis in eine Entfernung von 280 km. Am 28. August traf Isaac 110 km südlich von New Orleans auf Land und wanderte dann weiter westlich an New Orleans vorbei nach Norden. Die Vorwärtsgeschwindigkeit des Hurrikans von (nur) 13 km/h führte zu einem quasi stationären Regenfeld mit Niederschlägen bis zu 300 mm/h (lokal bis zu 500 mm). Der Hurrikan ließ im Delta den Meeresspiegel um 2–3 m ansteigen. Das National Hurricane Center gab eine Warnung für weite Teile der nördlichen Golfküste heraus. Auch in den Staaten Mississippi, Alabama und Florida wurde der Notstand ausgerufen. Der damalige US-Präsident Barack Obama verhängte den Ausnahmezustand über den Staat Louisiana. Und die Republikanische Partei verschob ihren Parteitag in Tampa (Florida). Viele Menschen verbarrikadierten ihre Häuser und stockten Vorräte auf. Nach der Katastrophe wurde das Ausmaß der Verwüstungen sichtbar. Wie vorhergesagt waren die Schäden (2 Mrd. US$) deutlich niedriger als bei Katrina. Die meisten Schäden waren diesmal nicht durch den Hurrikan selbst entstanden, sondern resultierten von den Überschwemmungen infolge der langanhaltenden Regenfälle. Die Dämme hielten den Wassermassen stand. In Gebieten, wo die Dämme nicht erhöht oder verstärkt waren, war es zu weitreichenden Überschwemmungen gekommen – insbesondere im südlichen Delta bei Plaquemines. Die Bewohner dort mussten evakuiert werden. Um die Hochwasserstände zu reduzieren, wurden auf kurzen Strecken Dämme kontrolliert gesprengt. Nach Angaben der FEMA (2013) starben 41 Menschen, 34 von ihnen direkt, 7 indirekt. 60.000 Häuser wurden zerstört und die ökonomischen Verluste beliefen sich auf etwas mehr als 2 Mrd. US$; Schäden an Offshore-Einrichtungen (zumeist Erdölförderplattformen und Produktionsausfall) betrugen noch einmal 1 Mrd. US$.

Auch wenn sich die beiden Hurrikanereignisse kaum vergleichen lassen (vgl. Tab. 3.10), so kann doch festgestellt werden, dass durch die umfangreiche und umfassende Verstärkungen der Deiche und Dämme, den Einbau extrem leistungsstarker Hochwasserpumpen und durch die Neustrukturierung des nationalen und lokalen Katastrophenmanagements es bei dem Hurrikan Isaac nur zu einem Schaden gekommen ist, der sich im Rahmen „normaler" Hurrikanereignisse bewegt – ohne diese wären die Schäden und Opferzahlen sicher deutlich höher ausgefallen.

Tab. 3.10 Vergleich der Schäden und Opferzahlen der beiden Hurrikans Katrina und Isaac. (Nach Angaben FEMA 2013)

Faktoren	Katrina	Isaac
Sturmkategorie bei „*landfall*"	3	1
Luftdruck	Min. 902 hPa	Min. 925 hPa
Windgeschwindigkeit	Max. 340 km/h	Max. 280 km/h
Wellenhöhe	Max. 7,6 m	Max. 3 m
Betroffene Gemeinden	64	55
Anzahl der zerstörten Häuser	280.000	60.000
Schaden	125 Mrd. US$	2 Mrd. US$
Todesopfer	1800	41

3.4.7   Lawine

3.4.7.1 Ursache und Wirkungen

Lawinen stellen seit jeher eine ernste und immer wiederkehrende Bedrohung für die Menschen im Gebirgsraum dar. Jedes Jahr sind allein in den Alpen 10–20 Tote durch Lawinenunglücke zu beklagen – in Österreich waren dies seit 1950 etwa 2000 Personen. Dabei sind es immer weniger die natürlichen Gegebenheiten, die zu den Lawinenabgängen führen, immer häufiger ist es der Mensch. Zwei Drittel aller Lawinentoten der letzten Jahre in Österreich waren Skifahrer (BFW 2016). So starben 2019 in Südtirol eine Frau und zwei sieben Jahre alte Mädchen bei einem Lawinenunglück. Die Staatsanwaltschaft Bozen ermittelt daher gegen fünf Skifahrer wegen fahrlässiger Tötung und Verursachung eines Lawinenunglücks. Dennoch darf nicht außer Acht gelassen werden, dass es allein in Österreich etwa 6000 Lawinenstriche in der Nähe von Siedlungen gibt. Auch war es früher vor allem die Bevölkerung in den alpinen Tälern, die von Lawinen bedroht war. Heute sind vor allem nicht mehr die Dörfer selbst, sondern, abseits der Siedlungen im freien alpinen Gelände, die Skitouristen vorrangig bedroht.

Unter einer Lawine sind Schneemassen zu verstehen, die infolge der kinetischen Energie zu Tal strömen. Die Schneemassen werden durch Schneekristalle gebildet, wenn Wasserdampfmoleküle auf kleinste Staubpartikel treffen und zu Eis gefrieren, wobei der Aufbau der Wassermoleküle (Schnee) die bekannten achtzähligen Schneekristalle ausbildet.

Die physikalischen Haupteigenschaften von abgelagertem Schnee werden durch seine Mikrostruktur, Kornform und -größe, Wassergehalt, Schneedichte und Temperatur, daneben noch Schichtdicke und einige weitere Elemente charakterisiert (Fierz et al. 2009). Da die Bildungstemperatur von Schnee in der Regel nahe dem Gefrierpunkt liegt, kann sich Schnee in seiner Ausbildung ständig verändern („Metamorphose") und es kann sich in den Porenräumen Wasser ansammeln. Alle drei Wasserphasen (dampfförmig, flüssig, fest) können zusammen vorkommen. In Zuge unterschiedlicher ausgeprägter Niederschläge, durch den Prozess der Metamorphose und in der Regel gesteuert durch Wind, kommt es zur Ausbildung von einzeln abgrenzbaren Lagen von Schnee (*„distinct layers"*). Und dieser Aufbau bestimmt, ob es zur Ausbildung einer Lawine kommt. Der Anbruch tritt meist an den Grenzen auf, wo sich die spezifischen oben genannten Eigenschaften auf wenigen Zentimetern ändern.

Für die Akkumulation von zum Teil sehr mächtigen Schneemassen reichen allein schon „kleinere" Neuschneemengen von jeweils unter 30 cm – wenn diese nicht schmelzen –, dass sich im Laufe weniger Tage Schneemengen von mehr als 200 cm akkumulieren können.

Als Schneelawine wird die schnelle Massenbewegung von abgelagertem Schnee mit einem Volumen von mehr als 100 m^3 und einer Länge von mehr als 50 m bezeichnet (Margreth et al. 2008). Nach der „Internationalen Lawinenklassifikation" im Lawinen-Atlas der UNESCO (1981) wird zwischen:

- Lockerschnee mit einem punktförmigen Anriss und
- Schneebrettlawinen mit linienförmigem Anriss

unterschieden.

Darüber hinaus unterteilt man Lawinen je nach Anteil an flüssigem Wasser in Trocken- und Nassschneelawinen. Auch wird die Bewegungsform als weiteres Unterscheidungsmerkmal herangezogen:

- Fließlawinen bewegen sich fließend („turbulent") talwärts oder gleitend auf der Unterlage (Boden- oder Schneeoberfläche) flächig oder kanalisiert ab.
- Staublawinen stürzen als Staubwolke in der sie umgebenden Luft als Mischung von Luft und relativ wenig Schneepartikeln ganz oder teilweise vom Boden abgehoben zu Tal. Wegen ihrer reduzierten Bodenreibung erreichen sie deutlich höhere Geschwindigkeiten.

Meistens treten Mischformen auf. Eine Besonderheit stellt die Gleitschneelawine dar. Sie entsteht, wenn sich unter starker „Schmierwirkung" durch Schmelzwasser Schneegleiten zur Lawinenbewegung entwickelt.

Lawinen werden „natürlich" meist nach Neuschnee oder Temperaturanstieg ausgelöst. In den letzten 20 Jahren führen physikalische Belastungen durch das Gewicht von Wintersportlern zunehmend zum Auslösen von Lawinen. Das Einzugsgebiet einer Lawine ist deren Nähr-, Anriss- und Ablagerungsbereich sowie die Lawinenbahn. In den potenziellen Anrissgebieten bestimmen Hangneigung (>90 % zwischen 30–45°), Exposition (Südhang), Ge-

ländeform (konkav) und Rauhigkeit, Vegetation sowie bestehende Verbauungen die Voraussetzungen für Lawinenabgänge. Die Morphologie bestimmt auch den Weg einer Lawine („Sturzbahn"). Im Ablagerungsgebiet kommt es nicht nur zur Ablagerung von Schnee, sondern auch von Schotter und Bäumen, die von der Lawine mitgerissen wurden.

Die im Winter 1993/94 von den Europäischen Lawinenwarndiensten eingeführte Skala (vgl. Abschn. 6.5) definiert die Gefahrenstufe anhand der Schneedeckenstabilität und der Lawinen-Auslösewahrscheinlichkeit. Die wichtigsten „Auslöser" für Lawinen sind:

- Neuschnee: wenn neuer Schnee auf alte „dünne" und wenig verdichtete Schneeschicht fällt
- Triebschnee: wenn der Neuschnee noch sehr locker ist und es herrscht ein starker Wind
- Altschnee: wenn eine dünne, wenig verfestigte Altschneedecke durch Zusatzbelastungen ihre Stabilität verliert. Dies passiert oft durch Wintersportler.
- Nasse Lawinen: wenn die Schneeschichten durch Regen oder Schneeschmelze ihre Kohäsion verlieren
- Gleitschneelawinen: wenn sich zwischen Schnee und Boden eine nasse Schneeschicht ausbildet, kann die gesamte Schneedecke auf glattem Untergrund abgleiten.

Die Lawinengefahrenstufen zeigen jedoch nur ein vereinfachtes Abbild der Realität. Die Gefahr nimmt von Stufe zu Stufe nicht linear, sondern überproportional zu. Zudem kann sich die Lawinengefahr im Tagesverlauf bzw. innerhalb der Gültigkeitsperiode des Lawinenbulletins verstärken oder verringern. Normalerweise nimmt die Gefahr, etwa infolge von Schneefall oder Wind, deutlich schneller zu als ab. Auch bezieht sich die im Lawinenbulletin angegebene Gefahrenstufe/Gefahrenbeschreibungen normalerweise auf die Situation während des Vormittags. Es wird daher immer darauf hingewiesen, dass die Gefahrenstufe x im Laufe des Vormittages erreicht wird, diese aber am Nachmittag die Stufe y erreichen kann – insbesondere in Folge der tageszeitlichen Erwärmung. Es ist davon auszugehen, dass alle Einflussgrößen wie Schneedeckenstabilität, Temperatur, Neuschnee, Hangneigung usw. interagieren. Dazu kommen noch die sogenannten Zusatzbelastungen durch Skiläufer oder Pistenraupen usw. Ferner ist zu beachten, dass die Gefahrenstufen immer für eine gesamte Region und nicht für einen speziellen Hang gelten. Daher kann das Risiko je nach Hang stark abweichen.

Es gibt fünf Lawinenwarnstufen:

| 1. Stufe: | Geringe Gefahr – Skitouren gelten allgemein als sicher (Häufigkeit/a 30 %; Anteil tödlicher Unfälle 5 %) |
| 2. Stufe: | Mäßige Gefahr – Skitouren gelten aber als sicher und größere Lawinen sind nicht zu erwarten (Häufigkeit/a 45 %; Anteil tödlicher Unfälle 30 %) |

3. Stufe:	Erhebliche Gefahr – Skitouren sollten nur von erfahrenen Skifahrern unternommen werden (Häufigkeit/a 20 %; Anteil tödlicher Unfälle 60 %)
4. Stufe:	Große Gefahr – auf Skitouren sollte weitestgehend verzichtet werden (Häufigkeit/a 4 %; Anteil tödlicher Unfälle 5 %)
5. Stufe:	Sehr große Gefahr – von Skitouren ist abzusehen (Häufigkeit/a 1 %; Anteil tödlicher Unfälle 0 %)

Da aber immer eine Lawinengefahr besteht, gibt es mit Absicht keine Stufe 0. Im Schnitt bestand in den letzten 10 Jahren in den Alpen fast an jedem zweiten Tag die Lawinenwarnstufe 2, an jedem dritten Tag herrschte Stufe 3 – mit diesen beiden Stufen müssen Skifahrer also am häufigsten rechnen.

Die Lawinenforschung hat in den letzten Jahrzehnten erhebliche Fortschritte gemacht; Prognosen über potenzielle Lawinenabgänge sind heute verlässlicher und genauer und haben zu einer signifikanten Reduzierung der Lawinenopferzahlen in den Alpen geführt. Dennoch sind Prognosen immer noch mit großen Unsicherheiten behaftet und können die jährlich eintretenden Lawinenkatastrophen – wie in Galtür (Österreich; vgl. Abschn. 3.4.7.2), bei dem 1999 150.000 t Schnee 31 Menschen das Leben kosteten – immer noch nicht nachhaltig verhindern. Das wichtigste Ziel im Bereich der Lawinenforschung ist daher, die Prognosesicherheit zu erhöhen. Erforderlich dazu ist eine kontinuierliche Sammlung und Analyse von Daten, die direkte Beobachtung der Schneeentwicklung („Nivologie"), aber auch die Interpretation historischer Ereignisse – ferner die Fortentwicklung und Erprobung neuer Technologien für den Schutz vor Wildbächen, Lawinen, Steinschlag und Rutschungen. Ein Schwerpunkt stellt die Erforschung der Wechselwirkungen zwischen dem Wald und den Naturgefahrenprozessen dar. Besonders in potenziellen Anbruchgebieten, aber auch in möglichen Lawinensturzbahnen kann ein dichter und stabiler Waldbestand Schutz für darunter liegende Objekte bieten.

Treffen Lawinen auf ein Hindernis, können durch die auftretenden starken Kräfte Gebäude und Infrastruktur zerstört werden. Durch den Transport von Bäumen und Steinen kann sich die zerstörerische Wirkung von Lawinen noch erhöhen. Für die Sicherung von Siedlungen und Gebäuden, von kritischer Infrastruktur, Skiabfahrten oder Straßenabschnitten steht eine Vielzahl an Schutzkonzepten zur Verfügung. Abhängig vom Schutzziel wird zwischen aktiven und passiven Maßnahmen unterschieden sowie zwischen vorbeugenden und prozessbeeinflussenden Vorkehrungen: Bautechnische Maßnahmen haben eine permanente Wirkung, Sperrungen und Sprengungen wirken temporär. Um den bei einem Lawinenabgang auftretenden immensen Kräften entgegenzuwirken, werden in der Sturzbahn oder im Auslaufgebiet Ablenkdämme, Bremshöcker oder Auf-

fangdämme errichtet. Im Bereich der Anrisse und der Sturzbahn sind Schneefangnetze, Schneedüsen und Kolktafeln weit verbreitet. Im nichtstrukturellen Bereich werden Konzepte und Instrumente zur Gefahrenerfassung und -bewertung eingesetzt, die Aufschluss über die Dynamik und die Ablagerung von Lawinen liefern. Methoden aus der Fernerkundung wie Photogrammetrie und Laserscanning kommen zum Einsatz, um Schneehöhendifferenz nach einer Lawine zu messen, mithilfe von Radarmessungen lassen sich Geschwindigkeiten an der Front und im Inneren der Lawine exakt bestimmen. Die gewonnenen Erkenntnisse über das Fließverhalten erlauben die Entwicklung und Justierung von Simulationsmodellen. Messungen der Zerstörungskraft von Lawinen fließen in die Erstellung von Normen für die Planung von Bauwerken und Schutzmaßnahmen ein. Alle diese Daten werden in einer Gefahrenkarte zusammengefasst. Darin werden aktuelle Ereignisse hinsichtlich der Anrissgebiete und der Sturzbahn analysiert und mit historischen Quellen verschnitten, um daraus eine Gefahrenanalyse mit Jährlichkeiten von 10, 30, 50, 100 Jahren zu entwickeln. Eine Expositionsanalyse gibt Auskunft, welche Gebäude, Infrastruktur, Verkehrswege usw. durch welchen Lawinentyp wie getroffen werden können und welche Schäden sich daraus ergeben; dies gilt ebenso für Personen. Mittels einfacher Entscheidungsbäume (Abb. 3.35; Margreth et al. 2008) ist es möglich, schon vorab das Risikopotenzial abzuschätzen.

In den letzten Jahren wurden Lawinenprognosen immer häufiger auf der Basis computergestützter Simulationen vorgenommen (vgl. Abschn. 5.5). Sehr bekannt ist das in der Schweiz entwickelte „RAMMS-Avalanche Modul", das

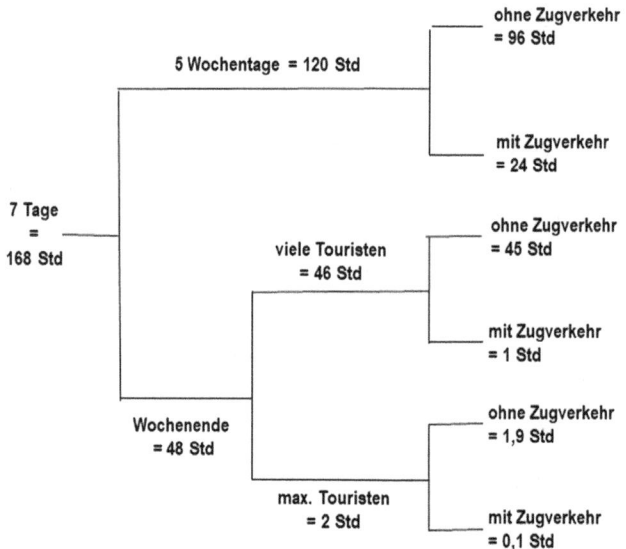

Abb. 3.35 Entscheidungsbaum zur Abschätzung des Risikopotenzials eines Ortes für Lawinen; hier am Beispiel eines Ortes, der von einer Eisenbahnstrecke durchquert wird

fließende Schneelawinen in komplexem Gelände simulieren kann (weiter unten).

Zur Harmonisierung der Einschätzung der Lawinengefahr in der Europäischen Union wurde 1993 die „Europäische Gefahrenskala für Lawinen" als verbindliche Bewertungsskala herausgegeben. Sie besteht aus fünf Stufen mit klar definierten und vereinheitlichten Begriffen und richtet sich hauptsächlich an die Wintersportler – auch die lokalen Lawinenwarnungen werden gemäß dieser Warnstufen ausgegeben (Tab. 3.11).

In allen EU-Mitgliedsländern sind nationale Lawinendienste aufgestellt: so für Deutschland beim Bayerischen Lawinendienst (München), für Frankreich beim Bulletin Avalanches (Paris) oder Italien bei der „Associazione Interregionale Neve e Valanghe" in Vicolo dell' Adige u. a. Die Skala wurde inzwischen auf der ganzen Welt übernommen: in Kanada, Neuseeland und den Vereinigten Staaten u. v. a. (Green et al. 2006).

3.4.7.2 Beispiel für Lawinenunglück

Galtür/Valzur, 1999

Der Lawinenwinter 1999 war insgesamt in den Alpen eine der verheerendsten Starkschnee-Perioden. Infolge von zwei Tiefdruckgebieten über Westeuropa hatte sich bis zum Tag der Lawinenabgänge in Galtür und Valzur (Tirol, Österreich) am 23. Februar 1999 eine extrem mächtige Schneedecke aufgebaut, die dann zu zahlreichen Selbstauslösungen führte. Die Lawinen forderten insgesamt 38 Todesopfer, davon 31 in Galtür und 7 in Valzur. Verletzt wurden etwa 48 Personen, 12 davon schwer. Die meisten Todesopfer stammten aus Deutschland (21). Der Sachschaden wurde zunächst auf 10–11 Mio. € geschätzt.

Ab dem 20. Januar 1999 war es über dem Nordatlantik zu einer Serie von schweren Stürmen gekommen, deren Niederschlagsfronten an der Nordseite der Alpen zu ergiebigen Schneefällen führten. Innerhalb von knapp fünf Wochen fielen in großen Teilen des Alpenraumes mehr als 5 m Schnee und es herrschte für mehrere Tage die höchste Gefahrenstufe (Bründl et al. 2000). In der Schweiz kam es zu rund 1200 Schadenlawinen mit insgesamt 17 Todesopfern in Gebäuden und auf Straßen, mit direkten und indirekten Sachschäden von mehr als 600 Mio. Schweizer Franken.

Im Raum Galtür gab es bis zum 23. Februar etwa 4 m Neuschnee, damit fiel in dem Monat etwa sechsmal so viel Schnee wie gewöhnlich in diesem Monat. Wegen der Topographie des Bergkammes auf seiner Luvseite, der sehr flach in einem großen Hochplateau abfällt, hatten sich extreme Schneemengen im Anrissgebiet der Unglückslawinen angesammelt. Zudem führten stürmische Winde enorme Mengen an Triebschnee auf den nach Gal-

tür gerichteten Leehang. Dass der Schnee trotzdem dort liegen blieb war sehr ungewöhnlich, da es sich um extremes Steilgelände handelt, in dem sich Lawinen sonst eher spontan lösen. Für das Anrissgebiet ungewöhnlich war zudem, dass es zum Auslösen einer Lawine kam, obwohl der Schneedeckenaufbau (eigentlich) extrem stabil war. Dies war dem meteorologischen Umstand geschuldet, dass sich wegen des Temperatursprungs – innerhalb von 1–2 Tagen von arktischer Kälte bis zu Temperaturen nahe dem Gefrierpunkt – der Neuschnee jeweils soweit setzen und stabilisieren konnte, dass er den nächsten Schnee wieder auffangen konnte. Gleichzeitig konnten sich in den kurzen Niederschlagspausen keine ausgeprägten Schwachschichten in der Schneedecke ausbilden. Damit hatte sich eine stabile Schneedecke aufgebaut, die dann kollabierte und in einer Lawine mit einer 100 m hohen Staubwolke zu Tal abging.

Galtür liegt am Ende des Paznauntals und ist an den Hängen des Greiskogels (Silvretta-Berggruppe) ein Schneeparadies für Skifahrer. Der Skitourismus ist in dem Bundesland ein großer Wirtschaftsfaktor. Im Winter 2016/17 hatte es mit 26 Mio. Übernachtungen einen neuen Rekord gegeben. Das Dorf Galtür, in das jedes Jahr mehrere Tausend Skitouristen strömen, hat selbst etwa 800 Einwohner. Das Leben mit dem Risiko „Lawine" kennen die Bewohner schon immer. Daher hatten sie es auch abgelehnt, als 1976 Pläne diskutiert wurden, den Jamtal-Gletscher zu einem Ganzjahres-Skigebiet auszubauen. Galtür hatte stattdessen „sein" Skigebiet an der Ballunspitze 2 km hinter dem Ort ausgebaut – man war der Ansicht, das müsste reichen.

Wegen der extremen Schneefälle hatte die Verwaltung des Dorfes vorsorglich die Skigebiete und die (einzige!) 30 km lange Zufahrtstraße durch das Paznauntal gesperrt. Zur Zeit des Unglücks hatten sich im Dorf 3900 Gäste aufgehalten – das Dorf selbst galt als sicher. Viele waren auf den Straßen, als sich kurz nach 16 Uhr die Lawine löste. Und die meisten bemerkten sie erst, als es zu spät war: „Da war nur ein Pfeifen und dann war alles weiß", erzählten sie hinterher.

Die starken Schneefälle hatten in vielen Gebieten Westösterreichs zu zahlreichen Verkehrsbehinderungen geführt, sodass das österreichische Bundesheer mit Hubschraubern Versorgungs-, Wildfütterungs- und Lawinenerkundungsflüge durchgeführt hat. Ab dem 27./28. Januar war für das Paznauntal die Lawinenwarnstufe von zunächst 3 dann auf 4–5 angehoben worden. Weil die einzige Zufahrtstraße nach Galtür aus Sicherheitsgründen geschlossen wurde, musste das Dorf ab dem 9. Februar aus der Luft versorgt werden. Lediglich am Samstag, dem 13. Februar wurde sie für einige Stunden geöffnet, um den Urlaubern Schichtwechsel zu ermöglichen. Zu dieser Zeit befanden sich neben den Einwohnern etwa 5000 Urlaubsgäste im Tal. Da die Straße gesperrt war, boten ab dem 20. Februar zwei private österreichische Hubschrauber-Unternehmen den

Tab. 3.11 Europäische Gefahrenskala für Lawinen mit Empfehlungen (European Avalanche Warning Service (EAWS), Brüssel)

	Schneedeckenstabilität	Lawinen-Auslösewahrscheinlichkeit	Auswirkungen für Verkehrswege und Siedlungen/ Empfehlungen	Auswirkungen für Personen außerhalb gesicherter Zonen/Empfehlungen
Gefahrenstufe 5 (sehr groß)	Die Schneedecke ist allgemein schwach verfestigt und weitgehend instabil	Spontan sind viele große, mehrfach auch sehr große Lawinen, auch in mäßig steilem Gelände zu erwarten	Akute Gefährdung, umfangreiche Sicherheitsmaßnahmen	Sehr ungünstige Verhältnisse, Verzicht empfohlen
Gefahrenstufe 4 (groß)	Die Schneedecke ist an den meisten Steilhängen schwach verfestigt	Lawinenauslösung ist bereits bei geringer Zusatzbelastung an zahlreichen Steilhängen wahrscheinlich. Fallweise sind spontan viele mittlere, mehrfach auch große Lawinen zu erwarten	Exponierte Teile mehrheitlich gefährdet. Dort sind Sicherheitsmaßnahmen zu empfehlen	Ungünstige Verhältnisse. Viel Erfahrung in der Lawinenbeurteilung erforderlich. Beschränkung auf mäßig steiles Gelände/ Lawinenauslaufbereiche beachten
Gefahrenstufe 3 (erheblich)	Die Schneedecke ist an vielen Steilhängen nur mäßig bis schwach verfestigt	Lawinenauslösung ist bereits bei geringer Zusatzbelastung vor allem an den angegebenen Steilhängen möglich. Fallweise sind spontan einige mittlere, vereinzelt aber auch große Lawinen möglich	Exponierte Teile vereinzelt gefährdet. Dort sind teilweise Sicherheitsmaßnahmen zu empfehlen	Teilweise ungünstige Verhältnisse. Erfahrung in der Lawinenbeurteilung erforderlich. Steilhänge der angegebenen Exposition und Höhenlage möglichst meiden
Gefahrenstufe 2 (mäßig)	Die Schneedecke ist an einigen Steilhängen nur mäßig verfestigt, ansonsten allgemein gut verfestigt	Lawinenauslösung ist insbesondere bei großer Zusatzbelastung vor allem an den angegebenen Steilhängen möglich. Große spontane Lawinen sind nicht zu erwarten	Kaum Gefährdung durch spontane Lawinen	Mehrheitlich günstige Verhältnisse. Vorsichtige Routenwahl, vor allem an Steilhängen der angegebenen Exposition und Höhenlage
Gefahrenstufe 1 (gering)	Die Schneedecke ist allgemein gut verfestigt und stabil	Lawinenauslösung ist allgemein nur bei großer Zusatzbelastung an vereinzelten Stellen im extremen Steilgelände möglich. Spontan sind nur Rutsche und kleine Lawinen möglich	Keine Gefährdung	Allgemein sichere Verhältnisse

Eingeschlossenen die Möglichkeit, diese gegen rund 180 € pro Person auszufliegen.

Die erste Lawine mit etwa 400 m Breite ging am 23. Februar 1999 gegen 16:00 Uhr vom nördlich von Galtür gelegenen Sonnberg ab. Die Abrissstelle lag in einer Höhe von ungefähr 2700 m. Die Lawine, die sich mehrfach teilte, zerstörte zahlreiche Häuser und verschüttete über 50 Menschen, von denen etwa 20 relativ rasch geborgen werden konnten. Der Schneesturm verhinderte den Start von Hubschraubern und Hilfsmannschaften. In einer Krisensitzung wurde beschlossen, um 6:45 Uhr des nächsten Tages mit den Hilfsflügen zu beginnen und während der Nacht die notwendigen Vorbereitungen zu treffen. Die Bewohner von Galtür und eingeschlossene Urlauber waren deshalb in der Nacht auf sich alleine gestellt, die Verschütteten zu suchen und Verletzte zu versorgen. Unter anderem wurde in der Sporthalle ein Notlazarett eingerichtet, in dem der Gemeindearzt sowie Ärzte und Krankenschwestern, die sich unter den Touristen befanden, die Lawinenopfer betreuten.

Ungefähr drei Stunden nach der ersten Lawine wurde die Tiroler Landeswarnzentrale von Anrufen besorgter Angehöriger überrannt, dass sowohl das Festnetz als auch die Mobiltelefonnetze ausfielen. Deshalb wurde gegen 19:30 Uhr der Rotkreuz-Landesverband Tirol beauftragt, eine Funkverbindung herzustellen. Gegen Mitternacht ging eine weitere Lawine Richtung Galtür ab, diese forderte aber keine Menschenleben. Da die Hubschrauberflotte keine weiteren Kapazitäten mehr hatte, richtete die österreichische Regierung ein Hilfeersuchen an die NATO sowie an die Nachbarstaaten Österreichs. Die Spitäler in der näheren Umgebung richteten sich für die nächsten Tage auf eine große Zahl Verletzter ein. Nicht dringend notwendige Operationen wurden verschoben. Fahrzeuge für den Krankentransport und Notärzte wurden nach Landeck in die Pontlatz-Kaserne verlegt.

Da die Kenntnisse über geeignete Landeplätze in Galtür auf der Basis der österreichischen Militärkarte als zu unsicher angesehen wurden, wurde während der Nachtstunden vom für Galtür zuständigen Raumplaner eine Gefahrenzonenkarte unter Zuhilfenahme von Informationen, die über den Kurzwellenfunk des Roten Kreuzes und der Feuerwehr eintrafen, erstellt. Ab 6:45 Uhr des nächsten Tags konnten die ersten Helfer samt Material (ungefähr 200 Personen, Lawinensuchhunde, medizinisches Material etc.) mit den Hubschraubern nach Galtür gebracht werden. Im Laufe des Vormittags wurde die Zahl der Helfer auf etwa 400 aufgestockt. Ab etwa 7:15 Uhr wurden die ersten Schwerstverletzten ins Spital geflogen. In der Pontlatz-Kaserne in Landeck wurde ein Medienzentrum eingerichtet. Ab etwa 16:00 Uhr setzte neuerlich starker Schneefall ein, sodass der Flugbetrieb wieder eingestellt werden musste. Kurz danach kam es im benachbarten Valzur zu einem weiteren

Lawinenabgang, bei dem zehn Menschen verschüttet wurden. Trotz des schlechten Wetters konnten in relativ kurzer Zeit rund 150 Helfer mit Suchhunden und Ausrüstung an den Einsatzort gebracht werden. Vier verschüttete Personen konnten noch lebend geborgen werden. Gegen 20:00 Uhr musste die Suche nach Verschütteten in Valzur wegen zu großer Lawinengefahr unterbrochen werden. In den Morgenstunden des nächsten Tages wurde die Suchaktion wieder aufgenommen. Bei wesentlich besserem Wetter als in den Tagen davor konnten die Piloten des Bundesheeres bereits am Morgen wieder ihre Transportflüge aufnehmen. Die ausländischen Helikopter trafen im Laufe des Vormittags im Einsatzgebiet ein – Landeplätze waren unter anderem die gesperrte Inntal-Autobahn bei Imst.

Nach dem Wiederaufbau der zerstörten Gebäude wird das Dorf seit dem Jahr 2000 durch zwei langgestreckte Bauwerke vor Lawinen geschützt (vgl. Abschn. 3.4.5.3). Zum einen durch einen 40 m langen und 10 m hohen Steindamm am Fuß des Grieskogels. Das andere Bauwerk ist eine etwa 300 m lange und 12 m hohe Mauer aus Stahlbeton. Sie liegt auf der anderen Seite des Bachlaufs – genau entlang der damaligen Lawinenfront. An die Stahlbetonmauer ist das „Alpinarium" angebaut – ein Gebäude mit Ausstellungs-und Seminarräumen, einem Cafe und einer Tiefgarage sowie Räumen für die Feuerwehr und den Katastrophenschutz. Die Stahlbetonwand ist zum Grieskogel hin als Lawinenschutzwall ausgebaut.

Nach der Lawinenkatastrophe von Galtür stellte sich die Frage nach der juristischen Verantwortung für die Ereignisse. Die Staatsanwaltschaft in Innsbruck sah mit dem Hinweis auf eine Naturkatastrophe („höhere Gewalt") zunächst keinen Anlass für Ermittlungen, musste dann aber aufgrund von Anzeigen doch tätig werden. Der Personenkreis, gegen den Anzeigen erstattet worden waren, reichte vom Landeshauptmann über den Bezirkshauptmann von Landeck, die Bürgermeister der Gemeinden im Paznaun als Leiter der Lawinenkommission und Baubehörde bis zu weiteren Einzelpersonen. Vorgeworfen wurde ihnen die Gefährdung von Menschen aus wirtschaftlichen und politischen Motiven. Während die Staatsanwaltschaft Innsbruck aus einem von ihr beauftragten Gutachten des Eidgenössischen Instituts für Schnee- und Lawinenforschung (SLF, Davos) herauslas, dass eine derartige Katastrophe nicht vorhersehbar gewesen sei und geschehene Fehler und Versäumnisse den einzelnen Personen strafrechtlich nicht individuell zumessbar seien, forderte der frühere deutsche Bundesinnenminister Gerhart Baum, der das Gutachten geprüft hatte, dass ein deutsches Gericht entsprechende Ermittlungen aufnehmen sollte. Verbunden waren auch Amtshandlungen im Kontext Katastrophentourismus und aggressive Medienberichterstattung: Gegen einen Kellner wurde von der Gendarmerie ermittelt, da er versucht hatte, gefälschte Platzkarten für Evakuierungsflüge zu verkaufen. Das Verfahren wurde später eingestellt.

Um Lehren für den zukünftigen Umgang mit Lawinenwintern zu ziehen, beauftragte das Schweizer Bundesamts für Umwelt (BAFU) das SLF, eine Sicherheitsbewertung des Schweizer Lawinenschutzes vorzunehmen. Die Analyse ergab, dass die umfangreichen Investitionen beim baulichen Lawinenschutz seit dem Lawinenwinter 1950/51 sich 1999 größtenteils bewährt haben. Die Zahl der Todesopfer (in der Schweiz) war 1999 im Vergleich zu 1950/51 viel geringer, trotz des inzwischen stark angestiegenen Tourismusaufkommens (vgl. Abschn. 8.2). Dennoch seien 1999 viele Lawinenverbauungen an ihre Belastungsgrenze gestoßen. Bei der Überarbeitung der Richtlinien für den Lawinenverbau wurden deshalb die extremen Schneehöhen vom Winter 1999 berücksichtigt. Die Analyse hatte zudem ein Optimierungspotenzial bei der Vernetzung der Informationsflüsse aufgezeigt. Dies konnte durch Einrichtung des „Interkantonalen Frühwarn- und Kriseninformationssystems" (IFKIS) erreicht werden. Als weitere Schwachstelle im Krisenmanagement hatte sich der ungleiche Stand in der Organisation und Ausbildung der Lawinendienste erwiesen. Es wurde ein erweitertes Ausbildungskonzept entwickelt. So sind heute in einer Checkliste alle Punkte erwähnt, die bei der Organisation eines Lawinendienstes festgelegt werden müssen. Auch wurden Änderungen im Nationalen Risikokonzept vorgenommen: „Statt Naturgefahren mit allen Mitteln zu verhindern, versucht man heute, deren Risiken zu senken." (Bründl et al. 2009) Einen wichtigen Beitrag zur Gefahrenvorbeugung leistet heute eine gefahrenbewusste Raumplanung, welche die Naturgefahren respektiert und Freiräume für außerordentliche Ereignisse schafft. Für die Gefahrenkartierung und für die Dimensionierung von Schutzbauten werden Informationen über das Fließverhalten von Lawinen benötigt.

Diese werden seit 2005 mit der Modellierungssoftware „Rapid Mass Movements" (RAMMS) des eidgenössischen Instituts für Schnee- und Lawinenforschung (SLF, Davos; SLF; DOI, https://ramms.slf.ch/ramms/downloads/RAMMS_AVAL_Manual.pdf; internetzugriff, 16.07.2021) zur Verfügung gestellt. Sie gibt Auskunft über Parameter wie Auslaufstrecke, Fließgeschwindigkeit und Druckkräfte der Lawinen. RAMMS liefert so für Ingenieure und Praktiker die nötigen Berechnungsmodelle, um die Naturgefahren schnell und einfach einzuschätzen. Das Model kombiniert IT-basierte numerische Lösungsmethoden mit benutzerfreundlichen Visualisierungstools. Lawinenströmungshöhen und -geschwindigkeiten werden auf dreidimensionalen digitalen Geländemodellen berechnet, einschließlich aller wichtigen Informationen über die Freisetzungsfläche (mittlere Steigung, Gesamtvolumen), das Strömungsverhalten (maximale Strömungsgeschwindigkeiten und -höhen) und das Stoppverhalten (Massenfluss). Die erarbeiteten Karten und Fern-

erkundungsbilder können mit den Geländemodellen verschnitten werden, um die Spezifikation der Eingabebedingungen zu unterstützen und das Modell mit bekannten Ereignissen zu kalibrieren.

3.4.8 Landabsenkung

3.4.8.1 Ursache und Wirkungen

Es werden generell zwei Formen von Landabsenkungen unterschieden:

- Landabsenkungen, die auf natürliche Ursachen zurückzuführen sind (Tektonik, Auflast durch Sedimente, Inlandseis oder Gletscher).
- Landabsenkungen, die durch den Einfluss des Menschen (Grundwasserentnahme, Auflast durch Gebäude usw.) ausgelöst werden.

Während natürliche Landabsenkungen sich eher durch geringfügige Senkungsbeträge auszeichnen, weisen anthropogen ausgelöste Senkungen sehr große Senkungsbeträge auf.

Als markantes Beispiel für Landabsenkungen bzw. -hebungen, die auf natürliche Ursachen zurückzuführen sind, ist die eiszeitbedingte Auflast in Nordeuropa zu nennen. Skandinavien, das im Zuge der letzten Eiszeit stark abgesunken war, hebt sich seit Abschmelzen des Gletschereises wieder zurück ins isostatische Gleichgewicht. Unveröffentlichte Daten des Geophysikers Holger Steffen vom Landesvermessungsamt Schweden konnten nachweisen, dass vor 18.000 Jahren Skandinavien durch die Auflast von 3 km hohen Eismassen bis zu 900 m tief in die Erde „gedrückt" wurde. Seit Ende der Eiszeit entlastete sich die Auflast und führte zunächst zu Hebungen von bis zu 12 cm pro Jahr – heute noch um 1 cm. Am südwestlichen Rand im westlichen Schleswig-Holstein dagegen sinkt die Erde um etwa einen halben Millimeter pro Jahr ab.

Ein sehr effektives Mittel, Landabsenkungen bzw. -hebungen zu erfassen und zu bewerten, bieten geodätische Langzeitbeobachtungen durch SAR-Fernerkundungssatelliten mittels der Interferometrie (InSAR-Technik). Durch sie kann flächendeckend die Lageveränderung von Objekten an der Erdoberfläche im Millimeterbereich identifiziert werden, zum Beispiel von Bodensenkungen oder -hebungen. Die Fähigkeit, solche Veränderungen über die Zeit abzutasten, hängt von der Art der SAR-Sensoren und Wiederholungszeit ab, d. h. von der Zeit, die zwischen interferometrischen Beobachtungen des gleichen Bereichs durch einen Sensor oder Sensoren vergangen ist mit identischen Merkmalen. Werden beim Überflug des Satelliten schon einmal identifizierte Objekte, z. B. die Kante eines Hochhausflachdachs, wiedererkannt, so wird diese

Messung registriert. Eventuelle Höhenänderungen in der Zeit lassen dann Rückschlüsse auf Hebungen bzw. Senkungen zu. Daneben können mit SAR auch Distanzmessungen mittels der Laufzeitdifferenzen der reflektierten Signale vorgenommen werden (DLR; https://www.dlr.de/rd/desktopdefault.aspx/tabid-2440/3586_read-5338; Internetzgriff 10.02.22020). Ein „Differential D-InSAR" verwendet zwei SAR-Bilder desselben Bereichs, die zu unterschiedlichen Zeiten aufgenommen wurden. Wenn sich der Abstand zwischen Boden und Satellit zwischen den beiden Erfassungen aufgrund von Oberflächenbewegungen ändert, tritt eine Phasenverschiebung auf. D-InSAR „sucht" sich dabei sogenannte *„persistant scatters"* auf, das sind vorwiegend scharfkantige, feststehende Gebäude- oder hervorspringende Kanten. Werden diese beim Überflug des Satelliten als schon einmal überflogen, erkannt, wird der Abstand zum Satellit gemessen. Aus den Änderungen in der Zeit lassen dann Rückschlüsse auf Hebungen bzw. Senkungen zu. In bewaldeten Gebieten, über Schneedecken oder steilen Geländeoberflächen stehen in der Regel nur wenige *„scatterer"* zur Verfügung, im Gegensatz zu reflektierenden Gebäuden/Gebäudekanten, Denkmälern, Antennen, freiliegenden Steinen usw.

Auch wenn die Bildauflösung prinzipiell geringer ist als bei Satellitenaufnahmen, so bietet z. B. TerraSAR-X-Radar den Vorteil, unabhängig von Beleuchtungs- und Wetterverhältnissen zu jeder Tages- oder Nachtzeit und vor allem unabhängig von Bewölkung Erdbeobachtungen – im X-Band 8–12 GHz – vornehmen zu können. Der Satellit erfasst mit unterschiedlichen Betriebsmodi die Erdoberfläche: Im *„spotlight"*-Modus wird ein 10×10 km großes Gebiet mit einer Auflösung von 1–2 m aufgenommen, im *„stripmap"*-Modus ein 30 km breiter Streifen mit einer Auflösung zwischen 3–6 m, im *„ScanSAR"*-Modus sogar ein 100 km breiter Streifen, wenn auch nur mit einer Auflösung von 16 m. In einem nächsten Schritt erlauben die interferometrischen Radardaten auch die Erstellung digitaler Höhenmodelle.

Natürlich ausgelöste plötzliche Einbrüche des Bodens kommen überall auf der Welt immer wieder vor; sie werden Erdfälle oder Dolinen *(„sinkhole")* genannt. Der größte bekannte Erdfall der Welt wurde erst 1994 in China entdeckt – bis zum Grund waren es mehr als 660 m mit einem Durchmesser von etwa 620 m. Der Erdfall „Schwalbenhöhle" in Mexiko ist immerhin mehr als 330 m tief. Meist handelt es sich um „kreisrunde" Einbrüche von nur wenigen Metern Durchmesser, oft nicht besonders tief. Anfangs bilden sich im Gestein kleine Hohlräume, die werden vom Wasser weiter ausgespült und immer größer und irgendwann kann die stabile Decke des Hohlraums einbrechen. Von diesen Erdfällen geht in der Regel erst dann eine Gefahr aus, wenn sie in Wohngebieten auftreten. Ursache für die Erdfälle ist meist die geologische Beschaffenheit des Untergrunds: Karstlandschaften mit gips-, kalk- oder salzhaltigem Grund-

gestein. Sickert Wasser in Spalten von Kalkstein, kann über längere Zeit ein ganzes Höhlensystem entstehen. Gelegentlich bricht eine Höhle ein und im Boden darüber entsteht ein trichterförmiges Loch. Da es sich hierbei um natürliche Vorgänge handelt und daher kein Verursacher nach dem Bergrecht identifiziert werden kann, werden die daraus entstehenden Schäden von der Allgemeinheit getragen. Um das Risiko zu verringern, untersuchen Geowissenschaftler mit Unterstützung des BMBF (www.bmbf.de/de/wir-entdecken-auf-jeder-expedition-etwas), wie Erdfälle in Deutschland früh erkannt und wie wirksam vor ihnen gewarnt werden kann. Ziel ist auch, relevante Prozesse zu identifizieren, die im unterirdischen Raum ablaufen, um durch ein besseres Prozessverständnis zu einer verlässlicheren Schadensanalyse und zur Entwicklung effektiver Informationssysteme für die Frühwarnung zu kommen.

Anthropogene Einflüsse auf Landabsenkungen sind vor allem durch den Bergbau (unter- oder übertage) bekannt, in Deutschland vor allem im Ruhrgebiet (vgl. Abschn. 3.4.4.8; Abschn. 7.3). Ebenfalls anthropogen ausgelöst kann es zur Landabsenkung durch die Anlage und den Betrieb von unterirdischen Kavernen in ehemaligen Salzstöcken kommen: so bei Europas größtem Erdgasspeicher in Rehden (Landkreis Diepholz). Sein Fassungsvermögen beträgt fast 4 Mrd. m^3 Erdgas, so viel, wie rund 2 Mio. Haushalte im Jahr verbrauchen. „Salzgesteine reagieren unter anhaltender Druckbelastung plastisch und sobald eine Kaverne im Salzgestein geschaffen wird, beginnt das Salznebengestein aufgrund des Druckunterschieds zwischen dem von außen und dem von innen wirkenden Gegendruck in den Kavernenhohlraum hineinzukriechen. Da das komprimierte Erdgas eine Dichte weit unter der von Steinsalz aufweist, kann das Salz vor allem im unteren Teil der Kaverne in den Kavernenhohlraum hineinkriechen: Das Salz wandert in Folge an anderer Stelle ab. Diese Massenumlagerung wirkt sich letztendlich an der Geländeoberfläche oberhalb der Kaverne in Form eines Senkungstrichters aus" so Dr. Krupp (2012). Die Senkungen liegen seit Beginn des Kavernenbetriebs Anfang der 1970er Jahre an der tiefsten Stelle bei weniger als 50 cm. Nach Angaben des Betreibers wird es bis zum Jahr 2100 zur Ausbildung einer Senkungsmulde mit bis zu 2,55 m Tiefe und einer Größe von mehr als 8×4 km kommen.

Am weitesten verbreitet aber sind Landabsenkungen, die durch die Entnahme von Grundwasser entstehen. Solche Absenkungen stellen ein globales Problem dar und mehr als 80 % der erfassten Landabsenkungen sind auf die Ausbeutung von Grundwasser zurückzuführen. Die zunehmende Entwicklung von Land- und Wasserressourcen droht, die bestehenden Probleme noch weiter zu verschärfen. Vor allem sind davon die großen Millionenstädte betroffen, die in der Regel auch die Wirtschafts- und Industriezentren ihrer Länder sind, wie zum Beispiel die thailändische Hauptstadt Bangkok oder die indonesische Hauptstadt Jakarta. Während es in vielen asiatischen Metropolen (Tokio, Shanghai u. a.) gelungen ist, die Absenkungsraten unter Kontrolle zu bringen, waren die Bemühungen in den beiden Städten nur bedingt erfolgreich. Jedes Jahr führen die Monsunregen dort zu großflächigen Überschwemmungen, da die Grundwasserentnahme zur Ausbildung morphologischer Dellen von bis zu mehreren Hundert Metern Durchmesser führen. Die Regierungen Indonesiens, Vietnams und Thailands unternehmen seit Jahren erhebliche Anstrengungen, damit ihre Städte nicht unter den Meeresspiegel sinken. Pro Monat werden in Bangkok mehr als 4 Mio. m^3 Wasser abgepumpt, wodurch sich der Grundwasserspiegel seit etwa 1980 um mehr als 65 m abgesenkt hat (AIT 1981). Es konnte eine klare Kausalität zwischen der Grundwasserentnahme und der Landabsenkung nachgewiesen werden: Jeder Kubikmeter abgepumpten Wassers führt zu einem Verlust von 0,1 m^3 Boden. Die Landabsenkung führt im ganzen Stadtgebiet dazu, dass sich Straßenpflaster und Bürgersteige gegenüber den Gebäuden absenken, Versorgungsleitungen bersten und Häuser sich schiefstellen. Ein weiteres Phänomen ist, dass sich der Grundwasserspiegel durch die Auflast der Hochhäuser im Stadtzentrum sowie durch das weitverbreitete Auffüllen von Senkungen für den Siedlungsbau noch weiter absenkt. In der Zeit vom 1933 bis 1987 senkte sich der Boden in der Stadt um etwa 1,6 m ab – in der Zeit bis 2002 sogar auf 2 m. Derzeit beläuft sich Absenkungsrate auf unter 1–3 cm/Jahr; maximal lag sie bei bis 30 cm/Jahr (1981). Die Kosten allein durch die Überschwemmungen des Jahres 1995 betrugen nach einer Untersuchung der JICA (1999) 1,1 Mrd. US$. In den 1990er Jahren lagen diese bei etwa 12 Mio. US$ jährlich. In Bangkok wurde in den 2000er Jahren eine Vielzahl administrativer und technischer Maßnahmen ergriffen, um die Grundwasserentnahme und damit die Landabsenkung wirksam zu verringern. So zum Beispiel durch eine drastische Erhöhung der Wassertarife. Dennoch wird es noch viele Jahrzehnte andauern, bis es zu einer dauerhaften Konsolidierung der sehr tonigen Sedimente in den Aquifersystemen gekommen ist.

Jakarta ist besonders während des Sommermonsuns extrem anfällig für Hochwasser. 2007 litt die Stadt unter einer katastrophalen Überschwemmung, bei der 76 Menschen starben und eine halbe Million Flutopfer vertrieben oder anderweitig betroffen wurden. 40 % der Stadt, insbesondere das Geschäftszentrum und der Hafen, liegen nahe bzw. unter dem Meeresspiegel. Angesichts der kontinuierlichen Grundwasserentnahme und der Auflast durch immer mehr und immer höhere Wolkenkratzer, sinkt Jakarta lokal bis zu 20 cm pro Jahr ab. Berechnungen haben prognostiziert, dass die Stadt bis 2050 vollständig untergetaucht sein könnte. Um diesem zu begegnen, wurde eine Machbarkeitsstudie für den Bau eines Deichs in der Bucht von Jakarta durch-

geführt. Das Projekt ist als National Capital Integrated Coastal Development (NCICD-Masterplan) oder auch als „Giant Sea Wall Jakarta" bekannt. Dazu ist die Regierung eine Kooperation mit einem Konsortium niederländischer Unternehmen (Fa. Witteveen u. a.) eingegangen. Das NCICD sieht den Bau eines riesigen Deichs in der Bucht von Jakarta vor, um die Stadt vor Überschwemmungen durch das Meer zu schützen. Innerhalb dieses Deiches werden große Lagunen gebaut, um den Abfluss aus den 13 Flüssen in Jakarta zu regeln. Es wird 10 bis 15 Jahre dauern, bis der Bau realisiert ist. Bestehende Deiche werden zwischendurch verstärkt. Die Kosten werden auf etwa 40 Mrd. US$ geschätzt- getragen von den Regierungen Indonesiens und den Niederlanden.

Das Megaprojekt hat zwei Phasen:

- Stärkung und Verbesserung der bestehenden Küstendeiche auf 30 km und den Bau von 17 künstlichen Inseln. Der erste Spatenstich für diese erste Phase erfolgte im Oktober 2014.
- Bau des Deichs mit einer Länge von > 30 km. Landseits hinter dem „Giant Wall" soll Wohnraum für bis zu 2 Mio. Menschen geschaffen werden – auch ein neuer Flughafen ist geplant sowie ein neuer Hafen, ein Industriegebiet, eine Abfallbehandlung, ein Wasserreservoir und Grünflächen auf einer Fläche von etwa 4000 ha.

Im Jahr 2013 wurde das niederländische Unternehmen Van Oord beauftragt, Sand vom Meeresboden auszubaggern, um die erste von 17 künstlichen Inseln zu errichten. Van Oord führt derzeit eine Machbarkeitsstudie für die zweite Insel durch, auf der Apartmentkomplexe und Büroräume entstehen sollen. Aus dem Verkauf dieser 17 Wohn- und Arbeitsinseln sowie aus dem neuen Hafengebiet soll ein großer Teil des Projektes finanziert werden – trotz einer Vorauszahlung der indonesischen Regierung in Höhe von fast 14 Mrd. US$.

Doch es regt sich auch Kritik, die darauf abhebt, dass ein solches Megaprojekt nicht ohne negative Auswirkungen auf die Umwelt und die sozialen Folgen bleiben wird. Eine Studie des indonesischen Ministeriums für maritime Angelegenheiten und Fischerei ergab, dass (schon) das laufende Projekt die Inseln im westlichen Teil der Bucht von Jakarta erodieren, das vorgelagerte Korallenriff zerstören und so langfristig zur Stagnation von verschmutztem Wasser hinter dem Damm führen könnte. Das indonesische „Forum für Umwelt" (WALHI) und der „Verein für Fischereigerechtigkeit Indonesiens" (Kiara) hatten dann Klage gegen den Bau eingereicht. Die Bauarbeiten wurden daraufhin 2016 von der Zentralregierung vorübergehend ausgesetzt, um die Erfüllung mehrerer Forderungen zu ermöglichen. Der Baustopp wurde jedoch im Oktober 2017 aufgehoben.

3.4.8.2 Beispiele für Landabsenkung

Gesetzliche Vorgaben zur Steuerung der Grundwasserentnahme können beitragen, mögliche Landabsenkungen zu verhindern, wenigstens aber zu verringern. So wurde zum Beispiel für die Stadt Mexico-City eine Absenkung von mehr als 1,6 m bis zum Jahr 2015 prognostiziert. Nach eingehenden Untersuchungen wurde eine Lösung aber nicht im vollständigen Einstellen der Wasserentnahme gesehen, sondern so viel Landsenkung wie möglich zu verhindern. Zum Beispiel durch den Verzicht der Entnahme von Grundwasser in den Gebieten mit feinkörnigem Untergrund *("compressible materials")*. Das kann auch, wie das Beispiel der Stadt Bangkok zeigt, dadurch erreicht werden, dass durch Erhöhung der Wassertarife der Wasserverbrauch insgesamt verringert wird. Wird weniger Wasser abgepumpt, können sich die tiefer liegenden Aquifere regenerieren und zudem die Kontamination der oberflächennahen Aquifere eingedämmt werden. Ebenso lässt sich ein weiteres Absinken des Grundwasserspiegels in den Millionenstädten eindämmen, wenn auch die „ärmeren" Bezirke an die städtische Wasserversorgung angeschlossen werden. In Städten wie Jakarta oder Dhaka existieren zigtausende von privaten Brunnen, zum Teil nur wenige Meter tief, die aber in der Summe zu einer erheblichen Absenkung des Grundwasserspiegels führen. Das Problem in vielen Entwicklungsländern ist, dass in der Regel nur die „vermögenden" Stadtteile angeschlossen werden, die Bewohner aber ihre Wasserrechnungen gar nicht bezahlen. Eine stringentere Durchsetzung der Gesetze und Bestimmungen würde zu mehr Einnahmen führen: Diese könnten dann – wenn dies per Gesetz so festgelegt ist – zweckgebunden für die Anbindung der „ärmeren" Stadtbezirke eingesetzt werden.

Houston – Galveston (Texas)

Die Städte Houston und Galveston (Texas) sind ein Beispiel für ein effektives und nachhaltiges Management von Landabsenkung (Holzschuh 1991; Gabrysch und Bonnet 1975).

Durch ihre Lage an der Küste – eine Situation, die der von New Orleans vergleichbar ist (vgl. Abschn. 3.4.6.2) – stehen die Städte im Mündungsgebiet des Mississippi auf unverfestigten alluvialen Schwemmsanden, unter ihnen auch die Städte Houston und Galveston. Die ganze Region ist daher stark von Landabsenkung betroffen. Die Versorgung der Bevölkerung mit Trinkwasser, aber noch mehr die der Industrie mit Brauchwasser war nur sicherzustellen, wenn immer mehr Grundwasser aus den Küstenaquiferen entnommen wurde. Um 1900 machten die ersten Erdölfunde die Region zum Zentrum der amerikanischen Erdöl-/Erdgas-Industrie. Sie lösten einen regelrechten Wirtschaftsboom aus, gefolgt von dem Aufbau einer petrochemischen Industrie. 1925 bekam Houston einen eigenen Tiefwasserhafen, um das Öl abtransportieren zu können (Pratt und Johnson 1926). Dazu wurde extra ein Kanal durch die Galveston Bay

gegraben. Der Erfolg führte zum Zuzug vieler Menschen auf der Suche nach Arbeit. Die Städte Texas City, Galveston, Pasadena entstanden, mit ihnen immer mehr Industrie und Erdölzulieferer. Heute hat das Gebiet rund 5 Mio. Einwohner. Die Hälfte der petrochemischen Produkte der USA kommt aus dieser Region. Der Hafen von Houston ist der zweitgrößte des Landes und der achtgrößte der Welt.

Seit etwa 1940 hatte die Grundwasserentnahme für die Versorgung der Stadt und noch mehr für die Bereitstellung von Prozesswasser für die Chemische Industrie um fast 600 % zugenommen. Dies und auch Entnahme von Öl/Gas und Formationswässer aus den Erdölfeldern führte dazu, dass überall in der Region das Land absank. Die Entnahmen hatten eine ausgedehnte Kompaktion der Aquifere zur Folge – es kam regelmäßig zu Überschwemmungen bei Sturmfluten. Um diese einzudämmen, wurden Deiche und Dämme gebaut bzw. erhöht. Dazu aber mussten ehemals intakte Feuchtgebiete trockengelegt werden, was wiederum zur Folge hatte, dass die Böden austrockneten und weiter absackten. Ein heute sichtbares Zeichen für die Absenkungen ist der zentral in Houston gelegene historische Park, der, 1960 angelegt, heute schon unter Wasser steht. Überall in den Städten sind Straßen abgesackt, Häuser weisen Risse auf.

Begonnen hatten die Landabsenkungen mit der Erdölförderung schon um 1920 im Goose Creek Ölfeld. Dort senkte sich das Land bis zu einem Meter in den nächsten 10 Jahren ab. In den Jahren 1906–1995 wurde nahe der Stadt Pasadena eine maximale Absenkung von 3 m registriert – sonst lagen die Werte in der Region bei 30 cm. Da gleichzeitig die Grundwasserentnahme im Großraum dramatisch anstieg, kam es verbreitet zu Landabsenkungen, die sich bis Mitte der 1990er Jahre immer weiter in das heutige Stadtgebiet von Houston ausbreiteten. Zunächst um bis zu 40 cm (bis 1943), dann immer stärker bis auf mehr als 2 m im Jahr 1973. Danach verlangsamte sich die Absenkung auf 1,5 m. Spätestens 1990 hatten Bodenkompaktion, Landabsenkung durch Grundwasserentnahme und der steigende Meeresspiegel ein Ausmaß erreicht, das zu wirtschaftlichen Verlusten und zur Beeinträchtigung des Lebens in der Region führte. Durch die Wasserentnahme kam es fast im ganzen Stadtgebiet zu Bodenversätzen, die ganze Straßenzüge querten.

In der Zukunft sind zudem Überschwemmungen der Küstenstreifen auch infolge des Meeresspiegelanstiegs zu erwarten (um 2 mm/a). Es wird für das Jahr 2050 mit einem Meeresspiegelanstieg von 2–3 cm/Jahr gerechnet. Zu Überschwemmungen kommt es auch immer wieder durch Hurrikans, die regelmäßig über die Region hinwegziehen. Ein extremes Beispiel stellt dabei der Hurrikan Harvey dar, der Houston Ende August 2017 heimsuchte. Der Hurrikan hatte aber nicht nur zu einem sturmgetriebenen Anstieg des Wassers geführt, sondern auch wegen seiner ungewöhnlichen Zugbahn zu extremen Regenfällen. Der Hurrikan hatte genau über Houston gedreht und war zunächst ins offene Meer zurückgekehrt, um dann, wieder aufgeheizt durch das Meerwasser, erneut einen nördlichen Kurs einzuschlagen. Durch das Umdrehen des Hurrikans kam es vom 26. bis 30. August 2017 in dem Gebiet um Houston zu mehr als 1,5 m Niederschlag – der größte in der Geschichte der USA, einer Wassermenge vergleichbar, die der Amazonas zur gleichen Zeit führte.

Um der Landabsenkung Einhalt zu gebieten, wurde vom Staat Texas ein Kommunalverband gegründet, der alle von den Absenkungen betroffenen Städte und Gemeinden umfasst. Einen solchen Verband hatte es bis dahin in den USA nicht gegeben. Der Verband hatte die Befugnis, die Grundwasserentnahme zentral zu steuern. Er vergibt jährlich Lizenzen an jede Stadt und Gemeinde und an jeden Großabnehmer, die genau vorschreiben, welche Wassermengen sie aus welchem Aquifer entnehmen dürfen. Das Besondere an dem Verband ist, dass er selbst nicht als Wasserversorger aktiv werden darf (vgl. Coplin und Galloway 1999). In der Regel ist das sonst andersherum und ein solcher Verband wird oftmals zum lokalen Wasserproduzenten. Eine der Maßnahmen zur Lösung der Landabsenkungsproblematik war, den Livingston-Stausee, flussaufwärts am Trinity River gelegen, sowie den nördlich von Houston gelegenen Lake Houston mit Pipelines an die städtische Wasserversorgung anzuschließen. Da dies immer noch nicht ausreichte, wurde 1992 beschlossen, die Grundwasserentnahme um 80 % gegenüber den Mengen vor 1990 zu noch einmal zu verringern.

Wenn es auch sehr schwierig ist, die Kosten für die verschiedenen Maßnahmen im Einzelnen zu quantifizieren – Stauseen, Pipelines, Dämme, Deiche, die Verlagerung von Schiffswerften und der kommunalen Versorgungsinstallationen usw. – wird sehr verallgemeinert davon ausgegangen, dass die Gesamtkosten eine Höhe von mehreren Mrd. US$ erreicht hatten. Die Maßnahmen aber waren am Ende erfolgreich. Die Landabsenkung im Stadtgebiet von Houston-Galveston konnte signifikant verlangsamt, sogar mehr oder weniger verstetigt werden. Die Erholung der Grundwasserreservoire ist besonders an dem Aufsteigen des Grundwasserspiegels im südlichen Distrikt abzulesen. Heute kommt fast 50 % des Wassers aus dem Livingston Stausee und dem Trinity River und nur noch 30 % aus den lokalen Aquiferen.

Das Houston-Galveston-Beispiel zeigt, wie sehr Wissenschaft die Voraussetzungen schafft, soziales und wirtschaftliches Leben zu steuern.

Großraum Shanghai

Landabsenkung ist auch im Großraum Shanghai seit jeher ein großes Problem. Die Absenkung erreichte im Zeitraum von 1921 bis 1965 im Stadtzentrum kumuliert einen Betrag von 2,6 m (Absenkungsrate von fast 60 mm/a), die sich bis ins Jahr 1980 fortsetzte – und war klar mit dem Volumen an entnommenem Grundwasser korreliert. Die Absenkung hatte verbreitet zu Staunässe und Salzwasseringressionen geführt, ebenso wie zu Schäden an Gebäuden, Brücken und Straßenunterführungen. Seit 1966 wurde begonnen, die Landabsenkung in der Stadt systematisch zu erfassen, als ersichtlich wurde, dass sie in erster Linie eine Folge der zunehmenden Grundwasserentnahme war und dies immer umfassender mit ernstzunehmenden Schäden an der materiellen Infrastruktur verbunden war. Als eine der ersten Maßnahmen wurde damals die weitere Entnahme von Grundwasser im Stadtgebiet untersagt, mit dem Ergebnis, dass sich die Absenkung – wenn auch nur vorübergehend – auf wenige Millimeter pro Jahr reduzierte.

Mit der politischen Öffnung Chinas in den 1990er Jahren begann der wirtschaftliche Aufschwung in den Ballungszentren des Landes, insbesondere in der Stadt Shanghai. Die Einwohnerzahl der Stadt nahm damals jährlich um 1–2 % zu (1990 12 Mio.; heute 24 Mio). Die Stadtentwicklung war gekennzeichnet durch einen bis dahin ungekannten Bauboom (Hochhäuser, U-Bahn-Linien, Wasser-, Gas- und Stromversorgung). In der Folge waren überall in der Stadt gravierende Schäden an der Umwelt und dem Baugrund zu erkennen, die auf ein erhöhtes „Georisiko"-Potenzial hindeuteten. Als Folge der fortschreitenden Landabsenkung verordnete die Stadt im Jahr 1963, dass die Grundwasserentnahme aus tiefen Aquiferen zentral erfasst und kontrolliert werden sollte. Im Jahr 1966 wurde mit einem ersten umfassenden Landabsenkungsmonitoring sowie mit Maßnahmen begonnen, mit denen die Aquifere im Stadtgebiet wieder aufgefüllt werden sollten. Das Programm stand unter dem Motto *„winter-recharge and summer-withdraw"*. Die Maßnahmen erwiesen sich als durchaus erfolgreich, sodass die Absenkung ab Mitte der 1970er Jahre weitgehend eingedämmt werden konnte.

Doch seit Anfang 1990 nahm die Landabsenkung wieder deutlich zu. Zwischen 1980 und 1990 lag sie bei jährlich 4 mm, stieg dann bis Mitte der 1990er Jahre auf fast 10 mm und dann 2005 sogar bis auf 12 mm/a an. Bis 1980 konnte eine direkte Korrelation von Grundwasserentnahme und Absenkung festgestellt werden. Zunächst konnte durch umfangreiche Wiederauffüllung der Aquifere die Grundwasserabsenkung weitgehend ausgeglichen, ja lokal sogar ins Gegenteil gedreht werden. Doch die Landabsenkung setzte danach wieder ein, und zwar in dem Ausmaß, in dem die Bautätigkeit in Shanghai zunahm. In der Zeit ab 1980 erweiterte sich die bebaute Fläche (Wohn- und Büroflächen) um das 30fache. Die Erweiterung der Stadt in die Vorstädte führte dazu, dass nunmehr dort exzessiv Grundwasser entnommen wurde und damit die Landabsenkung zunahm. Der Straßen- und Wohnungsbau versiegelte weite Landstriche.

Insbesondere die ungehemmte Bautätigkeit wurde als Treiber dieser Entwicklung erkannt – hier vor allem der Bau vieler U-Bahn-Linien (Tunnelröhren) im Stadtzentrum, das Netz an Wasser-, Gas- und Stromversorgungsleitungen sowie der Bau der Hochhäuser. Die Menge der Hochhäuser überstieg im Jahr 2000 die Zahl 1000. Jedes dieser Häuser wurden durch Stützpfeiler ("*pile driving*"; vgl. Abschn. 3.4.5.3) zum Teil 90 m tief bis in den Aquifer II gesichert. Bei dem "*pile driving*" werden aber seismische Erschütterungen im Boden ausgelöst, die sich als Kompressionswellen bis zu einem Radius von 50 m in den unkonsolidierten Tonen und Sanden ausbreiten können. All dies resultierte in einer signifikanten Zunahme der Auflast. Zudem haben die vielen unterirdischen Bauwerke (Tunnelröhren) dazu geführt, dass der natürliche Grundwasserstrom durch diese künstlichen Barrieren behindert wird, die einen "*recharge*" erschweren (Shen und Xu 2011). Untersuchungen belegen eine eindeutige Korrelation von Bautätigkeit und Landabsenkung, wobei es in den Hochhausstadtteilen lokal zu Absenkungen des Grundwasserspiegels bis zu 100 m gekommen ist. Es wird geschätzt, dass dadurch Schäden bis in Höhe von 35 Mrd. US$ entstanden sein können (May et al. 2009).

Um die Landabsenkung so weit wie möglich aufzuhalten, hatte die Stadtverwaltung im Jahr 2006 eine Verordnung erlassen, nach der jede Bautätigkeit, Wasserentnahme oder andere Eingriffe in die Natur einer Umweltverträglichkeitsprüfung zu unterziehen sind ("Regulation of Prevention and Control of Land Subsidence of Shanghai Municipality"; SEA). Diese Verordnung soll Grundlage für die weitere Stadtentwicklung darstellen. Kritiker bemängeln, dass die Verordnung weitgehend unter Ausschluss der Öffentlichkeit erstellt wurde und dass zudem sich selbst die städtischen Bau- und Planungsbehörden nur zum Teil daran orientieren (Ye-Shuang Xu et al. 2016).

Erfolgreicher dagegen war die Maßnahme zur Versorgung der Bevölkerung mit Trink- und Brauchwasser. Da die Stadt die immer größer werdende Bevölkerung Anfang 2000 kaum mehr ausreichend versorgen konnte, ging man einen sehr "revolutionären" Weg. Man legte mitten im Mündungsgebiet des Jangtseflusses, entlang der Changxing-Insel, eine Barriere an und schuf das "Qingcaosha-Reservoir". Das Reservoir hat eine Fläche von 70 km² und ist auch auf Google Earth Pro zu erkennen. Es hat ein Stauvolumen von 430 Mio. m³ und kann 70 % des täglichen Wasserbedarfs abdecken. In das Reservoir wird aus tieferen, "weniger" verschmutzten Aquiferen Wasser gepumpt, das dann in den Uferbereichen durch die Vegetation auf natürlichem Weg gereinigt wird. Dazu wurde eine umfangreiche Population von Fischen und Vögeln angesiedelt.

Literatur

AIT (1981): Investigation of land subsidence caused by deep well pumping in the Bangkok area.- Asian Institute of Technology (AIT), Research Report, Vol. 91, Bangkok

BAFU (o. J.): Erdbebengerechtes Bauen.- Fachinformation Erdbeben, Schutz vor Erdbeben; w.bafu.admin.ch/.../erdbebengerechtes-bauen.html

Bakun W.H. & Prescott, W.H. (1989): Earthquake occurrence.- United States Geological Survey (USGS), The Loma Prieta Earthquake, Professional Papers 1550–1553, Reston VA

Basher, R. (2006): Global early warning systems for natural hazards: systematic and people-centred.-Philosophical Transactions of the Royal Society (A) .Mathematical, Physical and Engineering Sciences, Vol. 364, p. 2167–2182; https://doi.org/10.1098/rsta.2006.1819

Baumgartner, A. & Liebscher, H.-J. (1996): Allgemeine Hydrologie – quantitative Hydrologie, erschienen in Lehrbuch der Hydrologie Bd. 1, 2. Auflage, Gebr. Borntraeger, Berlin-Stuttgart

Bellier, O. M., Sabrier, M., Beaudouin, T., Villeneuve, M., Puntranto, E., Bahar,I. & Pratomo,I. (1998): Active faulting in Central Sulawesi (Eastern Indonesia), GEODYSSEA final report, in: Wilson, P.& Michel, G.-W. (eds.), Commission of the European Community, EC contract CI/177CT93-0337

Below, R., Wirtz, A. & Guha-Sapir, D. (2009): Disaster Category-classification and peril – Terminology for Operational Purposes: common accord.- Centre for Research on the Epidemiology of Disasters (CRED) and Munich Reinsurance Company (MunichRE)-Working paper, Brussels

Bezzeghoud, M., Adam, C., Buforn, E., Borges, J.F. & Caldeira, B. (2014): Seismicity along the Azores-Gibraltar region and global plate kinematics.- Journal of Seismology , Vol. 88, p. 205–220; https://doi.org/10.1007/s10950-013-9416-x

BfG (2013): Länderübergreifende Analyse des Juni-Hochwassers 2013 :.- Deutscher Wetterdienst (DWD), Bundesanstalt für Gewässerkunde (BfG), BfG-Bericht 1797, S. 69, Koblenz

BfG (2002): Das Augusthochwasser 2002 im Elbegebiet.- Bundesanstalt für Gewässerkunde (BfG), Koblenz

BfN (2013): Für einen vorsorgenden Hochwasserschutz Eckpunktepapier des Bundesamtes für Naturschutz.- Bundesamt für Naturschutz (BfN), Bonn

BFW (2016): Die Lawine im Fokus.- Bundesforschungs- und Ausbildungszentrum für Wald, Naturgefahren und Landschaft (BFW), Wien

Blondet, M., Villa Garcia, M., Brzev, S. & Rubinos, A. (2003): Earthquake-Resistant Construction of Adobe Buildings: A Tutorial.- University of Peru, Lima, EERI/IAEE World Housing Encyclopedia

BMIBH (2018): Hochwasserschutzfibel, 2018.- Bundesministerium des Innern, für Bau und Heimat/Bundesinstitut für Bau-, Stadt- und Raumforschung (BBSR) / Bundesamt für Bauwesen und Raumordnung (BBR), S. 65, Berlin

BMU (2003): Hydrologischer Atlas 2003.- Bundesministerium für Umwelt, Naturschutz und Reaktorsicherheit (BMU) / Bundesanstalt für Gewässerkunde (BfG) / Länderarbeitsgemeinschaft Wasser (LAWA), Berlin

Bohnhoff, M. (o. J.): Erdbebengefährdung in Istanbul.- Deutsches GeoForschungsZentrum (GFZ), Potsdam/Earth System Knowledge Platform (eskp.de), Forschungsbereichs Erde und Umwelt der Helmholtz-Gemeinschaft, Geesthacht

Böll A. (1997): Wildbach- und Hangverbau. -Bericht Eidgenössische Forschungsanstalt Wald Schnee und Landschaft (WSL), Birmensdorf, S. 123

Bondevik, S., Mangerud, J., Dawson, S., Dawson, A., & Lohne, S. (2003): Record-breaking Height for 8000-Year-Old Tsunami in the North Atlantic.- Eos, Vol. 84, No. 31, p. 289–300

Bründl, M. (Ed.) (2009): Risikokonzept für Naturgefahren – Leitfaden .- Nationale Plattform für Naturgefahren PLANAT, S. 240, Bern

Bründl, M., Ammann, W., Wiesinger, T., Föhn, P., Bebi, P. et al., (Hrsg.) (2000): Der Lawinenwinter 1999: Ereignisanalyse.- Eidgenössisches Institut für Schnee- und Lawinenforschung, BUWAL, Eidgenössische Forstdirektion, Davos

Bryant, E. (2001): Tsunami – the underestimated disaster, 2nd edition.- Cambridge University Press, Cambridge MD

Buchheister, J.A. (2009): Verflüssigungspotenzial von reinem und siltigem Sand unter multiaxialer Belastung.- Dissertation ETH-Zürich Nr. 18312, p. 447, Zürich

Bullard, E., Everett, J. E. & Smith, A. G. (1965): The fit of the continents around the Atlantic. In: Blackett, P. M. S., Bullard, E. & Runcorn, S. K. (eds), A Symposium on Continental Drift.- Philosophical Transactions of the Royal Society, Vol. 258, p. 41–51, London

Burke, K.C. & Kidd. W.S.F (1978): African hotspots and their relation to the underlying mantle.-Geology, Vol. 7. p. 236–266

BWG (2004): Ingenieurbiologische Bauweisen – Studienbericht Nr. 4.- Eidgenössisches Department für Umwelt, Verkehr, Energie und Kommunikation, Bundesamtes für Wasser und Geologie (BWG), Bern

Calais, E., Freed, A., Mattioli, G., Amelung, F., Jónsson, S., Jansma, P., Sang-Hoon Hong, Dixon, T., Prépetit, C. & Momplaisir, R. (2010): Transpressional rupture of an unmapped fault during the 2010 Haiti earthquake. – Letters/Focus, Rosenstiel School of Marine & Atmospheric Science, University of Miami FL (online: 24 Oct. 2010; https://doi.org/10.1038/NGEO992)

Carey, S W. (1958): A tectonic approach to continental drift.- in: Carey, S W (ed.), Continental Drift: A Symposium, p. 177–355, University of Tasmania Press, Hobart

Chanson, H. (2004): Sabo-Check Dams – Mountain protection systems in Japan.-Journal of River Basin& Management, Vol. 2, No. 4, p. 301–307

Chlieh, M., Avouac, J.P., Hjorleifsdottir,V., Teh-Ru Alex Song, Chen Ji, Sieh, K., Sladen, A., Hebert, H., Prawirodirdjo, L., Bock,Y. & Galetzka, J. (2007): Coseismic Slip and Afterslip of the Great Mw 9.15 Sumatra-Andaman Earthquake of 2004.- Bulletin of the Seismological Society of America, Vol. 97, No. 1A, p. 152–173; Albany CA

Conradt, T., Roers, M., Schröter, K., Elmer, F., Hoffmann, P., Koch, H., Hattermann, F.F. & Wechsung, F. (2013): Comparison of the extreme floods of 2002 and 2013 in the German part of the Elbe River basin and their runoff simulation by SWIM-live. – Zeitschrift für Hydrologie und Wasserbewirtschaftung (HyWa), Vol. 57, p. 241–245, Koblenz

Coplin, L.S. & Galloway, D.L. (1999): Houston-Galveston, Texas – Managing coastal subsidence; in: Galloway, D.L., Jones, D.R., & Ingebritsen, S.E. (1999): Land subsidence in the United States.- United States Geological Survey, Circular 1182, p. 35–48, Reston VA

Cruden, D.M. & Varnes, D.J. (1996): Landslide types and processes. in: Landslides, Investigation and Mitigation.- Transportation Research Board (TRB), Special Report 247, p. 36–75, Washington D.C.

Dahm, T., Rivalta, E., Walter, Th.R., Heimann, S., Lühr, B.G. & Jousset, P. (2016): Vulkanseismologie – ein Blick ins Innere der Vulkane.- System Erde, GFZ-Journal 2016, Vol. 6, Heft 1, Seismologie– Geophysik mit Weitblick.- Deutsches GeoForschungsZentrum (GFZ); http://systemerde.gfz-potsdam.de

Dale V.H., Swanson F.J., Crisafulli C.M. (2005): Disturbance, Survival, and Succession: Understanding Ecological Responses to the 1980 Eruption of Mount St. Helens. In: Dale V.H., Swanson F.J., Crisafulli C.M. (eds): Ecological Responses to the 1980 Eruption of Mount St. Helens. – Springer, New York, NY; https://doi.org/10.1007/0-387-28150-9_1

Deutscher Bundestag (2013): Bericht über die Flutkatastrophe 2013: Katastrophenhilfe, Entschädigung, Wiederaufbau.- Unterrichtung durch die Bundesregierung, Drucksache 17/14743 vom 19.09.2913, Deutscher Bundestag, Berlin

Dietz, R.S. (1961): Continent and ocean basin evolution by spreading of the sea floor.- Nature, Vol. 190, p. 854–857

Dietz, R.S. (1964): Origin of continental slopes.- American Scientist, Vol. 52, p.50–69

Dombrowski, W. (1998): Again and again. Is a disaster what we call a disaster? in: Quarantelli, E.L. (Hrsg.): What Is A Disaster? Perspectives On The Question.- Routledge, S. 19–30, London, New York NY

Doocy S, Daniels A, Dooling S, Gorokhovich Y. (2013): The Human Impact of Volcanoes: A Historical Review of Events 1900–2009 and Systematic Literature Review.- PLOS Currents Disasters, Edition 1; https://doi.org/10.1371/currents.dis.841859091a706efebf8a-30f4ed7a1901

DWA (2016): Merkblatt DWA-119 – Risikomanagement in der kommunalen Überflutungsvorsorge für Entwässerungssysteme bei Starkregen. – Deutsche Vereinigung für Wasserwirtschaft, Abwasser und Abfall e.V. (DWA), Hennef

DWA, 2013: Starkregen und urbane Sturzfluten – Praxisleitfaden zur Überflutungsvorsorge.- Deutsche Vereinigung für Wasserwirtschaft Abwasser und Abfall e.V. (DWA), Hennef

DWA (2011): Merkblatt DWA-M 507 – Deiche an Fließgewässern – Teil 1: Planung, Bau und Betrieb – Dezember 2011 .- Deutsche Vereinigung für Wasserwirtschaft e.V. (DWA), Hennef; de.dwa.de/de/thema-hochwasser.ht

DWA (2009): Indikatorensystem zur Bewertung der Hochwasservorsorge.- Deutsche Vereinigung für Wasserwirtschaft e.V. (DWA), DWA -551, Hennef; de.dwa.de/de/thema-hochwasser.ht

DWD (2015): KOSTRA-DWD-2010 Starkniederschlagshöhen für Deutschland (Bezugszeitraum 1951 bis 2010) – Abschlussbericht.- Deutscher Wetterdienst, Hydrometeorologie, Offenbach

Erdik, M, & Durukal, E. (2008): Earthquake risk and mitigation in Istanbul. - Natural Hazards, Vol. 44, p. 181–197, Springer Science&Business Media BV, Luxembourg

ESKP (2019): Wirtschaftliche Folgen von Überschwemmungen.- Naturgefahren/Hochwasser. – Earth System Knowledge Platform (ESKP), Helmholtz-Gemeinschaft; (Internetzugriff 22.12.2019)

ESKP (2016): Die Sturzflut in Braunsbach, Mai 2016 – Eine Bestandsaufnahme und Ereignisbeschreibung.- Earth System Knowledge Platform (ESKP), Universität Potsdam/Institut für Erd- und Umweltwissenschaften, Freie Universität Berlin/Institut für Meteorologie, Helmholtz-Zentrum Potsdam, Deutsches GeoForschungsZentrum (GFZ), Potsdam-Institut für Klimafolgenforschung (PIK)

Ewing, J. & Ewing, M. (1959): Seismic-refraction measurements in the Atlantic Ocean basins, in the Mediterranean Sea, on the Mid-Atlantic Ridge, and in the Norwegian Sea.- Geological Society of America Bulletin, Vol. 70, p. 291–317

Fassmann, H. & Leitner, M. (2006): New Orleans, "Katrina" and the Urban Impact of a Natural Disaster.- Geographische Rundschau (GR), Vol. 2, p. 44–50

FEMA (2013): Hurricane Isaac in Louisiana – Building Performance Observations, Recommendations, and Technical Guidance.- Federal Emergency Management Agency (FEMA), Report FEMA P-938/March 2013, Washington D.C.

FEMA (2009): FEMA: In or Out? .- Department of Homeland Security, Office of Inspector General (OIG), OIG-09-25, Washington D.C.

Fenzel, B. (2010): Konflikte nach der Katastrophe.- Umwelt & Klima – Rechtswissenschaften.- Max Planck Institut für Ethnologische Forschung, Forschungshefte, Vol. 1, 2010 p. 70–75, Halle

Fierz, C., Armstrong, R.L., Durand, Y., Etchevers, P., Greene, E., McClung, D.M., Nishimura, K., Satyawali, P.K. & Sokratov, S.A. (2009): The International Classification for Seasonal Snow on the Ground. IHP-VII Technical Documents in Hydrology No. 83, IACS Contribution No. 1, UNESCO-IHP, Paris

Fitton, M. (1980): The Benue Trough and Cameroon Line – a migrating rift system in West Africa. – Earth and Planetary Science Letters, Vol. 51; Issue 1, p. 132–138 Elsevier; https://doi.org/10.1016/0012-821X(80)90261-7

FLOODsite (2015): Flood risk assessment and flood risk management – An introduction and guidance based on experiences and findings of FLOODsite.- Deltares, Delft Hydraulics, Delft

FLOODsite (2009): Flood risk assessment and flood risk management. An introduction and guidance based on experiences and findings of FLOODsite. – Deltares, Delft Hydraulics, Delft

Flood Risk (2009): Flood Risk II – Vertiefung und Vernetzung zukunftsweisender Umsetzungsstrategien zum integrierten Hochwasserschutzmanagement – Synthesebericht.- Bundesministerium für Land- und Forstwirtschaft, Umwelt und Wasserwirtschaft, Wien

Foden, J. (1986): The petrology of Tambora volcano, Indonesia: A model for the 1815 eruption.-Journal of Volcanology and Geothermal Research, Vol. 27, No.1–2, p. 1–41; https://doi.org/10.1016/0377-0273(86)90079-X

Formisano, A., Mazzolani, F.M. & Indirli, M. (2010): Seismic vulnerability analysis of a masonry school in the Vesuvius area. In: Conference: COST Action C26 "Urban Habitat Constructions Under Catastrophic Events"; https://www.researchgate.net/publication/259890923

Foshag, W.F. & Gonzalez-Reyna, J. (1956): Birth and development of Paricutin volcano.- United States Geological Survey, USGS Bulletin 965-D, p. 355–489, Reston VA

Frisch, W., Meschede, M. & Blakey, R. (2011): Plate Tectonics – Continental Drift and Mountain Building.- Springer Verlag, Heidelberg, p. 220

Gabrysch, R.K. & Bonnet, C.W. (1975): Landsurface subsidence in the Houston-Galveston Region, Texas.- United States Geological Survey (USGS) under cooperative agreement with the Texas Water Development Board and the cities of Houston and Galveston, Report 188, Austin TX

GdV (2020): ZÜRS-Geo – Zonierungssystem für Überschwemmungsrisiko und Einschätzung von Umweltrisiken.- Die deutsche Versicherungswirtschaft (GdV), Berlin

Given, D.D., Allen, R.M., Baltay, A.S., Bodin, P., Cochran, E.S., Creager, K., de Groot, R.M., Gee, L.S., Hauksson, E., Heaton, T.H., Hellweg, M., Murray, J.R., Thomas, V.I., Toomey, D. & Yelin, T.S. (2018): Revised technical implementation plan for the Shake Alert system—An earthquake early warning system for the West Coast of the United States.- United States Geological Survey (USGS), Open-File Report 2018–1155, p. 42, Reston VA

Glade, T., Alexander, D.E. (2013): Classification of Natural Disasters. In: Bobrowsky P.T. (eds): Encyclopedia of Natural Hazards.- Encyclopedia of Earth Sciences Series. Springer, Dordrecht; https://doi.org/10.1007/978-1-4020-4399-4_61

Golly, A., Turowski, J., Badoux, A., Hovius, N., (2017): Controls and feedbacks in the coupling of mountain channels and hillslopes.- Geology, Vol. 45/4, p. 307–310; https://doi.org/10.1130/G38831.1

Goreau, T.J.F. & Prong, P.(2017): Biorock Electric Reefs Grow Back Severely Eroded Beaches in Months.- Journal of Marine Science and Engineering, Vol. 5/48; https://doi.org/10.3390/jmse5040048

Green, E., Wiesinger, Th., Birkeland, K., Coléou C., Jones, A. & Statham. G (2006): Fatal Avalanche Accidents and Forecasted Danger Levels: Patterns in the United States, Canada, Switzerland and France.- Proceedings of the 2006 International Snow Science Workshop, Telluride Co

Grünthal, G. (ed) (1998): European Macroseismic Scale 1998 (EMS 98).- Cahiers du Centre Europeen de Geodynamique et des Seismologie 15, Centre Europeen de Geodynamique et de Seismologie, Luxembourg, Vol. 99, Helfent-Bertrage

Guha-Sapir, D. & Vos, F. (2011): Earthquakes, an Epidemiological Perspective on Patterns and Trends.- in: Spence R. et al. (eds.): Human Casualties in Earthquakes, Advances in Natural and Technological Hazards Research, Vol. 29, Springer Science+Business Media B.V; https://doi.org/10.1007/978-90-481-9455-1_2

Hamberger , M. (2007): Rutschungserkennung mit Klassifikationssystemen am Beispiel Sachseln/Schweiz.- Dissertation, Universität Erlangen

Haque, U., Blum, P., da Silva, P.F. et al. (2016): Fatal landslides in Europe. – Landslides, Vol. 13, Issue 6, p. 1545–1554, Springer Berlin

Harbo, M.S., Pedersen, J. & Johnsen, R. (2011): The CLIWAT Handbook, Groundwater in a Future Climate.- The CLIWAT Project Group, Central Denmark Region, Danish Ministry of the Environment Nature Agency, Copenhagen

Harnischmacher, S. (2010): Bergsenkungen im Ruhrgebiet.- Landschaftsverband Westfalen-Lippe (LWL), Geographisch Kommission für Westfalen; online Dokumentation; (Internetzugriff 19.09.2020)

HH (o. J.): Warftenmodell .- HafenCity Hamburg GmbH, Hamburg; (Internetzugriff 14.02.2010)

Highland, L.M. & Bobrowsky, P. (2008): The landslide handbook—A guide to understanding landslides.- United States Geological Survey (USGS), Circular No. 1325, p. 129, Reston VA

Hoggard, M.J., White, N. & Al-Attar, D. (2016): Global topography observations reveal limited influence of large-scale mantle flow.- Nature Geoscience, Vol. 9, p. 456–463; https://doi.org/10.1038/ngeo2709

Holzer, T.L. (ed), (1998): The Loma Prieta California Earthquake of October 17, 1989 – Liquefaction.- United States Geological Survey (USGS) in cooperation with the National Science Foundation, Professional Paper 1551-B, Reston VA

Holzschuh, J.C. (1991): Landsubsidence in Houston, Texas U.S.A.- Houston Field-trip Guidebook for the Fourth International Symposium on Land Subsidence, May 12–17, 1991, p. 22

Houghton, J. (2009): Global Warming.-4. Aufl., S. 115, Cambridge University Press, Cambridge UK

HSB (2017): Ermittlung von Überflutungsgefahren mit vereinfachten und detaillierten hydrodynamischen Modellen – Praxisleitfaden.- Hochschule Bremen (HSB), Siedlungswasserwirtschaft, im Rahmen des DBU-Forschungsprojekts „KLASII", Bremen

Hsin-Hua Huang, Fan-Chi Lin, Schmandt, B., Farrell,J., Smith, BR.B. & Tsai, V.C. (2015): The Yellowstone magmatic system from the mantle plume to the upper crust.- Science, Vol. 348, Issue 6236, p. 773–776; https://doi.org/10.1126/science.aaa5648

IFRC (2011): An Evaluation of the Haiti Earthquake 2010 Meeting Shelter Needs: Issues, Achievements and Constraints. – The International Federation of Red Cross and Red Crescent Societies (IFRC), Geneva; www.ifrc.org

IPCC (2014): Climate Change 2014: Synthesis Report. Contribution of Working Groups I, II and III to the Fifth Assessment Report of the Intergovernmental Panel on Climate Change (IPCC), [Core Writing Team, R.K. Pachauri and L.A. Meyer (eds.)], p. 151, Geneva

Ilkesik, M. (2002): Istanbul study – disaster prevention/mitigation basic plan in Istanbul Including seismic microzonation in the Republic of Turkey. Metropolitan Municipality Istanbul Earthquake Master Plan. – prepared for the Istanbul Metropolitan Municipality; Japan International Cooperation Agency (JICA) and the Middle East Technical University, Istanbul, Technical University, Bosporus University and Yıldız Technical University, Istanbul

Jayasuriya, S. & McCawley, P. (2010): The Asian Tsunami Aid and Reconstruction after a Disaster.- A Joint publication of the Asian Development Bank Institute and the Edward Elgar Publishing, Cheltenham, UK, Northampton, MA, p. 272

Jibson, R. & Harp, E. (2011): Field reconnaissance report of landslides triggered by the Jan.12, 2010, Haiti earthquake.- United States Geological Survey (USGS), Open File Report 2011-1023, Washington D.C.

JICA (1999): Study on integrated plan for flood mitigation in Chao Phraya River Basin.- Japan International Cooperation Agency (JICA), Report submitted to Royal Irrigation Department, Kingdom of Thailand, Tokyo

Johan, G. & Pfister, A. (2013): Von der Hochwasservorhersage zur Hochwasserbewältigung – Werkzeuge des Hochwassermanagements im Emscher- und Lippegebiet.- Technische Universität Dresden – Fakultät Bauingenieurwesen, Institut für Wasserbau und Technische Hydromechanik, Dresdner Wasserbauliche Mitteilungen, Heft 48, p. 99, Dresden

Jóhannesdóttir, G. & Gísladóttir, A. (2020): People living under threat of volcanic hazard in south Iceland: vulnerability and perception.- Natural Hazard and Earth System Sciences, Vol. 10, p. 407–420

Jousset, P., Reinsch, T., Ryberg, T. & Blanck, H. (2018): Dynamic strain determination using fibre-optic cables allows imaging of seismological and structural features. Nature Communications, Vol 9/1, 9:2509; https://doi.org/10.1038/s41467-018-04860-y

Jousset, P., Budi-Santoso, A., Jolly, A. D., Boichu, M., Surono, Dwiyono, S., Sumarti, S., Hidayati, S., Thierry, P. (2013): Signs of magma ascent in LP and VLP seismic events and link to degassing: An example from the 2010 explosive eruption at Merapi volcano, Indonesia. – Journal of Volcanology and Geothermal Research, 261, p. 171—192

Kahlenborn, W. & Kraemer, A. (1999): Nachhaltige Wasserwirtschaft in Deutschland, S. 244, Springer Verlag, Berlin-Heidelberg

Karadogan, H.F., Erol, G., Pala, S. & Yuksel, E. (2009): Make people a part of the solution and prevent total collapse. – UNESCO-IPRED-ITU Workshop Istanbul „Make People a Part of the Solution"; International Platform for Reducing Earthquake Disaster, Istanbul

Karol, R.H. (1990): Chemical Grouting And Soil Stabilization – 3rd edition, revised and expanded, P. 465.- Marcel Dekker Inc, Inc., New York NY

Kelletat (1996): Geologische Belege katastrophaler Erdkrustenbewegungen 365 AD im Raum von Kreta.- In: E. Olhausen, E. & Sonnabend, H. (Hrsg.): Naturkatastrophen in der antiken Welt.- Stuttgarter Kolloquium zur historischen Geographie des Altertums, Band 6, S. 156–161, Stuttgart

Kertz, W. (1992): Einführung in die Geophysik. Teil.- Hochschul-Taschenbuch (TB), 240S., Spektrum Akademischer Verlag

Kowalik, Z., Knight, W., Logan,T. & Whitmore, P. (2005): Numerical Modelling of Global Tsunami – Indonesian Tsunami of 26 December 2004. – Science of Tsunami Hazards, Vol. 23

Krauter, E. (2001): Phänomenologie natürlicher Böschungen (Hänge) und ihrer Massenbewegungen. In: Smoltczyk, U. (Hrsg.): Grundbau-Taschenbuch, Teil 1, 6. Aufl, Ernst & Sohn, Berlin

Kreibich, H., Herrmann, U., Apel, H. & Merz, B. (2008): Abschätzung des Hochwasserrisikos – Vom Abfluss zur Schadenprognose – Verbesserung der Hochwasservorhersage in Quellgebieten. – Workshop am 28. November 2008, Sektion Ingenieurhydrologie, Deutsches GeoForschungsZentrum (GfZ), Potsdam

Krüger, F. & Ohrnberger, M. (2005): Tracking the rupture of Mw=9,3 Sumatra earthquake over 1,150 km at teleseismic distance. – Nature, Vol. 435/16; https://doi.org/10.1038/nature03696

Krupp, R.E. (2012): Kurzgutachten zu der Langzeitsicherheit von Solungskavernen im Salzstock Etzel.- Gutachten im Auftrag der Bürgerinitiative „Lebensqualität Horsten-Etzel-Marx e.v."; Internetzugriff: 15.02.2020

Lach, A. (2021): Gefahrenanalyse und Risikomanagement des Vesuvs: Ein multidisziplinärer Ansatz .- Masterarbeit, Fakultät für Geowissenschaften und Geographie, Universität Göttingen

Landolfo, R. (2011): Erdbebensicher Bauen in Stahl. – Bautendokumentation des Stahlbau Zentrums Schweiz, Erdbebensicher Bauen Konzeption und Tragwerksplanung, Vol. 03 + 04/11, steel doc, Zürich

LANUV (2002): Hochwasserabflüsse bestimmter Jährlichkeit (HQT) an den Pegeln des Rheins .- Ministeriums für Umwelt und Natur-

schutz, Landwirtschaft und Verbraucherschutz, Landesumweltamt, Nordrhein-Westfalen, Essen

LAWA (2018): LAWA-Strategie für ein effektives Starkregenrisikomanagement.- Bund/Länder-Arbeitsgemeinschaft Wasser (LAWA), Ministerium für Energiewende, Landwirtschaft, Umwelt und ländliche Räume; Schleswig-Holstein, Kiel

LAWA (2017): Empfehlungen für die Überprüfung der vorläufigen Bewertung des Hochwasserrisikos und der Risikogebiete nach EU-HWRM-RL.- Bund/Länder-Arbeitsgemeinschaft Wasser (LAWA), Ministerium für Energiewende, Landwirtschaft, Umwelt und ländliche Räume; Schleswig-Holstein, Kiel

LAWA (2014): Beitrag zum Nationalen Hochwasserschutzprogramm – Eine flussgebietsbezogene Überprüfung und eventuelle Weiterentwicklung der Bemessungsgrundlagen.- Bund/Länder-Arbeitsgemeinschaft Wasser (LAWA), Ministerium für Energiewende, Landwirtschaft, Umwelt und ländliche Räume; Schleswig-Holstein, Kiel

LAWA (2008): Strategie zur Umsetzung der Hochwasserrisikomanagement-Richtlinie in Deutschland.- Bund/Länder-Arbeitsgemeinschaft Wasser (LAWA), Ministerium für Energiewende, Landwirtschaft, Umwelt und ländliche Räume; Schleswig-Holstein, Kiel

LAWA (1995): Leitlinien für einen zukunftsweisenden Hochwasserschutz: Hochwasser – Ursachen und Konsequenzen; hochwasser_grundsaetze_ziele/d c/lawa_leitlinien_zukunftsweisender_hwschutz.pdf

Leopoldina (2016): Erdbeobachtung durch Tiere – Zusammenfassung der Vorträge – Symposium 30. 9. 2016.- Leibniz-Institut für Zoo- und Wildtierforschung, Berlin

LfU (2017): Hochwasserkatastrophe Simbach am Inn, 1.6.2016.- Bayerische Landesamt für Umwelt (LfU), München (Internetzugriff 18.7.2019)

LfU (2014): Gewässerunterhaltung – der richtige Umgang mit dem Hochwasser. – Bayerisches Landesamt für Umwelt (LfU), Augsburg, Fortbildungsgesellschaft für Gewässerentwicklung (WBW), Karlsruhe

LfU (2005): Festlegung des Bemessungshochwassers für Anlagen des technischen Hochwasserschutzes – Leitfaden.- Landesanstalt für Umweltschutz Baden-Württemberg (LfU), Karlsruhe

LfULG (2016): Dezentraler Hochwasserschutz im ländlichen Raum.- Sächsische Staatsministerium für Umwelt und Landwirtschaft (SMUL), Sächsisches Landesamt für Umwelt, Landwirtschaft und Geologie (LfULG), 2. überarbeitete Auflage, Dresden

Lipman, P. W. & Mullineaux, D. R. (Eds.) (1981): The 1980 Eruptions of Mount St, Helens, Washington.- United States Geological Survey (USGS), Cascades Volcano Observatory, Professional Paper 1250, p.844, Reston VA

Lockwood, J.P. & Hazlett, R.W. (2011): Volcanoes—Global Perspectives.-, Vol. 73(5), p. 631–632; https://doi.org/10.1007/s00445-011-0479-7

LUBW (2016): Kommunales Starkregenrisikomanagement in Baden-Württemberg.- Landesanstalt für Umwelt, Messungen und Naturschutz in Baden-Württemberg (LUBW), Karlsruhe

LUBW (2013): Ingenieurbiologische Bauweisen an Fließgewässern, Teil 1 Leitfaden für die Praxis .- Landesanstalt für Umwelt, Messungen und Naturschutz Baden-Württemberg (LUBW), Fortbildungsgesellschaft für Gewässerentwicklung (WBW), Karlsruhe

Lühr. B.G., Kouklakov, I., Rabbel, W. & Sahara D.P. (2013).- Fluid ascent and magma storage beneath Gunung Merapi revealed by multi-scale seismic imaging.- Journal of Volcanology and Geothermal Research, 261, 7–19 https://doi.org/10.1016/j.jvolgeores.2013.03.015

Lunne, T., Robertson, P.K. & Powell, J.J.M. (1997): Cone Penetration Testing in Geotechnical Practice.- Routledge, New York NY

Mason, B., Gallant, A.P., Hutabarat, D., Montgomery, J. & Hanifa, R. (2019): Geotechnical Reconnaissance: The 28 September 2018

M7.5 Palu-Dongala, Indonesia Earthquake.- GEER -061; https://doi.org/10.18118/G63376

Matsutomi, H., Shuto,N., Imamura, F. & Takahasi, T. (2001): Field survey of the 1996 Irian Jaya Earthquake Tsunami in Biak Island. – Natural Hazards, Vol. 24. p. 199–212, Springer Link

May, S. Shahid Yusuf & Saich, T. (2009): China Urbanizes: Consequences, Strategies, and Policies.- Journal of Chinese Political Science, Vol. 14, p. 219–220; https://doi.org/10.1007/s11366-009-9053-y

McGuire, M & Schneck, D. (2010): What if hurricane Katrina hit in 2020? The need for a strategic management of disasters; http//www.Indiana.edu (Internetzugriff 17.08.2014)

Margreth, S., Burkard, A. & Buri, H. (2008): Beurteilung der Wirkung von Schutzmaßnahmen gegen Naturgefahren als Grundlage für ihre Berücksichtigung in der Raumplanung in: Teil B: Prozess Lawine.- in: PLANAT (2008): Risikokonzept für Naturgefahren – Nationale Plattform Naturgefahren (PLANAT), Bern

Merz, B., Elmer, F., Kunz, M., Mühr, B. Schröter, K. & Uhlemann-Elmer, S. (2014): The extreme flood In June 2013 in Germany.- La Houille Blanche, No. 1, p. 5–10

Meskouris, K., Hinzen, K.-G., Butenweg, C. & Mistler, M. (2003): Bauwerke und Erdbeben: Grundlagen – Anwendung – Beispiele.- p. 467, Springer Vieweg Verlag

Meskouris, K. (2011): Welt der Physik; Erdbebensicheres Bauen (Interzugriff 5.11.2009)

Mileti, D.S. (1989): Social response – The Loma Prieta Earthquake Professional Papers.- United States Geological Survey (USGS), Professional Papers 1553-A through 1553-D, Reston, VA

Miller, D. (1960): Giant Waves in Lituya Bay Alaska.- United States Geological Survey (USGS), Shorter contribution to general geology, Professional Paper 354-C, p. 85, Washington D.C.

Montani, A. et al. (2010): Seven years of activity in the field of mesoscale ensemble forecasting by the COSMO-LEPS system: main achievements and open challenges. – Consortium for Small-Scale Modelling, Technical Report No. 19, Bologna

Montani (2012): Experimentation of different strategies to generate a limited-area ensemble system over the Mediterranean region.- European Centre for Medium-Range Weather Forecasts (ecmwf); https://www.ecmwf.int/en/research/special-projects/spitlaef-2012

Moore, J.G. & Rice, C.J. (1984): *Chronology and Character of the May 18, 1980 – Explosive Eruptions of Mount St. Helens.* In United States National Research Council, Studies in Geophysics, S. 133–142, National Academy Press, Washington, D.C.

Müller, M. (2015): Überschwemmungen in Deutschland – Ereignistypen und Schadensbilder.- Deutsche Rückversicherung AG, Düsseldorf; http://www.schadenprisma.de/sp/SpEntw.nsf/3aa-4f805e74f3cd5c12569a0004f2eac/c8bfa59692144cf1c1256d5100449676?OpenDocument

Müller, R.D., Sdrolias, M. Gaina, C. & Roest, W.R. (2008): Age, spreading rates, and spreading asymmetry of the world's ocean crust ; https://doi.org/10.1029/2007GC001743

Münich, J.C. (2011): Hybride Multidirektionaltextilien zur Erdbebenverstärkung von Mauerwerk Experimente und numerische Untersuchungen mittels eines erweiterten Makromodells.- Dissertation, Karlsruher Institut für Technologie, Fakultät für Bauingenieur-, Geo- und Umweltwissenschaften, Karlsruher Reihe Massivbau Baustofftechnologie Materialprüfung, Heft 68, Karlsruhe

Neri, A., Aspinall, W. P., Cioni, R., Bertagnini, A., Baxter, P. J. Zuccaro, G. et al. (2008): Developing an Event Tree for probabilistic hazard and risk assessment at Vesuvius. In: Journal of Volcanology and Geothermal Research 178 (3), S. 397–415; https://doi.org/10.1016/j.jvolgeores.2008.05.014

Neukirchen F. (2008): Vulkane: Wo kommt das Magma her? .- Vortrag („Wie Vulkane funktionieren"); www.riannek.de/2008/wo-kommt-das-magma-her

Newhall, C. & Self, S. (1982): The Volcanic Explosivity Index (VEI): An Estimate of Explosive Magnitude for Historical Volcanism, Vol. 87, p. 12331–1238, Wiley Online; https://doi.org/10.1029/JC087iC02p01231

Newhall, C. & Punongbayan (1996): Fire and Mud – Eruptions and lahars of Mount Pinatubo, Philippines .- Philippines Institute of Volcanology (PHIVOLCS) and the United States Geological Survey (USGS), University of Washington Press, Washington D.C.; http://pubs.usgs, gov/pinatubo.

NLWKN (2013): Mai-Hochwasser 2013 im südlichen Niedersachsen. – Niedersächsischer Landesbetrieb für Wasserwirtschaft, Küsten- und Naturschutz (NLWKN), Bericht, S. 13, Hannover

Noack, T. (2007): Der Hurrikan Katrina und seine Auswirkungen auf New Orleans, USA.- Dissertation, Geographisches Institut der Christian-Albrechts-Universität, Kiel

Novelli, V. & D'Ayala, D.F. (2019): Use of the Knowledge-Based System LOG-IDEAH to assess failure modes of mansonry buildings, damaged by L'Aquila earthquake in 2009.- Frontiers in Built Environment, Vol. 5, Article 96; https://doi.org/10.3389/fbuil.2019.00095

Okal, E.A. (1988): Seismic parameters controlling far-field tsunami amplitudes: A review.- Natural Hazards Vol. 1, p. 68–98, Springer, New York NY

Omira , R., Vales, D., Marreiros, C. & Carrilho, F. (2015): Large submarine earthquakes that occurred worldwide in a 1-year period (June 2013 to June 2014) – a contribution to the understanding of tsunamigenic potential.- Natural Hazards Earth System Science, Vol. 15, p. 2183–2200; www.nat-hazards-earth-syst-sci.net/15/2183/2015/. https://doi.org/10.5194/nhess-15-2183-2015

O'Malley et al. (2018): Antipode earthquakes.- Oregon State University/NASA, Scientific Reports; https://doi.org/10.1038/s41598-018-30019-29

Parfitt, E. A. & Wilson, L. (2010): Fundamentals of physical volcanology. [Nachdr.]. Blackwell, Malden MA

Peirera, A.S. (2009): The opportunity of a disaster.- The Economic Impact of the 1755 Lissabon Earthquake.- The Journal of Economic History, Vol. 69, No. 2, p.466–499, The Economic History Association, Tucson AR

Pichler, H. (2006): Die Vulkangebiete der Erde.- Spektrum Akademischer Verlag, Auflage 1, Heidelberg.

PLANAT (2009): Strategie Naturgefahren Schweiz – Umsetzung des Aktionsplanes PLANAT 2005–2008 Projekt A 1.1 Risikokonzept für Naturgefahren – Leitfaden Teil B .- Bundesamt für Umwelt (BAFU), Nationale Plattform Naturgefahren (PLANAT), Bern

Pollmann, H. J. & Wilke; F.L. (1994): Der untertägige Steinkohlenbergbau und seine Auswirkungen auf die Tagesoberfläche. – Bochumer Beiträge zum Berg- und Energierecht, Nr. 18/II, Stuttgart

Pohl, R. (2013a): Hochwasserschutzanlagen in der Normung und Regelung.- 36. Dresdner Wasserbaukolloquium 2013 „Technischer und organisatorischer Hochwasserschutz", Technische Universität Dresden, Fakultät Bauingenieurwesen Institut für Wasserbau und Technische Hydromechanik, Dresden

Pohl, R. (2013b): Hochwasserschutz für New Orleans – 8 Jahre nach Katrina.- Wasserwirtschaft, Vol. 103 (7–8), S.79–84; https://doi.org/10.1365/s35147-013-0656-z

Pratt, W.E. & Johnson, D.W. (1926): Local subsidence of the Goose Creek oil field.- Journal of Geology, Vol. 34, p. 577–590

Prisching, M. (2006): Good Bye New Orleans: Der Hurrikan Katrina und die amerikanische Gesellschaft.- S. 206 Leykam, Graz

Pyle, D.M. (2015): Sizes of Volcanic Eruptions – in: The Encyclopedia of Volcanoes.- Elsevier, S. 257–264

Raffles, S. (1830): Memoir of the life and public services of Sir Thomas Stamford Raffles, particularly in the government of Java 1811–1816 and of Bencoolen and its dependencies 1817–1824: with details of the commerce and resources of the eastern archipelago, and selections from his correspondence.- John Murray, London

Reid, M.K. (2011): A Disaster on Top of a Disaster: How Gender, Race, and Class Shaped the Housing Experiences of Displaced

Hurricane Katrina Survivor.- Dissertation, Faculty of the Graduate School, University of Texas, p. 247, Austin

Richard, D. & Gay, M. (2003): Guidelines for scientific studies about glacial hazards. Survey and prevention of extreme glaciological hazards in European mountainous regions. – Glacior Risk Project, Deliverables; http://glaciorisk.cemagref.fr

Richter, C.F. (1935): An instrumental earthquake magnitude scale.- Bulletin of the Seismological Society of America, Vol. 25, No. 1, p. 1–32, Albany NY

Rivalta, E., Corbi, F., Passarelli, L., Acocella, V., Davis, T. & Di Vito, M.À. (2019): Stress inversions to forecast magma pathways and eruptive vent location.- Science Advances, Vol. 5, No. 7; https://doi.org/10.1126/sciadv.aau9784

Rong, Y., Jackson, D.D. & Kagan, Y.Y. (2003): Seismic gaps and earthquakes.- Journal of Geophysical Research, Vol. 108, No. B10, 2471, ESE 6-1; https://doi.org/10.1029/2002JB002334

RWTH (2012): Erläuterungen zum Leitfaden der Lastfall Erdbeben im Anlagenbau – Entwurf, Bemessung und Konstruktion von Tragwerken und Komponenten in der chemischen Industrie in Anlehnung an die DIN EN.- Lehrstuhl für Baustatik und Baudynamik, RWTH Aachen, Verband der Chemische Industrie e.V, Frankfurt/M 998-1

Sandri, L., Marzocchi, W., Gasparini, P., Newhall, Chr. & Boschi, E. (2004): Quantifying probabilities of volcanic events: The example of volcanic hazard at Mount Vesuvius.- Journal of Geophysical Research, Vol. 109 (B11)

Santacroce, R. (1983): A general model for the behavior of the somma-vesuvius volcanic complex.- Journal of Volcanology and Geothermal Research, Vol. 17 (1–4), p. 237–248; https://doi.org/10.1016/0377-0273(83)90070-7

Scandone, R., Giacomelli, L. & Mauro, R. (2019): Death, Survival and Damage during the 79 AD Eruption of Vesuvius which destroyed Pompeii and Herculaneum.- Journal of Research and Didactics in Geography, Vol. 2/8, p.5–13

Scarpa, R & Tilling, R (eds) (1996): Monitoring and mitigation of volcanic hazards. – p. 841, Springer Verlag, Berlin/Heidelberg

Schinke, R., Neubert, M. & Hennersdorf, J. (2013): Modellierung von Gebäudeschäden infolge von Grundhochwasser auf Grundlage gebäudetypologischer Untersuchungen und synthetisch ermittelter Schadensfunktionen.- Dresdner 36. Wasserbaukolloquium 2013 „Technischer und organisatorischer Hochwasserschutz", Technische Universität Dresden, Institut für Wasserbau und Technische Hydromechanik, Heft 48, p. 365–372, Dresden; http://dnb.ddb.de

Schmincke, H.U. (2010): Vulkanismus. 3., überarb. Aufl. Darmstadt, Primus-Verlag

Schlurman, T. & Goseberg, N. (2008): Numerische Last-Mile Tsunami Frühwarn- und Evakuierungsinformationssystem: Teilprojekt: Überschwemmungsszenarien und Strömungsanalyse.- Franzius Institut, Universität Hannover

Schnellmann, M., Anselmetti, F.S., Giardini. D., McKenzie, J.A. & Ward, S.N. (2002): Prehistoric earthquake history revealed by lacustrine slump deposits.- Geology, Vol. 30/12, p. 1131–1134

Schwarz, M. & Beckmann, R. (2014): Herdbestimmung von Nahbeben.- Karlsruher Institut für Technologie (KIT), Geophysikalische Laborübungen, Karlsruhe

SED (o. J.): Snapshots, Erdbebenvorhersage, Radonkonzentration.- Schweizer Erdbebendienst (SED), ETH Zürich; Internetzugriff 29.10.2019

Seifert, F. (1985): Struktur und Eigenschaften magmatischer Schmelzen; in: Einlagerungsverbindungen: Struktur und Dynamik von Gastmolekülen/Struktur und Eigenschaften magmatischer Schmelzen. – Rheinisch-Westfälische Akademie der Wissenschaften, Natur-, Ingenieur- und Wirtschaftswissenschaften, Vol. 341

Shearer, P.M. (2009): Introduction to Seismology.- Scripps Institution of Oceanography, 2nd Edition, University of California, Cambridge University Press, p. 412, New York NY

Shen, S.L., & Xu, Y.S. (2011): Numerical evaluation of land subsidence induced by groundwater pumping in Shanghai.- Canadian Geotechnical Journal, Vol. 48, p. 1378–1392

Sidle R.C. (2013): Mass Movement. In: Bobrowsky P.T. (eds) Encyclopedia of Natural Hazards.- Encyclopedia of Earth Sciences Series, Springer, Dordrecht

Sieg, T., Schinko, T., Vogel, K., Mechler, R., Merz, B. & Kreibich, H. (2019): Integrated assessment of short-term direct and indirect economic flood impacts including uncertainty quantification.- PLoSOne, Vol. 14/4; e0212932, 1–21

Snowdon et al. (1980): Geology of Greater New Orleans: its relationship to land subsidence and flooding; New Orleans Geological Society; New Orleans, LA, S. 23, zitiert in: McCullogh, R.P. et al., (2006): Geology and Hurricane Protection Strategies in the Greater New Orleans Area.- Louisiana Geological Survey, Public Information Series No. 11, Baton Rouge, LA

Sponheuer, W. (1960): Methoden zur Herdtiefenbestimmung in der Makroseismik.- Freiberger Forschungshefte, Vol. 88, p. 117, Freiberg

Taddeucci, J., Edmonds, M., Houghton, B., James, M.R. & Vergniolle, S. (2015): Hawaiian and Strombolian Eruptions – in: The Encyclopedia of Volcanoes.- Elsevier, S. 485–503

Taubenböck, H., Goseberg. N., Setiadi, N., Lämmel, G., Moder, F., Oczipka, M., Klüpfel, H., Wahl, R.,Schlurmann, T.,Strunz, G., Birkmann, J. Nagel, K., Siegert, F., Lehmann, F., Dech, S., Gress, A. & Klein, R. (2009): Last-Mile – preparation for a potential disaster – Interdisciplinary approach towards tsunami early warning and an evacuation information system for the coastal city of Padang, Indonesia.- Natural Hazards Earth System Science, Vol. 9, p. 1509–1528

Than, K. (2017): Stanford researchers build a 'billion sensors' earthquake observatory with optical fibers. – Stanford News Service, October 2017, Standford CA

Thompson, A. (2010): Mount St. Helens still recovering 30 years later.- Planet Earth, Live Science; https://www.livescience.com/6450-mount-st-helens-recovering-30-years

Tilling, R.I. (1989): Volcanic hazards and their mitigation: progress and problems. – American Geophysical Union, Reviews of Geophysics, Vol. 27, p. 237–269, Wiley Online Library

Titov, V.V., Rabinovich, B., Mofjeld, H.O., Thomson, R.E. & Gonzalez, F.I. (2005): The global reach of the 26 Dec. 2004 Sumatra Tsunami.- Science, Vol. 309, p. 2045–2048

Turner, A.K. & Schuster, R. (eds) (1996): Landslides—investigation and mitigation.- Transportation Research Board (TRB), Special Report No. 247, p. 76–90, National Research Council, National Academy Press, Washington D.C.

UBA (2011): Hochwasser verstehen, erkennen, handeln.- Umweltbundesamt (UBA), Dessau-Roßlau, S. 78; www.umweltbundesamt.de

UBA (2008): Kosten-Nutzen-Analyse von Hochwasserschutzmaßnahmen.- Umweltforschungsplan des Bundesministeriums für Umwelt, Naturschutz und Reaktorsicherheit, Forschungsbericht 204 21 212, Umweltbundesamt, UBA-FB 001169, Dessau

UBA (2007): Schutz von neuen und bestehenden Anlagen und Betriebsbereichen gegen natürliche, umgebungsbedingte Gefahrenquellen, insbesondere Hochwasser (Untersuchung vor- und nachsorgender Maßnahmen).- Umweltforschungsplan des Bundesministeriums für Umwelt, Naturschutz und Reaktorsicherheit, Umweltbundesamt (UBA), S. 679, Dessau-Roßlau; http://www.umweltdaten.de/publikationen/fpdf-l/3326.pdf

UBA (2006): Was Sie über vorsorgenden Hochwasserschutz wissen sollten.- Umweltbundesamt (UBA), Dessau-Roßlau

Ulbrich, U., Brücher, T., Fink, A.H., Leckebusch, G.C., Krüger, A. & Pinto, J.G. (2003): The central European floods of August 2002: Part 1 – Rainfall periods and flood development. – Weather, Vol. 58, p. 371–377

UNDP (2006): Human Development Report 2006: Beyond Scarcity: Power, Poverty and the Global Water Crisis, United Nations Development Programme (UNDP), New York, NY

UNESCO (1981): Avalanche atlas: illustrated international avalanche classification ("catastrophe naturelles").- Internationale Commission on Snow and Ice, Geneva

UNEG (2010): Haiti Earthquake Response, Context Analysis, July 2010.- United Nations Evaluation Group (ALNAP), Secretariat, London

USACE (2003): How Safe is New Orleans from Flooding? United Sates Army Corps of Engineers (USACE); http://www.usace.army.mil/cw/hot_topics/ht_2003/11sep_msy.pdf

USGS (2014): Seismic Hazard Maps.- United States Geological Survey (USGS), Earthquake Hazard Program, Open File Report 2014-1091, Reston VA

USGS (2008a): What are volcano hazards.- US Department of the Interior, U.S. Geological Survey, Fact Sheet 002-97; revised March 2008a, Reston VA

USGS (2008b): The dynamic earth.- The story of plate tectonics.- United States Geological Survey (USGS), Reston VA

USGS (2005b): Mount St. Helens from the 1980 Eruption to 2000.- Unites States Geological Survey (USGS), Fact Sheet 036-00, Online Version 1.0

USGS (2005a): An assessment of volcanic threat and monitoring capabilities in the United States: Framework for a National Volcano Early Warning System (NVEWS).- United States Geological Survey (USGS), Open-File Report, 2005b-1164, Reston, VA

USGS (1999): Kocaeli Implications for Earthquake Risk Reduction in the United States from the Kocaeli, Turkey Earthquake of August 17, 1999.- United States Geological Survey (USGS), Circular 1193, U.S. Department of the Interior – p. 74, Denver, CO

Varnes, D.J. (1978): Slope movement types and processes – Landslides, Analysis and Control. -Transportation Research Board (TRB), Special Report 176, p. 11–33, Washington D.C.

Verner, D. & Heinemann, A. (2006): Social Resilience and State Fragility in Haiti: Breaking the Conflict-Poverty Trap.- en breve; No. 94.World Bank, Washington, D.C.; https://openknowledge.worldbank.org/handle/10986/10311

Vine, F.J. & Hess, H.H. (1970): Sea-floor spreading, in Maxwell, A.E. [ed.], The Sea, Volume 4.-New Concepts a/Sea Floor Evolution, Parts II and/11. Regional Observations, Concepts, p. 587–622, Wiley Interscience, New York NY

Voight, B. (1986): How volcanoes work – The Nevada del Ruiz eruption. The San Diego States University, San Diego CA; www.geology.sdsu.edu

Volker, D., & Stipp, M. (2015): Water input and water release from the subducting Nazca Plate along southern Central Chile.- Geochemical and Geophysical Geosystems, Vol. 16, p. 1825– 1847; https://doi.org/10.1002/2015GC00576

v. Vuuren, D.P., Edmonds; J., Kainuma, M., Riahi, K., Thomson, A., Hibbard, K., Hurtt, G.C. , Kram, T., Krey, V., Lamarque, J.F., Masui, T., Meinshausen, M. , Nakicenovic, N., Smith, S.J. & Rose, S.K. (2011): The representative concentration pathways: an overview .- Climatic Change, Vol. 109, p. 5–31; https://doi.org/10.1007/s10584-011-0148-z

Waldherr, G.H. & Smolka, A. (2004): Antike Erdbeben im alpinen und zirkumalpinen Raum/Befunde und Probleme in archäologischer, historischer und seismologischer Sicht .- Beiträge des Interdisziplinären Workshops Schloss Hohenkammer, 14. /15. Mai 2004, p. 125, Steiner Franz Verlag

Walker, G. P. L. (1981): Plinian eruptions and their products. In: Bulletin of Volcanology, Vol 44 (3), S. 223– 240; https://doi.org/10.1007/BF02600561

WBW (2013): Ingenieurbiologische Bauweisen an Fließgewässern, Teil 1 Leitfaden für die Praxis.- WBW, Fortbildungsgesellschaft für Gewässerentwicklung; S. 91, Karlsruhe

Wegener, A. (1929): Die Entstehung der Kontinente und Ozeane.- vierte umgearbeitete Auflage, Braunschweig

Wei Zhang, Vecchi, G.A., Murakami, H., Villarini, G. Delworth, T.L., Xiaosong Yang & Liwei Jia (2017): Dominant Role of Atlantic Multidecadal Oscillation in the Recent Decadal Changes in Western North Pacific Tropical Cyclone Activity; https://doi.org/10.1002/2017GL076397

Wendeler, C. (2008): Murgangrückhalt in Wildbächen – Grundlagen zu Planung und Berechnung von flexiblen Barrieren .- Dissertation, Eidgenössische Technische Hochschule Zürich (ETH), Nr. 17916, S. 293, Zürich

Wieczorek, G.F. & Snyder, J.B. (2009): Monitoring slope movements, in Young, R., and Norby, L., Geological Monitoring: Boulder, Colorado, Geological Society of America, p. 245–271, https://doi.org/10.1130/2009

Wilson. R.C. & Wieczorek, G.F. (1995): Rainfall thresholds for the initiation of debris flows at La Honda, California Environmental & Engineering Geoscience. United States Geological Survey (USGS), Reston VA

Winchester, S. (2003): Krakatoa – The Day the World exploded, August 27, 1883 .- HaperCollins Publisher, p. 415, New York NY

Winkler, HGF. (1976): Petrogenesis of Metamorphic Rocks.- Springer Verlag, Berlin-Heidelber

World Bank (2008): Water and Development – An Evaluation of World Bank Support 1997 -2007.- The World Bank, International Finance Corporation/MIGA, International Evaluation Group, IEG Study Series, Washington D.C.

Wood, H.O. & Neumann, F (1931): Modified Mercalli-Intensityscale of 1931. – Bulletin of the Seismological Society of America , No. 21 Vol. 4, p. 277–283

WWF (o. J.): Mesoamerikanisches Riff – Perle in der Karibik; doi, wwf.de/themen-projekte/projektregionen/belize/ (Internetzugriff 14.02.2021).

Ye-Shuang Xu, Shui-Long Shen, Dong-Jie Ren & Huai-Na Wu (2016): Analysis of Factors in Land Subsidence in Shanghai – A View Based on a Strategic Environmental Assessment .- Sustainability, Vol. 8, p. 573; https://doi.org/10.3390/su80605731

Youd, T.L. & Hoose, S.N. (1978): Historic ground failures in northern California triggered by earthquakes. United States Geological Survey (USGS), Professional Paper 993, Earthquake Hazard Program, Reston VA

Youd, T.L. (1973): Liquefaction, flow and associated ground failure.- United States Geological Survey (USGS), Circular 688, p. 12, Reston VA

Inhaltsverzeichnis

© Der/die Autor(en), exklusiv lizenziert an Springer-Verlag GmbH, DE, ein Teil von Springer Nature 2023
U. Ranke, *Naturkatastrophen und Risikomanagement,* https://doi.org/10.1007/978-3-662-63299-4_4

4.1   Das Risiko-Theorem

Wie schon in Kap. 2 dargestellt, ist ein Leben ohne „Risiko" nicht denkbar. „Gefahren und Risiken sind ein unausweichlicher Bestandteil des Lebens. Täglich werden wir mit unterschiedlichen Risiken konfrontiert. Es ist unmöglich, in einer risikofreien Umgebung zu leben", schreibt der Soziologe Ulrich Beck in seinem berühmten Buch „Risikogesellschaft – Auf dem Weg in eine andere Moderne", das er als Folge der Reaktorkatastrophe von Tschernobyl verfasst hat (Beck 1986). Er hob damals darauf ab, dass in einer postmodernen Gesellschaft die Produktion von „Reichtum" systematisch einhergehe mit der Produktion von „Risiken, woraus Konflikte … entstehen" (Beck, S. 25). Einen Schritt weiter geht Luhmann (1991), wenn er darlegt, dass in Naturwissenschaften, Technik und Wirtschaft „Risiko" definiert wird als (mathematisches) Produkt von erwartetem Schaden und dessen Eintrittswahrscheinlichkeit (vgl. Abschn. 4.2.5). Damit stellt Luhmann das „Risiko" als ein Konstrukt dar, das zudem auch noch das Element Zeit beinhaltet, da jede gesellschaftliche Entscheidung immer riskant ist, weil ihr eine unbekannte Zukunft gegenübersteht. Daneben weist Luhmann darauf hin, dass auch präventive schadensmindernde Maßnahmen bzw. solche, die zur Verringerung der Eintrittswahrscheinlichkeit führen (sollen), trotzdem Risiken bergen, da sie mithilfe von Entscheidungsroutinen operieren: „wenn Entscheidungen … riskant sind, … bergen auch die Entscheidungen für Sicherheit Risiken" (Luhmann 1991). Da die „Wahrnehmung und Bewertung technischer Risiken den (herrschenden) soziokulturellen Bedingungen unterliegen, deren stetiger Wandel zu Wahrnehmungsveränderungen und Umbewertungen" führt, ist schwer zwischen der „tatsächlichen Zunahme von Gefährdungen („Risiko-Objektivismus") und der Zunahme der sozialen Wahrnehmung („Risiko-Konstruktivismus") zu unterscheiden (Krohn und Krücken 1993). Weitere Aspekte des Risikobegriffes sind die soziale und psychische Risikoerfahrung und Risikowahrnehmung. Der Umfang, in dem sich eine Gesellschaft einem Risiko aussetzen kann, hängt von ihrer Verwundbarkeit ab (vgl. Abschn. 4.2.2). Die Gesellschaft muss (müsste) eigentlich für jeden Katastrophentyp zuvor einen Risikoschwellenwert definieren, der anzeigt, ab wann die Entwicklung zu einer Katastrophe führt (führen kann).

Das Konzept eines „risikofreien Lebens" umfasst eine Reihe an einzelnen Komponenten, die erst zusammen das ausmachen, was wir als Risiko empfinden, wie in Abb. 4.1 am Beispiel von Fahrradunfällen mit Kopfverletzungen dargestellt ist. Es beginnt mit der Gefahrensituation, der ein Radfahrer im Straßenverkehr ausgesetzt ist. Die Gefahr besteht vor allem darin, dass Radfahrer bei einem Unfall eine Kopfverletzung erleiden können – solche Verletzungen kommen jährlich in einem bestimmten Ausmaß vor. Einen Schutz davor bietet der Fahrradhelm, der, wenn er nicht angelegt wird, zur Katastrophe führt. Abhilfe würde eine allgemeine Helmpflicht schaffen. Dies war aber bislang in der deutschen Politik nicht durchsetzbar, obwohl der Gesetzgeber daran seit Mitte der 1990er Jahre arbeitet.

Die in Abb. 4.1 dargestellten wesentlichen Komponenten eines Risikomanagements werden im Folgenden näher erläutert und jeweils mit einigen Beispielen unterfüttert. Zentrales Anliegen ist, den Fokus auf „Resilienz" zu lenken. Die Frage müsste daher nicht mehr lauten: Welche Naturgefahr kann wo auftreten und wer kann wie davon betroffen sein? Sondern die Frage muss vielmehr lauten: Mittels welcher Instrumente, technischer Maßnahmen und sozialen Konzepte ist es möglich, einen resilienten Zustand (auf Dauer) zu gewährleisten? Das bedeutet, das Naturkatastrophen-Risikomanagement (NKRM) muss sich auch in Zukunft immer noch mit der Analyse von Naturgefahren befassen, muss aber um die Begriffe der „Vulnerabilität" und der „Resilienz" erweitert werden. Geowissenschaftler dürfen sich nicht mehr darin „erschöpfen" Naturgefahren zu analysieren, sondern sie müssen zusammen mit den anderen Fachdisziplinen Lösungsmodelle anbieten. Damit verlässt das NKRM den (Natur-)Raum und stellt sich in den Dienst der Sozial-, Kultur- und Wirtschaftswissenschaften. Dadurch werden die Geowissenschaften nicht ab-, sondern vielmehr aufgewertet. Dieses kann auf den Sektoren der „Prävention" ebenso stattfinden wie zur „Krisenintervention" sowie bei der „Vermittlung von Erkenntnissen über Ursache und Wirkungen von Naturkatastrophen".

4.2   Begriffe und Kategorien

Im NKRM wird immer von „Naturkatastrophen", von „Gefahren", „Risiko", „Verletzlichkeit" usw. gesprochen. In Kap. 5 wird dargelegt, in welchem organisatorischen Rahmen diese „gemanagt" werden können. Hier sollen zunächst

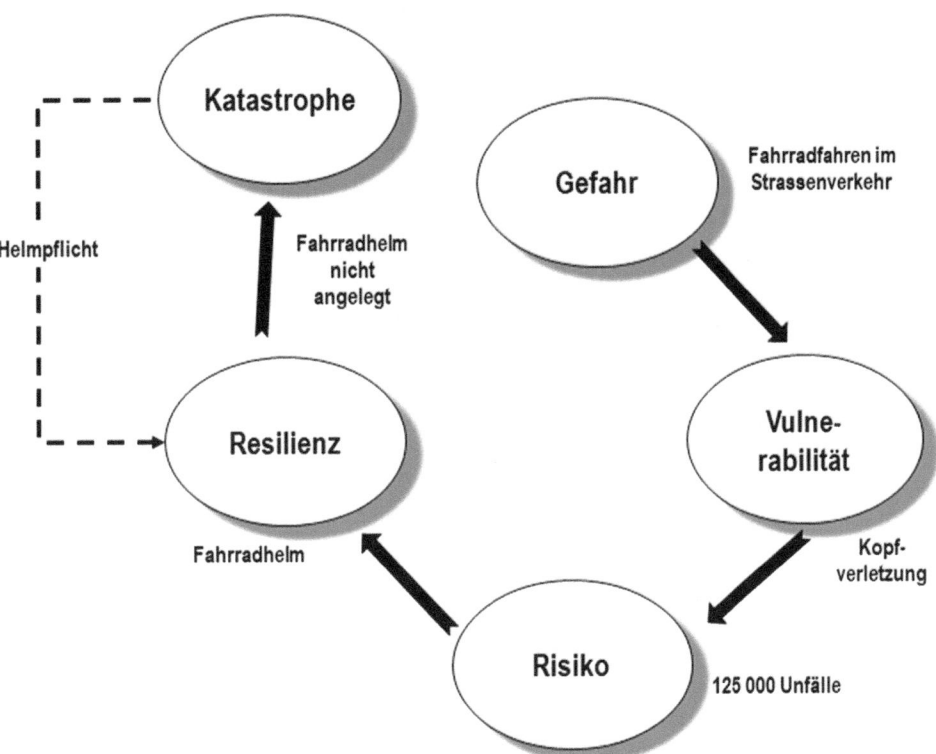

Abb. 4.1 Das Risikokonzept am Beispiel der Einführung der Fahrradhelm-Pflicht

die wesentlichen Begriffe kurz erläutert und in ihrem kausalen Kontext dargestellt werden. Es gibt eine Vielzahl an Erläuterungen, von denen an dieser Stelle stellvertretend auf das „Glossar" von Thywissen (2006) und vor allem auf UNISDR (2004, 2009) hingewiesen werden soll.

Traditionell wird in den Naturwissenschaften unterschieden in:

- Naturgefahr *(„hazard"):* Eine von der Natur gegebene Ausgangssituation, die das Potenzial hat, Leben zu bedrohen, Schäden an Hab und Gut anzurichten, das soziale und ökonomische Umfeld zu stören und/oder die Ökologie zu schädigen.
- Vulnerabilität/Verletzlichkeit *(„vulnerability"):* Art und Weise, in welcher eine Gesellschaft/Gruppe/Individuum einer Gefahr ausgesetzt ist und dadurch der Einzelne oder die Gesellschaft insgesamt seine/ihre soziale Schutzfunktion nicht bzw. nicht mehr wahrnehmen kann.
- Bewältigungsfähigkeit *(„resilience"):* Stand von Kenntnissen, Strategien, Fähigkeiten und Erfahrungen, wie eine Gesellschaft oder der Einzelne ihre/seine technischen und sozialen Ressourcen nutzt, um auf ein Naturereignis vorbereitet zu sein oder um diesem standzuhalten und/oder in einem überschaubaren Zeitraum seine sozialen und ökonomischen Funktionen wiederherzustellen.

- Bekämpfung *(„mitigation"):* Vorsorgemaßnahmen, die darauf abzielen, mögliche Schäden durch ein Naturereignis zu verringern – nach Möglichkeit völlig auszuschließen. Dabei unterscheidet man zwischen strukturellen (baulich/technischen) und nichtstrukturellen Maßnahmen (Gesetze, Sensibilisierung der Betroffenen etc.).
- Katastrophe *(„disaster"):* Eine „ernsthafte" Unterbrechung der Funktionen einer Gesellschaft z. B. durch ein Naturereignis, das in seinem Ausmaß die Selbsthilfefähigkeit der Gesellschaft/Gruppe übersteigt.
- Risiko *(„risk"):* Wahrscheinlichkeit, dass durch ein Naturereignis Leben gefährdet oder Schäden angerichtet werden.

Ausgehend vom Begriff der „Naturgefahr" wurden im NKRM früher zunächst alle weiteren Überlegungen, Konzepte und Strategien zum Schutz der Gesellschaft vor solchen Gefahren von diesem „Gefahrenbegriff" abgeleitet. Stand anfangs die Erfassung und Bewertung von Naturgefahren im Vordergrund, wurden im Laufe der Zeit immer häufiger die Fragen gestellt, wer wann und in welcher Art von solchen Ereignissen betroffen sein kann. Damit hatten die Überlegungen das Fachgebiet der klassischen Naturwissenschaften verlassen und stellten einen Zusammenhang her zu den Betroffenen und deren „Vulnerabilität" („Verletzlichkeit"). Die Bandbreite der Anwendungsgebiete führte automatisch dazu, „Vulnerabilität" sehr unterschiedlich zu definieren. Thywissen (2006) konnte mehr als 30 verschiedene Definitionen in der Literatur nachweisen. So definierte UNDRO (1982) „Vulnerabilität" als potenzielle Schäden an Personen oder deren Hab und Gut, die von einer Gefahr ausgehen. 20 Jahre später ging man einen Schritt weiter und fokussierte den Begriff auf die Folgen, die sich für eine bedrohte Gesellschaft ergeben bzw. auf Maßnahmen, mit denen man diese schon vorab verhindern oder wenigstens in ihren Auswirkungen vermindern kann (UNEP 2002). Bereits in den Jahren 2004 und 2009 schlug UNISDR vor, „Vulnerabilität" nicht mehr nur in den Nexus „Naturgefahr und seine Auswirkungen" zu stellen, sondern die Gefahrenexposition als Folge an sich schon vulnerabler Gesellschaften aufzufassen (*„the factors that make a society vulnerable"*; UNISDR 2004). Das International Risk Governance Council (IGRC 2005) hebt mit seiner Definition darauf ab festzustellen, welche Faktoren denn überhaupt dazu führen bzw. geführt haben, dass eine Gesellschaft in der Lage ist, sich von einer großen Katastrophe gut zu erholen, während anderen – selbst bei externer Hilfe – dies nicht dauerhaft gelingt (vgl. Abschn. 2.3, 5.4 und 7.1).

4.2.1   Naturgefahr

Als Naturgefahren werden „natürliche" Prozesse wie Erdbeben, Vulkanausbrüche oder ein Tsunami angesehen, die eine potenzielle Bedrohung für Leben und Eigentum der Menschen darstellen. Dabei können die Gefahren einzeln oder kombiniert bezüglich ihres Ursprungs und ihrer Wirkungen auftreten. Die Beschreibung der Gefahr als „potenziell" macht deutlich, dass das „Katastrophenereignis" (noch) nicht eingetreten ist: Es besteht also nur die Möglichkeit, dass aus dieser Situation eine Katastrophe entstehen kann. Ob sich daraus allerdings negative Folgen ergeben, hängt davon ab, wer und wie durch sie geschädigt werden kann. Im Naturkatastrophen-Risikomanagement werden „Gefahren" oftmals auf die auf natürliche Weise ausgelösten Ereignisse (wie Erdbeben, Vulkanausbrüche usw.) beschränkt, während andere Definitionen Ereignisse einschließen, die durch (auch) menschliche Aktivitäten (Waldbrände, Überschwemmungen, Erdrutsche usw.) ausgelöst oder verschlimmert werden.

Gefahren werden nach ihren Ursachen häufig eingeteilt in (exemplarisch):

- geologisch-physikalisch (Erdbeben, Vulkanausbruch, Erdrutsche, Tsunami)
- hydro-meteorologisch (Sturmflut, Hochwasser, Hangrutschungen usw.)

- biologisch (Insektenbefall usw.)
- technologisch (Feuer, Chemieunfall, Grund-/Bodenverseuchung usw.)
- sozial (Armut, Krankheit, Zusammenbruch des Gesundheitssystems usw.)

Im Gegensatz zur „Naturgefahr" beschreibt der Begriff „Naturereignis" das tatsächliche Eintreten eines solchen Prozesses. Als bedrohlich wird ein solches Ereignis dann von der Gesellschaft empfunden, wenn ein bestimmter – sehr subjektiv definierter – Schwellenwert überschritten wird (vgl. Abschn. 4.2); zudem unterliegt dieser Schwellenwert im Laufe der Zeit Veränderungen. Ganz generell lässt sich eine (Natur-)Gefahrensituation wie folgt darstellen: Ein Ausbruch des Vulkans Kronotsky auf der Halbinsel Kamtschatka ist ein Naturereignis ohne große Auswirkungen auf die wenigen dort lebenden Menschen. Ein Ausbruch des Vulkans Vesuv im Großraum Neapel dagegen bedroht mehr als 2 Mio. Menschen. Beide Vulkane haben ihren Ursprung in der endogenen Dynamik der Erde. Die Auswirkungen dagegen sind oftmals exogenen Kräften unterworfen (Hangrutschungen, Schlammströme, Waldbrände usw.). Zudem können sich aus einem Naturereignis weitere ergeben, die dann eine noch erheblich größere Bedrohung darstellen können, wie das Beispiel des Erdbebens von Palu 2018 gezeigt hat. Das Erdbeben selber hatte zum Einsturz einiger Gebäude geführt, hatte einen Tsunami entwickelt, der zu (überschaubaren) Schäden geführt hat, hatte aber zentral in der Stadt flächenhaft Bodenverflüssigungen (*„liquefaction"*) ausgelöst, die zu großen Schäden an der Bausubstanz, aber auch zu vielen Todesopfern geführt haben (vgl. Abschn. 3.4.1.2).

In diesem Zusammenhang ist immer wieder von Extremereignissen zu lesen und damit werden oftmals die „extremen" Auswirkungen eines natürlichen Ereignisses beschreiben („Extremhochwasser an der Elbe, 2002"). Sie stellen aber eigentlich keine „Extremereignisse" dar, sondern nur Ereignisse mit extrem großen Auswirkungen. „Extremereignisse" werden nach IPCC (2012) allein auf der Basis ihrer statistischen Eintrittshäufigkeit definiert (vgl. Abschn. 4.2.7).

4.2.2   Vulnerabilität

„Vulnerabilität" („Verletzlichkeit") beschreibt, in welcher Form und in welchem Ausmaß der Mensch, eine gesellschaftliche Gruppe oder eine Gesellschaft insgesamt in seinem/ihrem sozialen Gefüge und dem Lebensumfeld (Arbeit, Einkommen, Zugang zu Ressourcen usw.) potenziell beeinträchtigt werden kann. Vulnerabel sind Menschen, deren Selbsthilfekapazität durch einen externen Schock überschritten wurde, die mangels soziokultureller Integration und unzureichender materieller und sozialer Ressourcen nicht in der Lage sind, ein Problem zu beherrschen.

Ähnlich wie beim Risikobegriff existiert auch für den Begriff „Vulnerabilität" keine einheitliche Definition (Thywissen 2006), da auch hierfür die verschiedenen Disziplinen unterschiedliche Fragstellung zu beantworten haben. Bei der Vulnerabilität handelt es sich um keine feste Größe, sondern sie wird durch das Handeln der betroffenen Menschen beeinflusst (Turner II et al. 2003). Ursprünglich ist der Vulnerabilitätsbegriff in den Sozialwissenschaften entstanden (Birkmann 2006), fand dann aber insbesondere im Bereich der raumbezogenen und objektbezogenen Betrachtung von Naturrisiken breite Anwendung (Greiving et al. 2016).

Vulnerabilität beschreibt aber auch die Empfindlichkeit („sensitivity") eines Systems, das heißt, wie stark oder schwach reagiert eine Gesellschaft auf ein externes Ereignis und welchen Schäden und Opfern („susceptibility") ist sie ausgesetzt. Dabei beschreibt „Sensitivität" die interne und „Suszeptibilität" die externe Komponente der Vulnerabilität (Bohle 2001). Cardona (2004) weist zudem darauf hin, dass sich dabei immer auch die „Prädisposition" einer Gesellschaft gegenüber einer Gefährdung auswirkt. Dieser Faktor wird auch als „Exposition" bezeichnet und beschreibt die Anzahl oder den Wert der vom Risiko betroffenen Elemente, die in einem Gebiet vulnerabel sind. Andere Autoren fassen „Exposition" als Teil der „Sensitivität" auf (Dilley et al. 2005).

Die Vulnerabilität eines Elements kann aber auch als die intrinsische Seite des Risikos verstanden werden, die zu Anstrengungen führt, „extrinsisch resilient" zu werden (Abb. 4.2). Die Vulnerabilität eines Einzelnen umfasst in der Regel sowohl eine interne („intrinsische") als auch eine externe („extrinsische") Komponente. Die intrinsische Seite der Vulnerabilität bezieht sich z. B. auf die Gesundheit oder das Alter der Person. Intrinsisch resilient zu werden bedeutet für sie/ihn mittels Medikamenten, Sport, u. a. seine physisch/psychische Gesundheit so weit zu verbessern, dass dadurch den täglichen Anforderungen „besser" begegnet werden kann. Extrinsische Vulnerabilität stellt Gefahren dar, die von „außen" einwirken, z. B. Arbeitslosigkeit oder soziale Marginalisierung. Dagegen resilient zu werden, erfordert die Einbettung in ein Sozial- und Gesellschaftssystem, das den Einzelnen „auffängt". Im Fall der intrinsischen Vulnerabilität/Resilienz ist es die Aufgabe jedes Einzelnen, seinen Beitrag zu leisten, sich „besser aufzustellen". Im Fallen der extrinsischen Vulnerabilität/Resilienz ist dies die „Aufgabe" des Staates (Cutter et al. 2003).

Eine Vulnerabilitätsanalyse ermöglicht es, die dem Risiko zugrundeliegenden Schwachstellen zu erkennen, die Einflussfaktoren zu ermitteln und dadurch Widerstandskapazitäten zu identifizieren (Hossini 2008). Eine belastbare Erfassung und Bewertung der Vulnerabilität erfordert

aber, dass man sich zuvor auf eine präzise Definition des Begriffs verständigt. Darauf aufbauend ist dann ein theoretisches Vulnerabilitätskonzept abzuleiten („conceptual framework"; Birkmann 2006), das sowohl das Ziel der Analyse als auch die Betrachtungsebene einschließen muss. Dies ist aber nach Twigg (2001) aufgrund der Vielfältigkeit und Komplexität der der Vulnerabilität zugrunde liegenden Prozesse eine große Herausforderung.

Je nach Fokus können zur Bestimmung der Vulnerabilität eines Systems, eines Objekts oder einer Region verschiedene inhaltliche Dimensionen berücksichtigt werden. Dabei können Schäden einerseits an der technisch-materiellen Infrastruktur entstehen (Bauwerke im weiteren Sinn) oder den Menschen in seinem Lebensumfeld betreffen. Im Rahmen des Naturkatastrophen-Risikomanagements wurden bei Vulnerabilitätsanalysen lange Zeit zumeist (nur) die technisch-physikalischen („strukturellen") Faktoren von Vulnerabilität betrachtet, die sich je nach Fokus auf eine bestimmte Region (Sturmflut an der Küste) oder ein bestimmtes Objekt (Erdbebengefahr eines Gebäudes; vgl. Abschn. 3.4.1) bezogen. Die Abb. 4.2 zeigt, wie zum Beispiel die Vulnerabilität einer Region durch Erdbeben statistisch ermittelt werden kann. Dazu werden über einen bestimmten Zeitraum alle Erdbeben registriert und nach Intensität und Häufigkeit der Ereignisse aufgeschlüsselt. Dabei treten viele Erdbeben mit Häufigkeiten von „oft" bis „sehr oft" mit geringer Intensität ein. Je stärker ihre Intensität zunimmt, desto seltener tritt das Ereigniss ein. Aus der Verteilung lässt sich dann eine mittlere Ausgleichskurve ableiten, die aussagt, dass unterhalb der Kurve ein Erdbeben seltener als die mittlere Wahrscheinlichkeit eintritt, während oberhalb die mittlere Wahrscheinlichkeit höher ausfällt. Eine solche Art der Vulnerabilitätsanalyse ist für alle Naturgefahren anwendbar.

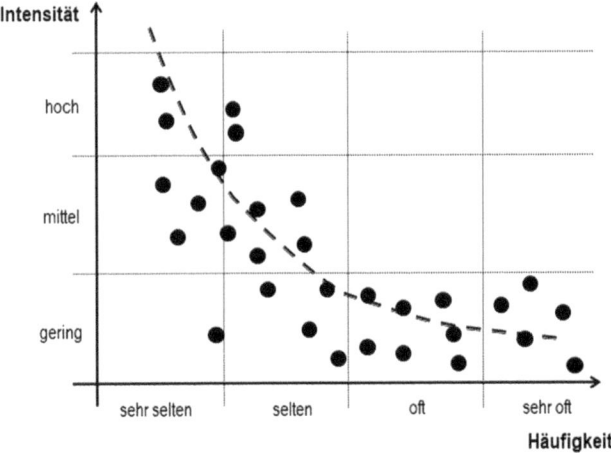

Abb. 4.2 Beispiel einer Erdbeben Vulnerabilitätskurve (fiktiv)

Ein Beispiel hierfür gibt die Seismologie. Sie bietet zudem die Möglichkeit, über empirisch ermittelte Resonanzspektren von Bauwerken auf ein Erdbebenereignis die funktionelle Ausfallwahrscheinlichkeit eines Gebäudes zu bestimmen und daraus Schadensraten abzuleiten (vgl. Messner und Meyer 2005).

Die Verletzlichkeit von Menschen durch ihre Exposition in Bezug auf eine Naturgefahr ist unter anderem definiert durch Alter, Geschlecht, Bildung und soziale Stellung innerhalb der Gesellschaft und stellt sich zudem als das Produkt aus einer Vielzahl gesellschaftlicher Ursachen und Prozesse dar. Diese wirken sowohl auf unterschiedliche räumliche Maßstabsebenen (Haushaltsebene, lokale, regionale, nationale, globale Ebene) als auch innerhalb und zwischen sozialen Bezugseinheiten (z. B. Familie, sozioökonomische Gruppen und Klassen, Staat). Dittrich (1995) verwendet in diesem Zusammenhang den Begriff der „gesellschaftlichen Verwundbarkeit" (*„social vulnerability"*). Festzustellen ist, dass zumeist gesellschaftliche Faktoren für Unterschiede in der Vulnerabilität verantwortlich sind und dass diese Ungleichheiten auf allen räumlichen und sozialen Ebenen bestehen. So hungern in einem Land wie Bangladesch sehr viele Menschen, dennoch nicht jeder. Auch die ärmsten Entwicklungsländer haben besser gestellte Personengruppen, deren Vulnerabilität geringer ist. So unterschiedlich diese Faktoren ausgestaltet sind, so unterschiedlich ist auch die Fähigkeit solcher Gruppen, sich nach einer Katastrophe zu erholen. Eine Regeneration nach einer Krise ist abhängig von der sozialen Stellung – viele Betroffene finden sich oftmals danach sogar noch auf einer höheren Stufe der Verwundbarkeit wieder (vgl. Abb. 4.3). Denn zur Bewältigung einer Krise müssen oftmals Ersparnisse aufgebracht oder wichtige Ressourcen über ihr Regenerationsniveau hinaus in Anspruch genommen werden. Außerdem hinterlassen Krisen oft auch körperliche Schä-

den, psychologische Störungen („Traumata") oder nach bspw. einer Dürrekatastrophe Unterernährung.

Problematisch ist zudem die Anwendung des Vulnerabilitätsbegriffs auf sehr große Skalen. Oft werden Städte oder ganze Nationen als vulnerabel bezeichnet, wenn sie zum Beispiel in Zonen erhöhter seismischer Aktivität oder in Überschwemmungsgebieten liegen. Versucht man dann auf eben dieser Skala Abhilfe zu schaffen, so gibt es zwar generelle Verbesserungen, doch die eigentliche Struktur der Verwundbarkeit, die Ungleichheit der Menschen, wird so nicht beseitigt. Solche Maßnahmen verschärfen teilweise noch die Verwundbarkeit der meist ohnehin am stärksten betroffenen Randgruppen. Maßnahmen zur Verbesserung der Lebensbedingungen („Resilienz", vgl. Abschn. 4.2.4) müssen daher immer bei den tatsächlich Betroffenen ansetzen, um deren Selbsthilfefähigkeiten zu erhöhen.

Um solche Maßnahmen identifizieren und umsetzen zu können, ist es zunächst erforderlich, die Ursache-Wirkung-Beziehung von Vulnerabilität zu verstehen. Dies ist umso mehr nötig, da Vulnerabilität ein dynamischer Zustand ist, der sich mit der Zeit verändern kann. Die einzige (praktikable) Form, Vulnerabilitäten (Schäden) darzustellen und damit für die Zwecke der Risikoanalyse nutzbar zu machen, liegt darin, den Schäden einen ökonomischen Wert zuzuschreiben. Eine solche „Monetarisierung" von Gefahrenauswirkungen ist immer dort leicht möglich, wo es sich um quantifizierbare Größen handelt (Zahl der zerstörten Häuser). Schwierig bis z. T. kaum möglich wird dies aber, wenn es sich um nicht quantifizierbare kulturelle, psychische und emotionale Werte handelt, wie eine „Inwertsetzung" eines psychischen Traumas oder den Verlust eines Menschen. Hier ist es eben nicht möglich, dem „Verlust" einen ökonomischen Wert zuzuschreiben, sondern die Vulnerabilität muss indirekt (z. B. über Indikatoren) bestimmt werden (vgl. Abschn. 5.3). Hinkel (2011) plädiert dafür, dies auf der Basis zuvor vereinbarter Schadensminderungsziele

Abb. 4.3 Erholungs-/Entwicklungspfade nach einer Katastrophe

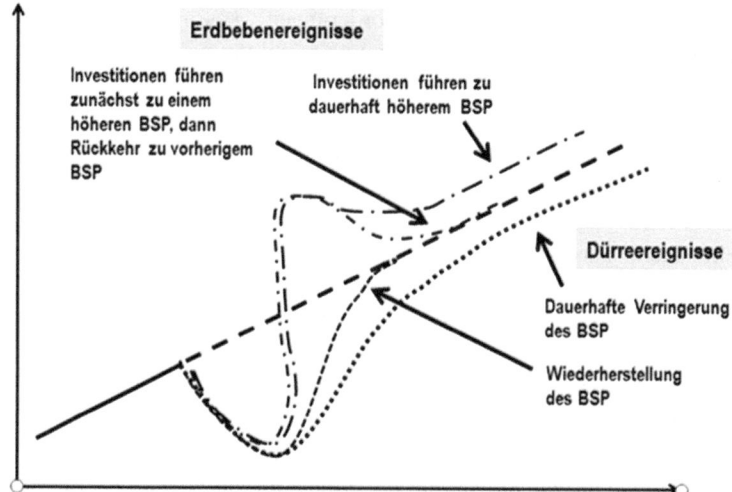

vorzunehmen. Dazu muss der Kreis der schutzbedürftigen Personen, Gemeinschaften, Regionen usw. festlegt bzw. bewertet werden: Diese Werte münden dann in ein „theoretisches" Vulnerabilitätskonzept ein, das sich in mathematische Modelle umzusetzen lässt (Cutter 2003). Die Festlegung der hierfür notwendigen Indikatoren kann nur über einen gesellschaftlichen Diskurs erreicht werden (vgl. Abschn. 5.4).

Bei einer raumbezogenen (regionalen) Vulnerabilitätsanalyse spielen zudem ökonomische, soziale und kulturelle („nicht strukturelle") Faktoren eine Rolle. Es ist daher unverzichtbar, auch diese mit in die Bewertung der Vulnerabilität einzubeziehen (UNISDR 2004). Da es sich bei der Vulnerabilität eines Systems um eine dynamische Größe handelt, lassen sich neben den direkt erkennbaren Auswirkungen auch indirekte, oftmals über (bestimmte) Folgewirkungen identifizieren (Füssel 2009). Bei der Vulnerabilitätsanalyse von Naturgefahren und anderen räumlich auftretenden Gefahren existieren verschiedene Auffassungen darüber, ob die Vulnerabilität eine von der Art der Gefährdung unabhängige Eigenschaft eines Systems darstellt (Bohle 2001; Chambers 1989) oder ob diese auch von der Art der Gefährdung abhängt (Dilley et al. 2005; vgl. Merz 2011). Ein Beispiel für eine Gefahrenabhängigkeit von Vulnerabilität konnte in Indonesien auf der Insel Flores beobachtet werden. Dort bildet der Vulkan Iya, ca. 5 km von der Stadt namens „Ende" entfernt, eine Halbinsel mit einer sehr steilen Flanke zum Meer hin, während er zur Stadt hin flach abfällt. Wenn der Vulkan ausbricht, dann – so die Vulkanologen – zum Meer hin. Die Stadt Ende könnte dagegen bei den vorherrschenden Westwinden vor allem von Aschenregen betroffen sein. Also: Die Vulkanvulnerabilität beruht nicht auf „dem Vulkan an sich", sondern (nur) auf dem Gefahrentyp „Asche" (vgl. Abschn. 3.4.3.4 und 4.4.2).

4.2.3 Bewältigungskapazität

Der Begriff „Bewältigungskapazität" (*„coping capacity"*) beschreibt nach UNISDR (2004):

> Die Summe aller Fähigkeiten und Ressourcen eines Einzelnen, einer Gesellschaft oder einer Organisation, ein bestehendes oder potenzielles Gefahrenpotenzial und dessen Auswirkungen wirksam zu verringern oder ganz zu vermeiden.

Die Bewältigungskapazität ist einer der Faktoren, die die Vulnerabilität eines Systems mit definieren. Vulnerable Gesellschaften verfügen in der Regel über (nur) beschränkte Bewältigungskapazitäten. Wenn diese hoch wären, wäre die Vulnerabilität automatisch geringer. Die Bewältigungskapazität (*„coping capacity"*) trägt damit direkt zur Resilienz (*„resilience"*) bei (siehe weiter unten). Bei *„co-*

ping capacity" kommen vor allem „adaptive" Fähigkeiten einer Gesellschaft zum Tragen, die Fähigkeit, sich geänderten Gefahrensituationen anzupassen oder ihnen „etwas entgegenzusetzen". Dazu sind „Kapazitäten/Fähigkeiten" nötig, die auf einem erfahrungsbasierten Umgang mit der Gefahr aufbauen. Eine weitere Voraussetzung „adaptive" Fähigkeiten zu erlangen ist die Ausbildung fachlicher Expertise, die aber nicht auf die legislativen und fachlich-technischen Ebenen beschränkt sein darf, sondern die immer die Bedürfnisse der Betroffenen mit einschließen muss sowie die umsetzungsorientierten Regelwerke und deren operative Implementierung.

Es gibt eine Vielzahl weiterer Begriffe für „Bewältigungskapazität", so z. B. „Anpassung"/„Adaption" (*„coping capacity"*, *„adaption"*, *„adaptive capacity"*) u. a., die alle gemeinsam die Fähigkeit beschreiben, negative Auswirkungen einer Gefahr zu absorbieren oder sich ihr durch eine veränderte Abwehrhaltung zu stellen (Wamsler und Brin 2014). Umstritten ist dabei, ob dieser Faktor nicht schon in den Begriffen „Suszeptibilität"/„Exposition" enthalten ist. Daher wird zum Beispiel in der Versicherungswirtschaft *„coping capacity"* bereits in die Vulnerabilitätsbewertungen einbezogen. Sie befassen sich vor allem mit gut erfassbaren technischen und finanziellen Faktoren (*„tangible"*). Nicht (gut) messbare Faktoren (*„intangible"*) müssen aber für eine umfassende Vulnerabilitätsanalyse immer mitberücksichtigt werden. Daher ist es m. E. gerechtfertigt, *„coping capacity"* als gesonderten Faktor in die Bewertung mit aufzunehmen. In jedem Fall aber liefert die Vulnerabilitätsanalyse die Basis für die weiteren Überlegungen zur Verminderung des Risikos (Birkmann und Wisner 2006).

Nach der Definition der „Deutschen Anpassungsstrategie an den Klimawandel" aus dem Jahr 2008 ist Anpassung:

> Initiativen und Maßnahmen, um die Empfindlichkeit natürlicher und menschlicher Systeme gegenüber tatsächlichen oder erwarteten Auswirkungen … zu verringern.

Dabei werden verschiedene Arten von Anpassungen unterschieden: vorausschauende und reaktive, private und öffentliche, autonome und geplante. Jede Anpassung beinhaltet eine Bewertung des Ausmaßes einer Gefahr sowie eine Abschätzung, zu welchem Umfang es möglich ist, einer Gefahr zu trotzen (Smit und Wandel 2006). Dies setzt die Fähigkeit voraus, eine Gefahr bzw. ein Risiko von vornherein zu erkennen (Bewusstsein; *„awareness"*). Zudem erfordert es die Entwicklung entsprechender Abwehrinstrumente sowie ein Managementsystem, das in der Lage ist, dieses zu koordinieren, auch schon in Nichtkrisenzeiten (UNISDR 2009). Im NKRM wird unter Anpassung in der Regel eine auf präventive Risikominderung ausgerichtete Fähigkeit (*„capacity"*) verstanden. Es gibt definitorische

Ansätze, die zwischen „Anpassung" und „Adaption" unterscheiden: „Anpassung" als schnelle, kurzfristige und lokale „post-disaster" Initiative, während „Adaption" mehr auf einen strategischen und zukunftsorientierten Handlungsansatz ausgerichtet ist (Gallopin 2006). Auch wenn diese Unterscheidung für eine allseits anerkannte Umsetzung immer noch nicht präzise genug ist, neigt der Autor dazu, diese Unterscheidung als sinnvoll anzusehen, da beide die sozioökonomischen Fähigkeiten betonen, wenn auch mit unterschiedlichem Fokus.

Ein solcher Ansatz, wie er auch in der oben schon angesprochenen DAS niedergelegt ist, kann bis in den Bereich der internationalen Zusammenarbeit reichen, so z. B. um die Folgen des globalen Klimawandels im internationalen Kontext gemeinsam zu bewältigen. Mit Beitritt zu den Klimakonventionen verpflichtet sich die Bundesregierung, Maßnahmen zur Anpassung an den Klimawandel vorzunehmen. Dies bedeutet vor allem ein „Management der Klimafolgen für Mensch und Umwelt, für Wohlstand und Lebensqualität, für wirtschaftliche und soziale Entwicklung" und setzt ein „Verständnis und eine Bewertung der Risiken ebenso voraus wie ein Verständnis der gesellschaftlichen und wirtschaftlichen Potenziale und Bedingungen für die Anpassung" (DAS 2008). Die besondere Herausforderung stellt sich analog auch für das Management von (Natur-)Katastrophen.

4.2.4 Resilienz

Während „Vulnerabilität" per se eine sozialkonstruktivistische Beschreibung der bestehenden Gefahrensituation darstellt, definiert „Resilienz" das angestrebte Sicherheitsniveau einer Gesellschaft: Sie ist also ein auf die Zukunft gerichtetes Konzept. Während die „Empfindlichkeit" (Suszeptibilität/Sensitivität) eines Systems zur Erhöhung der Vulnerabilität beiträgt, wird diese durch die Resilienzeigenschaften eines Systems reduziert (Paton et al. 2000). Anfänglich war der Begriff zur Beschreibung der Widerstandsfähigkeit ökologischer Systeme eingeführt worden und beschrieb die Fähigkeit eines Systems, das ursprüngliche stabile Gleichgewicht auch nach einem „Schock" wiederherzustellen (Holling 1973). Physikalisch betrachtet ist Resilienz die Eigenschaft elastischer Materialien, immer wieder in die ursprüngliche Form zurückzufinden – inzwischen gilt sie auch als einer der zentralen Indikatoren für die Aufrechterhaltung der psychischen Gesundheit. Heute wird der Begriff in sehr verschiedenen Kontexten gebraucht (Brooks et al. 2005; Norris et al. 2008).

Im Bereich der Vorsorge und des Managements von Naturkatastrophen ist das Wort „Resilienz" zum meistgebrauchten Schlagwort geworden. Resilienz stellt eine der

wesentlichen Komponenten nachhaltiger Entwicklung dar, wie sie die VN zum Beispiel in ihren *Sustainable Development Goals* 2015 (SDGs) formuliert haben. Und es ist auf gutem Weg, dem Schlüsselwort der vergangenen Jahre – „Nachhaltigkeit" – den Rang abzulaufen. Das Resilienzkonzept zielt im Kern darauf ab, die Gesellschaften in die Lage zu versetzen, Schadenereignisse möglichst gut zu bewältigen und das soziale Leben – wenn auch nicht immer in den „pre-disaster" Zustand – wiederherzustellen. Jedes Resilienzkonzept zeichnet sich durch eine Komplexitätsreduktion aus. Durch eine Konzentration auf das Wesentliche und durch Herausarbeiten der kritischen Elemente wird bei den Betroffenen Vertrauen in die eigene Widerstandsfähigkeit sowie in die der Gesellschaft geschaffen. In der Ökonomie wird zwischen „inhärenter" und „adaptiver" Resilienz unterschieden (Rose 2007; vgl. Merz 2011). Inhärente Resilienz beschreibt die dauerhaften systemischen Eigenschaften und Stabilitäten z. B. eines Unternehmens gegenüber externen Einwirkungen (Technologiekompetenz, Anlagevermögen usw.), während „adaptive" Resilienz die Fähigkeit beschreibt, im Falle einer externen Störung schnell geeignete (zusätzliche) Maßnahmen zu ergreifen und somit möglichen negativen Auswirkungen entgegenzuwirken. Übertragen auf das NKRM bedeutet dies: Das Vorhandensein redundanter Strukturen (Sandsackreserve, mobile Flutbarrieren usw.) stellt eine Stärkung der inhärenten Resilienz dar. Eine effektive Umsetzung der Katastrophenschutzpläne, die Zurverfügungstellung zusätzlicher Ressourcen (z. B. Ersatzteile, Personal) usw. zählen hingegen zur adaptiven Resilienz. Inhärente Resilienz kann damit auch als „Sensitivität", adaptive Resilienz mit der „Bewältigungskapazität" gleichgesetzt werden.

Das Ausmaß einer Katastrophenanfälligkeit wird aber nicht allein durch die Naturgefahren-Exposition bestimmt, sondern in einem erheblichen Umfang auch von in vielen Ländern unzureichenden oder mitunter völlig fehlenden gesellschaftlichen „Abwehrkräften". Gesellschaften mit hohen „Abwehrkräften" werden als „resilient" bezeichnet, wobei die „Resilienz" sich sowohl auf die soziokulturellen Faktoren, wissenschaftlich-technischen Kapazitäten, sozialen Rahmenbedingungen oder die finanzielle Leistungsfähigkeit eines Systems beziehen kann – in der Regel ist es aber das Zusammenspiel dieser verschiedenen Faktoren, die einen „starken" bzw. einen „schwachen" Staat ausmachen (BMZ 2007; Schreckener 2004).

Wenn also Resilienz bedeutet, dass ein System so stabil ist, dass es externen Belastungen standhält, so steht der Begriff in einem direkten Kontext mit den Begriffen „Nachhaltigkeit" und „Vulnerabilität". Die beiden Begriffspaare unterscheiden sich im Hinblick auf ihre zeitliche Dimension. Nachhaltigkeit definiert sich durch sehr lange Zeithorizonte und ist zudem häufig eine Reaktion auf allmähliche Veränderungen. Resilienzbetrachtungen werden aber eher für die kürzere Frist angestellt. Nachhaltigkeit ist im Vergleich zur Resilienz der umfassendere Begriff und beschreibt eine viel weiter reichende Dimension – sie ist damit weniger präzise zu definieren. Resilienz hingegen bewertet eine Situation eher in Bezug auf eine, durch Systemgrenzen genau definierbare, Krisensituation. In dem Zusammenhang weisen Brinkmann et al. (2017) darauf hin, dass „ein System, für das erfolgreich Krisenprävention betrieben wird, (zwar) seine Vulnerabilität reduziert, … aber … nicht notwendigerweise seine Resilienz (für den Fall, dass das weniger wahrscheinlich gewordene Krisenereignis doch eintritt)". Nachhaltig wird das System, wenn es gelingt, den erreichten Resilienzstatus „auf Dauer" festzuschreiben.

Resilienz bedeutet zudem, dass das System auch während einer Katastrophe („Krisenintervention"; vgl. Kap. 5) in der Lage ist, die erforderlichen Kapazitäten schnell und angemessen zur Verfügung stellen zu können. Damit ist Resilienz nicht nur präventiv, sondern auch kurativ ausgerichtet. Aber auch kurative Resilienz erfordert ein präventives Vorgehen, indem nämlich eine potenzielle Katastrophensituation antizipiert und aus der Bedrohungslage die jeweiligen Interventionsmaßnahmen (vorab) abgeleitet werden. Dabei kann der Mensch durchaus Erfahrungen an anderen Orten auf ein lokales Risiko übertragen und im Vorgriff auf eine mögliche Gefährdung präventive Maßnahmen ergreifen. Aber auch ein „System, das als Folge von Schocks beträchtlichen kurzfristigen Schwankungen unterliegt, kann resilient sein", wenn es „nach einer Phase der Instabilität ein neues Gleichgewicht … errichtet" (Brinkmann et al. 2017). Resilienz bedeutet also nicht, 1:1 in den ursprünglichen Zustand zurückzukehren, sondern nach einer Katastrophe einen Zustand zu erreichen, der die sozialen Funktionen wiederherstellt. In der Medizin wird Resilienz noch um die „adaptive Dimension" erweitert. Damit ist gemeint, dass es oftmals nicht darum geht, einen (Gleichgewichts-)Zustand eines Menschen, wie er vor einer Erkrankung bestand, wiederherzustellen, sondern dass ein Mensch z. B. trotz einer Beeinträchtigung (Rollstuhl nach Verkehrsunfall) eine „hohe Lebensqualität" wiedererlangt.

In Bezug auf das Naturkatastrophen-Risikomanagement geht es in erster Linie darum, menschliche Resilienz im Kontext der Interaktion gesellschaftlicher Systeme zu erreichen. Dabei greifen Naturkatastrophen sowohl in das gesellschaftliche Gefüge als auch in die technischen und ökologischen Systeme ein, die zudem noch durch sehr verwobene Interdependenzen gekennzeichnet sind. Deshalb greift eine rein technisch-physikalische Betrachtung zur Funktionsfähigkeit eines technologischen Systems zu kurz (Mileti 1999):

> „Local resiliency with regard to disasters means that a locale is able to withstand an extreme natural event without suffering devastating losses, damage, diminished productivity, or quality of life and without a large amount of assistance from outside the community".

Die Resilienz gesellschaftlicher Systeme sollte zudem darauf ausgerichtet sein, dass der Mensch auch die in den natürlichen Systemen und ebenso die in den gesellschaftlichen Strukturen angelegten „adaptiven Dimensionen" zur Erreichung von Resilienz nutzt. Die Abb. 4.3 zeigt vier (ökonomische) „Erholungspfade" nach einer Katastrophe: Hier nach einem Erdbeben und einer Dürre. In der Regel kommt es in der Folge eines Erdbebens zu umfangreichen Investitionen in die technisch-materielle Infrastruktur. Diese „boosten" die Wirtschaft durch Investitionen, sodass das Land in den nächsten 3–5 Jahren trotz der Verluste zu dem ehemaligen Entwicklungspfad zurückkehrt – und im günstigen Fall zu einem erhöhten Bruttosozialprodukt (BSP) führt. Im Falle einer Dürre sieht dies in der Regel anders aus. Da wird vor allem Nahrungsmittelhilfe von internationalen Gebern geleistet, die aber zu keiner Verbesserung der Wirtschaft beitragen und die nur das Leid der Menschen (nach der Katastrophe) lindern. Investitionen sind (normalerweise) damit nicht verbunden. Im günstigen Fall führt dies zu einer Rückkehr zu dem ehemaligen Entwicklungspfad – oftmals aber verläuft dieser danach auf einem geringeren Niveau. Im schlimmsten Falle wird dadurch der „Antrieb zur Selbsthilfe erstickt", sodass sich das Land trotz der Hilfe unterhalb seines ehemaligen Pfads entwickelt (Hallegate und Przyluski 2010). So kehrten die USA nach Naturkatastrophenereignissen (seit 1970) jedes Mal sehr schnell zur „Normalität" zurück, während Samoa trotz wesentlich geringerer Einzelschäden zum Teil bis zu 30 Jahre brauchte, um den Ausgangszustand wiederherzustellen (UNISDR 2009).

Zwischen „Vulnerabilität" und „Resilienz" gibt es eine Vielzahl an Wechselwirkungen und gegenseitigen Beeinflussungen („*push & pull*-Effekte"). Vulnerabilität „zwingt" Systeme (Mensch/Umwelt/Ökonomie) sich anzupassen. Die Anpassung kann aber auch zu einer erhöhten Vulnerabilität führen (vgl. Abschn. 8.4). Daher ist es, um belastbare Ergebnisse liefern zu können, nötig, dass eine Vulnerabilitätsanalyse – wie schon zuvor angedeutet – immer die Faktoren „Bewältigungskapazität" und „Resilienz" mit betrachtet und die möglichen Zusammenhänge zwischen diesen aufzeigt.

4.2.5 Risiko

Im Gegensatz zur (Natur-)Gefahr ist (Natur-)Risiko ein mentales Konstrukt. Es stellt eine Beschreibung des Tatbestands einer objektiven Bedrohung durch ein zukünftiges Schadensereignis dar, um daraus die Ursache der Gefahren näher zu bestimmen und nach dem Grad der Bedrohung einzuordnen. Daraus ergeben sich dann unterschiedliche Interventionsmöglichkeiten: Einerseits die Ursache(n) eines Risikos zu vermindern und andererseits die Widerstandsfähigkeit der Betroffenen zu erhöhen. Zudem können sich bestehende Gegensätze durch eine Katastrophe noch verstärken („*social amplification of risk*"; Kasperson et al. 1988; Renn et al. 1999).

Im Naturkatastrophen-Risikomanagement wird oft der Begriff „Georisiko" („*georisk*") verwendet, vor allem, weil er die Begriffe „Geo" und „Risiko" kurz und griffig verbindet. Der Definition nach kann es kein Georisiko geben, da alle in der Natur vorkommenden Ereignisse (Erdbeben, Vulkanausbrüche, Hochwasser, Sturmereignisse) rein natürliche Phänomene sind. Diese werden als „Naturgefahren" bezeichnet und zunächst rein deskriptiv behandelt. Sie werden erst dann zu einem „Risiko", wenn sie das Leben der Menschen gefährden, und zwar in einem Ausmaß, der externe Hilfe (z. B. medizinische Versorgung) erforderlich macht (Luhmann 1991; Kasperson et al. 1988). Risiken können sich aufgrund von Wechselwirkungen gegenseitig beeinflussen, verstärken, nebeneinander ablaufen und/oder sich gegenseitig aufheben. Die Komplexität der Risikosysteme erfordert daher einen integrierten Ansatz, in dem alle betroffenen Wissenschaftsdisziplinen, gesellschaftlichen Gruppen und das Katastrophen-Risikomanagement gleichwertig zusammengeführt werden. Deren unterschiedliche Blickwinkel sind zunächst getrennt voneinander zu betrachten und dann zu einer konsistenten Risikoanalyse zu synthetisieren. Des Weiteren sollten bei räumlichen Risikoanalysen auch übergeordnete Risikoauswirkungen, wie z. B. gesamtökonomische Auswirkungen, immer mit betrachtet werden. Das beinhaltet auch Prozesse, die auf der Individualebene wirksam werden, um so eine prozessorientierte Herangehensweise zu gewährleisten (Hossini 2008). Ein integriertes Risikokonzept zeichnet sich dadurch aus, dass es bei raumbezogenen Risiken zwischen den operativen Prozessrisiken (Verfahrensrisiken) und den soziokulturellen Risiken unterscheidet (Merz 2011).

Ein Risiko kann auf sehr unterschiedliche Weise formuliert werden, je nach Standpunkt des Betroffenen:

- Risiko ist die Möglichkeit/Wahrscheinlichkeit des Eintretens eines Ereignisses mit ungewolltem („*unfortunate*") Ergebnis.
- Risiko ist die Konsequenz aus einer Handlung.

Während man der Gefahr eines Waldbrands in der Regel „ausgesetzt" ist, so geht man ein Risiko aktiv ein – zum Beispiel ein Trapezkünstler, der damit seinen Lebensunterhalt verdient. Der Einzelne unterscheidet dabei, ausgehend von der individuellen Risikowahrnehmung, zwischen seinem subjektiven Risiko und leitet daraus Handlungsoptionen ab. Doch unternimmt der Einzelne selten eine objektive Risikoanalyse auf der Basis der Wahrscheinlichkeit nach der Formel „Risiko = Gefahr x Vulnerabilität" (mehr dazu später). Als Folge davon kommt es in der Regel dazu, dass subjektiv bewertete Risiken überschätzt werden

(z. B. Krebsrisiko vs. Tornadorisiko in den USA, Lichtenstein et al. 1978). Nach Kaplan und Garrik (1981) muss Risiko verstanden werden als eine Situation, bei der ein „negatives"/„unerwünschtes" Ergebnis (Schaden, Verlust o. ä.) entstehen kann, und benennt die damit verbundenen Konsequenzen. Dabei wird sozioökonomisch und traditionell der Schwerpunkt auf die Überlebenssicherung und die Deckung der Grundbedürfnisse gelegt. Dies führt dazu, dass oftmals aus technischen und ökonomischen Gründen ein gewisses Restrisiko akzeptiert werden muss (vgl. ALARP, Abschn. 4.6.3). Um das Ausmaß von Risiken abschätzen zu können, ist die Beantwortung folgender Fragen wichtig:

- Was kann passieren?
- Was darf passieren?
- Wie sicher ist sicher genug?

Da solche Risiken aber nicht immer nur physikalisch-technische Sektoren betreffen, sondern Auswirkungen auf viele Bereiche des gesellschaftlichen Lebens zeigen, das darüber hinaus noch sehr unterschiedlich stark davon betroffen sein kann, war es nötig, einen integrativen Ansatz zu entwickeln, um die Gesamtwirkung auf eine Region holistisch bewerten zu können. Daraus folgt, dass nun nicht mehr die Erfassung der verschiedenen Einzelgefahren im Vordergrund steht, sondern dass sich aus ihrem Zusammenwirken ergebende Gesamtrisiko. Erst wenn dies bekannt ist, wird es möglich, für eine bestimmte Region ein Konzept zu erarbeiten, dass die Region insgesamt „sicherer" macht, auch wenn dabei nicht alle Einzelgefahren gleich (gut) vermindert werden können. Das Naturkatastrophen-Risikomanagement schließt sehr unterschiedliche Fachdisziplinen ein: Der Fokus liegt aber immer auf dem Menschen und seinem Wohlergehen (vgl. Kap. 1). Die Manager verbinden daher Naturwissenschaften und Gesellschaftswissenschaften, Ökonomie und Ökologie miteinander. Doch immer noch werden in der regionalen Betrachtung von Naturrisiken zu oft die vielfältigen sozioökonomischen Wechselwirkungen und kumulativen Effekte etwa zwischen Natur- und Technikgefahren vernachlässigt (Greiving et al. 2016). Die Autoren plädieren dafür, dass ein „vorsorgendes Risikomanagement in der Raumordnung grundsätzlich sektorenübergreifend und Ebenen-spezifisch entwickelt und in einen strategischen wie dynamischen Ansatz integrierter Raumentwicklung eingebettet werden sollte" (vgl. IGRC 2017). Ein weiteres Problem bei der Risikoanalyse ist, dass die eventuell sozial geprägte Risikowahrnehmung des Einzelnen mit der durch messbare Fakten definierten „Realität" zu unterschiedlichen Wahrnehmungen und Prioritätensetzungen führt. Dies ist, so Klinke und Renn (2002), nur aufzufangen, wenn von Beginn an eine umfassende und transparente Risikokommunikation zwischen den politischen Entscheidungsträgern und den Betroffenen gewährleistet wird.

Im Allgemeinen wird der Risikobegriff sowohl ursachen- als auch wirkungsbezogen verwendet (Kaplan und Garrick 1981). Der ursachenbezogene Risikobegriff stellt die Unsicherheit zukünftiger Entwicklungen aufgrund des potenziellen Eintritts schwer vorhersagbarer Ereignisse in den Mittelpunkt der Betrachtung. Hierbei wird davon ausgegangen, dass eine Menge möglicher Ereignisse in der Zukunft existiert und jedes diese Ereignisse mit einer bestimmten, jedoch nicht immer bekannten Wahrscheinlichkeit eintreten kann. Generell kann man (mindestens) vier Formen von „Wissen" und „Nichtwissen" unterscheiden

Vier Formen des Wissens und des Nicht-Wissens			
Dinge, über die wir verlässliche Informationen haben: **known knowns**	Dinge, von denen wir wissen, dass wir nichts über sie wissen: **known unknowns**	Dinge, von denen wir nicht wissen, dass sie überhaupt existieren: **unknown unknowns**	Dinge, von denen wir nichts wissen, außer dass sie existieren (können): **unknown knowns**

Beim wirkungsbezogenen Risikobegriff stehen dagegen die Auswirkungen des Risikos im Zentrum der Betrachtung. Da auch hier meist die ungünstigen Entwicklungen berücksichtigt werden, wird die wirkungsbezogene Komponente eines Risikos über den Grad der negativen Abweichung von den gesetzten Zielen bewertet (Helten und Hartung 2002). Der Risikobegriff ist, auch wenn er von Fachgebiet zu Fachgebiet verschieden verwendet wird, durchweg negativ konnotiert und kann als potenziell gefährliche zukünftige Entwicklung interpretiert werden. Risiko ist danach mehr als *just multiplying the losses with the probability of occurrence; it rather deals with uncertainty about the occurrence and the consequences"* (Klinke und Renn 2002). Damit löste der Mensch die Natur als Zentrum der Betrachtung ab: Seitdem wird von Naturrisiken gesprochen (vgl. Abschn. 4.2.5).

Bei der Betrachtung der „Ursache-Wirkung-Beziehung" von Naturrisiken bewertet man entweder das Einzelobjekt (Rutschgefährdung eines Hanges) oder man bezieht sich auf die Gesamtsituation, zum Beispiel eine durch eine Rutschung ausgelöste Überflutung der Staumauer des Vajont, wie sie im Jahr 1963 am Mont Toc (Italien) das Dorf Longarone auslöschte. Hierbei wird ein „integrierter" Ansatz mit unterschiedlichen Betrachtungsebenen gewählt, um die sich gegenseitig beeinflussenden Wirkungen aufzuzeigen. Nur führen die unterschiedlichen Betrachtungsweisen jeweils zu unterschiedlichen Ergebnissen. Diese müssen dann zu einem „Gesamtrisiko" zusammengeführt werden. Dies ist insofern „problematisch", als bei den Einzelbetrachtungen sowohl messbare (Anzahl der Opfer) als auch nicht-messbare Faktoren (z. B. Trauer) zusammen auftreten. Um diese Ergebnisse aber dennoch in einem „integrierten"

Ansatz zusammenzuführen, geschieht dies in der Praxis, indem man jedem „Einzelergebnis" einen Zahlenwert zuweist. Dabei ist umstritten, ob es wissenschaftlich haltbar ist, „Emotionen" in Zahlenwerten auszudrücken und diese mit messbaren Zahlenwerten (Todesopfer) in einem mathematischen Algorithmus gleichrangig zu verarbeiten. UNISDR (2004) ist der Meinung, dass auch „Schätzwerte" in Form ordinaler Zahlenwerte in einer mathematischen Formel verwendet werden können. Doch ob man solche Werte mittels einer mathematischen Formel (multiplizieren/ dividieren) herleiten kann, wird von einigen Risikoforschern kritisch gesehen.

In der Praxis stellt das Konzept, Risiken durch Monetarisierung vergleichbar zu machen, einen zielführenden Ansatz dar. Dazu ist es allerdings erforderlich, so viele Ereignisse wie möglich in einem zuvor definierten Raum („Systemgrenze") zu erfassen. Weltweit gibt es Hunderttausende an Dokumenten, Berichten und Statistiken über Naturkatastrophen, die zum Teil bis in geologische Zeiten zurückliegen. Sie beruhen in erster Linie auf Überlieferungen von Augenzeugen, die für heutige Bewertungen relevant sein können (z. B. Vesuv-Ausbruch 79 n. Chr.; vgl. Abschn. 3.4.3.4), oder auf Überlieferungen, die aber unseren heutigen Anforderungen an verwertbare Informationen nicht genügen, wie z. B. über Hochwasser an der Nordseeküste („Große Manntränke", 1362). Der Bearbeiter muss daher in jedem Einzelfall entscheiden, ob es sich dabei um ein ausgesprochen seltenes Einzelereignis handelt („Extremereignisse", vgl. Abschn. 4.2.7), oder um ein Ereignis, das für die Bewertung eines zukünftigen Risikos verwendet werden kann. Im NKRM hat sich als „Daumenregel" ergeben, dass Daten, Berichte und Informationen eigentlich erst ab dem Jahr 1985 als statistisch gesichert gelten, da ab diesem Zeitraum das NKRM auf der Welt so weit ausgebildet war, dass ein weltweiter Datenaustausch als verlässlich angesehen werden kann.

Zwei Herangehensweisen werden in der Praxis unterschieden: Zum einen werden die Daten und Erkenntnisse eines (!) Katastrophenereignisses bezüglich Stärke, Schaden, Opfer, Auslösemechanismus usw. so umfassend wie möglich beschrieben, um daraus Erkenntnisse über mögliche zukünftige Risiken abzuleiten (vgl. Abschn. 4.4). Weil dies aber auf deskriptiven Merkmalen beruht, kann ein solches Ereignis schnell den Charakter eines „Worst-Case-Szenarios" bekommen. Der Vorteil eines solchen als „deterministisch" bezeichneten Ansatzes ist, dass man über eine „überschaubare" Datenmenge verfügt, die Analyse daher nicht zeitaufwendig ist. Dieser Ansatz aber hat den Nachteil, dass es sich um ein Einzelereignis handelt, dessen Erkenntnisse sich schwer auf andere Situationen übertragen lassen („jede Katastrophe ist anders").

Der andere Ansatz ist der „Versuch, zukünftige existenzielle Unsicherheiten zu erkennen, um diese beherrschbar zu machen (auch das NKRM), … mit dem Ziel, ungewisse Risiken in Wahrscheinlichkeiten und voraussehbare Entwicklungen umzurechnen" (G. Gigerenzer in: Die Zeit Nr. 39, 17.09.2020). Er hebt darauf ab, dass die Bewertung eines in der Zukunft liegenden (Natur-)Risikos nur auf der Basis der Wahrscheinlichkeit – nicht für ein bestimmtes Ereignis an einem bestimmten Ort und zu einer bestimmten Zeit – möglich ist. Im Naturkatastrophen-Risikomanagement wird daher ein „probabilistischer" Risikobegriff verwendet, der das Risiko über eine Eintrittswahrscheinlichkeit eines Ereignisses beschreibt. Dazu werden aus Statistiken, Datenbanken und Literatursammlungen alle erfassbaren Daten (Ursache-Wirkung, Schaden, Opfer, Prozesse usw.) wie auch zur Schadensbreite (Volatilität) zusammengetragen und daraus die charakteristischen (hypothetischen) Kenngrößen zukünftiger Schadensereignisse abgeleitet. Der Vorteil eines solchen Ansatzes ist, dass das Verfahren unabhängig von dem „Einen" Ereignis ist – seine Ergebnisse stattdessen generalisiert und übertragbar werden. Es ist heute möglich, mittels erprobter Risikoalgorithmen sehr viele verschiedene Parameter miteinander zu verkoppeln und das Ausmaß der Unsicherheit dadurch stark einzugrenzen. Zudem können so hochkomplexe und multidimensional vernetzte Systeme gut abgebildet werden. Der Nachteil ist, dass dazu eine große Datenmenge verfügbar sein muss und dass die Analysen sehr zeitintensiv sind. In der Praxis werden vor allem in der Versicherungswirtschaft beide Ansätze miteinander kombiniert, wie es in Abb. 4.4 dargestellt ist

Mathematisch wird das Risiko nach UNISDR (2004) durch das Produkt der beiden Faktoren „Gefahr" und „Vulnerabilität" bestimmt, das durch die „Widerstandsfähigkeit" (des Einzelnen/der Gesellschaft) dividiert wird.

$$\text{Risiko} = \frac{\text{Gefahr} \times \text{Vulnerabilität}}{\text{Widerstandsfähigkeit}}$$

Risiko ist danach ein mathematisches „Konstrukt", bei dem Gefahr und Vulnerabilität miteinander multipliziert werden – nicht addiert, denn wenn eine Gefahr besteht (z. B. $G = 7$), aber niemand davon betroffen ist ($V = 0$), dann besteht auch kein Risiko und umgekehrt. Das Produkt wird dann durch die Widerstandsfähigkeit des Systems dividiert, d. h. durch die Komponente, die die Resilienz beschreibt. Es gibt in der Literatur auch eine andere Auffassung. Nach dieser wird das Risiko allein aus Gefahr und Vulnerabilität gebildet, da schon in der Vulnerabilität eines Systems implizit auch dessen Widerstandsfähigkeit enthalten ist. Vor allem in der Versicherungswirtschaft findet die „verkürzte" Version breite Anwendung:

$$\text{Risiko} = \text{Gefahr} \times \text{Vulnerabilität}$$

4.2.5.1 Risiko als Chance

Auch wenn sich das Risikomanagement in erster Linie mit der Bewältigung und Steuerung negativer Risikoauswirkungen befasst, so sind mit jedem Risiko auch Chancen verbunden (Hillary Clinton: *„never waste a crisis";* oder auch: *„one person's risk is another's opportunity"*).

Risikobewertungen haben immer etwas mit dem „Entscheiden über die Zukunft" zu tun (Laux 2005). Sie werden von einer begrenzten Rationalität der Individuen in ihrem Entscheidungsverhalten beeinflusst sowie von der Unvollständigkeit des Wissens bezüglich der Entscheidungsalternativen. Außerdem sind im Moment der Entscheidung nicht alle Konsequenzen zukünftiger Ereignisse vorherzusehen. Daraus folgt, dass ein Individuum nicht in erster Linie nach der objektiv optimalen Lösung sucht, sondern eine für ihn „befriedigende" (*„satisfying"*) Lösung wählt, so Karl Popper (1902–1994). Sozioökonomisch betrachtet begreift der

Abb. 4.4 Kombination „deterministischer" und „probabilistischer" Risikoanalyse (Gesamtverband der deutschen Versicherungswirtschaft (GdV), Berlin)

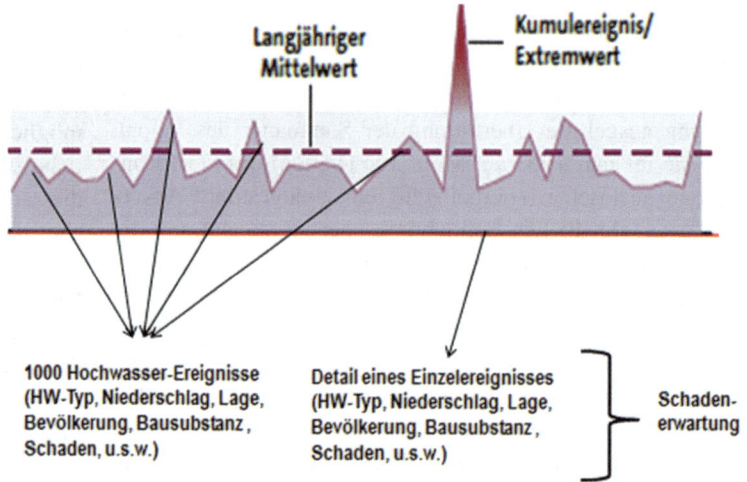

Mensch erst in einer Situation der Knappheit, wie er seine Bedürfnisse im Lichte verschiedener Einschränkungen materiell und ideell befriedigen kann. Für Popper stellt das Modell mit dem größten (persönlichen) Wohlfahrtsgewinn die effizienteste Lösung dar. Das heißt zum Beispiel, für eine Gesellschaft könnte es langfristig (ökonomisch) vorteilhafter sein, das Gefahrenbewusstsein der Bevölkerung vor potenziellen Hochwasserschäden zu stärken, statt in den Bau von Deichen zu investieren. Die Praxis hat gezeigt, dass, sobald der Sicherheitsanspruch befriedigt ist, sich sehr schnell ein neues (höheres) Anspruchsniveau ausbildet.

Es gibt in der Entscheidungstheorie drei Typen von Entscheidungssituationen (Eisenführ und Weber 1999):

- Entscheiden unter Sicherheit – dazu hat der Entscheider ein „ideales" Informationsniveau und verfügt über sicheres Wissen über die Zukunft.
- Entscheiden unter Risiko – hier kann er nur durch probabilistisches Wissen, eine Mathematisierung der Entscheidungsmodelle und eine Quantifizierung der Einflussgrößen zu einer Prognose gelangen.
- Entscheiden unter Ungewissheit – dabei besteht große Unsicherheit über die Zukunft. Zu viele Lösungsalternativen machen Entscheidungen zu komplex, als dass Entscheidungen „spieltheoretisch" getroffen werden können.

Dem ist noch eine weitere Dimension hinzuzufügen: die „Wahrscheinlichkeit der Häufigkeit". Mit diesem Begriff wird der Faktor „Zeit" berücksichtigt, in dem ein Ereignis (z. B. „Lotteriekugel") eintritt, wenn der Zufallsgenerator unendlich lange läuft. Diese Häufigkeit wird dann angeben mit 1 zu 1000 Fällen. „Selbst, wenn (wir) beispielsweise in den nächsten 10 Jahren 2 Kernkraftwerke einen GAU erleben sollten, heißt das noch lange nicht, dass die Ergebnisse der gängigen Risikoabschätzungen für Kernkraftwerke (im Schnitt ein GAU alle 100.000 Jahre) falsch sind" (WBGU 1998; vgl. Renn 1996).

In der Risikoanalyse, wie wir sie normalerweise vornehmen, wird das Risiko als „im engeren Sinne" verstanden. Der Chancenaspekt, also die Erkenntnis, dass in jedem Risiko Hinweise und Möglichkeiten für Verbesserungen schon angelegt sind, wird daher meist nicht „bewusst" wahrgenommen („Risiko im weiteren Sinne"; Mikus 2001). Die Betrachtung ausschließlich negativer Auswirkungen wird auch asymmetrisches Risiko genannt (Rogler 2002).

Die Erkenntnis, dass ein potenziell risikoreicher Umstand (trotzdem) zu einer positiven Entwicklung führen kann, ist im betriebswirtschaftlichen Management weit verbreitet (ISO 9001 „Einführung eines Qualitätsmanagements") und hat in der Folge auch Eingang in das Naturkatastrophen-Risikomanagement gefunden. Elemente wie eine verbesserte Prozesssteuerung, erfahrungsbasiert geänderte Fragestellungen, verbesserte Dokumentation und barrierefreie Weitergabe von Erkenntnissen stellen Chancen dar und sollten daher als Innovation und Investition angesehen werden, die sich positiv auf das Erreichen der Resilienz auswirken. Voraussetzung für das Erkennen eines Risikos ist eine risikobasierte Denkweise und dass sie als ein kontinuierlicher Verbesserungsprozess gestaltet wird.

Für den Einzelnen als auch für die Gesellschaft ergibt sich aus den Erfahrungen über eine eingetretene Katastrophe die Notwendigkeit, die jeweilige Resilienz zu überprüfen, nach dem Motto: „Was habe ich/haben wir daraus gelernt?" Welcher Resilienzstatus ist nötig und was muss also präventiv getan werden, um in Zukunft vor einer solchen Katastrophe besser gesichert zu sein (vgl. Abschn. 4.2.4 und 5.2)? Eine derartige „kritische" Reflexion muss den gesamten Risikozyklus als Prozess durchziehen. Dabei berührt ein solches Vorgehen oftmals eher die emotionale als die Sachebene. Gesellschaften, die sich gerade von einer Katastrophe erholt haben, haben in der Regel nicht den „Nerv", zukunftsweisende strategische Überlegungen zur Katastrophenreduktion anzustellen und reagieren darauf ablehnend. Zumindest, wenn diese von „außen" herangetragen werden. Dennoch stellen gerade solche Ereignisse einen günstigen Startpunkt für einen Strategiewechsel dar. Ein Beispiel: Nach dem „Jahrhundertsommer 2018" als sichtbares Zeichen für den Klimawandel beschloss die Bundesregierung den Ausstieg aus der Kohle zur Energiegewinnung – gegen den erbitterten Widerstand in den vom Ausstieg betroffenen (Kohle-)Regionen. Oder als Folge der Hitzewelle von 2003 haben zum Beispiel alle deutschen Großstädte Klimaschutzkonzepte erarbeitet, so auch die Stadt Stuttgart mit ihrem Klimaschutzkonzept (KLIKS). Darin sind stadtplanerische Maßnahmen zur Anpassung an den Klimawandel dargestellt – insbesondere gegen die Hitze in der Innenstadt.

4.2.5.2 Risikowahrnehmung

Von den rund 20.000 Naturkatastrophen seit 1975 (Guha-Sapir et al. 2016) sind uns gerade mal rund 10 wirklich in Erinnerung geblieben. Unter ihnen der Tsunami im Indischen Ozean im Jahr 2004 mit 230.000 Todesopfern und das Erdbeben von Haiti mit über 300.000 Toten., das große Erdbeben in China von 2008 (Abb. 4.5). Vielleicht noch der Hurrikan Katrina in New Orleans 2005, auch wenn dabei verhältnismäßig wenige Opfer zu beklagen waren, oder die Terrorattacke auf das World Trade Center im Jahr 2001. Dagegen haben sich viele andere Ereignisse, die in der Summe sicher mehr als 1,5 Mio. Menschen das Leben gekostet haben, kaum in unser Gedächtnis eingeprägt (vgl. Abschn. 4.3). Nach einer Erhebung des Instituts für Forstwirtschaft der TU München aus dem Jahr 2001 können sich nur noch etwas mehr als 20 % an ein Katastrophenereignis erinnern, das 30 Jahre zurückliegt.

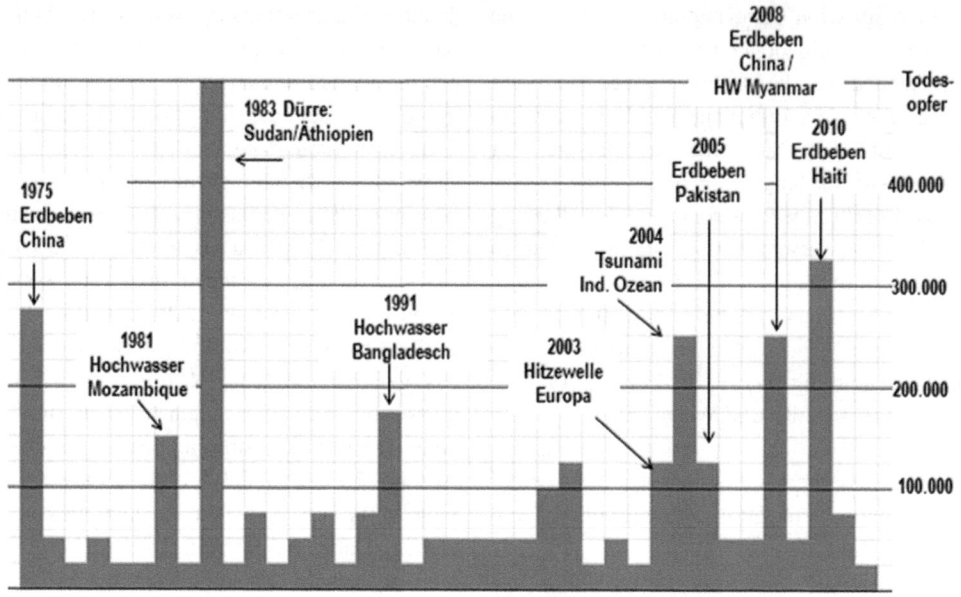

Abb. 4.5 Die Naturkatastrophenopfer-Statistik seit 1975 wird vor allem durch 10 Großereignisse dominiert. (Nach verschiedenen Quellen)

Die genannten Ereignisse und Erkenntnisse sind Beispiele dafür, dass der Mensch Katastrophen sehr unterschiedlich wahrnimmt *(„risk perception")*. Er tendiert dazu, spektakuläre und opferreiche Ereignisse und solche, zu denen er einen persönlichen Bezug hat (Tsunami in Thailand = Tourismus), viel stärker wahrzunehmen als die viele kleinen. Risikowahrnehmung beschreibt eher ein gesellschaftliches Empfinden als eine evidenzbasierte Einordnung. Über die Wahrnehmung entscheidet eine Vielzahl an Faktoren: Der eingetretene Schaden und dessen Häufigkeit, ob jemand einem Risiko ausgesetzt ist oder dieses bewusst eingeht u. v. a. wie eine Person oder eine Gesellschaft ein Risiko wahrnimmt oder empfindet ist richtungsweisend für sein/ihr weiteres Vorsorge-/Schutzverhalten. Das heißt, eine Person muss sich nicht nur über ein Risiko im Klaren, sondern auch persönlich davon betroffen sein, damit es zu einer Verhaltensänderung kommt. Filmaufnahmen von Corona-Toten in Italien (2020) hatten großen Einfluss auf das Verhalten vieler Deutschen im Sommer 2020. Ferner spielen auch Faktoren wie Nutzen-Risiko-Erwägungen eine Rolle, ebenso wie das Vertrauen in Institutionen und Organisationen. Dabei können individuelle Risikowahrnehmung und objektive Risikoanalyse auseinanderfallen. Also „entweder ein aus wissenschaftlicher Sicht schwerwiegendes Risiko wird unterschätzt oder ein objektiv eher unbedeutendes Risiko überschätzt" (BfR o. D.). Die Risikowahrnehmung muss also bewerten, wie Menschen ganz generell ein Risiko (persönlich) wahrnehmen, wie sie dieses bewerten und welche Vorsorgemaßnahmen sie daraus ableiten (Slovic et al. 1986). Jede Risikoanalyse unterliegt der Akzeptanz der Gesellschaft. Diese wiederum beruht auf subjektivem Wissen, Erfahrungen und Empfindungen („Ängsten"), die über viele

Jahrzehnte erworben worden sind („Verfügbarkeitsheuristik, vgl. Abschn. 7.3). Wegen der Subjektivität der Beurteilungen kommt es dabei immer wieder zu sehr unterschiedlichen Risikoeinschätzungen in einer Gesellschaft (Fischhoff et al. 1981). Ein Beispiel ist die zuvor beschriebene Diskussion um die Helmpflicht für Fahrradfahrer (vgl. Abb. 4.1).

Der Wahrnehmung eines Risikos und der daraus sich ableitenden Furcht eines Kontrollverlusts wird von dem Einzelnen und der Gesellschaft in der Regel mit diesen Argumenten begegnet:

- Der Stand von Technik und Wissenschaft, die Stabilität von Gesellschaft und Wirtschaft machen Risiken beherrschbar.
- Das Ausmaß kann durch geeignete Gegenmaßnahmen (sicher) eingeschränkt werden.
- Risiken geht man (freiwillig) ein und man kann diese Entscheidung jederzeit rückgängig machen (Raucher).
- Der Staat wird schon ordnungspolitisch richtig mit dem Problem umgehen.

Die Corona-Pandemie aber hat gezeigt, dass diese hohen Erwartungen oft nicht zu erfüllen sind. Das Virus war auch für die erfahrenen Virologen (weltweit) eine Herausforderung, da es in seinen Auswirkungen noch sehr unbekannt war. Es traf auf eine hochmoderne Industriegesellschaft, in der viele Mitbürger dazu neigen, Probleme bei übergeordneten Instanzen „abzugeben". Der verordnete „Lockdown" wurde daher von vielen als Eingriff in die persönliche Freiheit empfunden: Der Staat solle doch besser das Notwendige tun. Glücklicherweise befolgte die Mehrheit der Gesellschaft die Vorgaben und konnte durch ihr konstruktives Verhalten dazu beitragen, dass sich die Pandemie nicht noch weiter ausbreitete.

Daneben gibt es aber auch Empfindungen, die sich aus dem Faktor „Kontrollverlust" ableiten. So zeichnet sich ab, dass in einer „modernen" Gesellschaft – insbesondere in der gut ausgebildeten Jugend – eine Situation dann als Risiko empfunden wird, je „unklarer" diese beschrieben und je weiter deren Eintreten in der Zukunft liegt („Fridays for Future"). Luhmann (1991) weist darauf hin, dass man sich heute sehr für Sachverhalte interessiert, deren Eintritt zwar als hoch unwahrscheinlich, dafür aber mit katastrophalen Konsequenzen eingeschätzt wird (Kernkraft). Dies wird ferner von der Vorstellung überlagert, dass heute „Politiker" Entscheidungen fällen, die oft auf nicht nachvollziehbaren (anonymen) Kriterien beruhen (z. B. die Suche nach einem Endlager). Und der Einzelne sich nicht, oder nur unzureichend in die Entscheidungsfindung eingebunden sieht. Man erhält zunehmend den Eindruck, dass weltweit Gesellschaften eine „Null-Risiko"-Mentalität entwickeln. Slovic und viele andere Autoren haben daher die Fragen gestellt:

- Wie sicher ist sicher genug?
- Inwieweit werden Risikowahrnehmungen von Emotionen statt von Rationalitäten geleitet?
- Bis wann gilt ein Risiko noch als akzeptiert und ab wann nicht mehr (vgl. ALARP; Abschn. 4.6.3)?

Die sozialwissenschaftliche Forschung bedient sich dabei drei unterschiedlicher Ansätze, um die Risikowahrnehmung auf eine verlässliche Grundlage zu stellen:

- Psychometrischer Ansatz

Dieser wurde vor allem von Baruch Fischhoff, Paul Slovic und anderen in den 1980er Jahren vielfach verwendet (Fischhoff et al. 1978, 1981). Mit diesem Ansatz werden die Persönlichkeit, Emotionen und mentale Fähigkeiten von Menschen bewertet, wenn diese einem Risiko ausgesetzt sind. Der Mensch neigt dazu, sein Risiko quantitativ zu bewerten: Wie hoch ist die Zahl der Toten/Verletzten in den letzten X Jahren und was ergibt sich daraus für ihn selber? Wird das Risiko freiwillig und bewusst eingegangen oder durch externen Druck? Besteht Kontrolle über das Risiko als Folge hinreichender Kenntnis über die Ursache-Wirkung-Beziehung? Und ergeben sich letztlich aus dem Eingehen eines Risikos Vorteile?

- Axiomatischer Ansatz

Bei ihm werden Grundwahrheiten als feststehende Werte in eine Risikowahrnehmung eingebracht. Er beruht auf dem Prinzip der Anerkennung: „Ist die Einschätzung einer Risikolage richtig oder nicht?" und basiert sie auf einer ko-gnitiven Zusammenschau objektiver Bewertungen und deren möglichen Handlungsoptionen. Dabei werden die Risikooptionen nach Eintrittswahrscheinlichkeit aufgeschlüsselt, eine Methode, nach der man sich vor allem in der Finanzwirtschaft gegen finanzielle Risiken absichert (Abwärtsrisiko; „downward risk"). Ein Beispiel für eine solche multikriterielle Entscheidung: Ist das Risiko (B) größer als das von (A) und das von (C) größer als das von (B), dann ist das Risiko von (C) größer als das von (A).

- Sozialer Ansatz

Nach diesem Ansatz ist eine Risikowahrnehmung auf kollektiven, sozialen und kulturellen Erfahrungen gegründet. In einer Gesellschaft werden bestimmte Risiken als für ihr Zusammenleben nützlich oder als hinderlich angesehen. Die Wahrnehmung verläuft entlang von sozialen und kulturellen Erfahrungen. Dabei tendieren hierarchisch strukturierte Gesellschaften dazu, Technologie, Forschung und Entwicklung als Chance zu sehen, während egalitäre Gesellschaften solche Veränderungen eher als Bedrohung ihrer Tradition empfinden. Damit verbunden ist automatisch ein mangelndes Vertrauen in (politische) Entscheidungen. Eine Situation, die bei ethnischen Minderheiten anzutreffen ist (Slovic 1997), da hier Bewertungen oftmals stark emotional gesteuert werden, was in der Regel zu einer stark negativen Einschätzung einer Gefahr führt.

Mit Eingehen eines Risikos ist im Allgemeinen die Erwartung an eine potenzielle Chance (vgl. Lottogewinn) verbunden. Je nach Naturell verhält sich der Einzelne dabei:

- risikofreudig („risk affine"). Er bevorzugt bei der Wahl zwischen mehreren Alternativen stets die Alternative mit der Aussicht auf einen größtmöglichen Gewinn.
- risikoneutral („risk neutral"). Bei der Wahl zwischen verschiedenen Alternativen wählt er weder die sichere noch unsichere Alternative, sondern orientiert sich allein an der statistischen Wahrscheinlichkeit.
- risikoscheu („risk aversive"): Hier orientiert er seine Entscheidung vor allem daran, stets ein Risiko zu minimieren.

4.2.5.3 Risikokommunikation

Risikokommunikation ist ein interaktiver Prozess zum Austausch von Informationen zwischen den Betroffenen und dem Katastrophen-Risikomanagement. Dabei kommt es nicht nur zur Verbreitung risikorelevanter Sachinformation über Art, Auswirkungen, Opferzahl usw., sondern auch über Informationen, die oftmals tief in die Psyche der Einzelnen (Ängste, Befürchtungen) eingreifen. Daher müssen sich die mit der Verbreitung von Informationen beauftragten Institutionen schon vorab darüber im Klaren sein, welche Art der Information vor, während und nach einer

Katastrophe vermittelt werden sollen und mit welchen Mitteln diese zu verbreiten sind. Das Management muss eine Vorstellung entwickeln, welche Informationen die betroffene, aber auch welche die nicht-betroffene Öffentlichkeit benötigt und wie die Rückmeldungen zu bewerten sind. Dabei folgt die Risikokommunikation demselben Prinzip wie beim Verabreichen einer Medizin. Es darf von der Information keine zusätzliche Bedrohung ausgehen. Auch ist das „Aufnahmevermögen" der Zielgruppen zu berücksichtigen. In einem 20-s-Statement im Fernsehen ist nur sehr viel weniger zu vermitteln als in einem 30-minütigen Interview (SAMHA 2009).

Aus unzureichenden oder auch aus falschen Informationen kann sich eine „Spirale der Angst" entwickeln (Abb. 4.6). Darüber hinaus werden unzureichende Informationen oftmals von Interessensgruppen (z. B. Bürgerinitiativen) dazu genutzt, um Unsicherheit und Ablehnung zu stärken. Es bedarf daher einer Krisenkommunikation, die laut Dombrowsky (1991) ein

> „Diskursverfahren (darstellt), das sich nicht auf zukünftige, sondern auf gegenwärtige, akut ausgelöste oder chronisch schwelende krisenhafte Ereignisse bezieht".

Erforderlich dazu ist eine Krisenkommunikation, die Vertrauen schafft. Vertrauen bildet sich aus öffentlicher Wahrnehmung. In der medialen Berichterstattung schaden verzerrt/falsch dargestellte Krisen dem öffentlichen Ansehen der Entscheidungsstrukturen. Die Aufgabe der Krisenkommunikation ist es daher, Botschaften zu übermitteln, die einen Interpretations- und Deutungsrahmen schaffen. Haben

die Menschen aber mit einer Organisation schlechte Erfahrungen gemacht, führt dieser Vertrauensverlust dazu, bei einer aktuellen Katastrophe dieser Organisation die „Schuld" am Systemversagen zuzuweisen. Bei einem eingetretenen Vertrauensverlust ist es daher unabdingbar, (sofort) den Fehler einzugestehen („Menschen machen Fehler"; so der Bayerische Ministerpräsident Söder bei der Corona-Pandemie). Für die „Reparatur eines angeschlagenen Images ist Kommunikation das beste Werkzeug", die alle Beteiligten integriert. Dazu zählen in erster Linie die Betroffenen, die Systemverantwortlichen sowie die legitimierte Nachrichtenübermittlung. Das heißt, Informationen oder Handlungen beruhen auf einem formalisierten Rahmen (Gesetze, Regelwerke, Krisenhandbücher usw.) oder entsprechen der Kultur einer Gesellschaft im Umgang mit einer Katastrophe (nicht formalisierter Rahmen; vgl. Abschn. 5.4.3).

Der Informant muss dabei immer das Informationsbedürfnis seiner „Empfänger" im Blick haben. Er muss deren Kenntnisstand und deren Ängste und Befürchtungen in seinen Statements berücksichtigen, ohne aber die Wahrheit zu verzerren („er muss die Empfänger/Nutzer abholen"). Er muss zudem „berechtigt" sein, etwas zu sagen und er darf auf keinen Fall einer Frage ausweichen. Ein Nichterfüllen dieser Anforderungen führt zu Verunsicherung und einem Vertrauensverlust in das System (Slovic et al. 2000).

Risikokommunikation muss folgende Kriterien erfüllen:

- verständlich
- verlässlich
- transparent
- nachvollziehbar

Sie muss das Informationsbedürfnis der Betroffenen decken und des Weiteren in einer Sprache kommunizieren, die der Abnehmer auch versteht – es sollte also nicht in einer technischen Fachsprache, wie z. B. von einer 10 %igen Überschreitungswahrscheinlichkeit eines HQ-100-Hochwasserniveaus, gesprochen werden.

Katastrophensituationen sind gekennzeichnet durch einen hohen Informationsbedarf. Öffentlichkeit bei einer Katastrophe herzustellen ist auch die Aufgabe der Medien (Filipovic 2015). Damit haben die Medien eine gesellschaftliche Relevanz und Verantwortung. Zu diesen Aufgaben gehört zudem, eine Kommunikationsplattform für eine gesellschaftliche Diskussion herzustellen, Kritik zu üben und, wo nötig, Entscheidungsträger zu kontrollieren („Medien als vierte Gewalt"). Festzustellen ist, dass Nachrichten und Berichte immer reaktiv sind und auch immer Deutungen zulassen. Oftmals aber werden statt „Realitäten" (nur) Wahrscheinlichkeiten kommuniziert. Die Nachrichtenwerttheorie besagt, je höher dieser Katastrophenwert (Dramatik, Aktualität) ist, desto größer das Inter-

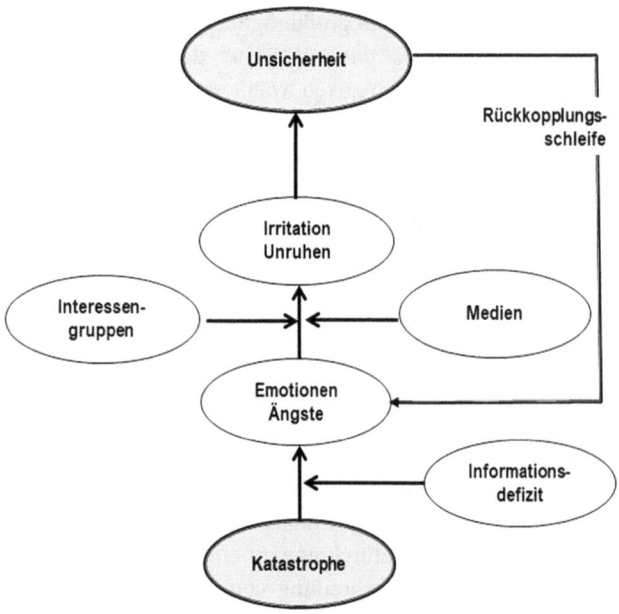

Abb. 4.6 Die „Angstspirale"

esse. Wenn eine Information Emotionen weckt, ist sie noch höher – auch je näher die Katastrophe stattfindet. Und je mehr Opfer aus demselben Kulturkreis wie der Betrachter stammen, desto größer ist das Interesse. Daher werden wenige Katastrophen mit großen Schäden in der öffentlichen Meinung stärker gewichtet als viele kleine Unglücke (vgl. Risikoaversion). Ein Unfall mit 100 Toten dringt tiefer in das Bewusstsein ein als 100 Unfälle mit einem Toten. Großereignisse führen zu einer überproportionalen Reaktion der betroffenen Gemeinschaft und stoßen überproportional stark auf Zustimmung oder Ablehnung (Heinimann et al. 2005).

Die Medien haben ihre eigenen Ziele und unterliegen ökonomischen Zwängen. Sie sind deshalb nicht so einfach vom Katastrophenschutz für dessen Zwecke einzusetzen, da sie sich dessen Ziele nicht unbedingt zu Eigen machen. Diese Eigengesetzlichkeit der Medien führt dazu, dass die Medienberichterstattung nicht immer Spiegelbild der Wirklichkeit ist und Zielkonflikte zwischen Katastrophenschützern und Journalisten entstehen können (Brauner 1998). Die ambivalente Rolle der Medien wird dann „kritisch", wenn komplexe Themen auf einfache Fragen reduziert werden (reicht Händewaschen zur Eindämmung der Coronavirus-Pandemie?). Zur Akzentuierung arbeiten Medien mit simplen Klischees und nutzen eine eigene Sprache. Bei Katastrophen gibt es (nur) Opfer und Helfer, immer wird nach einem Schuldigen gesucht. In der Berichterstattung herrscht ein streng „lineares Denken" vor, das „weder Komplexitäten der Ursache-Wirkung-Beziehung aufzeigt noch hilft, diese zu verstehen und mit ihnen umzugehen" (Brauner 1998). Als Lösungsansatz bietet sich eine verbesserte, vertiefte und auch schon in Nichtkatastrophenzeiten aktive Zusammenarbeit zwischen den Katastrophenmanagern und den Medien an. Beide Seiten müssen sich über ihre Rolle und Erwartungen austauschen. Eine objektive Berichterstattung erfordert in erster Linie: Sachkenntnis. Um diese zu erwerben, wird immer häufiger – wie auch im Sport – die Forderung nach speziell ausgebildeten Fachjournalisten für Katastrophenthemen erhoben, so wie im Zusammenhang mit der Corona-Pandemie. Wenn von den Medienvertretern erwarten wird, Sachkenntnis zu haben, dann gilt dies ebenso für die Katastrophenmanager. Sie müssen eine Vorstellung entwickeln, welche Nachrichten sie über ein Ereignis verbreitet sehen wollen und ob diese Erwartungen auch mit dem „Ethos" des Journalisten in Einklang gebracht werden können.

4.2.6 Katastrophe

Als „Katastrophe" („*catastrophe*") werden Ereignisse bezeichnet, die große, zerstörende und nachhaltige Auswirkungen auf eine Gesellschaft haben, sowohl im persön-

lichen als auch im öffentlichen Raum. In der deutschen Sprache wird zwischen „Unglück", „Notfall" und „Katastrophe" unterschieden. Charakteristisch für eine Katastrophe ist ihr plötzliches Einsetzen (Quarantelli 1998). Im Gegensatz dazu stellen Unglücke Ereignisse dar, bei denen es zu relativ geringen oder weniger schweren Verlusten oder Zerstörungen kommt. Wenn eine Katastrophe also ein

> „plötzlich eintretendes Ereignis (Natur, Unfall, Krankheit usw.), das mit erheblichen negativen Auswirkungen auf den Menschen und sein Lebensumfeld verbunden ist, das zu Tod, Verletzung und anderen Beeinträchtigungen geführt hat" (UNISDR 2004)

ist, dann kommt damit zum Ausdruck, dass der Einzelne oder eine gesellschaftliche Gruppe nicht mehr alleine mit den Folgen zurechtkommt, seine/ihre Selbsthilfefähigkeit überschritten ist. In diesen Fällen greifen staatlicherseits etablierte Hilfsmechanismen. Hilfen können aber nicht auf der Wahrnehmung des Einzelnen beruhend abgerufen werden, sondern sind an zuvor festgelegte Auslösefaktoren gebunden – zum Beispiel zur Feststellung einer Hochwasserlage (vgl. Abschn. 3.4.4). Dann springen Einsatzkapazitäten auf der lokalen Ebene und, wenn dies nicht ausreicht, auf nationaler Ebene ein.

Neben katastrophalen Ereignissen, wie Vulkanausbrüchen und Erdbeben, gibt es auch vom Menschen verursachte Faktoren, die dazu beitragen, dass aus einer Gefahr eine Katastrophe werden kann. Z. B. hat die exzessive Entwaldung in vielen Teilen der Welt zu mehr Überschwemmungen geführt, die die weitverbreitete Zerstörung von Böden nach sich ziehen. Erdbeben in seismischen Zonen können (zwar) nicht verhindert werden, aber eine hohe Konzentration der menschlichen Bevölkerung und eine schlechte Bausubstanz können zu Katastrophen mit großen Schäden und Opferzahlen führen (50 % der Todesopfer durch Erdbeben werden durch (nur) 25 % der Erdbebenereignisse ausgelöst).

In diesem Zusammenhang ist anzuerkennen, dass der Begriff „Naturkatastrophe" im engeren Sinne nicht korrekt ist, da der Begriff zwei verschiedene Blickwinkel umfasst: einen „natürlichen", der alle Prozesse definiert, die auf dem Planeten stattfinden und somit den Naturwissenschaften unterliegen, und einen, der ein Paradigma beschreibt, das eine negative Beeinflussung von Mensch und Umwelt definiert und den Sozial- und Wirtschaftswissenschaften zugeordnet wird. Auch wenn der Begriff allgemein akzeptiert ist, so sollte der Begriff „Naturkatastrophen-Management" besser auf „Naturkatastrophen-Risikomanagement" erweitert werden. Die natürlichen Gegebenheiten sind im engeren Sinne nicht beherrschbar und können daher auch nicht „gemanagt" werden. „Gemanagt" werden dagegen können die Auswirkungen solcher Prozesse auf die Lebensumwelt, im günstigen Fall sogar zum Besseren.

Es gibt zudem keine (Natur-)Gefahrenart, die die höchste Wahrscheinlichkeit, die größte regionale Verteilung, die stärksten Auswirkungen, die längste Dauer oder die kürzeste Vorlaufzeit aufweist. Andererseits gibt es keine Gefahrenart, die die geringste Wahrscheinlichkeit, die kürzeste Dauer, die kleinste regionale Verteilung oder die längste Vorlaufzeit hat. Der sehr unterschiedliche Charakter der Gefahrenarten macht daher die Erarbeitung einer allgemein gültigen Risikominderungsstrategie schwierig.

4.2.6.1 Vorsorge

Unter Vorsorge werden:

> Initiativen, Aktivitäten und Regelungen verstanden, die notwendig sind (oder werden können), um den Eintritt einer Katastrophe zu vermeiden, zu verhindern oder die möglichen Auswirkungen eines Desasters einzudämmen. (UNISDR 2004).

Dabei wird „Vorsorge" im Sinne von „Prävention" (*„prevention";* i. e. S.) verstanden. Das heißt, sie ist darauf ausgerichtet, eine Katastrophe gar nicht erst eintreten zu lassen. Damit grenzt sich „Vorsorge" von der „Mitigation" (Bekämpfung) ab (vgl. Abschn. 4.2.6), bei der die Auswirkungen eingedämmt werden (sollen), wenn eine Katastrophe eingetreten ist. Oftmals aber werden die Begriffe synonym gebraucht, wobei dann „Mitigation" einen Unterbegriff zur „Vorsorge" darstellt.

Ein Beispiel:

- Prävention ist ein medizinisches Impfprogramm, das vor dem Ausbruch einer Epidemie schützt oder die möglichen Auswirkungen vorab abmindern hilft.
- Mitigation wäre das gleiche Impfprogramm, das aber nach Ausbruch der Epidemie dessen negative Auswirkungen mindern soll.

Die für Vorsorge eingesetzten Finanzmittel haben nachweislich ein Mehrfaches an Katastrophenverminderung erbracht, sind also „gut" investiertes Geld. Es muss dabei aber anerkannt werden, dass Geld für Vorsorge für andere (soziale) Zwecke nicht (mehr) zur Verfügung steht. Vorsorgeinvestitionen sollten in erster Linie dort vorgenommen werden, wo es sich um regelmäßig eintretende Naturereignisse handelt. Es wäre zum Beispiel finanziell und technisch kaum möglich gewesen, die Stadt Banda Aceh vor dem 2004-Tsunami zu schützen (vgl. Abschn. 4.2.6.1 und 4.4.6). Eine solche Strategie hätte den Staat Indonesien und sein soziales Gefüge auf Jahrzehnte kollabieren lassen. Vorsorge muss daher ausgerichtet sein, möglichst viele Schäden zu verhindern bzw. zu vermindern, nach dem Motto „so viel Vorsorge wie nötig und so viel Investionen wie möglich" (vgl. Abb. 4.4). Auch wenn sich dadurch viele Katastrophen nicht verhindern lassen, so kann Vorsorge dazu beitragen, die Auswirkungen weniger gravierend ausfallen zu

lassen. Dies trifft vor allem für solche Katastrophen zu, zu deren Verminderung der Einzelne einen substanziellen Beitrag leisten kann. Hier zeigt die Praxis, dass Verhaltensänderungen in der Regel viel erfolgversprechender sind als z. B. der Bau eines höheren Deiches. Das „Sendai Framework" betont daher den Stellenwert des *„learning from disaster".* Dabei ist festzustellen, dass im nicht strukturellen Bereich *„learning"* eher als ein staatlich vorgegebener Prozess *(„top-down")* gestaltet werden sollte, während im strukturellen Bereich eher ein *„bottom-up"*-Prozess vorherrschen sollte; soll heißen, damit könnte lokales, indigenes Wissen umfassender in die Vorsorgestrategien einfließen. Das ersetzt aber nicht das Engagement des Einzelnen – jeder in der Gemeinschaft muss sein persönliches Gefahrenmuster erkennen (vgl. Abschn. 5.4) und sich entsprechend darauf vorbereiten.

Des Weiteren weist Luhmann (1991) darauf hin, dass auch Präventionsmaßnahmen – d. h. das Sicheinrichten auf unsichere künftige Schäden – trotz alledem Risiken miteinschließen (Kneer und Nassehi 2000), da prinzipiell jede Entscheidung im Umkehrschluss auch anders hätte getroffen werden können („es gibt kein risikofreies Verhalten"; Luhmann 1991). Da Zukunftsprojektionen immer gesellschaftlich immanenten Werten und Normen unterliegen, sind Rückgriffe auf kognitive, strukturelle und kulturelle Mechanismen unverzichtbar, um Entscheidungen mit unsicherem Ausgang treffen zu können. Im Prinzip sind alle solche Entscheidungen nicht vorhersehbar (messbar), insbesondere, wenn es sich um nicht-systemische und um sehr seltene Ereignisse handelt.

Prävention kann sowohl auf der technisch-materiellen als auch auf der ordnungspolitischen Ebene ansetzen. Bei „technokratisch" legitimierten Entscheidungen beruht dies auf Erkenntnissen der Wissenschaft sowie auf den Möglichkeiten, die der Stand der Technik und die Ökonomie bieten. Dabei geht man davon aus, dass solche Entscheidungen neutral, objektiv und unvoreingenommen getroffen werden. Die Diskussionen anlässlich der BSE-Krise in den 1990er Jahren (Hennen 2002) und insbesondere die Erfahrungen mit der Umsetzung der Corona-Pandemie-Restriktionen aber haben gezeigt, dass allein auf wissenschaftlichen Erkenntnissen aufbauende „Verhaltensnormen" nicht einfach verordnet werden können. Um allgemein akzeptiert zu werden, müssen diese zwar immer noch auf wissenschaftlichen Erkenntnissen beruhen, dann aber in den gesellschaftspolitischen Kontext gestellt werden. Ein solcher Ansatz wird „dezisionistisch" genannt (vgl. Abschn. 4.6.2). Er besagt, die politischen Entscheidungsebenen übernehmen Erkenntnisse und setzen diese in Politiknormen um. Dennoch hat sich bei der Corona-Pandemie erwiesen, dass es dabei keine exakt definierbare Aufgabenbegrenzung gibt bzw. geben kann. Es bedarf der Fähigkeit zwischen den beiden „Lagern" zu vermitteln. Gebraucht wird auf der Seite der Wissenschaft die Kompetenz, komplexe Erkenntnisse so aufzubereiten und zu interpretieren – ohne dabei Inhalte aufzugeben –, dass die Politik in die Lage versetzt wird, Regelungen zu treffen, die – auch aus der Sicht der Betroffenen – als zielführend empfunden werden. Und dazu muss die Politik Willens sein, das erworbene Wissen nicht in ihrem Sinne umzudeuten – ein Ansatz, der als „ko-evolutionäres" Modell bezeichnet wird (Beisheim et al. 2012).

4.2.6.2 Bekämpfung

Darunter werden im weitesten Sinn:

> Strukturelle und nicht-strukturelle Maßnahmen verstanden, mit dem Ziel, negative Auswirkungen von Naturkatastrophen und anderen technologischen und ökologischen Gefahren zu verhindern, reduzieren oder einzugrenzen (UNISDR 2004).

Bekämpfung („mitigation") beschreibt schon durch die Wortwahl, dass es sich um Eingriffe, Aktionen und Aktivitäten handelt, die nach Eintreten einer Katastrophe vorgenommen werden. Oftmals wird in der Literatur nicht immer scharf zwischen den vorsorgenden (präventiven) und den nachsorgenden (kurativen) Maßnahmen unterschieden. In der Regel werden unter Bekämpfung Maßnahmen verstanden, die nach einer Katastrophe, also „post-disaster", ansetzen. Das sind im weitesten Sinne alle praktischen und operativen Maßnahmen, die in der Phase nach der direkten Krisenintervention vor allem den Aufbau der zerstörten Infrastruktur, die Instandsetzung oder Errichtung von Gebäuden oder der Wasserversorgung usw. betreffen, um ein nachhaltiges Sicherheitsniveau („human security") zu etablieren. Damit umfasst „post-disaster" eine größere Dimension als der eigentliche Wiederaufbau nach einer Katastrophe („recovery"), der sich sehr auf die lokalen Bedürfnisse fokussiert. „Post-disaster" sollte am besten sofort nach der „recovery phase" (vgl. Abschn. 4.6.3). ansetzen und auf den dort schon geleisteten Unterstützungen aufbauen. Es kommen dabei sehr unterschiedliche Arbeitsprozesse zur Anwendung, die alle das Ziel haben, das Leben der Betroffenen sicherer zu machen. Dafür ist der Einsatz sehr unterschiedlicher Fähigkeiten, Kompetenzen und Expertisen (bauen, versorgen, helfen usw.) nötig. Hierzu zählt aber auch, dass ausreichend finanzielle Mittel bereitgestellt werden, um das, was als nötig, sinnvoll und praktikabel erkannt wurde, auch umsetzen zu können. Ein Beispiel, wie eine solche Entscheidungsfindung aussehen kann, zeigt Abb. 4.7. Ausgehend von einer Bewertung, ob der aktuelle Standort auch in Zukunft als sicher gilt („hazard assessment"), wird entschieden, entweder die Gebäude zu reparieren oder das „Dorf" ganz zu verlegen (UNOCHA 2008). Entscheidend hierfür ist das Schadenausmaß. Dabei ist zu entscheiden, ob man ein Gebäude repariert, es wiederaufbaut oder ganz neu errichten muss. Eine solche Entscheidungsfindung setzt allerdings voraus, dass sowohl die bautechnischen als auch

die sozialen, kulturellen und ethnischen Aspekte berücksichtigt worden sind. Oftmals finden insbesondere Vorschläge für eine Umsiedlung sehr wenig Akzeptanz bei der Bevölkerung (vgl. Abschn. 4.2.8 und 5.4.3).

Daneben gibt es eine Vielzahl an Interventionsmöglichkeiten, die schon vor einer Katastrophe ansetzen („pre-disaster"). Es ist erwiesen, dass schon im Vorfeld gemachte Planungen, Empfehlungen und Regelwerke einen sehr großen Einfluss auf die Wiederherstellung der Funktionsfähigkeit einer Gesellschaft (Wiederaufbau, Resilienz) nach einer Katastrophe nehmen: Bestehende Gesetze legalisieren die angestrebten Schutzziele und erhöhen die Akzeptanz der Maßnahmen. In allen Staaten sind solche Regelwerke erlassen worden, so in den USA mit dem Stafford Act (Public Law 93-288a; Section 409) oder in der Europäischen Union (European Civil Protection and Humanitarian Aid Operations: Disaster Preparedness; vgl. Kap. 6).

Es ist erwiesen, dass, obwohl die Mehrzahl der Katastrophenschäden im strukturellen Bereich eintreten, nachhaltige Lösungen eher im nicht strukturellen Bereich (Planung, Regeln usw.) zu finden sind. Darunter sind sowohl Aktivitäten zur regionalen Entwicklungsplanung („land use planning") und zur Aufstellung von Baurichtlinien („building codes") zu verstehen als auch beispielsweise das Höherlegen von Häusern in hochwassergefährdeten Gebieten (FEMA 2013). Wirkungsvoll werden solche Maßnahmen, wenn sie schon im Vorfeld ansetzen: „pre-disaster". Dabei kommt es zu Überschneidungen mit den Begriffen („prevention", „build back better").

4.2.6.3 Bereitschaft

In der Literatur existiert eine Vielzahl an Definitionen zu „preparedness": am besten zu übersetzen mit der:

> Bereitschaft einer Gesellschaft oder eines Individuums, auf ein Ereignis (z. B. Naturkatastrophe) vorbereitet zu sein – also auf ein solches Ereignis adäquat reagieren zu können (Dorsch: Lexikon der Psychologie).

Es geht im Prinzip darum, sich im Voraus über eine potenzielle Gefahr im Klaren zu sein und sich mental und physisch auf den „Ernstfall" vorzubereiten. Damit wird „preparedness" zu einer strategischen Aufgabe – stellt selber aber keine Umsetzungsmaßnahme dar. „Preparedness" legitimiert Aktionen. Sie beschreibt, welche Prioritäten gesetzt werden, welche Veränderungen nötig sind und wie diese umgesetzt werden sollen. Da aber verschiedene gesellschaftliche Gruppen Gefahren sehr unterschiedlich wahrnehmen, ist auch ihre Vorsorgebereitschaft unterschiedlich entwickelt. Die Gruppen müssen sich daher darauf verständigen, welche Gefahr als nicht-akzeptabel „bekämpft" werden soll und welche zu akzeptieren ist (ALARP-Prinzip; vgl. Abschn. 4.6.3). Die Konsensfindung darüber setzt einen gesellschaftlichen Aushandlungs-

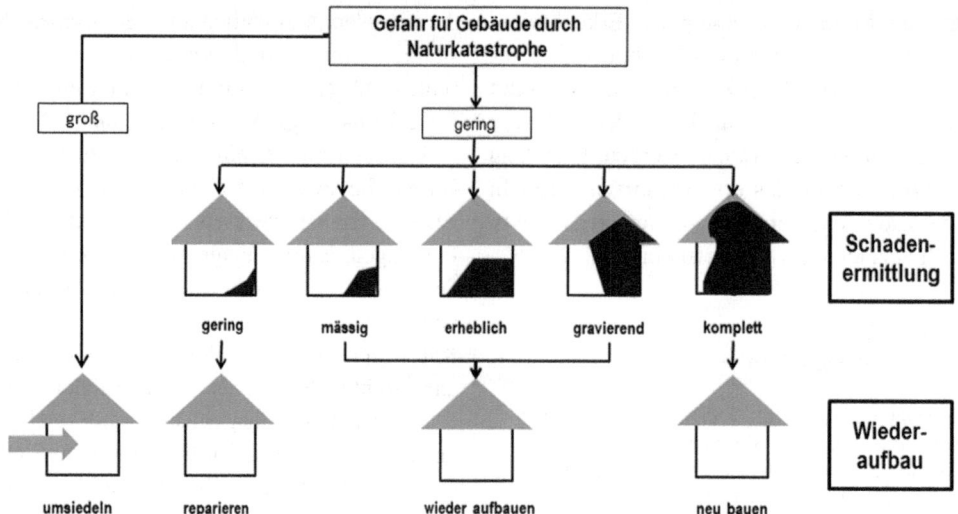

Abb. 4.7 Entscheidungsbaum für einen Wiederaufbau

prozess voraus, wie am Beispiel des Konfliktes im Zuge der Corona-Pandemie zur Durchsetzung von Kontaktbeschränkungen einerseits und zur Aufrechterhaltung wirtschaftlichen Lebens andererseits deutlich wurde. Der Rahmen für Veränderungen muss dabei immer im Einklang mit den gesellschaftlichen Zielen stehen. Daraus ergibt sich, dass durch eine Entscheidung auch mal das „Recht" eines Einzelnen oder einer Gruppe zum Wohle der Allgemeinheit eingeschränkt werden muss. Insgesamt geht es darum, in einem gesellschaftlichen Aushandlungsprozess einen Konsens zu finden, was als prioritär eingestuft wird, wie am Beispiel des Konflikts „Ökonomie und Ökologie" in der Klimadiskussion deutlich wird – ein Prozess, der oftmals sicher nur durch Einbeziehung von Fachleuten durchgeführt werden kann.

Übertragen auf das Naturkatastrophen-Risikomanagement bedeutet das vor allem die Bereitschaft einer Gesellschaft, ihre Sicherheit gegenüber einer potenziellen Gefahr zu erhöhen. Es geht darum, ein Gesamtkonzept zu verfolgen, das sich nahtlos in den Risikomanagement-Zyklus „awareness", „resilience" und „recovery" (vgl. Abschn. 5.2) einordnet. Die Praxis zeigt allerdings, dass die Erfahrungen aus vorangegangenen Katastrophenereignissen für das Management zukünftiger Katastrophen immer noch zu wenig berücksichtigt werden. Dabei ist es unverzichtbar, die Betroffenen umfassend miteinzubeziehen. Insbesondere in den Entwicklungsländern führt das „Nichtberücksichtigen" von indigenem Wissen dazu, traditionell bewährte Lösungsmodelle zugunsten von „Hightech-Ansätzen" zu vernachlässigen (vgl. Abschn. 3.4.1.5 und 5.1.1). Dabei werden 90 % der ersten Rettungsaktivtäten von den Betroffenen selbst unternommen. Darüber hinaus wird den „täglichen" und wenig spezifischen „Kleinkatastrophen" viel zu wenig Aufmerksamkeit geschenkt. Erkenntnisse und Schlussfolgerungen werden in

erster Linie aus „Mega-Ereignissen" abgeleitet und dadurch wird viel umsetzbares indigenes Wissen nicht ausreichend berücksichtigt (Gibson und Wisner 2016).

Die Vorbereitung (Prävention/Vorsorge) auf eine Katastrophe besteht aus einer Reihe von Maßnahmen, die von Regierungen, Organisationen, Gemeinschaften oder dem Einzelnen ergriffen werden können (BBK o. D.). Fast alle Länder der Erde haben mittlerweile den nationalen Bedingungen angepasste Katastrophenschutz-Strategien. In der Regel sind diese eingepasst in internationale Verpflichtungen, wie dem „Sendai-Framework of Action" oder den Klimarahmenkonventionen.

Die Vorsorgestrategien docken an lokale und nationale Regierungsstrukturen an, insbesondere in den Bereichen:

- Stärkung der Reaktionskapazitäten auf lokaler, regionaler, nationaler Ebene.
- Entwicklung von Strategien zum Aufbau von Resilienz (Notfallstrukturen, Personal, Finanzmittel).
- Entwicklung von Mechanismen und Zielsetzung für schockempfindliche soziale Sicherheitsnetze (Notfallpläne).
- Entwicklung von Systemen für eine frühzeitige Reaktion auf der Grundlage von Wetter- und Risikoprognosen (Frühwarnsysteme).

Das Verständnis von Stärke und Häufigkeit von Naturgefahren sowie Kenntnisse lokaler Schwachstellen und möglichen Auswirkungen auf Personen und Vermögenswerte trägt zur Verbesserung der Bereitschaft bei. Anstatt Notfallmaßnahmen nur im Katastrophenfall (reaktiv) zu ergreifen, sollten nationale, lokale Bemühungen dabei helfen, proaktiv in das Verständnis von Risiken und den Aufbau von Bereitschaftskapazitäten für vorbeugende und frühzeitige Maßnahmen zu investieren. Katastrophenvorsorge ist kostengünstig und spart Hilfsgelder. International wird davon ausgegangen (Hallegatte und Przyluski 2010), dass für jeden in Vorsorge investierten US-Dollar oder Euro bis 5mal mehr an ökonomischen Werten geschützt werden können. Die Fähigkeit *("capacity")* der nationalen und lokalen Bereitschaftssysteme muss gezielt ausgebaut werden, sodass die Notfallmaßnahmen einerseits so „lokal wie möglich, anderseits aber so national/international wie nötig" aufgestellt sind. Dabei müssen die Hilfen nachhaltig angelegt werden; die zu entwickelnden Strukturen dürfen sich nicht an aktuellen Katastrophenfällen ausrichten und nach Ende der Krisenintervention nicht wieder „in sich zusammenfallen".

Aber nicht nur strukturelle und administrative Vorsorge ist nötig. Am Beispiel „Hochwasserprävention" soll erläutert werden, wie schon der Einzelne und seine Familie sich am besten schützen können. Dazu kann es nach Erfahrungen im Hochwasser-Risikomanagement darum gehen, sich vorab auf ein mögliches Ereignis vorzubereiten: Checklisten haben sich dazu bewährt:

Vor dem Ereignis:

- in der Familie über das, was bei einem Hochwasser passieren kann, diskutieren
- sich über die nächstliegenden Rettungsstationen, Krankenhäuser, Polizei und sonstige Hilfseinrichtungen informieren
- die „besten" Evakuierungsrouten kennen
- alle notwendigen Dokumente und Papiere (wasserdicht) bereithalten
- Gebäude gegen Hochwasser, Sturm, Hurrikan usw. schützen und (Haustür, Fenster, Dach usw.) gegen Wassereinbruch abdichten
- Vorräte (Wasser!) anlegen
- Kontakt zu den Nachbarn halten

Während eines Hochwassers:

- sich regelmäßig in den Nachrichten über den aktuellen Stand informieren
- Strom und Gasversorgung ausschalten
- nicht mit dem Auto in Unterführungen fahren
- nicht in Wasser „gehen", das tiefer als 30 cm ist
- Vorräte an Wasser und Lebensmittel bereithalten
- sich in höhere Stockwerke oder auf das Dach begeben

Nach dem Ereignis:

- Familie, Freunde und andere informieren
- im Falle einer Evakuierung nur mit Genehmigung der Behörden zurückkehren

4.2.6.4 Bewusstsein

Eines der zentralen Elemente im Naturkatastrophen-Risikomanagement und eines, das ganz am Anfang des Managementzyklus steht: das Risikobewusstsein *(„awareness")*. Es ist eng verknüpft mit dem „Eindruck" *(„perception")* des Einzelnen oder einer Gruppe, wie er/sie sich einem Risiko ausgesetzt fühlt. Es beschreibt zudem, wie sich im Falle einer Katastrophe wahrscheinlich verhalten wird. Dieses Verhalten ist stark von dem sozioökonomischen und kulturellen Umfeld abhängig (Gigerenzer 2008). Eigene Erfahrungen aus vergangenen Krisen und die anderer, aber auch Ängste, Erwartungen und Hoffnungen definieren das „Risikobewusstsein" (Rohrman und Renn 2000). Bewusstseinsbildung zielt daher darauf ab, das Risikoverständnis des Einzelnen bzw. einer gesellschaftlichen Gruppe zu stärken. Sie ist also auf der persönlichen und zum Teil emotional geprägten Ebene angesiedelt. Erst wenn sich eine Person über ihre Risikoexposition im Klaren ist, wird sie in der Lage sein, entsprechende Vorkehrungen zum Schutz zu treffen.

Das Bewusstsein für Risiken *(„awareness raising")* wird so zum integralen Bestandteil des Risikomanagements und steht in einem direkten Kontext zu den Interventionsfeldern „Vorsorge" und „Resilienz" (NRC 1991). Folglich muss das Management daraus übergeordnete Ziele ableiten, wie diese:

- Gemeinsamer Zweck: Die Werte und Erwartungen des Einzelnen müssen mit denen der Gruppe in Einklang gebracht werden.
- Konsistenz: Das Schutzniveau muss universell („ubiquitär") gelten und schlüssig bewertet sein.
- Verständnis: Alle Beteiligten erkennen die ökonomischen, sozialen und ökologischen Vorteile an und wissen, wie sich ihr Verhalten auf die Gesellschaft und damit auf sie selbst auswirkt.

Im NKRM muss man davon ausgehen, dass der aktuelle Kenntnisstand der Betroffenen über ein Risiko nicht der Realität entspricht. Der erforderliche Bewusstwerdungsprozess wird entweder durch eigene Initiative oder durch die Gesellschaft herbeigeführt. In der Regel ist es Aufgabe der lokalen Administrationen *(„local government")*, die diesbezüglichen Informationen zur Verfügung zu stellen und diese für den Einzelnen verständlich, transparent und nachvollziehbar aufzubereiten. Das bedeutet aber nicht, etwaige Probleme und Schwachstellen im Katastrohen-Risikomanagement nicht klar anzusprechen – noch weniger bedeutet dies, den Einzelnen aus seiner persönlichen Verantwortung zu entlassen. Erforderlich ist es, die individuellen Abwehrkräfte zu mobilisieren und, wenn nötig, auszubauen.

Es kann nicht die Aufgabe einer Sicherheitsstrategie sein, jedem an jeder Stelle maximale Sicherheit zu gewährleisten. Eine absolute Sicherheit kann es nicht geben – auch diese Erkenntnis muss Bestandteil des Bewusstwerdungsprozesses sein. Ferner sollte lokales *„awareness raising"* immer in den Kontext mit nationalen Vorsorge- und Abwehrstrategien gestellt werden und vor allem die hoch-vulnerablen Risikogruppen (Kinder, Alte, Kranke, sozial Schwache, Gender) gesondert im Blick haben. Insbesondere die sozialen Medien *(„social media")* können helfen, die Reichweite von *„awareness"* zu vergrößern. Dazu müssen aber die lokalen Administrationen die Medien gezielt ansprechen. Das „US National Preparedness Goal" sieht dieses Ziel als „geteilte Verantwortung" *(„shared responsibility")* zu der alle Teile der Gesellschaft beitragen: Zum Beispiel tragen auch diejenigen, die nicht von einem Hochwasser betroffen sind, durch ihre Steuern zum Wiederaufbau bei. *„Preparedness"* greift aber auch bis in die Familie hinein. Die USA sind in dieser Hinsicht führend: Sie erwarten von jeder Familie einen „Sicherheitsplan", der automatisch zu einer höheren Sensibilität für Gefahren (nicht nur durch Naturkatastrophen) führt (vgl. Abschn. 4.2.6.4 und 5.4).

4.2.7 Extremereignisse

Im Folgenden soll ein Einblick in den Stand der Diskussion von „Extremereignissen" gegeben werden. Menschen haben oft den Eindruck, starken (Natur-)Ereignissen hilflos ausgesetzt zu sein und beschreiben daher ein solches Ereignis gerne mit dem Begriff „extrem". Aktuell wird der Begriff vor allem im Zusammenhang mit klimabedingten Katastrophen verwendet. Dabei handelt es sich bei Ereignissen, die als „extreme" Naturkatastrophen empfunden werden, die aber in den meisten Fällen eine Folge natürlicher Prozesse mit außergewöhnlichen Folgen darstellen. Diese können durchaus so stark sein, dass sie als „extrem" empfunden werden. Damit sind sie aber der Definition nach noch kein „Extremereignis". Beste Beispiele sind das Hochwasserereignis an der Elbe 2002 (vgl. Abschn. 3.4.4.8) und die Hitzewelle in West- und Mitteleuropa im Sommer 2003 (vgl. Abschn. 4.2.7).

Wann aber erfüllt eine Katastrophe oder eine Reihe von Katastrophen die Kriterien eines normalen Ereignisses und wann erfüllt sie das Kriterium „extrem"? Sind die beiden vorgestellten Ereignisse wirklich „Extremereignisse" oder stellen sie Ereignisse dar, die immer noch im Rahmen der „natürlichen" Schwankungsbreite liegen? Es ist verständlich, dass sich die Medien gerne und erfolgreich der „Extrem"-Terminologie bedienen. Nicht immer aber wird eine solche Klassifizierung der Situation gerecht. Es gibt eine Vielzahl an Abhandlungen – nicht nur auf dem Feld

der Wetterereignisse – die oftmals trotzdem die Risiken von Naturgefahren (Hochwasser, Erdbeben, Tsunami, Vulkaneruptionen) als „Extremereignis" einstufen. Zumeist auf einer (recht) kurzen statistischen Datenbasis (Nott 2009). Da die Datenbasis für eine abschließende Beurteilung bislang aber immer noch nicht ausreicht, verstehen „Wissenschaftler (…) nicht wirklich, was Extremereignisse verursacht, wie sie sich entwickeln und wann und wo sie auftreten" (Jentsch et al. 2006). Die Autoren legen Wert auf die Feststellung, dass es sich bei „Extremereignissen" vor allem um eine Kombination der Kriterien handelt von:

- geringer Wahrscheinlichkeit (selten bis sehr selten)
- großräumiger Ausdehnung (eher regional als lokal)
- großer sozialer und wirtschaftlicher Tragweite (katastrophal)
- gesellschaftlicher Relevanz (psycho-soziale/traumatische Folgen)

Jentsch sowie andere Autoren wollen diese Definition vor allem auf meteorologische Ereignisse verwendet sehen. Zur Bewertung humaner, sozialer und ökologischer Ursachen und Wirkungen sind sie aus Sicht des IPCC (2012) gut begründet. Es sollen – so IPCC – nicht nur die physikalischen, sondern auch die anthropogenen und ökologischen Ursachen, die zum Auslösen des Ereignisses führen, als auch die Folgen (Klimawandel durch veränderte Landnutzung) darin einbezogen werden. IPCC definiert ein „Extremereignis" (IPCC: SREX, Glossary) als:

> „The occurrence of a value of a weather or climate variable above (or below) a threshold value near the upper (or lower) ends of the range of observed values of the variable. For simplicity, both extreme weather events and extreme climate events are referred to collectively as climate extremes."

Die Abb. 2.32 des IPCC-TAR (2001) definiert Extremereignisse als Folge entweder einer Verschiebung des Medianwertes einer Häufigkeitsverteilung hin zu dem „wärmeren" Ende *(„fat tail")*, einer Verbreiterung der Varianz (hierbei werden beide Enden gestärkt) oder einer Kombination aus beiden. Im Prinzip geht es darum, dass es durch die Verschiebung der Häufigkeitsverteilung am „wärmeren" Ende häufiger zu Hitzeperioden kommt, während gleichzeitig Ereignisse am „kalten" Ende weniger häufig eintreten.

Alternativ kann der Extremwert aber auch durch eine einfache Gegenüberstellung von Ereigniswerten in der Zeit ermittelt werden (Abb. 4.8), z. B. die Anzahl der Tage mit einer Höchsttemperatur von mehr als 25 °C oder über ein zuvor festgelegtes ökonomisches Kriterium.

Nach diesen Beispielen und Erläuterungen waren die Hitzewellen der Jahre 2003 und 2019 „Extremereignisse". Aber nicht die Hitzewellen per se waren das „Extreme", sondern die Verkettung unglücklicher Umstände, die –

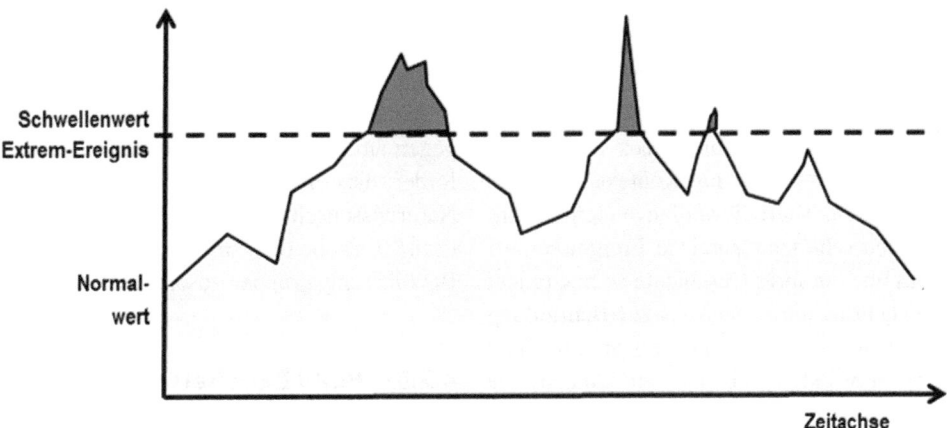

Abb. 4.8 Bestimmung von Extremwerten auf der Basis von Ereignissen in Relation zu einem zuvor definierten Schwellenwert

auch in Frankreich – einzeln sicher hätten gemanagt werden können: Die Hitzewelle in einer Großstadt (Paris) in Verbindung mit der Urlaubszeit, die mangelnde Erfahrung des Krankenhauspersonals mit Hitzeopfern, vor allem aber, dass Arme und Rentner sich keinen Urlaub am Meer leisten können, hat zu den tödlichen Auswirkungen geführt. Dabei kann die Wichtung der einzelnen Komponenten je nach Standpunkt (Versicherer, Betroffener) sehr unterschiedlich ausfallen. Es schält sich heraus, dass der Faktor „Häufigkeit" von den Mathematikern als das entscheidende Kriterium angesehen wird. Anders als bei einer „traditionellen" Bewertung von Katastrophenereignissen, die vor allem auf den Schaden bzw. die Opferzahl fokussiert ist, ist die „Extremwerttheorie" an der Verteilung der beiden Endglieder interessiert: der Teil, der das Kriterium „extrem" ihrer Meinung nach ausmacht. Prof. Dr. Schauerte von der Hochschule Coburg (Schauerte 2016) hat versucht, das an einem sehr einfachen Beispiel zu erläutern. Er hatte die Tordifferenz von 25 Spielen der deutschen Fußball-Nationalmannschaft gegen Brasilien der letzten Jahrzehnte aufgetragen. Danach folgen die Spielergebnisse bis auf das Spiel 2014 in Belo Horizonte einer linearen Verteilung mit einer (etwa) gleichen Tordifferenz (1:2; 2:1, 3:2, usw.). Das 7:1 von 2014 stellt in der Verteilung ein „Extremereignis" dar. Der statistischen Verteilung nach hätte das Spiel mit einem deutschen Sieg mit einer Tordifferenz von 2 Toren enden müssen.

Aus der Darstellung wird deutlich, dass ein „Extremereignis" einen Ausnahmefall darstellt, der von Mathematikern (Statistikern) oft auch als „schwarzer Schwan" („*black swan theory*", Taleb 2008) bezeichnet wird. Schwarze Schwäne sind in der Natur bekannt, aber kaum jemand hat je einen gesehen, so selten treten sie auf. Dennoch gibt es sie. Taleb betont, „schwarze Schwäne" zeichnen sich dadurch aus, dass sie Ausreißer darstellen, die außerhalb dessen existieren, was die Menschen für möglich halten. Er betont zudem, dass der Mensch davon ausgeht, dass ein

„Worst-Case-Szenario" nicht durch ein „Schlimmeres" übertroffen werden kann, da er sich ein solches gar nicht vorstellen kann (vgl. Abschn. 4.2.5). Des Weiteren, dass mit dem Ereignis sehr außergewöhnliche Auswirkungen verbunden sind, die dann Handlungsoptionen nach sich ziehen, die man zuvor ebenfalls kaum als möglich angesehen hat: So hat z. B. China im Zuge des Coronavirus-Ausbruchs die Stadt Wuhan mit 10 Mio. Einwohnern für vier Wochen komplett von der Außenwelt abgeriegelt – eine Maßnahme, die sich zuvor niemand hatte vorstellen können. Taleb führt weiter aus, dass in Folge eines „Extremereignisses" die Menschen bestrebt sind, die Ursachen zu rationalisieren und damit vorhersehbar zu machen. Für die vorgenommene Rationalisierung ist es dabei irrelevant, dass das nächste *„black swan"*-Ereignis ganz anders ausfallen kann. Einen Schritt weiter geht Sornette (2002), ein Experte für die Vorhersage außergewöhnlicher natürlicher, sozialer und finanzieller Ereignisse. Er führte anlässlich eines „Extreme-Event Congress" in Hannover (Volkswagen Foundation, 14. Februar 2013) aus, dass für ihn auch die Französische Revolution 1789 als Extremereignis anzusehen sei. Ausgelöst durch eine große Dürre – höchstwahrscheinlich ein El Niño-Effekt in den Jahren 1788–1789 – waren die Menschen auf die Straße gegangen. Sie stürmten die Bastille, denn dort vermuteten sie die Vorräte des Königs, stürzten das Feudalsystem und öffneten (im Laufe der Zeit) den Weg zu einem demokratischen politischen System, das sich über die ganze Welt ausbreitete.

Naturkatastrophen sind zwar nicht vorhersehbar, stellen aber in ihrer Mehrzahl keine „schwarzen Schwäne" dar. Damit eine Naturkatastrophe zu einem „schwarzen Schwan" wird, müssen die Auswirkungen in gewisser Weise beispiellos sein – noch mehr müssten sie zu einem grundlegenden Paradigmenwechsel im sozialen und wirtschaftlichen Leben führen. Das Auftreten des Coronavirus und der SARS-Covid-19-Krankheit im Sommer 2020 kann durchaus als solches angesehen werden, da sie neben den Erkrankten und Toten noch zu einer bis dahin in der Geschichte der Menschheit einmaligen Beeinträchtigung des globalen Lebens geführt hat: zu der größten Schuldenaufnahme in der Geschichte der Bundesrepublik.

Am ehesten aber ist die Einstufung eines Naturereignisses als „Extremereignis" noch im Kontext mit dem Klimawandel verständlich. Hierbei werden außergewöhnliche, großräumige und sehr schadenreiche Ereignisse auftreten, die die Menschheit in ihrer Geschichte so noch nicht erlebt hat. Doch bislang ist die Datenbasis zur Beurteilung dieser Situation noch nicht ausreichend, um abschließend daraus die weitere Entwicklung ableiten zu können. Sie kann derzeit auf die Frage „Treten die befürchteten Kipppunkte ein oder nicht?" reduziert werden. Ein großer Teil der wissenschaftlichen Literatur zu Klimaextremen basiert auf der Verwendung sogenannter „Extremindexe", die entweder auf der Eintrittswahrscheinlichkeit bestimmter Mengen oder auf Schwellenwertüberschreitungen basieren (vgl. Abb. 4.13). Der IPCC-SREX-Bericht (IPCC 2012) warnte daher davor, eine Beurteilung der zukünftigen Klimaentwicklung allein auf der Grundlage der Wahrscheinlichkeit von Häufigkeit und Schwere vorzunehmen, da klimabedingte Ereignisse meist durch „nicht stationäre Situationen" gekennzeichnet sind. Daher „können sich vergangene Erfahrungen nicht als zuverlässiger Prädiktor für die Charakteristik und Häufigkeit zukünftiger Ereignisse erweisen, da die Natur komplexer ist, um durch nur diese beiden Variablen beschrieben zu werden". Ferner ist festzuhalten, dass die Informationsbasis über Klimaindikatoren noch zu begrenzt ist, um daraus verallgemeinerte Szenarien abzuleiten. Daher muss das Hauptinteresse von Notfallmanagern, Katastrophen- und Risikoforschern darauf gerichtet sein, zunächst die physikalischen Prozesse, die zu „extremen" Naturereignissen führen, besser zu verstehen, indem man sich auf die Ursache-Wirkung-Beziehung der Ereignisse konzentriert. Hinzu kommt die soziale Komponente, da „extreme" Auswirkungen stark vom sozialen und wirtschaftlichen Kontext abhängen, sowohl was den Grad der sozioökonomischen Verwundbarkeit betrifft als auch die Anfälligkeit der Ökosysteme.

Anzumerken ist ferner, dass derzeit die Diskussion in erster Linie von Experten geführt wird. Die Ansicht der Betroffenen wird in der Regel nicht eingeholt. Dabei kann ein und dasselbe Ereignis, zum Beispiel ein Hochwasser in der Stadt Jakarta, dort zwar zu dramatischen Folgen führen, aber die Betroffenen sind schon daran gewöhnt: „Where is the problem, it`s only water" wurde dem Verfasser von einem Betroffenen gesagt. Dasselbe Hochwasser entlang des Rheins würde mit Sicherheit das Prädikat „extrem" erhalten. Eine Kältewelle in Sibirien wäre in seinen Auswirkungen sicher nicht mit einer in Sizilien zu vergleichen („geographical connotation"). Wenn Extremereignisse hauptsächlich durch die klassischen Faktoren „impact",

„severity", „frequency" sowie den wirtschaftliche Verlusten und Todesfällen („death toll", „loss and damage") definiert werden, wird dies kaum zu einer allgemeinen Akzeptanz des Begriffs führen. Wenn „Extremereignisse" dagegen auf die sozialen Auswirkungen ausgerichtet sind, erfordert dies eine gesellschaftlich orientierte Diskussion, die Naturwissenschaftler, Soziologen, Mathematiker und politische Entscheidungsträger einschließlich der gefährdeten Bevölkerungsgruppen zusammenbringt.

4.2.8 Build Back Better

Jede Katastrophe, jedes Unglück oder als Beeinträchtigung empfundenes Ereignis hat neben den negativen Auswirkungen auch eine „positive" Seite. Es zeigt sich, dass nach jeder Katastrophe die Betroffenen aus der „Krise" gelernt haben („good side of tragedy"). In der Regel handelt es sich dabei um den Anlass für „positive" Entwicklungen auf den Wirkungsebenen:

- technisch, materiell, ökonomisch,
- politisch, sozial, kulturell.

Daraus wird ersichtlich, dass es nicht nur um einen Wiederaufbau der zerstörten Infrastruktur gehen kann, auch nicht um eine widerstandsfähigere Bausubstanz, sondern dass mit dem Wiederaufbau eine Wiederherstellung des intakten sozialen Gefüges einer Gesellschaft verbunden sein muss – auch wenn diese nicht immer die Präkatastrophen-Situation wiederherstellen kann. Naturkatastrophen stellen oftmals eine Chance dar, die historisch sozialen Verwerfungen durch neue belastungsfähigere Strukturen zu ersetzen.

Um die sozialen, ökonomischen und psychischen Folgen nach einer Katastrophe abzumildern, wurde nach dem 2004-Tsunami das „build back better"-Konzept entwickelt. Es stellt heute einen Stützpfeiler im Naturkatastrophen-Risikomanagement internationaler Programme im Rahmen der Global Facility for Disaster Reduction and Recovery (GFDRR, vgl. Kap. 6) dar.

Unter „build back better" ist einen Prozess zu verstehen, der den:

> „Wiederaufbau zum Anlass nimmt, um die sozialen, technischen, kulturellen ökonomischen und ökologischen Rahmenbedingungen in den betroffenen Regionen dauerhaft zu verbessern" (PreventionWeb.org).

Naturgemäß ist ein Wiederaufbau in der direkten Folge einer Katastrophe zunächst darauf ausgerichtet, die technisch-materiellen Strukturen wiederherzustellen. Dabei bedeutet „better", dass der Wiederaufbau so angelegt wird, dass ein höheres „Resilienzniveau" erreicht wird. Erst wenn die Häuser wiederaufgebaut sind und eine Versorgung mit

Lebensmitteln, Wasser und Strom funktioniert, werden die sozialen Funktionen einer Gesellschaft gestärkt *(„socio-economic resilience")*. Angestrebt wird damit auch, Betroffene nicht oder nicht noch weiter in die Armutsspirale versinken zu lassen. Dabei ist es nicht das Ziel, die Situation der Gesellschaft insgesamt sozial und ökonomisch zu verbessern, sondern es bezieht sich vornehmlich auf das Krisengebiet. Anzumerken ist, dass *„build back better"* eigentlich keinen neuen Ansatz im Katastrophenmanagement darstellt, sondern eher, dass dadurch die Ziele des „Sendai Framework for Disaster Risk Reduction 2015–2030" für ein stabiles gesellschaftliches Leben *(„human security")* noch einmal betont werden. Dabei muss der Prozess als Kontinuum verstanden werden, der untrennbar mit den Begriffen Wiederaufbau *(„recovery")*, Vorsorge *(„preparedness")*, Bekämpfung *(„mitigation")* und nachhaltige Entwicklung *(„sustainable development")* verbunden ist (vgl. Abschn. 5.2.3; Abb. 5.10).

Sind die materiellen Bedürfnisse befriedigt, kann *„build back better"* helfen, die katastrophenanfälligen Strukturen durch gezielte Vorsorgemaßnahmen nachhaltig zu stärken. Eine Stärkung der (Über-)Lebensfähigkeit kann mittels einer Vielzahl an Instrumenten erreicht werden: Bessere mentale Vorbereitung der risikoexponierten Bevölkerung, Umsiedlung kritischer Infrastrukturen (Wasserversorgung, Krankenhäuser), Integration des Risikomanagements in die nationalen/regionalen Entwicklungspläne, Beteiligung der Betroffenen an den Entwicklungsentscheidungen *(„participation"*; vgl. Abschn. 5.2) usw.

Der Tsunami des Jahres 2004 im Indischen Ozean ist ein gutes Beispiel, wie sehr ein katastrophales Ereignis zu Veränderungen der gesamtpolitischen Situation in einem Land führen kann (ausführlich in Abschn. 3.4.2.3). In der Provinz Aceh wurde 30 Jahre lang ein erbitterter Befreiungskrieg geführt. So lange stand die Provinz unter Militärverwaltung, mit erheblich eingeschränkten Bürgerrechten. Es wurde allen Beteiligten schnell klar, dass nur mit gemeinsamen Anstrengungen ein Wiederaufbau möglich würde. Beide Seiten erkannten, dass nur ein Frieden den Wiederaufbau gewährleisten wird (Gaillard et al. 2007). Der Aufbau – auch wenn sicher immer noch nicht sozial ausgewogen – stärkte das Vertrauen in das politische System und änderte die sozialen Strukturen (wenigstens) zum Teil. Dazu beigetragen hat auch eine Initiative zur Anerkennung von Landbesitztiteln, die unter dem Begriff „Masyawarah" („Reden bis zur Lösung") ablief. Die Regierung gab der Provinz einen autonomen Sonderstatus, der nicht nur traditionelle Rechtsvorstellungen nach dem Adatrecht wieder legitimierte, sondern auch die Umwandlung der Religionsgerichte in autonome Institutionen der Scharia erlaubte. In diesen konnte nun jeder sein Anliegen vortragen und im Falle fehlender Landmarken und Grundstücksgrenzen wurde dann für jedes Problem eine Lösung gefunden (Arskal Salim 2010).

4.2.9 Kritische Infrastruktur

Infrastrukturen gelten dann als „kritisch", wenn durch deren Ausfall oder Beeinträchtigung Versorgungsengpässe, erhebliche Störungen der öffentlichen Sicherheit oder andere dramatische Folgen eintreten würden. So wurde in der Nationalen Strategie zum Schutz kritischer Infrastrukturen (KRITIS-Strategie) des Bundesministeriums des Innern (BMI 2009) der Begriff „kritische Infrastruktur" beschrieben. Das BMI zählt dazu in erster Linie technische Dienstleistungen, die Versorgung mit Energie, Wasser, Abwasser, die Informations- und Kommunikationstechnologie, der Transportsektor, das Gesundheitssystem u. v. a.

Der Schutz kritischer Infrastrukturen ist eine Kernaufgabe staatlicher Sicherheitsvorsorge. Er setzt ein stabiles Rechtssystem voraus, mit klaren Zuständigkeiten und Verantwortlichkeiten auf allen Verwaltungsebenen. Insbesondere bei föderalen Staaten wie Deutschland, müssen die Zuständigkeiten so eindeutig formuliert sein, dass sie im Krisenfall ein friedliches Zusammenleben gewährleisten. Da es sich bei Naturkatastrophen zumeist um ein Zusammenwirken von technisch-materiellen und sozioökonomischen sowie kulturellen Faktoren handelt, ist der Schutz der Strukturen in der Regel eine sektorübergreifende Aufgabe. Dennoch muss sie aber immer zentral koordiniert werden. Dazu wurden in Deutschland im Geschäftsbereich des BMI u. a. das Bundesamt für Bevölkerungsschutz und Katastrophenhilfe (BBK), das Bundesamt für Sicherheit in der Informationstechnik (BSI), das Bundeskriminalamt (BKA) und die Bundesanstalt Technisches Hilfswerk (THW) eingerichtet.

Indikator dafür, ab wann Infrastrukturen als „kritisch" angesehen werden, ist die sogenannte „Kritikalität". Sie ist das relative Maß für die Bedeutsamkeit einer Infrastruktur in Bezug auf die Konsequenzen für die Versorgungssicherheit der Gesellschaft mit wichtigen Gütern und Dienstleistungen. Diese „Kritikalität" kann systemischen oder symbolischen Charakter haben. Eine systemische „Kritikalität" besteht, wenn sie im Gesamtsystem der Infrastrukturbereiche von besonders hoher interdependenter Relevanz ist (Versorger). Nach der Definition der Europäischen Gemeinschaft (EU: Generaldirektion Inneres – Kritische Infrastruktur: Europäisches Referenznetzwerk für den Schutz kritischer Infrastrukturen; ERNCIP) gehören dazu das europaweite Stromnetz, das Verkehrswesen sowie Informations- und Kommunikationssysteme. Dies schließt aber auch das Gesundheitssystem, die Lebensmittelversorgung oder die Aufrechterhaltung von Sicherheit und Ordnung (Polizei, Feuerwehr, Militär) ein. Insbesondere da diese Systeme EU-weit vernetzt sind, würde der Ausfall in einem Land weitreichende Folgen in den anderen EU-Staaten nach sich ziehen. Daher kann der Schutz der kritischen Infrastruktur, auch wenn dieser eine nationale Aufgabe ist, immer nur im europäischen Verbund verwirklicht werden.

Eine symbolische Kritikalität hat eine Infrastruktur, wenn sie aufgrund ihrer kulturellen Bedeutung eine Gesellschaft emotional und psychologisch aus dem Gleichgewicht bringen kann.

Aufgrund ihrer sehr komplexen Technologien sind hoch industrialisierte Länder besonders verletzlich. Dabei zeigt sich in vielen Industrieländern, dass mit zunehmenden Sicherheitsstandards „durchaus ein trügerisches Gefühl von Sicherheit (sich) entwickelt und die Auswirkungen eines ‚Dennoch-Störfalls‘ überproportional hoch sein können"; ein Zustand der als „Verletzlichkeitsparadoxon" bezeichnet wird (BBK 2019). In seinem Leitfaden stellt das BBK Methoden zur Umsetzung eines Risiko- und Krisenmanagements für Unternehmen und Behörden vor – ergänzt mit fachspezifischen Checklisten, die Hilfestellungen beim Aufbau und der Weiterentwicklung der jeweiligen Risikomanagementkonzepte geben. Ein besonderes Sicherheitsrisiko besteht zum Beispiel im Sektor „Stromversorgung". Elektronische Geräte, Mess- und Regelungstechnik, Informations- und Kommunikationstechnologien oder der Betrieb eines Krankenhauses sind von einer dauerhaften (!) Verfügbarkeit elektrischer Energie abhängig. Je weiter die Vernetzung fortschreitet, desto anfälliger wird der Sektor gegen Stromausfall. Die in Europa vom Netz gehende Leistung von 50 Gigawatt entspreche „mehr als zweihundert Kohlekraftwerken". Am 08.01.2021 war das europäische Stromverbundnetz nur knapp einem großflächigen Zusammenbruch entgangen. Ursache war ein Stromausfall in Rumänien, der gegen Mittag einen starken Frequenzabfall im europäischen Verbundnetz auslöste (Paulitz 2021). Nach Einschätzung von Experten war dies die bislang zweitschwerste Großstörung im europäischen Verbundsystem in den letzten 20 Jahren. Gemäß dem „European Network of Transmission System Operators for Electricity" (ENTSO-E), dem europäischen Verband aller Übertragungsnetzbetreiber (ÜNB) wurde die dritte von vier Warnstufen erreicht: „Emergency – Deteriorated situation, including a network split at a large scale. Higher risk for neighbouring systems. Security principles are not fulfilled. Global security is endangered". Der Abfall war so stark, dass er ganz Europa hätte lahmlegen können. Einige Großabnehmer befürchteten, dass ihre sensiblen Maschinen auf die Frequenzabsenkung bereits reagiert hatten bzw. reagieren könnten. Die Maschinen schalten sich bei zu großen Netzschwankungen automatisch ab. Darüber hinaus könnte dadurch die Notkühlung von Kernkraftwerken ausfallen (Fukushima/Tschernobyl). In der Folge des Frequenzabfalls wurden planmäßig andere Kraftwerke im Verbund zur Netzstabilisierung zugeschaltet, allen voran Pumpspeicherwerke und Reservegaskraftwerke. In Frankreich mussten trotz der Rettungsaktion einige große Stromkunden vom Netz ge-

trennt werden. In den letzten Jahren waren die europäischen Stromnetze immer stärkeren Schwankungen ausgesetzt; die Zahl von Noteingriffen hatte von rund 15 auf bis zu 240 pro Jahr erhöht. Der deutsche Verband der Industriellen Energie- und Kraftwirtschaft (VIK) stellte fest: „Das Sicherheitsnetz hatte gegriffen." Doch müsse der Vorfall eine Warnung sein, das Thema Netzstabilität und Versorgungssicherheit nicht aus dem Blick zu verlieren. „Es wird damit gerechnet, dass sich solche Situationen in den nächsten Jahren verschärfen werden, da der starke Ausbau der volatilen Erneuerbaren-Stromerzeugung und der Wegfall großer Backup-Kraftwerke in Europa die Versorgungslage weniger verlässlich gestalten werde".

4.2.10 Technologische Gefahren

Gefahren treten aber nicht nur im natürlichen Raum auf, auch durch den Menschen selbst werden Katastrophen ausgelöst *(„man-made")*. Dabei handelt es sich vor allem um Unfälle und Havarien in Industrieanlagen – aber auch risikoreiche Arbeits-und Produktionsprozesse und viele andere industrielle Aktivitäten können zu erheblichen Opferzahlen, Zerstörungen der Umwelt und zu ökonomischen Belastungen führen. Diese zum Teil dramatischen Ereignisse haben dazu geführt, dass sich der traditionelle Blick des Naturkatastrophen-Risikomanagements um den Aspekt der von Menschen gemachten Katastrophen *(„man-made")* erweitert hat. Es gibt eine lange Reihe solcher Katastrophen. Angefangen mit den Chemieunfällen von Seveso (1976) in Italien und Bhopal (1984) in Indien bis hin zu Fukushima (Japan) im Jahr 2011.

Schon in den 1980er Jahren hatte sich die internationale Staatengemeinschaft darauf verständigt, grenzüberschreitende Informationssysteme für Technologieunfälle aufzubauen (UNIDNDR 1997). Beispiele dafür sind das internationale Frühwarnsystem für Reaktorunfälle oder andere radioaktive Unfälle oder das „Basler Übereinkommen" aus dem Jahr 1989. Darin hatten sich weit über hundert Staaten darauf verständigt, grenzüberschreitende gefährliche Mülltransporte stark einzuschränken bzw. zu reglementieren und den Müll nachhaltig zu entsorgen. Auch in den sogenannten „Seveso-Richtlinien" (Seveso I/II, III) der Europäischen Wirtschaftsgemeinschaft (EWG) wurde festgelegt: „bei allen Industrietätigkeiten, bei denen gefährliche Stoffe eingesetzt werden oder anfallen können und die bei schweren Unfällen für Mensch und Umwelt schwerwiegende Folgen haben können, muss der Betreiber alle notwendigen Vorkehrungen treffen, um solche Unfälle zu verhüten und ihre Auswirkungen in Grenzen zu halten". Diese Regelung wurde insbesondere im Hinblick auf das Bhopal-Unglück so präzise formuliert. Nach den Seveso-Richtlinien müssen die Mitgliedstaaten der EU schon bei der Ausweisung von Industriegebieten einen angemessenen Abstand zu den Wohngebieten gewährleisten – ferner müssen die Unternehmen alle erforderlichen und technisch möglichen Vorsorgemaßnahmen treffen, damit es zu keiner stärkeren Gefährdung der Bevölkerung kommt.

4.3   Katastrophen-Signifikanz

4.3.1   Signifikanz von Ereignissen

Obwohl der Mensch von jeher Unglücken, Katastrophen und Risiken ausgesetzt gewesen ist, erscheint es uns heute so, dass die Anzahl solcher Ereignisse und – mehr noch – deren Auswirkungen stark zugenommen haben. Da stellt sich die Frage: „Ist das wirklich so?" Die Antwort ist: „Ja", auch wenn sich die Realität doch komplexer darstellt. Denn Naturkatastrophen haben in der Regel zwar immer einen „natürlichen" Ursprung, sind aber immer häufiger mit einer anthropogenen Komponente verbunden. So zum Beispiel ist das Siedeln in einem hochwassergefährdeten Gebiet mit ausschlaggebend dafür, dass dort aus einer Naturgefahr ein Naturereignis, oftmals sogar eine Naturkatastrophe wird. Sicher ist, dass etwa 20 % der Erde (25 Mio. km^2) als gefahrenexponiert anzusehen sind, in dem etwa 3,4 Mrd. Menschen (>50 % der Weltbevölkerung) leben. 800 Mio. Menschen (10 %) sind dabei mindestens zwei Katastrophentypen ausgesetzt – 100 Mio. Menschen sogar mindestens drei (Dilley et al. 2005).

21.000 Naturkatastrophen haben sich nach Daten der MunichRe/CRED-Emdat (Guha-Sapir et al. 2016) im Zeitraum von 1980–2012 ereignet. Das bedeutet im statistischen Mittel 650 Ereignisse pro Jahr. Dabei sollen 2,3 Mio. Menschen ums Leben gekommen sein, was einem Mittelwert von 72.000 entspricht. Andere Statistiken geben davon abweichende Zahlen. Das Problem dabei ist, dass sehr häufig unterschiedliche Zeiträume betrachtet werden. Aber noch viel gravierender ist, dass vor allem die Ereignisse „gefiltert" aufgenommen werden (darauf komme ich später zurück). Wird aber der Zeitraum von 1970–2010 zugrunde gelegt, gibt CRED-Emdat 3,3 Mio. Tote an, was einem jährlichen Mittel von 82.500 entspricht (!). Betrachtet man die Anzahl an Naturkatastrophen in den letzten 50 Jahren, so haben diese von um 300 Ereignisse (1980) pro Jahr auf heute um 700 pro Jahr stetig zugenommen (Abb. 4.9). Betrachtet man genauer, um welche Katastrophentypen es sich dabei handelt, ergibt sich ein viel differenzierteres Bild. 90 % des Zuwachses an Naturkatastrophen ist auf hydrologisch-meteorologische Ursachen zurückzuführen. Wohingegen die Anzahl des klassischen „geologisch-tektonischen" Typs in dem Zeitraum mehr oder weniger bei 50–60 pro Jahr konstant geblieben ist – dies gilt ebenso für die als klimatisch eingestuften Katastrophen. Seit 1980 aber ist eine deutliche Zunahme der Gesamtzahl an Naturkatastrophenereignissen festzustellen. Auch dieser Trend ist eine Folge der Datenerfassung. Zahlenangaben nach 1985 werden als verlässlich angesehen, da etwa seitdem die Erfassung von Katastrophenereignissen weltweit unter einer standardisierten Abfragematrix erfolgt; sie stellen die Grundlage für alle weiteren Häufigkeitsbetrachtungen.

Wie unterschiedlich dagegen ein einzelnes Katastrophenjahr ausfallen kann, zeigt allein das Jahr 2005. Es begann mit dem Tsunami im Indischen Ozean – auch wenn der sich schon am 26. Dezember 2004 ereignet hatte. Durch ihn wurden 300.000 Menschen rund um den Ozean getötet – allein 170.000 davon in der Provinz Banda Aceh (Indonesien), 1,5 Mio. Menschen wurden obdachlos. Im März 2005 führte ein erneutes Erdbeben zum Tsunami am gleichen Ort (Insel Nias) zu weiteren 2000 Toten. Während der

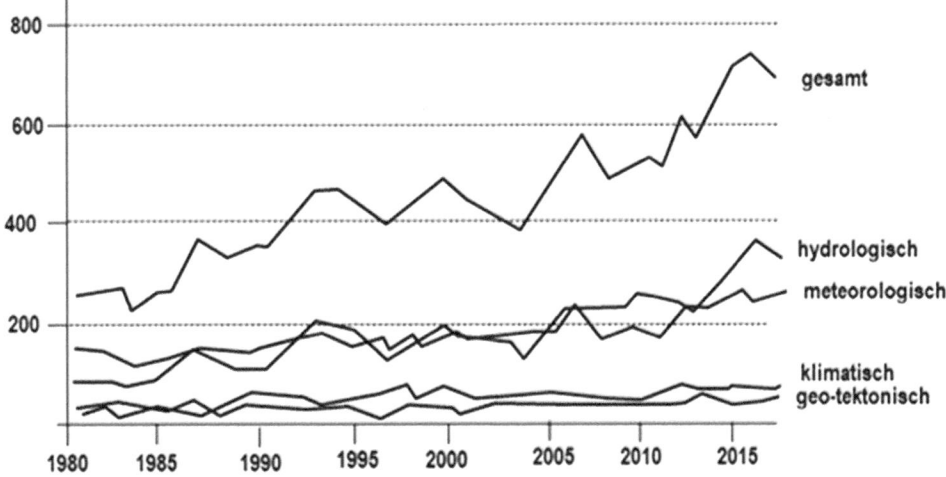

Abb. 4.9 Zunahme der Naturkatastrophenereignisse weltweit 1990 bis 2019. (Vereinfacht nach verschiedenen Quellen)

Hurrikansaison kam es im Golf von Mexiko durch den Hurrikan Katrina zu Schäden in Höhe von 125 Mrd. US$. Es ging weiter mit dem Erdbeben in Kaschmir, das 75.000 Tote in Pakistan und Indien forderte. Insgesamt ergab das eine Mortalität von mehr als 90.000 und 150 Mio. Betroffenen. Auch wenn das Jahr 2005 extrem in seinen Auswirkungen war, so zeigt es doch, dass eine mittlere Anzahl von 600–700 Ereignissen mit 60.000–70.000 Toten eben nur einen statistischen Wert darstellt (Arnold et al. 2006).

An dieser Stelle muss des Weiteren festgestellt werden, dass Statistiken von Naturkatastrophenereignissen sicher nicht ihre wahre Anzahl wiedergeben, d. h. wiedergeben können. Daher muss von einer großen Dunkelziffer ausgegangen werden. Zum einen, da nicht gewährleistet ist, dass „jedes" Ereignis nach denselben Kriterien gelistet wird, und zum anderen nicht jedes Ereignis gleich relevant ist. Um eine Vergleichbarkeit der Daten zu gewährleisten, wurde 1988 unter der Schirmherrschaft der Weltgesundheitsorganisation (WHO) das Centre for Research on the Epidemiology of Disasters (CRED; vgl. Kap. 6) als die zentrale Organisation zur Erfassung von Natur- und anderen Katastrophen eingerichtet. Dessen Datenbank (CRED-Emdat; Emergency Events Database) nimmt die Daten aller Ereignisse auf, die von den Mitgliedsländern der Vereinten Nationen, von Nichtregierungsorganisationen und Forschungsinstituten, vor allem aber von den beiden großen Rückversicherungsunternehmen „MunichRe" und „SwissRe" gemeldet werden. Heute enthält die Datenbank Informationen über insgesamt 22.000 Katastrophenereignisse im Zeitraum von 1900 bis 2016. Auch wenn CRED als Organisation der Vereinten Nationen eingerichtet wurde und damit die Mitgliedsländer sich verpflichtet haben, Informationen beizutragen, so werden in den Ländern die Daten qualitativ immer noch sehr unterschiedlich erhoben. Und diese Unterschiede sind es, die eine spätere Vergleichbarkeit der Ereignisse erschweren – zum Teil unmöglich machen. Aus einer entlegenen Provinz in Indonesien wurden fast keine Katastrophenereignisse gemeldet – der Provinzgouverneur erklärte, wenn er Katastrophen meldet, könnte der Eindruck aufkommen, er habe seine Provinz nicht „im Griff".

CRED hatte es sich daher zur Aufgabe gemacht, die Begriffe, Definitionen und Standards zu vereinheitlichen und allgemein anerkannt zu bekommen. Sie hat dazu auf Bitten des ProVention Consortium, zusammen mit dem NatCat-SERVICE der MunichRe und Sigma der SwissRe (Guha-Sapir und Below 2002) eine Analyse über die in den drei Organisationen vorhandenen Datensätze zu Naturkatastrophen – exemplarisch an den Ländern Vietnam, Honduras, Mozambique und Indien – durchgeführt, um Übereinstimmungen bzw. Abweichungen zu bewerten: Datum, Katastrophentyp, Opferzahl, Obdachlose, Verletzte, Betroffene und Gesamtschaden. Es stellte sich heraus, dass es vorher die folgenden unklaren Definitionen gab:

- Was wird unter einer Katastrophe verstanden?
- Ab welchem messbaren Schwellenwert ist eine Katastrophe eine Katastrophe?
- Wie sind Katastrophen zu bewerten, die sich als Folge einer Katastrophe ergeben (Kaskade: Erdbeben – Hangrutsch – Überflutung eines Stausees – Sturzflut – Zerstörung eines Dorfes)?

Dabei erfasst „CRED-Emdat" (CRED 2015) nur solche Katastrophen, die die folgenden Kriterien erfüllen:

- 10 oder mehr Todesopfer oder
- 100 oder mehr Betroffene oder
- solche, bei denen der Ausnahmezustand erklärt wurde oder
- solche, bei denen ein Staat um internationale Hilfe gebeten hat.

Die Münchener Rückversicherung dagegen stuft Schadenereignisse (Sach-, Personenschaden) je nach ihren monetären oder humanitären Auswirkungen in sechs Klassen ein: von einem Kleinstschadenereignis bis hin zur großen Naturkatastrophe. Zum Beispiel: Kategorie-„fünf"-Schäden von mehr als 650 Mio. US$ und/oder mit mehr als 500 Todesopfern, Kategorie-„vier"-Schäden von mehr als 250 Mio. US$ Schaden und/oder mehr als 100 Todesopfern usw. (MunichRe 2018). Die SwissRe zählt jedes Ereignis mit mehr als 20 Toten oder >50 Verletzten oder >200 Obdachlosen oder Schäden von mehr als 70 Mio. US$. Während Emdat die Informationen von den VN-Organisationen, den Mitgliedsländern, dem Roten Kreuz oder der Lloyds Versicherung aufnimmt, listet die MunichRe noch Daten des USGS, aus den Medien sowie ihres internationalen Versicherungsnetzwerkes und aus der technischen Literatur. Die SwissRe wertet darüber hinaus noch Informationen aus den Versicherungsmedien aus. Die Analyse für den Zeitraum 1985–1999 ergab zum Teil erhebliche Unterschiede in den Daten. So wurden für Mozambique bei Emdat 16, bei Munich Re 23 und bei SwissRe 4 Ereignisse gelistet, die zu sehr unterschiedlichen Abgaben über die Anzahl der Todesopfer geführt haben (105.000; 877; 233). Für Indien dagegen ergab sich ein einheitlicheres Bild: 147, 229 bzw. 120 bei den Ereignissen und bei den Todesopfern 58.000, 69.000 bzw. 65.000.

Die Zahl der Todesopfer hat im Zeitraum von 1970–1999 auf etwa ein Drittel (2 Mio. auf 0,7 Mio.) abgenommen – im gleichen Zeitraum hat sich dagegen die Zahl der Betroffenen fast verdreifacht (700 Mio. auf heute 2000 Mio.; vgl. Abb. 2.15 und 2.16; UNISDR 2004). Das Jahr 03/2020 bis 03/2021 stellt eine Besonderheit dar („Extremereignis"?). Durch die Corona-Pandemie sind weltweit – Stand 01.03.2021 – fast 2,5 Mio. Menschen umgekommen. Zum Vergleich: Es werden weltweit jährlich bei

1,2 Mio. Verkehrsunfällen um 60 Mio. Menschen getötet (WHO 2018). Wird der Zeitraum 1970–2010 betrachtet, sind um 3,3 Mio. Menschen getötet worden. Im statistischen Mittel bedeutet das jährlich zwischen 60.000–70.000 Menschen. Doch die Mortalität ist sehr unterschiedlich verteilt. So starben in der Zeit von 1981–1985 670.000 Menschen, während es in den 5 Jahren danach (nur) 155.000 waren (ADB 2013). Die große Fluktuation der Opferzahlen ist auch auf das plötzliche Eintreten von Naturkatastrophen zurückzuführen (vgl. Abschn. 4.3.2). Eine Analyse der Mortalität bei Naturkatastrophen für den Zeitraum 1996–2015 ergibt ein (erschreckendes) Bild. Fast 50 % der Toten sind in den sogenannten *„low-income"*-Ländern zu beklagen (620.000), während es in den *„high income"*-Ländern (nur) etwa 10 % (120.000) waren. Aus einer Statistik der Münchener Rückversicherung (Topics online 2017) geht zudem hervor, dass im Jahr 2016 (730 Ereignisse) 90 % der Gesamtschäden (340 Mrd. US$) auf dem amerikanischen Kontinent inkl. der Karibik aufgetreten sind, während mehr als 60 % der Todesopfer in Asien zu beklagen waren. Eine andere Analyse von 40 „großen" Naturkatastrophen der Jahre 1950–2009 (Münchener Rückversicherung: NatKat Service) konnte auf der Basis von 285 Schadenereignissen feststellen, dass die Schadenereignisse fast je zu einem Drittel auf tektonische (Erdbeben/Vulkane), meteorologische (Sturm) und hydrologische (Hochwasser/Massenbewegungen) Ursachen zurückzuführen sind. Betrachtet man die dadurch entstandenen Schäden, so verteilen sich diese ebenfalls (fast) zu 30: 30: 30 %. Wird aber die Mortalität betrachtet, so wird deutlich: Die 30 % tektonischen Ereignisse waren für mehr als 50 % der Todesfälle verantwortlich; 30 % auf Sturmereignisse, die anderen auf den restlichen 10 %.

Von diesen Naturkatastrophen sind jährlich immer mehr Menschen betroffen. Zum Teil direkt und zum Teil indirekt, auch wenn – erfreulicherweise – immer weniger Menschen dabei ihr Leben lassen müssen (World Bank/United Nations 2010). Der Grund für die Zunahme an Ereignissen ist, dass

- zu den „klassischen" Katastrophentypen neue hinzugekommen sind (Klimawandel).
- der Klimawandel ferner dazu führt, dass z. B. ehemals fruchtbare Böden zerstört werden *(„degradation")*, wodurch noch mehr Menschen gezwungen sind, in die Städte zu migrieren.
  Diese Migration zwingt sie Gebiete zu besiedeln, die (eigentlich) für eine Besiedlung nicht geeignet sind und sich so zusätzlich zu exponieren (steile Hänge, Flussdeltas usw.).
- wegen der hohen Zuwachsraten in der Bevölkerung in den Entwicklungsländern heute schon mehr als 65 % der Menschen in Städten leben, mit steigender Tendenz (Hygieneprobleme, schlechte Wasserversorgung).

Dabei ist es schwierig festzustellen, wie viele Menschen (wirklich) von einer Katastrophe „betroffen" sind (Segens o. D.). Danach werden „Betroffene" definiert als Personen, die im Zuge einer Katastrophe unmittelbar Hilfe benötigen (Wasser, Nahrung, medizinische Hilfe), aber auch solche, denen polizeilicher Schutz und Obdach gewährt werden muss. Dies gilt zunächst einmal für den Zeitraum des Katastrophenfalls. Es kann aber sein, dass eine solche Fürsorge auch darüber hinaus gewährt werden muss. So mussten viele hundert Überlebende des Erdbebens von L' Aquila noch fast 6 Jahre in Notunterkünften verbringen – Bürgerkriegsopfer leben zum Teil seit 30 Jahren in Zeltstädten. Für die Zwecke der Vergleichbarkeit ist es daher notwendig, „Betroffene" immer im unmittelbaren Zusammenhang (als Folge) eines Katastrophenereignisses zu stellen – auch wenn dies nicht jedem Einzelfall gerecht wird. In der Risikoforschung ist noch nicht geklärt, wie zudem die sozioökonomischen Folgen einer Katastrophe statistisch behandelt werden sollen. Dabei sind sie es, die das eigentliche Ausmaß einer Naturkatastrophe viel realistischer abbilden als der „Zahlenwert" 125 Tote oder 1 Mio. US$ Schaden. Die Zahl der Todesopfer lässt sich durch Zählen *(„body count")* ermitteln. Problematisch wird es, wenn Opfer bis zur Unkenntlichkeit zerstört wurden. Solche Personen sind dann nur noch mittels DNA-Analysen zu identifizieren – ein Verfahren, mit dem in Thailand viele Tsunamiopfer ermittelt werden konnten. Noch schwieriger ist es, wenn Opfer im Zuge eines Hangrutsches verschüttet oder durch ein Flutereignis ins offene Meer getrieben wurden. Sie werden – aber immer erst nach vielen Jahren – für tot erklärt. Als Erkenntnis daraus sollte das Ausmaß einer Naturkatastrophe nicht mehr an der Anzahl der Todesopfer festgemacht werden (auch wenn jeder Tote einer zu viel ist), sondern der Fokus des Naturkatastrophen-Risikomanagements sollte sich stattdessen viel mehr auf die Zahl der im weitesten Sinne davon „Betroffenen" (Verletzte, Obdachlose, Kranke, Traumatisierte, Verlust der sozialen Netzwerke usw.) ausrichten.

4.3.2 Signifikanz von Schäden

Naturkatastrophen fordern aber nicht nur Opfer unter der Bevölkerung, sondern haben auch enorme Auswirkungen auf die Ökonomie. Erst die Kombination aus humanitären und ökonomischen Kosten ergibt das wahre Bild eines Ereignisses (Cavallo und Noy 2009). Im Zeitraum von 1998–2017 (20 Jahre) hat CRED-Emdat weltweit direkte ökonomische Schäden in Höhe von 2,9 Mrd. US$ registriert, was einem statistischen Mittel von 145 Mrd. US$ pro Jahr entspricht. Von denen wurden 2,2 Mrd. US$ auf klimatisch-meteorologische Ursachen zurückgeführt (77 % des Gesamtschadens; CRED 2018). Einen generellen Eindruck, wie sehr die mittlere Schadenhäufigkeit von Einzel-schäden abweicht, gibt Abb. 4.10 für den Zeitraum 2007 bis 2017. Nicht das eine Jahr mit hohen Schäden ist repräsentativ für das weltweite Schadenniveau, sondern dies wird erst deutlich, wenn ein größerer Zeitraum betrachtet wird. Danach ist eine steigende Tendenz zu erkennen. Lag das Mittel in den Jahren 1990–2000 um 70.000 US$/a, so ist es seitdem auf um 100 Mio. US$/a Ende der 2010er Dekade angestiegen. Hierbei kommt sicher die Akkumulation von Werten (Gebäude, Infrastruktur) in risikoexponierten Gebieten zum Tragen

Von den Schäden waren die USA am stärksten betroffen (950 Mrd. US$). Im Gegensatz dazu hatte China die meisten Einzelschäden (577) im Vergleich zu den USA (482). Der Gesamtverlust aber lag mit fast 500 Mrd. US$. nur etwa halb so hoch. Die Schadenvolatilität, das heißt die Bandbreite der eingetretenen Schäden, hat in dem Zeitraum weltweit aber deutlich zugenommen. Länder werden heute nicht mehr von 1 oder 2 Katastrophen, sondern schon von häufiger von 3–4 getroffen

Doch solche (nackten) Zahlen geben nur ein sehr unvollständiges Bild von dem, was durch ein Ereignis an „Schaden" insgesamt entstanden ist. In der Realität gibt es eine Vielzahl an indirekten Folgewirkungen, zum Beispiel die Unterbrechung von Lieferketten für die Industrie, der Verlust von Arbeitsplätzen, höhere Produktionskosten oder der Zusammenbruch des staatlichen Gesundheitswesens. Ausbleibende Steuereinnahmen können zur Destabilisierung des Staates führen, mit der Folge, dass er seiner Wohlfahrtsfunktion nur noch schwer nachkommen kann (ADB 2013).

Es ist davon auszugehen, dass die „wahre" Höhe der Naturkatastrophenschäden in jedem Fall um ein Vielfaches höher liegt als die, die „post-disaster" erhoben wird. In der Regel werden nur die großen Schäden erfasst, die vielen kleinen aber kaum. Auffällig ist, dass 3mal mehr Schäden in den „low income"-Ländern als in den Ländern mit mittlerem und höherem Einkommen eintreten (Linnerooth-Bayer und Mechler 2009)

„Stabile" Staaten mit einer exportorientierten Ökonomie, einem hohen technischen Standard, gutem Ausbildungsstand und transparenten Governance-Strukturen haben sich als wesentlich robuster gegenüber negativen Auswirkungen erwiesen (Noy 2009). Dagegen beeinflussen Naturkatastrophen „schwache" Staaten in der Regel in größerem Ausmaß. Während nach Angaben der Weltbank bei OECD-Ländern Naturkatastrophen langfristig sogar zu einer Steigerung des Bruttoinlandprodukts von bis zu 2 % führen, werden diese in den Entwicklungsländern aber zu einer Belastung von teilweise mehr als 10 %. des Bruttoinlandsprodukts. Wie zuvor in Abb. 4.3 dargestellt, gibt es im Wesentlichen vier Szenarien auf dem Weg zur Rückkehr in die „Normalität".

So wie es bislang keine allseits akzeptierte Definition des Begriffes „Katastrophe" gibt, so gibt es auch (noch) keine allseits akzeptierte Definition des Begriffes „Schaden". Generell wird darunter die Summe aller negativen Auswirkungen auf eine Gesellschaft verstanden, was letztlich ein Maß für die Einschränkung ihrer „Wohlfahrt" bedeutet (Hallegatte et al. 2016)

Generell werden Schäden (durch Naturkatastrophen) unterschieden in (Smith und Ward 1998)

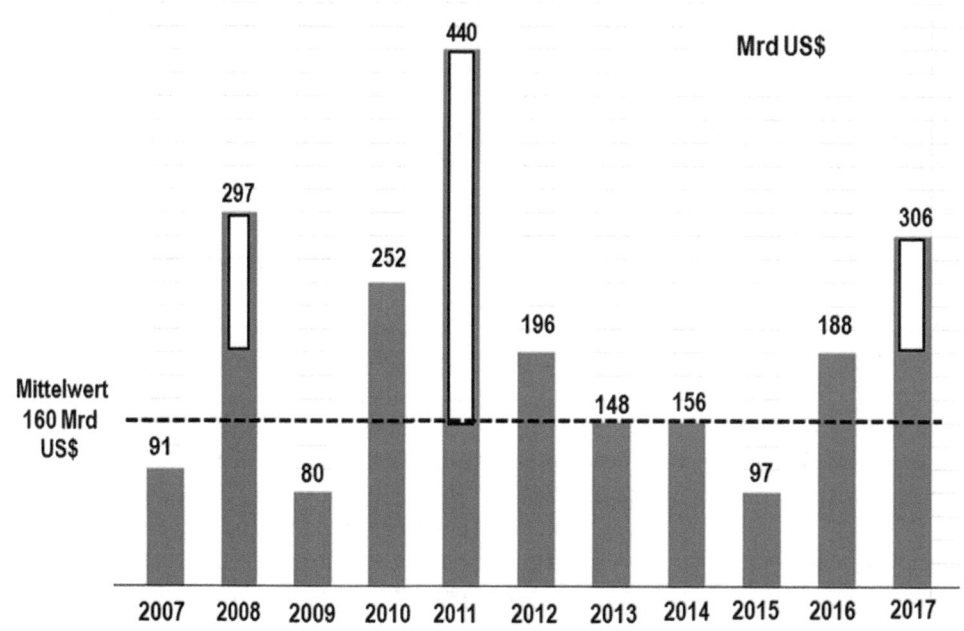

Abb. 4.10 Ökonomische Schäden durch Naturkatastrophen (2007–2017). (Vereinfacht nach verschiedenen Quellen)

- Direkte Kosten: Das sind Kosten als unmittelbare Folge des Katastrophenereignisses für Güter, Waren, Dienstleistungen usw., für die ein Marktpreis ermittelt werden kann. Man sprich von einem „materiellen" Schaden (*„tangible loss"*). Dabei ist anzumerken, dass auch Dürren und Hitzewellen solche Schäden anrichten, diese aber eher eine Folge des Ereignisses darstellen (Ernteverluste), für die ein Marktpreis besteht

Es kann aber auch zu direkten Schäden kommen, die nicht über einen Marktpreis definiert werden können: Das sind in erster Linie „Todesopfer"

- Indirekte Kosten: Diese Schadensgruppe stellt Kosten dar, die nicht durch ein Ereignis „direkt" entstanden sind, sondern als Konsequenz daraus (*„intangible loss"*). Dazu zählen sowohl Verluste an ökonomischen Faktoren (Produktivität, Arbeit, Einkommen) als auch eine Störung der Produktionsabläufe oder der Funktionsfähigkeit der Ökonomie insgesamt. Auch nicht monetäre Kosten können entstehen, wenn in Folge von Steuerausfällen der Staat seine gesellschaftspolitischen Verantwortungen nicht mehr wahrnehmen kann

Die Abb. 4.11 zeigt detailliert, wie die Schäden (Kosten) durch Naturkatastrophenereignisse untergliedert werden können

Eine Naturkatastrophe führt zu direkt messbaren (*„tangible"*), wie auch zu nicht messbaren (*„intangible"*) Schäden. Die materiellen können sowohl direkt durch das Ereignis (primär) entstehen als sich auch unmittelbar daraus ableiten (sekundär). Da sich diese Schäden gut erheben (messen/berechnen) lassen, beherrschen sie internationale Schadenstatistiken. Daneben können direkt auch immaterielle Schäden entstehen, sowohl primär als auch sekundär. Dabei besteht kein Konsens, ob es ethisch vertretbar ist, dem Menschenleben einen ökonomischen Wert zuzumessen. Diese „Schäden" werden daher in der Regel auch nicht in die Schadenstatistiken aufgenommen. In Abschn. 4.6.4 wird darauf näher eingegangen

Noch schwieriger ist es, Schäden zu bewerten, die indirekt entstehen. Auch hierbei kann es zu materiellen wie immateriellen Schäden kommen, auch hier wieder zu primären wie sekundären. Um diese realistisch abbilden zu können, müsste allerdings eine Vielzahl an verlässlichen Daten über die Sozioökonomie eines Landes vorliegen. Da der Arbeitsaufwand enorm ist, wird (bis heute) eine Schadenbewertung in der Regel allein auf der Basis der direkten, materiellen Schäden vorgenommen. Ein Umstand, der dem eigentlichen Ausmaß und dem Leiden der Menschen nicht gerecht wird

Doch nicht alle Auswirkungen sind per se negativ. So kann es durchaus im Zuge des Wiederaufbaus dazu kommen, dass vormals als nicht optimal eingestufte Technologien, Verfahren oder Managementstrukturen den veränderten Anforderungen angepasst werden (vgl. Abschn. 4.2.8). So haben die USA in der Folge des Hurrikans Katrina das *„coastal management"* des Bundesstaates Louisiana und das der Stadt New Orleans völlig neu aufgestellt und so die Widerstandsfähigkeit gegenüber dem Hurrikan Ike (auf den Tag genau 5 Jahre später) entscheidend verbessert. Eine Bewertung solcher Änderungen in der Zeit ist jedoch schwierig vorzu-

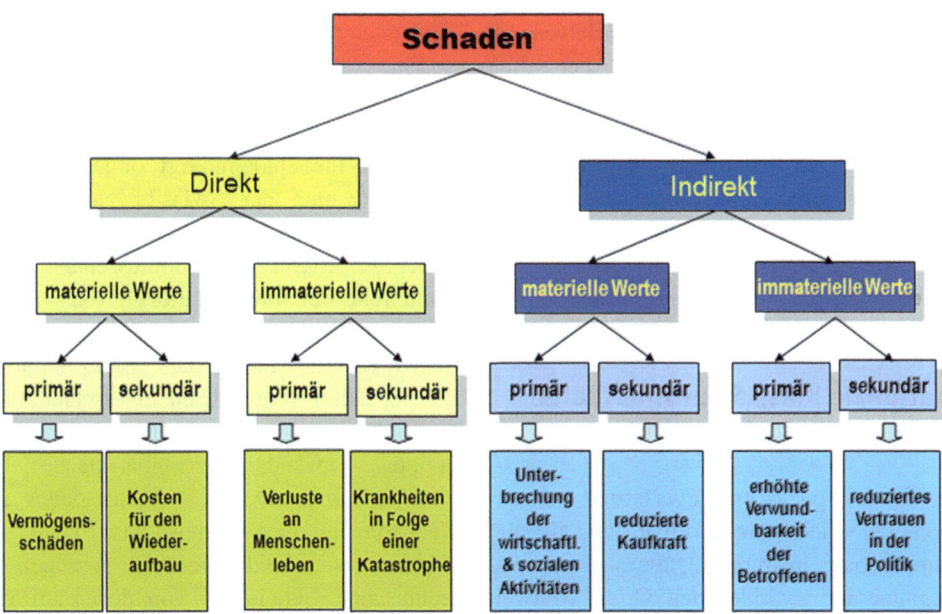

Abb. 4.11 Kategorisierung der Schäden von Naturkatastrophenereignissen

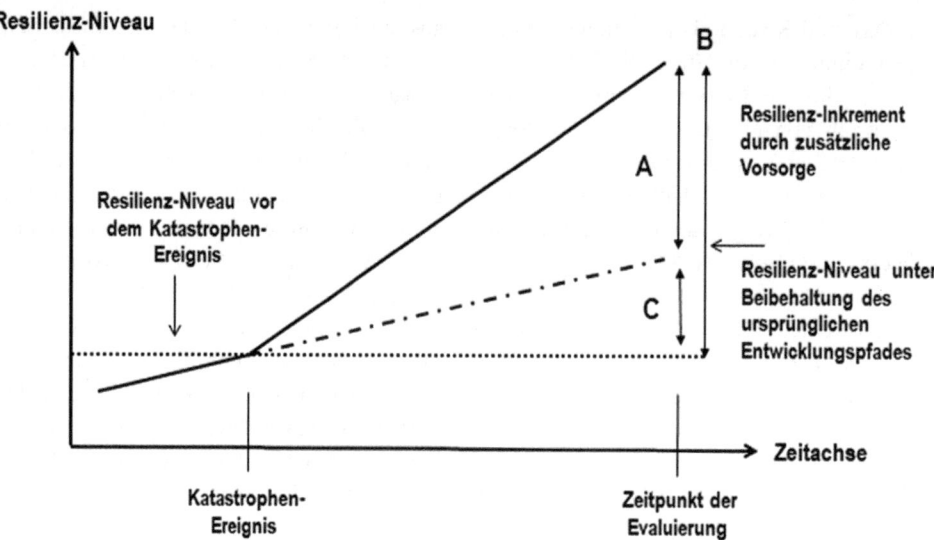

Abb. 4.12 Konzept der „Triangulation des Kontrafaktischen"

nehmen. Entscheidend dafür ist, auf welcher Basis man eine solche Bewertung vornimmt und welcher Entwicklungspfad vor dem Ereignis vorherrschend war.

Im NKRM kann entweder eine Prognose für die Resilienzerhöhung im Zuge einer Vorsorgemaßnahme vorgenommen werden, oder *„ex-post"* der erreichte Status in Bezug auf den Projektbeginn zurückverfolgt werden. Abb. 4.12 stellt dar, wie die Wirksamkeit einer Vorsorgemaßnahme mittels der „Triangulation des Kontrafaktischen" (*„triangulation of the counterfactual"*) bewertet werden kann. Diese Methode findet in der empirischen Sozialwissenschaft zur Bewertung der Wirksamkeit einer Vorsorge-/Fortbildungsmaßnahme u. a. vielfach Anwendung. In der Praxis wird dazu der Resilienzstatus bei Projektbeginn feststellt. Dann wird dieses Niveau in die Zukunft bis zum Projektende extrapoliert. Aber schon vor der Vorsorgemaßnahme hat Entwicklung stattgefunden und hätte, hätte sich dieser Trend fortgesetzt, auch ohne das Projekt zu einem höheren Resilienzniveau geführt (C). Dem wird der durch die Vorsorgemaßnahme erreichte höhere Resilienz**status** (A) gegenübergestellt. Der real (!) erreichte Zuwachs an Resilienz (A) ist dann die Differenz aus (B) minus (C).

4.4 Internationale Klassifizierungsskalen für die Gefährdungsintensität

Eine nachhaltige Katastrophenvorsorge erfordert wissenschaftlich abgesicherte, objektiv nachprüfbare und für alle Eventualitäten anwendbare Instrumente, um verschiedene Katastrophenereignisse an verschiedenen Orten weltweit oder auch innerhalb eines Landes vergleichen zu können.

Es gibt eine ganze Reihe von Skalen, die es Wissenschaftlern und Risikomanagern ermöglichen, jedes Ereignis entsprechend seiner Intensität/Schwere und Häufigkeit zu kategorisieren. Das Hauptkriterium stellen physikalische Parameter, die sowohl durch visuelle Inspektion als auch instrumentell erfasst oder bewertet werden. Die Kriterien umfassen des Weiteren auch die Auswirkungen solcher Katastrophen: Unfälle oder Verletzungen, Katastrophenopfer sowie tatsächliche oder mögliche Schäden an Gebäuden oder der natürlichen Umwelt. Die gewählten Indikatoren sind im Allgemeinen unabhängig vom Ort des Schadenseintritts. Sie sind reproduzierbar und lassen sich bis in die geologische Geschichte zurückverfolgen. Sie müssen dabei so neutral und unverwechselbar sein, dass sie auch den Bedürfnissen der Nichtspezialisten gerecht werden.

Eine Standardisierung beginnt mit einer Vereinheitlichung des Begriffs „Naturgefahr". Dazu haben sich auf Bitten des ProVention Consortiums das Centre for Research on the Epidemiology of Disasters (CRED) mit der MunichRe und der SwissRe zusammengetan, um ausgehend von deren Datenbanken (CRED-Emdat; NatCat-SERVICE; Sigma) einen umfassenden Überblick über die Bandbreite der Manifestationen von Naturkatastrophen zu geben und die damit verbundenen Begriffe zu vereinheitlichen (CRED 2009). Das Klassifikationsschema sollte die bis dahin verwendeten unterschiedlichen Definitionen neu ordnen und durch eine neue Hierarchie für eine internationale Anwendung verfügbar machen. Bis dahin gab es eine Vielzahl an Definitionen, die den Vergleich zwischen Katastrophen erschwerten. Das neue Klassifizierungsschema unterscheidet generell zwischen natürlichen und technischen Gefahren – von denen im Weiteren nur die geophysikalischen, meteorologischen, hydrologischen und klimatischen betrachtet werden. Wobei sich als Problem ergab, dass eine trennscharfe Unterscheidung von „hydrologischen" und „meteorologischen" Ereignissen in der Praxis schwer zu erreichen ist.

CRED und seine Koautoren haben zunächst die Gefahren nach Gruppen unterteilt *("disaster-groups")*, denen jeweils sehr allgemein gehaltene Definitionen zugeordnet wurden. Danach wurden die für diese Gruppen charakteristischen Katastrophenereignisse (Katastrophentypen) attribuiert (Tab. 4.1).

Neben der rein hierarchischen Zuordnung einer Naturgefahr ist es für das Risikomanagement unverzichtbar, auch die Dimension des Ereignisses zu bewerten: Welche Stärke hatte die Katastrophe? In der Regel werden zum Beispiel bei Erdbeben die Magnitude und die Intensität und andere Herdparameter aus seismologischen Daten abgeleitet. Diese Identifizierung ist tägliche Praxis in der Katastrophenrisikobewertung, kann jedoch zu erheblichen Problemen führen. Die Informationen über die Stärke beruhen im Allgemeinen auf wissenschaftlichen Beobachtungen (Messungen, Erhebungen). Diese werden, wenn entsprechende Daten vorliegen, durch eine Ordnungszahl (z. B. M5) angegeben. Damit wird es möglich, die Dynamik eines Erdbebens mit anderen innerhalb eines Landes oder zwischen verschiedenen Ländern zu vergleichen, denn bei einem Erdbeben der Stärke M5 in Indonesien wird die gleiche Energiemenge freigesetzt wie bei einem M5-Erdbeben in den Vereinigten Staaten. Nur wenn keine instrumentenbasierte Information vorliegt, muss die Stärke eines Ereignisses qualitativ abgeschätzt werden: „leicht – mittel – schwer". Wenn ein qualitatives Ereignis dann aber mit anderen Seismikdaten-basierten Ereignissen verglichen wird, z. B. um die Gefährdungsexposition eines bestimmten Gebietes zu beurteilen, müssen die qualitativen Bewertungen in „Zahlenwerte" überführt werden. Eine Aufgabe, die auch für erfahrene Seismologen eine Herausforderung ist. Noch

schwieriger gestaltet sich ein Vergleich, wenn unterschiedliche Katastrophentypen zu einer regionalen Gefahrenbewertung verschnitten werden.

Die methodische Dichotomie kann oftmals nur qualitativ gelöst werden. Dabei werden die Naturgefahren in erster Linie thematisch und fachlich separat bearbeitet: Hochwasser, Lawinen, Hangrutschungen, Erdbeben usw. Diese werden erst „später" gebietsbezogen zu einer Gesamtbewertung zusammengefasst: „Multiple Hazard Assessment" (vgl. Abschn. 4.5.4.4).

Im Folgenden werden einige Beispiele für häufig verwendete Gefahrenklassifizierungen für ausgewählte Katastrophentypen zusammengefasst wiedergegeben.

4.4.1 Erdbebenmagnitude/Erdbebenintensität (Richter-Skala; Mercalli-Skala)

Informationen über das Auftreten von Erdbeben beantworten im Allgemeinen die Frage, welches Erdbeben wo welche Stärke hatte. Welches waren die Ursachen und welche Art von Auswirkungen hatte es nach sich gezogen? Der grundlegende wissenschaftliche Indikator für die Einstufung der Stärke solcher Ereignisse ist die bereits in Abschn. 3.4.1.1 ausführlich beschriebene Richter-Skala. Die Skala misst die Energie eines Erdbebens über seine Bodenbeschleunigung (vgl. FEMA 2008).

Die Mercalli-Skala dagegen ist ein Maß für die Intensität des Erdbebens. Die Zerstörungskraft eines Erdbebens ist dabei nicht nur durch seine Magnitude bestimmt, sondern noch viel mehr durch die Bausubstanz, auf die es trifft – ferner ist sie bestimmt durch den geologischen Untergrund („Bodenverflüssigung"; vgl. Abschn. 3.4.1.2). Für ingenieurtechnische Zwecke ist es daher unerlässlich, einen Zusammenhang zwischen der Stärke des Bebens und der Intensität der Schäden zu ermitteln, der sich auf mehrere

Tab. 4.1 Klassifizierung von Naturgefahren (verallgemeinert/ergänzt nach CRED 2009; vgl. Abb. 3.1)

Desastergruppe	Definition	Katastrophentyp
Geophysikalisch	Durch die Erde *(solid earth)* ausgelöst	Erdbeben, Vulkan, Tsunami, Massenbewegungen (trocken)
Meteorologisch	Ausgelöst durch Abweichung von „normalen" atmosphärischen Prozessen	Starkregen, Sturmereignisse
Hydrologisch	Ausgelöst durch Abweichung vom „normalen" Wasserkreislauf	Hochwasser, Starkregen, Sturmereignisse, Massenbewegungen (nass)
Klimatisch	Ausgelöst durch Abweichung von „langfristigen" und „großräumigen" atmosphärischen Prozessen	Meeresspiegelanstieg, Veränderung des Jetstreams
Biologisch	Ausgelöst durch Exposition von Organismen gegenüber toxischen Substanzen/Keimen	Epidemie, Pandemie

Faktoren stützt, darunter die Tiefe des Bebens, die standortspezifischen geologischen und sedimentologischen Merkmale am Standort, die Stabilität der Gebäudestruktur sowie Faktoren wie Bevölkerungsdichte und dergleichen.

Versuche, die Richter-Skala und die Mercalli-Skala miteinander zu verbinden, verbieten sich schon wegen der wissenschaftlich völlig unterschiedlichen Ansätze. Viel mehr als „harmonisierende" Vergleiche sollten daher nicht angestrebt werden.

4.4.2 Vulkanexplosivitätsindex

Der Bewertung von Vulkanausbrüchen wird der „Vulkanexplosivitätsindex" (VEI) zugrunde gelegt (vgl. Abschn. 4.4.2). Der Index wurde 1982 vom US Geological Survey aufgestellt (Newhall und Self 1982) und basiert auf den Aufzeichnungen von über 8000 historischen und prähistorischen Eruptionen. Bei der Datenzusammenstellung handelt es sich – insbesondere bei historischen Quellen fast immer – um Schätzungen des Ausmaßes vergangener explosiver Ausbrüche. Der Index beruht in erster Linie auf dem Volumen des ausgeworfenen vulkanischen Materials (Asche, Vulkanbomben, Lapilli usw.). Zudem kommen noch die Höhe der Eruptionswolke, die Dauer des Ausbruchs, das Auftreten pyroklastischer Strömungen und weiterer spezifischer qualitativer Indikatoren hinzu, wie z. B. die Ausbruchsstärke („sanft" bis „mega-kolossal"). Der VEI bezieht sich nur auf andesitische/dazitische Magmen, da basaltische Lava kein Explosionspotenzial aufweist. Die Dichte des vulkanischen Materials und die von dem Gasgehalt abhängige Textur werden dagegen nicht berücksichtigt. Außerdem kann der VEI keinen Hinweis darauf geben, wie stark der Auswurf war, da es keine Möglichkeit gibt, einen solchen Wert reproduzierbar zu messen. Jede Komponente wird mit einem numerischen Bewertungsfaktor („qualifyer") versehen. Der Index baut auf einer einfachen numerischen Skala von zunehmender Größe (1–8) auf. Ausbrüche größer als VEI 8 sind aus der Geschichte nicht rekonstruiert worden. Die Skala ist logarithmisch, wobei jedes Intervall auf der Skala eine Verzehnfachung des beobachteten Auswurfs darstellt – mit Ausnahme von VEI 0, VEI 1 und VEI 2. Das Volumen der ausgeworfenen Tephra erhöht sich um den Faktor 10 für jedes VEI-Intervall; ausgenommen ist der Schritt von VEI 1 zu VEI 2, bei dem das Tephravolumen um den Faktor 100 zunimmt. Den größten Vulkaneruptionen der Geschichte wurde der Wert 8 zugeordnet; ein Wert, der einen „Mega-Ausbruch" darstellt, der mehr als $1000\ km^3$ Material ausstoßen kann, mit einer Aschesäule von über 50 km Höhe. Die Autoren haben mit dem Index ein einfaches Schema für den Vergleich von Explosionsereignissen aus der Abschätzung der Eruptionsereignisse gegeben, obwohl sie dessen fachspezifische Grenzen anerkennen. Diese begründen sich in erster Linie durch die (vielfach subjektive) Kombination aus quantitativen oder semi-quantitativen Abschätzungen (Tab. 4.2).

Tab. 4.2 Vulkanexplosivitätsindex (nach Newhall und Self 1982)

VEI	Ausgeworfenes Volumen	Klassifikation	Beschreibung	Eruptionssäule	Frequenz	Injektion in die Stratosphäre	Verbreitung	Beispiel
1	$>10.000\ m^3$	Strombolianisch	Gentle	<1 km	Täglich	Keine	$>0,05\ km^2$	Nyiragongo, Raoul lid
2	>1 Mio. m^3	Strombolianisch	Explosive	1–5 km	Wöchentlich	Keine	$> 2,5\ km^2$	Unzen, Galeras
3	> 10 Mio. m^3	Peleanisch	Severe	3–15 km	Wenige Monate	Möglich	$>5\ km^2$	Nevado del Ruiz, Soufrière
4	$>0,1\ km^3$	Peleanisch/ Plinianisch	Cataclysmic	10–25 km	>1 Jahr	Sicher	$>200\ km^2$	Mayon, Pelee
5	$>1\ km^3$	Plinianisch	Paroxysmal	20–35 km	>10 Jahre	Signifikant	$>500\ km^2$	Vesuv, Mt. St. Helens
6	$>10\ km^3$	Plinianisch	Colossal	>30 km	>100 Jahre	Substanziell	$>1000\ km^2$	Karakatau, Pinatubo
7	$>100\ km^3$	Ultraplinianisch	Super-colossal	>40 km	>10.000 Jahre	Substanziell	$>5000\ km^2$	Santorin, Tambora
8	$>1000\ km^3$	Mega-colossal	Mega-colossal	>50 km	>10.000 Jahre	Substanziell	$>10.000\ km^2$	Yellowstone, Toba

Das Problem bei der Festlegung der Indexskala war, dass die Aufzeichnungen über Ausbrüche in historischen Zeiten oft sehr unvollständig waren, es also an quantifizierbaren Daten mangelte. Deshalb mussten viele der historischen Daten geschätzt werden, insbesondere die der Temperaturen. Nur über die Eruption des Tambora (1815), Indonesien, gab es ausreichend Aufzeichnungen (vgl. Abschn. 3.4.3.4). Historisch sind zwar viele Ausbrüche dokumentiert, die meisten aber genügen nicht den wissenschaftlichen Anforderungen. Zuverlässige Informationen sind erst ab etwa 1960 vorhanden. Die Zusammenstellung des Ausmaßes des historischen Vulkanismus basierte also hauptsächlich auf expertenbasierten Abschätzungen. In dieser Hinsicht unterscheidet sich die VEI stark von anderen Skalen wie der Richter-Skala, die auf Messinstrumenten basiert. Die Tab. 4.2 fasst die VEI-Skala zusammen. Sie wird um den Faktor Verbreitung *("dispersion")* erweitert: definiert als die „äußere Grenze, an der die vulkanischen Ablagerungen bis auf 1 % ihrer maximalen Dicke abnimmt" (Cas und Wright 1988).

Die Daten aller (bekannten) Vulkanausbrüche der Erde sind in der größten Vulkandatenbank der Welt dokumentiert: dem Global Volcanism Program (GVP) des Smithsonian Institute (vgl. Walker 1973). Die Datenbank beinhaltet alle Vulkane, die in den letzten 10.000 Jahren aktiv waren. Die GVP-Website beinhaltet mehr als 7000 Berichte und bietet Zugang zu den Grunddaten und der Eruptivgeschichte holozäner Vulkane; sie ist für jedermann offen zugänglich (https://volcano.si.edu/). Die GVP hat es sich zum Ziel gemacht, diese Informationen nach dem zuvor beschriebenen Schema zu standardisieren und für die internationale Vulkanforschung vorzuhalten. Die Datenbank veröffentlicht jeden Mittwoch ein „update" über Vulkanaktivitäten in ihrem „Weekly Volcanic Activity Report".

Ausführlichere und wissenschaftlich eingehender recherchierte Berichte über die Vulkanaktivitäten (nicht nur in den USA), werden monatlich im Bulletin of the Global Volcanism Network des US Geological Survey (USGS) veröffentlicht. Der USGS ist durch den „Stafford Act" beauftragt, die vulkanische Aktivität in den Vereinigten Staaten zu überwachen und betreibt dazu ein dichtes Überwachungsnetz. Der Zustand eines Vulkans wird nach einer international abgestimmten Klassifizierung bewertet. Vier Alarmstufen sind definiert (Tab. 4.3). Sie stellen den Status des Vulkans dar und geben Hinweise auf die zu erwartenden oder anhaltenden Gefahren. Damit geben sie Leitlinien für die lokalen Behörden, um eventuell erforderliche Sicherheitsvorkehrungen zu treffen und dienen der Information der Öffentlichkeit.

4.4.3 Vulkanausbrüche und zivile Luftfahrt

Vulkanausbrüche stellen eine erhöhte Gefahr für die zivile Luftfahrt dar. Wenn ein Flugzeug durch eine Vulkanaschewolke fliegt, können sich Aschepartikel als Silikatschicht auf den Triebwerksschaufeln absetzen. Die Triebwerke laufen bei bis zu 1400 °C, während die Aschepartikel bei etwa 1000 °C schmelzen. Zudem kann es zu Sandstrahleffekten an den Frontscheiben kommen; auch die Geschwindigkeitsmessung kann gestört werden. Um solch eine gefährliche Situation zu vermeiden, wurde durch die Internationale Zivilluftfahrtorganisation (International Civil Aviation Organization, ICAO) unter der Aufsicht der Vereinten Nationen die „International Airways Volcano Watch", eine VN-Spezialagentur für die zivile Luftfahrt, eingerichtet, mit dem Auftrag, ein international gültiges Warnsystem bei Vulkanausbrüchen zu entwickeln. Dieses System verwendet vier Farbcodes *("aviation color code"*; Tab. 4.4). Die Farbcodes spiegeln die atmosphärischen und vulkanischen Bedingungen in der Nähe eines Vulkans wider. Alle identifizierten Aschewolken werden erfasst und müssen umflogen werden.

Tab. 4.3 Vulkangefahrenstufen der USA (USGS 2005)

Normal	Vulkan ist in einem nicht eruptiven Zustand. Kurzzeitige Phasen mit Dampfaustritten, kleineren seismischen Unruhen, Deformationen und thermischen Anomalien, wie sie für nicht eruptive Phasen charakteristisch sind, treten auf. Oder der Vulkan kehrt von einem höheren Aktivitätslevel zur Normalität zurück
Beobachtung	Erste Anzeichen erhöhter Unruhen, stärkerer Dampfaustritte, erhöhter Seismik, Deformation nimmt zu sowie auch die thermischen Anomalien. Eine Fortsetzung des Trends hin zu einem Vulkanausbruch ist nicht sicher. Oder die vulkanische Aktivität hat sich signifikant verringert, erfordert aber noch weitere Überwachung
Überwachung	Der Vulkan zeigt deutlich erhöhte Unruhe mit zunehmender Ausbruchsgefahr oder geringfügige und wenig gefährliche Ausbrüche sind im Gange. Diese Gefahrenstufe wird verwendet bei Anzeichen eines größeren Ausbruchs oder wenn geringfügige Aktivitäten eine kontinuierliche Überwachung erfordern. Kein unmittelbarer Ausbruch ist zu erwarten. Wenn der Vulkan von dem Level „Warnung" zu „Beobachten" herabgestuft wird, besteht dennoch noch ein Potenzial für einen Ausbruch
Warnung	Diese Warnstufe bedeutet: Ein unmittelbarer Ausbruch steht bevor oder ist wahrscheinlich. Wenn die Ausbruchsgefahr nicht durch direkte Beobachtungen, seismische Indikatoren, Deformation des Vulkans oder durch thermische Anomalien erkennbar ist, so ist doch aus der Summe der Hinweise mit einem bevorstehenden Ausbruch zu rechnen

Tab. 4.4 Internationaler Farbcode zur Warnung der zivilen Luftfahrt vor vulkanischen Aschen (ICAO-online; http://www.icao.int)

Grün	Der Vulkan befindet sich in einem normalen, nicht ausbrechenden Zustand. Oder wenn zuvor eine höhere Stufe geherrscht hatte: Die vulkanische Aktivität wird als beendet angesehen und der Vulkan kehrt in seinen normalen, nicht eruptiven Zustand zurück
Gelb	Der Vulkan zeigt Anzeichen erhöhter Unruhe über die bekannten Hintergrundwerte hinaus. Oder wenn zuvor eine höhere Stufe geherrscht hatte: Die vulkanische Aktivität ist erheblich zurückgegangen, wird jedoch weiterhin auf einen möglichen erneuten Anstieg hin überwacht
Orange	Vulkan zeigt erhöhte Unruhe mit erhöhter Wahrscheinlichkeit eines Ausbruchs. Oder es findet ein Vulkanausbruch statt, bei dem keine oder nur geringe Ascheemissionen auftreten
Rot	Eine Eruption steht unmittelbar bevor. Es besteht eine sehr hohe Gefahr, dass Asche in die Atmosphäre freigesetzt wird. Oder: Eine Eruption ist im Gange, mit erheblicher Emission von Asche in die Atmosphäre

4.4.4 Beaufort-Windskala

Zur Zeit der Segelschiffe war die Schifffahrt existenziell von der Wirkung des Windes abhängig. Daher hatte es immer Beobachtungen von Windstärke, Windrichtung und Wellengang gegeben. Aber erst mit der sogenannten Beaufort-Skala (Bft; nach Sir Francis Beaufort, 1774–1857) wurde die Windstärke in Anlehnung an die Umdrehungen einer Windmühle pro Minute kategorisiert. Es dauerte allerdings noch bis in die 1960er Jahre, bis die Beaufort-Skala mit ihren 13 Stufen von der World Meteorological Organization (WMO) als verbindlich erklärt wurde (0 = Windstille; 13 = Orkan; Tab. 4.5).

Heute wird die Windgeschwindigkeit instrumentell mit Anemometern gemessen, deren Schalen sich entsprechend der Windstärke drehen. Daneben wird die Windgeschwindigkeit heute auch schon mit Ultraschall- oder Laseranemometern gemessen; dabei wird die Phasenverschiebung von an Luftmolekülen reflektiertem Schall oder kohärentem Licht gemessen. Hitzedrahtanemometer messen die Windgeschwindigkeit, indem sie die Temperaturdifferenz zwischen einem Draht auf der Windseite und einem auf Windschattenseite (Leeseite) sehr genau bestimmen. Alle diese Messungen sind auf die Klassen der Beaufort-Skala abgestimmt. Die Windgeschwindigkeit wird durch eine Reihe von physikalischen Faktoren sowie durch klimatische und geographische Gegebenheiten beeinflusst: so das globale Windregime, die lokale Ausprägung der Hoch-/Tiefdruckgebiete, abhängig von den Luftdruckgradienten, der Corioliskraft und landinduzierten Windablenkungen.

4.4.5 Saffir-Simpson-Hurrikan-Skala/Fujita-Tornado-Skala

Die Saffir-Simpson-Hurrikan-Skala (*„Saffir-Simpson Hurricane Wind Scale"*; SSHWS) wurde Anfang der 1970er Jahre von Herbert Saffir und Bob Simpson anhand von Studien über die Auswirkungen von Hurrikanen – speziell des Hurrikans Camille – entwickelt und ab 1972 vom National Hurricane Center der USA offiziell eingeführt. Die Skala baut

in erster Linie auf der Windgeschwindigkeit eines Hurrikans auf, daneben noch auf der Windscherung, der Vorwärtsbewegung (*„vortex"*), der Topographie des Inlands in Küstennähe, dem Annäherungswinkel des Hurrikans an die Küste usw. In den Jahren bis 2010 wurde die Saffir-Simpson-Skala um Angaben bezüglich des zu erwartenden Anstiegs des Meeresspiegels bei einer Sturmflut erweitert. Außerdem ist seit den 1970er Jahren der Innendruck des Hurrikans (Auge) das zentrale Element zur Kategorisierung der Hurrikan-Stärke geworden. Seitdem es möglich ist, in das Auge eines Hurrikans hineinzufliegen und direkt dort Messungen vorzunehmen, sind Aussagen zur Hurrikandynamik um eine Größenordnung verlässlicher geworden. Der tiefste jemals gemessene Innendruck lag bei 882 hPa (Hurrikan Wilma 2005) – der normale Luftdruck liegt 1013 hPa.

Um als Hurrikan der Kategorie 1 eingestuft zu werden, muss ein tropischer Wirbelsturm mindestens eine maximale Geschwindigkeit von 118 km/h aufweisen, während in der höchsten Kategorie (5) die Windgeschwindigkeit 250 km/h übersteigt. Kombiniert mit Informationen über den Weg, den der Hurrikan voraussichtlich nehmen wird, über Ort und Zeit, wann der Hurrikan auf Land trifft (*„land fall"*) und die Niederschlagsmenge liefert die Skala zuverlässige Hinweise auf die möglichen Schäden. Die „SSHWS" wurde 2012 geringfügig modifiziert, um einige Probleme im Zusammenhang mit der Umrüstung zwischen den verschiedenen Einheiten zur Windgeschwindigkeitsbewertung (Überführung in die Beaufort-Skala) zu lösen. Die Skala enthält darüber hinaus Beispiele für die Art der Schäden und Auswirkungen, die mit Sturm verbunden sind. Im Allgemeinen steigt der Schaden um etwa den Faktor vier mit jeder höheren Kategoriestufe. Die in den einzelnen Kategorien angegebenen historischen Beispiele entsprechen den beobachteten oder geschätzten maximalen Windgeschwindigkeiten des Hurrikans am angegebenen Ort. Die Skala (Tab. 4.6) berücksichtigt nicht das Potenzial für andere Auswirkungen wie Sturmflut oder niederschlagsbedingte Überschwemmungen und Tornados.

Um die Auswirkungen tropischer Wirbelstürme oder von Tornados (in den USA) vergleichen zu können, wurde 1971 die „Fujita-Skala" entwickelt. Damit steht ein Instrument

Tab. 4.5 Beaufort-Skala (WMO; Internetzugriff: 30.03.2020)

Beaufort	Wind	See
0 Bft	Windstille, Flaute, Rauch steigt senkrecht empor	Völlig ruhige, glatte See
1 Bft	Leiser Windzug, Rauch treibt seitlich leicht ab	Leichte Kräuselwellen
2 Bft	Leichte Brise, Blätter rascheln, Wind im Gesicht spürbar	Schwach bewegte See; kleine, kurze Wellen
3 Bft	Schwache Brise, größere Zweige bewegen sich, Wind deutlich spürbar	Schwach bewegte See, Anfänge von Schaumbildung
4 Bft	Mäßige Brise, größere Zweige bewegen sich, Wind deutlich spürbar	Mäßig bewegte See/Wellen, Ausbildung von Schaumkronen
5 Bft	Frische Brise, Wind frischt auf	Mäßige Wellen mit großer Länge, überall Schaumkronen
6 Bft	Starker Wind, dicke Äste bewegen sich, Wind pfeift in den Telefondrähten	Größere Wellen mit brechenden Köpfen, weiße Schaumflecken
7 Bft	Steifer Wind, große Bäume bewegen sich, Zweige brechen, Gehen fällt schwer	Weißer Schaum, brechende Wellenköpfe, Schaumstreifen in Windrichtung
8 Bft	Stürmischer Wind, große Bäume bewegen sich, Zweige brechen, Gehen sehr schwer	Ziemlich hohe Wellenberge, überall Schaumstreifen
9 Bft	Sturm, Ziegel werden vom Dach abgehoben, erhebliche Gehbehinderung	Hohen Wellen, verwehte Gischt, Brecher(wellen) beginnen sich zu bilden
10 Bft	Schwerer Sturm, Bäume werden entwurzelt, erste Schäden an Gebäuden	Sehr hohe Wellen, lange brechende Wellenkämme, schwere Brecher
11 Bft	Orkanartiger Sturm, Sturmschäden, Windbruch, Häuser werden abgedeckt	Schwere See, Wasser wird waagerecht weggeweht
12 Bft	Orkan, schwerste Sturmschäden und Verwüstungen an der Küste	Außergewöhnlich schwere See, Luft mit Schaum und Gischt gefüllt

zur Verfügung, das die Stärke eines Tornados auf Windgeschwindigkeiten schätzt und die damit verbundenen Schäden vergleichbar macht; 2007 wurde die Skala zur Enhanced Fujita-Scala (EF) weiterentwickelt. Die Skala stellt (eigentlich) eine Fortsetzung der Beaufort-Skala dar (F0 entspricht dabei Beaufort 12; Orkan) und eine Verbindung zu der Schallgeschwindigkeit (Mach) her.

4.4.6 Tsunami

In der Folge des 2004-Tsunamis im Indischen Ozean sind inzwischen für alle größeren Meeresgebiete (Pazifik, Indischer Ozean, Karibik, Nordatlantik, Mittelmeer) Tsunami-Warnzentren eingerichtet worden. Sie alle folgen in Auftrag und Ziel dem Beispiel des Pacific Tsunami Warning Center (PTWC) in Hawaii, das schon seit 1949 besteht. Dabei beruht jede Frühwarnung zunächst auf der Erfassung eines Erdbebens. Eine solche Identifikation dauert in der Regel 5–10 min; noch einmal weitere 20–30 min dauert es, um den Herdmechanismus als „tsunamogen" oder nicht zu erkennen. Erst dann kann mit der numerischen Vorhersage begonnen werden.

Da die Analyse mitunter mehrere Stunden bis Tage dauern kann, sind – wie bei der Wettervorhersage – zuvor viele hundert Modellrechnungen ausgeführt worden. Wenn die Erdbebenparameter einlaufen, werden diese per Computer nur danach abgeprüft, welche Kombination mit welcher Modellrechnung übereinstimmt und zu welchem Ergebnis dies geführt hat. Eine solche IT-gestützte „Abfrage" ist innerhalb von 2–3 min durchzuführen und ermöglicht damit Vorhersagen auch für solche Regionen, in denen das Epizentrum sehr nahe an der Küste liegt (z. B. 2004-Tsunami vor Sumatra; vgl. Abschn. 3.4.2). Ergänzt durch regionale Meeresspiegelmessungen („tide gauge") und der Kenntnis der regionalen Morphologie ist es möglich vorherzusagen, an welcher Stelle ein Tsunami in welcher Höhe und wann auflaufen wird. Die nachfolgenden beiden Tab. 4.7 und 4.8 geben an, wie das Warnungsprozedere für die Karibik und den Atlantik festgelegt ist und nach welchen Kriterien die Warnungen für diese beiden Regionen vorgenommen werden (UNESCO 2017).

Tab. 4.6 Saffir-Simpson-Hurrikan-Skala

Hurrikan-Kategorie	Saffir-Simpson-Skala	Windgeschwindigkeit	Luftdruck
1	SSH 1	118–152 km/h	980 hPa
2	SSH 2	153–177 km/h	979–965 hPa
3	SSH 3	178–209 km/h	964–945 hPa
4	SSH 4	210–249 km/h	944–920 hPa
5	SSH 5	>250 km/h	>920 hPa

Tab. 4.7 Handlungsablauf für Tsunamiwarnungen. (Nach UNECSO 2017)

Dauer seit erstem Signal	Ereignis
0 min	Ein großes Erdbeben hat sich in der Karibik oder im Atlantik ereignet
2 min	Bodenbeschleunigungen eines Erdbebens erreichen die seismische Station in der Nähe des Epizentrums. Ein erster Tsunamialarm wird ausgelöst. Damit beginnen die Experten mit ihren Untersuchungen. Sie greifen dabei auf ein seismisches Netz von mehr als 600 Stationen zurück, die innerhalb von einer Minute einlaufen
7 min	Genaue Bestimmung der Lage des Epizentrums, der Herdtiefe und Magnitude durch eine Kombination von automatisierten und interaktiven Analyseroutinen. Die Daten werden online an den USGS für eine Detailanalyse des Erdbebenmechanismus weitergeleitet
10 min	Aufgrund der ersten Bestimmung von Epizentrum und Magnitude wird eine Erdbebenwarnung mit einem standardisierten Text herausgegeben, wenn dabei kein Tsunami entstanden ist. Eine Tsunamiwarnung wird ausgesprochen, wenn das Erdbeben tsunamogen ist
15 min	Mit Eintreffen weiterer seismischer Daten werden die Analysen detaillierter. Falls sich daraus neue Erkenntnisse ergeben, erfolgt eine aktualisierte Standardwarnung
20 min	Detailanalyse des Herdmechanismus (*strike-slip, dip angle, fault direction* etc.), um die genaue Lokalität, Magnitude und Herdtiefe des Erdbebens zu erhalten. Diese Erkenntnisse geben Auskunft über den Deformationsprozess als eigentliche Ursache des Tsunamis: Die Simulation für die Karibik braucht 2–3 min, für den Atlantik 7–9 min
30 min	Bei einer Erhöhung des Meeresspiegels um mehr als 30 cm wird eine Alarmmeldung herausgegeben (Text, Karten, Statistiken). Bei Wasserständen von weniger als 30 cm wird eine abschließende Warnung herausgegeben
120 min	Im Falle eines Tsunamis mit einem Eintreffen innerhalb der nächsten 30–60 min werden alle regionalen *tide gauges* überwacht und die Tsunamihöhen registriert. Die Daten werden mit den Simulationsmodellen verglichen, gegebenenfalls werden diese rekalibriert
> 120 min	Die Rekalibrierung der Erdbebenparameter und das Sammeln weiterer geophysikalischer und hydrologischer Daten werden fortgesetzt, um die Aussagesicherheit zu erhöhen. Die Tsunamiüberwachung wird fortgesetzt. Wenn keine Tsunamigefahr mehr besteht, wird eine abschließende Tsunamimeldung herausgegeben

Tab. 4.8 Kriterien für die Tsunamiwarnung. (Nach UNECSO 2017)

	Erdbeben		Information			
Region	Lokalität	Herdtiefe	M	Typ	Tsunamiwarnung	
Karibik	Untermeerisch, sehr küstennah	Undefiniert	<6,0	–	Keine, Erdbeben ist zu klein oder zu weit im Inland	
			6,5–7,0	Info		
	Weit im Inland		>6,0	Info		
Atlantik	Untermeerisch, sehr küstennah	Undefiniert	<6,5	–	Keine, Erdbeben ist zu klein oder zu weit im Inland	
			6,5–7,0	Info		
	Weit im Inland		>6,5	Info		
Karibik Atlantik	Untermeerisch, sehr küstennah	>100 km	>7,1	Info	Keine, Erdbeben ist zu klein	
		<100 km	7,1–7,5	Tsunamiwarnung	Gefahr innerhalb 300 km Radius	
			7,6–7,8		Gefahr innerhalb 1000 km Radius	
			>7,8		Gefahr innerhalb 3 h Radius	
Atlantik	Untermeerisch, sehr küstennah	>100 km	>7,9	Info	Gefahr innerhalb 3 h Radius	

4.4.7 Europäische Lawinengefahrenskala

Im April 1993 haben sich die Lawinenwarndienste der Alpenländer auf eine einheitliche, fünfteilige europäische Lawinengefahrenskala geeinigt. Früher waren in den verschiedenen Ländern unterschiedliche Gefahrenskalen mit einer unterschiedlichen Anzahl an Gefahrenstufen (Schweiz 7 Stufen, Frankreich 8 Stufen) und unterschiedlichen Definitionen der einzelnen Gefahreninhalte verwendet worden. Seit 1993 werden in ganz Europa dieselben Warnstufen verwendet; die Skala wird mit kleinen Abweichungen auch in Kanada und den USA angewendet (vgl. Abschn. 3.4.7).

Abb. 4.13 Europäische
Gefahrenskala für Lawinen
(http://www.lawinenwarndienst-
bayern.de)

Europäische Lawinengefahrenskala (2018/19)				
	Gefahrenstufe	Icon	Schneedeckenstabilität	Lawinen-Auslösewahrscheinlichkeit
5	sehr gross		Die Schneedecke ist allgemein schwach verfestigt und weitgehend instabil.	Spontan sind viele sehr grosse, mehrfach auch extrem grosse Lawinen zu erwarten, auch in mässig steilem Gelände.
4	gross		Die Schneedecke ist an den meisten Steilhängen* schwach verfestigt.	Lawinenauslösung ist bereits bei geringer Zusatzbelastung** an zahlreichen Steilhängen* wahrscheinlich. Fallweise sind spontan viele große, mehrfach auch sehr grosse Lawinen zu erwarten.
3	erheblich		Die Schneedecke ist an vielen Steilhängen* nur mässig bis schwach verfestigt.	Lawinenauslösung ist bereits bei geringer Zusatzbelastung** vor allem an den angegebenen Steilhängen* möglich. Fallweise sind spontan einige große, vereinzelt aber auch sehr grosse Lawinen möglich.
2	mässig		Die Schneedecke ist an einigen Steilhängen* nur mässig verfestigt, ansonsten allgemein gut verfestigt.	Lawinenauslösung ist insbesondere bei grosser Zusatzbelastung**, vor allem an den angegebenen Steilhängen* möglich. Sehr grosse spontane Lawinen sind nicht zu erwarten.
1	gering		Die Schneedecke ist allgemein gut verfestigt und stabil.	Lawinenauslösung ist allgemein nur bei grosser Zusatzbelastung** an vereinzelten Stellen im extremen Steilgelände* möglich. Spontan sind nur kleine und mittlere Lawinen möglich.

Eine Harmonisierung der Lawinengefahrenskala führt zu mehr Vertrauen bei den Wintersportlern, insbesondere, wenn diese grenzüberschreitend Skiferien machen. Die Gefahrenskala umfasst darüber hinaus präzise formulierte Definitionen für die Ursachen von Lawinen, wie die Schneedeckenstabilität und Auslösewahrscheinlichkeit (Abb. 4.13).

Diese Klassifizierung stellt die Grundlage für die täglichen Lawinenbulletins in den Alpen. In der Schweiz werden diese vom Eidgenössischen Institut für Schnee- und Lawinenforschung (SLF) in Davos herausgegeben (SLF 2004), in Deutschland vom Bayerischen Lawinendienst und in Österreich von den Lawinendiensten des jeweiligen Bundeslandes. Generell wird zwischen nationalen und regionalen Lawinenbulletins unterschieden, die während der Wintersaison jeden Abend herausgegeben werden. Darin wird Auskunft über Wetter- und Schneeverhältnisse der vergangenen 24 h gegeben, mit eingehender Beschreibung des Schneedeckenaufbaus, der weiteren Entwicklung des Wetters sowie einer Vorhersage der Lawinengefahr in den verschiedenen Regionen mit Angabe der Gefahrenstufe für den folgenden Tag. Zudem werden Hinweise gegeben, wie sich tendenziell die Lawinengefahr für nächsten zwei Tage entwickeln wird. Dem SLF-Lawinenwarndienst stehen zur Ausarbeitung des Lawinenbulletins etwa 70 lokale Experten zur Verfügung, die täglich über die Schneeverhältnisse an ihren Standorten berichten sowie 80 Vergleichsstationen.

An ca. 150 automatischen Messstationen werden Schneehöhen gemessen; an 50–60 Stellen werden vierzehntägig Schneeprofile aufgenommen. Um die Information der Bulletins nicht zu überfrachten werden nur die Schneedeckenstabilitäten in den besonders kritischen Geländeteilen angegeben: Aussagen zur Höhenlage, zur Exposition oder zur Geländeform beschränken sich auf besonders gefährdete Bereiche. Zentrales Element der Bulletins ist die Angabe über die Lawinen-Auslösewahrscheinlichkeit, die direkt von der Schneedeckenstabilität abhängt. Dabei wird sowohl der Zustand ohne äußeren Einfluss (entscheidend für spontane Lawinenabgänge) als auch der Grad der Lawinen-Auslösewahrscheinlichkeit bei Zusatzbelastung (durch Schneesportler, Sprengungen usw.) angegeben.

4.5 Gefahrenabschätzung

4.5.1 Ursache-Wirkung-Beziehung von Naturgefahren

Am Anfang jeder Naturgefahreninteraktion steht die Erkenntnis, dass alle Naturgefahren auf der Erde entweder durch geologisch-tektonische Prozesse (Plattentektonik) oder durch das Klima ausgelöst werden. Solche Prozesse können direkte Auswirkungen haben: Die Plattentektonik

(Ursache: Konvektionen im Erdmantel) ist sowohl für Bodenbewegungen, Landsenkungen/-hebungen, Vulkanausbrüche u. v. a. verantwortlich – das Klima für die Verteilung von Hitze und Niederschlag (vgl. Abschn. 3.2). Indirekt können beide sekundäre Gefahren verursachen, wie z. B. Erdrutsche oder Dürren (vgl. Abschn. 4.2.6.5). Aus Abb. 4.15/4.16 wird ersichtlich, dass diese Interaktionen sehr komplex und zu sehr unterschiedlichen Ursache-Wirkung-Beziehungen führen können. Am Ende aber betreffen sie alle die Gesellschaft im Allgemeinen und den Einzelnen. Es ergeben sich eine Reihe von verschiedenen Gefahrenkaskaden, aus denen sich generell folgende Kaskaden aufzeigen lassen:

- tektonischer Ursprung
  - Plattentektonik – Erdbeben – Bodenbewegung – Zerstörung von Gebäuden – Opfer
  - Plattentektonik – untermeerisches Erdbeben – Hebung der ozeanischen Kruste – Tsunami – Überschwemmungen an der Küste – Zerstörung – Opfer
  - Plattentektonik – Magmaanstieg – Vulkanausbruch – Aschenablagerung an den Flanken – Niederschlag – Lahar – Überschwemmung – Zerstörung – Opfer
- klimatischer/meteorologischer Ursprung
  - Verbrennung von Kohlenstoff – Anreicherung von CO_2 in der Atmosphäre – Erhöhung der Temperatur in der Atmosphäre – Schmelzen von Eiskappen – Erhöhung des Meeresspiegels – Überschwemmung von Küstenregionen – Schäden – Opfer
  - Klimawandel – Änderung regionaler Klimaregime (z. B. El Nino-Southern Oscillation „ENSO") – Zunahme bei extremen Wetterereignissen – starke Regenfälle – Hochwasserschäden – Opfer

Im Naturkatastrophen-Risikomanagement herrscht immer noch die Analyse von Einzelereignissen vor – von Erdbeben, Hochwasser, Lawinen usw. Noch immer werden Naturkatastrophen vorrangig im Hinblick auf den jeweiligen Katastrophentyp betrachtet. Dabei treten Naturkatastrophen in der Praxis immer als eine Kombination verschiedener Ereignisse auf, die aufeinander aufbauen und sich zu einem ganz anderen Katastrophentyp aggregieren können. Jeder einzelne Typ könnte für sich genommen ein „untergeordnetes" Risiko darstellen, doch zusammengenommen können sie sich katastrophal auswirken. So führen plattentektonische Prozesse zu Schwächezonen in Mantel und Kruste, Magma steigt auf und ein Vulkan bricht aus. Der hohe Wasseranteil in der Lava führt zu Starkregen, der die Asche an den Vulkanflanken ins Rutschen bringt – ein Lahar strömt zu Tal und zerstört ein Gebäude (Abb. 4.14 und 4.15). Oder ein lokales Sturmereignis führt zu heftigen Niederschlägen, der Fluss steigt an und an den Ufern erodiert die Böschung, was zum Einsturz einer Brücke führt und einen Passanten in der Flut umkommen lässt.

Solche kausalen Wirkungsketten werden im Katastrophenschutz immer noch unzureichend berücksichtigt. Zwar werden hin und wieder solche Kausalketten – wenn, dann mehr deskriptorisch – dargestellt: Eine umfassende „holistische" Methodik zur Bewertung der Auswirkungen fehlt. Wie schon zuvor dargestellt können z. B. die Folgen eines Hangrutsches von dem auslösenden Erdbebens um ein Vielfaches verstärkt werden. Doch lassen sich die einzelnen Komponenten nur schwer voneinander unterscheiden. Dies liegt vor allem daran, dass die unterschiedlichen Faktoren durch unterschiedliche Fachgebiete (Geologie, Meteorologie, Bauwirtschaft, Medizin usw.) sektorspezifisch getrennt und nicht fachübergreifend analysiert werden. Es muss ein Bewertungsansatz erarbeitet werden, um nachzuzeichnen, wie sich zum Beispiel der Klimawandel auf die Schneeakkumulation auswirkt, was wiederum den Stauseen weniger Schmelzwasser zuführt, wodurch es zu einer schlechteren Trinkwasserversorgung kommt oder der Landwirtschaft weniger Wasser für die Bewässerung zur Verfügung steht.

Ein realistisches Bild von einer Gefahrenkaskade zeigt der Ausbruch des Krakatau am 22. Dezember 2018 – fast auf den Tag genau 14 Jahre nach dem Tsunami in Banda Aceh. Seit dem ersten Ausbruch im Jahr 1883 war der Krakatau bis auf einige kleinere Vulkaninseln in einer großen Caldera versunken. Seitdem hatte er sich erst sehr langsam, dann schneller wieder aufgebaut und eine Höhe von 320 m erreicht (Anak Krakatau). Bei dem ohne Vorwarnung eingetretenen Ausbruch starben 400 Menschen an beiden Küsten der Sundastraße in Folge eines Tsunamis. Schon im Sommer 2018 hatte die NASA mit dem Infrarot-Spektroradiometer „MODIS" erhöhte thermische Aktivitäten festgestellt. Die Aktivitäten nahmen in der Folge zu und am 22.12. kam es dann – aber doch unvermutet – zu den ersten Ausbrüchen. Diese dauerten insgesamt 175 Tage und hatten an den Flanken rund 50 Mio. m^3 Asche abgelagert. Zudem kam es in der Folge zu mehreren Erdbeben, die dazu führten, dass die südliche Flanke des Anak Krakatau abrutschte und der Vulkan ausbrach. Es dauerte nur 2 min und der Vulkan war auf ein Drittel seiner ursprünglichen Höhe reduziert. Die Rutschungen wiederum lösten einen Tsunami aus. Die Abfolge der Ereignisse (Kaskade) konnte deshalb so genau nachvollzogen werden, da seit einiger Zeit vom GFZ (Potsdam) am Krakatau Seismometer installiert waren, um tsunamogene Erdbeben zu identifizieren. In der ersten Hälfte des Jahres 2018 wurden mit InSAR-Aufzeichnungen Bewegungen in der Kruste um 4 mm pro Monat gemessen – im Juni erreichten diese schon 10 mm pro Monat. Tsunamis, die wie hier am Krakatau infolge von Rutschungen an den Flanken von Vulkanen auftreten, sind höchst selten – bringen aber große Schäden und Opfer mit sich. Walter

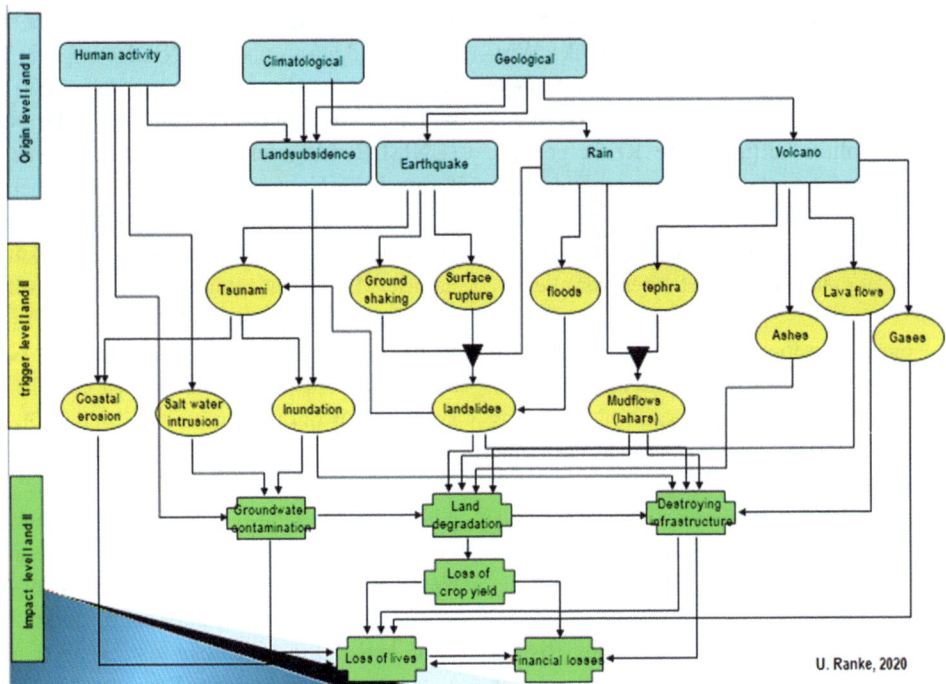

Abb. 4.14 Ursache-Wirkungszusammenhänge von geologisch-klimatologischen Prozessen (Ursachen) zu Naturkatastrophen (Wirkungen)

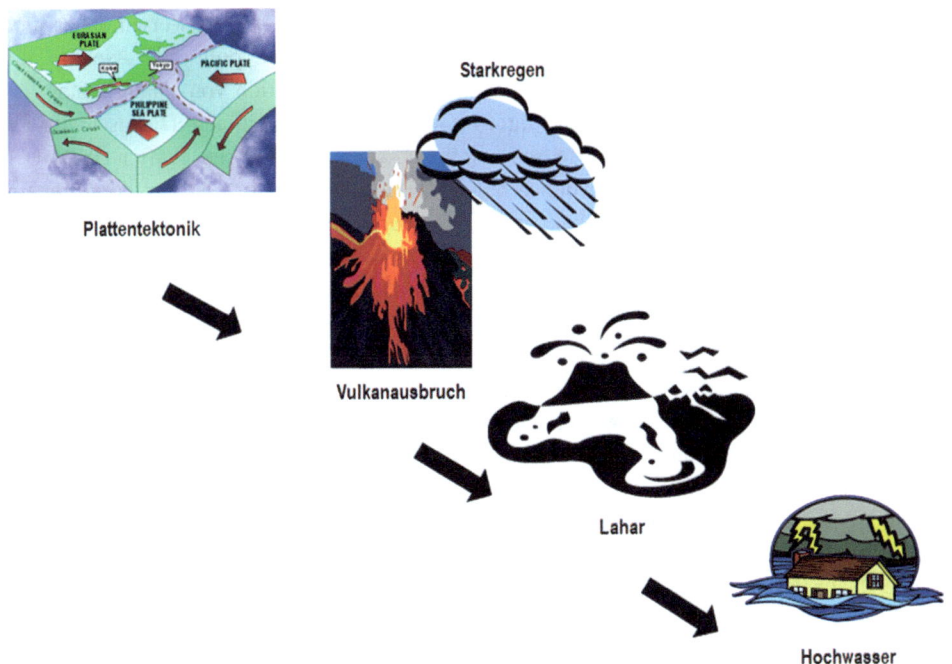

Abb. 4.15 Naturgefahren-Kaskade am Beispiel eines Vulkanausbruchs mit Lahar (stark generalisiert)

et al. (2019) konnten nachweisen, dass keine der einzelnen Komponenten der Kaskade allein die Katastrophe hätte auslösen können.

Ein weiteres Beispiel ist der Reaktorunfall von Fukushima (2011; Ranghieri und Ishiwatari 2014). Hier hat sich eine Kaskade an Katastrophen ereignet. Ein Erdbeben löste einen Tsunami aus, der Tsunami zerstörte die Notkühlung des Atomreaktors von Daiichi, die Überhitzung führte zu einem GAU. Das Stromversorgungnetz weiter Teile der Insel Honshu kollabierte und führte zur Unterbrechung der gesamten nationalen und internationalen Lieferkette. Japan war auf eine solche *„high impact – low probability"*-Katastrophenlage mit ihrem hochkomplexen Zusammenspiel sehr unterschiedlicher Faktoren – Natur, Technik, Wirtschaft, Sozialgefüge – nicht eingestellt. Die Firma TEPCO (Energieversorger) war in der Folge wegen ihrer intransparenten Informationspolitik heftig in die Kritik geraten. Die japanische Regierung musste zurücktreten. Die nachfolgende Regierung leitete eine Reihe an Vorsorgemaßnahmen ein, um das Land in Zukunft gegen solche Naturkatastrophen resilienter zu machen. Sie bestanden vor allem:

- im Aufbau eines Erdbeben-/Tsunami Frühwarnsystems, Gefahren- /Risikokartierung, Risikoszenarien, Katastrophenpläne, Stärkung der Risikowahrnehmung in der Bevölkerung und des Verständnisses der Ursache-Wirkung-Beziehungen von Natur und Technik.
- in der Einbeziehung aller *„stakeholder"* von der nationalen Ebene, den Provinzen bis auf die Ebenen der lokalen Administrationen, sowie der risikoexponierten Bevölkerung.
- in der Überarbeitung der für ein umfassendes Risikomanagement nötigen Gesetze, Regularien und der sich daraus ableitenden Durchführungsbestimmungen.

4.5.2   Einzelgefahren

Als Gefahr wird jeder Prozess, jedes Phänomen, jeder Zustand oder jede Aktivität verstanden, der/die aufgrund ihrer Lage, Schwere und Häufigkeit das Potenzial hat, Menschen zu gefährden, Schäden anzurichten, soziale Netzwerke zu beschädigen und die Umwelt zu zerstören. Denkt man diese Definition weiter, so kommt man zu dem Verständnis, dass eine Gefahr immer dann besteht, wenn bei einem ungehinderten Ablauf des Geschehens ein Zustand oder ein Verhalten mit hinreichender Wahrscheinlichkeit zu einem Schaden führen wird. Gefahren können sowohl im täglichen Leben als auch in der Natur auftreten, letztere werden daher als Naturgefahren bezeichnet. In Fortsetzung dieser Begriffsbestimmungen spricht man von einem Naturereignis, wenn sich eine Naturgefahr in einem gefährdenden Ereignis manifestiert. Wenn dies ein gravierendes Ausmaß annimmt, spricht man von einer Naturkatastrophe. Können durch ein Naturereignis/eine Naturkatastrophe potenziell Sachwerte zerstört und Menschenleben bedroht werden, wird das Ausmaß dieser Schädigungen in einer Risikoanalyse bestimmt (vgl. Abschn. 4.6.2). Weltweit werden immer mehr Regionen, Gebiete und Lokalitäten identifiziert, die solche Gefahren bzw. Risiken beherbergen. Die zunehmende Bedeutung der Naturgefahren und der mit ihnen in Verbindung stehenden Naturkatastrophen mit ihren fatalen und ökonomischen Konsequenzen fand ihren Niederschlag – neben vielen anderen nationalen und supranationalen Strategien –

vor allem in der Internationalen Dekade zur Reduzierung der Naturkatastrophen (UNIDNDR) der Vereinten Nationen (1990–1999), die seit dem Jahr 2000 durch die Internationale Strategie zur Reduzierung der Naturkatastrophen (UNISDR) fortgesetzt wird. Ziel ist es, eine weltweit gültige Strategie im Umgang mit Naturkatastrophen zu entwickeln.

Je nach auslösendem Mechanismus werden die Naturgefahren als „tektonisch" (Erdbeben, Vulkanausbrüche, Tsunamis, Massenbewegungen), „hydrologisch" (Hochwasser, Lawinen), „meteorologisch" (Dürren, Hitzewellen, Waldbrand) oder „klimatisch" (Klimawandel) bezeichnet. Schon aus dieser Zusammenstellung ist abzulesen, dass Naturgefahren sowohl unvermittelt und sehr plötzlich als auch erst über einen langen Zeitraum hin nachweisbar eintreten können. Ungeachtet des Begriffs „natürlich" hat eine Naturgefahr ein Element der menschlichen Interaktion. Menschliches Eingreifen kann die Häufigkeit und Schwere von Naturgefahren erhöhen. In Gebieten, in denen keine menschliche Aktivität vorgenommen wird, stellen Naturphänomene zwar keine direkte Gefahr dar, können aber indirekt auf Naturgefahren in anderen Regionen Einfluss nehmen: Auftauen des Permafrostes in Sibirien oder die Ausbreitung der Wüsten sind zum großen Teil eine Folge destruktiver menschlicher Eingriffe in ein Ökosystem an ganz anderen Orten. Naturgefahren weisen daher immer auch soziale, technologische und politische Aspekte auf. Die allgemein anerkannte Definition von „Naturgefahr" ist daher weiterhin Gegenstand umfänglicher Diskussionen zwischen den Natur-und den Sozialwissenschaften (WBGU 1999).

Eine „Naturgefahr" ist per definitionem ein Phänomen, das für sich genommen (nur) eine Zustandsbeschreibung umfasst. Eine Gefahr, wie wir sie darunter verstehen, wird erst dann daraus, wenn sie mit Begriffen wie Eintrittswahrscheinlichkeit, Häufigkeit und Stärke verknüpft wird. In diesem Sinne wird im Folgenden „Gefahr" mit „Gefährdung" gleichgesetzt (Greiving et al. 2016). Daraus folgt, dass eine Beschäftigung mit Naturgefahren nicht auf eine reine Beschreibung der Tatbestände begrenzt sein darf – sie muss immer auch mögliche Folgewirkungen mit einschließen. Kaum eine der Naturgefahren tritt isoliert auf und kann in der Regel verschiedenen Gefahrentypen zugeordnet werden. Vor allem aber sind sie fast immer eine Abfolge von einander beeinflussenden Typen („Kaskade"). So kann die Bewegung der Lithosphärenplatten ein Erdbeben auslösen, Gebäude zerstören und Abwasserleitungen beschädigen. Die gerissenen Leitungen können wiederum das Trinkwasser kontaminieren und Krankheiten wie Cholera verursachen; der Ausbruch des Vulkans Tambora 1815 (vgl. Abschn. 3.4.3) entließ eine Sulfat-Aerosolwolke in die Atmosphäre, die im Jahr darauf in Europa zu einer Hungersnot führte – mit der Folge der ersten großen Auswanderungswelle von Iren nach Amerika.

Die Beschäftigung mit diesen Phänomenen wird als „Naturgefahrenforschung" (*„hazard science"*) bezeichnet. Darunter ist das Zusammenspiel verschiedener Wissenschaften wie Naturwissenschaften, Sozialwissenschaften, Technologie, Ökonomie und Ökologie zu verstehen, die gemeinsam und interdisziplinär die Naturphänomene analysieren, Ursache-Wirkung-Beziehungen aufstellen und daraus Handlungsoptionen entwickeln, wie in Zukunft solche Gefahren verhindert oder wenigstens verringert werden können. War die Beschäftigung mit Naturgefahren in der Vergangenheit vor allem Arbeitsfeld der Naturwissenschaften – hier in erster Linie von Geologie und Geophysik – hat sich ergeben, dass eine Naturgefahrenbewertung heute ohne Berücksichtigung ihrer sozioökonomischen, kulturellen und ökologischen Dimensionen nicht mehr möglich ist. Die Erfassung und Bewertung eine Naturgefahr kann zudem nicht mehr als rein fachplanerische Aufgabe verstanden werden, die primär auf einen Gefahrentyp beschränkt bleibt. Stattdessen muss die Analyse von Naturgefahren fachübergreifend „holistisch" zu einem Gesamtbild aggregiert werden. Wie auch die später zu beschreibenden „Naturrisiken" steht auch bei den „Naturgefahren" der (geo-)räumliche Bezug im Vordergrund. Das heißt, sie werden unter dem Aspekt betrachtet, ob die in einem Gebiet auftretenden Naturphänomene eine Gefahr für die Gesellschaft darstellen können: „Gefahr wird als der Tatbestand einer objektiven Bedrohung durch ein zukünftiges Ereignis definiert, wobei die Gefährdung *(„hazard")* mit einer bestimmten Eintrittswahrscheinlichkeit auftritt (Greiving et al. 2016). Die Verfolgung von Gefahren, ihren Ursachen und Auswirkungen ist die zentrale Aufgabe der Naturgefahrenanalyse. Hierbei nimmt die Geoinformation einen immer breiteren Raum ein. Nur mittels räumlicher Informationen lassen sich die komplexen Interaktionen von „System Erde" mit der Gesellschaft erkennen, zum Beispiel im „Ökosystemmanagement". Ein Ökosystem ist eine Folge wechselseitiger und ineinandergreifender Beziehungen zwischen Lebewesen und ihrer Umgebung. Zum Beispiel ist der Wald ein Ökosystem, das „Waren" anbietet (Bäume, Holz, Brennstoff, Obst). Er leistet darüber hinaus auch Dienstleistungen in Form von Wasserspeicherung und Hochwasserschutz, speichert Nährstoffe, bietet Lebens-und Schutzraum für Wildtiere und Erholung. Um das Gefahrenpotenzial und Maßnahmen zur Verringerung der Gefahr bewerten zu können, müssen alle diese sektorspezifischen Funktionen einbezogen werden, von der Erfassung der Ursachen bis hin zu deren Auswirkungen auf die Güter- und Dienstleistungsfunktion.

Zentrale Aufgabe der Naturgefahrenforschung ist es, zu ermitteln:

- Welche Regionen sind welcher Naturgefahr ausgesetzt?
- Welche der Gefahren laufen gleichzeitig und welche unabhängig voneinander ab?

- Welche Prozessinteraktionen bestehen zwischen ihnen und zu welchen Ereignissen führen sie?
- Wie können diese Prozesse erkannt und vorhergesagt werden?

Dabei ist festzustellen, dass nicht alle Naturgefahren sich frühzeitig erkennen oder gar voraussagen lassen. Wirtschaftlich leistungsstarke Industrienationen haben meist bessere Möglichkeiten, diese zu erfassen und zu bewerten und frühzeitig aufwendige Anpassungsstrategien und Vorsorgemaßnahmen für drohende Naturkatastrophen zu entwickeln. Solche Maßnahmen sind mit hohen Investitionen verbunden und stehen in der Regel ärmeren Gesellschaften nicht zur Verfügung. Aber auch hier können Maßnahmen getroffen werden, die im Katastrophenfall die Überlebenschancen deutlich erhöhen, zum Beispiel technisch-bauliche Schutzmaßnahmen. Eine wirksame Verringerung der Naturgefahrenexposition aber wird erst dann erreicht werden, wenn die Gesellschaft für alle Gruppen umfassende Bewältigungsstrategien bietet (*„vertical governance"* vgl. Abschn. 5.1.1; Mehrebenenansatz, vgl. Abb. 5.11), aber auch weiterführende Maßnahmen entwickelt wie Risikoaufklärung, Schaffung eines Risikobewusstseins, die Erstellung von Risiko- und Gefährdungskarten und die Kennzeichnung von Fluchtwegen.

4.5.3 Instrumente zur Naturgefahren-Bewertung

Grundlage aller Naturgefahren-Bewertungen ist eine umfassende Kenntnis aller in einer Region auftretenden Gefahrentypen. Diese werden geologisch/geomorphologisch kartiert und kategorisiert (Lage, Größe, Stärke) und deren statistische Häufigkeit aus historischen Daten abgeleitet. Zur Erfassung und Bewertung von Naturgefahren werden immer noch die traditionellen Instrumente wie die Kartierung eingesetzt. Aber immer häufiger und immer umfassender werden dazu Methoden der Fernerkundung eingesetzt. Dabei wird zwischen Luftbildern und Satellitenbildern unterschieden.

Luftbilder
Luftbilder werden eingesetzt, um Muster in ihrer regionalen Ausdehnung zu erkennen. Wichtige Strukturen, die am Boden vor Ort nicht erkennbar sind, können mithilfe von Luftbildern über Hunderte von Kilometern gesehen und verfolgt werden (Verlauf des San-Andreas-Grabens über Hunderte von Kilometern). Insbesondere, wenn ein Gebiet mit unterschiedlichen Messverfahren in verschiedenen Maßstäben und zu verschiedenen Zeiten beflogen wird und diese Messungen dann mit anderen Informationen verschnitten werden, können sich für die Fragestellung wichtige, sonst

nicht erkennbare Zusammenhänge ergeben. Die Vorteile von Luftaufnahmen sind deren hohe räumliche Auflösung, deren schnelle und flexible Erfassung und die Nutzung erprobter und kostengünstiger Technik. Nachteilig sind ihre zum Teil starken Verzerrungen am Bildrand, Probleme bei der Übertragung in digitale Medien sowie das allen Fototechniken immanente Problem der Wolken. Die Fotos können auf zwei Arten verwendet werden: Bei einer Methode werden sie zu einem Mosaik zusammengefügt und stellen so die Basis für topographische und geowissenschaftliche Flächenerfassung. Dies erfordert jedoch jeweils eine Reihe von Korrekturen. Der tatsächliche Maßstab des Mosaiks muss anhand von Orten kalibriert („georeferenziert") werden. Eine zweite in der Luftbildfotografie weit verbreitete Interpretationstechnik besteht darin, benachbarte Luftbilder weit überlappend aufzunehmen. Solche Überlappungen können dann stereoskopisch betrachtet werden; früher mittels Stereoskopen, heute stehen dafür automatisierte Techniken zur Verfügung. Damit können Punkthöhen digitalisiert und auf einer Basiskarte lokalisiert werden oder topographische, wie geologische, gewässerkundliche u. v. a. Faktoren direkt aus den Fotografien entnommen werden. Verschiedene Gesteinseinheiten können abgegrenzt werden, aber noch wichtiger ist, dass das „Streichen" und „Fallen" von Schichten in den Luftbildern gemessen werden kann, sodass die Tektonik regional kartiert werden kann.

Drohnen

Technologische Entwicklungen haben dazu geführt, dass heute zu Naturgefahren – vor allem aber zur Erfassung unübersichtlicher sehr lokaler Katastrophenlagen – immer häufiger unbemannte Drohnen eingesetzt werden. Neben der Gewinnung von Luftbildern können Drohnen mit Infrarotkameras oder speziellen Messgeräten bestückt werden. Sie dienen auch dem Transport von Geräten, Medikamenten und anderen Hilfsmitteln sowie der Dokumentation von Rettungseinsätzen. Besonders nach Erdbeben kommt es sehr häufig zu Schadenslagen, in denen ein schneller Überblick entscheidet, wo die Rettungskräfte am besten einzusetzen sind. Sehr erfolgreich ist die Personenortung mittels Wärmebildkameras, mit Flughöhen um 30 m über dem Einsatzgelände. Die Bilder werden in Echtzeit in die Einsatzleitung übertragen. Dort kann im Ernstfall dann eine schnelle Auswertung der Bilder erfolgen. Ein gleichzeitiger Einsatz von mehreren Drohnen-Teams mit unterschiedlichen Arbeitsaufträgen ermöglicht es, Rettungskräfte noch gezielter und effektiver einzusetzen.

Satelliten

Satelliten bieten für viele Anwendungszwecke einen großräumigen Überblick über die Erdoberfläche und leisten so einen Betrag, das „System Erde" besser zu verstehen (Umweltbeobachtung, Geologie, Hochwasserereignisse, Hurrikan, Hitzewellen, Kaltlufteinstrom u. v. a.). Satelliten

sind daher auch für die Belange des Katastrophen-Risikomanagements unverzichtbar, zum Beispiel für eine weltumspannende Wetterbeobachtung. Aber nicht nur eine Beobachtung der unbedeckten Erdoberfläche ist möglich: Radarsatelliten können durch eine dichte Wolkendecke „hindurchschauen". In Kombination mit Daten, die unmittelbar auf der Erde von Wetterstationen geliefert werden, lässt sich das Wettergeschehen der nächsten Tage zuverlässig vorhersagen. Satelliten sind dazu in ca. 36.000 km Höhe über dem Äquator auf im Verhältnis zur Erdoberfläche geostationären Umlaufbahnen „fixiert", sie folgen damit der Erdrotation. Durch die geostationäre Position zeigt ein Satellit immer dieselbe Region und macht zeitliche Änderungen an der Erdoberfläche sichtbar. Oder sie umkreisen die Erde auf einer polaren Umlaufbahn (ENVISAT) und können so Veränderungen bis zu 14-mal am Tag dokumentieren. Da diese Satelliten die Erde in nur 800 km Höhe umkreisen, liefern sie bei jedem Überflug hochauflösende Bilder, jeweils von einem anderen Gebiet. Die Satellitenbilder werden durch unterschiedliche Messverfahren aufgenommen, diese werden dann miteinander verschnitten. So ist es möglich, sowohl geomorphologische Strukturen (Gebirge) als auch über die Chlorophyll-Konzentration den Zustand der Vegetation darzustellen. Mithilfe von Satelliten können Oberflächentemperaturen auch in solchen Regionen gemessen werden, die für Menschen unzugänglich sind: beispielsweise auf hoher See, in Wüsten oder Urwaldregionen. Naturkatastrophen lassen sich dagegen in der Regel nicht voraussehen. Aber wenn sie eingetreten sind, können Satelliten raumbezogene Informationen liefern, um zum Beispiel bei Waldbränden deren weiteren Verlauf vorherzusagen.

Alle so aufgenommenen Daten werden katalogisiert und für eine in der Regel computergestützte Weiterverarbeitung vorbereitet. So können die Daten mit Kenntnissen zur Niederschlagsverteilung, Vegetation und Landnutzung zu einem systemischen Ansatz verschnitten werden. Doch übersteigt in der Regel das für das Naturgefahrenmanagement benötigte Informationsvolumen die Kapazität manueller Methoden und ist zudem sehr zeitaufwendig. Dies macht den Einsatz computergestützter Techniken zwingend. Als das zentrale Instrument hat sich dabei das Geographische Informationssystem (GIS) erwiesen.

Geographische Informationssysteme (GIS)

Als Werkzeug zum Sammeln, Organisieren, Analysieren und Präsentieren von raumbezogenen Daten spielen heute Geographische Informationssysteme (GIS) eine entscheidende Rolle. Dabei werden jedem Informationselement bestimmte Attribute (Boden, Niederschlag, Bevölkerung usw.) zugeordnet. Da die Menge an Informationen, die eingegeben werden können, theoretisch unbegrenzt ist, können so große Datenmengen auf geordnete Weise zusammengestellt werden. Aus diesen Darstellungen lassen sich dann räumliche

Beziehungen zwischen den verschiedenen Gefahrentypen (Hochwasser, Massenbewegungen) aufdecken. Die Informationen können dann mit Daten zu Intensität, Häufigkeit und der Wahrscheinlichkeit des Auftretens eines gefährlichen Ereignisses verschnitten werden, entweder aus Beobachtungen vor Ort oder aus Datenbanken.

GIS-Systeme finden Anwendung auf:

- nationaler Ebene: zur überregionalen und generalisierten Erfassung und Bewertung der das Land betreffenden Naturgefahren, zur Entwicklung nationaler Mitigationsstrategien, zur Priorisierung von nationalen Entwicklungsplänen sowie zur Entwicklung eines Konzeptes zur Bewusstseinsbildung unter Einbeziehung der Bevölkerung.
- regionaler Ebene: Hier bieten sich GIS-Systeme an, um detailliertere Erkenntnisse zu den Naturgefahren ausgewählter Gebiete zu erhalten und um das Entwicklungspotenzial in bestimmten Gebieten zu beurteilen. Daneben profitieren auch der Katastrophen- und Bevölkerungsschutz von diesen Informationen – Investitionsprojekte wie zum Hochwasserschutz lassen sich sachgerecht identifizieren sowie die Erstellung von allgemeinen Leitlinien zur Landnutzung.
- lokaler Ebene: Hier kommt einem GIS-System die Aufgabe zu, sehr viele und zum Teil sehr heterogene Daten (mitunter nicht strukturierte, mündliche Informationen) so aufzubereiten, dass es eine möglichst genaue Kenntnis über die Gefahrensituation eines Gebietes ergibt. Der vergleichsweise hohe Detaillierungsgrad bietet die Grundlage für die lokale Entwicklungsplanung, wie zu Beispiel bei der Auswahl eines Flutpolder-Standorts. Ebenso unverzichtbar sind diese Informationen für die Organisation des lokalen Zivilschutzes.

Die durch Kartierung, Fernerkundung und Satellitendaten gewonnenen Erkenntnisse über die Naturgefahren eines Gebietes werden in einem nächsten Schritt zu einer regionalen oder lokalen Naturgefahrenkarte zusammengestellt. Solche Karten geben dann aber nicht mehr Auskunft über die Ausprägungen jeder „Einzelgefahr", sondern stellen eine Gesamtschau dar. Um aus den erfassten Einzeldaten ein Bild der Naturgefahr einer Region abzuleiten, ist es nötig, die Daten zu klassifizieren. Das heißt, sie können nicht als Rohdaten weiterverarbeitet werden, sondern müssen vereinfacht und damit vergleichbar gemacht werden. Dies kann numerisch nach Schweregrad („severity") erfolgen oder durch eine qualitative Beschreibung („gering – mittel – schwer"). Die so aufbereiteten Gefahrentypen werden dann synoptisch in einer Karte dargestellt.

Wie sehr der Maßstab in eine Darstellung von Naturgefahren eingeht, wird deutlich, wenn zum Beispiel die jährlichen Schäden durch Erdbeben an den Bundesstaaten Washington und Kalifornien erfasst und diese dann mit der Verteilung bezogen auf den jeweiligen Regierungsbezirk (County) verglichen werden. Deutlich unterscheiden sich die Einstufungen im Bundesstaat Washington: Auf „states level" wird die Erdbebengefährdung in die Kategorie „mittel" (gelb) eingestuft. Werden aber die Schäden auf „county level" bezogen, gibt es im Raum Seattle Gefährdungen, die dem von Südkalifornien entsprechen. Da der Bundesstaat Washington sonst nur eine sehr „geringe" Gefährdung aufweist (grau/weiß), ergibt sich für den Bundesstaat aus dem statistischen Mittel eine „mittlere" Gefahr.

Die Wahl des „richtigen" Maßstabs wird noch deutlicher, wenn wir die unterschiedlichen Gefahrentypen betrachten. Eine Synopse der Klimagefahren wird in der Regel bezogen auf einen ganzen Kontinent, oder auf einen Teil eines Kontinents, wie zum Beispiel der Klimawandel in der Sahelzone. Sturmereignisse benötigen einen Maßstab, der die betroffene Region als Ganzes umfasst, so zum Beispiel Norddeutschland, um die Gefahren einer Westwindwetterlage darzustellen. Erdbeben folgen normalerweise tektonischen Lineamenten, erfordern daher einen Maßstab, der zum Beispiel den gesamten Oberrheingraben abbildet. Vulkanausbrüche sind sehr lokale Ereignisse, können sich aber weit ins Land hinaus auswirken. Möchte man dagegen die Gefahr durch Unfälle im Haushalt darstellen, wird häufig ein Maßstab gewählt, der den Postleitzahlen entspricht – oftmals sogar wird dieser bis auf das einzelne Gebäude heruntergebrochen; Hochwassergefahren von Gebäuden in Flussnähe werden schon auf die einzelnen Stockwerke bezogen.

Gefahrenhinweiskarte
Eine wichtige Rolle im Katastrophen-Risikomanagement kommt der Gefahrenkartierung zu. In Bezug auf die Bearbeitungstiefe wird zwischen einer allgemeinen Gefahrenbewertung (Gefahrenhinweiskarte) und einer detaillierten Gefahrenbeurteilung unterschieden. Die Vorgehensweise zur Erstellung einer Gefahrenhinweiskarte wird nachfolgend am Beispiel einer Hochwassergefahrenkarte vorgestellt. Die Bund/Länder-Arbeitsgemeinschaft Wasser (LAWA 2010) hat auf ihrer 139. Vollversammlung in Dresden eine Empfehlung ausgesprochen, nach der Hochwassergefahrenkarten/Hochwasserrisikokarten in den Bundesländern zu erstellen sind, die im Folgenden zusammengefasst wiedergegeben werden:

- Hydrologie: Für die Bewertung der Hochwassergefahr an Fließgewässern sind Hochwasserabflüsse auf Grundlage von Pegelstatistik/Spendenansatz zu ermitteln und im Hinblick auf ihre Eintrittswahrscheinlichkeit einzuordnen. Dabei kann je nach Daten- und Modellverfügbarkeit eine Simulation für ein Einzelereignis/Modellregen oder eine Langzeitsimulation herangezogen werden. Die Hochwasserabflüsse sind je nach Eintrittswahrscheinlichkeiten bzw. Szenarien zu ermitteln und/ oder festzulegen.

- Topographie: Eine Ermittlung der Hochwassergefahrenflächen setzt eine exakte Aufnahme der Topographie von Gerinnebett (Flussschlauch) und Gewässervorland einschließlich relevanter Bauwerke (Brücken, Dämme, Schutzmauern, Deiche) voraus. Zur Vermessung des Gewässers, der Bauwerke und des Vorlands sind digitale Geländemodelle (DGM) unverzichtbar, da nur so die Daten georeferenziert werden können. Zur Abbildung des Gewässerverlaufs ist es erforderlich, an strategischen Stellen Flussquerprofile zu vermessen. Der Abstand zwischen den Querprofilen ist so zu wählen, dass Änderungen im Gewässerverlauf und in der Gerinnegeometrie hinreichend genau erfasst werden – 200 m Abstände sollten nicht überschritten werden. Alle hydraulisch relevanten Bauwerke im und am Gewässer und große Durchlässe (Verdolungen) sind ebenfalls einzumessen. Zur Aufstellung der Geländemodelle werden Laserscanning-Befliegungen zur Unterstützung der terrestrischen Geländeaufnahme empfohlen. Die DGM-Erstellung sollte eine Gitterweite von 2 m nicht überschreiten, um möglichst auch schmale Geländestrukturen ausreichend genau aufzulösen.

- Bodenbedeckung: Die Rauhigkeit der Geländeoberfläche (Bachbett, Uferböschung, Bauwerke) ist von entscheidendem Einfluss auf die Fließdynamik. Informationen zur Oberflächenrauhigkeit werden meist aus Daten zur Bodenbedeckung (ATKIS; CORINE-Landcover) entnommen. Zudem wird empfohlen, Uferböschungen gesondert von Luftbildern/Orthofotos zu erfassen.

- Fließgewässerhydraulik: Die Hydraulik wird eingesetzt, um Wasserstände, Überschwemmungsflächen und Strömungsgeschwindigkeiten für zuvor definierte Abflussszenarien zu ermitteln. Die zur hydraulischen Simulation von Hochwassern verwendeten Modelle können einerseits in eindimensionale und mehrdimensionale und andererseits in stationäre und instationäre Modelle eingeteilt werden. Bei Gebieten ohne technischen Hochwasserschutz resultiert die Hochwassergefahr primär aus dem Wasserstand im Fließgewässer. Je nach Geländeneigung spielt auch die Fließgeschwindigkeit eine Rolle. Solche Bedingungen sind vornehmlich im Gebirge und Mittelgebirge vorzufinden – hierfür kommen einfache stationäre 1D-Modelle zur Anwendung. Bei größeren Talbreiten und geringeren Gefällen ist zu prüfen, ob instationäre 2D-Modelle zu besseren Ergebnissen führen. Das Gleiche gilt in Mündungsbereichen von Fließgewässern. Für die Modellkalibrierung der Hochwasserspiegel sind Daten aus abgelaufenen Ereignissen unverzichtbar. Hilfreich ist außerdem die Überprüfung der (Modell-)Wasserstände mit gemessenen Wasserständen an Pegeln.

Die erfassten Daten fließen als sogenannte „Kennwerte" in ein Datenmodell ein, z. B. Wassertiefe in Metern bei einem Hochwasser. Aus den Kennwerten lassen sich durch Aggregierung von Wassertiefe und Fließgeschwindigkeiten die Intensitäten für ein Hochwasser bestimmen (Klassen: keine, schwach, mittel, stark). Die Intensität wird für verschiedene Szenarien mit unterschiedlichen Jährlichkeiten ermittelt. Durch eine Verknüpfung der Jährlichkeiten bzw. der Eintrittswahrscheinlichkeiten mit den zugehörigen Intensitäten lassen sich die Gefahrenstufen für jeden Gefahrentyp (Hochwasser, Hangrutschung usw.) ableiten. Die daraus resultierenden Gefahrengebiete (Flächen) werden in Form von Gefahrenkarten dargestellt und fließen in die Flächennutzungsplanungen ein (BAFU 2017). Mit den heutigen technischen Möglichkeiten steht daher mehr als nur eine „Hochwasserkarte" zur Verfügung. Durch GIS-Verarbeitung können dann sowohl in graphischer als auch in digitaler Form die unterschiedlichen thematischen Karten erstellt werden, zum Beispiel für den Katastrophenschutz und die Raumplanung. In Deutschland hat jedes Bundesland dafür eine Organisation eingerichtet, so zum Beispiel in Niedersachsen der Landesbetrieb für Wasserwirtschaft, Küsten- und Naturschutz (NLWKN/LGN), bei dem detaillierte Hochwassergefahrenkarten (Hochwasserrisikokarten) interaktiv abgerufen werden können (Abb. 4.16).

Ein gutes Beispiel für eine großräumige Gefahrenhinweiskarte über die Erdbebengefahr in den USA gibt die „Erdbebengefahrenkarte der USA" des USGS (Earthquake Seismic Hazard Map; Abb. 4.17). Die Karte stellt die *„peak ground acceleration"* (PGA) dar, mit einer 2 %tigen Eintrittswahrscheinlichkeit in den nächsten 50 Jahren. Sie beruht auf den verfügbaren seismischen Ereignissen und berücksichtigt Störungen, Versatzbeträge und andere seismologische Informationen. Hierfür mussten zuvor die „Erdbebenmagnituden" in Klassen zusammengefasst und die sogenannten *„lower 48")* zusammengefasst dargestellt werden. Dafür hat er die Erdbebenstärken nach der Bodenbeschleunigung (in Prozent der Erdbeschleunigung g) in 8 Klassen ausgedrückt – in den ersten 3 Klassen verdoppelt sich die Bodenbeschleunigung, danach erhöht sie jeweils um 16 g.

Eine Gefahrenbeurteilung geht einen Schritt weiter und versucht nicht nur, die gefährdeten Gebiete auszuweisen, sondern auch, den die Gefahr auslösenden Prozess darzustellen. Eine Gefahrenbeurteilung ist für ein Flusseinzugsgebiet nördlich der Stadt Ende (Flores Island, Indonesien; BG/Georisk; Abb. 4.18) in Bezug auf die Hangrutschgefahr durchgeführt worden. Solche Beurteilungen sind eher auf räumlich gut eingrenzbare Gebiete zu beschränken, da sonst die Faktoren (Hangneigung, Niederschlag usw.), die zur Ausbildung einer Rutschgefahr führen, zu sehr variieren. Anfang 2003 gab es im dargestellten Gebiet einen lokalen Erdrutsch (*„landslide"),* bei dem nach mehreren Tagen

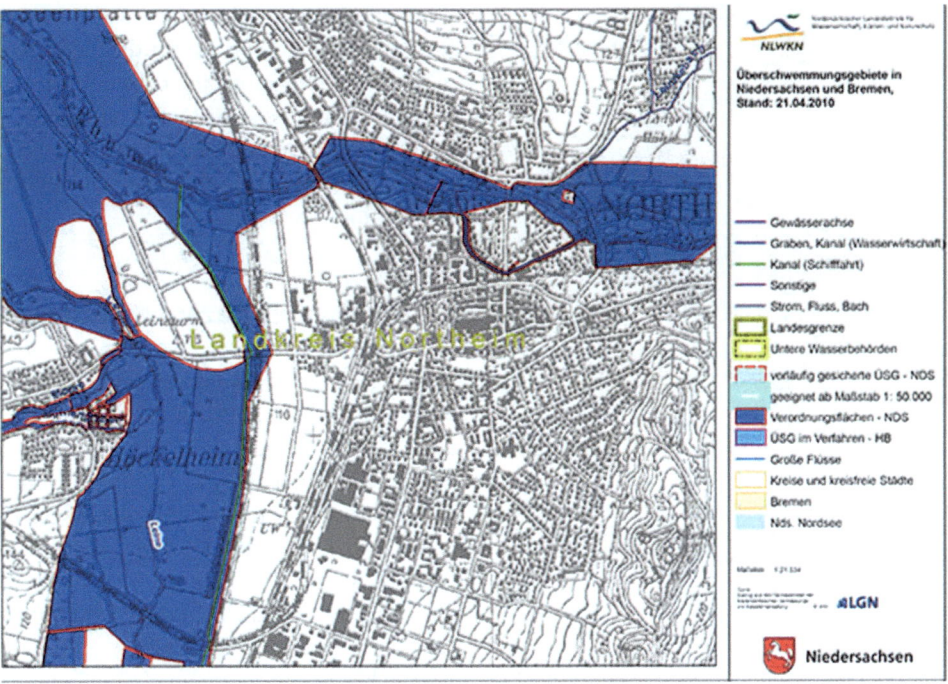

Abb. 4.16 Beispiel einer Hochwassergefahrenkarte der Northeimer Seenplatte (Landesamt für Geoinformation und Landesvermessung Niedersachsen, LGN; GIS-Dienstleistungen)

starker Regenfälle 23 Menschen ums Leben kamen. Für die Gefährdungsbeurteilung wurden die auslösenden Elemente dieser Rutschung qualitativ aus Geologie und Morphologie, der vorherrschenden Vegetation, aus Hangneigung und -ausrichtung sowie dem Niederschlagsmuster ermittelt. Für eine regionale Bewertung wurden die genannten Faktoren als idealtypisch für alle Rutschungen in dem Gebiet angesehen. Diese Daten wurden dann in ein GIS-System eingegeben, um diejenigen Bereiche zu identifizieren, für die die gleichen Parameter gültig sind und mit dem digitalen Geländemodell (DGM) verschnitten. Alle Gebiete, in denen die genannten Parameter übereinstimmen, sind in der Karte rot markiert. So konnten diejenigen Bereiche entlang des Flusses identifiziert werden, die ein vergleichbares Gefahrenpotenzial aufweisen wie der Erdrutsch im Jahr 2003. Diese Zusammenstellung von Gefahrenindikatoren lässt jedoch noch keine Risikoanalyse zu. Sie bildet vielmehr die Grundlage einer Bewertung der potenziellen lokalen Personen- und Sachschäden.

Die Datenstruktur der GIS-Verarbeitung für das Flores-Ereignis könnte so aussehen wie in Abb. 4.19.

Solche Gefährdungsbeurteilungen sind auch für die Entwicklung von Präventionsstrategien unverzichtbar. Aus der Vielzahl von Erkenntnissen, Erfahrungen in der Vergangenheit und dem Wissenstransfer aus ähnlich gefährdeten Gebieten lässt sich eine Gefahrenbeurteilung, zum Beispiel für die „Lawinengefährdung" eines Skiressorts, erstellen (Abb. 4.20). Da Skiressorts in der Regel existenziell vom

Wintersport abhängig sind, müssen in jedem Fall auch die sozialen und ökonomischen Faktoren mit in die Analyse einbezogen werden. Liegen für eine solche Analyse keine quantitativen Erkenntnisse vor, kann die Analyse auch qualitativ erfolgen. Um diese synoptisch darzustellen, kann man (neben vielen anderen Ansätzen) das Mittel der polygonalen Darstellung wählen, wie dargestellt. Die Polygondarstellung beruht auf dem Prinzip, dass je größer der Skalenwert ist, desto größer die Bedrohung. In einem Fünfeck wurden dazu die Faktoren „Todesopfer", „Schä-

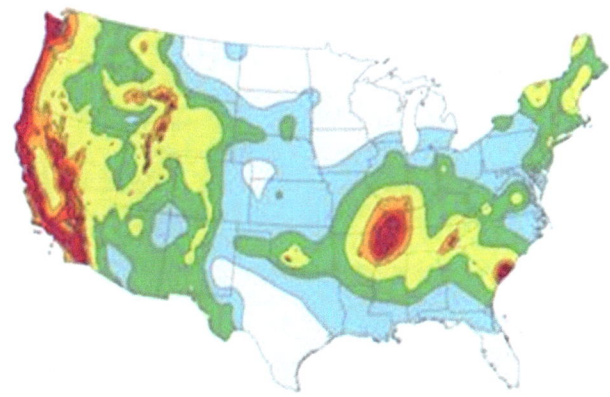

Abb. 4.17 Erdbebengefahrenkarte der USA (USGS Earthquake Seismic Hazard Map; public domain: https://www.usgs.gov/programs/earthquake-hazards/science/national-seismic-hazard-maps)

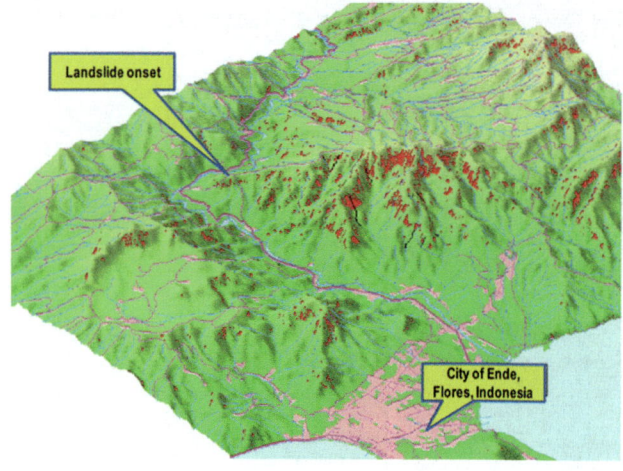

Abb. 4.18 Hangrutschgefahr am Beispiel eines Flusseinzugsgebietes nördlich der Stadt Ende (Flores, Indonesien) (Bandan Geologie Bandung/Bundesanstalt für Geowissenschaften und Rohstoffe, Hannover „GEORISK Project")

den", „Häufigkeit von Lawinenabgängen", „Stärke der Lawine" und die „Güte der Lawinenwarnung" aufgetragen. Jeder der Faktoren wurde auf einer Skala von 1–5 empirisch bewertet. Daraus ergibt sich ein Polygon der Gefahrenbewertung. Ansätze zur Prävention setzen da an, wo die Gefahr am größten ist. Da in diesem Beispiel die hohe Zahl an Opfern und Schäden sicher von der „Stärke" der Lawinenereignisse (nicht aber von der Häufigkeit) abhängt, sollte eine Prävention hier ansetzen, damit in der Zukunft die Wucht solcher Ereignisse geringer ausfällt (Lawinenverbauung, strategisches Ableiten einer Lawine um den Ort herum usw.). Die Opferzahl lässt sich auch reduzieren, wenn die Lawinenopfer schneller gefunden werden (bessere Ausrüstung, mehr und bessere Ausbildung der Retter). Obwohl der Faktor „Warnung" mit einem Skalen-

wert von 0,9 angegeben ist, was besagt, dass die Güte der Information überdurchschnittlich (gut) ist, halten sich viele Skifahrer nicht daran. Ein verbessertes Bewusstsein bei den Skitouristen lässt sich erreichen, indem Lawineninformationen weiter und (noch) besser verständlich verbreitet werden, z. B. in Skikursen intensiver auf die Gefahren hingewiesen wird.

4.5.4 Multiple Hazard Assessment

Der Begriff „*multiple hazard assessment*" (MHA) wird hier in seinem englischen Ausdruck verwendet, da es meines Erachtens dazu keinen wirklich „guten" deutschen Ausdruck gibt (Vielgefahrenanalyse, multiple Gefahrenanalyse).

Es ist unbestritten, dass in der Regel nicht eine Einzelgefahr *(„single hazard")* eine Katastrophe auslöst, sondern dass sie (fast) immer durch Zusammenwirkungen verschiedener Gefahrenquellen bestimmt wird – ein Zusammenwirken, das als Kaskade *(„hazard cascade";* vgl. Abb. 4.15) bezeichnet wird. Allein die Hochwasserereignisse an Elbe und Oder haben gezeigt, wie sehr die Wasserstände vom Einzugsgebiet, der Wetterlage (Vb), der Flussmorphologie und von technischen Faktoren (Deichstabilität) geprägt wurden. Ein MHA muss daher alle diese Faktoren einschließen sowie deren Interaktionen klären und die sich daraus ergebende „Gesamtgefahr" aufzeigen. Ein MHA hat dabei zwei unterschiedlichen Erwartungen zu genügen: Einerseits muss es die Gefahrensituation einer bestimmten Region umfassend bewerten können, anderseits sollte es aber so gestaltet sein, dass der Ansatz auch auf andere Regionen übertragbar ist. Nur so sind dann Vergleiche mit anderen Regionen möglich (Hochwasser an Elbe und Oder mit Hochwasserereignissen an Rhein und Mosel). Dabei fußt jeder *„multiple hazard"*-Ansatz immer auf einer

Abb. 4.19 Datenstruktur für ein Hangrutschereignis (stark verallgemeinert)

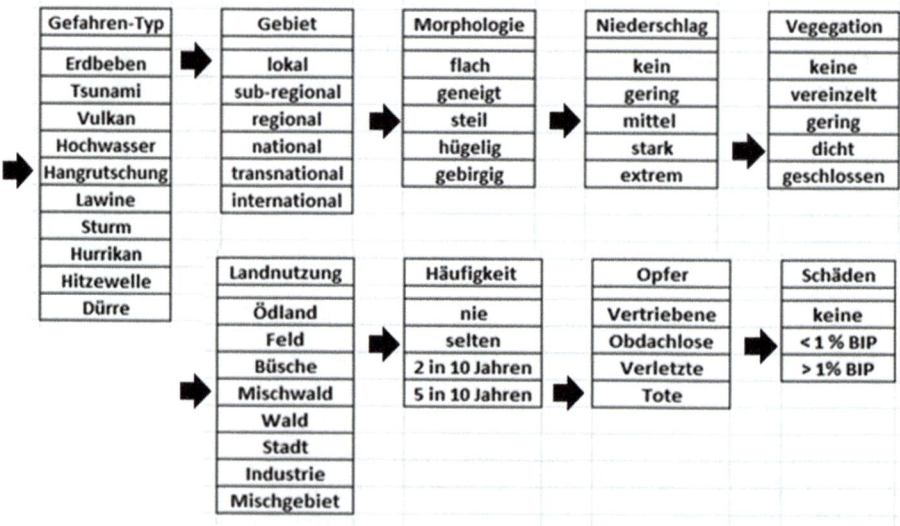

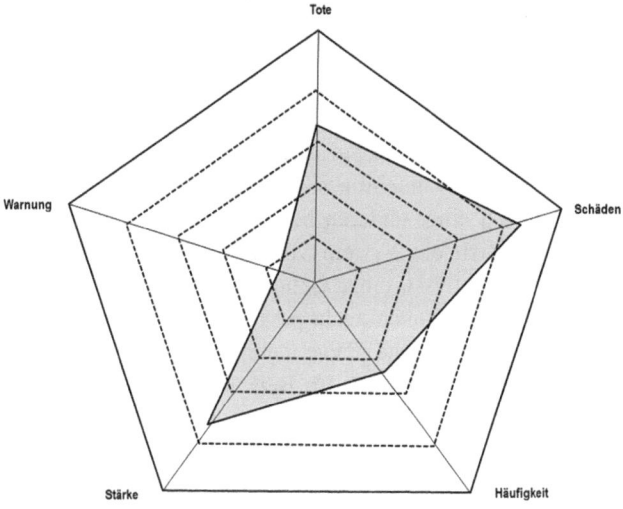

Abb. 4.20 Polygon zur Gefährdungsabschätzung

fundierten, umfassenden Erfassung und Bewertung aller in einer Region auftretenden Einzelgefahren – erst ein MHA berücksichtigt das räumliche und zeitliche Zusammenspiel. Dabei muss es nicht unbedingt zu einer kaskadierenden Aufsummierung der Effekte kommen. Es gibt viele Situationen, bei denen Einzelgefahren „nebeneinander" ablaufen, ohne sich gegenseitig zu beeinflussen, die aber in ihrer Summe trotzdem das Gefahrenpotenzial erhöhen. Zum Beispiel kann in einer Küstenstadt Landabsenkung die Hochwassergefahr erhöhen und zusätzlich der Meeresspiegelanstieg durch den Klimawandel die Lage noch verstärken.

Die meisten Gefahreninformationen liegen in Form von wissenschaftlich-technischen Informationen vor, die es einem Nichtwissenschaftler erschweren, sich ein eigenes Bild von einer Gefahrensituation zu machen. Daher werden die Informationen für die Öffentlichkeit, zum Beispiel die Reports des IPCC, aber immer auch für die politischen Entscheider durch eine mehrseitige „Summary for Policymakers" ergänzt. Sehr häufig werden dafür sogar unabhängige Institute zwischengeschaltet, die die Informationen „übersetzen". Als erfolgreich haben sich kartenmäßige Darstellungen, Tabellen oder vereinfachende Schemazeichnungen erwiesen oder Darstellungen in „Comic"-Form. Dabei kommt es darauf an, die Sachaussagen so zu komprimieren, dass komplexe Tatbestände leicht verständlich sind, ohne diese zu verzerren. Solche Analysen bedürfen immer der Entscheidung, was in einer „Karte" dargestellt werden soll:

- Welche Gefahrentypen?
- Welche Art von Daten wird dafür benötigt?
- Welche Daten stehen zur Verfügung?
- Welche Gesellschaftsgruppen sollen angesprochen werden?

- Welche Art von Daten und in welcher Form benötigen die Nutzer die Informationen?
- Welche Art von Katastrophenschutzmaßnahmen sollten mit den Informationen ausgelöst werden?

Ein MHA-Ansatz nimmt einen Paradigmenwechsel vor. Es wird nicht mehr die einzelne Gefahr analysiert, sondern deren Zusammenwirken. Der Katastrophenrisiko-Manager versteht sich damit nicht mehr als der „Wächter" einer Einzelgefahr, sondern übernimmt Verantwortung für eine ganze Region. Wichtig für ihn zu klären ist: Welchen Gefahren ist „meine" Region ausgesetzt und aus welchen Einzelgefahren setzt dieses sich zusammen? Erst wenn dies geklärt ist, lässt sich eine Hierarchie der Präventions- und Vorsorgemaßnahmen erarbeiten, die dann wieder bei den einzelnen Gefahren ansetzt. Das Mittel „MHA" wird damit zu einem Werkzeug, um die Interaktionen besser verstehen zu können. Jede Gefahrenanalyse hat sowohl die physischen Katastrophentypen als auch deren räumliche und zeitliche Variationen einzubeziehen. Dazu müssen zuvor die Systemgrenzen definiert werden: Welche Naturgefahren sollen berücksichtigt werden, in welchen geographischen Grenzen und in welchem Zeitrahmen soll dies erfolgen? Sollen alle Gefahren einbezogen werden oder nur solche ab einer bestimmten Stärke *(„severity")*? Soll die Analyse von „Grundauf" beginnen, z. B. beim Elbe-Oder-Hochwasser mit dem Klimawandel oder (erst) ab Einsetzen der Vb-Wetterlage? Soll die Analyse sich auf die Beschreibung der Tatbestände konzentrieren (statisch) oder die Interaktionen mitberücksichtigen (dynamisch)? Soll die Analyse darüber hinausgehen und auch (noch) die Auswirkungen auf die Gesellschaft, die Ökonomie und die Ökologie beinhalten?

Im Folgenden werden einige Beispiele für *„multiple hazard assessment"* vorgestellt.

Ein eindrucksvolles Beispiel für eine „globale" Darstellung der Naturgefahren ist die inzwischen weltweit anerkannte „Weltkarte der Naturgefahren" der Münchener Rückversicherung. Hierfür hat sie sechs sehr unterschiedliche Gefahrentypen (Vulkanausbrüche, Erdbeben, tropische Wirbelstürme, Tsunamis, sogar die Driften von Eisbergen und Klimaindikatoren) in einer Karte zusammengefasst. Dies wurde nur möglich, da die einzelnen Typen erst ab einem bestimmten Schweregrad *(„severity")* aufgenommen wurden, so Erdbeben in den Klassen M5 bis M9, tropische Wirbelstürme in 6 Klassen (76–300 km/h), Vulkane in 3 Klassen (Ausbruch vor 1800, letzter Ausbruch nach 1800, besonders gefährlicher Vulkan), Tsunamis/Stürme in 3 Klassen (Tsunamigefahr, Sturmgefahr, Tsunami und Sturmgefahr) sowie 9 Klimaindikatoren (von Permafrost, Meeresspiegelanstieg bis *„unfavourable agricultural conditions")*. Mittels dieser Kategorisierung gelang es der Münchener Rückversicherung, die so heterogenen Naturgefahren für eine Gesamtdarstellung zu vereinheitlichen.

Eine mehr auf eine Region bezogene synoptische MHA-Naturgefahrenkarte zeigt UNOCHA (2011) anhand von drei ausgewählten Gefahrentypen im indonesisch-philippinischen Raum. Dargestellt sind farbcodiert die Gefahrentypen Erdbeben, Vulkane und tropische Stürme (Taifune). Die Erdbebengefahr ist in Intensitäten dargestellt, basierend auf der MMI-Skala aus dem Jahr 1956. Die Farben Gelb/Ocker/Braun/Dunkelbraun zeigen an, dass es in den markierten Gebieten in den nächsten 50 Jahren mit einer Wahrscheinlichkeit von mehr als 20 % zu Erdbebenintensitäten von MMI V/VI/VII und >VIII kommen kann (vgl. Abschn. 4.4.1 Dreiecke bezeichnen die Vulkane in der Region, bei denen es in den letzten 11.500 Jahren (Holozän) zu Eruptionen gekommen ist. Die blauen Farben geben die Stärke der tropischen Stürme gemäß der Saffir-Simpson-Skala an – und zwar in den Stufen 1 bis 5 (vgl. Abschn. 4.4.5). Die Zonen zeigen an, wo in den nächsten 10 Jahren mit einer Wahrscheinlichkeit von 10 % ein Sturm dieser Intensität auftritt.

Die Übersichtskarte gibt zudem an, dass Indonesien in erster Linie durch die Vielzahl an Vulkanen gefährdet ist, dies trifft vor allem auf den westlichen Teil des Landes zu. Seine östlichen Landesteile sind meist einer erhöhten Erdbebengefahr ausgesetzt. Die Gefahr ist jeweils durch die Subduktionszone der indischen Platte bestimmt, in Irian Jaya durch die Philippinische Platte. Die Sturmgefahr ist eher als gering einzustufen. Im Gegensatz dazu sind die Philippinen jedoch allen drei Gefahrentypen ausgesetzt. Dennoch ist zu berücksichtigen, dass eine solche Art von synoptischer Kartendarstellung nur ein verallgemeinertes Bild der Gefahrenverteilung des Untersuchungsgebietes vermittelt. Darüber hinaus geben sie keine Auskunft darüber, wie die Gefahrentypen bei gleichzeitigem Auftreten zusammenwirken.

4.5.4.1 Wirkungsmatrix

In Abb. 4.21 ist eine auf Gefahrentypen basierende *„multihazard"*-Analyse für die Stadt Jakarta (Indonesien) erstellt worden. Jakarta liegt in seinem Stadtzentrum wenige Meter unter dem Meeresspiegel, ist daher jährlich von Überschwemmungen betroffen, die zum Teil das Wirtschaftsleben und die Regierungsfähigkeit des Landes stark einschränken. Geologisch wird der Großraum zudem im Süden von hohen Vulkanen gekennzeichnet. Der Monsunregen (Winter/Sommer) führt dort zu erheblichen Niederschlägen, die wiederum zu Hangrutschungen und Hochwasser in den Flüssen führen. Des Weiteren trägt auch eine exzessive Grundwasserentnahme zur starken Landabsenkung bei, die wiederum zu Hochwasser führt. In der Analyse wird das Zusammenwirken von verschiedenen Gefahrentypen zu „der" lokalen Gefahr mittels einer sogenannten „Wirkungsmatrix" vorgestellt. Der

Ansatz wurde von dem Kybernetiker Frederic Vester entwickelt (Vester 1976; vgl. Garcia-Aristizabal et al. 2014).

Die Parameter für die Analyse beruhen auf lokalen Erfahrungen des Autors – sind aber mehr als „fiktiv" zu werten. Die Analyse beruht auf dem Prinzip, dass eine Gefahr eine andere aktiv beeinflusst (Kaskade), aber im Gegenzug auch von einer anderen beeinflusst wird (passiv). Daraus ergibt sich ein System von Interaktionen. Am Ende werden die Einflüsse einer Gefahr auf die anderen addiert (waagerecht aktiv – senkrecht passiv). Aus den Summen ist dann abzulesen, welche aktive Gefahr vorherrscht und welche stark beeinflusst wird. Im Beispiel Jakarta sind es vor allem die Hangrutschungen, Hochwasser sowie die Landabsenkungen, die von den anderen Gefahrentypen stark beeinflusst werden. Aktiv beeinflussen Erdbeben, Bodenbeschleunigung, Vulkane, Aschenregen und der Klimawandel. In dem Beispiel wurde zu dem Vester-Ansatz noch eine sozioökonomische Komponente (Grundwasserentnahmen, Opfer/Schäden) hinzugefügt. Danach werden Erdbeben, Bodenbeschleunigung, Bodenverflüssigung *(„liquefaction")*, Vulkanausbrüche mit Aschenregen, Hochwasser, Sturm, Landabsenkung und Klimawandel als die relevanten Gefahrenquellen identifiziert. Daraus ergibt sich, dass das Gefahrenmanagement sich auf diese (aktiven) Gefahrentypen zu konzentrieren hat.

4.5.4.2 Grid-Cell-Ansatz

Eine weitere Methodik zur Bewertung der Verteilung verschiedener Naturgefahren soll anhand der „Erdbeben-/Hangrutsch-Gefahr" (*„peak ground acceleration"* vs. *„landslide susceptiblity"*) basierend auf einem Rasterzellen-Ansatz *(„grid cell")* für eine bestimmte Region gegeben werden (Abb. 4.22). Ein solcher Ansatz eröffnet die Möglichkeit, beliebig viele verschiedene Gefährdungen zu aggregieren. Die Darstellung ergibt am Ende (nur) noch, ob an einer bestimmten Stelle eine höhere oder eine geringere Gefahr besteht. Ob dies allerdings durch ein Erdbeben oder einen Erdrutsch ausgelöst wird, lässt sich daraus dann nicht (mehr) entnehmen. In der Regel wird eine solche Aggregation durch ein GIS-System durchgeführt. Ein GIS hat (unterstützt durch ein digitales Höhenmodell) den weiteren Vorteil, dass es die Mehrfachgefahrenverteilung entsprechend seinen realen morphologischen, geologischen und Landnutzungseinstellungen dreidimensional darstellen kann. Zunächst wird die Verteilung der Einzelgefahr „Erdbeben" („PGA") sowie „Hangrutsch" jeweils in getrennten Karten erfasst, nach ihrem Schweregrad klassifiziert und in einem beliebig gewählten Raster eingetragen. Um die Schwere und regionale Verteilung der beiden Gefahrentypen vergleichen zu können, werden die Klassen mit Zahlenwerten versehen. Dies erweist sich als sinnvoll und effektiv, da oft gemessene und willkürlich geschätzte Daten kombiniert werden müssen. Darüber hinaus hat es sich als

	Niederschlag	Erdbeben	Bodenbeschleunigung	Liquefaction	Vulkanausbruch	Aschenregen	vulkanische Gase	Aerosole	Massenbewegung (t)	Massenbewegung (n)	Hochwasser	Sturm	Tsunami	Klimawandel	Landabsenkung	Gefahren Aktivsumme	GW-Entnahme	Opfer/ Schäden (1–10)	Gesamt-Summe
Niederschlag	■	0	0	0	0	0	0	0	0	3	3	0	0	0	1	7	3	4	14
Erdbeben	0	■	3	3	2	0	0	0	3	1	0	0	3	0	1	16	0	5	21
Bodenbeschleunigung	0	0	■	3	0	0	0	0	3	3	1	0	3	0	3	16	1	5	22
Liquefaction	0	0	0	■	0	0	0	0	3	3	1	0	0	0	3	10	1	5	16
Vulkanausbruch	1	0	2	1	■	3	3	3	1	0	0	0	1	1	0	16	0	2	18
Aschenregen	0	0	0	0	0	■	0	0	2	1	1	0	0	1	0	5	0	2	7
vulkanische Gase	2	0	0	0	0	1	■	2	0	0	0	0	0	3	0	8	0	2	10
Aerosole	2	0	0	0	0	0	0	■	0	0	0	0	0	3	0	5	0	2	7
Massenbewegung (t)	0	0	0	0	0	0	0	0	■	0	0	0	0	0	1	1	0	1	2
Massenbewegung (n)	0	0	0	0	0	0	0	0	0	■	2	0	0	0	1	3	0	3	6
Hochwasser	0	0	0	0	0	0	0	0	2	0	■	0	0	0	2	4	3	9	16
Sturm	2	0	0	0	0	2	2	2	1	1	2	■	0	0	0	12	0	8	20
Tsunami	0	0	0	0	0	0	0	0	3	2	0	0	■	0	1	6	1	5	12
Klimawandel	3	0	0	0	0	0	0	0	3	2	2	3	3	■	0	16	3	7	26
Landabsenkung	0	0	0	0	0	0	0	0	1	1	3	0	0	0	■	5	3	9	17
Gefahren-Passivsumme	10	0	5	7	2	6	5	10	16	20	18	3	7	8	13				

Abb. 4.21 Multi-Hazard-Analyse anhand einer Wirkungsmatrix nach F. Vester (Papiercomputer) für die Stadt Jakarta (Indonesien)

wenig praktikabel erwiesen, zu viele Schweregrade einzuführen. In der Abbildung wurden folgende Gefahrenklassen identifiziert: sehr niedrig (grün) = 1; niedrig (hellgrün) = 2; mittel (gelb) = 3; hoch (hellrot) = 4; sehr hoch (dunkelrot) = 5. Um daraus die Gesamtgefahr (Erdbeben/Hangrutsch) für dieses Gebiet zu erhalten, werden beide Gefährdungen zu einer synoptischen MHA-Verteilungskarte verschnitten, dazu wird dann der Zahlenwert jeder Gitterzelle addiert. Das angegebene Beispiel zeigt die Summe der Schweregrade auf Rasterzellenbasis (Spitzenbodenbeschleunigung plus Erdrutschanfälligkeit).

4.5.4.3 Synoptische Gefahrenbewertung

Am Beispiel der Insel Lombok (Indonesien) soll eine sehr einfach durchzuführende „synoptische Gefahrenbewertung" vorgestellt werden (Abb. 4.23). Mit ihr ist es möglich, allein aus im Internet und sonstigen öffentlich verfügbaren Daten und naturwissenschaftlichen Grundkenntnissen einen schnellen und stark verallgemeinerten Überblick zu bekommen: Welche Naturgefahrentypen können in einem Gebiet auftreten, auch wenn man keine genauen Kenntnisse vor Ort hat? Die Insel Lombok definiert die räumliche Systemgrenze. Schon anhand der Topographie lassen sich am „desk top" verschiedene Gefahrentypen ausweisen. Die Insel Lombok hat im Norden sehr hohe Berge, zentral ein flaches Terrain und im Süden noch einmal eine Bergkette mit mittleren Höhenlagen. Aus allgemeinen Kenntnissen über Indonesien lassen sich die Berge, insbesondere

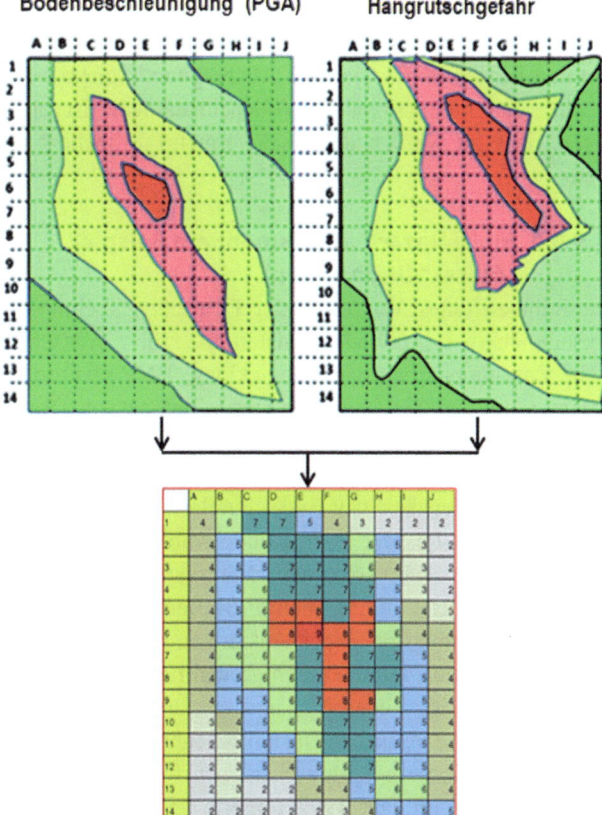

Abb. 4.22 Konzeptioneller Ansatz zur Gefährdungsverteilung verschiedener Naturgefahren („Erdbeben-/Hangrutsch-Gefahr")

Abb. 4.23 Einfache synoptische Gefahrenbewertung am Beispiel der Insel Lombok (Indonesien)

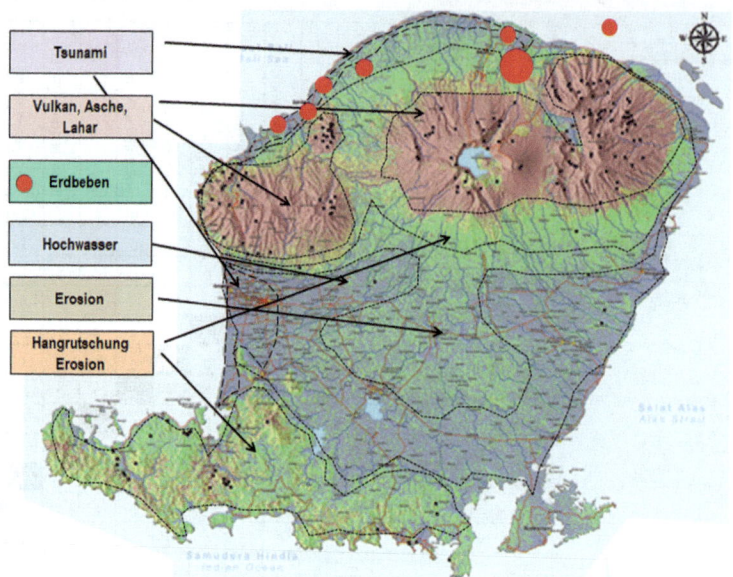

da es sich um kreisförmige Strukturen handelt, als Vulkane identifizieren. Flanken von ascheproduzierenden Vulkanen weisen in der Regel ein hohes Potenzial für Lahare auf. Je flacher das Terrain wird, desto mehr wird das Gefahrenpotenzial von Hangrutschungen und Erosionen bestimmt – ausgelöst durch die Monsunregen. Das flache Mittelland wird dagegen am ehesten durch Hochwasser gefährdet sein. An den Küsten können je nach Ausprägung Tsunamis auftreten. Aus internationalen Erdbebenkatalogen ist abzulesen, dass im Norden der Insel vermehrt Erdbeben auftreten.

4.5.4.4 Multi Hazard Assessment am Beispiel „Flores" (Indonesien)

Im Rahmen eines Vorhabens der Deutschen Technischen Zusammenarbeit (Bundesministerium für Wirtschaftliche Zusammenarbeit und Entwicklung; BMZ) wurde zusammen mit dem Geologischen Dienst Indonesiens (Badan Geologi) unter anderem eine Bewertung der allgemeinen Gefährdungsexposition von Teilen der ostindonesischen Insel Flores (hier der Stadt Ende) durchgeführt (GEORISK Project; BD/BGR). Der Bezirk Ende wurde in den letzten 50 Jahren von einer Reihe von Naturkatastrophen heimgesucht, darunter ein Erdbeben 1961 und ein Vulkanausbruch 1969. Damals brach der Vulkan Iya, nur 5 km von der Stadt entfernt, aus, mit mehreren großen Laharen. Der Ausbruch forderte drei Todesopfer und zerstörte fast 200 Häuser. Im Jahr 1988 verursachten starke Regenfälle einen massiven Erdrutsch, der 48 Menschenleben forderte. Ein weiteres Erdbeben im Jahr 1992 forderte 25 Menschenleben und ließ viele Gebäude einstürzen. Im Frühjahr 2003 wurde nach tagelangen Starkregenfällen entlang des oberen Flussabschnitts, der direkt auf die Stadt zufließt, ein massiver Erdrutsch ausgelöst. Am schlimmsten traf der Erdrutsch das

kleine Dorf Detumbawa nördlich von Ende, wo 27 Menschen getötet wurden (Abb. 4.24). In der Folge wandte sich die Bezirksregierung der Stadt Ende an das GEORISK-Projekt, um eine schnelle und allgemeine Bewertung der Risikoexposition vorzunehmen und Unterstützung bei der Ausarbeitung und Verbreitung gemeindebasierter Minderungs- und Präventionsmaßnahmen zu leisten. Umfangreiche Felduntersuchungen wurden durchgeführt, die die morphologischen, geologischen, geophysikalischen und vulkanologischen Basisparameter ausgewertet und die Ergebnisse mit dem Landnutzungsmuster, den Niederschlagsdaten und der Bevölkerungsverteilung verschnitten haben.

In einem ersten Schritt wurde die Vulkangefahr analysiert (Abb. 4.24a). Dazu wurde ein 2-km-Radius um den Vulkan gezogen, der den Bereich charakterisiert, in dem es bei einem Ausbruch zu Auswürfen von Bomben und Lapilli kommen kann. In diesem Bereich sind allerding nur wenige Gebäude anzutreffen. Die Bomben-/Lapilli-Gefahr wurde danach als sehr gering angesehen. Ein 6-km-Radius, in dem Aschenregen auftreten können, würde die Stadt Ende zwar erreichen, da aber die vorherrschenden Monsunwinde aus Südwesten kommen, würden die Aschen nach Nordosten aufs Meer hinausgetrieben – die Gefahr ist daher eher gering. Glutwolken bei einer plinianischen Eruption würden die Stadt ebenfalls nicht erreichen, da vulkanologische Untersuchungen an Iya eine Serie an Störungen und Rissen im Boden parallel zum nördlichen Kraterrand ergeben haben. Im Falle einer Eruption würde der Vulkan in südwestliche Richtung (offenes Meer) ausbrechen. Damit wurde die Vulkangefahr insgesamt als gering eingestuft.

Das Hangrutsch-Gefahrenpotenzial (Abb. 4.24b) wurde auf der Basis der Hangneigungen abgeschätzt. Da die Geologie (vor allem Vulkanite ehemaliger Ausbrüche) und die Vegetation sowie die Niederschläge nicht stark variieren,

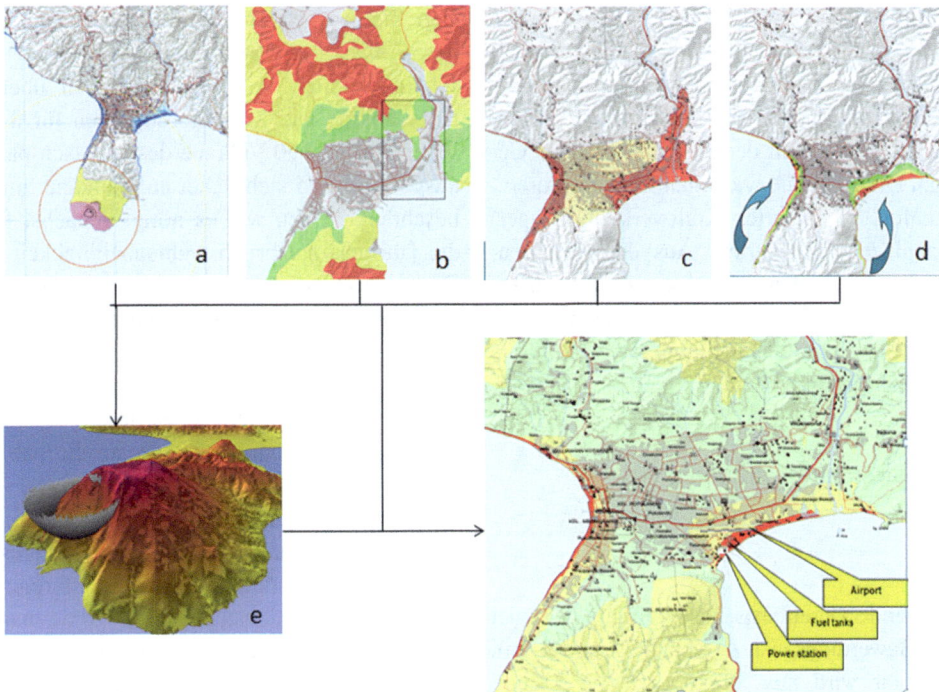

Abb. 4.24 Multiple Hazard Assessment für die Stadt Ende, Flores, Indonesien; a = Vulkan, b = Hangrutschung, c = Bodenverflüssigung, d/e = Tsunami (GEORISK Project, BG/BGR)

war es gerechtfertigt, die Morphologie als Kriterium anzusehen. Die Stadt Ende selber liegt in einer Ebene zwischen dem Vulkan Iya und (alten) Vulkanen im Norden. Dort steigt das Terrain vergleichsweise steil an – zunächst noch sehr gering (grün), dann moderat (gelb) und dann steil (rot). Die Morphologie ist insbesondere im roten Bereich durch eine starke Erosion gekennzeichnet. Aus der Verteilung der Hangneigungen ist abzulesen, dass die Stadt direkt nur von Hängen der Stufe „grün" gefährdet ist. Auch im Süden vom Vulkan Iya her droht der Stadt nur eine geringe Gefahr. Damit konnte die Hangrutschgefahr als gering eingestuft werden.

Die Erdbebengefahr für diesen Teil der Insel Flores ist als gering anzusehen, auch wenn Beben der Stärke bis zu M7 aus dem Sundagraben und der Java See *(„back-arc basin")* bekannt sind. Wegen der jungen unverfestigten Sedimente im Stadtgebiet besteht allerdings eine erhöhte Gefahr durch Bodenverflüssigung *(„liquefaction")* – die auch Auslöser für die Schäden im Jahr 1992 war. Die Bodenverflüssigungsgefahr (Abb. 4.24c) wurde aufgrund der Sedimentverteilung im Stadtgebiet und aus der Tatsache, dass die Sedimentmächtigkeit zu den beiden Küstenlinien hin zunimmt, ermittelt. Danach wird die Bodenverflüssigungsgefahr als eine direkte Folge der Erdbeben in dem rot gekennzeichneten Gebiet als „mittel", im sonstigen Stadtgebiet als „gering" (gelb) angesehen.

Aus der Gefahrenbewertung des Vulkans Iya geht – wie zuvor beschrieben – hervor, dass ein eventueller Ausbruch in Richtung Meer zu erwarten ist (Abb. 4.24e). Eine Analyse des Vulkankegels hat gezeigt, dass bei einem Ausbruch die südliche Flanke seitlich *(„lateral blast")* abgesprengt werden wird. Mithilfe einer geometrischen Form (Halbschale) wurde das mögliche Volumen abgeschätzt (!) – dieses würde ausreichen, lokal einen Tsunami zu generieren. Da Tsunamis als grundberührender Seegang (vgl. Abschn. 3.4.2.1) um ein „Hindernis" herumlaufen können, ist damit zu rechnen, dass ein solcher Tsunami auch die Stadt Ende treffen kann (Abb. 4.24d). Da die Materialmenge vergleichsweise gering ist, wird eine nur geringe Wellenhöhe erwartet. Dennoch könnten die Tsunamiwellen auf beiden Seiten der Stadt bis zu 10 m ins Land eindringen (Gefahrenstufe „hoch" rot).

Aus der Analyse der Einzelgefahren ergibt sich, dass die Stadt Ende eine aufsummierte Gefahr *(„multiple hazard")* hat, wie sie in Tab. 4.9 mit der Summe 7 wiedergeben ist. Demnach überwiegt die Gefahr durch einen Tsunami – sei

Tab. 4.9 Summarische Naturgefahren-Exposition der Stadt Ende

	Gering	Mittel	Hoch	
Erdbeben/Bodenverflüssigung		2		2
Tsunami			3	3
Hangrutschung	1			1
Vulkan/Aschen	1			1
Summe				7

er durch einen Vulkanausbruch oder durch ein Seebeben ausgelöst.

Betrachtet man die Auswirkungen bezogen auf die Stadt Ende insgesamt, wird deutlich, dass der direkte Küstenstreifen im Westen wie im Osten der Stadt das höchste Gefahrenpotenzial hat. Dort sind alle wichtigen Infrastruktureinrichtungen (Flughafen, ölbefeuertes Kraftwerk, Tanklager) sowie alle Hafenanlagen konzentriert. Aus der Gefahrenbewertung hat die Stadt Ende den Schluss gezogen, zunächst den Flughafen besser gegen Hochwasser zu schützen – er ist im Katastrophenfall die zentrale Einrichtung zur Versorgung der Stadt mit Hilfsgütern und Personal.

4.5.5 Wahrscheinlichkeitsanalyse

4.5.5.1 Konzept

Steht eine ausreichende Datenbasis zur Verfügung, eignet sich der folgende Bewertungsansatz (Abb. 4.25 und 4.26). Für jede Einzelgefahr wird aus Stärke (*„severity"*) und Häufigkeit (*„frequency"*) eine spezifische Vulnerabilitätskurve ermittelt. Alle Vulnerabilitätskurven werden dann in einer Grafik zusammengefasst. Da die Kurven naturgemäß eine gewisse Streubreite aufweisen, kommt es zu einem Korridor von Wahrscheinlichkeiten. Aus diesem wiederum wird ein Mittelwert abgeleitet. Alle Werte oberhalb der roten Kurve weisen auf eine erhöhte, alle unterhalb auf eine geringere als die mittlere Wahrscheinlichkeit hin. Wird dann der Korridor in äquidistante Sektoren gegliedert, so kann die Wahrscheinlichkeit in Zahlenwerten (>10 %, <10 % usw.) angegeben werden.

4.5.5.2 Wahrscheinlichkeits-Analyse am Beispiel „Regionale Vulkanaschenverteilung"

Ein Beispiel, wie ein MHA praktisch durchgeführt werden kann, bietet die Probabilistic Volcanic Ash Hazard Analysis (PVAH; Jenkins et al. 2012). Der probabilistische Ansatz soll deshalb hier (sehr summarisch) vorgestellt werden, da er noch andere als die rein geowissenschaftlichen Aspekte miteinschließt (z. B. Wind). Im Prinzip geht es darum, die Stärke-/Häufigkeitsverteilung von Vulkaneruptionen mit der jeweiligen Aschenproduktion in Beziehung zu setzten, um daraus die Aschengefährdung einer Region zu bestimmen. Lange Zeit wurde das Vulkanrisiko allein als regionales Risiko in einem Umkreis von z. B. 10–100 km definiert. Das Risiko der Aschenverteilung wurde auf der Basis erfolgter Ausbrüche erfasst und auf vergleichbare Regionen übertragen. Damit konnten weder unterschiedliche Ausbruchsverhalten des gleichen Vulkans noch die Art, wie zum Beispiel der Wind Einfluss auf die Aschenverteilung nimmt, berücksichtigt werden. Auch nicht, dass

sich die Aschenverteilungen dicht nebeneinander liegender Vulkane mit sehr unterschiedlichen Ausbruchswahrscheinlichkeiten und Produktivitäten überschneiden können. Jenkins und Ko-Autoren haben für ihren probabilistischen Ansatz 190 Vulkane des asiatisch-pazifischen Raums ausgewählt und sich dabei auf Vulkane mit einem VEI > 4 beschränkt. Dazu war es nötig, zunächst für jeden Vulkan die jährliche Ausbruchswahrscheinlichkeit aus historischen Daten zu ermitteln (Anzahl der Eruptionen pro Jahr). Nur welcher Zeitraum ist zu nehmen? Die historischen Daten über Eruptionen sind sehr unterschiedlich – größere Vulkane können gut bis zu 200 Jahre zurückverfolgt werden, kleinere seit 1960. Daher wurde die sogenannte *„break-in-slope"*-Methode entwickelt, die anzeigt, ab wann belastbare Zahlen vorliegen und wie viele Ausbrüche in dieser Zeit dokumentiert worden sind. Aus dieser Kalkulation ergibt sich für Indonesien, dass die mittlere Ausbruchswahrscheinlichkeit um 80 Jahre liegt, bei einer Bandbreite von 10 bis über 1000 Jahre. Im nächsten Schritt wurde aus Daten der Global Eruption Database des Smithsonian Institute die (relative) Ausbruchsstärke der Vulkane ermittelt. Demnach zeigen Calderen die höchste Ausbruchsstärke, große Schichtvulkane eine etwas geringere, Schildvulkane und kleine Schichtvulkane (Vesuv) eine noch geringere. Dann wurden Ausbruchsstärke und Ausbruchswahrscheinlichkeit durch (einfache) Multiplikation miteinander in Beziehung gesetzt. Für den Merapi (Java) ergab sich eine hohe Wahrscheinlichkeit einer VEI > 4 innerhalb von 44 Jahren. Der VEI leitet das Aschenvolumen aus der Höhe der Eruptionswolke ab. Zudem verbleiben die Aschenpartikel länger in der Atmosphäre. Aus der Korngrößenverteilung von vulkanischen Aschen wurde eine mittlere Partikeldichte von 0,9 t/m^3 in die Kalkulation aufgenommen. Menge, Häufigkeit und Dichte der Aschenpartikel wurden dann mit der mittleren vorherrschenden Windstärke/-richtung verschnitten. Hohe Eruptionswolken können bis in die Stratosphäre gelangen und gemäß den vorherrschenden Windrichtungen über sehr große Areale verteilt werden. In Asien lassen sich aus den meteorologischen Daten unterschiedliche Windrichtungen in drei Ebenen entnehmen: Danach herrscht in der Stratosphäre vornehmlich eine streng westwärts ausgerichtete Wetterlage vor, in der Troposphäre variiert diese von NO bis O und am Boden herrschen je nach Sommer-/Wintermonsun eine Westwind- oder eine Ostwindwetterlage vor. Hinzu kommt noch, dass sich nördlich und südlich des Äquators die Windrichtungen in der Regel gegenläufig entwickeln. Aus allen diesen Daten konnten Jenkins und sein Ko-Autoren die Wahrscheinlichkeit der Aschenverteilung für ganz Asien ermitteln, insbesondere wie sich vulkanische Aschen bei zeitlich verschiedenen und unterschiedlichen Eruptionsstärken über die vorherrschende Windrichtung und wo in Asien sie sich akkumulieren können.

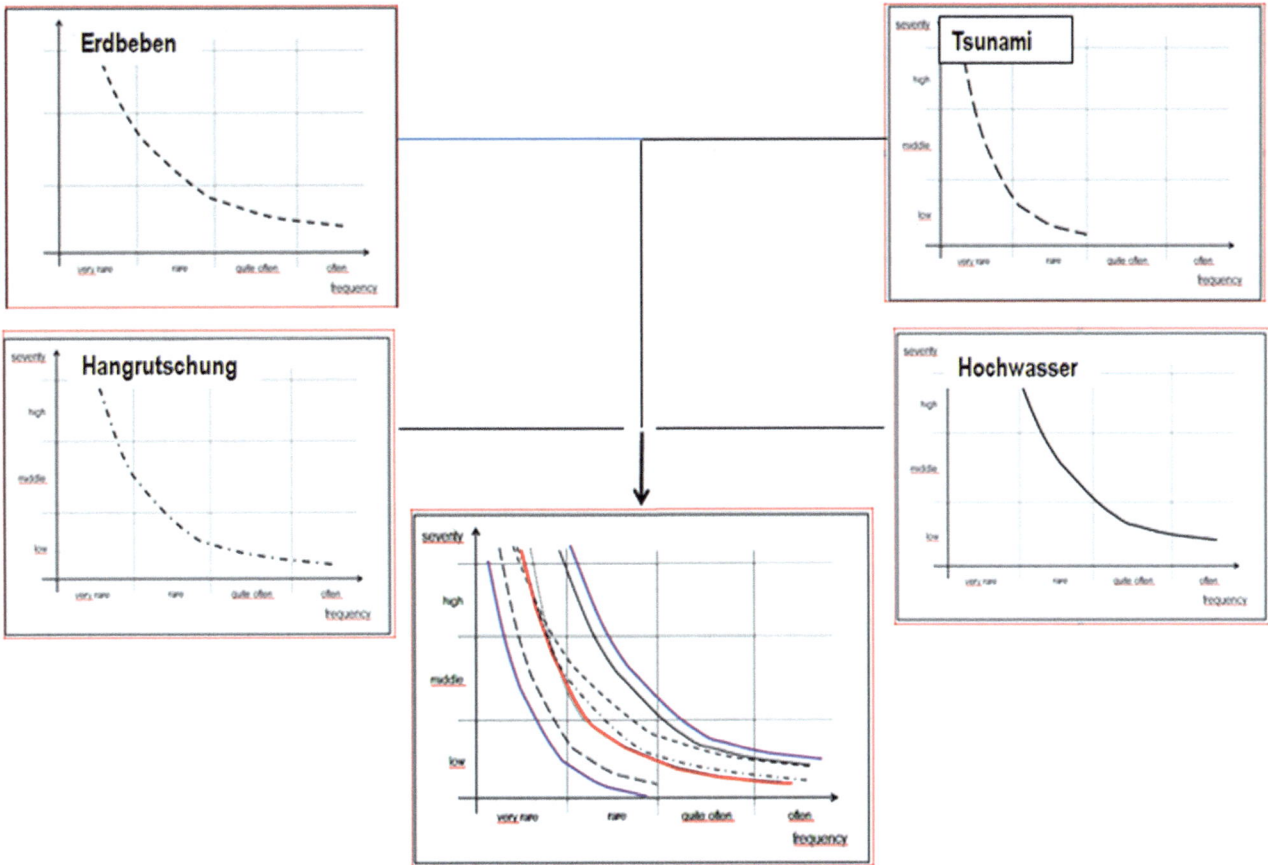

Abb. 4.25 Bewertung multipler Gefahren aus der Summe aller Einzelgefahren (Stärke vs. Häufigkeit)

4.5.5.3 Entscheidungsbaum

Ein weiteres Werkzeug für eine einfache, schnelle und generalisierte Gefährdungsbeurteilung ist der sogenannte „Entscheidungsbaum" (*„decision support system"*). Das Prinzip für ein solches Schnellbewertungsverfahren soll am Beispiel der Entstehung eines Tsunamis als Folge eines Vulkanausbruchs dargestellt werden (Abb. 4.27). Der Vulkanausbruch kann entweder mit einem niedrigen VEI (0–2) oder mit einem höheren VEI (2–5) auftreten. Der Vulkan kann untermeerisch oder an Land in der Nähe der Küste ausbrechen. Während bei küstennahen Vulkanausbrüchen selbst mit einem VEI > 2 kein Tsunami zu erwarten ist, weisen unterseeische Vulkanausbrüche sehr unterschiedliche Bedrohungspotenziale auf. Unterwasservulkanausbrüche mit einem VEI von 2–5 können entweder einen steilen oder einen flachen Hang ausbilden oder auch eine Caldera. Wenn der Hang steil ist und der Vulkan in Küstennähe liegt (<100 km), hat er ein großes Gefährdungspotenzial. Liegt er dagegen mehr als 100 km von der Küste entfernt, ist die Wahrscheinlichkeit, dass sich daraus ein Tsunami entwickelt, eher gering. An flachen Hängen ist das Gefahrenpotenzial eher gering bis nicht vorhanden. Dagegen ist die Wahrscheinlichkeit der Tsunami-

Entstehung bei Calderen, je nach Durchmesser und der Entfernung zur Küste, unterschiedlich ausgeprägt. Eine Caldera von weniger als 1000 m Durchmesser stellt keine oder nur eine geringe Gefahr dar – während bei Calderen von mehr als 1000 m Radius von einem mittleren bis hohen Potenzial auszugehen ist.

4.5.5.4 Vulnerabilitätsabschätzung

Wie schon zuvor eingehend beschrieben, sind Gesellschaften und Individuen sehr unterschiedlich den Folgen von Naturkatastrophen ausgesetzt. Die Art und Weise, wie sie davon betroffen sind (bzw. sein kann), wird als „Vulnerabilität" bezeichnet (vgl. Abschn. 4.2.2). Mit der „Vulnerabilitätsanalyse" (VA) wird der Fokus von der Katastrophenintervention hin zur Katastrophenvorsorge verschoben. Die Einbettung in den sozio-ökonomischen Kontext ermöglicht es, die „anderen" gesellschaftspolitischen Anstrengen zur Armutsminderung, zur nachhaltigen Entwicklung usw. zu unterstützen, zu flankieren und auszubauen. Der Staat kann damit den Schutz seiner Bevölkerung besser aufstellen – VA wird so zu einem integralen Teil von Entwicklung, wie er in den MDGs/SDGs vereinbart worden ist (vgl. Abschn. 5.1.1 und 6.2.1.3).

Abb. 4.26 Ermittlung
der mittleren
Schadenwahrscheinlichkeit

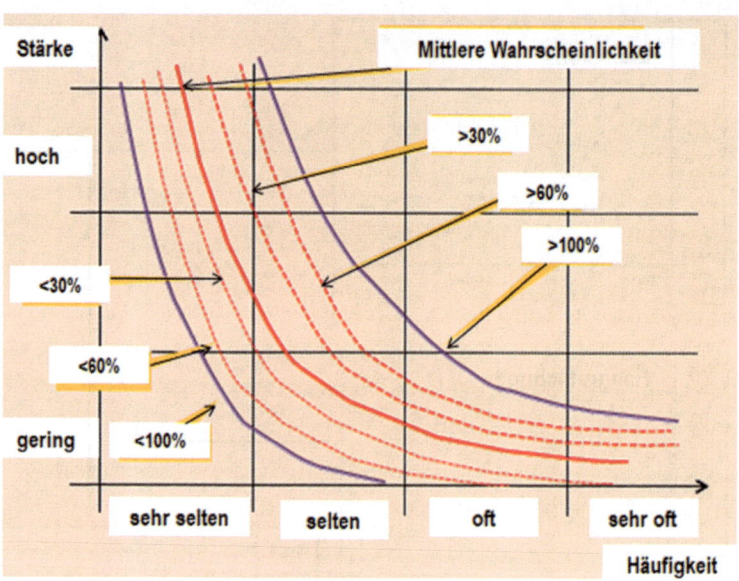

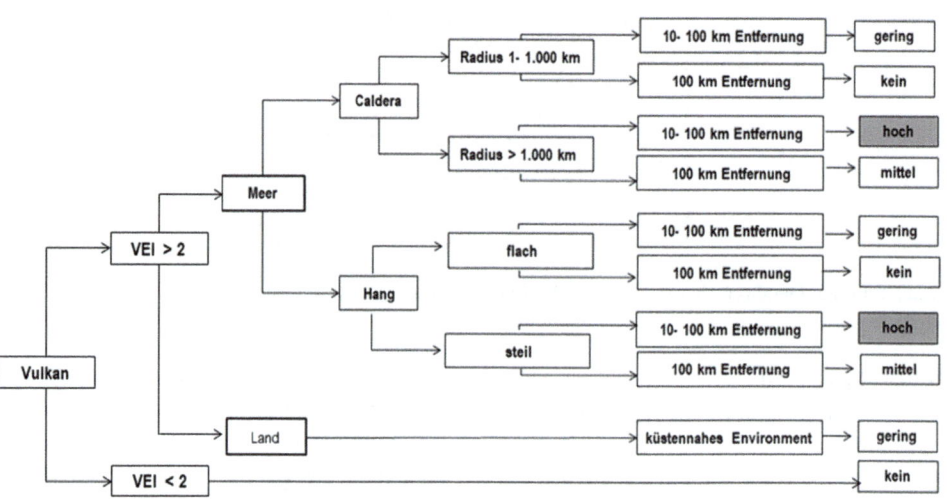

Abb. 4.27 Generalisierter Entscheidungsbaum zur Bewertung der Tsunamigefährdung

Sehr verallgemeinert ergibt sich Vulnerabilität aus mangelnder Abwehrkapazität; eine Folge von Armut, Marginalisierung, Ressourcenmangel, fehlendem Zugang zu technischen und finanziellen Mitteln usw. Auch wenn diese fehlenden Kapazitäten oft unter dem Begriff „Armut" subsummiert werden, so verfügt jemand, der „arm" ist, dennoch über erfahrungsbasiertes (indigenes) Wissen, um sich zu schützen. Nur hat er oftmals nicht die Ressourcen, dieses Wissen praktisch umzusetzen. Eine Analyse von Vulnerabilität darf daher nicht nur den aktuellen „Stand" der gesellschaftlichen „Not" betrachten, sondern muss aufzeigen, wie dieser „Not" am besten zu begegnen ist: *„Assessment of vulnerability … involves a predictive quality"* (Cannon et al. 2003). Erst wenn Vulnerabilität um eine Zukunftsperspektive erweitert wird, kann sie einen Beitrag leisten, vulnerable Gesellschaften im Rahmen von Risikominderungsmaßnahmen besser zu schützen. Die Faktoren, die Vulnerabilität ausmachen *(„root causes")*, sind oftmals sehr viel früher angelegt und weit entfernt vom dem eigentlichen Katastrophenereignis – sie sind in der Regel eine Folge der gesellschaftlichen Rahmenbedingungen (Stichwort: „starker Staat"; BMZ 2007; Schreckener 2004).

Im Naturkatastrophen-Risikomanagement ist es daher erforderlich, nicht nur das Ereignis selbst zu analysieren, sondern ebenso, wie sich dieses auf die verschiedenen gesellschaftlichen Gruppen auswirkt. Des Weiteren beleuchtet es, welche Faktoren dazu geführt haben, dass diese Personen/Gesellschaften vulnerabel geworden sind (UNISDR 2004; IGRC 2017). Eine Vulnerabilitätsanalyse kann in verschiedenen Regionen durchaus zu unterschiedlichen Ergebnissen führen. Generell aber gilt: Eine Vulnerabilitätsanalyse muss:

- die am stärksten gefährdeten Gebiete und Gesellschaften identifizieren.
- die risikoexponierten Infrastrukturelemente und Ökosysteme bewerten.
- die natürlichen Auslösefaktoren erkennen.
- die potenziellen Schäden abschätzen.
- ein Vorsorgekonzept entwickeln.

Schon dieses Aufgabenspektrum weist darauf hin, dass VA mehr ist als eine Naturgefahrenanalyse. Statt allgemein von „Vulnerabilität" wird daher immer häufiger von *social vulnerability* gesprochen. Verwundbar zu sein ist in der Regel eine Folge der grundlegenden sozialen, ökonomischen und kulturellen Parameter einer Person (in der Medizin wird dies als „Allgemeinzustand" bezeichnet). Im Englischen wird dies sehr treffend mit dem Begriff des *initial wellbeing* beschrieben. Vulnerabilität ist zudem eine Folge von Einkommen, Arbeit, Zugang zu Ressourcen usw. (*livelihood resilience*), aber auch der Fähigkeiten (*capacity*), sich selber zu schützen. Oder der Chance und dem Willen, solche Kapazitäten zu entwickeln (*self-protection*). Die Entwicklung persönlicher Widerstandsfähigkeit muss immer durch gesellschaftliche Instrumente flankiert, unterstützt und gebilligt werden (*social protection*). Dies kann zu Beispiel durch Maßnahmen der Vorsorge (z. B. Bewusstseinsbildung, Baunormen, Stärkung des Katastrophenschutzes u. v. m.) und zwar auf allen politischen Entscheidungsebenen (national, regional, lokal) erfolgen.

Aus dem Zusammenwirken von gesellschaftlichen Rahmenbedingungen und eigenen Initiativen wird ersichtlich, dass es zwei verschiedene Ansätze zur „Vulnerabilität" zu betrachten gibt. Zum einen die Rahmenbedingungen, die dazu geführt haben, verletzlich zu sein (Vulnerabilität i. e. S.), und zum anderen die Fähigkeiten des Einzelnen und des Systems, die Risikoexposition zu verringern (*capacity*). In der Praxis handelt es sich eher um die beiden Enden eines „Kontinuums" hochgradig verknüpfter Kausalitäten. Jemand, der sehr risikoexponiert ist, hat in der Regel kaum die Möglichkeit, sich wirkungsvoll zu schützen, und umgekehrt ist jemand mit einer starken Resilienz meist wenig gefährdet. Dennoch ergibt die Unterscheidung einen Sinn. Wenn es darum geht, in der Zukunft besser geschützt zu sein, bedarf es einer umfassenden Analyse, welche Faktoren zu der Verletzlichkeit geführt haben. Erst auf der Basis dieser Erkenntnis wird es möglich, die notwendigen Schutzkonzepte zu entwickeln. Vulnerabilität beschreibt nicht das Katastrophenereignis selbst, sondern zielt darauf ab, Fähigkeiten zu entwickeln, um auf ein (bestimmtes) Ereignis zu reagieren. Damit stellt Vulnerabilität (i. e. S.) die historische Komponente dar, während „ca-

pacity" in die Zukunft weist. Mehr noch, Vulnerabilität ist per se negativ konnotiert und führt den Betroffenen ihre persönliche Abhängigkeit vor Augen – „capacity" dagegen ist positiv besetzt und zeigt den Betroffenen Potenziale auf, die zudem noch in den Kontext der gesellschaftlichen Rahmenbedingungen gestellt werden (Anderson und Woodrow 1990).

Wenn eine Vulnerabilitätsanalyse sowohl die „Ursache" als auch die „Wirkungen" betrachten soll, so gibt es eine Reihe von Analysemethoden, mit denen die Interaktion dargestellt werden kann. Diese Beziehungen lassen sich stark vereinfacht als eine „lineare" Abfolge darstellen (Abb. 4.28). Danach sind zum Beispiel mangelnde Kenntnisse über Agrarmethoden die Ursache für nicht angepasste Anbautechniken. Dies führt zu geringer landwirtschaftlicher Produktion mit nur geringen Erträgen – dieses wiederum resultiert in Armut, Hunger und Krankheiten.

Diese Wirkungskette lässt auch mittels der „SWOT"-Methode (Tab. 4.10) erfassen (BWL-Lexikon.de). In der Tabelle sind beispielhaft, ausgehend von den fiktiven „Realitäten" (Stärken; *strength*), die sich daraus ableitenden

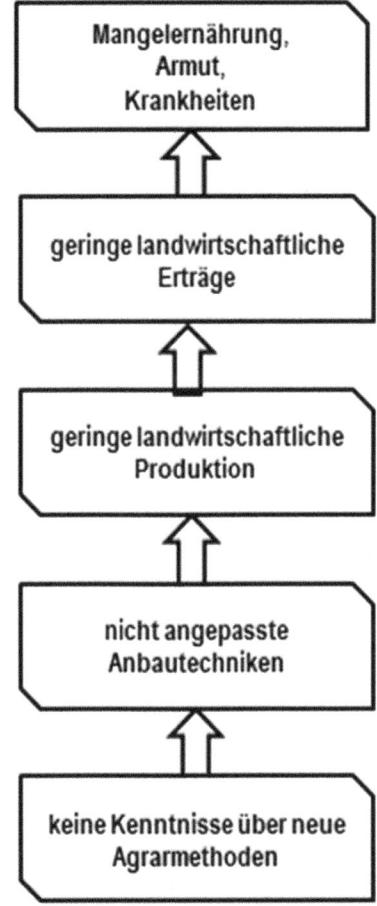

Abb. 4.28 Lineare Ursachen-Wirkungs-Kette am Beispiel „Agrarproduktion"

Tab. 4.10 Vereinfachte Darstellung einer SWOT-Analyse zum NKRM

Stärken	Schwächen	Chancen	Einschränkungen
Erfahrungen im Umgang mit den lokalen Naturrisiken	Zunahme der Risikointensitäten (Klimawandel, Bevölkerungszunahme, Degradation der Böden, Überfischung der Meere) übersteigt die erfahrungsbasierten Lösungsansätze	NKRM eröffnet Möglichkeiten, das Naturkatastrophenrisiko zu verringern (Erosionsminderung, reduzierte Bodendegradation, Fischfangquoten lassen die Fischbestände sich erholen, Reduktion der CO_2-Emissionen entlastet das Klima usw.)	NKRM ist nicht überall in dem erforderlichen Ausmaß einzusetzen (Erosion schreitet fort, Fischfangquoten werden nicht eingehalten, die großen Emittenten sind nicht Willens, ihren CO_2-Ausstoß zu reduzieren usw.)
Bewährte soziale Netzwerke stabilisieren die lokale Bevölkerung *(human security)*	Bevölkerungszunahme und Armutsmigration in die Städte lässt die traditionellen sozialen Netzwerke kollabieren	Bessere Gesundheitsversorgung, Geburtenregelung, Wasser-/Energieversorgung und bessere Kommunikation und Infrastruktur federn Konflikte ab	Leistungsgebundene Versorger erreichen nicht jeden, Geburtenkontrolle ist in vielen Ländern immer noch ein Tabuthema, der Ausbau einer leistungsfähigen Infrastruktur ist kostenintensiv
Die gesellschaftlichen Gruppen sind an den Entscheidungen beteiligt	Die gesellschaftlichen Aushandlungsprozesse werden von Personen/Gruppen „dominiert"	Extern moderierte Partizipationsprozesse helfen allen Bevölkerungsgruppen, an den Entwicklungsentscheidungen teilzuhaben	Auch moderierte Prozesse führen nicht dazu, dass sich jeder in den Entscheidungen „wiederfindet"
Soziale und ethnische Konflikte bei der Nutzung lokaler Ressourcen können durch die traditionellen Strukturen gelöst werden	Soziale und ethnische Konflikte um Ressourcenzugang nehmen zu	Ungehinderter Zugang zu Ressourcen (materiell, finanziell, sozial) ist in den ordnungspolitischen Regelwerken verbindlich zu verankern	Die Umsetzung solcher Regelwerke unterliegt vielfach dem Einfluss „dominierender" Personen/Gruppen
Der Staat setzt die richtigen Prioritäten	Nationale NKRM-Prioritäten stimmen selten mit den lokalen Erfordernissen überein	Partizipation fördert „*bottom-up*"-Teilhabe	Die Umsetzung von Entwicklungsentscheidungen wird oft intransparent getroffen („von denen da oben")

Probleme (Schwächen; „*weaknesses*") aufgeführt. Denen werden die sich daraus ergebenden Chancen *(„opportunities"*) gegenübergestellt, denen wiederum die umsetzungsbedingten Einschränkungen *(„threats"*).

Ein Beispiel aus der Praxis geben Heijmans und Victoria (2001) von den Sagada Mountains in den Philippinen, einer Provinz, die stark von Erdbeben und Hurrikans (Taifunen) betroffen ist – zusammengefasst in Tab. 4.11:

Doch durch eine lineare Wirkungskette lassen sich die vielfältigen Interaktionen von Ursache und Wirkungen aber immer noch nicht realistisch abbilden. Mittels einer „zirkulären" Problemstruktur können diese Abhängigkeiten schon besser dargestellt werden (Abb. 4.29). Oft sind die Wirkungen auch wieder Ursachen für andere Probleme. Ganz gleich wo man ansetzt, es ergibt sich ein Kreislauf von Ursachen und Wirkungen. Probleme können sowohl eine Folge der Ursachen als auch gleichzeitig die Ursache für nachfolgende Wirkungen sein.

Naturkatastrophen haben in der Regel eine Reihe an Ursachen, die sich im Verlauf zu „anderen" Problemen aggregieren können, sodass am Ende oftmals kein direkter Zusammenhang mit dem „Anlass" mehr zu erkennen ist. Für eine möglichst realitätsnahe Vulnerabilitätsanalyse ist es daher erforderlich, die „wahren" Zusammenhänge und Interaktionen (Verstärkung, Verminderung, Parallelitäten)

aufzuschlüsseln. Erst wenn dieses Wirkungsgeflecht klar ist, kann eine Entscheidung, zum Beispiel über den Wiederaufbau oder eine Verlegung eines hochwassergefährdeten Dorfes, gefällt werden.

Ein Instrument, um diese Kausalketten von Ursachen und Wirkungen (wenn auch nur stark vereinfacht) zu be-

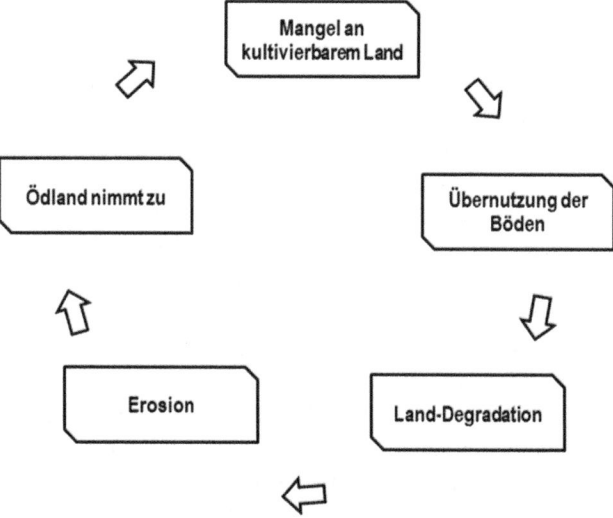

Abb. 4.29 „Zirkuläre" Problemstruktur

Tab. 4.11 Beispiel für eine („lineare") Ursache-Wirkung-Beziehung: Sagada Mountains, Philippinen (Heijmans und Victoria 2001)

Sachliche Zuordnung	Vulnerabilität	Bewältigungsfähigkeit („capacity")
materiell physisch	Die Region ist stark Erdbeben und Taifunen exponiert, die zu Hangrutschungen führen; die Bewässerungskanäle werden dabei regelmäßig zerstört Die Erdbebenführen dazu, dass die Wassereinzugsgebiete sich verändern; die Versorgung mit Trink- und Brauchwasser ist daher nicht immer gewährleistet Die lokalen Klimabedingungen erlauben nur eine Reisernte pro Jahr; der Reisanbau ist auf Bewässerung angewiesen Die rasche Zunahme der lokalen Bevölkerung macht die Versorgung immer schwieriger	Die Leute verfügen über indigenes Wissen, die Kanäle wieder instand zu setzen Baumaterial und technisches Gerät stehen lokal zur Verfügung Neue Wasserressourcen können in der Umgebung erschlossen werden Eine bessere Synchronisierung des indigenen Wissens kann mithelfen, Ernteverluste durch Ratten und Mäuse zu verringern
sozial organisatorisch	In der Vergangenheit waren viele lokale Gruppen in militärischen Konflikten mit der Zentralregierung aktiv und standen so der für den Reisanbau/die Versorgung der Bevölkerung nicht zur Verfügung	Die Dorfgemeinschaften (Dap-ay) stellen die Basis für die Organisation der Aktivitäten zur nachhaltigen Versorgung der Bevölkerung auf der lokalen Ebene
Motivation Bewusstsein	Immer mehr junge Menschen ziehen in die Städte, da sie aus ihrer Sicht keine Zukunft in den Dörfern haben; Nahrungsmittel werden knapp, die Wasserversorgung ist nicht gesichert, eine leistungsfähige Infrastruktur existiert nicht Große Firmen treiben „Raubbau" (Chico-Stausee, Waldrodungen, Bergbaubetriebe mit Abraumhalden usw.)	Die Menschen entwickeln eine hohe Sensibilität • für die externen Einflüsse auf ihre Region, • damit Frauen eine gleichberechtigte Teilhabe an den lokalen Entwicklungsentscheidungen haben, • für nachhaltige Projekte in ihrer Region

schreiben, stellt die sogenannte „zielorientierte Projektplanung" (ZOPP) dar. Im Englischen ist der Ausdruck „objective-oriented project planning" gebräuchlich. Dennoch wird meistens im Englischen und auch im Spanischen die deutsche Abkürzung „ZOPP" benutzt. Die zielorientierte Projektplanung ist in den letzten 40 Jahren ein weit verbreitetes, allgemein anerkanntes Planungsinstrument geworden, das sich vor allem für komplexe Problemlagen eignet, und zwar wenn – wie im Naturkatastrophen-Risikomanagement – neben physisch/technisch ausgerichteten Abläufen auch noch andere Faktoren hinzukommen („human security"). ZOPP baut auf dem von der US-Armee entwickelten Planungsinstrument „logical framework" auf – wurde aber noch um eine Analyse der Beteiligten/Betroffenen erweitert (GTZ 1987, 1997). ZOPP ist so vor allem zu einer auf den Menschen in seiner Lebensumwelt fokussierten Analysemethode geworden. Es zeichnet sich durch das Element der Partizipation aus, mit dem unterschiedliche Sichtweisen/Wahrnehmungen der Betroffenen und deren Erwartungen transparent gemacht werden. Alle Beteiligten sind in den Analyseprozess und damit in die nachfolgende Entscheidungsfindung eingebunden.

Die ZOPP-Methodik ist schrittweise aufgebaut. Dies erleichtert das Verständnis für die Abfolge der aufeinander aufbauenden Planungsschritte. Übertragen auf eine Vulnerabilitäts-Analyse beginnt dies mit der Festlegung

auf einen (mehrere) Auslösefaktor/en, der/die zu einer Naturkatastrophe geführt hat/haben. In Abb. 4.30 wird dies am Beispiel eines Vulkanausbruchs dargestellt. Bedingt durch die plattentektonischen Prozesse kommt es zu dem Ausbruch eines Schichtvulkans mit starker Aschenproduktion (vgl. Abschn. 3.4.3 „Nevado del Ruiz"). Der Ausbruch führte zur Ausbildung eines Lahars, da die Eiskappe des Vulkans zu einem großen Teil aufschmolz und das Schmelzwasser die Aschen an den Flanken aufweichte. Der Lahar strömte zu Tal, traf dort auf die Stadt Armero und tötete 23.000 Menschen. Eine auf der ZOPP-Methode basierende Vulnerabilitätsanalyse kann diese Wechselwirkungen von dem Naturereignis („root causes") und dessen Folgen (Wirkungsebenen 1 und 2) verständlich darlegen. Zentral für die ZOPP-Methodik ist die Festlegung des sogenannten Kernproblems. In diesem Fall ist das der Lahar. Da man aber einen Lahar kaum unter Kontrolle bringen kann, müssen sich wirksame Vorsorgekonzepte auf die Wirkungsebene 1 konzentrieren. Aus der Analyse können dann verschiedene Lösungsmodelle abgeleitet werden. Zum einen könnte man die Stadt in ein höheres Gebiet verlegen, man könnte zum anderen die Bausubstanz so verstärken, dass sie einem vergleichbaren, am besten selbst einem stärkeren Ereignis standhält (vgl. Abschn. 4.2.8). Zudem könnte man ein lokales Frühwarnsystem aufbauen, um die Menschen rechtzeitig in Sicherheit zu bringen.

Abb. 4.30 ZOPP-basierte
Vulnerabilitäts-Analyse

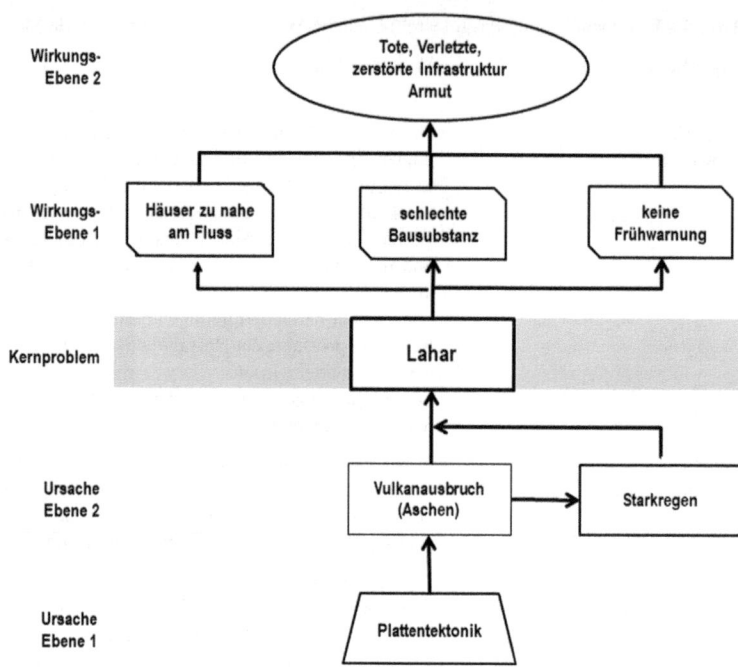

4.6 Risiko-Analyse

4.6.1 Interaktion von Naturrisiko und Gesellschaft

Naturgefahren können zu ernsthaften Unterbrechungen des gesellschaftlichen Lebens, der Ökonomie und der Ökologie führen. Für eine Gesellschaft sind Aspekte wie Sicherheit, Gesundheit, materielles Wohlergehen usw. ein grundlegendes Bedürfnis, das durch physische, zivilisatorische oder natürliche Bedrohungen beeinträchtigt wird. Um hier eine Verbesserung zu erreichen, müssen nicht nur die Ursachen, sondern auch deren Folgen sowie deren Interaktionen bekannt sein. Ein geeignetes Instrument, diese Abhängigkeiten zu erkennen, stellt die Risikoanalyse dar. Sie hatte sich ursprünglich zur Bewertung von Sachschäden bewährt; zunächst vor allem im betrieblichen Rahmen (Produktionsabläufe, Haftung). Im Laufe der Zeit wurde das Instrument auch auf andere Anwendungsgebiete übertragen, so auch auf das Naturkatastrophen-Risikomanagement (Rose 2004). Die Definition von Risiko (vgl. Abschn. 4.2.5) zeigt, dass Risiko mehr ist als eine Zustandsbeschreibung, sondern dass mit ihm immer eine statistische Eintrittswahrscheinlichkeit verbunden ist. Im Allgemeinen kann der Risikobegriff ausgehend von zwei verschiedenen Ansatzpunkten sowohl ursachen- als auch wirkungsbezogen interpretiert werden (Kaplan und Garrick 2006).

Die Abb. 4.31 zeigt (sehr generalisiert), wie das Wechselspiel von Gesellschaft (Politik) und Wissenschaft in Bezug auf die Bewertung eines Risikos funktionieren kann. Dabei stellen Gesellschaft und Politik die Frage: „Wie sicher ist sicher genug?" und bestimmen damit das (sektorspezifische) Schutzziel. Auf der anderen Seite stehen Wissenschaft und Technik, die durch ihre Expertise in der Lage sind zu formulieren: „Was kann passieren?". Beide Fragen werden durch das Risikomanagement aufgenommen und (nach Möglichkeit) beantwortet. Daraus ergibt sich die Frage: Tritt die Wissenschaft erst auf den Plan, wenn die Politik formuliert: „Wir haben da ein Problem. Wie bewertet ihr das?", oder ist es Aufgabe der Wissenschaft, „Das zu erforschen, was sie will, und eine sich daraus ergebende Problembeschreibung in die Politik einbringen" (TAB 2002), wie es in der Klimadiskussion ausgeprägt ist? Der Wissenschaft kommt bei der Beurteilung möglicher Gefährdungen und Risiken eine zentrale Stellung zu, auch wenn Kritiker darauf hinweisen, dass die Naturwissenschaften ausschließlich die (natur-)wissenschaftliche Beschreibung von Problemlagen durchführen („Die Naturwissenschaft hat mit Risiko erst mal gar nichts zu tun"; TAB 2002). Eine Risikoanalyse darf daher nicht allein Aufgabe der Naturwissenschaften sein, auch wenn es sich dabei um Naturgefahren handelt, Sozialwissenschaften, Ökonomie und Ökologie müssen immer Teil der Analyse sein. Das soll heißen, dass die Naturwissenschaften einen signifikanten Beitrag liefern können bzw. müssen. Die wissenschaftlichen Erkenntnisse und Empfehlungen müssen dann von den Entscheidungsstrukturen in praktische Politik umgesetzt werden. Um diese Aufgabenfelder zu überbrücken „halten" sich Regierungen und andere politische Institutionen spezielle Gremien von Experten, wie

Abb. 4.31 Interaktion von Gesellschaft (Politik) und Wissenschaft in Bezug auf die Bewertung eines Risikos

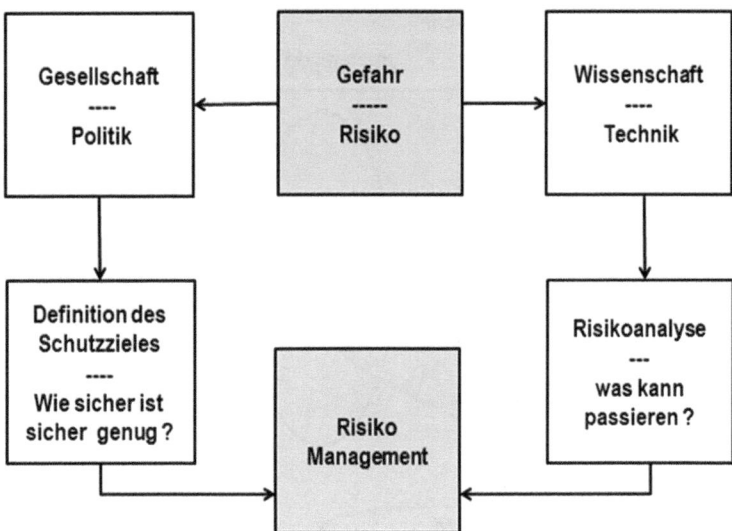

den Wissenschaftlichen Beirat der Bundesregierung Globale Umweltveränderungen (WBGU) oder den Rat der sogenannten Wirtschaftsweisen. Über die Arbeitsteilung, dass die Risikobewertung die wissenschaftliche Abschätzung von Risiken umfasst und das Risikomanagement deren ordnungsgemäße Umsetzung, besteht allgemeiner Konsens. Eine „Trennung von Risikoanalyse und Risikomanagement" (TAB 2002) ist strukturell sicher gegeben, sollte aber in der Praxis ohne Reibungsverluste ablaufen. Dennoch ist es am Ende die Politik, die die Erkenntnisse in Regelwerke umsetzen muss.

Die Wissenschaft hat darüber hinaus noch eine weitere wichtige Funktion. Sie soll Veränderungen frühzeitig wahrnehmen, daraus Folgerungen ableiten und die Schlüsse dann für die gesellschaftliche Diskussion aufbereiten. Und zwar auch schon zu einem „frühen Zeitpunkt …, an dem die wissenschaftliche Beweisbarkeit … noch nicht gegeben ist". Entscheidend dafür ist, dass mit „größtmöglicher Transparenz, umfassender Kompetenz und vor allem Unabhängigkeit gearbeitet werde" (TAB 2002).

Aus den oben genannten Gründen ergibt sich, dass besser von Risikoanalyse als von Risikobewertung gesprochen werden sollte. Damit kommt zum Ausdruck, dass es sich zunächst um eine (natur-)wissenschaftliche „Behandlung" (Analyse) eines Gefahrenpotenzials handelt und dabei noch keine Bewertung vorgenommen wird. Eine Bewertung wird erst dann möglich, wenn alle weiteren ein Risiko bestimmenden Faktoren ebenfalls einbezogen werden.

Die Risikoanalyse geht dabei immer von zwei sehr unterschiedlichen Sichtweisen aus, wie am Beispiel der Reaktorkatastrophe von Fukushima erläutert werden kann. Nach Auffassung der Ethikkommission zur sicheren Energieversorgung kann eine Katastrophe einem „kategoriellen Urteil" unterworfen werden. Danach:

- werden Ängste vor Schäden durch Kernenergie nicht aus den Erfahrungen mit realen Unfällen abgeleitet.
- werden die Folgen als nicht überschaubar eingestuft – sie lassen sich weder räumlich noch zeitlich oder sozial begrenzen.
- wird konsequenterweise gefolgert, dass Kerntechnik nicht mehr verwendet werden soll.

Bei einem „relativierenden Urteil":

- gibt es kein „Nullrisiko".
- beruht die Akzeptanz auf einem Vergleich der zu erwartenden Konsequenzen.
- erfolgt die Bewertung auf der Basis wissenschaftlicher Fakten und ethisch begründeter Abwägungskriterien.

Die Erfassung und Bewertung von Risiken durch Naturgefahren setzen an sehr unterschiedlichen Parametern an, die sich – ganz vereinfacht (Abb. 4.32) – wie folgt zuordnen lassen: Parameter, die

- schnell und ohne große Vorwarnzeit eintreten und die ortsgebunden sind:
  - Erdbeben,
  - Tsunamis sind in der Regel eine Folge eines Erdbebens (von Meteoriten und submarinen Rutschungen abgesehen) und treten daher immer mit einer gewissen Zeitverzögerung ein,
  - Vulkanausbrüche kündigen sich in der Regel schon einige Tage/Wochen zuvor an, auch wenn sich Ausbrüche bisher immer noch nicht exakt vorhersagen lassen.

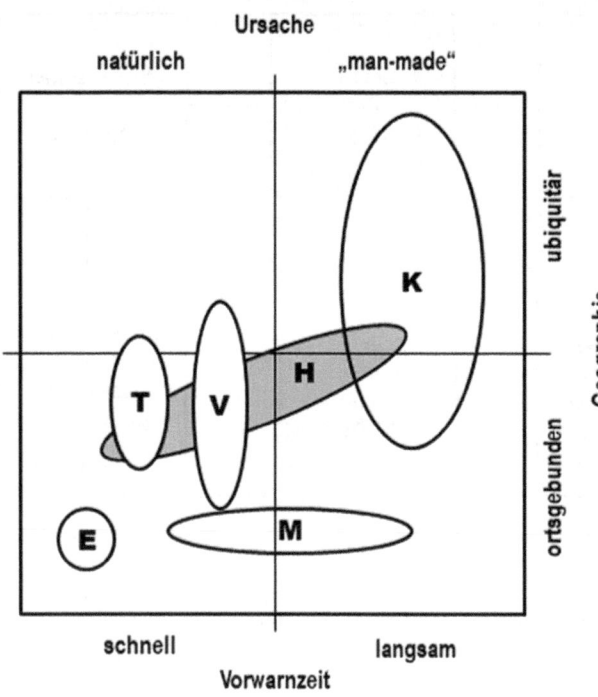

Abb. 4.32 Vereinfachtes Schema für die Klassifizierung von Risiken durch Naturgefahren: E = Erdbeben; T = Tsunami; V = Vulkan; M = Massenbewegungen; H = Hochwasser; K = Klima

- schnell bis langsam und vorrangig ortsgebunden sind:
  - Massenbewegungen (Hangrutschungen, Bergstürze), auch wenn diese sehr langsam eintreten können (Bodenkriechen),
  - Hochwasser, die neben lokalen Ereignissen auch ubiquitär ganze Landstriche und Flusseinzugsgebiete (Mississippi/Missouri, Elbe/Oder, Donau mit 12 Anrainerstaaten) betreffen können.
- langsam und alle betreffend (ubiquitär) sind:
  - Klimawandel, Meeresspiegelanstieg, Dürren, Hitzeperioden, veränderte Niederschlagsverhältnisse, die sich aber jeweils auch lokal auswirken können.

4.6.2   Methoden der Risikoanalyse

Die Risikoanalyse beschreibt ein strukturiertes und formalisiertes Vorgehen, um den unterschiedlichen Charakteren der Naturgefahren Rechnung tragen zu können. Wobei anzuerkennen ist, dass natürliche Systeme sehr komplex ausgestaltet sind und selten auf nur einige streng formal ablaufende Prozesse heruntergebrochen werden können. Anderes als bei technischen Risiken stellt die Naturrisikoanalyse den „Wert" (Person, Objekt, Natur) in den Vordergrund. Je nach Fokus gibt es unterschiedliche Ansätze, die aber alle die Einzelgefahr sowie das Zusammenwirken mit anderen Faktoren so umfassend wie möglich darstellen. Inhaltlich sind Risikoanalysen naturwissenschaftlich-

technische Abklärungen über räumliche und zeitliche Prozesse. Sie geben lediglich Auskunft über die Stärke und Häufigkeit einer zu erwartenden Beeinträchtigung. Eine Risikoanalyse liefert bei möglichst geringem Aufwand operationell verwendbare Ergebnisse – Unschärfen müssen, soweit es möglich ist, in Grenzen gehalten werden. Jede Risikoanalyse muss zunächst die „Systemgrenzen" festlegen:

- Räumliche Parameter (Gewässereinzugsgebiet, gefährdeter Hang, ein Überschwemmungsgebiet)
- Konditionelle Parameter (Niederschlag, Morphologie, Vegetation, Luft-/Wassertemperatur, Landnutzung, Besiedlung, Infrastruktur)
- Thematische Parameter (Hochwasser, Hangrutsch, Lawine, Erdbeben, Tsunami)
- Sachliche Parameter (Todesopfer, Personenschäden, Sachschäden, Wiederaufbaukosten)

Generell werden zwei unterschiedliche Methoden in der Praxis angewendet:

- **deterministisch:** Dieser Ansatz betrachtet ein Einzelereignis, über das eine Vielzahl an Daten und Erkenntnissen verfügbar ist – also ein historisches Ereignis, zum Beispiel wird der Tsunami von 2004 deskriptiv nachgezeichnet. Eine solche Analyse ist ohne „großen" Aufwand durchzuführen. Der Nachteil ist, dass die gewonnenen Erkenntnisse nur für dieses eine Ereignis zutreffen: Sie sind daher nicht (einfach) übertragbar. Änderungen im Gesamtsystem (z. B. soziale Faktoren) können nicht abgebildet werden. Die Analyse stellt eigentlich (nur) ein *„worst case scenario"* dar: Doch jede Katastrophe ist anders.
- **probabilistisch:** Bei diesem Verfahren wird die Bewertung eines potenziellen (!) Schadensereignisses auf der Basis hypothetischer Kenngrößen vorgenommen – ist also in die Zukunft gerichtet. Dazu ist eine Vielzahl an historischen Daten und Erkenntnissen nötig, die alle für eine mathematisch-statistische Behandlung entsprechend normalisiert werden müssen. Der Vorteil dieses Verfahrens ist seine Unabhängigkeit und Neutralität, denn das Verfahren nutzt eine Verknüpfung verschiedener Parameter. Systemische Unsicherheiten können berücksichtigt und komplexe Interaktionen abgebildet werden. Der Nachteil ist sein hoher Aufwand. Oft müssen Daten aus anderen Ereignissen übernommen werden. Dies erfordert eine gute Systemkenntnis. Insgesamt bietet der probabilistische Ansatz eine viel höhere Wahrscheinlichkeit und ermöglicht so, ein Katastrophenszenario realistisch abzubilden.

Die deutsche Versicherungswirtschaft nutzt für die Abschätzung des Hochwasserrisikos und damit zur Festlegung der Versicherungsprämien eine Statistik mit mehr als 300.000 Hochwasserereignissen („Kalkulationstool HQ-Kumule"), dessen Simulationsprinzip in Abb. 4.4 wiedergegeben ist. In diese Analyse werden aber auch die Erkenntnisse aus Einzelereignissen aufgenommen, mit denen die Wahrscheinlichkeitsbetrachtungen normalisiert werden.

Die (Natur-)Katastrophenschutz-Gesetzgebung (vgl. Kap. 5) in allen europäischen Ländern verpflichtet Deutschland in allen Bundesländern Gefahrenkarten zu erarbeiten. Gefahrenkarten sind das Ergebnis von Gefahrenanalysen, in denen alle in einem Gebiet potenziell auftretenden Gefahrentypen identifiziert und lokalisiert werden (Ereignisanalyse); aufgeschlüsselt nach Art, Ausdehnung und dem Grad einer Gefährdung (Wirkungsanalyse). Auf der Basis statistisch erfasster Eintrittshäufigkeiten und der Intensität des Gefahrenprozesses werden dann Gefahrenszenarien erarbeitet:

- „rückwärtsgerichtet" – aus der Auswertung von Dokumenten, Überlieferungen, oder aus Geländeanalyse (Morphologie, Geologie, Vegetation usw.). Fehlen solche Daten oder sind diese ungenügend vorhanden, können sie wenigstens pauschal ohne Bezug zur Vergangenheit abgeleitet werden.
- „vorwärtsgerichtet" – Anhand der in einem Gebiet potenziell auftretenden Indikatoren (Morphologie, Vegetation, Geologie, Niederschlag, Erdbebenmagnitude usw.) werden Daten für Modellrechnungen zur Entwicklung von Szenarien herangezogen (Heinimann et al. 1998).

Die Risikoanalyse muss sachlich richtig, nachvollziehbar und verhältnismäßig im Aufwand sein. Das generelle Vorgehen kann grundsätzlich mit drei verschiedenen Methoden geschehen: qualitativ, semi-quantitativ und quantitativ.

Qualitative Risikoanalyse

Eine qualitative Risikoanalyse muss unabhängig vom Gefahrentyp den beiden folgenden Postulaten gerecht werden.

Sie muss den Stand der Kenntnis wiedergeben („state-of-the-art") und sie muss transparent und nachvollziehbar sein – sowohl bezüglich der eingesetzten Methoden als auch hinsichtlich des Ablaufs der Bearbeitung. Sie gründet sich auf Expertenmeinung und auf einer einfachen Aggregierung und Kumulierung von subjektivem Wissen („qualitative-based"). Der Vorteil: Man erhält einfach, schnell und kostengünstig eine generalisierte Übersicht über die Gefahren-/Risikolage. Der Nachteil ist, dass ein solcher Ansatz (oftmals) subjektiv und ungenau ist, Erfahrungen voraussetzt und Fachkenntnisse von Ursache-Wirkung-Beziehungen erfordert.

Grundlage einer Analyse sind Indikatoren, mit denen die Gefahrensituation beschrieben wird. Diese können bekannt sein, gemessen oder abgeschätzt werden. Sie werden kategorisiert, entweder indem ihnen ein Zahlenwert zugeordnet wird oder in Worten, z. B. groß, mittel, gering. Ob eine Gefahrenbeurteilung „richtig" war, erweist sich erst, wenn das angenommene Ereignis auch wirklich eingetreten ist. In der Regel wird von einem Zeithorizont von 10, 50 oder 100 Jahren ausgegangen. Eine regionale Gefahrenbeurteilung erfordert, dass die verschiedenen Gefahren jeweils einzeln analysiert und beurteilt werden. In Gebieten, in denen verschiedene Gefahrentypen wirksam sind, müssen darüber hinaus die gegenseitigen Einflüsse auf das Gesamtsystem beachtet werden. Eine solche generalisierte Übersicht lässt sich am besten durch Karten darstellen. Damit ist nichts über die mögliche Wiederkehrperiode oder die Intensität ausgesagt. Dennoch lässt sich oft schon daraus eine Aussage über die Intensität ableiten.

In Abb. 4.33 werden zwei Hänge bezüglich ihres Hangrutschgefahrenpotenzials – rein auf der Basis der Bildinformation – miteinander verglichen.

In Abb. 4.33a ist eine Vielzahl an schmalen Rutschungen zu erkennen, die jedoch keine größeren Schäden an Infrastruktureinrichtungen anrichten. Es sind auch keine Gebäude betroffen, die von Menschen bewohnt sein können. Die am linken Bildrand verlaufende Straße bleibt davon unberührt. Das Risiko für Hangrutschungen wird als sehr gering eingestuft, während aus der Vielzahl an Hangrutschen auf ein hohes Naturgefahrpotenzial zu schließen ist.

Abb. 4.33 Qualitative Risikoanalyse von Hangrutschgefährdeten Hängen

In Abb. 4.33b ist dagegen nur eine große Rutschung zu erkennen, die aber eine Siedlung sowie lokale Verkehrswege zerstört hat. Die Risikoanalyse zeigt hier eine eher mittlere Rutschgefahr (nur ein großes Ereignis), dafür aber ein großes Risiko durch die Vielzahl an vulnerablen Elementen.

Für beide Bilder gilt, dass bei einer Hangrutsch-Gefahrenbeurteilung zudem jeweils noch die Bedingungen (Exposition), die zum Auslösen der Rutschung im Startbereich (Anriss) geführt haben, die Bedingungen auf dem Weg ins Tal (Transit) sowie diejenigen im Zielbereich (Auslauf) jeweils getrennt betrachtet werden müssen.

Semi-quantitative Risikoanalyse

Die semi-quantitative Risikoanalyse beschreibt das Risiko anhand einer festgelegten Skala. Die Skala kann aus Worten, Zahlen oder aus Worten und Zahlen bestehen. Sie gründet sich auf Fakten oder erfahrungsbasiertem Wissen ("evidence-based"). Auf der Basis bekannter Ereignisse werden Gesetzmäßigkeiten erkannt und generalisiert auf das Untersuchungsgebiet angewandt. Die Analyse ist damit aussagekräftiger als eine qualitative, stellt aber immer noch keine statistisch belastbare Bewertung dar. Sie kann sowohl einen ersten Schritt hin zu einer quantitativen Analyse als auch eine Art Plausibilitätscheck für eine solche Analyse darstellen. Die semi-quantitative Risikoanalyse beruht vor allem auf für den einzelnen Risikotyp abgestellten Pauschalannahmen zum Wert von Objekten, dem Risiko für die Personen und der Stabilität von Gebäuden – nicht nur für Einzel-, sondern auch für Kollektivrisiken.

> Vorteil: einfach, schnell, kostengünstig. Es wird keine "Abschätzung" vorgenommen, sondern die Analyse erfolgt auf der Basis von Fakten und einem höheren Grad der Aggregierung verschiedener Datenquellen; bei einen mittleren Bearbeitungstiefe.

Nachteil:Erfahrungen über Zusammenhänge der einzelnen Geogefahren müssen vorliegen;
Erkenntnisse können "überinterpretiert" werden.

Die Abb. 4.34 gibt einen "semi-quantitativen" Ansatz schematisch wieder. Dargestellt ist eine Kleinstadt, die an beiden Seiten eines Flusses gebaut ist. Ein Hochwasser von 3 m über Flussniveau würde den dunkelgrau gekennzeichneten Bereich der Stadt überschwemmen – bei 5 m den hellgrauen – bei mehr als 5 m die nördlich und südlich angrenzenden Stadtgebiete. Die Analyse beruht auf der Annahme, dass ein Hochwasser von 3 m in der Zone bis 3 m zu keinem Schaden führen wird. Ein Hochwasser von 4,5 m würde in der Zone 3–5 m zu einem Wasserstand von 1,5 m führen – ein Schaden wäre also auf das Erdgeschoss (inkl. Keller) beschränkt. In der Zone bis 3 m dagegen würde sogar die zweite Etage erreicht. Vergleichbares gilt für einen Wasserstand von mehr als 5 m. Der würde in der Zone bis 3 m zu einem Totalschaden führen, in der Zone

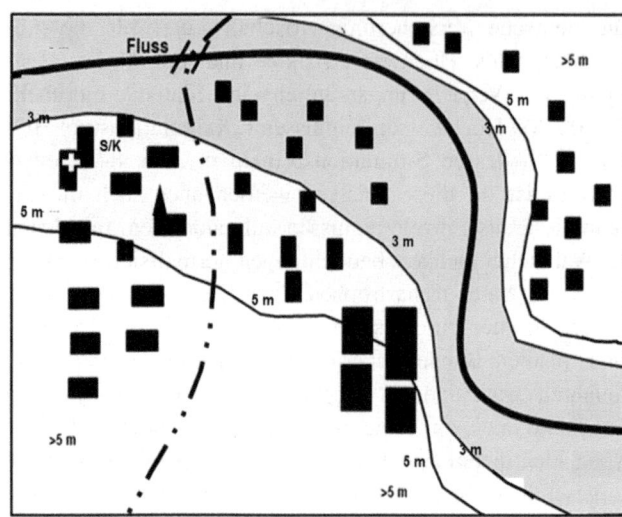

Abb. 4.34 Semi-quantitativer Ansatz zur Hochwasserrisiko-Analyse einer Kleinstadt (stark vereinfacht)

3–5 m zu Schäden im Erdgeschoss und in der Zone >5 m zu ersten Schäden an der Bausubstanz/Mobiliar usw.

Eine Bewertung der möglichen Schäden könnte im Prinzip wie folgt aussehen. Die notwendigen Angaben sind in vielen Fällen ohne großen Aufwand lokal verfügbaren raumbezogenen Datenbanken zu entnehmen. Fiktiv könnte die Bewertung so ablaufen: Erfasst werden zunächst alle in der Zone bis 3 m liegenden Gebäude mit pauschalisierten Wiederherstellungskosten. In der Zone liegen des Weiteren 0,5 km Straße sowie eine Straßenbrücke. In der Zone 3–5 m liegen mehrere Ein- und Mehrfamilienhäuser, ein Krankenhaus, eine Schule und eine Kita sowie zwei Industriebetriebe plus 1 km Straße. Sollte der Wasserstand 5 m überschreiten, wären noch einmal zwei Unternehmen betroffen (Schlachterei, Gärtnerei) sowie noch einmal 1 km Straße. Wenn den einzelnen Gebäuden, Straßen und Infrastruktureinrichtungen marktgerechte Instandsetzungskosten zugeordnet werden, kann mit geringem Aufwand der mögliche Schaden durch ein Hochwasser, das den gemachten Annahmen entspricht, erstellt werden (Tab. 4.12).

Anders als in der qualitativen Risikoanalyse wird in der semi-quantitativen Analyse das Risiko nach zwei Faktoren hin aufgeschlüsselt. Es soll nicht mehr nur das Eintreten einer potenziellen Gefahr identifiziert werden (Log-Normalverteilung), sondern auch eine Aussage getroffen werden, wie häufig ("frequency") so ein Ereignis ist, und darüber hinaus noch, mit welcher Stärke ("severity") es eintreten kann. Die Stärke eines Ereignisses bestimmt das Ausmaß des Schadens (Bruch eines Dammes bei einem Pegel von >5 m über Flussniveau), während die Häufigkeit den kumulierten Schaden bedingt. Erst die Kombination dieser beiden Faktoren macht das aus, was eine (Natur-)Gefahr von einer Katastrophe unterscheidet. Beide Faktoren

Tab. 4.12 Gebäudeinstandsetzungskosten in Euro (fiktiv)

Überschwemmungszone	Gebäude/Infrastruktur	Kosten
>3 m	6 EFH	600.000
	0,5 km Straße	50.000
	1 Brücke	5.000.000
3–5 m	3 EFH	300.000
	6 MFH	3.000.000
	1 KKH	17.500.000
	1 Schule/Kita	5.000.000
	1 Kirche	5.000.000
	1 Tischlerei	3.000.000
	1 Spedition	1.500.000
	1 km Straße	100.000
>5 m	12 EFH	1.200.000
	6 MFH	2.000.000
	1 Schlachterei	2.500.000
	1 Gärtnerei	3.500.000
	1 km Straße	100.000
		Summe: 50.350.000

(„Häufigkeit"/„Stärke") werden dazu in einer Matrix zusammengeführt. In Praxis gibt es eine Vielzahl solcher Anwendungen (stellvertretend: v. Piechowski 1994). Allen gemein ist, dass sie die beiden Faktoren miteinander in Beziehung setzen (Abb. 4.35).

Welche Skalierung gewählt wird, ist in jedem Einzelfall zu entscheiden. Dabei kann es sich sowohl um „qualitative" Bewertungen handeln (selten, sehr stark, gut, schlecht usw.), als auch um physikalische (km² verseuchtes

Grundwasser), statistische (Anzahl der Todesopfer) oder ökonomische (Schäden in US$ bezogen auf den US$-Kurs im Jahr 2010) usw. In der Matrix können dann, wie das Beispiel der Schweiz zeigt, den lokalen Bedingungen entsprechend Katastrophen-Schwellenwerte definiert werden (Abb. 4.36).

Beispiel für eine semi-quantitative Risikobewertung

Um zum Beispiel die Risikoexposition (gemäß der Formel „Risiko = Gefahr x Vulnerabilität") zweier Länder, wie Haiti und Dominikanische Republik, vergleichen zu können, ist es zunächst nötig, eine möglichst komplette Liste aller verfügbaren Katastrophenereignisse zu erstellen. Die Datenkompilationen von CRED-Emdat, der Münchener Rückversicherung (NatCatSERVICE/NATHAN), des Smithsonian Institute (Vulkane) und des USGS (Erdbeben) sind verlässliche Quellen für diesen Zweck. Um das Problem unterschiedlicher Zahlengrundlagen zu umgehen, sollte nach Möglichkeit nur eine Statistikquelle zugrunde gelegt werden, da man dann davon ausgehen kann, dass die Daten unter „gleichen" Bedingungen aufgenommen wurden. Aus diesen Statistiken werden Tabellen über die Katastrophenereignisse jeweils für die gewünschten Katastrophentypen kompiliert (Katastrophentyp, Datum, Ort, Stärke, Opferzahl, Schäden usw.). Die Schäden/Opfer werden dann zu Klassen aggregiert (z. B. Erdbeben: <M5 = sehr gering, M5–6 = gering, M6–7 = mittel, M7–8 = stark, M > 8 = sehr stark). Anschließend wird die Anzahl der Ereignisse den jeweiligen Klassen zugeordnet. Aus der Gesamtzahl und der Klassenanzahl wird, wie in Abb. 4.37 a–c dargestellt, der Prozentwert ermittelt. Die Prozentwerte der Kategorien werden als Summenkurve dargestellt und daraus die mittlere Stärke (50 %) aller Erdbebenereignisse ermittelt (z. B. Gesamtzahl an Ereignissen = 85: in

Abb. 4.35 Vulnerabilitäts-/Risikomatrix

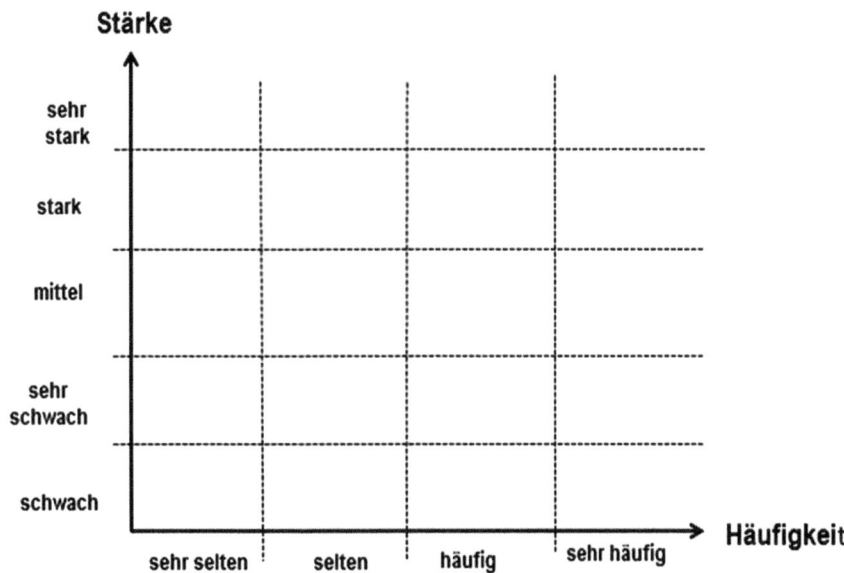

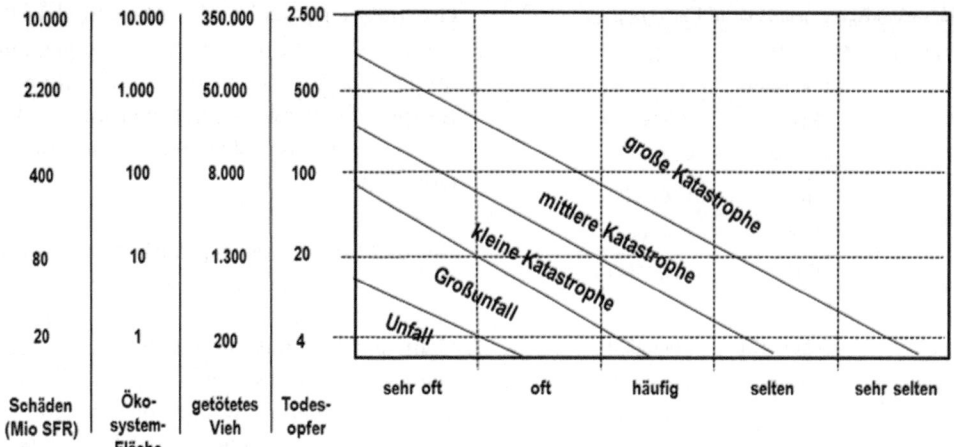

Abb. 4.36 Klassifizierung von Schadensfällen

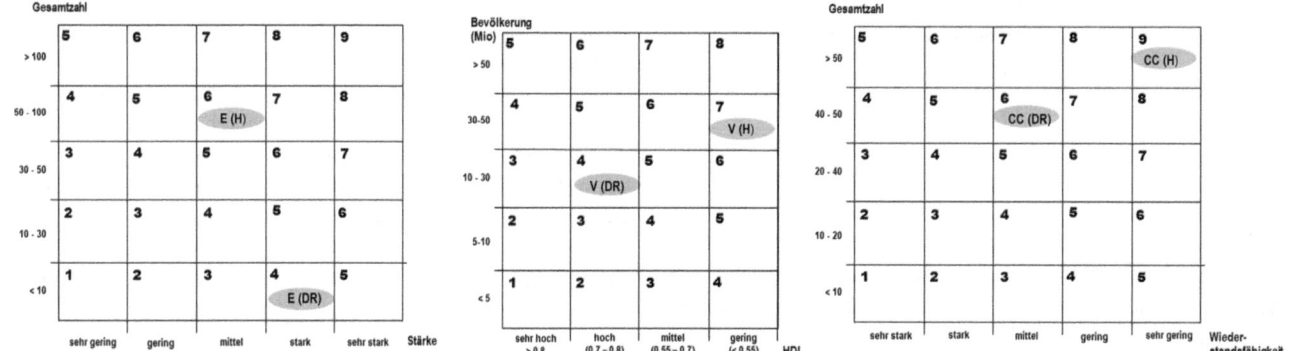

Abb. 4.37 **a**: Ereignismatrix „Erdbeben", **b**: Vulnerabilitätsmatrix, **c**: Resilienzmatrix

Klasse <M6–7 = 57 Ereignisse = 67 % usw.). Ebenso wird mit allen anderen Katastrophentypen verfahren. Damit kann das Katastrophenrisiko der beiden Länder für den Katastrophentyp „Erdbeben" anhand eines „mittleren" Ereignisses verglichen werden.

Als nächster Schritt wird die Vulnerabilität der beiden Länder gegenüber Naturgefahren ermittelt. Dazu sind verschiedene Indikatoren einsetzbar. Von UNISDR wird empfohlen, hierfür die „jährliche Zahl an Opfern", der „Zahl der risikoexponierten Bevölkerung" gegenüberzustellen. Wenn – wie in diesem Beispiel – aber solche Daten nicht vorliegen oder mangels Zugriff nicht zu erheben sind, ist es möglich, auf andere Indikatoren zurückzugreifen. Hier wurde der „Human Development Index" (HDI) als das Maß für den Entwicklungsstand eines Landes der „Bevölkerungszahl" gegenübergestellt (Abb. 4.37b).

Die Fähigkeit eines Landes, mit den Naturkatastrophen „umzugehen", hat viel mit Heuristik zu tun. Jahrzehntelange Erfahrungen machen eine Gesellschaft widerstandsfähiger (Abb. 4.37c). Doch das Beispiel Haiti zeigt (nicht nur im Vergleich zur Dominikanischen Republik),

dass die wirtschaftlichen und sozialen Probleme des Landes (HDI 0,53) schon seit der Unabhängigkeit von Frankreich extrem groß sind. Haiti war bisher nicht in der Lage, seine Bevölkerung ausreichend vor jeder Art von Katastrophen zu schützen (allein das Erdbeben von 2011 hat in Haiti 300.000 Menschenleben gekostet). Daher wurde für diese Analyse die Bewältigungskapazität (*„coping capacity"*) als gering angesehen. Trotz einer vergleichbaren Anzahl an Naturkatastrophen hat die Dominikanische Republik, was die Opfer betrifft, eine wesentlich geringere Anzahl an Todesopfern zu beklagen. Dies wurde als Indikator genommen, dass die Dominikanische Republik eine höhere soziale und technisch-materielle Resilienz aufweist.

In den Matrizen ist den einzelnen Feldern jeweils ein Zahlenwert zugeordnet: von 1 bis max. 9. Diese Werte werden dann addiert. Für das erdbebenbezogene Risiko würde das für Haiti einen Wert = 22, für die Dominikanische Republik 14 ergeben. Dieses Prozedere ist dann sinngemäß für alle anderen Katastrophentypen anzuwenden. Dabei muss jeweils entschieden werden, ob die Resilienz gegen die anderen Katastrophentypen anders als die für „Erdbeben" ausfällt.

Quantitative Risikoanalyse

Die quantitative Risikoanalyse wird immer häufiger zur Bewertung von Risiken aus Naturgefahren eingesetzt. Sie erbringt viel genauere und belastbarere Resultate als die qualitative oder die semi-quantitative Analyse. Voraussetzung dazu ist, dass eine möglichst umfassende Datenbasis zur Verfügung steht. In Zusammenhang mit statistischen Analysen oder Berechnungen mit Modellen ist ihre Anwendung sinnvoll, wenn es darum geht, ein Risiko im lokalen Maßstab zu bestimmen. Aus Geländebeobachtungen und historischen Daten werden dazu die lokalen natürlichen Gegebenheiten (Hochwasser, Bodenbeschleunigung, Vegetation, Niederschlagsverteilung usw.) kartenmäßig erfasst und mit statistischen Daten zur Häufigkeit und Intensität solcher Katastrophenereignisse verschnitten. Um daraus Anfälligkeitswahrscheinlichkeiten zu simulieren, steht eine Vielzahl an prozessbasierten Modellen zur Verfügung. Je detaillierter die Modelle einen Prozess potenziell simulieren können, desto mehr Eingangsdaten benötigen sie. Diese sind jedoch oft nicht oder nur in unzureichender Güte vorhanden (Felgentreff und Glade 2008).

Die quantitative Risikobewertung beruht auf dem Prinzip der Wahrscheinlichkeit. Dazu wird für ein bestimmtes Ereignis das Risiko nach der Formel berechnet (vgl. Abschn. 4.2.5):

> Risiko ist gleich der Gefahr (Häufigkeit und Stärke) multipliziert mit der Vulnerabilität (ökonomischer Schaden/Todesopfer) geteilt durch die Widerstandsfähigkeit einer Gesellschaft (Resilienz).

Das Alleinstellungsmerkmal der quantitativen Risikoanalyse ist, dass sie auf der Untersuchung von einer großen Zahl an Kausalketten beruht. Zudem müssen für die Risikoanalyse natürlicher Systeme oft ungenaue Messergebnisse, subjektive Erkenntnisse und Analogien eingesetzt oder er-

gänzt werden. Dazu haben sich statistische Verfahren bewährt, die alle auf einer logischen Verknüpfung von Informationen nach dem Prinzip „und"/„oder"/„nicht" beruhen. Diese Methoden eignen sich deshalb besonders für computergestützte Berechnungen und Simulationen.

Ein solches Verfahren ist ein Entscheidungsbaum zur Bewertung des Risikos von Straßenverkehrsunfällen nach dem „Bayes-Theorem" (Abb. 4.38). Betrachtet wird das Risiko innerhalb einer Woche (100 %). Ein Unfall kann sich entweder am Tag (50 %) oder in der Nacht (50 %) ereignen. Zu 45 % betrifft dies einen Werktag, 5 % ein Wochenende. Er kann sich in der Schulzeit (27 %) oder in der schulfreien Zeit (18 %) ereignen. An einem Wochenende zu 5 % und in der Nacht zu 50 %. Dieser sehr generalisierte Ansatz berücksichtigt aber nicht die Verkehrsbelastung der Straßen sowie den Straßenzustand (Winter, Regen, Bausubstanz usw.).

Die Risikoanalyse kann auch nach der sogenannten „Monte-Carlo-Methode" erfolgen. Deren mathematisches Fundament ist das Gesetz der großen Zahlen („Hauptsatz der Statistik"); die Monte-Carlo-Methode ist damit ein Stichprobenverfahren. Mit ihrer Hilfe ist es möglich, für zufällig gewählte Parameter über die entsprechenden Zusammenhänge (Ursache-Wirkung-Beziehung), die zugehörigen Ergebnis- oder Zielgrößen zu ermitteln. Dabei werden die Zielgrößen deterministisch bestimmt -auch wenn sie zufällige Größen sind. Dies geschieht ausgehend von der Annahme, dass bei einer hinreichend großen Anzahl von „Versuchen" die so ermittelten Zielgrößen einen guten Näherungswert für die tatsächlichen Werte darstellen. Aufgrund der zufälligen Auswahl der Parameter hat sich ebenfalls der Begriff der stochastischen Simulation etabliert (Romeike und Spitzer 2013, S. 101 ff., 339 ff.). Illustriert werden soll das Vorgehen an folgen-

Abb. 4.38 Analysebaum nach dem „Bayes-Theorem"

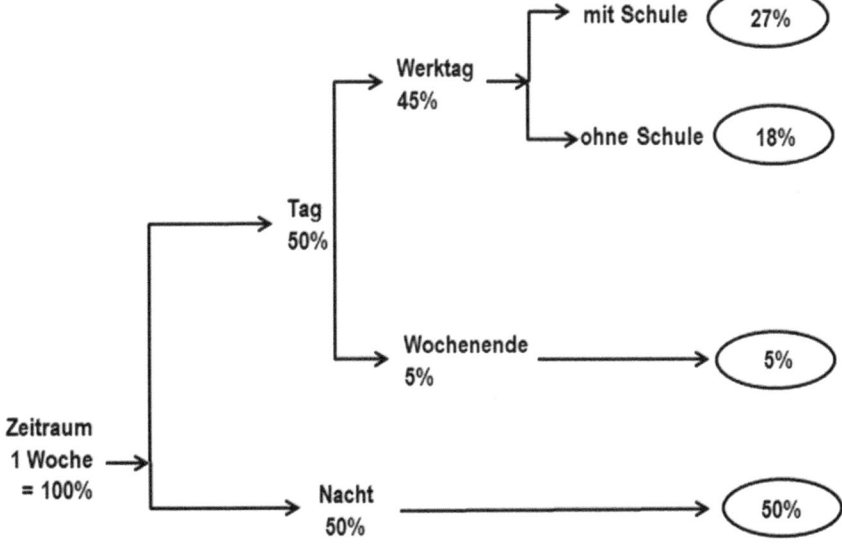

dem Beispiel: Ein Servicetechniker betreut zwei Kunden. Kunde A benötigt zu einem bestimmten Moment mit einer Wahrscheinlichkeit von 20 % die Unterstützung des Technikers, während Kunde B lediglich mit einer Wahrscheinlichkeit von 5 % auf Hilfe angewiesen ist. Gesucht ist die Wahrscheinlichkeit, dass beide Kunden, die stochastisch unabhängig voneinander agieren, gleichzeitig den Servicetechniker um Hilfe bitten. Die Wahrscheinlichkeit eines gleichzeitigen Hilferufs beträgt 20 % geteilt durch 5 % = 4 %.

Grundlage der quantitativen Risikoanalyse ist ein „Untersuchungsgebiet", d. h. ein flächiges, linienförmiges oder punktförmiges Raumelement (Objekt). Betrachtet werden dabei die in ihm vorhandenen Sachwerte, aber eben zum Beispiel auch die in einem Gebäude lebenden Menschen. Diesen Objekten werden die entsprechenden ökonomischen Werte (Euro, US$ usw.) zugeordnet. Daraus lassen sich die Schäden ermitteln, jeweils bezogen pro Jahr – bei Personen wird die Opferzahl verwendet. Bei den Sachwerten können dies neben dem Verlust auch Ernteausfälle oder die Wiederherstellungskosten sein. Für eine erste Übersicht reicht es oftmals, statt einzelner Gebäude bei vergleichbarer Risikoexposition ganze Gebäudekomplexe zusammenzufassen. Für jedes Raumelement werden dann für alle Gefahrentypen ermittelt:

- die Intensitätsstufen (schwach – mittel – stark, Erdbeben-Magnituden, HQ-100-Richtwerte, Klassifizierung von Schadensfällen),
- die relative Häufigkeit pro Jahr, mit der ein Ereignis mit der Wiederkehrperiode T eintritt und
- die räumliche Auftretenswahrscheinlichkeit.

Damit wird die Wahrscheinlichkeit bestimmt, dass bei Eintritt eines Naturereignisses dieses einen bestimmten Punkt des Untersuchungsgebietes erreicht. Dies ist notwendig, da ein einzelnes Ereignis oft nicht die gesamte Fläche eines Grundszenarios betrifft; verknüpft mit den Risikofaktoren eines bestimmten Objektes. Daraus lässt sich das Objektrisiko pro Schadenereignis ermitteln, sein mittleres Schadenausmaß/Todesopfer pro Schadenereignis. Das Ergebnis wird dann in sogenannten Objektarten-Karten wiedergegeben, die dann mit Ereigniskarten und/oder Intensitätenkarten verschnitten werden – am besten mittels eines GIS-Systems. Das ist dann in der Lage, die räumlichen Beziehungen (z. B. einer Hochgebirgsregion) mit sachlich-technischen Attributen (Hangneigung) zu verschneiden. Das Risiko für Personen wird sowohl in Bezug auf ihren „Wohnort" bewertet (z. B. die Stabilität des Wohngebäudes bei Erdbebenmagnitude >5), als auch dafür, wenn die Person außerhalb eines Risikos exponiert ist (z. B. an einem Bahnübergang). In die Bewertung gehen aber nur die Todesfälle ein, keine Verletzten und keine Betroffenen.

Beispiel für eine Simulation eines Hangrutsch-Risikos mit „RAMMS"

Die Bewertung eines Hangrutschrisikos einer bestimmten Lokalität setzt eine möglichst genaue Kenntnis voraus, an welcher Stelle mit einer Rutschung welchen Ausmaßes und in welcher Häufigkeit zu rechnen ist. Das Eidgenössische Institut für Schnee und Lawinenforschung (WSL, Davos) hat mit dem Programm „RAMMS" (Rapid Mass MovementS) ein Softwareprogramm entwickelt, das den Ablauf gravitativer Massenbewegungen (Lawinen, Hangrutschungen, Bergstürze, Murengänge usw.) simulieren kann (Christen et al. 2012). RAMMS ist ein numerisches Modell zweiter Ordnung, das für die Bewegung granularer Massen entwickelt wurde und dessen Ergebnisse in dreidimensionalen Geländemodellen wiedergegeben werden. Die physikalische Grundlage des RAMMS-Modells ist die Rheologie von Schuttströmen nach dem „Voellmy-Model". Mit ihm können die Reibungsverluste in einem Schuttstrom bestimmt werden, basierend auf dem Coulomb'schen Reibungsgesetz. Zur Kalibrierung wurde anhand gut belegter historischer Rutschereignisse eine Serie an Modell-Inputs entwickelt. Zudem kann in das Modell noch der Einfluss der Topographie mit aufgenommen werden.

Durch die Integration der verschiedenen Gefahrentypen in einem Softwareprogramm wurde es möglich, die Risikobewertung für die genannten Gefahrentypen in Gebieten, in denen sie alle gemeinsam auftreten können, zu standardisieren. Dazu war es nötig, zunächst die grundlegenden Parameter zu bestimmen. Eine Lawine hat zum Beispiel einen Auslösemechanismus, der von den Schneeflächen und der Schneehöhe bestimmt wird. Ein Hangrutsch wird definiert durch seine Gesteinsvolumina und den Weg. Ein Bergsturz ist charakterisiert durch den Ort, wo er ausgelöst wird, und dadurch, wohin er sich fortbewegt und wie hoch dabei die kinetische Energie ist. Diese Grundbedingungen sind von Ort zu Ort verschieden, können sogar in einem Gebiet stark variieren. Die Auswahl dieser Grundparameter ist entscheidend dafür, wie belastbar die Ergebnisse sind. Das WSL hat dafür eine Vielzahl an Einzelparametern getestet und statistisch verifiziert.

Das RAMMS-Tool ist so konfiguriert, dass es für die gravitativen Massenbewegungstypen (Lawine, Hangrutsch, Bergsturz, Murengänge) anwendbar ist. Damit wurde es möglich, verschiedene Massenbewegungen, die in einer Region auftreten, unter den gleichen Systemkomponenten zu vergleichen. WSL hat daher die Anzahl der Eingangsparameter soweit beschränken müssen, dass wissenschaftlich reproduzierbare Aussagen möglich sind – wenn auch mit gewissen Einschränkungen. Die Auswahl der Systemparameter wird von dem Institut als der entscheidende Punkt angesehen. Das beginnt mit dem Geländemodell. Das WSL hat für die Schweiz seine RAMMS-Analysen auf einem 5 m Raster vorgenommen. Jeder der Einzelparameter wurde eingehend getestet. Bergstürze, Hangrutschungen und Lawinen entwickeln jeweils eigene Dynamiken, die nicht nur

Parametern folgen, die sich durch mathematische Algorithmen abbilden lassen.

RAMMS macht es möglich, Hangrutschprozesse auch in sehr komplexen Gebieten zu modellieren. Das Modell gibt sowohl Auskunft über die Kräfte *(„impact pressure"),* die maximal auftreten können, als auch über die Massen, die bewegt werden. Jede Mitigationsmaßnahme benötigt diese Angaben.

4.6.3   Das ALARP-Prinzip

Welches Katastrophenszenario aber gesellschaftlich als „akzeptiert" und ab welcher Häufigkeit/Stärke-Relation, ein Risiko als „nicht akzeptabel" angesehen wird, dieser Bewertungsansatz wird in der Literatur als „ALARP-Prinzip" bezeichnet (Abb. 4.39 und 4.40). ALARP steht für *„as low as reasonably practical";* vgl. ANCOLD 1997). Neuerdings wird häufiger die Definition „ALARA" verwendet *(„as low as reasonably achievable").* Das ALARP-Prinzip besagt, dass eine Risikominderung zwar immer den höchstmöglichen Sicherheitsgrad garantieren soll, der aber zudem auch „sinnvoll" sein muss und noch dazu in einem finanziell und/oder technisch vertretbaren Aufwand zu verwirklichen ist („praktikabel"). Eine Entscheidung, einen Hochwasserschutzdamm zu errichten (der z. B. doppelt so viel Wasser zurückhalten kann, wie ein 200-jährliches Hochwasser) kann wegen zu hoher Kosten von der Gesellschaft nicht akzeptiert werden, auch wenn ein solcher Damm technisch machbar ist. Dagegen könnte eine von der Gesellschaft geforderte „sinnvolle" Maßnahme wegen techni-

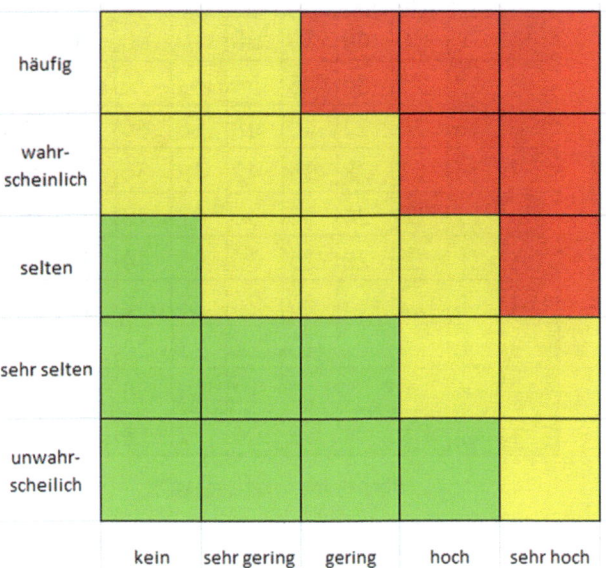

Abb. 4.40   ALARP-Korridor (gelbe Felder)

scher Probleme nicht durchgeführt werden. Solche Risikobetrachtungen werden bei allen größeren technischen Vorhaben, aber z. B. auch in der Medizin (EN ISO 14971) eingesetzt.

Ein „nicht akzeptables" Risiko kann eindrucksvoll mit dem Begriff „was wir verhindern müssen" beschrieben werden. Ein „akzeptiertes " Risiko ist folglich ein Risiko, das „wir nicht verhindern können"/„wir akzeptieren müssen". Die Zone dazwischen wird als ALARP-Korridor (vgl. Abb. 4.40) bezeichnet. Dort findet das eigentliche Naturkatastrophen-Risikomanagement statt. Unter *„reasonably"* werden Katastrophen-Vorsorge- und Nachsorgemaßnahmen verstanden, die aus Sicht der Gesellschaft „sinnvoll" *(„reasonable")* sind. Wenn statt *„practical"* *„achievable"* verwendet wird, kommt damit zum Ausdruck, ob eine Gesellschaft überhaupt in der Lage ist, eine solche Maßnahme durchzuführen. Die Lage der Bereiche „akzeptabel" und „nicht akzeptabel" sowie die Breite des ALARP-Korridors und die Steigung der Grenzlinien sind keine fixen Daten, sondern müssen für jede Region bzw. für jedes Land im Rahmen eines gesellschaftspolitischen Meinungsbildungsprozesses festgelegt werden.

Aus diesem Abwägungsprozess ergibt sich, dass im:

- akzeptablen Bereich kein Handlungsbedarf besteht (geringe Intensität/seltenes Eintreten).
- im ALARP Korridor abgewogen werden muss, ob Vorsorgemaßnahmen zu ergreifen sind und wenn, dann müssen sie dem Postulat *„reasonable"* und *„achievable"* genügen.
- im nicht akzeptablen Bereich in jedem Fall akuter Handlungsbedarf besteht (hohe Intensität/große Häufigkeit).

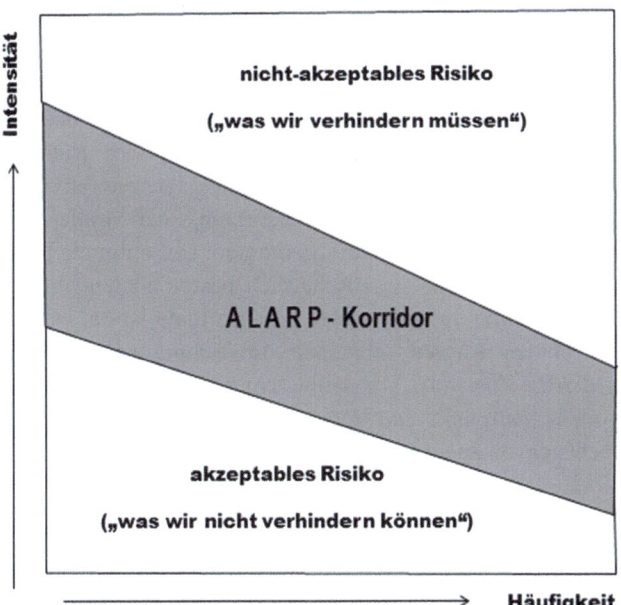

Abb. 4.39   Das ALARP-Prinzip (generalisierte Darstellung nach verschiedenen Quellen)

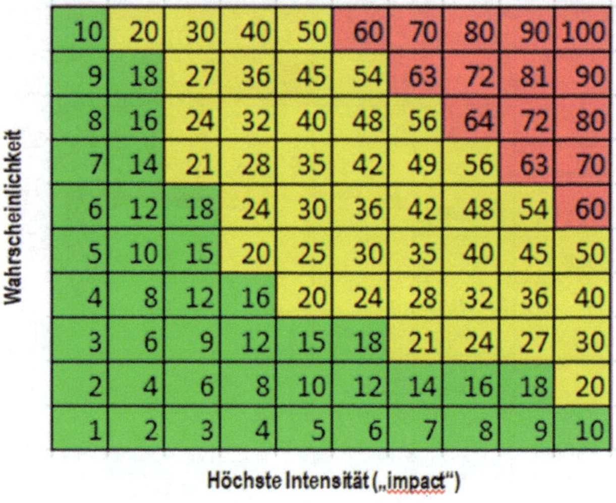

10	20	30	40	50	60	70	80	90	100
9	18	27	36	45	54	63	72	81	90
8	16	24	32	40	48	56	64	72	80
7	14	21	28	35	42	49	56	63	70
6	12	18	24	30	36	42	48	54	60
5	10	15	20	25	30	35	40	45	50
4	8	12	16	20	24	28	32	36	40
3	6	9	12	15	18	21	24	27	30
2	4	6	8	10	12	14	16	18	20
1	2	3	4	5	6	7	8	9	10

Wahrscheinlichkeit

Höchste Intensität („impact")

Abb. 4.41 Risikoindex

Es gibt eine Vielzahl an verschiedenen Lösungsmodellen für das ALARP-Prinzip – so zum Beispiel die „Schweizer Störfallordnung für die Havarie eines Kernkraftwerkes" (v. Piechowski 1994). Im Prinzip aber beruhen alle auf einer stufenweisen Kategorisierung von Katastrophenereignissen. Wie die einzelnen Klassen definiert werden, ist abhängig von der Problemstellung. Bestenfalls liegen zu den Ereignissen genaue Daten über „Intensität" und „Häufigkeit" vor (7 Erdbeben M5 im Jahr 2007). Ist das nicht der Fall, können die Ereignisse (näherungsweise) qualitativ kategorisiert werden.

Eine weniger aufwendige und dennoch belastbare Einstufung eines Risikos ist anhand des sogenannten „Risiko Index" möglich (Abb. 4.41). Dazu wird die Wahrscheinlichkeit des Eintritts eines Risikos „semi-quantitativ" auf erfahrungsbasiertem Wissen (weiter unten) in 10 Klassen eingestuft; ebenso wird das höchstmögliche Schadenausmaß („Impact") zwischen 1–10 abgeschätzt und miteinander multipliziert. Wenn dann der „rote" Bereich als >60 festgelegt wird und der „grüne" als <20, lassen sich Risiken regional einfach vergleichen; es ergibt sich wie zuvor ein „ALARP"-Korridor.

Anhand dieser Grafik lassen sich dann die Bereiche bezüglich ihres Risikos einstufen:

- akzeptabel (grün)
  Dieser Bereich umfasst Risiken, die entweder sehr selten eintreten und wenn, dann nur mit geringen Auswirkungen.
- tolerabel (gelb)
  Tolerabel sind Risiken, die nach Stand der Kenntnis als überschaubar eingeschätzt werden und die in der Regel auch als beherrschbar gelten: „ALARP Korridor".
- Nicht akzeptabel (rot)
  sind Risiken, die sowohl sehr häufig eintreten und die mit erheblichen Auswirkungen verbunden sind (Opferzahlen, Sachschaden).

Eine solche Kategorisierung setzt aber in jedem Fall einen gesellschaftlichen Konsens voraus. War die Reaktorkatastrophe von Fukushima ein „nicht akzeptables" Risiko oder nicht (20.000 Tote mit einer Wiederkehrfrequenz von vielen hundert Jahren) im Vergleich zu der Erdbebenkatastrophe von Haiti mit 200.000 Toten, wobei die Erde in Haiti jährlich ein Dutzend Mal bebt? Oder ist es möglich, eine Stadt wie Banda Aceh vor einem „Jahrhundertereignis", wie dem 2004er Tsunami zu schützen, oder wäre es „sinnvoller" die 6–8 Mrd. US$ Hilfsgelder für eine Erhöhung der Sicherheit in Indonesien insgesamt einzusetzen? Legt des Weiteren, eine Einstufung von Katastrophen nach dem ALARP-Prinzip eine Katastrophenszenario als „endgültig" fest, wenn sich im Laufe derZeit grundlegende Parameter ändern können. Während noch vor dem Jahr 2000 in den Beschlüssen der Klimarahmenkonvention das sogenannte Zwei-Grad-Ziel als Richtwert festgeschrieben wurde, wird heut,e 20 Jahre später, der Wert von 1,5 °C (und sogar weniger) als notwendig angesehen. Auch regional wird eine solche Klassifizierung sicher sehr unterschiedlich ausfallen: In Nepal würde eine Diskussion um einen Meeresspiegelanstieg von zum Beispiel mehr als 2 m als nicht „relevant" angesehen, während schon ein Anstieg von 50 cm in den Kleinen Inselstaaten („small island states") zu großer Ablehnung führt.

Eine Verringerung der Risikoexposition ist immer mit Kosten verbunden. Das heißt, je mehr in Minderung oder Vorsorge investiert wird, desto größer ist der Schutz (BUWAL 1999). Nur verlaufen diese Kurven, wie in der Grafik zu sehen, nicht linear, sondern exponentiell. Der ALARP-Korridor definiert das ökonomische Optimum, von dem was „angestrebt" („reasonable") und dem was „machbar" („achievable") ist (Abb. 4.42) und gibt damit einen praktischen Ansatz zur Festlegung eines Schutzziels. Wenn ALARP die wirtschaftlich und technisch beste und gesellschaftlich akzeptierteste Kombination einer Katastrophenschutz-/Vorsorgemaßnahme darstellt, so kann man den „ALARP-Zustand" aus dem Schnittpunkt der Minderungskurve und der Kostenkurve bestimmen. Der optimale Punkt von technisch und gesellschaftlich bestmöglichem Schutz und den dafür aufgewendeten Finanzmitteln ist da, wo sich die beiden Kurven schneiden. Im Schnittpunkt herrscht „ALARP-Zustand". Das heißt ferner, auf der Kurve links vom Schnittpunkt sind Vorsorgemaßnahmen nicht effektiv, rechts davon zu teuer.

4.6.4 Nutzen-Kosten-Analyse

Naturkatastrophen zeichnen sich dadurch aus, dass sie sowohl den Menschen als auch seine Lebensumwelt in sehr unterschiedlichem Ausmaß bedrohen. Es gibt Katastrophen, die zu hohen Opferzahlen führen und solche, die

Abb. 4.42 ALARP
als Instrument zur
Definition des Schutzzieles
(Optimum = Aufwand/Ertrag)
von Vor-/Nachsorgemaßnahmen.
(Nach BUWAL 1999)

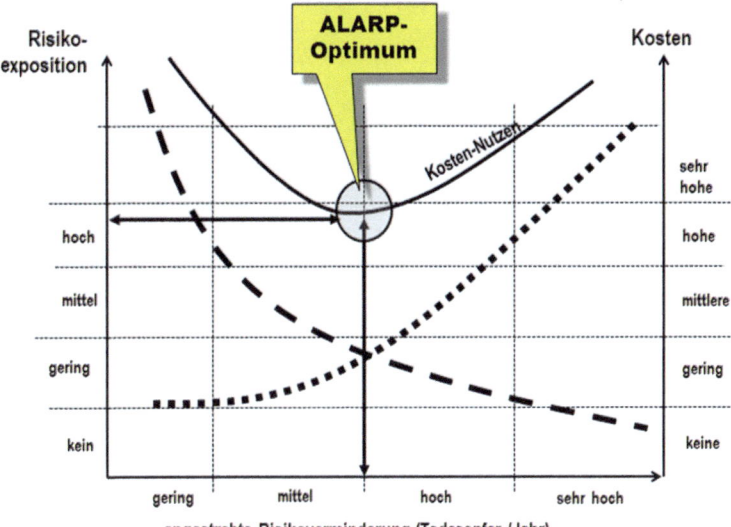

große Schäden ergeben (CRED 2015). Schon die Anzahl der weltweiten Ereignisse verteilt sich sehr unterschiedlich auf die verschiedenen Katastrophentypen: so sind 80 % hydro. meteorologischen und nur je um die 10 % geologisch-tektonischen (Erdbeben/Tsunami) und klimatischen Ursprungs. Die Abb. 4.43 zeigt, dass in den letzten 30 Jahren 55 % der Bevölkerungen von Hochwasserkatastrophen „betroffen" waren (*„affected"*), 25 % von Dürren und je unter 10 % von Erdbeben und Sturmereignissen. Die Anzahl der bei diesen Ereignissen Getöteten und die Höhe der ökonomischen Schäden verhalten sich dagegen völlig anders. Todesopfer werden vor allem (50 %) von Erdbeben verursacht, während nur 10 % der Hochwasserereignisse mehr als 50 % der „Betroffenen" ausmachen. Bei den Schäden sind vor allem die Dürren gegenüber den anderen Schadenstypen stark unterrepräsentiert (um 2 %). Fazit: Erdbeben und Sturmereignisse fordern viele Opfer und führen zu hohen Schäden, während Hochwasserereignisse viele Menschen „betreffen" – dafür aber eine geringe Mortalität und Schadenhöhe aufweisen.

Selbst kurz andauernde Katastrophen können zu langfristigen Auswirkungen auf eine Gesellschaft führen, sowohl ökonomisch als auch sozial. Sie können sich zudem auf Regionen und Gruppen auswirken, die von dem Geschehen nicht direkt betroffen sind. So stieg zum Beispiel der Zementpreis in Singapur um das Dreifache, als mit dem Wiederaufbau in Banda Aceh begonnen wurde; der Benzinpreis vervierfachte sich in der Provinz und die Inflationsrate im Land verdoppelte sich. Nach dem Tsunami brach der Tourismus auf den Malediven fast auf null ein, was zu einem Abschwung des BIP von zuvor 80 % auf 1 % führte. Auf der anderen Seite führt Schadensbekämpfung zu Investitionen (vor allem) in die Infrastruktur: Straßen werden gebaut, Brücken in Stand gesetzt, Telefon, Strom und die Wasserversorgung sind die ersten, die es wiederherzustellen

gilt. Dies führt zu einem lokalen „input" an Geldmitteln. Daher kommt es in der Summe nicht immer zu einem wirtschaftlichen Verlust, sondern führt oftmals zu mehr Wachstum; wohl aber nicht automatisch zu einem höheren Grad an gesamtgesellschaftlicher Wohlfahrt (vgl. Abb. 4.4).

Das NKRM hat als zentrale Aufgabe Menschenleben zu schützen, und eine Gesellschaft muss in jedem Einzelfall entscheiden, ob und welches Risiko sie zu tragen bereit ist und ggfls., um wieviel es reduziert werden muss. Diese Art der Risikobewertung bewegt sich damit im Spannungsfeld zwischen den Natur- und Ingenieurwissenschaften auf der einen Seite und den Sozialwissenschaften und der Ökonomie auf der anderen Seite. Sowohl die individuelle („intrinsische") als auch die eine Gesellschaft insgesamt betreffende („kollektive") Einschätzung des Risikopotenzials wird als „Risikoaversion" bezeichnet. Aus einer (realen oder vermeintlichen) Unsicherheit in der Risikoabschätzung kommt es bei dem Einzelnen (sehr oft) zu einer ablehnenden Haltung gegenüber Ereignissen mit potenziell sehr großem Schadensausmaß. Folglich beurteilt er jede Mitigationsmaßnahme letztendlich an seinem Mortalitätsrisiko und ob mit der Vorsorge und dem Aufwand das „individuelle" oder das „kollektive" Sicherheitsbedürfnis (Schutzziel) erhöht werden kann. Solche subjektiven Wahrnehmungen stehen oftmals im Widerspruch zu den objektiven Bewertungen auf der Basis formaler Kriterien („probabilistische" Risikobewertung). Welches Risiko der Einzelne oder eine Gesellschaft bereit ist einzugehen, hängt von dem Grad der Selbstbestimmung und dem empfundenen Nutzen ab. Damit bekommt die Risikobewertung einen Prozesscharakter.

Ein Staat kann den Schutz seiner Bevölkerung nur gewährleisten, wenn er in der Lage ist, die dafür notwendigen Finanzmittel ökonomisch sinnvoll einzusetzen. Das heißt, er muss abwägen, wieviel Schutz nötig und wieviel Sicher-

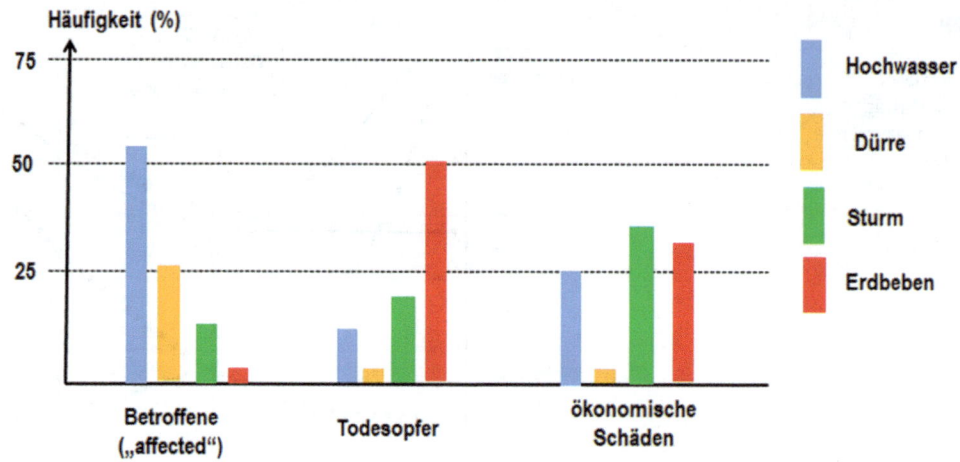

Abb. 4.43 Vergleich der Auswirkungen verschiedener Naturkatastrophentypen

heit möglich ist. Erreichen kann er das nur im gesellschaft-lichen Konsens in dem er risikobezogene Schutzziele de-finiert (vgl. ALARP; 4.6.3). Dabei kann er nicht das Wohl des Einzelnen in den Fokus stellen, sondern muss sich am Risiko des Kollektivs und an den verfügbaren finanziellen und technischen Ressourcen orientieren.

Diese Optimierung verlangt, Vorsorgemaßnahmen in jedem Einzelfall einer wirtschaftlichen Betrachtung nach dem Grenzkostenprinzip zu unterwerfen. Das heißt, es wird ein bestimmter Betrag pro verhindertem Todesfall oder der „Wert eines statistischen Lebens" festgelegt. PLA-NAT (2009) hat dazu ein Konzept vorgestellt, nach dem die Grenzkosten für die Verhinderung eines Todesfalls bei 5 Mio. Schweizer Franken (SFR) (um 4 Mio. Euro) fest-gelegt wird. PLANAT legt Wert auf die Feststellung, dass „damit einem Menschenleben (k)ein Wert zugeordnet werde". Das Konzept orientiere sich an dem, was im Eng-lischen als „valuing statistical life" (VSL) bezeichnet wird. Es beruht auf der Überlegung, dass, „auch wenn ein Menschenleben unendlich viel Wert ist, die Gesellschaft nicht unendlich viel für dessen Rettung ausgeben kann und dies auch nicht tut". Mit dem Grenzkostenkriterium wird keine Bewertung des menschlichen Lebens vor-genommen, sondern eine Monetarisierung der Verhinderung eines Todesfalls. Der Wert von 5 Mio. SFR steht im Ein-klang mit Berechnungen der OECD und der Weltbank, die beide einen Wert von um 7 Mio. US$ (2005 US$) dafür an-nehmen – bei einer Varianz von 1900 Mio. US$ bis 5000 US$, wenn man die obersten und untersten 2,5 % abzieht (Lindhjem et al. 2011; Carlsson et al. 2010).

Eine Folge vieler, zum Teil extrem teurer, (Natur)-Katast-rophen ist, dass jeweils hohe Finanzmittel zur Behebung der Schäden und der Versorgung der Opfer bereitgestellt werden müssen; vereinfacht gesagt: mehr als zwei Drittel der Mittel fließen in diesen Sektor. FEMA berichtet, dass in den USA im Zeitraum 1988–2001 fast 30 Mrd. US$ zur Schadens-

behebung zur Verfügung gestellt worden sind und „nur" etwa 10 Mrd. US$ zur Vorsorge. Das entspricht dem welt-weiten Mittel von 30 %. In der Schweiz dagegen lag der Vorsorgeanteil in den Jahren 2000–2005 für den Lawinen-schutz schon bei 45 %. In den OECD-Ländern werden sol-che Investitionen in erster Linie vom privaten Sektor ge-tragen, in der Regel durch eine Versicherung. Der Staat muss Schäden an der Infrastruktur zumeist aus dem nationa-lem Budget zahlen, da ein Staat seine Schäden in der Regel nicht versichert („cat bonds"). In dem Hyogo Framework for Action wird daher gefordert, dass Katastrophenschäden in Entwicklungsländern noch umfassender als bisher von der internationalen Staatengemeinschaft und dem Privat-sektor aufgefangen werden müssen.

Der Grenznutzen einer Vorsorgemaßnahme lässt sich mathematisch-statistisch ermitteln, wie in der Abb. 4.44 dargestellt ist. Aufgetragen sind die Kosten durch das Ri-siko und die Kosten für die Risikominderung für ver-schiedene Mitigationsmaßnahmen. Die Kurve zeigt, wel-che Risikominderung bei einem Mitteleinsatz von „x" op-timal ist. Jede Maßnahme, die oberhalb der Kurve liegt, ist nicht wirtschaftlich. Nur der eine Punkt, der auf der Kurve liegt, erfüllt dieses Kriterium (Kostentangente: Delta b vs. Delta c).

Investitionen in Vorsorge sollen dazu führen, die zuvor beschriebene „Vulnerabilitätskurve" insgesamt nach unten zu verschieben. So konnte zum Beispiel bei dem Hoch-wasser des Rheins im Jahr 1995 durch frühzeitige und um-fassende Evakuierung aller gefährdeten Einwohner eine Schadenminderung in den Haushalten um bis zu 50 % er-reicht werden. Die in der Regel entstehenden hohen Schadenssummen lassen sich aber weder im Vorgriff „ein-fach" planen noch im Nachgang „ohne Beleg" ausgeben. Erforderlich ist in jedem Fall eine wirtschaftliche Be-wertung. Dabei ist festzuhalten, dass jede Art der Mittel-bereitstellung – im Voraus wie auch zur Schadenbehebung –

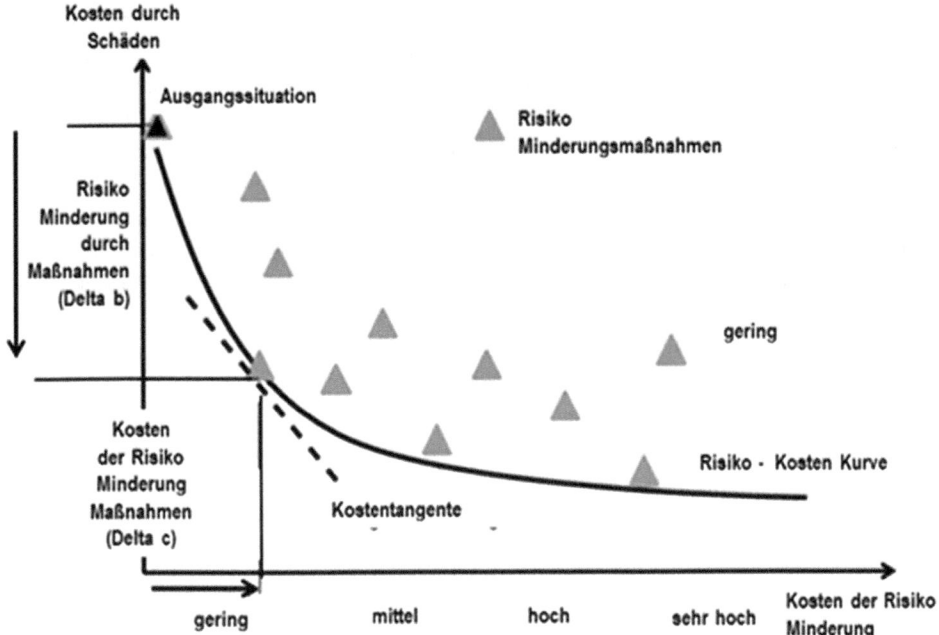

Abb. 4.44 Ermittlung des Grenznutzens. (Nach PLANAT 2009)

automatisch bedeutet, dass diese Gelder für andere sozialen, ökologische usw. Zwecke nicht zur Verfügung stehen (Michel-Kerjan et al. 2013).

Statistische Erhebungen der Weltbank (Hallegatte und Przyluski 2010) habe gezeigt, dass mit jedem investierten Dollar/Euro/usw. ein bis fünfmal höheres Vorsorgeniveau erreicht werden kann. Katastrophenvorsorgemaßnahmen in den letzten 30 Jahren beliefen sich auf etwa 40 Mrd. US$ Damit konnten – so wurde errechnet – ökonomische Schäden in Höhe von etwa 280 Mrd. US$ verhindert werden: Ein Kosten-Nutzen-Verhältnis von 1: 5. Das bedeutet, Vorsorge stellt keine Belastung des Portfolios dar, sondern „rechnet" sich (vgl. Stern 2007). Der Kostenaspekt wird immer wieder zum Gegenstand kontroverser Diskussionen, da er sich auf einen möglichen zukünftigen Schaden bezieht. Damit müssen Finanzmittel vorgehalten werden, um etwas zu verhindern, das im Erfolgsfall gar nicht eintreten wird (bzw. soll). Ein Dilemma, dass als „Vorsorgeparadoxon" oder „Präventionsdilemma" bezeichnet wird. Aber im Katastrophenfall entstehen Kosten, die um ein mehrfaches (1:5) höher liegen. Die angestrebte Risikominderung stellt so auch den Wert einer solchen Maßnahme dar. Dabei ist zu beachten, dass es keinen Wohlfahrtszuwachs für den „einen" gibt, ohne gleichzeitig einem „anderen" ein Stück Wohlfahrt zu nehmen. In demokratisch verfassten Gesellschaften heißt das nichts anders, als dass diejenigen, die „mehr" haben, denen abgeben müssen, die „weniger" haben. Mittel, die im Voraus in den Haushalt eingestellt werden, dienen

dazu, zukünftige Schäden zu verringern/vermeiden. Dies bedeutet eine Investition in die Zukunft, bei der der aktuelle Kenntnisstand auf künftige potenzielle Ereignisse übertragen wird. Damit muss jeweils (ex-ante) der Stellenwert der Vorsorge und so die Notwendigkeit der Ausgaben im Verhältnis zu den anderen Budgetpositionen begründet werden.

Eine von zahlreichen Mechanismen stellt die „Nutzen-Kosten-Analyse" (NKA; *„benefit cost analysis"*) dar. Für die Zwecke des Naturkatastrophen-Risikomanagements gilt sie als am besten geeignet und zwar, weil mit ihr sowohl die materiellen Belange (Schutzbauten) als auch die immateriellen Bestrebungen der Gesellschaft nach Wohlfahrt verknüpft werden können. Die Methode ermöglicht es, auch komplexe multisektorielle Tatbestände einzubeziehen. Erst die NKA erlaubt eine Prioritätensetzung, weil jede Mitigationsmaßnahme zwangsläufig, die – immer zu gering ausgestatteten – Haushalte belastet. In eine „Nutzen-Kosten-Analyse" gehen auch sekundäre Auswirkungen ein. Zum Beispiel führt die Erhöhung eines Deiches dazu, dass weniger Leben gefährdet wird; weniger Menschen medizinische Hilfe benötigen (die dann anderen Patienten zur Verfügung steht) und weniger Gebäude wieder aufgebaut werden müssen. Die Menschen bleiben in Arbeit, beziehen Einkommen und können konsumieren; der Staat spart Ausgaben und erzielt gleichzeitig höhere Steuereinnahmen. Solche eingesparten Finanzmittel (*„true economic values"*) gehen als Nutzen in die Berechnung ein, denen die Kosten für die Deicherhöhung gegenübergestellt werden. Überwiegt der Nutzen, hat sich die Investition gelohnt; oft wird dafür der Begriff *„cost effectiveness"* verwendet.

Ein weiteres kritisches Element einer NKA ist, das sich der Nutzen oftmals erst viele Jahre später einstellt, die Kosten aber schon zuvor angefallen waren. Daraus ergibt sich die Frage: Soll der Nutzen als einmalige Budgetposition eingerechnet oder über eine längere Laufzeit diskontiert werden? In der Literatur gibt es dazu eine Vielzahl an Meinungen. Es kristallisiert sich aber heraus, dass ein Diskontsatz von 4 % pro Jahr für das NKRM ökonomisch sinnvoll ist (Weitzman 2001). Eine seriöse NKA erfordert jede Kostenstelle zu erfassen und zu bewerten: Schutzbauten, Einkommensverluste, Zerstörung von Agrarflächen usw., sowohl für diejenigen, die von den Mitigationsmaßnahmen profitieren, als auch diejenigen, die dadurch „Verluste" erleiden („Loch" im Haushalt). Dabei ist von Anfang an zu klären, von welcher Position aus die NKA erstellt werden soll: Aus Sicht der lokal Betroffenen, einer regionalen Gruppe oder der Gesellschaft insgesamt. Hierbei sind sowohl die „direkten" (*„tangible"*) als auch die „indirekten" (*„intangible"*) Kosten (vgl. Abschn. 4.3.2) aufzulisten. Im NRKM sind dies in der Regel „direkte" Kosten, in der Klimaforschung sind es „indirekte" Kosten. Die „direkten" sind sehr viel einfacher zu erfassen als diejenigen Kosten, die von der Gesellschaft als angemessen und tragbar akzeptiert werden (*„willingness to pay"*). Für lokale Mitigationsmaßnahmen werden in der Regel auch nur die lokal anfallenden Kosten kalkuliert, auch wenn eine Maßnahme, wie z. B. der Hochwasserschutz am Oberrhein, die Wasserführung des Rheins im Delta beeinflusst. In der Regel basieren NKA auf einem konkreten Schadenereignis, dessen ökonomische Daten als Maßstab für zukünftige vergleichbare Ereignisse genommen werden. Fehlen solche, kann auf Modellen, Analogien aus anderen Regionen oder auf Simulationen zurückgegriffen werden. Das verringert aber die Aussagegenauigkeit. Wenn eine Mitigation erfolgreich ist, dann lässt sich der (potenzielle) Schaden quantifizieren, der durch diese Schutzmaßnahmen „eingespart" werden konnte (*„counter factual"*; vgl. Abschn. 4.3.2).

In der Schweiz wird für jede Mitigationsmaßnahme eine NKA vorgenommen. Dazu hat das PLANAT-Konsortium ein Berechnungsverfahren erarbeitet: „EconoMe", das eine einheitliche Methodik zur Schadensberechnung (hier für den Straßen- und Schienenverkehr) darstellt. Das Verfahren hat zum Ziel, eine Vergleichbarkeit zu ermöglichen und die Beurteilung der Zweckmäßigkeit von Projekten zu erleichtern, indem es zwei Fragen beantwortet:

- Wie stark kann das Risiko gesenkt werden (Wirkung des Projektes)?
- Wie ist das Verhältnis der erzielten Risikoreduktion zu den Kosten, welche die Maßnahmen verursachen?

Im Vordergrund stehen die Berechnungen der Projektwirkung (Effektivität) und der Wirtschaftlichkeit (Effizienz) des Projekts bzw. der Maßnahmen. Die Projektwirkung hat dabei höchste Priorität – dennoch müssen die Maßnahmen aber auch verhältnismäßig und wirtschaftlich sein. Zur Wirkungsbeurteilung werden Szenarien unter Berücksichtigung der Zuverlässigkeit der Maßnahmen zugrunde gelegt. In der Regel gilt, dass bei einer hohen Zuverlässigkeit mit der vollen Maßnahmenwirkung gerechnet werden kann. Szenarien mit geringer Zuverlässigkeit entsprechen entweder einem Szenario ohne Maßnahmenwirkung oder aber einem Szenario mit negativer Wirkung.

Einen anderen Ansatz, Risiken zu bewerten, hat das Schweizer Bundesamt für Umwelt, Wald und Landschaft (BUWAL; Wilhelm 1999) am Beispiel eines Nomogramms „Lawinenschutz" vorgestellt. BUWAL setzt dabei nicht am potenziellen Katastrophenereignis an, sondern versuchte das Risiko an der Frage zu klären, ob und welche Schutzmaßnahmen geeignet sind, Menschenleben vor Lawinen wirksam zu schützen. Also eine Risikoanalyse vom Ergebnis und nicht vom Ereignis her anzugehen. Abb. 4.45 gibt den konzeptionellen Ansatz stark vereinfacht wieder. Die Daten für das Nomogramm beruhen auf einer Vielzahl an Lawinenereignissen zum durchschnittlichen Verkehrsaufkommen, verschnitten mit der mittleren Fahrzeuggeschwindigkeit. Dies ergibt die „Vulnerabilitätskurve Verkehr", der die mittlere Lawinenbreite („Vulnerabilitätskurve Lawine") gegenübergestellt wird. Diese wiederum wird verschnitten mit der Kurve „Todesfälle pro Jahr/Lawinenwiederkehrdauer. Dieser Grafik werden dann die Investitionskosten gegenübergestellt, die erforderlich sind, um einen für dieses Szenario wirksamen Schutz zu erreichen. Die Investitionskosten sind in diesem Beispiel „zu hoch". Die Relation „Investition zu Schutz" wird als nicht effektiv eingestuft, wobei es sich bei diesem Bewertungsverfahren um eine Projektion auf vergangenheitsbasierten Informationen in die Zukunft handelt.

Viele Länder – vor allem Entwicklungsländer- sind nicht in der Lage, solche Investitionen aus eigenen Mitteln aufzubringen. Oftmals wenden sie sich dazu an internationale Organisationen, wie die regionalen Entwicklungsbanken (Asian Development Bank (ADB); Global Facility for Disaster Risk Reduction and Recovery (GFDRR) World Bank, u. a.; vgl. Abschn. 6.4). Auch für die Europäische Union gibt es einen solchen „Hilfsfonds". Außerdem ist der Crisis Prevention and Recovery Trust Fund der UNDP zu nennen, der schon in mehr als 100 Entwicklungsländern Katastrophennach- und -vorsorge finanziert hat und zudem noch andere Geber ermuntert hat, sich zu beteiligen (*„leveraging"*). Die Finanzierungsinstrumente werden durch Garantien und Zuwendungen von Nationalstaaten gesichert, die sich auf Anfrage, z. B. von UNDP, zu Finanzzuwendungen ver-

Abb. 4.45 Nomogramm zur
Bewertung der Effizienz von
Lawinenschutzmaßnahmen

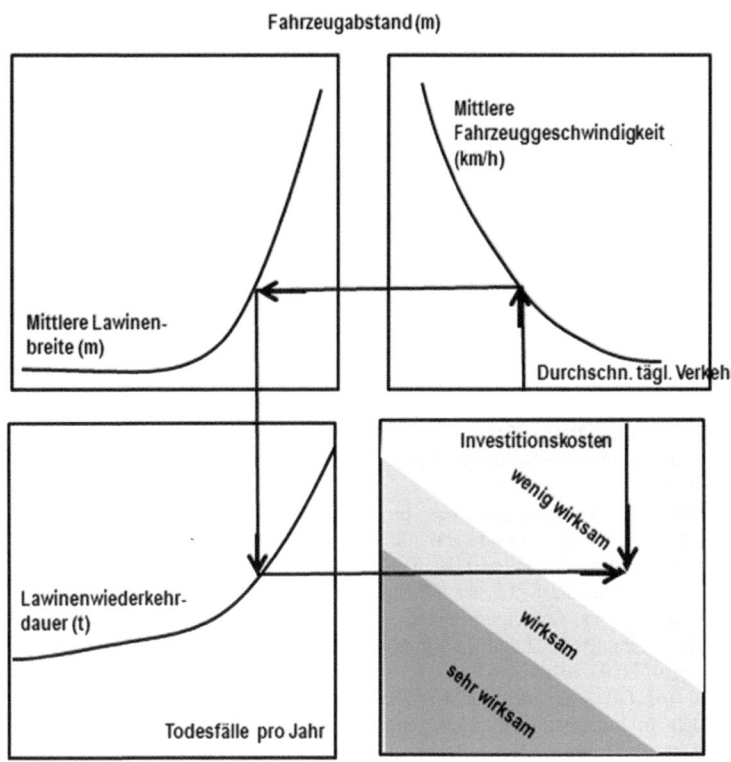

pflichten. Ein solcher „*flash appeal*" für Indonesien er-
brachte im Jahr 2005 für Banda Aceh ca. 8 Mrd. US$. Kri-
tiker wenden ein, dass solche Hilfen, so notwendig sie
auch immer sind, von den Empfängerstaaten zu oft für die
Krisenreaktion und viel zu selten für „*prevention*" und
„*prepardness*" verwendet werden. In der Praxis aber verstehen sich immer noch viele Hilfsorganisationen als „humanitäre" Organisationen und noch zu wenige als „ent-
wicklungsorientiert".

Ein Beispiel
In Nepal wurde eine NKA für ein Vorhaben zur Hoch-
wasserrisikominderung vorgenommen. Die Analyse versuchte die Effizienz (Wirtschaftlichkeit) und Effektivität (Projektzielerreichung) auf der Basis der Einkommens-
situation der Landwirte in der Region von Baulaha Khola
im Verhältnis zu einer „Null-Variante" zu bewerten (Willenbockel 2011). Die Analyse hatte dazu die Produktivi-
tätsentwicklung in der Projektlaufzeit in die Zukunft fortgeschrieben, unter der Prämisse einer erfolgreichen
Weiterführung des Projektes, wie es von Mechler (2005)
beschrieben wurde. Der Umfang der Analyse war auf die
unmittelbare lokale Situation begrenzt.

Durch das Projekt wurde ein 1,5 km langer Erddamm
auf beiden Seiten des Baulaha Khola Rivers erstellt, 3 m
hoch und 2,5 m breit. Der Damm wurde dann 2009 um

einen 500 m langen Überlaufkanal ergänzt, der die Entwässerung noch weiter verbesserte. Die Stabilität des
Damms wurde durch Drahtnetzkörbe (Gabione) an strategischen Punkten noch weiter verstärkt. Des Weiteren wurden
die Flanken mit Grassoden gesichert und Bambus und Reet-
gras gepflanzt. Die Kosten beliefen sich auf etwa 65.000
US$ von denen ca. 30.000 US$ von dem Projekt bereitgestellt wurden. Damit konnte mehr als 100 ha Land, das
von etwa 2000 Haushalten bewirtschaftet wird, gegen Überflutungen gesichert werden. Die Vulnerabilitätsanalyse hatte
eine Überflutungswiederkehrfrequenz von 8–10 Jahren ergeben. Daraus hätten sich bei einer „Null-Variante" nach
World Bank (2010) Ertragseinbußen von 8–9 % für ein
HQ 10 (10-Jahres-Hochwasser) ergeben. Als Berechnungs-
grundlage wurde von einem Reisertrag von 4024 kg/ha ausgegangen. Bei einem Reispreis von 12 NPR/kg würde sich
durch den Bau ein Nutzen von 4500 US$ pro Hektar er-
geben. Hochgerechnet auf die nächsten 20 Jahre wären das
fast 40.000 US$. Da die Baumaßnahmen jährlich im Schnitt
mit 4–5 % abgeschrieben werden müssen – d. h. im Laufe
der Zeit nimmt ihr „Wert" kontinuierlich ab – läge der Nutzen dann nur noch bei knapp 60.000 US$. Verglichen mit
den ursprünglichen Projektkosten von 65.000 US$ würde
dies zu einem negativen Ergebnis führen. Zudem könnten
alternative Investitionen der eingesetzten Mittel zu einer höheren Rendite führen.

Literatur

ADB (2013): Investing in resilience: ensuring a disaster-resistant future.- Asian Development Bank, Mandaluyong City

Anderson, M.B. & Woodrow, P.J. (1990): Disaster and Development Workshops: a Manual for Training in Capacities and Vulnerabilities Analysis.- Harvard University Graduate School of Education: International Relief/Development Project

ANCOLD (1997): Guidelines for the design of dams for earthquake.- Australian National Committee on Large Dams, Melbourne p. 98

Arnold. M., Chen, R.S., Deichmann, U., Dilley, M., Lerner-Lam, A.L., Pullen, R.E. & Trohanis, Z. (2006): Natural disaster risk hotspots – case studies.- Disaster Risk Management Series No. 6, The World Bank Hazard Management Unit, World Bank, p. 204, Washington D.C.

Arskal Salim (2010): Konflikt nach der Katastrophe in: Umwelt-Klima-Rechtwissenschaften, Max-Planck Forschung, Hefte, Nr.1, Berlin

BAFU (2017): Geobasisdaten des Umweltrechts – Datenmodell Gefahrenkartierung.- Bundesamt für Umwelt Abt. Gefahrenprävention, Identifikator 166.1, Bern

BBK (2019): Schutz Kritischer Infrastrukturen – Basisschutzkonzept: Empfehlungen für Unternehmen.- Leitfaden des Bundesamts für Bevölkerungsschutz und Katastrophenhilfe (BBK), Bonn; Internetzugriff 20.03.2020)

BBK (o. D.): Ratgeber für Notfallvorsorge und richtiges Handeln in Notsituationen.- Bundesamt für Bevölkerungsschutz und Katastrophenhilfe (BBK), Bonn; Internetzugriff 01.10.2020

Beck, U. (1986): Risikogesellschaft. Auf dem Weg in eine andere Moderne, Edition Suhrkamp, Bd. 365, Frankfurt am Main

Beisheim M., Rudloff, B. & Ulmer, K. (2012). Risiko-Governance: Umgang mit globalen und vernetzten Risiken.- Arbeitspapier FG8, Forschungsgruppe Globale Fragen, Stiftung Wissenschaft und Politik, S. 30, Berlin

BfR (o. D.): Forschung zur Risikokommunikation.- Fachgruppe Risikoforschung, -wahrnehmung, -früherkennung und -folgenabschätzung, Bundesinstitut für Risikobewertung (BfR); Internetzugriff, 20.02.2009

Birkmann, J. (2006): Indicators and criteria for measuring vulnerability: Theoretical basis and requirements, in: Birkmann, J. (Hrsg.): Measuring Vulnerability to Hazards of Natural Origin – Towards Disaster Resilient Society, UNU Press, Tokyo, p. 55–77

Birkmann, J. & Wisner, B. (2006): Measuring the Un-Measurable: The Challenges of Vulnerability.- United Nations University SOURCE, Publication Series of UNU-EHS (5), Bonn

BMI (2009): Nationale Strategie zum Schutz Kritischer Infrastrukturen (KRITIS-Strategie).- Bundesministerium des Innern, Berlin (Internetzugriff 24.03.2020)

BMZ (Hrsg) (2007): Fragile Staaten – Beispiele aus der entwicklungspolitischen Praxis.- Bundesministerium für Wirtschaftliche Zusammenarbeit und Entwicklung, Nomos Verlagsgesellschaft, Baden-Baden; http://www.d-nb.de

Bohle, H.G. (2001): Vulnerability and Criticality: Perspectives from social geography.- International Human Dimensions Programme on Global Environmental Change (IHDP), Newsletter, Update 2/2001, Bonn

Brauner, C. (1998): Helfer und Störenfried – Die ambivalente Rolle der Medien bei Naturkatastrophen.- in DKKV „Naturkatastrophen und die Medien", Herausforderungen an die öffentliche Risiko- und Krisenkommunikation, Dokumentation des IDNDR-Expertenworkshops vom 3.-4. Dezember 1998 in Königswinter, Deutsches Komitee für Katastrophenvorsorge e. V. (DKKV), Schriftenreihe des DKKV 21, Bonn

Brinkmann, H., Harendt, C., Heinemann, F. & Nover, J. (2017): Ökonomische Resilienz. Schlüsselbegriff für ein neues wirtschaftspolitisches Leitbild?- Inklusives Wachstum für Deutschland, Band 11, Bertelsmann Stiftung, Gütersloh

Brooks, N., Adger, W. N., & Kelly, P. M. (2005): The determinants of vulnerability and adaptive capacity at the national level and the implications for adaptation.- Global Environmental Change, Vol. 15, p. 151–163

BUWAL (1999): Kosten-Wirksamkeit von Lawinenschutz-Maßnahmen an Verkehrsachsen.- Vollzug Umwelt, Bundesamt für Umwelt, Wald und Landschaft (BUWAL), Bern, p. 110

Cannon, T., Twigg, J. & Rowell, J. (2003): Social Vulnerability, Sustainable Livelihoods and Disasters.- Report to Department for International Development (DFID), Conflict and Humanitarian Assistance Department (CHAD) and Sustainable Livelihoods Support Office, London

Cardona, O.D. (2004): The Need for Rethinking the Concepts of Vulnerability and Risk from a Holistic Perspective: A Necessary Review and Criticism for Effective Risk Management, in: Bankoff, G., Frerks, G. und Hilhorst, D. (eds.): Mapping Vulnerability, Disasters, Development, and People.- Earthscan, London, p. 37–51

Carlsson F., Daruvala, D., Jaldell, H. (2010): Value of statistical life and cause of accident: A choice experiment. Risk Analysis , Vol. 30(6), p. 975–985.

Cavallo, E. & Noy, I. (2009): The Economics of Natural Disasters – A Survey.- Inter-American Development Bank, Department of Research and Chief Economist, IDB Working Paper Series No. 124, Washington D.C.

Cas, R.A.F. & Wright, J.V. (1988): Volcanic sucessions – A geological approach to processes, product and successions.- Chapman & Hall, London

Chambers, R. (1989): Editorial Introduction: Vulnerability, Coping and Policy.- Institute of Development Studies (IDS), IDS-Bulletin April 1989; https://doi.org/10.1111/j.1759-436.1989.mp20002001.x

CRED (2018): Economic Losses, Poverty and Disasters 1998–2017.- Centre for Research on the Epidemiology of Disasters (CRED), CRED's Emergency Events Database (EM-DAT), Institute of Health and Society, Université Catholique de Louvain

CRED (2015): Poverty & Death: Disaster Mortality 1996–2015.- Centre for Research on the Epidemiology of Disasters (CRED), Institute of Health and Society Université Catholique de Louvain (UCL), Brussels

CRED (2009): Disaster Category Classification and peril – Terminology for Operational Purposes – Common accord.- Centre for Research on the Epidemiology of Disasters (CRED) and Munich Reinsurance Company (MunichRE), Working Paper No. 264, Universite Catholique de Louvain (UCL), Brussels

Christen, M., Bühler, Y., Bartelt, P., Leine, R., Glover, J., Schweizer, A., Graf, C., McArdell, W.D., Gerber, W., Deubelbeiss, Y., Feistl, T & Volkwein., A. (2012): Intergral hazard management using a unified software environment – Numerical simulation tool „RAMMS" for gravitational natural hzards.- 12th Congress INTERPRAEVENT 2012 – Grenoble/France Conference Proceedings; www.interpraevent.at

Cutter, S.L. (2003): The Vulnerability of Science and the Science of Vulnerability, in: Annals of the Association of American Geographers, Vol. 93 (1), p. 1–12

Cutter, S. L., Boruff, B. J. & Shirley, W. L. (2003): Social Vulnerability to Environmental Hazards. – Social Science Quarterly, Vol. 84 (2), p. 242–261

DAS (2008): Deutsche Strategie zur Anpassung an den Klimawandel; https://www.bmuv.de/themen/klimaschutz-anpassung/klimaanpassung/die-deutsche-anpassungsstrategie

Dilley, M., Chen, R.S., Deichmann, U., Lerner-Lam, A.L. & Arnold, M. with Jonathan Agwe, J., Buys, P., Kjekstad, O., Lyon, B. & Yetman Y. (2005): Natural Disaster Hotspots – A Global Risk

Analysis.- Disaster Risk Management Series No. 5, The World Bank Hazard Management Unit, Washington, D.C.

Dittrich, C (1995): Ernährungssicherung und Entwicklung in Nordpakistan. Freiburger Studien zur Geographischen Entwicklungsforschung Vol. 11, Saarbrücken

Dombrowsky, W. R. (1991): Krisenkommunikation. Problemstand, Fallstudien und Empfehlungen.- Arbeiten zur Risikokommunikation, Heft 20, Jülich

Eisenführ, F. & Weber, M (1999): Rationales Entscheiden.-Springer-Lehrbuch, S. 419, Springer-Verlag Berlin Heidelberg

Felgentreff, C. & Glade, Th. (Hrsg) (2008): Naturrisiken und Sozialkatastrophen.- Spektrum Akademischer Verlag, Springer Science+Business Media, S. 454, Berlin, Heidelberg

FEMA (2013): Mitigation ideas – A resource for reducing risk from natural hazards.- Federal Emergency Management Agency (FEMA), U.S. Department of Homeland Security, Washington, D.C.

FEMA (2008): HAZUS MH – Estimated Annualized Earthquake Losses for the United States.- Federal Emergency Management Agency (FEMA), U.S. Department of Homeland Security, p. 366; Washington D.C.

Filipovic, A. (2015): Aufgaben und Versuchungen der Medien bei Katastrophen – Zur medienethischen Kritik am Zusammenhang von Katastrophenmedien und Medienkatastrophen.- TV Mediendiskurs 73, Vol. 3, 19. Jg.

Fischhoff, B., Slovic, P., Lichtenstein, S., Derby, S. L. & Keeney, R. L. (1981): Acceptable risk.- Cambridge, New York: Cambridge University Press, New York, NY

Fischhoff, B., Slovic, P., Lichtenstein, S., Read, S., & Combs, B. (1978): How Safe Is Safe Enough? A Psychometric Study of Attitudes towards Technological Risks and Benefits.- Policy Sciences, Vol. 9, p. 127–152; https://doi.org/10.1007/BF00143739

Füssel, H.-M. (2009): Review and quantitative analysis of indices of climate change exposure, adaptive capacity, sensitivity, and impacts (Background note to the World Development Report 2010), World Bank, Washington, D.C; http://siteresources.worldbank.org/INTWDR2010/Resources/5287678-1255547194560/WDR2010_BG_Note_Fussel.pdf

Gallopin, G.C. (2006): Linkages between vulnerability, resilience, and adaptive capacity.- Global Environmental Change, Vol. 16, Issue 3, p. 293–303 Elsevier; https://doi.org/10.1016/j.gloenvcha.2006.02.004

Gaillard, J-C., Clave, E. & Kelman, I. (2007): Wave of peace? Tsunami disaster diplomacy in Aceh, Indonesia.- Geoforum, Vol. 39 , Issue 1, p. 511–526, Elsevier ; https://doi.org/10.1016/j.geoforum.2007.10.010

Garcia-Aristizabal, A., Di Ruocco, A., Marzocchi, W., Fleming, K., Tyagunov, S., Vorogushyn, S., Parola, S. & Desramaut, N (2014): Identifying and structuring scenarios of cascade events in the MATRIX project; in: MATRIX Consortium (2014), MATRIX Reference Reports.- Scientific Technical Report 14/13, GFZ German Research Centre for Geosciences; https://doi.org/10.2312/GFZ.b103-14137

Gibson, T. & Wisner, B. (2016): Let's talk about you …": Opening space for local experience, action and learning in disaster risk reduction.- Disaster Prevention and Management, Vol. 25. p. 664–684; https://doi.org/10.1108/DPM-06-2016-0119

Gigerenzer, G. (2008): Bauchentscheidungen: Die Intelligenz des Unbewussten und die Macht der Intuition.- S. 281, Goldmann Verlag

Greiving, S., Hartz, A., Hurth, F. & Saad, S. (2016): Raumordnerische Risikovorsorge am Beispiel der Planungsregion Köln.- Raumforschung und Raumordnung, Vol. 74, p. 83–99, Springer-Verlag Berlin Heidelberg; https://doi.org/10.1007/s13147-016-0387-6

GTZ (1987): ZOPP in Brief – ZOPP Flipcharts: An Introduction to the Method.- Deutsche Gesellschaft für Technische Zusammenarbeit (GTZ), Eschborn

GTZ (1997): Ziel Orientierte Projekt Planung – ZOPP – Eine Orientierung für die Planung bei neuen und laufenden Projekten und Programmen.- Deutsche Gesellschaft für Technische Zusammenarbeit (GTZ), Stabsstelle 04 Grundsatzfragen der Unternehmensentwicklung, Eschborn

Guha-Sapir, D., Hoyois, Ph., Wallemacq P. & Below, R. (2016): Annual Disaster Statistical Review 016: The Numbers and Trends.- Centre for Research on the Epidemiology of Disasters (CRED), Brussels

Guha-Sapir, D. & Below, R. (2002): The quality and accuracy of disaster data – A comparative analysis of the three global data sets.- WHO, Centre for Research on the Epidemiology of Disasters University of Louvain School of Medicine, the ProVention Consortium, the Disaster Management Facility of the World Bank, Brussels

Hallegatte, S., Bangalore, M. & Vogt-Schilb, A. (2016): Socioeconomic resilience: multi-hazard estimates in 117 countries. – The World Bank Group, Policy Research Working Paper 7886, Global Facility for Disaster Reduction and Recovery & Climate Policy Team, Washington D.C.

Hallegatte, St. & Przyluski, V. (2010): The Economics of Natural Disasters Concepts and Methods.- The World Bank, Sustainable Development Network Office of the Chief Economist, Policy Research Working Paper 5507, Washington D.C.

Heinimann, H.R., K. Hollenstein, K. & T. Plattner, T. (2005): Risikobewertung von Naturgefahren.- Schlussbericht. Nationale Plattform Naturgefahren PLANAT. Eidgenössische Technische Hochschule Zürich ETHZ; http://www.planat.ch/fileadmin/PLANAT/planat_pdf/alle/R0670d.pdf

Heinimann, H.R. et al., (1998): Methoden zur Analyse und Bewertung von Naturgefahren. Umweltmaterialien Nr. 85, Bundesamt für Umwelt, Wald und Landschaft (BUWAL), S. 247, Bern

Heijmans, A. & Victoria. L.P. (2001): Citizenry-Based & Development-Oriented Disaster Response: Experiences and Practices in Disaster Management of the Citizens' Disaster Response Network in the Philippines.- Center for Disaster Preparedness of the Philippines, Quezon City

Helten, E. & Hartung, Th. (2002): Instrumente und Modelle zur Bewertung industrieller Risiken.- in: Hölscher, R. et al. (eds.): Herausforderung Risikomanagement.- Betriebswirtschaftlicher Verlag Dr. Th. Gabler GmbH, Wiesbaden

Hennen, L. (2002): Monitoring Technikakzeptanz und Kontroversen über Technik/Positive Veränderung des Meinungsklimas – konstante Einstellungsmuster Ergebnisse einer repräsentativen Umfrage des TAB zur Einstellung der deutschen Bevölkerung zur Technik.- Arbeitsbericht Nr. 83, Büro für Technikfolgen-Abschätzung beim Deutschen Bundestag (TAB), Berlin

Hinkel, J. (2011): Indikatoren für Verwundbarkeit und Anpassungsfähigkeit : Hin zu einer Klärung der Schnittstelle zwischen Wissenschaft und Politik.- Global Environmental Change, Vol. 21, p. 198–208; https://doi.org/10.1016/j.gloenvcha.2010.08.002

Holling, C.S. (1973): Resilience and stability of ecologial systems.- Annual Review of Ecology and Systematics, Vol. 4, p. 1–23

Hossini, V. (2008): The Role of Vulnerability in Risk Management – Summary of the Third PhD Block Course, Working Paper, 8/2008.- United Nations University, Institute for Environment and Human Security (UNU-EHS), Bonn

IGRC (2017): Introduction to the IRGC Risk Governance Framework, revised version. Lausanne: EPFL International Risk Governance Center (IGRC); doi irgc.epfl.ch and irgc.org

IGRC (2005): Risk governance – Towards an integrative approach.- International Risk Governance Center (IRGC), Geneva: https://www.irgc.org/risk-governance/irgc-risk-governanceframework

IPCC (2012): Managing the Risks of Extreme Events and Disasters to Advance Climate Change Adaptation – A Special Report of Working Groups I and II of the Intergovernmental Panel on Climate

Change.- Cambridge University Press, Cambridge, UK, and New York, NY

IPCC-TAR (2001): Climate Change 2001: The Scientific Basis. Contribution of Working Group I to the Third Assessment Report (TAR) of the Intergovernmental Panel on Climate Change.- Cambridge University Press, Cambridge, United Kingdom UK and New York, NY

Jenkins, S., Magill, C., McAneney, J. & Blong, R. (2012): Regional ash fall hazard I: a probabilistic assessment methodology.- Bulletin of Volcanology, Vol. 74, p. 1699–1712; https://doi.org/10.1007/s00445-012-0627-8)

Jentsch, V., Krantz, H. & Albeverio, S. (2006): Extreme events in nature and society.- Springer, Heidelberg

Kaplan, S. und Garrick, J. (2006): On the quantitative Definition of Risk.- Risk Analysis, Vol.1 (1), p. 11–27

Kaplan, S & Garrick, B.J. (1981): On the quantitative definition of risk.- Risk Analysis, Vol. 1, No. 1, Wiley Online Library

Kasperson, R.E., Renn, O., Slovic, P., Brown, H.S., Ernel, J., Goble, R., Kasperson, J.S. & Ratick, S. (1988): The social amplification of risk: a conceptual framework.- Risk Analysis, Vol. 8, p. 177–178

Klinke, A. & Renn. O. (2002): A New Approach to Risk Evaluation and Management – Risk-Based, Precaution-Based, and Discourse-Based Strategies.- Risk Analysis, Vol. 22, No. 6; https://doi.org/10.1111/1539-6924.00274

Kneer, G. & Nassehi, A. (2000): Niklas Luhmanns Theorie sozialer Systeme: Eine Einführung (Deutsch) Taschenbuch.- Verlag Wilhelm Finck, UTB Band Nr. 1751, Paderborn

Krohn, W. & Krücken, G. (1993): Riskant Technologien: Risiko als Konstruktion und Wirklichkeit – Eine Einführung in die sozialwissenschaftliche Risikoforschung. – Suhrkamp

LAWA (2010): Empfehlungen zur Aufstellung von Hochwassergefahrenkarten und Hochwasserrisikokarten.- Bund/Länder-Arbeitsgemeinschaft Wasser (LAWA), S. 139. LAWA-VV am 25./26. März 2010, Dresden

Laux, H. (2005): Entscheidungstheorie, Springer, Berlin, Heidelberg

Lichtenstein, S. et al. (1978): Judged frequency of lethal events.- Journal of Experimental Psychology, Vol. 4, No. 6, American Pyschological Association (APA), Washington DC

Lindhjem, H. et al. (2011): Valuing mortality risk reductions from environmental, transport and health policies: A global meta-analysis of stated preference studies. Risk Analysis, Vol. 31, pp. 1381–1407

Linnerooth-Bayer, J. & Mechler, R. (2009): Insurance against Losses from Natural Disasters.- in: Developing Countries, DESA Working Paper No. 85, International Institute of Applied Systems Analysis (IIASA), Laxenburg

Luhmann, N. (1991): Soziologie des Risikos.- Walter de Gruyter, Berlin

Mechler. R. (2005): Cost–benefit analysis of natural disaster risk management in developing countries. - Deutsche Gesellschaft für Technische Zusammenarbeit (GTZ), Arbeitskonzept, Eschborn

Merz, M. (2011): Entwicklung einer indikatorenbasierten Methodik zur Vulnerabilitätsanalyse für die Bewertung von Risiken in der industriellen Produktion.- Karlsruher Institut für Technologie (KIT), Fakultät für Wirtschaftswissenschaften, Dissertation, S. 318, Karlsruhe

Messner, F. &Meyer, V. (2005): Flood damage, vulnerability, and risk perception – challenges for flood damage research, in: Schanze, J., Zeman, E. und Marsalek, J. (Hrsg.), Flood Risk Management – Hazards, Vulnerability and Mitigation Measures, Nato Science Series, S. 149–168, Springer, Berlin, Heidelberg

Michel-Kerjan, E., Hochreiner-Stigler, St., Kunreuther, H. & Linneroth-Bayer, J (2013): Catastrophe Risk Models for Evaluating Disaster Risk Reduction Investments in Developing Countries. Risk Analysis, Vol. 33(6), 1539–6924; https://doi.org/10.1111/j.1539-6924.2012.01928.x

Mikus, B. (2001): Risiken und Risikomanagement – ein Überblick.- in: Götze, U., Henselmann, K. & Mikus, B. (eds): Risikomanagement.- Beiträge zur Unternehmensplanung, Physica, Springer Verlag, Heidelberg

Mileti, D. (1999). Disasters by design: A reassessment of natural hazards in the United States.- Joseph Henry Press, Washington, D.C.

MunichRe (2018): NatCatSERVICE Methodology, Natural catastrophe know-how for risk management and research (IRDR DATA: Peril Classification and Hazard Glossary (2014); http://www.irdrinternational.org/wp-content/uploads/2014/04/IRDR_DATA-Project-Report-No.-1

Newhall, Ch. & Self, S. (1982): The Volcanic Explosivity Index (VEI): An Estimate of Explosive Magnitude for Historical Volcanism.- Journal of Geophysical Research, Vol 87 p. 1231–1238; https://doi.org/10.1029/JC087iC02p01231

Norris, F. H., Stevens, S. P., Pfefferbaum, B., Wyche, K. F., & Pfefferbaum, R. L. (2008): Community resilience as a metaphor, theory, set of capacities, and strategy for disaster readiness. –American Journal of Community Psychology, Vol. 41, p. 127–150; https://doi.org/10.1007/s10464-007-9156-6

Nott, J. (2009): Extreme Events – A Physical Reconstruction and Risk Assessment.- Cambridge University Press; https://doi.org/10.1017/CBO9780511606625

NRC (1991): Awareness and Education- A Safer Future: Reducing the Impacts of Natural Disasters.- National Research Council (NRC), The National Academies Press, Washington, D.C.; https://doi.org/10.17226/1840

Noy, I. (2009): The macroeconomic consequences of disasters.- Journal of Development Economics, Vol. 88,2, p. 221–231, Elsevier

Paton, D., Smith, L. und Violanti, J. (2000): Disaster response: risk, vulnerability and resilience, in: Disaster Prevention and Management, Vol. 9 (3), p. 173–179

Paulitz, H. (2021): Europa droht eine Strom-Mangel-Wirtschaft.- www.theeuropean.de

PLANAT (2009): Strategie Naturgefahren Schweiz – Umsetzung des Aktionsplanes PLANAT 2005–2008 Projekt A 1.1 Risikokonzept für Naturgefahren – Leitfaden Teil B.- Bundesamt für Umwelt (BAFU), Nationale Plattform Naturgefahren (PLANAT), Bern

v. Piechowski (1994): Störfallverordnung der Schweiz- Handbuch I, Anhang G aus dem Jahr 1994; zitiert in: WBGU (2000) WBGU (2000): Welt im Wandel. – Strategien zur Bewältigung globaler Umweltrisiken. – Jahresgutachten, Springer Verlag, Berlin

Quarantelli. E.L. (1998) (ed.): What is a Disaster?.- Natural Hazards, Vol. 18, p. 87–88; https://doi.org/10.1023/A:1008061717921

Ranghieri, F., & Ishiwatari,M. (eds), (2014): Learning from Megadisasters: Lessons from the Great East Japan Earthquake.- The World Bank, Washington, D.C.; https://doi.org/10.1596/978-1-4648-0153-2

Renn, O. (1996): Kann man die technische Zukunft voraussagen? Zum Stellenwert der Technikfolgenabschätzung für eine verantwortbare Zukunftsvorsorge. In: Pinkau, K. & Stahlberg, C. (Hrsg.): Technologiepolitik in demokratischen Gesellschaften. Stuttgart: Edition Universitas und Wissenschaftliche Verlagsgesellschaft, p. 23–51

Renn, O., Burns, W., Kasperson, J.X. & Kasperson, R. (1999): The Social Amplification of Risk: Theoretical Foundations and Empirical Applications. Journal of Social Issues, Vol. 48. No. 4, p. 137–160

Rogler, S. (2002): Risikomanagement im Industriebetrieb – Analyse von Beschaffungs-, Produktions- und Absatzrisiken.- Habilitationsschrift, Universität Göttingen 1999, Neue Betriebswirtschaftliche Forschung (nbf), Bd. 296, Deutscher Universitätsverlag, Wiesbaden

Rohrmann, B. & Renn, O. (eds) (2000): Cross-cultural risk perception – A survey of empirical studies.- Risk, Governance and Society, Vol. 13, p. 241, Springer Heidelberg

Romeike, F. & Spitzer, J. (2013): Von Szenarioanalyse *bis* Wargaming- Betriebswirtschaftliche Simulationen im Praxiseinsatz. – Weinheim

Rose, A. (2007): Economic resilience to natural and man-made disasters: Multidisciplinary origins and contextual dimensions.- Environmental Hazards, Vol. 7, p. 383–398

Rose, A. (2004): Defining and measuring economic resilience to disasters.- Disaster Prevention and Management, Vol. 13 (4), p. 307–314

SAMHA (2009): Communicating in a Crisis: Risk Communication – Guidelines for Public Officials. – U.S. Department of Health and Human Services, Rockville, MD

Schauerte, T. (2016): In Risikoszenarien denken - Extremwerttheorie im Risk Management.- RISK NET, The Risk Management Network, Risk Management Association e.V.

Schreckener U. (2004). States at risk – Fragile Staaten als Sicherheits- und Entwicklungsproblem. – Stiftung Wissenschaft und Politik (SWP), Studie S 43, Berlin

Segens (o. D.): Affected People.- *Segen's* Medical Dictionary (2011).- retrieved March 2021; https://medical-dictionary.thefreedictionary.com/Affected+People

SLF (2004): Lawinenbulletins und weitere Produkte des Eidgenössisches Institutes für Schnee- und Lawinenforschung (SLF), Davos.- Mitteilungen Nr. 50, 7. Aufl., Eidgenössisches Institut für Schnee- und Lawinenforschung, Davos Dorf

Slovic, P., Monahan, J., & MacGregor, D. G. (2000): Violence risk assessment and risk communication: The effects of using actual cases, providing instruction, and employing probability versus frequency formats.- Law and Human Behavior, Vol. 24(3), p. 271–296; https://doi.org/10.1023/A:1005595519944

Slovic P. (1997): Public perception of risk.- Journal of Environmental Health, Vol. 59: p. 22–23+54

Slovic P., Fischhoff, B. & Lichtenstein S. (1986): The Psychometric Study of Risk Perception; in: Covello V.T., Menkes J., Mumpower J. (eds): Risk Evaluation and Management. –Contemporary Issues in Risk Analysis, Vol 1, Springer, Boston, MA; https://doi.org/10.1007/978-1-4613-2103-3_1

Smit, B. & Wandel, J. (2006): Adpation, adaptive, capacity and vulnerability.- Global Environmental Change, Vol. 16, p. 282–292, Elsevier; www.scincedirect.com

Smith, K. & Ward, R. (1998): Floods – physical processes and human impacts.- John Wiley & Sons, Chichester

Sornette, D. (2002): Predictability of catastrophic events: Material rupture, earthquakes, turbulence, financial crashes, and human birth.- Proceedings of the National Academy of Sciences of the United States of America (online access: 29th July 2014)

Stern, N. (2006): The economics of climate change.- The Stern Review.- p. 690, University Press, Cambridge

TAB (2002): Pro und Kontra der Trennung von Risikobewertung und Risikomanagement – Diskussionsstand in Deutschland und Europa.- Büro für Technikfolgen-Abschätzung beim Deutschen Bundestag (TAB), München

Taleb, N.N. (2008): Der Schwarze Schwan.- Hanser Verlag, München

Thywissen, K. (2006): Components of Risk – A comparative Glossary.- United Nations University, Institute of Environment and Human Security/UNU-EHS, Studies of the University: Research, Counsel, Education (SOURCE, Publication Series of UNU-EHS No. 2/2006, Bonn

Turner II, B. L., Kasperson, R. E., Matsoon, P. A., McCarthy, J. J., Corell, R. W., Christensen, L., Eckley, N., Kasperson, J. X., Luers, A., Martel-lo, M. L., Polsky, C., Pulsipher, A., & Schiller, A. (2003): A Framework for Vulnerability Analysis in Sustainability Science.- Proceedings of the National Academy of Sciences of the United States of America, Vol. 100 (14), p. 8074–8079

Twigg, B.L. (2001): Sustainable Livelihoods and Vulnerability to Disasters, Disaster Management.- Working Paper 2/2001, Benfield Greig Hazard Research Centre, London

UNDRO (1982): Natural disasters and vulnerability analysis.- United Nations Disaster Relief Organization, Office of the United Nations Disaster Relief Co-ordinator (UNDRO), Geneva

UNEP (2002): Vulnerability and Climate Change Impact Assessments for Adaptation: VIA Module.- United Nation Environment Program (UNEP), Report, Nairobi

UNESCO (2017): User's Guide for the Pacific Tsunami Warning Center Enhanced Products for the Tsunami and other Coastal Hazards Warning System for the Caribbean and Adjacent Regions (CARIBE-EWS).- IOC Technical Series No 135, UNESCO/IOC, Geneva

UNIDNDR (1997): Early Warning Programme Report on Early Warning for Technological Hazards.- United Nations International Decade for Natural Disaster Reduction (IDNDR), International Working Group, IDNDR Secretariat, Geneva

UNISDR (2009): UNISDR Terminology on Disaster Risk Reduction.- United Nations, United Nations International Strategy for Disaster Reduction (UNISDR), p. 30, Geneva

UNIDSR (2004): Living with Risk – A global review of disaster reduction initiatives.- United Nations, United Nations International Strategy for Disaster Reduction (UNISDR) 2004 Version – Volume I, p. 431, Geneva

UNOCHA (2011): Natural Hazard Risks: Issued: 01 March 2011.- UNOCHA Regional Office for Asia Pacific, Bangkok; http://ocha-online.un.org/roap

UNOCHA (2008): Transitional settlement and reconstruction after natural disasters, Field Edition. – Office of the Coordination of Humanitarian Affairs (UNOCHA), Department of International Development (DFID), United Nation, Washington, D.C.

USGS (2005): An assessment of volcanic threat and monitoring capabilities in the United States: Framework for a National Volcano Early Warning System (NVEWS).- United States Geological Survey (USGS), Open-File Report, 2005–1164, Reston, VA

Vester, F. (1976): Ballungsgebiete in der Krise- Anleitung zum Verstehen und Planen menschlicher Lebensräume mit Hilfe der Biokybernetik.– Bundesministerium des Innern, Deutsche Verlags-Anstalt

Walker, G.P.L (1973): Explosive volcanic eruptions.- A new classification scheme.- Geologische Rundschau, Vol. 62, S. 431–446

Walter, T.R., Haghshenas, H.M., Schneider, F.M. et al. (2019): Complex hazard cascade culminating in the Anak Krakatau sector collapse.- Nature Communications, Vol. 10(1); https://doi.org/10.1038/s41467-019-12284-5

Wamsler, C. & Brin, E. (2014): Moving beyond short-term coping and adaptation.- International Institute for Environment and Development (IIED). Vol 26(1), p. 86–111; https://doi.org/10.1177/0956247813516061 www.sagepublications.com

WBGU (1999): Jahresgutachten 1998 „Welt im Wandel – Strategien zur Bewältigung globaler Umweltrisiken".- Wissenschaftlicher Beirat der Bundesregierung Globale Umweltveränderungen (WBGU), Springer Verlag, Berlin

WBGU (1998): Welt im Wandel: Strategien zur Bewältigung globaler Umweltrisiken.- Jahresgutachten, Wissenschaftlicher Beirat der Bundesregierung Globale Umweltveränderungen, Springer Verlag, Berlin

Weitzman (2001): Gamma discounting.- American Economic Review, Vol. 91(1), p. 260–271, https://doi.org/10.1257/aer.91.1.260

WHO (2018): Death of the road – WHO Global Status Report on Road Safety.- World Health Organization (WHO), Geneva

Wilhelm. C. (1999): Kosten-Wirksamkeit von Lawinenschutz Maßnahmen an Verkehrsachsen – Vorgehen, Beispiele und Grundlagen der Projektevaluation.- Bundesamt für Umwelt, Wald und Landschaft (BUWAL), Bern

Willenbockel, D. (2011): A Cost-Benefit Analysis of Practical Action's Livelihood-Centered Disaster Risk Management Project in Nepal. - Report Commissioned by Practical Action; https://www.ids.ac.uk/publications/a-cost-benefit-analysis-of-practical-actions-livelihood-centered-disaster-risk-management-project-in-nepal/

WMO (2010): Unprecedented sequence of extreme weather events.- World Meteorological Organization (WMO) and United Nations International Strategy for Disaster Risk Reduction (UNISDR), Geneva; DOI: PreventionWeb, access: 20th July 2014)

World Bank/United Nations (2010): Natural Hazards, UnNatural Disasters: The Economics of Effective Prevention.- World Bank, Washington D.C.; http://hdl.handle.net/10986/2512

Naturkatastrophen-Risikomanagement

5

Inhaltsverzeichnis

5.1   Allgemeiner Rahmen

Unter Risikomanagement werden Aufgaben zur Bewältigung von bestimmten Problemlagen verstanden. Zunächst wurden damit in der Wirtschaft angesiedelte „Unsicherheiten"/„Unwägbarkeiten" beschrieben, um zum Beispiel Investitionen gegen Kursverluste abzusichern. Dann wurden in der Industrie ganze Produktionsprozesse gegen technische oder Arbeitsausfälle betrachtet; neuerdings auf staatlicher Ebene, z. B. zur Bewertung der Auswirkungen des staatlicherseits verordneten „Lockdown" auf Gesellschaft und Wirtschaft. Auch Risiken, die aus Naturgefahren resultieren, werden „gemanagt" – dies sowohl staatlicherseits (Feuerwehr, Katastrophenschutz usw.), als auch zum

© Der/die Autor(en), exklusiv lizenziert an Springer-Verlag GmbH, DE, ein Teil von Springer Nature 2023
U. Ranke, *Naturkatastrophen und Risikomanagement,* https://doi.org/10.1007/978-3-662-63299-4_5

Beispiel seit Jahrhunderten an der Nordseeküste durch para-staatlich organisierte Deichverbände und vor allem durch die davon betroffenen Menschen.

Allein schon der Begriff Naturkatastrophen-Risiko-management beschreibt, dass vier unterschiedliche Heran-gehensweisen zu einem Begriff zusammengefasst werden:

- Natur
  Beschreibt die natürlichen Gegebenheiten und Prozesse, die potenziell zu einer Gefahr für den Menschen und sei-ner Lebensumwelt führen können.
- Katastrophe
  Definiert ein Schadenereignis, das die Selbsthilfefähig-keit des Einzelnen oder einer Gesellschaft übersteigt.
- Risiko
  Damit wird der Grad des zu erwartenden Schadens und die (statistische) Wahrscheinlichkeit seines Eintretens beschrieben.
- Management
  Sagt aus, inwieweit der Mensch/die Gesellschaft in der Lage ist, seine/ihre Risikosexposition durch angepasste Politik und Planungsentscheidungen zu vermindern und welche Instrumente dafür erforderlich sind.

Mit dieser Definition wird das Naturkatastrophen-Risiko-management zu einem „geordneten Umgang" von in der Natur ablaufenden Prozessen. Es beschränkt sich nicht auf eine Naturbeschreibung, sondern stellt eine Verbindung her zu den Menschen und Tieren, indem es aufzeigt, wie sich die Natur auf das Leben auswirken kann. Während die natürlichen Prozesse in der Regel nicht zu steuern sind, er-gibt sich bei den Auswirkungen eine Vielzahl an Eingriffs-möglichkeiten, mit denen diese „gesteuert" (vermindert/ver-hindert) werden können.

Das heißt, der Mensch setzt Rahmenbedingungen, um Naturrisiken zu beherrschen. Dieser Ansatz kann unter dem Begriff „risk governance" zusammengefasst werden (vgl. Abschn. 2.1.4). Dabei umfasst „governance" eine Vielzahl unterschiedlicher Definitionen, die alle ihre Berechtigung haben. Die politische Definition beschreibt: „ein Land zu führen". Dazu schafft sich eine Regierung den ordnungs-politischen Rahmen sowie die zur Umsetzung notwendigen Strukturen und Prozesse. Wenn die Verfahren und Struktu-ren den Kriterien von Transparenz, Rechenschaftspflicht und Partizipation gerecht werden, wird von „good gover-nance" gesprochen (IRGC 2009, 2017). „Good gover-nance" zeichnet sich dadurch aus, dass sich der Staat – so wie es in der VN-Menschenrechtskonvention nieder-gelegt ist – als „Sachwalter" des Volkes versteht mit einer unabhängigen Justiz und der das Volk frühzeitig und um-fassend an den Entscheidungsprozessen teilhaben lässt („participation"). Ein solcher Ansatz wird in den an-gewandten Sozialwissenschaften mit dem Kernsatz „macht

die Betroffenen zu den Beteiligten" beschrieben. Damit wird gefordert, dass insbesondere diejenigen, die von Ka-tastrophen am direktesten betroffen sind, sehr gut wis-sen, welchem Risiko sie ausgesetzt sind. Auch wenn Par-tizipation nicht immer zu Ergebnissen führt, die den Er-wartungen, Bedürfnissen und Interessen aller Gruppen entsprechen.

„Risk governance" ist somit ein systemischer Ansatz, um Entwicklungsprozesse im Zusammenhang mit sozia-len, ökologischen, natürlichen und technologischen Risi-ken zu ermöglichen. Das Risikomanagement basiert auf dem gesellschaftlichen Konsens, wie zum Beispiel die Re-duktion der Treibhausgasemissionen erreicht werden kann, ohne gleichzeitig wirtschaftliches Wachstum (zu sehr) ein-zuschränken.

Zwei Interessengruppen treten dabei auf:

- die mit dem Risikomanagement beauftragten politischen und ausführenden Institutionen und
- die gefährdete Bevölkerung.

Ein effektives „risk-governance" fordert beide Gruppen auf, gemeinsam Strategien zu formulieren, die den Bedürf-nissen der Gesellschaft insgesamt dienen (Aven und Renn 2019).Die Rolle der Bevölkerung besteht darin, an den Ent-scheidungsprozessen teilzunehmen, indem sie persönliche Erfahrungen einbringt und Erwartungen und Ängste äu-ßert. Die Regierungen nehmen die unterschiedlichen Er-wartungen auf, bündeln sie, generieren aus ihnen einen Kompromiss und regeln dies in einem Gesetz. Dabei kommt es naturgemäß dazu, dass einige Gruppen von den Entscheidungen negativ betroffen werden. Der Prozess, diese unterschiedlichen Erwartungen in ein gesellschaft-liches Gleichgewicht zu bringen, wird als „vertical gover-nance" bezeichnet.

Dabei sind Regierungen nicht nur ihren Gesellschaften gegenüber verantwortlich, sondern auch mit anderen Re-gierungen verbunden, um nationale Interessen in die inter-nationale Verflechtung einzubringen. Da viele (Natur-) Risikoarten systemisch und nicht an nationale Gren-zen gebunden sind, erfordert eine verantwortungsvolle Regierungsführung die Verknüpfung nationaler und inter-nationaler Akteure. Ein sogenannter „Multi Stakeholder-Ansatz" schafft den Rahmen, in dem Regierungen, Wirt-schaft, Wissenschaft und Zivilgesellschaft sich austauschen, abstimmen und ihre Kräfte bündeln können. Die Integra-tion nationaler Stellen in die internationale „risk governan-ce"-Architektur kann entweder Nationen betreffen, die die gleichen Ziele, Interessen und Meinungen teilen, oder sol-che, die dies nicht tun. Eine solche Governance-Struktur wird als „horizontal governance" bezeichnet. In der Pra-xis sind vertikale und horizontale Governance-Ansätze im Katastrophen-Risikomanagement sehr oft eng miteinander verknüpft. So kann beispielsweise eine Überschwemmung im oberen Einzugsgebiet eines großen Flusses ein lokales Schutzkonzept erfordern, das aber die Hochwasserschutzkapazität des tief gelegenen Nachbarlandes beeinträchtigen könnte (vgl. Abschn. 3.4.4; vgl. Abschn. 4.2.6.5).

Risikobezogene Managemententscheidungen können aber nur gefällt werden, wenn die Entscheider über einen Kenntnisstand verfügen, der sie in die Lage versetzt, die „richtigen" Entscheidungen zu fällen. Es ist die Aufgabe von Wissenschaft und Technik, den Entscheidungsebenen solche Expertisen unabhängig und nachvollziehbar zur Verfügung zu stellen (vgl. Kap. 7). Dazu haben sowohl Wirtschaft und Industrie als auch der Staat eine Vielzahl an Beratungsgremien eingerichtet (z. B. das „Institut der deutschen Wirtschaft", der „Sachverständigenrat der Bundesregierung zur Wirtschaftlichen Entwicklung oder zur Globalen Umweltveränderung" u. v. a.). Diese Gremien analysieren die Lage und entwickeln daraus Lösungsmodelle. Aus der Summe der vorliegenden Erkenntnisse müssen dann die Entscheider ihre staatlichen oder unternehmerischen Entwicklungsentscheidungen treffen. Sie müssen zudem auf ein bestimmtes Ziel ausgerichtet sein und sowohl den nationalen und lokalen als auch den technischen und finanziellen Ressourcen gerecht werden. Dabei wird es immer zu Güterabwägungen kommen, das heißt, es wird nie eine Lösung gefunden, die allen Beteiligten gerecht wird – es wird immer „Gewinner" und „Verlierer" geben. Darüber hinaus kann eine Entscheidung auf der Basis neuerer (besserer) Kenntnisse durchaus eine vormals gefällte Entscheidung revidieren.

Dies macht das Risikomanagement zu einem dynamischen Prozess.

„Risk governance" (Sellke und Renn 2010; Renn 2005) beschränkt sich aber nicht darauf, welche Risiken wie verhindert oder vermindert und wie die Implementierung organisiert werden soll, sondern umfasst darüber hinaus auch noch, wie der Staat mit seinen Bürgern kommuniziert. Er sollte dabei immer proaktiv sein und wird aber nur ein „Optimum" an Sicherheit gewährleisten können: Sicherheit des Einzelnen führt zu einem erhöhten Vertrauen in die politischen Entscheidungen und gibt dem Bürger mehr individuelle Freiheit. Damit wird *„risk governance"* auf drei Säulen gestellt: Risikobewertung, Risikomanagement und Risikokommunikation, die unter einem Dach zur „Risiko-Trinität" gebündelt werden, wie der Abb. 5.1 zu entnehmen ist.

Das Konzept der „Trinität", wie es vom Büro für Technikfolgen-Abschätzung im Deutschen Bundestag (TAB) vorgestellt wurde (Böschen et al. 2002), ergibt sich aus den unterschiedlichen methodischen Ansätzen und spiegelt die klassischen Aufgaben von Wissenschaftlern und Entscheidungsträgern wider. Mit der Risiko-Trinität bestätigt TAB zwar die traditionelle Form der Aufgabenverteilung zwischen technisch orientierter Risikoanalyse und gesellschaftlicher Beteiligung, fordert aber nachdrücklich, Risiko nicht als eigenständigen Schwerpunkt zu verstehen. Die Vorteile des „Drei-Säulen-Models" sollten genutzt werden, um die systemischen Grenzen durchlässiger zu machen und von der Vernetzung der Inputs zu profitieren. Der TAB weist darauf hin, dass je durchlässiger diese Grenzen werden, es desto eher gelingt, die traditionellen Grenzen zwi-

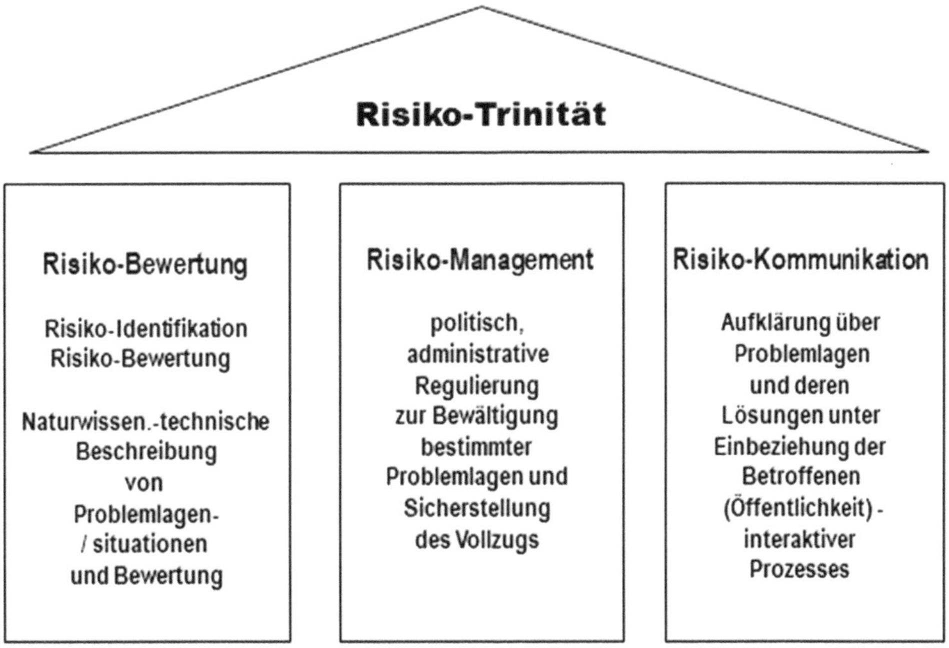

Abb. 5.1 Risiko-Trinität

schen Technologie und Soziologie im Interesse einer prä-
ventionsorientierten Schutzkultur zu überwinden.

Der klassische Ansatz des Risikomanagements ist
zweifellos nicht frei von methodischen Problemen, aber solange es keine überzeugenden Alternativen gibt, haben
Wissenschaft und Technik bei der Risikobewertung nach
wie vor höchste Priorität (Böschen et al. 2002). Die Debatte verläuft in folgende Richtungen: Soziologen be-
kräftigen nachdrücklich die Auffassung, dass, da die Naturwissenschaften den Begriff „Risiko" nicht kennen, alle Bewertungen einer Risikoexposition nur als „Risikoanalyse"
bezeichnet werden müssen. Eine echte „Risikobewertung"
erfüllt ihre Anforderungen nur, wenn die sozialen, kulturellen und wirtschaftlichen Rahmenbedingungen berücksichtigt
werden. Folglich muss das „Risikomanagement" sogar noch
einen Schritt weiter gehen und auch die Bereitstellung der
operativen, administrativen und rechtlichen Grundlagen für
die Umsetzung der Risikoprävention umfassen.

Nach Aven & Renn (2019) beruht das Risikomanagement
auf drei Komponenten:

- systematisches Wissen
- Gesetze und Verfahren
- soziale Werte und Normen

Ein Beispiel: Jeden Morgen und jeden Abend informiert der
Norddeutsche Rundfunk über den zu erwartenden Mittleren
Hochwasserstand an der deutschen Nordseeküste. Der Text
der Nachricht lautet: „An der deutschen Nordseeküste und
in Emden wird das Abendhochwasser ein bis drei Dezimeter
höher als das mittlere Hochwasser eintreten". Die Meldung
wird von dem Bundesamt für Seeschifffahrt und Hydrographie (BSH) herausgegeben („Risikobewertung") und über
den Rundfunk kommuniziert („Risikokommunikation").

Um solche Frühwarnungen effektiv verbreiten zu können, hat die Bundesregierung dazu:

- per Gesetz den institutionellen Rahmen zur Einrichtung
  des Bundesamts für Seeschifffahrt und Hydrographie
  (BSH) in Hamburg geschaffen. Da vergleichbare ma-
  ritime Einrichtungen auf der ganzen Welt international
  vernetzt sind, ist das BSH der formelle Vertreter der
  Bundesregierung in diesem Sektor.
- finanzielle Mittel bereitgestellt, damit das BSH einen
  Kompetenzpool an Klimatologen, Hydrographen,
  Ozeanographen u. a. vorhalten kann, um die Wetter-
  situation in Bezug auf die Nordsee zu „erforschen".
  Diese Fachleute messen kontinuierlich Wasserstände,
  Windrichtungen usw., um daraus abzuleiten, welcher
  Wasserstand wann und wo zu erwarten ist. Das Ziel ist,
  durch verlässliche Kenntnisse der Hydrographie die See-
  schifffahrt und die maritime Wirtschaft zu unterstützen
  und eine nachhaltige Nutzung der Ozeane zu fördern.

- ein nationales Rundfunkgesetz erlassen, mit dem die öffentlich finanzierten Nachrichtenagenturen zur Informationsverbreitung an die Öffentlichkeit verpflichtet werden.

Auch wenn das BSH-Beispiel auf die spezifischen Bedürfnisse der Küstenbewohner zugeschnitten ist, zeigt es exemplarisch, wie „Risikoanalyse", „Risikomanagement" und
„Risikokommunikation" organisatorisch integriert werden
können, um den Bedürfnissen der Öffentlichkeit zu entsprechen. Damit übernehmen Naturwissenschaftler und Ingenieure die Aufgabe der wissenschaftlichen Analyse und
definieren beispielsweise den „mittleren Meeresspiegel"
als hydrographischen Standard. Die Wissenschaftler übernehmen darüber hinaus die Aufgabe, ihre Erkenntnisse zu
interpretieren und so für den Nutzer verständlich zu machen. Damit verlassen sie die „Wissenschaft" und betreten
das Feld der Kommunikation. Die Nachrichten gehen dann
an den Rundfunk, ohne weiter interpretiert zu werden.

Im Idealfall wird diese Ausgangslage zu einem Dreieck,
bestehend aus Gesellschaft, Politik und Wissenschaft. Das
Beispiel „Demenzerkrankung" in Deutschland (Abb. 5.2) erläutert dies. In der alternden Gesellschaft sind Demenz-
erkrankungen automatisch statistisch „überrepräsentiert". Der
Staat sieht einen Handlungsbedarf und beauftragt die Wissenschaft, sich der Problematik anzunehmen. Dafür stellt er
mehr als 100 Mio. EUR jährlich zur Verfügung. Die Wissenschaft erarbeitet daraufhin eine Reihe von Lösungsmodellen,
die dann der Gesellschaft zugute kommen (sollen).

Nur bei der Coronavirus-Pandemie war nicht nur eine gesellschaftliche Gruppe besonders betroffen, sondern die Gesellschaft insgesamt. Automatisch war die politische Diskussion ungleich umfassender, tiefer und emotionaler. Dabei
wurden die Wissenschaftler immer stärker in die gesellschaftspolitische „Bewertung" der Ergebnisse hineingezogen
und dabei oftmals „instrumentalisiert". Viele Versuche, bei
den „Fakten zu bleiben", misslangen, da die Faktenlage keiner mathematischen Gleichung folgt, sondern es sich um
statistische Wahrscheinlichkeiten handelt und zudem sich
der Virus durch komplexe medizinische Interaktionen aus-
zeichnete. Damit gab es kein „richtig" oder „falsch", sondern nur ein mehr oder weniger „wahrscheinlich". Die Politik
nutzte diese Situation, um ihrerseits wissenschaftliche Folgerungen in ihrem Sinne zu interpretieren („Aufhebung der
Kontaktsperre"). Am Ende herrschte viel Konfusion.

5.1.1 Gesellschafts-orientiertes Katastrophen-Risikomanagement

Wie zuvor dargestellt, handelt es sich bei Naturkatastrophen
um sehr komplex miteinander verwobene Interaktionen von
Natur und Mensch (vgl. Abb. 4.16). Nicht eine Naturgefahr
(Hangrutsch, Lawine usw.) und noch nicht einmal deren

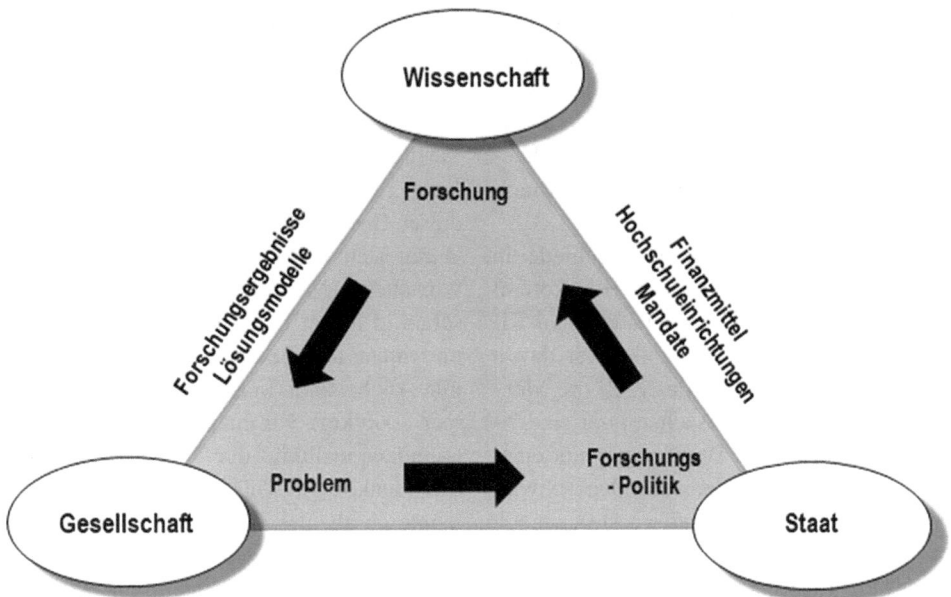

Abb. 5.2 Interaktion von Wissenschaft, Politik und Gesellschaft am Beispiel der Demenzforschung in Deutschland

Auswirkungen müssen eine Katastrophe ergeben. Zu einer Katastrophe wird die Gefahr erst dann, wenn sie Menschen direkt und indirekt betrifft. Betreffen heißt dabei, wenn Menschen zu Tode kommen, verletzt werden, ihr Haus oder Einkommen verlieren (Acker, Vieh, Arbeitsplatz usw.). Die Konsequenzen betreffen aber nicht nur das Individuum, sondern auch einzelne gesellschaftliche Gruppen oder die Gesellschaft insgesamt, die zum Teil existenziell voneinander anhängig sind. Diese Abhängigkeiten können dazu führen, dass eine Katastrophe lokalen Ausmaßes an einer anderen Stelle viel gravierendere Folgen zeigt. Zum Beispiel haben die Covid-19-Infektionen in Deutschland dazu geführt, dass wegen einiger regionaler Infektionsherde ein landesweiter „Lockdown" verhängt wurde: Schulen wurden für Monate geschlossen, die größte deutsche Fluggesellschaft erzielte zum Teil gerade einmal 1 % ihres normalen Umsatzes – der Staat musste mit einem 9 Mrd.-EUR-Kredit einspringen. Als Folge werden Arbeitsplätze auf breiter Fläche wegfallen – damit werden wiederum mehr Menschen erwerblos, die Kaufkraft verringert sich, was noch mehr Menschen in ihrer Existenz bedrohen wird. Die Corona-Pandemie hat weltweit vor Augen geführt, wie sehr der Einzelne, einzelne gesellschaftliche Gruppen, ja sogar die internationale Staatengemeinschaft insgesamt voneinander abhängen, sich gegenseitig beeinflussen und beeinflusst werden.

Im Hinblick auf das Naturkatastrophen-Risikomanagement ergibt sich die Frage, an welcher Stelle es ansetzen soll: Bei dem Einzelnen, der Gesellschaft oder dem Staat. Eine Stärkung der Widerstandskraft aller Gruppen erfordert zunächst eine Klärung der Ursachen für die Ri-

siken *(„root causes")*. Dabei hat die Naturkatastrophen-Risikomanagement-Praxis der letzten 30–40 Jahre die Erkenntnis durchgesetzt, dass Erdbeben selbst nicht verhindert werden können, die durch sie potenziell ausgelösten Hangrutschungen dagegen schon – wenn auch oftmals nur eingeschränkt. Es wird daher die Auffassung vertreten, es sei viel effektiver, in die Menschen zu investieren und den Fokus auf die Verringerung der Vulnerabilität zu legen. Arnold et al. (2014) weisen in diesem Zusammenhang daraufhin, dass bei der Klimadiskussion ein umgekehrter Weg stattgefunden hat und sich die Fragestellungen vor allem auf die Ursachen des Wandels konzentrieren und weniger auf dessen Wirkungen.

5.1.2 Begriff der Gesellschaft

Hierunter werden alle Individuen, Menschen und gesellschaftliche Gruppen verstanden, die in einem definierbaren Gebiet (Region) zusammenleben, die also im Hinblick auf Naturkatastrophen den gleichen Risiken ausgesetzt sind. Sie teilen (zum Teil jahrzehntelange) Erfahrungen, auch wenn sie sehr unterschiedlich davon betroffen waren, unterschiedlich damit umgegangen sind und umgehen werden. Sie haben aus der Vergangenheit im Laufe der Zeit individuelle oder gemeinschaftliche Kapazitäten entwickelt, sich zu schützen. Eine solche „Gemeinschaft" umfasst sowohl ländliche als auch städtische Gebiete. Aber was genau definiert eine Gemeinschaft. Nicht allein die geographische Lage sind ausschlaggebend, sondern auch die gleiche Sprache, die gleichen Lebensbedingungen und eine gemeinsame Sozialstruktur sowie gemeinsame kulturelle Interessen. Sie kann aber auch durch gemeinsame Tätigkeiten wie die Fischerei und die Landwirtschaft oder durch unterschiedliche Tätigkeiten z. B. im Gesundheitswesen definiert sein. Die Informationstechnologie hat zudem dazu geführt, dass heute auch von „virtuellen" Gesellschaften gesprochen wird.

Soziale, ökonomische und kulturelle Unterschiede in den Gesellschaften bilden sich im NKRM ab. Hier kommt es dazu, dass oft nur ein Teil der Gesellschaft einem Risiko ausgesetzt ist, während ein anderer Teil sogar davon profitieren kann. Das NKRM hat daher das Ziel, die Menschen in die Lage zu versetzen, die Ursachen ihrer (individuellen) Verwundbarkeit anzugehen. Die Komplexität einer Katastrophe macht es für einen Außenstehenden schwierig, zu erkennen, wo diese „beginnt" und wo sie „endet". Und damit, ab wann der Betroffene gefordert ist, für seine Sicherheit in eigener Verantwortung zu sorgen, und wann er dies von der Gesellschaft erwarten darf/sollte. Es ist gerade dieses Zusammenspiel, was den Katastrophenfall so einzigartig macht. Die Praxis hat gezeigt, dass es ohne die Einbeziehung des Einzelnen oder einer Gemeinschaft kaum möglich ist, Vulnerabilität und ökonomische Verluste zu reduzieren. Dies beginnt mit einer frühzeitigen Einbeziehung der Betroffenen in die/ihre Risikobewertung, setzt sich fort bis hin zu den Risikominderungsstrategien. Der Grund, warum so viele Maßnahmen nicht den angestrebten Erfolg haben, liegt oftmals darin, dass diejenigen, die planen und umsetzen trotz „besten Willens" und guter technischer Konzepte Administratoren sind, die oft nicht mit den spezifischen Bedingungen der Regionen vertraut sind und daher die Empfehlungen von Wissenschaftlern und Technikern favorisieren. Die sozio-kulturelle Dimension der Betroffenen wird dabei sehr oft nicht genügend berücksichtigt. Das führt dazu, dass Minderungsmaßnahmen umgesetzt werden, die sich zwar an einem anderen Standort als perfekt erwiesen haben, aber für diese spezielle Situation nicht geeignet sind – auch wenn die Region der gleichen Art von Gefahr ausgesetzt ist.

Da persönliche Erfahrung, Bildung und Selbsthilfefähigkeit die Vulnerabilität erheblich beeinflussen, sollte eine effektive Gefahrenabwehr bei den Betroffenen beginnen. Es muss ein Verständnis der komplexen Zusammenhänge von Naturgefahrenexposition und der sozialen, wirtschaftlichen und politischen Strukturen geschaffen werden. Dieses Verständnis kann bei den Beteiligten nur erreicht werden, wenn die Vorsorgeplanung auf der lokalen Ebene beginnt und von den am stärksten gefährdeten Akteuren ausgeht. In den meisten ruralen Gesellschaften beruht die Existenzsicherung immer noch auf der Großfamilie, während Industrialisierung und Urbanisierung zu kleinen Familienverbänden führen. So können kulturelle Unterschiede zu Missverständnissen und Misstrauen zwischen den Katastrophenopfern und den Risikomanagern führen. Hinzu kommt, dass in Ländern, in denen die Menschen Tag für Tag für ihren Lebensunterhalt kämpfen müssen, nicht genügend Ressourcen zur Gefahrenabwehr zur Verfügung stehen, d. h. Risiken werden oftmals eher in Kauf genommen (Fatalismus). Darüber hinaus sind viele dieser Gesellschaften stark traditionell organisiert und verlassen sich daher oft auf Empfehlungen und Ratschläge von älteren Menschen – zudem stützen sich ältere Menschen in ihrem Urteil oft auf traditionelle Überzeugungen und nicht auf Erkenntnisse aus Wissenschaft und Technik. Als beispielsweise der Vulkan Merapi (Java) im Sommer 2006 kurz vor einem Ausbruch stand, ordnete die Gemeindeverwaltung die Evakuierung der Siedlungen an den Flanken des Vulkans an. Aber die lokale Bevölkerung lehnte es ab, das Gebiet zu verlassen. Das Verlassen des Hauses stellt für viele landwirtschaftlich geprägte Gesellschaften ein großes Problem dar. Meistens besitzen diese Leute nur einige Kühe, ein paar Ziegen und etwas Geflügel. Sobald sie das Dorf verlassen, befürchten sie, ihr Hab und Gut nicht mehr vor Plünderungen schützen zu können, und dass ihre Tiere kein Futter und Wasser bekommen. Deshalb verlangten die Einheimischen am Berg Merapi vom Sultan von Yogyakarta als ihrem spirituellen und politischen Führer, ihnen zu sagen, was sie tun sollen („Wir gehen nur, wenn der Sultan uns sagt, dass wir gehen sollen."). Kurz nachdem der Sultan am Ort war, verließen die Leute das Gebiet ohne Zögern.

Aber nicht nur in Entwicklungsländern gibt es solche Konfliktsituationen. In Deutschland zeigte die Erfahrung bei verschiedenen Elbe-Hochwasserereignissen (2002, 2005, 2013), dass trotz stetig steigender Wasserstände eine große Anzahl von Bewohnern eine Evakuierung ihrer Häuser ablehnte, mit der Folge, dass sie später mit viel höherem technischen Aufwand evakuiert werden mussten. Diese Situation löste eine Diskussion darüber aus, ob es der Verwaltung erlaubt sein sollte, die behördlichen Anordnungen durch Polizei/Militär durchzusetzen und zudem, ob die durch die Weigerung entstehenden Kosten den Bewohnern in Rechnung gestellt werden sollen. Das Grundproblem für solche Stresssituationen ist nicht der Evakuierungsprozess selbst, sondern dass beide Seiten unterschiedliche „Sprachen" sprechen.

Eine dauerhafte Stärkung der Widerstandsfähigkeit („resilience") einer Gesellschaft wird nur dann erfolgreich sein, wenn es gelingt, die grundsätzlichen Ursachen der Vulnerabilität zu erkennen und daraus nachhaltige Handlungsoptionen abzuleiten. Wie sehr sich eine Naturkatastrophe auf eine Gesellschaft auswirkt, ist in erster Linie eine Frage, wie „stark" sie ist. Zahlreiche Erkenntnisse aus vergangenen Katastrophenereignissen haben gezeigt, dass ein „starker" Staat (BMZ 2007; Schreckener 2004), wie zum Beispiel die USA in der Lage ist, selbst eine Hurrikankatastrophe wie die von New Orleans (vgl. Abschn. 3.4.6) ohne größere wirtschaftliche und soziale Folgen (außerhalb des Katastrophengebietes!) zu verkraften. Der Einbruch des BIP danach belief sich auf gerade einmal 1 %, während die Malediven durch den Tsunami 2004 90 % ihres BIP verloren und nur durch massive externe Unterstützungen wieder aufgerichtet werden konnten. Ein starker Staat verfügt nicht nur über finanzielle Ressourcen, um solchen Katastrophen zu begegnen, sondern auch über die technischen und administrativen Mittel, die Hilfen schnell an die richtige Stelle zu bringen, von einigen negativen Ausnahmen einmal abgesehen (Erdbeben von „L'Aquila"; Abschn. 2.3.1). Auf der anderen Seite gibt es inzwischen eine Vielzahl von Gesellschaften, die sich – auch durch internationale Hilfe – heute besser als früher vor Katastrophen schützen können, z. B. China, die Philippinen u. a. Dennoch sind immer noch Armut, fehlender Zugang zu Ressourcen (Wasser, Finanzmittel, Land usw.), ein unterentwickelter institutioneller Rahmen, unklare Zuständigkeiten und schlecht ausgestattete Organisationen die größten „Treiber" („driver") von Vulnerabilität. In Ländern, in denen das Notfallmanagement gut organisiert und technisch auf hohem Niveau ausgestattet ist, können sich die Menschen vor allem auf Hilfe und Unterstützung durch die beauftragten Behörden verlassen. In den Entwicklungsländern sind die Betroffenen im Notfall sehr oft auf sich allein gestellt. Es ist bekannt, dass 90 % aller Sofortrettungsmaßnahmen von den Menschen vorgenommen werden, die selbst von der Katastrophe betroffen sind, oft von Nachbarn und Freiwilligen ohne technische Ressourcen. Daher ist eine der zentralen Aussagen im Katastrophen-Risikomanagement: „every mitigation is local" (vgl. Abb. 5.7), was bedeutet, dass eine Risikominderung ohne die Einbeziehung der gefährdeten Bevölkerung kaum erfolgreich sein wird. Im Katastrophen-Risikomanagement zeigt sich, dass, wenn dies per Anweisung von „oben" („top-down") erfolgt, die Lösungsmodelle an den spezifischen Bedürfnissen der gefährdeten Gemeinschaften vorbeigehen. Selbst in Gebieten, die regelmäßig von Naturkatastrophen bedroht sind, hat die Bevölkerung oftmals eine sehr subjektive Wahrnehmung des Risikos. Eine Studie der australischen Katastrophenschutzbehörde EMA (Emergency Management Agency) ergab, dass sehr oft der Einzelne kein persönliches Risiko sieht und daher Empfehlungen der Behörden nicht mit seinen Erfahrungen im Einklang stehen und deshalb auf mangelndes Verständnis stoßen. Dabei steht fest, dass eigentlich nur die Betroffenen (ihre) Situation „richtig" einschätzen können. Nur die Menschen vor Ort sind in der Lage, ihren Sicherheitsbedarf („human security"; vgl. Abschn. 2.1.2) zu benennen – aber eben auch die Widrigkeiten („constraint"), an denen eine Umsetzung hapert.

Ein nachhaltiges Katastrophen-Risikomanagement ist also ohne eine frühzeitige, umfassende und gleichwertige Beteiligung („participation") der Betroffenen nicht möglich. Dabei ist klar, dass solche Aktionen und Aktivitäten von Gemeinde zu Gemeinde sehr unterschiedlich sein können. Erfahrungen in vielen Katastrophen-Risikomanagementprojekten haben gezeigt, dass Frauen wesentliche „driver" in solchen Diskussionen sind. Sie sind eher bereit, eine Führungsrolle zu übernehmen als Männer, sind engagierter und zeichnen sich durch ein höheres Zielerreichungsbestreben aus. Je „ärmer" zudem eine Gemeinschaft ist, desto stärker treten Frauen in den Vordergrund. Entwicklungsökonomen führen dies darauf zurück, dass Frauen in ländlichen Gebieten gewohnt sind, den Haushalt zu „managen", die Männer hingegen arbeiten auf den Feldern. Die Frauen sorgen für die Kinder und betreiben die sozialen Netzwerke. Frauen zu befähigen, sich in Managemententscheidungen einzubringen, ist daher ein wesentlicher Teil des „capacity building" (vgl. Abschn. 2.2.4 und 5.4.2) im NKRM auf ruraler Ebene geworden. Leider werden Frauen auch heute noch allzu oft nicht ernsthaft in Entwicklungsentscheidungen einbezogen, insbesondere nicht in den Vorbereitungsprozessen, bei denen die Regeln festgelegt werden. In stark traditionellen Gesellschaften werden sie oft (nur) aufgefordert, bereits getroffene Entscheidungen zu sanktionieren.

Internationale Katastrophenhilfen der letzten Dekaden haben immer wieder versucht organisatorisch auf das System Einfluss zu nehmen, Vorgaben zu geben was, von wem und mit welchem Ziel gemacht werden soll. Durch Katastrophen belastete Staaten haben sich oftmals externer Unterstützungen versichert, ohne dabei die betroffenen gesellschaftlichen Gruppen „mitzunehmen". Die internationalen Geber haben dann technisch fundierte Konzepte erarbeitet, Finanzmittel bereitgestellt und die Konzepte über viele Jahre hin fachlich begleitet. Die Ansätze hatten meist so lange Bestand, wie die Experten vor Ort anwesend waren. Eine (echte) Verankerung in der Gesellschaft über die lokalen „stakeholder" hat viel zu selten stattgefunden. Viele solcher wohlgemeinten „top-down" Ansätze sind daher im Sande verlaufen. Was dagegen gebraucht wird, sind Ansätze, die aus der Mitte der Gesellschaft kommen: „bottom-up". Sie bauen auf bestehenden sozialen Netzwerken auf, anerkennen traditionelle und in der Gesellschaft verankerte Hierarchien und nutzen indigene Erfahrungen. Sie führen zu einer selbstbestimmten Übernahme („adaption") und machen die Ansätze zu einem autonomen Prozess, der als „community based disaster risk management" (CBDRM) bezeichnet wird. Externe Experten, solche, die nicht aus der Region stammen, können wertvolle Hilfe leisten. Aber immer müssen es die Betroffenen sein, die das Ziel bestimmen und die Ressourcen ein-/zuteilen (Stichwort: „Allmende"; Ostrom 1990). Nur wenn klar ist, in wessen Verantwortung eine Maßnahme abläuft, lassen sich daraus soziale Aushandlungsprozesse erlernen. Beste Erfahrungen wurden in vielen Entwicklungsländern mit lokalen „Planspielen" gemacht, bei denen die Bewohner eines Ortes ihre Erfahrungen, Sorgen und Erwartungen frei formulieren konnten und sich nicht darauf beschränken, „Beobachter" zu sein, sondern sich aktiv an der Entscheidungsfindung und Umsetzung beteiligen.

5.1.3 Sensibilisierung und Beteiligung der Gemeinschaft

Es gibt eine Reihe von Begriffen, die die Teilhabe einer Gesellschaft an solchen Aushandlungsprozessen beschreiben: *„participation"*, *„empowerment"*, *„entitlement"*, *„ownership"*, *„capacity"* oder *„competence"* u. a. Auch wenn diese Begriffe unterschiedlich definiert sein mögen, haben alle gemeinsam, dass sie darauf ausgerichtet sind, die Beteiligung der Betroffenen zu beschreiben. Alle Begriffe stehen in einem logischen Zusammenhang. So fördert *„participation"* das *„empowerment"* (Befähigung i. w. S.), was dazu führt, dass *„ownership"* (Selbstverantwortung) übernommen wird. In den angewandten Sozialwissenschaften wird dieser Prozess sehr prägnant mit dem Satz „Macht die Betroffenen zu den Beteiligten." beschrieben. Dies wiederum führt zu mehr *„capacity"* und somit zu mehr *„competence"* und umgekehrt (FEMA 1994). Voraussetzung dazu ist ein Rechtsrahmen, in dem eine Mitwirkung festgeschrieben wird *(„entitlement")*. Was nutzt es einer Gruppe, wenn sie zwar über die notwendigen Ressourcen verfügt, diese aber wegen fehlender Regelungen nicht umzusetzen kann (Robertson und Minkler 1994)? Es hat sich herausgestellt, dass in dem Moment, in dem die Gesellschaft als Ganzes einbezogen wird, Verhaltensänderungen eher eintreten, als wenn nur Einzelpersonen angesprochen werden (Muttarak und Pothisiri 2013). Das angestrebte Resilienzniveau lässt sich am ehesten erreichen, wenn das NKRM in den sozioökonomischen und kulturellen Kontext gestellt wird, durch:

- Stärkung der sozialen Netzwerke und durch soziales Lernen
- Kapazitätsaufbau
- Stärkung der Konfliktlösungsfähigkeit
- Beteiligung der Gemeinschaft und Einbeziehung der Interessengruppen
- Kollaborative Entscheidungsfindung
- Fähigkeiten zur Beurteilung der Grundursachen
- Nachhaltigkeit der Projektstruktur
- Gesicherte Ressourcenallokation
- Identifizierung der sozialen Dimension der Grundursachen
- Akzeptanz der Rolle von entsandten Experten als Mediatoren/Moderatoren.

Aus Erfahrungen in vielen Entwicklungshilfeprojekten lässt sich ein Fahrplan ableiten, mittels welcher Schritte ein „CBDRM"-Prozess ablaufen könnte – wie zum Beispiel das vom „Asian Disaster Preparedness Center" (ADPC) herausgegebene „CBDRM-Handbuch" (Abarquez und Murshed 2004).

Anhand der nachfolgend beschriebenen 7 Schritte lässt sich das Naturkatastrophenrisiko einer Gemeinschaft bewerten. Wie zuvor dargestellt, ist es das vordringliche Ziel, eine *„community"* zum Träger der Risikominderung zu machen. Jeder der 7 Schritte baut auf dem vorhergehenden auf und führt zu weiterer Maßnahmen; zusammen bilden sie ein leistungsfähiges, bewährtes und universell anwendbares Planungs- und Umsetzungsinstrument:

1. Schritt

Er beinhaltet die Auswahl der am stärksten gefährdeten Gemeinschaft. Da die grundlegende Absicht von CBDRM darin besteht, alle Beteiligten in den Risikominderungsprozess einzubeziehen, werden automatisch eine recht große Anzahl von Einzelpersonen und sozialen Gruppen sowie politische Entscheidungsträger in den Prozess einbezogen. In der Regel formulieren mehrere Gemeinschaften einen Unterstützungsbedarf. Wegen der (begrenzten) Mittel muss daher eine Prioritätensetzung erfolgen. Diese ist partizipativ auf der Basis von transparenten, nachvollziehbaren und objektiven Kriterien vorzunehmen. Grundsätzlich ist dazu ein (möglichst externer) Moderator einzuschalten. Dieser muss ein robustes Mandat haben, entweder von der Regierung, der lokalen Administration, am besten aber von der *„community"* selbst. In der Regel favorisiert die Regierung Projekte, die ihrer politischen Agenda entsprechen. Je näher ein Projekt an der Zielgruppe andockt, desto mehr treten weitergehende Armutsminderung und Stärkung der sozialen Netzwerke in den Vordergrund. Oftmals wird die Auswahl durch persönliche Interessen eines Einzelnen oder einer Interessengruppe beeinflusst. Auch die entsandten Experten sind nicht frei von solchem „Druck" – oft hat deren Organisation ein Interesse, mit einem bestimmten Kooperationspartner zusammenzuarbeiten, oder an einer bestimmten Region. Im Naturkatastrophen-Risikomanagement liegen diese zumeist auf den Themenfeldern Hochwasser, Vulkanausbrüche, Lawine usw. Die Experten planen daher Projekte, oftmals ohne soziale, ökonomische und kulturelle Aspekte zu berücksichtigen. Auch wenn das Projekt vorrangig einen technisch-wissenschaftlichen Fokus hat, sollten immer gesellschaftliche Komponenten berücksichtigt werden und damit auch die entsprechenden *„stakeholder"* vertreten sein.

2. Schritt

Er hat zum Ziel, ein vertrauensvolles Verhältnis der Experten zur lokalen Bevölkerung sowie der Betroffenen untereinander aufzubauen. Damit werden auch die allgemeinen, soziokulturellen, politischen und wirtschaftlichen Aspekte der Gemeinschaft herausgearbeitet. Um dies zu erreichen, werden die einzelnen Gruppen identifiziert und deren Stärken und Schwächen bewertet („ranking"). Das ist vor allem bei Gesellschaften mit unterschiedlichen Religionen, Ethnien oder Sprachen, sozialen Disparitäten wie Armut, Einkommen sowie bei Tagelöhnern und Grundbesitzern nötig. Grundlegend für eine erfolgreiche Teilhabe („participation") ist, zu erkennen, wie die sozialen Gruppen miteinander kommunizieren – was sie eint und was sie trennt. Wie sind ihre Lebenssituationen organisiert (die Armen siedeln unten am Fluss, die Reichen auf dem Berg)? Welche Hierarchien bestehen? Wie gefährdet sind Kinder, Alte und Benachteiligte?

Die Akteure in diesem Szenario lassen sich in zwei große Kategorien unterteilen:

- **Insider**
  Diejenigen, die entweder direkt von einer Katastrophe betroffen sind oder die den gesetzlichen Auftrag haben, die Vorsorgemaßnahmen durchzuführen. Dazu gehören Einzelpersonen, Familien, Vertreter der Zivilgesellschaft sowie Vertreter der lokalen Verwaltungen und der Privatsektor. Sehr oft werden diese Gruppen von externen Beratern unterstützt.
- **Outsider**
  Der Begriff „outsider" bezieht sich auf diejenigen Personen, Organisationen und Interessengruppen, die nicht direkt dem Risiko ausgesetzt sind. Außenstehende können die Ministerien und Behörden, aber auch den Privatsektor und andere Stellen umfassen, die für einen Konsens notwendig sind. Obwohl sie selbst nur indirekt betroffen sind, sollten sie einbezogen werden, da sie oft die Fähigkeit haben, „widerstrebende" Meinungen in der Gemeinschaft abzubauen, z. B. Gewerkschaften oder eine kulturelle Organisation, der viele Menschen in der Region angehören. Deren Rolle kann darin bestehen, die lokalen Bemühungen zur Verbesserung der

Bewältigungskapazitäten zu unterstützen. Oft verfügen Außenstehende über eine Vielzahl von finanziellen und technischen Ressourcen und Managementexpertise und, was noch wichtiger ist, über einen großen politischen Einfluss, der helfen kann, die Prioritäten der Gemeinschaft voranzubringen. Auch sollten die lokalen Verwaltungen von Anfang an einbezogen werden – eine solche Teilnahme sollte jedoch auf einem Konsens aller Beteiligten beruhen.

Um die Interessen, Erwartungen und Ängste der verschiedenen Akteure in Einklang zu bringen, sind frühzeitig die organisatorischen Rahmenbedingungen zu vereinbaren. Dazu hat sich die Einschaltung externer (nationaler/internationaler) Moderatoren bewährt. Sie haben die Aufgabe, den Diskussionsprozess zu steuern, Fragen zu stellen und zwischen den Interessengruppen zu vermitteln. Die Moderatoren dürfen kein Teil des Projekts sein und müssen sich jeder Wertung der Diskussionsbeiträge enthalten (auch wenn das erfahrungsgemäß schwer fällt). Das Hauptziel dieses zweiten Schritts besteht darin, einen breiten Konsens über Ziele, Strategien und Methoden zwischen den verschiedenen Interessengruppen in der Gemeinschaft zu erzielen. Ein wesentlicher Baustein für das Erfassen der „Stimmungslage" der Beteiligten ist die sogenannte „Beteiligtenanalyse"; hier am Beispiel eines lokalen Wasserversorgungsprojekts dargestellt (Tab. 5.1). In einer solchen Analyse werden alle Beteiligten listenmäßig erfasst und deren Funktion, Ängste, Erwartungen, nutzbare Potenziale sowie deren (mögliche) Widerstände aufgelistet.

3. Schritt
Mit diesem Schritt wird der diagnostische Prozess eingeleitet. Er definiert die Gefahren, Vulnerabilitäten und Risiken, aber auch die Potenziale, diese Risiken zu überwinden. Bei der Durchführung der Bewertungen ist die individuelle Risikowahrnehmung der Menschen zu berücksichtigen. Zunächst werden die Bewohner aufgefordert

Tab. 5.1 Beispiel einer Projektplanungsmatrix am Beispiel eines lokalen Wasserversorgungsprojekts

Gruppe	Funktion	Ängste	Erwartungen	Potenzial	Widerstand
„Community"	Gesellschaftliche Gruppe	Kein Wasser	Gutes Wasser – ohne Kosten	Hohes Selbsthilfepotenzial	Nein
Lokale Administration	Verwaltung des Dorfes	Wohlergehen des Dorfes ist gefährdet	Wasserversorgung ist gesichert	Direkte und schnelle lokale Hilfe	Nein
Zentralregierung	Zentrale Verantwortung	Nationales Entwicklungsziel wird verfehlt	Nationales Entwicklungsziel ist erreicht	Gesetzl. Rahmenbedingungen fördern Projekt	Möglich
Großgrundbesitzer	Gemüseproduktion	Muss zu viel Wasser für das Dorf abgeben	Genau so viel Wasser wie bisher	Hat viele Wasserrechte	Ja
Wasserversorger	Wasserversorgung	Kein Wasser – kein Gewinn	Hohe Gewinne aus Verkauf des Wassers	Technische Ausstattung, gute Kenntnisse	Möglich

ihre Gefahrenexposition aufzulisten. Daraus wird dann anhand einer einfachen „handgemalten" Zeichnung/Skizze
z. B. eine „Übersichtsgefahrenkarte" des Dorfes/derGe-
meinschaft und seiner/ihrer Lage erstellt. Die Bewohner
erhalten so ein Gefühl für die Interaktion von Raum und
Natur. Damit erkennt jeder Einzelne, in Form einer Liste
oder Karte, welchen Vulnerabilitäten er ausgesetzt ist. Daraus wird abgeleitet, wie hoch das Risiko des Einzelnen
oder der Gemeinschaft insgesamt ist. Diese Risiken werden dann von den Teilnehmern priorisiert. Ein Schritt, der
in der Regel zu erheblichen Diskussionen führt, treffen hier
doch die Erwartungen des Einzelnen und die Erfordernisse
der „community" aufeinander, denn dabei wird auch entschieden, welches Risiko „akzeptiert" wird und welches
nicht („ALARP"-Prinzip).

4. Schritt

Der nächste Schritt zur Umsetzung des Projektziels ist die
konkrete Planung der Projektarbeiten. Die in der Projektplanung identifizierten Aufgaben werden dazu in einer sogenannten Projektplanungsmatrix dargestellt. Darin ist nicht
nur jeder einzelne Arbeitsschritt festgehalten, sondern auch
der dafür erforderliche Zeitrahmen. Damit wird ersichtlich,
welche Arbeiten auf welchen anderen aufbauen. Es wird
ferner festgelegt, wer diese Arbeiten durchzuführen hat.
Es gibt in jedem Projekt „äußere" Bedingungen, die den
Projektablauf entscheidend mitbestimmen. So sind z. B. in
der Monsunzeit Geländearbeiten kaum durchzuführen. Zusätzlich werden noch die personellen, technischen und finanziellen Ressourcen aufgelistet, die dafür benötigt werden. In der Projektplanungsmatrix stellt die x-Achse die
Zeit dar und auf der y-Achse sind alle Arbeitsschritte aufgelistet. Daraus kann man ablesen, wann mit welcher Arbeit
begonnen werden muss und bis wann diese fertiggestellt
sein soll. Der Vorteil einer solchen Matrix ist, dass bei
Zeitverzögerungen oder hinzukommenden oder ggf. weg-
fallenden Aufgaben sich automatisch das ganze Zeitkonzept
ändert und dies für alle Beteiligten sofort ersichtlich wird.

5. Schritt

Mit Schritt 5 erfolgt die Umsetzung der Planungsphase.
Dazu ist es erforderlich, eine Organisationsstruktur aufzubauen, die in der Lage ist, die Mobilisierung der technischen und administrativen Ressourcen zu steuern. Das
kann eine Organisationseinheit innerhalb einer bestehenden
Partnerorganisation sein – aber auch eine neu gegründete.
In jedem Fall ist zu klären, in welcher Beziehung eine solche Organisation zu dem Projektumfeld steht: Wer hat die
endgültige Entscheidungsgewalt, wer arbeitet wem zu? Die
Organisation muss so besetzt sein, dass alle Gruppen „Sitz
und Stimme" haben. Regelmäßig muss Rechenschaft über
Projektaktivitäten (Erfolg/Misserfolg) abgelegt werden, am
besten halbjährlich. Über die Sitzungen sind Protokolle zu
erstellen, die an alle Beteiligten verteilt werden. Die direkt
in die Durchführung eingebundenen Mitarbeiter sollten sich

wöchentlich treffen – auch dies muss protokolliert werden.
Dabei ist festzuhalten, dass „Meetings" immer nur ein Mittel zur Durchführung sind, nicht ein Selbstzweck. Im Rahmen aller Projektmeetings kommt es dann auch wieder zu
den schon in der Projektplanung „eingeübten" Verhaltens-
mustern der Partizipation.

6. Schritt

Die eigentlichen Projektarbeiten beginnen mit dem 6.
Schritt. Das Projektmanagement erteilt dazu den einzelnen
Arbeitsgruppen die Aufträge, so wie sie in der Planungsmatrix ausgewiesen sind. Es sorgt dafür, dass die dazu erforderlichen Ressourcen zeitgerecht verfügbar sind. Den
Arbeitsgruppen sollten dabei so viele inhaltliche „Freiheiten" wie möglich gegeben und so viel organisatorische „Vorgaben" wie nötig gemacht werden. Jede Arbeitsgruppe bestimmt dafür den „Verantwortlichen" – dieser
steuert seine Gruppe und ist der Projektleitung gegenüber
berichtspflichtig. Es kann nicht die Aufgabe der Projektleitung sein, alle Arbeitsbereiche vollumfänglich zu überblicken. Das Management sollte sich ausschließlich auf
die generelle Steuerung beschränken. In der Praxis kommt
es vor, dass Projektmanager ebenfalls Fachleute auf einem
bestimmten Gebiet sind. Es kommt daher immer wieder
zu Interessenskonflikten- mit meist negativem Ausgang
für das Projekt. Systematisch sind die Arbeitsfortschritte
festzuhalten und bei Abweichungen – im Laufe eines Projektes kommt es immer (!) zu Abweichungen vom Plan –
hat das Management die Aufgabe, dies so früh wie möglich zu erkennen und entsprechende Planungsänderungen
vorzuschlagen und abzustimmen. Das Management muss
zudem die Verbindungen hin zu den „stakeholdern" aufrechterhalten sowie einen stetigen Informationsaustausch
gewährleisten. Entscheidend für einen effektiven Dialog
ist, dass die Projektarbeiten konsensorientiert, transparent
und mit der nötigen kulturellen Sensitivität durchgeführt
werden.

7. Schritt

Schritt 7 beschreibt den Prozess des Projektmonitorings.
Darunter werden alle Aktivitäten der fachlichen, vor allem
aber der organisatorischen Begleitung (Überwachung,
Kontrolle) verstanden. Das Monitoring erfolgt sowohl
kontinuierlich als auch an in bestimmten Zeitintervallen.
In der Regel verfolgt das Projektmanagement den täglichen
Fortschritt. Alle zwei Monate ist über die Projektaktivitäten
in schriftlicher Form an alle Beteiligten zu berichten.

Darüber hinaus sollte das Projekt halbjährlich einer Kontrolle unterzogen werden („evaluation"). Dazu sind alle
Projektbeteiligten (oder deren Vertreter) einzuladen. Evaluationen werden in der Regel durch externe Fachleute gesteuert. Diese sollten keine eigenen fachlichen Interessen
am Projekt haben. Eine Evaluation sollte nach Möglichkeit auch nicht im Projektgebäude stattfinden, sondern auf

„neutralem" Boden. Anhand der in der Planungsmatrix vorgegebenen sektoralen Ziele wird der Stand der Arbeiten festgestellt. Bei Nichterreichen von Teilzielen sind ggf. Änderungen in der Planung vorzunehmen. Erforderlich dazu ist, dass der Grund dafür erkannt wird und alle Beteiligten sich auf eine Planänderung verständigen können. Bei solchen Evaluationen kommt es in der Regel dazu, dass der gesamte Projektzyklus auf den Prüfstand gestellt wird. Deshalb dauern Evaluationen auch bis zu einer Woche. Auch wenn die Dauer manchen „zu lang" vorkommt, so dient es neben der fachlichen Verständigung auch dem besseren Verständnis der Interessenlagen aller Beteiligten ("participation"). In vielen Entwicklungsländern ist das Instrument der „Evaluation" inzwischen ein eingeübtes Verfahren (aus eigener Erfahrung empfinden viele Naturwissenschaftler dies oftmals als „Zeitverschwendung"). Auch wenn die Vorteile von Evaluationen unstrittig sind, so sollten dennoch alle Beteiligten vorher gut über Sinn und Ablauf der Veranstaltung informiert sein. Insbesondere Vertreter, deren Ergebnisse nicht im Zielkorridor liegen, befürchten von Kollegen kritisch wahrgenommen zu werden. Solche Fälle erfordern von dem Moderator ein hohes Maß kultureller Sensibilität.

5.1.4 Risikokommunikation

Die Risikokommunikation ist ein Prozess wechselseitiger Informationsaustausche. Dabei übernimmt der „Sender" die Aufgabe, den „Empfänger" über eine bestimmte Situation zu informieren. Der „Empfänger" nutzt das Angebot, sich zu informieren. Dazwischengeschaltet sind in der Regel die Medien. Ziel der Risikokommunikation im NKRM ist, die Öffentlichkeit über ein – bevorstehendes oder eingetretenes – Katastrophenereignis zu informieren, ihr zu erklären, was passiert ist und was passieren kann und Empfehlungen zu geben, wie sie mit den Folgen umgehen soll bzw. könnte. Auf diese Weise soll der Bürger „risikomündig" gemacht werden. Der Einzelne soll in die Lage versetzt werden, eigene Beurteilungen der Risiken vornehmen und selbst über die Angemessenheit von Handlungsoptionen urteilen zu können. Risikokommunikation stellt eine große Herausforderung an die institutionellen Organisations- und Kommunikationsprozesse dar. Zentraler Ausgangspunkt dafür sind entsprechende politische Rahmenbedingungen. Mit der Herausgabe von Informationen, Nachrichten und Empfehlungen nehmen die Entscheidungsstrukturen gesellschaftliche Bedürfnisse auf und stellen diese zur Diskussion. Zur behördlichen Risikokommunikation nutzen die Entscheidungsträger wissenschaftlich abgesicherte Informationen. Damit schaffen sie bei den Bürgern die Grundlage für ein Vertrauen in die politischen Entscheidungen. Die Risikokommunikation legitimiert so das behördliche

Risikomanagement – auf einer gemeinsam vereinbarten Basis der beteiligten Akteure – sowie die Sicherstellung individuellen Schutzes des Einzelnen (Renn und Zwick 1997; Eurich 2012).

Risikokommunikation ist aber nicht allein auf die „reine" Weitergabe an Informationen beschränkt, sondern umfasst auch das Management einer Vielzahl unterschiedlicher Kommunikationspartner und Kommunikationsbeziehungen (Behörden, Experten, *"stakeholdern"*, Öffentlichkeit; Renn et al. 2005). Dabei geht die Risikokommunikation nicht allein von den Behörden aus. Vielfach werden diese durch Berichte in den Medien, von den Betroffenen und anderen Interessengruppen zu einer „offiziellen" Stellungnahme aufgefordert. Die Behörden befinden sich dabei oftmals in dem Dilemma: Für eine objektive Stellungnahme liegen (noch) keine ausreichende wissenschaftliche Bewertung vor bzw. die Experten sind noch zu keiner einheitlichen Risikoabschätzung gekommen (Stichwort „Corona-Pandemie). Dies bedeutet, dass eine politische Entscheidung trotz fehlender wissenschaftlicher Sicherheit vorgenommen werden muss, was einen Vertrauensverlust seitens der Verbände sowie der Öffentlichkeit zur Folge haben kann.

Die große Anzahl und Vielfalt an Medien eröffnet dem Einzelnen ("Empfänger") die Möglichkeit, sich umfassend und unabhängig aus verschiedenen Quellen zu informieren. Er kann zwischen Printmedien, Rundfunk und Fernsehen wählen. Viele Fernsehsender bieten dafür eigene Nachrichtenkanäle an. Das Internet bietet zudem die Möglichkeit Informationen von „außerhalb" der Medien zu erhalten – zum Teil wird direkt vom Ort des Geschehens berichtet. Doch die Medienpräsenz kann dazu führen, dass Nachrichten ein Stellenwert zugeschrieben wird, der der Realität nicht angemessen ist. So führte zum Beispiel in den Industrieländern die „Corona-Pandemie" dazu, das wirtschaftliche und soziale Leben für Monate fast zum Stillstand zu bringen. In Bezug auf die Naturkatastrophen stellt sich die Frage, ob die von CRED-Emdat gegebenen Statistiken wirklich einen Anstieg an Katastrophenereignissen bedeuten oder ob der Anstieg nicht auch einer erhöhten Sensibilität der Öffentlichkeit für Katastrophen geschuldet ist. Wahrscheinlich ist es die Summe von beidem. Wegen der Informationsdichte werden Katastrophenereignisse heute eher als bedrohliche Ereignisse wahrgenommen. Die Medienpräsenz auch bereits in den entlegensten Entwicklungsländern führt zu einer erheblichen Zunahme an Informationen, die wiederum in Minuten über den ganzen Globus verteilt werden (Garbut 2010). Doch die Kommunikation zwischen den Risikofachleuten und der Öffentlichkeit wird häufig erschwert, da beide Parteien unterschiedliche Inhalte mit Begriffen verbinden. Ein Beispiel: „Gefahr" und „Risiko" werden oftmals synonym verwendet (vgl. Kap. 4). Die Öffentlichkeit versteht darunter in der

Regel eine Situation, die mit negativen Konsequenzen verbunden ist: „… the public's model of risk includes a broader set of qualitative factors relating to the potential seriousness of mishaps, the nature of exposure, and their beliefs about the level of knowledge and credibility of science, industry and government" (Kraus et al. 1992).

Hennen (1990) unterscheidet bei den „Empfängern" zwischen denen, die von einem Risiko direkt betroffen sind und der Gruppe der (interessierten) Öffentlichkeit. Für beide Gruppen gilt, dass ihre Bewertung von Risiken durch eine subjektive Risikowahrnehmung geprägt ist sowie durch ihre individuellen soziokulturellen Werte beeinflusst wird. Bei der Gruppe der Risikoexponierten kommt dazu noch eine besondere Sensibilisierung durch die subjektive Betroffenheit. Das zentrale Problem, so die Kommunikationsexperten, ist, dass wissenschaftlich der Begriff „Risiko" über die „Wahrscheinlichkeit" definiert wird. Dies ist dem Laien schwer zu vermitteln, sieht er doch in der Regel nur (sein) Problem. Die Verunsicherung führt zu einem Verlust an Vertrauen in das System. Bestes Beispiel: Die heftige Debatte um den Reproduktionswert und die wöchentlichen Inzidenzen bei der Coronavirus-Pandemie, die von den einen zum Anlass für das Aufheben des „Lockdown" genommen wurden, von anderen gerade dazu, das Gegenteil zu fordern. Risikokommunikation muss daher immer den Adressaten im Blick haben. Slovic et al. (2000) fordern daher, dass die Inhalte:

- allgemein verständlich formuliert sein müssen
- auf belastbaren Erkenntnissen beruhen
- transparent sein müssen und keine eigene Wertung (neutral) beinhalten dürfen
- den Informationsbedarf der Betroffene abdecken müssen

Es mache wenig Sinn, so die Autoren, das Risiko mit einer 0,00001 % Wahrscheinlichkeit anzugeben, auch wenn die wissenschaftlich exakt ist, sondern es muss in einer Sprache erfolgen, die die Adressaten der Information auch verstehen.

Eine weitere Gruppe von „stakeholdern" in der Risikokommunikation stellt die Wissenschaft (vgl. Abschn. 7.1). Ihre Aufgabe ist es, eine wissensbasierte Risikoabschätzung vorzunehmen, die dann den Ausgangspunkt für Entscheidungen im gesamten Risikomanagement – nicht nur für die Wissensvermittlung – darstellt. Von der Öffentlichkeit wird erwartet, dass die Wissenschaft dem Anspruch an Objektivität, Neutralität und Werturteilsfreiheit gerecht wird. Dadurch, dass sie sich von wertenden Urteilen enthält, ergibt sich ein sehr „technisches" Risikoverständnis (Renn und Zwick 1997). Festzustellen ist aber, dass unterschiedliche Wissenschaftsdisziplinen oftmals unterschiedliche Definitionen von Gefahr, Vulnerabilität und Risiko verwenden. Dies führt dazu, dass zu einem Thema

unterschiedliche, teilweise „widersprüchliche Expertenmeinungen bestehen (Expertendilemma), mit der Folge, dass sich die jeweiligen Interessengruppen nur auf die wissenschaftlichen Quellen berufen, die ihren Standpunkt wiedergeben und ihn damit legitimieren" (Ruddat et al. 2005). Die Wissenschaft ist in der Regel nicht in der Lage, ein Katastrophenereignis auf den Tag/die Minute und den Ort genau vorherzusagen (z. B. Eintritt eines Erdbebens) – sie kann dies im Rahmen ihrer Erkenntnisse nur als Wahrscheinlichkeit (!) ausdrücken: eine Situation, die dann von den „stakeholder" sehr unterschiedlich interpretiert wird (vgl. Abschn. 3.4.1.4).

Die Medien sind weltweit zu einem umfassenden und beeinflussenden Instrument geworden. Zeitungen, Radio, Fernsehen und nicht zuletzt das Internet sind aus der Informationsverbreitung nicht mehr wegzudenken. Die Medien sammeln Informationen und verbreiten diese in der Öffentlichkeit. Sie unterhalten die Menschen und erfüllen damit eine gesellschaftliche Funktion (Luhman 1996). Zentrale Aufgaben der Risikokommunikation sind, zu sensibilisieren, aufzuklären und Informationen zur Selbsthilfe und zur Prävention zu vermitteln. Sie ist danach auf einen zukünftigen längerfristigen Zeithorizont ausgerichtet (Günther et al. 2011). Medien sollen sachlich, transparent und objektiv über Ursachen und Wirkungen von möglichen Katastrophen berichten sowie Stärken und Schwächen der Vorsorge und der Krisenintervention aufzeigen. Sie thematisieren, wie mit Risiken umgegangen werden soll. Ziel ist es, durch umfassende und fundierte Kenntnis zu einem besser angepassten Verhalten zu kommen. Risikomanager befinden sich oftmals in dem Dilemma, Betroffene von einer potenziellen Gefahrensituation zu überzeugen, die Einschränkungen im privaten Bereich durch bestimmte Vorsorgemaßnahmen mit sich bringen können, die aber nicht für jeden verständlich, nachvollziehbar und damit überzeugend ist (Beispiel: Klimawandel).

Durch ihre weltweite Vernetzung sind die Medien heute in der Lage, innerhalb weniger Minuten Informationen auszutauschen, was zum einen positiv sein kann. Mit der Verbreitung von Informationen werden sie zu einem „seriösen" Sachwalter der Interessen der Öffentlichkeit und damit zu einem Instrument der Politik („vierte Gewalt"). Sie können aber durch eine verfälschte Berichterstattung auch Angst und Unsicherheit schüren. Medien neigen aber auch dazu, sich jederzeit auf eine neue „Sensation" zu stürzen und nehmen so oftmals eine durchaus „zweifelhafte" Rolle ein. Es geht ihnen nicht (immer) nur um die „Vermittlung von Handlungsempfehlungen, es sollen auch Ängste thematisiert" werden (Günther et al. 2011); dies erhöht in der Regel die Auflage. Die Informationsverbreitung ist dadurch gekennzeichnet, dass es keinen direkten Kontakt zwischen den Medien und den Nutzern („Empfängern") gibt (von Leserbriefen mal abgesehen). Der Nutzer ist zudem nicht an der Informationsgewinnung, Auswahl und Verarbeitung beteiligt. Dies sichert den Medien „hohe Freiheitsgrade in der Kommunikation". Zwei Kriterien bestimmen, welche Informationen wie bei wem „ankommt". Das sind zum einen die Themenwahl der Redaktion und zum anderen das Interesse der Nutzer. Beides ist nicht vorherzusagen. Die Medien sind hierfür auf Annahmen (Erfahrungen, Meinungsumfragen usw.) angewiesen. Diese Unsicherheit führt in der Regel zu einer „nicht Individuen-gerechten Vereinheitlichung" von Informationen. Der Einzelne muss sich dann aus dem Angebot das ihn Interessierende auswählen. Generell gilt nach der „Nachrichtenwerttheorie", dass der Wert einer Nachricht umso höher ist, je aktueller sie ist und je stärker sie Emotionen weckt (Filipovic 2016).

Das Interesse der Medien in der Katastrophenberichterstattung ist (zu) oft von dem Grundsatz geleitet: je dramatischer der Inhalt, desto höher ist die Auflage. Daher berichten sie in der Regel nicht über Gefahren, Vulnerabilitäten und Risiken, sondern über die bei einer Katastrophe auftretenden Schäden und Opfer. Die Agenturen stellen ihre Nachrichten immer in einen kausalen Kontext, d. h. die Nachricht wird mit einem bestimmten Deutungsmuster *(„framing")* versehen. Wenn es heißt, dass 3000 von 10.000 Deutschen zur Gewalt neigen (so eine Nachricht), bedeutet dies aber auch, dass 70 % nicht zur Gewalt neigen. Darüber hinaus haben Nachrichten in der Regel eine kurze „Halbwertszeit". So hat sich herausgestellt, dass die Dauer der Präsenz einer Nachricht zum Beispiel von dem Erdbeben in L'Aquila gerade einmal 1 Woche anhielt (Garbut 2010). Dabei verbleiben Erdbebenereignisse oft viel kürzer auf der Agenda, während Hochwasserereignisse länger präsent sind (was daran liegt, dass ein Hochwasser am Oberlauf sich im Laufe der nächsten Tage flussabwärts bewegt). Dem Prinzip der Aktualität geschuldet, werden daher oftmals Ungenauigkeiten, ja sogar falsche Informationen in Kauf genommen. So wurden in der Berichterstattung neuseeländischer Zeitungen über globale Klimaänderungen zwischen 20–30 % falsche Zitierungen, wissenschaftliche Unkorrektheiten, Übertreibungen, Verzerrungen und Unterlassungen festgestellt (Peters 1995).

Die Reaktion des Einzelnen auf eine Katastrophe hängt entscheidend davon ab, wie er sein individuelles Risiko wahrnimmt (vgl. Abschn. 4.2.5.2). Dabei besteht ein fundamentaler Unterschied zwischen der subjektiven Risikowahrnehmung und der objektiven Risikobewertung. Generell ist festzustellen, dass große Ereignisse (viele Opfer, hohe Schäden, dramatische Bilder) sich stärker einprägen als die vielen kleinen, wenig spektakulären. So hat jedermann noch die Bilder des zerstörten World Trade Centers in Erinnerung bei dem (nur) 3500 Menschen ihr Leben verloren. Dagegen sterben jährlich über 50.000 Menschen an Naturkatastrophen weltweit. Die Risikowahrnehmung des Einzelnen ist in erster Linie von der individuellen Einstellungen und den subjektiven Eindrücken abhängig. Hier sind vor allem die Vorerfahrungen (Verfügbarkeitsheuristik, vgl. Abschn. 5.4) und soziokulturelle Faktoren als Einflussgrößen zu nennen. Des Weiteren spielt der jeweilige gesellschaftliche Kontext eine Rolle. Auf diese Vorprägung pfropfen die Medien auf. Negative Erfahrungen, Ängste und Befürchtungen können dabei sowohl verstärkt als auch abgefedert werden. Doch Nachrichten sind immer Deutungen, es werden Wahrscheinlichkeiten kommuniziert und nicht selten wird auf Normverstöße („wer ist schuld"?) hingewiesen, verbunden mit Vorverurteilungen. Zudem können sie bei den Empfängern ein „Gefühl der gemeinsamen Betroffenheit und Entrüstung erzeugen" (Filipovic 2016). Durch die Medien wird in der Regel bestimmt, welche Risikothemen im Bewusstsein der Öffentlichkeit präsent sind und ob diese positiv oder negativ besetzt sind. Dabei entsteht oft der Eindruck, dass die Medien nicht unabhängig sind, sondern sich zum Teil von der Wirtschaft manipulieren lassen (Stichwort: Wirtschaft als Anzeigenkäufer). So kann es dazu kommen, dass Themen bewusst positiver/negativer dargestellt würden, denn, so die Kritiker, „das primäre Anliegen der Presse sei es nicht, sachlich zu informieren, sondern ein Produkt zu verkaufen. Das gehe sehr viel besser bei unsachlicher und stark vereinfachter Kommunikation mit starken und emotional belasteten Themen", so ein Vertreter der Wirtschaft (Ulbig et al. 2010).

Vonseiten der Behörden wird der Umgang mit den Medien oft als schwierig empfunden, da die Wirkung der Kommunikation nicht zu steuern sei. Problematisch sei, dass die Medien oft schnelle Erfolge erwarten. Daraus folgt die Forderung nach mehr Systematik und Transparenz in der Risikokommunikation. Die in der Regel nur krisenbezogene Kommunikation sollte durch eine systematische, kontinuierliche abgelöst werden. Mangelnde Transparenz sei der wesentliche Grund für ein weitverbreitetes Glaubwürdigkeitsdefizit beim Bürger. Die Kommunikation mit dem Bürger stellt daher die zentrale Herausforderung seitens der politischen Entscheidungsstrukturen dar.

Soziale Medien haben ebenso wie Radio, Fernsehen und Printmedien den Auftrag Nachrichten schnell, aktuell und weit zu verbreiten. Ihr Vorteil ist, dass viele von ihnen interaktive Dialogforen mit den Betroffenen darstellen, die sehr authentisch gestaltet sind. Keines der anderen Medien ist so nahe am Geschehen dran wie die sozialen Medien. Das ist zum einen ein bedeutender Vorteil, andererseits aber kann die „permanente" Aktualität die Meinungsbildung in eine Richtung steuern. Die Auswahl einer Nachricht basiert oftmals auf einem nicht transparenten mathematischen Algorithmus, um aus der Fülle der Nachrichten diejenigen auszuwählen, die die Medien als mitteilungswürdig empfinden. Da die Nutzer diesen Algorithmus nicht kennen und nicht beeinflussen können, sind sie der präsentierten Nachricht „ausgeliefert". Auf der anderen Seite bieten vor allem die sozialen Medien eine Fülle von Informationen aus sehr unterschiedlichen Quellen, die dem Nutzer die Möglichkeit eröffnen, sich umfassend zu informieren.

In Bezug auf die Berichterstattung von Naturkatastrophen kommt den lokalen Medien eine besondere Rolle zu. Sie können ein Ereignis aktuell in Wort und Bild abbilden und ermöglichen damit, dass auch kleinere Katastrophen einer breiteren Öffentlichkeit zugänglich werden. Sie haben in der Regel gute Ortskenntnisse, lassen die Opfer zu Wort kommen und kennen die kausalen Zusammenhänge. In der Regel stellen sie Fehler im Katastrophen-Risikomanagement „schonungslos" dar. Dadurch, dass die Medien ihren Informationen entweder eine höhere oder eine niedrigere Wichtung geben, tragen sie aber automatisch dazu bei, dass (gefühlt) eine Zunahme an Ereignissen wahrgenommen wird. In der Folge kommt es zu einer höheren Sensibilität (Ängsten) in der Öffentlichkeit. Der Einzelne sollte daher die Nachricht immer hinsichtlich seiner persönlichen Sicherheit überprüfen. Dieser Prozess führt bei den Bürgern zu einem Vergleich der objektiven und subjektiven Risikoeinschätzungen (Renn 2010). Die Nachrichten können damit zu einem Instrument werden, das bestehende soziale Probleme noch weiter verstärkt.

Von der Risikokommunikation wird die Krisenkommunikation unterschieden. Sie betrifft die Kommunikation der „stakeholder" im Katastrophenfall untereinander. Hier liegt der Schwerpunkt auf „Krisenreaktion" (BBK 2007) und umfasst technische und administrative Informationen zu dem jeweiligen Katastrophenereignis, über Opfer und Schäden sowie über den weiteren Ablauf im Zuge des Wiederaufbaus. Dies umfasst aber ebenso Informationen über die psychischen, sozialen, wirtschaftlichen und anderen Auswirkungen auf die Betroffenen. Die Krisenkommunikation vermittelt die Verhaltensmaßregeln und klärt auf: Wer leistet wo welche Hilfe?

5.2 Naturkatastrophen-Risikomanagement (NKRM)

Aus den zuvor gemachten Ausführungen ist zu erkennen, wie sehr staatliche Verantwortung und das Vertrauen in die Wissenschaft interagieren. Dies trifft ebenso für das Naturkatastrophen-Risikomanagement zu, unabhängig davon, ob die Katastrophe von Menschen oder durch Naturgefahren verursacht wurde. Daher ist es erforderlich, Abwehrstrategien zu entwickeln, die Naturrisiken als integrale Herausforderung definieren und sie in einen Gesamtkontext aller Risiken (sozial, kulturell, ökonomisch, ökologisch usw.; versicherungstechnisch „Kumule" genannt) stellen (PLANAT 2004). Die Bevölkerungsentwicklung, die Migration in die Städte, Wertsteigerungen von Gebäuden und Produktionsanlagen, eine steigende Agrarproduktion, der zunehmende Verkehr sowie die Bedürfnisse des Einzelnen nach mehr Freiraum führen weltweit zu erheblichen konkurrierenden Nutzungsansprüchen an den Raum. Naturgefahren werden so zu einer gesamtgesellschaftlichen Aufgabe. Diese Herausforderung anzunehmen, erfordert in jedem Einzelfall eine Abwägung der Interessen. Sie lässt sich nicht ohne eine solidarische Übernahme von Verantwortung durch den Staat, die lokalen Entscheidungsstrukturen, die Wirtschaft sowie alle gesellschaftlichen Gruppen und vor allem durch den Einzelnen erreichen. Dabei kommt dem Sicherheitsbedürfnis des Einzelnen/der Gesellschaft oberste Priorität zu. In Deutschland garantiert Artikel 20a GG diesen Rechtsanspruch (vgl. UBA o. D.; Abschn. 2.1.4), auch wenn darin festgelegt ist, dass nicht jeder vor jedem Risiko geschützt werden kann, sondern dass dieser Schutz immer im Rahmen der gesamtgesellschaftlichen Verantwortung gesehen werden muss. Aus dem Gesetz leitet sich zudem ab, dass jeder Einzelne seinen Beitrag zu leisten hat; Sicherheit ist erst im Zusammenwirken aller zu erreichen (Abb. 5.3).

Die angestrebte Risikokultur bezieht sich sowohl auf die Wiederherstellung entstandener Schäden (kurativ) als auch auf eine Vorsorge gegen zukünftige Schadensfälle (präventiv). Und sie muss dabei auch noch die unterschiedlichen Bedürfnisse aller gesellschaftlichen Gruppen abdecken, wobei die Abwägung der Interessen nur unter dem Postulat der Nachhaltigkeit und im gesellschaftlichen Konsens vorgenommen werden kann. Nachhaltigkeit ist nur zu erreichen, wenn das ökologische Gleichgewicht gewahrt ist. Das bedeutet, dass vor allem die industriell geprägten Gesellschaften weit stärker als die traditionellen indigenen darauf angewiesen sind, die Ressourcen nicht zu übernutzen. Dies gilt sowohl für die eigenen als auch die der „Anderen". Schon in der Agenda 21 wird das Vorsorgeprinzip als Handlungsmaxime herausgestellt, sowohl zum Schutz

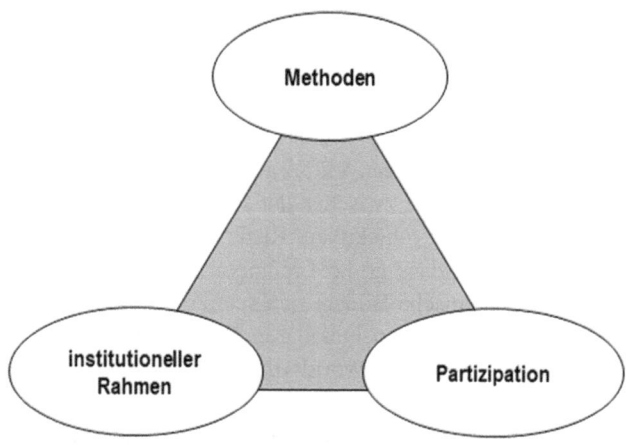

Abb. 5.3 Risikokultur als Ergebnis des Zusammenwirkens von Gesellschaft, Staat und Wissenschaft

der Natur als auch zum Schutz der Menschen vor Naturgefahren. Nach internationalem Konsens müssen Naturkatastrophen oder vom Menschen verursachte Katastrophen reduziert werden, um die Lebensbedingungen der Gesellschaften insgesamt zu verbessern. Inzwischen wurde diese Initiative in fast allen Ländern der Welt aufgegriffen und die Reduktion von Naturkatastrophenrisiken in nationale Schutzstrategien integriert.

Zum anderen erfordert das zunehmende Verständnis der Ursache-Wirkung-Zusammenhänge von (Natur-)Gefährdung und Armut ein staatliches Eingreifen lange vor einer Krise. Insgesamt geben die vorgebrachten Argumente eine eindeutige Begründung für die Verknüpfung von Katastrophenplanung und Entwicklungsplanung, eine Verknüpfung, die von der Weltbank und anderen internationalen Geberorganisationen (Kreimer und Munasinghe 1991) seit 30 Jahren betont wird. Die Weltbank (World Bank 2006) weist darauf hin, dass Armut und Katastrophen-Vulnerabilität intrinsisch miteinander verwoben sind und fordert, dass das NKRM immer in die nationalen Armutsminderungsstrategien eingebettet sein muss. Mangelndes Verständnis der „Regierenden" für die Probleme der „Armen", so die Weltbank, führte lange dazu, dass Entwicklungsländer nur selten um Finanzierungen für die Integration von NKRM in ihren Armutsminderungsprogrammen nachfragten. Der Soziologe Ulrich Beck hat dies noch eindringlicher formuliert, wenn er schreibt: „In der Klassen-/Schichtlage bestimmt das Sein das Bewusstsein, während in Gefährdungslagen das Bewusstsein das Sein bestimmt" (Beck 1986). Nachhaltigkeit ist damit, wie in „Rio" definiert, mehr als eine technische Problemstellung. Gesellschaften sollten so stark sein oder werden (Schreckener 2004), dass sie in der Lage sind, Katastrophen gegenüber resilient zu sein. „Nach-

haltigkeit ist folglich … kein definierbares Ziel, sondern ein Auftrag …" (Greiving 2003).

Die Erhöhung der Widerstandsfähigkeit muss zudem als dynamischer Prozess verstanden und gestaltet werden. Wenn das (derzeitige) Management in der Lage ist, den aktuellen Stand des Katastrophenrisikos „einzuhegen", heißt das noch lange nicht, dass dies auch für die Zukunft gilt (Abb. 5.4). Gerade die Diskussion um den Meeresspiegelanstieg zeigt, dass z. B. die Deiche an der deutschen Nordseeküste einem viel höheren Meeresspiegel nicht standhalten werden. Zur Festlegung des zukünftigen Schutzniveaus ist der steigende Meeresspiegel mit einzubeziehen. Dies setzt neben einer Abschätzung der technischen Beherrschbarkeit bei der betroffenen Bevölkerung ein Verständnis der Notwendigkeit in *„resilience"* zu investieren voraus, eine Situation, die als „Präventionsdilemma" (Ranke, 2016) oder „Vorsorgeparadoxon" bezeichnet wird (*„there is no glory in prevention"*).

5.2.1 Naturkatastrophen-Risikomanagement als Staatsaufgabe

Eine (Natur-)Risikobewertung setzt Verfahren, Methoden und Technologien voraus, die im Umgang mit Naturgefahren als integrales Risikomanagement bezeichnet werden. Dabei sollen „mögliche Schutzmaßnahmen und Handlungen im Risikokreislauf von Prävention, Intervention und Wiederinstandsetzung als untereinander gleichwertig und über sämtliche Naturgefahren hinweg aufeinander abgestimmt zum Einsatz kommen" (PLANAT 2004). So wie der Umweltschutz, der Gesundheitssektor u. v. a. Staatsaufgaben sind, ist auch das Naturkatastrophen-

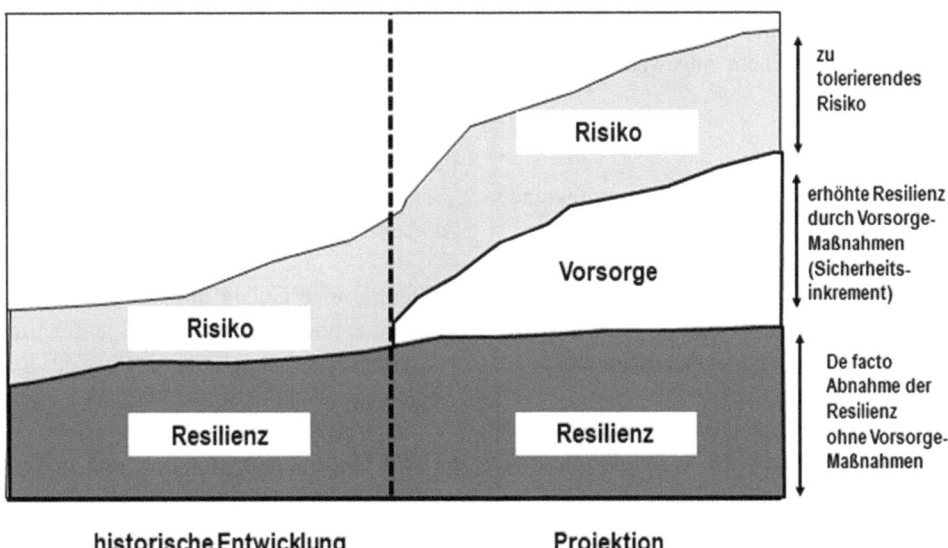

Abb. 5.4 Naturkatastrophen-Risikomanagement als dynamischer Prozess

Abb. 5.5 Verschiedene *„stakeholder"* haben unterschiedliche Auffassungen vom Naturkatastrophen-Risikomanagement

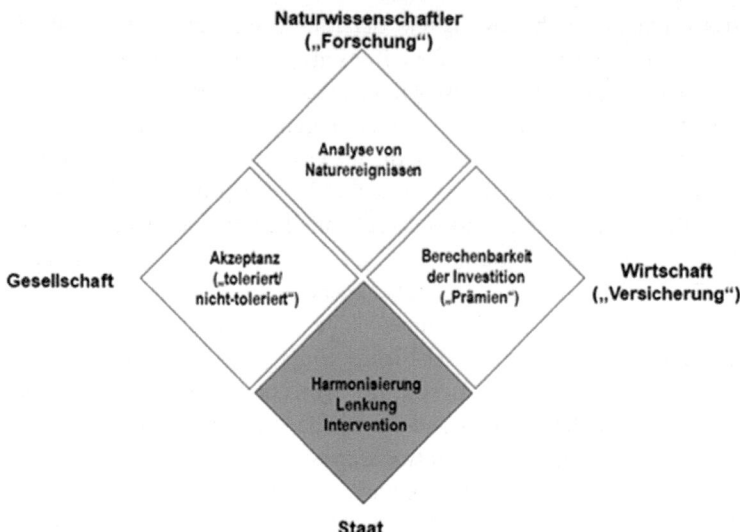

Risikomanagement eine Querschnittsaufgabe, die aber von Staat, Gesellschaft, Wirtschaft und der Wissenschaft sehr unterschiedlich betrachtet werden (Abb. 5.5). Der Staat ist dabei in der Verantwortung, eine konsistente nationale Politik zu definieren, den ordnungspolitischen Rahmen vorzugeben sowie die gesellschaftlichen Aushandlungsprozesse zu steuern und das Ergebnis mit seinen Zielvorgaben abzugleichen. Er muss zudem darlegen, inwieweit das NKRM mit anderen politischen Entwicklungsentscheidungen in Einklang steht, wo Überschneidungen auftreten und wo Differenzen eine stringente Umsetzung behindern. Daraus ergibt sich, dass das NKRM nicht andere gesellschaftliche Entwicklungsaufgaben dominieren darf – NKRM wird immer (nur) ein Teil des Ganzen sein können. Also werden auch die dafür bereitgestellten Mittel sich in das Gesamtgefüge eines Staatshaushaltes einfügen bzw. unterordnen müssen.

Die folgende Aufstellung umreißt, wer welche Aufgaben mit welchem Ziel in einem angewandten Risikomanagement übernimmt:

- Politikebene – Festsetzung klarer und umfassender Prioritäten:
  - soll geschützt werden?
  - Welcher gesetzliche Rahmen ist erforderlich?
  - Auf welche Regelwerke kann man aufbauen, welche sind zu ergänzen, welche sind neu zu definieren?
- Organisationsebene:
  - Welche Verantwortung übernimmt der Staat, welche die regionalen bzw. lokalen Entscheidungsstrukturen?
  - Wer übernimmt welche Funktion?
  - Wer kommt für die Mittel auf?
  - Wie können/müssen die gesellschaftlichen Gruppen beteiligt werden?

- Wer übernimmt wann und wo welche Führungsrolle?
- Wer muss wem in welchem Zeitraum Bericht erstatten?
- Wie wird die Kontrolle der Umsetzung organisiert?
- Bewusstseinsbildung:
  - Welche Informationsdefizite bestehen bei den Betroffenen?
  - Wie kann ein besserer, umfassenderer Kenntnisstand gewährleistet werden?
  - Welche Trainings-, Aus-/Fortbildungsangebote müssen von wem bereitgestellt werden?
- Ressourcen:
  - Welche finanziellen Ressourcen sind erforderlich?
  - Welche technischen, wissenschaftlichen und sozioökonomischen Zusammenhänge sollen vermittelt werden?

Für ein nachhaltiges und effektives NKRM ist dessen Orientierung am Risiko im Kontext mit der Lokalität der Gefahr sowie den zu schützenden Gütern (Schutzziel; vgl. Abschn. 5.2.2 und 5.4.3) unerlässlich. Zudem ist die Beeinflussbarkeit der Parameter „Eintrittswahrscheinlichkeit" und „Schadensausmaß" immer miteinzubeziehen. Es gilt vorab zu klären (Greiving 2003):

- Besteht eine Gefahr ubiquitär oder ist sie auf bestimmte Räume, bestimmte Standorteigenschaften begrenzt?
- Besteht eine Gefahr zu jeder Zeit bzw. stets mit der gleichen Wahrscheinlichkeit oder ist sie auf einen bestimmten Zeitpunkt/Zeitraum begrenzt oder erhöht?
- Tritt eine Gefahr plötzlich und u. U. sogar ohne Vorwarnung auf oder handelt es sich um einen schleichenden Prozess?
- Lässt sich der Wirkungsbereich einer Gefahr klar abgrenzen oder ist er diffus?

- Lassen sich die beiden Parameter durch menschliches/ planerisches Handeln beeinflussen? Hierbei ist zwischen einer Beeinflussbarkeit der „Eintrittswahrscheinlichkeit" und des „Schadensausmaßes" zu unterscheiden.

Mit dem Risikomanagement ist ein Paradigmenwechsel von einer „defensiven Gefahrenabwehr" hin zu einer „umfassenden, langfristigen Vorbeugung" verbunden. Die Gesellschaft entscheidet damit, „ob und wie bestimmte Räume genutzt werden dürfen" (Greiving 2003) und welche Nutzung im Zweifel untersagt werden muss. Die Entscheidung für oder gegen eine Nutzung wird somit zu einem Prozess, der die Erfassung und Bewertung eines Risikos umfasst, der aber damit implizit auch die Umsetzung der gefundenen Lösung beinhaltet. Die Abb. 5.6 stellt diesen Prozess als Kreislauf dar. Er beginnt mit der Definition eines Schutzziels, mit der eine Gesellschaft festlegt, was sie als schützenswert betrachtet. Daraus leitet sich die Aufgabe ab, in einem bestimmten Gebiet für einen bestimmten Zeitraum die Naturgefahren zu erfassen und zu bewerten. Die dort auftretenden Gefahren können zu bestimmten Schäden („Vulnerabilitäten") führen – diese werden bewertet. Daraus wiederum ergibt sich: Welche Gefahren treten in welcher Region wie häufig auf und mit welchen Konsequenzen ist zu rechnen (Risiko)? Die Risikobewertung klärt ab, ob die Gesellschaft dieses für tolerabel oder nicht tolerabel hält (ALARP-Prinzip, vgl. Abschn. 4.6.3). Ist das Risiko nicht tolerabel, sind Vorsorgemaßnahmen zu ergreifen. Auch diese müssen jeweils auf ihre Wirksamkeit hin abgeprüft werden, gegebenenfalls sind weitere Maßnahmen erforderlich. Ist am Ende das Risiko soweit „eingehegt", dass es dem definierten Schutzziel entspricht, hat sich der Kreislauf geschlossen. Sollte dennoch ein „Restrisiko" verbleiben,

muss geprüft werden, ob die Eingangsprämisse „Schutzziel" geändert werden muss.

Entscheidend ist, dass neue wissenschaftliche und technische Erkenntnisse über Risiken und deren Mitigation zu veränderten Schutzzielen führen können. Diese Problematik wird oft umgangen, indem sehr allgemein gehaltene Schutzziele definiert werden („Sicherheit ist verbessert"). Diese sind oftmals bewusst vage formuliert, um größere Spielräume zu schaffen – aber in der Regel nicht zielführend. Dabei ist zu betonen, dass Risikomanagement keinesfalls allein auf der Basis von technischen Regelwerken oder gesetzlichen Bestimmungen funktionieren kann. Erfahrungen haben gezeigt, dass ohne eine umfassende und frühe Einbeziehung der Betroffenen bei der Problemdefinition sowie deren Mitwirkung bei der Umsetzung *(„participation")* keine noch so gut geplante Maßnahme auf Dauer Bestand haben wird. Teilhabe an den Entscheidungsprozessen ist die Grundlage für „inter- und intragenerationale Gerechtigkeit" (vgl. GG, 20a). Gruppen, die schon vor einem Ereignis sozial benachteiligt waren, tragen erfahrungsgemäß ein viel größeres Risiko und sind viel länger mit den Folgen konfrontiert. Hier trifft wissenschaftliche und technische Expertise auf psychische, soziale und kulturelle Hintergründe, die oftmals dazu führen, dass sich ein nach Auffassung der Experten „geringes" Risiko als ein bedeutsames für die Betroffenen erweist (Kasperson et al. 1988). Hillary Clinton, ehemalige Außenministerin der USA, wird zitiert mit dem Satz:

> *„Catastrophes are a problem of development – not a problem for development."*

Um den erforderlichen gesellschaftlichen Aushandlungsprozess effektiv zu gestalten, müssen alle *„stakeholder"* ins

Abb. 5.6 Naturgefahren- Risikomanagement als Kreislauf (generalisiert)

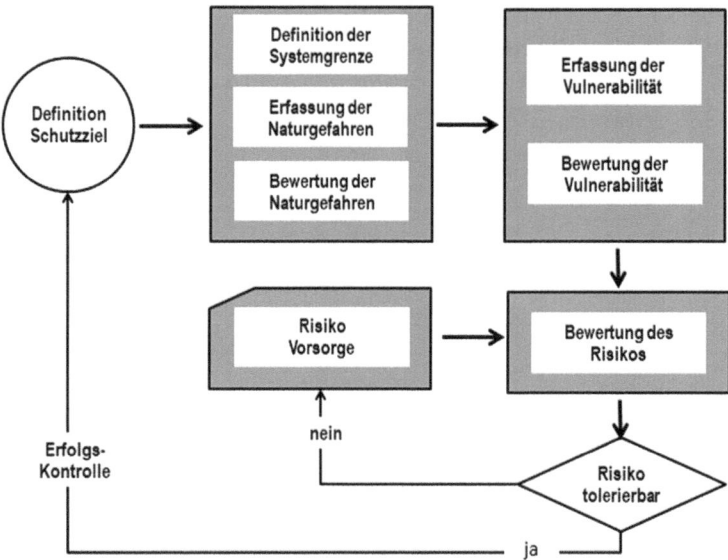

Boot geholt werden. Die Vorgaben und Schutzziele müssen dann transparent und nachvollziehbar formuliert und kommuniziert werden. Sektorspezifisch kann ein Schutzziel entweder (nur) den Einzelnen betreffen (Hallig bei Sturmflut) oder wie beim Hochwasserschutz eine Kommune, beim Gewässerschutz ein „Bundesland" oder bei der Treibhausgasemissionsminderung ein ganzes Land.

Die USA (FEMA 1995) hatten schon im Jahr 1995 ein „National Mitigation Goal" für die Vereinigten Staaten von Amerika und seine Umsetzungsprinzipien erklärt, mit dem Ziel, diese bis 2010 umzusetzen (Abb. 5.7). Einige der Prinzipien sind besonders hervorzuheben:

- Jede Mitigation ist lokal, d. h. am Ort des Geschehens findet das Meiste und Wichtigste statt.
- Verschiedene Mitigationsmaßnahmen dürfen einander nicht zuwiderlaufen.
- Wenn einer sich willentlich einer erhöhten Gefahr aussetzt, so hat er auch ein erhöhtes Risiko zu tragen.

5.2.2　Schutzziel

Generell gilt, dass das angestrebte Katastrophenvorsorgeniveau nur über die Festlegung von „Schutzzielen" zu erreichen ist. Sie stellen die grundlegende Voraussetzung für das Katastrophen-Risikomanagement dar, definieren sie doch den Grad des Schutzes, auf den sich eine Gesellschaft verständigt hat (z. B. eine Verringerung von Hochwasserschäden in der Region X in den nächsten 30 Jahren um 50). Alle Beteiligten (nationale Regierungsbehörden, lokale Administrationen, Nichtregierungsorganisationen, Forschungseinrichtungen, Unternehmen und Vertreter der gefährdeten sozialen Gruppen) müssen eingebunden werden, um einen

solchen Konsens zu finden: Ein solcher „stakeholder"-Dialogprozess ist keine Frage von Wochen oder Monaten, sondern sollte als permanenter Aushandlungsprozess eingerichtet sein. Bei der Festlegung von Schutzzielen muss erkennbar werden, dass diese für alle Risikogruppen gleichmäßig tragbar und sinnvoll sind („ALARP-Prinzip"). Dies setzt eine raumbezogene (ubiquitäre), transparente und systematische Bewertung der Risiken voraus, die im Einklang mit dem Stand der Kenntnis („state-of-the-art") und einer technischen Umsetzbarkeit steht. Schutzzieldefinitionen müssen in Gesetzen, Verordnungen und Durchführungsbestimmungen verankert werden, die es den lokalen Behörden ermöglichen, die Risikominderung auch umzusetzen. In den nationalen Regelwerken ist also explizit festzulegen, wer welche Aufgaben wo und wann durchzuführen hat und mit welchem Ziel. Vor allem muss festgelegt sein, wer die Vorsorge- und Nachsorgemaßnahmen finanziert. Auch muss geklärt sein, wem die Maßnahmen zugutekommen, aber auch, wer nicht von den Maßnahmen profitiert. Schutzzieldefinitionen legen dabei nur den ordnungspolitischen Rahmen fest, machen aber keine Angaben zu den tatsächlich auszuführenden Tätigkeiten. Nicht nur national und lokal ist die Definition des Schutzniveaus erforderlich. Da (Natur-)Katastrophen sehr oft grenzüberschreitend eintreten, muss des Weiteren ein Konsens mit den Nachbarstaaten gefunden werden. Dabei geht es nicht nur darum, z. B. durch einen Flutpolder die Hochwassergefahr für die Anrainer zu verringern, sondern auch darum, dass ein Rückhalt von Wasser (Stausee) oftmals Einfluss auf die Bewässerung im Unterlauf nimmt.

Dazu ist es nötig, auf der Basis der vorhandenen finanziellen Möglichkeiten und des technischen Wissens sowie der gesellschaftlichen Akzeptanz ein Schutzniveau für ein Land oder eine Region indikatorbasiert festzulegen. Dabei

Abb. 5.7 „National Mitigation Goal" der Vereinigten Staaten von Amerika

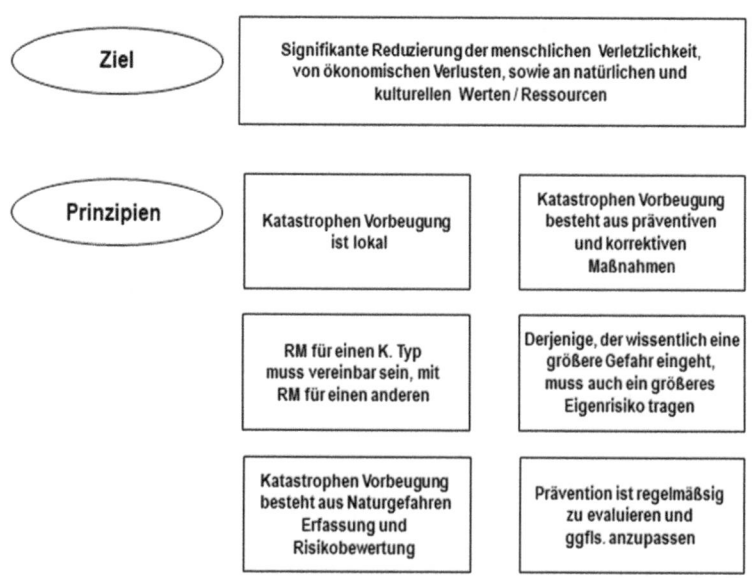

ist festzuhalten, dass unterschiedliche Gebiete einen unterschiedlichen Schutz benötigen. Eine landwirtschaftlich genutzte Fläche an einem größeren Fluss wird einen geringeren Schutz brauchen als eine Siedlung oder eine Anlage der chemischen Industrie. Das Schweizer Bundesamt für Wasser und Geologie (BWG 2001) weist darauf hin, dass aus diesem Grund eine rein formale Festlegung, zum Beispiel auf eine Durchflussmenge eines Hochwassers, nicht sinnvoll ist. Das Schutzziel muss sich daher an der Hochwassergefährdung, der ökonomischen Vulnerabilität sowie an der ökologischen Funktion eines Gebietes orientieren.

Die praktische Umsetzung der nationalen, regionalen und lokalen Schutzziele ist dann Bestandteil der Raumplanung. Hier werden für den Raum die vorgegebenen Ziele „Verhinderung von Schäden" oder „Schutz des Lebens" umgesetzt (Greiving et al. 2016). Dazu werden für alle drei Entscheidungsebenen (national, regional, lokal) entsprechende Gesetze, Verordnungen und Regelwerke erlassen. So gilt zum Beispiel das Raumordnungsgesetz (ROG) für die Bundesrepublik Deutschland insgesamt. Daraus abgeleitet und den regionalen Erfordernissen entsprechend werden dann Landesplanungsgesetze formuliert, mit denen die Nutzung des Raumes für Landes- und Regionalplanung normativ geregelt wird. Die Regelungsdichte nimmt zu, je näher die Entscheidungsebene an den Ort des Geschehens rückt (Subsidiaritätsprinzip). In der Raumordnung werden alle raumwirksamen Faktoren dargestellt und bewertet, die zur Entwicklung des Raumes beitragen. Das ROG (§ 1, Abs. 2) benennt als Leitvorstellung eine „nachhaltige Raumentwicklung, die die sozialen und wirtschaftlichen Ansprüche an den Raum mit seinen ökologischen Funktionen in Einklang bringt und sie zu einer dauerhaften, großräumig ausgewogenen Ordnung führt". Lag der Fokus auf Bundesebene noch in der Normierung von Planungsentwicklungen, so verlagert er sich auf Regionalebene zunächst zu einer generalisierten Übersichtplanung und dann vor Ort auf eine immer detaillierter werdende Fachplanung, wie sie zum Beispiel die kommunale Bauleitplanung darstellt. Die einzelnen Ebenen funktionieren nach dem in § 1 Abs. 3 ROG formulierten Gegenstromprinzip, wonach sich die Ordnung der Einzelräume in die Ordnung des Gesamtraumes einfügt (§ 9 Abs. 4 ROG). Doch so überzeugend eine den natürlichen Gegebenheiten angepasste Raumnutzung erscheinen mag, so naheliegend sind die Einwände. In der Praxis können sich Gefahrenkarten negativ auf Grundstückspreise auswirken und damit den Unmut der Eigentümer provozieren. Oder Gemeinden betrachten es unter Umständen als Beschneidung ihrer Entwicklungsmöglichkeiten, wenn die Ausweisung von Wohn- und Gewerbegebieten etwa an rutschungsgefährdeten Hängen oder in der Flussniederung erschwert wird. So wünschenswert eine konsequente Einbeziehung von räumlich differenzierten Gefahren in die Raumplanung ist, so

dürfe aber das Augenmerk nicht isoliert nur auf eine einzige Gefahr gerichtet werden. Die Autoren plädieren deshalb für die Ausweitung des Raumtypenkonzepts und die Einführung der Kategorien Risikovorranggebiet, Risikovorbehaltsgebiet und Risikoeignungsraum.

Schutzziele sind Richtgrößen für die Planung und Ausgestaltung von Vorsorgemaßnahmen gegen Naturgefahren. Sie müssen aber jeweils durch Indikatoren unterlegt werden. Indikatoren können sowohl qualitativ („ist verbessert") als auch quantitativ formuliert werden, wie z. B. das 2-Grad-Ziel, das weltweit bis zum Jahr 2100 erreicht werden soll. Da sich aber das Klima deutlich (negativ) veränderte und technologische Entwicklungen (Windenergie/Solartechnologie) dies möglich machen, wurde im internationalen Konsens das Schutzziel auf das ambitioniertere Reduktionsniveau von 1,5 °C festgelegt. National haben sich sowohl die EU als auch Deutschland sogar auf noch weitergehende Klimaschutzziele verständigt: Bis 2050 sollen die jährlichen Treibhausgasemissionen im Vergleich zu 1990 um bis zu 95 % sinken. In Deutschland soll der Anteil der erneuerbaren Energien (EE) am Bruttoendenergieverbrauch bis zum Jahr 2050 um 60 % betragen. Im lokalen Rahmen geben zum Beispiel hochwassergefährdete Kommunen vor, wie Schutzbauten (Mauern, Deiche, Dämme) ausgestaltet sein müssen. Dazu werden die jeweils gültigen Bemessungshochwasser (HQ 100) als Richtgröße vorgegeben. Im Bereich des Gewässerschutzes ist das nationale/lokale Ziel, die Gewässer mit einer guten ökologischen Qualität (EU-Gewässergüteklasse II) zu erhalten oder diese wiederherzustellen. Oder in Fragen des Küstenschutzes kann in der Schutzzieldefinition vorgegeben werden, ob man zum Beispiel die Bewohner einer Hallig gegen (jede) Sturmflut schützen will oder nur gegen ein Jahrhunderthochwasser. Oder ob mit dem Halligschutz ein pro-aktiver Küstenschutz für das Festland erreicht werden soll. Auf der Basis dieser jeweils einzeln zu definierenden Schutzziele ist dann eine Priorisierung der Maßnahmen (regionales Schutzziel) vorzunehmen.

5.2.3 Risikomanagement als Prozess

Aus allem zuvor Gesagten ergibt sich, dass das NKRM zum einen durch die natürlichen Gegebenheiten bestimmt wird, zum anderen durch die soziokulturellen, ökonomischen und ökologischen Rahmenbedingungen, auf die sie treffen (Hollenstein 1997). Die Ursachen und Wirkungen dieser Interaktionen zu verstehen ist Aufgabe des NKRM. Das Management wird somit zur Schnittstelle von Natur und Gesellschaft – beide agieren unabhängig voneinander, beeinflussen sich aber (zunehmend). Bestimmte natürliche Vorgänge (Hochwasser, Erdbeben usw.) definieren den Lebensraum der Menschen, werden aber durch ihre Nutzung wiederum verändert. Wegen dieser „zirkulären" Problemsituation liegt es nahe, das Naturkatastrophen-Risikomanagement als Kreislauf darzustellen (Abb. 5.8). Auf der einen Seite geht es darum, durch eine bessere Kenntnis der Gefahrensituation das Risiko zu vermindern, am besten durch das Herabsetzen der Eintrittswahrscheinlichkeit eines potenziellen Schadens, und auf der anderen Seite steht die Risikoreduktion durch eine Verringerung des Schadensausmaßes im Vordergrund. Beide Ansätze vereinigen sich im NKRM.

Diese Art der Darstellung wird auch in dem international anerkannten „Risikomanagementzyklus" (*„emergency management cycle"*) aufgenommen, wie er schon vor 30 Jahren von der amerikanischen Katastrophenschutz-Behörde FEMA („Federal Emergency Management Agency"; vgl. Abschn. 5.2) vorgestellt wurde (FEMA 2003). In der Folge wurde das Schema vielfach und für verschiedene Anwendungsgebiete abgewandelt (vgl. v. Piechowski 1994; Ranke 2016): Allen gemein aber ist die zentrale Aussage, dass mit einem Katastrophenereignis eine Phase der Krisenintervention einsetzt, gefolgt von einer Phase, in der das gesellschaftliche Leben „provisorisch" wiederhergestellt wird. Um auf eine vergleichbare Katastrophe in Zukunft besser vorbereitet zu sein, werden in der nächsten Phase sowohl strukturelle als auch organisatorische Vorsorgemaßnahmen getroffen, die dann zusammen mit der Bevölkerung umgesetzt werden (Abb. 5.9).

Wie schon zuvor beschrieben, ist der Managementzyklus in zwei große Teile gegliedert. Auf der rechten Seite die „Krisenreaktion" und auf der linken Seite die „Krisenvorbereitung".

Der Zyklus beginnt mit dem Eintritt eines Katastrophenereignisses. In dieser Phase hat die Rettung der Menschen oberste Priorität: Opfer bergen, Verletzte retten, medizinische Hilfe leisten. Dabei gilt der Grundsatz: „Menschen-

schutz geht vor Objektschutz". Eingesetzt werden dazu erfahrene Ärzte und speziell ausgebildete Rettungskräfte (Hundestaffeln bei Erdbeben, Lawinensuchtrupps). Es wird sofort mit dem Aufbau von medizinischen Versorgungszentren begonnen, technisches Gerät zum Abräumen von Schuttmassen wird gestellt. Immer häufiger werden Drohnen eingesetzt, um einen schnellen Überblick über die oftmals chaotischen Katastrophenlagen zu erhalten. Ebenso erforderlich ist, die nicht betroffenen Menschen mit Nahrung, Wasser, Strom und Kommunikation zu versorgen; Notunterkünfte werden aufgestellt. Zur Aufrechterhaltung von Sicherheit und Ordnung ist es nötig, sofort mit Sicherheitskräften (Polizei, Militär usw.) präsent zu sein. Insbesondere in den Entwicklungsländern befürchten viele Evakuierte, dass man in ihre Häuser einbricht, Vieh und Vorräte raubt. Die Einrichtungen der kritischen Infrastruktur (Wasserversorgung, Energie, Brücken, Hubschrauberlandeplätze usw.) müssen instandgesetzt werden, um die Versorgung der Menschen für Tage und Wochen zu gewährleisten. Die lokalen Entscheidungsträger übernehmen sofort die zentrale Verantwortung des Katastropheneinsatzes (Leitung der Rettungsteams, Bereitstellung der finanziellen Mittel). Ist die Administration vor Ort nicht (bzw. nicht mehr) in der Lage, diese Entscheidungen zu treffen, übernimmt die nächsthöhere Verwaltungsebene; im Einzelfall die nationale Ebene. Je schneller die Entscheidungsstrukturen einen schlüssigen Überblick über die Katastrophenlage haben, desto gezielter und wirkungsvoller kann die Hilfe geleistet werden. In der Regel können in den ersten 24 h viele Opfer noch lebend geborgen werden. Dazu ist es nötig, sofort einen Überblick zu gewinnen (*„rapid assessment"*). Festzustellen ist, dass mehr als 90 % der Soforthilfe von den Betroffenen selbst geleistet wird. Zudem treffen heutzutage immer häufiger viele private Hilfsorganisationen (NGOs) ein. Das Beispiel des Tsunamis von 2004 hat gezeigt, dass die Hilfsorganisationen (ohne Zweifel) ehrenwerte Anliegen haben; jedoch hat jede ihre Priorität. Daher kommt es oftmals zu Überschneidungen, die ein koordiniertes Vorgehen stark beeinträchtigen. Die lokalen Entscheider müssen daher unverzüglich ein Informationszentrum einrichten, in dem jeder Helfer registriert ist und in dem alle Informationen zusammenlaufen und ausgewertet werden. Erfahrungen haben gezeigt, dass mitunter sogar gutgemeinte Hilfe untersagt werden muss, um andere nicht zu gefährden. Aber die Krisenreaktion ist nicht auf den Ort des Geschehens begrenzt. Oftmals kommt es zu kaskadierenden Effekten an anderen Orten (z. B. flussabwärts). Auch diese Gebiete müssen in die Krisenreaktion einbezogen werden.

An die Krisenreaktionsphase schließt sich die Phase des Wiederaufbaus (*„recovery"*) an. Hier geht es darum, die gesellschaftlichen Funktionen so wiederherzustellen, wie sie vor dem Ereignis herrschten. Dabei wird unterschieden zwischen einem „Wiederaufbau" als eine Rekonstruktion des

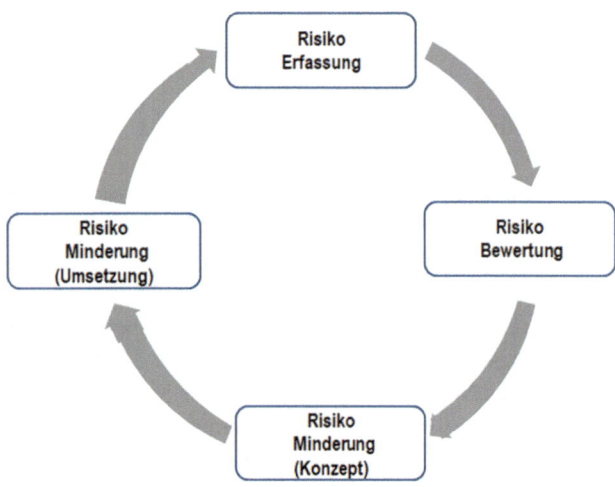

Abb. 5.8 Naturkatastrophen-Risikomanagement als Kreislauf

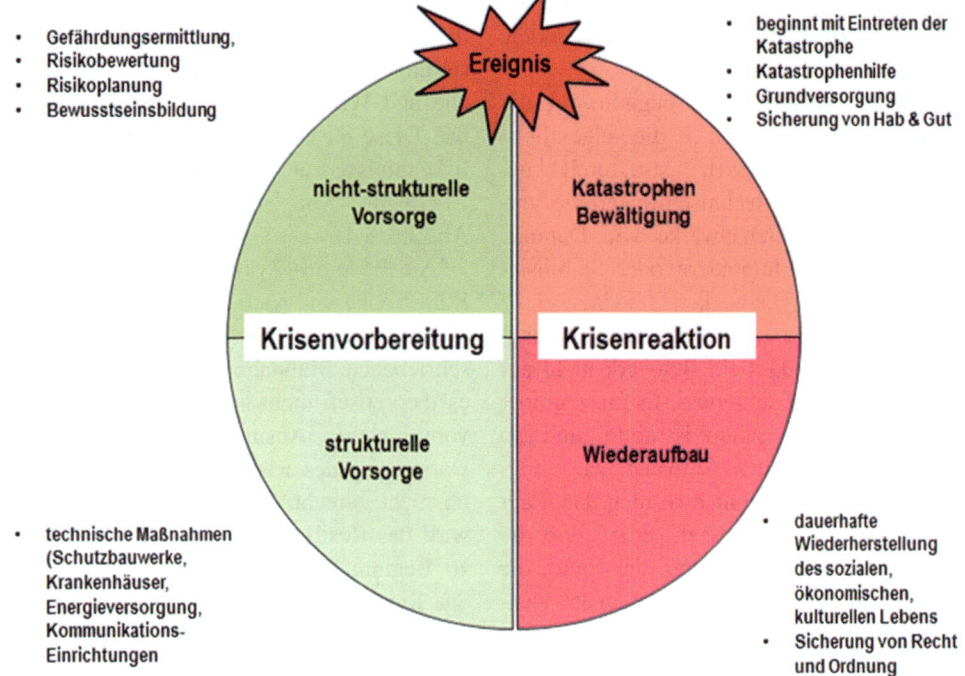

Abb. 5.9 FEMA-Naturkatastrophen-Risikomanagementzyklus. (Nach verschiedenen Quellen)

ursprünglichen Zustands (1:1) und einer „Rehabilitation", das heißt, es wird beim Wiederaufbau ein höheres Sicherheitsniveau berücksichtigt (*„build-back-better"*; vgl. Abschn. 4.2.8). Dies ist keine formale Vorbedingung, sondern ergibt sich oft aus dem Zusammenhang. Einige Aktivitäten dieser „Recovery-Phase" können schon während der ersten Phase begonnen werden. Auch können Aktivitäten der ersten Phase sich noch bis in diese Phase erstrecken. Vor allem geht es darum, die sozialen Netzwerke zu stabilisieren und die ordnungspolitischen Rahmenbedingungen an die geänderten Bedingungen anzupassen. Dazu gehört es, die Menschen mit stabilen, dauerhaften Unterkünften zu versorgen. Oftmals ist es dazu nötig, neue Siedlungen etwas außerhalb der Katastrophenzone einzurichten (Wasserversorgung und -entsorgung, Energie, Straßen, Kommunikation) – angepasst an die Zahl der Evakuierten. Soziale Einrichtungen zur medizinischen Versorgung, Kindertagesstätten und Schulen müssen errichtet werden. Die Läden, Wirtschaft, auch Gaststätten müssen wieder funktionieren. Auch die administrativen Funktionen müssen im vollen Umfang gewährleistet werden. Dies alles kann einige Jahre dauern. In der Regel sind die betroffenen Kommunen nicht in der Lage, die Hilfen eigenständig zu organisieren. Diese kommen erfahrungsgemäß schnell an ihre operativen Grenzen. Auch müssen die notwendigen Infrastruktureinrichtungen wieder instandgesetzt werden (Straßen, Wasserwerke, Sicherheit, Gesundheitssystem usw.). Dazu sind Finanzierungshilfen (Kredite, Zuschüsse) bereitzustellen. Daneben ist es nötig, die Eigeninitiative der Betroffenen zu stärken: Gestellung von Baumaterial und Anleitungen für das Bauen. Solche Angebote werden von den Betroffenen erfahrungsgemäß gerne angenommen. Die Betroffenen wollen (fast alle) so schnell wie möglich wieder zurück in ihre eigenen Häuser. Ganz oft kommt es in der Folge zu einem Zuzug von Externen, die vor allem daran interessiert sind, den lokalen Kleinhandel zu übernehmen. Die lokalen Administrationen müssen daher darauf achten, nur so viel externe Hilfe zuzulassen wie nötig und so viel Eigeninitiative wie möglich zu fördern. Hilfen für die lokale Wirtschaft sind unbedingt anzustreben, um den Verlust von Arbeit und Einkommen zu vermeiden; staatliche Hilfen dazu sind unverzichtbar. Wenn die technisch-materielle Infrastruktur wieder operational ist, ist es nötig, die politischen Funktionen zu stärken. Die Betroffenen brauchen und erwarten Führung und klare Ziele. Vor allem aber müssen sie frühzeitig und umfassend in die Entscheidungsfindungen eingebunden werden. Eine Teilhabe an den Entscheidungen, wie es „in Zukunft weitergeht", ist für die Betroffenen eine unverzichtbare Notwendigkeit.

Nach dieser Phase beginnt die Phase der Vorbereitung (*„prevention"*) auf ein mögliches, zukünftiges Krisenszenario: die linke Seite des Zyklus. Damit wird der kurative Prozess der Krisenbewältigung verlassen. Für die beiden nachfolgenden Phasen werden unterschiedliche Begriffe verwendet: Prävention, Vorbereitung, Vorsorge und Bekämpfung oder die englischen Bezeichnungen: *„preparedness"*, *„prevention"*, *„mitigation"*. Die Begriffe überschneiden sich oft in ihren Bedeutungen. Das vorliegende

Buch schließt sich daher der von der FEMA im Jahr 2003 gegebenen Definition an, was nicht heißen soll, dass andere Definitionen nicht auch ihre Berechtigung haben.

In der nun folgenden dritten Phase beginnt mit der „strukturellen" Vorsorge („*mitigation*") die eigentliche Katastrophenvorbereitung. Der Begriff „strukturell" beschreibt, dass es sich hierbei um technisch-materielle Vorsorgemaßnahmen handelt: Schutzbauwerke wie Dämme, Deiche, Mauern, Anlage von Flutpoldern oder Stabilisierung von erdbebengefährdeten Bauwerken, Lawinenschutz usw. Dabei richtet sich das Vorsorgeniveau an dem lokalen Schutzziel aus. Das heißt, dass ein Bauwerk nicht auf jedes mögliche Risiko ausgelegt sein muss. Es muss immer ein Ausgleich zwischen „so viel Schutz ist nötig" und „so wenig technischer und finanzieller Aufwand wie möglich" gefunden werden. Die Maßnahmen werden dabei auf der lokalen Ebene geplant und umgesetzt, da nur dort die ganzen Auswirkungen für die Bevölkerung, die Natur, die Wirtschaft usw. umfassend beurteilt werden können. Dennoch sind die Maßnahmen immer in die von den Ländern vorgegebenen Sicherheitsstrategien einzupassen. Die Phase „*mitigation*" kann nicht losgelöst betrachtet werden, zum einen von den Erfahrungen aus vergangenen Katastrophen und zum anderen von der Ausarbeitung eines lokalen Vorsorgekonzeptes. Dazu ist eine intensive Verknüpfung mit der vierten Phase nötig.

Mit der letzten vierten Phase werden die Maßnahmen eingeleitet, um die auf der technischen Seite durchgeführten Maßnahmen durch einen strategischen Prozess abzusichern. Ein Vorgang, der die „nicht strukturelle" Vorsorge (Prävention) beschreibt. Generell eröffnen sich zwei unterschiedliche Interventionsebenen – zum einen die Vorsorge auf der operativ-administrativen Ebene und zum anderen die Ebene der Betroffenen. Die operative Ebene umfasst das Feld der Vorsorgestrategie. Um eine lokale Risikominderungsstrategie zu erarbeiten ist es nötig, die dafür zuständigen Organisationen entweder zu stärken oder sie ggf. einzurichten (z. B. in Deutschland das „Bundesamt für Bevölkerungsschutz und Katastrophenvorsorge", BBK, oder wie oben beschrieben das „Bundesamt für Seeschifffahrt und Hydrographie", BSH). Des Weiteren müssen entsprechende Fachleute vorhanden sein, die auf der Basis der bekannten Naturgefahren und den lokalen Vulnerabilitäten das Risiko bewerten. Auf dieser Bewertung aufbauend werden dann die lokalen Schutzziele entwickelt und daraus wiederum die möglichen Schutz-/Vorsorgemaßnahmen abgeleitet. Der für die Umsetzung erforderliche Rechtsrahmen ist herzustellen. Die Kosten für den operativen Prozess sind zu ermitteln – wobei zu beachten ist, das Budget „nicht struktureller Aufgaben" auf einen längeren Zeitraum auszulegen.

Eine effektive und nachhaltige Vorsorge ist nur durch eine umfassende Einbindung der Betroffenen zu erreichen:

Denn sie sind das Ziel eines Risikomanagements. Daher ist in jeder NKRM-Strategie eine Komponente zur Sensibilisierung der Öffentlichkeit und zur Aufklärung über Ursache und Wirkungen von (Natur-)Katastrophen unverzichtbar. Diese muss den gefährdeten Bevölkerungsgruppen die Erkenntnisse zur deren Risikolage vermitteln und sie zur Übernahme von eigener Verantwortung ermutigen (vgl. Abschn. 5.4).

Am Ende des Zyklus steht man dann vor einer „neuen" Katastrophe und nach FEMA beginnt dann der Zyklus aufs Neue. Dabei ist anzumerken, dass, wenn alle zuvor beschriebenen Maßnahmen sich als wirkungsvoll erweisen, es theoretisch nicht zu einer Katastrophe gleicher Art und vom gleichen Ausmaß kommen kann. Damit wird eine Darstellung des Risikomanagements als Zyklus der Realität nicht gerecht. Wenn alle Maßnahmen erfolgreich sind, wird das Resilienzniveau am Ende deutlich höher sein als zu Beginn. Es sind Verbesserungen erreicht worden, was das Eintreten einer Katastrophe wie zuvor nicht mehr zulässt. Daher schlägt der Autor (Ranke 2016) vor, den Zyklus durch eine Spirale (Abb. 5.10) zu ersetzen: Das heißt, mit jedem Vorsorgeschritt nimmt die Resilienz zu. Die einzelnen Phasen, wie FEMA sie vorschlägt, bleiben weiterhin gültig.

Die Kosten für die Hilfen werden in der Regel von den Kommunen/Distrikten getragen. In jedem Land aber gibt es eine Reihe an Finanzierungsprogrammen, mit denen die Kommunen gegen solche außergewöhnlichen Belastungen abgesichert sind. In Europa stellt die EU auf Antrag Finanzmittel aus verschiedenen speziellen Förderprogrammen zur Verfügung, wie zum Beispiel bei den Waldbränden in Portugal oder Griechenland. In den Vereinigten Staaten von Amerika übernimmt die Bundesregierung bei Großschäden einen Großteil der Kosten. Und zwar werden nach dem „Hazard Mitigation Grand Programm" der FEMA bei einer Schadensumme von 30 Mrd. US$ 7,5 % der Schadensumme übernommen – bei einer Summe von 2 Mrd. US$ dagegen 1,5 %, um die Gesellschaft durch die vielen „kleineren" Katastrophenereignisse nicht überproportional zu belasten.

5.2.4 Aufgaben der EU beim Katastrophenschutz

Der Katastrophenschutz in der Europäischen Union wird durch die EU-Kommission bei der Koordinierung der Hilfseinsätze unterstützt (vgl. Abschn. 6.5). Übergeordnetes Ziel des EU-Katastrophenschutzverfahrens EU Civil Protection Mechanism, („EUCPM") ist es, durch verstärkte Zusammenarbeit zwischen den EU-Mitgliedstaaten und anderen Teilnehmerstaaten im Bereich des Katastrophenschutzes die Katastrophenprävention und -bewältigung zu

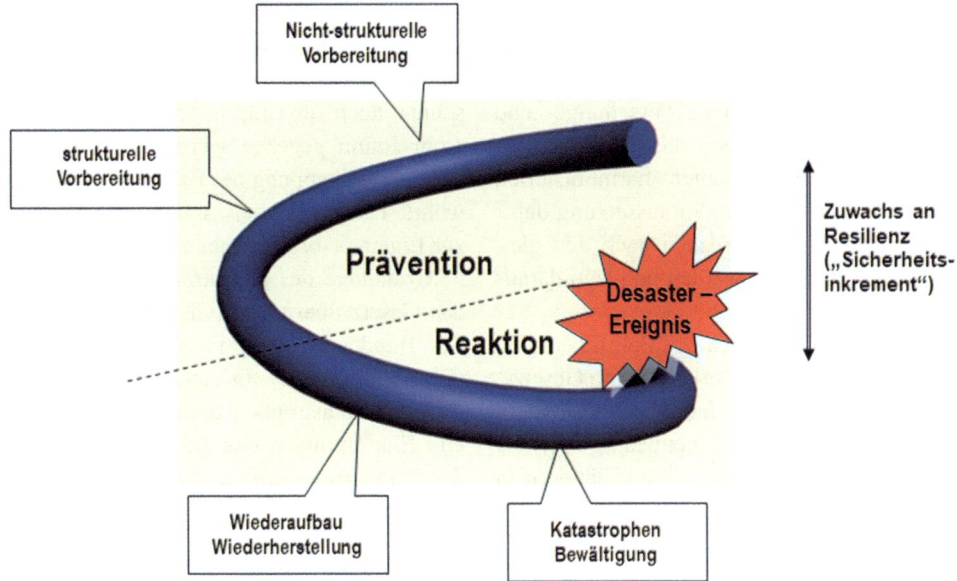

Abb. 5.10 Naturkatastrophen-Risikomanagementzyklus als „Spirale" (vgl. Ranke 2016)

verbessern. Erkennt ein Land, dass es einem Notfall nicht mehr gewachsen ist, kann es über das Verfahren um Hilfe suchen. Im Rahmen des Verfahrens spielt die Europäische Kommission eine Schlüsselrolle bei der Koordinierung der Katastrophenabwehr in Europa und darüber hinaus und trägt mindestens 75 % zu den Transport- und/oder operativen Kosten der Einsätze bei.

Neben kurativen Einsätzen wird aber auch die Präventionskultur gefördert. Dazu beschlossen im Oktober 2001 die Innenminister der EU das Gemeinschaftsverfahren zur Förderung einer verstärkten Zusammenarbeit bei Katastrophenschutzeinsätzen (Mechanismus genannt). Im Jahr 2007 wurde dieser Mechanismus weiter verbessert und als Gemeinschaftsverfahren für den Katastrophenschutz neu gefasst. Das Ziel dieses Mechanismus, an dem die 27 Mitgliedstaaten der EU sowie die 3 EWR-Staaten (Europäischer Wirtschaftsraum: Norwegen, Island, Liechtenstein; gemäß Abkommen von 1992), Kroatien und Mazedonien teilnehmen, liegt in der besseren Koordinierung der gemeinschaftlichen Hilfsmaßnahmen bei Natur- und von Menschen verursachten Katastrophen. Auch bei Katastrophenschutzanfragen von außerhalb stellt die EU ihre Kapazitäten uneingeschränkt zur Verfügung. Seit seiner Einrichtung wurden über 400 Katastrophen überwacht und über 250 Unterstützungsersuche gestellt. Jedes Mitgliedsland kann den Mechanismus im Fall einer Katastrophe anfordern.

Der EU-Katastrophenschutzmechanismus basiert derzeit auf einem freiwilligen System. Finanzielle Unterstützungen und technische Hilfe der Teilnehmerstaaten werden von der Koordinierungsstelle für Notfallmaßnahmen (Emergency Response Coordination Centre, ERCC) mit Sitz in Brüssel

für das Land, das um Unterstützung gebeten hat, koordiniert – die EU selber wird nicht tätig. Die Koordinierungsstelle ist rund um die Uhr an sieben Tagen der Woche einsatzbereit. Jede einkommende Großschadenlage wird registriert und aufbereitet. Hilfsersuchen und Hilfsangebote werden entgegengenommen, geprüft und weitergeleitet. Material- und Personentransporte werden koordiniert und organisiert. Das ERCC ist in der Lage, im Fall einer Katastrophe schnell und unbürokratisch technische Hilfe zu leisten. Ein wesentlicher Bestandteil des Programms ist eine Ausstattungsreserve für Katastrophenschutzeinsätze: Waldbrandbekämpfungsflugzeuge, leistungsfähige Wasserpumpen, Such- und Rettungskräfte, Feldkrankenhäuser sowie Notfallteams. Diese sollen die nationalen Kapazitäten ergänzen und werden von der Europäischen Kommission verwaltet. Alle Kosten und Kapazitäten der Rettung werden durch EU-Finanzmittel gedeckt, wobei die Kommission die operative Kontrolle darüber behält und über deren Einsatz entscheidet. Parallel dazu unterstützt das ERCC die Mitgliedstaaten bei der Stärkung ihrer nationalen Kapazitäten, indem sie die Anpassungs-, Reparatur-, Transport- und Betriebskosten ihrer vorhandenen Ressourcen finanziert. Alle Einsätze werden mit Geoinformationen des Europäischen Erdbeobachtungsprogramms „Copernicus" unterstützt und begleitet.

Zudem hat die EU mit dem Disaster Risk Management Knowledge Centre (DRMKC) eine Informationsplattform sowie ein Beratungsgremium *(„science advisory panel")* geschaffen. Über das Centre sind sowohl die lokalen als auch die überregionalen Experten miteinander vernetzt. Das Ziel ist es, durch ein verbessertes Verständnis die Resilienz in der Gemeinschaft insgesamt zu erhöhen und dieses Verständnis umfassender in die Politikebenen einzubringen. Das DRMKC stellt die Schnittstelle von Wissenschaft und Politik dar *("policy science interface"),* indem es die Mitgliedsländer dabei unterstützt, nationale Forschungs- und Entwicklungszentren auf-/auszubauen, die Expertise zu vernetzen und so zu einem EU-weiten harmonisierten Katastrophenmanagement zu kommen. Voraussetzung dafür ist, dass in allen Ländern die Naturrisiken nach den gleichen Kriterien erfasst und bewertet werden und sich daraus grenzüberschreitende Konzepte ergeben.

Die EU ist dabei nur auf dem Sektor „Politikberatung und Harmonisierung" mandatiert. Sie erlässt keine Gesetze, sondern gibt Empfehlungen, um in den Mitgliedsländern durch EU-Direktiven vergleichbare Rahmenbedingungen zu schaffen. Diese werden dann von den Mitgliedsländern in einem als „Mehrebenen-Ansatz" bezeichneten Verfahren in nationale Gesetze übernommen (Abb. 5.11 und 5.12). Die angestrebte Harmonisierung lässt sich am Beispiel der EU-Wasserrahmenrichtlinie (EU-WRRL) aus dem Jahr 2000 skizzieren.

5.2.5 Aufgaben des Bundes beim Katastrophenschutz

Um den Katastrophenschutz bundesweit zu harmonisieren, haben Bund und Länder 2013 gemeinsame Initiativen gestartet, insbesondere für solche Katastrophen mit grenzüberschreitendem Charakter; unter voller Wahrung der Länderhoheit. Ein Beispiel dafür ist das nationale Hochwasserschutzprogramm. Damit sollen überregional wirkende Maßnahmen des vorbeugenden Hochwasserschutzes gefördert werden. Wasserstand reduzierende Maßnahmen werden so zu einer gesamtstaatlichen Aufgabe – insbesondere können damit Interessenskonflikte

zwischen Oberliegern und Unterliegern abgebaut werden. Gleichzeitig lässt sich dadurch das Solidaritätsprinzip stärken. Zentrales Anliegen ist ein angemessener Hochwasserschutz, auch für Unterlieger. Dazu soll den Flüssen wieder mehr Raum gegeben werden: Gesteuerte Rückhalteräume zur Scheitelkappung bei Extremhochwassern haben sich bewährt. Darüber hinaus sollen mit dem Programm Anreize zur Eigenvorsorge gegeben werden.

Grundlage des Katastrophenschutzes in Deutschland ist das Gesetz über den Zivilschutz und die Katastrophenhilfe des Bundes (ZSKG) in seiner Fassung vom 29.07.2009 (BGBl. I S. 2350). In Abschnitt 6 §§ 11–20 ist festgelegt, dass der Katastrophenschutz Aufgabe der Bundesländer ist. Die Einrichtungen des Bundes für den Zivilschutz stehen den Ländern ergänzend für die Durchführung von Hilfs-/ Rettungsmaßnahmen zur Verfügung. Dazu erstellt der Bund im Zusammenwirken mit den Ländern eine bundesweite Risikoanalyse für den Zivil-/Katastrophenschutz. Das Bundesministerium des Innern (BMI) unterrichtet den Deutschen Bundestag jährlich über die Ergebnisse der Risikoanalyse. Der Bund berät und unterstützt die Länder im Rahmen seiner Zuständigkeiten vor allem beim Schutz kritischer Infrastrukturen. Dazu entwickelt er im Einvernehmen mit den Ländern Standards und Rahmenkonzepte für den Zivil-/Katastrophenschutz, die den Ländern zugleich als Empfehlungen dienen, sofern diese für ein effektives gesamtstaatliches Zusammenwirken erforderlich sind. Im BMI wurde dazu eine eigene Kommission zum Schutz der Zivilbevölkerung eingerichtet, die die Bundesregierung ehrenamtlich in wissenschaftlichen und technischen Fragen des Zivilschutzes und der Katastrophenhilfe unterstützt. Deren organisatorische Betreuung obliegt dem Bundesamt für Bevölkerungsschutz und Katastrophenhilfe (BBK)

Mit dem Gesetz über die Errichtung des Bundesamtes für Bevölkerungsschutz und Katastrophenhilfe (BBK) in

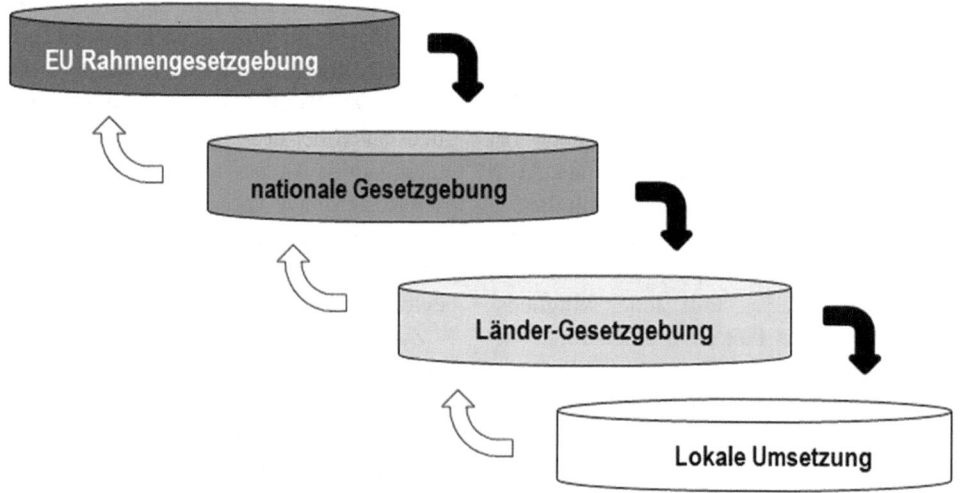

Abb. 5.11 Mehrebenen-Ansatz zur Überführung von EU-Direktiven in nationale/lokale Gesetzgebung

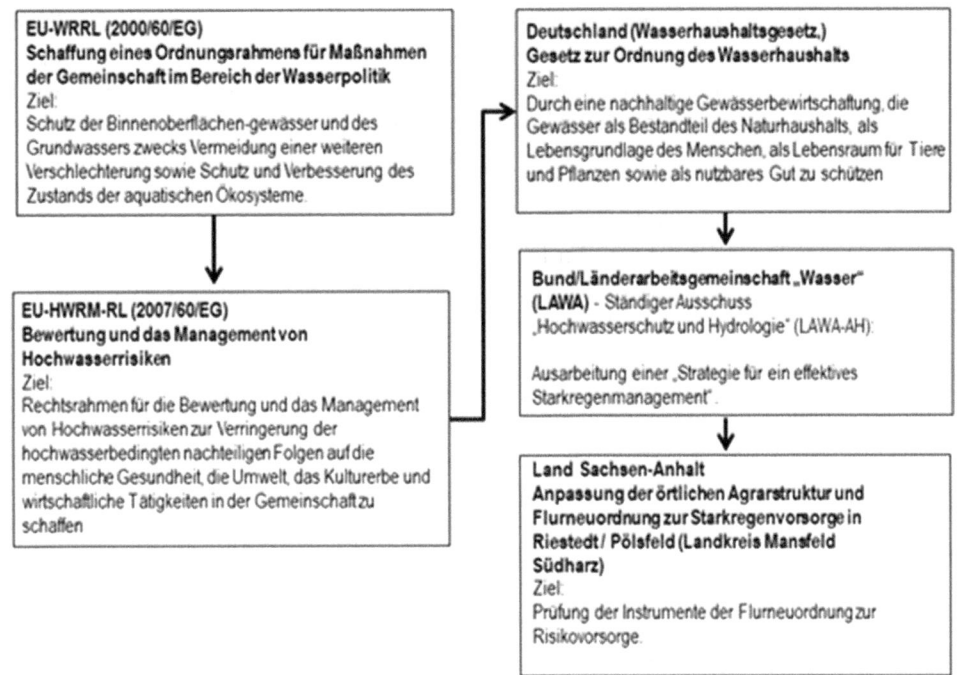

Abb. 5.12 Übernahme der „EU-Wasserrahmenrichtlinie" (WRRL) in die deutsche Gesetzgebung und die weitere Umsetzung in den Ländern und Kommunen

der Fassung vom 02.04.2009 (BGBl. I S. 693) hat der Bund das BBK als Bundesoberbehörde eingerichtet – sie untersteht dem Bundesministerium des Innern. Das Bundesamt nimmt Aufgaben des Bundes auf den Gebieten des Bevölkerungsschutzes und der Katastrophenhilfe wahr, die ihm durch das Zivilschutz- und Katastrophenhilfegesetz übertragen werden. Dafür unterstützt das BBK die technische Ausstattung der Katastrophenschutzeinrichtungen der Länder (z. B. durch die Gestellung von Kraftfahrzeugen für den Katastrophenschutz oder das Technische Hilfswerk). Jährlich werden die Katastrophenschutzkräfte bei ressort- und länderübergreifenden Krisenmanagementübungen (z. B. LÜKEX) geschult. Damit wird der Stand der operativen Kenntnis in ganz Deutschland harmonisiert, sowohl auf den lokalen Umsetzungsebenen als auch bei den Führungskräften – insbesondere für die Planung, Durchführung und Auswertung von Katastropheneinsätzen.

Die Aufgaben der Katastrophenschutzbehörde (BBK) ist es, alle Hilfseinsätze zu leiten und zu koordinieren. Sie beaufsichtigt die Einheiten und Einrichtungen des Katastrophenschutzes bei der Durchführung und kann den Trägern der Einheiten in ihrem Bereich Weisungen zur Durchführung erteilen. Bei Einsätzen und Übungen unterstehen ihr auch die Einheiten und Einrichtungen der Bundesanstalt Technisches Hilfswerk nach dem THW-Gesetz. Alle operativen Einrichtungen und Vorhaltungen (Material, Instrumente, Geräte), insbesondere zur Lageerfassung und -bewertung sowie zur Behebung von Ausstattungsengpässen,

können im Rahmen der Amtshilfe zur Unterstützung eines Landes vom BBK angefordert werden. Die Festlegung, welche Maßnahmen vom Bund koordiniert werden, trifft der Bund im Einvernehmen mit dem betroffenen Land. Die Zuständigkeit der Länder für das operative Krisenmanagement bleibt unberührt. Doch behält sich der Bund das Recht auf die Koordinierung vor; die bundeseigenen Krisenmanagementstrukturen bleiben davon unberührt.

5.2.6 Aufgaben der Bundesländer beim Katastrophenschutz (Beispiel Freistaat Bayern)

In dem föderalen System der Bundesrepublik liegt der Katastrophenschutz grundsätzlich in der Zuständigkeit der Länder. Als Katastrophenschutzbehörden gelten dabei die Kreisverwaltungsbehörden, Landratsämter und kreisfreien Städte. Die Katastrophenschutzbehörden arbeiten mit den im Katastrophenschutz mitwirkenden Einsatzorganisationen (lokale Freiwillige Feuerwehren, Berufsfeuerwehren, THW) und anderen Organisationen und sonstigen Stellen zusammen. Kern der Aufgabe ist es, Katastrophen abzuwehren und die dafür notwendigen Vorbereitungsmaßnahmen zu treffen. In Deutschland gibt es – einmalig auf der Welt – mehr als 20.000 Freiwillige Feuerwehren mit mehr als 1 Mio. Feuerwehrleuten. Sie stellen das Rückgrat der Brand- und Katastrophenbekämpfung dar.

In Bayern gibt es grundsätzlich keine in einer festen Struktur organisierten Katastrophenschutzeinheiten (Bayerisches Katastrophenschutzgesetz, BayKSG vom 26. März 2019, GVBl. S. 98). Generell zuständig sind die lokalen Regierungen, z. B. von Oberbayern, sowie das Bayerische Staatsministerium des Innern. Über eine gesetzlich festgelegte Katastrophen-Hilfspflicht können die Katastrophenschutzbehörden jedoch auf das Potenzial auf anderen lokalen Ebenen zugreifen, auch wenn diese ihren Standort nicht im Zuständigkeitsgebiet der betroffenen Katastrophenschutzbehörde haben. Im Bedarfsfall kann auch auf die Bundespolizei und die Bundeswehr im Rahmen der „zivilmilitärischen Zusammenarbeit" zurückgegriffen werden.

In Art. 3 werden die Kreisverwaltungen verpflichtet, vorbereitende Maßnahmen zum Katastrophenschutz zu ergreifen. Das heißt, die Zuständigkeiten der Katastropheneinsatzleitung sind festzulegen, auf eine ausreichende Aus- und Fortbildung ist zu achten. Im Bedarfsfall ist eine umgehende Alarmierung der Gefahrenabwehrkräfte sicherzustellen und die notwendige Ausstattung vorzuhalten. Die Einsatzleitungen sind ferner verpflichtet, Katastrophenschutzübungen durchzuführen. Dazu erstellen die Kreisverwaltungsbehörden sogenannte „externe Notfallpläne", in die die Vorgaben der „EU-Störfall-Verordnung" aufzunehmen sind. Auf der Basis dieser Notfallpläne können dann Maßnahmen eingeleitet werden, um die natürlichen Lebensgrundlagen sicherzustellen und zu gewährleisten, dass die notwendigen Informationen an die Öffentlichkeit sowie betroffene Behörden oder Dienststellen in dem betreffenden Gebiet weitergeben werden.

5.2.7 Freiwillige im Katastrophen-Risikomanagement

Das „Hyogo Framework for Action" (2005–2015) erkennt an, dass die „Zivilgesellschaft, einschließlich Freiwilliger und gemeindebasierter Organisationen, wichtige Akteure bei der Unterstützung der Umsetzung der Katastrophenvorsorge auf allen Ebenen sind". Die VN-Generalvollversammlung definiert Freiwilligentätigkeit als „aus freiem Willen, zum Wohle der Allgemeinheit und wenn nicht die monetäre Belohnung der wichtigste Motivationsfaktor ist" und erkennt an, dass „Freiwilligentätigkeit ein wichtiger Bestandteil jeder Strategie zur Armutsbekämpfung, nachhaltigen Entwicklung, insbesondere zur Überwindung von sozialer Ausgrenzung und Diskriminierung" ist. So tragen Freiwillige weltweit dazu bei, die in der Millenniumserklärung der VN festgelegten Entwicklungsziele zu erreichen.

In der Erkenntnis, dass Freiwilligenarbeit eine grundlegende Stütze zur Stärkung und Widerstandsfähigkeit von Gesellschaften darstellen kann, wurde das Freiwilligenprogramm der Vereinten Nationen (UNV) ins

Leben gerufen. Das Programm soll lokale und nationale Katastrophenverantwortliche ermutigen, Freiwillige in lokale Risikominderungsmaßnahmen zu integrieren, einschließlich traditioneller Formen der gegenseitigen Hilfe und Selbsthilfe. Das Freiwilligenprogramm fördert den Aufbau eines *„spirit of volunteerism"*, welcher die Rolle der Freiwilligen als wertvollen Beitrag anerkennt. Der Freiwilligendienst hat sich immer dann als besonders effektiv erwiesen, wenn es darum ging, gemeindebezogene Hilfs- und Wiederherstellungsmaßnahmen zu unterstützen. UNISDR hat sich eingehend mit der Rolle der Freiwilligen befasst und bekräftigt, dass das Katastrophen-Risikomanagement leider „allzu oft" die vielen Beiträge vernachlässigt, die Freiwillige leisten können, insbesondere wenn es sich um die Vulnerabilität des Einzelnen oder einer Gruppe handelt. Die zentrale Funktion der Freiwilligen besteht nicht darin, als Risikobeurteiler, Entscheidungsträger oder Umsetzer zu fungieren, sondern die Selbsthilfefähigkeiten der Gesellschaft im partizipativen Dialog zu unterstützen und so dazu beizutragen, Vertrauen und Solidarität der Bürger zu stärken.

Auf nationaler Ebene kann Freiwilligenarbeit unter anderem dabei helfen, …

- … ein gemeinsames Bewusstsein und Verständnis für die Beziehung zwischen den wichtigsten Interessengruppen, einschließlich lokaler Behörden und lokaler Gemeinschaften, zu schaffen.
- … die Ursachen und Auswirkungen von Katastrophen zu erkennen.
- … Regierungen durch fachspezifische Erfahrungen bei der Vorbereitung, Koordination und Umsetzung krisensensibler Entwicklungs- und Konjunkturprogramme zu unterstützen.
- … den Aufbau institutioneller Kapazitäten bei den nationalen und/oder lokalen Behörden zu erleichtern.
- … operative und technische Unterstützung von Bezirksverwaltungen, Nichtregierungsorganisationen und ehrenamtlich tätigen Organisationen zu koordinieren.

Auf Gemeindeebene kann Freiwilligenarbeit unter anderem dabei helfen …

- … einen Raum zu schaffen, um die *„community"* für das lokale Katastrophen-Risikomanagement zu gewinnen.
- … Gefahren-, Risiko-, Schwachstellen- und Wiederaufbau-Bewertungen vorzunehmen.
- … Beiträge der Gemeinschaft oder anderer Organisationen in Form von Sachleistungen und anderen Ressourcen für die Umsetzung lokaler Maßnahmen zu mobilisieren.
- … die Beteiligung der betroffenen Gemeinschaften, insbesondere von Frauen und Jugendlichen, bei der Planung und Durchführung von Plänen für das Katastrophen-Risikomanagement zu fördern.

Das UNV-Programm fördert zudem die Entwicklung nationaler Freiwilligen-Infrastrukturen durch spezifische gesetzliche Reglungen und setzt einen operativen Rahmen für die Mobilisierung und die Koordinierung der Aktivitäten vor allem aber durch die Förderung des Wertes von Freiwilligen. Nur wenn diese als soziale Instrumente funktionieren, können Freiwillige einen substanziellen Beitrag zur Katastrophenvorsorge leisten.

Vergleichbares gilt für die Freiwilligenprogramme, die unter der Schirmherrschaft der Europäischen Union und den VN durchgeführt werden. Obwohl es eine Vielzahl von Definitionen und Traditionen zum Thema Freiwilligentätigkeit gibt, besteht der gemeinsame Nenner darin, dass Freiwilligkeit bedeutet, Menschen zu helfen. „Der Fokus liegt auf der humanitären Hilfe ..." so die EU-Freiwilligeninitiative für humanitäre Hilfe (European-Solidarity-Corps, EACEA). Die Europäische Union betrachtet freiwillige Maßnahmen als einen wichtigen Bestandteil zum Erreichen des strategischen Ziels, die Europäische Union zu einer wettbewerbsfähigen und dynamischen, wissensbasierten Wirtschaft zu machen. Das Budget des EU Civil Protection Mechanism (EU-EACEA) für die Jahre 2014–2020 beläuft sich auf 370 Mio. EUR, von denen 223 Mio. EUR für Katastrophenvorsorge und Krisenintervention in der EU vorgesehen sind; 145 Mio. EUR für Maßnahmen außerhalb der Gemeinschaft im Rahmen von EU-ECHO (vgl. Abschn. 6.5.1). Das Solidaritätskorps bietet EU-Bürgern die Möglichkeit, sich an humanitären Hilfsprojekten in Drittländern zu beteiligen, sei es im Rahmen von Entsendungen oder durch Online-Freiwilligenarbeit. Die Initiative hat ferner zum Ziel, die Kapazität und Widerstandsfähigkeit schutzbedürftiger Gemeinschaften auch in Nicht-EU-Staaten zu stärken, indem gemeinsame Projekte zwischen erfahrenen Akteuren und lokalen Organisationen durchgeführt werden. Bis Ende 2017 wurden 206 Freiwillige in 28 Nicht-EU-Länder entsandt. Auch andere Aktivitäten, wie die Schulung von Freiwilligen und die Weiterentwicklung der Plattform für EU-Freiwillige, finden regelmäßig statt. Bislang wurden in der EU 145 Entsendeorganisationen zertifiziert.

Die Europäische Union selbst institutionalisiert jedoch kein Freiwilligenprogramm, sondern setzt sich dafür ein, die Freiwilligeninitiativen ihrer Mitgliedstaaten strategisch auszurichten und zu standardisieren. Einige Mitgliedstaaten verfügen bereits über gut organisierte Freiwilligenlandschaften, so wie in Deutschland das Technische Hilfswerk (THW; vgl. Abschn. 6.6.2).

In anderen EU-Mitgliedsländern findet der Freiwilligendienst dagegen keine breite Unterstützung durch die Öffentlichkeit. Es hat sich gezeigt, dass in Ländern mit einer langen Tradition, wie die skandinavischen Länder, das Vereinigte Königreich oder Österreich, Freiwilligendienste gut etabliert sind. Aber vor allem in Ländern, die der Union spät beigetreten sind, finden Freiwillige in der Gesellschaft noch keine breite Anerkennung. Die Europäische Union hat festgestellt, dass die Finanzierung das größte Hindernis für den effektiven Betrieb einer Freiwilligeneinrichtung darstellt. Die Hauptfinanzierungsquelle sind öffentliche Mittel. In einigen EU-Ländern beginnt sich dieser Trend jedoch zu ändern. Die Bereitschaft vieler Mitgliedstaaten, den Sozialsektor zu finanzieren, ist zurückgegangen und nichtstaatliche Organisationen beginnen allmählich, die Funktionen zu übernehmen. Gleichzeitig nimmt der Anteil der aus dem Privatsektor stammenden Finanzmittel stetig zu. Die Höhe der Finanzmittel wird jedoch auch in Zukunft eine große Herausforderung für die Mehrheit der Freiwilligenorganisationen in der Union darstellen. Der wirtschaftliche Wert der Freiwilligentätigkeit variiert in den Mitgliedstaaten stark und reicht von weniger als 0,1 % bis zu 5 % des Bruttoinlandsprodukts.

Im Hinblick auf eine institutionelle Weiterentwicklung des Freiwilligensektors in der Europäischen Union wurden die folgenden Herausforderungen identifiziert: Obwohl das Niveau der Freiwilligentätigkeit in den meisten EU-Ländern insgesamt zugenommen hat, scheinen die Hauptschwierigkeiten mit den Veränderungen zusammenzuhängen, die sich auf die Art des Freiwilligenengagements auswirken, sowie mit einem deutlichen Missverhältnis zwischen den Bedürfnissen der Freiwilligenorganisationen und den Zielen der neuen Generation von Freiwilligen. Die meisten Freiwilligen sind heute weniger bereit sich langfristig zu verpflichten und scheuen sich vermehrt, Entscheidungsverantwortung zu übernehmen. Ein dramatischer Anstieg der Zahl der Freiwilligenorganisationen führt zudem zu einer Zersplitterung der „Freiwilligen-Landschaft". Darüber hinaus stellt die zunehmende Professionalisierung die Freiwilligen vor neue Herausforderungen. Hier vor allem in Bezug auf das Management der Personalressourcen und manchmal auch der Bedarf für sehr spezielle Fähigkeiten und Fachkenntnisse. Diese immer anspruchsvolleren Aufgaben erzeugen ein Spannungsverhältnis zwischen den Anforderungen und der Fähigkeit der Freiwilligen, diese zu erfüllen, und auf ihre Bereitschaft, dies unbezahlt zu tun.

Darüber hinaus sieht die Europäische Union die Gefahr einer politischen Instrumentalisierung des Freiwilligensektors. In einigen Ländern wird der Sektor zunehmend als Instrument zur Lösung von Problemen oder zur Erbringung von Dienstleistungen angesehen, die der Staat nicht mehr erbringen kann (will). Es wird erwartet, dass sich diese Schwierigkeiten aufgrund der zunehmenden Globalisierung noch verschärfen werden. Die Europäische Union betont daher, dass die Freiwilligentätigkeit in der Öffentlichkeit durch eine bessere Belohnung breitere Akzeptanz erreichen wird. Ein Schritt in diese Richtung kann eine höhere Validierung des nicht-formellen und informellen Lernens sein.

Die EU hält es für nötig, einen Paradigmenwechsel einzuleiten, um Stereotype und negative Konnotationen abzubauen, die in einigen Zivilgesellschaften noch vorhanden
sind. Nationale Strategien, die das „Ehrenamt" zur gesellschaftlichen Aufgabe erklären, werden von der Europäischen Union als zentrales Ziel für die Weiterentwicklung
des Freiwilligendienstes in ihren Mitgliedstaaten angesehen.

5.2.8 Beispiele für das Katastrophenrisikomanagement

Banda Aceh

Der Tsunami vom Dezember 2004, der den nördlichen Teil
der Provinz Aceh (Indonesien, Sumatra) traf und fast die
gesamte Küstenregion zerstörte, hatte seine größten Auswirkungen in der Provinzhauptstadt Banda Aceh. Dort wurden etwa 80 % der Häuser und der physischen Infrastruktur,
einschließlich der einzigen Hafenanlage in der Region, vollständig zerstört. In der Stadt Banda Aceh selbst verloren
mehr als 100.000 Menschen ihr Leben. Der Tsunami ero-
dierte die fruchtbaren Oberböden des Gebietes und bedeckte das Land mit mehreren Zentimetern Schutt, sodass
23.000 ha Reisfelder und 120.000 ha Ackerland nicht mehr
nutzbar waren. Insgesamt wurden 300.000 Grundstücke mit
bestätigten Landtiteln zerstört.

Darüber hinaus gingen alle geographischen
Orientierungspunkte sowie das gesamte Archiv der Land-
besitzdokumentation von Banda Aceh verloren. So konnten nur wenige Grundbesitzer ihre Besitzansprüche juristisch nachweisen. Vielen aber, die alles verloren hatten,
fehlten solche Dokumente. Noch schlechter ging es den
Witwen. Sie verfügten in der Regel weder über Personalausweise noch über irgendwelche anderen offiziellen Dokumente. Sie waren daher kaum in der Lage, ihre (legiti-
men) Besitzansprüche zu erheben. Es kam in der Folge zu
erbitterten Konflikten um Landbesitz. Ein Konflikt, der sich
gemäß den Rechtsnormen nicht lösen ließ. Es wurde daher
nach einem Streitbeilegungsverfahren gesucht, mit dem le-
gitime, aber nicht nachweisbare Besitzansprüche rechtlich
einwandfrei und sozial verträglich gelöst werden konnten.
Andererseits sollte das Verfahren auch gewährleisten, dass
keine illegalen Ansprüche geltend gemacht werden können. Hinzu kam, dass die Provinz Aceh mehr als 20 Jahre
unter militärischer Kontrolle stand. Viele Acehnesen hatten
sich der Befreiungsarme (GAM) angeschlossen und waren
in den Untergrund gegangen waren, während ihre Familien in Aceh zurückgeblieben waren. Deren Land war meist
konfisziert worden. Weiterhin waren während der Militär-
herrschaft über die Provinz viele ehemalige Landtitel durch
rechtliche oder illegale Landreformen anderen Besitzern zu-
gesprochen worden. Die Aufgabe der Aceh-Administration

bestand nun darin, einen „Aussöhnungsprozess" auf der
Grundlage eines Dialogs einzurichten, der den Klägern die
Möglichkeit gab, ihre Ansprüche objektiv vorzutragen. Ein
solcher Dialogprozess hat in der islamischen Gesellschaft
eine lange Tradition und wird „ADAT" genannt. Er beruht
auf der traditionellen Grundlage islamischen Rechts: „Land
wird von Gott gegeben und niemand hat das Recht, es zu
verschwenden". Es definiert Land als ein gemeinsames
Gut. Basierend auf dieser Interpretation der Gesetze schlugen die Anwälte der Kläger ein breites und umfassendes
Diskussionsforum vor. Aber nach mehreren langen und
sehr dramatischen Diskussionen wurde kein Ergebnis erzielt. Also schlugen die Ältesten eines Tages vor, einen
Anwalt zu beauftragen, den Streit beizulegen. Der Anwalt
lud Vertreter beider Parteien zu einer geschlossenen Sit-
zung ein, nicht bevor er alle Mitglieder, Verwandten und
Freunde des eingereichten Falles zu einer großen Party (!)
eingeladen hatte. Und es dauerte weniger als einen Tag
und der Streit war beigelegt. Die Lösung war, dass die Partei, die stark von der Siedlung profitierte, einen beträchtlichen Geldbetrag für die Wiederherstellung einer vom Tsunami zerstörten Moschee anbot; ein Angebot, das „kein
guter Muslim" ablehnen kann. Langfristig wurde das Geld
(allerdings) für den Bau eines Parkplatzes für einen neuen
Supermarkt verwendet (Arskal Salim 2010).

Das Beispiel Banda Aceh zeigt deutlich, dass es nicht
die administrativen, technischen oder wissenschaftlichen
Rahmenbedingungen sind, die das Lebensumfeld einer Region definieren, sondern die geographischen, kulturellen
und traditionellen Beziehungen und sozioökonomischen
Bedingungen, die eine Region für die Menschen zu einem
Lebensraum machen. Eine Gesellschaft definiert sich darüber hinaus durch Einzelpersonen oder Gruppen mit persönlichen Beziehungen, die gleiche Interessen und das kulturelle Erbe teilen sowie die gleichen politischen Erwartungen und Ängste haben. Selbst wenn die Gesellschaft
aus verschiedenen ethnischen Gruppen besteht, können die
traditionellen Beziehungsmuster es ihren Mitgliedern ermöglichen, in einer Weise zu profitieren, die sonst auf indi-
vidueller Basis nicht möglich wäre.

Malediven

Der Tsunami von 2004 löste auf der Inselgruppe der Malediven eine Wirtschaftskrise aus, die die Existenz der Nation
bedrohte. Es waren nicht die Auswirkungen des Tsunami
selbst, die diese Krise verursachten – deren Auswirkungen
waren vergleichsweise begrenzt –, sondern die Tatsache,
dass der Tourismussektor danach völlig zusammenbrach.

Die mehr als 10.000 Inseln des Staates der Malediven
liegen weniger als einen Meter über dem Meeresspiegel,
was die 380.000 Einwohner (die Hauptstadt Male ist mit
ihren 230.000 Einwohnern das am dichtesten besiedelte
Gebiet der Welt) am anfälligsten für Überschwemmungen

macht (vgl. Kap. 1). Aber nicht nur die Landfläche nimmt täglich ab, das Eindringen von Meerwasser zerstört auch die Süßwasserspeicher der Inseln.

Damals gab der amtierende Präsidenten Mohamed Nasheed eine Erklärung zur „Zukunft der vom Hochwasser bedrohten Malediven-Inseln" ab. Es war die erste politische Ansprache an die Welt, dass es Orte auf der Erde gibt, an denen der klimabedingte Meeresspiegelanstieg erste ernsthafte Auswirkungen zeigt. Der Wasserspiegel steigt stetig an und bedroht die Existenz auf den Inseln, wie auch in vielen anderen kleinen Inselstaaten: Tuvalu, Tonga, Fidschi, Samoa, Vanuatu, Funafuti und andere. Es gibt noch das bekannte Beispiel der Insel South Talpati vor Bangladesch, die als die erste Insel von der Landkarte verschwunden ist. Dasselbe wird mit dem Tegua-Atoll von Vanuatu geschehen. Ebenso passierte dies in Papua-Neuguinea, wo die Regierung 2005 die 980 Einwohner von Carteret Island (Jacobeit und Mettmann 2007) evakuierte.

Die Regierung entschied daher, einen „Sovereign Wealth Fund" aufzulegen, mit dem Einnahmen aus dem Tourismus für den Kauf von Land außerhalb der Malediven verwendet werden sollen. Das Geld für den Landerwerb sollte aus den Einnahmen von den mehr als 600.000 Touristen pro Jahr stammen, die rund 30 % des Bruttoinlandsprodukts von 2008 ausmachten. In seiner Erklärung an sein Volk: „Die Malediven werden langfristig nicht als Inselstaat überleben." – erläuterte er seinen Landsleuten, dass sie eines Tages die Inseln verlassen und irgendwo eine neue Heimat suchen müssen. Er begann daher mit Verhandlungen über den Kauf von Land in der Indischen Union, in Sri Lanka und auch in Australien. Für die Malediven sind Indien – hier insbesondere die indischen Bundesstaaten Tamil Nadu und Kerala – und Sri Lanka die erste Wahl für eine „Auswanderung", da sie ähnliche Sprache, Kultur und ethnische Herkunft haben. Aber die maledivische Bevölkerung akzeptierte diese „Vision" nicht und hatte Angst, gezwungen zu werden, das Land zu verlassen. Deshalb trat Nasheed nach schweren Unruhen und nach der Anklage der Opposition wegen Hochverrats im Februar 2012 zurück.

Die Regierung der Tuvalu-Inseln tat das Gleiche. Auch sie verhandelte mit Australien und Neuseeland, um in diesen Ländern Aufnahme zu finden. Aber die australische Regierung ist nur bereit, bis zu 90 Tuvaluer pro Jahr aufzunehmen, da sie behauptet, dass es kein echtes Risiko durch den Anstieg des Meeresspiegels für Tuvalu gibt und die Tuvaluer „Wirtschaftsflüchtlinge" seien und nicht aus Klimagründen kommen.

Das Beispiel der Malediven zeigt eindrucksvoll, was passieren kann, wenn eine begründete und ernsthaft überlegte politische Strategie scheitert. Im Fall der Malediven in erster Linie daran, weil die Bevölkerung nicht in den Entscheidungsprozess einbezogen wurde. Stattdessen wurde ihnen die Entscheidung zur Kenntnis vorgelegt. Diejenigen, die von der Entscheidung betroffen waren, hatten nicht die Möglichkeit, ihre Meinung zu äußern. Eine breite und umfassende Diskussion hätte institutionalisiert werden müssen. In der hätte jeder seine Ängste, Erfahrungen und „Vorstellung vom Leben" äußern können. Neben dem Einzelnen hätten Vertreter aller gesellschaftlichen Gruppen (religiöse Führer, die politische Opposition, Vertreter aus Wirtschaft und Wissenschaft usw.) eingebunden werden müssen. Vor allem aber hätte dem Diskussionsprozess (wie in Banda Aceh geschehen) genügend Zeit gegeben werden müssen, z. B. im Rahmen eines „open-end" Round Table. Es ist klar, dass ein solcher Prozess nicht gleich die Existenz der Insel gefährdet hätte. Die Regierung hätte eine so fundamentale Entscheidung auf den wissenschaftlichen Tatsachen gründen müssen. Sie hätte kommunizieren müssen, dass der steigende Meeresspiegel keinen anderen Ausweg zulässt. So konzentrierten sich die Ängste der Bevölkerung weder auf die technischen Fragen des Meeresspiegelanstiegs noch auf die finanziellen Aspekte, sondern fanden ihren Ausdruck im Bereich der Emotionen und Gefühle. In letzter Konsequenz wurde sie auf der Basis islamischer Tradition formuliert.

Das Problem der „*Maldive-Vision*", also sich an anderen Orten anzusiedeln, hat zudem eine internationale Dimension. Eine Frage, die sich sofort stellt, ist, welcher politische Status diesen Personen nach der Umsiedlung zukommen wird. Sind sie noch „Malediver", die jetzt in Indien leben, oder werden sie indische Staatsbürger oder werden sie als Auswanderer oder ethnische Minderheiten behandelt? Das internationale Flüchtlingsrecht, wie es in der „Charta der Vereinten Nationen" verankert ist, unterscheidet nur zwischen „Flüchtlingen" (*„migrants"*) und „Binnenvertriebenen" (*„internally displaced persons";* IDP), die aufgrund militärischer oder ethnischer Konflikte gezwungen sind, ihr Land oder Teile davon zu verlassen. Manchmal waren Flüchtlinge gezwungen, jahrzehntelang ihr Land zu verlassen (Hunderttausende Afghanen ließen sich in den 1980er Jahren in Pakistan nieder) und in dieser Zeit hatten sie keine international anerkannte politische Vertretung. In solchen Fällen übernimmt der „Hochkommissar der Vereinten Nationen für Flüchtlinge" (UNHCR) die Vertretung dieser Gruppen. Eine ähnliche Vertretung gibt es für IPDs. Die grundlegende rechtliche Definition dessen, was eine Nation bildet, erfordert nach dem Völkerrecht ein Territorium, ein Staatsvolk und eine an den Grundsätzen des Völkerrechts orientierte Verfassung. Das bedeutet, dass ein Land (Staat), das aufgrund des Anstiegs des Meeresspiegels überflutet wird und daher nicht mehr existiert, automatisch kein Staat mehr ist.

Obwohl das Umweltprogramm der Vereinten Nationen (El Hinnawi 1985) den Begriff „Klimaflüchtling" in die öffentliche Debatte eingebracht hat, gibt es bis heute keine international anerkannte rechtliche Definition dieser Gruppe von „Flüchtlingen". Daher sind die Vereinten Nationen und damit das UNHCR nicht autorisiert „Klimaflücht-linge" zu betreuen. Für das UNHCR stellt sich die Frage allerdings anders dar: Haben die Flüchtlinge ihr Zuhause bewusst verlassen oder sind sie dazu gezwungen worden. Im Fall der Malediven war die Idee, in einem anderen Land Schutz zu suchen, definitiv freiwillig getroffen worden und nicht Gegenstand einer „erzwungenen" Migration. Seitdem haben die Vereinten Nationen den Begriff „Klimaflüchtling" mehrmals auf die Tagesordnung des „Sicherheitsrates der Vereinten Nationen" gesetzt. Aber weder die fünf ständigen Mitglieder noch die OECD-Länder und auch nicht die vielen anderen Länder waren geneigt, sich mit dem Thema zu befassen, obwohl festgestellt wurde, dass bereits 1990 die Zahl der „Klimaflüchtlinge" auf etwa 65 Mio. geschätzt wurde – viel mehr als die der Flüchtlinge von Kriegen und Konflikten (Myers 2001). Der IPCC (1990) führte aus, dass neben dem klimabedingten Meeresspiegelanstieg auch Wüstenbildung, Bodenerosion und Hitzewellen zu einem wesentlichen Zukunftsproblem für viele Staaten werden. Schon in der „UN-CED-Agenda" von Rio wurde in Kap. 12 der Begriff „Klimaflüchtlinge" angesprochen. Um gegen die „Zurückhaltung" der Industriestaaten in dieser Frage vorzugehen, haben die Regierungen der betroffenen Inselstaaten die Alliance of the Small Island States (AOSIS; vgl. Abschn. 6.7.1) gegründet, um ihre Stimme zu erheben und für eine weltweite Reduktion der Treibhausgase zu kämpfen. Sie argumentieren, dass sie fast kein CO_2 in die Atmosphäre abgeben, aber diejenigen sind, die zuerst leiden werden

5.3 Risikoübertragung

5.3.1 Allgemeines

Trotz „bester" Vorsorgemaßnahmen kommt es immer zu Katastrophen, die, wenn nur die ökonomische Seite betrachtet wird, zu Schäden führt, die beim Wiederaufbau Kosten verursachen. Die Kosten entstehen beim Geschädigten. Das kann sowohl der Einzelne als auch der Staat insgesamt sein. Beide versuchen, den Schaden (bzw. die Wiederherstellungskosten) auf einen Dritten zu übertragen. Eine solche Risikoübertragung geschieht zumeist, indem man sich gegen die Schäden versichert. Damit sind Katastrophenvorsorge und Katastrophennachsorge untrennbar miteinander verbunden. Bei dem Einzelnen wird (Personenschäden ausgenommen) in der Regel sein Hab und Gut z. T. vollständig vernichtet; bei dem Staat die Infrastruktur. Dazu lassen sich im weitesten Sinne auch alle Investitionen in die Sozialsysteme zählen. Dabei ergibt sich jedes Mal die Frage, wie viel Geld eingesetzt werden muss, um die Gesellschaft in einen Stand zu versetzen, der es ihr erlaubt, weiter zu funktionieren (vgl. Abschn. 4.6).

In den vorangegangenen Abschnitten stand die Risikovorsorge im Fokus, in diesem sollen Maßnahmen und Instrumente vorgestellt werden, die in der Folge einer Katastrophe helfen, einen Wiederaufbau zu finanzieren. Dabei gilt ganz generell, dass der finanzielle Aufwand in einem „optimalen" Verhältnis zum entstandenen Schaden stehen muss. In Abb. 5.13 ist dies am Beispiel der Kosten-Nutzen-Relation für Lawinenverbauungen in der Schweiz dargestellt (BUWAL 1999). Das Kostenoptimum besteht dort, wo sich die beiden Kurven (Schadensausmaß/Kosten) schneiden. An diesem Punkt ist für das eingesetzte Kapital die größte Schadensminderung zu erreichen, darunter wäre die Schadensminderung nicht effektiv, darüber zu teuer

In den Industrieländern ist der weitaus größte Teil der Schäden durch Versicherungen gedeckt. Dagegen fehlt es in den meisten Entwicklungs- und vielen Schwellenländern oftmals an finanziellen Ressourcen aus Steuereinnahmen zur Deckung ökonomischer Schäden durch Naturkatastrophen. In diesen Ländern besteht die traditionelle Art der Verlustdeckung durch den Einzelnen darin, darauf zu warten, dass die Regierung Gelder für den Wiederaufbau bereitstellt. Viele der Naturgefahren am stärksten ausgesetzten Länder, wie z. B. Bangladesch, verfügen jedoch nur über eine sehr begrenzte finanzielle Ressourcenbasis, um zumindest einen Teil der Verluste zu decken. Damit verbleibt der größte Teil der Last bei den Opfern. In den Etats vieler Entwicklungsländer sind Vorsorgeaufwendungen für Katastrophenschäden kaum – wenn dann nur zu einem zu geringen Anteil – eingestellt. Diese Länder sind daher vor allem auf Auslandshilfe angewiesen; entweder in Form von Spenden – wie Indonesien, das rund 8 Mrd. US$ zur Beseitigung der Tsunami-Schäden erhalten hat – oder in Form von langfristigen Darlehen der Weltbank oder einer der regionalen Entwicklungsbanken. Solche Kredite werden jedoch zu marktüblichen Konditionen (Zinsen, rückzahlfreie Zeitspanne usw.) vergeben und müssen eines Tages zurückgezahlt werden. Die starke Abhängigkeit von externen Ressourcen war in vielen Fällen der Grund, der eine nachhaltige Erholung dieser Länder behindert hat (vgl. Abb. 4.4). In den Industrieländern sind sowohl private als auch industrielle Gebäude in der Regel umfassend gegen Schäden versichert, wie z. B. im Ahrtal, wo sich die Schäden auf mehr als 8 Mrd. EUR aufsummiert hatten, von denen aber ein Jahr später die Versicherungen gerade einmal 3 Mrd. EUR erstattet hatten.

Es gibt sogar Länder, in denen Teile der Risikoprämie von der Regierung oder durch Steuerbefreiung übernommen werden. Oder wie in der Schweiz (hier sind die Katastrophenversichrungen kantonal organisiert) Vorsorgeaufwendungen als Bonus in die Prämien eingerechnet werden. In vielen Entwicklungsländern gibt es jedoch solche Risikoteilungsmechanismen nicht oder nur begrenzt, sodass die Gesellschaft den Verlustausgleich als nationale Aufgabe

Abb. 5.13 Kosten-Nutzen-Relation für Maßnahmen im Katastrophenschutz

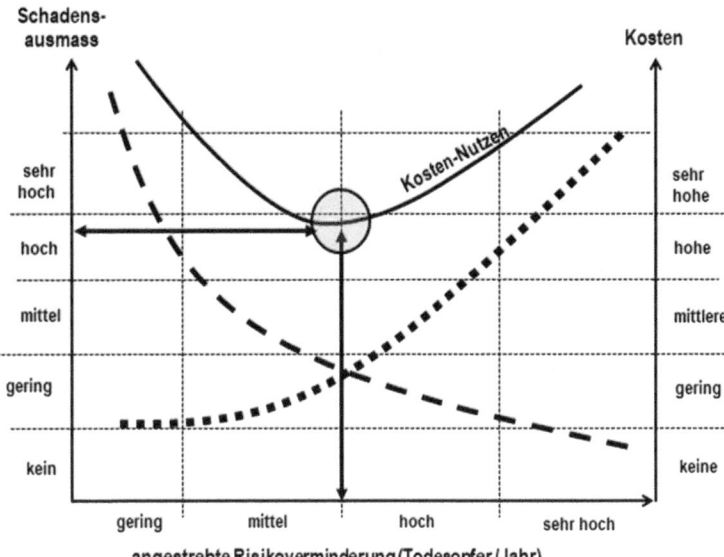

betrachtet – eine Situation, die auch in vielen Industrieländern bekannt ist. Kunreuther (1966) betont in diesem Zusammenhang, dass statt der Deckung der Schäden durch die Länder die Versicherungsgesellschaften „überzeugt" werden sollten, den Stand der Vorsorge (z. B. Baustandard) bei der Prämienkalkulation zu berücksichtigen. Ein weiterer Punkt bei der Definition der Prämie sollte darin bestehen, sie nicht nur auf das Schadensmuster des Einzelnen zu beziehen, sondern zur Festlegung der Versicherungsprämie auch die Lebensbedingungen, den Standort und das soziale Umfeld als gleichwertige Determinanten der Verletzlichkeit einzubeziehen.

Daraus ergibt sich folgerichtig, dass jede Katastrophenvorsorge immer von einer Risikoübertragung an einen Dritten begleitet werden sollte. Aber die vergleichsweise niedrigen Einkommensniveaus machen „arme" oder „benachteiligte" Länder für das internationale Versicherungsgeschäft nicht interessant; und wenn, dann beschränkt es sich auf das wohlhabendere Segment der Gesellschaft oder den hochproduktiven Industriesektor. Der Mangel an finanziellen Ressourcen behindert oft eine schnelle Wiederherstellung der sozialen und ökonomischen Bedingungen im Land, da die notwendigen Infrastruktursanierungsmaßnahmen entweder nicht umgesetzt werden oder bestenfalls mit großer Verzögerung und wenn, dann nicht in der erforderlichen Größenordnung vorgenommen werden. Um den Ressourcenmangel zu beheben, müssten risikobezogene Finanzierungssysteme schon weit vor einem Katastrophenfall aufgebaut sein. Der geeignetste Weg für gefährdete Gesellschaften, nicht auf externe Hilfe von internationalen Geberorganisationen oder privaten Spenden angewiesen zu sein, besteht darin, dass die Regierungen einen staatlichen, parastaatlichen oder privat organisierten Risikotransfermechanismus institutionalisieren. Dies er-

öffnet gute Chancen, nicht nur Mittel zur Finanzierung von Katastrophenschäden zu erschließen, sondern kann auch Elemente der Risikoprävention beinhalten. Am wichtigsten ist, dass staatliche Behörden:

- Risikoteilung als eine soziale Herausforderung verstehen,
- erkennen, dass sich Prävention lohnt (reduziert die Kosten um das Drei- bis Fünffache),
- offen sind für einen Dialog mit der Privatwirtschaft, um Optionen für Risikotransfermechanismen zu ermitteln,
- einen Rechtsrahmen institutionalisieren, der die Zusammenarbeit mit der Privatwirtschaft fördert,
- realistische Einschätzungen der lokalen Risikoexposition haben

Eine Übertragung des Risikos setzt voraus, dass es einen „Mechanismus" gibt, der das Risiko von den von einer Katastrophe betroffenen Menschen auf nicht betroffene Personen aufteilt. Dazu wurden weltweit Versicherungen als privatrechtliche Organisationen ausschließlich mit dem Ziel gegründet, solche Risiken zu übernehmen. Die Versicherung – auch gegen Naturrisiken – ist ein marktorientiertes Instrument, das eine gleichmäßige Verteilung der finanziellen Belastungen aus der Katastrophe auf die vier beteiligten Parteien ermöglicht: den Versicherten, den Versicherer, den Rückversicherer und den Staat. Da Versicherungen viele Klienten haben, sind sie in der Lage, ihr „Risiko" auf eine Vielzahl an Versicherten zu verteilen. Beide Partner schließen dafür einen Vertrag, in dem alle Parameter für die Schadensbegleichung festgehalten sind. Die Versicherungen erheben Versicherungsprämien von dem Versicherten entsprechend der Versicherungssumme. Die Vielzahl an Versicherungsnehmern trägt mit einem

„niedrigen" Geldbetrag (Prämie) dazu bei, den hohen Verlust aus einem Versicherungsvertrag zu decken. Dabei tragen allerdings der Versicherer und der Rückversicherer – alle Versicherer sind über sogenannte Rückversicherer abgesichert – den größten Teil der Last. Darüber hinaus kann der Versicherer durch die Einführung eines Rabatts zur Erhöhung der Eigenverantwortung des Versicherten im Vorsorgeverhalten beitragen. In der Regel wird nicht der gesamte Schaden beglichen, sondern der Versicherte muss einen Teil der Kosten selber tragen (Selbstbehalt; *„deductible"*); z. B. bei der Kfz-Versicherung kann das zwischen 500–1000 € betragen. Zur Kalkulation der Prämien für Naturkatastrophen können die Versicherungen heute auf eine Fülle an wissenschaftlichen Erkenntnissen zurückgreifen (z. B. meteorologische Aufzeichnungen zur Sturmgefahrenprognose), mit denen die Prämien zum Teil bis auf die Ebene eines Haushalts heruntergebrochen werden können. Zum Beispiel ist es mittels des „ZÜRS"-Programms möglich, Tarifzonen für den Hochwasserschutz in Köln für Wohngebäude entlang des Rheins sogar bis auf die Wohnetagen auszuweisen. Die vielen 100.000 Datensätze umfassenden Datenbanken der Versicherer (Münchener Rückversicherung, CRED-Emdat, SwissRe u. a.) ermöglichen nach jeder (größeren) Katastrophe eine genaue Rückverfolgung der Zusammenhänge zwischen Ereignisintensität und Schadenintensität und helfen so, potenzielle Schäden realistisch vorherzusagen. Damit können die finanziellen Aufwendungen der Versicherer in einem ökonomischen Gleichgewicht gehalten werden. Das internationale Abkommen zur Stärkung der Einlagensicherheit von Banken und Versicherungen (Solvency II) hat zudem die Ausgestaltung der Versicherungsleistungen transparenter und die Einlagen sicherer gemacht.

Versicherungen müssen beim Staat akkreditiert sein, d. h. sie unterliegen der staatlichen Aufsicht. Das macht diesen Teil der Katastrophennachsorge zu einer nichtstaatlichen Aufgabe. Im Gegenzug haben viele Staaten „Rettungsfonds" eingerichtet, die im Fall der Insolvenz eines (Versicherungs-)Unternehmens die Schadensbegleichungen bis zu einem bestimmten Anteil übernehmen. Darüber hinaus kann der Staat dem Versicherer bei drohender Insolvenz – die dann zwangsläufig zu Lasten des Versicherten gehen würde – beispringen, indem er das finanzielle Risiko durch finanzielle Anreize für die Opfer, entweder durch Direktkredite oder durch Steuererleichterungen, mindert.

Im Allgemeinen entscheiden die Menschen selbst, wieviel Risiko sie zu tragen bereit sind und damit auch, wieviel Geld sie für Prävention ausgeben wollen. Aber diese Entscheidung ist eine Frage des Einkommens und der Erfahrungen (Verfügbarkeitsheuristik, Abschn. 5.2.2). Daher unterscheiden die Menschen zwischen einem Risiko, das sie bereit sind zu tolerieren, und dem, das sie nicht akzep-

tieren (ALARP-Prinzip). Es stellte sich allerdings heraus, dass der Einzelne eher seine Verantwortung im Bereich der „tolerierbaren" Risiken sieht – jedoch „nicht tolerierbare" Risiken beim Staat abgeben möchte. Ein höheres Resilienzniveau ist daher nicht nur eine Frage der persönlichen Erfahrung, sondern auch, wie sehr Risikominderung in der Gesellschaft thematisiert wird. Der Aspekt „Risikominderung" gibt ein Beispiel für das „Paradigma des sozialen Gleichgewichts", das eine Gesellschaft vital und nachhaltig macht.

Eine Absicherung gegen mögliche Schäden kann entweder „ex-post", also nach einem Ereignis (kurativ), aus Rückstellungen im Budget gedeckt werden oder „ex-ante", also präventiv, indem man sich gegen einen Katastrophenfall versichert. Dies trifft ebenso für den Einzelnen zu als auch für eine Gesellschaft (Staat) oder eine Firma. Es wird zwischen Risikoabsicherungen, die die Schäden des Einzelnen abdecken, Versicherungen gegen Ausfallrisiken von Versicherungen oder solchen, mit denen sich Staaten gegen (nicht tragbare) finanzielle Belastungen absichern, unterschieden:

- Selbstfinanzierung (*„risk retention"*)
- Schadenversicherung (*„risk transfer"*)
- Übertragung auf eine andere Organisation (*„risk sharing"/„risk splitting"*)

Aus alldem ergibt sich, dass eine finanzielle Absicherung gegen Risiken ein komplexes System darstellt, das unterschiedliche Aspekte umfasst:

- bessere Kenntnisse über (sektorale) Risiken
- Identifizierung risikogefährdeter Gruppen
- finanzielle Vorsorge zur Deckung von Verlusten
- Bündelung von präventiven und kurativen Ressourcen
- Risikostreuung/-übertragung
- Risikovermeidung
- Rechtssicherheit bei Versicherungsverträgen

5.3.2 Selbstfinanzierung

Der Ausgleich von Schäden durch „Eigenmittel" bedeutet, dass der Einzelne oder ein Unternehmen – dies trifft auch auf Staaten zu, die in der Regel ihre „Werte" grundsätzlich nicht versichern – im Staatshaushalt Finanzmittel vorhalten, um im Schadenfall einen Verlust zu decken. Dazu nutzt der Einzelne eigene Kapitalquellen. Bei Firmen kommen diese Mittel entweder aus dem Betriebsvermögen oder die an der Firma beteiligten Investoren stellen zusätzliches Kapital zur Verfügung. Aus Risikofinanzierungssicht bietet sich dieses Vorgehen für kleine und seltene Schäden an. Bestenfalls stehen im Schadensfall genügend Eigenmittel zur Verfügung. Die Schadenbegleichung erfolgt dabei „ungeplant" als Folge eines unvorhergesehenen Ereignisses. Geplante Rückstellungen setzen voraus, dass potenzielle Verluste vorab erfasst und finanziell bewertet werden. Die Rückstellung erfolgt dann als reguläre Budgetposition mit vordefinierter Verbindlichkeit; sie kann durch Barmittel, Wertpapiere oder andere liquide Mittel finanziert werden.

5.3.3 Versicherung

5.3.3.1 Eigenversicherung

Ein weiteres Element der Risikofinanzierung ist, wenn der Einzelne seine Verluste über eine Versicherung finanziert. Die typische Form ist die Eigenversicherung, wie sie die Kfz-Versicherung, die Hausratversicherung usw. darstellen. Damit müssen Schäden nicht aus dem regulären Haushalt (privat/Firma) beglichen werden. Eine Versicherung übernimmt dies. In dem Versicherungsvertrag ist genau festgelegt, welche Schäden übernommen werden, welche Versicherungsprämien dafür zu zahlen sind und welcher Eigenanteil *(„deductible")* beim Versicherten verbleibt.

Dies gilt auch für Schäden durch Naturkatastrophen. Sie werden als „Elementarschäden" bezeichnet und sind nicht durch die (normale) Hausratversicherung gedeckt. Vor allem zur Abdeckung von Schäden aus:

- Überschwemmung,
- Erdbeben,
- Erdsenkung/Erdrutsch,
- Schneedruck/Lawinen,
- Starkregen,
- Vulkanausbruch (zum Beispiel im Urlaub)

ist eine spezielle Elementarschadenversicherung angebracht. Eine solche Versicherung übernimmt die Kosten für die Schadensbeseitigung am Gebäude selbst und allen fest damit verbundenen Teilen. Sie umfasst keine Schadensregulierung für zerstörte Hausrat- und Einrichtungsgegenstände; in diesem Fall greift die Hausratversicherung. Die bayerische Landesregierung hatte nach den schweren Überflutungen in den letzten Jahren darüber nachgedacht, eine Elementarschadenversicherung zur Pflichtversicherung zu machen. Hausbesitzer ohne diesen Versicherungsschutz würden dann mit staatlichen Übergangshilfen erst in der zweiten Reihe bedient. Das Land Hessen beispielsweise gewährt den Betroffenen, sofern keine Elementarschadenversicherung abgeschlossen ist, bei Unwetterschäden nur die Aussetzung von Steuerschulden. Deshalb ist auch der Abschluss einer Elementarschadenversicherung als Ergänzung zur Hausratversicherung in jedem Fall sinnvoll.

Im Zuge des Klimawandels und der zunehmenden Versiegelung der Landschaft und der Städte sowie der Ausdehnung der landwirtschaftlich genutzten Flächen werden Gebäude- und Flurschäden durch Starkregen und Flusshochwasser in Zukunft noch stärker zunehmen. Hochwasserschäden müssen die Eigentümer in der Regel selbst bezahlen. Die Wohngebäudeversicherung übernimmt beim klassischen „Dreifachschutz" nur Schäden durch Feuer (Brand/Blitzschlag/Explosion), Sturm und Hagel sowie für Leitungswasser (Rohrbruch, Frost, Nässeschäden). Versicherte bekommen dagegen Schäden durch etwa Starkregen ersetzt, wenn sie zusätzlich eine Elementarschadenversicherung abgeschlossen haben – am besten in Kombination mit einer Gebäudeversicherung. Schäden durch Grundwasser sind üblicherweise nur versichert, wenn Grundwasser an die Erdoberfläche austritt und eine Überschwemmung verursacht. Werden Kellerwände infolge eines Grundwasseranstiegs feucht, springt der Versicherer in der Regel nicht ein. Außerdem ist in den meisten Versicherungsbedingungen eine Überschwemmung definiert als „Überflutung von Grund und Boden". Das heißt: Flachdächer, Balkone und Terrassen gehören nicht zu den versicherten Gebäudeteilen.

In den Jahren 2012 und 2015 waren in Deutschland jeweils 80 Mio. EUR für Elementarschäden aufgewandt worden; im Jahr 2013 waren dies 750 Mio. EUR und 2016 490 Mio. EUR, obwohl in der Zeit die Anzahl der Gesamtschadenslagen nicht wesentlich variiert hat. Für Versicherungen sind solche extremen Schwankungen schwer vorauszusehen. Daher haben die Versicherer in Deutschland ein „Zonierungssystem für Überschwemmung, Rückstau und Starkregen" („ZÜRS Geo") entwickelt, das hilft, die Frage, welches Gebäude in welchem Ausmaß hochwassergefährdet ist, vorab zu beantworten. Je nach Gefährdungsklasse wird der Beitrag für die Elementarschadenversicherung kalkuliert. Rund 21 Mio. Adressen in Deutschland sind in das System eingespeist. Jede Adresse ist einer der vier Gefährdungsklassen zugeordnet. Nach „ZÜRS Geo" 2019 tritt statistisch Hochwasser auf in:

- Gefährdungsklasse 1: Nach gegenwärtiger Datenlage nicht von Hochwasser größerer Gewässer betroffen.
- Gefährdungsklasse 2: Hochwasser seltener als einmal in 100 Jahren, insbesondere Flächen, die bei einem sogenannten „extremen Hochwasser" ebenfalls überflutet sein können.
- Gefährdungsklasse 3: Hochwasser einmal in 10 bis 100 Jahren.
- Gefährdungsklasse 4: Hochwasser mindestens einmal in 10 Jahren.

Dabei gilt: Je höher die Gefährdungsklasse, desto teurer der Versicherungsschutz. Doch die Datenlage zeigt: Rund 93 %

der Häuser liegen in der Gefährdungsklasse 1, darunter auch große Gebiete in den Städten Berlin, Leipzig, München oder Stuttgart. Problematischer ist der Schutz für gut 1 % der Immobilien, die in den Gefährdungsklassen 3 und 4 liegen – wie Häuser in der Altstadt in Passau an der Donau oder in Köln am Rhein.

5.3.3.2 Parametrische Versicherung

In Deutschland wird eine zunehmende Zahl an Naturkatastrophen beobachtet, die aufgrund massiver finanzieller Schäden teilweise erhebliche Auswirkungen auf die deutsche Wirtschaft haben. Es wird davon ausgegangen, dass etwa 80 % aller Wirtschaftssektoren von klimatischen Bedingungen beeinflusst sind. So hat z. B. der Dürresommer 2018 in der Agrarwirtschaft zu reduzierten Ernteerträgen geführt. Oft können solche Verluste nur schwer beziffert und trennscharf nachgewiesen werden, da sie oftmals über die reinen Sachschäden hinausgehen. In diesem Fall können sogenannte „parametrische Versicherungen" helfen. Im Schadensfall werden Versicherungsleistungen nach zuvor festgelegten, eindeutigen Kriterien geleistet und zwar nicht bezogen auf den entstandenen Schaden, sondern auf der Basis des auslösenden Ereignisses. In der Regel handelt es ich dabei um ein physikalisch messbares Kriterium, zum Beispiel die Stärke eines Erdbebens, eine Windgeschwindigkeit oder ein Luftdruck. Die Entschädigungszahlung hängt ausschließlich davon ab, ob diese Kriterien erfüllt sind; unabhängig davon, ob auch tatsächlich ein Verlust zu verzeichnen war. Um eine größere Bandbreite an Risiken abzudecken, können die Parameter flexibel kombiniert werden. Versicherungsnehmer sowie der Versicherer haben im gesamten Verlauf der Versicherungsperiode die Möglichkeit, laufend die gemessenen Daten einzusehen. Die Versicherungssumme sowie der Selbstbehalt können den jeweiligen spezifischen Bedürfnissen angepasst werden. Auch werden für die Berechnung der Prämie keine Informationen über die Vorschadenhistorie benötigt, da das Eintreten über die vereinbarten Parameter abgesichert wird. Damit sind auch finanzielle Verluste oder Betriebsunterbrechung ohne vorangegangenen Sachschaden versicherbar. Auf fast 3 Mrd. EUR belief sich eines der größten Schadensereignisse für die deutsche Versicherungswirtschaft: ein Hagelschlagschaden. Tausende Autos auf Abstellflächen von Autohändlern und Herstellern wurden zerbeult, großflächig kam es zu Ernteausfällen und tausende Fassaden aus Glas oder Blech wurden beschädigt.

Da Hagelereignisse im Rahmen von Sommerstürmen häufiger auftreten und oftmals kleinflächige Areale betreffen, kooperieren Versicherungen mit Datenanbietern, um schon mit Vertragsbeginn z. B. Wetterstationen auf dem Gelände des Versicherten aufzustellen. Diese erfassen präzise die Größe sowie Aufprallwinkel und -geschwindigkeit der Hagelkörner und bieten somit die Grundlage für eine um-

gehende und transparente Berechnung der Kompensationszahlung im Rahmen einer „parametrischen Versicherung". Insbesondere durch die deutlich verbesserte Qualität und größere Verfügbarkeit der relevanten Wetterdaten hat dieses Versicherungsmodell stark an Bedeutung gewonnen. 40 Wetterparameter stehen zur Verfügung; Satellitenbilder und Messdaten von Wetterstationen können es dem Versicherer ermöglichen, angepasste Versicherungslösungen anzubieten. Im Zuge des Klimawandels wird diese Art der Versicherung sicher noch häufiger in Anspruch genommen werden.

5.3.3.3 Firmeneigene Versicherung

Statt einen möglichen Schaden bei einem externen Dritten zu versichern, können sich Unternehmen im Rahmen einer Selbstversicherung auch bei einer firmeneigenen (!) Versicherung absichern („captive-insurance"). Dies trifft insbesondere für große, multinational aufgestellte Konzerne zu, da sie am ehesten die erforderliche Betriebsgröße für ein firmeneigenes Versicherungsportfolio erreichen. Das Versicherungsgeschäft wird dabei von den Eigentümern kontrolliert, die auch die Hauptbegünstigten sind. Sowohl die Zahlungen der Versicherungsprämien als auch Schadenleistungen werden dabei konzernintern abgewickelt. Der Konzern ist somit Nutznießer als auch Kontrolleur. Man unterscheidet generell in Eigenversicherungen, die ausschließlich Risiken des eigenen Konzerns abdecken, und solche, zu denen sich verschiedene Konzerne zusammenschließen („mutual captive"). Dabei stellen solche „captives" keine Selbstversicherung im eigentlichen Sinne dar, sondern es handelt sich um ein Finanzierungsinstrument (z. B. ein Bankkonto bei einem unabhängigen Dritten/Treuhänder), das ausschließlich für die Zahlung von Verlusten bestimmt ist. Ein externer Treuhänder verwaltet den „Pool" durch eine formalisierte Vereinbarung. Um das Risiko noch weiter zu reduzieren, wird zudem ein Teil des Risikos an eine (externe) Rückversicherung abgegeben. „Captive"-Versicherungen sind flexibel genug, um den vielfältigen und unterschiedlichen Risikoarten gerecht zu werden. Da „captives" zur Steuer- und zur Gewinn- und Verlustrechnung verpflichtet sind, wird das Risikomanagement zu einem Teil des Organisationsmanagements. Die Entscheidung, sich selbst über eine eigene Firmenversicherung abzusichern, stellt für ein Unternehmen folgendes Problem dar: Wie kann es sicherstellen, dass ausreichend hohe Rückstellungen angelegt werden und dass dennoch eine hohe Liquidität gewährleistet ist („Portfolio-Theorie"; vgl. Pfister 2003)? Da bei Eintritt eines Katastrophenereignisses sofort hohe Schadenszahlungen notwendig sind, muss das bereitgestellte Kapital auch schnell verfügbar sein. Doch gut rentierliches Kapital ist in der Regel langfristig, zum Beispiel in Aktien, gebunden. Kurzfristiges gibt nur eine geringe Rendite. Die Firma kann dies lösen, indem sie die Risiken über verschiedene Risikotypen und Aktienportfolios streut. Am besten, indem man sie in einen Pool mit anderen Kapitalanlagen einbringt, deren Vermögenswerte nicht oder nur wenig mit den Vermögenswerten des betreffenden Kapitals korrelieren.

5.3.3.4 Mikroversicherung

Eine besondere Art von Versicherung zum Schutz vor den Naturrisiken, insbesondere für Menschen mit niedrigem Einkommen in den Entwicklungsländern, bieten die sogenannten Mikroversicherungen *(„micro-financing")*. Eine Mikroversicherung ist ein Instrument, um all denen, die nicht durch staatliche Systeme geschützt sind, sozialen Schutz zu gewähren (Linneroth und Mechler 2009; Linnerooth-Bayer et al. 2011; Ullah und Khan 2017). Dabei müssen die potenziell eintretenden Schäden in Bezug auf Region, Risikoart und Schweregrad vorab definiert sein. Das Risiko muss also vorhersehbar sein, muss eine große Klientel umfassen und sollte eine große räumliche Verteilung aufweisen. Die Prämien müssen in einem angemessenen Verhältnis zu der Wahrscheinlichkeit und den Kosten des damit verbundenen Risikos stehen. Mikroversicherungen umfassen den gesamten Versicherungssektor, von der Lebensversicherung über Unfälle, Hausratversicherungen bis hin zur Tierversicherung sowie den Schutz vor Überschwemmungen, Sturm, Hagel oder anderen Naturgefahren. Die Versicherungsleistung kann den Bedürfnissen der Kunden angepasst werden, um so zu erreichen, dass Haushalte und Produktionsgüter wiederhergestellt werden.

Bei den Mikroversicherungen unterscheidet man generell sechs Kategorien (Schneeweiß 2015):

- Banken
  Staatlich lizenzierter Finanzdienstleister, die von einer offiziellen Aufsicht reguliert werden. Sie bieten eine Vielzahl von Dienstleistungen an, darunter Spareinlagen, Kredite und den Geldtransfer.
- Genossenschaftsbanken
  Von Mitgliedern getragene Finanzinstitute. Sie können zum Wohle ihrer Mitglieder eine Reihe von Finanzdienstleistungen anbieten, darunter Spareinlagen und Kredite. Sie sind zwar nicht staatlich reguliert, können aber unter der Aufsicht eines regionalen oder nationalen Genossenschaftsrats stehen.
- Finanzinstitutionen ohne Banklizenz (NBFI)
  Bieten ähnliche Dienstleistungen wie eine Bank an, haben aber einen anderen Status. Dies kann eine geringere Eigenkapitalanforderung sein – oft ergibt sich daraus ein eingeschränktes Angebot von Finanzdienstleistungen. Eine NBFI untersteht meist einer anderen staatlichen Aufsicht als die Banken. In manchen Staaten entspricht die NBFI-Kategorie einer staatlicherseits speziell für Mikrofinanzbanken entwickelten Kategorie von Banken.
- Nichtregierungsorganisationen (NGO)
  Sind in der Regel aus steuerlichen Gründen als „Nonprofit"-Organisation registriert. Ihr Angebot an Finanzdienstleistungen ist üblicherweise beschränkt und umfasst normalerweise nicht die Verwaltung von Sparguthaben. Die Institutionen unterliegen typischerweise keiner staatlichen Aufsicht. Das NGO-Modell ist bei Mikroversicherungen weltweit am weitesten verbreitet (30 %), gefolgt von dem NBFI-Modell (25 %).
- Landwirtschaftliche Kleinbanken *(„Rural Bank")*
  Sie richten sich an Kunden, die in nicht-städtischer Umgebung leben und die irgendeiner Art von landwirtschaftlicher Tätigkeit nachgehen.

Generell werden drei Modelle von Mikroversicherungen angeboten. Bei einem:

- „Partnermodell" besteht ein Kooperationsvertrag zwischen dem Mikroversicherungsprogramm und dem lokalen Versicherungsmakler. Das Programm stellt die finanziellen Mittel zur Verfügung und der lokale Makler übernimmt die Betreuung der Klienten.
- „Gesamtverantwortungsmodell" liegen Mittelbereitstellung, Durchführung und die Gesamtverantwortung in einer Hand. Damit hat der Finanzierer die volle Kontrolle über den ganzen Versicherungsprozess.
- „Community-based Modell" sind die Versicherungsnehmer selbst für die Abwicklung der Policen verantwortlich – sie sind quasi die „Eigentümer". Sie arbeiten aber immer mit externen (staatlichen, parastaatlichen und Nichtregierungsorganisationen) zusammen. Dieses Model hat den Vorteil, dass das Produkt eng an die lokalen Erfordernisse angepasst werden kann. Es ist flexibel und damit effektiver als die zuvor genannten Modelle – dafür ist es in seinem Umfang wesentlich eingeschränkter und operiert zumeist sehr lokal.

Das Grundkonzept der Mikroversicherung ist das *„risk pooling"*, d. h. alle Versicherten zahlen eine Prämie in einen großen Pool, aus dem der Schaden eines Einzelnen oder einer Gruppe in einem bestimmten Zeitraum und definierten Umfang gedeckt wird. So tragen alle einen kleinen Geldbetrag bei, aber nur wenige profitieren davon. Die Risiken insbesondere für Haushalte mit niedrigem Einkommen werden so auf viele Schultern aufgeteilt. Effektiv wird das Instrument, wenn es möglich ist, Personengruppen zu identifizieren, die das gleiche Risiko teilen: landwirtschaftliche Genossenschaften, Kleinunternehmer und religiöse Gruppen oder Frauenverbände. Solche Verbände sind eine bevorzugte Zielgruppe für Mikroversicherer.

Weltweit ist dieses Modell der informellen Risikostreuung in vielen Gesellschaften verbreitet. Aber in der Tat deckt es vorzugsweise landwirtschaftliche Verluste, wirtschaftliche Belastungen im Gesundheitswesen oder Unfalltodesfälle ab. Laut ILO (2002) ist die Hälfte der Weltbevölkerung von jeglicher Art von Sozialschutz ausgeschlossen; in Subsahara-Afrika sogar nur jeder Zehnte. Die Reichweite solcher Systeme ist begrenzt und in ihrer Wirkung eher gering. Traditionell legt ein Landwirt Erträge aus einer guten Ernte für Notfallzeiten beiseite. Dieses traditionelle Muster wird mit Mikroversicherungen durchbrochen; dem Landwirt wird die Möglichkeit eröffnet, sich durch einen (geringen) Teil seiner Ernteerträge gegen zukünftige Ernteausfälle abzusichern. Die ILO wies darauf hin, dass Mikroversicherungssysteme am besten geeignet sind, wenn die Risiken plötzlich, unvorhersehbar und von erheblicher Tragweite sind.

In der Vergangenheit gab es vielversprechende Versuche, Menschen, die normalerweise keinen Zugang zu den Kapitalmärkten haben, finanzielle Mittel zur Verfügung zu stellen – nicht nur, um einen Schaden zu begleichen, sondern auch, um Kapital für Investitionen zu mobilisieren. Der Erste, der ein solches Kreditprogramm startete, war Professor M. Yunus in Bangladesch, der das Modell der „Grameen Bank" ins Leben rief; er wurde dafür später mit dem Friedensnobelpreis ausgezeichnet. Sein Model baute auf einer in vielen Entwicklungsländern gängigen Praxis, der „rotierenden Spar- und Kredit-Clubs", auf, bei denen Nachbarn oder Kollegen Spar- und Leihgenossenschaften bilden. Diese erhalten gemeinsam (!) einen Kredit (Summe von 50–100 US$), für den aber die Gruppe insgesamt die Verantwortung übernimmt. Die Gruppe entscheidet dann nach einem Rotationsprinzip über die Vergabe an den jeweiligen Kreditnehmer. Seitdem hat sich der Mikrofinanzierungsmarkt stark entwickelt. Da inzwischen auch internationale Finanzdienstleister aus der Entwicklungszusammenarbeit zu Kapitalgebern geworden sind, können heute viele verschiedene Kreditmodelle angeboten werden, die alle auf die Risikofinanzierung für einkommensschwache Gruppen ausgelegt sind. Nach Angaben der Allianz (Allianz Insurance Company, Pro Vention Consortium) wird der Weltmarkt für Mikroversicherungen auf mehr als 2 Mrd. Menschen geschätzt, was einem wirtschaftlichen Potenzial von 40 Mrd. US$ entspricht.

Mikroversicherungsbeispiele aus Asien und Afrika zeigen, dass nicht nur Schäden abgesichert werden, sondern dass auch einkommensschwache Gruppen damit ihre Katastrophen-Resilienz erhöhen können und damit zu interessanten Partnern für das Versicherungsgeschäft werden. Mikroversicherungsprogramme haben in vielen Fällen bereits ihre allgemeine Fähigkeit bewiesen, Schutz vor Naturgefahren zu bieten. Aber „in der Praxis gibt es nur wenige erfolgreiche Erfahrungen und es hat sich als äußerst schwie-

rig erwiesen, erschwingliche und hochwertige Mikroversicherungsprodukte speziell für den Katastrophenfall zu strukturieren und umzusetzen" (Linnerooth-Bayer und Mechler 2009). Sie haben erkannt, dass für eine erfolgreiche Umsetzung eines Mikroversicherungssystems eine Reihe von grundlegenden Faktoren ausschlaggebend ist, darunter ein leistungsfähiger und diversifizierter Risikopool, niedrige Transaktionskosten und erschwingliche Prämien sowie eine transparente und effiziente Auszahlungsmethode. Darüber hinaus erfordert die Mikroversicherung gut ausgebildetes Personal, das nach klar definierten Verfahren arbeitet. Zudem zeigt die Erfahrung deutlich, dass Mikroversicherungen eine Unterstützung durch die Rückversicherer verdienen, „da es für die meisten Systeme sehr schwierig ist, nur (direkte) Versicherungen anzubieten".

5.3.3.5 Cat Bonds

Ein weiteres Feld für ein „alternatives Risiko Transfer-Modell" („*alternative risk transfer*", ART) ist durch die vielen Naturkatastrophen der 1980er bis 1990er Jahre ausgelöst worden: die sogenannten „Katastrophenbonds" („*catastrophe bonds*", Cat bonds). Ein Versicherungsmodell, von dem wegen der Zunahme an Großkatastrophen weltweit in Zukunft mit einer erheblichen Ausweitung zu rechnen ist (Damnjanovic et al. 2010). Eine deutliche Zunahme an Cat bonds ist seit dem 2004-Tsunami festzustellen; danach stieg das jährliche Versicherungsvolumen von weltweit um 4 Mrd. US$ auf danach im Durchschnitt 13 Mrd. US$ an.

Der Versicherungsfall tritt ein, wenn ein in den Verträgen festgelegter „Auslösemechanismus" auftritt. Dabei kann es sich um einen externen Auslöser handeln („*external trigger*"); zum Beispiel ein Erdbeben der Stärke >M5 oder eine Windstärke von mehr als 130 km/h. Wesentlich ist, dass der „Auslöser" technisch-instrumentell genau zu ermitteln ist; sei es durch lokal aufgestellte Instrumente (Windmesser) oder aus der Summe anderer regional erhobener Daten. Ein solcher Auslösemechanismus wird als „parametrischer Trigger" bezeichnet. Ein anderer Auslöser kann ein ökonomischer Verlust in einem Staat in der Folge einer Naturkatastrophe sein; dies wird als „Entschädigungstrigger" („*indemnity trigger*") bezeichnet. Der Vorteil für den Staat ergibt sich daraus, dass damit der (eigentliche) Schaden viel genauer bestimmt werden kann als bei einem Schadenausgleich z. B. nach einem Erdbeben. „Parametrische Trigger" sind, weil sie allgemeiner definiert werden, in der Regel schneller und daher in den Entwicklungsländern die bevorzugte Variante. Im Katastrophenfall verfällt das vom Investor eingezahlte Vermögen; daraus wird der Schaden beglichen.

Cat bonds stellen für einen Staat, für eine Rückversicherung, aber ebenso für Großunternehmen die Möglichkeit dar, von einem „Dritten" (Investor) einen Ausgleich für einen Katastrophenschaden zu erhalten. Ein Staat, der sich gegen Naturkatastrophen-Risiken absichern will, gründet dazu ausschließlich zu diesem Zweck eine „Firma" („special purpose vehicle"). Diese „Firma" ist aber keine Staatsfirma, sondern eine privatrechtliche Organisation, die typischerweise in Steueroasen, wie den Bermudas, registriert wird. Der Staat zahlt der „Firma" regelmäßig die Versicherungsprämien. Dafür platziert die „Firma" Anleihen („bonds") am Kapitalmarkt, die Investoren kaufen. Das eingeworbene Kapital wird von der „Firma" am Kapitalmarkt weit gestreut angelegt (Staatsanleihen usw.). Aus den Versicherungsprämien und den Kapitaleinkünften werden dem Investor Zinsen gezahlt. Für den Investor ergeben Cat bonds eine Möglichkeit, Geld anzulegen ohne von den Fluktuationen der Kapitalmärkte abhängig zu sein. Für ihn lohnt ein solches Investment, da er davon ausgehen kann, dass ein einziges Katastrophenereignis nicht den Weltkapitalmarkt in Erschütterung bringen wird. Damit sein Geld vergleichsweise sicher angelegt ist, investiert er in „bonds" in verschiedenen Regionen der Erde und für verschiedene Risikotypen (Hochwasser, Erdbeben, Dürren usw.). Selbst ein Ereignis wie der Hurrikan Katrina hat den Cat bond-Markt nur wenig in Unruhe versetzt.

Für einen Staat stellt die Ausgabe von Katastrophenbonds zudem eine Möglichkeit dar, Kapital langfristig und wenig krisenanfällig anzulegen. Normale Versicherungsverträge haben wesentlich kürzere Laufzeiten und sind damit stark der Marktfluktuation unterworfen. Des Weiteren kann ein Staat im Katastrophenfall schnell auf das Geld zugreifen. Und da die Bonds vor allem in sicheren Staatsanleihen angelegt werden, stellen sie eine „risikoarme" Investition dar. Auch ist das Handling der Gelder einfacher, da es unabhängig vom Staatsbudget abläuft und vor allem da es zudem noch haushaltsrechtlich als Budgetreserve verbucht werden kann. Dennoch können sich anfangs Probleme auftun, da erst im Laufe von einigen Jahren der angesparte Kapitalstock ausreicht, um Schäden durch eine Katastrophe auch wirklich begleichen zu können. Nur tendieren Staaten oftmals dazu, den Vertrag zu kündigen und das angesparte Kapital anderweitig einzusetzen, wenn sich über lange Zeit keine Katastrophe ereignet hat.

5.3.4 Beispiele für Versicherungsmodelle

US National Flood Insurance Program

Es gibt eine Vielzahl von Beispielen für nationale Versicherungsprogramme. Eines der bekanntesten ist das „US National Flood Insurance Program" (NFIP), das 1968 durch den „National Flood Insurance Act" (NFIA) begründet wurde. Überschwemmungen sind die größte und folgenreichste Naturgefahr in den USA. Das Programm stellt eine nicht-marktwirtschaftliche Versicherungsalternative zur

Katastrophenhilfe dar. Im Rahmen des NFIP wird es Eigentümern ermöglicht, vom Staat einen Versicherungsschutz gegen Schäden durch Überschwemmungen zu erwerben. Das NFIP stellt dafür erschwingliche Versicherungen für Eigentümer, Mieter und Unternehmen bereit. Zudem ermutigt es die Gemeinden zu einem präventiven Katastrophen-Risikomanagement. So werden hochwassergefährdete Gebiete identifiziert und Gemeinden ermutigt, Maßnahmen zum Management von Auen zu ergreifen.

Das Programm zielt darauf ab, die im Laufe der letzten 30 Jahre immer weniger tragbaren finanziellen Belastungen für die privaten und öffentlichen Haushalte zu verringern. Der Privatsektor konnte die größer werdenden finanziellen Belastungen selber nicht mehr tragen; vor allem, weil der Schaden des Einzelnen bei einem Hochwasser in der Regel nur einen sehr geringen (Flächen-) Anteil ausmacht und daher die Kalkulation einer Hochwasserschutzprämie – die für ein ganzes Flussgebiet gelten muss – unmöglich macht. Die Prämien würden damit so teuer, dass kaum jemand sie sich leisten kann. Des Weiteren würde die Schadensabwicklung z. B. eines das gesamte Einzugsgebiet des Mississippi abdeckenden Hochwassers eine einzelne Versicherung in den Konkurs treiben. Das staatlich geförderte NFIP-Programm schafft hier Abhilfe. Es arbeitet mit den privaten Versicherungsunternehmen zusammen, die die Versicherungen vertreiben und die Begleichung der Schäden vornehmen – alles unter der Aufsicht der Bundesregierung. Das NFIP-Programm unterscheidet verschiedene Policen mit gesetzlich gedeckelter Schadensabdeckung („Standard Flood Insurance Policies", SFIPs). Jede Regierungsorganisation, die Darlehen (z. B. für den Kauf eines Hauses) vergibt, ist verpflichtet, mit ihren Darlehensnehmern eine solche Hochwasserversicherung abzuschließen. In weniger gefährdeten Regionen kann man stattdessen „Preferred Risk Policies" (PRPs) erwerben, zu günstigeren Preisen. Ende 2019 waren im NFIP mehr als 5 Mio. Policen ausgegeben, mit einem Wert von 3,6 Mrd. US$.

Um die Gemeinden zu ermutigen, mehr zur Verringerung des Hochwasserrisikos zu tun, wurde 1990 ein allgemein verbindliches Hochwasserschaden-Bewertungssystem („Community Rating System", CRS) als freiwilliges Programm zur Bewirtschaftung von kommunalen Überschwemmungsgebieten eingeführt. CRS-zertifizierte Gemeinden erhalten ermäßigte Prämien, wenn die Gemeindeaktivitäten drei Ziele erreichen:

- Reduzierung von Hochwasserschäden an versicherbaren Gütern
- Stärkung und Unterstützung der Versicherungsaspekte der NFIP
- Förderung eines umfassenden Ansatzes für das Management von Überschwemmungsgebieten

Inzwischen beteiligen sich mehr als 1200 Gemeinden mit fast 3,8 Mio. Versicherungsnehmern an dem Programm. Obwohl CRS-Gemeinden nur 5 % der über 20.000 an dem NFIP beteiligten Gemeinden ausmachen, machen sie fast 70 % aller Hochwasserschutzversicherungen aus. Das CRS-Rating umfasst 10 Stufen. Jede höhere CRS-Klasse führt zu einem um 5 % höheren Rabatt auf die Prämien; maximal ist eine Reduktion um 45 % möglich. Neben den finanziellen Aspekten hat eine Teilnahme am CRS noch weitere Vorteile:

- Bürger und Eigentümer haben mehr Möglichkeiten, sich über Risiken zu informieren, ihre individuellen Risiken zu bewerten und eigene Schutzmaßnahmen zu ergreifen.
- Präventive Maßnahmen sorgen für mehr öffentliche Sicherheit und weniger Schäden an Eigentum und öffentlicher Infrastruktur.
- Gemeinden können die Wirksamkeit ihrer lokalen Hochwasserschutzprogramme anhand national anerkannter Benchmarks besser beurteilen.
- Sie haben Anspruch auf Bereitstellung von technischer Hilfe bei der Planung und Durchführung von Hochwasserschutzmaßnahmen.

Hausbesitzer, die ihr Eigentum versichern wollen, können an der NFIP teilnehmen, wenn ihre Gemeinde eine rechtsverbindliche Vereinbarung mit dem Bund unterzeichnet hat, in der anerkannt wird, dass die Gemeinde eine „Überschwemmungsverordnung" verabschiedet hat. Ferner muss sich die Gemeinde verpflichten, Hochwasserrisikokarten zu erstellen und diese regelmäßig zu aktualisieren, ein nachhaltiges Flussgebietsmanagement und lokale Hochwasserrisikozonen auszuweisen. Die Kompensation der Schäden, Ausgaben für zukünftige Hochwasser-Minderungsmaßnahmen sowie die Umsetzung der kommunalen Hochwasserschutzpläne werden von der FEMA (vgl. Abschn. 5.2.1) überwacht. Die Höhe der Kompensation orientiert sich am Wert der Hochwasserschäden an Häusern und Anlagen; entweder bezogen auf den Wiederbeschaffungswert oder dem tatsächlichen Barwert. Der Wiederbeschaffungswert beschreibt die Kosten für den Ersatz geschädigter Gebäude/Teile. Teilnahmeberechtigt sind Eigentümer von Einfamilienhäusern – es muss der Hauptwohnsitz sein und die Sanierungskosten müssen mindestens 80 % der vollen Wiederbeschaffungskosten des Gebäudes betragen. Der Barwert ist der Wiederbeschaffungswert zum Zeitpunkt des Verlusts, abzüglich des Wertes der physischen Abschreibung, und die Wiederbeschaffungskosten für persönliche Gegenstände werden immer zum tatsächlichen Barwert bewertet.

Obwohl anerkannt wird, dass das NFIP zu einer deutlichen Verringerung der Hochwasserschäden geführt hat, steht das Programm seit Jahren in der Kritik. Die Kritik be-

zieht sich vor allem auf die finanzielle Situation. Seit Jahren steigen die Kosten für die Behebung von Schäden an Gebäuden, hauptsächlich entlang des Mississippi/Missouri und in Florida. Seit ihrer Gründung hat die NFIP Schäden in Höhe von mehr als 40 Mrd. US$ gedeckt, von denen mehr als 40 % an Einwohner von Louisiana gingen. Das Programm fördert zudem die Nachrüstung der Gebäudestandards mit jährlich etwa 1 Mrd. US$. Im Jahr 2010 versicherte das Programm rund 5,5 Mio. Haushalte in fast 20.000 Gemeinden. Ursprünglich sollte die NFIP sich selbst tragen und ihre Betriebskosten aus den Prämien decken. Es musste jedoch festgestellt werden, dass jährlich eine Deckungslücke von etwa 200 Mio. U$ entsteht, die von den amerikanischen Steuerzahlern ausgeglichen werden muss. Derzeit läuft eine Initiative, die darauf abzielt, die Prämien zu erhöhen, um die NIFP selbsttragend zu machen. Aber dann, so wurde geschätzt, würden weniger als 50 % der potenziellen Eigentümer überhaupt an dem Programm teilnehmen. Darüber hinaus wäre nicht ersichtlich, ob die obligatorischen Versicherungsverpflichtungen auch wirklich eingehalten werden. In der Vergangenheit hatte der vertragsgemäße Rückbau der staatlichen Subventionen, um das Programm marktwirtschaftlicher aufzustellen, sehr oft dazu geführt, dass Versicherungsnehmer ihre Verträge stornierten. Kritik wurde auch an der organisatorischen Einbindung des Programms in das „Department of Homeland Security" (DHS) laut. Auch hatten viele Hausbesitzer, obwohl ihre Häuser vor der Festlegung der Überschwemmungszone gebaut waren, dennoch Anspruch auf reduzierte Prämien; bis zu 40 % unter der normalen Risikoprämie. Zu den Verlusten im Programm hatte auch die Einbeziehung von Immobilien mit zwei oder mehr Verlusten in einem Zeitraum von 10 Jahren beigetragen – dies machte 38 % der Schadensfälle aus bei nur 2 % der versicherten Objekte.

Im Jahr 2013 berichtete die New York Times, dass das „National Flood Insurance Program" seine Versicherungsbedingungen geändert habe. Damit stiegen die Versicherungsprämien für Regionen, die stark oder wiederholt überflutet werden, jeweils um 25 % pro Jahr, bis die Raten den tatsächlichen Risikoaufwand ausgleichen. Das bedeutet, dass Immobilieneigentümer, die zuvor rund 500 US$ pro Jahr bezahlt haben, in den nächsten zehn Jahren mehrere Tausend US$ aufwenden müssen. Kongressvertreter aus Staaten wie Louisiana und Florida, die am stärksten von den Änderungen betroffen sind, haben die FEMA aufgefordert, die Umsetzung der neuen Regel hinauszuzögern, obwohl das Programm nach dem „Biggert-Waters Act" verpflichtet ist, die Hochwasserprämien anzupassen. Bis November 2012 betrug die Verschuldung der NFIP mehr als 20 Mrd. US$; ein Betrag, der 100 Jahre in Anspruch nehmen würde, um ausgeglichen zu werden. Die Änderungen richteten sich vor allem an die 1,1 Mio. Versicherungsnehmer, die deutlich weniger zahlten, als der

Marktwert der Hochwasserschutzversicherung ist. Das hat dazu geführt, dass eine ganze Reihe von Versicherungsnehmern seit Jahren im Wesentlichen mit öffentlichen Mitteln subventioniert wird. Vor dem NFIP-Programm war die private Versicherungswirtschaft nicht bereit, eine Hochwasser-Versicherung anzubieten, einfach weil sie für sie nicht profitabel war. Die Prämien deckten die Auszahlungen nach den vielen großen Überschwemmungen nicht ab. So sprang die Regierung ein und bot den Eigentümern eine subventionierte Flutversicherung an, die oft unter den Marktpreisen lag. Aber die Verlagerung der Lasten vom privaten Markt auf die Regierung senkte die Kosten der großen Überschwemmungen nicht wirklich, zumal immer mehr Amerikaner in Küstengebiete zogen. Einige Kritiker weisen darauf hin, dass allein die subventionierte Hochwasserschutzversicherung Anreize zum Bauen in hochwassergefährdeten Gebieten geschaffen hat. Und es wird erwartet, dass sich die Situation noch verschlimmern wird, wenn der Meeresspiegel weiter ansteigt. Eine aktuelle Studie ergab, dass, wenn keine Maßnahmen zur Verringerung des Überschwemmungsrisikos an den Küsten der USA ergriffen werden, die Schäden bis Mitte des Jahrhunderts auf 1000 Mrd. US$ ansteigen könnten – bei einem Meeresspiegelanstieg von nur 40 cm.

Türkische Katastrophenversicherungspool
Ein weiteres Beispiel für einen Risikotransfer stellt der Türkische Katastrophenversicherungspool („Turkish Catastrophe Insurance Pool", TCIP) dar (OECD 2005).

Die Türkei ist eines der am stärksten erdbebengefährdeten Länder der Welt. Rund 70 % der türkischen Bevölkerung und 75 % der Industrieanlagen sind großen Erdbebenrisiken ausgesetzt. Die meisten Erdbeben ereignen sich entlang der nordanatolischen Bruchzone („North Anatolian Fault", NAF) sowie der ostanatolischen Bruchzone („East Anatolian Fault", EAF). Seit 1984 ereigneten sich dort mehr als 120 Erdbeben mit einer Stärke von mehr als M5. Sie hatten zu direkten Sach- und Infrastrukturschäden geführt, die häufig 5 Mrd. US$ pro Ereignis überstiegen. Das letzte schwere Erdbeben von Izmit/Kocaeli in der Marmararegion im Jahr 1999 forderte 15.000 Menschenleben und belastete Wirtschaft und Regierung mit rund 6 Mrd. US$, auch weil nur weniger als 1 Mrd. US$ durch eine Risikoversicherung gedeckt waren.

Der private Versicherungsschutz für Erdbeben war Ende der 1990er Jahre in der Türkei relativ gering. Nur rund 3 % der Wohngebäude waren versichert, da der Wiederaufbau von Privateigentum traditionell durch den Staat gedeckt wurde. Nach dem Erdbeben von Izmit/Kocaeli beschloss die Regierung, einen Mechanismus zur Versicherung gegen Sachschäden zu entwickeln, um ihre fiskalische Belastung durch Naturkatastrophen zu verringern. Im Jahr 2000 verabschiedete sie mit dem Gesetz Nr. 587 einen

„Katastrophen-Versicherungsmechanismus" (TCIP), der seitdem für alle Wohngebäude auf eingetragenen Grundstücken in städtischen Gebieten obligatorisch ist. Mit ihm wird Eigenheimbesitzern und kleinen und mittleren Unternehmen eine eigenständige Erdbebenversicherung angeboten. Die Finanzierungsstrategie des TCIP stützt sich sowohl auf die Deckung der Schäden durch eigene finanzielle Mittel als auch auf eine Übertragung des Risikos auf den Rückversicherungsmarkt. Schäden in Höhe bis 80 Mio. US$ können durch den TCIP-Pool selbst gedeckt werden; dieser Teil der Ausgaben wird zudem noch durch eine Eventualdarlehensfazilität der Weltbank in Höhe von 100 Mio. US$ ergänzt. Der Rest wird auf die internationalen Rückversicherungsmärkte übertragen. Darüber hinaus deckt die türkische Regierung alle Schäden, die einem Erdbeben mit einer Wiederkehrfrequenz von 1:350 Jahren entsprechen, ab.

Die Hauptziele des TCIP sind:

- Bereitstellung erschwinglicher Erdbebenversicherung für Wohngebäude,
- Verringerung der Abhängigkeit der Bürger von der Regierung bei der Finanzierung des Wiederaufbaus von Privateigentum,
- Übertragung des Katastrophenrisikos auf die internationalen Versicherungsmärkte und
- Förderung der Eindämmung physischer Risiken und sicherer Baupraktiken.

Darüber hinaus beabsichtigt die Regierung mit dem TCIP, die Risikopräventionskultur und das Versicherungsbewusstsein in der Öffentlichkeit zu verbessern, indem sie die drei Interessensgruppen in eine „öffentlich-private" Partnerschaft für eine sozial tragbare Risikoteilung zusammenführt: die risikoexponierte Person, die nationalen Mandatsbehörden und die Versicherungs- und Rückversicherungswirtschaft. Das Programm wird nicht staatlich subventioniert und die Prämiensätze richten sich nach dem Durchschnittseinkommen mit einem Selbstbehalt von 2 % bei einer Vertragsdauer von 30 Jahren (rund 62 US$ pro Hausbesitzer; die maximale Deckung liegt bei rund 92.000 US$ pro Police). Diese Finanzierungsregelung bildet die Grundlage für eine langfristige Fonds-Akkumulation und bietet eine Vielzahl von Versicherungsmöglichkeiten je nach Gebäudetyp und Objektlage. Die Risikodeckung umfasst Erdbeben und Brandschäden an Wohngebäuden, aber keinen Hausrat. Seit dem Jahr 2000 hat die öffentlich-private Partnerschaft TCIP das Wachstum des Katastrophenversicherungsmarktes in der Türkei deutlich stimuliert. Die Zahl der verkauften Erdbebenpolicen versechsfachte sich in 20 Jahren bis auf mehr als 3,5 Mio. im Jahr 2010. Dennoch benötigt das TCIP noch mehr Zeit, um eine tiefere Marktdurchdringung zu erreichen. Heute liegt der Versicherungsschutz bei rund 25 % der Wohnungen landesweit und rund 40 % in besonders katastrophengefährdeten Gebieten. Dennoch herrscht bei Hausbesitzern die Erwartung vor, dass die Regierung unabhängig vom Versicherungsprogramm Schadensersatz leistet. Es wurde deutlich, dass ein Programm wie TCIP auf einer umfassenden Kommunikationsstrategie basieren muss, um sicherzustellen, dass die Bewohner sich einerseits des hohen Erdbebenrisikos und anderseits der Leistungen des Programms bewusstwerden (Gurenko et al. 2006). Zudem wurde ersichtlich, dass eine vergleichbare Katastrophenversicherung in einem anderen Land sowie auch in der Türkei nur mit hochmodernen Risikomodellierungstechniken möglich ist, um Prämien zu berechnen, die das zugrunde liegende Risiko genau widerspiegeln.

Die Weltbank leistet dem TCIP finanzielle und technische Hilfe durch die Global Facility for Disaster Reduction and Recovery (GFDRR; vgl. Abschn. 6.4.1). Das TCIP ist der erste solche nationale Versicherungspool in den Kundenländern der Weltbank.

National Agricultural Insurance Scheme of India

Das „National Agricultural Insurance Scheme of India" (NAIS) ist ein weiteres eindrucksvolles Beispiel dafür, wie versicherungsbasierte Marktkonditionen dazu beitragen können, Schäden durch Naturkatastrophen zu reduzieren (GFDRR 2012). Da zwei Drittel der indischen Bevölkerung von der Landwirtschaft leben, ist die Ernteversicherung seit Langem ein wichtiger Bestandteil des landwirtschaftlichen Risikomanagements. Die indische Regierung hat die Ernteversicherung historisch als nationale Verantwortung definiert. Im Jahr 1999 richtete sie daher das NAIS-Versicherungssystem ein, das über die staatliche Landwirtschaftsversicherungsgesellschaft einen Schadensausgleich gegen Ernteausfälle anbietet. Mit rund 25 Mio. versicherten Landwirten und einem Prämienvolumen von 650 Mio. US$ in den Jahren 2011–2012 ist NAIS das größte Ernteversicherungsprogramm der Welt.

Die Risikodeckung durch NAIS basiert auf dem mittleren Ernteertrag eines ausgewählten Bereichs, der als Bezugsgröße *(„indexed approach")* genommen wird und der mit den tatsächlichen Erträgen der Versicherungseinheit *(„insured unit";* IU) aus historischen Erträgen der Region verglichen wird. Wenn erstere niedriger ist als letztere, haben alle versicherten Landwirte in der IU-Anspruch auf den gleichen Satz der Versicherungsentschädigung. Diese Strategie erwies sich im Vergleich zur Einzelversicherung als technisch wesentlich operativer. Die große Zahl sehr kleiner Landbesitze in Indien machte es praktisch unmöglich, die Prämien- und Risikodeckung auf eine Einzelversicherung zu stützen. Da NAIS ausschließlich von der Regierung finanziert wird, führt diese Verpflichtung zu einer hohen steuerlichen Belastung des Staatshaushalts, die oft das zugewiesene Budget übersteigt. Sollte am Ende der Vegetationsperiode die Summe der Schäden über die Agrarprämie hinausgehen, werden die Kosten zu 50 % von dem jeweiligen Bundesstaat und zu 50 % von der Zentralregierung getragen. Da das eingesetzte NAIS-Finanzierungsmodell für lange Zeit auf einer mathematisch wenig fundierten Prämienbewertungsmethode beruhte, bedeutete dies, dass eine realistische Abschätzung der Auszahlungen nicht wirklich möglich war (Raju und Chand 2008). Das Modell wurde daher grundlegend überarbeitet. Heute überweist der Staat eine Schadenpauschale an die nationale Agriculture Insurance Company of India (AICI) auch schon im Vorfeld einer Katastrophe. Mit dem Mechanismus wurde es möglich, die jährlichen Probleme bei der Schadensregulierung effizienter zu gestalten. Dennoch erwies sich auch dieses System als nicht optimal. Um die identifizierten Schwachstellen anzugehen, ersuchte die Regierung im Jahr 2005 die Weltbank um technische Unterstützung. Danach wechselte die indische Regierung von einem sozial orientierten zu einem marktbasierten Ernteversicherungsprogramm mit versicherungsmathematisch soliden Prämien und einer stärkeren Beteiligung privater Versicherer. Der neue NAIS kombiniert traditionelle und moderne Methoden zur Bewertung von Ernteerträgen:

- standardisiertes versicherungsmathematisch solides Preissystem
- mobile Erfassung zur Verbesserung der Datenqualität
- kommerzielle wetterabhängige Ernteversicherungsprodukte

Danach wurde das neue NAIS in 12 Distrikten eingeführt, die mehr als 400.000 Landwirte umfassen, mit einer erwarteten Schadenquote von 50 %. Darüber hinaus wurde der politische Dialog mit verschiedenen Fachministerien über die fiskalischen Auswirkungen des modifizierten NAIS institutionalisiert sowie ein Dialog über die Auswirkungen des modifizierten Systems auf das Wohlbefinden der ruralen Bevölkerung vorgenommen. Das Programm basiert heute auf einer Reihe von technologischen und statistischen Innovationen, um auf einer „aktuarischen" Software, die die Preisgestaltung von 200 Ernteversicherungsprodukten ermöglicht, angepasste spezialisierte Agrarversicherungen anzubieten. Des Weiteren werden flächendeckend und kontinuierlich – GPS gestützt – Wetter- und Fernerkundungsdaten erhoben. Das modifizierte NAIS konnte die Zuverlässigkeit von Versicherungsprodukten für Landwirte durch die Einführung von „Checks and Balances" über Renditeindizes signifikant erhöhen. So übernahmen immer mehr private Versicherer und Rückversicherer Risiken, die bisher allein von der Regierung getragen wurden. Der neue NAIS senkte die Gesamtkosten für die Regierung erheblich und machte darüber hinaus die Schadenregulierung für die Landwirte schneller.

5.4 Ausbildung von Risikobewusstsein

5.4.1 Allgemeines

Ein Beispiel für eine erfolgreiche Reaktion der Öffentlichkeit auf (in diesem Fall) eine Erdbeben-/Tsunami-Frühwarnung gibt das „GITEWS-Projekt" der Stadt Padang, West-Sumatra (GTZ 2010). Padang ist eine der Städte Indonesiens mit dem höchsten Erdbebenrisiko. Am 20. September 2009 ereignete sich entlang der Westküste Sumatras ein Erdbeben, bei dem mehr als 1000 Menschen starben und viele verletzt wurden. Das National Tsunami Warning Center (NTWC) in Jakarta konnte die Stärke des Bebens (M7,9) sofort ermitteln und feststellen, dass sich kein Tsunami entwickeln würde. Das starke Beben löste jedoch eine weit verbreitete Panik aus Angst vor einem Tsunami unter der Bevölkerung von Padang aus. Im Rahmen des „GITEWS-Projektes" wurden 6 Wochen nach dem Ereignis 200 Personen zu ihrer Wahrnehmung in den ersten 30 min nach dem Tremor befragt und ermittelt, was die lokale Verwaltung und das NTWC unternommen hatten, um die Betroffenen zu informieren. Das Ergebnis der Studie führte dazu, die lokalen Regeln zur Tsunamiwarnung zu überarbeiten – diese wurden in einem „Mayor's Decree" amtlich verbindlich.

Die Studie ergab, dass die ersten Informationen über das Ereignis innerhalb von 5 min über das Internet bei den Behörden in Padang eintrafen. Da aufgrund des Erdbebens mehrere lokale Mobiltelefonsysteme nicht mehr funktionsfähig waren, konnte der Bürgermeister von Padang die Informationen nur per SMS empfangen. Es dauerte weitere 25 min, bis die Warnung mit dem Rat, die „Stadt zu verlassen", vom Bürgermeister per Funk in der Öffentlichkeit verbreitet wurde. Die Studie ergab, dass es kein Telefon oder andere Kommunikation zwischen dem Bürgermeister und dem Notfallkontrollzentrum in Padang gab. Beide Akteure arbeiteten getrennt voneinander.

Da in den ersten 30 min keine offiziellen Informationen vorlagen, war die überwiegende Mehrheit der Menschen ohne sachdienliche Information. Diese verbreiteten sich hauptsächlich auf der Grundlage von Gerüchten und im Laufe der Zeit durch das Radio. Die Mehrheit der Menschen hatte den Stadtkern in der Nähe des Hafens freiwillig und nur aufgrund ihrer individuellen Wahrnehmung der Bebenstärke verlassen. Eine offizielle Information zu dem Beben wurde in den ersten 30 min nicht herausgegeben – auch keine Evakuierungsanordnung. Panik wurde gar nicht so sehr von dem Erdbeben selbst ausgelöst, sondern von der durch die Flucht verursachten massiven Verkehrsüberlastung. Die meisten Menschen versuchten, mit Motorrädern und Autos zu fliehen. Die vorgesehenen Evakuierungswege erwiesen sich als nicht groß genug, um die Massen zu kanalisieren. Außerdem hielten die Menschen die vertikale Evakuierung nicht für eine sinnvolle Option.

Die Studie ergab, dass trotz vieler Schulungen und Informationsveranstaltungen in den letzten Jahren die Kenntnis in der breiten Öffentlichkeit über die Ursachen-Wirkungs-Zusammenhänge von Erdbeben und Tsunami immer noch sehr lückenhaft ist; insbesondere über das, was dann zu tun ist. Diejenigen, die dem Evakuierungsrat nicht folgten, nannten verschiedene Gründe dafür. Zwei Drittel der (befragten) Personen kannten das Tsunami-Risiko. Sie handelten auf der Basis der amtlichen Information und ihrer individuellen Wahrnehmung. Etwa 40 % von ihnen eilten zum Meer, um zu sehen, ob sich das Wasser zurückzog (was es nicht tat), was sie davon überzeugte, auf eine Evakuierung zu verzichten. Weitere 20 % der Menschen zögerten, entweder zum Schutz persönlicher Gegenstände, wegen verkehrstechnischer Schwierigkeiten (Stau) oder aus fatalistischen Gründen. Nur eine Minderheit von 1 % gab zu, keine Informationen erhalten zu haben, und 10 % gaben andere Gründe an. Erfreulich war, dass die überwiegende Mehrheit der Befragten gemäß den Informationen handelte und ihre persönlichen Entscheidungen auf dieser Grundlage traf. Die Padang-Untersuchung hat bewiesen, dass Informationen, die auf Fakten basieren und rechtzeitig bereitgestellt werden, vertrauenswürdig sind: ein Schlüsselfaktor für eine effektive Frühwarnung. Dennoch entsprach die Situation in der Stadt Padang während der Evakuierung nicht vollständig den vorgesehenen Plänen.

Bei einer vergleichbaren Analyse von Risikowahrnehmung und Risikoverhalten zwei Jahre zuvor auch in der Stadt Padang (GTZ, 2007) hatte sich ergeben, dass fast 80 % der Befragten keine Bereitschaft und Notwendigkeiten gesehen hatten, ihr Haus zu verlassen. Von denen bezeichneten sich 50 % als *„on alert";* 16 % hatten sich auf eine Evakuierung vorbereitet, während der Rest (34 %) sich mit Freunden und Familienangehörigen traf und abwartete.

Die beiden Beispiele unterstreichen die Bedeutung einer sektorspezifischen und gezielten Aus- und Fortbildung, um die Fähigkeit der Gemeinschaft zu verbessern, einer Naturgefahr unter minimalen Schäden und Sachschäden standzuhalten. Die Erfahrungen zeigen, dass Vulnerabilität sowohl auf der Makroebene als auch auf der Mikroebene stattfindet. Damit wird die Widerstandsfähigkeit sowohl des Einzelnen als auch die des Gesamtsystems zu wichtigen Determinanten für Verwundbarkeit. Auf Mikroebene ist dies in erster Linie das „Einkommen", auf der nationalen Ebene ist dies *„good governance":* also die Fähigkeit eines Staates, einen rechtsverbindlichen Rahmen zur Katastrophenvorsorge zu etablieren sowie diesen Rahmen durch Aus-/Fortbildungsinitiativen auf allen Ebenen umzu-setzen. So werden Lobbyarbeit, Bildung und Bewusstsein zu wesentlichen Querschnittskomponenten, die auf alle Akteure abzielen. Die Kernpfeiler der Bewusstseinsbildung („awareness raising") sind Ansätze, die sowohl auf natur-wissenschaftlichen als auch auf sozialwissenschaftlichen Erkenntnissen beruhen (vgl. „Hyogo Framework for Action").

Es gibt eine Vielzahl von Studien, die sich mit den Aus-wirkungen von Bildung auf das Sozialverhalten in Krisen-situationen befassen. Insbesondere stellte sich heraus, dass ein enger Zusammenhang zwischen Bildung und Be-völkerungswachstum besteht (Lutz und Samir 2011). Eine höhere Allgemeinbildung führt in der Regel zu einer höhe-ren Risikosensibilität; Bildung führt zu einem höheren Ein-kommen und gut ausgebildete Menschen verfügen über bessere Wege und Mittel zur Minderung und Anpassung. Obwohl nur wenige Studien (Faupel et al. 1992; Striessnig et al. 2013) bisher das Thema „Bildung" in der Analyse der Vulnerabilität in Bezug auf Naturkatastrophen berück-sichtigt haben, ist diese Schlussfolgerung weitgehend an-erkannt. In den Vereinigten Staaten von Amerika wurde festgestellt, dass die Teilnahme an Trainingsprogrammen zur Katastrophenvorsorge schnell zu einem umfassenden Bewusstsein für individuelle und familiäre Katastrophen-resilienz führt (vgl. Abschn. 4.2.4). Die genannten Stu-dien sind zu dem Schluss gekommen, dass „awareness rai-sing" ein wirkmächtiges Instrument darstellt, um eine Be-völkerung auf eine Katastrophe vorzubereiten. Aber auch, dass es (noch) viel sinnvoller ist, die Menschen in Form einer besseren Allgemeinbildung zu befähigen als durch eine Ausbildung, die ausschließlich auf eine Erhöhung der Widerstandsfähigkeit gegen Katastrophen abzielt. Eine Stu-die von Samir (2013) ging sogar noch einen Schritt weiter und versuchte, den Einfluss von Bildung und Einkommen und sozialem Status auf das präventive Risikoverhalten von Dorfgemeinschaften in Nepal zu ermitteln. Samir unter-suchte die Schäden durch Überschwemmungen und Erd-rutsche in Bezug auf Menschenleben, Viehverluste und an-dere registrierte Schäden an Haushalten in Nepal. Auf allen Ebenen zeigten die Ergebnisse einen signifikanten Effekt von mehr Bildung auf die Senkung der Zahl der Todesfälle bei Mensch und Tier – es ergab sich ein klarer kausaler Zu-sammenhang für eine verbesserte Resilienz insbesondere bei jungen Erwachsenen. Ein gutes Risikobewusstsein trägt zudem dazu bei, dass die „besser Ausgebildeten" ihre spezi-fischen Anliegen gegenüber den Entscheidungsstrukturen besser vorbringen können und mit ihren Erfahrungen an der Gemeindeentwicklung mitwirken.

Da Katastrophensituationen für die meisten Menschen atypische Ereignisse sind, erscheint es für den Einzelnen sinnvoll, sich geeignete Fähigkeiten anzueignen, die er im Notfall abrufen kann. Diese Erkenntnisgewinnung erfordert externe Unterstützung, bis die Reaktionen automatisch ver-laufen. Entscheidend ist das möglichst frühe Erkennen des Auslösezeitpunkts eines Notfallereignisses. Zahlreiche Stu-dien über die Reaktion von Menschen in Krisensituationen haben gezeigt, dass wiederholtes Üben von Fähigkeiten und Verhaltensweisen und das Erkennen der Situationen zu den gewünschten Automatismen führen. Indem die Betroffenen immer wieder den Zusammenhang zwischen Ursache und Wirkung sehen, lernen sie ein Katastrophenszenario zu ad-aptieren. Das Erlernen einer solchen Expertise erfordert mehr als nur das kognitive Verständnis dieser Beziehung, nämlich auch eine schnelle physische und mentale Wahr-nehmung, verbunden mit der automatischen Umsetzung der Kenntnisse. Das Erlernen von Fertigkeiten fordert sowohl die Bereitschaft des Einzelnen, Anweisungen zu befolgen, als auch sich frühere Notsituationen in Erinnerung zu rufen (Verfügbarkeitsheuristik, vgl. Abschn. 5.4). Risikoforscher haben insbesondere diese Fertigkeit als die kritischste Kom-ponente des Kompetenzerwerbs erkannt.

5.4.2 Sensibilisierung und Beteiligung der Gesellschaft

Programme zur Sensibilisierung der Öffentlichkeit und Auf-klärung über Katastrophenvorsorge zielen darauf ab, vor-handenes Wissen über Katastrophenvorsorge anhand loka-ler Situationen vorzustellen. Solche Aktionen fokussieren auf gefährdete Bevölkerungsgruppen, die in der Regel aus einer Vielzahl von sozialen Gruppen unterschiedlichen Al-ters, Geschlechts und ethnischer Zugehörigkeit bestehen. Die Sensibilisierung hat die Aufgabe, alle diese Menschen zusammenzubringen, sie zu mobilisieren und zu ermutigen, eigene Aktivitäten zu initiieren. Dies lässt sich am bes-ten erreichen, indem man sich über die Risiken informiert, denen sie ausgesetzt sind. Da es sich bei den Informatio-nen häufig um technische und wissensbasierte Informatio-nen handelt, müssen diese in eine allgemein verständliche Sprache übertragen werden. Die risiko-exponierten Perso-nen und Gruppen können die Probleme, mit denen sie in der Vergangenheit konfrontiert waren, meist recht gut be-schreiben. Sie sind aber selten in der Lage, ihre Bedürf-nisse und Anforderungen zu beschreiben, da sie den kom-plexen Ursache-Wirkung-Zusammenhang von Gefahren und ihre möglichen Auswirkungen nicht verstehen. Es gibt eine Reihe an erfolgreichen Ansätzen, um die Öffentlich-keit für die Katastrophenvorsorge zu sensibilisieren (IFRC 2011), unter denen den nachfolgenden Komponenten eine Schlüsselfunktion zukommt.

Kampagnen

Bei Kampagnen handelt es sich meist um national an-gelegte Trainingsprogramme, wie z. B. Kampagnen zum

Rauchverbot, zur Masernschutzimpfung oder zum Anlegen von Sicherheitsgurten. Das Hauptziel solcher Kampagnen ist es, eine Veränderung des Sozialverhaltens auf allen Ebenen der Gesellschaft zu erreichen. Kampagnen sind dann erfolgreich, wenn sie auf verständlichen, nachvollziehbaren und konsistenten Botschaften aufbauen. Wichtig dabei ist, dass diese Botschaften von vertrauenswürdigen Organisationen (NGOs, Behörden, sozialen Netzwerke u. a.) vertreten werden. Am einprägsamsten haben sich standardisierte Inhalte erwiesen, die (oftmals) um einen einzigen dauerhaften Slogan herum aufgebaut sind. Diese werden verbreitet in Form von:

- Publikationen, Plakaten, Zeitungen oder Zeitschriften, Informationskarten, Flyern oder Broschüren
- oralen Präsentationen und Bildungsmodulen
- Printmedien, digitalen Medien, Audio- und Videomaterial und Webseiten
- Gewinnspielen und Wettbewerben sowie sozialen Aktivitäten

Der Vorteil solcher Ansätze ist, dass sie in vergleichsweise kurzer Zeit eine große Anzahl von Menschen erreichen. Das setzt voraus, dass sie sorgfältig geplant werden, was eine leistungsfähige Organisation, Geld und viel Geduld erfordert. Der Nachteil von Kampagnen ist, dass der „Lernerfolg" schwer zu quantifizieren ist, da Verhaltensänderungen sich eher langfristig einstellen.

Partizipatives Lernen
Menschen können am besten motiviert werden, wenn sie zu den Hauptakteuren gemacht werden. Zusammen mit erfahrenen Moderatoren können die Teilnehmer auf der Grundlage von Schwachstellenbewertungen (Stichwort: zielorientierte Projektplanung) und entsprechend ihrer Bewältigungskapazitäten Gegenmaßnahmen zur Risikominderung erarbeiten *(„participative learning")*. Der Schwerpunkt des partizipativen Lernens liegt darin, die gefährdeten Bevölkerungsgruppen in das Zentrum des Dialogprozesses zu stellen; sie aufzufordern, ihre spezifischen Erfahrungen einzubringen. Partizipatives Lernen kann auf allen sozialen Ebenen ansetzen: von der Ebene, auf der die Menschen direkt einer Katastrophe ausgesetzt sind, über die Ebene der lokalen Gemeinschaften, die für die Umsetzung von Strategien zur Risikominderung verantwortlich sind, bis hin zur nationalen Ebene, auf der solche Strategien ausgearbeitet und eingeleitet werden.

Komponenten für das partizipative Lernen können sein:

- Brainstorming zu Katastrophenerfahrungen
- moderationsgeführte Diskussionen in kleinen Gruppen
- Demonstration von Fallstudien
- Katastrophensimulationen und Rollenspiele

- Kenntnisse und Erfahrungen zu Naturgefahren
- Risikobewertung mit Schwerpunkt auf der Bewertung der Bewältigungskapazität
- Katastrophenschutzplanung
- Definition von Ressourcen und Akteuren für Maßnahmen zur Risikominderung
- partizipative Ausarbeitung von lokalen Notfall-Evakuierungsplänen
- Simulationsübungen

Laut dem IFRC (2012) liegt der Vorteil dieses Ansatzes in der Einbeziehung der von der Katastrophe betroffenen Menschen; er lädt ein, Erfahrungen und Selbsthilfekapazitäten einzubringen. Der Nachteil des partizipativen Ansatzes besteht unter anderem darin, dass er in der Regel viel Zeit und Mühe erfordert. Darüber hinaus eröffnet der Prozess die Chancen, die Kompetenzen und die Fähigkeiten der lokalen Behörden zu nutzen und Lösungen vorzustellen. Andererseits sind solche Übungen aber oft auch mit (zu) hohen Erwartungen an die Entscheidungsstrukturen verbunden.

Informelle Bildung
Informelle Bildung *(„informal education")* nutzt Momente nach einem Katastrophenereignis, um das Risikobewusstsein der Menschen zu fördern. Informelle Bildung beinhaltet „die Verbreitung von Standardbotschaften, aber mit der Flexibilität, auf die Bedürfnisse und Anliegen spezifischer lokaler Zielgruppen einzugehen" (IFRC 2011). Dieser Ansatz ist erfahrungsgemäß effektiv, da er die Möglichkeit bietet, auf den Erfahrungen der Krisenreaktion aufzubauen. Laut IFRC hat sich die informelle Bildung insbesondere in Gemeinden und Schulen als der „flexibelste aller Ansätze" in Bezug auf das Erreichen einer breiteren Öffentlichkeit nach einer Katastrophe erwiesen. In der Entwicklungspolitik werden seit Jahrzehnten beste Erfahrungen mit „Schulkindern" als Multiplikatoren gemacht: Was man in der Schule hört, wird in der Regel 1: 1 zu Hause erzählt.

Die Instrumente, die für die informelle Bildung eingesetzt werden können, sind mehr oder weniger die gleichen wie bei der Kampagnenarbeit. Die Methode hilft, Gemeinschaften zu organisieren, zu sensibilisieren und zu mobilisieren. Sie baut Beziehungen zwischen den verschiedenen sozialen Gruppen und den übergeordneten Behörden auf, vor allem aber vertieft sie bestehende. Zudem erzeugt der Zeitpunkt kurz nach einer Katastrophe oft eine „euphorische" Dynamik für das risikoverändernde Verhalten: Diese wird aber später von den Kommunen oder den Teilnehmern selbst oft nicht mehr erfüllt. Auch wenn sie extern moderiert werden, erweisen sich viele der in den Workshops definierten Anforderungen als unrealistisch und sorgen für viel Enttäuschung.

5.5   Frühwarnsysteme

5.5.1   Allgemeines

Jedes Jahr am ersten Mittwoch im Februar um 13:30 Uhr werden alle 7800 Warnsirenen in der Schweiz getestet. Ziel ist es, die Betriebsbereitschaft des Sirenensignals „Generalalarm" als auch des Signals „Wasseralarm" zu überprüfen. Die Bevölkerung wird vorab durch Ankündigungen im Radio, im Fernsehen und in der Presse informiert. Die Sirenen geben bei „Generalalarm" einen regelmäßigen auf- und absteigenden Ton ab, der 1 min lang anhält und der noch einmal nach einer 2-minütigen Pause wiederholt wird. Von 14:15 bis 15 Uhr wird dann das Signal „Wasseralarm" in den Regionen in der Nähe von Staudämmen getestet. Es besteht aus 12 niedrigen Dauertönen, die 20 s dauern und in 10-s-Schritten wiederholt werden.

Früher war das Läuten einer Glocke ein Zeichen, dass etwas Außergewöhnliches passiert war. Es war jahrhundertelang der übliche Weg, um die Menschen vor Feinden, einem Feuer, einer Flut und anderen Katastrophen zu warnen. Warnungen basierten vor allem auf Informationen von Augenzeugen, z. B. einem Feuer in einem Waldgebiet. Da die Botschaften von Mund zu Mund verbreitet wurden, dauerte es zum Teil Wochen, bis Menschen Kenntnis von einer entfernt liegenden Katastrophe erhielten. Heute sind die Warnungen vor einer drohenden (Natur-)Katastrophe im Prinzip nicht sehr unterschiedlich, obwohl die Technologie deutlich fortgeschritten ist (Ferruzi 1997). Die heute üblichen Warnsysteme basierten noch lange Zeit auf Beobachtungen von Naturveränderungen, wie dem 100-jährigen Kalender. Ein Durchbruch zu einer (wirklichen) Früherkennung kam erst in den 1970er Jahren auf, seit die ersten Satelliten die Erde umkreisen. Seitdem haben sich Wissenschaft und Technologie der Erdbeobachtung extrem schnell entwickelt, sodass die Weltgemeinschaft heute täglich mit einer nicht mehr überschaubaren Vielzahl von Informationen aus allen Teilen der Welt versorgt wird: digital, in Echtzeit und überall.

Die Fortschritte in der Katastrophenerkennung haben dazu geführt, den Begriff „Frühwarnung" einzuführen. Damit werden nicht nur die operativen Mittel zur Warnung vor Naturkatastrophen beschrieben, sondern auch die Früherkennung anderer Gefahrensituationen, wie z. B. Epidemien (Covid-19), aber auch von Veränderungen, z. B. an den Aktienmärkten. Gleichzeitig hat der Begriff eine inhaltliche Erweiterung erfahren. Er ist heute nicht mehr auf das technische System beschränkt, sondern umfasst alle Maßnahmen, die im Vorfeld zur Identifizierung eines möglichen Eintretens einer Katastrophe erforderlich sind, sowie Maßnahmen, die sich potenziell aus einer solchen Gefahrenerkennung ergeben können. Die UNISDR-Terminologie (2009) definiert daher „Frühwarnung" als die „Bereit-

stellung rechtzeitiger und wirksamer Informationen durch Institutionen, die es Personen, die einer Gefahr ausgesetzt sind, ermöglichen, Maßnahmen zur Vermeidung oder Verringerung ihres Risikos zu ergreifen und sich auf eine wirksame Reaktion vorzubereiten". Frühwarnung darf daher nicht allein auf den technisch-operativen Vorgang reduziert werden, sondern muss als System verstanden werden und muss die politischen Entscheidungsebenen, ebenso wie die Seite der Betroffenen, von vornherein im Blick haben. Damit ein Frühwarnsystem wirksam sein kann, empfiehlt die Platform for the Promotion of Early Warning (UNISDR-PPEW) ein System, das vier interagierende Elemente umfasst:

- Kenntnisse von Naturgefahren, Vulnerabilitäten, Risiko und deren Ursache-Wirkung-Zusammenhänge
- Operationalisierung eines verlässlichen Überwachungs- und Warndienstes.
- etablierte   Nachrichtenverbreitungswege   und Kommunikationsmedien
- Krisenreaktionsfähigkeit der Betroffenen und der Entscheidungsstrukturen

Obwohl diese vier Elemente scheinbar eine logische Abfolge darstellen, hat jedes Element direkte und wechselseitige Verbindungen und Interaktionen mit jedem der anderen Elemente. Das zweite Element, der Überwachungs- und Warndienst, ist der anerkannteste und daher der am weitesten verbreitete Teil eines Frühwarnsystems. Aber die Erfahrung hat gezeigt, dass selbst technisch hochwertige Vorhersageinstrumente allein nicht ausreichen, um die gewünschte Reduzierung von Verlusten und negativen Auswirkungen zu erreichen. Da es am Ende immer noch der Mensch ist, der aus einer Warnmeldung den „Alarm" auslöst, treten typischerweise die größten Probleme beim Faktor „Mensch" auf (Twigg 2002, 2003). So kann es dazu kommen, dass der zuständige Katastrophenmanager eine Warnung „zu spät" als gravierend einschätzt oder sie überinterpretiert und einen Fehlalarm auslöst. Der größte Unsicherheitsfaktor tritt erfahrungsgemäß aber auf der nächsthöheren Entscheidungsebene auf. Bei der politischen Diskussion um den „Lockdown" infolge der Coronavirus-Pandemie kam es zu unterschiedlichen Auffassungen in verschiedenen Bundesländern. Einige plädierten für eine frühe, andere für eine spätere Lockerung; beide beriefen sich dabei auf dieselben Aussagen der Virologen.

Der Schutz von Leben und Eigentum kann aber nur erreicht werden, wenn den gefährdeten Menschen genügend Zeit gegeben wird, einen sicheren Ort aufzusuchen oder andere Sicherungsmaßnahmen zu ergreifen. Das Frühwarnsystem muss daher so genau und zuverlässig wie möglich Informationen über den Ort, den Zeitpunkt des Eintretens und den zu erwartenden Schweregrad geben. Das Haupthindernis bei der Vorhersage von Naturkatastrophen besteht darin, dass, selbst wenn die Datenerhebungs- und Interpretationstechnologien bereits weit fortgeschritten sind, nur wenige Naturgefahrentypen mit ausreichender Zuverlässigkeit vorhergesagt werden können. Abb. 5.14 gibt einen allgemeinen Eindruck von der Wahrscheinlichkeit, ein Katastrophenereignis vorherzusagen. Der Tabelle ist zu entnehmen, dass eigentlich nur am Standort selbst eine hundertprozentige Vorhersage möglich ist. Bei hydrologisch-meteorologischen Katastrophen lässt sich das Eintreten meist schon wenige Tage bis Stunden vorhersagen. Langfristig (Jahre und mehr) lässt sich die Wahrscheinlichkeit von Erdbeben/Vulkaneruptionen/Hangrutschungen aus der Geologie ableiten; aber eben nicht, wann und wo genau. Am schwierigsten gestaltet sich der Vorhersagebereich von Wochen und Monaten. Dieser ist aber (eigentlich) für eine effektive Frühwarnung der entscheidende Zeitraum.

Wie sich eine solche empirisch basierte Vorhersage erstellen lässt, zeigt die Abb. 5.15. Sie basiert auf Erkenntnissen von Day (1970), der vorgeschlagen hatte, zur Hochwasserfrühwarnung die „Funktion der Vorwarnzeit" zu nutzen. Das Konzept wurde für das GITEWS Tsunami-Frühwarnprojekt übernommen und von Dr. J. Lauterjung anlässlich der jährlichen GITEWS-Konferenz im Juni 2009 im GFZ, Potsdam (DOI, https://gfzpublic.gfz-potsdam.de/pubman/item/item_23089) in Bezug auf eine Tsunamifrühwarnung vorgestellt. Das Konzept wird hier übernommen, um ein Entscheidungs-Unterstützungs-system zur Beurteilung der Wahrscheinlichkeit einer Naturkatastrophe am Beispiel eines Vulkanausbruchs zu skizzieren. Die Grafik zeigt sehr allgemein, dass sich die Einschätzung der Wahrscheinlichkeit für den Ausbruch eines Vulkanausbruchs grundsätzlich von der Vorhersage eines Lotterie-Jackpots unterscheidet. Danach kann die Wahrscheinlichkeit einer Naturkatastrophe allein anhand grund-

legender Informationen über geologische und historische Beweise zu 80 % abgeschätzt werden. Dagegen stellt sich der Erfolg bei einer Lotterie erst ein, wenn die letzte Kugel gefallen ist.

Auch wenn UNISDR (2006) mit seinem Eingangsstatement zu dem Report recht hat, dass mit einem Tsunamifrühwarnsystem im Jahr 2004 viele Tausend Menschen rund um den Indischen Ozean hätten gerettet werden können, so trifft dies zum Beispiel für die indonesische Provinz Aceh nur eingeschränkt zu. Die extrem kurze Vorwarnzeit von nicht einmal 15 min hätte auch dann Hunderttausend Tote gefordert. Bei der Bewertung der Wirksamkeit von Tsunamifrühwarnsystemen ist daher – wie auch bei allen anderen solcher Instrumente – eine differenzierte Betrachtung nötig. Feststeht aber, dass Frühwarnsysteme in jedem Fall in der Lage sind, Menschenleben zu retten. Daher war es folgerichtig, dass der damalige Generalsekretär der Vereinten Nationen Kofi Annan

„the establishment of a worldwide early warning system for all natural hazards building on existing national and regional capacity"

forderte. Kofi Annan bezog sich dabei auch auf die Anstrengungen der „Internationalen Dekade zum Naturkatastrophenmanagement" (UNIDNDR 1990–1999), die den Aufbau solcher internationaler Instrumente forderte (Yokohama Strategie for a Safer World; World Conference on Natural Disaster Reduction). Nach dem 2004-Tsunami wurde diese Forderung ganz oben auf die internationale Agenda gesetzt (Hyogo Framework for Action 2005–2015; The World Conference on Disaster Reduction; Agenda 21; International Conference on Early Warning Systems (EWC'98), Potsdam; Second International Conference on Early Warning (EWC II), Bonn, 2003; Third International Conference on Early Warning (EWC III), Bonn, 2006).

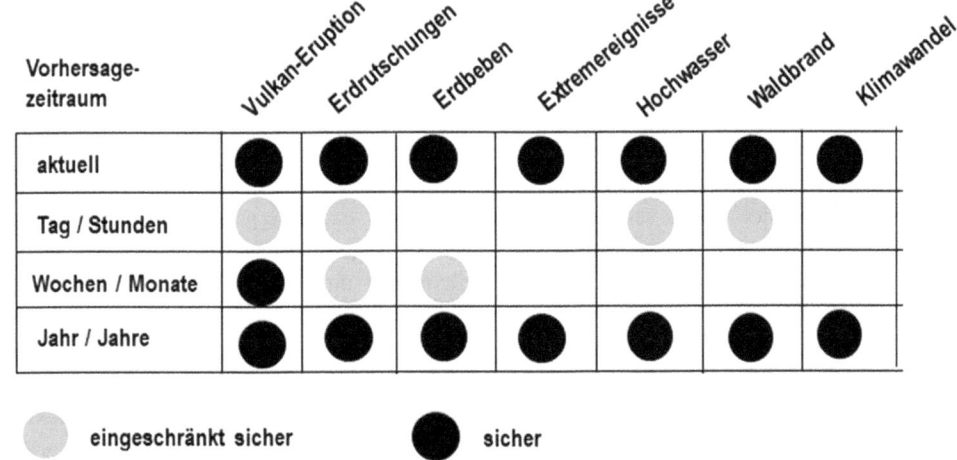

Abb. 5.14 Zeiträume, in denen mit hoher Wahrscheinlichkeit ein Katastrophenereignis vorhergesagt werden kann

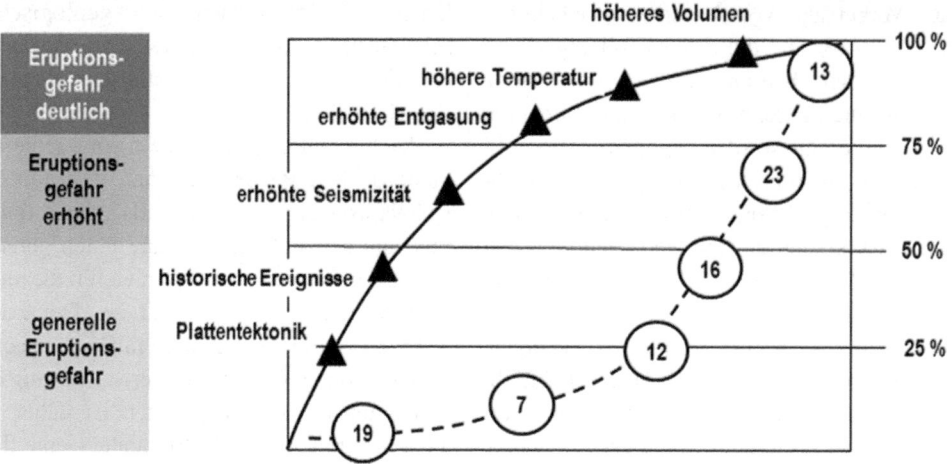

Abb. 5.15 Entscheidungssystem für die Wahrscheinlichkeitsbewertung eines „Vulkanausbruchs"

Damals ergab sich folgendes Bild (UNISDR 2006), dass auf der einen Seite die vielen regional ausgedehnten Naturkatastrophen (Erdbeben, Hitzewellen, Waldbrände, Hurrikans usw.) zeigten, dass es weltweit immer noch keine zuverlässigen Instrumente zur Vorwarnung der Betroffenen gibt, während auf der anderen Seite der technische Fortschritt (z. B. Satellitenbilder) und die Globalisierung eine schnelle Kommunikation erlaubt. In erster Linie waren die Entwicklungsländer von diesen Defiziten betroffen; nicht, weil sie von den internationalen Wissensnetzwerken ausgeschlossen waren, sondern weil es ihnen im Katastrophenfall an Instrumenten zur Umsetzung fehlte. In vielen OECD-Ländern existierten dem damaligen Stand der Technik entsprechende nationale Warnsysteme – vor allem zur Wettervorhersage, Sturmwarnung, Hochwasser, Hurrikans usw. Instrumente, die zwar international gut vernetzt waren, die aber nicht dem engen, direkten und vor allem dem digitalen Vernetzungsgrad von heute entsprachen.

Katastrophen stellen Regierungen, Gesellschaften und Wissenschaft vor zum Teil kaum lösbare Aufgaben, da sie zum einen wissenschaftliche Expertise in technische Lösungen umzusetzen haben und zum anderen diese Lösungsmodelle in den gesellschaftlichen Kontext der betroffenen Region eingepasst werden müssen (Fearnley et al. 2017). Darüber hinaus müssen solche Modelle schon vor einem Katastrophenfall bestehen – nur ist jede Katastrophe anders. Also werden Lösungsmodelle oftmals sehr allgemein gefasst, um möglichst viele Eventualitäten einzubeziehen. Voraussetzung dafür, dass ein Frühwarnsystem funktioniert, ist, dass der Staat ein entsprechendes Regelwerk vorgibt mit klarer Zuweisung von Zuständigkeiten für die verschiedenen Entscheidungsebenen, dass es darüber hinaus den lokalen Administrationen genügend Freiraum für lokale Entscheidungen lässt („dezentral") und drittens, dass der Stand der Kenntnis über Ursachen und Wirkungen von Na-

turkatastrophen ausreicht, um daraus technisch und finanziell umsetzbare Lösungen zu erarbeiten. Oft hapert es mit der Weitergabe der Informationen, da viele Wissenschaftler zuvor lieber die Zustimmung der höheren Entscheidungsebenen einholen möchten. Im Fall des Tsunamis von 2004 hatte das Geophysikalische Institut in Jakarta zwar das Erdbeben als tsunamogen erkannt, konnte sich aber nicht durchringen, mit der Erkenntnis an die Öffentlichkeit zu gehen. Um ein „Frühwarnsystem" effektiv zu gestalten, muss das System eine „Brücke bauen" zwischen Erkenntnis und Risikoverhalten. Dies setzt aber eine Informations- und Kommunikationspolitik voraus, die einen effektiven Austausch von Daten und Informationen ermöglicht und gute Kenntnisse über den Informationsstand der Betroffenen und deren „Probleme" hat. Dabei muss der Informationsfluss auch (multidirektional) zum Risikomanagement zurücklaufen. Wenn die Betroffenen in den Informationsweg als Abnehmer eingebunden sind, nennt man das ein personenbezogenes, partizipatives Frühwarnsystem. Es ist aufgebaut als lineare Kette mit Schwerpunkt auf Risikoprognose, Überwachung und anschließender Informationsweitergabe („End-to-End-Einbahnstraße"; Basher 2006).

Aus der zuvor beschriebenen Wahrnehmungsdiskrepanz ergibt sich für die Wissenschaft und Katastrophenschutzbehörden die Forderung, diese Zusammenhänge noch umfassender als bisher zu thematisieren. Eine weitere Schlussfolgerung ist, den gefährdeten Gesellschaften muss verständlich gemacht werden, dass es „absolute" Sicherheit nicht gibt und nicht geben wird. Und daher müssen die Gesellschaften aufgerufen werden, sich im Rahmen ihrer Möglichkeiten selbst zu schützen. Insbesondere schon vor einem Katastrophenereignis müssen die Menschen systematisch über (ihre) Naturgefahren aufgeklärt werden. Dazu eignen sich wie zuvor beschrieben Merkblätter oder Veranstaltungen zum Beispiel in Schulen und durch die Medien. Dies muss in sachlicher, aber verständlicher Form geschehen. Dadurch wird es möglich, verzerrte Risikowahrnehmungen zu versachlichen. Dies bezieht sich vor allem auf den gesellschaftlichen Konsens: Wer soll wo und vor allem vor was geschützt werden? Ein solcher Konsens setzt einen Diskussionsprozess um ein nationales und/oder lokales Schutzziel voraus (Abb. 5.16). Ein Schutzziel bedeutet aber auch, sich über den damit angestrebten Nutzen zu einigen. Wenn man sich auf einen Nutzen einigt, einigt man sich automatisch darauf, wer (was) davon profitiert. In Deutschland wird zum Beispiel diskutiert (eine Forderung der EU), die Nitratbelastung des Grundwassers signifikant zu reduzieren. Dies wird nur dann erfolgreich sein, wenn die Landwirtschaft weniger Gülle in den Boden einbringt. Die Landwirte lehnen das ab mit dem Hinweis auf wirtschaftliche Einbußen, und einer Wettbewerbsverzerrung in der Gemeinschaft, da anderen Mitgliedstaaten „erlaubt" sei, mehr Gülle einzubringen.

Ein Frühwarnsystem ist sowohl ein wissenschaftsbasierter, administrativer Vorgang als auch ein sozialer Prozess, bei dem der Fokus nicht auf dem Schutz des Einzelnen liegt. Vielmehr soll die Sicherheit einer Gesellschaft in einer gefährdeten Region insgesamt erhöht werden. Der soziale Prozess umfasst die Reaktion der Betroffenen: Sie ziehen aus der Information eigene Schlüsse und leiten daraus individuelle Handlungsoptionen ab. Ein solches „technisches" Frühwarnsystem-Konzept ist vor allem von der wissenschaftlichen Seite des NKRM definiert. Die

„menschliche" Seite des Managements ist aber vielerorts nicht im gleichen Maße „mitgewachsen". Dabei haben die Ereignisse des Hurrikans Katrina 2005 in New Orleans gezeigt, wie sehr Leid und Schäden durch die soziale Situation bestimmt werden (vgl. Kap. 2; Abschn. 3.4.6.2). Aus Erfahrungen ist bekannt, dass selbst fundierte wissenschaftliche Erkenntnisse immer noch zu selten zu der angestrebten Erhöhung der sozialen und ökonomischen Resilienz beitragen (Twigg 2002). Bei diesem „top-down" Ansatz stellt Risikowissen die „starken" Glieder, während die Kommunikations- und Reaktionsfähigkeit eher „schwach" ausgeprägt sind. Dieser Ansatz wurde auch als „letzte Meile" bezeichnet, da die Betroffenen das letzte Element auf dem Informationspfad darstellen. Basher (2006) sieht eine Reihe an Gründen, warum die Ansätze nicht zu den gewünschten Fortschritten führen:

- Der Fokus der Aktivitäten ist immer noch zu sehr auf die Erfassung von Naturgefahren und zu wenig auf Vulnerabilitäten und Risiken ausgerichtet.
- Die verschiedenen Gefahrentypen werden in der Regel durch die betreffenden Fachdisziplinen behandelt (Hochwasser von Hydrologen, Erdbeben von Seismologen usw.).
- Die Expertisen sind auf den Katastrophentyp ausgerichtet und lassen in der Regel die bestehenden „Risikokaskaden" außer Acht.
- Die Wissenschaftslastigkeit der Analysen macht es den Administrationen vor Ort schwer, unter den ver-

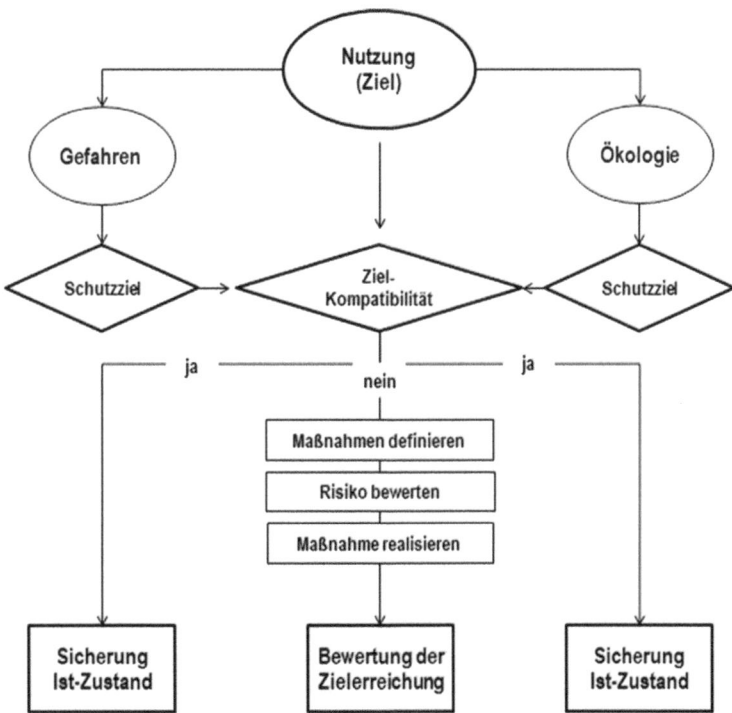

Abb. 5.16 Schutzzielbestimmung

schiedenen (Fach-)Erkenntnissen die für ihre Situation richtige Schnittmenge zu erkennen.

- In der Regel sind es externe Fachleute, die die Bewertungen vornehmen; sie sind aber meist nicht mit den lokalen Rahmenbedingungen vertraut.
- Naturwissenschaftler sind zumeist nicht ausgebildet, die sozialen, ökonomischen und kulturellen Bedrohungen zu erkennen, was zu einer Vernachlässigung der Anliegen der Betroffenen führt.
- Das alles führt dazu, dass die Betroffenen sich „abgehängt" fühlen – automatisch sehen sie die angebotenen Risikominderungen nicht als „ihre" Sache an.

Als Konsequenz der erkannten Defizite wurde schnell der Ruf nach der „ersten" Meile laut; allein schon der Begriff „erste" Meile weist auf einen Paradigmenwechsel hin. Der Informationspfad soll nicht mehr rein wissenschaftlich-technisch ausgerichtet sein, sondern von *„bottom-up"*, von den Betroffenen hin zu den Entscheidern, und wird daher auch als „gemeindeorientierter" Ansatz bezeichnet (IRFC 2012). Das IFRC hat dazu Leitprinzipien aufgestellt, die hier nur kursorisch vorgestellt werden sollen:

- Ein Frühwarnsystem darf kein *„stand alone"* Ansatz sein, sondern muss in das nationale Naturkatastrophen-Risikomanagement eingebunden sein.
- Alle Aktivitäten innerhalb des Systems müssen sektorübergreifend erfolgen und müssen in die kommunalen, nationalen und transnationalen Resilienzkonzepte integriert sein.
- Die lokalen Bedürfnisse müssen in den Konzepten verankert sein. Nicht immer hat Risikominderung die erste Priorität, meist sind dies Hunger, Armut und Wasserversorgung.
- Unterschiedliche Aktivitäten im Warnsystem können ruhig auf unterschiedlichen Zeitachsen betrieben werden (Waldbrand sofort, erdbebensicheres Bauen langfristiger).
- Das System muss in der Lage sein, auch (noch) unbekannte Risiken zu integrieren.
- Der Technologietransfer muss dem Bedarf angemessen sein; angemessen kann ein einfacher mechanischer Wasserpegelmesser sein, aber eben auch ein Computertomograph, wo er nötig ist.
- Die Risikoelemente müssen jeweils mit nachvollziehbaren Indikatoren versehen werden.

Da es sich immer wieder herausstellt, wie sehr Frühwarnsysteme als soziale Prozesse mit unterschiedlichem Grad an Komplexität, Schwachstellen und Kapazitäten aufgrund der unterschiedlichen politischen und sozioökonomischen Kontexte verstanden werden müssen, geht

ein anderer Ansatz noch einen Schritt weiter: Der sogenannten „Citizen Science"-Ansatz. Mit ihm soll das Engagement der Öffentlichkeit für Datenerfassung, Datenanalyse, Informationsaustausch und Wissenskoproduktion noch weiter ausgebaut werden. „Citizen Science" beschreibt die „Beteiligung von Personen an wissenschaftlichen Prozessen, die nicht in diesem Wissenschaftsbereich institutionell gebunden sind. Dabei kann die Beteiligung in der kurzzeitigen Erhebung von Daten bis hin zu einem intensiven Einsatz von Freizeit bestehen, um sich gemeinsam mit Wissenschaftlerinnen bzw. Wissenschaftlern und/oder anderen Ehrenamtlichen in ein Forschungsthema zu vertiefen. Obwohl viele ehrenamtliche Forscherinnen und Forscher eine akademische Ausbildung aufweisen, ist dies keine Voraussetzung für die Teilnahme an Forschungsprojekten. Wichtig ist allerdings die Einhaltung wissenschaftlicher Standards, wozu vor allem Transparenz im Hinblick auf die Methodik der Datenerhebung und die öffentliche Diskussion der Ergebnisse gehören." (Richter et al. 2017).

Aber Frühwarnsysteme haben nicht nur die Warnung zum Inhalt, es kommt darüber hinaus darauf an, wie die Informationen von den Betroffenen aufgenommen werden. Das entscheidende Argument ist das „Vertrauen" in das System (Eiser et al. 2012). Vertrauen manifestiert sich als soziokulturelle Bewertung in den Fragen: Sind die Risikomanager in der Lage, zwischen Gefahr und Risiko zu unterscheiden? Nach welchen Kriterien unterscheiden sie in (mehr oder weniger) gefährlich und letztlich, wie wird die Neigung des Systems eingeschätzt, einen ehrlichen und offenen Dialog zu führen? Ein Fehlalarm ist für den Risikomanager wohl die „billigere" Alternative und wird daher eher einmal zu viel als zu wenig eingesetzt. Eine Reihe an Studien hat sich dieser Problematik angenommen (Garcia und Fearnley 2012), insbesondere im Hinblick auf die Herausgabe von Fehlalarmen. 1976 war am Vulkan „La Soufrière" auf Guadeloupe eine groß angelegte Evakuierung angeordnet worden – aber kein Ausbruch erfolgte (Tazieff 1977). Dazu wurde später festgestellt, dass der Evakuierungsbeschluss auf der Basis des damaligen Kenntnisstands seine volle Berechtigung hatte. Die Betroffenen allerdings sahen die Maßnahmen als völlig überzogen an (Donovan et al. 2012, 2015). Eine wirkungsvolle Frühwarnung ist danach nur dann zu erreichen, wenn die Warnung bei den Betroffenen nicht als „akademisch abgehoben" empfunden wird. Es muss gelingen, den Inhalt der Warnung mit dem Grad der Zuverlässigkeit der Information zu verknüpfen (Gigerenzer 2007): Also den Betroffenen verständlich zu machen, dass das Naturkatastrophen-Risikomanagement immer nur auf der Basis erfahrenen Wissens möglich ist – Warnungen können daher keine absolute Sicherheit geben und können immer nur unter dem Vorbehalt der „Wahrscheinlichkeit" erfolgen

(„*probabilitisc risk assesment*"; Gigerenzer und Gaismaier 2011).

In Tab. 5.2 sind die wesentlichen weltweiten Frühwarnsysteme aufgelistet.

5.5.2 Sektorspezifische Systeme

Wetter

Das Wetter ist ein wichtiger Wirtschafts- und Sicherheitsfaktor für alle Bereiche des täglichen Lebens: Landwirtschaft, Kommunikation, Transport, Katastrophenschutz usw. Per Gesetz sind nationale Organisationen verpflichtet, Wetterdaten zu erfassen und daraus Erkenntnisse über die zukünftige Wetterentwicklung vorzunehmen und diese für die Bevölkerung vorzuhalten. In jedem Staat der Erde ist eine solche Behörde eingerichtet. International sind diese Organisationen/Behörden in die Weltorganisation für Meteorologie (World Organization of Meteorology, WMO) eingebunden. Mit der Resolution 179 (II) vom 21. November 1947 hatte die damalige Vollversammlung der Vereinten Nationen die Gründung einer „Weltwetter-Organisation" beschlossen:

> „considering the need for sustainable development, the reduction of loss of life and property caused by natural disasters and other catastrophic events related to weather, climate and water, as well as safeguarding the environment and the global climate for present and future generations of humankind ...
> recognizing the importance of an integrated international system for the observation, collection, processing and dissemination of meteorological, hydrological and related data and products."

Die WMO wurde damit die internationale Normungsorganisation in den Bereichen Meteorologie, Hydrologie, Klimatologie und verwandten Umweltdisziplinen unter dem Dach der Vereinten Nationen. Mit ihren „*technical regulations*" setzt sie den international verbindlichen Rahmen für Standardisierung und Interoperabilität der Wetterbeobachtung. Auf dem jährlichen World Meteorological Congress empfiehlt sie Praktiken und Verfahren zur universellen Anwendung durch alle Mitglieder, um so den globalen Betrieb für Beobachtungen, Datenaustausch und -verwaltung, Prognose und Bereitstellung maßgeblicher wissenschaftlicher Bewertungen und standardisierter Serviceprodukte zu gewährleisten. Die Daten stehen online jedem WMO-Mitgliedstaat und Mitgliedschaftsgebiet zur Verfügung.

Die technischen Bestimmungen werden von der „Technischen Kommission" herausgegeben, einem zwischenstaatlichen Organ der WMO, das sich aus Mitgliedern von internationalen Partnerorganisationen und nominierten Experten zusammensetzt. Diese Kommission trägt die Hauptverantwortung für die Umsetzung der Vorschriften. Mithilfe eines umfassenden Expertennetzwerks werden Wissen-

schaft und Technologie fortlaufend aktualisiert. Die Regelungen sind in drei Bänden zusammengefasst; zudem hat die WMO separat Handbücher veröffentlicht, die detaillierte thematische Regelungen enthalten. Die technischen Bestimmungen der WMO umfassen Standardpraktiken und -verfahren und Regulierungsbestimmungen, die den Status von Anforderungen haben, die die Mitglieder umsetzen müssen. Zusätzlich zu den technischen Bestimmungen werden von der WMO Leitfäden in Form von Empfehlungen herausgegeben; sie beschreiben Praktiken, Verfahren und Spezifikationen, die Mitglieder um(zu)setzen (haben).

Eine Vorhersage des Wettergeschehens hat sich, seitdem mehr als 1000 Wettersatelliten die Erde umkreisen – geostationär oder auf einer polaren Kreisbahn – zunehmend verbessert. Sie beruht auf der Basis umfangreicher Satellitenaufnahmen, welche die Wolkenverteilung über den Kontinenten und Ozeanen erfassen, zusammen mit hunderttausenden von Bodenstationen, die kontinuierlich Daten zur Oberflächentemperatur, Luftfeuchtigkeit und Wind erfassen. Obwohl sich das Wetter innerhalb von Tagen signifikant ändern kann, ist es heute möglich, das Wetter für die nächsten zwei bis drei Tage mit ausreichender Zuverlässigkeit vorherzusagen. Mittel- bis langfristige Prognosen sind nach wie vor problematisch, zumal Topographie und Vegetation sich kleinräumig – in bislang nicht vollständig bekanntem Ausmaß – auf das Wetter auswirken. Dies bedeutet, dass eine gute Kenntnis der lokalen Auswirkungen auf das Wetterregime Voraussetzung dafür ist, um die Beobachtungen richtig zu interpretieren. Zudem sind Wetterstationen nicht gleichmäßig über die Erde verteilt und liefern die Daten nicht immer in kurzen Zeitabständen. Insbesondere über Meeresgebieten, der Arktis (MOSAIC-Expedition, Alfred-Wegener-Institut; AWI) und in Wüstenregionen wird wenig bis gar nicht erfasst. Diese Beobachtungslücken lassen sich mithilfe von Satellitendaten verkleinern. Europa betreibt mit „EUMETSAT" (European Organisation for the Exploitation of Meteorological Satellites) seine eigene Organisation zur Nutzung meteorologischer Satelliten. Es ist eine zwischenstaatliche Organisation mit derzeit 30 europäischen Mitgliedstaaten, darunter auch Deutschland. Die Mitgliedstaaten finanzieren und nutzen die EUMETSAT-Programme, sie stellen auch das Personal. Die Bundesrepublik Deutschland wird in EUMETSAT-Gremien vor allem durch Mitarbeiter des Deutschen Wetterdienstes vertreten. Dazu hat EUMETSAT mehrere Satelliten auf geostationären Umlaufbahnen in jeweils etwa 36.000 km Höhe geschickt. Über dem Schnittpunkt von Nullmeridian und Äquator befindet sich mit METEOSAT 10 ein Satellit der neuesten Generation, der alle 15 min die Erde in zwölf Spektralbereichen abtastet. Ein weiterer Satellit, METEOSAT 9, erstellt sogar alle 5 min Bilder für einen Bereich von Nordafrika bis mittleres Skandinavien. Die Kombination mehrerer Spektralkanäle erlaubt die Her-

Tab. 5.2 Auswahl weltweiter Frühwarnsysteme (eigene Kompilation; vgl. Marchezini, et al., 2018)

Katastrophentyp	(Ausgewählte) Organisationen
Wetter – Klima	WMO World Meteorological Organisation mit seinen 40 regionalen Zentren Nationale Meteorologische Dienste (>190 Länder) Global Observing System (GOS) Global Telecommunications System (GTS) Global Data Processing and Forecasting System (GDPFS)
Hochwasser	Nationale Meteorologische Dienste (>190 Länder) Dartmouth Flood Observatory (USA) National Oceanographic & Atmospheric Administration (NOAA) Indian Ocean Commission (COI) Internat. Kommission zum Schutz des Rheins (IKSR) Internat. Kommission zum Schutz der Elbe (IKSE) Internat. Kommission zum Schutz der Donau (IKSD) Internat. Zentrum für Wassergefahren und Risikomanagement (ICHARM)
Erdbeben	World Wide Standardized Seismograph Network (WWSSN) Global Seismic Networks (USGS) European-Mediterranean Seismological Centre (EMSC) Laboratoire de Détection et de Géophysique (France) Deutsche GeoForschungsZentrum in Potsdam (Deutschland) Istituto Nazionale di Geofisica e Vulcanologia in Rom (Italia) Instituto Geográfico Nacional (Espana) Historical Earthquake Database (Great Britain) Erdbebenkatalog der ECOS-09 (Schweiz) **Observatoire** Royal (Belgique)
Tsunami	Pacific Tsunami Warning System (PTWS), Hawaii Alaska Tsunami Warning Center (NTWC) Caribbean and Adjacent Regions (CARIBE-EWS) Tsunami Warning Center of Japan (JMA) Yuzhno-Sakhalinsk Tsunami Warning Center (Russia) Indian Ocean Tsunami Warning System (IOTWS) North East Atlantic and Mediterranean
Tropische Wirbelstürme	WMO Global Tropical Cyclone Warning System Nationale Meteorologische Dienste (>190 Länder) Regional specialised Meteorological Centres (RSMC; 6 Regionen) Tropical Cyclone Regional Committees (5 Regionen)
Hochwasser	Internationale Kommission zum Schutz der Elbe (IKSE) Internationale Kommission zum Schutz des Rheins (IKSR) Internationale Kommission zum Schutz der Donau (IKSD) Gemeinsames Melde- und Lagezentrum von Bund und Ländern (GMLZ) des Bundesamtes für Bevölkerungs-schutz und Katastrophenhilfe) Landeshochwasserzentrum (LHWZ) der Bundesländer Technisches Hilfswerk
Erdbeben	Europäische Seismologische Kommission (ESC) Observatories and Research Facilities for European Seismology" (ORFEUS) International Seismological Center (ISC) United States Geological Survey (USGS) Geologische und Geophysikalische Institute der Universitäten Europäisches Archiv für historische Erdbebendaten 1000–1899 UK Historical Earthquake Database Sismicité historique de la France des BRGM, EDF, IRSN/Sis (France) Erdbebenkatalog ECOS-09 der Schweiz NEtwork of Research Infrastructures for European Seismology European-Mediterranean Seismological Centre (EMSC); Laboratoire de Détection et de Géophysique in Bruyères-le-Châtel (France) Deutsches Geoforschungszentrum (Deutschland)

(Fortsetzung)

Tab. 5.2 (Fortsetzung)

Katastrophentyp	(Ausgewählte) Organisationen
Tsunami	International Tsunami Information Center (ITIC) Intergovernmental Oceanographic Commission (IOC; UNESCO) Intergovernmental Coordination Group for the Pacific Tsunami Warning and Mitigation System (IOC-PTWS) Pacific Tsunami Warning Center (PTWC) Hawaii North Atlantic Tsunami Warning Center (TWC) Anchorage Yuzhno-Sakhalinsk Tsunami Warning Center Indian Ocean Tsunami Warning System (IOTWS) Intergovernmental Oceanographic Commission (IOC-NESCO) NOAA Center for Tsunami Research Center for Operational Oceanographic Products and Services (NOS) National Centers for Environmental Information (NESDIS) Global Historical Tsunami Database (Boulder-Colorado)
Lawine	Arbeitsgemeinschaft österreichischer Lawinenwarndienste PLANAT, Schweiz Lawinenwarndienst Bayern Eidgenössische Institut für Schnee- und Lawinenforschung (SLF) European Avalanche Warning Services (EAWS) Deutscher Wetterdienst-Regionale Wetterberatung München American Avalanche Center (AAC)
Massenbewegungen (Rutschungen)	United States Geological Survey (USGS) PLANAT Schweiz Bundesamt für Wald (BUWAL-Schweiz) Geological Institutes of Universities National Geological Services Eidgenössische Technische Hochschule (ETH-Zürich)

leitung verschiedenster Parameter, u. a. Wolkenbedeckung und Wolkenart, Temperaturen von Erd- und Wolkenoberflächen sowie Feuchteparameter. In Verbindung mit anderen Daten wie Synop-, Radiosonden- und Niederschlagsradarbeobachtungen oder Blitzortungsdaten und der Betrachtung von Bildfolgen lassen sich Aussagen über die kurzfristige Wetterentwicklung der nächsten 1–2 h machen. Aus der Verlagerung von Wolken- und Feuchtestrukturen zwischen aufeinander folgenden Bildern können Windvektoren abgeleitet werden, die neben anderen Parametern Eingang in die numerische Wettervorhersage (NWV) finden und dort zu einer Qualitätssteigerung führen. Aus Beobachtungen der in 800–900 km Höhe polnah umlaufenden Satelliten (z. B. EUMETSAT) in Kombination mit den NOAA-Satelliten lassen sich neben einer flächendeckenden Erfassung der Erdoberfläche auch Vertikalprofile von Temperatur und Feuchte oder Windvektoren an der Meeresoberfläche ableiten. Der Vorteil einer polnahen Satellitenbahn gegenüber geostationären Satelliten liegt in der globalen Abdeckung einschließlich der Polregionen.

In Deutschland ist der „Deutsche Wetterdienst" (DWD) die nationale Behörde, die das tägliche Wettergeschehen verfolgt und Vorhersagen für die Bürger und die vielen professionellen Nutzer mit speziell zugeschnittenen, detaillierten Prognosen und Unwetterwarnungen versorgt. Der DWD betreibt eigene Forschungen auf dem Gebiet der Atmosphärenbeobachtung, um seine Messsysteme und Messnetze stets dem aktuellen Stand von Wissenschaft und Technik anzupassen. Dazu zählen neben der Weiterentwicklung von Messsystemen auch die Verbesserung von Rechenverfahren und Algorithmen zur Bestimmung atmosphärischer Parameter aus Messungen. Mit bodengebundenen Radarsystemen werden Niederschlagsteilchen in der Atmosphäre erfasst („Regenradar"); selbst kurze Regenschauer von schwacher Intensität sowie die vertikale Ausdehnung und Zuggeschwindigkeit von intensiven Gewitterzellen können heute zuverlässig erfasst werden. Unter Nutzung des „Doppler-Effekts" kann mit den „Doppler-Wetterradarsystemen" des DWD auch auf den Wind geschlossen werden.

Im Rahmen seiner Aufgaben unterstützt der DWD den Bund, die Länder sowie nachgeordnete Behörden und andere Dienststellen. Die Bandbreite der Nutzer umfasst:

- Bundesamt für Bevölkerungsschutz und Katastrophenhilfe (BBK)
- Bundesanstalt für Gewässerkunde (BfG)
- Deutscher Feuerwehrverband (DFV)
- Deutsches Komitee Katastrophenvorsorge e. V. (DKKV)
- Deutsche Lebens-Rettungs-Gesellschaft (DLRG)
- Hochwasserzentralen der Bundesländer

Tropische Wirbelstürme

Als tropische Wirbelstürme werden „Hurrikans", „Zyklone" und „Taifune" bezeichnet, je nach Ort des Auftretens (vgl. Abschn. 4.4.5). Die zentrale Organisation zur Koordinierung der weltweiten Erfassungen, Bewertungen und Warnungen vor Hurrikanen ist die World Meteorological Organisation (WMO) mit ihrem Global Tropical Cyclone Warning System. Über sechs regionale meteorologische Zentren in der Welt (Regional Specialised Meteorological Centres, RSMC) überwachen 24 h täglich, 7 Tage die Woche, die Atmosphäre auf Anzeichen für die Entstehung eines Wirbelsturms. Die Daten werden von Wetterstationen auf dem Boden, von Schiffen, Passagierflugzeugen und zu einem Großteil von Satelliten geliefert und bei Bedarf wird eine Warnung ausgegeben. Kurz nachdem sich ein Wirbelsturm gebildet hat, können Meteorologen schon recht genaue Vorhersagen über Zugbahn, Intensität und aktuelle Geschwindigkeit treffen. Bis zu zehn Tage blicken die Experten dabei in die Zukunft. Die Datenverarbeitung erfolgt heute weitgehend automatisch mithilfe von Statistiken der vergangenen Jahre und einer Vielzahl an Simulationsrechnungen.

Ein wesentlicher Pfeiler der weltweiten Wirbelsturmwarnungen ist das Tropische Wirbelsturm Programm (Tropical Cyclone Programme, TCP), das Teil des Weather and Disaster Risk Reduction Service der WMO ist (http://www.wmo.int/pages/prog/www/tcp/operational-plans.html). Ziel des TCP ist es, Unterstützung bei der Herausgabe von verlässlichen Vorhersagen über Zugrichtung und Intensität tropischer Wirbelstürme, zur Gefahrenbeurteilung und Risikobewertung sowie bei der Etablierung von Präventionsmaßnahmen zu geben. Das TCP ist in eine allgemeine und eine regionale Komponente unterteilt. Der allgemeine Bestandteil des TCP befasst sich mit Methoden wie der Erfassung, Bewertung und dem Transfer von Technologie, Informationen und wissenschaftlichen Erkenntnissen an die Mitglieder; der regionale Bestandteil besteht aus fünf Regionalgremien:

- ESCAP/WMO Typhoon Committee
- ESCAP/WMO Panel on Tropical Cyclones
- RA I Tropical Cyclone Committee for the South-West Indian Ocean
- RA IV Hurricane Committee
- RA V Tropical Cyclone Committee for the South Pacific and South-East Indian Ocean

Jedes Regionalgremium hat eigene Zuständigkeiten. Dabei ist festzuhalten, dass in jedem der fünf Gremien die Klassifizierung der Wirbelstürme unterschiedlich ist. Dies machte eine Neudefinition von Tropensturm- und Hurrikanwarnungen erforderlich:

- Tropical Storm Watch: ist eine Ankündigung, dass tropische Sturmbedingungen (Windgeschwindigkeiten von 65–117 km/h) möglich sind – innerhalb eines bestimmten Küstengebiets und innerhalb von 48 h.
- Tropical Storm Warning: ist eine Warnung, dass tropische Sturmbedingungen (anhaltende Winde von 65–117 km/h) irgendwo im angegebenen Küstengebiet innerhalb von 36 h erwartet werden.
- Hurricane Watch: ist eine Ankündigung, dass Hurrikanbedingungen (Windgeschwindigkeiten von 118 km/h und höher) innerhalb des angegebenen Küstengebiets möglich sind – in den nächsten 48 h ist voraussichtlich mit dem Einsetzen des Sturms zu rechnen.
- Hurricane Warning: ist eine Warnung, dass Hurrikanbedingungen (anhaltende Winde von mehr als 118 km/h oder höher) irgendwo innerhalb des angegebenen Küstengebiets erwartet werden. Die Hurrikanwarnung wird 36 h vor dem voraussichtlichen Einsetzen tropischer Sturmstärke ausgegeben.

Dank der wissenschaftlichen und technischen Fortschritte bei den orbitalen Beobachtungsmöglichkeiten sowie in der numerischen Wettervorhersage und den Prognosetools in den letzten zwei Jahrzehnten kann zum Beispiel das National Hurricane Center (NHC) der USA viel genauere Vorhersagen für den Streckenverlauf von Hurrikanen erstellen. In den letzten 15 Jahren konnte der durchschnittliche Prognosefehler mehr als halbiert werden. Infolge dieser Fortschritte können tropische Sturm- und Hurrikanwarnungen heute 12 h früher ausgegeben werden und so kann der Bevölkerung entlang der Küste der Vereinigten Staaten mehr Zeit geben werden, sich auf tropische Wirbelstürme vorzubereiten. Bei der Warnung vor tropischen Stürmen ist zu bedenken, dass eine solche Warnung sich nur auf „den Hurrikan" selbst bezieht, auf die Windgeschwindigkeiten und den Zeitpunkt, wann er auf Land trifft. Die Warnungen umfassen dagegen nicht alle anderen negativen Aspekte wie Starkregen, Hochwasser, umstürzende Bäume, die alle jeweils eigene Gefahrenmomente darstellen und die im Prinzip durch eigene Frühwarnsysteme abgedeckt sind.

Hochwasser

Bei Hochwasserrisikomanagementplänen liegt der Schwerpunkt auf Vermeidung, Schutz und Vorsorge gegen Hochwasserereignisse. Dabei ist es das Ziel, nachteilige Auswirkungen auf die menschliche Gesundheit, die Umwelt, das Kulturerbe und wirtschaftliche Tätigkeiten zu vermeiden oder noch besser zu verringern. Zentrales Anliegen fast aller Managementpläne ist es, den Flüssen mehr Raum zu geben und, wo immer es möglich ist, Überschwemmungsgebiete zu erhalten oder wiederherzustellen.

So steht es sinngemäß in der Europäischen Hochwasserrahmenrichtlinie (EU 2007/60/EG). In Artikel (10) geht die EU noch einem Schritt weiter, indem sie die Mitgliedstaaten auffordert, der Öffentlichkeit Zugang zu der Bewertung der jeweiligen Hochwasserrisikogebiete zu gewähren, durch Hochwassergefahrenkarten, Hochwasserrisikokarten und Hochwasserrisikomanagementplänen. Die Mitgliedsländer haben ihrerseits diese Vorgaben in nationale Gesetzgebungen übernommen und mittels Durchführungserlasse bis auf die lokalen Entscheidungsebenen weitergeleitet. Damit wird eine gute Information der Öffentlichkeit an den Flüssen im Sinne eines „Frühwarnsystems" festgeschrieben.

Warnungen vor Hochwassergefahren haben zum Beispiel in Europa vor allem für die grenzüberschreitenden Flusssysteme wie dem Rhein, der Donau oder der Elbe große Bedeutung. Daher haben im Rahmen der Europäischen Union die Tschechische Republik und Deutschland 1990 die Internationale Kommission zum Schutz der Elbe (IKSE) als völkerrechtlichen Vertrag für Umwelt- und Naturschutz gegründet (vgl. IKSR-Rhein; IKSD-Donau). Ziel ist es, Elbe und Donau als möglichst naturnahe Ökosysteme mit einer gesunden Artenvielfalt zu erhalten und die Belastung der Nordsee und des Schwarzen Meeres nachhaltig zu verringern. Wie in der EU-WRRL vorgegeben, regelt z. B. die IKSE für das Elbe-Einzugsgebiet nicht nur den Hochwasserschutz in Gebieten mit potenziell signifikantem Hochwasserrisiko, sondern alle Aspekte des Hochwasserrisikomanagements, einschließlich Hochwasservorhersagen, Frühwarnsystemen und der Verbesserung des Wasserrückhalts. Eine kontrollierte Überflutung bestimmter Gebiete im Fall eines Hochwasserereignisses kann danach ebenfalls in die Hochwasserrisikomanagementpläne einbezogen werden. Zentral aber ist der Hochwasserschutz. Dazu wurde zunächst eine Analyse der Hochwasserentstehung und eine Bestandsaufnahme des vorhandenen Hochwasserschutzniveaus vorgenommen und daraus dann eine Strategie des Hochwasserschutzes erstellt. Auf ihrer Grundlage wurde im Juli 2002 der Aktionsplan Hochwasserschutz Elbe erarbeitet, in dem insbesondere die Erfahrungen des Extremhochwassers vom August 2002 berücksichtigt wurden. Diese Fassung wurde anschließend im Oktober 2003 durch die IKSE als verbindlich verabschiedet. Die wichtigsten Ziele des Aktionsplans:

- Stärkung des Wasserrückhaltevermögens der Einzugsgebietsflächen, der Gewässer und der Auen
- Schutz der gefährdeten Gebiete durch technische Maßnahmen, Verringerung des Schadenpotenzials in den gefährdeten Gebieten (auf Grundlage der Kartierung der Hochwasserrisiken)
- Vervollkommnung der Hochwasservorhersage- und –meldesysteme

- Verbesserung der Information der Öffentlichkeit, Stärkung des Hochwasserbewusstseins

Die Umsetzung des Aktionsplans 2011 im gesamten Elbe-Einzugsgebiet umfasste:

- Deichrückverlegungen an vier Standorten: 650 ha Überflutungsflächen wurden wieder hergestellt, 513 km Deiche saniert bzw. neu errichtet.
- Die Anlage von 18 neuen Rückhaltebecken mit einem Retentionsvolumen von mehr als 30.000 m^3; insgesamt 10,2 Mio. m^3 Rückhalteraum wurden gebaut – das Rückhaltevolumen beträgt jetzt 71 Mio. m^3.
- Von 2003–2011 wurden in der Tschechischen Republik 100 Mio. EUR in den technischen Hochwasserschutz und in Deutschland 450 Mio. EUR in die Sanierung der Elbedeiche investiert.
- Die Vorwarnzeit konnte für den tschechischen Teil des Einzugsgebiets von 24 auf 48 h; in Dresden von 36 auf 60 h erhöht werden.
- Die in den Jahren 2002–2011 durchgeführten Hochwasserschutzmaßnahmen gewährleisten den Schutz von ca. 400.000 Einwohnern.

Fünf Hauptwarnzentralen (IHWZ) wurden eingerichtet: In der Tschechischen Republik sowie in der Bundesrepublik Deutschland, beim Sächsischen Staatsministerium des Innern, beim Lagezentrum des Ministeriums des Innern des Landes Sachsen-Anhalt, beim Internationalen Warnund Störfalldienst beim Landesamt für Umwelt in Potsdam sowie bei den Führungs- und Lagediensten der Polizei Hamburg, Schleswig–Holstein, Niedersachsen und Mecklenburg-Vorpommern.

Ereignet sich in einem Streckenabschnitt der Elbe ein Gewässerunfall oder kommt es in Folge von Starkregen zu Anzeichen eines Hochwassers, meldet das IHWZ, in dessen Zuständigkeitsbereich sich der Unfall bzw. das Hochwasser ereignet hat, diesen Vorfall an alle unterliegenden Meldezentren sowie an das Sekretariat der IKSE in Magdeburg und an das „Gemeinsame Melde- und Lagezentrum" von Bund und Ländern (GMLZ) beim BBK. Für schriftliche oder telefonische Meldungen ist ein verbindliches zweisprachiges Meldemuster vorgegeben. Wenn der Ursprungsort nicht genau lokalisiert werden kann, geht die Zuständigkeit auf die IHWZ über, auf deren Gebiet die Ursache festgestellt worden ist. Die erste Anlaufstelle auf dem Gebiet der Bundesrepublik Deutschland ist Dresden; diese leitet die aus Tschechien empfangene Meldung an alle übrigen deutschen IHWZ weiter. Sobald die Gefahrenlage vorüber ist, wird der Alarm durch aufeinanderfolgende Teilstreckenentwarnungen aufgehoben.

In der Folge des Elbe-Hochwassers im Jahr 2002 (v. Kirchbach 2002) wurde im Bundesland Sachsen das

Landeshochwasserzentrum (LHWZ) ins Leben gerufen; unter der Leitung des Sächsischen Landesamts für Umwelt, Landwirtschaft und Geologie. Das LHWZ überwacht kontinuierlich die Wasserstände und Durchflüsse der Elbe und ihrer Zuflüsse und erarbeitet daraus und auch aus Daten der Nachbarländer eine mögliche Hochwasserentstehung. Durch das enge Überwachungsnetz kann das LHWZ eine Hochwassergefährdung frühzeitig erkennen und Betroffene sofort informieren. Während Hochwassersituationen werden vom LHWZ unter anderem Hochwasserwarnungen mit Angaben zum weiteren Hochwasserverlauf herausgegeben. Ausgewählte Hochwasservorsagen mit den Messwerten der aktuellen Wasserstände und Durchflüsse werden veröffentlicht. Weitere Informationsmöglichkeiten werden auch mittels Telefon- und Videotextabfrage gegeben. Im Hochwasserfall tritt der Hochwassernachrichten- und Alarmdienst in Kraft. Seine Aufgabe besteht in der Übermittlung von Daten, die Aufschluss über die Entstehung geben, den zeitlichen Verlauf und die räumliche Ausdehnung eines Hochwassers. Die Warnungen richten sich vor allem an die Landes- und Bezirksregierungen, an die Städte und Gemeinden sowie an die Teilnehmer im Hochwasserschutz, Dritte und die Öffentlichkeit. So ist sichergestellt, dass frühzeitig und effektiv Abwehrmaßnahmen eingeleitet werden können.

Das Hochwasserfrühwarnsystem des Landes Rheinland-Pfalz ist anders aufgebaut. Hier werden seit dem 01.12.2019 die Vorhersagen zentral von der Hochwasservorhersagezentrale des Landesamts für Umwelt in Mainz erstellt; die bis dahin zuständigen Meldezentren „Mosel" und „Nahe-Lahn-Sieg" wurden aufgelöst. Grund dafür war, dass in den letzten Jahren das öffentlich zugängliche Informations- und Warnangebot stetig erweitert wurde und der Bedarf an einer persönlichen Beratung gesunken ist. Die Hochwassermeldungen werden zudem über den Rundfunk und Fernsehen (SWR-Videotext) sowie durch eine automatische Wasserstandansage und durch Warn-Apps, wie „KATWARN" und „Meine Pegel", bereitgestellt. Die Pegelstände in Rheinland-Pfalz und die der Wasserstraßen des Bundes werden alle 15 min aktualisiert und der Öffentlichkeit schnellstmöglich zur Verfügung gestellt, was insbesondere während Sturzfluten an kleinen Flüssen von großer Bedeutung ist. Zudem wurde 2019 eine automatische Wasserstandansage in Betrieb genommen; per Sprachdialog können aktuelle Wasserstände für alle Pegel in Rheinland-Pfalz und die Rheinpegel ab Maxau unter der Tel.-Nr.: 06.131 63 673 18 abgefragt werden. Des Weiteren ist es möglich, den Wasserstand eines bestimmten Pegels direkt per Messstellennummer abzufragen. Dazu muss die Messstellennummer über die Tastatur des Telefons eingegeben werden. Die Messstellennummern sind über das „Geoportal Wasser" bzw. für die Rheinpegel über „Pegelonline" zu finden. Im Hochwasserfall wird das Informationsan-

gebot erweitert und es werden Hochwassermeldungen gezielt versendet. Bei Hochwasser an den großen Flüssen benachrichtigt die Hochwasservorhersagezentrale entsprechend der regionalen Hochwassermeldepläne Kreisverwaltungen und kreisfreie Städte sowie weitere an der Nachrichtenverbreitung beteiligte Stellen (z. B. Rundfunk, Presse).

Ein Beispiel für die praktische Hochwasservorsorge auf lokaler Ebene gibt die Gemeinde Radebeul (Sachsen). Bei dem Elbehochwasser 2002 verfügte die Gemeinde über 1000 Sandsäcke, heute sind bis zu 15.000 eingelagert; das Technische Hilfswerk hält weitere 20.000 Sandsäcke bereit. Die Deiche an der Elbe halten heute einem Hochwasser bis 7,8 m stand. Kritische Gewerbegebiete wurden durch zusätzliche Deiche besser gesichert als 2002. Diese wurden teilweise sogar erhöht und an bestimmten Abschnitten mit Pflanzen befestigt. Im Alarmfall geht eine Meldung zu jeder Tag- oder Nachtzeit vom Landratsamt oder von der Hochwasserwarnzentrale zum Oberbürgermeister; ab Alarmstufe 3 (>6 m Pegel) wird Wachdienst gegangen.

Erdbeben

In Bezug auf die geologischen Naturkatastrophen (Erdbeben/Vulkanausbrüche/Massenbewegungen) sind zuverlässige Vorhersagen immer noch problematisch; insbesondere ist die Vorhersage von Erdbeben bislang nicht möglich. Eine Studie von Shearer (1999) ergab, dass es selbst an der wohl bekanntesten Erdbebenregion der Welt (San-Andreas-Graben), in der das weltweit komplexeste Seismometernetz aufgebaut wurde, bisher nicht möglich war, das nächste große Erdbeben mit einer gewissen Zuverlässigkeit vorherzusagen. Nach Erdbebenaufzeichnungen für den Zeitraum von 1840 bis 1980 (Shearer 1999) war das nächste größere Erdbeben für 1990 erwartet worden – dies ist aber bisher nicht eingetreten. Die Wahrscheinlichkeit, ein Erdbeben auch kurzfristig vorherzusagen, sehen Seismologen als gering an. In Erdbebengebieten können zwar Schwarmbeben als Vorläufer gewertet werden, ebenso wie lokale Veränderungen der elektrischen oder magnetischen Felder, Veränderungen des Grundwasserspiegels, Emissionen von Radon, Kohlendioxid und anderen Gasen entlang von Verwerfungen. Dennoch stellen sie bis heute keine zuverlässigen Vorhersageindikatoren dar. Im Fall der großen Erdbeben (Loma Prieta, Northridge, Wenchuan usw.) sind alle diese Indikatoren nie zusammen von den seismologischen Instrumenten beobachtet worden. Dennoch gibt es „allen Grund zur Annahme, dass sich unsere Katastrophenvorhersage-Kapazität durch technologische Entwicklungen verbessern wird und dass es bald möglich sein wird, eine rechtzeitige Reaktion auf alle natürlichen Risiken zu organisieren" (Feruzzi 1997).

Die Unsicherheit bei der Erdbebenvorhersage liegt schon darin begründet, dass der Begriff „Erdbeben" nicht klar definiert ist. Sind damit a) die kontinuierliche Bewegung von

Lithosphärenplatten gemeint oder b) ein Schadenereignis in Folge eines plötzlichen „Aufbrechens" („*fractual rupture*") entlang einer Störungszone (Kagan, 1997)? Weltweit gibt es jedes Jahr etwa 18 Erdbeben mit einer Stärke von 7,0 oder mehr. Obwohl einzelne Erdbeben nicht vorhergesagt werden können, gibt es ein klares räumliches Muster, das Prognosen über Region und Stärke zukünftiger großer Erdbeben möglich macht. Wie in Abschn. 3.4.1 beschrieben, treten die meisten großen Erdbeben entlang der aktiven Plattengrenzen rund um den Pazifischen Ozean auf. Dabei sind die langen Verwerfungszonen durch geologische Unregelmäßigkeiten in kleinere Verwerfungssegmente gegliedert, die je nach Situation sehr lokal brechen können. Erdbebenstärke und -zeitpunkt werden durch die Größe eines Segments, die Steifheit der Gesteine („*ductility*") und die akkumulierte Energie bestimmt; der Motor dazu ist die Mantelkonvektion/Plattentektonik. In der Regel gibt es bei jedem Erdbeben eine Phase erhöhter seismischer Aktivität vor einem Ereignis (Schwarmbeben), die aber genauso gut wieder abklingen kann, und bis mehrere hundert Nachbeben (z. B. 2004-Tsunami), die zum Teil die gleiche Stärke wie das Hauptereignis haben können.

Trotz mehr als 30-jähriger intensiver wissenschaftlicher Beobachtungen sind die Geologen und Geophysiker heute (immer) noch nicht in der Lage, Erdbeben zuverlässig vorherzusagen. Schon in dieser Aussage steckt das eigentliche Problem. Soll vorhergesagt werden, dass sich ein Erdbeben zu einem bestimmten Zeitpunkt an einer bestimmten Stelle und mit einer bestimmten Magnitude ereignen wird oder will man wissen, ob es in einer Region mit hoher Wahrscheinlichkeit (!) zu einem Erdbeben mit einer Stärke in einem Bereich von z. B. M5–M7 in einem Zeitraum der nächsten 30 Jahre kommen kann? Das Erste kann trotz erheblicher Anstrengungen der Wissenschaftler weltweit nicht mit der gewünschten Sicherheit prognostiziert werden, auch nicht in absehbarer Zeit. Das Zweite ist auf der Basis statistischer Analysen, mathematischer Algorithmen und numerischer Simulationen heute schon mit einem hohen Grad an Zuverlässigkeit machbar. Dabei kommt es immer zu der Schwierigkeit, dass viele unter dem Begriff „Vorhersage" eine Aussage über Ort, Zeitpunkt und Stärke eines Erdbebens verstehen. Die Naturwissenschaften aber operieren mit Wahrscheinlichkeiten (vgl. Abschn. 7.1.2). Damit beschreiben sie die potenziellen Möglichkeiten, dass es zu einem Erdbeben kommen kann. Die Eintrittswahrscheinlichkeit von Erdbeben wird aus historischen Ereignissen abgeleitet (Erdbebenkataloge). Unter der Annahme, dass die Eintrittsrate konstant ist, kann man eine Wahrscheinlichkeit eines solchen Ereignisses in den nächsten Jahren extrapolieren. Zum anderen werden „Prognosen" herausgegeben. Diese sind Wahrscheinlichkeiten, beziehen sich jedoch auf kürzere Zeitfenster; im Allgemeinen wird der Begriff im Zusammenhang Nachbeben verwendet. Das zentrale Problem für fundierte Vorhersagen ist, dass die numerischen Simulationen sich nicht verifizieren lassen. Bis heute werden daher in der Seismologie Erdbebenvorhersagen in Form von Prognosen gegeben. Z. B. lautet dies für Istanbul: Die Wahrscheinlichkeit für ein Erdbeben der Magnitude 7 in den nächsten 30 Jahren beträgt 65 %. Daraus lassen sich keine unmittelbaren Katastrophenreaktionen ableiten, jedoch aber Vorsorgemaßnahmen („*prevention*"). Aus Kenntnissen über die maximal mögliche Stärke eines zukünftigen Bebens lassen sich z. B. Ertüchtigungen von Gebäuden vornehmen oder Regularien für erdbebensicheres Bauen in Kraft setzen.

Schon immer haben die Menschen versucht, diese Ereignisse vorherzusagen, oftmals aufgrund von Beobachtungen der Tierwelt. Ein Ereignis aus China im Jahr 1975 wird immer als das „Paradebeispiel" einer geglückten Vorhersage angeführt. Vor dem Erdbeben vom 04.02.1975 waren viele Erdbebenschwärme registriert worden sowie Änderungen der Erdoberfläche und des Grundwasserspiegels. Außerdem wurde merkwürdiges Verhalten von Tieren beobachtet. Die Behörden ordneten daraufhin – am Tag vor dem Beben – die Evakuierung der Millionenstadt Haicheng an, nachdem eine Zunahme von kleineren Erdbeben beobachtet wurde. Schätzungen gehen davon aus, dass ohne die Evakuierung die Opferzahl bei etwa 150.000 gelegen hätte – so lag sie bei (nur) 1300. Nur stellte sich diese Vorhersage als ein Einzelfall heraus. Bei dem Tangshan-Beben ein Jahr später waren keinerlei derartige Anzeichen zu erkennen. Das Beben kostete mehreren hunderttausend Menschen das Leben. Auch schon in der Antike wurde auffälliges Tierverhalten als Warnsignal für ein bevorstehendes Erdbeben beschrieben (Leopoldina 2016).

Generell gilt, je größer die Energie ist, die beim Beben freigesetzt wird, desto größer ist seine Stärke. Wenn es in einem erdbebengefährdeten Gebiet ständig mittlere bis kleine Erbeben gibt, sinkt die Wahrscheinlichkeit für ein großes Erdbeben, da dann die Spannungen in kleinen Schritten abgebaut werden. Daraus folgt, dass, wenn in einem erdbebengefährdeten Gebiet über einen relativ langen Zeitraum nur wenige oder keine Erdbeben auftreten, die Wahrscheinlichkeit für ein großes Beben überproportional ansteigt. Diese Überlegung führt zu dem, was als „seismische Lücke" („*seismic gap*") bezeichnet wird. Diese Theorie wird heute als nicht zuverlässig genau angesehen, auch wenn die geophysikalischen Vorgänge sicher eine Rolle spielen. Die Forschung erkannte, dass die Zusammenhänge doch viel komplexer sind als angenommen. Die Prognosemodelle entwickelten sich daher weg von dem Einzelereignis („deterministisch") hin zur „Probabilistik", wie das – anfangs erfolgversprechende – „SEISMOLAP"-Verfahren (Zschau 1997). Das Verfahren („seismic overlapping") versuchte, durch einen einfachen mathematischen Algorithmus, aufbauend auf einem statistischen Verfahren, die räumliche und zeitliche Verteilung von Erdbeben zu beschreiben und durch Extrapolation der Erdbebenaktivitäten in die nahe Zukunft zu projizieren.

Einen anderen Ansatz verfolgten im Jahr 2004 Würzburger Geowissenschaftler (Röder et al. 2005). Sie konnten in Laborexperimenten nachweisen, dass sich bei brechenden Gesteinen die elektrische Ladung und damit das geoelektrische Feld durch den Bruchvorgang verändern. Mittels eines Elektrostatik-Sensors konnten sie bei dem Sumatra-Erdbeben am 26. Dezember 2004 schon Stunden vor Eintritt des Ereignisses eindeutig elektrostatische Signale – sogar am Standort in Italien – auffangen. Anfangs waren die Wissenschaftler davon ausgegangen, dass ihr „Sensor" in der Lage ist, Aufzeichnungen aus maximal 20 km Entfernung zu empfangen. Doch dieser Erdbebenherd lag 9000 km entfernt. Außerdem stellte sich heraus, dass auch schwache lokale Beben 6 bis 9 h vorher einen Ausschlag verursacht hatten.

In den USA hat der USGS ein Erdbeben-Frühwarnsystem eingeführt, das in der Lage ist, signifikante Erdbeben zu erkennen, bevor der Tremor eintrifft. Dieses als „Shake Alert" bezeichnete Verfahren beruht auf der Tatsache, dass die Erdbeben-Primärwelle schneller eintrifft als die Sekundärwelle. Die Sekundärwellen aber führen wegen ihrer Scherwellencharakteristik zu den eigentlichen Gebäudeschäden. In Gebieten, die nicht (sehr) nahe an dem Epizentrum liegen, trifft die Sekundärwelle Minuten später ein; ausreichend Zeit, um entsprechende Warnungen an die Bevölkerung auszugeben.

Die nationalen seismologischen Zentren, Forschungsinstitute und Universitäten sind weltweit in zahlreichen Informationsnetzwerken zusammengeschlossen. Allein in Europa gibt es eine Vielzahl an Organisationen, alle mit dem Ziel, den Kenntnisstand zu Erdbebengefahren und -risiko zu verbessern und für die Betroffenen und politischen Entscheidungsträger vorzuhalten. Das European-Mediterranean Seismological Centre (EMSC) ist eines davon: eine gemeinnützige Forschungsgesellschaft im Bereich der Seismologie. Das EMSC wurde auf Empfehlung der Europäischen Seismologischen Kommission 1976 ins Leben gerufen: Der Fokus liegt seitdem auf der Seismologie des Mittelmeerraums. 1987 verpflichtete der Europarat das EMSC, ihm ständig und aktuell Erdbebenwarnungen zur Verfügung zu stellen. Ende 1993 wurde es dem EU-Kommissariat „Atomenergie" zugeordnet. Im Rahmen seiner Aufgaben unterhält das EMSC ein Netz an seismischen Stationen der Mitgliedsländer. Die ermittelten Daten werden auch anderen Institutionen weltweit zur Verfügung gestellt. Das EMSC unterstützt die Forschung im Bereich der Seismologie in Europa und den Mittelmeerländern durch Forschungsstipendien und ähnliche Leistungen und hilft bei Aufbau und Weiterentwicklung der Technologie zur Beobachtung seismischer Ereignisse.

Tsunami

Grundlage jeder Tsunami-Frühwarnung ist zum einen eine genaue Lokalisierung des ein Tsunami auslösenden Erdbebens und dessen Stärke; Tsunamis können zudem noch durch Massenverlagerungen ausgelöst werden, wie bei Lituya Bay oder Storegga (vgl. Abschn. 3.4.2). Die Erfassung tsunamogener Erdbeben (>M5 plus vertikaler Versatz) beruht auf einem weltweiten Netz an seismischen Stationen, die am Meeresboden platziert sind, den sogenannten „DART"-Bojen (*„deep ocean assessment and reporting"*). Sie registrieren alle 15 min die seismischen Beschleunigungen – im Ereignisfall alle 15 s. Des Weiteren ermitteln Sensoren den ansteigenden Wasserdruck am Meeresboden, wenn ein vertikaler Krustenversatz zu einer Wellenerhöhung führt. Die Wellenerhöhung ist dabei das für eine Tsunamientstehung entscheidende Kriterium. Die am Meeresboden ermittelten Daten werden akustisch zu schwimmenden Bojen gesandt, von wo aus sie an die internationalen Empfangsstationen weitergegeben werden. Zusätzlich liefern die nationalen und internationalen Erdbebenwarten Informationen.

Nach einem verheerenden Tsunami am 1. April 1946 wurde im Jahr 1949 mit dem Pacific Tsunami Warning Center (PTWC) auf Hawaii (Hilo) das erste Frühwarnsystem weltweit eingerichtet. Auslöser war ein Erdbeben auf den Aleuten, dessen Wellen in der Stadt Hilo 159 Menschen das Leben kostete. Das PTWC hatte die Aufgabe bekommen, Tsunamis im Pazifik zu erkennen und die Anrainerstaaten zu warnen. Damals beruhten die Vorhersagen noch auf einer analogen Analyse der Erdbebendaten. Es dauerte damals mehr als 30 min, um einen ersten Überblick zu erhalten – zudem mussten noch analog gemessene Meereshöhen an den Küsten zur genaueren Bestimmung der Tsunamihöhen (*„tidal gauges"*) einbezogen werden. Seitdem hat sich die Technologie signifikant verbessert. Heute sind Deformationen der Kruste aus den seismischen Daten sehr gut ablesbar und mit der besseren Kenntnis über die Meeresbodenmorphologie der Schelf- und Küstengewässer sind die zu erwartenden Meeresspiegelhöhen viel genauer vorhersagbar. Alle Daten werden heute mittels numerischer Simulation in wenigen Minuten ausgewertet. Dennoch ist es wegen der komplexen lokalen Bedingungen am Meeresboden immer noch schwierig, die Tsunamiwellenhöhen exakt vorherzusagen. Flache Küsten führen zu einem weiten Eindringen der Wellen aufs Festland (*„inundation distance"*) – 2004 in Thailand bis zu 4 km –, steile Kliffs dagegen lassen die Wellen sich auftürmen, bis zu 30 m (*„run-up heigth"*). Solche lokalen Besonderheiten sind in den Simulationsmodellen nur generalisiert zu erfassen.

Tab. 5.3 zeigt ein Ablaufdiagramm des USGS für eine Tsunamiwarnung in der Karibik und im Nordatlantik. Der Warnprozess ist in operative Schritte eingeteilt, der auf einem Minutenraster aufgebaut ist. 7 min nach dem ersten Signal sind die Lage des Epizentrums, die Herdtiefe und die

Tab. 5.3 Ablaufroutine für eine Tsunamiwarnung (nach USGS)

Dauer seit erstem Signal	Ereignis
0 min	Ein großes Erdbeben hat sich in der Karibik oder im Atlantik ereignet
2 min	Bodenbeschleunigungen eines Erdbebens erreichen die seismische Station in der Nähe des Epizentrums. Ein erster Tsunamialarm wird ausgelöst. Damit beginnen die Experten mit ihren Untersuchungen. Sie greifen dabei auf ein seismisches Netz von mehr als 600 Stationen zurück, die innerhalb von einer Minute einlaufen
7 min	Genaue Bestimmung der Lage des Epizentrums, der Herdtiefe und der Magnitude durch eine Kombination automatisierter und interaktiver Analysenroutinen. Die Daten werden online an den USGS für eine Detailanalyse des Erdbebenmechanismus weitergeleitet
10 min	Aufgrund der ersten Bestimmung von Epizentrum und Magnitude wird eine Erdbeben-Warnung nach einem standardisierten Text herausgegeben, wenn dabei kein Tsunami entstanden ist. Eine Tsunami-Warnung wird ausgesprochen, wenn das Erdbeben tsunamogen ist
15 min	Mit Eintreffen weiterer seismischer Daten werden die Analysen detailliert. Falls sich daraus neue Erkenntnisse ergeben, erfolgt eine aktualisierte Standardwarnung
20 min	Detailanalyse des Herdmechanismus (*strike-slip, dip angle, fault direction* etc.), um die genaue Lokalität, Magnitude und Herdtiefe des Erdbebens zu erhalten. Diese Erkenntnisse geben Auskunft über den Deformationsprozess als eigentliche Ursache des Tsunamis: Die Simulation für die Karibik braucht 2–3 min, für den Atlantik 7–9 min
30 min	Bei einer Erhöhung des Meeresspiegels um mehr als 30 cm wird eine Alarmmeldung herausgegeben (Text, Karten, Statistiken). Bei Wasserständen von weniger als 30 cm wird eine abschließende Warnung herausgegeben
120 min	Im Fall eines Tsunami mit einem Eintreffen innerhalb der nächsten 30 bis 60 min werden alle regionalen *tide gauges* überwacht und die Tsunamihöhen registriert. Die Daten werden mit den Simulationsmodellen verglichen, gegebenenfalls werden diese rekalibriert
>120 min	Die Rekalibrierung der Erdbebenparameter und das Sammeln weiterer geophysikalischer und hydrologischer Daten werden fortgesetzt, um die Aussagesicherheit zu erhöhen. Die Tsunamiüberwachung wird fortgesetzt. Wenn keine Tsunamigefahr mehr besteht, wird eine abschließende Tsunamimeldung herausgegeben

Magnitude auf der Basis automatisierter Analyseroutinen bestimmbar. Danach wird ein standardisierter Text sowohl für „nicht-tsunamogene" als auch für „tsunamogene" Erdbeben herausgegeben. Nach 20 min liegen erste Computersimulationen vor. Bei einer Hebung des Meeresspiegels wird für die betreffenden Küstenabschnitte eine Warnmeldung gegeben (bis 120 min nach dem Ereignis). Danach werden die laufend eingehenden Daten zur Rekalibrierung genutzt; wenn erforderlich werden die Warnungen noch einmal detaillierter herausgegeben. Im Fall, dass ein Erdbeben zu keinem Tsunami geführt hat, wird eine abschließende Meldung „Entwarnung" herausgegeben.

International haben sich die verschiedenen nationalen Tsunami-Frühwarnsysteme zu Netzwerken unter dem Dach des International Tsunami Information Center (ITIC), der Intergovernmental Oceanographic Commission (IOC) der UNESCO und der Intergovernmental Coordination Group for the Pacific Tsunami Warning and Mitigation System (IOC-PTWS) zusammengeschlossen und folgende Arbeitsteilung vereinbart: Die nationalen Systeme erfassen (vor Ort) „ihre" Daten und geben diese an die Zentren weiter. Dabei hat das ITIC die Aufgabe, alle Aktivitäten der nationalen Systeme zu monitoren sowie als „*clearing house*" für Risikobewertungen zu fungieren. Das PTWC ist für den Pazifik und die Karibik zuständig – das NTWC für den Nord-

pazifik (Westküste der USA, Alaska, Kanada). Im Mittelmeer haben die Anrainerstaaten eigene Frühwarnsysteme aufgebaut, die aber alle miteinander vernetzt sind. Im Ostpazifik hat Russland ein umfassendes System aufgebaut (Yuzhno-Sakhalinsk Tsunami Warning Center), im Indischen Ozean gibt es das Indian Ocean Tsunami Warning System (IOTWS). Ein System für den Nordatlantik ist unter der Schirmherrschaft der UNESCO („Intergovernmental Oceanographic Commission", IOC) im Aufbau. Allein für den Pazifik gibt es zudem noch mehr als 10 weitere Organisationen, die am Funktionieren der Systeme beteiligt sind: unter anderem das NOAA Center for Tsunami Research, das die DART-Bojen betreut, das Center for Operational Oceanographic Products and Services (NOS), das die Wasserstände an den Küsten registriert. Das National Center for Environmental Information (NESDIS) gibt Empfehlungen zur Datenerfassung, Bewertung und zur Tsunamivorhersage, indem es digitale Modelle des Meeresbodens anfertigt und weltweit alle Tsunamibezogenen Daten sammelt („*global historical tsunami database*").

Lawine

Jährlich werden in den Alpen mehr als 100 Menschen Opfer von Lawinen. In dem Katastrophenwinter 1999 lag die Opferzahl bei Schneehöhen von über 8 m bei fast

1000. Dies führte in den Ländern Österreich, Frankreich, Deutschland und der Schweiz dazu, die Lawinenforschung zu intensivieren und Lawinenfrühwarnsysteme aufzubauen, mit dem Ziel, schnell und gesichert Informationen über die lokale Lawinengefahr zu erhalten – sowohl für den Transport- und Infrastruktursektor, vor allem aber für den Skitourismus (vgl. Abschn. 3.4.7).

In der Schweiz ist der Skitourismus trotz einem Anteil am BIP von nur ca. 3 % ein wichtiger Wirtschaftszweig. Daher wurde schon im Jahr 1945 das Eidgenössische Institut für Schnee- und Lawinenforschung (SLF) in Davos gegründet, mit dem Auftrag, Lawinenforschung zu betreiben. Lawinen sind eine der bedeutendsten Naturgefahren in den Schweizer Bergen und daher gibt das SLF regelmäßig sogenannte „Lawinenbulletins" heraus, mit Angaben zur Schnee- und Lawinensituation. Die Bulletins sind für lokale Lawinen- und Sicherheitsdienste, für Wintersportler und andere Personen, die sich außerhalb der gesicherten Gebiete im winterlichen Gebirge aufhalten, eine wichtige Planungs- und Entscheidungsgrundlage. SLF bietet zudem noch eine Reihe weiterer Produkte, wie zum Beispiel Schneekarten oder Wochenberichte oder vertiefende Informationen zur Schnee- und Lawinensituation. Ein Lawinenbulletin hat den Charakter einer Warnung; es erscheint im Winter zwei Mal täglich und enthält als wichtigste Information eine Prognose der Lawinengefahr für die Schweizer Alpen, Liechtenstein und bei genügender Schneelage auch für den Jura. Das Lawinenbulletin kann über das Internet abgefragt werden. Im Sommer werden Lawinenbulletins nur bei Bedarf herausgegeben. Für die Erstellung der Bulletins stehen direkte Messungen und Beurteilungen der Lawinengefahr vor Ort sowie eine umfangreiche Datenbank zur Verfügung. Erst die situationsgerechte Kombination und Gewichtung der einzelnen Parameter erlaubt es, in all den unterschiedlichen Situationen eine zuverlässige Vorhersage herauszugeben. Da aktuelle Geländeinformationen dafür essenziell sind, unterhält das SLF ein eigenes Beobachternetz. Die offiziellen Beobachter werden vom Lawinenwarndienst ausgebildet und melden regelmäßig; sie werden für ihre Tätigkeit entschädigt. Zusätzliche Informationen kommen von lokalen Sicherheitsdiensten, Rettungsorganisationen, Polizei und nicht zuletzt auch von Wintersportlerinnen und Wintersportlern.

Die Schweiz ist Mitglied in der Arbeitsgruppe der Europäischen Lawinenwarndienste (European Avalanche Warning Services, EAWS; DOI, https://www.avalanches.org/) bestehend aus 29 Lawinenwarndiensten in 16 Ländern. Die Arbeitsgruppe ist ein freiwilliger Zusammenschluss europäischer Staaten, dessen Ziel es ist, die für die Lawinenwarnung zuständigen Behörden auf nationaler, regionaler bzw. kommunaler Ebene besser miteinander zu vernetzen. Sie wurde im Jahr 1983 ins Leben gerufen und steht im direkten Wissensaustausch mit dem amerikanischen Ava-

lanche Center sowie Avalanche Canada. Dank dieser Zusammenarbeit sind die Inhalte der Lawinenbulletins sehr ähnlich strukturiert und die Beurteilung der Lawinengefahr erfolgt nach einem vergleichbaren Maßstab. Bedeutendste Errungenschaft der EAWS ist die 5-teilige Europäische Lawinengefahrenstufenskala, die seit 1994 in ganz Europa in Gebrauch ist (vgl. Abschn. 3.4.7). Gerade für grenznahe Gebiete oder für Personen, die in unterschiedlichen Ländern unterwegs sind, ist diese einheitliche Gefahrenstufenskala sehr nützlich.

Fast 1 Mrd. EUR wurden seit den 1950er Jahren in den technischen Lawinenschutz (Schutzwälder, Lawinenverbauungen) und in das Risikomanagement (Gefahrenkarten, Lawinenwarnung) investiert. Dank dieser beiden Elemente konnten die Opferzahlen signifikant verringert werden von 1950/51 mit 98 Lawinentoten auf 17 Todesopfer im Jahr 2015 – obwohl in dem Zeitraum der Skitourismus um ein Vielfaches zugenommen hat. Eine große Bewährungsprobe konnten die Lawinenwarner im Winter 1998/99 erfolgreich bestehen. Dennoch deckte eine offizielle Untersuchung Lücken bei der Frühwarnung und beim Krisenmanagement auf. Demnach bestehen Sicherheitslücken in Gemeinden, die noch keine oder nur ungenügende Gefahrenkarten haben. Diese müssten umgehend erstellt werden und in die regionale Nutzungsplanung einfließen. Wo neu erkannte Lawinenzonen über die identifizierten Gefahrenzonen hinausgehen, muss die Bedrohung jeweils neu beurteilt werden. Auch bei den Verkehrswegen gilt es Sicherheitslücken zu schließen. Das SLF wird zudem die Lawinenbulletins noch weiter regionalisieren, damit die Behörden rechtzeitig Straßensperrungen und Evakuationen anordnen können. Verbessert werden soll zudem auch die Katastrophen-Koordination zwischen Polizei, Feuerwehr, Zivilschutz, Militär und Hilfsorganisationen. Die Sicherheitsverantwortlichen in den Gemeinden sollen in Zukunft noch gezielter im Lawinen-Krisenmanagement geschult werden. Erste Kurse haben laut BUWAL bereits stattgefunden. Die Erfahrungen aus dem Lawinenschutz sollen vermehrt ins Risikomanagement anderer Naturgefahren einfließen.

Ein Element, das Lawinenfrühwarnung von anderen Frühwarnsystemen unterscheidet, ist die Tatsache, dass hierbei in vielen Fällen Privatpersonen und zudem noch diese sehr lokal gefährdet sind. Diese Personen können Haftungs- und Schadensersatz einklagen, wenn Sicherheitsstandards nicht gewährleistet wurden. Bei der Frage, welche Folgen auf den Verursacher oder Mitverursacher eines Lawinenunfalls zukommen können, sind die zivilrechtliche und die strafrechtliche Seite zu unterscheiden. Im Zivilprozess geht es um Schadensersatz und Schmerzensgeld (Weber 2006). Im Ermittlungs- und Strafverfahren geht es um die strafrechtliche Verantwortung; hier muss entschieden werden, ob gegen einen in Betracht kommenden Schadensverursacher (z. B. Skifahrer) durch den Staat eine Strafe oder sonstige Sanktion verhängt werden muss. Dabei reichen rechtlich die Grundlagen der Haftung bei einem Lawinenunfall von einer Privattour (Einzelperson, Familie) über die Sektionstour (Alpenverein) bis hin zu einer geführten Tour durch lizenzierte Skiführer als Einzelunternehmer. Die Privatskitour liegt im Bereich der „bergsteigerischen Selbstverantwortung". Bei Sektionstouren haftet im Prinzip der Tourenführer. Für Schäden, die eintreten, obwohl er sich ordnungsgemäß verhalten hat, hat er dagegen nicht einzustehen; z. B. wenn ein Fehlverhalten eines Teilnehmers vorliegt (ein Gruppenmitglied fährt in einen gefährlichen Hang, ohne die Weisung des Tourenführers abzuwarten). Eine weitere Voraussetzung der Schadensersatzhaftung besteht bei Fahrlässigkeit. Fahrlässig handelt eine Person, wenn sie die erforderliche Sorgfalt außer Acht lässt. Im Fall einer durch einen Skiführer geleiteten Tour wird von dem Bergführer erwartet, dass er in der Lage ist, Geländefaktoren und Gefahrenstellen zuverlässig einzuschätzen. Bei kommerziellen Veranstaltern geht die Haftung noch einen Schritt weiter. Von ihnen wird gefordert, dass sie vor Antritt der Tour den Lawinenlagebericht abfragen und zudem die gemeldeten Gefahrenstufen in dem Lawinenlagebericht mit den lokalen Informationen überprüfen. In jedem Fall aber stellt die amtliche Lawinenwarnung die Grundlage für eine Schadens-/Haftungsentscheidung dar.

Massenbewegungen/Rutschungen
Diese zusammenfassend als Massenbewegungen bezeichneten Naturgefahren können heute oftmals schon frühzeitig erkannt und bewertet werden. Überall da, wo ein Monitoring in einer ausreichenden Abdeckung eingerichtet ist, hat sich das Risiko wesentlich verringert. Es gibt eine Reihe unterschiedlicher Instrumente und Methoden, um Massenbewegungen frühzeitig zu erkennen. Fast alle beruhen auf dem grundlegenden Zusammenhang von Niederschlag und Rutschungsereignis. Verschnitten mit der lokalen Geologie (Speicherfähigkeit des Bodens), der Morphologie und der Vegetation lässt sich dann die Gefahrenexposition ableiten (vgl. Abschn. 3.4.5). Dazu werden in der Regel in rutschgefährdeten Gebieten Sensoren aufgestellt, die sowohl das Monitoring als auch die Warnung vornehmen. Sie messen kontinuierlich den Niederschlag und bei einem – für die Region als gefährlich eingestuften – Schwellenwert (*„treshold value"*) wird ein Alarm ausgelöst; dies sowohl regional als auch lokal. Dabei kann ein kurzfristiger heftiger Niederschlag von 40 mm in drei Stunden ebenso eine Rutschung auslösen wie ein Landregen von 100 mm in 20 h (NOAA-USGS 2005). Andere Instrumente erkennen eine Rutschung durch Radar oder Laserscanner, akustisch durch aufgrund der durch die Rutschung ausgelösten Geräusche oder mittels Seismographen (Bodenvibration). Alle diese Instrumente müssen in den potenziellen Rutschungskanal fest

eingebaut sein – sind also nur lokal einsetzbar. Sie erkennen eine Rutschung aber erst, wenn sie ausgelöst ist; sind also kein (richtiges) Vorsorgeinstrument. Die Vorwarnung kann mit ihnen nur für die weiter flussabwärts liegenden Siedlungen gelten. Die Eintrittsmeldungen werden in der Regel online an die nächste Katastrophenschutzstelle weitergegeben, von wo aus die nach den Katastrophenschutzplänen erforderlichen Maßnahmen eingeleitet werden.

Hieraus wird erkennbar, dass ein Frühwarnsystem explizit für Massenbewegungen sich (eigentlich) nur auf die Feststellung eines realen bzw. eines potenziellen Ereignisses bezieht. BUWAL (2003) sieht auch eine zunehmende Gefährdung der Menschen in rutschungsgefährdeten Gebieten, die immer weniger die erkannten Zusammenhänge von Ursache und Wirkungen anerkennen wollen, stattdessen ihre Kritik an den – auch von der Wissenschaft, als noch nicht abschließend geklärten – Erkenntnisdefiziten festmachen. Dabei reichen die bekannten Wirkungszusammenhänge heute schon aus, um Risikogebiete von Nichtrisikogebieten abzugrenzen.

5.5.3 Beispiele Frühwarnsysteme

Tsunami Frühwarnsystem INATEWS/GITEWS/IOTWS
Frühwarnungen vor Tsunamis im Indischen Ozean wurden erst nach dem Tsunami vom 26. Dezember 2004 zu einem Thema. Davor hatte es schon vereinzelt Tsunamis z. B. in Indonesien gegeben (Biak 1996). Die größte wissenschaftliche und technologische Herausforderung für ein Tsunami-Frühwarnsystem in Indonesien bestand darin, ein System zu installieren, das trotz der sehr nahe an der indonesischen Küste verlaufenden Plattengrenze genügend Zeit für eine Warnung ermöglicht (vgl. Abschn. 3.4.2 und 5.1.4). Der hochaktive Sundabogen hat zur Folge, dass nach einem Erdbeben ein Tsunami in weniger als 40 min auf die Küste auftrifft (Rudloff et al., 2009). Ziel war es daher, ein Frühwarnsystem zu entwickeln, mit dem die Vorlaufzeit für Frühwarnungen auf weniger als 10 min reduziert werden kann. Bisher verwendete Systeme wie das Pacific Tsunami Warning System sind für Indonesien aufgrund seiner geologischen Situation entlang einer Subduktionszone nicht optimal.

Die damalige deutsche Bundesregierung erklärte sich schnell bereit, Indonesien beim Aufbau eines solchen Systems zu unterstützen, und stellte dafür insgesamt 50 Mio. EUR zur Verfügung (Abb. 5.17). In dem Projekt war eine Vielzahl an nationalen und internationalen Partnern beteiligt, die alle wesentlich zum Erfolg des Warnsystems beigetragen haben, vor allem das Alfred-Wegener-Institut für Polar- und Meeresforschung (AWI), das Deutsche Zentrum für Luft- und Raumfahrt (DLR), das GKSS-Forschungszentrum, die Bundesanstalt für Geowissenschaften und Rohstoffe (BGR), die Deutsche Gesellschaft für Tech-

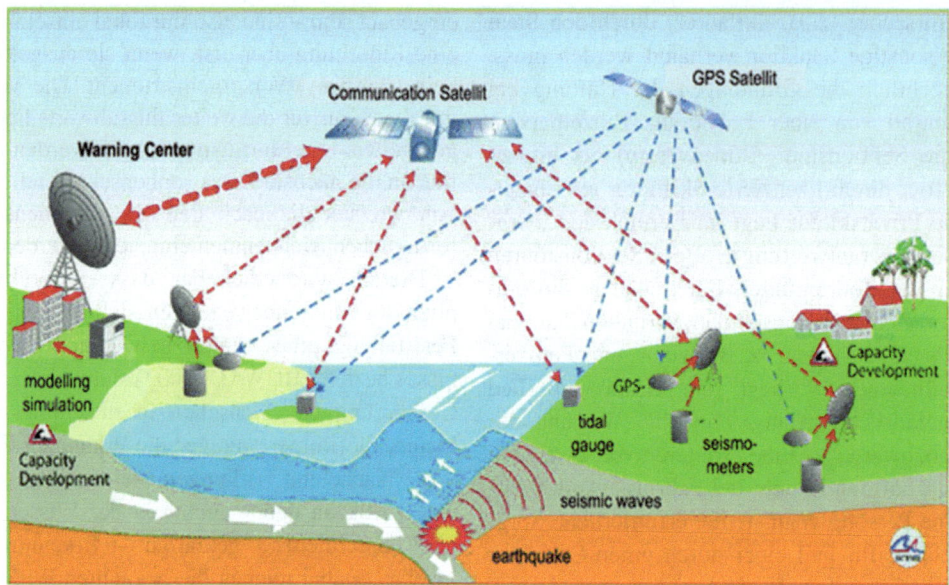

Abb. 5.17 Konzept des Tsunami-Frühwarnsystems GITEWS (Rudloff et al. 2009)

nische Zusammenarbeit (GTZ) und das Leibniz-Institut für Meereswissenschaften (IFM-GEOMAR). Der wichtigste internationale Partner war das Institut für Umwelt und menschliche Sicherheit (UNU-EHS) der Universität der Vereinten Nationen.

Unter der fachlichen Anleitung des GFZ wurde schon einige Monate später mit dem Aufbau der ersten seismischen Sensoren auf der Insel Nias begonnen. Im Laufe der nächsten 3 Jahre wurde das System immer weiter ausgebaut; insgesamt war geplant, 160 seismische Bodenstationen und 22 DART-Bojen zu installieren. Darüber hinaus wurde eine Serie von Gezeitenmessstationen entlang der Küste aufgebaut. Die Bojen wurden mit GPS-Sonden ausgerüstet, um online Informationen über Deformationen der subduzierenden Platte zu erhalten, die als Auslöser für die Tsunami-Generierung angesehen wird.

Die Interpretation der Daten erfolgt durch eine speziell für Indonesien entwickelte Simulations- und Modellierungstechnik und ein entscheidungsunterstützendes Verfahren, um das genaue Epizentrum, die Herdtiefe und die Stärke des Erdbebens innerhalb weniger Minuten zu identifizieren. Nach Identifizierung eines Erdbebens, das einen Tsunami ausgelöst hat, werden die Daten mit neuen Informationen aus den Sensorsystemen ergänzt, die eine kontinuierliche Verbesserung der Wahrscheinlichkeitsbewertung ermöglichen. Für die Datenverarbeitung und Tsunami-Simulationen wurde am GFZ eine spezielle Auswertesoftware namens SeisComP 3.0 entwickelt. Das Programm wurde inzwischen von fast allen Anrainerstaaten des Indischen Ozeans aufgegriffen. Da es in der Regel mehrere Stunden dauert, um aus den eintreffenden Daten die Tsunamogenität eines Erdbebens zu ermitteln, die Vorwarn-

zeit aber auf max. 15 min reduziert werden musste, wurden mehrere Hundert Modellrechnungen in den Computer eingespeist. Der Rechner vergleicht die einlaufenden Daten mit den Modellrechnungen und kann so innerhalb von weniger als 5 min eine Tsunamientstehung erkennen. Die Software (SeisComp 3.0) wurde im September 2007 in dem neu errichteten Tsunami Warning Center in Jakarta, durch den indonesischen Staatspräsidenten am 11. November 2008 offiziell in Betrieb genommen. Und sie konnte ihre Leistungsfähigkeit schon einige Tage später bei einem Erdbeben nahe der Stadt Bengkulu (West Sumatra) unter Beweis stellen. Das Erdbeben hatte eine Stärke von M7,9 und wurde an 25 Stationen registriert; innerhalb von 4 min und 20 s lag das Ergebnis vor. Damit konnte erstmals in Indonesien ein Tsunami innerhalb der erforderlichen 15 min Vorwarnzeit erkannt werden. Die Daten wurden an das Badan Meteorologi, Klimatologi dan Geofisika (BMKG) und von dort an die lokalen Behörden weitergeleitet.

Zusätzlich zu der technischen Ausrüstung und der akademischen Fortbildung, die für den dauerhaften Betrieb des Systems von Bedeutung ist, hat das GITEWS-Projekt umfangreiche Capacity Building-Programme für die im Projekt tätigen Fachleute durchgeführt. Es wurde ein Public–Private-Partnership-Modell entwickelt und dem BMKG die alleinige Verantwortung für die landesweite Tsunami-Warnung übertragen.

Um die gefährdeten Menschen auf der sogenannten „letzten Meile" so schnell wie möglich zu erreichen, wurde die Bevölkerung an der Küste Sumatras geschult, sich richtig zu verhalten. Dazu hat das GITEWS-Projekt die Zusammenarbeit der verschiedenen nationalen, lokalen und privaten Akteure institutionalisiert, um das Notfallmanagement lokal zu organisieren und spezifische Präventionsmaßnahmen durchzuführen. Damit hat das Projekt den Grundstein für eine nationale Katastrophenschutzstrategie in Indonesien gelegt. Darüber hinaus wurde eine Reihe von Trainings- und Bildungsprogrammen entwickelt, um das Bewusstsein für Tsunamis und Erdbeben zu schärfen. Um die lokale Resilienz (nicht nur gegen einen Tsunami) zu erhöhen, wurden in drei Testregionen (Padang, Sumatra; Cilacap, South Java; Kuta/Sanur, Bali) spezielle Trainings- und Ausbildungsprogramme durchgeführt (vgl. Abschn. 5.4.2 und 5.1.3). Für diese Städte wurden spezifische Notfallstrategien entwickelt, um das Verständnis für die Funktionsweise des Warnsystems und die Definition von Gefahren und Risiken zu verbessern. Das Training endete mit der Kompilation einer synoptischen Gefahrenkarte und der Erarbeitung von Empfehlungen als Grundlage für die zukünftige Infrastrukturplanung. An den drei Teststandorten wurden Kommunikationsmittel (Sirenen, Lautsprecher, Polizeidurchsagen sowie Radio- und Fernsehprogramme) installiert bzw. der Aufbau eingeleitet. Darüber hinaus wurden an allen Standorten lokale Katastrophenschutzorganisationen (DMOs) aufgebaut und geschult und diese erhielten klare Vorgaben für den Warnprozess.

Katwarn

Das Katwarn-Frühwarnsystem (DOI, https://katwarn.de/warnsystem.php) ist ein deutschlandweites Instrument zur Frühwarnung von Einzelpersonen, sozialen Gruppen und Unternehmen vor allen Arten von Risiken durch natürliche, technische, epidemiologische und wetterbedingte Gefahren oder Infrastrukturausfälle. Es ist als Informationsinstrument für Katastrophenfälle konzipiert, zusätzlich zu den bestehenden, die von den lokalen Notfallbehörden (Polizei, Feuerwehr, Rettungsdienste usw.) betrieben werden. Katawarn umfasst:

- Ortsbezogene Warnungen
- Themen- bzw. Anlassbezogene Warnungen
- Anlassbezogene Warnungen
- Flächenbasierte Warnungen
- Deutschlandweite Warnübersicht
- Weiterleiten und Teilen von Warnungen.

Darüber hinaus gibt das System Empfehlungen, wie den identifizierten Risiken am besten zu begegnen ist. Die technische Herausforderung bestand darin, ein Betriebssystem zu entwickeln, das dem Stand der Technik entspricht und in der Lage ist, verschiedene Informationstechnologien zu verbinden. Durch Katwarn ist es nun möglich, das Ausmaß sich überschneidender Informationen zu reduzieren. Die Informationen sind speziell auf die lokalen Risikosituationen auf Basis der Postleitzahlen Deutschlands zugeschnitten und werden per E-Mail, Fax, Internet und

Smartphones kostenlos bereitgestellt. Sie geben den Betroffenen an jedem Ort, zu Hause, im Büro oder unterwegs Hinweise auf ein angemessenes Verhalten und helfen so, die sogenannte „letzte Meile" im Katastrophenschutz zu überwinden. Im Gegensatz zu früheren Ansätzen, die sich hauptsächlich auf die Identifizierung eines Risikos konzentrierten, zielt Katwarn darauf ab, den Informationsbedarf der gefährdeten Bevölkerungsgruppen zu ermitteln, und bietet Informationslogistik mit der Frage: „Wer muss was wissen und wann, um richtig zu handeln?" Das System wurde vom Deutschen Fraunhofer-Institut für Offene Kommunikationssysteme (FOKUS) im Auftrag des Gesamtverbandes der Deutschen Versicherungswirtschaft (GDV) entwickelt und inzwischen in einer Reihe von deutschen Städten und Gemeinden erfolgreich umgesetzt. Die Versicherungsgesellschaften stellen das System und die technische Infrastruktur für Landkreise und Stadtteile zur Verfügung.

Literatur

Abarquez, I. & Murshed, M. (2004) Field Practitioner's Handbook.- Asian Disaster Preparedness Center (ADPC), Bangkok.

Arnold, M., Mearns, R., Oshima, K. & Prasad, V. (2014): Climate and Disaster Resilience: The Role for Community-Driven Development.- Social Development Department. The World Bank, Washington, D.C.

Arskal Salim (2010): Konflikt nach der Katastrophe in: Umwelt-Klima-Rechtwissenschaften, Max-Planck Forschung, Hefte, Nr. 1, Berlin.

Aven, T. & Renn, O. (2019): Some foundational issues related to risk governance and different types of risks.- Journal of Risk Research, March 2019, p.1–14. https://doi.org/10.1080/13669877.2019.1569099.

Basher, R. (2006): Global early warning systems for natural hazards: systematic and people-centred.- Philosophical Transactions of the Royal Society (A). Mathematical, Physical and Engineering Sciences, Vol. 364, S. 2167–2182. https://doi.org/10.1098/rsta.2006.1819.

BBK (2007) (Hrsg.): Biologische Gefahren I. Handbuch zum Bevölkerungsschutz. 3. vollständig überarbeitete Auflage.- Bundesamt für Bevölkerungsschutz und Katastrophenhilfe (BBK), S. 320, Moser Verlag, Rheinbach.

Beck, U. (1986): Risikogesellschaft – Auf dem Wege in eine andere Moderne.- S. 396, Suhrkamp Verlag.

BMZ (2007): Fragile Staaten – Beispiele aus der entwicklungspolitischen Praxis.- Bundesministerium für wirtschaftliche Zusammenarbeit und Entwicklung (BMZ) (Hrsg.), S. 396, Nomos Verlag, Baden-Baden.

Böschen, S., et. al (2002): Gutachten im Rahmen des TAB-Projektes „Strukturen der Organisation und Kommunikation im Bereich der Erforschung übertragbarer Spongiformer Enzephalopathien (TSE)".- TAB Diskussionspapier Nr. 10, Berlin.

BUWAL (2003). Unwetterereignisse im Alpenraum- Analyse.- Ständiger Ausschuss der Alpenkonferenz, Arbeitsgruppe „Lawinen, Überschwemmungen, Muren und Erdrutsche", Bericht 1999 der Alpenkonferenz vom 30./31. Oktober 2000 in Luzern, Bundesamt für Umwelt, Wald und Landschaft (BUWAL), Bern.

BUWAL (1999): Praxishilfe Kosten-Wirksamkeit von Lawinenschutz-Maßnahmen an Verkehrsachsen – Vorgehen, Beispiele und Grundlagen der Projektevaluation. – Bundesamt für Umwelt, Wald und Landschaft (BUWAL), S. 110, Bern.

BWG (Hrsg.) (2001): Hochwasserschutz an Fließgewässern – Wegleitungen des BWG.- Schweizer Bundesamt für Wasser und Geologie (BWG), Bern.

Carlsson F.D., Daruvala, D. & Jaldell, H. (2010): Value of statistical life and cause of accident: A choice experiment.- Risk Analysis, Vol. 30,9, S.975–986

CRED (2015): Human cost of natural disasters – A global perspective.- Centre for Research on the Epidemiology of Disasters (CRED), Emergency Events Database (EM-DAT), Brussels.

Damnjanovic, I., Aslan, Z. & Mander, J. (2010): Market-Implied Spread for Earthquake CAT Bonds: Financial Implications of Engineering Decisions.- Risk Analysis, Vol. 30, No. 12. https://doi.org/10.1111/j.1539-6924.2010.01491.x

Day, H.J. (1970): Flood warning benefit evaluation – Susquehanna River Basin Urban Residences.- ESSA Technical Memorandum, WBTM Hydro-10.- NOAA National Weather Service, Silver Spring MD.

Donovan, A., Eiser, J.R., Sparks, RSJ. (2015): Expert opinion and probabilistic volcanic risk assessment.- Journal of Risk Research, Vol. 20, Issue 6, S.1–18.

Donovan, K., Suryanto, A. & Utami, P. (2012): Mapping cultural vulnerability in volcanic regions: the practical application of social volcanology at Mt Merapi. Indonesia.- Environmental Hazards, Vol. 11, p.303–323. https://doi.org/10.1080/17477891.2012.689252.

El Hinnawi, E. (1985): Environmental refugees. – United Nations Environmental Programm (UNEP), Nairobi.

Eiser, J.R., Bostrom, A., Burton, I., Johnston, D.M., McClure, J., Paton, D., van der Pligt, J. &White, M.P. (2012): Risk interpretation and action: A conceptual framework for responses to natural hazards. – International Journal Disaster Risk Reduction, Vol. 1, S. 5–16.

Eurich, H. (2012): Der Hurrikan „Katrina" – Die politische und mediale Inszenierung einer Katastrophe.- Akademikerverlag (AV), S. 160.

Faupel, C.E., Kelly, S.P. & Petee, T. (1992): The impact of disaster education on household preparedness for Hurricane Hugo.- Internationale Journal of Mass Emergencies and Disasters, Vol. 10(1), S. 5–24.

Fearnley, C.J., Bird, D.K., Haynes, K., McGuire, W.J.& Jolly, G. (2017): Observing the Volcano World: Volcano Crisis Communication.- Springer Verlag, online-publication.

FEMA (2003): Principles of emergency management.- Independent Study IS 230, Federal Emergency Management Agency (FEMA), Washington D.C.

FEMA (1995): National Mitigation Strategy – Partnerships for Building Safer Communities.- Report prepared for the International Decade for Natural Disaster Reduction, Federal Emergency Management Agency (FEMA), Mitigation Directorate, Washington D.C.

FEMA (1994): Basic training instructor guide. – Community Emergency Response Team (CERT), Federal Emergency Management Agency (FEMA), National Fire Academy, Washington D.C.

Feruzzi, F. (1997): Sounding the alarm, be prepared.- The UNESCO Courier, United Nations Educational, Scientific and Cultural Organization, S. 50, Geneva

Filipovic, A. (2016): Aufgaben und Versuchungen der Medien bei Katastrophen – Zur medienethischen Kritik am Zusammenhang von Katastrophenmedien und Medienkatastrophen. – Manuskript, Symposion des Forschungs- und Studienprojekts der Rottendorf-Stiftung an der Hochschule für Philosophie München (Juni 2015; Publikation in Vorb.)

Ganderton, P. (2005): Benefit-Cost Analysis of Disaster Mitigation-Application as a policy and decision-making tool. – Mitigation and Adaption Strategies for Global Change, Vol. 10(3), S. 445–465.

Garbut, K.J. (2010): Media, Representation, Persistence and Relief: The Role of the Internet in Understanding the Physical and Social Dynamics of Catastrophic Natural Hazards, Durham theses, Durham University; Durham E-Theses Online: DOI, http://etheses.dur.ac.uk/375/

Garcia, C. & Fearnley, C. J. (2012): Evaluating critical links in early warning systems for natural hazards.- Environmental Hazards, Vol. 11, S. 123–137. https://doi.org/10.1080/17477891.2011.60987.

GFDRR (2012): National Agricultural Insurance Scheme of India.- Disaster Risk Financing and Insurance Program (DRFIP), The World Bank, Washington DC; DOi, www.gfdrr.org.

Gigerenzer, G. (2007): Bauchentscheidungen – Die Intelligenz des Unbewussten und die Macht der Intuition. – Bertelsmann Verlag, München

Gigerenzer, G. & Gaismaier, W. (2011): Heuristic Decision Making.- Annual Review of Psychology, Vol. 62(1), p.451–82; DOI: https://doi.org/10.1146/annurev-psych-120709-145346.

Greiving, S., Hartz, A., Hurth, F. & Saad, S. (2016): Raumordnerische Risikovorsorge am Beispiel der Planungsregion Köln.- Raumforschung – Raumordnung, Vol. 74, p.83–99; https://doi.org/10.1007/s13147-016-0387-6.

Greiving, S. (2003): Möglichkeiten und Grenzen raumplanerischer Instrumente beim Risikomanagement von Naturgefahren; in: Felgentreff, C. & Glade, Th. (Hrsg.): Raumplanung in der Naturgefahren- und Risikoforschung, Praxis Kultur- und Sozialgeographie, Vol. 2, Institut für Geographie der Universität Potsdam, Potsdam.

Gurenko, E., Lester, R., Mahul, O. & Gonulal, S.O. (2006): Erdbebenversicherung in der Türkei – Geschichte des türkischen Katastrophenversicherungspools. – Die Weltbank, Washington D.C.

GTZ (2010): 30 Minutes in the City of Padang: Lessons for Tsunami Preparedness and Early Warning from the Earthquake on September 30, 2009. – German-Indonesian Cooperation for a Tsunami Early Warning System (IS-GITEWS, Working Document No. 25 Case Study Updated edition, May 2010, Jakarta.

GTZ (2007): Early Warning Experiences in Padang after first Bengkulu earthquake on 12 September 2007.- German-Indonesian Cooperation for Tsunami Early Warning System (IS-GITEWS), Working Document No. 15, Case Study, Jakarta.

Günther, L., Ruhrmann, G. & Milde, J. (2011): Pandemie: Wahrnehmung der gesundheitlichen Risiken durch die Bevölkerung und Konsequenzen für die Risiko- und Krisenkommunikation.- Freie Universität Berlin, Forschungsforum Öffentliche Sicherheit, Schriftenreihe Sicherheit, Nr. 7, Berlin.

Hallegatte, St. & Przyluski, V. (2010): The Economics of Natural Disasters Concepts and Methods.- The World Bank, Sustainable Development Network Office of the Chief Economist, Policy Research Working Paper 5507, Washington D.C.

Hennen, L. (1990): Risiko-Kommunikation: Informations- und Kommunikationstechnologien. In: Jungermann/Rohrmann/Wiedemann (Hrsg.): Risiko-Konzepte, Risiko-Konflikte, Risiko-Kommunikation, S. 209–258, Jülich.

Hollenstein, K. (1997): Analyse, Bewertung und Management von Naturrisiken. Dissertation Eidgenössische Technische Hochschule (ETH), Nr. 11878, vdf Hochschulverlag AG, S. 220, Zürich.

ILO (2002): Leitlinien für Managementsysteme für Sicherheit und Gesundheitsschutz bei der Arbeit – Internationales Arbeitsorganisation (ILO), ILO-OSH 2nd Edition, Genf.

IPCC (1990): Climate Change – The IPCC Scientific Assessment.- Report prepared for IPCC by Working Group 1; edited by J.T. Houghton, G.J. Jenkins & J.J. Ephraums. – Intergovernmental Panel on Climate Change (IPCC), London.

IRFC (2012): Community early warning systems: guiding principles.- International Federation of Red Cross and Red Crescent Societies (IFRC), Geneva. https://www.ifrc.org/sites/default/files/2012_WDR_Full_Report.pdf

IFRC (2011): Public awareness and public education for disaster risk reduction- a guide.- International Federation of Red Cross and Red Crescent Societies, Geneva.

IRGC (2017): Introduction to the IRGC risk governance framework. Revised version.- International Risk Governance Council, Geneva.

IRGC (2009): Risiko-Governance: Mit der Unsicherheit in einer komplexen Welt umgehen. – International Risk Governance Council (IGRC), Natural Hazards, Vol. 48, No. 2, S. 313–314, Springer-online.

Jakobeit, C & Mettmann, C. (2007). Klimaflüchtlinge – Die verleugnete Katastrophe.- Greenpeace, Universität Hamburg.

Kagan, Y.Y. (1997): Are earthquakes predictable? – Special Section Assessment of Schemes for Earthquake Prediction.- Geophysical Journal International, Vol. 131, S. 505–525.

Kasperson, R.E., Renn, O., Slovic, P., Brown, H.S., Emel, J., Goble, R., Kasperson J.X. & Ratick, S. (1988): The Social Amplification of Risk. A Conceptual Framework. – Risk Analysis, Vol. 8, No. 2

Kellett, J. & Peters, K. (2014): Emergency Preparedness: from fighting crisis to managing risks.- Overseas Development Institute (ODI), S. 140, London.

v. Kirchbach, H.P. (2002): Bericht der Unabhängigen Kommission der Sächsischen Staatsregierung – Flutkatastrophe 2002 „Kirchbach-Bericht", Dresden.

Kraus, N., Malmfors, T. & Slovic, P. (1992): Intuitive Toxicology: Experts and Lay Judgments of Chemical Risks.- Risk Analysis, Vol. 12, No. 2, S. 215–23.

Kreimer, A. & Munasinghe, M. (1991): Managing the environment and natural disasters. – The International Bank for Reconstruction and Development/The World Bank, Washington D.C.

Kunreuther, H. (1966): Wirtschaftstheorie und Naturkatastrophenverhalten.- Abteilung für Wirtschafts- und Politikstudien, Institute for Defence Analyses, Arlington VA

Leopoldina (2016): Erdbeobachtung durch Tiere – Zusammenfassung der Vorträge – Symposium 30.09.2016.- Leibniz-Institut für Zoo- und Wildtierforschung, Berlin.

Lindhjem, H., Navrud,S., Braathen, N-A. & Biausque, V. (2011): Valuing Mortality Risk Reductions from Environmental, Transport, and Health Policies: A Global Meta-Analysis of Stated Preference Studies.- Risk Analysis, Vol. 31, No. 9.

Linnerooth-Bayer, J., Mechler, R. & Hochrainer-Stiegler, St. (2011): Insurance against Losses from Natural Disasters in Developing Countries. Evidence, Gaps and the Way Forward.- International Institute for Applied Systems Analysis, (IIASA), Journal of integrated Disaster Risk Management ((JIDRiM), Vol. 1.

Linnerooth-Bayer, J. & Mechler, R. (2009): Versicherung gegen Schäden aus Naturkatastrophen in Entwicklungsländern. – Vereinte Nationen, Department of Economic and Social Affairs (DESA), Arbeitspapier Nr. 85, New York NY.

Luhmann, N. (1996): Die Realität der Massenmedien, S. 120, Opladen.

Lutz, W. & Samir, K.C. (2011): Global human capital – Integrating education and population.- Development Economics Research Group, The International Bank for Reconstruction, The World Bank, The World Bank Observer, Vol. 19, No. 1, Washington D.C.

Marchezini, V., Aoko Horita, F.L., Mie Matsuo, P. Trajber, R., Trejo-Rangel,.A. & Olivato, D. (2018): A Review of Studies on Participatory Early Warning Systems (P-EWS): Pathways to Support Citizen Science Initiatives.- Earth Sciences, 06 November 2018; https://doi.org/10.3389/feart.2018.00184.

Michel-Kerjan, E., S. Hochrainer-Stigler, H. Kunreuther, J. Linnerooth-Bayer, R. Mechler, R. Muir-Wood, N. Ranger, P. Vaziri, and M. Young (2013): Catastrophe risk models for evaluating disaster risk reduction investments in developing countries. – Risk Analysis. Vol. 33(6), p.984–999

Muttarak, R. & Pothisiri, W. (2013): The role of education on disaster preparedness: case study of 2012 Indian Ocean earthquakes on Thailand's Andaman Coast.- Ecology and Society, Vol. 18, 4. https://doi.org/10.5751/ES-06101-180451.

Myers, N. (2001): Environmental refugees – A global phenomenon of the 21th century.- Philosophical Transactions of the Royal Society, Biological Sciences, Vol. 357, p.167–182, London.

NOAA-USGS (2005): Rainfall Threshold for Landslides (La Honda). – Debris-Flow Warning System – Final Report, U.S. Department of the Interior, U.S. Geological Survey (USGS), Circular 1283, Washington D.C.

OECD (2010): Recommendation of the Council on Good Practices for Mitigating and Financing Catastrophic Risks, 16 December 2010.- Directorate for Enterprise and Financial Affairs, Organization of Economic Cooperation and Development (OECD), Paris. http://www.oecd.org/dataoecd/18/48/47170156.pdf.

OECD (2005): Catastrophic Risks and Insurance – The Turkish Catastrophe Insurance Pool TCIP and Compulsory Earthquake Insurance Scheme, Chapter 19, .22; DOI, https://doi.org/10.1787/9789264009950-20-en.

Ostrom, E. (1990): Governing the Commons. The Evolution of Institutions for Collective Action. – Cambridge.

Peters, H.P. (1995): Massenmedien und Technikakzeptanz: Inhalte und Wirkungen der Medienberichterstattung über Technik, Umwelt und Risiken.- Arbeiten zur Risiko-Kommunikation, Heft 50, Jülich.

v. Piechowski, 1994): Störfallverordnung der Schweiz- Handbuch I, Anhang G aus dem Jahr 1994; zitiert in: WBGU (2000) WBGU (2000): Welt im Wandel – Strategien zur Bewältigung globaler Umweltrisiken. – Jahresgutachten, Springer Verlag, Berlin.

PLANAT (2009): Strategie Naturgefahren Schweiz – Umsetzung des Aktionsplanes PLANAT 2005–2008 Projekt A 1.1 Risikokonzept für Naturgefahren – Leitfaden Teil A: Allgemeine eine Darstellung des Risikokonzeptes – Risikobewertung und Schutzziele.- Nationale Plattform Naturgefahren (PLANAT), Bundesamt für Umwelt (BAFU), Bern.

PLANAT (2004): Sicherheit vor Naturgefahren – Vision und Strategie.- PLANAT Reihe 1/2004, Bundesamt für Wasser und Geologie (BWG), Biel

Pfister, G. (2003): Zur Versicherungsfähigkeit von Katastrophenrisiken.- Akademie für Technikfolgenabschätzung, Arbeitsbericht Nr. 232, Stuttgart.

Raju S.S. & Chand, R. (2008): Agrarversicherung in Indien – Probleme und Perspektiven. – National Centre for Agricultural Economics and Policy Research, Indian Council of Agricultural Research, NCAP Working Paper No. 8, Delhi.

Ranke, U. (2016): Natural Disaster Risk Management.- – Geoscience and Social Responsibility.- S. 514, Springer, Berlin-Heidelberg.

Renn, O. (2010): Risk Communication: Insights and Requirements for Designing Successful Programs on Health and Environmental Hazards. In: Heath, R. L. & O´Hair, H. D. (Hrsg.): Handbook of Risk and Crisis Communication, p.80–98, Routledge, New York NY.

Renn, O. (2005): Risk governance – towards an integrative approach.- International Risk Governance Council, White Paper No. 1, Geneva.

Renn, O., Carius, H., Kastenholz, H. & Schulze, M. (2005): ERiK – Entwicklung eines mehrstufigen Verfahrens der Risikokommunikation, in (Hrsg): Hertel, R.F. & Henseler, G.: Aktionsprogramm „Umwelt und Gesundheit" .- Bundesinstitut für Risikobewertung (BfR), Vol. 02, Berlin.

Renn, O. & Zwick M.M. (1997): Risiko- und Technikakzeptanz. In: Deutscher Bundestag, Enquete-Kommission „Schutz des Menschen und der Umwelt" (Hrsg.): Konzept Nachhaltigkeit, Springer Verlag, Berlin.

Richter, A., Pettibone, L., Ziegler, D., Hecker, S., Vohland, K. & A. Bonn (2017): BürGEr Schaffen WISSen – Wissen schafft Bürger (GEWISS): Entwicklung von Citizen Science-Kapazitäten in Deutschland. Endbericht. – Deutsches Zentrum für Integrative Biodiversitätsforschung (iDiv) Halle-Jena-Leipzig, Helmholtz-Zentrum für Umweltforschung – UFZ, Leipzig; Berlin-Brandenburgisches Institut für Biodiversitätsforschung (BBIB), Museum für Naturkunde, Leibniz-Institut für Evolutions- und Biodiversitätsforschung (MfN), Berlin.

Robertson, A. & Minkler, M. (1994): New health promotion movement.- Health Education Quarterly, Vol. 21, S. 295–312, Bethesda MD.

Röder, H., Braun, T., Schumann, Boschi, E., Büttner, R. & Zimanowski, B. (2005): Great Sumatra Earthquake – Registers on electrostatic sensors.- EOS, Transactions, American Geophysical Union (EOS), Vol. 86, No. 45, S. 445–460, Bern.

Ruddat, M., Sautter, A. & Ulmer, F. (2005): Abschlussbericht zum Forschungsprojekt „Untersuchung der Kenntnis und Wirkung von In formationsmaßnahmen im Bereich Mobilfunk und Ermittlung weiterer Ansatzpunkte zur Verbesserung der Information verschiedener Bevölkerungsgruppen". Dialogik- gemeinnützige Gesellschaft für Kommunikations- und Kooperationsforschung mbH, S. 236, Stuttgart.

Rudloff, A., Lauterjung, J., Münch; U. & Tinti, S. (2009): The GI-TEWS Project (German-Indonesian Tsunami Early Warning System).- Natural Hazards Earth System. Science, Vol. 9, S. 1381–1382. www.nat-hazards-earth-syst-sci.net/9/1381/2009.

Samir. K. (2013): Community Vulnerability to Floods and Landslides in Nepal.- Ecology and Society, Vol. 18(1).https://doi.org/10.5751/ES-05095-180108.

Schneeweiß, A. (2015): Mikrofinanzen in Entwicklungsländern.- Kurzstudie im Auftrag der GLS-Bank.- SÜDWIND e.V., Institut für Ökonomie und Ökumene, Bonn; Mix Market Glossary 2014. http://www.mixmarket.org/about/faqs/glossary.

Schreckener U. (Hrsg) (2004): States At Risk- Fragile Staaten als Sicherheits- und Entwicklungsproblem.- Deutsches Institut für Internationale Politik und Sicherheit, Stiftung Wissenschaft und Politik (SWP), Berlin.

Sellke, P. & Renn, O. (2010): Risiko-Governance – Ein neuer Ansatz zur Analyse und zum Management komplexer Risiken; in: Mayer et al. (Hrsg.): Einstellungen und Verhalten in der empirischen Sozialforschung.- Springer Fachmedien Wiesbaden GmbH, Springer Nature 2019. https://doi.org/10.1007/978-3-658-16348-8_5.

Shearer, P.M. (1999): Introduction to seismology. –Cambridge University Press, S. 260, Cambridge MD.

Slovic, P. (1992): Perceptions of Risk: Reflections on the Psychometric Paradigm; in: Krimsky, S. & Golding, D. (eds.): Social Theories of Risk, Praeger. p.117–152, Westport CT

Slovic, P., Monahan, J. & MacGregor, D.G. (2000): Violence Risk Assessment and Risk Communication: The Effects of Using Actual Cases, Providing Instruction, and Employing Probability versus Frequency Formats.- Law of Human Behavior, Vol.24, S. 271–296. https://doi.org/10.1023/A:1005595519944.

Stern, N. (2007): The economy of climate change – The Stern Review.- Cambridge University Press, Cambridge MD.

Striessnik, E., Lutz, W, & Patt, A.G. (2013): Effects of Educational Attainment on Climate Risk Vulnerability.- Ecology and Society, Vol. 18(1). https://doi.org/10.5751/ES-05252-180116.

Tazieff, H. (1977): La Soufriere, volcanology and forecasting.- Nature Vol 269, S. 96–97

Twigg, J. (2003): The Human Factor in Early Warnings: Risk Perception and Appropriate Communications.- in: Zschau, J & Küppers, A.N. (eds.): Early Warning Systems for Natural Disaster Reduction, p. 19–26. https://doi.org/10.1007/978-3-642-55903-7_4.

Twigg, J. (2002): Lessons learned from disaster preparedness.- Internationale Conference on Climate Change and Disaster Preparedness, The Hague.

UBA (o.D.): Deutsches Umweltverfassungsrecht.- Umweltbundesamt (UBA), Semantischer Netzwerk Service (SNS), Dessau-Roßlau.

Ullah, I. & Khan, M. (2017), Microfinance as a tool for developing resilience in vulnerable communities .- Journal of Enterprising Communities: People and Places in the Global Economy, Vol. 11. No. 2, S. 237–257. https://doi.org/10.1108/JEC-06-2015-0033.

Ulbig, E., Hertel, R.F. & Böl, GF. (2010): Kommunikation von Risiko und Gefährdungspotenzial aus Sicht verschiedener Stakeholder. – Abschlussbericht, Bundesinstitut für Risikobewertung (BfR), Berlin.

UNISDR (2006): A guide to community-based disaster risk reduction in Central Asia.- International Strategy for Disaster Reduction (UNISDR), United Nations, Geneva.

UNISDR (2009): UNISDR Terminology on Disaster Risk Reduction.- United Nations International Strategy for Disaster Reduction (UNISDR), Geneva

Watson, C., Caravani, A., Mitchell, T., Kellett, J. & Peters; K (2015): Finance for reducing disaster risk: 10 things to know.- Overseas Development Institute (ODI). www.odi.org/sendai-2015-new-global-agreement-disaster-risk-reduction March 2015.

Weber, K. (2006): Die rechtliche Situation beim Lawinenunfall – Die deutsche Rechtslage. – in: Eidgenössisches Institut für Schnee- und Lawinenforschung (SLF): Lawinen und Recht, Proceedings zum Internationalen Seminar vom 6.–9. November 2005 in Davos.

Weitzman, M. L. (2001): Gamma Discounting.- American Economic Review, Vol. 91, No.1, S. 260–271.

Willenbockel, D. (2011): A Cost-Benefit Analysis of Practical Action's Livelihood-Centred Disaster Risk Reduction Project in Nepal. – Institute of Development Studies at the University of Sussex, Brighton.

World Bank (2010): Economics of Adaptation to Climate Change: Synthesis Report.- The World Bank, Washington, D.C.

World Bank (2006): Governance- Development in Practice- The World Bank Experience.- International Bank for Reconstruction and Development (IBRD), The World Bank, Washington D.C.

Zschau, J. (1997): Erdbebenvorhersage mit SEISMOLAP – Neue Implikationen auch für die Geodäsie. Mitteilung des Instituts für Angewandte Geodäsie, Deutsches Geodätisches Forschungsinstitut, Abteilung 2, B 195, S. 74–86

Nationale, supranationale, internationale Organisationen und Mechanismen im Katastrophenrisikomanagement

Inhaltsverzeichnis

6.1 Allgemeine Aspekte

Es gibt weltweit eine Vielzahl von Institutionen, Organisationen und Mechanismen, die auf die soziale und menschliche Entwicklung ausgerichtet sind. Das Schlüsselwort für die verschiedenen Ansätze lautet „Nachhaltigkeit". Auch wenn es in der Politik viele verschiedene Konzepte, Strategien und Instrumente in der Praxis gibt, haben sie doch alle das gleiche Ziel: „eine nachhaltige menschliche Entwicklung zu erreichen" (Berkes et al. 2000). Alle Beteiligten sind sich bewusst, dass dies einen ganzheitlichen Ansatz erfordert, der soziale, ökonomische, kulturelle und natürliche Faktoren integriert, wie er zum Beispiel in dem „Vanua-Konzept" der Fidschi-Inseln verwirklicht ist, wo traditioneller Glauben, Land, Wasser und der Mensch als Einheit betrachtet wird.

Doch das Ressourcenmanagement in den Industrieländern wie auch in vielen Entwicklungsländern ist immer noch zu sehr auf technische und vor allem wirtschaftliche Faktoren ausgerichtet. Berkes und seine Ko-Autoren fordern daher, die willkürliche und künstliche Abgrenzung zwischen den beiden Systemen (ökonomisch und ökologisch) aufzuheben und „Nachhaltigkeit" als systemischen Ansatz zu verstehen: ein Ansatz, wie er von vielen traditionellen Gesellschaften heute noch in der Dritten Welt (vgl. Ostrom 2011) praktiziert wird. Das Primat einer „wirtschaftlichen" Nutzung natürlicher Ressourcen hat dazu geführt, die sozialen und ökologischen Probleme auf der Welt kaum mehr beherrschbar zu machen: Globalisierung der Ressourcenmärkte, Erschöpfung der natürlichen Ressourcen, Finanzkrise, Umweltzerstörung und der Klimawandel machen die Menschen auf der Erde immer anfälliger, wie uns auch die Corona-Pandemie dramatisch vor Augen geführt hat. Dasselbe gilt für eine Zunahme der Exposition gegenüber Naturgefahren, die sich in vielen Regionen der Welt in ihrer Wechselwirkung mit den Folgen des Klimawandels zu einer ernsthaften Bedrohung für die Gesellschaft entwickelt.

In erster Linie liegt das Wohlergehen einer Gesellschaft in der Verantwortung jeder Nation und ist so als Prinzip der nationalen Souveränität in der „Charta der Vereinten Nationen" festgelegt. Um eine Gesellschaft widerstandsfähig(er) zum Beispiel gegen die Auswirkungen von Naturkatastrophen zu machen, bedarf es ordnungspolitischer Vorgaben, sowohl im Hinblick auf die allgemeinen sozioökonomischen Rahmenbedingungen als auch auf die Planungs- und Umsetzungsverfahren.

Da viele Länder von den Auswirkungen von Naturkatastrophen oftmals überfordert sind, haben sich Regierungen international zusammengeschlossen, um gemeinschaftlich Lösungsmodelle zu entwickeln, die ihre Gesellschaften in die Lage versetzen, die Auswirkungen von Störungen des sozio-ökonomischen Gleichgewichts besser zu absorbieren. Dazu ist eine Vielzahl an internationalen Abkommen, Konventionen und Vertragswerken entstanden, die sowohl unter dem Dach der Vereinten Nationen als auch von Staatengemeinschaften wie ASEAN, AU, AOSIS u. a. Katastrophen-Risikominderung zum integralen Bestandteil der Politik zum Erreichen der „Millenniumsentwicklungsziele" im Sinne des „Hyogo Framework for Action" macht.

Dabei hat Anfang der 1990er Jahre ein Paradigmenwechsel stattgefunden. So war noch bis zum „Aufbrechen" der Ost-West-Konfrontation die internationale Zusammenarbeit im Bereich des Katastrophenschutzes im Wesentlichen auf humanitäre Maßnahmen beschränkt und es gab daher nur wenige globale Mechanismen zur Koordinierung von Maßnahmen zur Katastrophenprävention (Prior und Roth 2015). Mit dem Abbau der „militärischen" Gegensätze wurde der Begriff „Sicherheit" zunehmend nicht mehr (rein) territorial als „Sicherheit vor militärischen Bedrohungen" verstanden, sondern erweitert, und schloss danach auch ökologische, soziale und technologische Gefährdungen mit ein (vgl. Abschn. 2.1.2,   6.2). Das veränderte politische „Klima" eröffnete die Chance, (auch) das Naturkatastrophen-Risikomanagement international verbindlich zu verabreden. In der Folge wurde eine Vielzahl an Abkommen und Vereinbarungen geschlossen, mit denen es heute möglich ist, Gesellschaften vor (Natur-)Katastrophen besser, schneller und gezielter zu schützen; mit guten Erfolgen.

Die folgende Zusammenstellung nennt die wichtigsten Organisationen und Mechanismen, die auf die soziale und menschliche Entwicklung ausgerichtet sind. Ausgewählt wurden solche Organisationen/Institutionen, die im Kontext mit dem Naturkatastrophen-Risikomanagement aufgestellt sind. Es werden aber nicht nur Organisationen aufgeführt, sondern auch die Instrumente und Mechanismen für deren Umsetzung. Dennoch kann eine solche Zusammenstellung nur eine Auswahl darstellen und erkennt an, dass es darüber hinaus eine ganze Reihe internationaler, insbesondere nichtstaatlicher Organisationen gibt, die ebenfalls dieses Ziel verfolgen.

Wenn von der „Organisation" gesprochen wird, ist zwischen den Begriffen „Organisation" (i. e. S.) und „Institution" zu unterscheiden. Organisationen sind gekennzeichnet durch eine Organisationsstruktur, durch Regeln und Arbeitsabläufe, wie sie benötigt werden, um Unternehmen, Krankenhäuser, Hochschulen zu betreiben. Dies bedeutet aber auch, dass eine Organisation eine (Organisations-)Struktur hat, mit festgelegten Zuständigkeiten, Normen und einer Entscheidungshierarchie. Institutionen dagegen sind an verbindliche Regelungen gebunden – gesellschaftlich vereinbarte ordnungspolitische Normen – mit denen das Zusammenleben der Menschen bestimmt wird. Institutionen treten in erster Linie in Form öffentlicher Einrichtungen und staatlicher Organe auf – aber auch z. B. der privatrechtlich organisierte Deichverband zum Schutz vor

Sturmfluten gehört dazu, wenn ihm bestimmte Aufgaben übertragen werden. Der Institutionsbegriff umfasst darüber hinaus auch Einrichtungen wie die „Kirchen" und die „Ehegemeinschaft". In einer Ehe vereinbaren die Partner, sich an bestimmte Regeln zu halten. Dafür billigt ihnen der Staat spezielle Rechte zu, die für Nichtehepaare nicht gelten (z. B. Steuerbefreiung usw). Darüber hinaus stellt auch das Grundgesetz eine Institution dar, regelt es doch durch seine Bestimmungen das Zusammenleben der Gesellschaft.

6.2 Organisationen

6.2.1 Das System der Vereinten Nationen

Noch in der Schlussphase des Zweiten Weltkriegs kamen die Regierungen der Allianz zusammen, um eine neue Weltorganisation zu gründen. Damit wurde ein Neuanfang nach dem „Scheitern" des Experiments „Völkerbund" versucht. Erste Bemühungen dazu hatte es schon im Jahr 1942 gegeben, als sich 26 Staaten zur „Erklärung der Vereinten Nationen" in Washington D.C. getroffen hatten. (Vereinte Nationen (offizielle deutsche Abkürzung: VN; englisch: „United Nations Organization", UNO/UN). Die Idee von einer Weltorganisation konnte aber erst 1945 nach Ende des Krieges verwirklicht werden. Dazu waren in San Francisco 50 Staaten zusammengekommen, um die Ziele und Prinzipien der „Charta der Vereinten Nationen" zu verabschieden. Das Kernanliegen der VN ist seit dem Jahr 1945 unverändert. Die VN, so der ehemalige Generalsekretär Dag Hammarskjöld im Jahr 1954,

> … wurden nicht geschaffen, um die Menschheit in den Himmel zu bringen, sondern sie vor der Hölle zu bewahren.

In Anbetracht der Folgen des 2.Weltkriegs stand naturgemäß die Schaffung von „Frieden" im Fokus der Bemühungen. Die VN sollten aber nicht „Frieden schaffen", sondern beitragen, militärische Auseinandersetzungen zu verhindern: ein völkerrechtlicher Anspruch, der auch als „negativer" Frieden bezeichnet wird. Dies sollte durch freundschaftliche Beziehungen zwischen den Staaten sowie durch eine vertiefte Zusammenarbeit in den Politikfeldern Menschenrechte, Entwicklung, Wirtschaft und Kultur erreicht werden. Die Vereinten Nationen sollten das zentrale Forum für den internationalen Austausch werden. Dazu waren in der VN-Charta Grundregeln des staatlichen Handelns (national als auch international) festgeschrieben, mit dem ein stabiles Fundament für die internationale Zusammenarbeit der Staaten geschaffen wurde. Basis der Zusammenarbeit sind seitdem das Prinzip der souveränen Gleichheit aller Mitgliedstaaten sowie das System der kollektiven Sicherheit. Allerdings sind „Frieden" und „Sicherheit" nicht die einzigen Themen, die die VN beschäftigen. Bereits vor ihrer Gründung stand fest, dass

es für die Lösung bestimmter Probleme internationaler Kooperation bedarf, und so waren die Weichen für spätere VN-Sonderorganisationen wie den „Internationalen Währungsfonds" (IMF), die „Weltbank" oder die „Ernährungs- und Landwirtschaftsorganisation" der Vereinten Nationen (FAO) und viele andere gestellt.(WHO, WMO, WTO). Diese beruhen teilweise auf den Vorgängerorganisationen des Völkerbundes und decken ähnliche Themenbereiche ab, beispielsweise globale Gesundheit, internationale Arbeitsstandards und Zusammenarbeit im Kultur- und Bildungsbereich (DGVN o. J.).

Die VN stellen keine Weltregierung dar. Sie erlassen auch keine Gesetze, sondern sind vor allem ein Diskussionsform der Mitgliedstaaten, wie die „Generalversammlung" und der „Weltsicherheitsrat". In diesen Organen werden „Empfehlungen" verabschiedet. Völkerrechtlich verbindlich sind grundsätzlich nur die im „Weltsicherheitsrat" beschlossenen Resolutionen. Neben der Formulierung von „Empfehlungen" treten die VN auch selbst als Akteur auf – zum Beispiel in der Eigenschaft als VN-Generalsekretär/in der internationalen Politik. Die Entscheidungen der VN-Generalversammlung werden vom VN-Sekretariat begleitet. Da viele Entscheidungen zum Teil kontrovers sind und die „angesprochenen" Staaten sich oftmals nicht an die Empfehlungen halten, können vom VN-Sicherheitsrat Sanktionen verhängt werden: Embargos für den Import/Export bestimmter Waren, Software und Technologien, für Wissen im Nuklearsektor, Kriegswaffenembargo. Embargos können auch den internationalen Warenverkehr betreffen oder das Einfrieren des Vermögens bestimmter Personen/Unternehmen sowie Reise- und Visabeschränkungen u. v. a.

Internationale Organisationen brauchen Legitimität, um ihren Auftrag zu erfüllen – dies gilt in besonderem Maße für den Weltsicherheitsrat. Mit Beitritt zu den VN anerkennen die Staaten nach Artikel 25 der VN-Charta die Resolutionen des Sicherheitsrats als bindend an. Dies trifft vor allem dann zu, wenn die VN direkt und massiv in das Leben von Menschen eingreifen, z. B. im Zusammenhang mit Übergangsverwaltungen und Individualsanktionen (Binder und Heupel 2014). Dabei fehlen dem „Rat aber die ökonomischen und militärischen Ressourcen, seine Entscheidungen auch durchzusetzen. Dazu ist er in der Regel auf die Mithilfe der VN-Mitgliedstaaten angewiesen. Die Legitimation, so zu handeln, wird seit Jahren sehr kontrovers diskutiert. Da mit Beitritt automatisch eine Anerkennung der Resolution als verbindlich verbunden ist, „streben" Staaten ein Mandat des Sicherheitsrats an, um ihr Handeln zu legitimieren". Die betroffenen Staaten indes sprechen in der Regel dem Rat eine dafür ausreichende Legitimität ab.

War es anfangs das Ziel der Vereinten Nationen, „Frieden zu schaffen", damals vor allem unter dem Motto „Sicherheit vor Krieg", so hat nach dem Auflösen des Ost-

West-Konflikts der Begriff eine veränderte Definition be-kommen (vgl. Abschn. 4.2.1; Abb. 2.1). Sicherheit ist da-nach nicht mehr nur militärisch definiert, sondern umfasst seitdem auch nicht-militärische Aspekte (z. B. globale Pan-demien, HIV/AIDS, Energieversorgung, Armutsmigration usw.). Daraus wurde der Begriff „Menschliche Sicher-heit" („human security") abgeleitet. Er beschreibt nicht nur den Schutz vor physischer Gewalt, sondern auch wei-tere Bedrohungen der natürlichen Lebensgrundlagen („li-velihoods"), wie z. B. Umweltzerstörung, Krankheit und wirtschaftliche Instabilität. Mit der neuen „Sicherheits-definition" sind auch sozio-ökonomische Begriffe wie Ethik, Freiheit, Demokratie und Gerechtigkeit als völker-rechtlich zu lösende Aufgaben verbindlich formuliert wor-den. Sie alle stellen (Sen 1998) einen „Gewinn an Freiheit und Lebensqualität dar, dem zufolge eine gleichberechtigte Teilhabe und Zugangsberechtigung zu Ressourcen, die die Werte und Normen einer gesellschaftlichen Ordnung aus-machen, gesellschaftlich definiert und bestimmt werden müssen" (WD 2006).

Die wichtigsten Organe der Vereinten Nationen sind die Generalversammlung, der Sicherheitsrat, der Wirtschafts- und Sozialrat, der Treuhandrat, der Internationale Gerichts-hof und das UN-Sekretariat. Darunter gibt es eine Vielzahl an Fonds und Programmen, Spezialagenturen und ande-ren Organisationen, wie sie übersichtmäßig in **Fehler! Ver-weisquelle konnte nicht gefunden werden.** dargestellt sind. Von denen sollen im Folgenden nur diejenigen, die für das Naturkatastrophen-Risikomanagement von Bedeutung (dunklel hinterlegt) sind, näher vorgestellt werden (Abb. 6.1)

Die Weltbank-Gruppe ist ebenfalls ein Organ der Ver-einten Nationen, wird aber wegen seiner Bedeutung im Naturkatastrophen-Risikomanagement in Abschn. 6.4.1 ge-sondert dargestellt.

6.2.1.1 Weltsicherheitsrat

Der Weltsicherheitsrat ist gemäß der Charta der Ver-einten Nationen in erster Linie für die Wahrung des inter-nationalen Friedens und der internationalen Sicherheit man-datiert. Bei der Verabschiedung der Charta im Jahr 1945 hatte der Sicherheitsrat neben den fünf ständigen Mit-gliedern (China, Frankreich, Großbritannien, USA, Russ-land) sechs nichtständige. 1965 wurde der Rat um vier zusätzliche nichtständige Sitze erweitert. Er hat eine Präsidentschaft, die jeden Monat wechselt; jedes Mitglieds-land hat eine Stimme.

Nach der Charta sind alle Mitgliedstaaten verpflichtet, die Beschlüsse des Rates einzuhalten. Da im Rat die Ent-scheidungen einstimmig gefasst werden müssen, haben die ständigen Mitglieder durch ihr Vetorecht das Privileg, alle Entscheidungen zu blockieren. Die nichtständigen Mit-glieder werden nach einem festgelegten Regionalschlüssel jeweils für zwei Jahre von der Generalversammlung ge-wählt. Eine Wiederwahl unmittelbar nach einer Amtszeit ist nicht möglich. Da mit Frankreich und Großbritannien zwei der fünf ständigen Mitglieder europäische Staaten sind, ist das „Gewicht" Europas im Rat statistisch überrepräsentiert. Die Charta sieht im Artikel 23 vor, dass vor allem solche Staaten dem Sicherheitsrat angehören sollen, die erhebliche Beiträge zur Arbeit der Vereinten Nationen leisten. Erst an zweiter Stelle folgt das Kriterium der geographischen Aus-gewogenheit. Nach wie vor gehört Europa zu den stärksten Stützen der Vereinten Nationen. Die Staaten der EU finan-zieren über ein Drittel des Haushalts und geben weit mehr

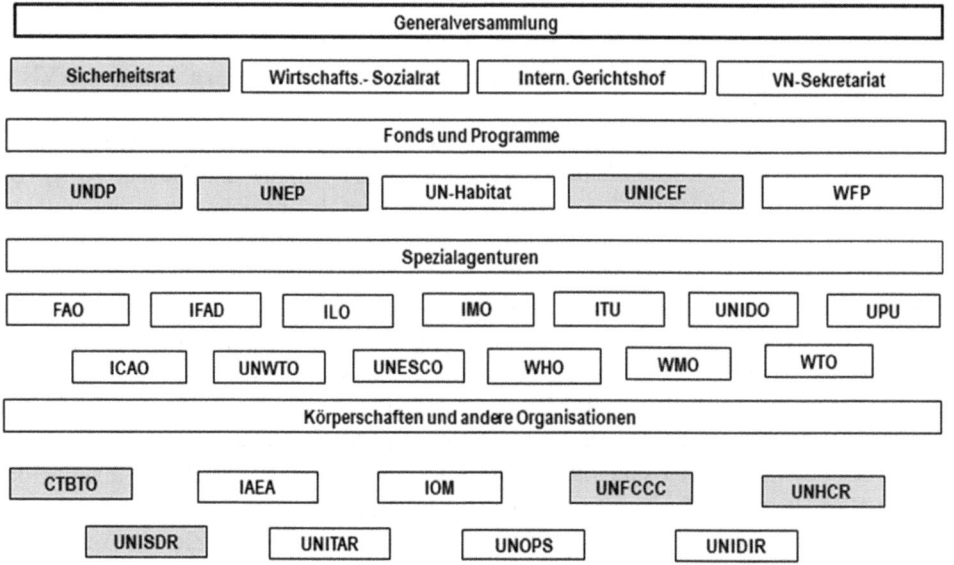

Abb. 6.1 Das System der Vereinten Nationen

als die Hälfte der Mittel für die weltweite Entwicklungszusammenarbeit. Der Sicherheitsrat übernimmt die Führung
bei der Feststellung des Vorhandenseins einer Bedrohung
für den Frieden oder einen Akt der Aggression. Er fordert
die Streitparteien auf, eine Konfrontation auf friedlichem
Weg beizulegen und empfiehlt Anpassungsmethoden oder
Beilegungsbedingungen. In einigen Fällen kann der Sicherheitsrat Sanktionen verhängen oder sogar die Anwendung
von Gewalt zur Aufrechterhaltung oder Wiederherstellung
des internationalen Friedens und der internationalen Sicherheit genehmigen („VN-Friedensmissionen").

6.2.1.2 Entwicklungsprogramm der Vereinten Nationen (UNDP)

Das Entwicklungsprogramm der Vereinten Nationen (United Nations Development Programme; UNDP) wurde im
Jahr 1966 mit Sitz in New York mit dem Ziel gegründet,
innerhalb des VN-Systems eine zentrale Instanz für multilaterale technische Hilfe zu schaffen. Der UNDP hat eine
Schlüsselrolle zur Umsetzung der sogenannten VN-Nach-
haltigkeitsziele („Millennium Development Goals", MDGs/
„Social Development Goals", SDGs, vgl. Abschn. 6.3.3).
Das Program hat 135 Länderbüros, ist in 5 Regionalbüros
vertreten und arbeitet derzeit in rund 170 Staaten. Mit seinen Förderprogrammen unterstützt UNDP Empfängerländer bei deren Programmen zur Armutsminderung, zur
Stärkung der nachhaltigen sozialen, ökonomischen und
ökologischen Entwicklung, bei der Vor-/Nachsorge von Krisen und Konflikten sowie bei Naturkatastrophen.

Als Spezialorgan der Vereinten Nationen gehört UNDP
zu der Gruppe der VN-Fonds und -Programme, die keine
eigene Mitgliedschaft in den Vereinten Nationen besitzen.
Hauptorgan ist der „Exekutivrat" („executive board"), der
aus 36 Mitgliedstaaten besteht – diese werden jeweils auf
drei Jahre gewählt. Der Exekutivrat entscheidet über die
allgemeine UNDP-Politik, setzt die Programmprioritäten
fest und kontrolliert deren Umsetzung. Er verabschiedet
die Länderprogramme, die in der Regel einen Zeitraum
von drei bis fünf Jahren umfassen, und stellt die dafür notwendigen Finanzmittel in einen fünfjährigen Planungs-
rahmen ein. Vom „VN-Wirtschafts- und Sozialrat" („Economic and Social Council", ECOSOC) werden jedes Jahr
zwölf Mitglieder in den UNDP-Exekutivrat gewählt. Die
Entwicklungsländer verfügen aber mit ihren 20 Stimmen
immer über eine Mehrheit; die Entscheidungen werden
einstimmig getroffen. Der Exekutivrat berichtet über den
ECOSOC jährlich der VN-Generalversammlung.

UNDP veröffentlicht jährlich den „Bericht über die
menschliche Entwicklung" (Human Development Report,
HDR), in dem die weltweiten Entwicklungen in den Bereichen Bildung, Gesundheit und Lebensqualität dargestellt
werden – im Gegensatz zu dem von der Weltbank herausgegebenen „Weltentwicklungsbericht" („World Develop-

ment Report"), der sich in erster Linie auf ökonomische
Faktoren stützt. Der Human Development Report beleuchtet
jedes Jahr einen anderen Schwerpunkt: So im Jahr 2014
die Aspekte „Vulnerabilität und Resilienz", die auch für
das Naturkatastrophen-Risikomanagement von großer Bedeutung sind (UNDP 2014). Zudem vergleicht UNDP auf
der Basis des „Human Development Index" (HDI) jährlich,
wie sich die Länder der Erde entwickeln. Mit dem HDI
wird eine qualitative Zustandsbeschreibung gegeben, die
nicht nur Kaufkraft und Einkommen, Bruttoinlandprodukt
(BIP) usw. vergleichen, sondern auch die Lebenserwartung
in einem Land, den Bildungsgrad der Bevölkerung, z. B.
anhand der Alphabetisierungs- und Einschulungsrate, die
Gesundheit und Ernährung. Aber sogar auch, wie sehr der
Einzelne an politischen Entscheidungen beteiligt wird und
ob er einen ungehinderten Zugang zu finanziellen, technischen und natürlichen Ressourcen hat. Da der HDI seit
1990 regelmäßig veröffentlicht wird, stellt er ein weltweit
einzigartiges Instrument zur Bewertung der Entwicklung
der Staaten dar. Der maximale Indexwert ist auf 1,0 festgelegt worden, ein Wert, der aber von keinem Land der
Erde erreicht wird. Im Jahr 2014 wiesen eine „sehr hohe
menschliche Entwicklung" Länder mit einem HDI >0,8 auf
– damals lagen Norwegen, Australien und die Schweiz an
der Spitze, Deutschland auf Platz 6. Die Gruppe der „hohen
menschlichen Entwicklung" wurde angeführt von Uru-
guay (0,790) und reichte bis zur Dominikanischen Republik (0,700). Die Gruppe mit „mittlerer menschlicher Entwicklung" begann mit den Malediven (0,698) und reichte
bis Äquatorial Guinea (0,558). Die Gruppe mit „niedriger menschlicher Entwicklung" umfasste die Länder Nepal
(0,540) bis Niger (0,377). Trotz der unbestreitbaren Erfolge
des HDI als Bewertungsinstrument wird kritisiert, dass der
Index enge kausale Zusammenhänge, wie z. B. die von Einkommen und Bildung, nur unzureichend abbildet. Auch
finden ökologische Aspekte, z. B. Brandrodung und landwirtschaftliche Produktion, keinen Eingang in den Index.
Was aber aus den 30 Jahren Aufzeichnungen feststeht, ist,
dass gleich welches „ranking" ein Land in den Jahren bekommen hat, es seitdem immer zu einem Zuwachs im
„HDI" gekommen ist. So hat sich Norwegen seit 2001 von
einem HDI von 0,939 auf heute 0,954 „verbessert"; Bangladesch sogar von 0,388 (niedrig) auf heute 0,614 (mittel). Das heißt, auf der Welt findet Entwicklung statt – auch
wenn diese selbst in einem Land sehr ungleich verteilt ist.

6.2.1.3 Umweltprogramm der Vereinten Nationen (UNEP)

Das „Umweltprogramm der Vereinten Nationen" (United
Nations Environment Programme, UNEP) ist die einzige
ausschließlich mit Umwelt befasste Einrichtung der Vereinten Nationen. Die Umweltbehörde wurde 1972 auf der
„Konferenz der Vereinten Nationen über die Umwelt des

Menschen", auch „Weltumweltkonferenz" genannt (United Nations Conference on the Human Environment; UNCHE), gegründet und hat ihren Sitz in Nairobi. Das Programm gehört ebenso wie UNDP zu der Gruppe der VN-Fonds und -Programme, die keine eigene Mitgliedschaft in den Vereinten Nationen besitzen. Die VN haben dem UNEP die führende Rolle im globalen Umweltschutz übertragen (*„the leading global environmental authority"*). Es soll die Umweltaktivitäten aller Organe der VN strategisch ausrichten, politische und rechtliche Instrumente für den internationalen Umweltschutz identifizieren und die Umsetzung der Programme koordinieren. Jährlich erstellt UNEP Berichte (UNEP Annual Report) zum weltweiten Status der Umwelt und bietet Beratungsleistungen für interessierte Länder. UNEP besteht aus einem Exekutivbüro und organisiert seine Umweltprogramme über seine Regionalbüros für Afrika, die Asien-Pazifik-Region, Europa, Lateinamerika und Karibik, Nordamerika sowie Westasien. Seit 2013 ist die „VN-Umweltversammlung" (United Nations Environment Assembly, UNEA) das zentrale Entscheidungsorgan – in ihm sind alle VN-Mitgliedstaaten vertreten. Die Entscheidungen der UNEA werden durch den Ausschuss der ständigen Vertreter bei UNEP (Committee of Permanent Representatives) vorbereitet. Alle zwei Jahre legt die „Umweltversammlung" die Prioritäten für die globale Umweltpolitik fest. Als Daueraufgabe berät UNEP das VN-System in allen umweltpolitischen Fragen, gibt Empfehlungen, untersucht existierende Praktiken, regt Austausch von Erfahrungen an, organisiert Dialoge mit Wirtschaft und allen zivilgesellschaftlichen Gruppen, fördert Partnerschaften und mobilisiert Ressourcen. Grundlage der Aktivitäten bilden die jeweils vierjährigen Strategien („Medium-Term Strategy"), in denen Prioritäten und Ziele mit Indikatoren und erwartete Ergebnisse aufgelistet werden. Aus dieser Strategie leiten sich dann zweijährige strategische Ziele ab, in denen die Prioritäten für sieben Arbeitsbereiche festgelegt werden: Klimawandel, Katastrophen und Konflikte, Ökosystemmanagement, Umweltgovernance, Chemikalien und Abfall, Ressourceneffizienz und Beobachtung und Bewertung der Umwelt. Ferner werden den jeweiligen Arbeitsbereichen ein Budget und die personelle Ausstattung zugewiesen.

Die Arbeiten der UNEP werden in erster Linie über neun multilaterale Umweltabkommen (Multilateral Environmental Agreements, MEAs) gesteuert, die sie mit Ländern, Gebern und Entwicklungsorganisationen abgeschlossen hat. Die jeweiligen Sekretariate für die Umweltabkommen sind bei UNEP angesiedelt; zu ihnen gehören:

- Übereinkommen über die Biologische Vielfalt (CBD)
- Übereinkommen über den internationalen Handel mit gefährdeten Arten freilebender Tiere und Pflanzen (CITES)
- Übereinkommen zur Erhaltung wandernder wild lebender Tierarten (CMS)
- Quecksilber-Konvention (Minamata-Konvention)
- Baseler Übereinkommen
- Sachstand und Gesetzgebung zur grenzüberschreitenden Abfallverbringung
- Stockholmer Übereinkommen
- Rotterdamer Übereinkommen.

Der UNEP-Haushalt setzt sich aus drei Elementen zusammen: dem Umweltfonds (Environment Fund), den Finanzmitteln, die UNEP aus dem regulären VN-Budget erhält, sowie zweckgebundene Zuwendungen (Treuhänderfonds). Das Budget von UNEP lag für den Doppelhaushalt 2016/2017 bei 954 Mio. US\$. Dabei stellt der Environment Fund das Kernelement des Budgets – er wird aus freiwilligen Beiträgen der Mitgliedstaaten gespeist. Deutschland gehört seit Jahren zu den größten Beitragszahlern – war 2017 mit rund 8 Mio. US\$ der größte Beitragszahler. Aus dem regulären VN-Budget erhielt UNEP 2016/2017 rund 45 Mio. US\$. Den größten Anteil seines Budgets erhält UNEP aber aus den Treuhänderfonds sowie den zweckgebundenen Zuwendungen. Für 2016/2017 betrug dies 372 Mio. US\$. Weitere Zuwendungen erhält UNEP unter anderem aus der Global Environment Facility (vgl. Abschn. 6.3.1) und von anderen globalen Entwicklungsfonds. Der größte Teil der Zuwendungen fließt in die von UNEP verwalteten Umweltabkommen, Protokolle und Regionalprogramme.

6.2.1.4 Weltentwicklungskonferenz/UNIDNDR – UNISDR

Mit dem Bericht „Our Common Future" wurde eine neue Ära der menschlichen Entwicklung eingeleitet (WECD 1987). Der Bericht wurde im Oktober 1987 von der „Brundtland-Kommission" unter dem Vorsitz von Gro Harlem Brundtland, der ehemaligen norwegischen Ministerpräsidentin, veröffentlicht als Reaktion auf die ersten schwerwiegenden Anzeichen einer zunehmenden Verschlechterung der Umwelt und der natürlichen Ressourcen, insbesondere in den Entwicklungsländern. Die Weltkommission für Umwelt und Entwicklung (World Commission for Environment and Development, WCED) wurde von dem ehemaligen Generalsekretär der Vereinten Nationen, Javier Perez de Cuellar, ins Leben gerufen und beauftragt, ein Konzept für eine „nachhaltige Entwicklung" zu erstellen. In der Folgezeit entwickelte sich das Konzept zu einem der erfolgreichsten Ansätze in der internationalen Entwicklungspolitik und bildet seitdem die Grundlage für eine internationale Agenda zur wirtschaftlichen, sozialen und ökologischen Entwicklung. Obwohl die Menschen in den entwickelten Ländern begannen, sich der Umweltprobleme bewusst zu werden, wurden die Entwicklungsländer dennoch weiterhin ermutigt, ein höheres Wirtschaftswachstum anzustreben. In dem „Brundtland-Report" wurde erstmals in der Geschichte der Menschheit der Begriff „nachhaltige Entwicklung" (*„sustainability"*) definiert als:

> Entwicklung, die den Bedürfnissen der heutigen Generationen entspricht, ohne die Fähigkeit künftiger Generationen, ihre eigenen Bedürfnisse zu befriedigen, zu beeinträchtigen.
> *(meeting the needs of the present without compromising the ability of future generations to meet their own needs).*

Der Bericht stellte fest, dass die enorme Armut im Süden auf den nicht nachhaltigen Konsum und Produktion im Norden zurückzuführen ist. Darüber hinaus wurde deutlich, dass Armutsbekämpfung und Umweltschutz keinen Gegensatz darstellen und nur gleichzeitig gelöst werden können und müssen. Die Idee der nachhaltigen Entwicklung beschreibt den Versuch, Umwelt und Entwicklung in Einklang zu bringen, fordert daher eine kombinierte Strategie, die diese beiden Bereiche zusammenführt.

Nach der Veröffentlichung des Berichts wurden zahlreiche Versuche unternommen, „nachhaltige Entwicklung" auf die internationale Entwicklungsagenda zu setzen. Die United Nations Conference on Environment and Development (UNCED), auch Earth Summit genannt, gab 1992 dieser Entwicklung einen völkerrechtskonformen Rahmen. In der Folge beschloss die Generalversammlung der Vereinten Nationen auf ihrer 96. Plenarsitzung (1987) das Konzept der „nachhaltigen Entwicklung". Sie beschloss zudem (Resolution 44/236) die 1990er Jahre zur Internationalen Dekade der Naturkatastrophenbekämpfung (International Decade for Natural Disaster Reduction; UNIDNDR) auszurufen. Angeregt hatte dies der amerikanische Seismologe Frank Press, damals Präsident der US National Academy of Science, auf dem 8. Weltkongress für Erdbeben-Ingenieure. Er forderte Geowissenschaftler, Ingenieure, die Gesetzgeber und andere auf, im Rahmen einer internationalen Dekade zur Verminderung der Auswirkungen der Naturkatastrophen zusammenzuarbeiten (Fuchs und Wenzel 2000).

Das Ziel der UNIDNDR-Dekade war es, durch Kooperationen und international koordinierte Programme die Risiken (Todesopfer, Verluste an Hab und Gut, Schäden an sozialen/ökonomischen Strukturen) in den Entwicklungsländern durch Erdbeben, Sturm, Hochwasser, Sturmfluten, Tsunamis, Vulkanausbrüche, Hangrutschungen, Waldbrände, aber auch durch Dürren und Desertifikationen sowie durch andere Katastrophen zu reduzieren.

Dies soll erreicht werden unter anderem durch:

a) Internationale Zusammenarbeit
- Stärkung der Fähigkeiten der Länder, sich gegen Naturkatastrophen zu wappnen, wobei die Probleme der Entwicklungsländer im Vordergrund standen. Dort sollen Kapazitäten zur Erfassung und Bewertung solcher Katastrophen aufgebaut und entsprechende Frühwarnsysteme eingerichtet werden.

- Anleitung zur Ausarbeitung von Richtlinien, Handlungsempfehlungen und Strategien zur Umsetzung wissenschaftlicher Erkenntnisse und Technologien im Kampf gegen Naturkatastrophen; im Einklang mit den soziokulturellen und ökonomischen Rahmenbedingungen des Landes.
- Stärkung der wissenschaftlich-technischen Grundlagen, um bestehende Kenntnislücken (*„gaps"*) zu schließen, die bei der Katastrophenabwehr immer noch bestehen.
- Verbreitung erprobter Methoden und Konzepte über Maßnahmen und Strategien zur Erfassung, Vorhersage und Bekämpfung von Katastrophen durch *„best practice"* Beispiele und einen angepassten Technologietransfer.

b) Aktivitäten auf nationaler Ebene
- Ausarbeitung von Richtlinien und Strategien zum Kampf gegen Naturkatastrophen; auch durch angepasste Landnutzungskonzepte, Risikoversicherungen und in den Entwicklungsländern durch eine Integration des Naturkatastrophen-Risikomanagements in die nationalen Entwicklungspläne.
- Teilnahme an internationalen Programmen zum Naturkatastrophen-Risikomanagement. Einrichtung nationaler Zentren als Schnittstelle zwischen Staat, Gesellschaft und Wissenschaft.
- Verpflichtung der lokalen Administrationen, sich konstruktiv an den Zielen der VN-Dekade zu beteiligen.
- Stärkung des Stellenwerts der Risikovorsorge.
- Stärkung des Risikobewusstseins der Betroffenen und der Resilienz der lokalen Gesellschaften (*„community based"*) durch Trainingsseminare und durch die Medien.

c) VN-System
- Das VN-System wurde aufgerufen, in seinen Abkommen, Konventionen und Programmen dem Naturkatastrophen-Risikomanagement hohe Priorität einzuräumen.
- Der VN-Generalsekretär und die in den Partnerländern agierenden VN-Repräsentanten wurden aufgerufen, dafür Sorge zu tragen, dass die VN-Organisationen vor Ort diese Forderungen auch umsetzen; auch im Rahmen grenzüberschreitender Programme.

Damit wurde das Tor aufgestoßen für ein seitdem sich immer weiter ausbreitendes Engagement der Staatengemeinschaft zur Sicherung der Lebensgrundlage der Menschen. Dies umso mehr, als durch den eingetretenen Klimawandel ein weiteres Gefahrenelement hinzugekommen ist. Mit der Resolution wiesen die Vereinten Nationen den Weg für internationale Kooperationen und stellten einen Bezug her von den technischen und finanziellen Kapazitäten der

Industrieländer zu den Entbehrungen vieler Entwicklungsländer und deren multiplen sozio-ökonomischen Rückkopplungen. Dazu war es erforderlich, die „UNIDNDR-
Strategie" als globale Institution (International Framework
of Action) einzurichten – in enger Zusammenarbeit mit dem
damaligen Office of the United Nations Disaster Relief Co-
ordidnator (UNDRO), später abgelöst durch United Nations
Office for the Coordination of Humanitarian Affairs (UN-
OCHA; vgl.Abschn. 6.2.1.7).

Parallel und zur Unterstützung der UNIDNDR-Dekade
hatten die Vereinten Nationen mit der Einrichtung der „Weltkonferenz der Vereinten Nationen zur Reduzierung von
Katastrophenrisiken" (World Conference on Disaster Reduction, WCDR) einen weiteren Schritt unternommen, um auf
internationaler Ebene Risiken der Menschen von Naturkatastrophen noch wirksamer verringern zu können. Die erste der
Weltkonferenzen (WCDR I) fand 1994 in Yokohama statt. In
der Zwischenzeit hat die Weltkonferenz noch zwei weitere
Male getagt: 2005 in Kobe und 2015 in Sendai (jeweils Japan).

Auf der ersten Weltkonferenz (1994) verabschiedeten die
Teilnehmer die sogenannte „Yokohama Strategy for a Safer
World: Guidelines for Natural Disaster Prevention, Preparedness and Mitigation and its Plan of Action" (UNIDNDR
1994). Mit der Strategie wurde die Staatengemeinschaft
aufgerufen, Konzepte zu entwickeln und Maßnahmen einzuleiten, mit denen weltweit die Auswirkungen von Naturkatastrophen verringert werden können, und dafür die erforderlichen technischen, wissenschaftlichen und sozio-
ökonomischen Aktionsfelder zu identifizieren. Auch wird
angestrebt, *best practice* Beispiele zu identifizieren, anhand derer operative Ziele und Aktionsfelder zur Umsetzung definiert werden können.

Die Konferenz war damals ein „Leuchtturm-Ereignis"
und gab die Richtung vor für das internationale Bestreben
zur Implementierung eines globalen Naturkatastrophen-
Risikomanagements. Eines der viel beachteten Ergebnisse
der Konferenz war der Statusbericht zur Lage der Naturkatastrophen der Welt (UNISDR 2004).

Die „Yokohama Strategy" stellte 10 Prinzipien heraus:

1. Risikoerfassung und -bewertung stellen für das Management von Naturkatastrophenrisiken die unverzichtbare Grundlage dar.
2. Katastrophenvorsorge („prevention") und Notfallvorsorge („preparedness") sind für die Wiederherstellung
   der Funktionsfähigkeit einer Gesellschaft unerlässlich.
3. Katastrophenvorsorge („prevention") und Notfallvorsorge („preparedness") sind integrale Bestandteile des
   Katastrophen-Risikomanagements; und zwar auf allen
   Ebenen (national, regional, bilateral, multilateral).
4. Die Entwicklung und Stärkung von Kapazitäten zur
   Vorsorge, Verringerung und Bekämpfung von Katastrophen sowie die sich daraus ergebenden Aktivitäten ge-
   nießen im Rahmen der Dekade höchste Priorität.

5. Frühwarnsysteme zur schnellen landesweiten Verbreitung von Warnmeldungen stellen einen Schlüsselfaktor für eine wirksame Vorsorge dar.
6. Vorsorgemaßnahmen werden nur dann wirksam, wenn
   sie alle gesellschaftlichen Gruppen einbeziehen (lokal,
   national, international).
7. Die Vulnerabilität einer Gesellschaft kann durch angepasste Maßnahmen und Konzepte verbessert werden,
   wenn diese auf die Bedürfnisse der Betroffenen ausgerichtet sind.
8. Die Staatengemeinschaft anerkennt ihre Verantwortung
   und erklärt sich bereit, im Rahmen der internationalen
   Zusammenarbeit die notwendigen Technologien uneingeschränkt und zeitnah bereitzustellen.
9. Jedes Katastrophen-Risikomanagement muss in den
   Kontext mit den Bestrebungen zur nachhaltigen Entwicklung und dem Umweltschutz gestellt werden.
10. Jeder Staat trägt die alleinige Verantwortung für den
    Schutz seiner Bevölkerung.

Am Ende der Dekade hatte sich jedoch herausgestellt,
dass die vielfältigen, umfassenden und hochkomplexen
Problemfelder im NKRM mit der Dekade nicht gelöst sein
werden. Daher hatte im Dezember 1999 die Generalversammlung der Vereinten Nationen eine Fortführung der
Aktivitäten angeregt. Mit der Resolution (A/RES/54/219)
wurde die Internationale Strategie zur Katastrophenvorsorge (International Strategy for Disaster Reduction;
UNISDR) als Nachfolgeorganisation der UNIDNDR-Dekade angenommen: mit dem Ziel, die Umsetzung der Dekade (1990–1999) sicherzustellen. Mit der Resolution wurden die Vereinten Nationen von der Staatengemeinschaft
beauftragt, eine besondere Führungsrolle bei der globalen
Risiko- und Katastrophenvorsorge zu übernehmen und als
Forum für den globalen Dialog zu dienen. Dafür wurde eigens das United Nations Office for Disaster Risk Reduction (UNDRR) für den Zeitraum 2000–2005 eingerichtet.
Seitdem ist „UNISDR/UNDRR" die zentrale Anlaufstelle
im VN-System für die Reduzierung des Katastrophenrisikos und für die Koordination und Durchführung internationaler Aktivitäten. Der damalige VN-Generalsekretär
Kofi Annan (Resolution – A/RES/54/219) fasst dies mit
den Worten zusammen:

> Wir müssen vor allem von einer Kultur der Reaktion zu einer
> Kultur der Prävention wechseln. Prävention ist nicht nur hu-
> maner als Heilung, sie ist auch viel billiger. Vor allem dürfen
> wir nicht vergessen, dass Katastrophenvorsorge ein moralisches
> Gebot ist, nicht weniger als die Reduzierung der Kriegsrisiken.

Das Mandat von „UNISDR" ist:

> To serve as the focal point in the United Nations system for
> the coordination of disaster reduction and to ensure synergies
> among the disaster reduction activities of the United Nations
> system and regional organizations and activities in socio-eco-
> nomic and humanitarian fields.

Im Jahr 2001 wurde dieses Mandat noch einmal bestätigt und ausgeweitet:

> … to ensure coordination and synergies among disaster risk reduction activities of the United Nations system and regional organizations and activities in socio-economic and humanitarian fields (A/RES/56/195).

Die Vereinten Nationen legen Wert auf die Feststellung, dass in erster Linie die nationalen Regierungen für den Schutz ihrer Bürger vor Risiken und Katastrophen verantwortlich sind und erklärten ferner, dass lokale Gemeinschaften und die Zivilgesellschaft immer die wichtigsten Akteure von Katastrophenschutzmaßnahmen sein werden bzw. sein sollen (vgl. Stather 2003). Nur durch eine frühzeitige und umfassende Einbeziehung der risikoexponierten Bevölkerungen in die Entscheidungsebenen kann die notwendige Ermutigung und Unterstützung zur Verwirklichung der Vision der Katastrophenresistenz erreicht werden. In Bezug auf die regionale und internationale Zusammenarbeit leistet UNISDR einen wesentlichen Beitrag, insbesondere in Bezug auf die Verbreitung von Erfahrungen und Informationen, auf wissenschaftliche und technische Anwendungen und bei der Entwicklung nationaler Katastrophenschutzfähigkeiten.

Die UNISDR-Strategie sieht vor, die Aspekte des Naturkatastrophen-Risikomanagements in Politikfeldern vom Klimaschutz bis zum umweltgerechten Umgang mit den natürlichen Ressourcen noch umfassender als bisher zu verankern und so beizutragen, die „Millennium Development Goals" („MDGs") sowie die „Nachhaltigkeitsziele" (SDGs) wirksam in Kraft zu setzen. UNISDR hat dazu seine Agenda auf eine Integration von NKRM-Strategien in die VN-Programme zum Umwelt- und Klimaschutz sowie zur sozialen und ökonomischen Entwicklung ausgerichtet. UNISDR versteht sich dabei nicht als „operatives" Instrument, sondern seine Initiativen sollen durch die großen internationalen Organisationen, allen voran UNDP, UNEP und die Weltbank, implementiert werden. Die Strategie zielt zudem darauf ab beizutragen, dass Konzepte und Methoden in den Partnerländern weltweit verstanden und effektiv umgesetzt werden – dies vor allem durch eine Stärkung der Sektoren „Aus-/ Fortbildung" und „Institutionsförderung". Die VN-Organisationen andererseits sollen beraten und angehalten werden, Kooperationen auf den Sektoren Katastrophen-Risikomanagement, Strategien zum Aufbau nationaler Risikomanagement-Expertise durch bilaterale und multilaterale Programme und Projekte durchzuführen, wie sie sich aus der „IDNDR-Dekade" (1990–2000) ergeben haben.

Im Jahr 2005 richtete UNISDR die zweite Weltkonferenz der Vereinten Nationen zur Reduzierung von Katastrophenrisiken (2. World Conference of Disaster Risk Reduction, WCDR II) in Kobe aus. Mit ihr wurde die „Yokohama Strategy" einer kritischen Überprüfung unterzogen, um die Strategie noch besser als in der Dekade 1990–1999 auf die sich immer stärker wirtschaftlich und sozial auswirkenden Naturkatastrophen ausrichten zu können. Zu der Konferenz hatten sich mehr als 4000 Teilnehmer aus 168 Staaten versammelt – 78 Organisationen waren durch Beobachter vertreten, 161 Nichtregierungsorganisationen (NGOs) sowie 560 Journalisten. Die Konferenz verabschiedete den sogenannte Hyogo Framework for Action (HFA) sowie als übergeordnetes Handlungsprinzip die „Hyogo-Deklaration".

Die Konferenz einigte sich auf das folgende Ziel, zu dem die HAF-Strategie „Building the Resilience of Nations and Communities to Disasters" beitragen sollte, als Richtlinie für weltweite Initiativen zur Vorsorge gegen Naturkatastrophen in den nächsten 10 Jahren (UNISDR 2005); zusammengefasst:

> A substantial reduction of disaster losses, in lives and in the social, economic and environmental assets of communities and countries.

Um dieses Ziel zu erreichen, einigte man sich darauf, das Folgende anzustreben:

- Eine stärkere Verankerung des vorsorgenden NKRM in den nationalen Entwicklungsplänen und Programmen auf allen Entscheidungsebenen mit besonderem Fokus auf Katastrophenvorsorge und Bekämpfung sowie der Reduzierung der Vulnerabilität.
- Die Entwicklung neuer bzw. Stärkung bestehender administrativer Strukturen, Mechanismen und Kapazitäten auf kommunaler Ebene, damit diese ihre Verantwortungen um Resilienz gegenüber den Katastrophenrisiken erhöhen.
- Eine systematische Einbeziehung von Risikominderungsmaßnahmen in die Katastrophenvorsorge (*„emergency preparedness"*), Katastrophenreaktion (*„response"*) und zur Wiederherstellung der Funktionen risikoexponierter Gesellschaften (*„recovery"*).

Die folgenden Prinzipien sollten dabei unter anderem Berücksichtigung finden:

- Die Grundsätze der „Yokohama-Strategie" bleiben weiterhin gültig.
- Jeder Staat trägt die alleinige Verantwortung für den Schutz seiner Bevölkerung gegenüber den Auswirkungen von Katastrophen.
- Ein alle Katastrophentypen umfassender *„multiple hazard"*-Ansatz muss in den nationalen Entwicklungsplänen verankert werden.
- Die Kapazitäten der Gesellschaften müssen so ausgestattet sein, dass diese zum Erreichen der angestrebten Vorsorge-/Mitigationsziele ihren Beitrag leisten können.
- Den ärmsten Ländern sowie den Kleinen Inselstaaten gebührt erhöhte Aufmerksamkeit.

Um dieses umzusetzen zu können, besteht ein großer Bedarf in Bezug auf:

- das NKRM als gesellschaftliche Querschnittsaufgabe zu verstehen,
- die Bewusstseinsbildung risikobedrohter Staaten voranzubringen,
- beim Aufbau leistungsfähiger Organisationen (national, lokal),
- einen sektorspezifischen Technologietransfer sowie beim Austausch erprobter Minderungsstrategien,
- die Erfassung und Bewertung von Katastrophenereignissen, um effektive Bekämpfungsstrategien abzuleiten,
- umfassende sektorspezifische finanzielle Unterstützungen.

Zur Umsetzung der HFA-Ziele wurden alle *„stakeholder"*, unter ihnen die Vereinten Nationen und die internationale Gebergemeinschaft, aufgefordert, in ihren Programmen das Naturkatastrophen-Risikomanagement umfassend zu verwirklichen. Dies gelte natürlich ebenso für die Staaten und die zivilgesellschaftlichen Gruppen. Den einzelnen Staaten komme hierbei die größte Verantwortung zu, sowohl durch Setzung entsprechender ordnungspolitischer Rahmen als auch durch Umsetzungsregeln für die lokalen Entscheidungsebenen. Alle Beteiligten und Betroffenen müssten dabei frühzeitig eingebunden werden, um so deren Verständnis zur Übernahme von Verantwortung *(„ownership")* klarer herauszuarbeiten.

Im März 2015 fand im japanischen Sendai die 3. Weltkonferenz der Vereinten Nationen zur Reduzierung von Katastrophenrisiken (3. World Conference of Disaster Risk Reduction; WCDR III) statt (UNISDR 2015). Konferenzort war die Stadt Sendai (Japan), deren Region im Jahr 2011 von dem schweren Erbeben/Tsunami mit der anschließenden Reaktorkatastrophe von Fukushima stark gezeichnet war. Auf der Konferenz wurde ein Rahmenwerk für ein vorausschauendes (!) Risikomanagement beschlossenen, mit dem die Auswirkungen von Naturkatastrophen begrenzt werden soll: Das Sendai Framework zur Reduzierung von Katastrophenrisiken ist das Nachfolgeinstrument des Hyogo-Plan for Action (HFA 2005–2015) und wurde für den Zeitraum 2015–2030 verabschiedet. Auch das Sendai-Framework stellt keinen völkerrechtlich bindenden Vertrag dar, sondern hat eher den Charakter eines internationalen Rahmenwerks, aus dem sich aber trotzdem für die einzelnen Nationalstaaten weitergehende Verpflichtungen ergeben. Es umfasst vier prioritäre Pfeiler:

1. Das Katastrophenrisiko verstehen
   Das Katastrophen-Rrisikomanagement sollte auf einem Verständnis des Katastrophenrisikos in all seinen Dimensionen von Verwundbarkeit, Bewältigungskapazität, Exposition von Personen und Vermögenswerten, Gefährdungsmerkmalen und Umweltschutz basieren. Dieses Wissen kann zur Risikobewertung, Prävention, Minderung, Bereitschaft und Reaktion verwendet werden.
2. Stärkung der *„governance"*.
   Die Steuerung des Katastrophenrisikos auf nationaler, regionaler und globaler Ebene ist essentiell für Prävention, Krisenreaktion, Wiederherstellung und Rehabilitation. Sie fördert die Zusammenarbeit und Partnerschaft.
3. Investitionen
   In Katastrophenrisikoreduzierung zu investieren erhöht die Widerstandsfähigkeit. Dazu sind öffentliche und private Investitionen in die Verhütung und Reduzierung von Katastrophenrisiken sowohl in strukturelle als auch in nichtstrukturelle Maßnahmen von Bedeutung.
4. Verbesserung der Katastrophenvorsorge.
   Maßnahmen müssen schon im Vorgriff auf Ereignisse ergriffen werden und entsprechende Kapazitäten müssen auf allen Ebenen sichergestellt werden.

Mit dem Sendai Framework wurde die mit der „IDNDR-Dekade" (1990–1999) begonnene Initiative zum Aufbau eines globalen Netzwerks („Yokohama Strategy") konsequent fortgeschrieben. Dennoch gab es in Kobe sehr kritische Anmerkungen zum Erreichen bzw. Nichterreichen vieler Hyogo-Ziele. Die Teilnehmer anerkannten die geleisteten Beiträge, merkten allerdings an, dass es immer noch nicht gelungen sei, die auslösenden Faktoren *(„underlying risk factors")* in der Formulierung nationaler Minderungsziele im erforderlichen Ausmaß zu verankern (vgl. Abschn. 2.2.3). Der Fokus müsse in Zukunft vermehrt auf die Probleme der Armut, der Ungleichheit der Geschlechter, des Klimawandels und der Zerstörung der Ökosysteme sowie auf die Auswirkungen des demografischen Wandels gerichtet werden. Damit sollte ein Übergang von einem traditionellen Katastrophen-Management *(„disaster management")* zu einem Katastrophen-Risikomanagement *(„disaster risk management")* erreicht werden (vgl. IGRC 2006). Damit vollzog die internationale Staatengemeinschaft einen Paradigmenwechsel hin zu einem Management, in dem die Verringerung der Verluste durch Naturkatastrophen integraler Bestandteil der nachhaltigen Entwicklung werden sollte. Gefordert wurde ferner, den Bedürfnissen der Gesellschaft mehr Gewicht beizumessen – was aber auch bedeutet, dass diese Gruppen sich umfassender als bisher im Rahmen ihrer Möglichkeiten an dem Erreichen der Ziele einbringen können/sollen. Auch wurde auf die Rolle der Frauen, Kinder und anderer benachteiligter Gruppen hingewiesen, deren Resilienz gezielt gestärkt werden müsse, indem sie direkt in die Entscheidungsprozesses und bei deren Umsetzungen einbezogen werden müssen. In dem Sendai Framework hatte die Konferenz die Instrumente zur Erreichung ihrer Ziele wie folgt zusammengefasst. Es besteht die Notwendigkeit:

- das grundlegende Verständnis von Naturgefahren und den Dimension der sozio-ökonomischen Vulnerabilität noch zu vertiefen,
- das NKRM *("risk governance")* durch den Aufbau nationaler Informationsplattformen zu stärken und so verlässlich, berechenbar und transparent auszugestalten,
- die Rolle der *"stakeholder"* bei der Wiederherstellung der gesellschaftlichen Funktionen *("build back better")* durch eine klarere Definition zu stärken,
- neue Risiken durch Investitionen in Risikovorsorge *("risk-sensitive investment")* gar nicht erst aufkommen zu lassen,
- die Widerstandsfähigkeit in den Sektoren Gesundheitsvorsorge und Arbeitssicherheit sowie den Schutz des kulturellen Erbes *("cultural heritage")* zu verbessern,
- die internationalen Partnerschaften im NKRM durch sektorspezifische Politiken und Programme zu stärken; wobei der Absicherung dieser Initiativen durch die internationalen Geber eine zentrale Rolle zukommt.

Auch wenn das Hyogo Framework for Action (HFA) als Reaktion auf den verheerenden Tsunami von 2004 eher den Charakter von „Empfehlungen" hatte, so hatte es doch dem Thema „Katastrophenschutz" einen höheren Stellenwert gegeben und hat zu erheblichen Fortschritten beim nationalen Risikomanagement und in der internationalen Zusammenarbeit geführt. Daher wurden im Vorfeld zur 3. Weltkonferenz (WCDR III; Sendai) hohe Erwartungen geweckt, das Nachfolgeabkommen zum „HFA" könne zu einer neuen Qualität des weltweiten Engagements in der Reduzierung von Katastrophenrisiken führen, einschließlich konkreter Ziele und Maßnahmen. Eine Hoffnung, die sich so nicht erfüllte – wenngleich die Aspekte „Vorsorge/Prävention" doch ein positives Signal aussandten. Darüber hinaus enthält das Sendai-Framework konkrete Ziele, die als Leitfaden für NKRM der kommenden 15 Jahre dienen können. Es fordert von den Regierungen konkrete nationale Schutzstrategien zu erlassen, die den geänderten Bedingungen (Stichwort Klimawandel, Pandemien u. v. a.) besser gerecht werden, sowie durch einen Katalog international abgestimmter Indikatoren transparent zu machen. Gerade dieser Punkt führte zu heftigen Diskussionen zwischen der Gruppe G77 und den OECD-Ländern. Ebenso konnte man sich auf der Konferenz nicht darauf einigen, wie die Aktivitäten institutionell verifiziert werden können. Damit ist auch das *"framework"* eine Absichtserklärung geblieben, auch wenn im Verlauf der Diskussionen deutlich wurde, dass es nicht mehr viel Spielraum für nationale „Eigenwege" geben wird (Prior und Roth 2015).

6.2.1.5 Kinderhilfswerk der Vereinten Nationen (UNICEF)

Das „Kinderhilfswerk der Vereinten Nationen" (UNICEF) wurde von der Generalversammlung der Vereinten Nationen 1946 gegründet, damals mit dem Ziel, Nahrungsmittel und eine Gesundheitsversorgung für Kinder in Ländern, die an den Folgen des Zweiten Weltkrieges litten, bereitzustellen. Im Jahr 1953 wurde UNICEF den Sonderorganisationen der Vereinten Nationen zugeordnet, mit Sitz in New York. Seitdem hilft UNICEF Kindern auf der ganzen Welt, bietet Nahrung, Gesundheit, Bildung. Mehr als eine Milliarde Jungen und Mädchen in rund 160 Ländern und den Krisengebieten der Erde sind nach Angaben von UNICEF von Armut, Hunger und (Kinder-)Krankheiten bedroht. Immer noch sind Kinder HIV/AIDS, Ausbeutung, Missbrauch und Gewalt ausgesetzt. Die vielen kriegerischen Konflikte weltweit – fast alle davon in den Entwicklungsländern – haben dazu geführt, Kinder in diese Konflikte als sogenannte Kindersoldaten hineinzuziehen. UNICEF versucht sie wieder in ein (normales) Leben zurückzuführen. Dies betrifft auch solche Kinder, die wegen der Konflikte – aber oftmals auch durch (Natur-)Katastrophen – zu Waisen oder Flüchtlingen geworden sind. UNICEF beteiligt sich an Programmen zur universalen Kinderimmunisierung in Zusammenarbeit mit der Weltgesundheitsorganisation (WHO). Angestrebt wird, 80 % der Kinder gegen Kinderkrankheiten (z. B. Masern) zu impfen. Des Weiteren unterstützt sie die Bemühungen der VN zur AIDS-Prävention und zur besseren Versorgung der Menschen mit hygienisch einwandfreiem Trink-/Brauchwasser.

Die Schwerpunkte der Arbeit sind:

- Sicherung von Überleben
- Sicherstellung von Entwicklung
- Eröffnung von Bildungschancen
- Schutz vor HIV/Aids
- Schutz vor physischer/psychischer Gewalt
- Bereitstellung von Nothilfe
- Durchsetzen des Verbots der Kinderarbeit.

Immer häufiger hat sich in den letzten 30 Jahren die Verwirklichung der fundamentalen Kinderrechte als dringliche Aufgabe herausgestellt. In vielen Ländern haben sich Kinderrechte, wie sie in der 1989 beschlossenen VN-Konvention über die Rechte des Kindes in 54 Artikeln niedergelegt sind, bis heute nicht (wirklich) Geltung verschafft. Die Konvention betont die ganz eigenen Bedürfnisse und Interessen der Kinder, z. B das Recht auf Freizeit und Bildung und auch das Recht auf den Schutz vor Gewalt. Die Konvention ist Ausdruck eines fundamentalen Perspektivwechsels: Kinder werden damit zu eigenständigen Persönlichkeiten, die respektiert und ernst genommen werden müssen. Das völkerrechtliche Übereinkommen enthält weltweit gültige Grundwerte für den Umgang mit Kindern über alle sozialen, kulturellen, ethnischen oder religiösen Unterschiede hinweg. Das Regelwerk gilt für alle Kinder weltweit – ganz gleich, wo sie leben, welche Hautfarbe oder Religion sie haben und ob sie Mädchen oder Junge sind. Denn allen Kinder ist eines gemeinsam: Sie brauchen besonderen Schutz und Fürsorge, um sich gesund zu entwickeln und voll entfalten zu können. Aber zwischen dem Beitreten zur Kinderrechtskonvention und einer Verwirklichung der Kinderrechte klafft immer noch eine tiefe Lücke. Alle Staaten mit Ausnahme der USA haben es ratifiziert.

Derzeit hat UNICEF weltweit rund 13.000 Mitarbeiter in rund 190 Ländern und Territorien – die meisten davon sind nationale Kräfte in den Programmländern. 2018 hatte UNICEF ein Gesamtbudget von 2,5 Mrd. US$, von denen 530 Mio. US$ aus dem „regulären" Haushalt und 2 Mrd. US$ aus anderen Zuwendungen stammten. UNICEF finanziert sich ausschließlich aus freiwilligen Beiträgen von privaten Spendern und Regierungen. Im Einzelnen durch

- Beitragsleistungen der Regierungen (30 %)
- nichtstaatliche Organisationen (NGOs), insbesondere den Nationalen UNICEF-Komitees in den wirtschaftlich entwickelten Staaten
- Beiträge anderer

Für seinen Einsatz im Kampf gegen Landminen erhielt UNICEF 1965 den Friedensnobelpreis.

6.2.1.6 Hoher Kommissar der Vereinten Nationen für Menschenrechte (UNHCR)

Die Hauptaufgabe des Hohen Kommissars der Vereinten Nationen für Menschenrechte (United Nations High Commissioner for Human Rights; UNHCR) ist es, sich weltweit für die Menschenrechte einzusetzen sowie deren Einhaltung einzufordern (UNHCR o. J.). Die Aufgaben ergeben sich aus der Charta der Vereinten Nationen in den Artikeln (1), (13) und (55) sowie aus der Genfer Flüchtlingskonvention (GFK) von 1951 und dem Zusatzprotokoll von 1967.

Der Hohe Kommissar ist direkt dem Generalsekretär der Vereinten Nationen unterstellt und hat den Rang eines Untergeneralsekretärs der Vereinten Nationen. UNHCR wurde am 14. Dezember 1950 von der VN-Generalversammlung gegründet, um den Flüchtlingen infolge des Zweiten Weltkriegs Hilfe zu leisten. Am 1. Januar 1951 nahm UNHCR seine Arbeit auf und hat seit seiner Gründung weit über 50 Mio. Menschen dabei unterstützt, sich ein neues Leben aufzubauen – eine Leistung, die 1954 und 1981 mit dem Friedensnobelpreis ausgezeichnet wurde. Der GFK und/oder dem Zusatzprotokoll sind bis heute knapp 150 Staaten beigetreten.

Als Mitglied der VN-Familie ist es der vorrangige Auftrag von UNHCR, die Rechte von Flüchtlingen zu schützen, bei Flüchtlingskrisen zu helfen und sicherzustellen, dass Menschen weltweit um Asyl nachsuchen können; und diese Forderungen in das VN-System einzubringen. Ein Flüchtling ist eine Person, die

> […] aus der begründeten Furcht vor Verfolgung wegen ihrer Rasse, Religion, Nationalität, Zugehörigkeit zu einer bestimmten sozialen Gruppe oder wegen ihrer politischen Überzeugung sich außerhalb des Landes befindet, dessen Staatsangehörigkeit sie besitzt, und den Schutz dieses Landes nicht in Anspruch nehmen kann oder wegen dieser Befürchtungen nicht in Anspruch nehmen will […] (Artikel 1 A, Genfer Flüchtlingskonvention).

Auf der Suche nach einem besseren und sicheren Leben nehmen viele Menschen gefährliche Wege in Kauf, um in ein Land zu gelangen, von dem sie sich Sicherheit, Arbeit und Wohlstand erhoffen. Doch die unterschiedlichen Schicksale und Beweggründe der Menschen auf der Flucht wirken sich auch auf deren rechtliche Stellung im Ankunftsland aus. Während „(Armuts-)Migranten" überwiegend aus ökonomischen Gründen beschließen, ein besseres Leben in einem anderen Land zu suchen, sind „Flüchtlinge" in der Regel gezwungen, ihre Heimat zu verlassen, z. B. aus religiösen, politischen oder ethnischen Gründen. Auch Menschenrechtsverletzungen, Krieg und Gewalt können Fluchtursachen sein. Oft sind die Menschen gezwungen, unter härtesten Bedingungen zu fliehen, zumeist ohne Papiere. Im Unterschied zu Flüchtlingen verlassen Migranten ihre Heimat zumeist freiwillig und könnten auch dorthin zurück, ohne um ihr Leben fürchten zu müssen.

Die Genfer Flüchtlingskonvention hat den Begriff des „Flüchtlings" völkerrechtlich verbindlich definiert und damit auch die Rechte und Pflichten beider Parteien (Asylsuchender und Asylgebender) festgelegt (vgl. Abschn. 5.2.8). Regionale Abkommen wie die Flüchtlingskonvention der Organisation für Afrikanische Einheit (AU) und die auf Lateinamerika bezogene Erklärung von Cartagena erweitern den Flüchtlingsbegriff auf Personen, die vor Krieg und Unruhen fliehen müssen.

Um 2015 haben nach offiziellen UNHCR-Angaben 80 Mio. Menschen ihre Heimat verlassen müssen: 25 Mio. von ihnen sind Flüchtlinge, 45 Mio. sogenannte Binnenvertriebene (*internally displaced persons*; IDPs; El Hinnawi 1985). Von den 25 Mio. haben 4 Mio. um Asyl nachgesucht (Myers 2001). Der Schutz der Flüchtlinge sowie die Aufgaben zur Gewährung der fundamentalen Menschenrechte werden von mehr als 16.800 Mitarbeitern des UNHCR in 134 Ländern wahrgenommen; etwa 90 % der Hilfsleistungen werden direkt in den Krisengebieten vorgenommen. Vor allem, um die Aufnahmeländer bei der humanitären Sofort- und Nothilfe zu entlasten und den Flüchtlingen eine Grundversorgung zu ermöglichen, werden finanzielle Zuschüsse gewährt oder auch materielle Güter wie Zelte, Matratzen, Decken oder Wasser-und Sanitärversorgung geleistet. Vor allem aber koordiniert UNHCR die Hilfsmaßnahmen und stellt gemeinsam mit zahlreichen Nichtregierungsorganisationen (NGOs) auch über das VN-System z. B. Lebensmittel, technisches Equipment für den Acker- oder Brunnenbau und die Errichtung von Häusern, Schulen und für Kliniken zur Verfügung. Während humanitäre Hilfe in der Vergangenheit vorrangig durch standardisierte Sachleistungen erfolgte, versucht UNHCR zunehmend finanzielle Unterstützungsmaßnahmen und -programme zu etablieren – die sogenannte Finanzhilfe („cash assistance"). Diese Form der Hilfe ermöglicht es den Empfängern, teilweise für sich selbst zu sorgen. UNHCR war eine der ersten VN-Organisationen, die in den 1980er Jahren diese innovative Form der humanitären Hilfe in ihre Programme aufgenommen hat. Neben den positiven Effekten für die Hilfeempfänger unterstützen finanzielle Programme die lokale Wirtschaft und steigern so die Akzeptanz von Flüchtlingen, Binnenvertriebenen und Asylbewerbern in der Aufnahmegesellschaft. Aktuell setzt UNHCR finanzielle Hilfsprogramme in unterschiedlichem Umfang in mehr als 100 Ländern weltweit ein. 2018 profitierten weltweit mehr als 16 Mio. Menschen von diesen Bargeldhilfe-Programmen.

Erklärtes Ziel aller dieser Bemühungen ist es, die höchstmöglichen internationalen Standards im Flüchtlingsschutz zu bewahren oder zu fördern, d. h. den Flüchtlingen ein faires Asylverfahren zu ermöglichen, sie vor Zurückweisung in ein potenzielles Verfolgerland zu schützen und ihnen eine sichere Aufenthaltsperspektive zu geben. Viele Entwicklungsländer sind aus eigener Kraft nicht in der Lage, eine große Zahl von Flüchtlingen zu versorgen und zu schützen. Dies bedeutet auch, die Grundversorgung der Menschen sicherzustellen (z. B. in Flüchtlingscamps). Dafür bedarf es einer Registrierung und konkreter Hilfsprogramme für praktisch alle Lebensbereiche. Besonderes Augenmerk gilt dabei älteren Menschen, Frauen und Kindern. Wenn Flüchtlingen eine Rückkehr in ein Heimatland nicht mehr möglich ist, kann die Ansiedlung und Integration in einem Erstasylland oder aber die Neuansiedlung in einem Drittland („resettlement") sinnvoll und notwendig sein (vgl. Kap. 1). Flüchtlinge verlassen ihre Heimat nur unter starkem Druck. Viele möchten zurückkehren, sobald die Umstände es erlauben. UNHCR unterstützt Flüchtlinge bei ihrer freiwilligen Rückkehr in „Sicherheit und Würde". In ihrem Heimatland unterstützt UNHCR daher die Betroffenen bei der Reintegration.

Flüchtlinge haben im Asylland ein Anrecht auf Religions- oder Bewegungsfreiheit und das Recht auf den Erhalt von Reisedokumenten. Dafür müssen Flüchtlinge die Gesetze und Bestimmungen des Asyllands respektieren. Im Regelfall müssen Personen individuell nachweisen, dass ihre Furcht vor Verfolgung begründet ist. Im Fall einer Massenflucht kann es jedoch angebracht sein, alle Betroffenen zunächst (prima facie) als Flüchtlinge anzuerkennen. Nach der Konvention ist es grundsätzlich verboten, einen Flüchtling in ein Land zurückzuschicken, in dem er Verfolgung befürchten muss („non-refoulement"-Gebot). Reiche Länder haben im Schnitt 2,7 Flüchtlinge pro 1000 Einwohnern aufgenommen, mittlere und arme Länder 5,8 Flüchtlinge. Die ärmsten Länder der Erde beherbergen ein Drittel der Flüchtlinge weltweit. Von etwa 1,4 Mio. besonders schutzbedürftigen Flüchtlingen konnten im Jahr 2018 nur 81.300 über das „Resettlement"-Programm in einen sicheren Aufnahmestaat ausreisen – Kanada, die USA und Australien stellten die meisten Plätze zur Verfügung. Da aber die viele grenzüberschreitenden Flüchtlinge in benachbarte Länder flüchten, waren insbesondere Länder wie z. B. Pakistan, die Türkei oder Grichenland in den letzten Jahren vor große wirtschaftliche, soziale und technische Herausforderungen gestellt.

Am 17. Dezember 2018 machte die Generalversammlung der Vereinten Nationen den Weg frei für den sogenannten „Global Compact on Refugees" (GCR). In den Leitprinzipien wird der politische Wille der internationalen Staatengemeinschaft für eine verstärkte Zusammenarbeit und Solidarität mit Flüchtlingen und den betroffenen Aufnahmeländern zum Ausdruck gebracht. Die Leitprinzipien betonen, dass eine nachhaltige Lösung für Flüchtlingssituationen ohne internationale Zusammenarbeit nicht erreicht werden kann. Der „compact" bietet Regierungen, internationalen Organisationen und anderen Interessengruppen eine Blaupause, wie Asylverfahren ablaufen sollen, um den Asylbewerbern ein möglichst selbstbestimmtes Leben in der (neuen) Gesellschaft zu eröffnen. Der Pakt bietet eine einzigartige Gelegenheit, wie die Staatengemeinschaft auf die immer bedrohlicher werdenden Flüchtlingssituationen reagieren kann. Zudem will er einen sozialen und ökonomischen Rahmen schaffen, um die Aufnahmebedingungen in den Herkunftsländern für eine Rückkehr in „Sicherheit und Würde" zu verbessern. Der Global Compact on Refugees besteht aus:

- Leitprinzipien und Zielen des „global compact"
- einem Aktionsprogramm mit konkreten Maßnahmen zur Erreichung der Ziele des Pakts
- Vorkehrungen zur Aufteilung von Lasten und Verantwortlichkeiten durch ein globales Flüchtlingsforum (alle vier Jahre)
- Definition unterstützungsbedürftiger Politikbereiche (Aufnahme, Unterstützung von Asylbewerbern)

6.2.1.7 Büro der Vereinten Nationen für humanitäre Angelegenheiten (UN-OCHA)

Es gibt einen klaren Zusammenhang zwischen Katastrophenereignis, Krisenintervention und dem nachfolgenden Wiederaufbau. Um einen reibungslosen Übergang von der ersten Interventionsphase bis zur Wiederherstellung einer sozialen und kulturell funktionierenden Gesellschaft (*„reconstruction vs. rehabilitation"*) zu ermöglichen, sollte Soforthilfe im wahrsten Sinne des Wortes unmittelbar zur Behebung der gravierendsten Mängel geleistet werden. Danach sollten, zur Verstetigung der langfristigen Entwicklung, materielle und immaterielle Unterstützungen zum Wiederaufbau der sozialen Netzwerke und der regionalen Infrastruktur vorgenommen werden.

Die vielen (negativen) Erfahrungen mit Naturkatastrophen in den letzten 30 Jahren haben die Vereinten Nationen bewogen, der „humanitären Hilfe" im VN-System einen höheren Stellenwert einzuräumen. Sie haben dazu mit der Resolution 46/182 der Generalversammlung vom Dezember 1991 das Office for the Coordination of Humanitarian Affairs (UN-OCHA) eingerichtet, das als Sekretariat für die Zusammenführung humanitärer Akteure im gesamten VN-System zuständig ist. Mit ihm sollen sowohl eine kohärente Reaktion auf Notfälle als auch eine bessere Vorbereitung auf (Natur-)Katastrophenfälle gewährleistet werden. Dabei soll UN-OCHA humanitäre Maßnahmen nur koordinieren, um sicherzustellen, dass von Krisen betroffene Menschen die Hilfe und den Schutz erhalten, die sie benötigen. UN-OCHA hat kein operatives Mandat, das es zur Durchführung eigener Programme autorisiert, sondern sein Beitrag besteht darin, die Mobilisierung von Hilfe und Ressourcen zu unterstützen. Dies macht UN-OCHA zu einem „ehrlichen Makler" und „globalen Anwalt" im VN-System. Die Agentur erkennt an, dass die Mitgliedstaaten die Hauptverantwortung für die Bereitstellung und Koordinierung der humanitären Hilfe für die betroffenen Bevölkerungsgruppen behalten. Bei der Erfüllung seines Koordinierungsmandats orientiert sie sich an den humanitären Grundsätzen „Menschlichkeit", „Neutralität" und „Unabhängigkeit". Sie sieht die Vielfalt der humanitären Akteure weltweit als zentrales Kapital, erkennt an, dass alle Beteiligten eine (wertvolle) Rolle bei der Rettung und dem Schutz von Leben spielen. UN-OCHA fördert Koordinierungsmechanismen und -prozesse und ruft alle lokalen und globalen humanitären Akteure auf, teilzunehmen – respektiert aber die unterschiedlichen Mandate und die operative Unabhängigkeit der verschiedenen Organisationen. Alle Fonds, Programme und Agenturen der Vereinten Nationen (UNEP, UNDP, UNFCCC, UNISDR, UNHCR) wie auch das „Internationale Komitee vom Roten Kreuz", die „Liga der Rotkreuz- und Rothalbmondgesellschaften" und die „Internationale Organisation für Migration" sind aufgerufen, UN-OCHA beim Aufbau leistungsfähiger Organisationen zur Analyse der Naturgefahren, Naturkatastrophen und anderen Notfällen in Entwicklungsländern zu unterstützen. Die Erkenntnisse sollten ungehindert an die risikoexponierten Länder weitergegeben werden. Die internationale Staaten-gemeinschaft wird dringend ersucht, Programme und Aktivitäten zur Förderung der „Millenniumsziele" durchzuführen, indem sie zum Beispiel Ressourcen zum Aufbau nationaler Katastrophenfrühwarnsysteme bereitstellt.

Zur Bewältigung seiner Aufgaben hat der VN-Generalsekretär einen revolvierenden Notfallfonds eingerichtet. Mit ihm können Finanzmittel rasch und unbürokratisch zur Krisenintervention bereitgestellt werden. Das Budget wird nur zu 5 % aus dem VN-Haushalt bestritten – die restlichen 95 % werden von den Mitgliedstaaten und der Europäischen Gemeinschaft bereitgestellt. 2019 belief sich das Budget auf 250 Mio. US$.

6.3   Verträge, Abkommen, Vereinbarungen

6.3.1   Globale Umweltfazilität (GEF)

Die Globale Umweltfazilität (Global Environment Facility; GEF) mit Sitz in Washington D.C wurde 1992 im Zuge des Rio-Erdgipfels von dem United Nations Development Programme (UNDP), dem United Nations Environment Programme (UNEP) zusammen mit der Weltbank als internationaler „Finanzierungsmechanismus" (*„financial mechanism"*) der fünf UN-Konventionen

- Klimarahmenkonvention (UNFCCC),
- Wüsten-Konvention (UNCCD),
- Konvention über die biologische Vielfalt (UNCBD),
- Stockholm-Übereinkommen über persistente organische Schadstoffe (POPs),
- Minamata Convention on Mercury

ins Leben gerufen.

In ihm hat sich eine weltweit einmalige Partnerschaft von heute 18 VN-Organisationen, den Internationalen Entwicklungsbanken sowie nationalen und internationalen Nichtregierungsorganisationen zusammengefunden. Diese Finanz-und Informationsnetzwerke versetzen die GEF in die Lage, weltweit als „Katalysator" und „Innovator" für nachhaltige und umweltgerechte Entwicklung einzutreten (GEF 2015). Die GEF unterstützt ausschließlich Projekte in den Entwicklungsländern bei deren Strategien für einen nachhaltigen Umwelt-, Ressourcen- und Klimaschutz. Derzeit nutzen drei der VN-Konventionen UNFCCC, UNCBD und die Minamata Convention die GEF als Finanzierungsinstrument. Die anderen Konventionen können bei Bedarf ebenfalls auf die „GEF" zurückgreifen, während dem Basel-/Stockholm-Übereinkommen (POP) und der Wüstenkonvention (UNCCD) eigene Finanzierungsmechanismen zur Verfügung stehen. Des Weiteren bietet die Fazilität administrative Unterstützung für das Montrealer Protokoll zum Schutz der Ozonschicht und dessen Multilateralen Fonds an.

Neben der Unterstützung der VN-Konventionen zielt das GEF-Engagement auch auf eine Stärkung des Privatsektors ab. Ihm misst die Fazilität einen hohen Stellenwert in der Umsetzung von Projekten zum Klima- und Umweltschutz zu. Investitionen des Privatsektors können durch die „GEF" unterstützt werden, indem Zuschüsse oder Kreditabsicherungen für Investitionen übernommen werden. So übernimmt die GEF zum Beispiel die zusätzlich entstehenden Kosten, wenn statt eines Kohlekraftwerks ein Gaskraftwerk gebaut wird (*„environmental increment"*).

Seit Gründung hat die GEF nichtrückzahlbare Zuschüsse (*„grants"*) in Höhe von fast 20 Mrd. US$ für mehr als 4800 Projekte in 170 Ländern bereitgestellt. Diese Mittel haben durch Kofinanzierungen zu bis zu 6mal höheren Projektbudgets (*„co-financing ratio"*) geführt (GEF 2015). 52 Länder haben sich bereiterklärt, durch regelmäßige Zuwendungen die GEF zu refinanzieren. Alle vier Jahre treffen sich Vertreter der Geberländer, um den Stand der Entwicklung der Fazilität zu beraten und die strategische und operationelle Ausrichtung der nächsten Jahre vorzunehmen sowie um das Portfolio aufzufüllen (*„replenishment"*). Diese Meetings sind auch Anlass, den Stand der Umsetzung der GEF-Vorhaben kritisch zu bewerten. Im Jahr 2014 wurden bei dem 6. „Replenishment"-Meeting in Genf von 30 Gebern 4,4 Mrd. US$ für die nächsten vier Jahre bereitgestellt. Deutschland ist mit einem Anteil von etwas mehr als 10 % drittgrößter Geber nach den USA und Japan (450 Mio. US$). Seit Gründung hat die GEF im Bereich Klimaschutz zur Verminderung von mehr als 1 Mrd. t CO_2 beitragen können.

Das wichtigste Entscheidungsorgan der GEF ist der GEF-Rat. Es setzt sich aus 32 Mitgliedern zusammen, darunter 16 Entwicklungsländer, 14 Industrieländer sowie 2 Länder aus dem ehemaligen Ostblock. Der Vorsitz der Fazilität wird alle vier Jahre von dem GEF-Rat bestimmt. In der GEF wurde erstmals im VN-System die Stimmenverteilung paritätisch zwischen den Industrie-und Entwicklungsländern aufgeteilt. Der Exekutivrat trifft sich zweimal im Jahr; seine Sitzungen stehen Beobachtern von Nichtregierungsorganisationen offen. Der Rat ist verantwortlich für das Budget, entscheidet über die Verwendung der Mittel und verfolgt deren Umsetzung in der Finanzierungsphase. Er gibt zudem die generelle Ausrichtung der GEF vor und koordiniert die Aktivitäten.

Die Fazilität wird bei ihren Projektentscheidungen sowie bei deren Durchführung von einer Unabhängigen Evaluierungseinheit (Independent Evaluation Office, IEO) unterstützt, die direkt dem GEF-Rat berichtspflichtig ist und die vor allem das Monitoring der Projektumsetzung im Fokus hat. Fachlich wird die GEF von der Wissenschafts- und Technologie-Gruppe (Scientific and Technical Advisory Panel; STAP) unterstützt. Diese Gruppe setzte sich aus einer Vielzahl an renommierten Wissenschaftlern aus der ganzen Welt zusammen, um die Einhaltung der wissenschaftlichen Standards zu gewährleisten.

6.3.2 Vertrag über das umfassende Verbot von Nuklearversuchen (CTBT)

In der Folge des Zweiten Weltkriegs ist es zu einem nuklearen Wettrüsten gekommen („Kalter Krieg"). Daher kam es zu einer Initiative des damaligen indischen Premierministers Pandit Nehru, das Wettrüsten zu beenden. Er forderte – damals schon – ein „Stillhalteabkommen" über Atomtests (später war es vor allem die indische Regierung, die ein Inkrafttreten des CTBT-Abkommen verhinderte). Ein solches Abkommen sollte in einen Atomwaffensperrvertrag eingebettet sein. Die „Nichtatommächte" der Welt schlugen dafür eine strategische Vereinbarung vor, indem sie anboten, auf den Besitz von Atomwaffen zu verzichten, wenn dafür im Gegenzug die 5 Atommächte auf weitere Atomwaffentests verzichten. Das Testverbot wurde später in die Präambel des Nichtverbreitungsvertrags (NVV) aufgenommen.

Das Hauptproblem des Teststopp-Abkommens damals war, dass sich die Vertragsparteien nicht einigen konnten, wie ein solches Abkommen zu verifizieren sei. Damals waren seit 1945 weltweit mehr als 2000 Atomtests durchgeführt worden. Zunehmend wurde auf der Welt radioaktiver Niederschlag aus atmosphärischen Atomtests registriert. Die „Welt" forderte daraufhin eine verbindliche Vereinbarung, solche Atomtests zu verbieten. Dieser Initiative hatte sich damals schnell eine Vielzahl an internationalen Politikern und Wissenschaftlern angeschlossen. Nach langen und zähen Verhandlungen – die in der Folge oftmals von den Ländern Indien, China und Pakistan behindert wurden – verabschiedete die VN-Generalversammlung 1966 (UN-Resolution 50/245) den Vertrag über das „Verbot von Nuklearversuchen" („Comprehensive Test Ban Treaty", CTBT). Darin verpflichteten sich die Unterzeichner, alle Kernwaffentestversuche sowie andere nukleare Explosionen überall, unter der Erde, unter Wasser und in der Atmosphäre zu unterlassen. Mit ihm soll die nukleare Abrüstung und das System der Nichtverbreitung von Kernwaffen durch eine vollständige Abschaffung von Kernwaffen gestärkt werden. Mit dem Vertrag wurde zudem eine eigene VN-Organisation ins Leben gerufen, die CTBTO mit Sitz in Wien. Der Vertrag wurde inzwischen von 162 Staaten ratifiziert, darunter fünf der acht „nuklearfähigen Staaten", weitere 23 haben ihn unterzeichnet, aber nicht ratifiziert (China, Ägypten, Iran, Israel, USA); während Indien, Nordkorea und Pakistan ihn nicht einmal unterzeichnet haben. Das Abkommen kann aber erst 180 Tage nach der Ratifizierung des Vertrags durch alle 44 sogenannten „Annex-2-Staaten" in Kraft treten (Annex-2-Staaten sind diejenigen, die zum Zeitpunkt der Verhandlungen des CTBT zwischen 1994 und

1996 Kernkraft- oder Forschungsreaktoren besaßen). Dies ist bis heute nicht der Fall. Obwohl der Vertrag immer noch nicht in Kraft ist, appellieren die Vereinten Nationen dennoch an alle Staaten, auf Kernwaffen- oder andere Testexplosionen sowie auf die Entwicklung und den Einsatz neuer Kernwaffentechnologien zu verzichten.

Das Verifikationssystem im CTBT umfasst ein weltweites Netz von seismologischen Messstellen, ein Internationales Datenzentrum (International Data Center, IDC) in Wien und Inspektionen vor Ort. Spezialisierte seismologische Institute wurden von den Vereinten Nationen ausgewählt, um die Einhaltung der Abkommen zu überwachen; für Europa ist das die Bundesanstalt für Geowissenschaften und Rohstoffe (BGR) in Hannover. Zentrales Element zur Erfassung und Bewertung von Atomwaffentests sind seismische Erschütterungen, die bei den Explosionen ausgelöst werden. Da sich seismische Wellen bei Atomtests radial ausbreiten, während sie sich bei tektonischen Erdbeben zumeist entlang von tektonischen Störzonen fortsetzen, ist die Identifikation von Verstößen in der Regel ein Routineverfahren. Neben der Seismik werden noch weitere Technologien wie Hydroakustik, Infraschall und die Überwachung von Radionukliden in der Luft eingesetzt, um die Einhaltung des Vertrags zu überwachen. Das Überwachungsnetz (International Monitoring System, IMS) besteht aus 337 Einrichtungen auf der ganzen Welt, von denen 2012 mehr als 260 Einrichtungen zertifiziert waren. Das „IMS" umfasst 170 seismologische Überwachungsstationen sowie 60 Infraschallstationen, um insbesondere niederfrequente Schallwellen zu erfassen. 80 Radionuklidstationen können radioaktive Partikel erkennen, die bei atmosphärischen, unterirdischen oder Unterwasserexplosionen freigesetzt werden. Inspektionen vor Ort nutzen neben visuellen Standortbeobachtungen auch eine Reihe von hoch entwickelten Techniken wie passive seismische Messungen und Gammastrahlungsmessungen sowie den Nachweis von Isotopen von Edelgasen wie Xenon und Argon. Eine solche Inspektion wird zunächst für einen Zeitraum von bis zu 25 Tagen durchgeführt, der auf bis zu 60 Tage verlängert werden kann, um z. B. weiterführende Analysen durchzuführen. Eine einzigartige Technologie, die speziell für diese Zwecke entwickelt wurde, ist die Argon-37-Feldmessung. Darüber hinaus sind auch wissenschaftliche Bohrungen zur Gewinnung radioaktiver Proben aus einer vermuteten unterirdischen Explosionsstelle zulässig. Die Daten werden an das IDC in Wien und an Staaten, die den Vertrag unterzeichnet haben, sowie über ein unabhängiges globales Datennetz – das weitgehend auf Satellitenkommunikation basiert – übermittelt. Die bereits vorhandenen technischen und wissenschaftlichen Fähigkeiten kommen darüber hinaus den Katastrophenwarn- und Frühwarnsystemen für Naturkatastrophen wie Tsunamis zugute.

Die CTBTO konnte die Wirksamkeit des Verifizierungssystems anlässlich der von der Demokratischen Volksrepublik Korea am 12. Februar 2013 angekündigten Ex-plosion von Atomtests nachweisen. Sein Überwachungssystem konnte seismische Signale und Infraschallsignale erfolgreich erkennen und lieferte innerhalb weniger Stunden relevante Daten über den Test (Ergebnis: ein Test und kein Erdbeben). Weitere Messungen an radioaktiven Edelgasen im Laufe des Monats April 2013 bestätigten auch die Sensitivität und Spezifität des Überwachungsnetzes.

6.3.3 Millenniumsentwicklungsziele (MDG)/ Nachhaltigkeitsziele (SDG)

Auf der sogenannten „Millenniumskonferenz", der bis dahin weltgrößten Konferenz unter dem Dach der Vereinten Nationen vom 6. bis 8. September 2000 in New York, hatte sich die Weltgemeinschaft darauf verständigt, den Kampf gegen Armut, Hunger und andere soziale Entwicklungshindernisse sowie gegen die globalen Umweltprobleme wirksamer (als bisher) anzugehen. In der „Millenniumserklärung" hat sich die Staatengemeinschaft verpflichtet, konkrete Programme aufzulegen, um die soziale Kluft zwischen „arm" und „reich" sowohl im Rahmen internationaler Organisationen wie auch in den Ländern selber signifikant zu verringern (vgl. Millenniums-Entwicklungsziele Bericht 2015; DOI, https://www.un.org/depts/german/millennium/MDG%20Report%202015%20German.pdf.). Das Anliegen ist in den sogenannten Millenniumsentwicklungszielen (Millennium Development Goals, MDGs) zusammengefasst.

Die acht Millenniumsentwicklungsziele für die „Millenniumsdekade 2005–2015" waren:

- MDG 1: den Anteil der Menschen zu halbieren, die weniger als einen US-Dollar pro Tag zum Leben haben, und den Anteil der Menschen zu halbieren, die Hunger leiden.
- MDG 2: sicherzustellen, dass Kinder in der ganzen Welt, Mädchen wie Jungen, eine Primärschulbildung vollständig abschließen.
- MGD 3: die Gleichstellung der Geschlechter und eine Stärkung der Rolle der Frauen.
- MGD 4: die weltweite Kindersterblichkeit von 10 % (1991) auf 3,5 % zu verringern.
- MDG 5: Müttersterblichkeit um 75 % zu verringern und einen allgemeinen Zugang zu reproduktiver Gesundheit zu erreichen.
- MDG 6: HIV/Aids, Malaria und andere Krankheiten zu bekämpfen.
- MDG 7: eine nachhaltige Umwelt zu gewährleisten.
- MDG 8: eine globale Partnerschaft im Dienst der Entwicklung zu schaffen.

Die „Millenniumsdekade 2005–2015" hatte gezeigt, dass eine nachhaltige Entwicklung auch in den Regionen möglich ist, die immer noch zu den Benachteiligten gehören. Eine Aufgabe, die aber nach Ansicht aller Beteiligten nach Ende der Dekade im Jahr 2015 nicht abgeschlossen war. Folgerichtig beschloss die Staatengemeinschaft auf der „Rio+20-Konferenz in Johannesburg" (2012), die Entwicklungsdekade nach 2015 für weitere 15 Jahre fortzuführen. Der Beschluss beruhte auf dem Dokument „The Future We Want" der Vereinten Nationen (United Nations Millennium Declaration, General Assembly Resolution, A/RES/66/288), das eine Anpassung der Nachhaltigkeitsziele für die Zeit nach Auslaufen der Entwicklungsdekade forderte. In dem Dokument wurde bemängelt, dass sich die Ziele bisher zu sehr auf die sozio-ökonomischen und gesellschaftlichen Änderungsprozesse konzentriert hatten. Die ebenfalls für eine nachhaltige Entwicklung notwendigen ökologischen Aspekte aber seien nicht genügend berücksichtigt worden. In der Folge wurden von den Vereinten Nationen die „Sustainable Development Goals" (SDGs) verabschiedet. Sie umfassen einen Katalog mit 17 Zielen, die auch als die „Ziele für nachhaltige Entwicklung" bezeichnet werden.

Die ersten sieben SDG-Ziele schreiben die Millenniumsentwicklungsziele fort, sollen aber erfüllen, was bislang unerreicht geblieben ist. Der Blick auf die Unterziele dieser Ziele zeigt, dass sie teilweise noch immer sehr vage formuliert sind. In den Zielen 8 und 9 wird nachhaltiges Wirtschaftswachstum und menschenwürdige Arbeit für alle gefordert. Eine leistungsfähige Infrastruktur sowie eine nachhaltige (!) Industrialisierung werden als Voraussetzungen für Arbeit und Einkommen angesehen. Das globale Problem der wirtschaftlichen und sozialen Ungleichheit innerhalb und zwischen Ländern spiegelt sich in Ziel 10 wider. Die Reduktion von Ungleichheit war eine der wesentlichen Forderungen vieler zivilgesellschaftlicher Organisationen. Die Ziele 11 und 12 fordern Nachhaltigkeit im urbanen Wachstum und in den Produktions- und Konsumweisen sowie die Heraushebung des Stellenwerts der „Gemeingüter" („global commons"; vgl. Ostrom 2011). Das Ziel 13 verpflichtet zur Bekämpfung des Klimawandels, während sich der Schutz der Ozeane, Meere, Wälder und Ökosysteme in den Zielen 14 und 15 wiederfindet. In Ziel 16 findet sich der Hinweis, dass auch eine „gute Regierungsführung" und „friedliche" Gesellschaften Voraussetzungen für Entwicklung sind. Das Ziel 17 bezieht sich vor allem auf die Mittel zur Umsetzung der Ziele.

Auch wenn das Naturkatastrophen-Risikomanagement in den MDGs und den SGDs nicht explizit erwähnt wurde, so war doch allen Beteiligten klar, dass die Ziele „Armutsminderung" und „Eröffnen von Entwicklungschancen" nur dann erreicht werden, wenn es gelingt, auch Katastrophen zu vermeiden, wie es zuvor schon in dem Hyogo Framework for Action (2005) niedergelegt worden war. Die Reduzierung der Risikoexposition und die Erreichung einer höheren Widerstandsfähigkeit gegenüber Naturkatastrophen ist implizit im MDG-Ziel Nr. 7 („Sicherung der ökologischen Nachhaltigkeit") enthalten. Dies betrifft in erster Linie zwar die Bevölkerungen der Entwicklungsländer, trifft aber ebenso z. B. für Teile des Mittleren Westens der USA zu, die weniger von den wirtschaftlichen Erfolgen der Ost- bzw. der Westküste profitieren. Damit trägt jede Risikoprävention und jede Erhöhung der Bewältigungskapazität bei Naturkatastrophen automatisch zum „MDG 7-Ziel" bei. Da alle MDGs eine hohe Interdependenz aufweisen, wird das Risikomanagement auch dazu beitragen, die anderen MDG-Ziele zu erreichen.

6.3.4 Rahmenübereinkommen der Vereinten Nationen über Klimaänderungen (UNFCCC)

1992 traf sich die Weltgemeinschaft in Rio de Janeiro (Brasilien) zur Konferenz der Vereinten Nationen über Umwelt und Entwicklung (UNCED), oftmals als „Rio-Gipfel" oder „Erdgipfel" („Earth Summit") bezeichnet, um eine Verringerung der Treibhausgasemissionen zu beschließen. Die Konferenz erfolgte 20 Jahre nach der ersten Umweltkonferenz in Stockholm und war zu der Zeit die größte internationale Konferenz, die jemals von den Vereinten Nationen zum Thema „Umweltschutz" abgehalten wurde. An der Konferenz nahmen hochrangige Vertreter aller Nationen, 2400 von Nichtregierungsorganisationen sowie mehr als 17.000 Umweltexperten und -politiker teil. Die Konferenz war ihrer Zielsetzung nach ein Meilenstein in der internationalen Klimapolitik. Sie zeigte erstmals auf, dass zwischen ökonomischer Entwicklung und dem Erhalt einer lebenswerten Umwelt kein Widerspruch bestehen muss. Dass Armut eine Folge von Raubbau der natürlichen Ressourcen und der ungehemmten Bevölkerungsentwicklung ist und dass der Mensch existenziell von seiner Umwelt abhängig ist.

Nach intensiven Diskussionen einigte sich die Konferenz auf die Rahmenkonvention der Vereinten Nationen über Klimaänderungen (United Nations Framework Convention on Climate Change, UNFCCC). Zwei Jahre später trat die Konvention in Kraft – seitdem haben 195 Nationen sie ratifiziert.

Das zentrale Anliegen ist in Artikel Nr. 2 festgelegt:

Stabilisierung der Treibhausgaskonzentrationen in der Atmosphäre auf einem Niveau, das eine gefährliche anthropogene Störung des Klimasystems verhindert.

Unter dem Begriff „gefährliche anthropogene Störung" werden alle vom Menschen verursachten Eingriffe in das Klimasystem verstanden. Zudem verpflichten sich die Mitgliedstaaten dazu, auch eine entsprechende Stabilisierung der Treibhausgaskonzentrationen zu erreichen. Dies soll es den natürlichen Ökosystemen erlauben, sich an die geänderten Klimabedingungen anzupassen. Zum Beispiel, indem ein Gleichgewicht erreicht wird zwischen einem nachhaltigen Wirtschaftswachstum und dem Schutz der Erdatmosphäre. Auf der 16. Vertragsstaatenkonferenz in Cancun (2010) wurde diese Forderung präzisiert und festgelegt, dass unter dem Begriff „gefährliche anthropogene Störung" zu verstehen ist: Den globalen Temperaturanstieg auf unter 2 °C gegenüber vorindustrieller Zeit zu begrenzen. Mehr noch, die Möglichkeit einer Obergrenze von 1,5 °C offen lassen – eine zentrale Forderung kleiner Inselstaaten (vgl. Abschn. 6.7.1). Dies würde nach den Berechnungen des Weltklimarats IPCC bedeuten, dass die Industrieländer ihre Treibhausgasemissionen bis zum Jahr 2050 um bis zu 95 % gegenüber 1990 reduzieren müssen.

Mit Beitritt zur Konvention verpflichten sich die Staaten, regelmäßig über ihre Treibhausgasemissionen zu berichten und Rechenschaft abzulegen, welche Klimaschutzmaßnahmen sie umgesetzt haben bzw. planen. Dabei gilt nach Artikel (3) der Konvention das Prinzip der „gemeinsamen, aber unterschiedlichen Verantwortlichkeiten und jeweiligen Fähigkeiten" (*„common but differentiated responsibilities and respective capabilities"*, CBDR-RC). Damit wird der globale Klimaschutz Aufgabe aller Staaten: Jeder einzelne Staat verpflichtet sich, sich entsprechend seiner Verursacherbeiträge und seiner technologischen und finanziellen Fähigkeiten am Klimaschutz zu beteiligen. Basierend auf dem CBDR-Prinzip unterscheidet die Klimarahmenkonvention selbst allerdings nur zwischen zwei Ländergruppen: Industrieländer und Entwicklungsländer. Der konzeptionelle Ansatz der Konvention liegt darin, in den Vertragsstaaten eine Diskussionsplattform zum Thema Klimawandel zu institutionalisieren und so auch noch „zögerliche" Länder von der Legitimität des Ansatzes zu überzeugen. Insbesondere der internationale Gruppendruck hat dazu geführt, dass alle Länder weltweit begannen, sich mit dem Thema konstruktiv auseinanderzusetzen. In der Konvention bekennen sich Vertragsstaaten zu dem „Vorsorge- und dem Verursacherprinzip". Nach dem Aktivitäten, die möglicherweise schwere oder irreparable Schäden verursachen können, eingeschränkt oder untersagt werden können und das auch dann schon, wenn der Beweis negativer Auswirkungen wissenschaftlich noch nicht mit absoluter Sicherheit vorliegt. Die Konvention erkennt ferner an, dass Länder, in denen die Industrialisierung erst an ihrem Anfang steht, die mit einem vorbeugenden Klimaschutz verbundenen finanziellen und technischen Belastungen nicht allein tragen können. Dies betrifft vor allem die Nutzung fossiler Brennstoffe (vgl. Abschn. 6.7.1) oder die Umnutzung ehemaliger landwirtschaftlicher Nutzflächen sowie das Auftreten von Naturkatastrophen.

Die Konferenz verabschiedete fünf Dokumente, die die Voraussetzungen für weitreichende und langfristig umzusetzende Konzepte in der Umwelt- und Entwicklungspolitik schafften:

- zwei internationale Abkommen („Biodiversitätskonvention"; „Konvention zur Bekämpfung der Wüstenbildung"),
- und zwei Grundsatzerklärungen („Walddeklaration", „Deklaration von Rio über Umwelt und Entwicklung"), sowie
- ein „Aktionsprogramm für eine nachhaltige Entwicklung" (Agenda 21).

Konkrete Maßnahmen für eine nachhaltige Entwicklung wurden in einem 800 Seiten starken Dokument, der „Agenda 21", aufgeführt. Bis heute gab es drei UNCED-Folgekonferenzen, die oft auch als „Weltgipfel Rio+" bezeichnet werden:

- Rio+5 (1997, New York)
- Rio+10 (2002, Johannesburg)
- Rio+20 (2012, Rio de Janeiro)

Das wichtigste Ergebnis der Rio-Konferenz von 1992 war das Rahmenübereinkommen der Vereinten Nationen über Klimaänderungen (United Nations Framework Convention on Climate Change; UNFCCC) – oft abgekürzt als „Klimarahmenkonvention" oder als „Klimakonvention". Zwei Jahre nach Unterzeichnung trat die Konvention im Mai 1994 in Kraft. Mittlerweile haben nahezu alle 195 Staaten der Erde die Konvention ratifiziert.

Die Konvention besteht aus einer Reihe internationaler Vereinbarungen; vor allem die Übereinkommen:

- zum Schutz der Meere,
- gegen die Verödung von Trockengebieten,
- gegen die Schädigung der Ozonschicht sowie
- gegen das Aussterben von Tier- und Pflanzenarten.

Die angestrebte Reduzierung der Treibhausgasemissionen soll innerhalb eines „Zeitraums" erreicht werden, der ausreicht, damit sich die Ökosysteme auf natürliche Weise den Klimaänderungen anpassen können, dass aber dennoch die Nahrungsmittelerzeugung nicht bedroht und die wirtschaftliche Entwicklung auf nachhaltige Weise fortgeführt werden kann. In der Konvention ist zudem kein verpflichtendes Reduktionsziel festgeschrieben, sondern das Abkommen beschreibt vielmehr das generelle Ziel, die Treibhausgasemissionen signifikant zu reduzieren.

Mit der Konvention sind die Vertragsstaaten eine Reihe von Verpflichtungen eingegangen. So haben sie sich einverstanden erklärt, jährlich nationale Mitteilungen vorzulegen, in denen sie:

- ihre Treibhausgasemissionen nach „Quellen" und „Senken" getrennt aufführen,
- Rechenschaft über die nationalen Programme zur Abschwächung des Klimawandels ablegen,
- Strategien zur Anpassung an den Klimawandel entwickeln und anwenden,
- ihre Bereitschaft erklären, den Technologietransfer sowie die nachhaltige Bewirtschaftung und Verbesserung von CO_2-Senken zu fördern.

In dem Abkommen wurde den 49 von den Vereinten Nationen als „am wenigsten entwickelt" eingestuften Ländern (Least Development Countries, LDC) ein spezieller Status zugebilligt. Sie sind am stärksten von dem Klimawandel betroffen. Die Industriestaaten wurden daher aufgefordert, auf die speziellen Bedürfnisse dieser Staatengruppe besondere Rücksicht zu nehmen. Dazu werden sie verpflichtet, wissenschaftlich und technisch mit den Entwicklungsländern zusammenzuarbeiten sowie Aus- und Fortbildungsmaßnahmen zur Bewusstseinsbildung und zum Informationsaustausch vorzunehmen. Bei diesen Anstrengungen werden die Entwicklungsländer durch den Finanzierungsmechanismus des Übereinkommens, die Globale Umweltfazilität (GEF), unterstützt. Darüber hinaus verpflichtet die Klimarahmenkonvention alle Vertragsstaaten, den Klimawandel in ihren sozio-ökonomischen und ökologischen Entwicklungsstrategien zu berücksichtigen, und zwar – völkerrechtlich einmalig – nach dem Prinzip der „gemeinsamen, aber unterschiedlichen Verantwortlichkeiten". Damit erkennen die Industrieländer ihre zentrale Verantwortung im Kampf gegen den Klimawandel an.

Eine logische Folge der Rio-UNCED-Beschlüsse war die Gründung der Kommission für Nachhaltige Entwicklung (Conference on Sustainable Development, CSD). Auf Antrag von UNCED wurde durch eine Resolution der Vereinten Nationen die Kommission für Nachhaltige Entwicklung (Commission on Sustainable Development; CSD) als „funktionale VN-Kommission" unter UN-ECOSOC mandatiert, um sicherzustellen, dass die auf der „UNCED"-Konferenz erarbeiteten Lösungsmodelle international umgesetzt werden. Auch wenn UNCED keine völkerrechtlich verbindlichen Entscheidungen fällen kann, so kann sie doch über UN-ECOSOC klimawirksame Vorschläge in das VN-System einbringen.

Die CSD-Kommission hat 53 Mitglieder, die für 3 Jahre gewählt und von denen jeweils ein Drittel jährlich in das Gremium neu aufgenommen werden – der Vorsitz der Kommission wechselt turnusmäßig. Die Satzung verpflichtet die Kommission, sich vor allem als Koordinierungsorgan zu verstehen, das sowohl Vertreter der Mitgliedstaaten als auch

aus der Wissenschaft zusammenführen soll. Jedes Themenfeld verfügt über ein eigenes Sekretariat. Die Kommission tagt jährlich in New York, mit einer alle zwei Jahre wechselnden Themenstellung. Zur praktischen Durchführung ihrer Aufgaben stützt sich die Kommission auf ein Netzwerk an vor- und nachbereitenden Treffen und Konferenzen, zu denen immer die wichtigsten zivilgesellschaftlichen Gruppen eingeladen werden. Das höchste Beschlussgremium der Kommission ist die Vertragsstaatenkonferenz der Unterzeichner der VN-Klimarahmenkonvention (Conference of the Parties, COP). Auf diesen Konferenzen wird jährlich vereinbart, wie die Konventionen am effektivsten umgesetzt werden können. Bis zum Jahr 2019 hatte die CSD 25 Konferenzen abgehalten (CSD-COP 25, Madrid). Die Konferenz 2020 (CSD-COP 26) war in Glasgow geplant, wurde aber infolge der Corona-Pandemie auf November 2021 vertagt. Nachdem CSD bis zur Konferenz in Johannesburg (CSD COP 10, 2002) für eine Dekade als reines Monitoring- und Reviewinstrument verstanden wurde, bekam es in Johannesburg noch die Aufgabe, die Anpassungsprozesse an den Klimawandel politisch lokal, national und international zu begleiten.

Die UNFCCC-Konvention wird administrativ von einem „Klimasekretariat" mit Sitz in Bonn unterstützt. Das Gremium tritt jährlich zusammen, um den Stand der Durchführung der Konvention zu überprüfen. Schon in Rio wurde diskutiert, wie Verstöße gegen die Konvention sanktioniert werden könnten. Man konnte sich damals vorstellen, dass ein Land, das zum Beispiel seine Emissionsdaten nicht veröffentlicht, mit einer Verschärfung seines nationalen Reduktionsziels bis zur nächsten Umsetzungsperiode „bestraft" wird. Und zwar indem es für jede Tonne zuviel ausgestoßener Treibhausgase in den folgenden Jahren etwas mehr als eine Tonne Treibhausgase weniger produzieren dürfe. Auch wenn eine solche Forderung in Rio nicht konsensfähig war, so hat die UNFCCC-Konvention doch einen erheblichen moralischen Druck auf die Staaten ausgeübt, den Vorgaben der Konvention wenigstens im Prinzip zu entsprechen.

Vor allem zwei Expertengremien unterstützen die Konvention:

- Das Gremium für Wissenschaftliche und Technische Fragen (Subsidiary Body for Scientific and Technological Advice, SBSTA). Das Gremium stellt das zentrale Bindeglied zwischen den Berichterstattungen aus den Vertragsstaaten, von den Wissenschafts- und Forschungseinrichtungen weltweit (z. B. IPCC) und der COP-Konferenz dar. Es stellt regelmäßig Informationen zu den Treibhausgasemissionen der Annex-I-Staaten (vgl. Abschn. 6.3.5) zusammen und bewertet ihre Auswirkungen auf die Entwicklungsländer, analysiert die Emissionen aus der Waldnutzung, der Landdegradation und erarbeitet daraus Empfehlungen zum Einsatz geeigneter Mitigationstechnologien sowie zur effektiven Steuerung dieser Aktivitäten.

- Das Gremium für Fragen der Umsetzung (Subsidiary Body for Implementation, SBI). Das SBI-Gremium berichtet dem Sekretariat regelmäßig über den Stand der Umsetzung der Konvention; ebenso über die Allokation der Finanzmittel. Zusammen mit dem SBSTA werden auch die im Rahmen der Konvention vereinbarten nationalen Förderprogramme auf den Sektoren *„capacity building"*, „Technologietransfer" und „Klimaadaption" verfolgt

6.3.5   Das Kyoto-Protokoll

Um die Bestrebungen der „Klimarahmenkonvention" zum Schutz des globalen Klimas zu konkretisieren, wurde auf der dritten Vertragsstaatenkonferenz 1997 in Kyoto (UNFCCC-COP 3) das sogenannte „Protokoll von Kyoto zum Rahmenübereinkommen der Vereinten Nationen über Klimaänderungen" (Kyoto Protocol to the United Nations Framework Convention on Climate Change; auch „Kyoto Protocol" genannt) verabschiedet (United Nations Treaty Collection; DOI, https://treaties.un.org/Pages/ViewDetails.aspx?src=IND&mtdsg_no=XXVII-7-a&chapter=27&clang=_en). Das „Kyoto Protokoll" wird häufig mit der „Klimarahmenkonvention" gleichgesetzt – tatsächlich stellt es ein eigenständiges Dokument dar, das völkerrechtlich den Charakter eines „Zusatzprotokolls zur Ausgestaltung der Klimarahmenkonvention der Vereinten Nationen" hat und das an die bestehenden Vereinbarungen der „Klimarahmenkonvention" gebunden ist. Das Protokoll wurde von 191 Staaten ratifiziert, darunter alle EU-Mitgliedstaaten sowie wichtige Schwellenländer wie Brasilien, China, Indien und Südafrika. Die USA sind dem Abkommen zwar beigetreten *(„signed"),* haben es aber nicht ratifiziert. Der Beitritt ermöglicht es ihnen, an den Beratungen teilzunehmen, ohne an die Beschlüsse gebunden zu sein. Erst mit der Ratifizierung wird die Konvention für den Unterzeichnerstaat völkerrechtlich verbindlich.

In dem Protokoll haben sich die Industrieländer erstmals auf rechtsverbindliche Begrenzungs- und Reduzierungsverpflichtungen für Treibhausgasemissionen (Kohlendioxid, Methan, Distickstoffoxid, halogenierte Fluorkohlenwasserstoffe (H-FKW), Fluorkohlenwasserstoffe (FKW) und Schwefelhexafluorid (SF_6)) geeinigt. Während in der „Klimarahmenkonvention" die Vertragsstaaten noch dazu „aufgerufen" wurden, ihre Treibhausgasemissionen zu stabilisieren, verpflichtet das Protokoll sie nun dazu, ihre gemeinsamen Emissionen um mindestens 5 % gegenüber dem Jahr 1990 zu reduzieren. Das Protokoll wirkt sich praktisch auf alle Lebensbereiche aus und gilt daher als das weitreichendste Abkommen in Sachen Umwelt und nachhaltige Entwicklung in der Geschichte. Das Protokoll verstand sich von Anfang an nicht als ein „endgültiges" Dokument, sondern eröffnete die Möglichkeit, das Protokoll im Rahmen zukünftiger Übereinkommen um zusätzliche klimawirksame Maßnahmen zu erweitern.

Obwohl schon 1997 verabschiedet, trat das Protokoll erst mit Datum vom 16. Februar 2005 offiziell in Kraft, zunächst mit einer Laufzeit von 2008 bis 2012. Das Abkommen wurde erst gültig, als mit Beitritt Russlands das Quorum der Ratifizierung durch Staaten übersprungen wurde, die für mindestens 55 % des weltweiten Kohlendioxid-Ausstoßes verantwortlich sind. Auf der „UNFCC-COP-11-Konferenz" in Montréal (2005) haben sich dann die Vertragsstaaten auf eine zweite Verpflichtungsperiode des „Kyoto-Protokolls" bis zum Jahr 2020 geeinigt – 189 Ländern stimmten zu. Die Einigung wurde auch von den USA unterzeichnet -sie bemängelten allerdings, dass die größten CO_2-Emittenten der Welt, Länder wie Indien und China, durch das Protokoll überhaupt nicht in die Pflicht genommen werden. Die USA forderten wiederholt, dass sich die „führenden" Schwellenländer zu „aussagekräftigen Verpflichtungen" *(„meaningful participation")* bekennen.

Entscheidend dafür, dass Kyoto am Ende dennoch erfolgreich wurde, war gerade der Vorstoß der USA, für den Zeitraum 2008–2012 lediglich eine Stabilisierung der Emissionen auf dem Niveau von 1990 vorzusehen. Darüber hinaus plädierten die USA für die Einrichtung von Umsetzungsmechanismen, die später als *„flexible mechanism"* des Emissionshandels bezeichnet wurden. Ferner wurde auf der 2. Vertragsstaatenkonferenz der Klimarahmenkonvention (UNFCCC-COP-2) im Juni 1996 in Genf die sogenannte Genfer Ministerielle Deklaration (Geneva Ministerial Declaration) verabschiedet, mit der man sich darauf verständigt hatte, den 1995 fertiggestellten Zweiten Sachstandsbericht des Intergovernmental Panel on Climate Change (IPCC-2AR) zur wissenschaftlichen Grundlage für die weitere Ausarbeitung einer rechtlich verbindlichen Regelung zur Reduktion von Treibhausgasen zu machen. Möglich wurde der Kompromiss, weil er auf die sozialverträgliche Umgestaltung traditioneller Produktionsverfahren hin zu einer klimaschonenden Wirtschaft weist. Dieser Paradigmenwechsel wird in einigen Ländern mit Sicherheit zu ökonomischen Einbußen führen, andere werden aber von der Neuorientierung profitieren.

In dem Kyoto-Protokoll wird zwischen zwei Staatengruppen unterschieden:

- Annex-1-Staaten
  Zu den Annex-1-Staaten gehören als Hauptproduzenten der Treibhausgase vor allem die OECD-Staaten außer Korea und Mexiko sowie alle osteuropäischen Länder außer Jugoslawien und Albanien. Die Staatengruppe an-

erkennt das Verursacherprinzip und hatte sich (schon) 1992 zur freiwilligen, nationalen Reduktion ihrer Treibhausgasemissionen verpflichtet sowie dazu, jährlich umfassend über den Stand der Umsetzung von Klimaschutzmaßnahmen zu berichten. Darüber hinaus haben sich die wirtschaftlich starken Industrieländer verpflichtet, finanzielle und fachlich-technische Unterstützung von Maßnahmen in den Entwicklungsländern zu leisten.

- Nicht-Annex-1-Staaten
  Zu den Nicht-Annex-1-Staaten zählen die Entwicklungsländer, worunter damals auch China und Indien fielen. Diese Länder wurden von einer Reduktion ihrer Emissionen freigestellt. In den mehr als 30 Jahren seit Verabschiedung des Klimarahmenabkommens hat sich aber die wirtschaftliche Leistungsfähigkeit insbesondere der Schwellenländer China, Brasilien und Indien entscheidend verbessert. So ist China heute, in absoluten Emissionsmengen gemessen, der weltweit größte CO_2-Emittent, gefolgt von den USA und Indien. Auch bezogen auf die Pro-Kopf-Emissionen hat China mittlerweile ein Niveau erreicht, das mit vielen Industrieländern vergleichbar ist. Die derzeitigen Diskussionen im Rahmen des UNFCCC gehen dahin, diese ökonomischen Realitäten für das geplante neue Klimaschutzabkommen umfassend zu berücksichtigten, sodass auch diese Staaten ihre Verpflichtungen zum Klimaschutz übernehmen.

Neben der völkerrechtlichen Rahmensetzung für die Reduzierung der Treibhausgasemissionen enthält das „Kyoto-Protokoll" auch drei wesentliche Instrumente zur Umsetzung der Verpflichtungen, die alle einem einfachen Grundprinzip untergeordnet sind. Die emissionsmindernden Maßnahmen sollen jeweils dort durchgeführt werden, wo sie am kostengünstigsten sind. Es sei für den globalen Klimaschutz „zweitrangig", in welchen Ländern Emissionen gemindert werden. Dieser Grundsatz eröffnet den Industriestaaten die Möglichkeit zu entscheiden, wo und in welchem Ausmaß sie ihre Reduktionsziele erreichen wollen. Dies können sowohl Maßnahmen im eigenen Land als auch Projekte im Ausland sein. Die so erreichten Emissionsminderungen können dann bis zu einem bestimmten Umfang auf die Reduktionspflicht der Industrieländer gutgeschrieben werden (UBA o. J.). Ein Streitpunkt auf mehreren Klimaverhandlungen war, wie viel Prozent der Emissionsreduktionen durch die Kyoto-Mechanismen, also im Ausland, erbracht werden dürfen. Nach dem „Kyoto-Protokoll" dürfen partnerschaftliche Emissionsminderungen nur „zusätzlich" zu nationalen Reduktionsmaßnahmen vorgenommen werden. Damit sollte erreicht werden, dass kein Land seinen Reduktionsverpflichtungen nur durch die Nutzung der Kyoto-Mechanismen nachkommt.

Emissionsminderungen können durch sogenannte „Flexible Mechanismen" (*„flexible mechanism"*) vorgenommen werden; zu denen gehören:

- der „Emissionshandel" („International Emissions Trading"; nach Artikel 17),
- der „Clean Development Mechanism" („CDM"; nach Artikel 12) und
- das „Joint Implementation" („JI"; nach Artikel 6).

Emissionshandel

Das bekannteste der drei Instrumente ist der internationale Handel mit Emissionszertifikaten, auch Handel mit CO_2-Emissionsrechten oder Handel mit Verschmutzungsrechten (*„emission trading"*) genannt. Es hat zum Ziel, den Ausstoß klimaschädlicher Gase zu möglichst geringen volkswirtschaftlichen Gesamtkosten zu reduzieren (UBA o. J.). Dazu wird jedem Staat eine bestimmte Menge an Emissionsrechten zugeteilt, entsprechend der Menge seines im Kyoto-Protokoll festgesetzten Emissionsreduktionsziels. In bestimmten Zeitabständen soll dieses Ziel dann immer weiter reduziert werden. Emittiert ein Unternehmen/Land weniger als es darf, kann es seine nicht benötigten Emissionsrechte in Form von sogenannten Emissionszertifikaten (*Assigned Amount Units;* AAUs) an einen anderen „Annex-1-Staat" oder ein Unternehmen verkaufen, der/das mehr Emissionen verursacht als zugeteilt. Ein Land, das es nicht schafft, seine Emissionen gemäß seinen Kyoto-Zielen zu reduzieren, kann sich andererseits solche Emissionsrechte kaufen und als eigene Emissionsreduktion gutschreiben. Die Lizenzen werden international meistbietend verkauft; den Preis der Zertifikate bestimmt also der Markt. Da die Menge der Zertifikate zunehmend verknappt wird und diese deshalb teurer werden, müssen Unternehmen für hohe Treibhausgasemissionen im Lauf der Zeit mehr und mehr bezahlen. Seit seiner Einführung hat der Handel mit Emissionsrechten sich als die „schärfste Waffe gegen die globale Erwärmung" (Spiegel Online, 08.08.2005) erwiesen, und das vor allem, weil er nicht, wie im Ordnungsrecht, strenge Grenzwerte verordnet, sondern den Klimawandel mit marktwirtschaftlichen Instrumenten bekämpft. Der Emissionshandel hat sich nicht nur als ein ökonomisch effizientes, sondern gleichzeitig auch als ökologisch wirksames Instrument zur Steuerung der Gesamtemissionen erwiesen. Laut EU-Diplomaten werden im Rahmen des Kyoto-Protokolls jedes Jahr durchschnittlich 1,5 Mrd. Emissionsreduktionseinheiten gehandelt. Auf die Gesamtlaufzeit des Protokolls (2008–2012) umgerechnet beläuft sich die Gesamtzahl auf bis zu 7,7 Mrd. Einheiten. Einem weltweiten Handel mit Emissionszertifikaten wurde damals ein Marktpotenzial von bis zu einer Billion US-Dollar zugerechnet.

In der Folge haben sich in vielen Industrieländern Emissionshandelssysteme etabliert, z. T. sogar in einzelnen Bundesstaaten der USA. Auch in den Schwellenländern gibt es inzwischen Ansätze für Emissionshandelssysteme, so beispielsweise in Südkorea, China, Brasilien, Kasachstan und Mexiko. Die Umsetzung des Emissionshandels findet auf verschiedenen Ebenen statt. In der EU wurden eigens dafür sogenannte Strombörsen (European Energy Exchange, EEX) in London und Leipzig eingerichtet. Des Weiteren haben Emittenten, deren Emissionen unterhalb des festgelegten Kontingents liegen, neben dem Verkauf der überschüssigen Emissionsberechtigungen auch die Möglichkeit, diese als Guthaben für die nächste Verpflichtungsperiode aufzubewahren. Ferner wurde in Europa umfangreich von der im Kyoto-Protokoll vereinbarten sogenannten „Glockenlösung" (nach Art. 4.1) Gebrauch gemacht. Dazu haben sich die EU-Mitgliedsländer zu einer EU-weiten Zusammenarbeit verständigt, um so gemeinsam das für die EU insgesamt vereinbarte Emissionsziel zu erreichen.

Zusammen mit dem Emissionshandel wurde ein Förderinstrument, „Non-Compliance Mechanism" genannt, eingerichtet. Er bietet Ländern technische und finanzielle Unterstützung für den Fall an, dass diese – aus welchen Gründen auch immer – nicht in der Lage waren, ihr Reduktionsziel zu erreichen. Auf der anderen Seite wurden – um Missbrauch dieses Instruments zu verhindern – solchen Ländern, die ihr Reduktionsziel verfehlt haben, obwohl sie dazu in der Lage gewesen wären, Sanktionen in Form zusätzlicher Reduktionsvorgaben angedroht.

Das „Emissionshandelssystem" ist mit den beiden anderen projektbezogenen „flexiblen" Mechanismen – mit dem „Clean Development Mechanism" („CDM") und dem „Joint Implementation" („JI") eng verknüpft.

Clean Development Mechanism („CDM")

Beim „CDM-Mechanismus" handelt es sich um Vorhaben, bei denen ein Industrieland mit einem Entwicklungsland zusammenarbeitet und bei der durch Partnerschaften von Unternehmen Emissionsminderungen in einem Entwicklungsland erzielt werden. Ein Industrieland finanziert dabei ein Vorhaben direkt oder unterstützt dieses Land bzw. dessen Unternehmenspartner durch den Transfer von Technologie. Die dadurch erzielten Emissionseinsparungen werden zertifiziert und können anschließend als Certified Emission Reductions (CER) von Industriestaaten zu deren Zielerreichung genutzt werden. Industriestaaten erhalten Zugang zu Zertifikaten, indem sie sich entweder direkt an einem CDM-Projekt beteiligen oder indem sie Zertifikate ankaufen. Ziel des CDM ist nicht nur, die Emissionsreduktionen kostengünstiger zu erzielen, sondern auch, Entwicklungsländer durch Technologietransfer dabei zu unterstützen sich nachhaltig zu entwickeln.

Die Kooperationsstaaten (Industrieland und Entwicklungsland) müssen zuvor als Treibhausgasproduzenten registriert sein und daher jeder ein eigenes Reduktionsziel zugewiesen bekommen haben. Ferner müssen die Maßnahmen im Zeitraum der Gültigkeit des Kyoto-Protokolls bis 2012 durchgeführt worden sein. Die im Vergleich zum Jahr 1990 erzielten Einsparungen („Emissions Reduction Units", ERU) werden dann dem das Vorhaben finanzierenden Industrieland auf sein Reduktionsziel angerechnet, während dem Entwicklungsland die ihm zugeteilten Emissionsrechte (*„Assigned Amount Units"*; AAU) in gleicher Höhe reduziert werden. Damit wird angestrebt, dass Emissionsreduktionen dort zuerst durchgeführt werden, wo sie am wirtschaftlichsten sind. Da das System in seiner Handhabung sehr komplex ist, haben sich nach Expertenmeinung die gewünschten Erfolge bislang allerdings noch nicht eingestellt. Dennoch sind sich die Experten einig, dass es trotz der Einschränkungen schon zu deutlichen Emissionsminderungen gekommen ist. CO_2-mindernde Infrastruktur wurden entwickelt und auf Nachhaltigkeit ausgerichtete Projekte wurden durchgeführt.

Die genauen Bedingungen des „CDM-Mechanismus" legte das Übereinkommen von Marrakesch (UNFCCC-COP 22) fest. Danach müssen alle CDM-Projekte vorab von einem Gremium geprüft und zugelassen werden, bevor sie anrechenbar sind. Um Missbrauch bei der Anrechenbarkeit solcher Maßnahme auszuschließen, wird der CDM-Mechanismus einem umfassenden und transparenten Verifizierungsprozess unterworfen. CDM-Projekte müssen dafür zuvor beim VN-Klimasekretariat in Bonn genehmigt werden. Das Monitoring der Projektdurchführung vor Ort unterliegt sogenannten Designated National Authorities (DNA), die in dem jeweiligen Durchführungsland zur Überprüfung durch das Klimasekretariat akkreditiert werden. Eine derartige Akkreditierung ist Voraussetzung für eine CDM-Antragstellung. In Deutschland ist das Umweltbundesamt die nationale DNA-Organisation. Um zertifiziert zu werden, muss das Projekt messbare und langfristige Emissionsreduktionen erbringen und vor allem muss es Reduktionen beinhalten, die über anderweitig erreichte Einsparungen hinausgehen. Außerdem legten die Vertragsstaaten in Marrakesch fest, welche Arten von Projekten nicht anrechenbar sind: keine Atomkraftwerke. Sogenannte „Senken-Projekte", wie zum Beispiel Aufforstungsmaßnahmen, dürfen nur in begrenztem Maße angerechnet werden. Der CDM ist die Haupteinnahmequelle für den „UNFCCC-Anpassungsfonds", der eingerichtet wurde, um Anpassungsprojekte und -programme in Entwicklungsländern zu finanzieren. Der Anpassungsfonds wird durch eine Abgabe von 2 % auf CERs finanziert.

Durch einen sogenannten „programmatischen Ansatz" wird versucht, den CDM-Mechanismus zu erweitern. Danach können seit 2007 „Programmes of Activities" (PoAs) registriert werden. PoAs ermöglichen es, eine Vielzahl von Einzelmaßnahmen unter einem übergeordneten Programm zusammenzufassen. Einzelmaßnahmen können beispielsweise der Energiewechsel im ländlichen Raum, die Förderung von Solaranlagen für Privathaushalte oder Maßnahmen zur Gebäudemodernisierung sein. Aufgrund der geringen Einzelgröße jeder Maßnahme macht es wegen der hohen Transaktionskosten für die Projektvorbereitung, Validierung und Registrierung wenig Sinn, diese in ein klassisches CDM-Projekt einzubeziehen. PoAs setzen daher Anreize, das beachtliche CO_2-Minderungspotenzial von Einzelmaßnahmen noch besser zu nutzen. Damit leisten sie in der Regel einen substanziellen und breitenwirksamen Beitrag zu einer nachhaltigen Entwicklung der Partnerländer, der so durch Einzelprojekte nicht erreicht werden kann.

Joint Implementation („JI")
Unter Joint Implementation (JI) fallen Projekte, die partnerschaftlich zwischen zwei Industrieländern durchgeführt werden, die sich beide unter dem Kyoto-Protokoll auf ein Emissionsreduktionsziel verpflichtet haben. Auch hierbei handelt es sich um projektbezogene Vorhaben. Unter dem „JI" ist es einem Industrieland (A) erlaubt, emissionsmindernde Vorhaben in einem anderen Industrieland (B) zu finanzieren und/oder solche Vorhaben technologisch durch eigene Aktivitäten zu unterstützen. Dabei geht es vor allem um den „zusätzlichen Nutzen", mit dem eine Gesamtreduktion des CO_2-Ausstoßes angeschoben werden soll. Das kann nach dem Protokoll jede Form von Emissionsminderung oder CO_2-Vermeidung sein, wie z. B. der Ersatz eines Kohlekraftwerks durch eines, das auf erneuerbaren Energien beruht. Das kann auch bedeuten, dass die Energieeffizienz einer bereits existierenden Betriebsanlage, z. B. eines Kohle- oder Erdöl-/Erdgas-Kraftwerks, verbessert wird. Die gesparten Emissionseinheiten werden dann dem Land (A) in Form von sogenannten Zertifizierten Emissionsrechten (Certified Emission Reductions, CER) auf seine Kyoto-Minderungsverpflichtung angerechnet. Dabei muss gewährleistet sein, dass diese Vorhaben nicht auch ohnehin von dem Land (B) durchgeführt worden wären oder die angestrebte Emissionsminderung nicht durch andere Maßnahmen hätte erreicht werden können. Das Land (B) dagegen darf sich die Minderungen nicht anrechnen lassen, sondern muss die eigenen Emissionsrechte um den Umfang der exportierten Zertifikate verringern. Joint Implementation-Projekte können einen Beitrag dazu leisten, dass Emissionsreduktionen zuerst dort durchgeführt werden, wo sie am günstigsten sind.

6.3.6 Ausschuss für Klimaänderungen (IPCC)

Der Zwischenstaatliche Ausschuss für Klimaänderungen (Intergovernmental Panel on Climate Change; IPCC), im Deut-

schen oft als „Weltklimarat" bezeichnet, ist eine Institution der Vereinten Nationen. 195 Regierungen sind Mitglieder des IPCC, darüber hinaus sind mehr als 120 Organisationen als Beobachter registriert. Der Sitz des IPCC-Sekretariats befindet sich in Genf (IPCC 2000). Er ist sowohl ein wissenschaftliches Gremium als auch ein Ausschuss mit Beratungsfunktion. Er wurde im November 1988 von UNEP und WMO ins Leben gerufen, um für politische Entscheidungsträger den Stand der wissenschaftlichen Forschung zum Klimawandel zusammenzufassen. In seinem Auftrag tragen Wissenschaftlerinnen und Wissenschaftler weltweit den aktuellen Stand der Klimaforschung zusammen und bewerten anhand anerkannter Veröffentlichungen den jeweils neuesten Kenntnisstand zum Klimawandel. Der IPCC wurde 2007 mit dem Friedensnobelpreis ausgezeichnet. Die Aussagen haben international ein großes Gewicht und sind eine wichtige Basis bei den jährlichen Verhandlungen zur Klimarahmenkonvention (UNFCCC; vgl. Kap. 7).

Der IPCC selber betreibt keine Forschung, sondern trägt die Ergebnisse der aktuellen naturwissenschaftlichen, technischen und sozioökonomischen Literatur zusammen. Er stellt die naturwissenschaftlichen Grundlagen, die Folgen sowie Risiken des Klimawandels dar und zeigt darauf aufbauend Wege auf, wie die Menschheit den Klimawandel mindern und sich die Natur an die globale Erwärmung anpassen kann. Die Erkenntnisse werden in sogenannten Sachstandsberichten des IPCC veröffentlicht. Sie gelten in Wissenschaft und Politik als glaubwürdigste und fundierteste Darstellung bezüglich des Forschungsstands über das Klima. Aufgrund seines einerseits wissenschaftlichen und andererseits zwischenstaatlichen Charakters bietet das IPCC eine einzigartige Gelegenheit, Entscheidungsträgern belastbare und ausgewogene wissenschaftliche Informationen zur Verfügung zu stellen. Das IPCC hat sich ein Bündel an Regeln gegeben, um sicherzustellen, dass seine Aussagen verlässlich, ausgewogen und umfassend sind. So müssen z. B. alle Mitgliedsländer des IPCC der jeweiligen Berichtsfassung zustimmen, bevor diese veröffentlicht wird. Mit Zustimmung der Regierungen zu den IPCC-Berichten erkennen diese die Aussagen an – auch wenn die Folgerungen für sie nicht bindend sind.

Die Mitgliedstaaten des IPCC kommen etwa einmal jährlich zusammen. Daran nehmen Hunderte Fachleute und Vertreter der Regierungen und anerkannter Beobachterorganisationen teil. Das Plenum entscheidet über Managementangelegenheiten, Verfahrensregeln für die Berichterstellung und das Arbeitsprogramm. Außerdem wählt es die Vorsitzenden des IPCC und seiner Arbeits- und Projektgruppen sowie die übrigen Vorstandsmitglieder. Fertige Berichte werden dort verabschiedet und Themen für künftige beschlossen.

Der IPCC gibt regelmäßig Sachstandsberichte über den aktuellen Wissensstand bezüglich Klimaänderungen heraus („Assessment Reports"; vgl. Ranke 2019). Sie bestehen in der Regel aus drei Bänden, für die jeweils eine Arbeitsgruppe zuständig ist:

- Arbeitsgruppe I (Working Group I) behandelt die naturwissenschaftlichen Grundlagen des Klimawandels.
- Arbeitsgruppe II (Working Group II) beschäftigt sich mit der Verwundbarkeit von sozioökonomischen und natürlichen Systemen gegenüber dem Klimawandel und dessen Auswirkungen. Zudem beschreibt sie Wege, wie sich die Menschheit an die globale Erwärmung anpassen kann.
- Arbeitsgruppe III (Workings Group III) zeigt politische und technologische Maßnahmen zur Minderung des Klimawandels auf.

Die Sachstandsberichte umfassen mehrere tausend Seiten – jeder der drei Bände hat zudem eine fachliche Zusammenfassung (Technical Summary). In einem „Synthesebericht", werden zudem die Inhalte der drei Bände in einem Bericht zusammengefasst (Zusammenfassung für politische Entscheidungsträger; Summary for Policymakers; SPM) und die Aussagen noch ein weiteres Mal auf ihre Kerninhalte reduziert. Der Umfang der „Summary for Policymakers" hat in der Regel um 30 Seiten und ist in einem weniger technisch-wissenschaftlichen Stil verfasst.

Großes Aufsehen erregt der 5. Sachstandsbericht (2013/14) mit seinen sogenannten „repräsentativen Konzentrationspfaden" („*representative concentration pathways*" – RCPs), die die früheren SRES-Klimaszenarien ersetzt.

Zudem hat der IPCC bis heute mehr als zehn Sonderberichte herausgegeben zu den Themen: Flugverkehr, regionale Auswirkungen von Klimaänderungen, Technologietransfer, Emissionsszenarien, Landnutzung, Landnutzungsänderung und Forstwirtschaft, Kohlendioxidabtrennung und -speicherung sowie über die Beziehung zwischen dem Schutz der Ozonschicht und dem globalen Klimasystem.

Darüber hinaus geben die IPCC-Methodikberichte praktische Richtlinien für die Erstellung von Treibhausgasinventaren. Zuletzt wurden die „2006 IPCC-Richtlinien für nationale Treibhausgasinventare" sowie im Jahr 2013 Ergänzungen in Bezug auf Feuchtgebiete und auf die Berichterstattung im Rahmen des „Kyoto-Protokolls" veröffentlicht.

6.4   Entwicklungsbanken

6.4.1   Die Weltbank-Gruppe

Die Weltbank wurde im Juli 1944 auf der Währungs- und Finanzkonferenz der Gründungsmitglieder der Vereinten Nationen in Bretton Woods (USA) zusammen mit dem Internationalen Währungsfonds (International Monetary Fund; IMF) gegründet (DOI, https://www.worldbank.org/en/who-we-are). Die Gründung der Weltbank (World Bank) wurde stark von den Nachwirkungen der Weltwirtschaftskrise 1929 und dem Zweiten Weltkrieg beeinflusst. Sie wurde vor allem zum Zweck des Wiederaufbaus nach dem Zweiten Weltkrieg gegründet, was sich auch in der offiziellen Bezeichnung Internationale Bank für Wiederaufbau und Entwicklung (International Bank for Reconstruction and Development, IBRD) widerspiegelt; heute eine der fünf Weltbanktöchter. Von Beginn an übte die Weltbank einen erheblichen Einfluss auf die weltweiten Wirtschaftsbeziehungen aus. Die Weltbank ist keine „Bank" im eigentlichen Sinn, sondern eine Sonderorganisation der Vereinten Nationen, dennoch operiert sie finanztechnisch wie eine Bank. Das gilt auch für den Internationalen Währungsfonds (IWF).

Inzwischen umfasst die Weltbank eine Gruppe aus fünf Organisationen:

- Internationale Bank für Wiederaufbau und Entwicklung (International Bank for Reconstruction and Development, IBRD)
- Internationale Entwicklungsorganisation (International Development Agency, IDA)
- Internationale Finanz-Corporation (International Finance-Corporation, IFC)
- Multilaterale Investitions-Garantie-Agentur (Multilateral Investment Guarantee Agency, MIGA)
- Internationales Zentrum für die Beilegung von Investitionsstreitigkeiten (International Centre for Settlement of Investment Disputes, ICSID).

Die Weltbank im engeren Sinn umfasst nur die Internationale Bank für Wiederaufbau und Entwicklung (International Bank für Reconstruction and Development, IBRD) und die Internationale Entwicklungsorganisation (International Development Agency, IDA). Sie stellen das oberste Organ der Weltbankgruppe dar. Die Weltbank hat 189 Mitglieder, deren oberstes Entscheidungsgremium ist der sogenannte „Gouverneursrat", für den jeder Mitgliedstaat einen Gouverneur und einen Stellvertreter ernennt. Im Regelfall handelt es sich um den Wirtschafts- oder Finanzminister eines jeden Mitgliedstaates. Darunter ist das „Exekutivdirektorium" angesiedelt; es besteht aus 24 Mitgliedern. Die größten Anteilseigner der Weltbank (USA, Japan, China, Deutschland, Großbritannien, Frankreich) sind durch jeweils eigene Exekutivdirektoren vertreten. Weitere Exekutivdirektoren werden in Stimmrechtsgruppen gewählt. Die Exekutivdirektoren nehmen im Auftrag der Gouverneure das Tagesgeschäft wahr. Sie vertreten jeweils mehrere Mitgliedstaaten (Stimmrechtsgruppen). Eine Ausnahme hiervon bildet Saudi-Arabien, welches durch einen eigenen Exekutivdirektor repräsentiert wird. Der Hauptsitz der Weltbankgruppe ist Washington, D.C. Sie unterhält aber auch Büros in mehr als 120 Ländern; sie beschäftigt mehr als 20.000 Mitarbeiter, von denen etwa ein Drittel in den Kooperationsländern arbeitet.

Während die Weltbank in ihren Anfangsjahren vor allem den Wiederaufbau Europas nach dem Zweiten Weltkrieg unterstützte, haben sich die Aufgaben bis heute weitgehend gewandelt. Im Mittelpunkt steht nun die Unterstützung der Entwicklungs- und Schwellenländer, um in diesen Staaten die wirtschaftliche und soziale Entwicklung der Gesellschaft auszubauen: Armut soll vermindert und Ungleichheiten bei der Besitzverteilung bekämpft werden. Die Weltbank ist heute der wichtigste Geldgeber für Projekte in der Entwicklungszusammenarbeit. Doch die Gewährung von Krediten ist an bestimmte Auflagen gebunden, die die Empfängerländer zu erfüllen haben. Auch auf politischer Ebene werden strategische Ziele verfolgt: Stabile Regierungen und Behörden sollen Wachstum und Gleichberechtigung fördern. Soziale Sicherheit – beispielsweise durch Sozial- und Versicherungssysteme oder ein verbessertes Gesundheitssystem – gehört ebenfalls zu den Zielen. Um diese zu erreichen, verfügt die Gruppe über verschiedene Finanz- und andere Unterstützungsinstrumente, die den konkreten Anforderungen der Empfängerländer angepasst werden können. Diese Instrumente unterscheiden sich innerhalb der Weltbankgruppe und ihren fünf „Weltbanktöchtern".

Internationale Bank für Wiederaufbau und Entwicklung (IBRD)

Die Internationale Bank für Wiederaufbau und Entwicklung vergibt in der Regel Kredite *(„loans")* mit Laufzeiten von 20–30 Jahren zu marktnahen Konditionen – vor allem an Länder mit mittlerem Einkommen. Vielen der ärmsten Länder werden nichtrückzahlbare Zuschüsse *(„grants")* gewährt. Um die Kredite finanzieren zu können, nimmt die Bank Kredite an den internationalen Finanzmärkten auf. Die Weltbankgruppe ist in jedem Entwicklungsland vertreten und engagiert sich in nahezu jedem Aufgabenbereich – von der Vergabe von Mikrokrediten an kleinere Empfängergruppen (vgl. Abschn. 5.3.3.4), bis hin zu sektoralen Unterstützungen, wie z. B. für den Ausbau des Gesundheitswesens in Mexiko oder den Wiederaufbau nach einem Erdbeben oder anderen Naturkatastrophen (Nargis, Myanmar). Makroökonomisch ist die Weltbank zum Beispiel an der multilateralen Entschuldungsinitiative *(„multilateral debt relief initiative"*, MDRI) der ärmsten Entwicklungsländer *(„higly indepted poor countries"*, HIPC) beteiligt. Dies ist eine Initiative der G8-Staaten, um diesen Ländern einen vollständigen Erlass der verbleibenden Schulden beim Internationalen Währungsfonds (IWF), bei der Internationalen Entwicklungsorganisation (IDA)

und dem Afrikanischen Entwicklungsfonds (AfDF) zu gewähren. Die ausbleibenden Rückflüsse bei den genannten Finanzinstitutionen werden durch Bereitstellung zusätzlicher finanzieller Mittel von der Gebergemeinschaft kompensiert.

Seit 1960 hat die Weltbank fast 400 Mrd. US$ für Entwicklungsprojekte in 113 Ländern der Erde bereitgestellt; im Jahr 2019 waren dies 62 Mrd. US$ für über 1800 Projekte. Davon entfielen 20 % auf die Sektoren Land-/Forstwirtschaft und Fischerei. Zudem gab es Investitionen zur Viehzucht und Wiederaufforstung. Allein im Bereich Bildung war die Weltbank in über 300 Projekten aktiv: Ziel war hier vor allem, die Analphabetenrate zu reduzieren und mehr Menschen den Zugang zu Bildung zu ermöglichen. Ein Sektor mit 500 Projekten befasst sich mit Energiegewinnung – rund 20 % der Finanzierungen beschäftigen sich mit Wasserver- und -entsorgung, der Einrichtung sanitärer Anlagen und dem Schutz vor Naturkatastrophen.

Internationale Entwicklungsorganisation (IDA)

Die Erfolge der IBRD führten dazu, im Jahr 1960 ein vergleichbares Finanzierungsinstrument für die ärmeren Länder der Welt einzurichten. Damit werden Kredite an solche Länder vergeben, die sich nicht auf den internationalen Kapitalmärkten finanzieren können. Die IDA versteht sich als komplementärer Arm der IBRD; mit Fokus auf eine Finanzierung grundlegender sozialer Entwicklungsprogramme. Sie nutzt dazu das gleiche Hautquartier in Washington D.C., die gleichen Mitarbeiter und die gleichen Analysetools für die Kreditvergabe.

Sie stellt häufig die einzige Finanzierungsquelle für „ärmere" Entwicklungsländer (Haiti, Sudan, Sierra Leone, Nepal u. v. a.) dar. Solchen Ländern kann IDA Finanzierungen zu Vorzugsbedingungen gewähren, weil das Kreditrisiko durch die internationale Staatengemeinschaft abgesichert wird. Die Kredite werden in erster Linie in Form von nichtrückzahlbaren Zuschüssen *(„grants")* gewährt oder beruhen auf (sehr) niedrigen Zinssätzen. Häufig sind beide mit *„grace period"* gekoppelt. Hierbei verzichtet die IDA auf Fälligstellung der Kredite und auf „Strafzinsen" bei Überschreiten der Zahlungsfristen. Diese als *„concessional terms"* bezeichneten Kreditkonditionen sehen Zinsen von Null bis wenigen Prozent, Rückzahlfristen von 30–38 Jahren und den Beginn der Rückzahlungen erst nach 5–10 Jahren vor. Im Laufe der Jahre sind immer häufiger Fälle eingetreten, in denen Staaten ihre Zahlungsverpflichtungen nicht bzw. nicht mehr nachkommen konnten. Diesen Staaten werden dann im Rahmen der HIPC-Initiative *(„high indebted poor country")* und „Multilateral Debt Relief" Schuldenerlasse gewährt.

1960 betrug das Finanzvolumen fast 1 Mrd. US$. 15 Signatarstaaten hatte damals die Gründungsurkunde unterzeichnet – unter ihnen die USA, Deutschland und Großbritannien. Damals wurden 100 Mio. US$ an 51 Länder ausgegeben (z. B. Chile, Sudan, Indien). Seitdem ist die Mitgliederzahl bei der IDA auf 173 Länder gestiegen, von denen allein 74 Länder den Status für Vorzugsfinanzierungen haben. In den letzten Jahren hat die IDA Kredite und Zuschüsse in Höhe von jährlich mehr als 20 Mrd. US$ vergeben – seit Beginn waren dies fast 400 Mrd. US$.

6.4.2 Die Globale Fazilität für Katastrophenvorsorge und -wiederherstellung (Weltbank-GFDRR)

Die 2006 gegründete Globale Fazilität für Katastrophenvorsorge und -wiederherstellung (Global Facility for Disaster Reduction and Recovery, GFDRR; DOI, https://www.gfdrr.org/en/thematic-areas) ist ein von der Weltbank verwalteter Zuschussfinanzierungsmechanismus, der Projekte zum Katastrophen-Risikomanagement in Entwicklungsländern unterstützt. Es ist eine Partnerschaft von 37 Ländern und 11 internationalen Organisationen, die sich für die wissenschaftliche, technische und finanzielle Unterstützung zur Verringerung der Anfälligkeit für Naturgefahren und der Anpassung an den Klimawandel einsetzen (GFDRR 2018), zur Umsetzung des Hyogo Framework for Action (HFA), des Sendai Framework oder der Beschlüsse der „Klimarahmenkonvention" von Paris (2015).

Die Arbeit der GFDRR gliedert sich in drei Hauptgeschäftsbereiche:

- finanzielle Unterstützung des UNISDR-Sekretariats
- Integration der Katastrophenvorsorge und der Anpassung an den Klimawandel in die länderspezifischen Entwicklungsstrategien
- finanzielle und technische Unterstützung in Risikominderungs- und Risikotransferstrategien sowie Katastrophen-Risikomanagementpläne für Regierungen von Ländern mit niedrigem und mittlerem Einkommen mit der Standby-Finanzierungsfazilität (SRFF)

Die GFDRR vergibt Zuschüsse („grants") vorrangig für Maßnahmen auf den Sektoren:

- Risikoidentifikation: Unterstützung von Partnerregierungen und lokalen Experten bei der Entwicklung nationaler, subnationaler oder sektorspezifischer Risikobewertungen, einschließlich der Gefährdung und Verwundbarkeit. Die Risikoidentifikation ist die Grundlage, um gefährdete Länder zu sensibilisieren und die Arbeit zur Risikominderung, -vorsorge und -finanzierung zu steuern.

- Risikominderung: Finanzielle und technische Unterstützung risikogefährdeter Länder bei der Festlegung von Risikominderungsstrategien sowie zu deren Umsetzung.
- Bereitschaft/Vorsorge: Verbesserung der nationalen und institutionellen Kapazitäten zur Vorbereitung und Reaktion auf Katastrophen. Hierfür arbeitet die Fazilität beispielsweise mit der „Weltorganisation für Meteorologie" (WMO) zusammen, um Frühwarnsysteme zu institutionalisieren. Dies umfasst auch Unterstützungen bei der Erstellung von Plänen sowie die Gestellung von technischen, finanziellen und personellen Ressourcen für eine schnelle Krisenreaktion auf lokaler oder nationaler Ebene.
- Finanzierungszuschüsse: Für Regierungen, Unternehmen und Einzelpersonen zur Bewältigung der finanziellen und wirtschaftlichen Folgen von Katastrophen. Dadurch werden nicht nur die Budgets der Regierung subventioniert, sondern es wird auch die Möglichkeit geboten, den Privatsektor zu stärken.

Derzeit werden Initiativen in 20 Ländern über einen Treuhandfonds (Zuwendungen von mehreren Gebern) finanziert und 11 Länder von einzelnen Gebern direkt unterstützt. Überall in den Katastrophenschutzprogrammen setzt sich GFDRR dafür ein, dass alle Projekte auf Geschlechtsneutralität ausgerichtet sind, was Gefahren- und Risikoanalyse, Präventions- und Minderungsmaßnahmen, Überwachung und Bewertung der erzielten Ergebnisse betrifft. Die GFDRR versteht sich nicht als ein zu den nationalen Administrationsstrukturen zusätzliches Instrument, sondern möchte mit ihren Finanzierungsbeiträgen und Empfehlungen komplementär zu nachhaltigen Entwicklungen beitragen. Da der kausale Zusammenhang von fehlender/falscher Entwicklung, Armut und Vulnerabilität unbestritten ist, nimmt sie umfangreiche Analysen und Bewertungen bestehender Umweltprobleme vor und leitet daraus Lösungsstrategien und umsetzungsorientierte Konzepte ab.

Dies trifft ebenso auf das Naturkatastrophen-Risikomanagement zu. GFDRR stellt dazu fest, dass die Verletzlichkeit durch Naturkatastrophen (Hochwasser, Dürren, Sturm, Erdbeben usw.) jedes Jahr fast 30 Mio. Menschen in die Armut treibt. Bei den Auswirkungen des Klimawandels wird sogar mit 100 Mio. Menschen gerechnet – ganz abgesehen von den sich daraus ergebenden sekundären Armutsimpacts. Gute Katastrophenvorsorge ist danach ein Schlüssel zur Armutsminderung. Die GFDRR schätzt diesen Anteil auf bis zu 80 %. Die Fazilität geht davon aus, dass auch wenn sich ihr Instrumentarium im Wesentlichen der gleichen Instrumente wie zur Armutsminderung bedient, sie dennoch einen substanziellen Beitrag leisten kann.

Die GFDRR ist für die ordnungsgemäße Abwicklung der ihr anvertrauten Mittel gemäß der von ihren Gebern und Partnern festgelegten Prioritäten verantwortlich. Unter

der Leitung einer hochrangig besetzten Gruppe der Geber-
länder/-organisationen, der Vereinten Nationen und der
Weltbank sowie der Regierung Schwedens organisiert das
GFDRR-Sekretariat die globalen Operationen und legt für
jedes Land die Förderkriterien fest sowie die Ressourcen,
die bei der Umsetzung helfen sollen. Darunter sektorspezifische Indikatoren zur Erfolgsbewertung durchgeführter
Programme.

Das Sekretariat am Hauptsitz der Weltbank in Washington D.C. fungiert als Drehscheibe für ein dezentrales Netzwerk von Experten für Katastrophenvorsorge in den Ländern. Diese Experten spielen eine führende Rolle bei der lokalen Verwaltung der GFDRR-Programme. GFDRR sieht
sich als Fördermittelgeberin, aber nicht als „Umsetzer". Die
Zuschüsse sind von 6 Mio. US$ im Jahr 2007 auf 75 Mio.
US$ im Jahr 2012 gestiegen. Darüber hinaus verwaltet die
GFDRR auch sogenannte Sonderziehungsrechte, die sich
auf bestimmte Regionen oder Themen konzentrieren, darunter eine von der Europäischen Union finanzierte Fünf-
jahresinitiative für eine Gruppe afrikanischer Staaten, im
karibischen Raum und im Pazifischen Ozean mit 54 Mio. €.

6.4.3 Regionale Entwicklungsbanken

Neben der Weltbank gibt es noch eine Reihe an „regionalen Entwicklungsbanken", die vergleichbare Finanzierungsinstrumente für Asien, Afrika, Lateinamerika, die Karibik
und für Europa darstellen. Anders als bei der Weltbank liegt
bei ihnen die Mehrheit der Kapitalanteile bei den jeweiligen
Mitgliedsländern. Die Entwicklungsbanken gewährleisten
durch ihren regionalen Charakter eine hohe Identifikation
(„ownership") mit ihren Kontinenten. Oberstes Ziel ist
die Bekämpfung der Armut durch Förderung einer nachhaltigen wirtschaftlichen und sozialen Entwicklung, durch
Investitionen in die Infrastruktur und durch die Förderung
des Privatsektors. Neben verschiedenen Finanzierungs-
instrumenten gewähren sie bei der Umsetzung dieser Auf-
gabenstellung auch technische Assistenz. Zu den wichtigsten regionalen Entwicklungsbanken gehören:

- Afrikanische Entwicklungsbank (AfDB-Gruppe)
- Asiatische Entwicklungsbank (ADB)
- Europäische Bank für Wiederaufbau und Entwicklung
  (EBWE)
- Interamerikanische Entwicklungsbank (IDB)

Afrikanische Entwicklungsbank (AfDB-Gruppe)
Die AfDB-Gruppe umfasst die Afrikanische Entwicklungsbank (AfDB; DOI, https://www.afdb.org/en), den Afrikanischen Entwicklungsfonds (AfEF) als Finanzierungsinstrument für die ärmsten Mitgliedstaaten sowie den Nigeria Trust Funds (NTF). Alle drei Organisationen sind

rechtlich wie organisatorisch selbständig – nutzen aber dieselben Personal- und Managementstrukturen am Sitz in
Abidjan (Côte d'Ivoire). Die Gruppe beschäftigt rund 1900
Mitarbeiter und unterhält 41 Länderbüros, einschließlich
zwei Regionalbüros und ein Verbindungsbüro in Tokio. Sie
finanziert sich durch die Kapitalanteile der Mitgliedsländer,
durch Anleihen an den Kapitalmärkten sowie Kreditrück-
zahlungen. Die AfDB stellt für ihre Mitgliedstaaten eine
breite Palette von Finanzierungsprodukten (Darlehen, Kredite) zu marktnahen Konditionen zur Verfügung. Finanziert
werden damit entwicklungsrelevante Investitionsprojekte,
Reformprogramme und Maßnahmen der technischen Entwicklungszusammenarbeit. Den ärmsten afrikanischen Mitgliedsländern werden besondere Konditionen gewährt.

Die AfDB wurde 1964 mit dem Ziel gegründet, auf dem
afrikanischen Kontinent Armut und Ungleichheit zu bekämpfen sowie ein nachhaltiges Wirtschaftswachstum
zu fördern. Sie hat heute 81 Mitgliedstaaten – davon sind
54 afrikanische Staaten, die die Mehrheit der Anteile an
der Bank halten. Zur Erweiterung der Kapitalbasis wurden seit 1982 auch 28 nichtafrikanische Mitglieder zugelassen, wie zum Beispiel Argentinien, Indien, die
Schweiz und auch Deutschland. An der Spitze der Bank
steht ein Gouverneursrat. Jedes Mitgliedsland wird durch
einen Gouverneur vertreten. Die operative Geschäftsleitung
übernehmen 20 Exekutivdirektoren. Ein Managementteam
ist für den laufenden Geschäftsbetrieb verantwortlich. Der
Präsident der AfDB wird für jeweils fünf Jahre durch den
Gouverneursrat gewählt. Deutschland hält einen Anteil von
4,2 % am Kapital der AfDB und ist damit größter europäischer Kapitaleigner. Es bildet gemeinsam mit den AfDB-
Mitgliedstaaten Schweiz, Luxemburg und Portugal eine
Stimmrechtsgruppe – die Gruppe stellt daher einen der 20
Exekutivdirektoren.

Grundsätzlich wird unterschieden zwischen projekt-
gebundenen Krediten und allgemeinen Darlehen. Die AfDB
gibt die Darlehen und Zuschüsse in Euro und US-Dollar,
aber auch in nationalen Rechnungseinheiten („unit of ac-
count"). Dabei sind Darlehen zinsgünstig, haben lange
Laufzeiten und können mit Zuschüssen („grants") kombiniert werden. Die Kreditvergabe erfolgt bevorzugt an Regierungen bzw. staatliche Stellen; es werden aber auch Finanzierungen für den Privatsektor angeboten. Im Jahr 2018
hatte die AfDB Finanzierungen in Höhe von 10 Mrd. US$
zugesagt – hierbei entfielen auf Senegal, Marokko und Nigeria die höchsten Kreditzusagen. Der Schwerpunkt der
Mittelbereitstellung liegt im Infrastruktursektor und hier
vorwiegend im Transport- und Energiebereich. Das Grundkapital von 250 Mio. Rechnungseinheiten orientiert sich
an sogenannten Sonderziehungsrechten (SZR) des internationalen Währungsfonds (IWF). Die AfDB kann darüber hinaus auf Sonder- undTreuhandfonds sowie den African Development Fund (ADF) und den Nigeria Trust Fund

(NTF) zurückgreifen. Der NTF speist sich aus Einnahmen aus der Erdölförderung Nigerias – 1997 verfügte er über ein Grundkapital von 432 Mio. US$.

Die AfDB hat als langfristige Strategie (bis 2022) die Förderung inklusiven und grünen Wachstums als übergeordnetes Ziel festgelegt. Dabei konzentrieren sich die Aktivitäten der Bank auf fünf Handlungsfelder, die sogenannten „High 5 for Africa":

- Ausbau der Energieversorgung durch verstärkte Investitionen in konventionelle und erneuerbare Energien mit dem Ziel einer flächendeckenden Versorgung bis zum Jahr 2025.
- Sicherung der Ernährung durch eine Professionalisierung der Landwirtschaft und des Agrobusiness, um die Produktivität zu erhöhen und die Lebensmittelversorgung der Bevölkerungen zu verbessern.
- Industrialisierung durch Stärkung der weiterverarbeitenden Industrie und Ausbau lokaler Wertschöpfungsketten voranzutreiben.
- Stärkung der regionalen Integration durch Ausbau der länderübergreifenden Infrastruktur (Transport, Energie, Informations- und Kommunikationstechnologie), um regionale Synergien zu nutzen.
- Soziale Entwicklung durch Bereitstellung von Grundversorgung zu fördern und Jugendarbeitslosigkeit zu bekämpfen.

Asiatische Entwicklungsbank (ADB)

Die „Asiatische Entwicklungsbank" (ADB; DOI, https:// www.adb.org/) wurde 1966 von damals 31 Mitgliedern als Finanzinstitut gegründet, das vor allem einen „asiatischen" Charakter haben und das Wirtschaftswachstum und die Zusammenarbeit in einer der ärmsten Regionen der Welt fördern sollte. Der Sitz der ADB ist in Manila. Seit Gründung ist die ADB auf 68 Mitglieder angewachsen, von denen 49 aus Asien und dem Pazifik und 19 aus dem Ausland stammen, unter ihnen Kanada, Belgien, Portugal, die USA und Deutschland. Die ADB stellt für ihre Mitgliedstaaten eine breite Palette von Finanzierungsprodukten zur Verfügung. Im Vordergrund steht die Kreditvergabe an Regierungen bzw. staatliche Stellen. Alle Kreditnehmer, die nicht als „Entwicklungsland" klassifiziert werden, erhalten Finanzierungen zu marktnahen Konditionen aus dem „ordentlichen" Eigenkapital (Ordinary Capital Ressources, OCR), an dem Deutschland 4,3 % hält. Für die ärmsten Mitgliedstaaten können Kredite mit Zuschüssen aus dem Asian Development Fund (ADF) kombiniert werden. Zudem bietet sie auch Finanzierungen für den Privatsektor (nichtstaatliche Akteure, insbesondere Unternehmen) an. Ergänzend zu dem klassischen Kreditgeschäft stellt die Bank Finanzierungen innerhalb spezifischer Programme und Fazilitäten zur Verfügung.

Die Vergabepraxis der ADB orientiert sich an den MDGs und den SDGs sowie an dem Pariser Klimaabkommen.

Das Ziel ist ein prosperierendes, integratives, widerstandsfähiges und nachhaltiges Asien. Dazu räumt sie der Beseitigung der extremen Armut in der Region sowie einem nachhaltigen Wachstum höchste Priorität ein. In ihrer Langfriststrategie für den Zeitraum bis 2030 zeichnet die ADB eine Vision für eine von Wohlstand, inklusivem Wachstum, Widerstandsfähigkeit und Nachhaltigkeit geprägte Region Asien und Pazifik. Kredite werden vor allem an öffentliche Träger in den Mitgliedstaaten vergeben. ADB legt zudem vermehrt den Fokus auf privatwirtschaftliche Investoren und deren Beitrag zur sozio-ökonomischen Entwicklung der Region. Zum einen unterstützt sie daher staatliche Kreditnehmer bei der Anbahnung und Umsetzung von Public Private Partnerships (PPPs) für Infrastrukturprojekte und zum anderen strebt die ADB selbst eine Ausweitung des Privatsektorgeschäfts an. Im Jahr 2018 hatte die ADB 21 Mrd. US$ für Entwicklungsvorhaben bereitgestellt – knapp ein Viertel davon entfielen auf die Sektoren Energie und Transport. Weitere relevante Themen (um 10 %) waren Landwirtschaft/ländliche Entwicklung und öffentliche Verwaltung, Wasserver-/entsorgung, städtische Infrastruktur/ Dienstleistungen und Finanzen. Die Hauptkreditnehmerländer waren 2018 Bangladesch, Indonesien und Indien.

Der klassische Projektzyklus der ADB sieht wie folgt aus:

- Festsetzung von Schwerpunktregionen
- Empfängerland und ADB definieren konkrete Einzelvorhaben
- Erstellung eines detaillierten Konzepts samt Beschaffungsplan als Entscheidungsgrundlage für die Bewilligung durch das Exekutivdirektorium
- der Kreditnehmer implementiert das Projekt, begleitet durch das Monitoring der ADB
- Analyse des Projekterfolgs nach Beendigung

Für ADB-finanzierte Projekte gelten spezifische Ausschreibungsrichtlinien. Die ADB unterscheidet in ihren Beschaffungsrichtlinien zwischen Sachgütern und/oder Bauleistungen („goods" und „works") sowie Dienstleistungen („services"). Für die jeweiligen Bereiche gibt es eigene Verfahrensrichtlinien für die öffentlichen Kreditnehmer mit unterschiedlichen Ausschreibungsverfahren. Angebote für ADB-finanzierte Vorhaben können nur von Unternehmen eingereicht werden, die aus einem Mitgliedsland der ADB oder einem assoziierten Mitgliedsland stammen.

Im Jahr 2003 machte die SARS-Epidemie (Schweres Akutes Respiratorisches Syndrom) deutlich, dass soziale und wirtschaftliche Entwicklung nicht allein durch Einkommenszuwächse und am Bruttoinlandsprodukt abzulesen ist. Die Bekämpfung von Infektionskrankheiten machte eine grundlegend neue Ausrichtung der regionalen Zusammenarbeit erforderlich. Die ADB begann auf nationaler und regionaler Ebene den Ländern zu helfen, sich wirksamer auf infektiöse Krankheiten einzustellen – auch auf die wachsende Bedrohung durch HIV/AIDS und im Jahr 2019–2020 auch zu Covid-19.

Die ADB musste des Weiteren auch auf beispiellose Naturkatastrophen reagieren. Mehr als 850 Mio. US$ wurden zum Beispiel zur Wiederherstellung der vom 2004-Tsunami zerstörten sozialen und ökonomischen Strukturen in Indonesien, Sri Lanka, Thailand und den Malediven bereitgestellt. Darüber hinaus wurde eine Kreditlinie in Höhe von 1 Mrd. US$ eingerichtet, um den Opfern des Erdbebens im Oktober 2005 in Pakistan zu helfen. Zudem stimmte im Jahr 2009 der Gouverneursrat zu, die Kapitalbasis auf 165 Mrd. US$ zu verdreifachen, um mehr Ressourcen für die Reaktion auf die globale Wirtschaftskrise bereitzustellen.

Im Mai 2014 hat die ADB angekündigt, die Kreditvergabe seiner beiden Hauptfonds ADF und OCR in Zukunft zu kombinieren. Durch den Zusammenschluss können so die jährlichen Kreditzusagen auf bis zu 20 Mrd. US$ angehoben werden – 50 % mehr als noch im Januar 2017. Dennoch zeichnete sich zum Ende der Ära der „Millennium Development Goals" (MDGs) ein uneinheitliches Bild der Entwicklungsfortschritte in Asien ab. Unbestreitbar hat die Arbeit der ADB dazu beigetragen, dass in Asien und im Pazifik die extreme Armut um mehr als die Hälfte verringert werden konnte – dennoch ist der Anteil der ADB daran seriös kaum zu ermitteln. Fest steht, dass das Ausmaß der extremen Armut in Asien immer noch unbefriedigend ist. Immer noch leben mehr als 250 Mio. Menschen von weniger als 1,90 US$ pro Tag und 1,1 Mrd. von weniger als 3,20 US$ pro Tag. Immer noch haben ungefähr 600 Mio. Menschen keinen Zugang zu Elektrizität und 1,7 Mrd. keine ausreichenden sanitären Einrichtungen.

Europäische Bank für Wiederaufbau und Entwicklung (EBWE)

Die Europäische Bank für Wiederaufbau und Entwicklung (EBWE; DOI, https://www.ebrd.com/de/home) wurde 1991 als Reaktion auf die politischen Veränderungen in Mittel- und Osteuropa gegründet. Das Ziel der Bank ist es, den wirtschaftlichen Fortschritt und Wiederaufbau in den Ländern Mittel-, Süd- und Osteuropas sowie in Zentralasien zu fördern, die sich zur Demokratisierung sowie für private und unternehmerische Initiativen geöffnet haben. Dazu unterstützt die Bank Programme zu strukturellen und sektoralen Wirtschaftsreformen, um so diese Volkswirtschaften zu einer vollen Integration in die internationale Wirtschaft zu verhelfen. Im Unterschied zu den anderen Entwicklungsbanken hat die EBWE neben einem wirtschaftlichen auch ein politisches Mandat. Dieses verpflichtet sie, die Unterstützungsmaßnahmen von den Bemühungen der Empfängerländer, demokratische und pluralistische Gesellschaftsverhältnisse zu schaffen, abhängig zu machen.

Die EBWE leistet des Weiteren technische Hilfe bei der Vorbereitung, Finanzierung und Durchführung solcher Programme. Mitglieder der Bank können alle europäischen Länder sowie nicht-europäische Länder werden, wenn diese Mitglieder des IWF sind; ferner die Europäische Kommission und die Europäische Investitionsbank (EIB). Oberstes Entscheidungsorgan ist der Gouverneursrat, in dem derzeit 64 Staaten vertreten sind. Neben dem Gouverneursrat gibt es das Direktorium, das aus 23 Mitgliedern besteht und vom Gouverneursrat für jeweils drei Jahre gewählt ist. Die Direktoriumsmitglieder vertreten sogenannte Stimmrechtsgruppen, die sich aus zwei oder mehreren Mitgliedsländern zusammensetzen. Bei der Erfüllung der Aufgaben arbeitet die Bank eng mit den anderen multilateralen Entwicklungsbanken, der Organisation für Wirtschaftliche Zusammenarbeit und Entwicklung (OECD) und den Vereinten Nationen zusammen.

Inter-Amerikanische Entwicklungsbank (IDB)

Die Inter-Amerikanische Entwicklungsbank (Inter-American Development Bank, IDB; DOI, https://www.iadb.org/en) ist die größte multilaterale Finanzinstitution in Lateinamerika. Die Bank wurde 1959 gegründet und hat ihren Sitz in Washington D.C. Damals hatte die Bank 19 amerikanischen Staaten als Gründungsmitglieder – heute zählt sie 48 – 26 ausleihende und seit 1976 22 nichtausleihende Mitglieder. Die Bank wird mehrheitlich (zu 50,3 %) von 26 Mitgliedstaaten aus Lateinamerika und der Karibik gehalten. 1979 ist Deutschland ihr beigetreten, als die Bank für nichtregionale Mitglieder geöffnet wurde; sie hält einen Anteil von 1,9 %. Insgesamt sind für die IDB rund 2000 Mitarbeiter an 29 Standorten, 26 davon in den regionalen Mitgliedstaaten tätig – in Europa (Madrid) und Asien (Tokio) unterhält sie jeweils ein Verbindungsbüro.

IDB-Gruppe umfasst neben der Muttergesellschaft (Inter-Amerikanische Entwicklungsbank) die für das Privatsektorgeschäft zuständige „IDB-Invest" und den „Multilateralen Investitionsfonds" (MIF). Die IDB-Gruppe stellt für ihre lateinamerikanischen Mitgliedstaaten eine breite Palette von Finanzierungsprodukten zur Verfügung. Eine Besonderheit der IDB ist, dass hier die ausleihenden Mitgliedstaaten eine knappe Mehrheit haben – anders als bei der Asiatischen Entwicklungsbank und der Weltbank, bei denen die klassischen Geberländer dominieren. Die IDB wendet das Prinzip „Value for Money" an, das neben den Finanztransaktionen auch Aspekte wie Qualität und Service in die Angebotsauswahl integriert. Zudem ermöglicht die IDB den Empfängerländern, ihre nationalen Vergaberichtlinien bei den Beschaffungsverfahren anzuwenden, damit die Auswahl der Angebote nicht mehr nur auf Basis der Kosten erfolgt.

Kerngeschäft der IDB ist die Vergabe von Krediten an Regierungen zur Finanzierung von Entwicklungsprojekten, die von öffentlichen Trägern durchgeführt werden. Die Finanzierungszusagen im Jahr 2017 beliefen sich auf 14,6 Mrd. U$ – 3 Mrd. US$ mehr als noch im Jahr zuvor. Die IDB-Gruppe vergibt aber nicht nur Kredite und Darlehen an staatliche Stellen in den Mitgliedsländern, sondern finanziert auch vermehrt private Investitionen. Oberstes Ziel der Bank ist die Armutsbekämpfung und Förderung sozialer Gerechtigkeit sowie die regionale Integration in Lateinamerika und der Karibik. Schwerpunktbereiche sind Klima/Energie, Wasser/Abwasser, Infrastruktur, Bildung und Privatsektorentwicklung. Auch wenn Themen wie Bildung und Digitalisierung strategisch weit vorn stehen, floss 2017 der Großteil der Kredite und Darlehen in die klassischen Sektoren wie Infrastruktur und Verwaltungsreformen. Hauptnehmerländer sind die großen Schwellenländer Brasilien, Argentinien, Mexiko und Kolumbien.

Ihrer zunehmend wirtschaftlichen Ausrichtung entsprechend lagerte die IDB im Jahr 2016 ihr Privatkundengeschäft in eine Tochtergesellschaft „IDB-Invest" aus. Diese bietet Finanzierungsprodukte für verschiedene Zielgruppen an. Neue strategische Schwerpunkte sind die Infrastrukturfinanzierung und das Firmenkreditgeschäft. An kleine Firmen richtet sich der Multilateral Investment Fonds (MIF), der dritte Arm der IDB-Gruppe, mit einem Volumen von 300 Mio. US$. Der Fonds unterstützt privatwirtschaftliche Initiativen mit den thematischen Schwerpunkten inklusive Stadtentwicklung, klimaangepasste Landwirtschaft und Wissensökonomie. Der Fonds gilt als „Innovationslabor" der Bankengruppe. Die IDB legt die Begriffe Wirtschaft und Innovation bewusst sehr weit aus und unterstützt daher auch Initiativen auf dem Kultursektor. Die Bank versteht sich darüber hinaus auch als Innovator, der mit der Kreditvergabe konkrete Entwicklungsvorhaben „anschieben" möchte. Neben ihrem Kerngeschäft betreut die IDB mehr als 60 Fonds, die von Mitgliedstaaten und privaten Akteuren finanziert werden. Ein aktuelles Beispiel ist der im Januar 2018 gemeinsam mit der „Bill & Melinda Gates Foundation" und der „Slim Foundation" ins Leben gerufenen Fonds zur Malariabekämpfung in Zentralamerika. Einen Schwerpunkt setzt die IDB in der Klimafinanzierung. Sie arbeitet dazu eng mit anderen Finanzierungsinstitutionen zusammen, zum Beispiel den Clean Climate Fund (CCF) und die Global Environmental Facility (GEF).

Aufgrund der Heterogenität des Kontinents, mit vielen Ländern mittleren Einkommens und gleichzeitig oftmals hoher sozio-ökonomischer Ungleichheit, steht die IDB vor der Herausforderung, allen regionalen Mitgliedsländern gleich gerecht zu werden. Als größte Entwicklungshemmnisse sieht die IDB eine geringe Produktivität und Innovationsschwäche sowie eine mangelnde wirtschaftliche

Integration auf dem Kontinent. Die von ihr finanzierten Projekte sollen hier ansetzen. Querschnittsthemen sind Gendergerechtigkeit und Diversität, Stärkung von Institutionen und Rechtsstaatlichkeit sowie Klimawandel und ökologische Nachhaltigkeit. Besonders im Mittelpunkt stehen Aus-und Fortbildung, um die Region wettbewerbsfähig zu halten.

6.5 Die Europäische Union (EU)

Auch die Europäische Union nahm die Beschlüsse der UNCED -Konferenz (1992) in Rio de Janeiro zum Anlass, sich der Verantwortung für eine nachhaltige Welt zu stellen und hatte daher, noch vor dem Weltgipfel für nachhaltige Entwicklung im Jahr 2002 in Johannesburg, eine „EU-Strategie für eine nachhaltige Entwicklung" vorgelegt (EU-KOM; 2001/264). Darin weist die EU nachdrücklich darauf hin, dass „nachhaltige Entwicklung positive langfristige Perspektive (für) eine wohlhabendere und gerechtere Gesellschaft bietet -… sie verspricht eine sauberere, sicherere und gesündere Umwelt …". Um dieses Ziel zu erreichen, muss ein Wirtschaftswachstum erreicht werden, das neben unternehmerischen Gewinnen auch Fortschritt im sozialen Bereich gewährleistet sowie gleichzeitig den Schutz der Umwelt ermöglicht. Die EU betont dabei, dass „nachhaltige Entwicklung" ein globales Ziel sei – dennoch sieht sie sich in einer Schlüsselrolle sowohl innerhalb der Gemeinschaft als auch auf globaler Ebene. Die EU hatte sich in Kyoto umfassend zum Klimaschutz verpflichtet – dennoch stellt Kyoto für sie nur einen ersten Schritt dar. Daher sollen die Treibhausgasemissionen der Gemeinschaft bis zum Jahr 2020 jedes Jahr um durchschnittlich 1 % (ausgehend von den Werten des Jahres 1990) reduziert werden. Die EU sieht sich des Weiteren in der Pflicht, ihren Beitrag zur Erreichung der MDGs sowie der SDGs zu leisten und erklärte sich bereit, dafür zusätzliche finanzielle Mittel für die Entwicklungshilfe – insbesondere zur Verringerung der Armut in der Welt – bereitzustellen. Als weitere konkrete Maßnahme hatte sie beschlossen, bis Ende 2001 die Schaffung eines europäischen Systems zum Handel mit CO_2-Rechten bis zum Jahr 2005 einzurichten.

6.5.1 EU-ECHO

Im internationalen Naturkatastrophen-Risikomanagement übernimmt die EU seit den 1990er Jahren ihre Verantwortung im Bereich der humanitären Hilfe und leistet seitdem regelmäßig bedarfsgerechte Soforthilfe bei Konflikten und (Natur-)Katastrophen. Zusammen mit ihren Mitgliedstaaten ist die Europäische Union der weltweit wichtigste Geber humanitärer Hilfe auf diesem Sektor. Jedes Jahr unterstützt sie mehr als 120 Mio. Menschen auf der ganzen Welt. Die jährlichen Hilfeleistungen haben einen Umfang von über 1 Mrd. EUR. Die Mittel werden eingesetzt, um z. B. den Opfern des Erdbebens in Nepal im Jahr 2015 Unterkünfte und sauberes Trinkwasser zur Verfügung zu stellen, die Bevölkerung der krisengeschüttelten Ukraine mit Winterkleidung und Decken zu versorgen, Lebensmittel und Arzneimittel nach Syrien und in seine Nachbarländer zu liefern und um in den vom Ebola-Ausbruch betroffenen Regionen Westafrikas die medizinische Versorgung und Behandlung der Betroffenen zu gewährleisten.

Geleistet wird diese Hilfe von der Generaldirektion Humanitäre Hilfe und Katastrophenschutz (ECHO) als „Europäisches Notfallabwehrzentrum", das es sich zur Aufgabe gemacht hat, Menschenleben zu retten, menschliches Leid zu lindern und die Würde aller Betroffenen zu wahren. ECHO richtet sich dabei an den folgenden – generalisiert wiedergegebenen – Leitlinien aus:

- Die EU ist in der Lage, wirkungsvoll auf Katastrophen innerhalb und außerhalb der EU zu reagieren; das betrifft Naturkatastrophen und von Menschen verursachte Katastrophen außer bewaffneten Konflikten.
- Sie stellt dazu die notwendigen Instrumente (Katastrophenschutz, humanitäre Hilfe, Krisenreaktion) sowie zivile und militärische Krisenbewältigung im Rahmen der Gemeinsamen Sicherheits- und Verteidigungspolitik (GSVP) zu einem kohärenten Vorgehen zur Verfügung.
- Bei Katastrophen außerhalb der EU richtet sie sich an den international vereinbarten Grundsätzen (Menschlichkeit, Neutralität, Unparteilichkeit, Unabhängigkeit) aus.
- Ein ausgewogenes Verhältnis zwischen Katastrophenabwehr und Katastrophenvorbeugung und -vorsorge ist sicherzustellen.
- Durch verbesserte Kostenwirksamkeit soll die Effizienz bei der Leistung von Hilfe gesteigert werden, z. B. durch eine gemeinsame Nutzung von technischen, personellen und finanziellen Ressourcen.

Da sowohl Ausmaß als auch Häufigkeit von Katastrophen zunehmen werden, dürften die Katastrophenabwehrkapazitäten der EU künftig stärker beansprucht werden. Gleichzeitig sind aufgrund der derzeitigen Haushaltszwänge verstärkte Bemühungen um eine effizientere Nutzung knapper Ressourcen erforderlich, wie sie im Vertrag von Lissabon zur institutionellen Reform der EU vereinbart wurden. Danach muss die Katastrophenhilfe mit einer Vielzahl von (anderen) Maßnahmen kombiniert werden:

- Strategien zur Minderung der Folgen des Klimawandels
- Entwicklung von Frühwarnsystemen
- Sicherstellung eines reibungslosen Übergangs beim Auslaufen von Soforthilfemaßnahmen durch direktes Anschließen von Entwicklungshilfestrategien

- Stärkung der allgemeinen Widerstandsfähigkeit der Bevölkerung, beispielsweise durch Investitionen in Maßnahmen, die sie auf mögliche künftige Katastrophen in der Region besser vorbereiten

6.5.2 DIPECHO

DIPECHO ist das Disaster Preparedness Programme unter ECHO (DOI, https://ec.europa.eu/echo/files/policies/dipecho/presentations/programme_overview_11_07_en.pdf). Es ist ausgerichtet auf eine Unterstützung risikoexponierter Gesellschaften weltweit mit dem Ziel, die negativen Auswirkungen von Naturkatastrophen durch Stärkung der physischen und psychischen Resilienz der Betroffenen zu verringern. Zudem zielt DIPECHO darauf ab, anhand von Pilotvorhaben das Bewusstsein der politischen Entscheidungsstrukturen zu erhöhen: darzustellen, wie sehr eine Katastrophenvorsorge das Erreichen nationaler Entwicklungsprioritäten unterstützen kann bzw. dass ohne Katastrophenvorsorge solche Ziele nicht zu erreichen sind. Dazu konzentriert sich das Programm auf sechs „Großregionen" der Welt: Südasien, Südostasien, Zentralasien, die Andenregion, Lateinamerika und die Karibik. Seit 1996 hat sich DIPECHO in diesen Regionen mit fast 80 Mio. EUR in mehr als 300 Projekten engagiert – allein in Südostasien waren dies 20 Mio. EUR in 80 Projekten. In dem 6. Aktionsplan (2008–2010) hatte die EU 7,5 Mio. EUR bereitgestellt. Umgesetzt werden die Maßnahmen durch nationale und internationale Nichtregierungsorganisationen (NGOs), die Internationale Föderation der Rotkreuz und Roter Halbmond Gesellschaften (vgl. Abschn. 6.7.2) sowie durch UNDP und UNEP usw. In der Regel laufen die Programme für 15 Monate und bedürfen einer Kofinanzierung von 15 % durch die nationalen Partner. DIPECHO strebt an, die Programmlaufzeiten erheblich zu verlängern und zu ganzen Projektzyklen auszuweiten. Jeder Zyklus wird einer gesonderten Evaluierung unterzogen als Voraussetzung für eine weitere Finanzierungtranche.

Konkret finanziert DIPECHO Vorhaben (vor allem) zur:

- Stärkung der lokalen und nationalen NKRM-Kapazitäten – z. B. den Aufbau von Frühwarnsystemen, die Erstellung und Verbreitung von Gefahren- und Risikokarten usw.
- Aus- und Fortbildung von Entscheidungsträgern
- Bewusstseinsbildung bei den Betroffenen
- lokales Katastrophenschutz-/Vorsorgetraining
- Förderung der nationalen NKRM-Strukturen – z. B. von Katastrophenschutzplänen, zur Transparenz von Zuständigkeiten/Verantwortungen und Entscheidungsabläufen, zur Formulierung von Gesetzen und Regelwerken, Festlegung nationaler NKRM-Prioritäten sowie zur Allokation von Finanzmitteln

- Öffentlichkeitsarbeit und Einbeziehung der Betroffenen in die Entscheidungsprozesse

6.5.3 Europäisches Zentrum für mittelfristige Wettervorhersage

Um die Prognosefähigkeit der europäischen Wettervorhersage zu stärken, haben 22 Mitgliedstaaten der Europäischen Gemeinschaft 1975 das Europäische Zentrum für mittelfristige Wettervorhersage (European Centre for Medium-Range Weather Forecasts, ECMWF; DOI, https://www.ecmwf.int/) mit Sitz in Reading gegründet.

Nach Artikel (2) des Übereinkommens hat das Zentrum unter anderem folgende Ziele:

- Entwicklung dynamischer Modelle der Atmosphäre zur Erarbeitung mittelfristiger Wettervorhersagen mithilfe numerischer Methoden
- regelmäßige Erstellung mittelfristiger Wettervorhersagen
- Ausführung wissenschaftlicher und technischer Forschungsarbeiten zur Verbesserung der Qualität dieser Vorhersagen
- Sammlung und Speicherung meteorologischer Daten
- Bereitstellung der Ergebnisse der Untersuchungen und Forschungsarbeiten für die meteorologischen Zentren der Mitgliedstaaten
- Mitwirkung bei der Durchführung von Programmen der Weltorganisation für Meteorologie
- Mitwirkung bei der Weiterbildung des wissenschaftlichen Personals der meteorologischen Zentren der Mitgliedstaaten auf dem Gebiet der numerischen Wettervorhersagen

Zur Verwirklichung seiner Ziele arbeitet das Zentrum mit den Regierungen und den innerstaatlichen Stellen der Mitgliedstaaten sowie mit den Nichtmitgliedstaaten des Zentrums und den staatlichen oder nichtstaatlichen internationalen wissenschaftlichen und technischen Organisationen zusammen. Zu den wichtigsten Aufgaben gehört, zweimal pro Tag für 10 Tage im Voraus eine globale Wettervorhersage vorzunehmen. Das ECMWF erstellt die Prognosen auf Basis von mathematischen Simulationsmodellen (z. B. Integrated Forcasting System, mit einer Auflösung ca. 9×9 km). Darüber nimmt das Zentrum Ensembleberechnungen vor, mit denen der Vorhersagezeitraum auf bis zu 15 Tage erweitert werden kann. Die Ensembleberechnungen haben dazu beigetragen, dass der USGS (Porter et al. 2011) ein Szenario für die Überschwemmung, wie sie sich 1861/62 in Kalifornien ereignet hatte, aufstellen konnte. Bei diesem als „Atmospheric River" bezeichneten Phänomen handelt es sich um eine Anreicherung von Wasserdampf in der Atmosphäre, die zu heftigen

Niederschlägen an der Westküste führt. Der USGS hat dieses Szenario („ArkStorm") im Rahmen seines *„multihazard demonstration project"* (MHDP) durchgeführt.

Operativ wird das Zentrum von einem „Rat" geleitet, der sich aus zwei Vertretern jedes Mitgliedstaates zusammensetzt – jeder Staat hat eine Stimme. Ein Mitgliedstaat verliert sein Stimmrecht, wenn er mit seinen Finanzbeiträgen in Rückstand gerät. Ein Vertreter der Weltorganisation für Meteorologie (WMO) nimmt jeweils an den Sitzungen des Rates als Beobachter teil. Der Rat wählt aus seinen Mitgliedern einen Präsidenten und einen Vizepräsidenten. Deren Amtszeit beträgt jeweils ein Jahr – kann aber höchstens zweimal hintereinander verlängert werden. Der Rat tritt mindestens einmal im Jahr zusammen. Er wird auf Antrag des Präsidenten oder auf Antrag von mindestens einem Drittel der Mitgliedstaaten einberufen. Die Tagungen des Rates finden am Sitz des Zentrums statt. Da das EZMW seinen Hauptsitz in Großbritannien hat, benötigt es aufgrund des „Brexits" eine Niederlassung im Gebiet der EU. Dabei sollen von dem neuen Standort zunächst die Aufgaben ausgeführt werden, die das EZMW im Rahmen des EU-Erdbeobachtungsprogramms „Copernicus" übernimmt (Copernicus Climate Change Service; Copernicus Atmosphere Monitoring Service).

6.5.4 EU-Katastrophenschutzverfahren

Das EU-Katastrophenschutzverfahren (EU Civil Protection Mechanism, EUCPM) hat die Aufgabe, durch verstärkte Zusammenarbeit zwischen den EU-Mitgliedstaaten und anderen Teilnehmerstaaten (z. B. Island, Lichtenstein, Norwegen) die Kapazitäten der Mitgliedsländer im Bereich des Katastrophenschutzes, der Katastrophenprävention und -bewältigung zu verbessern. Erkennt ein Land, dass es mit den eigenen Bewältigungskapazitäten einem Notfall nicht mehr gewachsen ist, kann es über das Verfahren um Hilfe ersuchen. Im Rahmen des Verfahrens spielt die Europäische Kommission eine Schlüsselrolle bei der Koordinierung der Katastrophenabwehr. Darüber hinaus trägt sie mindestens 75 % der Transport- und/oder operativen Kosten der Einsätze. Seit Einrichtung des EU-Katastrophenschutzverfahrens im Jahr 2001 wurden mehr als 330 Hilfsanfragen aus der EU und durch andere Teilnehmerstaaten gestellt.

Die EU unterstützt und ergänzt die Präventions- und Vorsorgemaßnahmen ihrer Mitgliedstaaten und der Teilnehmerstaaten, indem sie sich auf Bereiche konzentriert, in denen ein gemeinsamer europäischer Ansatz wirksamer ist als separate nationale Maßnahmen. Dazu gehören die Risikobewertung zur Ermittlung der Katastrophenrisiken in der gesamten EU, die Förderung der Forschung zur Stärkung der Katastrophenresilienz und die Verbesserung der Frühwarnsysteme. Im Jahr 2019 hat die EU alle Komponenten ihres Katastrophen-Risikomanagements gestärkt, um die Bürgerinnen und Bürger besser vor Katastrophen zu schützen.

Europäischer Katastrophenschutz-Pool

Die EU-Mitgliedstaaten und die Teilnehmerstaaten stellen zudem nationale Notfallressourcen für den Europäischen Katastrophenschutz-Pool (European Civil Protection Pool; CPP) bereit. Der Pool dient der Zusammenlegung von Ressourcen aus 24 Mitgliedstaaten und Teilnehmerstaaten, die kurzfristig in ein Katastrophengebiet entsandt werden können. Bei diesen Ressourcen kann es sich um Rettungs- oder Ärzteteams, Katastrophenschutzexperten, Spezialausrüstung oder Transportmittel handeln. Wenn ein Katastrophenfall (z. B. Waldbrand im Mittelmeerraum) eintritt und ein Hilfeersuchen über das EU-Katastrophenschutzverfahren eingeht, wird die Hilfe aus diesem Pool bereitgestellt. Der Pool ermöglicht eine verbesserte Katastrophenvorbereitung und stellt ein kohärenteres Vorgehen in der EU sicher. Zudem sorgt die Europäische Kommission mittels eines Zertifizierungs- und Registrierungsverfahrens dafür, dass die im Pool vorgehaltenen Ressourcen europäischen Standards entsprechen und somit EU-weit eingesetzt werden können. Schulungsprogramme für Katastrophenschutzexperten aus den Mitgliedstaaten und den Teilnehmerstaaten gewährleisten die Kompatibilität und Komplementarität zwischen den Einsatzteams. Jedes Jahr finden umfangreiche Übungen für spezifische Katastrophenarten statt. Im Rahmen des Katastrophenschutzverfahrens wird nicht nur humanitäre Hilfe außerhalb der EU bereitgestellt, sondern in Krisenfällen werden auch speziell ausgerüstete Teams zu Vor-Ort-Einsätzen entsandt. Als beispielsweise Bosnien und Herzegowina 2014 von verheerenden Überschwemmungen heimgesucht waren, wurden umgehend Ausrüstung und Fachleute bereitgestellt. Sie trugen dazu bei, dass die betroffenen Regionen besser erreicht werden konnten. Während der Ebola-Epidemie in Westafrika ermöglichte das Verfahren einen schnellen und koordinierten Einsatz von Experten aus den EU-Mitgliedstaaten und die Evakuierung von in den betroffenen Ländern tätigem medizinischem Personal. Als Reaktion auf das Erdbeben in Nepal wurden Experten für Such- und Rettungsmaßnahmen, Ersthelfer und Hilfsgüter bereitgestellt. Zwischen 2007 und 2012 stellte die EU fast 7 Mio. EUR für die Katastrophenvorsorge im Westpazifik bereit. Für die pazifische Inselgruppe Vanuatu wurde 2015 nach dem Wirbelsturm „Pam" zunächst humanitäre Hilfe im Umfang von 1 Mio. EUR als Soforthilfe gewährt – Experten wurden entsandt, um eine Gefahrenanalyse, Notfallplanung und den Bau sturmfester Schutzunterkünfte durchzuführen.

Auf ein Hilfeersuchen im Rahmen des Verfahrens hin mobilisiert das Zentrum für die Koordination von Notfallmaßnahmen (Emergency Response Coordination Center; ERCC) fachliche und technische Unterstützung. Das Zentrum beobachtet Ereignisse auf der ganzen Welt rund um die Uhr und sorgt für eine rasche Bereitstellung von Soforthilfe durch eine direkte Verbindung mit den nationalen Katastrophenschutzbehörden. Ausrüstung, wie Feuerlöschflugzeuge, Such- und Rettungsteams sowie medizinische Teams können kurzfristig für Einsätze innerhalb und außerhalb Europas mobilisiert werden. Auch Satellitenkarten, die vom Copernicus-Katastrophen- und Krisenmanagementdienst erstellt werden, dienen zur Unterstützung der Katastrophenschutzeinsätze. Copernicus liefert aktuelle und präzise Geodaten, die für die Abgrenzung betroffener Gebiete und die Planung von Katastrophenhilfeeinsätzen nützlich sind.

In Entwicklungsländern geht die Katastrophenschutzhilfe in der Regel Hand in Hand mit der humanitären Hilfe der EU. Experten in beiden Bereichen arbeiten eng zusammen, um eine möglichst kohärente Analyse und Reaktion zu gewährleisten, insbesondere bei komplexen Notsituationen. Das Verfahren kommt auch bei Notfällen im Zusammenhang mit Meeresverschmutzung zum Einsatz. Das Zentrum ist in der Lage, unverzüglich Kapazitäten und Fachwissen der Teilnehmerstaaten und der Europäischen Agentur für die Sicherheit des Seeverkehrs (EMSA) zu mobilisieren. Jedes Land der Welt, aber auch die Vereinten Nationen und ihre Organisationen sowie andere internationale Organisationen können das EU-Katastrophenschutzverfahren in Anspruch nehmen. Dabei geht die Arbeit der EU über die Linderung der unmittelbaren Folgen von Katastrophen hinaus. Die EU ist der Überzeugung, dass die nach einer Katastrophe bereitgestellten Ausgaben für technische Hilfe, Rettung und Wiederaufbau, Investitionen in Risikovorbeugung und Katastrophenbereitschaft sich in hohem Maße auszahlen. Deshalb stellt die EU sicher, dass ihre Maßnahmen den gesamten Katastrophenzyklus – von der Prävention über Bereitschaft und Reaktion bis zum Wiederaufbau – abdecken. Seit Einrichtung im Jahr 2001 wurde der „Mechanismus" 330mal in Anspruch genommen.

Europäisches Waldbrandinformationssystem

Eines der in der EU sehr erfolgreichen Katastrophenfrühwarnsysteme ist das Europäische Waldbrandinformationssystem (European Forest Fire Information System, EFFIS). Waldbrände vernichten jedes Jahr in Europa Hunderttausende ha Wald, insbesondere in Südeuropa von Portugal bis Griechenland, aber auch in Norddeutschland, wie im Jahr 2019. Mehr als 300 Menschen starben in den Jahren 2019/20 bei verheerenden Waldbränden in mehreren Ländern Europas. Um die Waldbrandbekämpfung effektiver zu machen, hat die EU als gesamteuropäischen Ansatz zur Bewertung der durch Waldbrände verursachten Schäden das EFFIS eingerichtet. Um bereits im Vorfeld Waldbrandgefahr zu erkennen, hat EFFIS den sogenannten „Brandpotenzialindex" entwickelt, bei dem Parameter wie Vegetation, Niederschlagsverteilung, Bodenfeuchtigkeit, Windrichtung und -stärke u. a. eingehen. Aus ihnen wird täglich eine „Brandprognosekarte" erstellt und online gestellt. Die nationalen und lokalen Waldbrand- und Katastrophenschutzdienste nutzen diese Karten als Informationsquelle, um ihre Waldbrand- und Katastrophenschutzaktivitäten gezielter steuern zu können.

Im Jahr 2019 richtete die EU zur Verstärkung ihrer Waldbrandbekämpfung eine Kapazitätsreserve „rescEU" genannt ein, um die nationalen Kapazitäten zu ergänzen. Eine Flotte von sieben Löschflugzeugen und sechs Helikoptern soll die Ausbreitung solcher Katastrophen in Zukunft eindämmen. Bereitgestellt werden die ersten Maschinen von fünf EU-Mitgliedstaaten (Spanien, Italien, Frankreich, Schweden, Kroatien) für andere europäische Länder und Anrainerstaaten. Sie können im Ernstfall darauf zugreifen und die Maschinen zur Bekämpfung von Waldbränden anfordern. Zum Beispiel verfügt Spanien über 260 größere und kleinere Löschflugzeuge – die größten („Canadairs") fassen über 6000 l Wasser und können ihre Löschtanks in nur 10 s auffüllen. Die Flugzeuge sind am Luftwaffenstützpunkt Torrejón in der Nähe von Madrid stationiert. 2019 waren die „Canadairs" über 200mal im Einsatz. In den kommenden Jahren soll die Flotte weiter ausgebaut und das Equipment bestmöglich in Europa verteilt werden.

6.6   Deutschland

6.6.1   Das Bundesamt für Bevölkerungsschutz und Katastrophenhilfe (BBK)

In vielen Ländern des „Westens" hatte die Terrorattacke auf das World Trade Center 2001 zu einer Reorganisation der nationalen Katastrophenschutzbehörden geführt. Dies war in Deutschland mit seinem sehr föderal aufgebauten Staatswesen mit Überschneidungen der hoheitlichen Zuständigkeiten eine Herausforderung für die Bundesregierung und die Bundesländer. Daher hatte sich die Ständige Konferenz der Innenminister und -senatoren der Länder (IMK) dazu entschlossen, mit den Ländern eine neue Strategie zum Schutz der Bevölkerung in Deutschland zu entwickeln (vgl. Abb. 2.1). Im Jahr 2004 nahm das neu eingerichtete Bundesamt für Bevölkerungsschutz und Katastrophenhilfe (BBK; DOI, https://www.bbk.bund.de/DE/Home/home_node.html) seine Arbeit auf. Damit wurden erstmals in Deutschland die Aufgaben der „zivilen Sicherheit" in einer Organisation gebündelt, mit dem Ziel, ein gemeinsames Krisenmanagement bei national bedrohlichen Gefahren- und Schadenslagen zu schaffen. Die vorhandenen Hilfspotenziale des Bundes und der Länder (Feuerwehren, Hilfs-

organisationen usw.) sind so besser miteinander verzahnt worden. Vor allem war mit dem „BBK" ein neues Koordinierungsinstrumentarium geschaffen, das ein effizientes Zusammenwirken des Bundes und der Länder gewährleistet. Das BBK ist zudem für die nationale Koordinierung innerhalb des europäischen Integrationsprozesses im Bereich der „Zivilen Sicherheitsvorsorge" zuständig.

Zentraler Bestandteil des Krisenmanagements ist seitdem ein standardisiertes Verfahren zum zielgerichteten Umgang mit (Natur-)Risiken. Dieses Verfahren beinhaltet u. a. die Analyse und Bewertung von Risiken sowie die Planung und Umsetzung von Maßnahmen zur Risikovermeidung/-minimierung. Um die (Risiko-)Akzeptanz zu erhöhen, wird das System hin zu einem „integrierten Risikomanagement im Bevölkerungsschutz" erweitert. In einem ersten Schritt wurden hier beispielsweise die Verfahren zur Risikoanalyse in „kritischen Infrastrukturen" (Krankenhäuser, Energieversorgung usw.) mit denen der Gefahrenabwehr verknüpft. Ziel ist, den Austausch von Informationen zum Risikomanagement an den Schnittstellen zwischen unterschiedlichen Verwaltungsebenen (staatlich/privatwirtschaftlich) zu fördern

Zwischen der Politik und den Behörden, den privaten Betreibern „kritischer Infrastrukturen" und Bürgern bedarf es einer intensiven Kommunikation, in die alle Akteure aktiv eingebunden werden. Ein wichtiger Bestandteil der Information der Bürgerinnen und Bürger hinsichtlich potenzieller Risiken liegt auf der Übermittlung von Handlungsanweisungen und Möglichkeiten zur individuellen Vorsorge. Dazu hat das BBK eine Reihe an Leitfäden erstellt (Bundesamt für Bevölkerungsschutz und Katastrophenhilfe (BBK): Bestellservice@bbk.bund.de), die sowohl den Bürgern als auch den politischen Entscheidungsebenen Empfehlungen zur Bewertung von Risiken dienen. So führt das BBK zum Beispiel im „Leitfaden Risikoanalyse im Bevölkerungsschutz" zur Risikonanalyse bezüglich von Oberflächengewässern und Grundwasser aus (gekürzt)

- Kategorie 5 (Schadenpotenzial sehr groß): Die Fläche bzw. die Wassermenge, die durch das Ereignis betroffen ist, ist als sehr groß einzustufen. Die betroffene(n) Fläche(n)/Wassermengen sind annähernd bzw. vollständig schwer geschädigt/kontaminiert. Bei Fließgewässern geht die geschädigte Fläche deutlich über den Kreis/kreisfreie Stadt hinaus und betrifft sogar weitere Bundesländer. Dauer der Aufräumarbeiten/Dekontamination mehrere Wochen bis mehrere Monate. Die Erholung der Flächen wird teilweise erst nach einigen Jahren vollständig erfolgt sein. Investitions- und Ressourcenaufwand für Dekontamination und weitere Maßnahmen wie Beseitigung von Schäden sind durch die Kommune nicht leistbar – Unterstützung durch Land und Bund notwendig.
- Kategorie 4 (Schadenpotenzial groß): Die Fläche bzw. die Wassermenge, die durch das Ereignis betroffen ist,

ist als groß einzustufen. Die betroffene(n) Fläche(n)/Wassermengen sind überwiegend (bis zu 75 %) geschädigt/kontaminiert. Bei Fließgewässern geht die geschädigte Fläche über den Kreis/kreisfreie Stadt hinaus und betrifft weitere Kreise/kreisfreie Städte, ggf. sogar weitere Bundesländer. Dauer der Aufräumarbeiten/Dekontamination mehrere Tage bis mehrere Wochen. Die Erholung wird teilweise erst innerhalb mehrerer Monate erfolgen. Investitions- und Ressourcenaufwand für Dekontamination sowie weiterer Maßnahmen wie Beseitigung von Schäden sind in Budgets nicht abgedeckt und können nur durch Landes- bzw. ggf. Bundeshilfen geleistet werden.

- Kategorie 3 (Schadenpotenzial mäßig): Die Fläche bzw. die Wassermenge, die durch das Ereignis betroffen ist, ist als mäßig einzustufen. Die betroffene(n) Fläche(n)/Wassermengen sind teilweise (bis zu 25 %) geschädigt. Aufräumarbeiten/Dekontamination durch die Kräfte der Allgemeinen Gefahrenabwehr und des Katastrophenschutzes in mittlerem Umfang (teilweise bis zu 4 Wochen). Die Erholung wird mehrere Wochen benötigen. Investitions- und Ressourcenaufwand für Dekontamination und weitere Maßnahmen wie Beseitigung von Schäden sind nur unter Verschiebung anderer geplanter Maßnahmen durchführbar.
- Kategorie 2 (Schadenspotenzial gering): Die Fläche bzw. die Wassermenge, die durch das Ereignis betroffen ist, ist als gering (bis zu 5 %) einzustufen. Die betroffene(n) Fläche(n)/Wassermengen sind wenig geschädigt/kontaminiert. Aufräumarbeiten/Dekontamination durch die Kräfte der Allgemeinen Gefahrenabwehr und des Katastrophenschutzes in geringem Umfang (vereinzelt wenige Tage). Größtenteils Erholung innerhalb einer Woche. Investitions- und Ressourcenaufwand für Dekontamination und weiterer Maßnahmen wie Beseitigung von Schäden sind mit den vorhandenen Mitteln finanzierbar.
- Kategorie1 (Schadenspotenzial sehr gering): Die Fläche bzw. die Wassermenge, die durch das Ereignis betroffen ist, ist sowohl absolut als auch im Verhältnis zur Gesamtfläche – dem Gesamtvolumen – im Kreis/der kreisfreien Stadt als sehr gering einzustufen. Die betroffene(n) Fläche(n)/Wassermenge ist/sind nur wenig geschädigt/kontaminiert. Aufräumarbeiten/Dekontamination nur in geringem Umfang. Größtenteils Erholung innerhalb kurzer Zeit (wenige Tage). Investitions- und Ressourcenaufwand für Dekontamination und weiterer Maßnahmen wie Beseitigung sind als sehr gering einzustufen.

6.6.2 Das Technische Hilfswerk (THW)

In Deutschland engagiert sich das Technische Hilfswerk (THW) seit Jahrzehnten für Menschen in Not auf der gan-

zen Welt. Das THW ist dem Bundesministerium des Innern und Heimat (BMI) administrativ zugeordnet. Es wurde 1950 gegründet mit dem Ziel, technische Unterstützung im Zivilschutz zu leisten: bei der Bekämpfung von Katastrophen, öffentlichen Not- und Unglücksfällen größeren Ausmaßes (Gesetz über das Technische Hilfswerk; THW-Gesetz vom 22. Januar 1990). Eine solche Organisationsstruktur ist weltweit einzigartig. Und der Status der Freiwilligentätigkeit wird in der deutschen Gesellschaft hoch geschätzt und akzeptiert. Die Spezialisten des THW decken alle Bereiche der modernen Krisenintervention sowie des Hilfs- und Rettungsbedarfs ab. Weltberühmt sind die Spürhundegruppen, die in vielen Fällen Opfer unter den Haufen von Erdbebenschutt retten konnten. Die technische Ausstattung ist auf dem neuesten Stand der Technik, die Mitarbeiter sind gut ausgebildet und viele von ihnen verfügen über langjährige Erfahrung. Das THW war bei fast allen größeren Katastrophen der Welt im Einsatz, wie dem Tsunami in Banda Aceh, den Erdbeben in China und Haiti sowie bei vielen Dürreereignissen in Nordafrika. Aber auch in Deutschland half das THW bei fast allen Katastrophen, einschließlich der großen Überschwemmungen der Jahre 2002, 2003 und 2013. Bei der Flutkatastrophe 2013 führten die THW-Spezialisten 1,6 Mio. Stunden Rettungsarbeiten durch, um Dämme mit Sandsäcken zu verstärken, Hochwasserbrücken und mobile Schutzwände zu errichten und Strom-, Wasser- und medizinische Versorgung zu gewährleisten. Sie waren aber auch an der Planung und Durchführung der Rettungsaktionen beteiligt.

Mehr als 80.000 Freiwillige sind eingeschrieben, aber nur 1 % von ihnen ist tatsächlich bei der Organisation beschäftigt. Die Freiwilligen sind in fast 700 Orten in ganz Deutschland stationiert. Die THW-Spezialisten sind in ihrem „normalen" Leben in verschiedenen Berufen tätig, sind aber per Gesetz im Katastrophenfall von der Arbeit befreit. Das THW leistet Unterstützung auf Ersuchen von für die Gefahrenabwehr zuständigen Stellen sowie auf Anforderung oberster Bundesbehörden; darunter auch Einsätze und Maßnahmen im Ausland im Auftrag der Bundesregierung. Beim BMI ist ein Beirat aus Vertretern des Bundes, der Länder, der kommunalen Spitzenverbände, der Wirtschaft und der THW-Bundesvereinigung gebildet, der das Ministerium in grundsätzlichen Angelegenheiten des Technischen Hilfswerks berät. Die Helfer stehen zum Bund in einem öffentlich-rechtlichen Amtsverhältnis. Die Mitarbeit beim THW ist juristisch ein „Ehrenamt". Das heißt, der Beitrag des Einzelnen wird ohne Bezahlung erbracht. Arbeitnehmer werden dafür von ihren Betrieben, Organisationen und Behörden freigestellt. Ihnen dürfen aus ihrer Verpflichtung zum Dienst keine Nachteile im Arbeitsverhältnis, in der Sozial- und Arbeitslosenversicherung sowie in der betrieblichen Altersversorgung erwachsen. Sie erhalten für die Dauer der Dienste weiter ihr Arbeitsentgelt.

Das Technische Hilfswerk kann für seine erbrachten Unterstützungsleistungen bei den hilfesuchenden Behörden eine Erstattung der Auslagen erheben. Auf die Erhebung von Auslagen wird verzichtet, wenn die Unterstützung im überwiegend öffentlichen Interesse liegt und eine Auslagenerstattung zu Lasten der ersuchenden Gefahrenabwehrbehörde ginge. Erbringt das THW eine individuell zurechenbare öffentliche Leistung, so kann es demjenigen, der eine Gefahr oder einen Schaden herbeigeführt hat, Gebühren erheben. Zur Wahrnehmung seiner Aufgaben hält das Technische Hilfswerk Einheiten und Einrichtungen mit Einsatzkräften, bestehend aus Helferinnen und Helfern sowie hauptamtlich Beschäftigten, insbesondere in folgenden Fachbereichen vor: Führungsunterstützung, Rettung und Bergung sowie Notversorgung und Notinstandsetzung.

Das Fundament für die Hilfen durch das THW ist eine umfassende Ausbildung in verschiedenen Fachbereichen und stetes Training der Fähigkeiten. Die Weiterbildung beispielsweise zu Maschinisten, Trinkwasserlaboranten, Bootsführern, Ortungsspezialisten, Führungskräften erfolgt an THW-eigenen Ausbildungszentren. Modernes Einsatzgerät und gut ausgebildete Spezialistinnen und Spezialisten sind Grundlage der hohen Effizienz.

Das THW steht mit vielen internationalen Partnern bilateral, aber auch über die Europäische Union (EU) und über die Vereinten Nationen (VN) in engem Kontakt. So war das THW bei vielen internationalen Katastropheneinsätzen Partner der EU (vgl. Abschn. 6.5.2). Auch für die VN hat das THW auf Anforderung vielfach Hilfe geleistet. So im Falle des 2004-Tsunamis oder dem schweren Erdbeben in Haiti (2010). Das THW entsendet dazu neben seinen „Schnell-Einsatz-Einheiten" unter anderem Kräfte in die UN-Disaster Assessment and Coordination-Teams (UNDAC). Die THW-Teams sind auf Abruf innerhalb von 24 h einsatzbereit. Aus dieser Soforthilfe nach einer Katastrophe entstehen häufig langfristig angelegte Hilfsprojekte des THW, die zum Teil von den verschiedenen VN-Organisationen, wie dem Flüchtlingshilfswerk (UNHCR) oder dem Kinderhilfswerk (UNICEF) finanziert werden.

6.6.3 Wissenschaftlicher Beirat der Bundesregierung Globale Umweltveränderungen (WBGU)

Im Jahr 1992 wurde der Wissenschaftliche Beirat der Bundesregierung Globale Umweltveränderungen (WBGU) zur Vorbereitung des „Erdgipfels" von Rio de Janeiro von der Bundesregierung als unabhängiges, wissenschaftliches Beratungsgremium eingerichtet. Der aus neun Wissenschaftlern unterschiedlicher Fachrichtungen bestehende Beirat untersteht (organisatorisch) den Bundesminsterien für Umwelt (BMU) und Forschung (BMBF), um die Bundesregierung in allen Bereichen der globalen Umweltpolitik zu beraten. Er wird von einem interministeriellen Ausschuss bestehend aus Vertretern aller Ressorts der Bundesregierung und des Bundeskanzleramts begleitet. Der Beirat wird für jede Aufgabe neu zusammengesetzt.

Seine Hauptaufgaben (verallgemeinert) sind:

- globale Umwelt- und Entwicklungsprobleme zu analysieren,
- nationale und internationale Politiken zur Umsetzung einer nachhaltigen Entwicklung zu beobachten und zu bewerten,
- Forschung auf dem Gebiet des globalen Wandels auszuwerten und im Sinne von Frühwarnung auf neue Problemfelder hinzuweisen,
- Forschungsdefizite aufzuzeigen, Impulse für die Wissenschaft zu geben und Forschungsempfehlungen zu erarbeiten,
- durch Presse- und Öffentlichkeitsarbeit das Bewusstsein für die Probleme des globalen Wandels zu fördern.

Die Einrichtung des Beirats wurde mit der Feststellung begründet, dass die Umweltveränderungen weltweit ein kritisches Ausmaß erreicht haben – vor allem der Klimawandel, der Verlust der biologischen Vielfalt, Bodendegradation u. v. a. Die bestehenden Gesellschaftsmodelle haben sich als nicht länger tragfähig erwiesen, um diesen Herausforderungen gerecht zu werden. Eine Folge der globalen Umweltveränderungen ist die zunehmende Verwundbarkeit, insbesondere der Entwicklungsländer – (auch) gegenüber Naturkatastrophen – so ist die Umweltzerstörung auch zu einem Sicherheitsproblem („human security"); vgl. Abschn. 2.1.2, 8.1) geworden.

Die Wahl der zu behandelnden Themen steht dem WBGU frei. Es verfolgt einen interdisziplinären Ansatz zur Bewertung von Gefahren und Risiken, die sich unter anderem auch aus den Fragen zu Umwelt-und Klimabedingungen ergeben. Die Erkenntnisse und Empfehlungen werden den politischen Entscheidungsträgern und der breiten Öffentlichkeit als Orientierungshilfe vorgelegt. Dazu veröffentlicht der WBGU regelmäßig Gutachten. Inzwischen wurden 15 Hauptgutachten, 8 Sondergutachten und 7 Strategiepapiere veröffentlicht, die das gesamte Spektrum der Herausforderungen des globalen Wandels und der Eingriffe des Menschen in die natürliche Umwelt abdecken. Hauptgutachten sind Analysen mit ausführlichen wissenschaftlichen Begründungen. Sie behandeln übergreifende Themen des globalen Wandels und enthalten Handlungs- und Forschungsempfehlungen. Sie erscheinen in der Reihe „Welt im Wandel" und werden auch als Bundestags- und Bundesratsdrucksache den Abgeordneten zugänglich gemacht. Sondergutachten behandeln spezielle Themen des globalen Wandels, wie z. B. über den 5. Sachstandsbericht des Weltklimarates (IPCC). Factsheets dagegen geben einen schnellen Überblick zu einzelnen Themen. Insbesondere die beiden Hauptgutachten von 1998 „Welt im Wandel: Strategien zur Bewältigung globaler Umweltrisiken" und das Jahresgutachten von 2007 „Welt im Wandel: Sicherheitsrisiko Klimawandel" befassen sich eingehend mit der Problematik von Umweltzerstörung und Naturkatastrophenrisiken (WBGU 2008).

6.6.4 Die Deutsche Strategie zur Anpassung an den Klimawandel (DAS)

Schäden durch (Natur-)Katastrophen wie auch durch den Klimawandel fordern von einer Gesellschaft Strategien, wie sie sich solchen Problemen anpassen kann. Die Bundesregierung hat dazu im Jahr 2008 unter Federführung des Bundesministeriums für Umwelt, Naturschutz und Reaktorsicherheit (BMU) die Deutsche Anpassungsstrategie an den Klimawandel (DAS; DOI, https://www.bmuv.de/download/deutsche-anpassungsstrategie-an-den-klimawandel) vorgelegt und seitdem kontinuierlich angepasst (UBA 2008). Die rechtliche Grundlage für die Anpassungsstrategie bildet das Grundgesetz, das in Artikel 20a (GG; vgl. Kap. 2) den „Natur- und Umweltschutz" als nationales Ziel festlegt. Die Bundesregierung bekennt sich mit der DAS zu ihren Verpflichtungen, im Rahmen der Klimarahmenkonvention der Vereinten Nationen (UNFCCC) die nationalen Kapazitäten zu stärken, um den Anstieg der globalen Temperatur auf weniger als 2 °C gegenüber dem vorindustriellen Wert zu begrenzen. Mit der Strategie kommt die Regierung auch ihren Verpflichtungen innerhalb der Europäischen Union nach, mittels einer EU-weit harmonisierten Strategie die erwarteten Folgen des Klimawandels zu vermindern.

Die Strategie setzt den ordnungspolitischen Rahmen des Bundes für die Politik der Klimaanpassung. Ziel ist es, die Verletzlichkeit der deutschen Gesellschaft, Wirtschaft und Umwelt zu verringern und die Anpassungsfähigkeit des Landes zu steigern. In 15 zentralen Handlungsfeldern benennt die DAS die wesentlichen Handlungserfordernisse. Sie beschreibt konkrete Schritte und Maßnahmen auf nationaler Ebene, auf der Ebene der Bundesländer sowie in den Kommunen. Sie macht den dringenden Handlungsbedarf sowohl im Hinblick auf den Klimaschutz als auch die Anpassung an die Folgen des Klimawandels deutlich. In der DAS werden alle gesellschaftlichen Gruppen, politischen Entscheidungsebenen, Wissenschaft, Wirtschaft und Kultur zu einem koordinierten Handeln aufgerufen. Sie nimmt zudem die politischen Entscheidungsebenen in Bund, Ländern und den Kommunen in die Pflicht, in ihren Verantwortungsbereichen die Strategie – lokal anpasst – umzusetzen: Vor allem in der Regionalplanung, die jeweils auf Vorhandensein und Verbindlichkeit von klimaanpassungs-relevanten

Auswirkungen zu untersuchen ist. Das Handlungskonzept der Raumordnung zu Vermeidungs-, Minderungs- und Anpassungsstrategien im Hinblick auf die räumlichen Konsequenzen des Klimawandels der Ministerkonferenz für Raumordnung mit seinen klimaanpassungsbezogenen Handlungsfeldern dienten als Analysegrundlage (Schmitt 2016)

DAS stellt fest, dass der Klimawandel bereits eingetreten ist und dass seine Folgen überall in Deutschland heute schon spürbar sind. Die heißen und trockenen Sommer 2018 und 2019 sowie die Starkregenereignisse in den Jahren 2016 und 2017 haben unbestreitbar schon die befürchteten Auswirkungen gezeigt: in der Landwirtschaft mit enormen Ertragsverlusten, dem Baumsterben, den Hitzeopfern in den Städten usw. Nach Angaben des „Gesamtverbands der Deutschen Versicherungswirtschaft e. V." (GDV) waren klimabedingt im Jahr 2018 versicherte Schäden in Höhe von 2,6 Mrd. € an Häusern, Gewerbe- und Industriebetrieben durch Stürme, Hagel und Starkregen entstanden. Die Strategie weist darauf hin, dass selbst wenn es gelingt, die Erderwärmung entsprechend den Pariser Klimazielen zu begrenzen, sich das Klima weltweit und damit auch in Europa weiter verändern wird. Sie bringt darin zum Ausdruck, wie sehr das „Wohlergehen" des Landes davon abhängt, wie (gut) es mit diesen Folgen umzugehen versteht.

Nach der Herausgabe der Anpassungsstrategie wurden das Kompetenzzentrum Globale Erwärmung und Anpassung (KomPass) im Umweltbundesamt (UBA) eingerichtet. KomPass wurde mandatiert, Informationen und Ergebnisse aus den verschiedenen Fachbereichen und Ministerien zu sammeln, auszuwerten und über ein Internetportal zu kommunizieren. Des Weiteren wurde das Klimadienstleistungszentrum (Climate Service Center Germany, GERICS) bei der Helmholz-Gesellschaft Deutscher Forschungszentren gegründet. Das Zentrum befindet sich an der Schnittstelle zwischen der Klimasystemforschung und den Nutzern der aus Szenario- und Modellrechnungen gewonnenen Daten. Ziel ist die nutzerorientierte Beschleunigung von Wissensvermittlung und Forschungsprozessen im Bereich der Klimamodellierung und Szenario-Entwicklung

Die Anpassungsstrategie strebt die folgenden Aktionsziele an

- Ermittlung der Risikowahrscheinlichkeit und der Schadenspotenziale
- Sensibilisierung aller gesellschaftlichen Interessengruppen
- Einbeziehung von Fragen des Klimawandels in alle öffentlichen und privaten Sektoren
- Anregung der Interessengruppen, die notwendigen Vorkehrungen zu treffen, um die Widerstandsfähigkeit zu erhöhen

- Definition von Minderungsoptionen und Definition von Verantwortlichkeiten für die Umsetzung von Maßnahmen

Die Anpassungsstrategie sieht eine vergleichende regionale Risikobewertung für Deutschland vor, die auf vier regionalen Simulationsmodellen („Ensembles"; van der Linden und Mitchel 2009) basiert. Diese „Ensembles" bewerteten die klimatischen Veränderungsprozesse und führten zu Empfehlungen für die zukünftigen Risikominderungsziele auch für die verschiedenen deutschen Regionen. Die folgenden Schlüsselregionen Deutschlands sind besonders empfindlich gegenüber dem Klimawandel:

- Die mitteldeutschen Teile Ostdeutschlands, die nordöstliche deutsche Ebene sowie das südostdeutsche Becken und Hügel könnten in Zukunft zunehmend von einer reduzierten Wasserführung betroffen sein.
- Für das Hügelland auf beiden Seiten des Rheins wird eine allgemeine Zunahme der Niederschläge mit großen Folgen für die Land- und Forstwirtschaft und den Hochwasserschutz erwartet. Die Hitzewellen im Rheinschluchtgebiet könnten häufiger und intensiver werden und das Hochwasserrisiko erhöhen.
- Die Alpenregionen sind aus Sicht der Biodiversität sehr empfindlich. Der Rückzug der Gletscher hat Auswirkungen auf die Wasserressourcen. Es ist zu erwarten, dass das Risiko von Naturgefahren wie Steinschlag oder Schlammlawinen steigt.
- Die Küstenregionen werden durch den Anstieg des Meeresspiegels und Veränderungen des Sturmklimas zunehmend gefährdet. Allerdings besteht große Unsicherheit über die voraussichtliche Größe von Veränderungen des Meeresspiegels und der Sturmintensitäten. Von besonderer Bedeutung ist die Gefährdung von Feuchtgebieten und Tieflandgebieten sowie von Regionen mit hohem Schadenspotenzial, wie den norddeutschen Häfen.

Die Analysen sollen zudem weitere Anpassungspotenziale aufzeigen. Die Strategie erwartet darüber hinaus von der Wissenschaft, die Klimaanpassungsinhalte stetig fortzuentwickeln, um zukunftsfähige Lösungsmodelle vorzulegen. Die international verstärkte Debatte über Fragen des Klimawandels macht deutlich, dass der Zeithorizont des Klimawandels politische, wissenschaftliche und technische Herausforderungen darstellt, die bisher weder in der Geschichte erlebt noch durch das Völkerrecht geregelt wurden. Mit der Anpassungsstrategie stellt sich die Bundesregierung den Herausforderungen einer Internationalisierung der Klimapolitik. Die Regierung betont, dass die entwicklungspolitischen Strategien, Konzepte und Programme der Weltentwicklung rigoros daraufhin geprüft werden müssen, ob sie gegenüber möglichen Auswirkungen des Klimawandels ausreichend robust sind und ob sie dazu beitragen können, die Anpassungsfähigkeit der Gesellschaften zu stärken („climate check"). Dabei werden nicht nur die direkten Auswirkungen des Klimawandels, sondern auch indirekte Ergebnisse wie die der globalen Sicherheitsarchitektur, der Armutsmigration und der nachhaltigen Entwicklung berücksichtigt. Mit der DAS hat sich Deutschland bereit erklärt, sich aktiv an der Entwicklung relevanter Konzepte zur Reduzierung des Klimarisikos, wie sie in den Rahmenübereinkommen zur Klimaänderung niedergelegt sind, zu beteiligen. Einschließlich der Entwicklung geeigneter Mechanismen zur Finanzierung von Anpassungsmaßnahmen in Entwicklungsländern

6.7 Supranational

6.7.1 Kleine Inselstaaten

Kleine Inseln wie Fidschi, Tuvalu und Vanuatu oder tief liegende Küstenstaaten wie Belize sind anfällig für eine Vielzahl von Herausforderungen: vom Meeresspiegelanstieg bis hin zu sozio-ökonomischen Disparitäten durch den Klimawandel. Nach den Erhebungen von CRED-Emdat, der MunichRe und vor allem des WeltRisikoIndex sind es vor allem diese Staaten, die den höchsten Vulnerabilitätsindex in Bezug auf Naturkatastrophen auf der Welt haben. Manche von ihnen drohen heute schon im Meer zu versinken, andere haben im Zuge des Klimawandels mit erheblichen wirtschaftlichen Folgen zu kämpfen (Malediven, vgl. Kap. 1; Abschn. 5.2.8).

Als der Hurrikan Maria (2017) auf die Insel Domenica traf, zerstörte er dort fast die komplette Infrastruktur sowie fast alle Gebäude auf der Insel und weite Teile der schon so raren landwirtschaftlich nutzbaren Flächen. Die Schäden allein auf Domenica beliefen sich auf das 220fache des Bruttoinlandsprodukts (BIP). Die Kleinen Inselstaaten, insbesondere im Pazifik, haben zudem mit den Folgen des steigenden Meeresspiegels zu kämpfen, kommt es doch dadurch zu einer nicht-reversiblen Versalzung der Böden und der Süßwasserressourcen. Zudem treten dort immer häufiger Dürren ein, wodurch sich die Aquifere nicht wieder auffüllen. Schon heute gibt etwa ein Viertel der Menschen an, wegen dieser Gründe sich dazu gezwungen fühlen, ihre Heimat zu verlassen.

Historisch haben die Bewohner der kleinen Inseln schon immer wegen sehr unterschiedlicher Gründe – politische, wirtschaftliche, ethnische usw. – ihre Heimat verlassen. Doch der Klimawandel hat diese Migrationsbewegungen noch weiter verstärkt. Der Verlust an Arbeitskraft, geringere Exporterlöse, das Aufbrechen sozialer Netzwerke machen es den Staaten immer schwerer, eine stabile soziale und wirtschaftliche Entwicklung zu gewährleisten. Die Kleinen Inselstaaten sehen sich dabei unter einem großen Entscheidungsdruck, denn es mehren sich die Anzeichen, dass ihnen nicht mehr viel Zeit bleibt, die Situation grundlegend zu ändern.

Um sich den Herausforderungen besser stellen zu können, vor allem aber um ihrem Anliegen in der internationalen Klimadiskussion mehr Gewicht zu verleihen, haben sich 44 kleine Inseln und tief liegende Küstenstaaten zu der Allianz der Kleinen Inselstaaten (Alliance of Small Islands States, AOSIS) zusammengeschlossen. Die AOSIS agiert im System der Vereinten Nationen. Von seinen 39 Mitgliedern sind 37 Mitglieder der VN – einige von ihnen gehören zugleich der Gruppe der „am wenigsten entwickelten Länder" (Least Developed Countries, LDCs) an. AOSIS spielt eine wesentliche Rolle bei der Interessenvertretung und der Beeinflussung der internationalen Umweltpolitik und zwar insbesondere im Hinblick auf die Vereinbarungen im Rahmen der Klimakonvention (UNFCCC). Die Allianz fordert seit Jahren von den Industrieländern, ihren Verpflichtungen aus der Konvention und dem Kyoto-Protokoll (endlich) nachzukommen. Sie hat anlässlich der 75. Generalversammlung der Vereinten Nationen (2020) noch einmal darauf hingewiesen, dass die meisten von ihnen in „75 Jahren keinen Sitz in der Generalversammlung mehr einnehmen werden, wenn die globale Erwärmung nicht auf unter 1,5 °C gedrückt wird". Schon bei Gründung der Allianz im Jahr 1990 (anlässlich der 2. Weltklimakonferenz in Genf) war der Klimawandel das zentrale Thema. Mit dieser Agenda hat AOSIS maßgeblich zur Gestaltung der Ergebnisse der UNFCCC-COP 23 und des Pariser Abkommens beigetragen. AOSIS hat sich bei Abschluss des „Kyoto-Protokolls" für die wirksamere Bekämpfung der globalen Erwärmung eingesetzt und damals schon eine 20 %ige Reduzierung von Treibhausgasemissionen bis zum Jahre 2005 gefordert. Bei den Verhandlungen des „Paris Agreement" war AOSIS maßgeblich daran beteiligt, dass sich die weltweite Staatengemeinschaft verpflichtete, einer Begrenzung der Erderwärmung auf unter 1,5 °C anzustreben. Da sie mehr als jeder andere Staat der Erde von den Ozeanen abhängen, wird ihnen in der internationalen Klimadiskussion eine stärkere Stimme für den Erhalt der Meere und für eine nachhaltige Nutzung des Ozeans zugestanden.

AOSIS leistet auch wichtige Beiträge, indem sie ihren Mitgliedern hilft, ihre Ressourcen zu bündeln und ihre kollektive Stimme in Klimaverhandlungen zu stärken, wie es im Sendai Framework und der Agenda 2030 der Vereinten Nationen dargelegt ist:

> Investing in disaster risk reduction for resilience and preparedness is important, in effect building back better in recovery, rehabilitation and reconstruction can guarantee a safer future.

Dieses als „Samoa Pfad" („Samoa Pathway") bezeichnete Ziel ist mit der VN-Resolution 74/217 (12/2019) noch einmal nachdrücklich bekräftigt worden, zumal – wie die VN feststellt – die „Keinen Inselstaaten" einen Sonderfall der nachhaltigen Entwicklung darstellen: Ihnen gebührt daher die Solidarität der Staatengemeinschaft angesichts der komplexen Herausforderungen. Ihre Exposition gegenüber den nachteiligen Auswirkungen von Klimaänderungen und Naturkatastrophen führt dazu, dass sie kein anhaltendes Wirtschaftswachstum erreichen können. Die VN erkennen an, dass dringend Maßnahmen zur Bekämpfung der nachteiligen Auswirkungen der Klimaänderungen und gemeinschaftlich Anstrengungen zur Herbeiführung einer nachhaltigen Entwicklung ergriffen werden müssen.

Dennoch sind AOSIS-Mitglieder im UNFCCC-Prozess immer noch nicht umfassend beteiligt. Es fehlt in erster Linie an gut ausgebildeten Fachleuten – vor allem wegen fehlender Finanzmittel, um an den vielen Aus-und Fortbildungsprogrammen teilzunehmen. Dies verhindert, dass wertvolle Erfahrungen in die Arbeit der nationalen Regierung rückgekoppelt werden und dass zudem das Anliegen der Allianz nicht immer in dem notwendigen Umfang in die internationale Diskussion eingebracht wird. Die AOSIS hat daher das Climate Change Fellowship Programme eingerichtet, mit dem Berufseinsteiger aus AOSIS-Mitgliedsländern für ein Jahr nach New York entsendet werden, um Teil der Delegation bei UNFCCC und VN zu werden. Den Stipendiaten werden die Reiskosten erstattet, ein Kostendeckungszuschuss von 5000 US$ gewährt sowie ein monatliches Stipendium von 4000 US$. Die AOSIS erwartet sich davon, dass ihre Mitglieder umfassender in Fragen des Klimawandels ausgebildet sind und diese Kenntnisse in ihr Heimatland einbringen. Das Programm wird durch die Unterstützung der italienischen Regierung ermöglicht.

6.7.2 Die Internationale Föderation der Rotkreuz- und Rothalbmondgesellschaften (IFRC)

Die Internationale Föderation der Rotkreuz- und Rothalbmondgesellschaften (International Federation of Red Cross and Red Crescent, IFRC; DOI, https://www.ifrc.org/) ist das weltweit größte humanitäre Netzwerk, das internationale Hilfe nach Naturkatastrophen und von Menschen verursachten Katastrophen und in Konfliktsituationen leistet. Ihre Mission ist es, das Leben schutzbedürftiger Menschen zu verbessern. Die vielen Katastrophen der letzten 30 Jahre haben immer mehr Menschen – nicht nur in den Entwicklungsländern – immer vulnerabler gemacht, und das nicht nur durch Naturkatastrophen, sondern auch durch ethnische, soziale und kriegerische Konflikte.

Gegründet wurde die Rotkreuz-Bewegung schon im Jahr 1863; sie wurde aber erst 1949 im Zuge der Verkündung der „Genfer Konvention" als unabhängige und neutrale Organisation völkerrechtlich anerkannt. Ihre humanitäre Aufgabe besteht darin, das Leben und die Würde von Opfern von Krieg und innerer Gewalt zu schützen und ihnen Hilfe zu leisten. Nach dem Ersten Weltkrieg kamen Vertreter der nationalen Rotkreuz-Gesellschaften von Großbritannien, Frankreich, Italien, Japan und den USA zusammen, um die Liga der Rotkreuz-Gesellschaften (IKRK) zu gründen. Erklärtes Ziel war es, durch einen Zusammenschluss Potenzial und Kapazität der Hilfsleistungen besser zu nutzen. Mit diesem neu geschaffenen Verband erweiterte man das Mandat der nationalen Rotkreuz-Bewegungen über die Nothilfe bei bewaffneten Konflikten hinaus auf gesundheitliche Notfälle (Epidemien), Hungersnöte und Naturkatastrophen (Erdbeben, Überschwemmungen, Wirbelstürme usw.). Das IKRK leitet und koordiniert die internationalen Hilfsmaßnahmen der Bewegung in Konfliktsituationen.

Parallel mit der Gründung von nationalen Rotkreuz-Bewegungen kam es auch in den islamischen Staaten zur Einrichtung solcher Bewegungen: den Rotehalbmond-Gesellschaften. Im Jahr 1983 schlossen sich beide Gesellschaften in der Internationalen Bewegung des Roten Kreuzes und des Roten Halbmonds zusammen. Die 1919 gegründete Föderation leitet und koordiniert die internationale Hilfe der Bewegung für Opfer von Naturkatastrophen und technologischen Katastrophen, für Flüchtlinge und in gesundheitlichen Notfällen. Die Nationalen Rotkreuz- und Rothalbmond-Gesellschaften sind bis heute in 189 Ländern vertreten.

Die „Internationale Konferenz" der Föderation ist das oberste Beschlussgremium. Der „Delegiertenrat" ist das Gremium, in dem sich Vertreter aller nationalen Gesellschaften treffen, um Fragen zu erörtern, die die gesamte Bewegung betreffen. Der Rat setzt sich aus Vertretern aller Mitgliedsländer, dem IKRK und der Internationalen Föderation zusammen. Er gibt zu anstehenden Fragen eine Stellungnahme ab und trifft erforderlichenfalls Entscheidungen zu Politik und Themen für alle Aufgabenbereiche der Föderation. Der „Delegiertenrat" tritt alle zwei Jahre zusammen. Der Rat kann auch von sich aus oder auf Wunsch eines Drittels der nationalen Gesellschaften zusammentreten. Zusätzlich zu den Mitgliedern, die zur Teilnahme am Rat berechtigt sind, können Beobachter von nationalen Gesellschaften, die sich im Anerkennungsprozess befinden, an deren Sitzungen teilnehmen. Der Rat bemüht sich, seine Entschließung einvernehmlich zu treffen. Eine Ständige Kommission ist der Treuhänder der Internationalen Konferenz zwischen Konferenzen. Sie besteht aus neun Mitgliedern: fünf aus verschiedenen nationalen Gesellschaften, zwei Vertretern des IKRK und zwei Vertretern der Internationalen Föderation. Die Ständige Kom-

mission wählt aus ihrer Mitte einen Vorsitzenden und einen stellvertretenden Vorsitzenden. Die Hauptaufgabe der Ständigen Kommission ist die Vorbereitung der Internationalen Konferenz und des „Delegiertenrates". 1994 erhielt das IFRC auf der 38. Plenartagung der Generalversammlung der Vereinten Nationen das Recht als Beobachter an den Tagungen der VN teilzunehmen (Resolution A/RES/49/2).

13 Mio. Freiwillige sind in 192 nationalen Gesellschaften zusammengeschlossen. Sie haben sich die strategischen Ziele gesetzt:

- Leben retten, den Lebensunterhalt schützen und die Erholung von Katastrophen und Krisen zu stärken,
- ein gesundes und sicheres Leben zu ermöglichen,
- die soziale Eingliederung und eine Kultur der Gewaltlosigkeit und des Friedens zu fördern.

Das IRFC ist geleitet von den Prinzipien:

- den Respekt für den Menschen zu gewährleisten,
- niemanden hinsichtlich Nationalität, religiöser Überzeugung, Klasse oder politischer Meinung zu diskriminieren,
- Überparteilichkeit und Neutralität wahren,
- in einem Land gibt es nur ein Rotes Kreuz oder eine Rothalbmondgesellschaft,
- dass die Bewegungen alle den gleichen Status haben, die gleichen Verantwortlichkeiten und Pflichten und sich gegenseitig Hilfe leisten.

6.7.3   Das International Risk Governance Council (IRGC)

Das International Risk Governance Council (IRGC; DOI, https://irgc.org/) ist eine politisch unabhängige „non-profit"-Organisation mit dem Ziel, politische Entscheidungsträger, Risikomanager, aber auch die interessierte Öffentlichkeit mit sachgerechten, fundierten und belastbaren Informationen über gesellschaftliche Fragen im Umgang mit Katastrophen und Risiken („risk governance") zu versorgen (IRGC 2017, 2009).

Das Council wurde 2003 auf Initiative der Schweizer Regierung von einer Reihe namhafter Risikoforscher unter der Leitung von Prof. Ortwin Renn (Stuttgart) gegründet, als Folge der zunehmenden öffentlichen Besorgnis über die Mängel beim Risikomanagement für Naturkatastrophen in den späten 1990er Jahren. Es ist der Universität von Lausanne („L'Ecole Polytechnique Fédérale de Lausanne", EFPL) angegliedert. Das IGRC arbeitet mit Wissenschaftlern aus der ganzen Welt zusammen. Es hat dazu das International Risk Governance Center (EPFL-IRGC) als interdisziplinäre Einheit gegründet, die sich der Erweiterung und Verbreitung des Wissens über systemische, neue oder zunehmend komplexer werdende Risiken widmet. Es entwickelt Strategien zur Risikosteuerung, die sich auf die Einbeziehung aller wichtigen Interessengruppen konzentrieren, einschließlich Bürger, Regierungen, Unternehmen und Hochschulen.

Durch seine Unabhängigkeit und seine Internationalität ist IRGC prädestiniert, Humanwissenschaften, Naturwissenschaften, Technik und Ökonomie in den gesellschaftlichen Kontext zu stellen und die Betroffenen über ihre spezifischen Risiken zu informieren. Die Mission des Council besteht darin, als Katalysator bei der Entwicklung und Umsetzung effektiver Strategien zur Risikoverwaltung zu fungieren, indem Konzepte entwickelt werden, z.B im sozio-ökonomischen Raum (vgl. Greiving et al. 2016). Um die Objektivität seiner Governance-Empfehlungen zu gewährleisten, werden die Aktivitäten des IRGC durch internationale wissenschaftliche Expertise aus dem öffentlichen und privaten Sektor unterstützt: so durch das Scientific and Technical Council (S&TC) hinsichtlich der wissenschaftlichen Grundlagen. Seine Mitglieder bestehen aus Experten mit unterschiedlichem wissenschaftlichen und organisatorischen Hintergrund, die sich einen Überblick über die wissenschaftliche Qualität der IRGC-Arbeit verschaffen und die Qualität der Veröffentlichungen und anderer Ergebnisse des IRGC sicherstellen. Sie liefern Input und wissenschaftliche Beratung für das Arbeitsprogramm und beraten bei der Auswahl der Mitglieder des „IRGC-Netzwerks". Das Netzwerk agiert als unabhängiger „think-tank" mit multidisziplinärer Expertise, mit dem Ziel, die Lücken zwischen Wissenschaft, technologischer Entwicklung, politischen Entscheidungsträgern und der Öffentlichkeit zu schließen.

Seit 2003 hat das IRGC eine Reihe von faktenbasierten Empfehlungen zur Risikosteuerung für politische Entscheidungsträger aufgestellt, die helfen sollen, neu auftretende Risiken sowie die Optionen zur Risikosteuerung zu antizipieren und zu verstehen, bevor sie zu politischen Prioritäten werden. Mit seinen Forschungen will das IRGC das Verständnis der Systeme von Gesellschaft und Risiko in Fragen der Gesundheit, Ökonomie und Ökologie und den sich daraus ergebenden Handlungsoptionen vertiefen. So zum Beispiel zu Fragen der globalen Finanztransaktionen, der Überfischung der Meere, zur Situation kritischer maritimer Infrastrukturen, genmanipulierter Lebensmittel – aber auch zu Fragen der Risikowahrnehmung der Gesellschaft sowie zu Fragen des Naturkatastrophen-Risikomanagements. Grundlage der Forschungen ist das vom Council entwickelte Risk Governance Framework.

Das „Framework" baut auf 5 Schritten auf:

- Gefahrenabschätzung: Bei der Gefahrenabschätzung („pre-assessment") werden alle Gefahrenkomponenten, die zu einem Risiko werden können, erfasst und qualitativ bewertet: Naturgefahrenexposition, Vulnerabilität spezifischer gesellschaftlicher Gruppen, Beteiligte und Betroffene sowie der ordnungspolitische Rahmen. Daraus werden „erste" Lösungsmodelle entwickelt.

- Risikoabschätzung: Mit der Risikoabschätzung („risk appraisal") wird zum einen definiert, welche Risiken (wirklich) bestehen („risk assessment"), physisch, psychisch, technisch, finanziell usw., und zum anderen, welche gesellschaftlichen Gruppen in welchem Ausmaß von diesen Risiken betroffen sein werden („vulnerability").

- Risikoakzeptanz: Im Schritt Risikoakzeptanz („risk evaluation") wird festgestellt, welche Risiken von der Gesellschaft als „akzeptabel" (also als nicht zu verhindern) und welche als „nicht akzeptabel" (also als was verhindert werden muss) eingeschätzt werden.

- Management: Risiken, die als „müssen verhindert werden" eingeschätzt werden, erfordern von der Gesellschaft Konzepte und Strategien, wie am besten mit ihnen umzugehen ist: durch Präventionsmaßnahmen oder durch Anpassung. Oder, wenn es keine anderen Optionen (mehr) gibt, zu klären, wie eintretende Verluste, Schäden, Opfer aufgefangen werden können (Mitigation, Anpassung, Vermeidung)?

- Risikokommunikation: Risikokommunikation („risk communication") beschreibt den Komplex des Austausches von Informationen, Empfehlungen und Befürchtungen zwischen den Risikomanagern, den Betroffenen/Beteiligten und den Entscheidungsträgern. Die Praxis hat gezeigt, dass je früher und je umfassender alle „stakeholder" in den Diskussionsprozess eingebunden werden, desto schneller lassen sich einvernehmliche Entscheidungen treffen. Dabei wird es immer dazu kommen, dass einzelne Gruppen sich nicht immer vollumfänglich berücksichtigt glauben. Dies trifft immer dann zu, wenn es sich um komplexe, unbekannte, schwer zu definierende und sich gegenseitig beeinflussende Risiken handelt.

6.7.4 Volcanic Ash Advisory Centers

Ein Beispiel für eine international operierende Organisation unter dem Dach der Vereinten Nationen zum Schutz des kommerziellen Luftverkehrs stellen die Volcanic Ash Advisory Centers (VAAC; DOI, https://www.ssd.noaa.gov/VAAC/vaac.html) dar. Die Organisation mit 9 Zentren wurde 1993 aufgebaut und überwacht seitdem weltweit den Flugverkehr, um das Auftreten von Vulkanasche im Luftraum zu beobachten und um den Luftverkehr vor gefährlichen Aschewolken zu warnen. Die Arbeiten werden unter dem Dach der International Civil Aviation Organization (ICAO) durch von der ICAO autorisierte meteorologische

Dienste betrieben. Vulkanasche kann neben anderen Einwirkungen den Ausfall von Düsentriebwerken verursachen und somit Flugzeuge gravierend gefährden. Die einzelnen VAACs decken den größten Teil der Welt ab. So überwacht zum Beispiel „VAAC Washington" den nordamerikanischen Luftraum im Süden bis etwa an die brasilianische Grenze, den westlichen Atlantik und den Pazifik vom Äquator bis 50° Nord, oder das „VAAC-Darwin" (Australien) den gesamten südostasiatischen Raum.

Die Arbeitsroutinen („operational procedures") der VAACs sind im „Handbook on the International Airways Volcano Watch" (IAVW) niedergelegt. Danach konzentriert sich die Überwachung auf Vulkane, die entlang der Hauptflugrouten aktiv sind. Im Falle eines bevorstehenden Ausbruchs oder dem Herannahen einer Aschewolke werden von den Zentren sofort alle verfügbaren Daten an die Luftverkehrsgesellschaften und die regionalen Flugüberwachungszentren sowohl in Form von Karten, in Schriftform und telefonisch gemäß standardisierter Informationsroutinen verbreitet (vgl. Abschn. 3.4.3). Die Informationen werden alle 6 h auf der Basis einer Kombination von direkten Beobachtungen durch Satelliten, Radar und LiDAR-Erfassungen (vgl. Abschn. 3.4.5.), von Beobachtungen im internationalen Luftverkehr sowie Aschenverbreitungssimulationen aktualisiert. So ist es möglich, den Verlauf einer Aschewolke bis zu 16 h vorhersagen. Eigene Forschungsflugzeuge sowie Informationen von in der Luft befindlichen Verkehrsflugzeugen ergänzen die meteorologischen und vulkanischen Daten (Windgeschwindigkeit und -richtung, Luftfeuchtigkeit und -druck, Höhe der Aschewolke und Partikelgröße usw.). So konnte zum Beispiel das „VAAC Darwin" den Verlauf der Aschewolken des chilenischen Vulkans „Puyehue-Cordón Caulle" exakt verfolgen und vorhersagen, wie sie den Südpol in der Zeit vom 6.–14. Juni 2011 einmal umkreisten. In dem Aufgabengebiet von VAAC-Darwin sind circa 150 Vulkane aktiv, unter ihnen die hochaktiven Vulkane Merapi (Indonesien), Rabaul (Papua-Neuguinea), der Batu Tara in der Floressee und der Dukono auf Halmahera. Im Zeitraum 2011–2019 hat Darwin insgesamt 871 Warnungen herausgegeben, von denen sich mehr als 75 % auf die genannten vier Vulkane bezogen; die Aschenwolken stiegen dabei bis in Höhen von 6–7 km auf.

Literatur

Berkes, F., Folke, C. & Colding, J. (2000): Linking social and ecological systems: Management practices and social mechanisms for buildigh resilience.- Cambridge University Press, Cambridge MD

Binder. M. & Heupel, M (2014): Das Legitimitätsdefizit des UN-Sicherheitsrats Ausmaß, Ursachen, Abhilfe.- Deutsche Gesellschaft für die Vereinten Nationen (DGVN), Zeitschrift Vereinte Nationen, Heft 5, Bonn

DGVN (o. J.). Die Gründung der Vereinten Nationen".- Die UN im Überbilck, Geschichte der UN.- Deutsche Gesellschaft für die Vereinten Nationen e. V. (DGVN) ; Internetzugriff 6.7.2020

Fuchs, K. & Wenzel, F. (2000): IDNDR-Dekade. In: Erdbeben – Instabilität von Megastädten.- Schriften der Mathematisch-naturwissenschaftlichen Klasse der Heidelberger Akademie der Wissenschaften, Vol 6, Springer, Berlin, Heidelberg; https://doi.org/10.1007/978-3-642-58347-6_4

GEF (2015): GEF 2020 – Strategy for the GEF – Investing in our Planet.- Global Environmental Facility (GEF), Washington D. C.

GFDRR (2018): GFDRR-Stategy 2018–2212 – Bringing resilience to scale.- Global Facility for Disaster Reduction and Recovery (GFDRR), The World Bank, Washington D.C.; Internetzugriff 14.7.2020

Greiving, S., Hartz, A., Hurth, F. & Saad, S. (2016): Raumordnerische Risikovorsorge am Beispiel der Planungsregion Köln.- Raumforschung und Raumordnung, Vol. 74, p. 83–99,Springer-Verlag Berlin Heidelberg; https://doi.org/10.1007/s13147-016-0387-6

IGRC (2017): Introduction to the IRGC Risk Governance Framework, revised version.- International Risk Governance Council (IGRC), EPFL-International Risk Governance Center, Lausanne

IRGC (2009): Risiko-Governance: Mit der Unsicherheit in einer komplexen Welt umgehen – vorbereitet für den International Risk Governance Council (IGRC).- Natural Hazards, Vol. 48, No. 2, S. 313–314, Springer-online

IPCC (2000): IPCC – Special Report Emissions Scenarios – Summary for Policymakers.- Intergovernmental Panel on Climate Change (IPCC), Working Group III, Geneva

van der Linden, P. & Mitchel, J.F.B. (eds.) (2009): Ensembles: Climate change and its impacts: Summary of research and results from the ENSEMBLES Project.- Meteorological Office Headley Centre, p. 160, Exeter

Ostrom E. (2011): Was mehr wird, wenn wir teilen : Vom gesellschaftlichen Wert der Gemeingüter.- Ostrom. E. Hrsg., überarb. von Silke Helfrich.- oekom Verlag, S. 126, München

Porter, K. et al. (2011): Overview of the ARkStorm scenario.- U.S. Geological Survey Open-File Report 2010-1312, p. 183; http://pubs.usgs.gov/of/2010/1312

Prior, T. & Roth F. (2015): Internationale Katastrophen – Politik nach Sendai.- Analysen zur Sicherheitspolitik, Nr. 173, Center for Security Studies (CSS) der ETH, Zürich; www.css.ethz.ch/cssanalysen

Ranke, U. (2019): Klima und Umweltpolitik.- Springer Spektrum, S. 311, Springer Heidelberg

Schmitt, H. C. (2016): Klimaanpassung in der Regionalplanung – Eine deutschlandweite Analyse zum Implementationsstand klimaanpassungsrelevanter Regionalplaninhalte.-Raumforschung und Raumordnung, Ausgabe 1/2016

Sen, A. (1998): Ökonomie für den Menschen: Wege zu Gerechtigkeit und Solidarität in der Marktwirtschaft.- Deutscher Taschenbuch Verlag (ISDR dtv), Berlin

Stather, E. (2003): Gute Regierungsführung, menschliche Sicherheit und Friedenskonsolidierung als neue Herausforderung für die Entwicklungszusammenarbeit: Eine Würdigung.- Rede vor dem internationalen Symposium anlässlich des 40-jährigen Jubiläums des Deutschen Entwicklungsdienstes (DED) am 23.06.2003 in Bonn; http://www.bmz.de/de/presse/reden/stather/rede20030623.html

UBA (2008): Deutsche Anpassungsstrategie an den Klimawandel – DAS.- Umweltbundesamt, Dessau-Roßlau; www.bmu.de/fileadmin/bmu-import/files/,pdfs/allgemein/application/pdf/das_gesamt_bf.pdf

UBA (o. J.): Internationale Marktmechanismen – Flexible Mechanismen des Kyoto-Protokolls (2008–2020).- Umweltbundesamt (UBA); Dessau-Roßlau; Internetzugriff 20.09.2017

UNDP (2014): Human Development Report – Sustaining Human Progress: Reducing Vulnerabilities and Building Resilience.- United Nations Development Programme (UNDP), New York N.Y

UNEP (2014): Human Development Report 2014 Sustaining Human Progress: Reducing Vulnerabilities and Building Resilience.- United Nations Development Programme (UNDP), p. 225, New York NY

UNHCR (o. J.): Unser Mandat – Die Genfer Flüchtlingskonvention.- UNHCR Deutschland 2001–2012; Internetzugriff: 02.02.2021

UNIDNDR (1994): Yokohama Strategy and Plan of Action, Guidelines for Natural Disaster Prevention, Preparedness and Mitigation.- International Decade for Natural Disaster Reduction (UNIDNDR), Geneva

UNISDR (2015): Sendai Framework for Disaster Risk Reduction 2015–2030.-.United Nations Strategy for Disaster Reduction (UNISDR),Third United Nations World Conference on Disaster Risk Reduction (14–18 March 2015), Geneva

UNISDR (2005): Hyogo Framework of Action 2005–2015: Building the Resilience of Nations and Communities to Disasters.- United Nations Strategy for Disaster Reduction (UNISDR), Extract for the Final Report of the World Conference on Disaster Reduction (A/CONF, 2006/6), p. 25, Geneva

UNISDR (2004): Living with Risk A global review of disaster reduction initiatives.- United Nations Inter-Agency Secretariat of the International Strategy for Disaster Reduction (UNISDR), 2004 Version – Volume I, p. 457, Geneva

WBGU (2008): Welt im Wandel: Sicherheitsrisiko Klimawandel.- Wissenschaftlicher Beirat der Bundesregierung Globale Umweltveränderungen (WBGU), Springer Berlin, Heidelberg

WCDR I (1994): Yokohama Strategy and Plan of Action for a Safer World Guidelines for Natural Disaster Prevention, Preparedness and Mitigation World Conference on Natural Disaster Reduction Yokohama.- World Conference on Natural Disaster Reduction (I), Japan

WD (2006): Das Konzept der menschlichen Sicherheit – Ausarbeitung.- Wissenschaftliche Dienste des Deutschen Bundestages (WD), Kurzinformation WD 2 - 191/06 17. Oktober 2006, Berlin; Internetzugriff 7.7.2020

WECD (1987): Our Common Future – Brundtland Report.- World Commission on Environment and Development (WCED), United Nations, New York, NY

Verantwortung von Wissenschaft und Forschung für das Risikomanagement von Naturkatastrophen

Inhaltsverzeichnis

7.1   Nexus von Wissenschaft und Politik

Die Wissenschaft hat in Staat und Gesellschaft die Aufgabe (DHV 2019):

> Wissen und Erkenntnis zu mehren und zu vermitteln sowie Kraft ihrer
>   Expertise Legislative, Exekutive und Jurisdiktion zu beraten.

Die Politik braucht für ihre Entscheidungen Sachverstand, den sie von den Experten einholt (*„mandated science"*). Damit die Wissenschaft der Politik beratend zur Seite stehen kann, wird sie von der Politik beratungsfähig gemacht, indem diese die Wissenschaft durch Forschungs- und Personalmittel und mit dem Bau von Instituten fördert – damit wird Beratung keine „Einbahnstraße". Wie Wissenschaft und Politik in einer wechselseitigen Beziehung stehen, ist in Abb. 7.1 skizziert.

Darüber hinaus ist es Aufgabe von Wissenschaft und Technik, Problemlagen in der Gesellschaft aufzunehmen, diese zu analysieren und für einen politischen Dialog aufzubereiten (Renn 2019). Wissenschaft sollte sich dabei aber nicht nur als „Ausführungsorgan" von Staat und Gesellschaft verstehen, sondern auch als Stichwortgeber, um gesellschaftliche Prozesse anzuregen. Dazu muss sie Veränderungen frühzeitig wahrnehmen, daraus Folgerungen ableiten und ihre Erkenntnisse dann für die gesellschaftliche Diskussion aufbereiten. Und zwar schon zu einem so „frühen Zeitpunkt ...‚ an dem die wissenschaftliche

Beweisbarkeit ... noch nicht gegeben ist". Entscheidend dafür ist, dass dabei mit „größtmöglicher Transparenz, umfassender Kompetenz und vor allem Unabhängigkeit gearbeitet werde" (Böschen et al. 2002).

Von einem Forscher wird erwartet, dass er seine Erkenntnisse als Dienst an der Gesellschaft auffasst. Der Deutsche Hochschulverband (DHV 2019) weist daher darauf hin, dass „Forschung ohne ethische Orientierung keine Wissenschaft ..." darstellt. Das heißt, auch die „praxisfernste" Grundlagenforschung hat einen Bezug zur Gesellschaft –, z. B. durch Vertiefung bzw. Erweiterung des Wissens auf einem Spezialgebiet, das dann auf andere Disziplinen einwirkt. Ein Wissenschaftler kann aber auch derjenige sein, der nicht direkt an der „Forschungsfront" tätig ist, sondern seine Aufgabe in der Vermittlung und Erklärung von Forschungserkenntnissen in der breiten Öffentlichkeit sieht (vgl. Abschn. 7.1.3). Es gibt in der Praxis nur wenige Wissenschaftler, die in der Lage sind, sowohl exzellente Grundlagenforschung zu betreiben als auch die Erkenntnisse einem breiten Publikum zu vermitteln (Abb. 7.2).

Wenn es Aufgabe von Wissenschaft und Forschung ist, Erkenntnisse zu gewinnen, dann stellt sich die Frage, wer in der Gesellschaft davon profitiert und wer ggf. nicht. Die Erfahrung zeigt, dass die Gesellschaft bereit ist, der Wissenschaft mehr Anerkennung zu zollen – soll heißen, mehr Forschungsmittel bereitzustellen -, je näher sich das Forschungsthema an ihrem „Wohlergehen" (*„human security"*) orientiert. Das bedeutet aber im Umkehrschluss

Abb 7.1 Interaktion von Wissenschaft und Politik

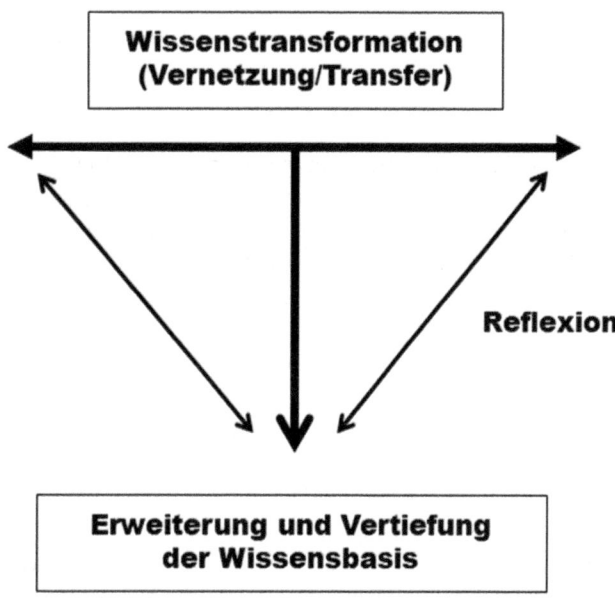

Abb. 7.2 Der T-Ansatz: Aufgabe eines Wissenschaftlers in der Forschung und in der Forschungsvermittlung

nicht, dass Wissenschaft nur noch dem *„main stream"* folgen sollte. Um das zu verhindern, muss der Staat seine Lenkungsfunktion wahrnehmen. Die rasante Entwicklung insbesondere in Naturwissenschaft, Medizin und Technik in den letzten 30–40 Jahren hat dazu geführt, das Leben der Menschen besser zu machen. Ein Beispiel ist die Entwicklung eines Corona-Impfstoffes in nicht einmal einem Jahr – ein Zeitraum, der selbst von Experten ein halbes Jahr zuvor noch als völlig unrealistisch angesehen wurde.

Wenn, wie Klapwijk es schon 1981 formulierte, Wissenschaft die Aufgabe hat, *„organizing humanity in a scientific*

way" (vgl. Kap. 2), dann folgt daraus, dass auch die (Natur-) Wissenschaften letztendlich eine soziale Verantwortung zu übernehmen haben. Der ehemalige Staatssekretär im BMZ Erich Stather hat das einmal so ausgedrückt: „Der Mensch ist die normative Letztbegründung staatlichen Handelns" (Stather 2003; vgl. Abschn. 2.1). „Erschwerend kommt hinzu, dass die Wissenschaften mehr denn je im Spannungsverhältnis ihrer öffentlich sowohl konstruktiv wie destruktiv wahrgenommenen Rolle stehen. Sie verkörpern einerseits den Fortschritt, andererseits werden sie jedoch auch als eine Bedrohung der menschlichen Sicherheit empfunden", so der Stifterverband (1999). Dies wird umso drängender, je mehr die Wissenschaft sich zu Fragen äußert, die stark das Leben der Menschen beeinflussen – wie z. B. die gerade erst wieder aufkommende Debatte über den Nutzen der Kernkraft zur CO_2-Minderung. Hierbei steht die Wissenschaft in der Verantwortung, solche Themen „öffentlich zu rechtfertigen, ja sogar vorausschauend … zu diskutieren", so in seinem PUSH-Memorandum. Einen anderen Aspekt stellte der Soziologe Niklas Luhmann (Luhmann 1991) heraus, wenn er nach dem Problembewusstsein des Einzelnen fragt. Er meinte, dass gesellschaftliche Gruppen heutzutage sich sehr für solche Risiken interessieren (z. B. die Anti-Atomkraft-Bewegung), deren Eintritt als hoch unwahrscheinlich, dafür aber mit katastrophalen Konsequenzen eingeschätzt wird, und weil die Gruppen sich dem „machtlos" ausgeliefert sehen, die Verantwortung bei externen Organisationen oder anderen Interessengruppen – auch bei der Wissenschaft – verorten. Erforderlich ist, so der Stifterverband, eine „neue Kommunikationsstruktur, um den Bürger in die Lage zu versetzen, an dieser Diskussion aktiv teilzunehmen…". Der Verband rief daher die Wissenschaftsgesellschaft auf, sich aktiv in einen Dialog mit der Öffentlichkeit einzubringen und bei den Skeptikern „Überzeugungsarbeit zu leisten": eine Fähigkeit, die „Wissenschaftlerinnen und Wissenschaftler selten gelernt" haben. Sie müssen daher in der Lage sein, ihre Erkenntnisse „... auch in einer für den Nichtspezialisten verständlichen Form darzustellen" (vgl. Slovic 1997).

Je nachdem, wie die Wissenschaft sich „aufstellt", reklamiert sie für sich entweder die „Freiheit der Wissenschaft" oder stellt ihre Arbeit in den Dienst der Gesellschaft. Dann übernimmt die Wissenschaft die Aufgabe, eine Antwort auf politische Problemstellungen und sozioökonomische und kulturelle Bedürfnisse der Gesellschaft zu geben (Bechmann und Frederichs 1996) und stellt dann kausale Zusammenhänge her, wie sie zunehmend für politische und soziale Problemlagen benötigt werden. Dabei zeigte die gesellschaftspolitische Diskussion, zum Beispiel im Zuge der Corona-Pandemie, dass Wissenschaftler auch mal eine Interpretationsfunktion übernehmen (müssen) – auch dann, wenn sie nicht über „überprüfbares" Wissen verfügen. Dabei geben sie (ihr) Hintergrundwissen und bilden so einen Orientierungsrahmen für die politischen Entscheidungsträger. „Es entstehen Felder der problemorientierten und angewandten Forschung", bei der „mit anderen Worten, die Wissenschaft ihre Labors verlässt und sich in die öffentliche Debatte einmischt" (Bechmann und Frederichs 1996).

Nach Max Weber (1917/1919) muss Wissenschaft „vollständig objektiv und umfassend neutral" sein. Wertfreiheit sei eine Voraussetzung, um als Wissenschaft anerkannt zu werden. Nur unterscheidet Weber hier nicht zwischen der Grundlagenforschung – auf die sich meines Erachtens seine Aussage bezieht – und den angewandten Wissenschaften, die eine Umsetzung wissenschaftlicher Erkenntnisse zum Inhalt haben – damit aber eben sich nicht mehr auf den „reinen" Erkenntniszuwachs beschränken.

7.1.1 Forschung

Der Gegenstand wissenschaftlicher Forschung kann sowohl die Gesellschaft als auch die Natur sein. Ziel der Forschung ist objektives nachvollziehbares Wissen zu generieren, auf das man sich sowohl in Bezug auf die theoretische Argumentation als auch beim praktischen Handeln verlassen kann. Ein solcherart abgesichertes Wissen nennt man „Erkenntnis". Forschung ist danach das „Werkzeug des Erkennens", mit dem ein „Problem systematisch und transparent, methodenbasiert analysiert wird" (Deppert 2019). Daraus ergeben sich die Fragen: Wie entsteht Erkenntnis? Wie kommt man zu gesichertem Wissen? Und sollte die Wissenschaft (nur) die Suche nach der Lösung eines Problems sein oder hat sie nicht auch die Aufgabe nach „Problemen" zu suchen, die noch gar nicht bekannt sind? In diesem Zusammenhang ist zu klären, welche Fakten uns dazu bringen, Erfahrungen in

Erkenntnisse umzusetzen. Dabei wird zwischen „logisch" und „empirisch" gewonnenen Erkenntnissen unterschieden. Erfahrungen können dabei in sehr unterschiedlicher Form vorliegen (Sakai 2019; vgl. Abschn. 4.2.5) als:

- Dinge, bei denen wir über verlässliche Informationen verfügen („known knows"),
- Dinge, von denen wir wissen, dass wir nichts über sie wissen („known unknowns"),
- Dinge, von denen wir nicht wissen, dass sie überhaupt existieren („unknown unknowns"),
- Dinge, von denen wir nichts wissen, außer dass sie existieren können („unknowns knowns").

Ganz generell wird zwischen „Grundlagenforschung", „angewandter Forschung" und „problemorientierter" Forschung unterschieden.

„Grundlagenforschung" beruht im Prinzip auf Beobachtungen und Erkenntnissen über Ursache- und Wirkungs-Zusammenhänge von Ereignissen, Tatbeständen und Sachverhalten. Diese Zusammenhänge werden zunächst erst einmal postuliert und dann durch Versuche, Analysen und theoretische Überlegungen verifiziert. Dabei gilt nur das, was objektiv als „nicht-falsch" erkannt (falsifiziert) wird, als richtig (siehe weiter unten). Damit unterliegen die Wissenschaften sich stetig ändernden Erkenntniszuwächsen. Dies trifft sogar auf die Mathematik zu, die alles in einer Gleichung zu beweisen versucht. In den Naturwissenschaften jedoch basiert Wissen meist auf Beobachtungen und den daraus abgeleiteten Schlussfolgerungen. So kommt es, dass ein Naturkatastrophen-Risikomanager eine Risikobewertung, z. B. über die Wahrscheinlichkeit des Auftretens eines Tsunamis, allein auf der Basis von Heuristiken abgeben kann. Er überträgt dazu Erkenntnisse aus der Vergangenheit und schließt daraus im Analogieschluss auf ein potenziell eintretendes Ereignis. Seine Expertise gründet sich allein auf der Wahrscheinlichkeit. So hatten die Katastrophenmanager in der Region Zentralitalien etwa eine Woche vor dem Erdbeben von L'Aquila (Italien) auf erhöhte Seismizität hingewiesen. Ein Erdbebenereignis wurde aber vom Gemeinderat der Stadt als „nicht wahrscheinlich" eingestuft. Dennoch wurden sie aufgrund „falscher Vorhersage" in erster Instanz wegen „Beihilfe zur Körperverletzung mit Todesfolge" zu mehrjährigen Haftstrafen verurteilt. Dieses Beispiel zeigt, wie „empirische" Wissenschaft mit einer beweisbare Fakten verlangenden Rechtsprechung kollidiert. Beide Auffassungen haben ohne Zweifel ihre Berechtigung – nur sind diese nicht kompatibel. Das Urteil wurde später revidiert, da sich das Berufungsgericht der Auffassung der Experten anschloss, diese hätten nur die Wahrscheinlichkeit des Eintretens dargestellt.

Wenn Forscher zu wissenschaftlichen Erkenntnissen kommen wollen, dann nutzen sie meist die Methode der

Induktion: Sie beobachten bestimmte Phänomene in der Natur oder auch Experimente in ihrem Labor und schließen daraus auf allgemein gültige Gesetzmäßigkeiten. Was darüber hinaus unter dem Begriff „Wissenschaft" verstanden wird, darüber gibt es je nach Standpunkt (Forscher, Staat, Öffentlichkeit, Nutznießer, Befürworter, Gegner) sehr unterschiedliche Auffassungen. Nach „Die ZEIT" (Nr. 40, 24.09.2020) ist für die einen „Wissenschaft die permanente Suche nach der Wahrheit", begründet auf einem „… Konzept von Rationalität", andere stellen diese Definition ebenfalls aus guten Gründen infrage: Sie verweisen darauf, dass schon die „zentralen Begriffe … Wahrheit, Objektivität, Kohärenz, Konsistenz … in unterschiedlichen wissenschaftstheoretischen Ansätzen unterschiedlich bestimmt werden" – woraus sich der Zweifel ableitet, ob die „Suche nach Wahrheit tatsächlich grundlegende Bedingung wissenschaftlichen Forschens" ist (vgl. Rost 1966).

Wissen wird aber in der Allgemeinheit immer noch mit dem Anspruch verbunden, nach dem Wissen, im Unterschied zum bloßen Vermuten oder Zweifeln, auf (objektiver) Gewissheit aufbaut. Wissen ist so gerechtfertigte Überzeugung und grenzt sich daher von „Meinen oder Glauben" ab. Noch einen Schritt weiter ging Popper (Keuth 2018), wenn er feststellte, dass „all unser Wissen (nur) Vermutungswissen ist ….. wir suchen die Wahrheit, aber die Wahrheit bleibt immer ungewiss". Dies gilt vor allem für naturwissenschaftliche (empirische) Theorien. Damit vollzog Popper eine radikale Abkehr von der bis dahin üblichen Wissenschaftstheorie. Diese hatte immer versucht, Hypothesen oder Theorien zu verifizieren und damit zu begründen. Popper stellt dem sein Prinzip der Falsifizierbarkeit entgegen, das bis heute in der Forschung verwendet wird. Nur eine Theorie, die sich im Prinzip widerlegen lässt, hat einen wissenschaftlichen Wert. Im Zuge der Corona-Pandemie wurden Stimmen laut, ob man den Aussagen der Wissenschaftler „überhaupt" noch trauen kann, wo doch beinahe kein Tag verging, an dem nicht eine neue Theorie, Erkenntnis oder Annahme verbreitet wurde. Dabei ist es genau das, was die Wissenschaft ausmacht: Die „ewige" Suche nach Erkenntnis, der Prozess, unbekannte Räume zu betreten. Die Wissenschaft sucht nicht die „Wahrheit" – sie ist daher auch nicht unfehlbar und kann (oftmals) ihre Theorien nicht zu 100 % beweisen. Der Gesellschaft erscheint diese Suche als zu umständlich und nicht transparent: Sie will „absolute" Sicherheit und dass immer und am besten sofort. Dabei kommt es sehr oft zu dem, was man als *„confirmation bias"* beschreibt: Eine kognitive Problemwahrnehmung, die dazu führt, dass der Einzelne oder eine gesellschaftliche Gruppe (z. B. eine Bürgerinitiative) vorrangig solche Informationen als „wahr" empfindet oder hervorhebt, die ihre Sichtweise bestätigt. Die Wissenschaft ist daher gefordert, den Widerspruch zwischen ihrem Selbstverständnis und den Erwartungen der Gesellschaft an sie „auszuhalten" (Die „ZEIT-Online", Nr. 25, 30.06.2020).

Grundlagenforschung wird vom Staat oder der Industrie (oder beiden gemeinsam) finanziert. Sie stellt die Basis für die Wissensgesellschaft (BMBF o. J.). Zwei Voraussetzungen zeichnen sie aus: Sie ist zum einen „frei", „unabhängig" und „neutral" und zum zweiten hat sie „Zeit". Das heißt, von ihr werden keine Ergebnisse in einem definierten Zeitraum erwartet. Grundlagenforschung führt zu Erkenntnisgewinnen und Fortschritten. Daraus werden Anwendungen, Innovationen und neue Technologien abgeleitet. Nur durch Experimentieren und Erforschen lassen sich die Grenzen der menschlichen Erkenntnis erweitern. Doch Grundlagenforschung dient weit mehr als nur dem reinen Erkenntnisgewinn. Durch Experimente gewonnene Erkenntnisse fließen häufig mittelfristig in neue Produkte ein, auch wenn diese oftmals sehr wenig mit dem ursprünglichen Forschungsgegenstand zu tun haben. Ob aus einer wissenschaftlichen Erkenntnis ein bestimmtes Produkt oder ein neuer Wirtschaftszweig entsteht, ist nicht vorhersehbar; „dass die Erkenntnis langfristig in neue Techniken mündet, ist jedoch ein über die Jahrhunderte gewonnener Erfahrungswert" (BMBF o. J.). Die Grundlagenforschung hat somit einen großen Einfluss darauf, wie sich unsere Gesellschaft entwickelt, indem unterschiedliche wissenschaftliche Disziplinen (Geo-, Sozial-, Wirtschaftswissenschaften u. v. a.) in die Erkenntnisgewinnung integriert werden (Helbing et al. 2005).

Mit wachsender Einbeziehung der Wissenschaft in die gesellschaftlichen Entscheidungsprozesse gewann ein Wissenschaftszweig an Bedeutung: die „problemorientierte Forschung". Die Gesellschaften haben erkannt, dass sich immer neue Problembereiche entwickeln, die allein durch die traditionellen Politikfelder nicht mehr abgedeckt werden, die also nur mithilfe der Wissenschaft „gelöst" werden können. Für die Wissenschaft bedeutet das, dass „ihre" traditionelle Aufteilung in streng getrennte Fachdisziplinen nicht länger praktikabel ist: Es bildeten sich „transdisziplinäre" Forschungsteams. Und mit diesem neuen Typ von Forschung ist auch eine „neue Elite" entstanden. Dies aber stellt zum Teil das „traditionelle" Selbstverständnis eines Forschers, nämlich rational und wertfrei zu sein, infrage. Hinzu kommt noch, dass die Wissenschaft immer häufiger in Anwendungsbereiche vorstößt, in denen ihre Analyse- und Prognosefähigkeit an ihre Grenzen kommt (vgl. Abschn. 4.2.5) – insbesondere wenn die Problemstellung in einen politischen Kontext gestellt wird und damit objektiv als nicht beweisbar anzusehen ist. Beispiele für die zunehmende Integration von Wissenschaft in die öffentlichen Debatten sind der Klimawandel, genmanipuliertes Saatgut u.v. a. Hier kann man ablesen, dass Wissenschaft einen immer stärkeren Einfluss auf die Politik gewinnt. Hier übernimmt sie die Funktion eines Übersetzers wissenschaftlicher Erkenntnisse in gesellschaftliche Normen mit der Folge einer „zunehmenden Technologisierung der Gesellschaft". Bei der Umweltdiskussion geht dies noch einen Schritt weiter. Hier übernimmt die Wissenschaft seit Jahren die Funktion eines „Warners" vor unvorhersehbaren, nicht intendierten Wirkungen – allen voran das Potsdam-Institut für Klimafolgenforschung (PIK). In diesem Sektor kommt der Wissenschaft eine eminent wichtige „Zukunftsaufgabe" zu, indem sie Problemlagen in der Gesellschaft aufnimmt, diese analysiert und für einen politischen Dialog aufbereitet. Sie versteht sich dabei nicht als ein „Organ" des Staates oder eines Unternehmens, sondern positioniert sich als Stichwortgeber, um gesellschaftliche Prozesse anzuregen.

„Angewandte Forschung" ist die Forschung, die bestimmte praktische Probleme lösen oder bestimmte Fragen beantworten soll. Sie steht zwischen der Grundlagenforschung und der sozialen und technischen Umsetzung. Ihre Erkenntnisgewinnung ist in erster Linie auf ein spezifisches, praktisches Ziel ausgerichtet und umfasst den gesamten Bereich des sogenannten „Verwertungszusammenhangs", d. h. die Ergebnisse kommen einer Vielzahl von potenziellen Anwendungen zugute. In den Naturwissenschaften spricht man seit den späten 1950er-Jahren auch von den „angewandten Naturwissenschaften" und beschreibt damit einen stärkeren Forschungsbezug, vor allem im Hinblick auf die Analyse räumlicher und ökologischer Prozesse – wie zum Beispiel die Risikoexposition durch Naturgefahren. Als die zwei wichtigsten Teilbereiche der angewandte Forschung gelten die „Technologie", die die rationale Ausgestaltung der Forschungsfragen für ein gegebenes Problem beschreibt, sowie die „Prognose", welche auf die Vorhersage der Entwicklung aktueller Prozesse in der Zukunft und ihrer Konsequenzen ausgerichtet ist – zum Beispiel in der Formulierung von sozio-ökonomischen und ökologischen Entwicklungsszenarien räumlicher Ausschnitte (Spektrum o. J.).

7.1.2 Verantwortung der Wissenschaft

Es ist die Aufgabe der Wissenschaft, den Menschen zum Beispiel bei ihrer (Natur-)Risikowahrnehmung sachlich und neutral zu unterstützen (Plapp 2003). So nehmen immer noch viele Menschen eine globale Katastrophe wie die Erderwärmung nicht ernst oder leugnen sie sogar. In diesem Fall muss die Wissenschaft darauf aufmerksam machen, dass es schon seit mindestens 30 Jahren deutliche Anzeichen für einen Klimawandel gibt (vgl. „Keeling-Kurve"; Arrhenius 1896), der sich wahrscheinlich nicht mehr nur linear fortsetzen wird. Die Kipp-Punkte, die ein „Umkippen" des globalen Klimas wahrscheinlich machen, sind längst identifiziert. Nur ist die Dramatik vielen Menschen noch

nicht bewusst geworden – trotz der Vielzahl an Fachbeiträgen und populärer Sendungen in den Medien. Die Menschen sehen nur einen zeitlich begrenzten Ausschnitt des Klimageschehens, mit dem sie bisher „gut" haben umgehen können, und stehen daher auf dem Standpunkt, damit auch in Zukunft schon fertigzuwerden. Die Wissenschaft muss sich in diesem Dilemma positionieren (Sigrist 2004). Dies erfordert oftmals, dass sie sich in die Funktion des „Überbringers schlechter Nachrichten" begibt. In dem Augenblick, in dem man sich als Forscher zu einem Thema äußert, exponiert man sich und macht sich damit angreifbar – dieses Dilemma aber muss die Wissenschaft aushalten. Sie muss die unabweisbaren Fakten so aufbereiten, dass ihre „Nachricht" auch diejenigen erreicht, die nicht über eine wissenschaftliche Ausbildung verfügen. Sie muss sich deshalb auch an die politischen Entscheidungsebenen wenden, um zusammen mit ihnen Lösungsmodelle zur Erhöhung der menschlichen Sicherheit („resilience") zu entwickeln.

Wissenschaftliche Erkenntnisse sind keine bloße „Meinungsäußerung", so der Deutsche Wissenschaftsrat (Meier-Leibniz 1981), sondern die Wissenschaft hat die Aufgabe, den Unterschied zwischen Meinungen und wissenschaftlich überprüfbaren Erkenntnissen zu verdeutlichen, indem sie die Ergebnisse transparent, nachvollziehbar und verständlich nach „außen" kommuniziert. Dabei muss sie immer wieder auf die Grenzen gesicherter Erkenntnis und die Bedeutung wissenschaftlicher Kontroversen hinweisen (USGS 2007). Sie ist aber nicht diejenige, die die sich daraus abzuleitenden politischen Entscheidungen trifft. Nur muss sie sich bewusst sein, dass sie die Agenda „mitbestimmt". Dieses Wechselspiel wird je nach Standpunkt entweder als „Verwissenschaftlichung der Politik" oder als „Politisierung der Wissenschaft" bezeichnet. Zu einem beschreibt es die (sicher erforderliche) Einbeziehung wissenschaftlicher Expertise in politische Entscheidungsprozesse, zum andern werden immer häufiger politische und wissenschaftliche Zielsetzungen in Forschung und Wissenschaft „eingebracht" (Merz 2011; Beck 2011).

Die Erwartung der Politik, von der Wissenschaft „Sicherheit zu bekommen" und so „politische Probleme zu rationalisieren", ist nach Beck und Ko-Autoren (2011) problematisch, denn „in dem Moment, in dem man in den Außenraum geht, ist man einer Meinungsarena ausgesetzt, die oft nicht auf fundierte Erkenntnisse schaut, sondern auf Interpretation" (Schieferdecker in: „Die ZEIT", Nr. 40, 24.09.2020). Das heißt, dass sich die Wissenschaft auch für die sich aus ihren Erkenntnissen ergebenden Folgen interessieren muss. Die Naturwissenschaften werden niemals in der Lage sein, „absolute" Wahrheit zu erkennen: Sie sind immer „relative". Wissenschaften und beruhen auf Irrtümern und dürfen zu ihren „Unkenntnissen" stehen. Darin unterscheiden sich die Wissenschaften von der „Meinungsbildung" der Öffentlichkeit.

Die Freiheit, Wissenschaft und Forschung zu betreiben, ist in Deutschland in der Verfassung garantiert (GG, Art. 5,3). Der Artikel verpflichtet aber im Gegenzug die Wissenschaft, Verantwortung für die Einhaltung grundlegender Werte und Normen wissenschaftlicher Arbeit zu übernehmen (Klapwijk 1981). Damit werden im weiten Sinne „ethische" Aspekte zum Fundament für die Wahrnehmung der eigenen Verantwortung. Diese fordert von den (Natur-)Wissenschaftlern, ehrlich gegenüber sich selbst zu sein, das heißt, dass auch ein Misserfolg transparent gemacht werden muss. Da viele Forschungen und Aktivitäten zur Erkenntniserweiterung im „nicht öffentlichen" Raum wie z. B. in Labors ablaufen, ist die Wissenschaft und speziell die Forschung gegenüber „Unredlichkeit" besonders empfindlich. Dies trifft nicht nur auf den einzelnen Forscher, sondern ebenso auf „ganze" Universitäten zu, wie der Skandal im Jahr 2019 um einen Bluttest auf Brustkrebs am Uniklinikum Heidelberg deutlich machte. Institutionelle Autonomie ist die Voraussetzung für eine „freie" Wissenschaft und diese kann nur durch eine verlässliche Finanzierung sichergestellt werden. Forscher müssen die vielfältigen Fragestellungen nach eigenem (!) Ermessen angehen können, ohne zu von der Gesellschaft erwarteten Erkenntnissen gelangen zu müssen. Die Reputation eines Instituts (eines Forschers) wird aber sehr häufig an der Höhe der jährlich eingeworbenen Drittmittel ausgerichtet. Diese wiederum basieren auf der wissenschaftlichen „Produktivität" – in der Regel gemessen an der Zahl der der Öffentlichkeit zur Verfügung gestellten Ergebnisse. Damit bekommt ein wissenschaftlicher Beitrag eine Doppelrolle. Zum einen stellt er einen Beitrag im wissenschaftlichen Diskurs dar, zum anderen wird er immer öfter Grundlage des finanziellen Erfolgs. Das schon als exponentiell zu bezeichnende Wachstum der Zahl wissenschaftlicher Veröffentlichungen ist heute selbst für die Fachleute nicht mehr überschaubar („Informationsexplosion"). Nach de Solla Price (1963) verdoppelt sich das Wissen seit Mitte des 17. Jahrhunderts etwa alle 15 Jahre. Zum anderen sind publizierte Erkenntnisse zumeist ein Kriterium im Wettbewerb um Karrierechancen. Es besteht also die Gefahr, dass nicht mehr der wissenschaftliche Inhalt, sondern allein die schiere Anzahl zum Qualitätsmaßstab wird – vom Nobelpreis und vergleichbaren Ehrungen abgesehen. Das führt dazu, dass „bald mehr gezählt als gelesen wird" (DFG 1998).

Des Weiteren ist es in dem Maße, wie Forschungsergebnisse Grundlage von industrieller oder anderer Anwendung werden, zu einer durchaus gewünschten Ausweitung von Fachdisziplinen übergreifenden Wissenschaftskooperationen gekommen. Damit hat sich der Kreis der „Publizierer" noch einmal vergrößert. Die (finanzielle) Abhängigkeit der „freien" (Natur-)Wissenschaft von staatlicher, industrieller oder privater Förderung (Wissenschaftsbudget, Mäzenatentum) bringt die Wissenschaft in eine Situation, einerseits den Erwartungen der Finanziers gerecht zu werden (z. B. privat finanzierte Entwicklung eines Corona-Impfstoffs), andererseits aber unabhängig und neutral der wissenschaftlichen Ethik verpflichtet zu sein. Anreiz- und Belohnungssysteme der Wissenschaft dürfen die freie Forschung nicht einschränken, sondern müssen sie befördern. Wissenschaftliche Leistung muss zudem an der Qualität und nicht an der Quantität gemessen werden. Deshalb müssen die Bewertungsinstrumente sowohl im Rahmen der staatlich gesetzten Ordnung als auch in der Forschungspraxis kritisch hinterfragt werden.

In der Realität unterliegt die Wissenschaft vielfältigen Versuchen der Einflussnahme durch Dritte. Solche Beeinflussungen sind zumeist dann am größten, wenn Forschungsergebnisse zu wirtschaftlichen und politischen Folgen führen, wie es derzeit in der Diskussion um die Corona-Pandemie fast jeden Abend in den Talkshows abzulesen ist. Um diese Gefahr zu minimieren, ruft der DHV (2019) dazu auf, alle drittmittelfinanzierten Forschungsprojekte einschließlich der Auftraggeber offenzulegen und so dem in der Öffentlichkeit häufig geäußerten Verdacht entgegenzuwirken, dass zwischen dem Ergebnis und Forschungsgeldern ein kausaler Zusammenhang bestehen könne.

An vielen Stellen des Buches ist der Nexus von (natur-/geo-)wissenschaftlicher Erkenntnis und gesellschaftspolitischer Verantwortung behandelt worden, zum Beispiel zur Definition von Schutzzielen für Katastrophenvorsorgemaßnahmen und dem Weg dorthin („ALARP-Prozess"; vgl. Abschn. 2.2, 2.3, 5.2, 8.4). Ausgehend von Diskussionen im Umweltschutz wird seit einigen Jahren verstärkt der Aspekt der „ethischen" Verantwortung der Wissenschaft in die Diskussion eingebracht. Eine Diskussion, die auch vor dem Geosektor nicht haltgemacht hat und die inzwischen zu einem „eigenen" Wissenschaftszweig, der „Geoethik" geworden ist (Bobrowsky et al. 2017; Bohle und Ellis 2017; Bohle 2016; Peppoloni und Di Capua 2017), und die in die Gründung der „International Association for Promoting Geoethics" (IAPG) im Jahr 2012 mündete.

Auch wenn der Ansatz nicht neu ist, so wird damit doch noch einmal die Bedeutung der ethischen und sozialen Verantwortung der (Natur-/Geo-)Wissenschaft herausgestellt. Es wird betont, welche neuen Wege und Lösungsoptionen sich aus diesem Paradigmenwechsel in Bezug auf die Behandlung des Systems Erde ergeben (vgl. „Geoethics in Latin America", Springer) formuliert dafür drei Zielsetzungen: Erstens soll sich die Forschung an den etablierten Zielen der Wissenschaft orientieren (neutral, transparent, unbeeinflussbar). Zweitens soll sie sich ihrer Verantwortung der Gesellschaft gegenüber stellen (ihr die Möglichkeit eröffnen, ihre Ressourcen zur eigenständigen Entwicklung einzusetzen), und drittens diese auch der Erde gegenüber wahrnehmen (die Eingriffe in die Umwelt so gering wie möglich zu halten) – wie es in der Definition der Nachhaltigkeit („Brundtland Kommission") niedergelegt ist

Dies wird vor allem dann schwierig, wenn zwei Optionen vorliegen *(„ethical dilemma"),* bei der der eine Teil der Gesellschaft für die erste, der andere aber für die zweite Option votiert. Eine für beide Seiten zufriedenstellende Lösung wird daher nur gelingen, wenn Entscheidungen z. B. nicht allein auf wirtschaftlicher Grundlage getroffen werden, sondern dabei auch ethische Gründe, z. B. zum Schutz der Umwelt, betrachtet werden. Eine solche Entscheidung sollte dem Anspruch „angemessen" genügen, d. h. auf der Basis gemeinsamer Werte und Normen getroffen werden. Aber was sind Werte und Normen? Hierfür können die von den Vereinten Nationen verabschiedeten Menschenrechte, die von UNEP und IPCC und anderen Umweltschutzorganisationen vereinbarten Faktoren (Nachhaltigkeit) sowie das Postulat der menschlichen Sicherheit *(„human security")* herangezogen werden. Mit der Übernahme dieser Normen in den Geosektor können die sonst so „theoretischen" Forderungen praktisch umgesetzt werden. Dabei wird es immer wieder zu divergierenden Nutzungsansprüchen kommen. Je nach Gesellschaft und kultureller Identität kommen dabei verschiedene Werte zum Tragen. Diese gilt es zu berücksichtigen, genauso wie den globalen Kontext. So wird die Abholzung des tropischen Regenwalds von Regierungen immer mit der nationalen Entwicklung begründet, auch wenn der Erfolg von Kritikern bestritten wird. Der Bau eines Staudamms dagegen kann die Menschen vor Hochwasser schützen, auch wenn er mit erheblichen Eingriffen in die Natur verbunden ist. Die Vor- und Nachteile z. B. einer technischen Lösung vs. einem Eingriff in die Natur muss von der Gesellschaft einvernehmlich abgewogen werden (Abschn. 5.1.1).

Dies bedeutet aber auch, dass ein „Geowissenschaftler" auch für eine etwaige „Fehlentscheidung" haften muss (z. B. eine falsche Berechnung der Standsicherheit einer Böschung). Aber auch die Gesellschaft und hier vor allem die politischen Entscheidungsstrukturen müssen sich bewusst sein, dass Wissen, Erkenntnisse und die sich daraus ableitenden Empfehlungen immer nur den aktuellen Kenntnisstand darstellen – oftmals sogar nur über die Eintrittswahrscheinlichkeit dargestellt werden können. Die Politik aber hat dann die endgültige Verantwortung zu tragen und kann diese nicht an die Wissenschaft abgeben (vgl. L'Aquila).

7.1.3 Umsetzung von Wissen

Forschung und Wissenschaft stellen keinen Selbstzweck dar: Entweder sind sie grundlagenorientiert oder sie entwickeln Lösungsmodelle für die politische Anwendung. Im Prinzip ist auch die Grundlagenforschung nicht „selbstlos",

sondern im Laufe der Geschichte hat eine Vielzahl an Erkenntnissen – wenigstens mittelbar – zu Entwicklungsentscheidungen geführt. Damit sind Wissenschaft und Forschung direkt und indirekt an einer Sicherstellung des Vollzugs beteiligt (Böschen et al. 2002). Dabei kommt es wieder zu Interessenskonflikten: Macht der Staat die Umsetzung selber, kommt es zu einer politisch „orientierten" Schwerpunktsetzung. Übernimmt das die Wissenschaft, kann die Umsetzung theorielastig werden. In der Praxis hat sich ergeben, dass der Staat wegen der hochkomplexen Verknüpfungen unterschiedlicher Fachdisziplinen immer häufiger externen Sachverstand als Berater einsetzt (bspw. „Sachverständigenrat Globale Umweltveränderungen", WBGU), zum Teil aber auch privatrechtlich organisierte Unternehmen. Solche Unternehmensberater werden dann aber auch eingesetzt, um den Vollzug der von ihnen vorgeschlagenen Maßnahmen zu kontrollieren. Mit der Folge erheblicher Interessenskonflikte (Folgeauftrag), wie es in der letzten Zeit bei der Einschaltung der „großen Vier" Unternehmensberatungsfirmen häufiger der Fall war (z. B. Wirecard-Skandal).

Ein Beispiel, wie sehr die Wissenschaft Teil der gesellschaftspolitischen Diskussion sein kann, wurde noch nie so eindringlich wie bei der Corona-Pandemie erlebt. Dabei kam es zu einem Dilemma. Während sich die Virologen mit dem Typ des Virus befassen, ist es die Aufgabe der Epidemiologen, die Ausbreitung von Krankheiten zu erkennen. Dabei hat vor allem Professor Chr. Drosten von der Charitée (Berlin) von Anfang an darauf hingewiesen, dass die Kenntnis über das Virus bei Weitem nicht ausreicht oder dass die Tests (Anfang 2021) nicht so sicher sind wie nötig. Der Test kann einen Patienten positiv testen, der auch wirklich an dem Virus erkrankt ist (positiv-positiv). Er kann aber auch positiv ausfallen, obwohl keine Erkrankung vorliegt (positiv-negativ). Umgekehrt ist es möglich, dass ein Patient negativ getestet ist, obwohl er an dem Virus erkrankt ist, aber auch negativ getestet wird und auch wirklich nicht erkrankt ist (negativ-negativ). In der öffentlichen Diskussion aber wurden den Virologen wie den Epidemiologen die gleichen Fragen gestellt – die Antworten fielen daher unterschiedlich aus. Die nicht einheitliche Informationslage führte dazu, dass viele Aussagen im Sinne partikulärer Interessen interpretiert und die Forscher von einigen Gruppen als die „Schuldigen" für die Einschränkung der persönlichen Freiheiten bezichtigt wurden. Mehr noch hat die Bandbreite der Expertenmeinungen einige Politiker dazu „ermuntert", daraus die Meinungsführerschaft zu den wissenschaftlichen Erkenntnissen zu beanspruchen. Es entspann sich eine Diskussion, ob die Wissenschaft sich überhaupt in die gesellschaftspolitische Debatte einbringen soll. In der „Die ZEIT" (Nr. 39, 23.07.2020, S. 35) plädierte Professor A. Kekulé dann auch, dass sowohl „forschende" Fachleute zu Wort kommen sollen als auch Fachleute, die ner auf dem Gebiet der Wissenserklärung zu Hause sind. Gerade deutsche Forscher tun sich oftmals schwer, vor einem großen Publikum (z. B. im Fernsehen) Erkenntnisse so wiederzugeben, dass auch Laien sie verstehen. Forscher, die eine solche Schnittstelle bedienen, sind auch weiterhin als Forscher zu bezeichnen, so Professor Kekulé: „Wir brauchen unbedingt eine sachbezogene Wissenschaft, aber auch Experten, die in der Lage sind, die gewonnenen Erkenntnisse so zu verallgemeinern, dass sie für die breite Öffentlichkeit verständlich sind, ohne dabei die wissenschaftliche Substanz zu verletzen" (vgl. Stifterverband 1999). Die Frage, ob nur „forschende" Wissenschaftler in der Öffentlichkeit zu Wort kommen sollten, oder – wie Prof. Kekulé vertritt – auch „interpretierende" Fachleute, ist in der internationalen Praxis längst entschieden. Überall auf der Welt gibt es Expertengremien, die Wissen „zusammentragen", dieses analysieren und dann in Form zum Teil umfangreicher Dokumentationen verbreiten. Eines dieser Gremien ist das „Intergovernmental Panel on Climate Change" (IPCC), das seit 1990 regelmäßig zu anfallenden Fragen des Klimawandels Stellung nimmt. Diese Dokumentationen werden in der Regel jeweils mit einem „Summary for Policy Makers" ergänzt, das den politisch Verantwortlichen und der breiten Öffentlichkeit alle Erkenntnisse in kondensierter Form zugänglich macht. Von den IPCC-Berichten wird weltweit umfassend Gebrauch gemacht, sie sind inzwischen auch als Grundlage für Entscheidungen im Rahmen des Völkerrechts anerkannt.

In Deutschland sind der „Sachverständigenrat für Umweltfragen" (SRU) oder die sogenannten „Wirtschaftsweisen" (vgl. Abschn. 6.6.3) zu nennen, in die – wie auch vergleichbare Gremien – von der Bundesregierung namhafte Wissenschaftler berufen werden. Dabei ist diese Diskussion in Deutschland nicht neu. Die Frage der Verantwortung der Wissenschaft in solchen Katastrophenszenarien wurde genau so schon im Jahr 2002 in der Folge der BSE-Krise geführt (Böschen et al. 2002). Das Krisenmanagement um die „BSE-Rinder" in Deutschland war damals so wenig professionell, dass es zum Rücktritt des Bundeslandwirtschaftsministers und der Gesundheitsministerin kam – das Landwirtschaftsministerium bekam daraufhin den Schwerpunkt „Verbraucherschutz". Des Weiteren kam es zur Gründung von zwei neuen Behörden: dem „Bundesinstitut für Risikobewertung" (BfR) und dem „Bundesamt für Verbraucherschutz" (BVL) für das Risikomanagement.

7.2 Allgemeines zu Katastrophe und Gesellschaft

Berücksichtigung multipler Gefährdungslagen ist heute denn je eine unverzichtbare Voraussetzung eines Naturkatastrophen-Risikomanagements. Die natür-

lichen Gegebenheiten, die sozio-ökonomischen und kulturellen Rahmenbedingungen, die technischen Fähigkeiten für nachhaltige Vorsorgemaßnahmen sowie die finanziellen Kapazitäten, solche Maßnahmen auch umsetzen zu können, sind untrennbar miteinander verwoben. Und diese Prozesse sind zudem noch zeitabhängig. „Gut gemeinte" Vorsorgemaßnahmen an einer Stelle können aber an einer anderen zu einer Erhöhung des Risikos führen. In der Regel erfordern Vorsorgemaßnahmen den Einsatz finanzieller, technischer und administrativer Mittel. Diese gehen dann zu Lasten anderer Budgetposten. Tritt – und das ist, was angestrebt wird – die erwartete Katastrophe nicht ein, stellen viele die Sinnhaftigkeit der Aufwendungen infrage: Ein Vorgang, der als „Vorsorgeparadoxon" oder „Präventionsdilemma" (Ranke 2016) bezeichnet wird. Hierbei ist eine Güterabwägung vorzunehmen, die aber nur durch Inklusion aller Bevölkerungsgruppen erreicht werden kann. Im Zuge der Corona-Pandemie „verordnete" der Staat krisenbedingt einen umfassenden „Lockdown", nahm Produktionsausfälle, Arbeitslosigkeit usw. im Kauf, ohne der Bevölkerung „Zeit zu geben", sich darauf einzustellen. Dies führte im Nachgang zu erheblichen gesellschaftlichen Debatten.

Der Einzelne unterschätzt die meisten Katastrophen, da er selber nur in seltenen Fällen direkt davon betroffen ist. Das Wesen von (Natur-)Katastrophen ist, dass sie plötzlich, aber dennoch nicht unerwartet eintreten. Dabei ist es möglich, durch heuristische Erkenntnisse die Eintrittswahrscheinlichkeit einzuschätzen – jährliche Hochwasser sind nach der Schneeschmelze oder während des Sommermonsuns keine Seltenheit. Andere Ereignisse sind dagegen schwerer vorherzusagen, insbesondere wenn es um den genauen Ort und den Zeitpunkt geht. Von ganz seltenen Ereignissen, wie einem Meteoriteneinschlag, wird immer wieder berichtet – für den Einzelnen ist dies aber eher ein „nicht existierendes" Ereignis. Solche extrem seltenen Ereignisse werden als „black swans" (Taleb 2010; vgl. Abschn. 4.2.6.4) bezeichnet – genau wie ein „schwarzer Schwan", von dem man weiß, dass es ihn gibt, den aber (eigentlich) nie jemand gesehen hat. Solche Ereignisse sind kaum in das Erfahrungsschema des Naturkatastrophen-Risikomanagements einzuordnen – die extreme Seltenheit macht es unmöglich, dafür eine empirisch belastbare Grundlage zu entwickeln.

Wenn, wie in den Kapiteln zuvor dargestellt, eine Katastrophe definiert wird als ein Zustand, der die Selbsthilfefähigkeit einer Gesellschaft/eines Individuums übersteigt, muss zuvor festgelegt werden, bis zu welchem Grad eine Gesellschaft eine Naturgefahr als Bedrohung wahrnimmt – also ab wann der Staat „gefordert" ist, sich seiner Verpflichtung „Schaden abzuwenden" stellen muss. Aber es muss auch klargestellt werden, für welche Art und in welchem Ausmaß der Einzelne selbst zur Gefahrenabwehr herangezogen werden kann. Es gibt sowohl im Grundgesetz als auch in den nachgeordneten Gesetzen eine Vielzahl an Bestimmungen, die sehr genau die Rolle des Staates sowie die der individuellen Verantwortungen festlegen, so zum Beispiel im § 5 Abs. 2 des Wasserhaushaltsgesetzes:

> Jede Person, die durch Hochwasser betroffen sein kann, ist im Rahmen des ihr Möglichen und Zumutbaren verpflichtet, geeignete Vorsorgemaßnahmen zum Schutz vor nachteiligen Hochwasserfolgen und zur Schadensminderung zu treffen, insbesondere die Nutzung von Grundstücken den möglichen nachteiligen Folgen für Mensch, Umwelt oder Sachwerte durch Hochwasser anzupassen.

Die Gesetzeslagen bestimmen aber nicht, wie in jedem Einzelfall eine solche Abwägung vorzunehmen ist. Daher kommt es immer wieder zu unterschiedlichen Auffassungen. Es gibt eine Vielzahl an Beispielen, in denen der Einzelne selbst im Falle einer ernsthaften Bedrohung das Risiko falsch einschätzt (z. B. Maskenpflicht). Es muss folglich eine „Instanz" geben, die in solchen Fällen die Verantwortung übernimmt und „eingreift". So ist von dem Hochwasser an der Elbe 2002 bekannt, dass Bewohner trotz polizeilicher Anordnung sich weigerten ihre Häuser zu verlassen – dann später mit hohem Aufwand kostenpflichtig gerettet werden mussten. Die Frage, die sich daraus ergibt, ist, welche Durchgriffsmöglichkeiten ein Staat in einem solchen Fall hat, ohne zu sehr in die „Freiheitsrechte" des Einzelnen einzugreifen – eine Diskussion, die im Zuge der coronabedingten „Lockdowns" in Deutschland vehement diskutiert wird. „Freiheit" wahrzunehmen heißt automatisch „Risiken" in Kauf zu nehmen. Dabei reicht es nicht, Risiken zu identifizieren, sondern es müssen daraus auch die notwendigen Konsequenzen gezogen werden, und zwar nicht nur auf der Individualebene, sondern auf allen Ebenen der Gesellschaft. Daraus ergibt sich für eine Gesellschaft die Aufgabe, verfügbare heuristische Erfahrungen in Erkenntnisse umzusetzen, gemäß dem Motto:

„Never waste a crisis" (Hillary Clinton, ehemalige Außenministerin der USA), oder wie ein altes Fußballermantra es formuliert: „Nach dem Spiel ist vor dem Spiel". So soll sich der Bürgermeister der Stadt Colditz in Sachsen (Manfred Heinz) nach dem Hochwasser an der Elbe geäußert haben: „Erst konnten wir nirgends Säcke auftreiben, dann gab es keinen Sand. Und als wir beides organisiert hatten, fehlten Schaufeln." Heute verfügen alle hochwasserexponierten Gemeinden und Städte in Deutschland über einen großen Vorrat an Sandsäcken, Tonnen an Sand und ausreichend Schaufeln.

Das Zusammenwirken von Natur(-ereignis) und Gesellschaft lässt sich anhand Abb. 7.3 schematisch darstellen. Danach ergeben sich von einem Naturereignis ausgehend sowohl Aspekte auf der gesellschaftspolitischen Ebene als auch auf der wissenschaftlich-technischen Ebene. Eine Gesellschaft muss zunächst „ihr" Schutzniveau definieren – das heißt, sie muss klären, vor welcher Gefahr sie wie und in welchem Ausmaß geschützt sein möchte. Eine solche Frage wird in den schneereichen Alpenregionen anders beantwortet als an Nordseeküste. Die Wissenschaft muss durch eine Analyse der Naturgefahren vorhersagen, welche Risiken auftreten können. Es ist dann die Aufgabe des Staates, die Schutzerwartungen der Gesellschaft mit den potenziellen Risiken in Einklang zu bringen und daraus entsprechende Resilienzen zu schaffen („Risikomanagement").

Nach dem Elbe-Hochwasser von 2002 hatte die Landesregierung des Freistaats Sachsen eine Kommission eingesetzt (Kirchbach-Kommission; v. Kirchbach 2002), die auf 252 Seiten detailliert jede Entscheidung und Aktivität der lokalen Gebietskörperschaften und der Landesregierung auf die Änderungen der Hochwasserlage dokumentierte und fachlich bewertete. Nach der Katastrophe war Kritik laut geworden, dass: „die verantwortlichen Stellen Warn- und Rettungsmaßnahmen nicht rechtzeitig eingeleitet, not-

Abb. 7.3 Wechselspiel von Gesellschaft/Politik und Wissenschaft/Technik in Bezug auf die Bewertung eines Risikos

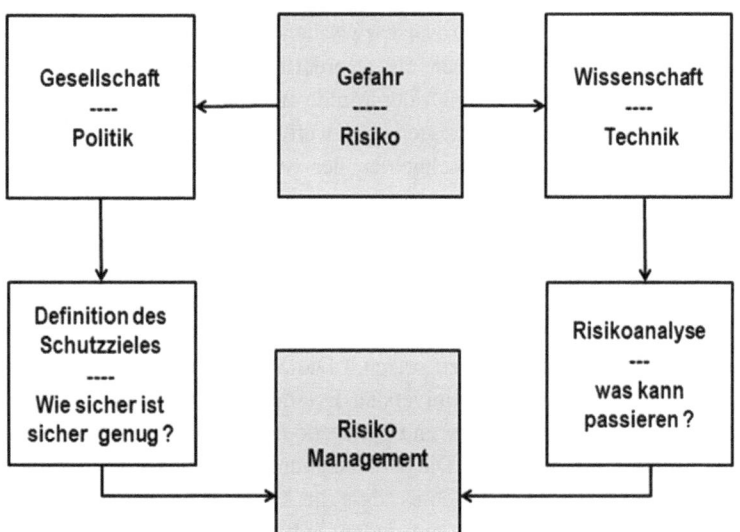

ge Maßnahmen unterlassen, andererseits aber ver-
bare Maßnahmen zum Schaden Betroffener durch-
hrt hätten." Die Kommission hatte damals eine Reihe
Vorschlägen unterbreitet, unter anderem, um Schutz-
ndards aller Ebenen vorzuschreiben, Notfallpläne ausarbeiten und die Hochwasservorsorge zu intensivieren.
Auf der Basis dieser Pläne wurde das Landeshochwasserzentrum Sachsen (LHWZ) gegründet, der Hochwassernachrichtendienst und Hochwasseralarmdienst völlig neu organisiert. Der Informationsfluss der Katastrophenschutzbehörden wurde neu organisiert. Landesweit wurde das
Netz der Hochwasserpegel ausgebaut und die Talsperren so
verstärkt, dass sie auch einem Jahrhundertregen wie dem
von 2003 standhalten. Deiche wurde stabilisiert und, wo
immer möglich, rückwärtig verlagert, um zusätzliche Überschwemmungsflächen zu schaffen. Alle diese Maßnahmen
haben dazu geführt, dass das Juni-Hochwasser von 2013
den Freistaat Sachsen nicht unvorbereitet traf (Korndörfer
et al. 2014).

Ebenfalls hatten viele Städte entlang des Einzugsgebiets
der Elbe begonnen, Hochwasserschutzmaßnahmen durchzuführen. So auch in der Stadt Grimma an dem Elbezufluss
Mulde. Keine Stadt in Sachsen war von der großen Flut so
sehr betroffen wie die 30.000 Einwohner zählende Stadt –
250 Mio. EUR Schaden waren 2002 entstanden, fast 700
Häuser beschädigt oder völlig zerstört, viele Brücken und
Straßen mitgerissen. Die Schäden veranlasste das „Staatsministerium für Umwelt und Landwirtschaft" (MUL) damals, ein Hochwasserkonzept zu erarbeiten mit dem Ziel,
Grimma vor einem statistisch alle 100 Jahre auftretenden
Hochwasser (HQ-100) zu schützen. Entlang des Flusses,
auf beiden Seiten der Altstadt, sollten auf 2 km Länge tief
im Boden fundamentierte Schottenwände und verschließ-
bare Tore das Wasser ableiten. Ein Projekt für 40 Mio.
€, finanziert durch die Europäische Union und den Freistaat Sachsen. Doch Bürgerproteste mit langwierigen
Gerichtsverfahren verzögerten den Baubeginn auf Jahre hinaus. Es kam zu einer Kontroverse zwischen der in den politischen Entscheidungsebenen als erforderlich angesehenen
„großtechnischen Verbauung" der Mulde und der von Teilen der Bürgerschaft beklagten „Entwertung des historischen Stadtbildes, ein Abschneiden der Stadt von seinem
Fluss sowie Eingriffe in das Grundwasserregime". Stanis-
law Tillich, damaliger Ministerpräsident in Sachsen, dachte
ei einem Besuch in Grimma (laut) über Konsequenzen aus
m Streitfall Hochwasserschutzmauer nach: „Ich bin dazu
eigt, die Mitbestimmung der Bürger bei so einem wich-
Projekt außer Kraft zu setzen." Die Stadt beauftragte
fhin die Technische Universität Dresden anhand eines
ungsmodells, die Vor- und Nachteile des Hochwasser-
ts zu analysieren. Die Untersuchung verschiedener
kam zu dem Ergebnis, dass die Mauer mit einem
chen Anlagenteil auf jeden Fall gebaut werden

muss. Nach weiteren erfolglosen fünf Klagen konnte 2007
mit dem Bau begonnen werden – geplant war, dies bis 2017
abzuschließen. Wegen der vielen Einwände wurden wertvolle
Zeit verloren und daher konnte die Stadt nicht vor einem
weiteren Hochwasser (2013) optimal geschützt werden: „Wir
haben vier wertvolle Jahre verloren", so einer der für den
Hochwasserschutz Verantwortlichen. Die Arbeiten konnten
schließlich erst im Jahr 2018 beendet werden. Bei den beiden anschließenden jährlichen Prüfungen konnte der Hochwasserschutz seine Einsatzfähigkeit unter Beweis stellen.

Die besonders ausgeprägten und andauernden Hitzeperioden der Jahre 2003, 2010 und 2015 in Europa führten auch in Deutschland zu einem starken Anstieg der
Gesundheitsrisiken. Allein in Deutschland wurden etwa
7000 Todesfälle der Hitzeperiode von 2003 zugerechnet
– hinzu kommen zahlreiche hitzebedingte Krankheits-
fälle aufgrund von Dehydrierung, Hitzschlag, Herz- und
Kreislauferkrankungen. Die Hitzewelle führte zu starken
Überlastungen der Krankenhäuser, die auf einen solchen
Patientenansturm nicht vorbereitet waren. Als Reaktion auf
den Hitzesommer 2003 ist vom Deutschen Wetterdienst
(DWD) ein Hitzewarnsystem für Deutschland entwickelt
worden, das seit 2004 Informationen für die Gesundheitsämter sowie für Alten- und Pflegeheime vorhält. Informationen werden neben dem DWD auch vom „Bundesamt
für Verbraucherschutz und Lebensmittelsicherheit" (BVL),
dem „Robert Koch-Institut" (RKI) und dem „Umweltbundesamt" (UBA) vorgehalten – die zuständigen Landes-
gesundheitsämter stellen über ihre Internetportale weitere
Informationen zur Verfügung (UBA 2012).

Den vielen Beispielen eines „erfolgreichen"
Naturkatastrophen-Risikomanagements sollte eines gegenübergestellt werden, bei dem der Staat aus Sicht der Betroffenen seiner „Verantwortung" nicht oder nicht in dem
erforderlichen Ausmaß nachgekommen ist. Die Hurrikan
„Katrina" von 2005, der weite Teile des Zentrums der Stadt
New Orleans überschwemmte, ist ein Beispiel für eine Naturkatastrophe, bei der einem Staat „Staatsversagen" vorgeworfen wurde. Der Hurrikan „Katrina" gilt heute als
die gravierendste Naturkatastrophe, die sich je in den Vereinigten Staaten ereignet hat – 1800 Menschen starben und
die wirtschaftlichen Schäden machte ihn zu der weltweit
größten Katastrophe vor Fukushima. Die Kritik machte sich
an einem Foto fest, das den damaligen Präsidenten George
W. Bush in der „Air Force One" am Fenster zeigt, wie er,
eine Woche nach der Katastrophe, die Überschwemmung
aus großer Höhe betrachtete. Am Boden dagegen herrschte
blankes Chaos. Die zu Hilfe gerufene „National Guard"
hielt (plündernde?) Farbige mit Maschinengewehren hilflos
am Boden liegend fest – Tausende wurden erst nach Tagen
aus dem Zentrum New Orleans (oft ohne Ziel!) in eigens
dafür gecharterten Bussen evakuiert, obwohl im städtischen
Depot Hunderte Schulbusse fahrbereit waren. Sie wurden

vom Gouverneur mit der Begründung nicht freigegeben: Die Busse seien nur für den Schultransport zugelassen, eine andere Nutzung könnte versicherungstechnische Folgen haben. Der Präsident dagegen versicherte im Fernsehen, dass die „Federal Emergency Management Agency" (FEMA) mit Michael Brown einen außerordentlich fähigen Direktor habe (M. Brown hatte vor seiner Ernennung noch nie etwas mit dem Naturkatastrophen-Risikomanagement zu tun gehabt – er war davor Präsident der amerikanischen Pferdezuchtvereinigung gewesen). In der Folge sanken Zustimmungswerte für Präsident Bush auf immer niedrigere Werte und dies hat – so die öffentliche Meinung in den USA – sicher mit zu seinem politischen Niedergang beigetragen.

Politische Entscheidungen, die auf der Basis wissenschaftlicher Erkenntnisse getroffen werden, können sowohl zu positiven als auch zu ablehnenden Reaktionen führen. So hat zum Beispiel der Bundesrat im Frühjahr 2020 schärfere Düngeregeln für die Landwirtschaft erlassen, nitratbelastete Gebiete sind künftig um 20 % weniger zu düngen, um das Grundwasser zu schonen. Betroffen davon sind vor allem die Landkreise mit besonders intensiver Tierhaltung, wie die um Cloppenburg und Vechta. Die Bundesregierung erfüllt mit der neuen Verordnung die „EU-Nitratrichtlinie 91/676/EWG" aus dem Jahr 1991. Sollte Deutschland die verschärften Düngeregeln nicht bis zum April 2020 beschließen, drohen 800.000 € Strafe, pro Tag. Die Richtlinie verpflichtet die Mitgliedstaaten, durch nationales Recht sicherzustellen, dass die Nitratkonzentration im Grundwasser den Grenzwert von 50 mg/l nicht überschreitet. Die Bundesrepublik Deutschland hat allerdings die EU-Nitratrichtlinie bis heute nicht (vollständig) umgesetzt. Bereits mit Urteil vom 15. März 2002 stellte der EuGH eine Vertragsverletzung fest und hatte dann im Oktober 2013 ein Vertragsverletzungsverfahren eingeleitet und im April 2016 Klage beim EuGH eingereicht. Mit Urteil vom 21. Juni 2018 hat der EuGH festgestellt, dass die Bundesrepublik Deutschland gegen ihre Verpflichtungen aus Art. 5 Abs. 5 und 7 der Nitratrichtlinie verstößt. Die Düngeverordnung des Bundesrates hat im Lande zu sehr großen Protesten der Landwirte geführt. Acht Landwirte aus Niedersachsen werden vor dem Oberverwaltungsgericht Lüneburg gegen die Landesdüngeverordnung klagen. Sie werden unterstützt von den Landvolkverbänden. Die Argumentation der Kläger wird durch ein vom Landvolk in Auftrag gegebenes Gutachten der Firma „Hydor GmbH", das von dem Landvolk finanziert wurde, untermauert. Nach Einschätzung des Verbandes widerspricht bereits die Ermächtigungsgrundlage der Düngeverordnung des Bundes den Vorgaben der Nitratrichtlinie, weil die Festlegung der gefährdeten Gebiete an die Grundwasserkörper geknüpft wird. Landwirte werden dadurch,

so die Kläger, mit Restriktionen belastet, obwohl ihr Wirtschaften keinerlei Auswirkung auf den bis zu 100 km entfernten „belasteten" Brunnen hat. „Die Kläger halten das Vorgehen des Landes Niedersachsen daher für rechtlich unzulässig", sagt der Landvolkpräsident Schulte to Brinke. Parallel lassen der Deutsche Bauernverband und seine Landesverbände bereits eine Klage gegen die „Bundesdüngeverordnung" juristisch prüfen. Obwohl das Land Niedersachsen der neuen Düngeverordnung nicht zustimmte, ist es an den Bundesratsbeschluss gebunden. Das Niedersächsische Umweltministerium bezweifelt allerdings die Ergebnisse des „Hydor GmbH-Gutachtens" und kündigte an, die Messstellen noch einmal zu überprüfen. Für die Umweltverbände dagegen stellt sich die Sachlage völlig anders dar. Begrüßt wurde der Beschluss von der „Deutschen Umwelthilfe", der „Naturschutzbund" (NABU) bezeichnete darüber hinaus die geänderten Düngeregeln aus Umweltsicht immer noch als unzureichend: „Bund und Länder springen mit den Verschärfungen gerade so weit, dass die millionenschweren Strafzahlungen an Brüssel abgewendet werden", sagte der NABU-Präsident (NABU-Presseportal, 27.03.2020). Dabei würden sie jedoch die Chance verpassen, das Problem der Überdüngung an der Wurzel zu packen. Entscheidend dazu sei, die Zahl der gehaltenen Tiere pro Hektar klar zu begrenzen.

7.3 Aufgabe des Staates im Katastrophen Risikomanagement

Damit ein Staat, auf welcher administrativen Ebene auch immer, handlungsfähig wird, muss vorab eine Reihe von legislativen und exekutiven Voraussetzungen erfüllt sein. Generell, ist es die Aufgabe des Staates:

- die Freiheit des Einzelnen und die Rechte des Volkes zu schützen,
- Wohlergehen und eine nachhaltige Entwicklung zu fördern,
- den inneren Zusammenhalt und die kulturelle Vielfalt des Landes zu stärken,
- für gleichwertige Lebensbedingungen und für die dauerhafte Erhaltung der natürlichen Lebensgrundlagen zu sorgen.

Solche Ansprüche an einen Staat lassen sich aus der UN-Menschenrechtscharta ableiten und sind sinngemäß in den Verfassungen (fast) aller Staaten auf der Welt verankert. In Deutschland ist der „Schutz des Menschen" in Paragraph 20a GG in Form einer „Staatsschutzzielbestimmung" (auch „normative Zielbestimmung" genannt; vgl. Abschn. 2.1.4) festgelegt. Danach

… schützt der Staat auch in Verantwortung für die künftigen Generationen die natürlichen Lebensgrundlagen im Rahmen der verfassungsmäßigen Ordnung.

Die Bundesrepublik anerkennt damit das „Nachhaltigkeitsgebot", wie es in der UNCED-Konferenz von Rio de Janeiro im Jahr 2002 niedergelegt wurde (vgl. Abschn. 6.3.3). Heute wird unter dem Gebot allgemein das Postulat der „intergenerativen Gerechtigkeit" verstanden. Es besagt, dass die „Wohlfahrt der gegenwärtigen Generation nur gesteigert werden darf, wenn die Wohlfahrt zukünftiger Generationen sich hierdurch nicht verringert" (Brundtland-Kommission, WECD 1987). Damit ist in dem Grundgesetz der „Umweltschutz" mit dem „Schutz der natürlichen Lebensgrundlagen" gleichgesetzt und die „ökologische Ethik damit verfassungsrechtlich implementiert worden", so die Verfassungsrechtler.

Wie schon in Abschn. 4.2 und Kap. 5 dargestellt, ist das Naturkatastrophen-Risikomanagement – genauso, wie der Umweltschutz – ein gesellschaftspolitisches Querschnittsthema. In ihm sind alle Prozesse, die eine Gesellschaft ausmachen (Bildung, Finanzen, Arbeit, Gesundheit usw.) enthalten. Damit ist es kaum möglich, mit Entscheidungen von oben *(„top down")* bis auf die unteren Entscheidungsebenen durchzugreifen. Um die notwendige Akzeptanz zu erreichen, ist ein sogenannter Mehrebenenansatz (Abb. 7.4; vgl. Abschn. 5.2) erforderlich, der nach dem Subsidiaritätsprinzip diejenige Verwaltungsebene mit der Durchführung beauftragt, die dafür am besten qualifiziert ist. Am besten geeignet ist aber weder die Organisation mit der größten Umsetzungskapazität noch die, die über die größten Finanzmittel verfügt, sondern die, die in der Lage ist, das gesellschaftliche Resilienzpotenzial im Einklang mit den Betroffenen zu erreichen.

Der Mehrebenenansatz setzt aber voraus, dass staatlicherseits für die verschiedenen Entscheidungsebenen entsprechende Gesetze, Regelwerke und Ausführungsbestimmungen erlassen sind, die es den Ebenen ermöglichen, ihrerseits die notwendigen Maßnahmen durchzuführen. Der Staat gibt dabei nur den generellen Rahmen vor – er macht Vorgaben und definiert die allgemeinen Schutzziele (z. B. Verringerung der Treibhausgasemissionen um 50 % bis 2030). Die (Bundes-)Länder agieren dann im Rahmen dieser Vorgaben und erlassen ihrerseits Bestimmungen, wie z. B. zum Hochwasserschutz im Unterlauf eines Flusseinzugsgebietes. Die lokalen Behörden sind dann gefordert, die Vorgaben entsprechend den örtlichen Gegebenheiten umzusetzen. Das kann „runtergehen" bis auf einen bestimmten Abschnitt eines Hochwasserdeiches – dieser ist in Deutschland oftmals an „parastaatliche" Verbände (Deichverband, Freiwillige Feuerwehr) delegiert worden. Diese Verbände arbeiten ehrenamtlich, haben aber hoheitliche Befugnisse. Wenn es darum geht, in die Souveränität eines privaten Deichabschnittes einzugreifen, kann nach dem „Bremer Wasserschutzgesetz" § 56 sogar derjenige, der sich nicht an die amtlichen Vorsorgevorgaben hält, enteignet werden.

Nur über einen Mehrebenenansatz ist es möglich, in einem Staat wie z. B. Deutschland mit seinen 82 Mio. Einwohnern in 16 Bundesländern in 200 größeren Städten und etwa 20.000 kleineren Gemeinden geordnete Entscheidungsstrukturen zu gewährleisten. Doch immer noch verhindert eine auch als *„vertical fragmentation"* bezeichnete Regierungsform oft die erforderliche Verzahnung von Aufgaben und Verantwortlichkeiten. Es hat sich herausgestellt, dass von oben nach unten durchgereichte Entscheidungen nicht zu den gewünschten Ergebnissen führen.

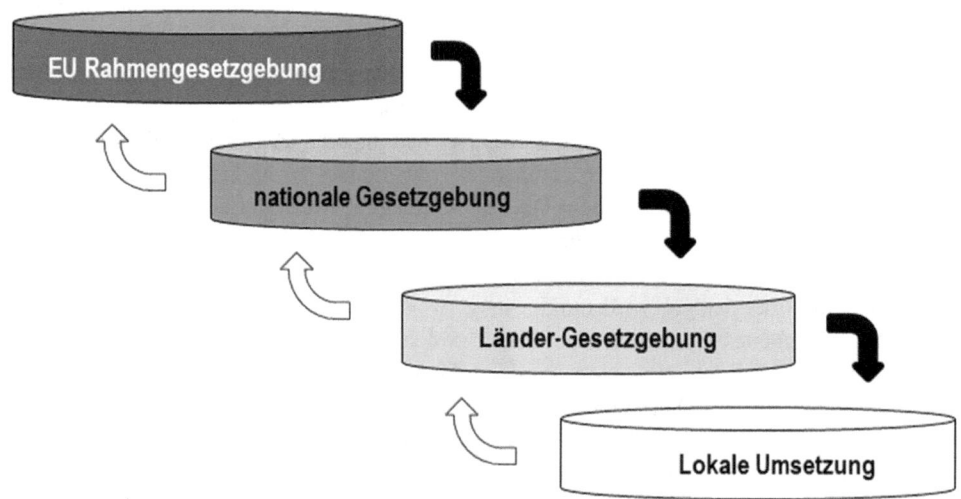

Abb. 7.4 Mehrebenenansatz zur optimalen Steuerung von Vorsorgemaßnahmen

Dagegen werden mit dem Ansatz, der auch als *„shared government"* bezeichnet wird, nicht Entscheidungen, sondern Verantwortlichkeiten auf die Arbeitsebene delegiert. Dazu steht einem Staat eine Reihe struktureller Maßnahmen zur Verfügung, wie Personalausstattung, Finanzmittel sowie Förderprogramme; aber eben auch eine „Überwachung" der Durchführung. Ein Beispiel, wie sehr heute Wissenschaft und Politik vernetzt sind, gibt die „Komitologie-Verordnung" der Europäischen Union aus dem Jahr 2017. Damit werden die EU-Mitgliedsländer bei politisch hochsensiblen Themen, wie z. B. der Zulassung „Genetisch Veränderter Organismen" (GVO) oder des umstrittenen Pestizid-Wirkstoffs „Glyphosat" aufgerufen, sich ihrer Verantwortung zu stellen und die ihr von der Wissenschaft übergebenen Erkenntnisse auch (!) in nationales Handeln zu überführen. Das heißt, die Entscheidung über den Einsatz einer solcher Chemikalie ist damit in die Verantwortung der jeweiligen Mitgliedstaaten gegeben worden – sie kann damit nicht mehr auf die EU abgeschoben werden (EU 2017).

Entscheidungen können aber nur gefällt werden, wenn die Entscheider über einen Kenntnisstand verfügen, der sie in die Lage versetzt, die „richtigen" Entscheidungen zu fällen. Dabei ist für Katastrophensituationen charakteristisch, dass solche Entscheidungen kurzfristig getroffen werden müssen, sie einen hohen Unsicherheitsfaktor aufweisen und dass nur ein geringes Ausmaß an Einfluss möglich ist. Dies führt dazu, dass das Katastrophen-Risikomanagement nur auf wenig eingeübten Routinen aufbaut. Die lokalen Entscheidungsebenen neigen daher dazu, ad hoc unabgestimmte Entscheidungen zu fällen, die dann oftmals die Entscheidungen anderer Instanzen konterkarieren. Der Staat muss hierbei seine Funktion wahrnehmen und für solche Fälle Entscheidungshierarchien vorgeben – also eine „Befehlskette" standardisieren und so Entscheidungen harmonisieren – ohne aber die unteren Entscheidungsebenen zu entmündigen (Tierney et al. 2001). Es ist die Aufgabe von Wissenschaft und Technik, den Entscheidungsstrukturen solche Expertisen zur Verfügung zu stellen. Der Staat muss sich dann aus der Summe der ihm vorliegenden Erkenntnisse für ein Lösungsmodell entscheiden: Dabei wird es immer „Gewinner" und „Verlierer" geben. Darüber hinaus kann eine Entscheidung auf der Basis neuerer (besserer) Kenntnisse durchaus die vormals gefällte Entscheidung infrage stellen: Risikomanagement wird so zu einem dynamischen Prozess. Es beinhaltet aber nicht nur das Ausarbeiten von Vorschriften, sondern umfasst auch die Sicherstellung des Vollzugs (Böschen et al. 2002).

Bei dem zuvor Gesagten wurden bislang die Belange der Betroffenen außer Acht gelassen. Dabei ist es Aufgabe des (staatlichen) Katastrophenschutzes, gerade den Einzelnen oder einzelne gesellschaftliche Gruppen vor Katastrophen zu schützen. Der Einzelne ist aber – in der Regel – nicht in der Lage, die wissenschaftlichen Zusammenhänge von Gefahr und Risiko umfassend zu überblicken. Seine Wahrnehmung wird zumeist über die Intuition gesteuert („gefühltes Wissen"). Die Wahrnehmung des Einzelnen unterliegt dabei oftmals Verzerrungen und wird in Bezug auf gemachte Katastrophenerfahrungen eingeordnet: Ein Vorgang, der als „Verfügbarkeitsheuristik" bezeichnet wird (Tversky und Kahnemann 1973). Heuristiken sind gedankliche Abkürzungen, mit denen auch „komplexe Fragestellungen durch eine einfacher zu beantwortende Fragestellung ersetzt" werden. Die Autoren weisen darauf hin, dass „ein bestimmtes Ereignis dann als wahrscheinlicher erachtet wird, je leichter es fällt, sich entsprechende Beispiele in Erinnerung zu rufen". Das Risiko wird so zu einem „Bauchgefühl", das aber dennoch die Basis für gute Entscheidungen bilden kann (Gigerenzer 2007; Slovic et al. 2007; Gilovich et al. 2002). Dies führt zu der Frage, ab wann eine Gesellschaft eine Gefahr als Risiko wahrnimmt. Ist ein Erdbeben ein Risiko, wenn es (statistisch) weltweit (nur) alle 450 Jahre eintritt? Ist der Klimawandel eine Katastrophe, obwohl er derzeit in erster Linie durch wissenschaftliche Beobachtungen belegt wird? Ist eine Hungersnot in Afrika für die Europäer eine Katastrophe, oder wird sie erst dann zu einer Katastrophe, wenn sie sich durch Flüchtlingsströme über das Mittelmeer manifestiert? Oder ist ein regelmäßig eintretendes Hochwasser gar keine Katastrophe, weil man sich schon daran gewöhnt hat? Dem Autor wurde bei einem Besuch in dem Stadtteil Kampung Melayu (Jakarta), als ein Hochwasser fast den ganzen Stadtteil überflutet hatte, von einem Bewohner gesagt: *„Where is the problem, it's only water"*. Ist der Tod von 150 Anwohnern bei einer Explosion im Hafen von Beirut eine Katastrophe, wenn jährlich (statistisch) 20.000 Menschen allein Deutschland an der Grippe sterben?

Die Debatte konzentriert sich immer noch vorrangig auf das physikalische Ereignis: an der Zahl der Toten und den Schäden. Quarantelli hat schon (1998) den Vorschlag unterbreitet, eine Katastrophe oder ein Risiko in erster Linie auf der Basis der sozialen Auswirkungen und weniger auf den physikalischen Faktoren zu beurteilen. Dann würde z. B. auch die langsam einsetzende Klimaänderung schneller als Katastrophe wahrgenommen. Quarantellis Anregung wird heute immer weiter übernommen: So hat sich zum Beispiel in den letzten 30 Jahren die Definition von „Vulnerabilität" zunächst rein auf das physikalische Phänomen ausgerichtet und sich im Verlauf der Zeit auf die eine Gesellschaft vulnerabel machenden Faktoren verändert (vgl. Abschn. 4.2; Thywissen 2006).

Noch im Jahr 1991 hatte UNDRO „Vulnerabilität" definiert als *„potential damages that may derive from a disaster"*. Diese Sichtweise stellt das Ereignis in den Vordergrund der Betrachtung unter Ausblendung der systemischen und sozialen Faktoren. Ab dem Jahr 2002 wurde der Fokus auf (UNEP): *„people's capacity to recover from a disaster"* gelegt. Zwei Jahr später im Rahmen der UNISDR-Strategie (UNISDR 2004) wurde er noch einmal verschoben auf *„the factors that make a society vulnerable"*. IGRC (2010) ging noch einen Schritt weiter und hebt hervor, dass Vulnerabilität als *„the conditions that increase the susceptibility of community to the impact of hazards"* anzusehen ist.

Literatur

Aven, T. & Renn, O. (2010): Risk Management and Governance: Concepts, Guidelines and Applications.- Springer Science & Business Media, 2010 , Vol. 16, p. 278, Heidelberg

Arrhenius, S. (1896): On the influence of carbonic acid in the air upon temperature of the ground.- Philosophical Magazine and Journal of Science, Series 5, Vol. 41, p. 237–276, London Edinburgh and Dublin; https://www.rsc.org/images/Arrhenius1896_tcm18-173546.pdf

Bechmann & Frederichs: (1996): Problemorientierte Forschung: Zwischen Politik und Wissenschaft; in: Bechmann, G. (Hrsg.): Praxisfelder der Technikfolgenforschung – Konzepte, Methoden, Optionen. – Campus 1996, S 11–37, Frankfurt

Beck, S., Bovet, J., Baasch, S., Reiß, P. & Görg, C. (2011): Synergien und Konflikte von Strategien und Maßnahmen zur Anpassung an den Klimawandel.- Helmholtz-Zentrum für Umweltforschung (UFZ), Leipzig, im Auftrag des Umweltbundesamtes (UBA), Umweltforschungsplan, Forschungskennzahl 3709 41 126 UBA-FB 001514, Dessau

Beck, S. (2011): Zwischen Entpolitisierung von Politik und Politisierung von Wissenschaft: die wissenschaftliche Stellvertreterdebatte um Klimapolitik; In: Schüttemeyer, S.S. (Hrsg.): Politik im Klimawandel: any Macht for gerechte solutions? .- Nomos, S. 239–258, Baden-Baden

BMBF (o. J.): Grundlagenforschung: Basis für die Wissensgesellschaft.- Bundesministerium für Bildung und Forschung (BMBF); www.bmbf.de/de/grundlagenforschung; Internetzugriff, 31.10.2020).

Böschen, S., Dressel, K., Schneider, M. & Viehöver, W. (2002): Pro und Kontra der Trennung von Risikobewertung und Risikomanagement –Diskussionsstand in Deutschland und Europa– Gutachten im Rahmen des TAB-Projektes „Strukturen der Organisation und Kommunikation im Bereich der Erforschung übertragbarer spongiformer Enzephalopathien (TSE)".- Diskussionspapier, No. 10, Büro für Technikfolgen-Abschätzung beim Deutschen Bundestag (TAB), Berlin

Bobrowsky P., Cronin V.S., Di Capua G., Kieffer S.W., Peppoloni S. (2017): The Emerging Field of Geoethics. In: Gundersen, L.C. (ed): Scientific Integrity and Ethics with Applications to the Geosciences.- Special Publication, American Geophysical Union, John Wiley and Sons, Inc.

Bohle M. & Ellis E.C. (2017): Furthering Ethical Requirements for Applied Earth Science; https://doi.org/10.4401/ag-7401. In: Peppoloni S., Di Capua G., Bobrowsky P.T., Cronin V. (eds): Geoethics at the heart of all geoscience.- Annals of Geophysics, Vol. 60, Fast Track 7

Bohle M. (2016): Handling of Human-Geosphere Intersections.- Geosciences, Vol 6(1), https://doi.org/10.3390/geosciences6010003

Deppert, W. (2019): Theorie der Wissenschaft, Bd. 4.- Die gesellschaftliche Verantwortung der Wissenschaft.- Springer Verlag, Berlin, Heidelberg

DFG (1998): Sicherung guter wissenschaftlicher Praxis : Safeguarding Good Scientific Practice.- Denkschrift Memorandum, Deutsche Forschungsgemeinschaft (DFG), Bonn

DHV (2019): Wissenschaft und Ethik – Resolution des 60. DHV-Tages.- Der Deutsche Hochschulverband, Bonn

EU (2017): Mehr Transparenz bei Entscheidungen in Fachausschüssen – EU-Staaten sollen Verantwortung übernehmen.- EU-Nachrichten 03/2017; Europäische Kommission – Vertretung in Deutschland; Internetzugriff 14.7.2020)

Gigerenzer, G. (2007): Bauchentscheidungen – Die Intelligenz des Unbewussten und die Macht der Intuition.- C. Bertelsmann Verlag, S. 284, München

Gilovich, T., Griffin, D., Kahneman, D. (Eds.) (2002): Heuristics and Biases: The Psychology of Intuitive Judgment.- Cambridge University Press, p. 397–420, New York NY

Helbing, D., Ammoser, H. & Kühnert, C. (2005): Katastrophendynamik und Katastrophenmanagement – Neue Ansätze aus der Wissenschaft.- Dresdner Kompetenzzentrum für Sicherheit in Verkehrs- und Infrastruktursystemen, Fakultät Verkehrswissenschaften Friedrich List, TU Dresden, Fraunhofer-Institut für Verkehrs- und Infrastruktursysteme, Dresden

IRGC (2010): Was ist Risk Governance?- International Risk Governance Council (IGRC), Lausanne

v. Kirchbach, H.P. (2002): Bericht der Unabhängigen Kommission der Sächsischen Staatsregierung – Flutkatastrophe 2002 „Kirchbach-Bericht", Dresden

Klapwijk, J. (1981): Wissenschaft und soziale Verantwortung in neomarxistischer und christlicher Perspektive. – in: Blockhuis, P. et al. (Hrsg.): Weteenschap, wijsheid, filosoferen: Opstellen aangeboden aan Hendrik van Riessen.- Van Gorcum, Assen, Kapitel 7, S. 75–98, Rotterdam

Keuth H. (2018) Karl Poppers „Logik der Forschung". In: Franco G. (eds) Handbuch Karl Popper.- Springer Reference Geisteswissenschaften, Springer VS, Wiesbaden; https://doi.org/10.1007/978-3-658-16242-9_3-1

Korndörfer, Ch., Döring, S., Ullrich, K., Jakob, Th., Kroll, H., Männig, F., Röder, M., Seifert, J., Ullrich, H. & Wache, F. (2014): Umweltbericht 2013 Bericht zum Junihochwasser in Dresden Ansätze zur Verbesserung des vorsorgenden Schutzes der Landeshauptstadt Dresden vor Hochwasser.- Umweltamt Landeshauptstadt, S. 58, Dresden

Luhmann, N. (1991): Soziologie des Risikos, Berlin, New York NY

Maier-Leibnitz, H. (1981): Über das Forschen, in: Heinz Maier-Leibnitz: Der geteilte Plato.- Interfrom 1981, Zürich

Merz, M. (2011): Entwicklung einer indikatorenbasierten Methodik zur Vulnerabilitätsanalyse für die Bewertung von Risiken in der industriellen Produktion.- Dissertation, Karlsruher Institut für Technologie (KIT), KIT Scientific Publishing, Karlsruhe; http://creativecommons.org/licenses/by-nc-nd/3.0/de/

Peppoloni, S. & Di Capua, G. (2017): Geoethics: ethical, social and cultural implications in geosciences.- Annals of Geophysics, Vol. 60, Fast Track 7; https://doi.org/10.4401/ag-7473

Plapp, S.T. (2003):Wahrnehmung von Risiken aus Naturkatastrophen – Eine empirische Untersuchung in sechs gefährdeten Gebieten Süd- und Westdeutschlands – Dissertation, Universität Karlsruhe

Popper, K.R. (1934): Logik der Forschung. – Tübingen

Quarantelli. E.L. (ed.) (1998): What is a Disaster?.- A Dozen Perspectives on the Question.- Routledge, p. 315, New York NY

Ranke, U. (2016): Natural Disaster Risk Management.- – Geoscience and Social Responsibility.- S. 514, Springer, Berlin-Heidelberg

Renn O. (2019): Orientierung in Zeiten postfaktischer Verunsicherung.- Verlag Barbara Budrich, 2019, S. 206

Rost F. (1966): Was ist Wissenschaft? — Was ist wissenschaftliches Arbeiten? In: Lern- und Arbeitstechniken für das Studium.- Springer Fachmedien, VS Verlag für Sozialwissenschaften, Wiesbaden; https://doi.org/10.1007/978-3-322-97117-3_2

Sakai, Y. (2019): J.M. Keynes Versus F.H. Knight – Risk, Probability and Uncertainty.- Evolutionary Economics and Social Complexity Science Vol. 18, p. 180, Springer Verlag, Heidelberg, Berlin

Sigrist, M. (2004): Die Bedeutung von Vertrauen bei der Wahrnehmung und Bewertung von Risiken.- Arbeitsbericht der Akademie für Technikfolgenabschätzung in Baden-Württemberg, Universität Stuttgart, Band 197, Stuttgart

de Solla Price, D.J. (1963): Little Science, Big Science.- Columbia University Press, New York NY

Slovic, P., Finucane, M.L., Peters, E. & MacGregor; D.G. (2007): The affect heuristic.- European Journal of Operational Research, Vol. 177, Issue 3, p. 1333–1352

Slovic P. (1997): Public perception of risk.- Journal of Environmental Health, Vol. 59, p. 22–23+54

Spektrum (o. J.): Angewandte Forschung – Lexikon der Geographie.- Spektrum der Wissenschaft, Verlagsgesellschaft mbH, Heidelberg, Internetzugriff 31.1.2020

Stather, E. (2003): Gute Regierungsführung, menschliche Sicherheit und Friedenskonsolidierung als neue Herausforderung für die Entwicklungszusammenarbeit: Eine Würdigung.- Rede vor dem internationalen Symposium anlässlich des 40-jährigen Jubiläums des Deutschen Entwicklungsdienstes (DED) am 23.06.2003 in Bonn

Stifterverband (1999): Public Understanding of Sciences and Humanities (PUSH).- Stifterverband für die Deutsche Wissenschaft, Essen

Taleb, N.N. (2010): The Black Swan: the impact of the highly improbable (2nd ed.).- Penguin, London

Thywissen, K. (2006): Components of Risk – A comparative Glossary.- United Nations University, Institute of Environment and Human Security /UNU-EHS), Studies of the University: Research, Counsel, Education (SOURCE, Publication Series of UNU-EHS No. 2/2006, Bonn

Tierney, K.J., Lindell, M.K. & Perry, R.W. (2001): Facing the Unexpected: Disaster Preparedness and Response in the United States.- National Science Foundation (NSF) Grant No. 93–12647 Joseph Henry Press, Washington, D.C.; https://doi.org/10.17226/9834

Tversky, A & Kahnemann, D. (1973): Availability: A Heuristic for Judging Frequency and Probability.- Cognitive Psychology, Vol. 42 p. 207–232

UBA (2012): Themenblatt: Anpassung an den Klimawandel: Hitze in der Stadt – Eine kommunale Gemeinschaftsaufgabe.- Umweltbundesamt (UBA), KomPass – Kompetenzzentrum Klimafolgen und Anpassung, Dessau-Roßlau; Internetzugriff 28.3.2020

UNIDSR (2004): Living with Risk – A global review of disaster reduction initiatives.- United Nations, International Strategy for Disaster Reduction (UNISDR) 2004 Version – Volume I, p.431, Geneva

USGS (2007): 500.25 – Scientific Integrity.- Survey Manual 7/23/15, Office of Human Resources Instruction, Office of Science Quality and Integrity (OPR), United States Geological Survey (USGS), Reston VA

Weber, M. (1917/1919): Wissenschaft als Beruf (1917) – Politik als Beruf (1919)- Herausgegeben von Wolfgang J. Mommsen und Wolfgang Schluchter in Zusammenarbeit mit Birgitt Morgenbrod M., J. C. B. Mohr Verlag

WECD (1987): Our Common Future – Brundtland Report.- World Commission on Environment and Development (WCED), United Nations, New York NY

Inhaltsverzeichnis

8.1 Menschliche Sicherheit

Armut, Hunger und soziale Instabilität sind die größten Bedrohungen für das tägliche Überleben in vielen Ländern auf der Welt: *„Human security"* wird damit zur Grundvoraussetzung für nachhaltige Entwicklung (vgl. Abschn. 2.1.2). Dabei bedeutet Sicherheit nicht allein „militärische Sicherheit", sondern beschreibt auch die politische, ökonomische, ökologische und soziale Stabilität einer Gesellschaft. Die seit den 1990er Jahren dramatisch in das Blickfeld gerückten „Umweltveränderungen" haben dazu geführt, den traditionellen Sicherheitsbegriff um den der „Umweltsicherheit" zu erweitern. Umweltzerstörungen, sowohl ausgelöst durch den Menschen (Stichwort: „Ressourcenübernutzung") als auch durch Naturkatastrophen, haben in einem Umfang zugenommen, dass die internationale Staatengemeinschaft (UN 2004) dieses Problemfeld verstärkt in den Fokus der Entwicklungsentscheidungen gestellt hat:

> Environmental degradation has enhanced the destructive potential of natural disasters and in some cases hastened their occurrence. …. More than two billion people were affected by such disasters in the last decade, and in the same period, the eco-nomic toll surpassed that of the previous four decades combined. If climate change produces more flooding, heat waves, droughts and storms, this pace may accelerate.

Mit dem international verabschiedeten Konzept der „menschlichen Sicherheit" *(„human security")* hat sich die Staatengemeinschaft darauf verständigt, die beiden Pfeiler der „Sicherheit", die „menschliche Sicherheit" und die „ökologische Sicherheit", nicht mehr getrennt voneinander zu betrachten, sondern die Synergien der in beiden Wegen angelegten Potenziale zu nutzen, um das Ziel einer „kollektiven Sicherheit" zu erreichen, und damit einen Sicherheitsbegriff vorgegeben, der den Schwerpunkt von der „nationalen Sicherheit" auf das Wohlergehen des Individuums verlagert. Diese Umdeutung hat den Vorteil, den Fokus auf den einzelnen Menschen als „normative Letztbegründung politischen Handelns" zu legen (Stather 2003) und wird daher auf jeder Ebene staatlichen Handelns eingefordert (international, national, lokal). Dabei fungiert der „Staat als eigenständiger Akteur und als Scharnier zwischen diesen Ebenen". Für das Naturkatastrophen-Risikomanagement (NKRM) ergibt sich daraus die Aufgabe, die Bedrohung des Lebens durch Katastrophen zu verringern, nach Möglichkeit zu verhindern. Das NKRM wird so zu einem (!) der Bausteine für die Schaffung einer friedlichen, gerechten und damit sicheren Welt, wie es auch in dem „Nationalen Aktionsplan zivile Krisenprävention, Konfliktlösung und Friedenskonsolidierung" der Bundesregierung aus dem Jahr 2004 niederlegt wurde (Bundestagsdrucksache: 16/1809).

Auch wenn nicht erwiesen ist, dass der Klimawandel (allein) für die explodierenden Sachschäden von Naturkatastrophen verantwortlich ist, so wird er sich sicher auf zukünftige Katastrophen auswirken. Ein Anstieg der globalen Temperaturen führt zu einem erhöhten Dürrerisiko in einer Region, zu regenreichem Monsun und intensiveren Stürmen in mittleren Breiten (vgl. Abschn. 4.2). Umweltveränderungen der letzten Jahrzehnte haben die Gesellschaften und ihre Lebensumwelt schon heute nachhaltig verändert und werden dies in Zukunft noch in einem viel größeren Ausmaß tun. Wobei die Verursacher in der Regel nicht die Betroffenen sind. Auch machen die Veränderungen nicht an Landesgrenzen halt und bedrohen die Gemeinschaft im Ganzen (IPCC-AR4 2007). Mit seinem Bericht weist das IPCC darauf hin, „menschliche Sicherheit" und „Umweltsicherheit" haben eine globale Perspektive bekommen. Steffen et al. (2004) leiten daraus ab, dass der Mensch seine Eingriffe in die Natur (Atmosphäre, Biosphäre usw.) erheblich einschränken muss. Ihm steht dafür bereits heute eine Vielzahl an Technologien zu Verfügung und die für solche Verhaltensänderungen notwendigen Finanzmittel würden sich im Vergleich zu den entstehenden Kosten volkswirtschaftlich rechnen. Laut Stern-Review könnten mit einem Aufwand von 1 % des Weltbruttoinlandprodukts Schäden in Höhe des Fünffachen verhindert werden (Stern 2006).

8.2   Technik/Natur/Kultur

Wie in Abschn. 3.4 dargestellt, ist der Schutz vor Naturgefahren eine gesellschaftliche Herausforderung. Weltweit sind die Menschen, je nach Standort, den unterschiedlichen Gefahrentypen ausgesetzt – die sich zudem in ihren Wirkungen noch kumulieren können. Naturgefahren schränken die Nutzung des Lebensraumes ein und führen zu wirtschaftlichen Einbußen. Die aus ihnen hervorgehenden Risiken auf einem vertretbaren Niveau zu halten, ist die Aufgabe des NKRM. Doch die Erfahrungen der letzten Jahre haben eindrücklich gezeigt, dass dem Schutz von Sachwerten finanzielle, technische und soziokulturelle Grenzen gesetzt sind. Dies trifft im weitesten Sinn auch für den Schutz des menschlichen Lebens zu (‚‚human security") – was nichts anderes heißt, als dass nicht jeder vor jedem Risiko umfassend geschützt werden kann. Was erforderlich ist, ist eine holistische Beurteilung des Gefahren- bzw. Risikopotenzials aus soziokultureller, ökonomischer und ökologischer Sicht. Allein daraus wird ersichtlich, dass der Schutz vor Naturgefahren ein vielfältiges Konfliktpotenzial aufweist, das nur solidarisch und unter Einbeziehung aller Beteiligten gelöst werden (PLANAT 2002). Der Herausforderung kann nur begegnet werden, wenn alle Beteiligten ihre Verantwortung kennen und diese auch wahrnehmen – aber auch bereit sind, große Schäden solidarisch zu tragen. Versäumnisse aus der Vergangenheit können zum Beispiel zu einer „Jahrhundertflut" führen, deren Auswirkungen aber von der heutigen Generation zu schultern ist. Oder eine Katastrophe ist in einer entfernten Region eingetreten, die Schäden müssen dennoch von der Staatengemeinschaft getragen werden; bei einer grenzüberschreitenden Katastrophe sogar nur von dem Land, in dem sie sich auswirkt.

Dabei kommt man schnell zu der entscheidenden Frage: Wer soll vor welcher Gefahr/welchem Risiko in welchem Ausmaß geschützt werden. Das in Abschn. 4.6.3 vorgestellte „ALARP-Prinzip" ist ein wirksames Instrument, mit dem dieser Konflikt im Konsens gelöst werden kann. Der im Zuge eines „ALARP"-Aushandlungsprozesses erarbeitete Konsens entscheidet darüber, was eine Gesellschaft bezüglich eines bestimmten Risikos – z. B. die Suche eines Atomendlager-Standorts – als technisch machbar („possible"/„achievable") und was als sinnvoll („meaningfull"/„reasonable") ansieht. Dabei kommen zwei unterschiedliche kulturelle Problemsichten zum Tragen: einmal das Technikverständnis und zum anderen das, was die Gesellschaft als wünschenswert empfindet. Heute wird das in der Regel noch um die Faktoren „ökologisch sinnvoll" und „human vertretbar" erweitert (Banse und Hauser 2008).

Das NKRM, wie es weitgehend praktiziert wird, baut auf dem Paradigma des technisch Machbaren auf und beruht auf zielgerichtetem und planendem Handeln. Die „angewandten Naturwissenschaften" werden damit auf das technisch Machbare reduziert, „als etwas vom Menschen gemachtes" (Ropohl 1998); wie z. B. die „Eindeichung" der Stadt Jakarta (vgl. Abschn. 3.4.8). Das Naturkatastrophen-Risikomanagement – wie es derzeit vor allem in den Entwicklungsländern praktiziert wird – definiert sich daher vor allem als technisches Lösungsmodell. Doch dieses sehr einseitige Paradigma ist dabei, sich zu verändern. Im Zuge der weltweiten Kommunikation wird heute über Katastrophenereignisse in Echtzeit berichtet und nicht mehr nach Wochen oder Monaten. Damit ist in der Öffentlichkeit das Verständnis über die Zusammenhänge von Ursache und Wirkungen solcher Ereignisse gewachsen, mit der Konsequenz, dass die Menschen heute (weltweit!) mehr wissen wollen und daher automatisch mehr nachfragen. Dies hat zu einem gewachsenen Interesse an „Technik als Kulturform" geführt (Beck, S. 1997). Die Menschen verstehen sich heute zunehmend nicht mehr als Betrachter einer technisch/wirtschaftlich begründeten Entwicklungsentscheidung, sondern sehen sich in der Rolle der Betroffenen, was dazu führt, sich in Bürgerinitiativen und politischen Parteien zu artikulieren. Die Sozialwissenschaften haben in der Folge immer öfter auf diese Zusammenhänge hingewiesen. Die beiden Disziplinen „Technik" und „(Natur-)Wissenschaften" stellen heute keinen Gegensatz („Antagonismus", Banse und Hauser 2008), mehr dar, sondern es wird davon ausgegangen, dass beide im Zusammenspiel zur Wohlfahrt beitragen. Dabei ist anzumerken, dass technisch ausgerichtete Lösungsmodelle nicht nur als positiv empfunden (Corona-Impfstoff), sondern ebenso auch abgelehnt werden können, wie die in Deutschland seit 30 Jahren andauernde Debatte um die Nutzung der Kernkraft zeigt.

Banse und Hauser (2008) plädieren daher dafür, im Rahmen geordneter Verfahren („Techniktransfer und interkulturelle Kommunikation") in jedem Einzelfall solche Rückkopplungen auf Individuum und Gesellschaft zu hinterfragen. Bezogen auf das Naturkatastrophen-Risikomanagement bedeutete das – wie schon zuvor wiederholt dargestellt –, dass es sich als Teil eines Aushandlungsprozesses verstehen muss, der auf der Schnittstelle zwischen Technik und Gesellschaft angesiedelt ist. „Eine Technologie, die nicht eingebettet ist in einen Handlungskontext von Menschen, die ihre Möglichkeiten und Risiken verstehen …, hat nicht die geringste Chance, von der Gesellschaft … auf Dauer akzeptiert zu werden" (Stetter 1999).

8.3 Kosten-Nutzen

Wenn also, wie dargestellt, weltweit Instrumente und Geld verfügbar sind, um wenigstens die größten Auswirkungen von Naturkatastrophen „abzumildern", warum sind dann immer noch so viele Gesellschaften auf der Welt von den Auswirkungen so stark betroffen? Wenn also Risikoexposition „erklärbar" ist, muss das Problem jenseits der wissenschaftlichen Erkenntnis und technischen Umsetzung liegen. Der Nexus von „Natur und Gesellschaft" ist so komplex, dass dessen Interaktionen oftmals nur sehr generalisiert zu beschreiben sind. So dominieren fast überall auf der Welt, sowohl in Industrieländern wie in Entwicklungsländern, die Interessen der Wirtschaft einen großen Teil der staatlichen Entwicklungsagenda. Dabei sind wirtschaftliche Interessen per se nicht nur „negativ" konnotiert. Im Gegenteil, seit etwa Mitte der 1990er Jahre ist es weltweit zu einer zunehmenden Vernetzung ökonomischer und ökologischer Aktivitäten gekommen. Lief die Produktion von Gütern in vielen Ländern mehr oder weniger getrennt voneinander ab, so wurden im Zuge der Globalisierung immer mehr „low income" wie „middle income" Länder in die weltweiten Produktionsabläufe integriert. Was auf der einen Seite dazu geführt hat, dass sogar Länder wie Bangladesch und Mosambik ökonomische Zuwächse erzielen – was aber auf der anderen Seite die weltweiten „Lieferketten" sehr anfällig

gegenüber „externen Schocks" macht, wie das Beispiel des „Tohoku Erdbebens" im Jahr 2011 in Japan gezeigt hat (vgl. Abschn. 3.4.1).

Der angesprochene Nexus von Natur und Gesellschaft ist aber auch im Hinblick auf Katastrophenereignisse bzw. deren Vermeidung zu erkennen. In vielen Ländern wird staatliche Katastrophennachsorge, aber noch viel mehr deren Vorsorge sehr oft in Form technischer Großprojekte betrieben. Zum einen kann der Staat nach einer Katastrophe Fürsorge beweisen, zum anderen mit Prestigeprojekten seine Handlungsfähigkeit. Sehr oft sind solche Projekte mit lokalen Wirtschaftsinteressen verbunden. So plant die indonesische Regierung derzeit, vor der Hauptstadt Jakarta für 40 Mrd. US$ eine gigantische Hochwasserschutz-Anlage zu errichten, um die Stadt vor den jährlichen Hochwassern zu schützen. Das Projekt sieht vor, vor der Küste eine Serie von Inseln aufzuschütten, um so die Flutwellen abzuwehren. Doch die Inseln sollen nicht nur die Fluten eindämmen, sie sollen auch gleichzeitig Platz für einen neuen Hafen, einen neuen Flughafen sowie für neue (teure?) Wohnviertel schaffen. Der Staat hat dazu auf dem Kapitalmarkt große Anleihen platziert – gebaut wird das Projekt von einem holländischen Großunternehmen. Man geht davon aus, dass die Einnahmen aus dem Hafen, dem Flughafen und den Wohnvierteln die Kosten decken werden. Gegen das Megaprojekt kam es zu heftigen Protesten; Umweltverbände haben erfolgreich Klage eingereicht. Sie zweifeln, ob damit das Überschwemmungsrisiko in vielen Teilen Jakartas auch gelöst wird und ob man nicht mit weniger Geld eine nachhaltigere Lösung finden könnte.

8.4 Schutzziel

Der Mensch ist seiner Natur nach darauf ausgerichtet, Bedrohungen aus dem Weg zu gehen, entstehende Risiken, wo immer es geht, zu minimieren oder am besten gar nicht erst aufkommen zu lassen (*„risk aversion"*).

Wenn man, wie Beck, U. (1986) als Folge der Nuklearkatastrophe von Tschernobyl, die Gesellschaften auf dem Weg in eine von „Unsicherheiten" geprägte Welt sieht, dann müssen die Gesellschaften lernen, die Risiken, denen sie ausgesetzt sind, zu erkennen. Sie müssen lernen zu definieren, welche Risiken sie bereit sind zu (er-)tragen und welche nicht. In demokratisch verfassten Staaten ist es ein verfassungsrechtliches Gebot des Staates, die Bevölkerung von jeder Art externer Schocks zu bewahren. Dafür es nötig, sich klarzumachen, welchen Risiken eine Gesellschaft ausgesetzt ist: wer wie durch welches Risiko bedroht sein könnte und wie man sich am besten davor schützen kann. Dazu ist ein transparenter Diskussionsprozess nötig, in den alle gesellschaftlichen Gruppen (nationale Regierungsbehörden, lokale Regierungen, Vertreter aller gesellschaftlichen

Gruppen, Nichtregierungsorganisationen, Forschungsein-richtungen, Unternehmen usw.) einbezogen werden müssen. Durch ihn müssen die Risiken, die „alle" betreffen, erfasst und systematisch bewertet und daraus entsprechende Schutzmaßnahmen abgeleitet werden. Dem Staat kommt dabei eher die Funktion des Moderators als des Entscheiders zu. Ein zentral verordneter *„top-down"* Beschluss wird nicht die erforderliche Akzeptanz erlangen; nötig ist daher ein *„bottom-up"* Ansatz. Eine Konsensfindung ist in der Regel keine Frage von Wochen oder Monaten, sondern sollte als permanenter Aushandlungsprozess angelegt sein. Und es muss ein Einvernehmen erzielt werden, welche Ressourcen die Gesellschaft bereit ist einzusetzen, um das Maß an Sicherheit zu erreichen, das dem Empfinden der Mehrheit der Gesellschaft entspricht (vgl. Luhmann 1991).

Menschen nehmen „Risiken" sehr unterschiedlich war. Generell ist die Akzeptanz oder Aversion eines Risikos in Gesellschaften sehr unterschiedlich ausgeprägt – selbst innerhalb einer Gesellschaft können Risiken aufgrund erfahrungsheuristischer Vertrautheit sehr unterschiedlich wahrgenommen werden (PLANAT 2008). In der Regel leitet sich das Risikobewusstsein aus kulturell-traditionellen Faktoren ab (Gigerenzer 2007). Oftmals aber auch eine Folge der Stellung in der gesellschaftlichen Hierarchie – weniger dagegen einer körperlichen Erfahrung. Verzerrte Risikowahrnehmungen kommen in allen Gesellschaften vor. Daher plädiert Luhmann (1991) dafür, die sozialen Aspekte vermehrt in den Fokus von Risikowahrnehmungen und -bewertungen zu stellen: Nur dann könne „Risiko" umfassend abgebildet werden. So favorisiert zum Beispiel eine Gruppe die Nutzung der Kernkraft als CO_2-freie Energiequelle als den Königsweg zur Minderung der Treibhausgasemissionen, während eine andere Gruppe diese wegen der nicht zu beherrschenden Havariegefahr vehement ablehnt. War in den 1960er Jahren noch in vielen OECD-Staaten die Kernkraft als zentraler Baustein für wirtschaftliches Wachstum angesehen, änderte sich dies nach den Reaktorunfällen von „Three Miles Island" (USA) und nach Tschernobyl (damals UdSSR). Der Bau von Kernkraftanlagen wurde zum Anlass zur Gründung vieler Bürgerinitiativen. Die Industrie reagierte darauf, noch verstärkt durch die „traumatischen" Erfahrungen der Erdölkrise Anfang der 1970er Jahre, indem sie ihre Produktion auf einen geringeren Energiebedarf umstellte. Mit der Folge, dass etwa ab 1980 die Zuwächse im Bruttoinlandsprodukt vom Energieeinsatz abgekoppelt wurden. Heute allerdings werden weltweit – auch in der EU – Stimmen laut, dass die angestrebten CO_2-Minderungsziele ohne die Nutzung der Kernkraft nicht zu erreichen sind (R. Grossi, Präsident der Internationalen Atomenergiebehörde (IAEA) in einem Interview mit der FAZ am 25.10.2020).

Im Wechselspiel von Gesellschaft, Politik und Wissenschaft in Bezug auf die Bewertung eines Risikos stellen Gesellschaft und Politik die Frage „Wie sicher ist sicher genug?" und bestimmen damit das (sektorspezifische) Schutzziel. Auf der anderen Seiten stehen Wissenschaft und Technik, die durch ihre Expertise in der Lage sind zu formulieren: „Was kann passieren und wie kann es verhindert werden?" Daraus ergibt sich die Frage: „Tritt die Wissenschaft erst auf den Plan, wenn die Politik formuliert: Wir haben da ein Problem und wie bewertet ihr das?", oder ist es Aufgabe der Wissenschaft, das zu erforschen (was sie will) und dann die Problembeschreibung in die Politik einzubringen, wie es in der Klimadiskussion ausgeprägt ist. Der Wissenschaft kommt bei der Beurteilung möglicher Gefährdungen und Risiken eine zentrale Stellung zu, auch wenn Kritiker darauf hinweisen, dass die Naturwissenschaften ausschließlich die (natur-)wissenschaftliche Beschreibung von Problemlagen durchführen („Die Naturwissenschaft hat mit Risiko erst mal gar nichts zu tun"; Böschen et al. 2002). Der Autor ist der Auffassung, dass die Risikobewertung nicht allein Aufgabe der Naturwissenschaften sein darf – auch wenn es sich dabei um Naturgefahren handelt: Sozialwissenschaften, Ökonomie und Ökologie müssen immer Teil der Analyse sein.

Um dem Sicherheitsbedarf seiner Bürger Rechnung zu tragen, haben Staaten Gesetze und Bestimmungen erlassen, die den dafür erforderlichen Rahmen setzen. So ist zum Beispiel in Grundgesetz § 20a der „Schutz der Umwelt" verfassungsrechtlich verankert und dort explizit die Forderung nach einem „Vorsorge-/Verursacherprinzip" verankert. Zudem wurde mit dem Begriff der „nachhaltigen Entwicklung" *(„sustainable development")* international festgelegt, dass jede Verbesserung der Lebensbedingungen sozial, ethisch, ökonomisch und ökologisch auf Dauer angelegt sein muss. „Nachhaltige Entwicklung" wurde so zum Leitbild des internationalen Umweltschutzes. Auch wenn der Begriff völkerrechtlich nicht verbindlich ist, so wurde er doch, da er sowohl in der Rio-Deklaration, der Agenda 21, in den Klimarahmenkonventionen und den zahlreichen weiteren internationalen Dokumenten per Beitritt zu einer Konvention anerkannt wird, zu einem „Rechtsbegriff des internationalen Rechts". Der Staat muss also Vorgaben machen, in welchem Ausmaß er sein „Volk" schützen will. So wie sich die Staatengemeinschaft zum Beispiel darauf verständigt hat, die globale Erwärmung auf unter 2 °C bis zum Jahr 2100 zu begrenzen.

Der Schutz vor Naturgefahren ist eine Dauer- und Querschnittsaufgabe: „Sicherheit" muss gemeinsam erarbeitet werden. Aber es wird nie eine 100 %ige Sicherheit geben können. Daher muss das verbleibende Risiko auch solidarisch getragen werden. Des Weiteren muss die Zielerreichung angesichts der gesellschaftlichen Veränderungen, insbesondere im Kontext mit dem Klimawandel, regelmäßig überprüft werden. Die Festlegung eines Sicherheitsniveaus kann sowohl für den Staat als auch für den Einzelnen erhebliche finanzielle Auswirkungen nach sich ziehen – Aufwendungen, gegen die Kritiker oftmals das Argument „Zuviel" nutzen. In der Tat, eine erfolgreiche Vorsorge verhinderte eine Katastrophe und es wird dann die Frage gestellt, ob es nötig war, „so viel" Geld einzusetzen für etwas, was objektiv kein Problem mehr darstellt (vgl. Abschn. 8.6). Die Katastrophenforschung kann dagegen nachweisen, dass mit jedem in Vorsorge investierten Euro bis zu 5 € an Schäden verhindert werden können. Nach Informationen von World Bank und UNISDR beliefen sich die Katastrophen-Vorsorgemaßnahmen in den letzten 30 Jahren auf etwa 40 Mrd. US\$. Damit konnten ökonomische Schäden in Höhe von etwa 280 Mrd. US\$ verhindert werden; international wird von einem Verhältnis 1:5 ausgegangen. So werden heute nach PLANAT (2015) in der Schweiz jährlich insgesamt 3 Mrd. Franken für den Schutz vor Naturgefahren aufgewendet; 1,7 Mrd. davon tragen Versicherungen, private Unternehmen und Haushalte, 1,3 Mrd. stammen von Bund, Kantonen und Gemeinden. Sachwerte, für die das Risiko auf ein akzeptables Maß zu begrenzen ist, werden als Schutzgüter bezeichnet.

Am Ende eines solchen Diskussionsprozesses muss die Festlegung eines nationalen „Schutzziels" stehen. Bei der Festlegung muss erkennbar werden, dass damit das Risiko für alle Gruppen gleichmäßig tragbar und sinnvoll ist. Schutzzieldefinitionen müssen in Gesetzen, Verordnungen und Durchführungsbestimmungen verankert werden, die es den lokalen Behörden ermöglichen, die Risikominderung auch umzusetzen. Es ist also explizit festzulegen, wer welche Aufgaben wo und wann durchzuführen hat und mit welchem Ziel. Vor allem muss festgelegt sein, wer die Vorsorge-und Nachsorgemaßnahmen finanziert. Auch muss geklärt sein, wem die Maßnahmen zugutekommen, aber auch, wer nicht von den Schutzmaßnahmen profitiert. Schutzzieldefinitionen legen den ordnungspolitischen Rahmen fest und müssen durch sogenannte Indikatoren (z. B. das 2-Grad-Ziel) unterlegt werden. Die praktische Umsetzung ist dann Bestandteil der Raumplanung. Die wichtigste Grundlage für die Formulierung des angestrebten Sicherheitsniveaus bildet eine gesetzliche Verordnung. Im Vordergrund stehen dabei:

- Schutz des Lebens und der körperlichen Unversehrtheit von Menschen: Als Indikator für Leben und Unversehrtheit von Menschen wird der Todesfall betrachtet. Als akzeptabler Grenzwert der Mortalität durch Naturkatastrophen werden z. B. in der Schweiz 10–15 Tote pro Jahr genommen (PLANAT 2015).
- Schutz des Eigentums: Der Schutz des Eigentums ist in erster Linie eine Sache naturgefahrengerechter Bauweise. Mittels Normen und Gesetzen werden Vorgaben gemacht, sowohl in Bezug zum erreichbaren Schutzniveau als auch zu den Kosten. Bei Gebäuden ist zu unterscheiden zwischen dem Schutz des Gebäudes und der Schutzfunktion des Gebäudes für Menschen sowie dem Gebäudeinhalt. Bezogen auf die Funktionsfähigkeit des Staates geht es

vor allem um den Schutz der (kritischen) Infrastrukturen. Diese umfassen Anlagen und Einrichtungen zur Versorgung der Bevölkerung mit Wasser, Elektrizität, Gas oder der Abwasserentsorgung usw.; des Weiteren Krankenhäuser, Polizei, Militär sowie die Kommunikationsinfrastruktur. Bei der Infrastruktur steht der Versorgungsgedanke im Vordergrund und wird durch den Schadensindikator „Verlust der Verfügbarkeit" definiert.
- Schutz der natürlichen Lebensgrundlagen: Unter natürlichen Lebensgrundlagen der Menschen sind Wasser, Boden und Luft zu verstehen. Bei Wasser als Lebensgrundlage geht es primär um Trink-/Brauchwasser, beim Boden um seine Funktion als Pflanzenstandort. Die Luft ist vor Kontamination durch Aerosole zu schützen. Dabei sind Wasser und Boden nicht nur Schutzgüter, sie können auch Teil der Gefahr selbst sein.

8.5 Resilienz

Wie in Abschn. 4.2 dargestellt beschreibt „Resilienz" nicht die Vorsorgemaßnahmen per se, sondern das erreichte Sicherheitsniveau. Darüber hinaus sollte Resilienz als ein permanenter Aushandlungsprozess ausgestaltet werden, der zum Ziel hat, wo immer möglich und nötig

- Risiken generell zu vermeiden (Vermeidung),
- sich Risiken anzupassen (Adaption),
- Risiken gezielt zu bekämpfen (Mitigation).

„Resilienz" ist immer Ausdruck eines Schutzniveaus, auf das sich eine Gesellschaft geeinigt hat. Unterschiedliche Gesellschaften haben unterschiedliche Risikowahrnehmungen und damit auch unterschiedliche Vorstellungen, was geschützt werden soll (EU 2007; PLANAT 2015). Deshalb müssen folgende Anforderungen an Schutzziele erfüllt sein:

- Die Festlegung soll auf der Basis transparenter und systematischer Methoden und Grundlagen beruhen.
- Die politische Entscheidungsfindung muss rechtsstaatlichen Grundsätzen entsprechen und sie müssen klar formuliert sein, transparent und nachvollziehbar.
- Sie müssen Raum für Lösungen bieten, die den Ansprüchen verschiedener Normen gerecht werden.
- Sie müssen dem Prinzip der Nachhaltigkeit entsprechen.
- Sie müssen die Auswirkungen und Eintrittswahrscheinlichkeit der unterschiedlichen Naturgefahren abbilden.

Der Begriff, mit dem Auswirkungen von Katastrophen auf den Einzelnen oder die Gesellschaft beschrieben wird, heißt „Vulnerabilität" (*„vulnerability"*). Dabei kann die Anfälligkeit eines Systems nicht nur von externen Faktoren herrühren, sondern vielfach sind es gesellschaftlich immanente

Faktoren, die eine potenzielle Gefahr zu einer echten Bedrohung werden lassen. Anlässlich der Corona-Pandemie war abzulesen, wie sehr eine Katastrophenanfälligkeit auch von den gesellschaftlichen „Abwehrkräften" bestimmt wird (z. B. die Akzeptanz des Maskentragens).

Der Einzelne unterliegt (beinahe) täglich sowohl Bedrohungen, die sich aus seiner persönlichen (internen) Situation ableiten, als auch solchen, die von außen auf ihn einwirken. Man spricht von „intrinsischer" Vulnerabilität, wenn es sich um Faktoren wie Krankheit, Alter usw. handelt. Dem steht die „extrinsische" Vulnerabilität gegenüber (Gefahrenexposition, Arbeitslosigkeit usw.). Um mit diesen Bedrohungen besser fertig zu werden, muss der Einzelne sowohl seine „intrinsische" Resilienz erhöhen (Medikamente, Rollstuhl usw.) als auch seine „extrinsische", indem er Vorsorge betreibt und Zugang zu einem leistungsfähigen Gesundheitssystem erhält usw.

Im Prinzip geht man davon aus, dass „Vulnerabilität" per se mit einer negativen Konnotation verbunden ist: synonym für „Ausgeliefertsein". Dabei ist zu beachten, dass zum Beispiel „Vulnerabilität" und „Armut" nicht gleichzusetzen sind. Dennoch hat Armut einen großen Einfluss auf die Katastrophenvulnerabilität und umgekehrt. Demgegenüber – und damit „positiv" konnotiert – steht die „Resilienz" („Widerstandsfähigkeit"). Am Beispiel der Reaktionen von Staat und Gesellschaft in Deutschland auf die Corona-Pandemie ließ sich folgendes Verhaltensmuster erkennen (Abb. 8.1). Steigende Infektionszahlen veranlassten den Staat, rigorose Maßnahmen („social distancing") zu verordnen, die zum Teil die „Freiheit" des Einzelnen stark einschränkten. Zudem stellte er mehr als 100 Mrd. € an Finanzmitteln zur Verfügung, um die Folgen der Pandemie abzufedern. Zunächst mit gutem Erfolg, denn die Pandemie verlief anfangs vergleichsweise moderat. Die so erreichte „Resilienz" wiederum veranlasste Teile der Bevölkerung, das Risiko als tolerabel einzuschätzen und die Einschränkungen daher als nicht länger tragbar zu bewerten. Die Bürger verstießen in der Folge in vielen Fällen gegen die Anordnungen, mit dem Ergebnis, dass die Fallzahlen wieder anstiegen: Aus der vermeintlichen „Resilienz" wurde eine „Vulnerabilität". Diese wiederum veranlasste den Staat, erneut strengere Auflagen zu verordnen; sogar dazu, den eigentlich Jahre andauernden Impfstoff-Zulassungsprozess auf wenige Monate zu verkürzen.

Seit etwa 10 Jahren wird der davor (beinahe) exzessiv verwendete Begriff der „Nachhaltigkeit" immer mehr von dem Begriff der „Resilienz" abgelöst. Aber auch ein „System, das als Folge von Schocks beträchtlichen kurzfristigen Schwankungen unterliegt, kann resilient sein", wenn es „nach einer Phase der Instabilität ein neues Gleichgewicht … erreicht" (Brinkmann et al. 2017) und dies trifft nicht nur für die Ökologie, sondern auch für technische, ökonomische und soziale Systeme zu. Das heißt nicht, dass der Begriff „Vulnerabilität" heute keine Gültigkeit mehr hat. Im Gegenteil, die vielfältigen Diskussionen um die Verletzlichkeit vom Menschen und ihrer Umwelt hat dazu geführt, darüber nachzudenken, was und wie denn „Verletzlichkeit" in „Stärken" umgewandelt werden kann. Vulnerabilität ist (per se) eine sozialkonstruktivistische Beschreibung der Realität, während „Resilienz" das angestrebte Sicherheitsniveau definiert. Zwischen „Vulnerabilität und „Resilienz" gibt es eine Vielzahl an Wechselwirkungen und gegenseitigen Beeinflussungen („push & pull-effect"). Vulnerabilität „zwingt" Systeme (Mensch/Umwelt/Ökonomie) sich anzupassen. Die Anpassung kann aber auch – wie zuvor dargestellt – zu einer erhöhten Vulnerabilität führen. Damit kommt noch der Begriff der „Prävention" (vgl. Abschn. 8.6) ins Spiel. Der Mensch kann aus Erfahrungen an anderen Orten diese Erkenntnisse auf sein lokales Risiko übertragen und im Vorgriff auf eine mögliche Gefährdung präventive Maßnahmen

Abb. 8.1 Wechselseitige Beeinflussung von „Vulnerabilität" und „Resilienz"

sinkende Infektionszahlen lassen die Menschen leichtsinnig werden

negativ

Vulnerabilität

faktische Gefahrenexposition/ Anfälligkeit (negativ)

Resilienz

Ergebnis der Bewältigungsfähigkeit (positiv)

positiv

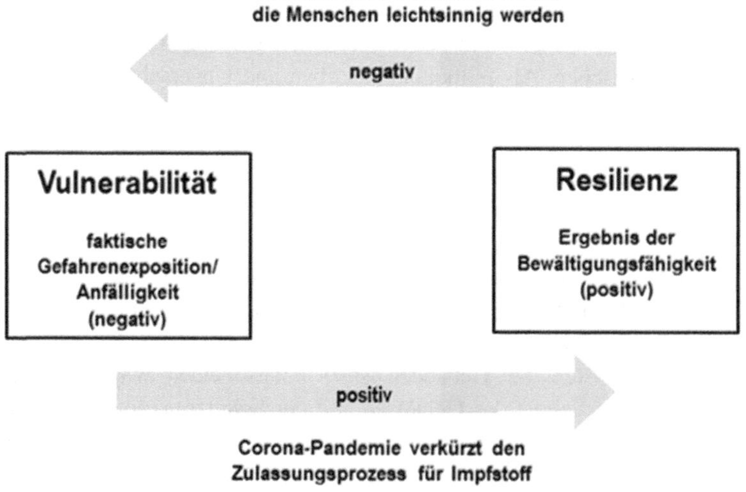

Corona-Pandemie verkürzt den Zulassungsprozess für Impfstoff

ergreifen. Er bekämpft damit seine Vulnerabilität und trägt automatisch zu einer höheren Resilienz bei. Nachhaltig wird das System, wenn es gelingt, den erreichten Resilienzstatus auf Dauer festzuschreiben (vgl. Abschn. 5.2).

Naturkatastrophen greifen in jeden Sektor ein, mit oftmals gravierenden wirtschaftlichen Auswirkungen. Verstärkt wird dieses Szenario noch durch den fortschreitenden Klimawandel. Ein mehr auf Vorsorge als auf Nachsorge ausgerichtetes Naturkatastrophen-Risikomanagement wird damit unverzichtbar. Die externen Bedrohungen haben inzwischen globale Ausmaße angenommen. Es bedarf daher einer globalen Strategie, um der Zerstörung der Lebensgrundlagen und damit Armut, Unterentwicklung und sozialen Konflikten besser begegnen zu können. Daraus leitete UNEP (Töpfer 2004) ab, dass die Kenntnisse über Umweltprobleme wissenschaftlich noch intensiver untersucht werden müssen – das trifft ebenso auf die Naturkatastrophen zu. Ein verlässlicheres Verständnis von Ursachen und Auswirkungen von (Natur-)Katastrophen wird uns in die Lage versetzen, Gefahrenmomente frühzeitiger zu erkennen. UNEP hatte daher angeregt, im Rahmen umfangreicher internationaler Vereinbarungen den Ausbruch sozialer Konflikte mittels sektorspezifischer Risikovorsorgen und Konfliktprävention zu reduzieren. Gefordert wurde, eine gestaltende Politik zu entwickeln, bei der vor allem die Vorsorge gestärkt wird (Lonergan 2002). Ein Sektor, in dem solche Sicherheitsfragen unmittelbar zum Tragen kommen, ist der der „Umweltmigration": Vor allem aus dem Klimawandel bedingte Umweltzerstörungen führen oftmals zu so-

zialen Disparitäten, die regelmäßig Binnen- oder grenzüberschreitende Flüchtlingsbewegungen auslösen.

Die Abb. 8.2 zeigt sehr verallgemeinert, wie sehr ökologische, ökonomische und natürliche Prozesse sich überlagern, ergänzen oder verstärken. Und wie sich aus ihnen gesellschaftspolitische Konsequenzen ergeben. Daraus wird ersichtlich, dass, was immer im Rahmen eines Naturkatastrophen-Risikomanagements unternommen wird, dies immer in einem gesellschaftspolitischen Kontext geschehen muss. Das NKRM ist daher auf der Schnittstelle zwischen den reinen (Natur-)Wissenschaften und der Gesellschaft angesiedelt, wie sich dies bei der BSE-Krise 1992 oder erst kürzlich bei der Corona-Pandemie gezeigt hat.

Das Risikomanagement hat es zum einen mit natürlichen Prozessen zu tun, zum anderen mit Prozessen menschlicher Aktivitäten, hier exemplarisch dargestellt als der Pfad der Treibhausgasemissionen. Beide Prozesse haben system-immanent positive als auch negative Auswirkungen: Das resultierende Konstrukt wird als Risiko empfunden. Daraus ergibt sich eine Vielzahl an Konsequenzen: Armut infolge von Dürren, Vertreibung durch den Kampf um natürliche Ressourcen, ethnische Konflikte oder kriegerische Auseinandersetzungen. Das Management muss daher Maßnahmen ergreifen, um Risiken zu vermeiden, sich ihnen anzupassen oder sie zu bekämpfen.

Zu den wichtigsten Bausteinen, die die „Resilienz" stärken, gehören: „Mitigation", „Adaption" und „Vermeidung".

Mithilfe dieser Instrumente ist es möglich, Risiken durch Naturkatastrophen zu minimieren – wenn nicht sogar zu

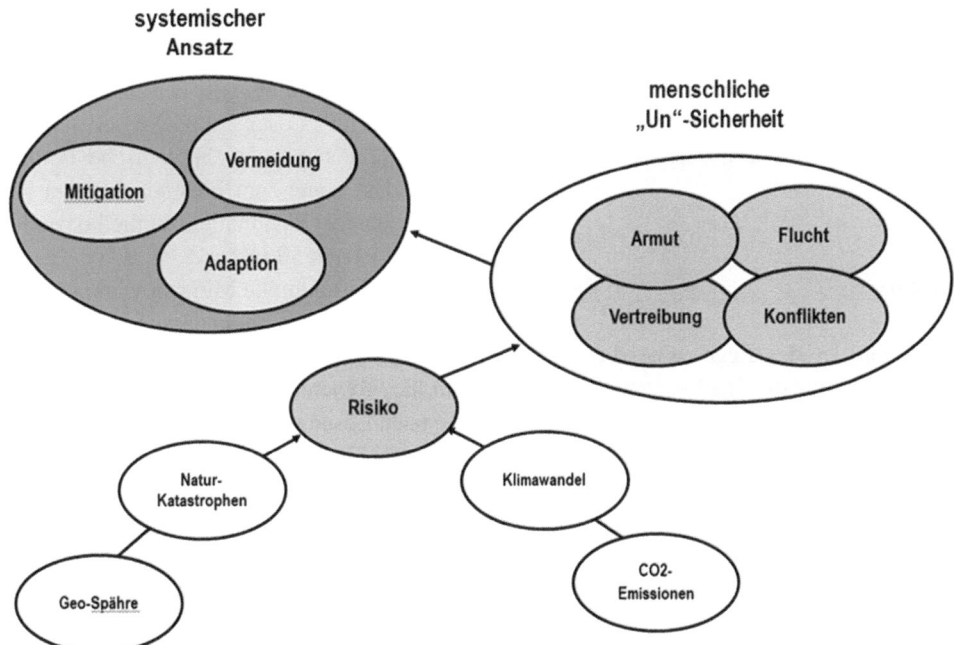

Abb. 8.2 Nexus von Naturkatastrophen, menschlicher Un-Sicherheit und Risikotransformation

Abb. 8.3 Wirkungsfelder von „Mitigation", Adaption" und „Vermeidung" zur Verringerung von Risiken durch Naturkatastrophen

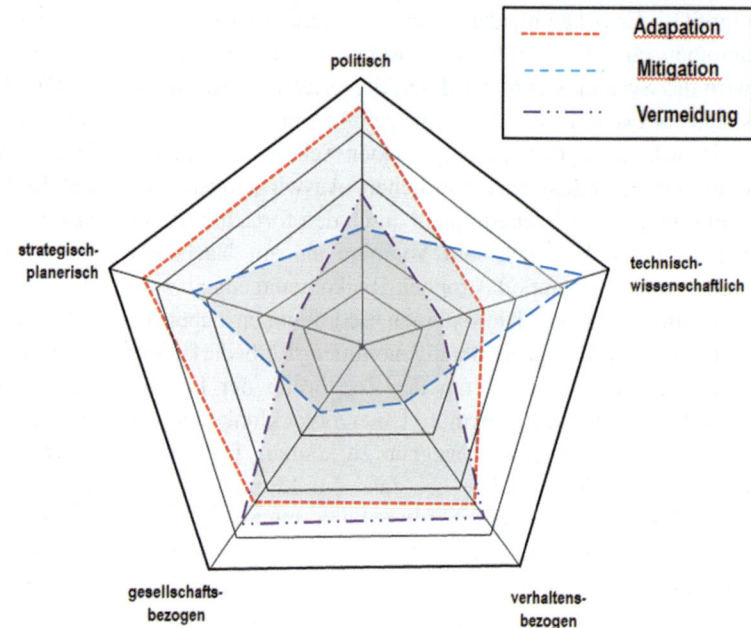

beherrschen. Dabei werden in der Literatur wie auch im Sprachgebrauch die drei Aktionsfelder definitorisch nicht immer klar voneinander unterschieden. Alle drei verbindet dasselbe Ziel, nur unterscheiden sie sich in ihrem Instrumentarium. Sie können sich gegenseitig in ihren Wirkungen ergänzen, aber auch behindern – vor allem, weil sie auf sehr unterschiedlicher Ebene ansetzen: Ordnungspolitik, Technik und vor allem in der Zeit (Abb. 8.3).

Es wird deutlich, dass „Mitigation" vornehmlich das technische Feld bedient, „Adaption" mehr gesellschaftspolitisch ausgerichtet ist, während „Vermeidung" vorrangig die Individualebenen anspricht. Auffällig ist, wie sehr sich Wirkungsfelder überschneiden, insbesondere „Adaption" und „Vermeidung". Zu erkennen sind große Überschneidungen, die zu gegenseitigen Beeinflussungen, aber eben auch zu wechselseitigen Wirkungsminderungen führen.

8.5.1 Mitigation

Unter „Mitigation" wird in der Regel eine direkte Einflussnahme des Menschen auf die Häufigkeit und/oder die Intensität von Naturgefahren verstanden, mit dem Ziel, Leben zu schützen, Schaden von Hab und Gut abzuwenden, sowohl im persönlichen als auch im ökonomischen Sektor (MunichRe, Topics „Resilienz"). Sie kann sowohl auf dem „strukturellen" als auch auf dem „nicht strukturellen" Sektor ansetzen und stellt vor allem ein Instrument der Katastrophenvorsorge dar.

„Strukturelle Mitigation" bezeichnet Aktivitäten, die zu einer physischen Ertüchtigung bestehender „struktureller"

Elemente – in erster Linie versteht man darunter die materielle Infrastruktur/Bausubstanz – zum Schutz vor Katastrophen ergriffen werden. Zum Beispiel, indem eine Gebäudesubstanz technisch gegen Sturm gesichert wird oder Sandsackbarrieren gegen Hochwasser und Stützpfeiler gegen seismische Erschütterungen eingesetzt werden (vgl. Abschn. 3.4). In Regionen, die häufig solchen Katastrophen ausgesetzt sind, gibt es in der Regel eine Vielzahl an Erfahrungen und Erkenntnissen, um sich gegen materielle Schäden und Bedrohungen des Lebens vorzubereiten. Strukturelle Mitigation ist dann effektiv, wenn sie im jeweiligen Einzelfall im Rahmen einer Risikoanalyse den physischen Zustand umfasst. Leider wird dabei zu oft das indigene Wissen der lokal Betroffenen zugunsten „importierter" Lösungsmodelle vernachlässigt. Auf der anderen Seite hat die technologische Entwicklung dazu geführt, dass heute zum Beispiel in Japan Hochhäuser einem Erdbeben eher standhalten als die konventionellen Gebäude aus den letzten 50 Jahren.

„Nicht strukturelle Mitigation" umfasst die sozialen Komponenten der Risikominderung. Es braucht dazu die Einbeziehung der risikoexponierten Gruppen („participation"), um die Probleme („Risiken") zu erkennen, die am besten geeigneten Lösungsansätze zu identifizieren und diese dann gemeinschaftlich umzusetzen. Dies erfordert klar nachvollziehbare politische Vorgaben sowie sozial und kulturwissenschaftliche Expertise. „Nicht strukturelle Mitigation" stellt ein sehr effektives, in vergleichsweise kurzer Zeit umsetzbares Resilienzinstrument dar, das zudem kostengünstig ist. Dies betrifft nicht nur den öffentlichen Raum, sondern auch den Privatsektor. Dem Finanzsektor kommt hierbei eine tragende Funktion zu, da er die Kredite für die Investitionen zur Verfügung stellt, zudem ersetzen Versicherungen die Schäden. Nur sind die Rahmenbedingungen selbst in vielen Industrieländern nicht immer derart ausgestaltet, dass jeder (!) Hauseigentümer, insbesondere in den am stärksten gefährdeten Regionen (z. B. Hochwasser), einen angemessenen Versicherungsschutz überhaupt angeboten bekommt (z. B. in Deutschland), und wenn, dann nur zu horrenden Prämien. Nutzerorientierte *(„custommized")*, staatlich subventionierte Versicherungsmodelle können hier Abhilfe schaffen. Ebenfalls dazu gehören Lösungsansätze wie eine risikoorientierte Landnutzungs- und Raumplanung und die Inkraftsetzung lokal angepasster Bauvorschriften *(„building codes")*. *„Post-disaster"*-Erhebungen sind ein effektives Mittel, um Schwachstellen in der Risikobewertung zu erkennen. Sie müssen als Standardinstrument nach jedem größeren Schadenereignis eingesetzt werden: Der finanzielle, personelle und zeitliche Aufwand dafür ist im Vergleich zu den „tatsächlichen" Folgekosten vernachlässigbar. „Nicht strukturelle Mitigation" umfasst auch den gesamten Sektor der Bewusstseinsbildung *(„awareness raising")* bei den Betroffenen. Dies ist in den OECD-Ländern mit ihrer institutionalisierten Katastrophenhilfe schon weit entwickelt, in vielen anderen Ländern stecken die Bemühungen vielfach noch in den Anfängen.

8.5.2 Adaption

Adaption oder Anpassung bedeutet frei nach Charles Darwin die Weiterentwicklung einer Art unter und durch veränderte Umweltbedingungen. Das heißt, dass diejenigen Arten überleben, die ihre Umgebung am genauesten wahrnehmen und sich erfolgreich daran angepasst haben – aus niederen Arten entwickelten sich durch Anpassung an veränderte Verhältnisse höhere. Aber auch das ist Anpassung: Ein menschliches Organ (z. B. das Auge) kann sich an eine veränderte Umwelt anpassen – die Pupille verengt sich beim Blick ins Helle und erweitert sich beim Blick ins Dunkle. Es kann sich aber auch der Mensch intrinsisch in seinem Sozialverhalten den veränderten Gegebenheiten anpassen oder durch Trainingseffekte seine allgemeine Leistungsfähigkeit steigern. Der Resilienzbegriff hat in der Medizin noch eine erweiterte „adaptive Dimension" erfahren. Hier geht es oftmals nicht mehr darum, den (Gleichgewichts-)Zustand eines Menschen, wie er vor seiner Erkrankung bestand, wiederherzustellen, sondern: Wie kann der Mensch trotz einer sich durch die Erkrankung eingestellten Beeinträchtigung (Rollstuhl nach Verkehrsunfall) eine „hohe Lebensqualität" wiedererlangen? Im Vordergrund steht (also) vielmehr „die Anpassung an die neuen Verhältnisse ..." (Brinkmann et al. 2017).

Das NKRM konzentriert sich vor allem auf den extrinsischen Anteil der Vulnerabilität. Es schafft den Rahmen, damit sich die Menschen am besten im Vorgriff auf die veränderten oder sich verändernden Prozesse einstellen UNISDR (2009). Das NKRM hat dazu zwei grundlegende Fragen zu klären:

- Was soll sich an was anpassen *(„what adapts to what")*?
- Wer oder was soll sich anpassen *(„who or what adapts")*?

Smit et al. (2000) unterscheiden dabei zwischen *„pre-adaptive"*- und *„post-adaptive"*-Maßnahmen. Übertragen auf den Vulnerabilitäts-Resilienz-Kontext dieses Buches würde dies bedeuten: *„pre-adaptation"* ist jede Art von Vorsorgemanagement (Planung, Pläne, Umsetzung von Maßnahmen, Einbeziehung der *stakeholder*), während *„post-adaptation"* eine Überprüfung vornimmt, inwieweit das angestrebte Resilienzniveau auch erreicht werden konnte.

Ganz generell und stark vereinfacht lassen sich „Mitigation", „Adaption" und „Vermeidung" an einem Beispiel zum Hochwasserschutz darstellen:

- Durch den Bau eines Deiches/Hochwasserschutzes greift der Mensch direkt und unmittelbar in das Gewässersystem ein. Der Fluss wird in ein Bett „gezwungen". Dies kann als „Mitigation" bezeichnet werden. Die technisch ausgerichtete Bekämpfung des Risikos erfordert einen ordnungspolitischen Rahmen, der die Maßnahme für zulässig erklärt, eine finanzielle Trägerschaft durch die Kommunen und als weitere Voraussetzung die Akzeptanz der Gesellschaft: Dennoch liegt der Fokus auf der technischen Umsetzung.
- Wenn ein Hochwasser aber in seinen Wirkungen abgemildert werden soll, indem eine Retentionsfläche eingerichtet wird, dann „reagiert" der Mensch auf den Fluss. Er passt sein Verhalten an die Bedingungen an, die der Fluss diktiert („Adaption"). Hierbei kommt es vor allem auf Raumordnungsvorgaben an, mit denen ein Gemeinwesen den Nutzen mit den Lasten einer solchen Maßnahme ausgleichen kann.
- „Vermeidung" wäre danach, wenn der Mensch durch Reduzierung seiner Treibhausgasemissionen das Auftreten von Starkregenereignissen soweit vermindert, dass Hochwasserereignisse gar nicht erst eintreten. Oder dass er seinen Wohnort entsprechend verlegt.

8.6 Präventionsdilemma

Es kann, wie dargestellt, zu einem Dilemma kommen, wenn eine Risikovorsorgemaßnahme erfolgreich ist und so das ursächliche Risiko (gar) nicht mehr existiert, für die Maßnahme aber dennoch weiterhin Finanzmittel, Personal, technische Ausstattung aufgewendet werden müssen. Der Staat muss dann eine Antwort geben, wie er den (Nichtmehr-)Be-troffenen verständlich machen kann, auch weiterhin Ressourcen bereitzuhalten (z. B. Steuergeld) für etwas, das ja offensichtlich kein Problem mehr ist oder zu sein scheint.

Dieses Phänomen wird als „Vorsorgeparadoxon" oder als „Präventionsdilemma" (Ranke 2016) bezeichnet. Prof. Ch. Drosten brachte den Gedanken in einem Fernsehinterview auf den Punkt:

> „there is no glory in prevention".

Ein Beispiel: In den Jahren 1990–1992 gab es in Europa eine Vielzahl an BSE-Fällen („Bovine Spongiforme Enzephalopathie"), eine Rinderkrankheit, die die Verbraucher (in Deutschland) sehr stark verunsicherte. Die Nachrichten über die „verrückten" Kühe waren täglich in den deutschen Medien präsent; mit der Folge, dass der einheimische Fleischmarkt komplett zusammenbrach. Die Regierung Schröder gründete umgehend ein Institut zur Erforschung der Krankheit (Oldenburg). Dort arbeiten seitdem 200 Wissenschaftler mit einem Etat von ca. 100 Mio. € jährlich. Heute ist BSE in der Öffentlichkeit kein Thema mehr. Frage: a) weil es kein BSE mehr gibt, oder b) weil das Institut „gute" Arbeit leistet?

8.7   Shifting-Baseline

Ein weiteres Phänomen, das in diesem Zusammenhang mit „Risikowahrnehmung" Erwähnung finden muss, ist das der *„shifting baseline"* (Pauly et al. 2002; vgl. Abschn. 4.3.2). Darunter versteht man, dass bei der Beurteilung der Eintrittshäufigkeit von Ereignissen (zu) oft ein nur vergleichsweise kurzer Zeitraum berücksichtigt wird und es daher zu einer verzerrten und eingeschränkten Wahrnehmung von Veränderungen kommt. Unregelmäßig eintretende Naturereignisse können zu Verschiebungen von Referenzpunkten führen, die der menschlichen Wahrnehmung beim Bemessen von Wandel dienen (Rost 2014). So konnte in einer Studie nachgewiesen werden, dass sich die Wahrnehmung bei Fischern an der kanadischen Atlantikküste über die Veränderungen in den Fischbeständen zwischen „älteren" und „jüngeren" Fischern deutlich unterschied: Während „älteren" Befragten der Rückgang von Fischbeständen klar bewusst war, hatten „jüngere" eine weniger ausgeprägte Vorstellung davon, dass die Bestände vor noch relativ kurzer Zeit erheblich größer und vielfältiger waren. Der Autor kann sich noch an die 1960er Jahre erinnern, als er als Schüler auf Tankstellen mit dem Abkratzen von Mücken von den Windschutzscheiben der Autos etwas Geld verdiente. Heute gibt es solche Mückenschwärme nicht mehr. Auch im Naturkatastrophen-Risikomanagement stellen solche Verschiebungen ein erhebliches Problem dar („Katastrophenerinnerung"/„Verfügbarkeitsheuristik"). Eine Einbeziehung von weiter zurückliegenden Ereig-

nissen würde es ermöglichen, „kurzfristige" Zustände besser in den Kontext längerfristig verlaufender Veränderungen zu stellen. Pauly et al. (2002) betonen dabei, das individuelle Vorstellungsvermögen von Forschenden zu stärken, um „Verzerrungen im Erkenntnisstand der Wissenschaft" zu vermeiden.

Ein effektives NKRM ist auf einen statistisch robusten Referenzrahmen angewiesen. Da „Resilienz" eines Systems immer nur ein aktuelles Bild darstellt, ist es, um Veränderungen feststellen zu können, nötig, sich auf einen Referenzpunkt zu verständigen, ab dem die Zu-/Abnahme betrachtet werden soll. Solche Referenzpunkte können sich auf technische, ökonomische, ökologische oder andere Sektoren beziehen, aber auch – wenn dies statistisch möglich ist – auf das Gesamtsystem. Die für die Betrachtung zu verwendenden Daten müssen statistisch belastbar, neutral erhoben, für das Thema relevant und nachvollziehbar sein. Dies lässt sich am besten mittels „Indikatoren" erreichen.

Ein Beispiel: Woran kann man ablesen, dass ein neues Krankenhaus in einem Entwicklungsland seine Aufgabe erfüllt? Das könnte die Zahl der behandelten Patienten sein, die Zahl des Krankenhauspersonals oder die der „Geheilten", oder z. B. die Abnahme einer Wurmerkrankung bei Kindern in der Region. Was aber, wenn gleichzeitig die VN ein neues Wasserwerk in der Nähe aufgebaut hat? Es gibt in der empirischen Sozialforschung eine Unmenge an Indikatorenschlüsseln, die aber alle das gleiche Problem haben: Sie sind nicht allgemein einzusetzen. Daher ist es nötig, für die Erfassung der Resilienz an einem Ort jeweils einen eigenen Schlüssel aufzustellen. Die Erfassung sollte man am besten „externen" Experten übergeben, um der Gefahr der Subjektivität zu entkommen. Ferner ist festzulegen, welcher Zeitraum betrachtet werden soll/kann, in welchem Intervall die Daten erhoben werden sollen und vor allem, welche Daten/Informationen so belastbar sind, dass sie verwendet werden können. Aus den Erhebungen lassen sich dann die für das Projektende zu erwartenden Veränderungen ableiten. Im Gegensatz zu einer einfachen Extrapolation des bestehenden Resilienzzuwachstrends wird die Veränderung mittels der „Triangulation des Kontrafaktischen" (*„triangulation of the counterfactual"*) jeweils auf die Nullvariante bezogen. Das heißt, wie hätte sich die Resilienz entwickelt, wäre es zu keinem (Projekt-)Input gekommen (vgl. Abb. 4.18).

8.8   Geodaten

War über lange Zeit die Erfassung und Bewertung von Naturkatastrophen in erster Linie eine Sache der „Geowissenschaften", die ihre lokal erworbenen Kenntnisse in große Datenbanken (MunichRe, CRED-Emdat usw.) einspeisten und damit global verfügbar machten, so hat sich seit der weltweiten Verbreitung der Informationstechnologie (z. B. Smartphones) die Erfassung und Verarbeitung relevanter „Katastrophen-Daten" fundamental verändert. Ein Forschungsansatz wurde möglich, der mit den Begriffen „Forensic Disaster Analysis" oder „Big Data" (BD) und „Künstliche Intelligenz" (KI) beschrieben wird (Wenzel et al. 2013; MunichRe: Topics Geo 2015). „BD"/„KI" kann gegenüber den traditionellen Ansätzen riesige Datenvolumina verarbeiten. Jede Katastrophe liefert eine enorme Datenmenge, die ein „Einzelner" gar nicht mehr überschauen kann. Zudem sind Naturwissenschaftler oftmals zu sektorspezifisch orientiert – das heißt, der Geophysiker „sieht" Erdbeben, der Vulkanologe die Vulkane usw. Dabei lebt das NKRM von der Zusammenschau der Fachdisziplinen. Mittels „BD"/„KI" können alle diese Informationen synthetisiert und Wissenschaftlern und politischen Entscheidungsstrukturen auf der ganzen Welt in Echtzeit und uneingeschränkt zur Verfügung gestellt werden. Die Geschwindigkeit der Informationsbereitstellung ist heute schon so weit fortgeschritten, dass eine Naturkatastrophe weltweit bereits innerhalb von 3 min lokalisiert werden kann.

Der Vorteil in der Nutzung von Geodaten liegt in der räumlichen Information selbst. Da fast jedes gesammelte Datenelement zu einem gewissen Grad räumliche Informationen enthält, können diese verwendet werden, um raumbezogene Situationen darzustellen. Geodaten können andere Datentypen wie sozioökonomische Informationen ergänzen, um so die Analyse zu verbessern und Kontextinformationen anzuzeigen, die für verschiedene Zielgruppen sinnvoll sind. Einen relativ jungen Ansatz in der Erforschung, unter welchen Bedingungen sich Naturereignisse zu einer Katastrophe entwickeln, liefert die sogenannte „forensische Katastrophenanalyse". So ergeben sich aus der wachsenden Verbreitung sozialer Netzwerke und der Verfügbarkeit von Smartphones völlig neue Möglichkeiten für das NKRM, um die Fragen zu beantworten, wo genau Menschen Hilfe benötigen. Dies ist möglich, da heute schon mehr als 7 Mrd. Mobilfunkanschlüsse weltweit verfügbar sind. Selbst in Ländern mit geringen und mittleren Einkommen sind 9 von 10 Einwohnern mobil vernetzt. Dadurch sind die Menschen auch in entlegenen Regionen in der Lage, bei außergewöhnlichen Ereignissen Nachrichten zu senden und Statusmeldungen weiterzugeben. Diese Daten eignen sich hervorragend, um rasch zuverlässige Schadenschätzungen in einem Krisengebiet zu erstellen. Das internationale Forschungsprogramm „Integrated Research on Disaster Risk" (IRDR) unter der Schirmherrschaft der VN (UNISDR/UNDRR) ist auf diesem Feld richtungsweisend. Die Analyse erstreckt sich nicht allein auf das Naturereignis selbst, sondern versucht, durch Einbeziehung weiterer Parameter das gesamte Ausmaß einer Katastrophe abzubilden: Nicht nur festgemacht

an der Stärke eines Ereignisses, sondern eben auch an welchem Ort, zu welchem Zeitpunkt (Wochentag, Tageszeit usw.), zu welcher Jahreszeit, im ruralen oder städtischen Raum. Auch lassen sich sozioökonomische Rahmenbedingungen (Einkommen, Alter, Sozialstruktur usw.) besser erfassen sowie die Erfahrungen verbreiten, die Betroffene und Kriseninterventionskräfte gemacht haben.

Inzwischen ist die Technologie weiter fortgeschritten – insbesondere die Verbreitung des Smartphones eröffnet heute die Möglichkeit, noch viele weitere Parameter in eine Risikobewertung einzubeziehen. Die Münchener Rückversicherung (Topics Geo 2015) berichtet von einer Analyse von CEDIM, die Echtzeitinformationen aus Social-Media-Plattformen im Zuge des „landfalls" des Hurrikans Sandy an der Ostküste der USA im Juni 2012 ausgewertet hat, um den weiteren Verlauf des Hurrikans auf seinem Weg ins Landesinnere nachzuzeichnen. Dazu wurden unter anderem Informationen aus Nachrichten von Facebook, Twitter, YouTube oder Flickr, die im Internet verfügbar waren, ausgewertet. Anders als technische punktuell aufgestellte Sensoren (meteorologische Stationen u. a.) stellt jeder aktive Nutzer selbst einen mobilen virtuellen Sensor dar. Das Problem, das sich dabei stellt, ist: Wie kann man aus der schier unüberschaubaren Datenmenge die Informationen herausfiltern, die in dem speziellen Katastrophenkontext relevant sind? Manuelle Analysen, wie sie „bisher" vorgenommen wurden, sind zeit- und personalintensiv. Erforderlich ist eine IT-Plattform, die alle diese extrem heterogenen Datenmassen zusammenfasst, aufbereitet und in übersichtlicher Form zur Verfügung stellt. Gute Erfolge wurden bereits mit dem Ansatz „Visual Analytics" erzielt. Mittels Visualisierung zum Beispiel von Nachrichtenströmen lassen sich Lagebilder („crisis mapping") konstruieren: Wo twittern die Menschen vermehrt und zu welchen Themen? Gibt es Stadtviertel oder Straßenzüge, die besonders betroffen sind? Wo sind welche Hilfsmaßnahmen am drängendsten?

Die Münchener Rückversicherung (2015) berichtete von der Nutzung von „crisis mapping" anlässlich des tropischen Wirbelsturms Haiyan auf den Philippinen. Sofort nach der Katastrophe hatte sich eine „Standby Task Force" etabliert, ein Netzwerk von mehr als 1000 Freiwilligen aus über 70 Ländern. Die Task Force ist einem „Krisenstab im Internet" vergleichbar, der bei Bedarf zusammentritt. Die Task Force war in der Lage, aus den einlaufenden Twitter-Meldungen recht präzise die voraussichtliche Zugbahn des Wirbelsturms abzulesen und so frühzeitig die potenziell gefährdeten Orte zu identifizieren. Betroffene vor Ort steuerten darüber hinaus wichtige Informationen bei, etwa wo Brücken zerstört und Straßen unpassierbar waren oder welches Krankenhaus noch über Aufnahmekapazitäten verfügte. Die Task Force konnte auch auf schon zuvor erfasste Daten z. B. zum Gebäudebestand

(Quelle: „Humanitarian OpenStreetMap") zurückgreifen. Aus Luftaufnahmen und mithilfe von Beobachtern vor Ort wurde dann das Ausmaß der Zerstörungen in Karten übertragen. Eine der „Task Force" vergleichbare Organisation hat das Amerikanische Rote Kreuz aufgebaut. Seit März 2012 betreibt sie das „Digital Operations Center" (Digi-DOC). Es ist Teil des zentralen Rotkreuz-Lagezentrums in Washington und wertet Nachrichten aus Katastrophengebieten auf Social-Media-Plattformen aus. Während des Hurrikans Sandy und in den Wochen danach wurden mehr als 2 Mio. Einträge verfolgt, von denen gut 10.000 verschlagwortet und kategorisiert wurden. Darüber hinaus hat die Organisation eine Reihe von Apps entwickelt, die bei Waldbränden, Überschwemmungen, Erdbeben und Stürmen die Betroffenen warnen und wichtige Informationen etwa zu Schutzräumen liefern. Bei der Verfolgung der Zugbahn des Hurrikans Sandy quer über die USA konnte CEDIM (vgl. MunichRe, Topics Geo, 2015) zeigen, wie groß das Potenzial für eine Echtzeitanalyse via Internet und soziale Medien ist. Gleich nach *„landfall"* am 28.10.2012 konzentrierten sich die Twitter-Meldungen auf die nördlichen Bundesstaaten an der Ostküste. Zwei Tage später deckten sie schon die Hälfte der Bundesstaaten ab, um dann in ihrer Intensität bis zum 02.11.2012 wieder abzunehmen. Am Ende stammten die meisten Meldungen wieder von der Ostküste. CEDIM konnte schon eine Woche nach dem Ereignis aus der Kombination mit historischen Schaden- und Ereignisdatenbanken und den Twitter-Meldungen zuverlässige Aussagen über das Schadenausmaß für die betroffenen Staaten Pennsylvania, New Jersey und New York vorlegen, die dem tatsächlichen später ermittelten Ausmaß sehr nahe kamen. Die CEDIM-Analyse ist Beleg dafür, dass es mit der „forensischen Katastrophenanalyse" möglich ist, Schadenschätzungen zeitnah nach einem Ereignis auf eine breitere Basis zu erstellen.

Damit *„crisis mapping"* über eine Visualisierung zuverlässige Ergebnisse liefert, ist allerdings ein sogenannter „Geotag" unverzichtbar: also die Information, von welchem Ort eine bestimmte Nachricht stammt. Das ist insofern problematisch, als nicht alle Nutzer aus Gründen des Datenschutzes ihre Nachrichten automatisch mit einer Lokalität versehen. Der enormen Menge an Informationen steht darüber hinaus der Nachteil gegenüber, dass die Daten häufig subjektiv geprägt und von unterschiedlicher Qualität sind. Als Fazit ergibt sich, dass soziale Netzwerke bei der Bewältigung von Katastrophenlagen als das betrachtet werden sollten, was sie zu leisten in der Lage sind: ein hilfreiches Werkzeug. Noch halten die digitalen Werkzeuge jeweils nur Teilaspekte der für eine umfassende Lagedarstellung benötigten Funktionen bereit. Weil es an passenden Filtermöglichkeiten mangelt, kann die Fülle an Informationen und Nachrichten bislang nur schwer verarbeitet werden. Vor allem fehlt es immer noch an einer Validierung der Daten:

Ist die Information richtig, beschreibt sie die Lage exakt und lässt sich ein genauer Ort mit ihr verbinden? Um das volle Potenzial der erhobenen Daten auszuschöpfen, müsste ein entsprechender organisatorischer und definitorischer Rahmen geschaffen werden, der den Informationsfluss zwischen verschiedenen Plattformen erleichtert. Bereits jetzt treffen sich jährlich anlässlich der „Internationalen Konferenz für Crisis Mappers" (ICCM) Vertreter von Entwicklungs- und Medienorganisationen mit Technologiefirmen, Softwareentwicklern und Wissenschaftlern, um Innovationen im Bereich „BD"/„KI" zu fördern. Heute schon umfasst das internationale Netzwerk der Crisis Mapper („Crisis Mapper Net") mehr als 7000 Mitglieder in mehr als 160 Ländern und steht mit gut 3000 verschiedenen Institutionen, darunter mehr als 400 Universitäten, in Verbindung.

Solche Überlegungen sind nicht neu, dennoch macht heute der technologische Fortschritt „BD"/„KI" zu einem effektiven Instrument des NKRM. Schon 2015 gab PLANAT (2015) für die Schweiz ein auf dem Bayes-Theorem basierenden Entscheidungsbaum für Unfälle von Schulkindern im Straßenverkehr. Dabei wird unterschieden in Tag und Nacht (50:50), in Werktag und Sonntag (90:10), in Werktage mit Schulbesuch (60) und ohne (30), in den Schulweg mit dem Zug (20) und ohne (80). Am Ende besteht ein 22 %iges Risiko für die Schulkinder, auf ihrem Weg einen Unfall zu erleiden (Abb. 8.4).

Einen vergleichbaren – stark vereinfachten – „forensischen" Ansatz beschreibt Ranke (2016) von der Insel Flores (Abb. 8.5; vgl. Abschn. 3.4.5). Dort wurde das Risiko für Hangrutschungen auf der Basis eines als idealtypisch für das Gebiet angesehenen Hangrutschereignisses mittels der Parameter Geologie, Vegetation, Hangneigung, Exposition, Niederschlag usw. ermittelt. Alle in der Abbildung „rot" markierten Gebiete weisen die gleichen Merkmale auf: Sie sind damit ebenso gefährdet wie das Gebiet mit dem realen Hangrutschereignis.

Um Ursachen und Folgen von Naturgefahren (Hochwasser, Erdbeben, Lawinen, Klimawandel usw.) besser verstehen zu können, sollten internationale Vergleiche nicht länger an Staatsgrenzen festgemacht werden. Immer noch beherrschen die Angaben zu Katastrophenereignissen (Anzahl der Ereignisse, Opferzahlen, Schadensumme) jeweils staatsbezogen die Statistiken. Und diese Vergleiche werden in der Regel dann noch auf einer Weltkarte in der Mercator-Projektion dargestellt. Damit wird die nördliche Hemisphäre überproportional abgebildet. Große Flächenstaaten der nördlichen Hemisphäre treten so überproportional hervor. Die internationalen Statistiken belegen aber, dass, wenn man die Gefährdung anhand der Anzahl der Naturkatastrophenereignisse betrachtet, vor allem die USA, Indien und China am stärksten betroffen sind, gefolgt von Russland. In der Mercator-Projektion (Abb. 8.6) ist die Exposition z. B. Kanadas – gefühlt – größer als die

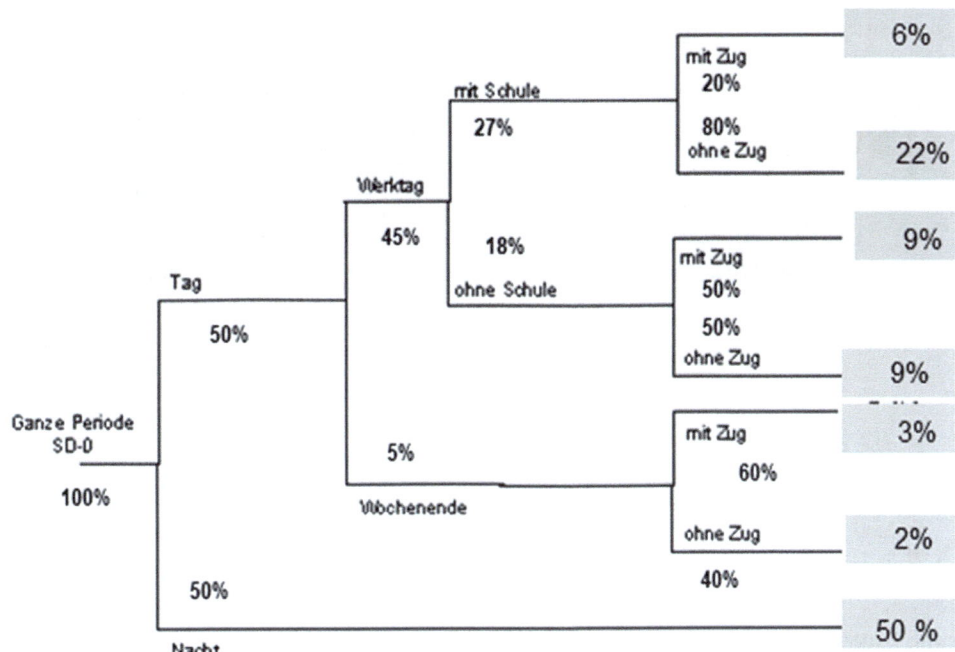

Abb. 8.4 Entscheidungsbaum zur Risikobewertung von Unfällen von Schülern auf dem Schulweg (Bayes-Theorem)

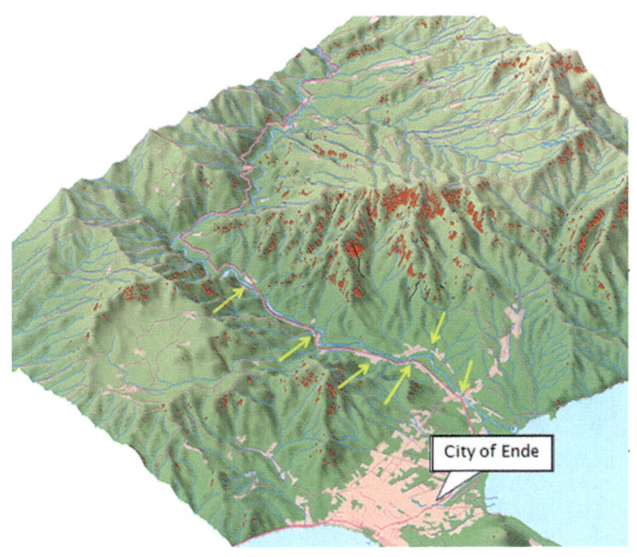

Abb. 8.5 Identifizierung potenzieller Hangrutschgefährdungen auf der Basis einer vergleichenden Parameteranalyse; Flores Indonesien (Badan Geologi-Georisk Project 2004)

vieler afrikanischer Staaten. Dies trifft ebenso für Indonesien zu, das ebenso wie Russland stark gefährdet ist, aber in der Darstellung kaum in Erscheinung tritt. Dabei kommt überhaupt nicht zum Tragen, dass Hunderte Waldbrände in Sibirien kaum Menschen gefährden, aber Hunderte in dem übervölkerten Indonesien viel Unheil anrichten. Wenn man schon Risikoexpositionen länderbezogen angeben möchte, sollte man wenigstens eine flächentreue Kartendarstellung wählen, die die wahren Ländergrößen widerspiegelt.

Im Zuge der Internationalisierung der Staatengemeinschaft, der immer stärker zusammenwachsenden Volkswirtschaften und der grenzüberschreitenden sozioökonomischen Verflechtungen ist es nicht mehr zeitgemäß, das Naturkatastrophen-Risikopotenzial auf die Anzahl an Ereignissen zu reduzieren und auf Staatsgebiete zu begrenzen. Eine Hochwasserwelle der Donau durchläuft allein 12 Staaten in Europa – wird aber in jedem Land als ein Ereignis gezählt. Die Auswirkungen dieses (einen) Hochwassers sind in den Anrainerstaaten jedoch völlig anders. Ein eindrucksvolles Beispiel, wie die Multikausalität von Naturgefahren sich regional realitätsgetreuer darstellen lässt und trotzdem für ein bestimmtes Land/Region relevant sein kann, ist einer Darstellung des IPCC-AR4 (2007) zu den Auswirkungen des Klimawandels in Europa zu entnehmen (Abb. 8.7). In einer solchermaßen gestalteten Synopsis können regionale Unterschiede mittels erläuternder Erklärungen über die Ursachen und Wirkungen vorgestellt werden. So wird z. B. Nordeuropa nicht mehr mit Skandinavien gleichgesetzt, sondern umfasst auch weite Teile Zentralrusslands. Auch der Mittelmeerraum umfasst zwar alle Länder von Portugal bis Griechenland, doch wird der Adriaraum klimabedingt Zentraleuropa zugeordnet. Das gleiche gilt für Westfrankreich, das klimatechnisch nicht mehr zu Westeuropa, sondern den britischen Inseln zugeordnet wird.

Um für jedes Land, jede Region, jeden Ort eine erste grundlegende Risikoabschätzung vornehmen zu können, wird angeregt, routinemäßig eine Art Schnelltest durchzuführen. Eine solche Abschätzung, ist heute schon ohne

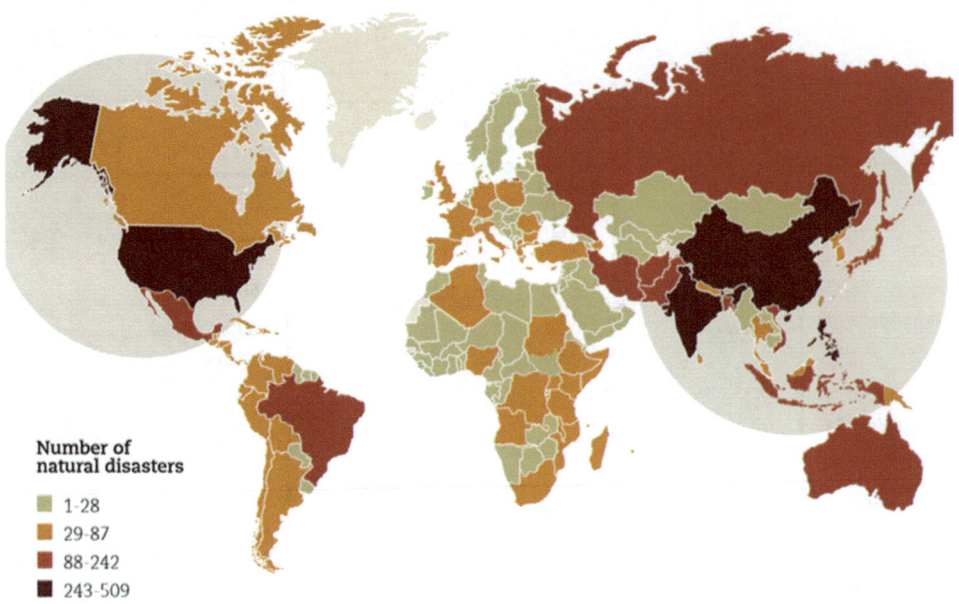

Number of
natural disasters

■ 1-28
■ 29-87
■ 88-242
■ 243-509

Abb. 8.6 Traditionelle Darstellung von Katastrophenhäufigkeit auf der Basis einer Mercator-Projektion (CRED-Emdat, „Natural Disasters 2014")

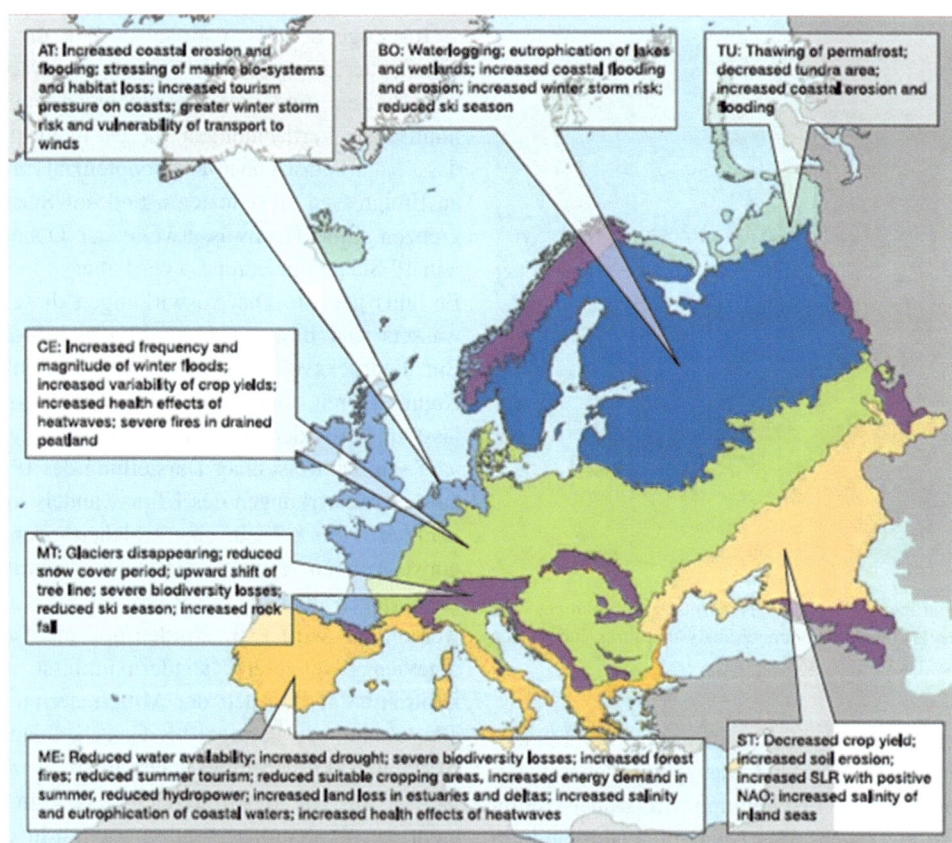

AT: Increased coastal erosion and flooding; stressing of marine bio-systems and habitat loss; increased tourism pressure on coasts; greater winter storm risk and vulnerability of transport to winds

BO: Waterlogging; eutrophication of lakes and wetlands; increased coastal flooding and erosion; increased winter storm risk; reduced ski season

TU: Thawing of permafrost; decreased tundra area; increased coastal erosion and flooding

CE: Increased frequency and magnitude of winter floods; increased variability of crop yields; increased health effects of heatwaves; severe fires in drained peatland

MT: Glaciers disappearing; reduced snow cover period; upward shift of tree line; severe biodiversity losses; reduced ski season; increased rock fall

ME: Reduced water availability; increased drought; severe biodiversity losses; increased forest fires; reduced summer tourism; reduced suitable cropping areas, increased energy demand in summer, reduced hydropower; increased land loss in estuaries and deltas; increased salinity and eutrophication of coastal waters; increased health effects of heatwaves

ST: Decreased crop yield; increased soil erosion; increased SLR with positive NAO; increased salinity of inland seas

Abb. 8.7 Vergleich der Darstellungen von Naturgefahrenexpositionen auf der Basis raumbezogener Übereinstimmungen (IPCC-AR4 2007)

großen Aufwand möglich (vgl. Abschn. 4.4.3.3; Abb. 4.31). Der Ansatz wird als *„quick & dirty"* bezeichnet und lässt sich für fast jede Region der Welt erstellen, allein schon auf der Basis der von CRED und VN herausgegebenen Daten („Katastrophenhäufigkeit" und „Intensität"; „Human Poverty Index, HPI; vgl. DIPECHO-Homepage). Natürlich lässt sich daraus eine nur sehr generalisierte Abschätzung vornehmen. Es wird daher vorgeschlagen, solche *„quick & dirty"*-Abschätzungen jeder Risikobewertung im NKRM vorzuschalten. Dann ist immer noch möglich, weitere Faktoren, wie z. B. die Katastrophenerfahrungen, den Stand der Technologie und andere zu ergänzen. Schon allein daraus wäre es möglich, zum Beispiel die Risikoexposition verschiedener Länder oder Regionen miteinander zu vergleichen oder die potenziellen Auswirkungen eines Tsunamis an einer Küste einzuschätzen. Je mehr Informationen vorliegen, desto besser und desto aussagekräftiger werden die Analysen: *„quick & dirty"* kann daher immer nur den ersten Schritt darstellen.

Literatur

Badan Geologi Georisk Projekt (1994): Mitigation of Geohazards in Indonesia.- German-Indonesian Technical Cooperation, Status Report on the Project "Civil Society and Inter-municipal Cooperation for better Urban Services / Mitigation of Geohazards - A contribution to the World Conference on Disaster Reduction Kobe, Hyogo, Japan 18.-22. January 2005

Banse, G. & Hauser, R. (2008): Technik und Kultur. Das Beispiel Sicherheit und Sicherheitskulturen. In: Rösch, O. (Hrsg.).- Technik und Kultur, Berlin

Beck, U. (1986): Risikogesellschaft. Auf dem Weg in eine andere Moderne.- Edition Suhrkamp, Bd. 365, Frankfurt am Main

Beck, S. (1997): Umgang mit Technik.- Kulturelle Praxen und kulturwissenschaftliche Forschungskonzepte. Berlin

Böschen, S., Dressel, K., Schneider, M. & Viehöver, W. (2002): Pro und Kontra der Trennung von Risikobewertung und Risikomanagement –Diskussionsstand in Deutschland und Europa– Gutachten im Rahmen des TAB-Projektes „Strukturen der Organisation und Kommunikation im Bereich der Erforschung übertragbarer spongiformer Enzephalopathien (TSE)".- Diskussionspapier, No. 10, Büro für Technikfolgen-Abschätzung beim Deutschen Bundestag (TAB), Berlin

Brinkmann, H., Harendt, C., Heinemann; F. & Nover, J. (2017): Ökonomische Resilienz – Schlüsselbegriff für ein neues wirtschaftspolitisches Leitbild?- Bertelsmann Stiftung, Gütersloh

CRED-Emdat (2014): Annual Disaster Statistical Review 2014.- Centre for Research on the Epidemiology of Disasters (CRED) Institute of Health and Society (IRSS) Université catholique de Louvain – Brussels, Belgium

EU (2007): Richtlinie über die Bewertung und das Management von Hochwasserrisiken (2007/60/EG). Kommission der Europäischen Gemeinschaft, Brüssel

Gigerenzer, G. (2007): Bauchentscheidungen – Die Intelligenz des Unbewussten und die Macht der Intuition.- C. Bertelsmann Verlag, S. 284, München

IPCC –AR4 (2007): Climate Change 2007: Synthesis Report. Contribution of Working Groups I, II and III to the Fourth Assessment Report of the Intergovernmental Panel on Climate Change (IPCC)-

Core Writing Team, Pachauri, R.K and Reisinger, A. (eds.), p. 104, Geneva

Lonergan, S. (2002): Environmental Security, in: Munn, T. (Ed.): Encyclopaedia of Global Environmental Change, Vol. 5: Timmerman, Peter (Ed.).- Social and Economic Dimensions of Global Environmental Change, p. 269–278, John Wiley, Chichester

Lumann, N. (1991): Soziologie des Risikos, Berlin

MunichRe (2015): Naturkatastrophen; 2014 – Analysen, Bewertungen, Positionen. – Topics Geo, Ausgabe 2015, München

Pauly, D., Christensen, V., Guénette, S., Pitcher, T. J., Sumaila, U. R., Walters, C. J. & Zeller, D. (2002): Towards sustainability in world fisheries. -Nature, Vol. 418, p. 689–695

PLANAT (2015): Sicherheitsniveau für Naturgefahren – Materialien. – Nationale Plattform für Naturgefahren (PLANAT), Bundesamt für Bevölkerungsschutz (BABS), S.68, Bern

PLANAT (2008): Risikoaversion Entwicklung systematischer Instrumente zur Risiko- bzw. Sicherheitsbeurteilung Zusammenfassender Bericht 31. Oktober 2008.- Nationale Plattform Naturgefahren (PLANAT), Bundesamt für Bevölkerungsschutz (BABS), Bern

PLANAT (2002): Sicherheit vor Naturgefahren – Vision und Strategie.- Nationale Plattform Naturgefahren (PLANAT), Bundesamt für Wasser und Geologie (BWG), Biel

Ranke. U. (2016): Natural Disaster Risk Management – Geosciences and Social Responsibility.- p. 514, Springer Heidelberg

Ropohl, G. (1998): Einleitung: Wie kommt die Technik zur Vernunft. : in: Ropohl, G.: Wie die Technik zur Vernunft kommt.- Beiträge zum Paradigmenwechsel in den Technikwissenschaften, Amsterdam

Rost, D. (2014): Wandel (v)erkennen – Shifting Baselines und die Wahrnehmung umweltrelevanter Veränderungen aus wissenssoziologischer Sicht. – Springer Fachmedien Wiesbaden; https://doi.org/10.1007/978-3-658-03247-0_2,17

Smit, B., Burton, I., Klein, R.J. et al.(2000): An Anatomy of Adaptation to Climate Change and Variability.- Climatic Change, Vol. 45, p. 223–251; https://doi.org/https://doi.org/10.1023/A:1005661622966

Stather, E. (2003): Gute Regierungsführung, menschliche Sicherheit und Friedenskonsolidierung als neue Herausforderung für die Entwicklungszusammenarbeit: Eine Würdigung.- Rede vor dem internationalen Symposium anlässlich des 40-jährigen Jubiläums des Deutschen Entwicklungsdienstes (DED) am 23.06.2003 in Bonn; http://www.bmz.de/de/presse/reden/stather/rede20030623.html

Steffen, W., Sanderson, A., Tyson, P.D., Jäger, J., Matson, P.A., Moore III, B., Oldfield, F., Richardson, K., Schellnhuber, H.J., Turner II, B.L., & Wasson, R.J. (2004): Global Change and the Earth System. A Planet under Pressure.- The International Geosphere-Biosphere Programme (IGBP), IGBP- Series, Springer, Berlin-Heidelberg-New York

Stern, N. (2006): The economics of climate change – The Stern Review.- Cambridge University Press, p. 692, Cambridge

Stetter, C. (1999): Schreiben und Programm: Zum Gebrauchswert der Geisteswissenschaften. In: Kerner, M. & Kegler, K. (Hrsg.): Der vernetzte Mensch. – Sprache, Arbeit und Kultur in der Informationsgesellschaft, Aachen

Töpfer, K. (2004): Preface: in: UNEP (Ed.): Understanding Environment, Conflict and Cooperation United Nations Environmental Programme (UNEP), Nairobi

UN (2004): Implementation of the United Nations Millennium Declaration.-Report of the Secretary-General, UN General Assembly, p. 53, New York, NY

UNISDR (2009): Adaptation to Climate Change by Reducing Disaster Risks: Country Practices and Lessons.- United Nations International Strategy for Disaster Reduction (UNISDR), Briefing Note 02

Wenzel, F., Zschau, J., Kunz, M. Khazai. B. & Kunz-Plapp, T. (2013): Near Real-Time Forensic Disaster Analysis.- Proceedings of the 10th International ISCRAM Conference, Baden-Baden

Printed by Printforce, the Netherlands